结构动力学

第二版（修订版）

[美] R. 克拉夫
J . 彭津
王光远　等 译校

高等教育出版社·北京

内容简介

本书是美国加利福尼亚大学(伯克利分校)研究生结构动力学课程的基本教材之一,主要介绍结构动力学基本理论和抗震结构计算理论,其主要特点是内容新颖。中文第一版所涉及的快速傅里叶分解的频域分析概念,适用于计算机的各种新分析方法,粘滞阻尼理论的最新的计算技巧,非线性结构动力分析的方法,随机振动理论及它们在抗震结构中的应用等,都是当时的最新成果。由于本书着重于基本原理、方法的阐述,虽然作者也举了许多例题,但相对来说理论性较强,对相关基础不是太好的初学者,可能觉得稍微难懂一些。但是,如果借助教师之力一旦入门之后,定会觉得从本书获益良多。

时隔十多年后,两位教授在第一版的基础上与时俱进地做了很大幅度的修改。在上述主要特点的诸多方面都引入了许多新的成熟的研究成果。例如,对一般荷载的逐步法,动力反应分析——叠加法,动力自由度的选择,多自由度体系动力反应分析——逐步法,无限自由度中的波传播,地震工程篇等引入了近年最具有实用价值的研究成果,使内容更具先进性。

本教材虽主要是为土木工程研究生编写的,但其结构动力学基本原理、基本方法同样适用于航空工程、船舶工程、汽车工程和一切承受动力荷载的结构体系的领域。自从本书中文第一版问世至今,各高等学校和研究单位几乎都以本书作为研究生学习结构动力学的基本教材,教师们也积累了丰富的教学经验,相信经作者修订后的第二版,一定能为学生从事动力学方面的课题研究打下更坚实的基础。

本书可供土木工程、航空工程、船舶工程、汽车工程等方面从事结构振动工作的研究生、大学教师、工程技术人员和科学研究工作者学习使用。

中文版(第一版)前言

J. 彭津教授和我高兴地获悉我们的《结构动力学》一书将出中文版,供中华人民共和国的学生和工程师参考。近年来我曾两次随同地震方面的代表团访问中华人民共和国,我深知结构动力学和地震工程学在你们国家未来发展中所具有的价值。我们希望,本书在你们为减轻地震危害的努力中和在培训你们的科学家和工程师(他们有可能参与国际合作来共同解决这个世界性问题)方面能作出积极的贡献。

R. 克拉夫

1979 年 3 月 6 日

第二版序言

自从本书第一版 1975 年出版至今,“结构动力学”领域已经有了重大的发展。本书第二版中只包含了那些被认为最具有实用价值的内容,而不可能全面地论述所有这些发展。

本书内容的总体安排与第一版保持一致,论述顺序仍然是从单自由度体系到多自由度离散参数体系,然后再到无限自由度连续体系。由于仍然保留了作为结构静力分析基础的力的平衡概念,所以有经验的工程师可以很容易地从静力分析过渡到动力分析。因此,学习结构动力学的学生必须具有包括矩阵方法在内的结构静力学理论的坚实基础,在这里我们假设本书的读者已具有这样的准备。

第Ⅰ、Ⅱ、Ⅲ篇中所涉及的理论本质上是确定性的,因为这些理论采用的都是可以精确描述的动力荷载,尽管它们相对于时间可能是极其不规则的并且是瞬态的。但是,第Ⅳ篇中对于随机振动的处理在形式上则是统计(或随机)的,因为所考虑的荷载只能用统计方法来描述其特性。因此,对概率论具有基本的了解是学习这一部分的前提条件。在开始学习这一部分之前,建议学生选修全部概率论的课程。不过,如果没有学过相关课程,则第 20 章对概率概念的简要介绍可以为读者提供最基本的准备。

由于在弹性抗力之外附加了惯性力和阻尼力,且所有这些量都是与时间相关的,因此典型的结构动力学问题的求解要比对应的静力问题复杂得多。对于大多数实际情况,通常只能通过运用高速数字计算机求解,计算机已成为结构动力学工程师的标准工具。不过,为了讲授动力学的基本原理,本书中的大多数问题在形式上都是相当简单的,可以采用便携计算器获得这些问题的解答。然而,学习结构动力学的学生仍然应该预先学习计算机编程技术以及相关的分析方法。有了这个基础,就能够较快地从用手算的动力问题解法转变到使用为此目的开发的特定专门程序,用 PC 计算机求解。由加利福尼亚大学伯克利分校 E L Wilsion 教授开发的 CAL－91 程序就是这类程序,这个程序已经被非常有效地应用于教学过程中,甚至应用于结构动力学的初级课程。我们鼓励使用本书的教师将此类个人计算机程序应用于他们的课程教学中,以便能够考虑更多实际问题。

为了帮助读者理解课程内容,本书列举了大量的例题。为了完全掌握这些分析技术,学生应该完成各章后面所留的大量习题。当然,由于动力反应分析需要耗费大量的时间，所以指定作业的量应该适当。作者发现，根据主要内容和解法类型的不同，每周布置1～4道习题是比较合适的。在此基础上，本书所选入的习题数量要比为期1年的结构动力学课程应完成的作业量多得多。

本书可以作为一系列研究生课程的基础，初等课程可以包括第Ⅰ篇以及第Ⅱ篇的一部分内容。当然，是否完全包括第Ⅱ篇的内容取决于课程时间是四分之一学年还是半学年。如果是四分之一学年的课时，第Ⅰ、Ⅱ篇中的内容已经足够覆盖连续2个四分之一学年的课程了，第二门课程也可以包含第Ⅲ篇中的部分内容。

现在，一般都认为几乎所有结构工程的硕士生至少应该具备结构动力学初等课程的基础知识，我们建议应该提供机会给高年级(四年级)的本科生选修类似的课程，但所包括的内容可以适当减少。

第Ⅳ篇的材料可以作为随机振动的基础课程内容，这对完全理解随机方法在各种领域如地震工程、风工程和海洋工程中的实际应用是必要的。第Ⅴ篇给出了许多这类应用，该篇论述了地震工程学中的广泛课题。不过，完全覆盖第Ⅴ篇的内容需要另外一门单独的课程。学生们选学后面两门课程中的任何一门都需要具有良好的确定性结构动力分析的背景以及良好的数学基础。

本书不仅可供高等专科学院和大学学生作为教材，也可以作为实践工程师的参考书。分析公式和所介绍的分析方法可以有效地作为新的计算程序继续开发的基础，工程师可以应用这些程序设计和分析在动力环境中工作的结构。

行文至此，作者希望将诚挚的感谢与感激之情献给那些为本书内容作出直接或间接贡献的人们(学生、同事和实践工程师们)。但是，由于作过贡献的人员数量太多，因此无法一一列出他们的名字。

特别值得提及的是Huey-Shu Ni女士，她录入了全书的内容，并得到了中国台湾台北的Drawing and Editing Services有限公司全体职员的帮助，他们准备了所有的图形。在筹备本书的多年中她一直保持着耐心以及温和的态度，很值得钦佩。作者对她本人和其杰出的工作表示高度的赞赏和深深的感谢。

R. 克拉夫

J. 彭津

第一版序言

本书是过去25年里我们在加利福尼亚大学(伯克利)讲授结构动力学课程的过程中经过边教边改而获得的成果。因而,其内容在这段期间作了许多重大的修订。在这25年当中,我们先后编写了三种不同的讲义,这些讲义的地方版本已分别在诸如圣地亚哥(智利)、特隆赫姆(挪威)和东京(日本)等地作为教材使用。

R. 克拉夫教授在最初安排本书内容时,曾经受到R L Bisplinghoff教授在麻省理工学院讲课的巨大影响,并从他那份编写得非常精湛的飞机结构动力学教材中得到了很大教益,特此对他表示感谢。本书后来朝着结构动力学中的土木工程问题方向发展,则是受到Hohenemser和Prager的先驱著作《结构动力学》①的影响。同样,S. H. Crandall教授在麻省理工学院关于随机振动方面的讲课也使J. 彭津教授受到很大教益,为此,也表示感谢。但是,这一课题的进一步发展则主要是R. 克拉夫和J. 彭津两人的工作成果。许多学者对本学科所作的贡献已分别放入本书的相应章节。因为在结构动力学领域中成熟的文献浩瀚如海,很难把它们全部列出。另外有些方面,在本书中提到的参考文献较少,所以对于那些自己感到被忽视了的作者,我们特此向他们表示歉意。

本书的内容在其发展过程中虽然几经修订,但总体布局并未改变。在介绍动力荷载所带来的特殊问题时,采用了从单自由度结构过渡到广义单自由度体系,然后再过渡到多自由度离散坐标结构的振型叠加分析的方式,这种合乎逻辑的安排使受过静力训练的结构工程师更容易接受。此外,我们始终认为,强调瞬态动力反应分析比仅仅关注振动分析更为重要。事实证明,要学好结构动力学,必须具备结构静力学理论(其中包括矩阵方法)的坚实基础。我们假设本书的读者都已掌握了这些知识。

在本教材内容的变革过程中所出现的一个最明显和最深刻的变化是高速电子计算机作为结构分析的标准工具。在电子计算机广泛用于结构设计之前,结构动力学的主要侧重面是放在能用计算尺和台式计算机进行分析的有效方法上。由于作者确信这些方法在这门学科中仍然是重要的,所以它们在本书中仍占突出位置。如能把手算的细节彻底搞清,那么编写或运用计算机代码就不会

---

① K. Hohenemser and W. Prager, "Dynamic der Stabwerke", Julius Springer, Berlin, Germany, 1933.

感到困难;反之,如果不了解这些细节,就不可能有效地运用为之开发的计算机程序。但是,也应认识到,任何有效、实用的动力反应分析都包含了极大的数值计算工作量,而这只有用电子计算机才可能比较经济地完成。因此,总的说来,本书既重视了手算解法,也重视了有效地用高速电子计算机进行求解的技术。我们着重于说明这些方法的基础,而不详细讨论代码技术和如何有效地使用计算机。

加利福尼亚大学为研究生开设了一系列课程,本书是这一系列课程中的基本教材,一年(一年分四个学期,其中三个学期开课)讲完。其中,大部分内容也能被高年级(四年级)大学生接受。第Ⅰ篇和第Ⅱ篇的第14章的前几节是结构动力学的基本内容,希望所有想获得结构工程硕士学位的学生都应学习这部分动力学内容。第Ⅱ篇余下的章节和第Ⅲ篇是“高等”结构动力学的内容。此外,第26章和第27章中有关地震工程方面的许多内容是上述两部分理论的实际应用。第Ⅳ篇的基本内容是随机振动,第28章是随机振动理论在地震工程中的一些应用,这两部分合在一起单独作为一个学期的课程内容。最后应指出,全书也可作为动力荷载结构设计课程的基础和参考资料。虽然本书的大部分内容是依据土木工程应用编写的,但其中关于结构动力学的基本方法同样适用于航空工程、船舶工程、汽车工程和一切承受动力荷载的结构体系领域。

作者发现,许多内容通过举例说明能够收到很大效果,所以安排了大量例题。此外,由于学生亲自演算习题对全面掌握分析技术十分重要,所以在大部分章节里都给出了许多习题。但因动力反应分析特别耗费时间,习题的数量也不宜太多。作者认为,根据主要内容和解法的类型,每周完成1～4个题目较为合适。因此,本书选入的习题量要比为期一年的结构动力学课程应完成的作业量大得多。

R. 克拉夫

J. 彭津

符号表

a	距离
a_0	Fourier 系数,量纲为一的频率
a_n	Fourier 系数,常数
A	面积,常数
A_1, A_2	常数
b	距离,整数
b_0, b_n	Fourier 系数,常数
B	常数
c	阻尼系数
c^*	广义阻尼系数
c_c	临界阻尼系数
c_{ij}	阻尼影响系数
C_n	正规振型广义阻尼系数
CQC	完全二次型组合
D	动力放大系数
$\boldsymbol{D}$	动力矩阵$=\boldsymbol{k}^{-1}\boldsymbol{m}$
DFT	离散 Fourier 变换
DRV	衍生 Ritz 向量
e	轴向位移
E	弹性模量,能量释放
$\boldsymbol{E}$	动力矩阵$=\boldsymbol{D}^{-1}$
$E[\ ]$	期望值,集合平均
E_D	每周阻尼能量损失
ED	震中距
EI	抗弯刚度
f	固有循环频率
$\widetilde{f}_{ij}$	柔度影响系数
f_I, f_D, f_S	分别为惯性力、阻尼力和弹性力
FD	震源深度
FFT	快速 Fourier 变换
g	重力加速度
g_i	应力波函数
G	切变模量,复常数
G_1, G_2	常数
G_I, G_R	实常数
$\overline{G}$	矢量长度
$G(ia_0)$	边界阻抗函数
GC	地质条件
h	高度,板的厚度,时间间隔
$h_{ij}(t), h(t)$	单位脉冲反应函数
$\boldsymbol{H}_{ij}(i\overline{\omega}), \boldsymbol{H}(i\overline{\omega})$	复频率反应函数
Hz	赫兹(频率度量,每秒周数)
i	整数
I	脉冲,截面惯性矩
$\boldsymbol{I}$	单位矩阵
$\boldsymbol{I}_{ij}(i\overline{\omega})$	阻抗函数
IE	隔震效能
Im	虚部
j	整数,质量惯性矩
k, k_i	弹簧常数
k^*	广义弹簧常数
$\overline{k^*}$	组合广义刚度
$\hat{k}$	复刚度
$\widetilde{k}_c, \widetilde{k}_d$	有效刚度
k_{ij}	刚度影响系数
$\bar{k}_{jj}$	联合刚度影响系数
$\boldsymbol{k}_G$	几何刚度
k_G^*	广义几何刚度
$k_{G_{ij}}$	几何刚度影响系数
K_n	第 n 正规振型的广义刚度
$\hat{K}_n$	第 n 正规振型的复刚度
L	长度,地震激励因子
m	质量,整数
m_i	质量

符号	含义
m_{ij}	质量影响系数
m^*	广义质量
$\bar{m}$	单位长度的均匀质量
M	Richter 震级，整数
$\boldsymbol{M}$	正规振型的质量矩阵
M_n	第 n 正规振型的广义质量
$M(t),M(x,t)$	内弯矩
MDOF	多自由度
MF	放大系数
MM	修正的 Mercalli 标度
n	整数，常数
N	轴向荷载，时间增量个数，自由度个数，整数
N_{cr}	临界轴向荷载
$N(x)$	内轴向力(时不变)
$N(x,t)$	内轴向力(时变)
p,p_0	荷载
$\bar{p}$	单位长度的均匀荷载
p_{eff}	等效荷载
$p(t)$	外荷载
$P(t)$	时域内的荷载向量
$p^*(t)$	广义荷载
$p(x)$	概率密度函数
$p(x,y)$	联合概率密度函数
$p(x\|y)$	条件概率密度函数
P	功率
$\boldsymbol{P}(i\bar{\omega})$	频域内的荷载向量
$P(x)$	概率分布函数
$\boldsymbol{P}_n$	复幅值系数
$P_n(t)$	时域内第 n 正规振型的广义荷载
$\bar{\boldsymbol{P}}_n(i\bar{\omega})$	频域内第 n 正规振型的广义荷载
PGA	峰值地面加速度
Pr	概率
$P(X),P(X,Y)$	概率密度函数
q_0,q_i	常数，广义坐标
$q(x,t)$	外部轴向荷载
$Q_i(t)$	第 i 个广义外力函数
r	回转半径
Re	实部
$R(t)$	反应比
$R_x(\tau)$	自相关函数
$R_{xy}(\tau)$	互相关函数
s	常数
$S_a(\xi,\omega)$	谱绝对加速度反应
$S_d(\xi,\omega)$	谱相对位移反应
$S_{ii}(i\bar{\omega})$	功率谱密度函数
$S_{ij}(i\bar{\omega})$	互谱密度函数
$S_{pa}(\xi,\omega)$	伪加速度谱反应
$S_{pv}(\xi,\omega)$	伪速度谱反应
$S_v(\xi,\omega)$	谱相对速度反应
$\boldsymbol{S}_1$	第一振型滤型矩阵
SC	土质条件
SDOF	单自由度
$SI(\xi)$	Housner 谱强度
SM	震源机制
SRSS	平方和开平方
t,t_i	时间
t_1	脉冲持时
T	振动周期，动能
$\boldsymbol{T}$	标准正交特征向量矩阵
T_n	第 n 正规振型的周期
T_p	运动周期
TR	传导比
u	x 方向的位移
U	应变能
v	y 方向的位移
$\bar{v}$	动力位移
v^t	总位移
$\boldsymbol{v}(t)$	时域内的位移
v_g,v_{g0}	地面位移
$\ddot{v}_g(t)$	时域内的地面加速度
$\ddot{V}_g(i\bar{\omega})$	频域内的地面加速度
v_{st}	静力位移
V	势能
$\boldsymbol{V}(i\bar{\omega})$	频域内的位移

$V(x,t)$	内剪力
V_a	视波速度
V_c, V_p, V_s	波速度
V_{ff}	自由场波速
V_n	复常数
w	z 方向位移
W	功,重量
W_{nc}	非保守力所作的功
W_N	轴向力 N 所作的功
x	空间坐标,随机变量
$\overline{x}$	x 的平均值
$\overline{x^2}$	x 的均方值
$x(t)$	随机过程
X	空间坐标,随机变量
y	空间坐标
$y(t)$	随机过程
Y	随机变量,空间坐标
$Y_n(t)$	时域内第 n 正规振型的广义位移
$Y_n(i\overline{\omega})$	频域内第 n 正规振型的广义位移
z	空间坐标
$z(t)$	时域内的广义坐标反应
Z, Z_n, Z_0	广义坐标
$\mathbf{Z}(i\overline{\omega})$	频域内的广义坐标反应
α	常数,量纲为一的时间参数
β	频率比
γ	整数,单位面积的质量,单位重量
$\gamma_{ij}(i\overline{\omega})$	相干函数
δ	对数衰减率,变分,残数(留数)
$\delta e, \delta v, \delta Z$	虚位移
δW_I	内力虚功
δW_E	外力虚功
Δ	增量
Δ_{st}	静位移
$\Delta\tilde{p}_d$	等效荷载增量
Δt	时间间隔
$\Delta\omega$	频率间隔
ε	正应变
ζ	时间函数,滞变阻尼系数
λ	波长
λ_G	轴向荷载系数
λ_i	Lagrange 乘子
λ_n	第 n 阶特征值
θ	相位角,倾斜度,转角
μ	延性系数
μ_{ij}	协方差
ν	Poisson 比
ξ, ξ_n	阻尼比
ρ	矢量幅值,单位体积的质量
ρ_{xy}	相关系数
σ	正应力
σ_x	标准差
σ_x^2	方差
τ	时间
ϕ	相位角
ϕ_{ij}	振型位移
$\boldsymbol{\phi}_n, \boldsymbol{\phi}_n(x)$	第 n 振型
$\boldsymbol{\Phi}$	振型矩阵
ψ, ψ_n	广义位移函数
$\boldsymbol{\psi}_n$	广义位移向量
$\boldsymbol{\Psi}$	假设的振型矩阵
ω, ω_n	无阻尼固有圆频率
ω_D, ω_{Dn}	有阻尼固有圆频率
$\overline{\omega}$	谐振力函数的圆频率
$\chi(x)$	荷载分布

目　　录

第Ⅴ篇 地 震 工 程

第 1 章　结构动力学概述

§1-1　结构动力分析的主要目的

本书的主要目的是：介绍任何给定类型的结构在承受任意动力荷载时应力和变位的分析方法。从某种意义上讲，可以认为此目的是要把通常仅适用于静荷载的标准结构分析方法加以推广，使之也可以适用于动力荷载。此时，静荷载可以看作仅仅是动力荷载的一种特殊形式。然而，在线性结构分析中，更为方便的是把荷载中的静力和动力成分区分开来，分别计算每种荷载成分的反应，然后将两种反应结果叠加，即可得到总反应。当这样处理时，静力和动力分析方法在性质上是根本不同的。

为了上述目的，**“动力的”**或**“动力学的、动的”**这个词汇可简单地理解为随时间改变的；这样，动力荷载就是大小、方向和作用点随时间变化的任意荷载[①]。同样，动力荷载下的结构反应，也即所产生的应力和挠度，也是随时间变化的或“动的”。

计算动力荷载下的结构反应，有两类性质不同的方法：确定性的和非确定性的。在任何给定的情况下，究竟应该选择哪种方法，这将取决于荷载是如何规定的。如果荷载随时间的变化规律是完全已知的，即使它可能有强振荡或不规则的特性，仍将归诸于**非随机动力荷载**；任何特定的结构体系在非随机动力荷载下的反应分析定义为确定性分析。另一种情况，荷载随时间的变化规律不是完全已知的，但可以从统计方面进行定义，这种荷载则称为**随机动力荷载**，与其对应的反应分析称为非确定性分析。本书的重点放在确定性动力分析方法的叙述上，但第Ⅳ篇则用来介绍非确定性分析方法。此外，在讨论地震工程领域结构动力学方法应用的第Ⅴ篇，还有一章叙述非确定性的地震反应分析。

一般来说，在任意动力荷载作用下，结构的反应主要是用结构的位移来表示的。因此，确定性分析能直接导出相应于非随机荷载历程的位移-时间历程。而结构的其他确定性反应，如应力、应变和内力等，通常作为分析的次要方面，从前

---

① 从纯数学角度，无疑可以用荷载的三要素是否随时间变化来定义动力荷载。但是，如下一节所述，是否将作用的荷载当作动力荷载并进行动力分析，得看荷载作用所产生的加速度或惯性力是否必须加以考虑，而这是更加重要的。——译者

面所建立的位移反应而求得。另一种情况是，非确定性分析提供有关位移的统计资料，而这种位移是由统计定义的荷载所产生的。由于这时位移随时间的变化是不确定的，因而结构的应力、内力等其他反应必须用特定的非确定性分析方法直接计算，而不是由位移来计算。

§1－2　非随机荷载的类型

几乎任何类型的结构，在其使用期限内都可能承受这样或那样形式的动力荷载。从分析的观点来说，非随机荷载或确定性荷载可分成两种基本类型：周期的与非周期的荷载是有利的。非随机荷载的一些典型形式及产生这些荷载的实例如图 1－1 所示。

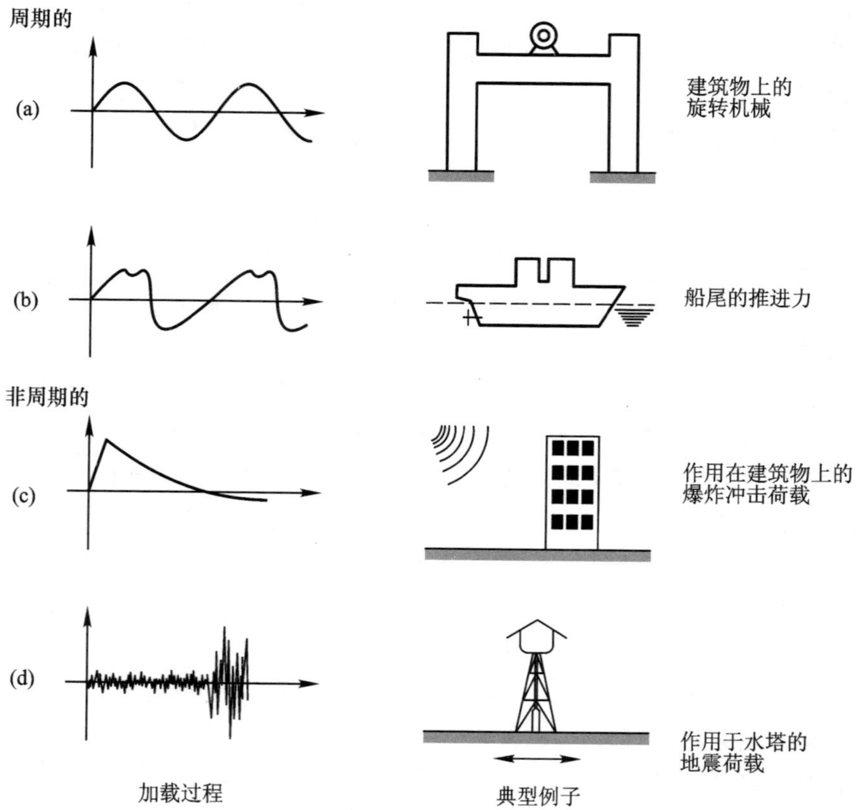

图 1－1　典型动力荷载的特性及来源

(a)简谐荷载；(b)复杂荷载；(c)冲击荷载；(d)长持续时间的荷载

如图中所显示的，周期荷载是一种重复性荷载，在多次循环中这些荷载都相继地出现相同的时间变化过程。最简单的周期荷载是图 1－1a 所示的称为**简谐**

荷载的正弦变化荷载。此类荷载是由旋转机械装置中质量的不均衡所引起的。周期荷载的另一些形式，例如由船尾推进器所产生的流体动压力或往复式机械装置中所引起的惯性效应，常常是更复杂的。但是，借助 Fourier 分析，任何周期荷载可用一系列简谐分量的和来表示。因此，原则上任何周期荷载下的反应分析，均可用同样的通用分析方法来进行。

非周期荷载可以是短持续时间的**冲击**荷载或者是长持续时间的一般形式荷载。冲击波或爆炸是冲击荷载的典型发生源。对于这种短持续时间的荷载来说，可以使用特殊的简化分析形式。另一方面，一般形式的长持续时间荷载，例如由地震引起的荷载，就只能完全用一般性的动力分析方法来处理。

§1-3　动力问题的基本特性

结构动力问题在以下两个重要的方面不同于它的静荷载问题。第一个不同点是，根据定义，动力问题具有随时间变化的性质。由于荷载和反应随时间变化，显然动力问题不像静力问题那样具有单一的解，而必须建立相应于反应过程全部感兴趣时间的一系列解答。因此，动力分析显然要比静力分析更复杂且更消耗时间。

图 1-2 叙述了静力问题和动力问题的第二个、并且是更重要的不同点。如果图 1-2a 所示的简支梁承受一静荷载 p，则它的弯矩、剪力及挠曲线形状直接依赖于给定的荷载，而且可根据力的平衡原理由 p 求得。另一方面，如果如图 1-2b 所示荷载 $p(t)$ 是动的，则梁所产生的位移将与加速度有联系，而这些加速度又产生与其反向的惯性力。于是，图 1-2b 所示梁的弯矩和剪力不仅要平衡外荷载，而且还要平衡由于梁的加速度所引起的惯性力。

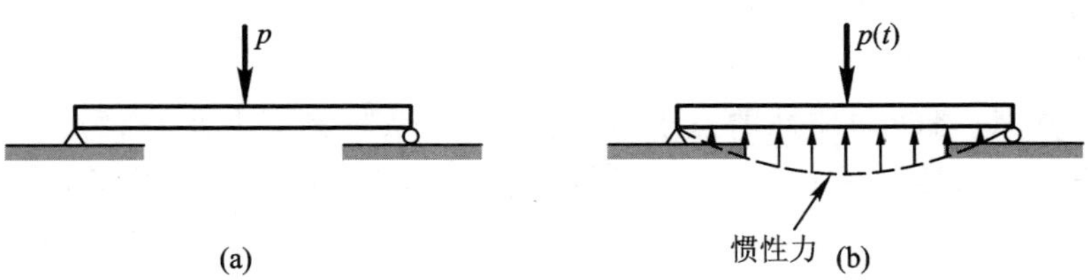

图 1-2　静荷载与动力荷载的基本区别

(a)静荷载；(b)动力荷载

以这种方式抵抗结构加速度的惯性力，是结构动力学问题与静力问题区别的更重要的特征。一般来说，如果惯性力是结构内部弹性力所平衡的全部外荷载的一个重要部分，则在解题时必须考虑问题的动力特性。另一方面，如果运动缓慢，以致惯性力小到可以忽略不计，则即使荷载和反应可能随时间而变化，但对任何所需瞬时的分析，仍可用结构静力分析方法来解决。

§1-4　离散化方法

集中质量法

在图 1-2b 所示动力体系分析中，由于惯性力是由结构随时间变化的位移产生的，而位移又受惯性力大小的影响，因而分析显得非常复杂。这个循环的因果关系，只能直接把问题用微分方程表示来解决。此外，因为梁的质量是沿其长度连续分布的，如果要确定全部的惯性力，则必须确定梁轴上每一个点的位移和加速度。此时，因为沿跨度各点的位置及时间都必须看作独立变量，因此分析必须用偏微分方程来描述。

另一方面，如果梁的质量被集结于一系列离散的点或块，如图 1-3 所示，则分析将大为简化。因为此时仅能在这些质量点上产生惯性力，因此这种情况下只需确定这些离散点的位移和加速度即可。

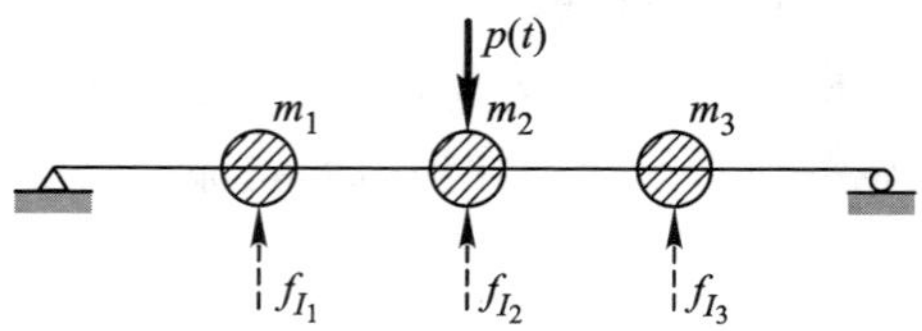

图 1-3　简支梁的集中质量理想化模型

为了表示结构全部有意义的惯性力的作用，所必须考虑的位移分量的数目称为结构的**动力自由度数**[①]。例如，图 1-3 所示的体系受有约束，使得三个质量点只能在垂直方向运动，这个体系就称为三个自由度体系(3DOF)。另一方面，如果这些质量不是完全集中在点上，而是具有有限的转动惯量，那么这些点的转动位移也需要考虑，这时体系将具有六个自由度(6DOF)。如果梁的轴向变形很大，则将产生与梁轴线平行的位移，这时体系具有九个自由度(9DOF)。更一般的情况，如果结构在三维空间内均能发生变形，则每一个质量将具有六个自由度，这时体系将具有十八个自由度(18DOF)。然而，如果质量集中在一些忽略转动惯性的点上，此时三维体系将具有九个自由度(9DOF)。基于上述讨论，显然图 1-2b 所示的具有连续分布质量的体系，将具有无限个自由度。

广义位移

上述集中质量理想化模型提供了一个限制自由度的简单方法，而自由度在结构动力学任何问题的研究中都是必须考虑的。对处理大部分质量实际上集中

---

① 实际上，确定全部运动质量位置所需的独立坐标数目称为动力自由度数。这样定义更清楚并更容易理解。——译者

在几个离散点上的体系，该法是非常有效的。然而，可以假设支承这些集结点的结构，其质量也包含在这些集结点里，而把结构本身看作是无重的。

但是，假如体系的质量处处都相当均匀地分布，这时为了限制自由度，可取另一较佳的方法。这个方法是假设结构的挠曲线形状可用图 1－4 所示一系列规定的位移曲线之和来表示，或以数学形式表示为

$$v(x)=\sum_{n=1}^{\infty} b_n \sin \frac{n\pi x}{L} \tag{1-1}$$

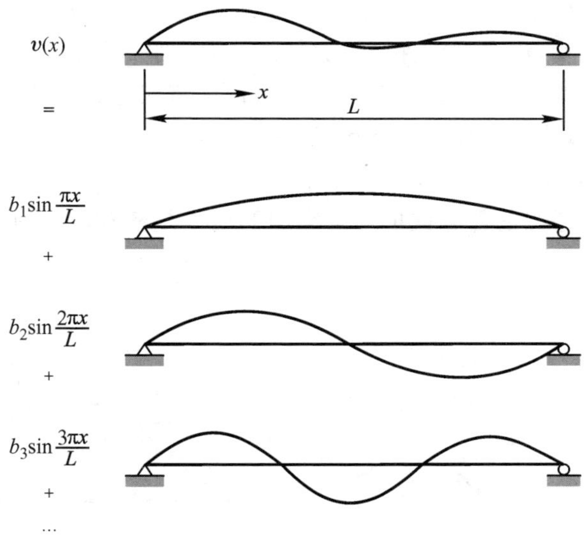

图 1－4　用一系列正弦级数表示简支梁的挠曲线

一般来说，与所述支承条件相适应的任意形状位移曲线，都可以用正弦波分量的无穷级数来表达。正弦波形状的幅值可以视为体系的坐标，而实际的无限个自由度则用级数中无限个坐标来表示。这个方法的优点是，梁的实际形状可用有限项正弦级数来近似表达。因此，三个自由度可以用仅有三项的级数来表示，余类推。

因为在这个例子里，作为假设位移曲线的正弦级数是任意选择的，因此这个概念可以进一步推广。一般来说，任何满足所述几何支承条件而且保证位移连续性要求的 $\psi_n(x)$ 都可以使用。于是，对于任何一维结构，位移的广义表达式可写为

$$v(x)=\sum_{n} Z_n \psi_n(x) \tag{1-2}$$

对于任何假定的一组位移函数 $\psi_n(x)$，所形成的结构形状依赖于幅值项 Z_n，它们被称为**广义坐标**。所假设的形状曲线数目代表在这个理想化形式中所考虑的自由度数。一般来说，对于一个给定自由度数目的动力分析，用理想化的形状函数法比用集中质量法更为精确。但是，也必须承认，当用广义坐标法时，对于

每个自由度将需要较多的计算工作量。

有限单元概念

用有限数量的离散位移坐标表示给定结构位移的第三种方法，综合了集中质量及广义坐标法两者的某些特点，已成为目前流行的方法。这个方法是分析连续结构的有限单元法的基础，它提供了既方便又可靠的体系理想化模型，且对数字计算机分析来说是特别有效的。

有限单元法的理想化模型适用于一切结构形式：由一维构件（梁、柱等等）集合组成的框架结构，由二维构件构成的平面应力或平板或壳型结构，以及一般的三维固体结构。为了简单起见，在目前的讨论中将仅考虑一维的结构。但这个方法的概念，可以直接引伸到二维和三维的结构。

对任何结构，例如图 1－5 所示的梁，有限单元理想化模型化的第一步工作是把结构划分为适当的部分或单元。它们的尺寸是任意的，可以完全是同一尺寸，也可以完全不相同。各部分相互连接的端点称为**结点**。这些结点的位移成为结构的广义坐标。

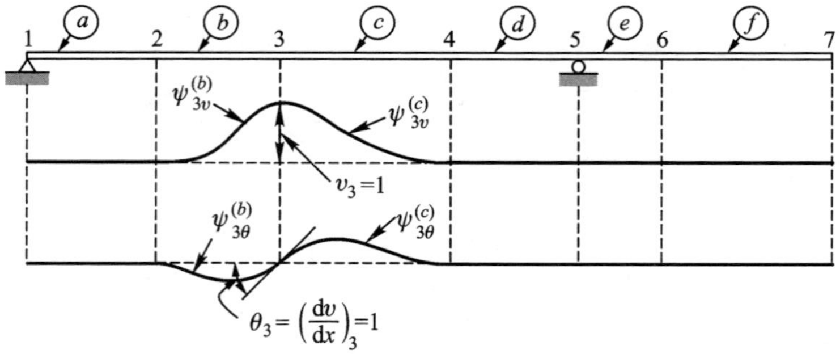

图 1－5 典型的有限元梁坐标

利用这些广义坐标，借助于一组适当假定的位移函数，用类似式(1－2)的表达式即可表示整个结构的挠曲线形状。在这种情况下，因为这些位移函数确定了指定结点位移引起的变形形式，故被称为**插值函数**。例如，图 1－5 画出了具有两个自由度的结点 3 所关联的插值函数，这个结点在图示平面内产生横向位移。原则上，每个插值函数可以是内部连续并满足结点位移所施几何位移条件的任意曲线。对于一维单元，用某些结点位移所产生的等截面梁曲线形状作为插值函数较为方便，它们是三次 Hermite 多项式，这将在后面第 10 章介绍。

因为这种方法所用的插值函数满足上一节所述的条件，所以有限单元法所用的坐标，应是广义坐标的一种特殊形式。这种特殊方法的优点如下：

(1) 只要把结构分成适当数量的单元，即可引入所需任意数目的广义坐标。

(2) 因为每一分段所选择的插值函数可以是相同的,故计算得以简化。

(3) 因为每个结点位移仅仅影响其邻近的单元,所以这个方法所导出的方程大部分是非耦合的,因此解方程的过程得到很大简化。

一般来说,有限单元法提供了最有效的、用一系列离散坐标表示任意结构位移的方法。

§1-5　运动方程的建立

如前所述,确定性结构动力分析的首要任务是,计算在给定随时间变化的荷载作用下已知结构的位移-时间历程。在大多数情况下,应用仅包含有限自由度数目的近似分析方法就足够精确的了。这样,问题就变为需要求出这些选定位移分量的时间历程。描述动力位移的数学表达式称为结构的**运动方程**,而这些运动方程的解答就提供了所需的位移历程。

动力体系运动方程的建立,也许是整个分析过程中最重要(有时也是最困难的)的一环。在本书中,将用三种不同的方法来建立运动方程,在研究不同的特殊问题时,每种方法都各有各的优点。在下述的几小节中,将叙述与每种方法相关的基本概念。

利用 d'Alembert 原理的直接平衡法

任何动力体系的运动方程都可代表牛顿第二定律:即任何质量 m 的动量变化率等于作用在其上的力。这个关系在数学上可用微分方程来表达:

$$\boldsymbol{p}(t)=\frac{\mathrm{d}}{\mathrm{d}t}\left(m\,\frac{\mathrm{d}\boldsymbol{v}}{\mathrm{d}t}\right) \tag{1-3}$$

其中 $\boldsymbol{p}(t)$为作用力矢量,$\boldsymbol{v}(t)$为质量 m 的位置矢量。对于大多数的结构动力学问题,可以假设质量是不随时间变化的,这时方程(1-3)可写为

$$\boldsymbol{p}(t)=m\,\frac{\mathrm{d}^2\boldsymbol{v}}{\mathrm{d}t^2}\equiv m\ddot{\boldsymbol{v}}(t) \tag{1-3a}$$

式中符号上的圆点"·"表示对时间的导数。方程式(1-3a)表示力为质量与加速度的乘积,式(1-3a)也可改写为

$$\boldsymbol{p}(t)-m\ddot{\boldsymbol{v}}(t)=\boldsymbol{0} \tag{1-3b}$$

此时第二项 $m\ddot{\boldsymbol{v}}$ 被称为抵抗质量加速度的**惯性力**。

质量所产生的惯性力与它的加速度成正比,但方向相反。这个概念称为 **d'Alembert 原理**。由于它可以把运动方程表示为动力平衡方程,因而是结构动力学问题中一个很方便的方法。可以认为力 $\boldsymbol{p}(t)$包含许多种作用在质量上的力:抵抗位移的弹性约束力,抵抗速度的粘滞力,以及独立说明的外荷载。因此,

如果引入抵抗加速度的惯性力，那么运动方程就仅仅是作用在质量上全部力平衡的表达式。在许多简单问题中，最直接而且方便的建立运动方程的方法就是采用这种直接平衡的方法。

虚位移原理

但是，如果结构体系相当复杂，而且包含许多彼此联系的质量点或有限尺寸的质量块，则直接写出作用于体系上全部力的平衡方程可能很困难。往往所包含的各式各样的力都可以容易地用位移自由度来表示，而它们的平衡规律可能并不清楚。此时，虚位移原理就可用来代替直接平衡关系建立运动方程。

虚位移原理可阐述如下：如果一个体系在一组外力作用下平衡，则当该体系产生一个约束所允许的虚位移时，这一组力所作的总虚功等于零[①]。按照这个原理，很明显虚位移时外力总虚功为零，是与体系上作用的外力平衡条件等价的。因此，在建立动力体系的反应方程时，首先要搞清楚作用在体系质量上的全部力，它们应该包括按照 d'Alembert 原理所定义的惯性力。然后，引入相应于每个自由度的虚位移，并且使全部力的总虚功等于零，由此即可得到体系的运动方程。这个方法的主要优点是：虚功是标量，可以按代数方式相加。而作用于结构上的力是矢量，它只能按矢量来叠加。

变分方法

避免建立平衡矢量方程的另一方法是使用以变分形式表示的能量（标量），通常最广泛应用的是著名的 Hamilton 原理。在这个原理中不显含惯性力和弹性力，而分别以动能与势能项的变分代替。因此，这种列式方法的优点是，它只和纯粹的标量——能量有关。而在虚功分析中，尽管功本身是标量，但用来计算功的力和位移却都是矢量。

Hamilton 原理也可用于静力问题。此时原理退化为静力分析里著名的最小势能原理。

如上所述，动力系统的运动方程可以用上述三种不同的方法中的任意一种来建立。最简单明了的方法是直接建立作用在体系上全部力的动力平衡方程，这里需要应用 d'Alembert 原理考虑惯性力的影响。但对于更复杂的体系，特别是对于那些质量和弹性在有限区域上分布的体系，直接的矢量平衡可能是困难的，而应用仅仅包含功或者能量等标量来建立运动方程可能更为方便。这些方法中最直接的就是以虚位移原理为根据的方法。在这种方法中，明确地计算作用在体系上的力，而运动方程则是根据产生适当的虚位移时所作的功导出的。

---

① 这样叙述的原理，实际是质点系或刚体系的虚位移原理。这里所说的“一组力”应该理解为作用于体系的主动力。对于变形体，严格来说如此叙述原理是不妥当的。——译者

另一方面，可供选择的能量列式是基于 Hamilton 原理的方法，它不直接利用作用在体系上的惯性力或保守力，而使用体系的动能和势能的变分来代替这些力的作用。必须注意到，这三种方法是完全等同的，并可导出相同的运动方程。在任何给定的情况下，究竟用哪种方法，主要取决于是否方便及个人的喜爱。通常，方法的选用依赖于所考虑动力系统的特性。

§1-6　本书内容的编排

本书共分五篇。在第Ⅰ篇中着重处理仅有一个独立的位移坐标的单自由度(SDOF)体系。之所以较详细讨论它是出于以下两点理由：(1)许多实际结构的动力反应可以仅用一个坐标来表达，这种情况可直接用单自由度来处理。(2)复杂线性结构的反应可以表达为一系列单自由度体系反应的叠加。因此，单自由度分析方法为绝大多数的确定性结构动力分析奠定了基础。

第Ⅱ篇论述离散参数多自由度体系(MDOF)，此种体系的反应可以用有限数目的位移坐标来表达。对线弹性体系的分析，将首先介绍自由振动状态体系动力特性的计算方法，即振型和频率的计算方法。然后，给出了体系在任意给定动力荷载作用下动力反应计算的两种一般性方法：(1)用振型叠加法将总反应表达为各振型单独反应的和，而每个振型的反应计算都由一个典型的单自由度分析方法来确定。(2)直接求解最初耦合的运动方程。最后，介绍结构动力问题的变分公式，以及直接求解线性或非线性单自由度及多自由度运动方程的逐步数值积分技术。

具有连续分布特性的线弹性动力体系将在第Ⅲ篇中讨论。这种体系具有无限个自由度，它们的运动方程是用偏微分方程写出的。但是，振型叠加法仍然适用，并且在这种情况下仅考虑有限数目的低阶振型也能获得实用的解答。

第Ⅳ篇中包含线性单自由度和多自由度体系随机振动的一般课题。此时，荷载的特性和相应的反应只能在统计意义上来表征。作为处理这种体系的基础知识准备，本篇介绍了概率论和随机过程的相关知识。

由特定震源引起的结构反应及性能等地震工程学方面的内容在第Ⅴ篇中介绍。在这里给出了有关地震成因和特性的简要地震学背景知识，讨论了地面运动的产生，然后给出了确定性和非确定性地震地面运动下结构反应的计算方法。

第Ⅰ篇

单自由度体系

第 2 章　自由振动分析

§2-1　基本动力体系的组成

承受外部激励源或荷载的任何线性弹性结构或机械系统的基本物理特性是:体系的质量、弹性特性(柔度或刚度)、能量耗散机理或阻尼。在单自由度(SDOF)体系的最简单模型中,每一个特性都假设集结于单一的物理单元内,此体系的略图如图 2-1a 所示。

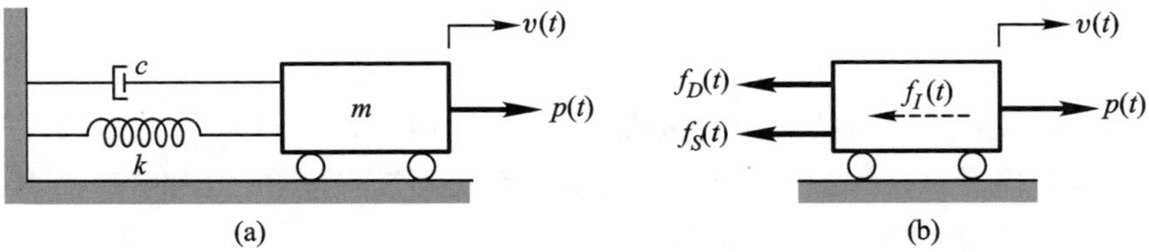

图 2-1　理想化单自由度体系

(a)基本元件;(b)平衡力系

此体系的总质量 m 用图中的刚体表示,由于滚筒约束,刚体只能发生简单的平移,因此用单一的位移坐标 $v(t)$ 就可以完全确定它的位置。抵抗位移的弹性抗力由刚度为 k 的无重弹簧来提供,而能量耗散机理用阻尼器 c 表示。产生此体系动力反应的外部荷载是随时间变化的力 $p(t)$。

§2-2　基本动力体系的运动方程

建立图 2-1a 所示简单体系的运动方程,最简单的作法是利用 d'Alembert 原理直接考虑作用于质量上全部力的平衡。如图 2-1b 所示,沿位移自由度方向作用的力有作用荷载 $p(t)$ 及由于运动所引起的三个抗力,也即惯性力 $f_I(t)$、阻尼力 $f_D(t)$ 和弹簧力 $f_S(t)$。运动方程只是这些力的平衡表达式:

$$f_I(t)+f_D(t)+f_S(t)=p(t) \tag{2-1}$$

方程式左边所描述的每一个力都是位移 $v(t)$ 或它对时间导数的函数,由于故意地选取这些力的正方向与位移的负方向一致，因而它们与正的荷载方向相反。

根据 d'Alembert 原理，惯性力是质量与加速度的乘积：

$$f_I(t)=m\ddot{v}(t) \tag{2-2a}$$

如果假设是粘滞阻尼机理，则阻尼力是阻尼常数 c 和速度的乘积：

$$f_D(t)=c\dot{v}(t) \tag{2-2b}$$

最后，弹性力是弹簧刚度和位移的乘积：

$$f_S(t)=kv(t) \tag{2-2c}$$

把式(2-2)代入方程式(2-1)，即可得到单自由度体系的运动方程为

$$m\ddot{v}(t)+c\dot{v}(t)+kv(t)=p(t) \tag{2-3}$$

为了引入另一个可供选择的列式方法，用虚功法建立这个运动方程是有益的。如果给质量以一个约束所允许的微小虚位移 δv，那么图 2-1b 所示平衡力系所作的总虚功必须等于零，也即

$$-f_I(t)\delta v-f_D(t)\delta v-f_S(t)\delta v+p(t)\delta v=0 \tag{2-4}$$

式中的负号是因为力的方向和虚位移的方向相反。将式(2-2)代入方程式(2-4)并提取公因子 δv，即得

$$[-m\ddot{v}(t)-c\dot{v}(t)-kv(t)+p(t)]\delta v=0 \tag{2-5}$$

因为 δv 不为零，方程中括号内的量必须等于零，由此即可得到与方程(2-3)一样的运动方程。对这样的简单问题，虚功法列式并没有优势，但对于后面更一般的单自由度问题的处理，它将是很有用的。

§2-3 重力的影响

现在讨论图 2-2a 所示的体系，它是图 2-1a 所示体系旋转 90°的结果，此时重力沿位移的方向作用。在这种情况下，作用在质量上沿位移自由度方向的

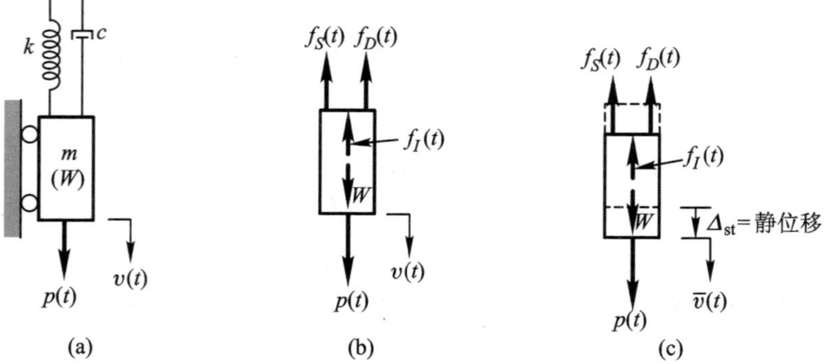

图 2-2 重力对单自由度体系平衡的影响

力系如图 2－2b 所示，则引用式(2－2)后，体系上力的平衡关系可以写作

$$m\ddot{v}(t)+c\dot{v}(t)+kv(t)=p(t)+W \tag{2-6}$$

其中 W 是刚体的重量。

但是，如果把图 2－2c 所示的总位移 $v(t)$ 表达成重量 W 所引起的静位移 Δ_{st} 及附加动位移 $\bar{v}(t)$ 之和，即

$$v(t)=\Delta_{st}+\bar{v}(t) \tag{2-7}$$

则弹簧力可写作

$$f_S(t)=kv(t)=k\Delta_{st}+k\bar{v}(t) \tag{2-8}$$

将式(2－8)代入方程(2－6)可得

$$m\ddot{v}(t)+c\dot{v}(t)+k\Delta_{st}+k\bar{v}(t)=p(t)+W \tag{2-9}$$

注意到 $k\Delta_{st}=W$，则导出

$$m\ddot{v}(t)+c\dot{v}(t)+k\bar{v}(t)=p(t) \tag{2-10}$$

对式(2－7)求导数，同时注意到 Δ_{st} 是不随时间变化的，显然有 $\ddot{v}(t)=\ddot{\bar{v}}(t)$、$\dot{v}(t)=\dot{\bar{v}}(t)$，因此方程(2－10)可以改写为

$$m\ddot{\bar{v}}(t)+c\dot{\bar{v}}(t)+k\bar{v}(t)=p(t) \tag{2-11}$$

比较方程(2－11)和方程(2－3)可见，相对于动力体系静力平衡位置所列的运动方程是不受重力影响的。由于这个原因，在今后的讨论中，位移都以静力平衡位置作为基准并记为 $v(t)$(即不要上画线)，而这样确定的位移即为动力反应。因此，总挠度、应力等可以由动力分析的结果与相应的静力分析结果相加来获得。

§2－4　支座激励的影响

结构的动应力和动挠度不仅可以由如图 2－1 和图 2－2 所示随时间变化的荷载引起，而且也可以由结构支承点的运动而产生。由于地震引起的建筑物基础的运动，或者由于建筑物的振动而引起放在建筑物内的设备基底的运动等，就是这类激励的重要例子。地震激励问题的一个简化模型如图 2－3 所示。图中地震引起的地面水平运动用相对于固定参考轴的结构基底位移 $v_g(t)$ 来表示。

在图 2－3a 所示刚架里，假定水平横梁为刚性的，而且假定它包含了结构的所有运动质量。立柱假定为无重的，且在竖直方向(轴向)不能伸长。抵抗横梁位移的恢复力由每根弹簧常数为 $k/2$ 的立柱来提供。这样，质量具有一个自由度 $v(t)$，它与立柱的弯曲有关，而阻尼器 c 则提供了与此坐标运动速度成比例的抗力。

如图 2－3b 所示，对于这个体系力的平衡可以写为

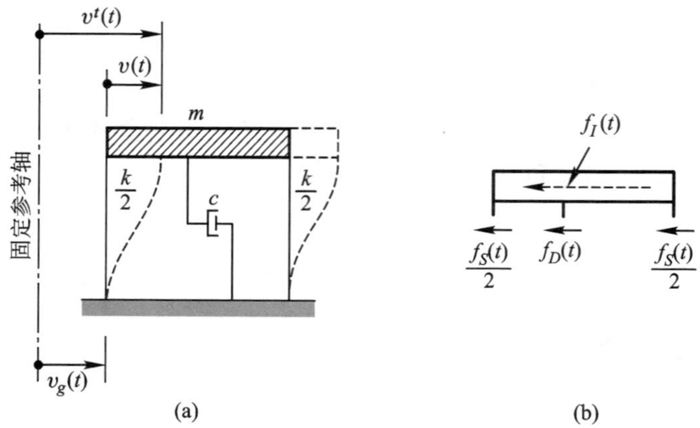

图 2-3　支座激励对单自由度体系平衡的影响

(a)体系的运动;(b)平衡力系

$$f_I(t)+f_D(t)+f_S(t)=0 \tag{2-12}$$

式中阻尼力和弹性力可以用式(2-2)表示,而此时的惯性力由下式给出:

$$f_I(t)=m\ddot{v}^t(t) \tag{2-13}$$

式中 $v^t(t)$表示质量对固定参考轴的总位移。将惯性力、阻尼力和弹性力的表达式代入方程(2-12)可得

$$m\ddot{v}^t(t)+c\dot{v}(t)+kv(t)=0 \tag{2-14}$$

在解这个方程之前,所有的力都必须用单一的变量来表达。为此,把质量的总位移表示为地面运动和柱子变形的和,即

$$v^t(t)=v(t)+v_g(t) \tag{2-15}$$

对式(2-15)求两次导数,可获得两个加速度分量表示的惯性力,代入方程(2-14)可得

$$m\ddot{v}(t)+m\ddot{v}_g(t)+c\dot{v}(t)+kv(t)=0 \tag{2-16}$$

由于地面加速度可表示为结构的特定动力输入,因此运动方程可以方便地改写为

$$m\ddot{v}(t)+c\dot{v}(t)+kv(t)=-m\ddot{v}_g(t)\equiv p_{\text{eff}}(t) \tag{2-17}$$

在这个方程中,$p_{\text{eff}}(t)$表示等效支座激励荷载。换句话来说,在地面加速度$\ddot{v}_g(t)$作用下引起的结构变形与等于$-m\ddot{v}_g(t)$的外荷载 $p(t)$作用结果完全一样。等效荷载定义中的负号,表示等效力的方向与地面加速度的方向相反。而实际上工程师们感兴趣的只是 $v(t)$的最大绝对值,这个负号是无关紧要的,可以从等效荷载项中移去。

运动方程另一个可选择的形式是,利用式(2-15)将 $v(t)$及其导数用 $v^t(t)$及其导数表示。然后,从方程(2-14)可得

$$m\ddot{v}^t(t)+c\dot{v}^t(t)+kv^t(t)=c\dot{v}_g(t)+kv_g(t) \tag{2-18}$$

在如此列式时，方程右边所示等效荷载依赖于地震运动的速度和位移，解此方程所得反应是质量相对于固定参考轴的总位移而不是相对运动基础的位移。因为地震运动一般测量的是加速度，此时的等效荷载需要由地震记录积分一次和二次获得地面位移和速度来计算，因此很难获得这种形式方程的解答。

§2－5　无阻尼自由振动分析

如上一节所述，有阻尼的弹簧-质量体系的运动方程可表示为

$$m\ddot{v}(t)+c\dot{v}(t)+kv(t)=p(t) \tag{2-19}$$

其中 $v(t)$是相对于静力平衡位置的动力反应；$p(t)$是作用于体系的等效荷载，它可以是直接作用的或是支承运动的结果。

为了获得方程(2－19)的解，首先考虑方程右边等于零的齐次方程，即

$$m\ddot{v}(t)+c\dot{v}(t)+kv(t)=0 \tag{2-20}$$

在作用力等于零时产生的运动称为**自由振动**，现在要研究的即为体系的自由振动反应。

方程(2－20)的自由振动反应解答可取为如下形式：

$$v(t)=G\ \exp(st) \tag{2-21}$$

式中 G 是任意的复常数，$\exp(st)\equiv e^{st}$ 表示指数函数。在后面的讨论中将动力荷载和反应用复数表达往往是方便的，因此现在简要地回顾复数的概念。

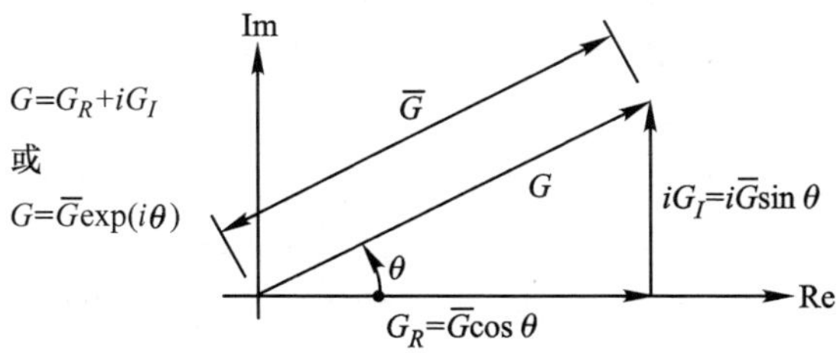

图 2－4　复平面中的复常数表示法

首先讨论复常数 G，它可以如图 2－4 所示用复平面的一个矢量来表示。此图表明矢量可用实、虚部 Cartesian 分量来表示：

$$G=G_R+iG_I \tag{2-22a}$$

也可在极坐标中用绝对值 $\overline{G}$（即矢量的长度）和自实轴逆时针转过的角度 θ 来表示：

$$G=\overline{G}\exp(i\theta) \tag{2-22b}$$

另外，由如图所示的三角关系，显然式(2－22a)可改写为

$$G=\overline{G}\cos\theta+i\overline{G}\sin\theta \tag{2-22c}$$

利用这个表达式，并注意到 $\cos\theta=\sin(\theta+\pi/2)$ 及 $\sin\theta=-\cos(\theta+\pi/2)$，容易证明一个矢量和 i 相乘，是该矢量在复平面中逆时针旋转 $\pi/2$ 弧度或 90°的结果。同样，乘以 $-i$ 可以看成是顺时针旋转 90°的结果。现在令式(2-22c)和式(2-22b)相等，同时注意到负的虚部分量对应于负的矢量角，则可得到用于三角函数与指数函数变换的 Euler 对：

$$\left.\begin{aligned}\exp(i\theta)&=\cos\theta+i\sin\theta\\ \exp(-i\theta)&=\cos\theta-i\sin\theta\end{aligned}\right\}\tag{2-23a}$$

此外，联立求解式(2-23a)，可得 Euler 方程的逆形式：

$$\left.\begin{aligned}\cos\theta&=\frac{1}{2}[\exp(i\theta)+\exp(-i\theta)]\\ \sin\theta&=-\frac{i}{2}[\exp(i\theta)-\exp(-i\theta)]\end{aligned}\right\}\tag{2-23b}$$

为了导出自由振动反应的表达式，将式(2-21)代入方程(2-20)，则得

$$(ms^2+cs+k)G\exp(st)=0$$

上式除以 $mG\exp(st)$ 并引入如下记号

$$\omega^2\equiv\frac{k}{m}\tag{2-24}$$

则有

$$s^2+\frac{c}{m}s+\omega^2=0\tag{2-25}$$

满足这个 s 二次方程的根，依赖于 c 相对于 k 和 m 的值。因此，式(2-21)所给出的运动形式取决于体系的阻尼大小。

现在讨论无阻尼体系，也即 $c=0$ 的情况，此时方程(2-25)的两个根为

$$s_{1,2}=\pm i\omega\tag{2-26}$$

因而总反应包含式(2-21)的如下两项

$$v(t)=G_1\exp(i\omega t)+G_2\exp(-i\omega t)\tag{2-27}$$

式中两个指数项来源于 s 的两个值；复常数 G_1、G_2 表示相应振动项的振幅(至今)是任意的。

现在将复常数 G_1、G_2 用它们的实、虚部分量来表示

$$G_1=G_{1R}+iG_{1I};\quad G_2=G_{2R}+iG_{2I}$$

同时利用式(2-23a)的三角函数与指数函数的关系，则式(2-27)可写为

$$v(t)=(G_{1R}+iG_{1I})(\cos\omega t+i\sin\omega t)+(G_{2R}+iG_{2I})(\cos\omega t-i\sin\omega t)$$

简化后可得

$$\begin{aligned}v(t)=&(G_{1R}+G_{2R})\cos\omega t-(G_{1I}-G_{2I})\sin\omega t+\\ &i[(G_{1I}+G_{2I})\cos\omega t+(G_{1R}-G_{2R})\sin\omega t]\end{aligned}\tag{2-28}$$

然而，自由振动反应必须是实的，因此虚部项(方括号中的项)对任意 t 值都必须是零，即

$$G_{1I}=-G_{2I}\equiv G_I;\quad G_{1R}=G_{2R}\equiv G_R$$

由此可见，G_1、G_2 互为共轭复数

$$G_1=G_R+iG_I;\quad G_2=G_R-iG_I$$

至此，式(2-27)最终成为

$$v(t)=(G_R+iG_I)\exp(i\omega t)+(G_R-iG_I)\exp(-i\omega t) \tag{2-29}$$

式(2-29)中第一项可以用图2-5所示的复常数 G_1 以角速度 ω 逆时针方向旋转的矢量表示，也可以用它的实部和虚部常数来表示。并且注意到合成反应矢量 $(G_R+iG_I)\exp(i\omega t)$ 领先矢量 $G_R\exp(i\omega t)$ 一个相位角 θ；此外，显然反应也可以用绝对值 $\overline{G}$ 和组合角 $(\omega t+\theta)$ 来表示。对式(2-29)第二项的研究表明，反应与图2-5完全相似，只是合成矢量 $\overline{G}\exp[-i(\omega t+\theta)]$ 是顺时针旋转的，并且相位角也顺时针领先于其分量 $G_R\exp(-i\omega t)$。

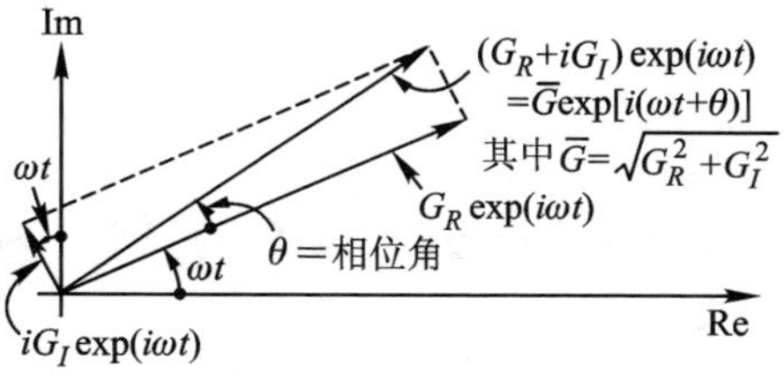

图2-5　方程(2-29)第一项的示意

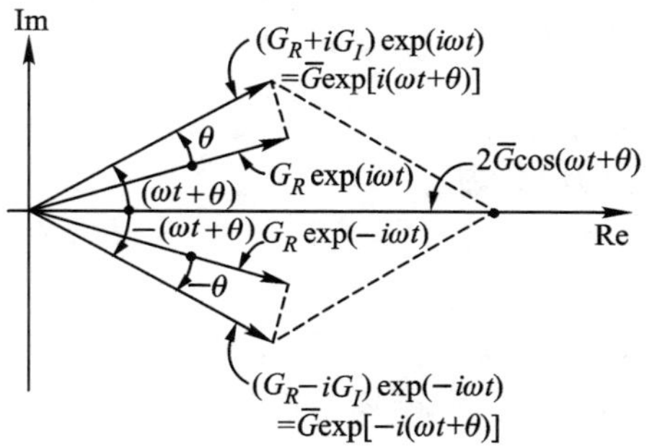

图2-6　自由振动的总反应

这两个反向旋转矢量 $\overline{G}\exp[i(\omega t+\theta)]$ 和 $\overline{G}\exp[-i(\omega t+\theta)]$ 所描述的式(2-29)的自由振动总反应如图2-6所示。显然，两矢量的虚部分量相互抵消，体系只发生实的振荡运动

$$v(t)=2\overline{G}\cos(\omega t+\theta) \tag{2-30}$$

另一个得到实运动表达式的替代方法是将 Euler 变换式(2-23a)应用于式(2-29)，结果可得

$$v(t)=A\cos\omega t+B\sin\omega t \tag{2-31}$$

式中 $A=2G_R$，$B=-2G_I$。此两积分常数可用自由振动 $t=0$ 时刻的初始位移 $v(0)$ 和速度 $\dot{v}(0)$ 来确定。将它们分别代入式(2-31)及其一阶导数表达式，可容易得到

$$v(0)=A=2G_R;\quad \frac{\dot{v}(0)}{\omega}=B=-2G_I \tag{2-32}$$

因此，式(2-31)成为

$$v(t)=v(0)\cos\omega t+\frac{\dot{v}(0)}{\omega}\sin\omega t \tag{2-33}$$

这一解答可用一个简谐运动(SHM)来描述,其图形如图 2-7 所示。前面已经指出量值 ω 是矢量在复平面内转动的角速度(以单位时间的弧度计量),也即众所周知的圆频率。它和循环频率(通常也称为运动频率) f 之间有如下关系

$$f=\frac{\omega}{2\pi} \tag{2-34}$$

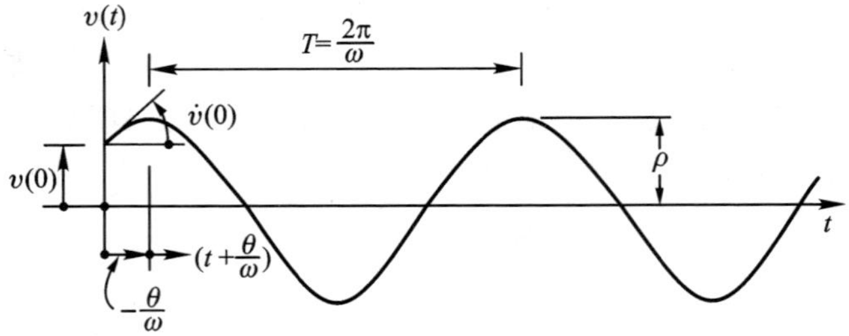

图 2-7 无阻尼自由振动反应

它的倒数为

$$\frac{1}{f}=\frac{2\pi}{\omega}=T \tag{2-35}$$

是运动一周所需要的时间,称为运动的周期。通常结构和机械系统的周期用秒来计量,而频率以每秒周数,也即赫兹(Hz)来计量。

图 2-7 所描述式(2-33)的运动,也可根据 $v(0)$ 和 $\frac{\dot{v}(0)}{\omega}$ 矢量对,用图 2-8 所示复平面中以角频率 ω 逆时针旋转的矢量来表示。用前面所陈述的自由振动常数和初始条件间的关系,可见图 2-8 与图 2-5 是等价的,但是有 2 倍的振幅和相应于正初始条件为负的相位角。因此,振幅 $\rho=2\overline{G}$,同时式(2-30)所示的自由振动可表示为

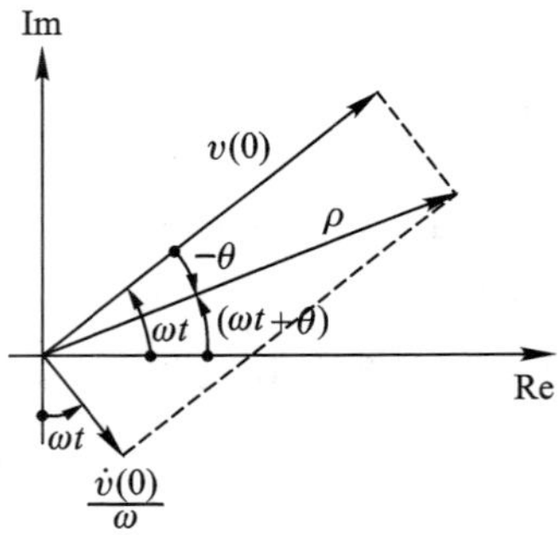

图 2-8 无阻尼自由振动的旋转矢量表示

$$v(t)=\rho\cos(\omega t+\theta) \tag{3-36}$$

式中振幅为

$$\rho=\sqrt{[v(0)]^2+\left[\frac{\dot{v}(0)}{\omega}\right]^2} \tag{2-37}$$

相位角为

$$\theta=\tan^{-1}\left[\frac{-\dot{v}(0)}{\omega v(0)}\right] \tag{2-38}$$

§2-6　阻尼自由振动

如果体系中有阻尼，则确定体系反应的式(2-25)解答为

$$s_{1,2}=-\frac{c}{2m}\pm\sqrt{\left(\frac{c}{2m}\right)^2-\omega^2} \tag{2-39}$$

这个表达式可以表示三种运动类型，分别对应于根号内数值的正、负或零。为了便于讨论，称根号项为零(消失)的情况为临界阻尼条件。

临界阻尼体系

如果式(2-39)中根号项为零，也即 $c/2m=\omega$，由此可得阻尼系数的临界值 c_c 为

$$c_c=2m\omega \tag{2-40}$$

此时式(2-39)的两根相等，也即

$$s_1=s_2=-\frac{c_c}{2m}=-\omega \tag{2-41}$$

在此特殊情况下，方程(2-20)解的形式必须为

$$v(t)=(G_1+G_2 t)\exp(-\omega t) \tag{2-42}$$

因为方程(2-25)为两等根，所以式中第二项必须包含 t。又因指数项 $\exp(-\omega t)$ 为实函数，故常数 G_1 和 G_2 必须为实数。

利用初始条件 $v(0)$ 和 $\dot{v}(0)$ 计算积分常数后，可得

$$v(t)=[v(0)(1-\omega t)+\dot{v}(0)t]\exp(-\omega t) \tag{2-43}$$

由正的 $v(0)$ 和 $\dot{v}(0)$ 值所绘制的图形如图 2-9 所示，临界阻尼体系的自由反应不包含在零挠度位置附近的振荡，而是按照式(2-43)所示的指数衰减逐渐返回零。但是，如果初始速度和初位移符号是彼此不同的，则将出现一次穿越零线。上面所描述的临界阻尼条件是一个非常有用的定义，它指出了在自由振动反应中不出现振荡的最小阻尼值。

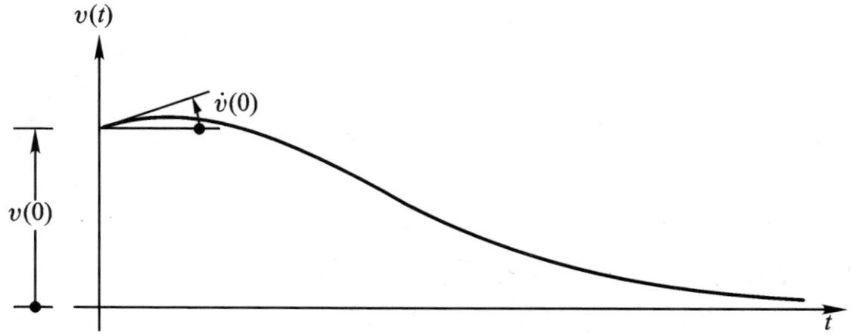

图 2-9　具有临界阻尼的自由振动反应

低阻尼体系

如果阻尼小于临界阻尼,即如果 $c<c_c$(也即 $c<2m\omega$),则显然式(2-39)中根号内的量符号为负。为了计算这种情况下的自由振动反应,用阻尼与临界阻尼的比值 ξ 来表示阻尼的量值较为方便。于是

$$\xi \equiv \frac{c}{c_c}=\frac{c}{2m\omega} \tag{2-44}$$

将式(2-44)代入式(2-39)可得

$$s_{1,2}=-\xi\omega \pm i\omega_D \tag{2-45}$$

其中

$$\omega_D \equiv \omega\sqrt{1-\xi^2} \tag{2-46}$$

它称为阻尼体系的自振频率。利用式(2-21),并且 s 的两个值由式(2-45)确定,则自由振动反应为

$$v(t)=[G_1\exp(i\omega_D t)+G_2\exp(-i\omega_D t)]\exp(-\xi\omega t) \tag{2-47}$$

类似于无阻尼的式(2-27),为使反应 $v(t)$ 是实的,常数 G_1 和 G_2 必须是复共轭的,也即 $G_1=G_R+iG_I$,$G_2=G_R-iG_I$。

式(2-47)所给的反应,可类似于无阻尼情况(图 2-6)那样用复平面的矢量来表示,所不同的是,必须以阻尼圆频率 ω_D 取代无阻尼圆频率 ω,矢量的大小按照式(2-47)方括号外的指数项 $\exp(-\xi\omega t)$ 进行衰减。

用与获得式(2-31)的同样方法,式(2-47)也可以用等价的三角函数形式表示

$$v(t)=(A\cos\omega_D t+B\sin\omega_D t)\exp(-\xi\omega t) \tag{2-48}$$

式中 $A=2G_R$,$B=-2G_I$。用初始条件 $v(0)$ 和 $\dot{v}(0)$ 计算出积分常数 A 和 B,从而得到

$$v(t)=\left[v(0)\cos\omega_D t+\left(\frac{\dot{v}(0)+v(0)\xi\omega}{\omega_D}\right)\sin\omega_D t\right]\exp(-\xi\omega t) \tag{2-49}$$

此外,反应也可写为另一种形式

$$v(t)=\rho\cos(\omega_D t+\theta)\exp(-\xi\omega t) \tag{2-50}$$

其中

$$\rho=\left[v(0)^2+\left(\frac{\dot{v}(0)+v(0)\xi\omega}{\omega_D}\right)^2\right]^{1/2} \tag{2-51}$$

$$\theta=-\tan^{-1}\left(\frac{\dot{v}(0)+v(0)\xi\omega}{\omega_D v(0)}\right) \tag{2-52}$$

注意到多数实际结构的低阻尼值为 $\xi<20\%$,因此式(2-46)所给出的频率比 ω_D/ω 接近于 1。阻尼比与频率比之间的关系可以用半径为 1 的圆来描述,如图 2-10 所示。

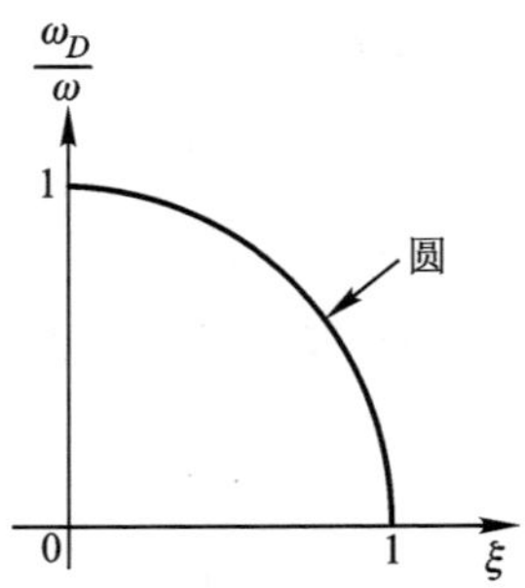

图 2-10 频率比与阻尼比之间的关系

一个低阻尼体系在初位移为 $v(0)$、初速度为零开始的运动，其反应规律图形如图 2－11 所示。注意到低阻尼体系具有不变的圆频率 ω_D 并在中性位置附近振荡是很有意义的。式(2－47)的旋转矢量表示法，除 ω 用 ω_D 代替和矢量长度因阻尼按指数减小外，与图 2－6 类似。

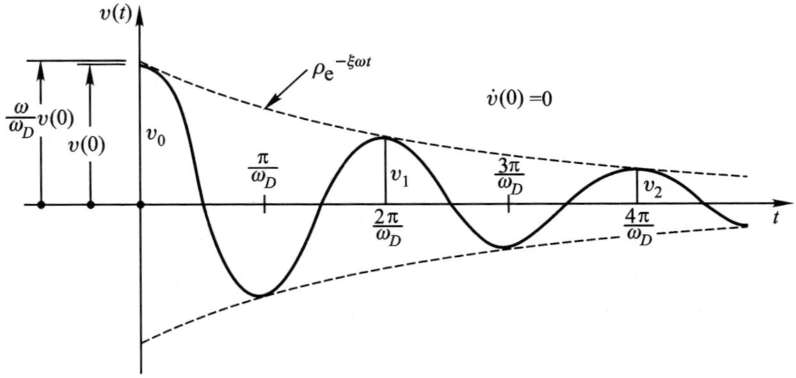

图 2－11　低阻尼体系自由振动反应

典型结构体系的真实阻尼特性是很复杂和难于确定的。因而，通常采用自由振动条件下具有相同衰减率的等效粘滞阻尼比 ξ 来表示实际结构的阻尼。为此，需要把图 2－11 所示的自由振动反应与粘滞阻尼比 ξ 更充分地联系起来。

考察任意两个分别在 $n\left(\frac{2\pi}{\omega_D}\right)$ 和 $(n+1)\frac{2\pi}{\omega_D}$ 时刻出现的相邻正波峰 v_n 和 v_{n+1}，利用式(2－50)，该相邻峰值的比为

$$v_n/v_{n+1}=\exp(2\pi\xi\omega/\omega_D) \tag{2-53}$$

对上式两边同时取自然对数(ln)并代入 $\omega_D=\omega\sqrt{1-\xi^2}$，即可获得对数衰减率 δ，其定义为

$$\delta\equiv\ln\frac{v_n}{v_{n+1}}=\frac{2\pi\xi}{\sqrt{1-\xi^2}} \tag{2-54}$$

对于小阻尼情况，式(2－54)可以近似为

$$\delta\doteq 2\pi\xi \tag{2-55}$$

其中符号≐表示近似等于，因而

$$\frac{v_n}{v_{n+1}}=\exp(\delta)\doteq\exp(2\pi\xi)=1+2\pi\xi+\frac{(2\pi\xi)^2}{2!}+\cdots \tag{2-56}$$

由于 ξ 较小，因此上式 Taylor 级数仅保留前两项即可获得足够的精度，由此可得

$$\xi\doteq\frac{v_n-v_{n+1}}{2\pi v_{n+1}} \tag{2-57}$$

为了说明式(2－57)的精度，在图 2－12 中绘出了方程(2－54)所给 ξ 精确值与式(2－57)所给近似值之比相对于近似值的函数曲线。此图可用于修正近似法

所得的阻尼比。

对于低阻尼体系，取相隔几周(例如相隔 m 周)的反应波峰来计算阻尼比，可获得更高的精度，即

$$\ln\frac{v_n}{v_{n+m}}=\frac{2m\pi\xi}{\sqrt{1-\xi^2}} \qquad (2-58)$$

对于小阻尼情况，由上式可得与式(2-57)等价的近似关系

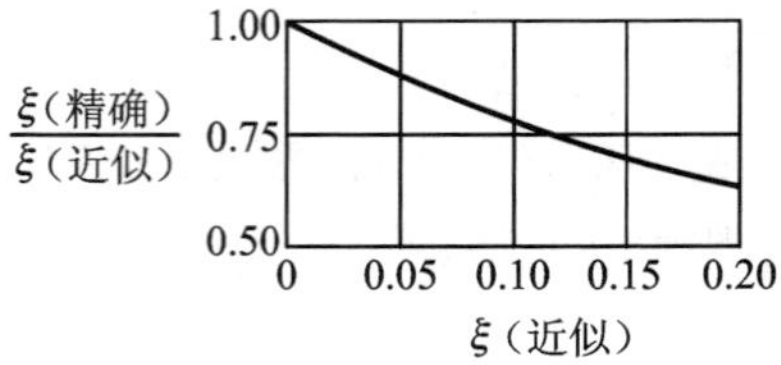

图 2-12 用于式(2-57)所得阻尼比的修正系数

$$\xi \doteq \frac{v_n-v_{n+m}}{2m\pi v_{n+m}} \qquad (2-59)$$

当采用试验方法观察衰减自由振动时，估计阻尼比的一个方便方法是，计算振幅约衰减到 53.306 8%时所需的循环周数，这一关系如图 2-13 所示。作为一个快速经验方法，临界阻尼比等于 10%、5%和 2.5%时，振幅减小到 53.306 8%①时所需循环数分别为 1、2 和 4。

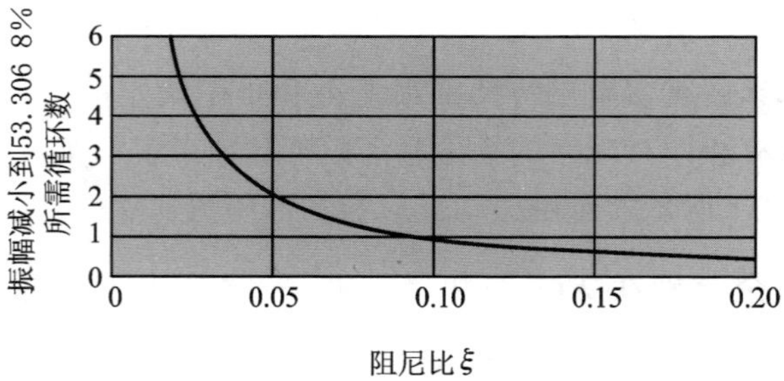

图 2-13 阻尼比与振幅减小 53.306 8%所需周数间关系

例题 E2-1 如图 E2-1 所示，一个单层建筑理想化为刚性大梁支承在无重的柱子上。为了计算此结构的动力特性，对这个体系进行了自由振动试验。试验中用液压千斤顶在体系的顶部(也即刚性大梁处)使其产生侧向位移，然后突然释放使结构产生振动。在千斤顶工作时观察到，为了使大梁产生 0.20 in[0.508 cm]位移需要施加 20 kips[9 072 kgf]。在产生初位

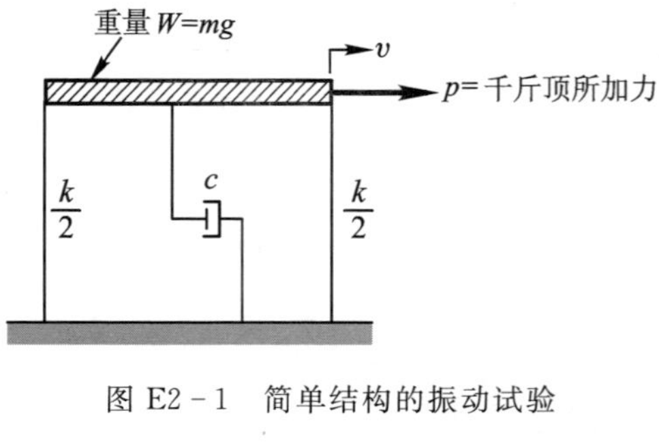

图 E2-1 简单结构的振动试验

① 原书图形和说明均为 50%，计算表明实际上有误。修改后与 Chopra《结构动力学》中结果一致。——译者

移后突然释放，第一个往复摆动的最大位移仅为 0.16 in[0.406 cm]，而位移循环的周期为 1.4 s。

从这些数据可以确定以下一些动力特性

(1) 大梁的有效重量

$$T=\frac{2\pi}{\omega}=2\pi\sqrt{\frac{W}{gk}}=1.40\ \text{s}$$

因此

$$W=\left(\frac{1.4}{2\pi}\right)^2 gk=0.049\ 6\times 386\ \frac{20}{0.2}\ \text{kips}=1\ 920\ \text{kips}[870.9\ \text{kgf}]$$

其中重力加速度为 386 in/s^2[980.420 7 cm/s^2]。

(2) 无阻尼振动频率

$$f=\frac{1}{T}=\frac{1}{1.4}=0.714\ \text{Hz}$$

$$\omega=2\pi f=4.48\ \text{rad/s}$$

(3) 阻尼特性

对数衰减率　$\delta=\ln(0.2/0.16)=0.223$

阻尼比　$\xi\doteq\delta/2\pi=3.55\%$

阻尼系数　$c=\xi c_c=\xi 2m\omega=0.035\ 5\times\frac{2\times 1\ 920}{386}\times 4.48$

$=1.584\ \text{kips}\cdot\text{s/in}[828.9\ \text{kgf}\cdot\text{s/cm}]$

阻尼频率　$\omega_D=\omega\sqrt{1-\xi^2}=\omega(0.999)^2\doteq\omega$

(4) 六周后的振幅

$$v_6=\left(\frac{v_1}{v_0}\right)^6 v_0=\left(\frac{4}{5}\right)^6\times 0.20=0.052\ 4\ \text{in}[0.133\ 1\ \text{cm}]$$

超阻尼体系

虽然阻尼大于临界阻尼的结构在正常情况下是不会遇到的，但在机械系统中有时会出现。因此，为了使讨论完整起见，进行超阻尼体系的反应分析是有意义的。在这种情况下 $\xi\equiv c/c_c>1$，式(2-39)可方便地写为

$$s_{1,2}=-\xi\omega\pm\omega\sqrt{\xi^2-1}=-\xi\omega\pm\hat{\omega} \tag{2-60}$$

其中

$$\hat{\omega}\equiv\omega\sqrt{\xi^2-1} \tag{2-61}$$

将式(2-60)中的两个 s 值代入式(2-21)并作简化，最后可得

$$v(t)=[A\sin h\hat{\omega}t+B\cos h\hat{\omega}t]\exp(-\xi\omega t) \tag{2-62}$$

式中实常数 A 和 B 可以根据初始条件 $v(0)$ 和 $\dot{v}(0)$ 来确定。从式(2-62)的形式可见，超阻尼体系的反应是不振荡的，它和图 2-9 所示的临界阻尼情况类似。

但是，返回零位移位置的速度随阻尼增大而减慢。

习 题

2-1 图 E2-1 所示建筑物的重量 W 为 200 kips，从位移为 1.2 in（$t=0$ 时）处突然释放，使其产生自由振动。如果 $t=0.64$ s 时往复摆动的最大位移为 0.86 in，试求

（a）侧移刚度 k；

（b）阻尼比 ξ；

（c）阻尼系数 c。

2-2 假设图 2-1a 所示结构的质量和刚度为：$m=2$ kips · s^2/in，$k=40$ kips/in。如果体系在初始条件 $v(0)=0.7$ in、$\dot{v}(0)=5.6$ in/s 时产生自由振动，试求 $t=1.0$ s 时的位移及速度。假设

（a）$c=0$（无阻尼体系）；

（b）$c=2.8$ kips · s/in。

2-3 假设图 2-1a 所示结构的质量和刚度为：$m=5$ kips · s^2/in，$k=20$ kips/in，且不考虑阻尼。如果初始条件 $v(0)=1.8$ in，而 $t=1.2$ s 时的位移仍然为 1.8 in，试求

（a）$t=2.4$ s 时的位移；

（b）自由振动的振幅 ρ。

第 3 章　谐振荷载反应

§ 3－1　无阻尼体系

补解

假设图 2－1 所示的体系受到幅值为 p_0、圆频率为 $\bar{\omega}$ 的正弦谐振荷载 $p(t)$ 作用，其运动方程为

$$m\ddot{v}(t)+c\dot{v}(t)+kv(t)=p_0\sin\bar{\omega}t \tag{3-1}$$

在讨论这种粘滞阻尼情况之前，先研究一下无阻尼系统的反应是有益的。无阻尼系统的运动方程为

$$m\ddot{v}(t)+kv(t)=p_0\sin\bar{\omega}t \tag{3-2}$$

此方程的补解为式(2－31)所示自由振动解

$$v_c(t)=A\cos\omega t+B\sin\omega t \tag{3-3}$$

特解

方程的通解还包括依赖于动力荷载形式的特解项。在这种谐振荷载情况下，假设相应的运动为谐振，并且与荷载同相位是合理的。因此特解为

$$v_p(t)=C\sin\bar{\omega}t \tag{3-4}$$

式中振幅 C 可如下计算。

将式(3－4)代入方程(3－2)，可得

$$-m\bar{\omega}^2C\sin\bar{\omega}t+kC\sin\bar{\omega}t=p_0\sin\bar{\omega}t \tag{3-5}$$

以 $\sin\bar{\omega}t$（一般它并不等于零）和 k 分别除以上式中各项，并注意到 $k/m=\omega^2$，整理后得到

$$C=\frac{p_0}{k}\left[\frac{1}{1-\beta^2}\right] \tag{3-6}$$

式中 β 定义为荷载频率与固有自由振动频率的比，即

$$\beta\equiv\bar{\omega}/\omega \tag{3-7}$$

通解

方程(3－2)的通解可由补解和特解组合而成，特解中的 C 可由式(3－6)确

定，由此得

$$v(t)=v_c(t)+v_p(t)=A\cos\omega t+B\sin\omega t+\frac{p_0}{k}\left[\frac{1}{1-\beta^2}\right]\sin\bar{\omega}t \tag{3-8}$$

在上式中，A、B 的值取决于反应的初始条件。对于由静止开始运动的体系，也即初始条件为 $v(0)=\dot{v}(0)=0$ 时，可容易求得

$$A=0;B=-\frac{p_0\beta}{k}\left[\frac{1}{1-\beta^2}\right] \tag{3-9}$$

在这种情况下，式(3-8)的反应为

$$v(t)=\frac{p_0}{k}\left[\frac{1}{1-\beta^2}\right](\sin\bar{\omega}t-\beta\sin\omega t) \tag{3-10}$$

其中，$p_0/k=v_{st}$是将荷载 p_0 静止地作用在体系上所引起的位移(静位移)；$1/(1-\beta^2)$为表示谐振荷载放大效应的放大系数 MF；在方程中，$\sin\bar{\omega}t$ 是与荷载直接相关并按荷载频率振动的反应分量，称为稳态反应；$\beta\sin\omega t$ 是受到反应初始条件控制的、按固有频率振动的自由振动效应分量①。在实际情况中，阻尼将使最后一项最终消失，故称该项为瞬态反应。然而，对于这个假想的无阻尼系统，这一项不会衰减掉，而将无限制地持续下去。

反应比——动力荷载影响的一个简便度量是规定动位移反应与荷载 p_0 静止作用时引起位移的比值，即

$$R(t)\equiv\frac{v(t)}{v_{st}}=\frac{v(t)}{p_0/k} \tag{3-11}$$

显然，从式(3-10)可见，对于一个开始处于静止的无阻尼系统，受到正弦波荷载作用时的反应比为

$$R(t)=\left[\frac{1}{1-\beta^2}\right](\sin\bar{\omega}t-\beta\sin\omega t) \tag{3-12}$$

参见图 3-1，可以更详细地观察这个反应的特性。图 3-1a 表示反应的稳态分量；图 3-1b 即瞬态反应。如果在此例中假定 $\beta=2/3$，亦即荷载频率是自振频率的三分之二，则总反应 $R(t)$ 如图 3-1c 所示为这两项反应之和。这里有两点是重要的：(1)两个分量具有时而趋于同相位、时而趋于反相位的趋势，这将使总反应中出现“拍”的效应②；(2)总反应在 $t=0$ 时的斜率为 0，表示瞬态反应的初速度刚好与稳态反应的初速度相互抵消，因而满足指定的初始条件 $\dot{v}(0)=0$。

① 目前一般称为伴随自由振动，它是在任何初始条件下都将产生、由动力荷载引起的分量(参阅 N. M. 巴巴科夫著《振动理论》一书中译本第 24 页)。——译者

② 对小阻尼体系，当 ω 和 $\bar{\omega}$ 很接近时将会出现拍的现象，请参阅 S Timoshenko：Vibration Problems in Engineering. Third Edition，47-48 页。——译者

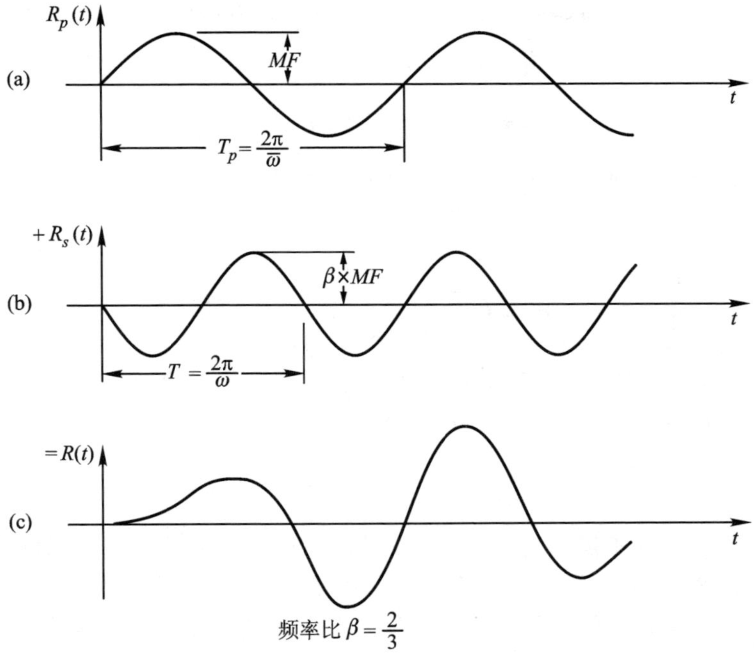

图 3-1　从静止初始条件开始正弦波激励所引起的反应比

(a)稳态；(b)瞬态；(c)总反应 $R(t)$

§3-2　粘滞阻尼体系

现在回到包含粘滞阻尼的运动方程(3-1)，用 m 除方程各项，并注意到 $c/m=2\xi\omega$，则得

$$\ddot{v}(t)+2\xi\omega\dot{v}(t)+\omega^2 v(t)=\frac{p_0}{m}\sin\bar{\omega}t \tag{3-13}$$

此方程的补解为式(2-48)所给出的阻尼自由振动反应，即

$$v_c(t)=[A\cos\omega_D t+B\sin\omega_D t]\exp(-\xi\omega t) \tag{3-14}$$

方程(3-13)的特解为如下形式

$$v_p(t)=G_1\cos\bar{\omega}t+G_2\sin\bar{\omega}t \tag{3-15}$$

因为阻尼系统的反应一般与荷载并不同相位，因此上式中必须包含正、余弦两项。

将式(3-15)代入方程(3-13)，并把 $\cos\bar{\omega}t$ 和 $\sin\bar{\omega}t$ 因子分离开来，则可得

$$\begin{aligned}&[-G_1\bar{\omega}^2+G_2\bar{\omega}(2\xi\omega)+G_1\omega^2]\cos\bar{\omega}t+\\&\left[-G_2\bar{\omega}^2-G_1\bar{\omega}(2\xi\omega)+G_2\omega^2-\frac{p_0}{m}\right]\sin\bar{\omega}t=0\end{aligned} \tag{3-16}$$

为使上式在 t 取任何值时均成立，需要两个方括号内的量均为零，由此获得

$$\left.\begin{aligned} G_1(1-\beta^2)+G_2(2\xi\beta)=0 \\ G_2(1-\beta^2)-G_1(2\xi\beta)=\frac{p_0}{k} \end{aligned}\right\} \tag{3-17}$$

式中 β 为式(3－7)所给的频率比。解联立方程可得

$$\left.\begin{aligned} G_1=\frac{p_0}{k}\left[\frac{-2\xi\beta}{(1-\beta^2)^2+(2\xi\beta)^2}\right] \\ G_2=\frac{p_0}{k}\left[\frac{1-\beta^2}{(1-\beta^2)^2+(2\xi\beta)^2}\right] \end{aligned}\right\} \tag{3-18}$$

将这些表达式代入式(3－15)中并与补解的式(3－14)结合，可获得总反应为

$$\begin{aligned} v(t)=&(A\cos\omega_D t+B\sin\omega_D t)\exp(-\xi\omega t)+ \\ &\frac{p_0}{k}\left[\frac{1}{(1-\beta^2)^2+(2\xi\beta)^2}\right]\left[(1-\beta^2)\sin\bar{\omega}t-2\xi\beta\cos\bar{\omega}t\right] \end{aligned} \tag{3-19}$$

上式右端第一项表示按 $\exp(-\xi\omega t)$ 衰减的瞬态反应；第二项为无限持续的稳态谐振反应。常数 A、B 可由任意给定的初始条件 $v(0)$ 和 $\dot{v}(0)$ 来确定。可是，因为瞬态反应衰减得很快，通常很少关心它①，因此这里就不介绍常数 A、B 值的计算了。

稳态谐振反应——通常所关心的是式(3－19)第二项给出的稳态谐振反应

$$v_p(t)=\frac{p_0}{k}\left[\frac{1}{(1-\beta^2)^2+(2\xi\beta)^2}\right]\left[(1-\beta^2)\sin\bar{\omega}t-2\xi\beta\cos\bar{\omega}t\right] \tag{3-20}$$

这个稳态位移反应的特性，可容易地用图 3－2 所示复平面中所绘出的两个相应旋转矢量来解释，它们在实轴上的分量之和，即为式(3－20)等号右端的两项。合成矢量 $-\rho i\exp[i(\bar{\omega}t-\theta)]$ 的实部给出了如下形式的稳态反应

$$v_p(t)=\rho\sin(\bar{\omega}t-\theta) \tag{3-21}$$

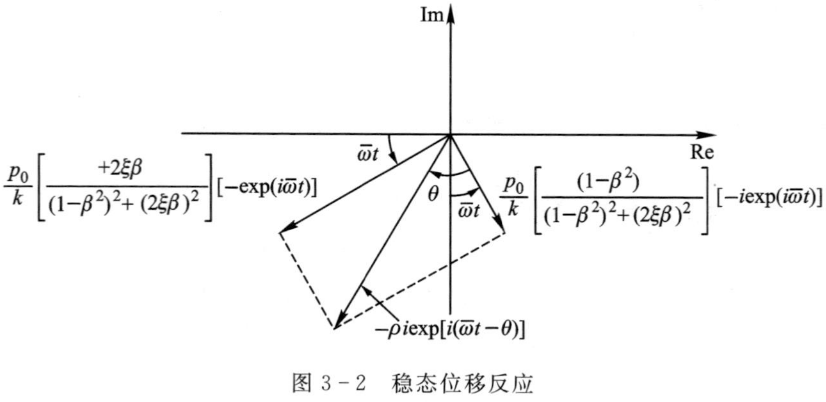

图 3－2 稳态位移反应

---

① 这一结论对受谐振荷载作用的动力问题，无疑是正确的。但是读者必须注意，如果结构承受地震地面运动激励，就无所谓“稳态”可言，当然也无所谓“瞬态反应很少关心”。——译者

振幅为

$$\rho=\frac{p_0}{k}\left[(1-\beta^2)^2+(2\xi\beta)^2\right]^{-1/2} \tag{3-22}$$

反应滞后于荷载的相位角 θ 为

$$\theta=\tan^{-1}\left(\frac{2\xi\beta}{1-\beta^2}\right) \tag{3-23}$$

不言自明的是，相位角 θ 只限于 $0<\theta<180^\circ$ 的范围。

合成的谐振反应振幅与荷载 p_0 所引起静位移的比值 D，称为动力放大系数，即

$$D\equiv\frac{\rho}{p_0/k}=\left[(1-\beta^2)^2+(2\xi\beta)^2\right]^{-1/2} \tag{3-24}$$

可见动力放大系数 D 和相位角 θ 都随频率比 β 和阻尼比 ξ 而改变。图 3－3 和图 3－4 分别绘制了对不同阻尼比离散值 ξ 的 D 与 β、θ 与 β 的关系曲线。

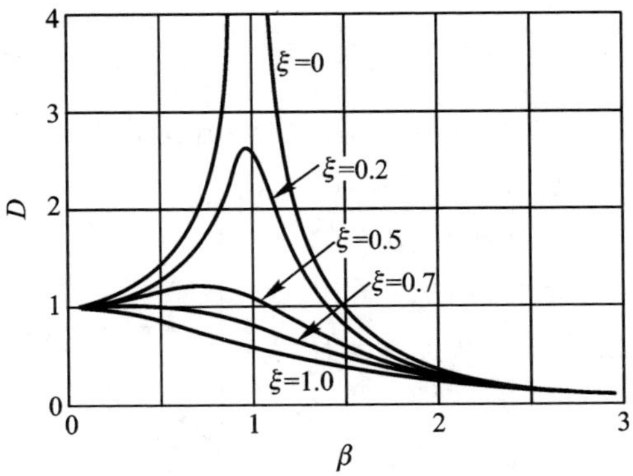

图 3－3　动力放大系数随阻尼和频率的变化

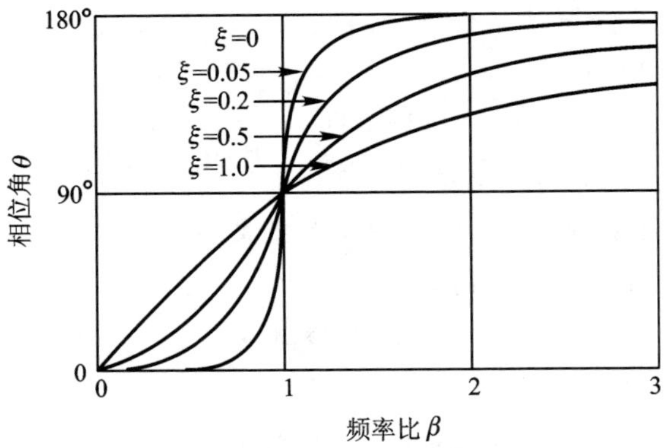

图 3－4　相位角随阻尼和频率的变化

再一次使用解的指数形式对求解稳态谐振反应是有意义的。考虑用指数形

式描述谐振荷载的一般情况为

$$\ddot{v}(t)+2\xi\omega\dot{v}(t)+\omega^2 v(t)=\frac{p_0}{m}\exp[i(\overline{\omega}t+\phi)] \tag{3-25}$$

这里，ϕ 是谐振荷载函数中的一个任意相位角。在涉及一般的谐振荷载时，尤其是可利用一系列谐振分量表示的周期荷载，对每个谐振项必须说明其相位角。因此，采用复数比用幅值和相位角表示要方便。本章所研究的只有一个谐振项，因此相位角可任意取，为了简单可取为零。这样，在荷载表达式中就不需要包含此项。

方程(3－25)的特解及它对时间的一阶、二阶导数为

$$\begin{aligned} v_p(t)&=G\exp(i\overline{\omega}t)\\ \dot{v}_p(t)&=i\overline{\omega}G\exp(i\overline{\omega}t)\\ \ddot{v}_p(t)&=-\overline{\omega}^2G\exp(i\overline{\omega}t)\end{aligned} \tag{3-26}$$

式中 G 是一个复常数。为了求 G，将式(3－26)代入方程(3－25)，消去各项中的 $\exp(i\overline{\omega}t)$，并用 k/ω^2 代替 m，用 β 代替 $\overline{\omega}/\omega$，则可解出 G 为

$$G=\frac{p_0}{k}\left[\frac{1}{(1-\beta^2)+i(2\xi\beta)}\right]=\frac{p_0}{k}\left[\frac{(1-\beta^2)-i(2\xi\beta)}{(1-\beta^2)^2+(2\xi\beta)^2}\right] \tag{3-27}$$

将其代入式(3－26)的第一式，并在复平面中绘出表示结果的两个向量，如图 3－5 所示。注意，与图 3－2 中相应的量相比，这两个向量的合成结果及相位角 θ 除了逆时针旋转了 90°外是相同的。图中的这一差别符合谐振荷载 $-i(p_0/m)\cdot\exp(i\overline{\omega}t)$ 和 $i(p_0/m)\exp(i\overline{\omega}t)$ 在图 3－2 和图 3－5 产生的结果之间的相位差。注意，$(p_0/m)\sin\overline{\omega}t$ 是 $-i(p_0/m)\exp(i\overline{\omega}t)$ 的实部。

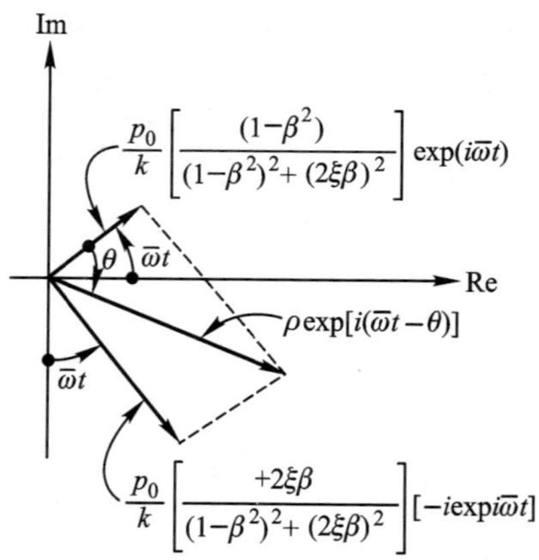

图 3－5　采用粘滞阻尼的稳态反应

在上述稳态谐振振动条件下，如图 3－5 所示的总反应为

$$v_p(t)=\rho\exp[i(\overline{\omega}t-\theta)] \tag{3-28}$$

振幅 ρ 由式(3－22)给出。考虑在稳态谐振条件下作用在质量上的力的平衡是有意义的。力的平衡要求惯性力、阻尼力、弹簧力之和等于所作用的荷载

$$p(t)=p_0\exp(i\overline{\omega}t) \tag{3-29}$$

利用式(3－28)，这些力为

$$\begin{aligned} f_{I_p}(t)&=m\ddot{v}_p(t)=-m\overline{\omega}^2\rho\exp[i(\overline{\omega}t-\theta)]\\ f_{D_p}(t)&=c\dot{v}_p(t)=ic\overline{\omega}\rho\exp[i(\overline{\omega}t-\theta)]\\ f_{S_p}(t)&=kv_p(t)=k\rho\exp[i(\overline{\omega}t-\theta)]\end{aligned} \tag{3-30}$$

在复平面上它们与作用荷载以向量表示，如图 3-6 所示。图中还给出了对应方程(2-1)平衡所需的力封闭多边形。注意，虽然式(3-30)给出的惯性力、阻尼力和弹簧力分别与加速度、速度和位移运动量同相位，而实际上它们与相应的运动量方向相反，这与方程(2-1)中所用图 2-1b 所示的情况是一致的。

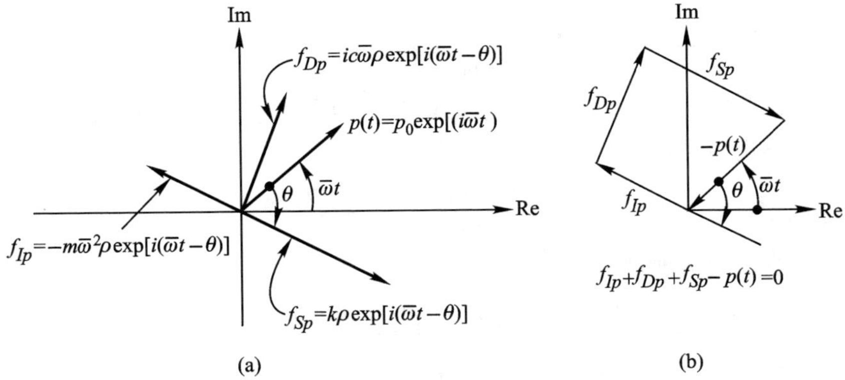

图 3-6　粘滞阻尼下谐振稳态反应中的力

(a)复平面表示；(b)封闭力多边形表示

例题 E3-1　一种便携式谐振荷载激振器，为在现场测量结构的动力特性提供了一种有效的手段。用此激振器对结构施以两种不同频率的荷载，并分别测出每种情况下结构反应的幅值与相位。由此可以确定单自由度体系的质量、阻尼和刚度。在一个单层建筑上做这种测试，激振器工作频率分别为 $\bar{\omega}_1=16$ rad/s 和 $\bar{\omega}_2=25$ rad/s，每种情况下力的幅值均为 500 lbf[226.8 kgf]。测出两种情况下的反应幅值和相位为

$$\rho_1=7.2\times10^{-3}\ \text{in}[18.3\times10^{-3}\ \text{cm}],\theta_1=15^\circ,\cos\theta_1=0.966,\sin\theta_1=0.259$$

$$\rho_2=14.5\times10^{-3}\text{in}[36.8\times10^{-3}\ \text{cm}],\theta_2=55^\circ,\cos\theta_2=0.574,\sin\theta_2=0.819$$

为了利用这些数据计算动力特性，将式(3-22)改写为如下形式较为方便

$$\rho=\frac{p_0}{k}\frac{1}{1-\beta^2}\left\{\frac{1}{1+[2\xi\beta/(1-\beta^2)]^2}\right\}^{1/2}=\frac{p_0}{k}\frac{\cos\theta}{1-\beta^2}\tag{a}$$

式中三角函数是由式(3-23)导出的。经进一步简化，上式变为

$$k(1-\beta^2)=k-\bar{\omega}^2m=\frac{p_0\cos\theta}{\rho}$$

然后引入两组测试数据，则可获得如下矩阵方程

$$\begin{pmatrix}1 & -16^2\\ 1 & -25^2\end{pmatrix}\begin{pmatrix}k\\ m\end{pmatrix}=500\ \text{lbf}\times\begin{pmatrix}\dfrac{0.966}{7.2\times10^{-3}}\\ \dfrac{0.574}{14.5\times10^{-3}}\end{pmatrix}$$

解方程得

$$k=100\times10^3\ \mathrm{lbf/in}[17.8\times10^3\ \mathrm{kgf/cm}]$$

$$m=128.5\ \mathrm{lbf\cdot s^2/in}[22.95\ \mathrm{kgf\cdot s^2/cm}]$$

从而

$$W=mg=49.6\times10^3\ \mathrm{lbf}[22.5\times10^3\ \mathrm{kgf}]$$

固有频率为

$$\omega=\sqrt{\frac{k}{m}}=27.9\ \mathrm{rad/s}$$

为了确定阻尼系数，可由式(a)和式(3－23)导出两个 $\cos\theta$ 的表达式。令两式相等可解出阻尼比为

$$\xi=\frac{p_0\sin\theta}{2\beta k\rho}=\frac{p_0\sin\theta}{c_c\bar{\omega}\rho}$$

由第一个测试的数据可得

$$c=\xi c_c=\frac{500\times0.259}{16\times7.2\times10^{-3}}\mathrm{lbf\cdot s/in}=1\,125\ \mathrm{lbf\cdot s/in}[200.9\ \mathrm{kgf\cdot s/cm}]$$

用第二个测试的数据可得到相同的结果(工程允许精度内)。因而，阻尼比为

$$\xi=\frac{c}{2k/\omega}=\frac{1\,125\times27.9}{200\times10^3}=15.7\%$$

§3－3　共振反应

从式(3－12)显然可见，当无阻尼体系频率比 β 接近 1 时，其稳态反应幅值将趋于无穷，在图 3－3 中，当 $\xi=0$ 时也可以看出这种趋向。从同一个图形可见，对小阻尼体系，稳态反应振幅最大值出现在频率比略小于 1 的地方。虽然如此，仍以频率比等于 1，也即作用荷载的频率等于无阻尼自由振动固有频率作为条件，称为共振。从式(3－24)可见，在此条件下($\beta=1$)动力放大系数为

$$D_{\beta=1}=\frac{1}{2\xi}\tag{3-31}$$

为了找到动力放大系数的最大值或峰值，必须将式(3－24)对 β 求导并令其等于零，由此可得(为得到正的实值，阻尼比应满足 $\xi<1/\sqrt{2}$)

$$\beta_{峰}=\sqrt{1-2\xi^2}\tag{3-32}$$

将此频率比的值代回式(3－24)可得

$$D_{\max}=\frac{1}{2\xi\sqrt{1-\xi^2}}=\frac{1}{2\xi}\frac{\omega}{\omega_D}\tag{3-33}$$

由于实际结构一般阻尼比 $\xi<0.1$，因此式(3－33)与简化式(3－31)的差别很小，其差别对 $\xi=0.1$ 约为 0.5%，对 $\xi=0.2$ 约为 2%。

为了对谐振荷载下结构共振反应的固有特性有更完整的理解，需要对包含

瞬态项及稳态项的一般反应式(3-19)进行讨论。在共振干扰频率时($\beta=1$)，此式成为

$$v(t)=(A\cos\omega_D t+B\sin\omega_D t)\exp(-\xi\omega t)-\frac{p_0}{k}\frac{\cos\omega t}{2\xi} \tag{3-34}$$

假设体系从静止开始运动[$v(0)=\dot{v}(0)=0$]，则常数为

$$A=\frac{p_0}{k}\frac{1}{2\xi};B=\frac{p_0}{k}\frac{\omega}{2\omega_D}=\frac{p_0}{k}\frac{1}{2\sqrt{1-\xi^2}} \tag{3-35}$$

因此式(3-34)成为

$$v(t)=\frac{1}{2\xi}\frac{p_0}{k}\left[\left(\frac{\xi}{\sqrt{1-\xi^2}}\sin\omega_D t+\cos\omega_D t\right)\exp(-\xi\omega t)-\cos\omega t\right] \tag{3-36}$$

对结构体系中所期望的阻尼值，$\sqrt{1-\xi^2}$ 这一项近似等于 1，因此上述式子可近似写为

$$R(t)=\frac{v(t)}{p_0/k}\doteq\frac{1}{2\xi}\{[\exp(-\xi\omega t)-1]\cos\omega t+\xi[\exp(-\xi\omega t)]\sin\omega t\} \tag{3-37}$$

对阻尼为零的情况，近似方程将是不确定的，应用 L'Hospital 法则①后，可获得无阻尼体系的共振反应比为

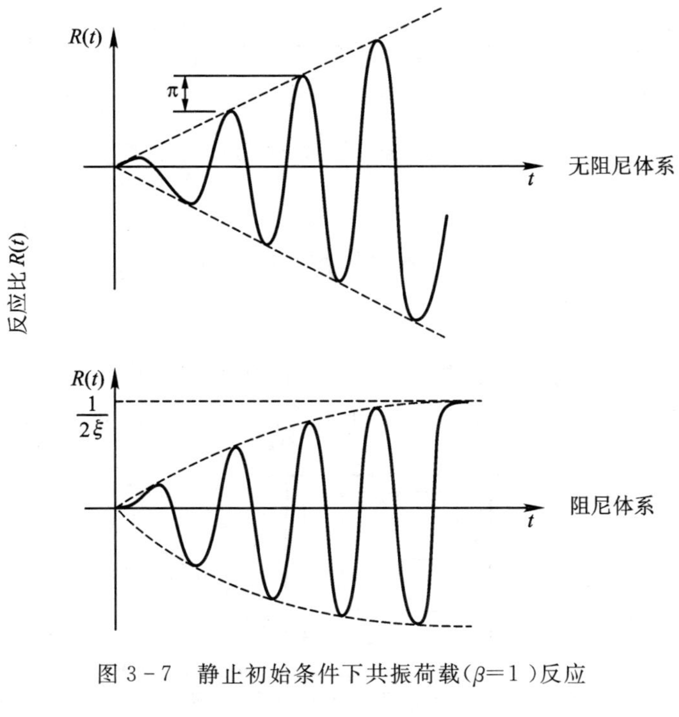

图 3-7　静止初始条件下共振荷载($\beta=1$)反应

① L'Hospital 法则即：如果当 x 趋近于 a 时，$f(x)/F(x)$ 趋近于 0/0 或∞/∞，但 $f'(x)/F'(x)$ 趋于某一极限，则在一定条件下 $f(x)/F(x)$ 趋近于同一极限。——译者

$$R(t) \doteq \frac{1}{2}(\sin \omega t - \omega t \cos \omega t) \tag{3-38}$$

这些式子的图形如图 3-7 所示。注意：因为所包含的 $\sin \omega t$ 项对反应的贡献较少，在无阻尼情况下图中峰值是线性增长的，每个循环增加一个 π 值。而对有阻尼情况相应的增加值为 $(1/2\xi)[\exp(-\xi\omega t)-1]$。后者对一些离散阻尼值的包络函数与频率的关系绘于图 3-8 中，由此可见，在感兴趣的阻尼范围内，由于阻尼的增加，趋于稳态值 $1/2\xi$ 的速率增加，较少的循环周数就达到稳态水准。例如，当阻尼为 5%临界阻尼时，循环 14 次就很接近稳态值 $1/2\xi$ 了。

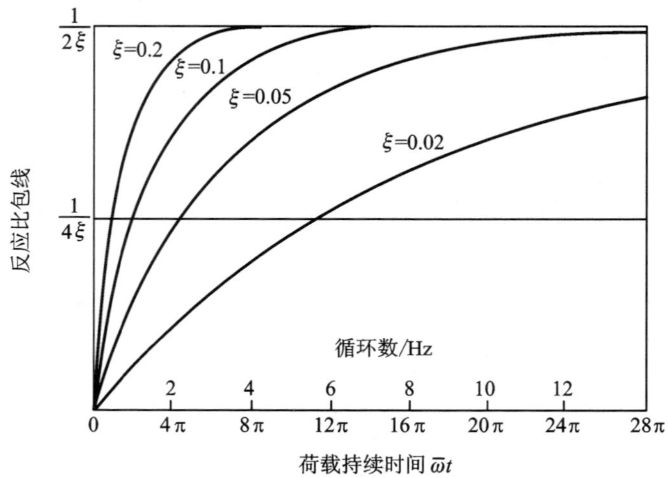

图 3-8 从静止开始的共振反应增加速率

§3-4 加速度计和位移计

现在，已易于讨论一类重要的动力测量仪器工作时的基本原理了。它们是地震测量仪，本质上是一个如图 3-9 所示的粘滞阻尼振荡器。这个体系被安装

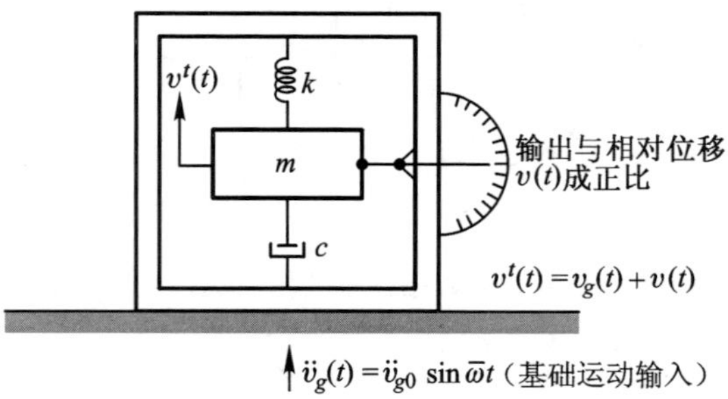

图 3-9 典型地震仪的示意图

在一个外罩内，而外罩又安置在需要测量运动的表面上。反应可以用相对于外罩的质量块的运动 $v(t)$ 来测量。

式(2－17)已给出了此体系的运动方程

$$m\ddot{v}(t)+c\dot{v}(t)+kv(t)=-m\ddot{v}_g(t)\equiv p_{\text{eff}}(t)$$

式中 $\ddot{v}_g(t)$ 为外罩支承的竖向加速度。现在讨论具有形如 $\ddot{v}_g(t)=\ddot{v}_{g0}\sin\bar{\omega}t$ 的谐振支承加速度，也即 $p_{\text{eff}}(t)=-m\ddot{v}_{g0}\sin\bar{\omega}t$，运动 $v(t)$ 的稳态反应幅值可由式(3－22)得到，即

$$\rho=\frac{m\ddot{v}_{g0}}{k}D \tag{3-39}$$

其中 D 由式(3－24)给出，其图形如图 3－3 所示。从此图可见，当阻尼比 $\xi=0.7$ 时，在频率范围 $0<\beta<0.6$ 内 D 值接近常量。因此，从式(3－39)可清楚看出：如果基础的运动频率不超过仪器固有频率($\omega=2\pi f=\sqrt{k/m}$)的 6/10 时，仪器的反应振幅将和基础加速度振幅成正比。因此，在适当的阻尼情况下，这种仪器可以有效地用作频率较低的加速度计。用增大仪器与干扰频率相比的自振频率，也即用增大弹簧刚度或减小质量的方法，可以扩大这类仪器的适用范围。这就是地震加速度计的基本原理。加速计的校准是很容易实现的。首先将仪器灵敏度轴竖向校准，然后将其倒置，并记录 2 倍重力加速度所引起相应反应的变化结果。

现在再来讨论上述仪器在谐振基底位移 $v_g=v_{g0}\sin\bar{\omega}t$ 作用下的反应。这种情况，加速度为 $\ddot{v}_g=-\bar{\omega}^2v_{g0}\sin\bar{\omega}t$，等效荷载为 $p_{\text{eff}}=m\bar{\omega}^2v_{g0}\sin\bar{\omega}t$。与式(3－22)相应的相对位移反应幅值为

$$\rho=\frac{m\bar{\omega}^2v_{g0}}{k}D=v_{g0}\beta^2D \tag{3-40}$$

反应函数 β^2D 的曲线如图 3－10 所示。在这种情况下，当阻尼比为 $\xi=0.5$、频率比大于 1 时，函数 β^2D 基本保持常数。因此，具有适当阻尼的仪器，其反应基本上与高频基底运动的位移振幅成比例，也即它可用作测量此种运动的位移

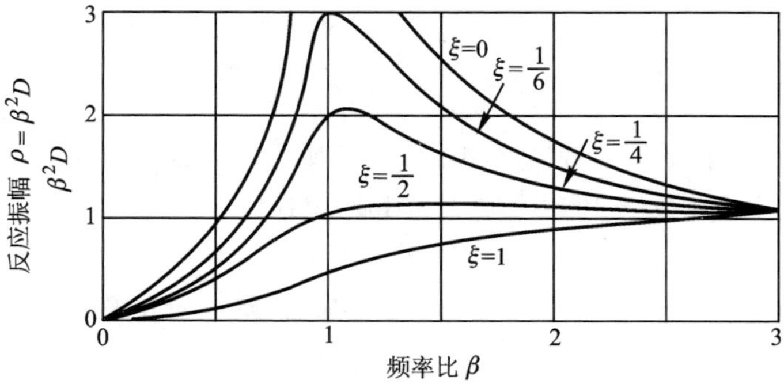

图 3－10　对于谐振基底位移地震仪的反应

计。用降低固有频率的方法，也即用减小弹簧刚度或增加质量的方法可以扩大这类仪器的适用范围。

§3-5 隔 振

虽然在这里全面讨论隔振这个课题显得太宽广了，但将通过以下两类问题介绍有关的基本原理：(1)由于旋转设备产生的振荡力所引起的支承结构中有害振动的预防；(2)由于支承结构振动所引起的其上精密设备有害振动的预防。

第一种情况如图3-11所示，一个转动的机器由于旋转部分的不平衡产生一个垂直方向的振荡力 $p_0 \sin \bar{\omega} t$。如果机器安放在一个如图所示的单自由度弹簧-阻尼体系上，它的稳态相对位移反应可由如下式子给出

$$v_p(t)=\frac{p_0}{k} D \sin(\bar{\omega} t-\theta) \tag{3-41}$$

其中 D 由式(3-24)确定。当然，这个结果假定：总反力 $f(t)$ 所引起的支座运动，跟相对于支座的系统运动相比是可以忽略的。

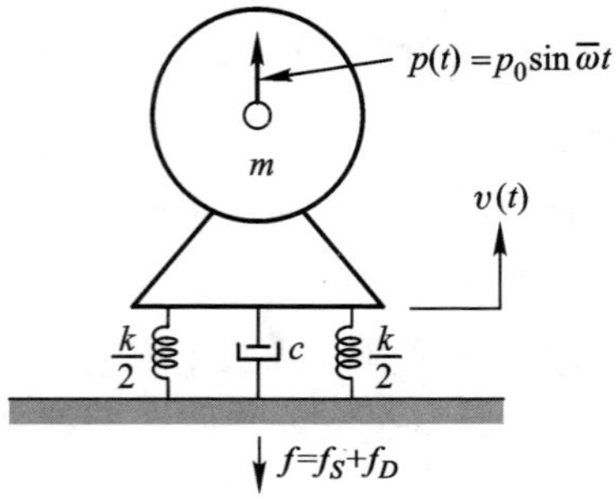

图3-11 单自由度隔振体系(作用荷载)

由式(3-41)及其对时间的一阶导数可得弹簧和阻尼的反作用力为

$$\begin{aligned} f_S(t)&=k v(t)=p_0 D \sin(\bar{\omega} t-\theta) \\ f_D(t)&=c \dot{v}(t)=\frac{c p_0 D \bar{\omega}}{k} \cos(\bar{\omega} t-\theta)=2 \xi \beta p_0 D \cos(\bar{\omega} t-\theta) \end{aligned} \tag{3-42}$$

因为这两个力彼此间相位角差90°，因此作用于基底上的总反作用力的幅值为

$$f_{\max}(t)=\left[f_{S,\max}(t)^2+f_{D,\max}(t)^2\right]^{1/2}=p_0 D\left[1+(2 \xi \beta)^2\right]^{1/2} \tag{3-43}$$

因此，最大基底力与作用力幅值的比称为支承系统的传导比(TR)，按此定义可得

$$TR \equiv \frac{f_{\max}(t)}{p_0}=D \sqrt{1+(2 \xi \beta)^2} \tag{3-44}$$

必须加以隔振的第二种情况如图3-12所示。谐振支承运动 $v_g(t)$ 促使产生与式(3-21)和式(3-40)一致的稳态相对位移反应

$$v_p(t)=v_{g0} \beta^2 D \sin(\bar{\omega} t-\theta) \tag{3-45}$$

将其与支承的运动矢量 $v_g(t)=v_{g0} \sin \bar{\omega} t$ 相加后，质量 m 的总稳态反应为

$$v^t(t)=v_{g0} \sqrt{1+(2 \xi \beta)^2} D \sin(\bar{\omega} t-\bar{\theta}) \tag{3-46}$$

式中的相位角 $\bar{\theta}$ 在当前讨论中没有重要意义。如果在这种情况中，用质量总的

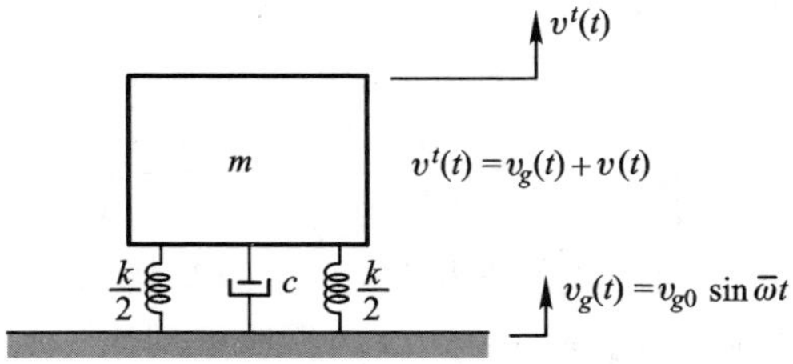

图 3-12　单自由度隔振体系(支座扰动)

运动振幅与基础运动振幅的比来定义传导比,则可看出,这个传导比的表达式是和式(3-44)一样的,也即

$$TR\equiv\frac{v_{\max}^t}{v_{g0}}=D\sqrt{1+(2\xi\beta)^2} \tag{3-47}$$

注意,因为 $\ddot{v}_{\max}^t=\bar{\omega}^2 v_{\max}^t$ 和 $\ddot{v}_{g\max}=\bar{\omega}^2 v_{g0}$,因此这个传导关系也适用于($\ddot{v}_{\max}^t/\ddot{v}_{g\max}$)。

因为式(3-44)和式(3-47)传导关系是一样的,因此上述两种隔振体系情况的传导性可用公共的关系表达。在图 3-13 中绘出了此关系在不同阻尼比情况下与频率比的函数关系曲线。注意,不同阻尼比的全部曲线都经过频率比为$\sqrt{2}$的相同点。显然因为有这样的特性,当频率比 $\beta<\sqrt{2}$时,增加阻尼将使隔振体系的效率增加;而在频率比 $\beta>\sqrt{2}$时,阻尼增加将使隔振体系的效率降低。因为传导率一般在 $\beta>\sqrt{2}$时比 $\beta<\sqrt{2}$时的低许多,因此实际上使设备在高频段运行是有利的。然而这不是总能做到的,因为在许多情况下某些时段系统必须在低于 $\beta=\sqrt{2}$的情况下运行,而且在某些情况下甚至在接近 $\beta=1$ 的共振状态下运行。这可通过如下的例子加以说明。

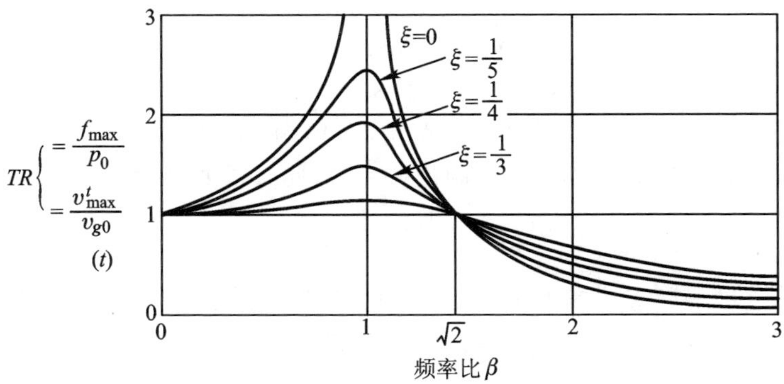

图 3-13　振动传导比(作用荷载或支座扰动)

例题 E3-2　混凝土桥梁有时将由于蠕变而产生挠度,如果桥面由一系列等跨度的梁组成,当车辆在桥上匀速行驶时,这些挠度将产生谐波干扰。当然,车辆弹簧和冲击减震器的设计意图就是作为一个隔振体系,用以限制来自路面

传给乘客的竖向运动。

图 E3-1 展示了这种体系的高度理想化的模型，图中车辆重量是 4 000 lbf [1 814 kgf]，弹簧刚度由试验确定。试验结果为加 100 lbf[45.36 kgf]将产生 0.08 in[0.203 cm]的挠度。用一个波长为 40 ft[12.2 m](梁的跨度)、(单)幅值为 1.2 in[3.05 cm]的正弦曲线代表桥的剖面，当车辆以 45 mi/h[72.4 km/h]的速度行驶并假定阻尼为临界阻尼的 40%时，要求利用这些数据预测一下车辆的稳态竖向运动。

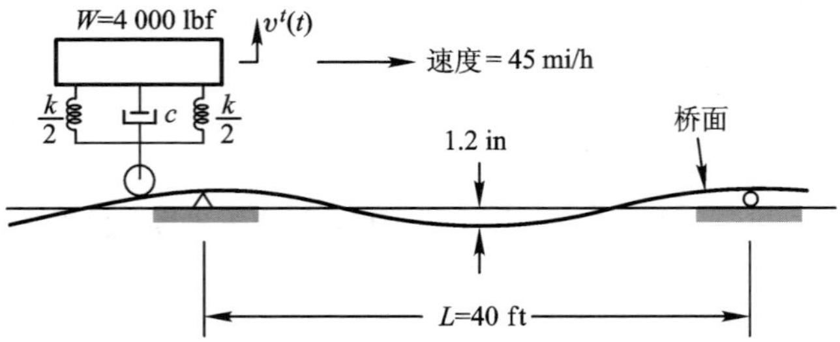

图 E3-1 在不平的桥面上行驶的车辆示意图

对于这种情况，传导比由式(3-47)给出。因此，竖向运动的振幅为

$$v_{\max}^t = v_{g0}\left[\frac{1+(2\xi\beta)^2}{(1-\beta^2)^2+(2\xi\beta)^2}\right]^{1/2}$$

当车辆以 45 mi/h=66 ft/s[20.12 m/s]行驶时，干扰周期为

$$T_p = \frac{40\ \text{ft}}{66\ \text{ft/s}} = 0.606\ \text{s}$$

而车辆的固有周期为

$$T = \frac{2\pi}{\omega} = 2\pi\sqrt{\frac{W}{kg}} = 0.572\ \text{s}$$

因此 $\beta = T/T_p = 0.572/0.606 = 0.944$。又由于 $\xi = 0.4$，故反应幅值为

$$v_{\max}^t = 1.2\times 1.642\ \text{in} = 1.97\ \text{in}[5.0\ \text{cm}]$$

值得注意的是，如果车辆没有阻尼($\xi=0$)，此时幅值将为

$$v_{\max}^t = v_{g0}\left(\frac{1}{1-\beta^2}\right) = \frac{1.2}{0.11}\ \text{in} = 10.9\ \text{in}[27.7\ \text{cm}]$$

当然，这已经超过弹簧的范围，因此没有多少意义。但这确实说明，在限制由于路面不平所引起的运动中，冲击减震器起着重要的作用。

当设计一个隔振系统时，将使其在高于临界频率比 $\beta=\sqrt{2}$ 下运行，采用隔振效率(IE)比用传导比来表达单自由度体系的性能更为方便，隔振效率可如下定义

$$IE \equiv 1 - TR \tag{3-48}$$

仅当 $\beta\to\infty$ 时 $IE=1$，表示振动完全隔离；而当 $\beta=\sqrt{2}$ 时 $IE=0$，表明不起隔振作

用。β 值低于临界值时，质量产生的运动将放大。因而，实际隔振体系仅仅在频率比 $\beta>\sqrt{2}$ 时才是有效的。在这种情况下，隔振体系可能有小的阻尼。

对于小的阻尼，式(3-44)和式(3-47)给出了系统的传导比，将式(3-24)代入后，可以获得如下近似关系

$$TR \doteq 1/(\beta^2-1) \tag{3-49}$$

此时隔振效率成为

$$IE=(\beta^2-2)/(\beta^2-1) \tag{3-50}$$

反过来，将此式对 β^2 求解，可得

$$\beta^2=(2-IE)/(1-IE) \tag{3-51}$$

注意到 $\beta^2=\bar{\omega}^2/\omega^2=\bar{\omega}^2(m/k)=\bar{\omega}^2(W/kg)=\bar{\omega}^2(\Delta_{st}/g)$，其中 g 是重力加速度，Δ_{st} 是由重量 W 所引起的弹簧的静位移。由此，式(3-51)可写为

$$\bar{f}=\frac{\bar{\omega}}{2\pi}=\frac{1}{2\pi}\sqrt{\frac{g}{\Delta_{st}}\left(\frac{2-IE}{1-IE}\right)} \quad 0<IE<1 \tag{3-52}$$

频率 $\bar{f}$ 的单位是赫兹(Hz，周/秒)，从此表达式出发，可做出一些离散隔振效率 IE 下频率与静位移 Δ_{st} 的曲线，如图3-14所示。如果已知干扰频率 $\bar{f}$，则在假定隔振体系几乎没有阻尼的情况下，可直接从此图中确定获得任意隔振程度所需的支承衬垫的静位移 Δ_{st}，在图里还可明显看出，隔振体系应该越柔性才是越有效的。

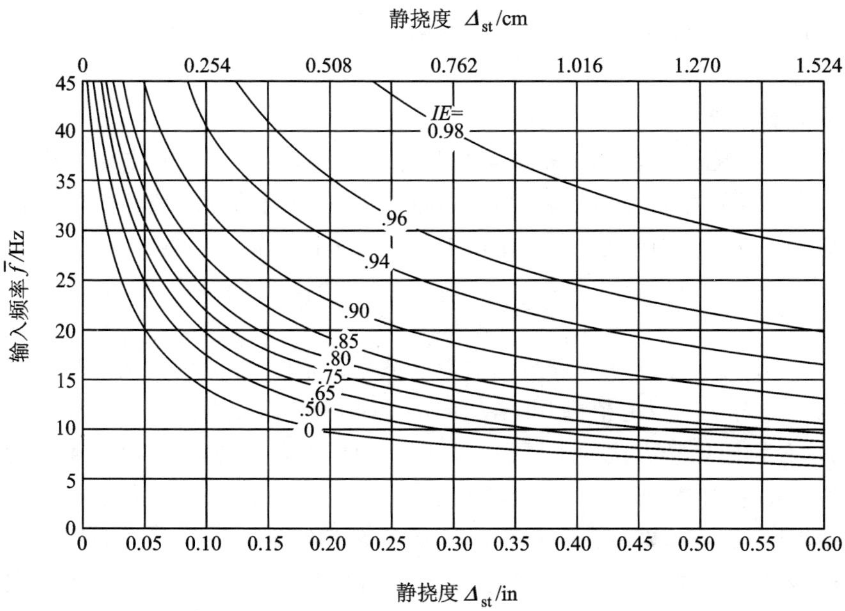

图3-14 隔振设计计算图

例题 E3-3 一个往复式机器重20 000 lbf[9 072 kgf]，已知当机器的运转

速度为 40 Hz 时，产生幅值为 500 lbf[226.5 kgf]的竖向谐振力。为了限制这个机器对所在建筑物的振动，在它矩形底面的四角各用一个弹簧支承。设计者想要知道，为了使机器传给建筑物的全部谐振力限制在 80 lbf[36.3 kgf]，所需采用的弹簧刚度应该为多少。

在这种情况下，传导比 $TR=80/500=0.16$，相当于隔振效率 $IE=1-TR=0.84$；对应扰频 $\bar{f}=40$ Hz 和隔振效率 $IE=0.84$，从图 3-14 可得静位移约为 0.045 in[0.114 cm]；由此可得每个弹簧的刚度为

$$k=\frac{W}{4\Delta_{st}}=\frac{20}{4\times 0.045}\ \text{kips/in}=111\ \text{kips/in}[19\ 823\ \text{kgf/cm}]$$

§3-6 粘滞阻尼比的计算

在上述讨论单自由度结构的反应分析时，假定体系的质量、刚度和阻尼等物理特性是已知的。在大多数情况下，可以相当容易地用简单的物理方法或第 8 章所讨论的广义表达式计算出结构的质量和刚度。然而，由于很难充分地了解实际结构基本的能量损失机理，因此通常不可能用类似的方法确定阻尼系数。事实上，实际的能量损失机理比单自由度运动方程列式时所简单假设的粘滞阻尼力(与速度成正比)要复杂得多。但是，用实验的方法来确定一个适当的粘滞阻尼特性值是可能的。为此，下面简述用实测结果计算阻尼的一般方法。

自由振动衰减法

这是一种通过实验测量粘滞阻尼比 ξ 的最简单、最常用的方法。用任意手段使一个体系产生自由振动后，则可用测量相隔 m 周的两个位移幅值之比来确定阻尼比。如第 2 章所示，阻尼比可用如下式子计算：

$$\xi=\frac{\delta_m}{2\pi m(\omega/\omega_D)}\doteq\frac{\delta_m}{2\pi m} \tag{3-53}$$

式中 $\delta_m\equiv\ln(v_n/v_{n+m})$ 为 m 周后的对数衰减率。ω 和 ω_D 分别为无阻尼和有阻尼的圆频率。对于低阻尼值情况，在 $\xi=0.2$ 时近似关系式(3-53)的误差仅为 2%。这种自由振动方法的主要优点是所需的仪器和设备是最少的，可以用任何简便的方法来激振，所要测量的仅为相对的位移幅值。如果确实是前面假定的线性粘滞阻尼，那么对任何一组相隔 m 次循环的结果，由式(3-53)所算得的阻尼比应该是相同的。然而不幸的是，阻尼比往往依赖于所取的振幅，也即在高振幅的自由振动早期部分取相隔 m 周的结果和在降低很多的反应后期取相隔 m 周的结果计算，所得阻尼比是不一样的。一般来说，随着自由振动振幅的减小，所算得的阻尼比也减小。为了预测动力反应，必须小心这些振幅相关阻尼

比的运用。

共振放大法

确定粘滞阻尼比的这种方法是基于相对位移反应的稳态振幅测量。这种反应是由谐振荷载所引起的，荷载幅值为 p_0，激振频率 $\bar{\omega}$ 为包含体系固有频率而跨越较宽范围的离散值。对应激振频率标绘出所测振幅，即可如图 3-15 所示给出一条典型的频率-反应曲线。因为对于低阻尼结构，频率反应曲线的高峰很窄，因此为了获得良好的曲线形状，在峰值附近一般需要缩短离散频率的间隔。如式(3-32)和式(3-33)所示，实际最大动力放大系数 $D_{max}=\rho_{max}/\rho_0$ 出现在激振频率 $\bar{\omega}=\omega\sqrt{1-2\xi^2}$ 处，且 $D_{max}=1/(2\xi\sqrt{1-2\xi^2})$；可是，对于实际感兴趣的阻尼值，可以用近似关系 $D_{max}\doteq D(\beta=1)=1/2\xi$ 求得。阻尼比可以应用实验数据按如下式子计算

$$\xi\doteq\rho_0/2\rho_{max} \tag{3-54}$$

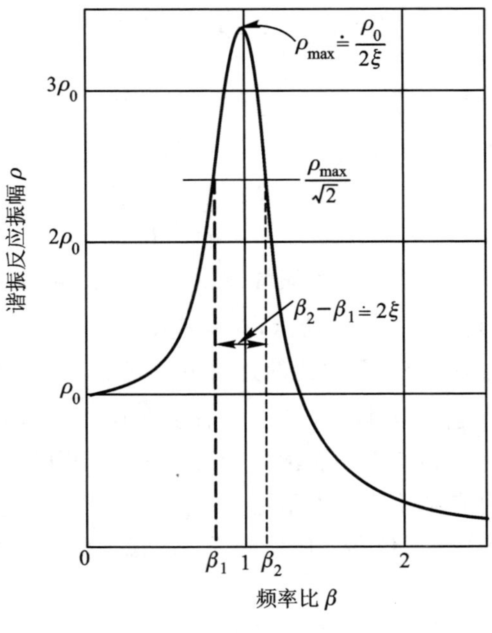

图 3-15 中等阻尼体系的频率反应曲线

这种确定阻尼比的方法只需要能测量离散频率值下动力反应幅值的简单仪器，以及相当简单的动力荷载装置。但是，求静位移 ρ_0 时可能出现问题，因为典型的谐振加载体系是不能在零频率时工作的。如上一节所指出的，对于实际体系阻尼比往往是振幅相关的；这种情况下，由式(3-54)所获得的 ξ 的值依赖于所加谐振荷载的幅值 p_0。如果为了动力分析的效果而需要指定一个适当的阻尼值 ξ 时，就需要考虑这种依赖关系。

半功率(带宽)法

从稳态谐振反应表达式(3－22)可见(其中 $\rho_0 \equiv p_0/k$),图 3－15 所示 ρ 对 p_0 的频率-反应曲线形状由体系的阻尼值所控制。因此,可以从曲线的许多不同特性来求得阻尼比,其中最方便的方法之一为半功率法,也称带宽法,阻尼比由反应振幅 ρ 减小到峰值 ρ_{max} 的 $1/\sqrt{2}$ 水平时的频率来确定。

可以令式(3－22)中反应振幅等于式(3－33)所给峰值的 $1/\sqrt{2}$ 获得这个控制频率关系

$$\left[(1-\beta^2)^2+(2\xi\beta)^2\right]^{-1/2}=(1/\sqrt{2})\left(1/2\xi\sqrt{1-\xi^2}\right) \tag{3-55}$$

此式两边平方并求解 β^2 的二次方程,可得

$$\beta_{1,2}^2=1-2\xi^2\mp2\xi\sqrt{1-\xi^2} \tag{3-56}$$

在实际感兴趣的范围内,可获得小阻尼值情况的频率比为

$$\beta_{1,2}\doteq1-\xi^2\mp\xi\sqrt{1-\xi^2} \tag{3-57}$$

用 β_2 减 β_1 可得

$$\beta_2-\beta_1=2\xi\sqrt{1-\xi^2}\doteq2\xi \tag{3-58}$$

由 β_2 加 β_1 可得

$$\beta_2+\beta_1=2(1-\xi^2)\doteq2 \tag{3-59}$$

联立式(3－58)和(3－59)可得

$$\xi=\frac{\beta_2-\beta_1}{\beta_2+\beta_1}=\frac{f_2-f_1}{f_2+f_1} \tag{3-60}$$

其中 f_1 和 f_2 是反应振幅等于最大振幅乘以 $1/\sqrt{2}$ 时的频率。用式(3－58)或式(3－60)计算阻尼比可如图 3－15 所示,在共振反应峰值的 $1/\sqrt{2}$ 处作一条切割曲线的水平线即可。显然,获得阻尼比的这种方法避免了求静位移 ρ_0;可是,它必须精确地画出半功率范围及共振时的反应曲线峰值和 $\rho_{max}/\sqrt{2}$ 水平。

为了说明上述方法为什么一般称之为半功率法,考察由作用荷载所提供的时间-平均功率输入,它必须等于由阻尼力 $F_D(t)=c\dot{v}(t)$ 引起的能量耗散的相应平均速率。在频率为 $\overline{\omega}$、位移反应振幅为 ρ 的稳态谐振条件下,能量耗散的平均速率为

$$P_{avg}=\frac{c\overline{\omega}}{2\pi}\int_0^{2\pi/\overline{\omega}}\dot{v}(t)^2\,\mathrm{d}t=c\overline{\omega}^2\left[\frac{\overline{\omega}}{2\pi}\int_0^{2\pi/\overline{\omega}}v(t)^2\,\mathrm{d}t\right]=\xi m\omega\overline{\omega}^2\rho^2 \tag{3-61}$$

这表明,相应的平均功率输入是与 $\beta^2\rho^2$ 成正比的。从而,因为 $\rho_1=\rho_2=\rho_{峰}/\sqrt{2}$,在频率比为 β_1 和 β_2 处的平均功率输入为

$$P_{\beta_1}=\left(\frac{\beta_1}{\beta_{峰}}\right)^2\frac{P_{峰}}{2};P_{\beta_2}=\left(\frac{\beta_2}{\beta_{峰}}\right)^2\frac{P_{峰}}{2} \tag{3-62}$$

其中 $\beta_{峰}$ 由式(3－32)给出。在 β_1 处平均功率输入略小于峰值功率输入的一半,而在 β_2 处平均功率输入稍大于峰值功率输入的一半,因此这两个平均输入的平

均值就很接近峰值平均输入的一半了。

例题 E3－4　单自由度体系频率-反应试验所得的数据已画在图 E3－2 中。计算阻尼比所需的数据也示于图中。曲线绘出后，分析的步骤如下：

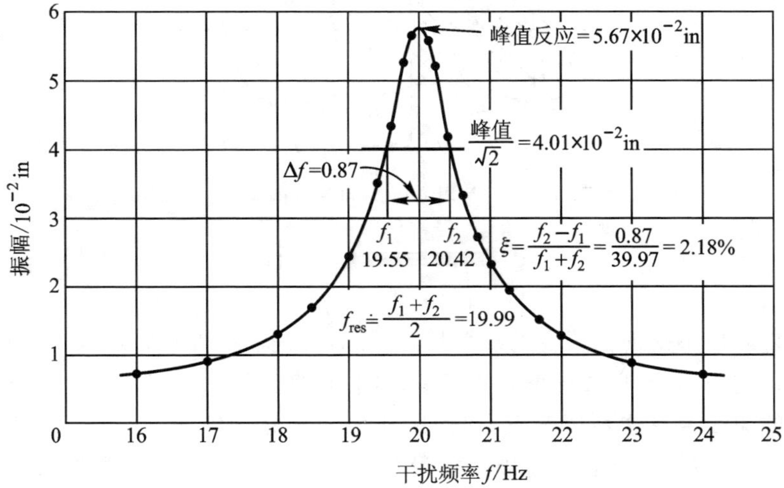

图 E3－2　确定阻尼比的频率反应试验

(1) 确定峰值反应＝5.67×10^{-2} in[14.2×10^{-2} cm]。

(2) 在 $1/\sqrt{2}$×峰值反应处作一条水平直线。

(3) 确定上述水平直线与反应曲线相交处的两个频率；f_1＝19.55 Hz；f_2＝20.42 Hz。

(4) 阻尼比由下式给出：

$$\xi=\frac{f_2-f_1}{f_2+f_1}=0.022$$

表示体系阻尼为临界阻尼的 2.2%。

每周共振能量损失法

如果仪器可以用来测量输入力和所引起位移之间的相位关系，则只需在稳态谐振共振 $\beta=\frac{\overline{\omega}}{\omega}=1$ 时进行试验就可求出阻尼。采用这个方法，需要调整输入频率，直到反应的相位比荷载的相位滞后 90°而达到共振。如图 3－6 所示，因为 $\theta=90°$时荷载恰好与阻尼力平衡。因此，如果把一加载循环中荷载和位移之间的关系画出，则这个图也可称为阻尼力-位移图，如图 3－16 所示。如果体系真的具有线性粘滞阻尼，则曲线为一椭圆，如图 3－16 中虚线所示。在这种情况下，阻尼系数可直接用最大阻尼力与最大速度由下式来确定：

$$p_0=f_{D\max}=c\dot{v}_{\max}=2\xi m\omega\dot{v}_{\max}=2\xi m\omega^2\rho \tag{3-63}$$

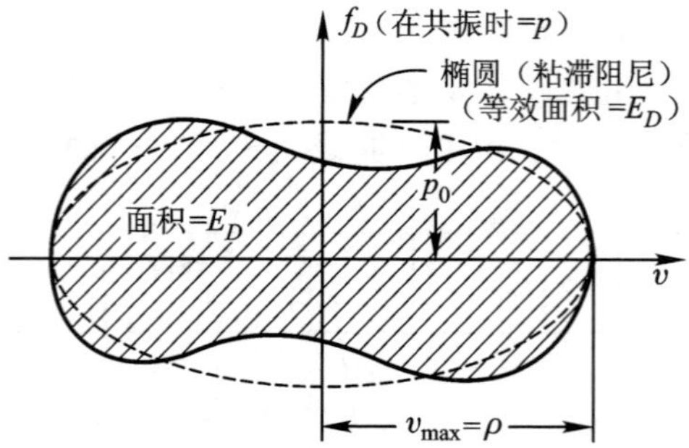

图 3－16　每周实际的和等效的阻尼能

或

$$\xi = p_0 / 2m\omega^2\rho \tag{3-64}$$

如果阻尼不是前面假定的线性粘滞阻尼，而是非线性粘滞形式，则由上述处理所获得的作用力-位移图形状将不是椭圆，它将是如图 3－16 中实线所示的不同形状的曲线。在这种情况下，即使所作用的仍然是纯谐波荷载，反应 $v(t)$ 也将不再是谐波反应。然而，每周的能量输入等于每周阻尼能量损失 E_D，而求图中作用力-位移曲线所包含的面积可获得这个 E_D。这就允许对相应的位移幅值计算等效粘滞阻尼比，当将它作为线性粘滞阻尼形式使用时，与真实试验情况每一循环损失相同的能量。也即，这个等效阻尼比与椭圆形的作用力-位移图形相关联，并与非椭圆图形具有相同的面积 E_D。利用式(3－61)，这个能量等价要求

$$E_D = (2\pi/\omega)P_{avg} = (2\pi/\omega)(\xi_{eq} m\omega^3\rho^2) \tag{3-65}$$

或

$$\xi_{eq} = E_D/(2\pi m\omega^2\rho^2) = E_D/(2\pi k\rho^2) \tag{3-66}$$

式(3－66)的形式更便于应用，因为结构的刚度可用测量每周阻尼能量损失同样的仪器装置来测定，只要使装置运转得很缓慢，使之基本达到静力条件即可。如果结构是线性弹性的，则用这样的方法所获得的静力-位移图将如图 3－17 所示，而刚度即等于直线的斜率。

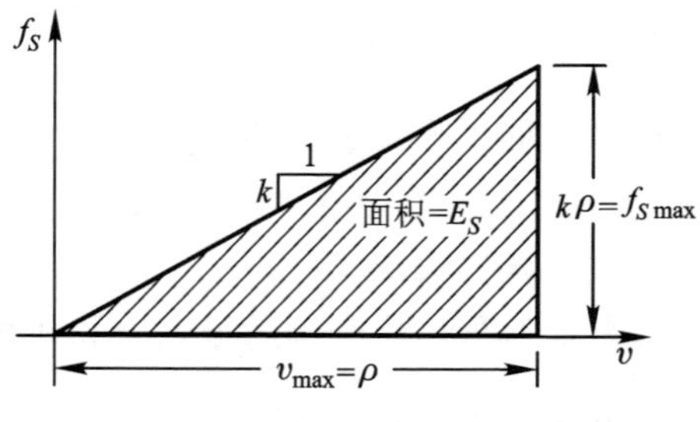

图 3－17　弹性刚度与应变能

§3－7　复刚度阻尼

由于前面所述的线性粘滞阻尼可导出简便的运动方程形式，因此被广泛应用。可是它有一个严重的缺点，如式(3－61)所见，每周能量损失为

$$E_D=(2\pi/\bar{\omega})P_{\text{avg}}=2\pi\xi m\omega\bar{\omega}\rho^2 \tag{3-67}$$

这里固定振幅 ρ 是依赖于激励(或反应)频率 $\bar{\omega}$ 的[①]。这种依赖关系是与大量试验结果不符的,试验结果表明阻尼力和试验频率几乎是无关的。因此,自然期望消除阻尼力对频率的依赖。这可以用称为"滞变"阻尼的形式代替粘滞阻尼来实现。滞变阻尼可定义为一种与速度同相而与位移成比例的阻尼力,对于谐波运动情况,滞变阻尼力可表示成

$$f_D(t)=i\zeta kv(t) \tag{3-68}$$

式中 ζ 是滞变阻尼系数,它把阻尼力定义为弹性恢复力的函数,虚数单位 i 表示此力具有速度的相位。将弹性和阻尼阻抗结合为如下定义的复刚度 $\hat{k}$ 是方便的

$$\hat{k}=k(1+i\zeta) \tag{3-69}$$

由此导得如下谐振荷载受迫振动运动方程

$$m\ddot{v}(t)+\hat{k}v(t)=p_0\exp(i\bar{\omega}t) \tag{3-70}$$

方程(3-70)的特解(或稳态解)为

$$v_p(t)=G\exp(i\bar{\omega}t) \tag{3-71}$$

式中 G 是复常数,对应的加速度为

$$\ddot{v}_p(t)=-\bar{\omega}^2G\exp(i\bar{\omega}t) \tag{3-72}$$

将此表达式代入方程(3-70)可得

$$(-m\bar{\omega}^2+\hat{k})G\exp(i\bar{\omega}t)=p_0\exp(i\bar{\omega}t)$$

从此式可得常数 G 的值为

$$G=\frac{p_0}{k\left[-\frac{m}{k}\bar{\omega}^2+(1+i\zeta)\right]}=\frac{p_0}{k}\frac{1}{[(1-\beta^2)+i\zeta]}$$

或更方便的复数形式

$$G=\frac{p_0}{k}\left[\frac{(1-\beta^2)-i\zeta}{(1-\beta^2)^2+\zeta^2}\right] \tag{3-73}$$

将此式代入式(3-71),最终得到如下具有滞变阻尼的稳态反应表达式

$$v_p(t)=\frac{p_0}{k}\left[\frac{(1-\beta^2)-i\zeta}{(1-\beta^2)^2+\zeta^2}\right]\exp(i\bar{\omega}t) \tag{3-74}$$

这个反应可用图 3-18 所示复平面

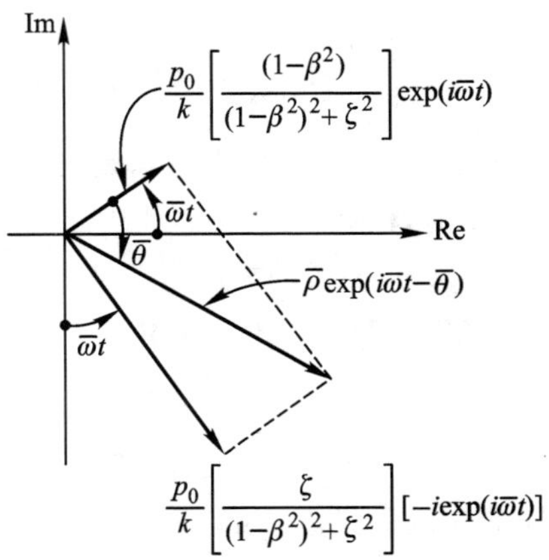

图 3-18　利用复刚度阻尼的稳态位移反应

① 因为由式(3-22)可知 $\rho=(p_0/k)[(1-\beta^2)^2+(2\xi\beta)^2]^{-1/2}$,而频率比 β 依赖与激励频率。——译者

中的两个正交矢量来描述，这两个矢量合成的结果得到用单一振幅表示的反应，也即

$$v_p(t)=\bar{\rho}\exp(i\bar{\omega}t-\bar{\theta}) \tag{3-75}$$

式中

$$\bar{\rho}=\frac{p_0}{k}[(1-\beta^2)^2+\zeta^2]^{-1/2} \tag{3-76}$$

反应的相位角为

$$\bar{\theta}=\tan^{-1}\left[\frac{\zeta}{(1-\beta^2)}\right] \tag{3-77}$$

将这些式子分别与式(3-28)、式(3-22)和式(3-23)对比，显然可见，当滞变阻尼系数取下式值时，由滞变阻尼引起的稳态反应与粘滞阻尼的相同。

$$\zeta=2\xi\beta \tag{3-78}$$

在此情况下，在稳幅 $\bar{\rho}$ 时每周的能量损失恰如粘滞阻尼情况一样，是依赖于激振频率 $\bar{\omega}$ 的。然而，下面将说明当取滞变阻尼系数 ζ 与频率无关时，这种频率依赖关系可以消失。因此，从式(3-78)可见，取共振(也即 $\beta=1$)时系数，即使得滞变阻尼系数 $\zeta=2\xi$，则式(3-69)的复刚度成为

$$\hat{k}=k(1+i2\xi) \tag{3-79}$$

则如式(3-76)和式(3-77)所示，反应幅值和相位角分别为

$$\bar{\rho}=\frac{p_0}{k}[(1-\beta^2)^2+(2\xi)^2]^{-1/2} \tag{3-80}$$

$$\bar{\theta}=\tan^{-1}\left[\frac{2\xi}{(1-\beta^2)}\right] \tag{3-81}$$

如果体系受共振激励($\beta=1$)，则这个滞变阻尼反应与粘滞阻尼是一样的。然而，当 $\beta\neq1$ 时，根据式(3-22)和式(3-80)，两者的振幅是不一致的；根据式(3-23)和式(3-81)，两者的相位角也是不一致的。

当复刚度按式(3-69)定义，且 $\zeta=2\xi$ 时，在稳态谐振激励下的阻尼力成分可由如下式子给出

$$f_D(t)=2i\xi k\,\bar{\rho}[\exp(i\bar{\omega}t-\bar{\theta})] \tag{3-82}$$

每周的能量损失 E_D 可以由瞬时功率损失

$$P(t)=f_D(t)\dot{v}_p(t)=2\xi k\,\bar{\omega}\bar{\rho}^2[-\exp(i\bar{\omega}t-\bar{\theta})]^2 \tag{3-83}$$

积分一周而得到，最终结果为

$$E_D=2\pi\xi m\omega^2\bar{\rho}^2 \tag{3-84}$$

显然，此时在稳幅 $\bar{\rho}$ 时每周能量损失是不依赖于激振频率 $\bar{\omega}$ 的。因而，它是和所期望的不依赖于频率的特性一致的。出于这个理由，在多数情况下，对一般谐振反应分析来说，推荐使用滞变阻尼(复刚度阻尼)形式。

习　题

3-1　假定图 2-1a 所示的基本结构无阻尼，并在频率比 $\beta=0.8$ 下承受谐振干扰，试绘出既包含稳态又包括瞬态效应的反应比 $R(t)$ 的曲线。计算反应时采用增量 $\bar{\omega}\Delta t=80°$，连续分析 10 个增量。

3-2　假定图 2-1a 所示的基本体系具有如下特性：$m=2$ kips·s²/in 和 $k=20$ kips/in，如果体系承受从静止条件开始的共振谐振荷载（$\bar{\omega}=\omega$），试确定四周后（$\bar{\omega}t=8\pi$）反应比 $R(t)$ 的值。假设：

(a) $c=0$[用式(3-38)]；

(b) $c=0.5$ kips·s/in[用式(3-37)]；

(c) $c=2.0$ kips·s/in[用式(3-37)]。

3-3　除假定梁跨度减小到 $L=36$ ft 外，车辆和桥梁结构都和例题 E3-2 一样。试确定：

(a) 车辆的速度为多少时将在车辆弹簧体系内产生共振；

(b) 在共振时竖向运动的总振幅 v^t_{max}；

(c) 在速度为 45 mi/h 时，竖向运动的总振幅 v^t_{max}。

3-4　一个安装有精密仪器的支架放置在试验室的地板上，而地板以 20 Hz 的频率作竖向振动，振幅为 0.03 in。如果支架的重量为 800 lbf，试确定为使支架的竖向运动振幅减小到 0.005 in 所需隔振系统的刚度。

3-5　一个重 6 500 lbf 的筛分机，当满载运行时将在其支承上产生 12 Hz 700 lbf 的谐

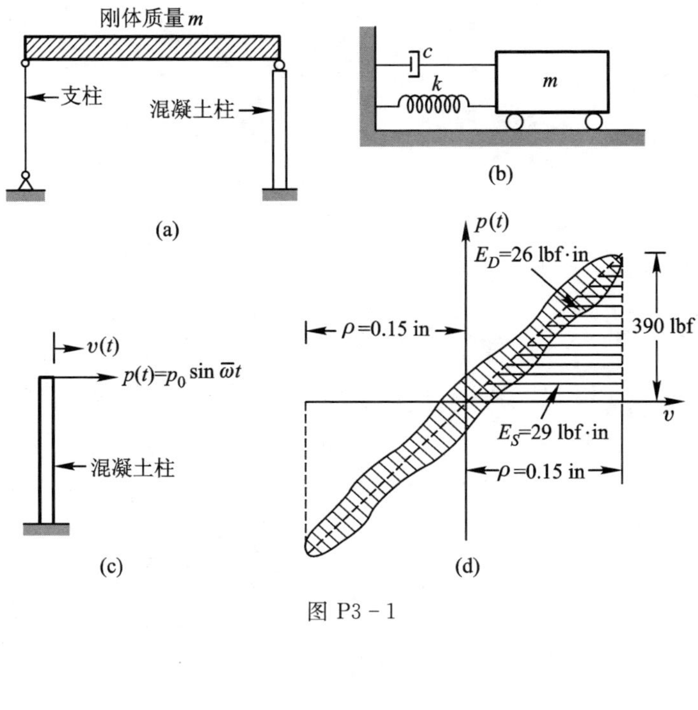

图 P3-1

振力。当把机器安装在弹簧式隔振器上后，作用于支承上的谐振力幅值减小到 50 lbf。试确定隔振装置的弹簧刚度 k。

3-6　图 P3-1a 所示的结构可理想化为图 P3-1b 所示的等效体系。为了确定这个数学模型的 c 和 k 值，按图 P3-1c 对混凝土柱子进行了谐振荷载试验，当试验频率为 $\bar{\omega}=10$ rad/s 时，得到如图 P3-1d 所示的力-变位(滞变)曲线，根据这些数据：

(a) 确定刚度 k；

(b) 假定为粘滞阻尼机理，试确定名义粘滞阻尼比 ξ 和阻尼系数 c；

(c) 假定为滞变阻尼机理，试确定名义滞变阻尼系数 ζ。

3-7　用频率 $\bar{\omega}=20$ rad/s 重做习题 3-6 中的试验，并假设所得到的力-变位曲线(图 P3-1d)不变，在这种情况下：

(a) 试确定名义粘滞阻尼值 ξ 和 c；

(b) 试确定名义滞变阻尼系数 ζ；

(c) 根据这两次试验($\bar{\omega}=10$ rad/s 和 $\bar{\omega}=20$ rad/s)，试问用哪种阻尼机理显得更合理——粘滞阻尼还是滞变阻尼？

3-8　如果习题 3-6 中体系的阻尼确实用图 P3-1b 所示的粘滞阻尼器来提供，试求用 $\bar{\omega}=20$ rad/s 进行试验时所得 ω_D 的值为多少？

第 4 章　对周期性荷载的反应

§4-1　周期荷载的 Fourier 级数表达式

三角形式

因为任意周期荷载均可用一系列谐振荷载项来表达，因此第 3 章所介绍的反应分析方法有广泛的适用性。为了论述如图 4-1 所示周期为 T_P 的任意周期荷载情况，可方便地将此荷载展开成离散频率谐振荷载分量的 Fourier 级数。著名的 Fourier 三角级数形式如下

$$p(t)=a_0+\sum_{n=1}^{\infty} a_n\cos\bar{\omega}_n t+\sum_{n=1}^{\infty} b_n\sin\bar{\omega}_n t \tag{4-1}$$

其中

$$\bar{\omega}_n=n\bar{\omega}_1=n\frac{2\pi}{T_p} \tag{4-2}$$

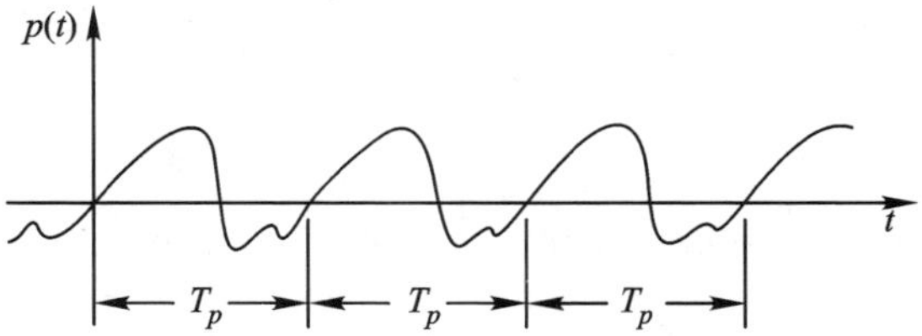

图 4-1　任意周期性荷载

可用如下表达式计算谐振幅值系数

$$\left.\begin{aligned}
a_0&=\frac{1}{T_p}\int_0^{T_p} p(t)\,\mathrm{d}t\\
a_n&=\frac{2}{T_p}\int_0^{T_p} p(t)\cos\bar{\omega}_n t\,\mathrm{d}t\quad n=1,2,3,\cdots\\
b_n&=\frac{2}{T_p}\int_0^{T_p} p(t)\sin\bar{\omega}_n t\,\mathrm{d}t\quad n=1,2,3,\cdots
\end{aligned}\right\} \tag{4-3}$$

当 $p(t)$ 为任意形式的周期函数时，式(4-3)必须用数值积分计算。为此可以把周期 T_p 分割成 N 个相等的时间间隔 $\Delta t(T_p=N\Delta t)$，计算与每一积分时间 $t=t_m=m\Delta t(m=0,1,2,\cdots,N)$ 对应的被积纵坐标，并记作 $q_0,q_1,q_2,\cdots,q_N$。则应用积

分的梯形规则如下：

$$\int_0^{T_p} q(t)\mathrm{d}t \doteq \Delta t\left[\frac{q_0}{2}+\left(\sum_{m=1}^{N-1} q_m\right)+\frac{q_N}{2}\right] \tag{4-4}$$

实际上，由于周期函数开始和终止时刻的值 q_0 和 q_N 通常可以取为零，因此式(4－4)可简化为

$$\int_0^{T_p} q(t)\mathrm{d}t \doteq \Delta t \sum_{m=1}^{N-1} q_m \tag{4-5}$$

据此，式(4－3)的谐振幅值系数可表达为

$$\left.\begin{array}{l} a_0 \\ a_n \\ b_n \end{array}\right\} = \frac{2\Delta t}{T_p}\sum_{m=1}^{N-1} q_m \qquad \text{其中} \qquad q_m = \begin{cases} \dfrac{1}{2}p(t_m) \\ p(t_m)\cos\bar{\omega}_n(m\Delta t) \\ p(t_m)\sin\bar{\omega}_n(m\Delta t) \end{cases} \tag{4-6}$$

指数形式

将逆 Euler 关系式(2－23b)(这里用 $\bar{\omega}t$ 代替了角 θ)代入式(4－1)，则得到相应 Fourier 级数的指数形式

$$\left.\begin{array}{l} \cos\bar{\omega}_n t = \dfrac{1}{2}\left[\exp(i\bar{\omega}_n t)+\exp(-i\bar{\omega}_n t)\right] \\ \sin\bar{\omega}_n t = -\dfrac{i}{2}\left[\exp(i\bar{\omega}_n t)-\exp(-i\bar{\omega}_n t)\right] \end{array}\right\} \tag{4-7}$$

将此式代入式(4－1)和式(4－3)，导得

$$p(t)=\sum_{n=-\infty}^{\infty} P_n \exp(i\bar{\omega}_n t) \tag{4-8}$$

式中复幅值系数由下式给出

$$P_n=\frac{1}{T_p}\int_0^{T_p} p(t)\exp(-i\bar{\omega}_n t)\mathrm{d}t \quad n=0,\pm1,\pm2,\cdots \tag{4-9}$$

需要注意的是，对式(4－8)中每个 n 的正值，比如 $n=+m$，必有一个对应项 $n=-m$。由式(4－9)可见，P_m 和 P_{-m} 为一对共轭复数，所以式(4－8)相应的全部虚数项必然将彼此抵消。

式(4－8)也可以用梯形法则进行数值积分计算，只是需要计算离散时间 $t=t_m=m\Delta t$ 的函数值 $q(t)=p(t)\exp(-i\bar{\omega}t)$。假定 $q_0=q_N=0$，$\bar{\omega}_n=2\pi n/T_p=2\pi n/N\Delta t$ 和 $t_m=m\Delta t$，则可导得

$$P_n \doteq \frac{1}{N}\sum_{m=1}^{N-1} p(t_m)\exp\left(-i\,\frac{2\pi nm}{N}\right) \quad n=0,1,2,\cdots,(N-1) \tag{4-10}$$

§4－2　Fourier 级数荷载的反应

当周期荷载表示成谐振项级数时，对受此荷载的线性体系，其反应可简单地由累加各单个谐振荷载反应而得到。在第 3 章式(3－10)里，无阻尼单自由度体系由式(4－1)第 n 个正弦波谐振荷载引起的稳态反应(省略瞬态反应项)为

$$v_n(t)=\frac{b_n}{k}\left(\frac{1}{1-\beta_n^2}\right)\sin\bar{\omega}_n t \tag{4-11}$$

其中

$$\beta_n\equiv\bar{\omega}_n/\omega \tag{4-12}$$

同样，由式(4－1)第 n 个余弦波谐振荷载引起的稳态反应为

$$v_n(t)=\frac{a_n}{k}\left(\frac{1}{1-\beta_n^2}\right)\cos\bar{\omega}_n t \tag{4-13}$$

最后，常数荷载 a_0 稳态反应是静挠度

$$v_0=a_0/k \tag{4-14}$$

因此，无阻尼结构的总周期反应则可以表示为式(4－1)各单个荷载反应的和，即

$$v(t)=\frac{1}{k}\left[a_0+\sum_{n=1}^{\infty}\left(\frac{1}{1-\beta_n^2}\right)(a_n\cos\bar{\omega}_n t+b_n\sin\bar{\omega}_n t)\right] \tag{4-15}$$

其中荷载幅值系数由式(4－3)或式(4－6)确定。

为了获得粘滞阻尼单自由度体系在周期荷载下的稳态反应，需要用式(3－20)所示的阻尼稳态谐振反应表达式来代替上述的相应表达式，此时总的稳态反应如下

$$\begin{aligned}v(t)=\frac{1}{k}\Bigg(a_0+\sum_{n=1}^{\infty}&\left[\frac{1}{(1-\beta_n^2)^2+(2\xi\beta_n)^2}\right]\times\\&\{[2\xi a_n\beta_n+b_n(1-\beta_n)^2]\sin\bar{\omega}_n t+\\&[a_n(1-\beta_n)^2-2\xi b_n\beta_n]\cos\bar{\omega}_n t\}\Bigg)\end{aligned} \tag{4-16}$$

例题 E4－1　作为一个受周期性荷载作用结构反应的分析例子，研究图 E4－1 所示的体系和荷载。此时荷载由简单正值的正弦半波函数组成，式(4－1)的 Fourier 系数可用式(4－2)和式(4－3)求得：

$$a_0=\frac{1}{T_p}\int_0^{T_p/2}p_0\sin\frac{2\pi t}{T_p}\mathrm{d}t=\frac{p_0}{\pi}$$

$$a_n=\frac{2}{T_p}\int_0^{T_p/2}p_0\sin\frac{2\pi t}{T_p}\cos\frac{2\pi n t}{T_p}\mathrm{d}t=\begin{cases}0 & n\ \text{奇数}\\ \dfrac{p_0}{\pi}\left(\dfrac{2}{1-n^2}\right) & n\ \text{偶数}\end{cases}$$

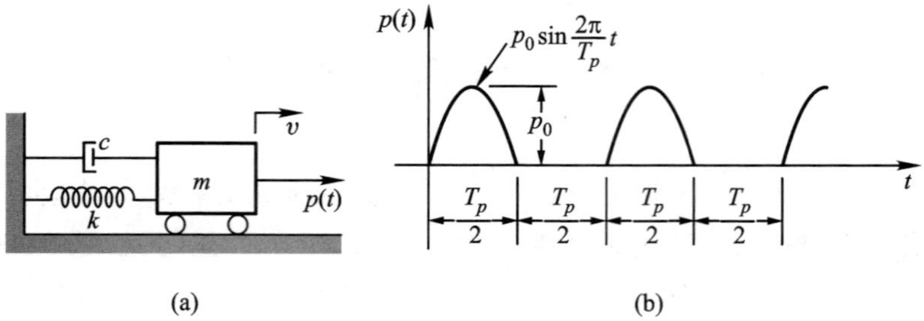

图 E4-1 周期荷载反应分析例子

(a)单自由度体系；(b)周期荷载

$$b_n=\frac{2}{T_p}\int_0^{T_p/2}p_0\ \sin\frac{2\pi t}{T_p}\sin\frac{2\pi nt}{T_p}\mathrm{d}t=\begin{cases}\frac{p_0}{2} & n=1\\ 0 & n>1\end{cases}\tag{a}$$

将这些系数代入式(4-15)，导得如下周期荷载的级数表达式

$$p(t)=\frac{p_0}{\pi}\left(1+\frac{\pi}{2}\sin\bar{\omega}_1 t-\frac{2}{3}\cos 2\bar{\omega}_1 t-\frac{2}{15}\cos 4\bar{\omega}_1 t-\frac{2}{35}\cos 6\bar{\omega}_1 t+\cdots\right)\tag{b}$$

式中$\bar{\omega}_1=2\pi/T_p$。

如果假定图 E4-1 所示结构是无阻尼的，且假定荷载的周期为结构振动周期的 4/3，即

$$\frac{T_p}{T}=\frac{\omega}{\bar{\omega}_1}=\frac{4}{3};\beta_n=\frac{n\bar{\omega}_1}{\omega}=\frac{3}{4}n\tag{c}$$

由式(4-15)给出的稳态反应成为

$$v(t)=\frac{p_0}{k\pi}\left(1+\frac{8\pi}{7}\sin\bar{\omega}_1 t+\frac{8}{15}\cos 2\bar{\omega}_1 t+\frac{1}{60}\cos 4\bar{\omega}_1 t+\cdots\right)\tag{d}$$

如果结构是有阻尼的，只需用式(4-16)代替式(4-15)，分析过程是一样的。

如果周期荷载是按式(4-8)指数形式的谐振表达，粘滞阻尼单自由度体系的第 n 个谐振稳态反应将为

$$v_n(t)=H_n P_n\exp(i\bar{\omega}_n t)\tag{4-17}$$

式中复荷载系数 P_n 由式(4-9)或式(4-10)给定，复频率反应系数 H_n 由式(3-27)除以荷载幅值之后给出

$$H_n=\frac{1}{k}\frac{1}{(1-\beta_n^2)+i(2\xi\beta_n)}=\frac{1}{k}\frac{(1-\beta_n^2)-i(2\xi\beta_n)}{(1-\beta_n^2)^2+(2\xi\beta_n)^2}\tag{4-18}$$

再用叠加原理，则承受式(4-8)周期荷载的单自由度稳态反应为

$$v(t)=\sum_{n=-\infty}^{\infty}H_n P_n\exp(i\bar{\omega}_n t)\tag{4-19}$$

由此式所获得的总反应当然是和由式(4-16)所获得的总反应一样的。

§4－3　频域分析的预览

对上面所描述的周期荷载作用下单自由度体系反应的分析方法，指出它包含了全部“频域”分析方法的基本原理是有益的。此方法将在第 6 章深入讨论，但是其一般概念在前面的叙述中是明显的。方法的第一阶段是计算周期荷载的 Fourier 系数，它可以看作是将作用荷载的时域表达形式转换成频域表达形式。换句话说，是将时间序列 t_m 的作用荷载值 $p_m=p(t_m)$，用表示指定频率序列 $\bar{\omega}_m$ 时谐振荷载幅值的复数值 $P_n=P(i\bar{\omega}_n)$来代替。这些值组成荷载的频域表达式。

在分析的第二阶段，由复频反应系数 H_n 来决定任意给定频率的单自由度反应特性，此系数表示由频率 $\bar{\omega}_m$ 的单位谐振荷载所引起的谐振反应振幅。当反应系数乘以表示在此频率谐振输入振幅的复 Fourier 级数系数 P_n 时，结果为频率的复反应振幅 V_n。因而，对全部所考虑频率 $\bar{\omega}_m$ 的全部 V_n 值，组成了系统反应的频域表达式。

在分析的最后阶段，由叠加包含 Fourier 级数荷载表达的全部频率反应成分确定的频域反应，就可改回到时域。在这个叠加操作里，必须计算同一 t_m 瞬时全部反应谐波，辨认跟每一频率关联的相对相位关系。当这些反应谐波被加在一起时，最终结果即为反应历程的时域表达式 $v_m=v(t_m)$。如第 6 章将说明的，分析任务由切实可行的著名“快速 Fourier 变换”(FFT)专门计算技术来完成。但是，这个简短描述给出了频域方法的本质。

例题 E4－2　讨论如图 E4－2 所示周期荷载，在单自由度反应表达中应用的 Fourier 系数 P_n 为

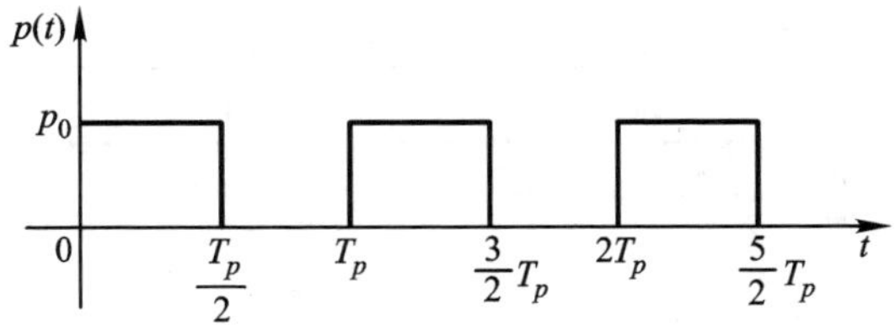

图 E4－2　矩形脉冲类型周期荷载

$$P_n=\frac{p_0}{T_p}\int_0^{T_p/2}\exp\left(-i\,\frac{2\pi n}{T_p}t\right)\mathrm{d}t$$

或

$$P_n=\frac{p_0}{T_p}\left(\frac{T_p}{i2\pi n}\right)\left[\exp\left(-i\,\frac{2\pi n}{T_p}t\right)\right]_0^{T_p/2}=\begin{cases}p_0/2 & n=0\\ 0 & n\text{ 奇数}\\ -p_0 i/\pi n & n\text{ 偶数}\end{cases}$$

由这些系数和直接来自式(4-18)的 H_n 值，即可获得式(4-19)的总反应。

习　　题

4-1　图 P4-1 所示周期荷载的表达式如下所示，试用式(4-3)的方法确定系数 a_n 和 b_n，将周期荷载表示成式(4-1)形式的 Fourier 级数。

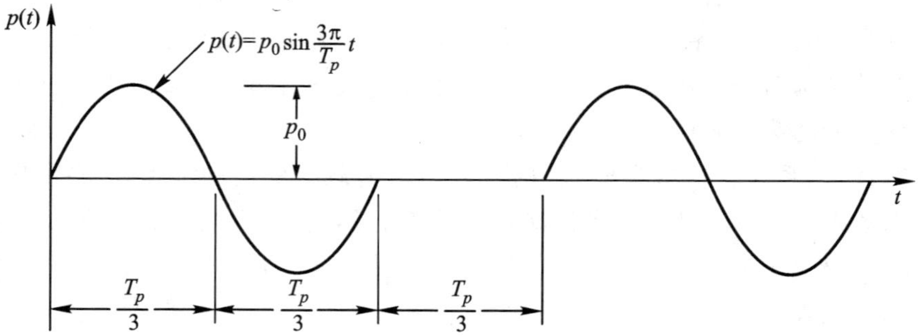

图 P4-1

$$p(t)=p_0\sin\frac{3\pi}{T_p}t\qquad(0<t<2\pi)$$

$$p(t)=0\qquad(2\pi<t<3\pi)$$

4-2　对如图 P4-2 所示周期荷载，重做习题 4-1。

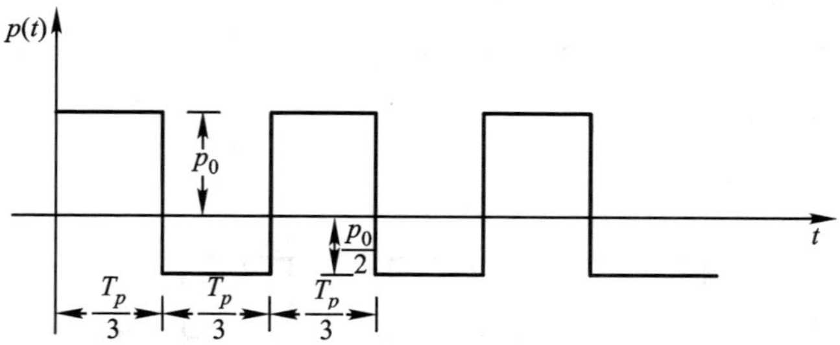

图 P4-2

4-3　假定结构有 10%的临界阻尼，试求解例题 E4-1 的问题。

4-4　类似于图 3-6 那样，按规定比例建立一个表示作用力、稳态惯性力、阻尼力和弹性恢复力矢量的 Argand 图。假定结构具有 15%的临界阻尼，承受谐振荷载 $p(t)=p_0\exp(i\bar{\omega}t)$ 作用，其中 $\bar{\omega}=(6/5)\omega$(也即 $\beta=6/5$)，在 $\bar{\omega}t=\pi/4$ 时绘制图形。

4-5　周期荷载如图 P4-3 所示，可用如下级数表示

$$p(t)=\sum_{n=1}^{\infty}b_n\sin\bar{\omega}_nt$$

其中

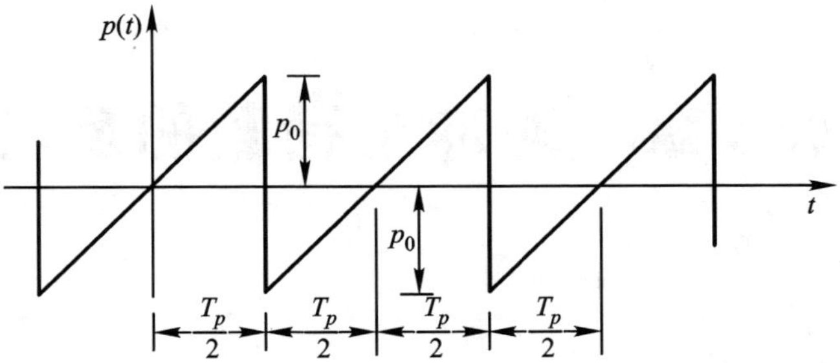

图 P4 - 3

$$b_n = -\frac{2p_0}{n\pi}(-1)^n$$

对此荷载的一个完整周期，仅考虑级数的前四项，计算时的时间增量取为 $\bar{\omega}\Delta t = 30°$，绘制图 E4 - 1a 所示结构稳态反应。

第 5 章　对冲击荷载的反应

§5-1　冲击荷载的一般性质

现在来讨论单自由度体系动力荷载的另一种特殊类型:冲击荷载。如图 5-1 所示,这种荷载由一个单独的任意主要脉冲组成,一般来说它的持续时间很短。冲击或震动荷载对于设计某些类型的结构来说,例如货车、汽车或桥式吊车等,常常是十分重要的。与承受周期性荷载或谐振荷载的结构比较,对承受冲击荷载的结构来说,阻尼对控制结构的最大反应就显得不太重要了。因为在冲击荷载下,很短的时间内结构就达到了最大反应。在这之前,阻尼力还来不及从结构吸收太多的能量。由于这个原因,在这一章里将只讨论冲击荷载下体系的无阻尼反应。

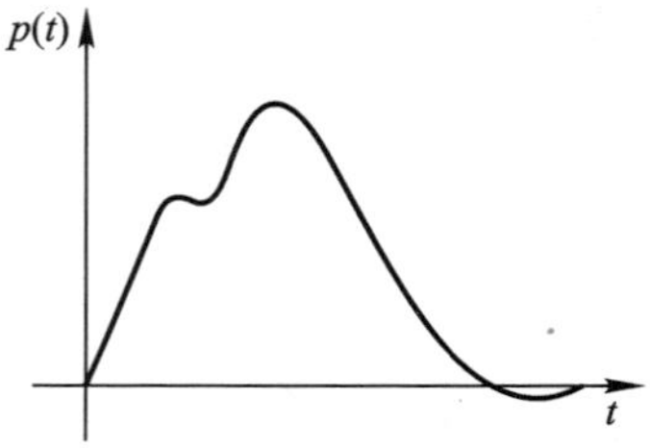

图 5-1　任意冲击荷载

§5-2　正弦波脉冲

对于可用简单解析函数表达的冲击荷载而言,可以得到运动方程的闭合解。作为这种荷载形式的一个例子,先讨论一下图 5-2 所示单一的半正弦波脉冲。此时反应可分为两个阶段:第一阶段相当于荷载作用期间内的受迫振动,第二阶段对应于随后发生的自由振动。

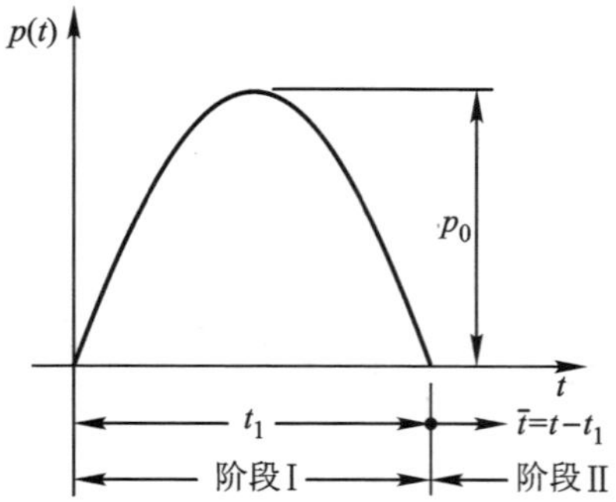

图 5-2　半正弦波脉冲

阶段Ⅰ　在这个阶段内($t<t_1$),结构承受图 5-2 所示单一的半正弦波荷载。假设体系从静止开始运动,包含瞬态及稳态的无阻尼反应比时间历程 $R(t)\equiv v(t)/(p_0/k)$ 可由谐振荷载下的

式(3－12)给出。引入量纲为一的时间参数 $\alpha \equiv t/t_1$，因而 $\bar{\omega}t=\pi\alpha$ 和 $\omega t=\pi\alpha/\beta$，则反应比式子可写为

$$R(\alpha)=\frac{1}{1-\beta^2}\left(\sin \pi\alpha-\beta\sin\frac{\pi\alpha}{\beta}\right) \quad 0\leqslant\alpha\leqslant 1 \tag{5-1}$$

其中 $\beta \equiv\bar{\omega}/\omega=T/2t_1$。当然这个式子仅对相应于 $0\leqslant\alpha\leqslant 1$ 的第Ⅰ阶段是正确的。因为当 $\beta=1$ 时，上式将是不确定的，此时应该应用 L'Hospital 法则获得此特殊情况的适用表达式。这样做之后，可获得

$$R(\alpha)=\frac{1}{2}(\sin \pi\alpha-\pi\alpha\cos \pi\alpha)$$

$$\beta=1 \quad 0\leqslant\alpha\leqslant 1 \tag{5-2}$$

跟式(3－38)相同。

<u>阶段Ⅱ</u>　在这个阶段($t>t_1$)里所发生的自由振动与阶段Ⅰ最终时刻的位移 $v(t)$ 和速度 $\dot{v}(t)$ 有关。换句话说，反应比分别依赖于式(5－1)的 $R(1)$ 和一阶导数表达式 $\dot{R}(1)$ 的值。因而，利用式(2－33)，自由振动反应可表示为

$$R(\alpha)=\frac{-\beta}{1-\beta^2}\left\{\left(1+\cos\frac{\pi}{\beta}\right)\sin\left[\frac{\pi}{\beta}(\alpha-1)\right]+\left(\sin\frac{\pi}{\beta}\right)\cos\left[\frac{\pi}{\beta}(\alpha-1)\right]\right\} \quad \alpha\geqslant 1 \tag{5-3}$$

其中 $\frac{\pi}{\beta}(\alpha-1)=\omega(t-t_1)$。这个式子与式(5－1)一样，对 $\beta=1$ 是不确定的。需要再次利用 L'Hospital 法则导得

$$R(\alpha)=\frac{\pi}{2}\cos[\pi(\alpha-1)] \quad \beta=1 \quad \alpha\geqslant 1 \tag{5-4}$$

对阶段Ⅰ使用式(5－1)和式(5－2)，在阶段Ⅱ使用式(5－3)和式(5－4)，对离散的 β 值可做出图 5－3 实线所示的反应比-时间历程。这里 β 值选为 1/4，1/3，1/2，1 和 3/2，相应的 t_1/T 值分别为 2，3/2，1，1/2 和 1/3。为了进行对照，图中也用虚线绘出了拟静力反应比 $[p(t)/k]/(p_0/k)=p(t)/p_0$，它的峰值等于 1。注意：对 $t_1/T=1/2(\beta=1)$，精确的最大反应 d 点出现在阶段Ⅰ结束的地方。对任何 t_1/T 小于 $1/2(\beta>1)$ 的情况，最大反应出现在阶段Ⅱ；而对任何 t_1/T 大于 $1/2(\beta<1)$ 时，最大反应出现在阶段Ⅰ。显然，反应的最大值依赖于荷载持续时间与结构振动周期的比值，也即依赖于 $t_1/T=1/2\beta$。

虽然理解图 5－3 所示完整的时间历程很重要，但工程技术人员通常仅对 a,b,c,d 和 e 点所表示的反应最大值更有兴趣。如果最大值出现在阶段Ⅰ，则 α 的值可由式(5－1)对 α 求导并令其等于零来获得

$$\frac{\mathrm{d}R(\alpha)}{\mathrm{d}\alpha}=\left(\frac{\pi}{1-\beta^2}\right)\left(\cos \pi\alpha-\cos\frac{\pi\alpha}{\beta}\right)=0 \tag{5-5}$$

由此可得

项目	a	b	c	d	e
β	$\frac{1}{4}$	$\frac{1}{3}$	$\frac{1}{2}$	1	$\frac{3}{2}$
$\frac{t_1}{T}$	2	$\frac{3}{2}$	1	$\frac{1}{2}$	$\frac{1}{3}$
α	$\frac{2}{5}$	$\frac{1}{2}$	$\frac{2}{3}$	1	—
$R_{\max}$	1.27	$\frac{3}{2}$	1.73	1.57	1.20

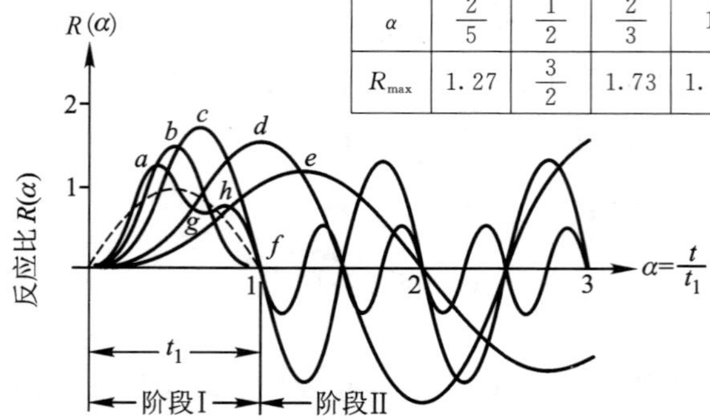

图 5-3　由半正弦脉冲引起的反应比

$$\cos \pi\alpha = \cos \frac{\pi\alpha}{\beta} \tag{5-6}$$

为满足上式，需

$$\pi\alpha = \pm\frac{\pi\alpha}{\beta} + 2\pi n \quad n = 0, \pm 1, \pm 2, \cdots \tag{5-7}$$

解此可得

$$\alpha = \frac{2\beta n}{\beta \pm 1} \quad n = 0, \pm 1, \pm 2, \cdots \tag{5-8}$$

当然，这只对 α 的值位于阶段Ⅰ时，也即 α 的范围为 $0 \leqslant \alpha \leqslant 1$ 才是正确的。如前所述，仅在 $0 \leqslant \beta \leqslant 1$ 时才遇到这一条件。为了满足这两条件，n 的正负号要和式(5-8)中的正负号一致才行。注意：$n=0$ 的情况可以不予考虑，因为 $\alpha=0$ 已经确认了零速度的初始条件得到满足。

为了增加对式(5-8)的理解，现在考虑图 5-3 所示的情况。对 $\beta=1$ 的界限值情况，利用式中正号并且 $n=+1$ 可获得 $\alpha=1$，代入式(5-2)得到图 5-3 中 d 点的 $R(1)=\pi/2$。当 $\beta=1/2$ 时，此时式(5-8)仅有一个有效解，也即式中取正号且 $n=+1$；此时 α 的值为 2/3，代入式(5-1)得到图 5-3 中 c 点的 $R(2/3)=1.73$。对于 $\beta=1/3$，式(5-9)中取正号分别对应 $n=+1$ 和 $+2$ 可得 α 为 1/2 和 1，代入式(5-1)得到图 5-3 中 b 点的 $R(1/2)=3/2$ 和 f 点的 $R(1)=0$。注意，因为在这种情况下 $\dot{R}(1)$ 是零，因而在阶段Ⅱ没有自由振动。如果 $\beta=1/4$，显然在阶段Ⅰ有两个最大值（点 a 和 h）和一个最小值（点 g）。点 a 和 h 分别对应式中取正号，并取 $n=+1$ 和 $+2$，α 分别为 2/5 和 4/5。g 点对应于式中取负号，并取 $n=-1$，得 $\alpha=2/3$。现在显然可见，对于最大值，在式(5-8)中的符号应该取正，且 n 应是正的来得到 α；而对于最小值，在式(5-8)中的符号应该取负，且 n 应是负的来得到 α。将上述的 α 值代入式(5-1)，可得 $R(2/5)=1.268$，$R(4/5)=0.784$ 和 $R(2/3)=0.693$，分别对应于点 a，h 和 g。如果检查 β 值进一步减小的情况，则在阶段Ⅰ最大和最小的数量将继续增加，从一次($\beta=1/4$)到两次、三次等。极限情况是 $\beta\to0$，反应比曲线将接近图 5-3 虚线所示的拟静力反应曲线，即 $R_{\max}$ 接近于 1。

最后，讨论 $\beta=3/2$ 的情况，其最大反应发生在阶段Ⅱ，如图中 e 点所示。在自由振动的情况下，没有必要再去求解最大反应所对应的 α 值。因为所期望的最大值可直接由式(5-3)从两正交分量的矢量和得到

$$\begin{aligned}R_{\max}&=\left(\frac{-\beta}{1-\beta^2}\right)\left[\left(1+\cos\frac{\pi}{\beta}\right)^2+\left(\sin\frac{\pi}{\beta}\right)^2\right]^{1/2}\\&=\left(\frac{-\beta}{1-\beta^2}\right)\left[2\left(1+\cos\frac{\pi}{\beta}\right)\right]^{1/2}\end{aligned}$$

最后用三角恒等式 $\left[2\left(1+\cos\frac{\pi}{\beta}\right)\right]^{1/2}\equiv2\cos\frac{\pi}{2\beta}$ 可将上式写为如下简单形式

$$R_{\max}=\left(\frac{-2\beta}{1-\beta^2}\right)\cos\frac{\pi}{2\beta}\tag{5-9}$$

对上述 $\beta=3/2$ 的情况，$R_{\max}=1.2$。

§5-3　矩形脉冲

冲击荷载作用下反应分析的第二个例子是讨论图 5-4 所示的矩形脉冲。反应再次分为加载阶段和其后发生的自由振动阶段。

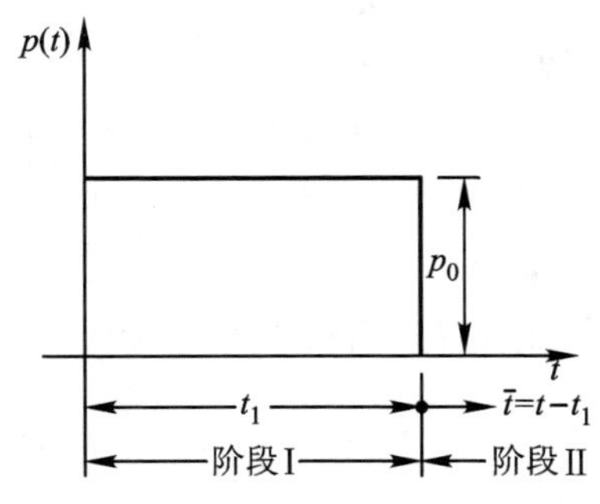

图 5-4　矩形脉冲

阶段Ⅰ　在阶段Ⅰ期间突然施加的恒荷载，称为阶跃荷载。此情况运动方程的特解即为静挠度

$$v_p=p_0/k;R_p=1\tag{5-10}$$

利用这个结果和由满足静止初始条件来确定自由振动补解中的常数，则可容易地得到一般反应比解为

$$R(\alpha)=1-\cos2\pi\left(\frac{t_1}{T}\right)\alpha\quad 0\leqslant\alpha\leqslant1\tag{5-11}$$

这里再次记 $\alpha\equiv t/t_1$，因而 $\omega t=2\pi(t_1/T)\alpha$。这个表达式的第一个最大值出现在 $(t_1/T)\alpha=1/2$ 处。如果最大值恰好出现在阶段Ⅰ的结束处，也即 $\alpha=1$，则比值

t_1/T 必须等于 1/2。此时，从式(5－11)可得 $R(1/2)=2$①。当 t_1/T 继续增加，超过 1/2 时，另外的最大值也出现在阶段Ⅰ，其值都是 $R_{max}=2$。当 t_1/T 自 1/2 减小时，与式(5－11)相应在阶段Ⅰ没有最大值；最大反应将出现在自由振动的阶段Ⅱ。

阶段Ⅱ　在反应比形式中利用式(2－33)，并由式(5－11)确定 $R(1)$ 和 $\dot{R}(1)$，则此阶段自由振动为

$$R(\alpha)=\left(1-\cos 2\pi\frac{t_1}{T}\right)\cos\left[2\pi\frac{t_1}{T}(\alpha-1)\right]+\left(\sin 2\pi\frac{t_1}{T}\right)\sin\left[2\pi\frac{t_1}{T}(\alpha-1)\right]\quad \alpha\geqslant 1 \tag{5-12}$$

其中 $2\pi\frac{t_1}{T}(\alpha-1)=\omega(t-t_1)$。此表达式中取两正交分量的矢量和，可得

$$\begin{aligned}R_{max}&=\left[\left(1-\cos 2\pi\frac{t_1}{T}\right)^2+\left(\sin 2\pi\frac{t_1}{T}\right)^2\right]^{1/2}\\&=\left[2\left(1-\cos 2\pi\frac{t_1}{T}\right)\right]^{1/2}=2\sin\pi\frac{t_1}{T}\end{aligned} \tag{5-13}$$

这表明对 $0\leqslant t_1/T\leqslant 1/2$ 的矩形脉冲，其最大反应是按正弦函数变化的。

§5－4　三角形脉冲

最后详细分析的冲击荷载为图 5－5 所示的随时间而减小的三角形脉冲荷载。

阶段Ⅰ　在加载范围内荷载按 $p_0(1-t/t_1)$ 变化，不难证明，运动方程特解的反应比形式为

$$R_p(t)=(1-\alpha)\quad 0\leqslant\alpha\leqslant 1 \tag{5-14}$$

式中 $\alpha\equiv t/t_1$。将此解和积分常数由零初始条件计算的自由振动补解相结合，可得

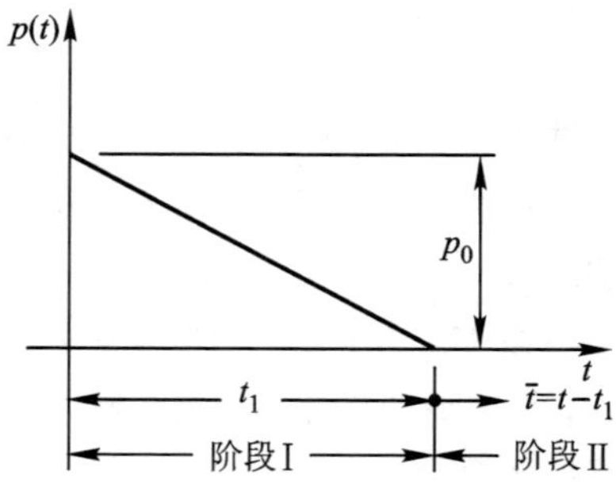

图 5－5　三角形脉冲

$$R(\alpha)=\left(\frac{1}{2\pi\frac{t_1}{T}}\right)\sin 2\pi\frac{t_1}{T}\alpha-\cos 2\pi\frac{t_1}{T}\alpha-\alpha+1\quad 0\leqslant\alpha\leqslant 1 \tag{5-15}$$

将此表达式对时间求一阶导数并令其为零，可得到第一个最大值，它恰好出现在 $t_1/T=0.371\ 01$ 时阶段Ⅰ的结束处(也即 $\alpha=1$ 时)。将此值代入式(5－15)可得 $R(0.371\ 01)=1$。对于 $t_1/T>0.371\ 01$ 时，最大反应出现在阶段Ⅰ，可在

① 因为 $\alpha=1$，因此这里 $R(1/2)$ 应该理解为 $t_1=T/2$，$R(1)=2$。三角形脉冲时与此类似。——译者

式(5－15)中代入适当的表示零初始条件的 α 值而得到。

阶段Ⅱ　当 $t_1/T<0.37101$ 时，最大反应将是阶段Ⅱ中的自由振动幅值。这可用上节所述的相同方法，由式(5－15)和它对时间的一阶导数表达式得到 $R(1)$ 和 $\dot{R}(1)$，将其代入由式(2－33)所给出的自由振动反应中，则可得到反应比形式的反应。其最大反应是自由振动方程解答中两正交分量的矢量和。

§5－5　震动或反应谱

由上面导得的表达式可见，在无阻尼单自由度结构里，每一种冲击荷载所引起的最大反应仅仅依赖于脉冲的持续时间与结构固有周期的比值 t_1/T。因此，对于各种冲击荷载形式，绘制出反应比 R_{max} 作为 t_1/T 函数的图形是有益的。对上述讨论过的三种荷载形式，如图 5－6 所示，所绘出的图形即为众所周知的位移反应谱，或者仅仅称为反应谱。一般由所绘制的这些图线，可足够精确的预测简单结构受给定冲击荷载类型作用的最大效果。

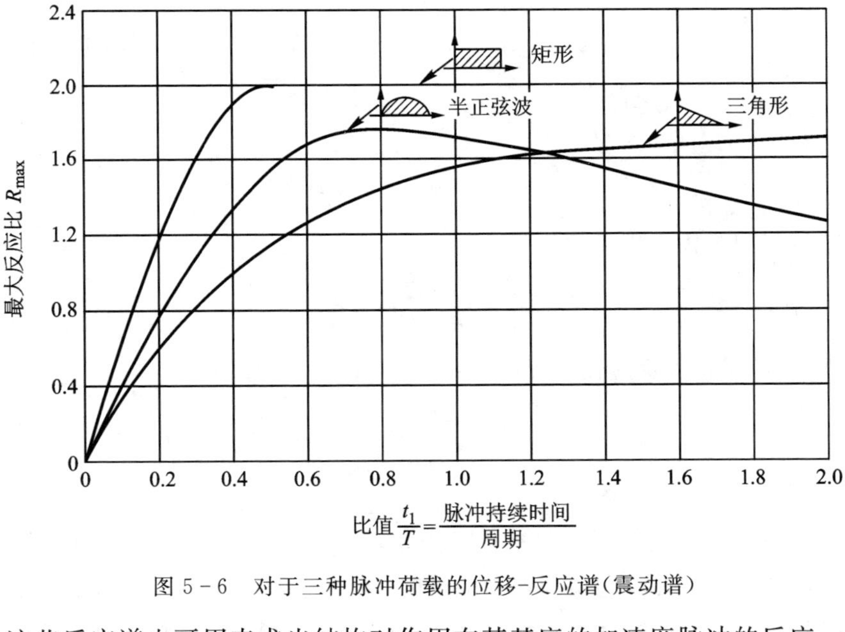

图 5－6　对于三种脉冲荷载的位移-反应谱(震动谱)

这些反应谱也可用来求出结构对作用在其基底的加速度脉冲的反应。如果作用于基底的加速度为 $\ddot{v}_g(t)$，则它所引起的等效冲击荷载为 $p_{eff}=-m\ddot{v}_g(t)$［参看式(2－17)］。若以 $\ddot{v}_{g0}$ 代表最大基底加速度，则最大等效冲击荷载为 $p_{eff,0}=-m\ddot{v}_{g0}$。因此，最大反应比现在可表示为

$$R_{max}=\left|\frac{v_{max}}{m\ddot{v}_{g0}/k}\right| \tag{5-16}$$

通常仅对反应的绝对值大小感兴趣。作为选择，上式也可以改写为

$$R_{\max}=|\ddot{v}^t_{\max}/\ddot{v}_{g0}|\tag{5-17}$$

其中 $\ddot{v}^t_{\max}$ 为质量的最大总加速度。这是根据在无阻尼体系里，质量与加速度乘积的大小必然等于弹性恢复力 $kv_{\max}$ 得到的。因此，图 5-6 的反应谱曲线，像用来估计冲击荷载下的最大位移反应一样，显然也同样可以用来预测质量 m 在基底承受加速度脉冲时的最大加速度反应。当用于这种目的时，此曲线通常称作震动谱。

例题 E5-1　作为一个利用上述反应谱(或震动谱)计算在冲击荷载下单自由度结构最大反应的例子，讨论图 E5-1 所示承受三角形冲击波荷载的单层建筑物体系。根据这个结构给定的重量和柱子的刚度，其振动固有周期为

$$T=\frac{2\pi}{\omega}=2\pi\sqrt{\frac{W}{kg}}=2\pi\sqrt{\frac{600}{10\ 000(386)}}\ \text{s}=0.079\ \text{s}$$

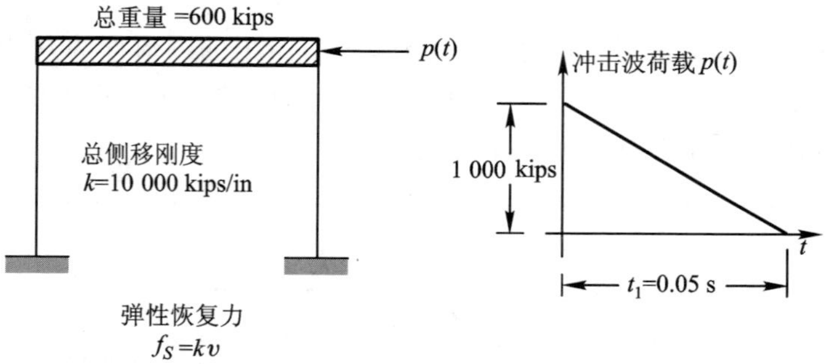

图 E5-1　承受冲击波荷载的单自由度建筑物

脉冲持续时间与固有周期的比为

$$\frac{t_1}{T}=\frac{0.05}{0.079}=0.63$$

从图 5-6 可得最大反应比为 $R_{\max}=1.33$，因而最大位移为

$$v_{\max}=R_{\max}\frac{p_0}{k}=1.33\times\frac{1\ 000}{10\ 000}\ \text{in}=0.133\ \text{in}[0.338\ \text{cm}]$$

它所引起的最大弹性力为

$$f_{S,\max}=kv_{\max}=10\ 000\times0.133\ \text{kips}=1\ 330\ \text{kips}[603\ 300\ \text{kgf}]$$

如果冲击波压力脉冲持续时间仅为上述的 1/10($t_1=0.005$ s)，则对于这个脉冲持续时间($t_1/T=0.063$)的最大反应比将仅为 $R_{\max}=0.20$。因此，对于持续时间很短的冲击荷载来说，大部分作用荷载为结构的惯性所抵抗，因而它在结构中所产生的应力将比长持续时间荷载所产生的应力小很多。

需要注意的是，虽然上述所描述的反应(或震动)谱是针对无阻尼单自由度体系导出的，但由于阻尼在实际感兴趣的范围内对短持续时间的脉冲荷载所引起的最大反应只有很小的影响，因此反应谱也可用于有阻尼体系。

§5-6　冲击荷载反应的近似分析

从图 5-6 所示的反应谱及其他形式荷载的类似谱研究中，可以得出关于冲击荷载下结构反应的两个概括性结论：

（1）对于长持续时间荷载，例如 $t_1/T>1$，动力放大系数主要依赖于荷载达到它的最大值的增加速度。只有足够持续时间的阶跃荷载所产生的动力放大系数为 2；而缓慢地逐渐增加的荷载，其动力放大系数为 1[①]。

（2）对于持续时间短的荷载，例如 $t_1/T<1/4$，最大位移幅值 $v_{\max}$ 主要依赖于作用冲量 $I=\int_0^{t_1} p(t)\mathrm{d}t$ 的大小，而脉冲荷载的形式对它影响不大。但是，最大反应比 $R_{\max}$ 是与脉冲面积对荷载峰值的比值成比例的，因此十分依赖于荷载的形式。比较图 5-6 中短周期范围内的各条曲线，就可看出这一点。因此，$v_{\max}$ 是衡量反应更有效的尺度。

用如下方法可以推导出计算短持续时间冲击荷载下最大反应的一个方便的近似方法。这个方法实际上是上述第二条结论的数学表达。对于质量 m 的冲量-动量关系可写成

$$m\Delta\dot{v}=\int_0^{t_1}[p(t)-kv(t)]\mathrm{d}t \tag{5-18}$$

其中 $\Delta\dot{v}$ 表示由于荷载引起的速度改变。在这个表达式中可以看到：当 t_1 值较小时，在荷载作用期间所引起的位移 $v(t_1)$ 是属于 $(t_1)^2$ 量级的[②]，而速度改变 $\Delta\dot{v}$ 是属于 t_1 量级的。因此，既然冲量也是 t_1 量级的，故当 t_1 趋近于零时弹性力项 $kv(t)$ 从表达式中消失，而对持续时间短的荷载，它的值很小，可以忽略。

基于这一点，可以应用如下的近似关系：

$$m\Delta\dot{v}\doteq\int_0^{t_1} p(t)\mathrm{d}t \tag{5-19}$$

或

$$\Delta\dot{v}=\frac{1}{m}\int_0^{t_1} p(t)\mathrm{d}t \tag{5-20}$$

加载结束之后的反应为自由振动

---

① 这里实际上是指明突加荷载的动力放大系数为 2，而对缓慢加载情况，实际等于说可作静力荷载考虑，因此放大系数是 1。——译者

② 当 $t_1=\Delta\tau$ 很小时，由式(5-18)可知，$\Delta\dot{v}=\dot{v}(t_1)\approx p(0)\Delta\tau/2m$ 是 t_1 的一阶小量，式中 $p(\tau)=p(\tau)-kv(\tau)$。由此可导得 $v(\Delta\tau)=v(t_1)=v(0)+\dot{v}(0)\Delta\tau+p(0)(\Delta\tau)^2/2m=p(0)(\Delta\tau)^2/2m$ 是 t_1 的二阶小量。——译者

$$v(\bar{t})=\frac{\dot{v}(t_1)}{\omega}\sin\omega\bar{t}+v(t_1)\cos\omega\bar{t}$$

其中 $\bar{t}=t-t_1$。但是，由于位移项 $v(t_1)$ 可以忽略不计，速度 $\dot{v}(t_1)=\Delta\dot{v}$，因此可采用如下的近似关系：

$$v(\bar{t})\doteq\frac{1}{m\omega}\left(\int_0^{t_1}p(t)\mathrm{d}t\right)\sin\omega\bar{t} \tag{5-21}$$

例题 E5-2 作为应用这个近似公式的一个例子，讨论图 E5-2 的结构在所示冲击荷载下的反应。在此情况下，$\omega=\sqrt{kg/W}=3.14$ rad/s，且 $\int_0^{t_1}p(t)\mathrm{d}t=$ 10 kips · s。则反应约为

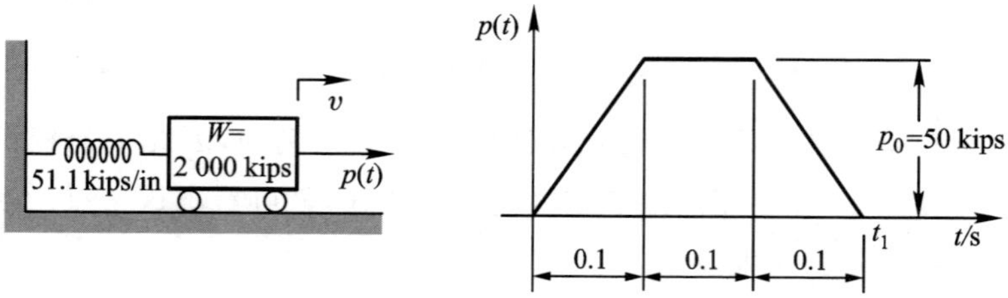

图 E5-2 近似脉冲反应分析

$$v(\bar{t})=\frac{10\times386}{2\ 000\times3.14}\sin\omega\bar{t}$$

其中重力加速度取作 $g=386$ in/s^2[980.7 cm/s^2]。当 $\sin\omega\bar{t}=1$ 时，最大反应为

$$v_{\max}\doteq0.614\ \text{in}[1.56\ \text{cm}]$$

结构工程师最关心的、在弹簧中所产生的最大弹性力是

$$f_{S,\max}=kv_{\max}=51.1\times0.614\ \text{kips}=31.4\ \text{kips}[14\ 240\ \text{kgf}]$$

因为这个体系的振动周期为 $T=2\pi/\omega=2$ s，荷载持续时间与周期的比为 $t_1/T=0.15$，近似分析可以认为是非常可靠的。实际上，将运动方程直接积分求得的最大反应为 0.604 in[1.53 cm]，因此近似结果的误差小于 2%。

习　　题

5-1 考察图 2-1a 中具有如下特性的基本动力体系：$W=600$ lbf($m=W/g$) 而 $k=1\ 000$ lbf/in。假定体系承受幅值为 $p_0=500$ lbf、持续时间为 $t_1=0.15$ s 的半正弦冲击波(图 5-2)。试确定：

(a) 最大反应出现的时间；

(b) 由这个荷载引起的最大弹簧力；利用图 5-6 获得的结果来校核这个结果。

5-2 从零线性增大到峰值的三角形脉冲可用 $p(t)=p_0(t/t_1)$ 表示($0<t<t_1$)，

(a) 试推导在此荷载作用下从“静止”条件开始的单自由度结构反应的表达式；

(b) 如果 $t_1=3\pi/\omega$,试确定由此荷载引起的最大反应比

$$R_{\max}=\frac{v_{\max}}{p_0/k}$$

5-3　一个四分之一余弦波脉冲用下式表示

$$p(t)=p_0\cos\bar{\omega}t\quad 0<t<\frac{\pi}{2\bar{\omega}}$$

(a) 试推导从静止开始由此脉冲荷载引起的反应表达式;

(b) 如果 $\bar{\omega}=\omega$,试确定最大反应比

$$R_{\max}=\frac{v_{\max}}{p_0/k}$$

5-4　图2-1a所示基本的单自由度体系,其特性为 $k=20$ kips/in,$m=4$ kips · s^2/in,承受图5-5所示的三角形脉冲,其中 $p_0=15$ kips,$t_1=0.15T$。

(a) 利用图5-6的震动反应谱,试确定最大弹性力 $f_{S\max}$;

(b) 利用式(5-21),近似地计算最大位移和弹簧力,并与(a)所得结果比较。

5-5　图P5-1a所示的水塔可当作单自由度结构来处理,它具有如下特性:$m=4$ kips · s^2/in,$k=40$ kips/in。由于爆炸的结果,水塔承受的动力荷载时程如图P5-1b所示。利用式(5-21)近似计算水塔基底的最大倾覆力矩 M_0,并借助Simpson法则计算冲量积分

$$\int p\mathrm{d}t=\frac{\Delta t}{3}(p_0+4p_1+2p_2+4p_3+p_4)$$

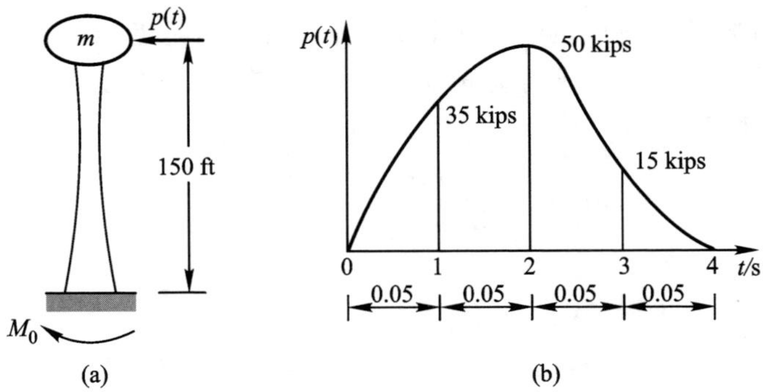

图 P5-1

第6章 对一般动力荷载的反应——叠加法

§6-1 时域分析

反应积分的列式

<u>无阻尼体系</u> 以第5章中所介绍的、承受短持续时间冲击荷载作用的、无阻尼单自由度结构反应的近似分析方法为基础，可以导出计算一般动力荷载反应的公式。为此，考察如图6-1所示的任意一般荷载 $p(t)$，在 $t=\tau$ 时作用的荷载强度为 $p(\tau)$，在一短时间间隔 $d\tau$ 范围内作用的这个荷载，将在结构上产生一个短持续时间的冲量 $p(\tau)d\tau$，此时可用式(5-21)计算这个冲量的反应。应该注意，对于有限持续时间的冲量来说，这种方法虽然是近似的，但当荷载的持续时间趋于零时，它却变成精确的方法。因此，在微分时间间隔 $d\tau$ 期间，冲量 $p(\tau)d\tau$ 所产生的反应恰为

$$dv(t)=\frac{p(\tau)d\tau}{m\omega}\sin\omega(t-\tau)\quad t\geqslant\tau \tag{6-1}$$

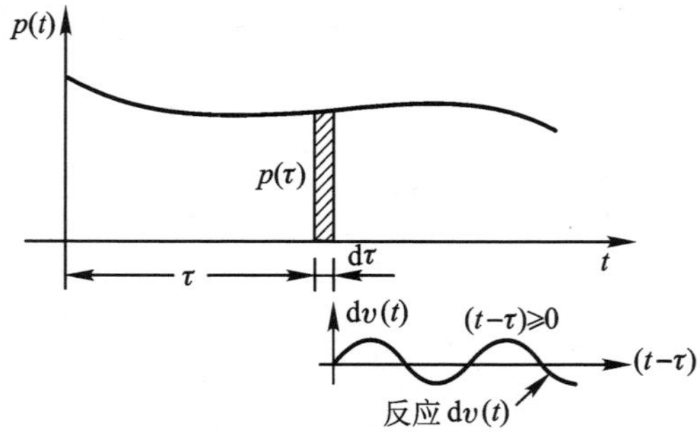

图6-1 （无阻尼）Duhamel积分的推导

在这个表达式中，$dv(t)$项表示在 $t\geqslant\tau$ 的整个反应时程范围内微分冲量的反应，它不是时间间隔 dt 内 v 的改变。

整个荷载时程可以视作由一系列连续的短脉冲（或称为冲量）所组成，每一个脉冲将产生一个如式(6-1)所示的微分反应。对于这个线性弹性体系来说，

可由荷载时程所产生的全部微分反应相加而获得总反应，亦即对式(6－1)进行积分：

$$v(t)=\frac{1}{m\omega}\int_0^t p(\tau)\sin\omega(t-\tau)\mathrm{d}\tau \quad t\geqslant 0 \tag{6-2}$$

式(6－2)即为著名的无阻尼体系 Duhamel 积分。它可用来计算任意形式的动力荷载 $p(t)$作用下无阻尼单自由度体系的反应。但在任意荷载作用时，必须利用后面介绍的数值积分来进行计算。

式(6－2)也可表达为如下卷积积分形式

$$v(t)=\int_0^t p(\tau)h(t-\tau)\mathrm{d}\tau \quad t\geqslant 0 \tag{6-3}$$

式中函数

$$h(t-\tau)=\frac{1}{m\omega}\sin\omega(t-\tau) \tag{6-4}$$

因为它表示在 $t=\tau$ 时一个单位大小的脉冲作用下结构的反应，因此称为单位脉冲反应函数。用 Duhamel 积分或卷积积分所得的反应，是在整个时域范围内获得反应的方法。必须注意，因为反应是由单个脉冲反应的叠加得到的，因此方法仅仅适用于线性体系。

在式(6－1)和式(6－2)中，必须假定在荷载开始作用 $t=0$ 时结构处于静止状态。对于其他特定的初始条件：$v(0)\neq 0$ 和 $\dot{v}(0)\neq 0$，这个解还必须加上一个附加自由振动反应。因此，一般情况下

$$v(t)=\frac{\dot{v}(0)}{\omega}\sin\omega t+v(0)\cos\omega t+\frac{1}{m\omega}\int_0^t p(\tau)\sin\omega(t-\tau)\mathrm{d}\tau \tag{6-5}$$

对 $t<0$ 时由已知荷载 $p(t)$引起的非零初始条件，可以将式(6－2)积分下限由零改为负无穷来得到此式的总反应。

低临界阻尼体系　除了由微分荷载冲量 $p(\tau)\mathrm{d}\tau$ 所引起的自由振动反应按指数衰减外，粘滞阻尼体系在一般动力荷载下反应的 Duhamel 积分公式的推导与无阻尼情况完全相同。因此，将表达式(2－49)中的 t 替换为 $t-\tau$，并用 0 替换 $v(0)$、用 $p(\tau)\mathrm{d}\tau/m$ 替换 $\dot{v}(0)$，则可获得阻尼微分反应

$$\mathrm{d}v(t)=\left[\frac{p(\tau)\mathrm{d}\tau}{m\omega_D}\sin\omega_D(t-\tau)\right]\exp[-\xi\omega(t-\tau)] \quad t\geqslant\tau \tag{6-6}$$

其中指数衰减是在荷载 $p(\tau)$作用时就开始的。在整个荷载作用时间 $0<\tau<t$ 内对这些微分反应项求和，则结果为

$$v(t)=\frac{1}{m\omega_D}\int_0^t p(\tau)\sin\omega_D(t-\tau)\exp[-\xi\omega(t-\tau)]\mathrm{d}\tau \quad t\geqslant 0 \tag{6-7}$$

这就是与式(6－2)对应的有阻尼反应。

把式(6－7)表达为式(6－3)那样的卷积积分形式时，阻尼单位脉冲反应函数为

$$h(t-\tau)=\frac{1}{m\omega_D}\sin\omega_D(t-\tau)\exp[-\xi\omega(t-\tau)] \tag{6-8}$$

如果初始条件 $v(0)$ 和 $\dot{v}(0)$ 是非零的，则与式(2-49)相应的自由振动反应必须加到式(6-7)中。

反应积分的数值计算

无阻尼体系　如果所作用的荷载 $p(\tau)$ 是简单的解析函数形式，则可以直接计算式(6-2)和式(6-7)的积分。但是，在许多实际情况下荷载仅是由实验获得的数据，因此不可能积分获得解析解。为此，反应积分必须用数值方法来计算。

为了导出这些方法，需要应用如下三角恒等式

$$\sin(\omega t-\omega\tau)=\sin\omega t\cos\omega\tau-\cos\omega t\sin\omega\tau \tag{6-9}$$

假设初始条件为零，则式(6-2)可写为

$$v(t)=\sin\omega t\left[\frac{1}{m\omega}\int_0^t p(\tau)\cos\omega\tau\mathrm{d}\tau\right]-\cos\omega t\left[\frac{1}{m\omega}\int_0^t p(\tau)\sin\omega\tau\mathrm{d}\tau\right]$$

或

$$v(t)=[\overline{A}(t)\sin\omega t-\overline{B}(t)\cos\omega t] \tag{6-10}$$

其中

$$\overline{A}(t)\equiv\frac{1}{m\omega}\int_0^t p(\tau)\cos\omega\tau\mathrm{d}\tau;\quad \overline{B}(t)\equiv\frac{1}{m\omega}\int_0^t p(\tau)\sin\omega\tau\mathrm{d}\tau \tag{6-11}$$

现在来说明可用于 $\overline{A}(t)$ 和 $\overline{B}(t)$ 数值计算的方法。

首先考察为求 $\overline{A}(t)$ 所需的 $y(\tau)\equiv p(\tau)\cos\omega\tau$ 的数值积分。为方便数值计算，计算出如图 6-2 所示的等时间间隔 $\Delta\tau$ 的函数值 $y(\tau)$，相继的纵坐标值用适当的角标来区分。现在由这些纵坐标值乘以取决于所使用数值积分方案的加权系数并求和，就可以得到近似积分值 $\overline{A}_N\equiv\overline{A}(t=N\Delta t)$。

简单求和

$$\overline{A}_N\doteq\frac{\Delta\tau}{m\omega}(y_0+y_1+y_2+\cdots+y_{N-1})\qquad N=1,2,3,\cdots \tag{6-12a}$$

梯形法则

$$\overline{A}_N\doteq\frac{\Delta\tau}{2m\omega}(y_0+2y_1+2y_2+\cdots+2y_{N-1}+y_N)\quad N=1,2,3,\cdots \tag{6-12b}$$

Simpson 法则

$$\overline{A}_N\doteq\frac{\Delta\tau}{3m\omega}(y_0+4y_1+2y_2+\cdots+4y_{N-1}+y_N)\quad N=2,4,6,\cdots \tag{6-12c}$$

利用其中任意一个式子，都可以直接由所需 N 的任意具体值来获得 $\overline{A}_N$。但是，通常是要求整个反应的时间历程，为此必须计算直到获得所期望反应时间历程

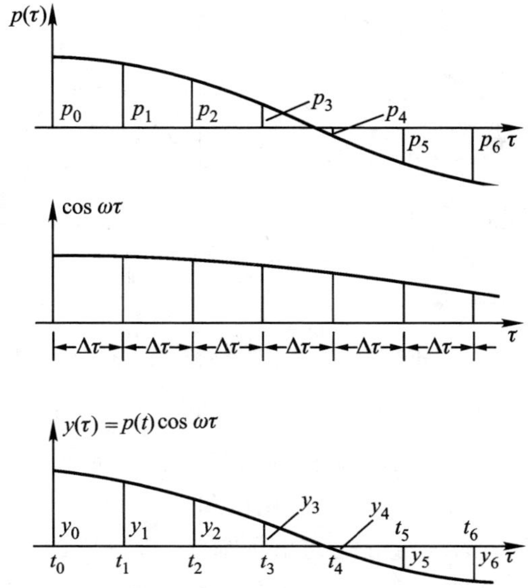

图 6-2　Duhamel 积分数值求和法的公式化

的一系列 N 的 $\overline{A}_N$ 值。因此，应用这些式子的如下递归形式更有效：

简单求和

$$\overline{A}_N \doteq \overline{A}_{N-1} + \frac{\Delta\tau}{m\omega}(y_{N-1}) \qquad N=1,2,3,\cdots \tag{6-13a}$$

梯形法则

$$\overline{A}_N \doteq \overline{A}_{N-1} + \frac{\Delta\tau}{2m\omega}(y_{N-1}+y_N) \qquad N=1,2,3,\cdots \tag{6-13b}$$

Simpson 法则

$$\overline{A}_N \doteq \overline{A}_{N-2} + \frac{\Delta\tau}{3m\omega}(y_{N-2}+4y_{N-1}+y_N) \qquad N=2,4,6,\cdots \tag{6-13c}$$

这里 $\overline{A}_0=0$。

可用完全相同的方法实现式(6-10)中 $\overline{B}(t)$的计算，所导得的 $\overline{B}_N$ 表达式与式(6-13)在形式上完全相同。但是，此时 $y(\tau)$的确定，必须改为与式(6-11)第二项相对应的 $y(\tau)\equiv p(\tau)\sin\omega\tau$。有了 N 逐次值的$\overline{A}_N$ 和 $\overline{B}_N$ 计算值，就可以用下式得到相应的反应值 $v_N\equiv v(t=N\Delta t)$

$$v_N=\overline{A}_N\sin\omega t_N-\overline{B}_N\cos\omega t_N \tag{6-14}$$

例题 E6-1　现在来计算一个承受冲击波荷载的水塔的动力反应，以便说明根据式(6-14)求无阻尼时域反应的数值方法。图 E6-1 给出了结构和冲击波荷载的理想化模型。对于这个体系，振动频率和周期为

$$\omega=\sqrt{\frac{kg}{W}}=\sqrt{\frac{2\ 700\times32.2}{96.6}}\ \text{rad/s}=30\ \text{rad/s} \qquad T=\frac{2\pi}{\omega}=0.209\ \text{s}$$

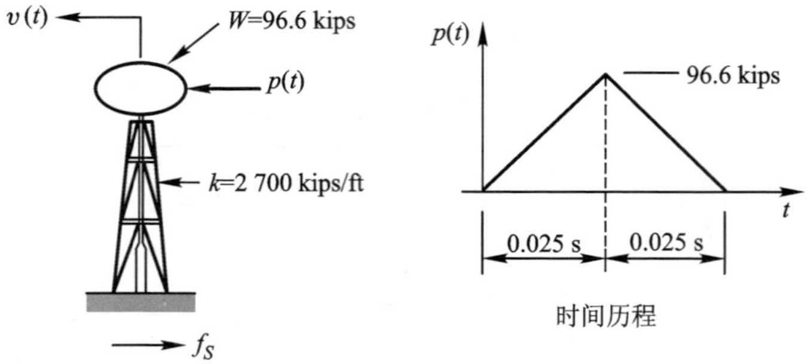

图 E6-1 承受冲击波荷载的水塔

在数值积分中所用的时间增量为 $\Delta\tau=0.005$ s，其相应的自由振动角增量为 $\omega\Delta\tau=0.15$ rad（较长的增量也可能获得同样满意的结果）。在这个无阻尼分析中，应用式（6-13c）给出的 Simpson 法则求和。

表 E6-1[①] 以简便的表格形式列出了前 10 步反应的计算结果。表中每一列的运算方法都以明显的形式示于该列的顶部。但是给出如下一些简要的解释是有益的：(a)第(4)列至第(10)列是按照式(6-13c)，并用 $y_N\equiv p_N\cos\omega t_N$ 来计算 $\overline{A}_N/F$（这里 $F\equiv\Delta t/3m\omega$）的；(b)第(11)列到第(17)列是按照与式(6-13c)等价的式子来计算 $\overline{B}_N/F$ 的；(c)第(18)列到第(21)列是按式(6-14)计算 v_N 的；(d)最后一列是用于计算弹簧力 $f_{S_N}=kv_N$ 的；(e)乘子 $M_2=1$ 在表 E6-1 中是不需要的，但是在后面与 $M_2\neq 1$ 有阻尼反应解答对比时是需要的。

因为，冲击波荷载在这 10 步的最后时刻终止了，因此在 $t=0.05$ s 时刻以后，$\overline{A}$ 和 $\overline{B}$ 的值保持常数。如果这些积分常数值分别记作 $\overline{A}^*$ 和 $\overline{B}^*$，则冲击波荷载消失后产生的自由振动［参看式(6-10)］由如下式子给出

$$v(t)=\overline{A}^*\sin\omega t-\overline{B}^*\cos\omega t$$

此运动的幅值为

$$v_{\max}=[(\overline{A}^*)^2+(\overline{B}^*)^2]^{1/2}$$

在上述例子中，$\overline{A}^*=1\,026F=0.019\,0$ ft[0.579 cm]，$\overline{B}^*=956F=0.017\,7$ ft[0.539 cm]［参看 $N=10$ 时第 10 和 17 列］，因此 $v_{\max}=0.026\,0$ ft[0.792 cm]，$f_{S_N}=70.2$ kips[31 840 kgf]。

因为上例中荷载很简单，因此可以直接用 Duhamel 积分来获得解答。实际上，为求此积分，通常情况下用易行的数值计算程序来获得解答。

<u>低临界阻尼体系</u>　对阻尼体系反应的数值计算，可以把式(6-7)写为与式(6-10)类似的形式：

---

① 由于计算机的普及应用，以表格形式进行手算已没多大实际用处。但是，切实掌握它对于编制计算程序还是很有帮助的。——译者

表 E6－1　无阻尼数值 Duhamel 积分分析

N	t_N /s	p_N /kips (1)	$\sin 30t_N$ (2)	$\cos 30t_N$ (3)	y_N (1)×(3) /kips (4)	y_{N-1} (5)	y_{N-2} (6)	$M_1\times$ (5) (7)	$M_2\times$ [(6)+(9)] (8)	$\frac{\overline{A}_{N-2}}{F}$ (9)	$\frac{\overline{A}_N}{F}$ (4)+(7)+(8) (10)	y_N (1)×(2) /kips (11)
0	0.000	0	0	1.000	0	—	—	—	—	—	0	0
1	0.005	19.32	0.149	0.989	19.1	0	—	—	—	—	—	2.88
2	0.010	38.64	0.296	0.955	36.9	19.1	0	76.4	0	0	113.3	11.4
3	0.015	57.96	0.435	0.900	52.2	36.9	19.1	—	—	—	—	25.2
4	0.020	77.28	0.565	0.825	63.8	52.2	36.9	208.8	150.2	113.3	422.8	43.7
5	0.025	96.60	0.682	0.732	70.7	63.8	52.2	—	—	—	—	65.9
6	0.030	77.28	0.783	0.622	48.1	70.7	63.8	282.8	486.6	422.8	817.5	60.5
7	0.035	57.96	0.867	0.498	28.9	48.1	70.7	—	—	—	—	50.3
8	0.040	38.64	0.932	0.362	14.0	28.9	48.1	115.6	865.6	817.5	995.2	36.0
9	0.045	19.32	0.976	0.219	4.23	14.0	28.9	—	—	—	—	18.9
10	0.050	0	0.997	0.070 7	0	4.23	14.0	16.9	1 009	995.2	1 026	0

续表

N	y_{N-1}	y_{N-2}	$M_1\times$ (12)	$M_2\times$ [(13)+(16)]	$\frac{\overline{B}_{N-2}}{F}$	$\frac{\overline{B}_N}{F}$ (11)+(14)+(15)	(10)×(2)	(17)×(3)	(18)−(19)	v_N F×(20) /ft	f_{S_N} k×(21) /kips
	(12)	(13)	(14)	(15)	(16)	(17)	(18)	(19)	(20)	(21)	(22)
0	—	—	—	—	—	0	0	0	0	0	0
1	0	—	—	—	—	—	—	—	—	—	—
2	2.88	0	11.5	0	0	22.9	33.5	21.9	11.6	0.000 2	0.54
3	11.4	2.88	—	—	—	—	—	—	—	—	—
4	25.2	11.4	100.8	34.3	22.9	178.8	239	148	91	0.001 7	4.6
5	43.7	25.2	—	—	—	—	—	—	—	—	—
6	65.9	43.7	263.6	222.5	178.8	546.6	640	340	300	0.005 6	15.1
7	60.5	65.9	—	—	—	—	—	—	—	—	—
8	50.3	60.5	201.2	607.1	546.6	844.3	928	306	622	0.015	31.0
9	36.0	50.3	—	—	—	—	—	—	—	—	—
10	18.9	36.0	75.6	880.3	844.3	955.9	1 023	67.6	955	0.017 7	47.8

注：$\omega=\sqrt{\frac{kg}{W}}=30$ rad/s，$\Delta\tau=0.005$ s，$M_1=4$，$M_2=1$，$F=\frac{\Delta\tau}{3m\omega}=1.852\times10^{-5}$ ft/kips，$k=2\ 700$ kips/ft。

$$v(t)=A(t)\sin\omega_D t-B(t)\cos\omega_D t \tag{6-15}$$

其中

$$\begin{aligned}A(t)&\equiv\frac{1}{m\omega_D}\int_0^t p(\tau)\frac{\exp(\xi\omega\tau)}{\exp(\xi\omega t)}\cos\omega_D\tau\,d\tau\\B(t)&\equiv\frac{1}{m\omega_D}\int_0^t p(\tau)\frac{\exp(\xi\omega\tau)}{\exp(\xi\omega t)}\sin\omega_D\tau\,d\tau\end{aligned} \tag{6-16}$$

与前面无阻尼体系一样，这些积分表达式可以用增量求和的方法来计算，但是现在必须考虑阻尼产生的指数衰减特性。为此，将式(6-16)中的第一个式子改写为近似的递归形式：

简单求和

$$A_N\doteq A_{N-1}\exp(-\xi\omega\Delta\tau)+\frac{\Delta\tau}{m\omega_D}y_{N-1}\exp(-\xi\omega\Delta\tau)\quad N=1,2,3,\cdots \tag{6-17a}$$

梯形法则

$$A_N\doteq A_{N-1}\exp(-\xi\omega\Delta\tau)+\frac{\Delta\tau}{2m\omega_D}[y_{N-1}\exp(-\xi\omega\Delta\tau)+y_N]\quad N=1,2,3,\cdots \tag{6-17b}$$

Simpson 法则

$$A_N\doteq A_{N-2}\exp(-2\xi\omega\Delta\tau)+\frac{\Delta\tau}{3m\omega_D}[y_{N-2}\exp(-2\xi\omega\Delta\tau)+4y_{N-1}\exp(-\xi\omega\Delta\tau)+y_N]\quad N=2,4,6,\cdots \tag{6-17c}$$

这与式(6-13)的无阻尼反应形式是等价的，但是表达式中考虑了阻尼的指数衰减项。经验证，在阻尼情况下的 $y_1\equiv p_1\cos\omega_D t_1, y_2\equiv p_2\cos\omega_D t_2$ 等，不同于无阻尼情况下的 $y_1\equiv p_1\cos\omega t, y_2\equiv p_2\cos\omega t$[①] 等。但当阻尼值很小时，$\omega_D\doteq\omega$，因此有理由认为这些无阻尼项也可用于有阻尼情况。

计算 B_N 的表达式与计算 A_N 的表达式(6-17)形式相同，但是必须用 $y_1\equiv p_1\sin\omega_D t_1, y_2\equiv p_2\sin\omega_D t_2$ 等。

有了逐次 N 值的 A_N 和 B_N 计算结果，就可以由如下式子得到相应的反应纵坐标值

$$v_N=A_N\sin\omega_D t_N-B_N\cos\omega_D t_N \tag{6-18}$$

自然，上述数值方法所得解的精度取决于时间间隔 $\Delta\tau$ 的长短。一般来说，要能很好地定义分析中的荷载和三角函数，必须选取足够短的时间间隔。为了保证常规的工程精度，一般 $\Delta\tau\leqslant T/10$ 时可得到满意的结果。显然，精度和计算量随着数值积分方法的复杂性而增加。一般来说，Simpson 方法精度较高，虽然它的数值计算复杂，但仍为大众所采用。

---

① 这里应该是 $y_1\equiv p_1\cos\omega t_1, y_2\equiv p_2\cos\omega t_2$ 等。——译者

例题 E6-2　为了说明在 Duhamel 积分数值计算中可以包括阻尼，重新分析图 E6-1 所示阻尼比为 5%(ξ=0.05)的体系的反应。其中用式(6-17c)及相应的 B_N 表达式所给的 Simpson 积分法则进行计算。对于这个小阻尼体系来说，其阻尼频率可以认为等于无阻尼频率。

在表 E6-2 中列出了前 18 步反应计算的结果。表中每一列的运算方法都以明显的形式示于该列的顶部。但是给出如下一些简要的解释是有益的：(a)第(4)列至第(10)列是按照式(6-17c)，并用 $y_N \equiv p_N \cos \omega t_N$ 来计算 A_N/F 的；(b)第(11)列到第(17)列是用 $y_N \equiv p_N \sin \omega t_N$，并按照与式(6-17c)等价的式子来计算 B_N/F 的；(c)第(18)列到第(21)列是按式(6-18)计算 v_N 的；(d)最后一列是用于计算弹簧力 $f_{S_N}=kv_N$ 的。

注意，在表 E6-2 中，数值分析过程停止在阻尼自由振动的第Ⅱ阶段($t_N \geqslant$ 0.050 s)，即停止在 t_N=0.090 s。如第(21)和(22)列所示，在接近 t_N=0.080 s 时发生最大值，$v_{\max}$=0.024 ft[0.732 cm]和 $f_{S_N} \doteq 64.8$ kips[29 390 kgf]。

图 E6-2 中分别绘出了例题 E6-1 无阻尼和例题 E6-2 有阻尼情况下弹性力反应的时程，以及冲击波荷载的时程。注意：有阻尼情况的最大反应仅比无阻尼情况稍小一点。因此，对短持续时间的脉冲荷载引起的最大反应来说，在实际感兴趣的范围内，阻尼的影响是很小的。可是必须认识到，对于任何振荡荷载所引起的最大反应，阻尼的影响是很大的，这将在稍后的§6-2 中予以证明。这种情况下，在反应的数值解中必须包含阻尼的影响。

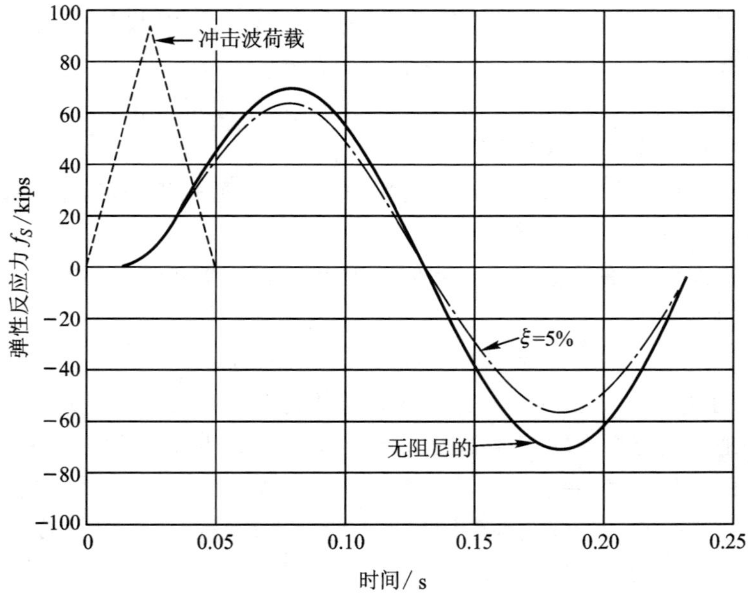

图 E6-2　承受冲击波荷载的水塔反应

表 E6-2 有阻尼数值 Duhamel 积分分析

N	t_N /s	p_N /kips (1)	$\sin 30t_N$ (2)	$\cos 30t_N$ (3)	y_N (1)×(3) /kips (4)	y_{N-1} (5)	y_{N-2} (6)	$M_1\times$ (5) (7)	$M_2\times$ [(6)+(9)] (8)	$\frac{A_{N-2}}{F}$ (9)	$\frac{A_N}{F}$ (4)+(7)+(8) (10)	y_N (1)×(2) /kips (11)
0	0.000	0	0	1.000	0	—	—	—	—	—	0	0
1	0.005	19.32	0.149	0.989	19.1	0	—	—	—	—	—	2.88
2	0.010	38.64	0.296	0.955	36.9	19.1	0	75.8	0	0	112.7	11.4
3	0.015	57.96	0.435	0.900	52.2	36.9	19.1	—	—	—	—	25.2
4	0.020	77.28	0.565	0.825	63.8	52.2	36.9	207.2	147.4	112.7	418.4	43.7
5	0.025	96.60	0.682	0.732	70.7	63.8	52.2	—	—	—	—	65.9
6	0.030	77.28	0.783	0.622	48.1	70.7	63.8	280.7	475.0	418.4	803.8	60.5
7	0.035	57.96	0.867	0.498	28.9	48.1	70.7	—	—	—	—	50.3
8	0.040	38.64	0.932	0.362	14.0	28.9	48.1	114.7	839.1	803.8	967.8	36.0
9	0.045	19.32	0.976	0.219	4.23	14.0	28.9	—	—	—	—	18.9
10	0.050	0	0.997	0.070 7	0	4.23	14.0	16.8	967.1	967.8	983.9	0
11	0.055	0	0.997	−0.079	0	0	4.23	—	—	—	—	0
12	0.060	0	0.974	−0.227	0	0	0	0	969.1	983.9	969.1	0
13	0.065	0	0.929	−0.370	0	0	0	—	—	—	—	0
14	0.070	0	0.863	−0.505	0	0	0	0	954.6	969.1	0	0
15	0.075	0	0.778	−0.628	0	0	0	—	—	—	—	0
16	0.080	0	0.675	−0.737	0	0	0	0	940.3	954.6	940.3	0
17	0.085	0	0.558	−0.830	0	0	0	—	—	—	—	0
18	0.090	0	0.427	−0.904	0	0	0	0	926.3	940.3	926.2	0

续表

N	y_{N-1} (12)	y_{N-2} (13)	$M_1\times$(12) (14)	$M_2\times$[(13)+(16)] (15)	$\frac{B_{N-2}}{F}$ (16)	$\frac{B_N}{F}$ (11)+(14)+(15) (17)	(10)×(2) (18)	(17)×(3) (19)	(18)−(19) (20)	v_N F×(20) /ft (21)	f_{S_N} k×(21) /kips (22)
0	—	—	—	—	—	0	0	0	0	0	0
1	0	—	—	—	—	—	—	—	—	—	—
2	2.88	0	11.4	0	0	22.8	33.3	21.8	11.5	0.000 2	0.58
3	11.4	2.88	—	—	—	—	—	—	—	—	—
4	25.2	11.4	100.0	33.7	22.8	177.4	236	146	90	0.001 7	4.50
5	43.7	25.2	—	—	—	—	—	—	—	—	—
6	65.9	43.7	261.6	217.8	177.4	539.9	629	336	293	0.005 4	14.65
7	60.5	65.9	—	—	—	—	—	—	—	—	—
8	50.3	60.5	199.7	591.4	539.9	827.1	902	299	603	0.011 2	31.2
9	36.0	50.3	—	—	—	—	—	—	—	—	—
10	18.9	36.0	75.0	850.1	827.1	925.1	981	65.4	915	0.016 9	45.8
11	0	18.9	—	—	—	—	—	—	—	—	—
12	0	0	0	911.2	925.1	911.2	900	−206	1 106	0.020 5	55.4
13	0	0	—	—	—	—	—	—	—	—	—
14	0	0	0	897.5	911.2	897.5	824	−453	1 277	0.023 6	63.9
15	0	0	—	—	—	—	—	—	—	—	—
16	0	0	0	884.0	897.5	884.0	635	−651	1 286	0.023 8	64.3
17	0	0	—	—	—	—	—	—	—	—	—
18	0	0	0	870.7	884.0	870.7	395	−787	1 182	0.021 9	59.1

注：$\omega=\sqrt{\frac{kg}{W}}=30\ \text{rad/s}$，$\Delta\tau=0.005\ \text{s}$，$M_1=4\exp(-\xi\omega\Delta\tau)=3.97$，$M_2=4\exp(-2\xi\omega\Delta\tau)=0.985$，$F=\frac{\Delta\tau}{3m\omega}=1.852\times10^{-5}\ \text{ft/kips}$，$k=2\ 700\ \text{kips/ft}$。

§6-2　频域分析

如在 6-1 节所述，时域分析方法可以用来确定受任意荷载作用的线性单自由度体系的反应，即使是强振荡的荷载也适用。但是，有时候使用随后介绍的频域分析方法将更方便。此外，当运动方程包含有由频率确定的参数时，例如刚度 k 和阻尼 c，频域分析方法远优于时域分析方法。本节的目的是推导连续和离散的频域方法积分公式，然后建立任意荷载下反应的数值计算方法。

Fourier 反应积分

频域分析方法在概念上和第 4 章所述的周期荷载分析方法相似，这两种方法都把作用荷载展开成谐振分量项，以计算每个分量作用下结构的反应，最后可叠加各谐振反应而获得结构的总反应。但是，为了把周期荷载方法应用于任意荷载情况，显然要把 Fourier 级数的概念推广于非周期函数的展开。在推导过程中，为了方便，将采用式(4-8)和式(4-9)所示的 Fourier 级数的简明指数表达式。

例如，考虑图 6-3 所示的任意非周期荷载。由积分式(4-9)在任一时间间隔 $0<t<T_p$ 获得系数 P_n 后，如果要用式(4-8)所示 Fourier 级数表示这个函数，实际上是定义了一个如图中虚线和实线所示的周期函数。但是，如果令 $T_p\to\infty$，显然便可以消除这种虚线所示虚假的重复荷载。为此，对式(4-8)和式(4-9)引入如下少量修改

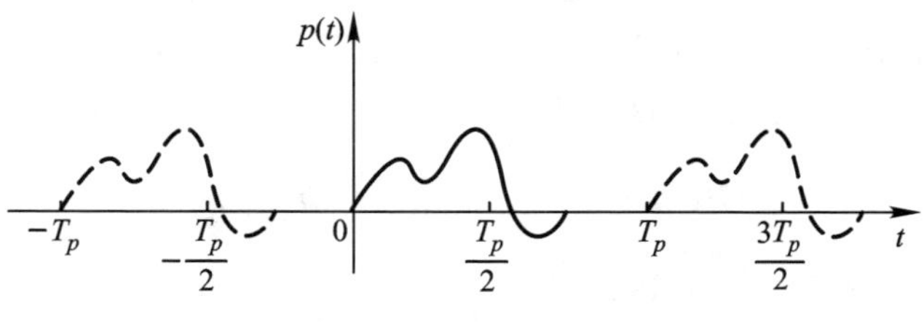

图 6-3　任意荷载表示为 Fourier 级数

$$\frac{1}{T_p}=\frac{\bar{\omega}_1}{2\pi}\equiv\frac{\Delta\bar{\omega}}{2\pi};\quad n\bar{\omega}_1=n\Delta\bar{\omega}\equiv\bar{\omega}_n;\quad P_nT_p\equiv P(i\bar{\omega}_n) \tag{6-19}$$

采用这些符号后，Fourier 级数式(4-8)和式(4-9)成为

$$p(t)=\frac{\Delta\bar{\omega}}{2\pi}\sum_{n=-\infty}^{\infty}P(i\bar{\omega}_n)\exp(i\bar{\omega}_nt) \tag{6-20}$$

$$P(i\bar{\omega}_n)=\int_{-T_p/2}^{T_p/2}p(t)\exp(-i\bar{\omega}_nt)\,\mathrm{d}t \tag{6-21}$$

这个式子利用了式(4－9)中积分限可以任意长的特点，只要长到将荷载周期 T_p 包括在内即可。

如果荷载周期扩展到无穷大($T_p \to \infty$)，即频率增量成为无穷小($\Delta\bar{\omega} \to \mathrm{d}\bar{\omega}$)，则离散的频率 $\bar{\omega}_n$ 就变成 $\bar{\omega}$ 的连续函数。因此，在极限情况下 Fourier 级数表达式(6－20)和式(6－21)转化为如下 Fourier 积分

$$p(t)=\frac{1}{2\pi}\int_{-\infty}^{\infty}P(i\bar{\omega})\exp(i\bar{\omega}t)\mathrm{d}\bar{\omega} \tag{6-22}$$

$$P(i\bar{\omega})=\int_{-\infty}^{\infty}p(t)\exp(-i\bar{\omega}t)\mathrm{d}t \tag{6-23}$$

这两个式子分别称为著名的逆 Fourier 变换和直接 Fourier 变换。应用直接 Fourier 变换，任意荷载 $p(t)$ 可以表达为具有复振幅的无限个谐振分量的和。函数 $\mathrm{P}(i\bar{\omega})/2\pi$ 表示频率为 $\bar{\omega}$ 处每单位 $\bar{\omega}$ 的复幅值强度。直接 Fourier 变换存在的必要条件是积分 $\int_{-\infty}^{\infty}|p(t)|\mathrm{d}t$ 为有限值。显然，只要荷载 $p(t)$ 的作用周期是有限的，此必要条件即可满足。

类似式(4－19)的 Fourier 级数表达，线性粘滞阻尼单自由度体系的总反应 $v(t)$ 为

$$v(t)=\frac{1}{2\pi}\int_{-\infty}^{\infty}H(i\bar{\omega})P(i\bar{\omega})\exp(i\bar{\omega}t)\mathrm{d}\bar{\omega} \tag{6-24}$$

复频反应函数 $H(i\bar{\omega})$ 与式(4－18)相同，可由如下式子给出

$$H(i\bar{\omega})=\frac{1}{k}\frac{1}{(1-\beta^2)+i(2\xi\beta)}=\frac{1}{k}\frac{(1-\beta^2)-i(2\xi\beta)}{(1-\beta^2)^2+(2\xi\beta)^2} \tag{6-25}$$

式中 $\beta\equiv\bar{\omega}/\omega$，式(6－24)的解答即为知名的由频域获得的反应。

例题 E6－3 作为利用频域进行反应分析的一个例子，讨论图 5－4 所示矩形冲击荷载：在区域 $0<t<t_1$ 时，$p(t)=p_0$；在其他时间则为零。这个荷载的直接 Fourier 变换[式(6－23)]函数为

$$P(i\bar{\omega})=\frac{p_0}{-i\bar{\omega}}[\exp(-i\bar{\omega}t)-1] \tag{a}$$

把这个表达式和复频反应表达式[式(6－25)]一起代入式(6－24)，得到反应的积分形式为

$$v(t)=\frac{i\bar{\omega}_D}{2\pi k}\left[\int_{-\infty}^{\infty}\frac{\exp[-i\omega\beta(t_1-t)]}{\beta(\beta-\gamma_1)(\beta-\gamma_2)}\mathrm{d}\beta-\int_{-\infty}^{\infty}\frac{\exp(i\omega\beta t)}{\beta(\beta-\gamma_1)(\beta-\gamma_2)}\mathrm{d}\beta\right] \tag{b}$$

式中

$$\gamma_1=\xi i+\sqrt{1-\xi^2};\quad \gamma_2=\xi i-\sqrt{1-\xi^2} \tag{c}$$

式(b)中的两个积分可用复 β 平面内的围道积分来确定。从而在 $0<\xi<1$ 的情况下得

$$v(t)=0\qquad t\leqslant 0$$

$$v(t)=\frac{p_0}{k}\left[1-\exp(-\xi\omega t)\left(\cos\omega_D t+\frac{\xi}{\sqrt{1-\xi^2}}\sin\omega_D t\right)\right]\qquad 0\leqslant t\leqslant t_1$$

$$v(t)=\frac{p_0}{k}\exp[-\xi\omega(t-t_1)]\times$$

$$\left\{\left[\exp(-\xi\omega t_1)\left(\sin\omega_D t_1-\frac{\xi}{\sqrt{1-\xi^2}}\cos\omega_D t_1\right)+\frac{\xi}{\sqrt{1-\xi^2}}\right]\sin\omega_D(t-t_1)+\right.$$

$$\left.\left[1-\exp(-\xi\omega t_1)\left(\cos\omega_D t_1+\frac{\xi}{\sqrt{1-\xi^2}}\sin\omega_D t_1\right)\right]\cos\omega_D(t-t_1)\right\}\quad (t\geqslant t_1)$$

(d)

正如以上例题中说明的，频域分析方法的正式应用只限于荷载的函数能进行 Fourier 积分变换的情况。即便如此，计算最后所得的积分也可能是十分麻烦的。因此，为使方法更为实用，有必要阐明它的数值分析方法。这个列式需要：(1)将直接和逆 Fourier 积分变换为方便的近似形式表达；(2)推导出这些近似形式的有效和高效的数值计算方法。

离散 Fourier 变换(DFT)

为了实用，式(6-22)和式(6-23)的 Fourier 积分变换必须将其表达为式(4-8)和式(4-9)所给的近似 Fourier 级数形式。但是为了有效的计算，它们必须修改为不同但等价的形式。首先考虑式(4-9)的形式

$$P_n=\frac{1}{T_p}\int_0^{T_p}p(t)\exp(-i\bar{\omega}_n t)\,\mathrm{d}t\quad n=0,\pm1,\pm2,\cdots\tag{6-26}$$

其中 $\bar{\omega}_n=n\Delta\bar{\omega}=n2\pi/T_p$。将周期分为 N 个等时间间隔 $\Delta t(T_p=N\Delta t)$，计算在离散点 $t=t_m=m\Delta t(m=1,2,\cdots,N)$处函数 $q(t)\equiv p(t)\exp(-i\bar{\omega}_n t)$的值，分别记为 $q_1,q_2,\cdots,q_N$。同时应用式(6-12b)所给积分的梯形法则，则上述 P_n 表达式可以写为如下近似形式

$$P_n\doteq\frac{1}{N\Delta t}\Delta t\left(\frac{q_0}{2}+\sum_{m=1}^{N-1}q_m+\frac{q_N}{2}\right)\tag{6-27}$$

如图 6-3 所示，考虑到在荷载周期的起点和终点($t=0$ 和 $t=T_p$)时 $q_0=q_N=0$，同时将 $\bar{\omega}_n=2\pi n/T_p=2\pi n/N\Delta t$ 和 $t_m=m\Delta t$ 代入，则式(6-27)成为

$$P_n\doteq\frac{1}{N}\sum_{m=1}^{N-1}p(t_m)\exp\left(-i\,\frac{2\pi nm}{N}\right)\quad n=0,1,2,\cdots,(N-1)\tag{6-28}$$

现在考察式(4-8)，其形式为

$$p(t)=\sum_{n=-\infty}^{\infty}P_n\exp(i\bar{\omega}_n t)\tag{6-29}$$

一个方便和可接受的作法是：把离散频率限定在与$-M\leqslant n\leqslant M$ 相应的有限范围$-M\Delta\bar{\omega}\leqslant\bar{\omega}_n\leqslant M\Delta\bar{\omega}$ 内，直到达到所需的工程精度。在式(6-29)中引入上述这些有限限定且令 $t=t_m$，则可得

$$p(t_m) \doteq \sum_{n=-M}^{M} P_n \exp\left(i\,\frac{2\pi nm}{N}\right) \tag{6-30}$$

此式中的求和项可分成为两部分：第一部分是从$-M$到-1求和，而第二部分是从0到M求和。第一部分可以修改为

$$\sum_{n=-M}^{-1} P_n \exp\left(i\,\frac{2\pi nm}{N}\right) = \sum_{n=-M}^{-1} P_{n+N} \exp\left(i\,\frac{2\pi(n+N)m}{N}\right) \tag{6-31}$$

因为每一项都是周期地跨越时间间隔$n=N$。式子右边以$Z\equiv n+N$和$M\equiv(N-1)/2$取代，且与上述定义的式(6-30)第二部分联合，则完整的式(6-30)成为

$$p(t_m) \doteq \sum_{Z=M+1}^{2M} P_Z \exp\left(i\,\frac{2\pi Zm}{N}\right) + \sum_{n=0}^{M} P_n \exp\left(i\,\frac{2\pi nm}{N}\right) \tag{6-32}$$

或

$$p(t_m) \doteq \sum_{n=0}^{2M} P_n \exp\left(i\,\frac{2\pi nm}{N}\right) \tag{6-33}$$

注意到$2M=N-1$，式(6-33)可表达为

$$p(t_m) \doteq \sum_{n=0}^{N-1} P_n \exp\left(i\,\frac{2\pi nm}{N}\right) \quad m=0,1,2,\cdots,N-1 \tag{6-34}$$

式(6-28)和式(6-34)是离散Fourier变换(DFT)的公式，对用于数值求解是方便的。应该清楚地认识到这两个变换是周期的；式(6-28)有周期$n=N$而式(6-34)有周期$m=N$。进一步还应认识到，量$p(t_m)$是函数$p(t)$在时间$t=t_m$的纵坐标，而P_n是频率$\bar{\omega}_n$处离散谐振的复振幅。

快速Fourier变换(FFT)

基于Cooley和Tukey① 所推导算法的快速Fourier变换，公认能对离散的Fourier变换进行高效准确的计算。因为，该算法可同样正确的计算直接和逆FFTs，因此这里仅讨论直接FFT，也即

$$A_n \equiv P_n N = \sum_{m=0}^{N-1} p_m \exp\left(-i\,\frac{2\pi nm}{N}\right) \quad n=1,2,3,\cdots,(N-1) \tag{6-35}$$

其中p_m表示$p(t=t_m)$。对于所有的n值，这个求和的简单计算需要N^2次复数乘法。这个数字对于大多数实际求解所需大的N值将是无法承受的，比如说$N>1\ 000$。因而提供了发展FFT算法的动机。

此FFT算法基于令$N=2^\gamma$，其中γ是一整数。这种情况下，n和m的每一个值在它们从0到$N-1$公共范围内可以依据二进制系数表达如下

$$\left.\begin{aligned} n &= 2^{\gamma-1} n_{\gamma-1} + 2^{\gamma-2} n_{\gamma-2} + \cdots + n_0 \\ m &= 2^{\gamma-1} m_{\gamma-1} + 2^{\gamma-2} m_{\gamma-2} + \cdots + m_0 \end{aligned}\right\} \tag{6-36}$$

---

① J. W. Cooley and J. W. Tukey, "An Algorithm for Machine calculation of complex Fourier Series", Math. computation, Vol. 19, April 1965.

其中每一个二进制系数是+1 或 0,取决于 n 和 m 所取的实际值。利用这些关系并且令 $W_N=\exp(-i2\pi/N)$,式(6-35)可表达为

$$A(n_{\gamma-1},n_{\gamma-2},\cdots,n_0)=\sum_{m_0=0}^{1}\sum_{m_1=0}^{1}\cdots\sum_{m_{\gamma-1}=0}^{1}p_0(m_{\gamma-1},m_{\gamma-2},\cdots,m_0)W_N^{nm}\tag{6-37}$$

注意:对 $n=0,1,2,\cdots,N-1$,每个系数 A_n 表示为 $A(n_{\gamma-1},n_{\gamma-2},\cdots,n_0)$;同时,对 $m=0,1,2,\cdots,N-1$,每个荷载纵坐标 p_m 表示为 $p_0(m_{\gamma-1},m_{\gamma-2},\cdots,m_0)$。附加于 p 的下标 0 仅指出乘子 W_N^{nm} 项在第一个求和中。引入这个表示法的目的是使得算法推导更加清晰。

现在讨论式(6-37)中 W_N^{nm} 项的形式

$$W_N^{nm}=W_N^{(2^{\gamma-1}n_{\gamma-1}+2^{\gamma-2}n_{\gamma-2}+\cdots+n_0)(2^{\gamma-1}m_{\gamma-1}+2^{\gamma-2}m_{\gamma-2}+\cdots+m_0)}\tag{6-38}$$

利用 $W_N^{(a+b)}=W_N^aW_N^b$,这个式子可修改为

$$\begin{aligned}W_N^{nm}=&W_N^{(2^{\gamma-1}n_{\gamma-1}+2^{\gamma-2}n_{\gamma-2}+\cdots+n_0)(2^{\gamma-1}m_{\gamma-1})}\times\\&W_N^{(2^{\gamma-1}n_{\gamma-1}+2^{\gamma-2}n_{\gamma-2}+\cdots+n_0)(2^{\gamma-2}m_{\gamma-2})}\times\cdots\times\\&W_N^{(2^{\gamma-1}n_{\gamma-1}+2^{\gamma-2}n_{\gamma-2}+\cdots+n_0)m_0}\end{aligned}\tag{6-39}$$

现在分别检验式子右边每一个单独 W_N 项,第一项可写为

$$\begin{aligned}&W_N^{(2^{\gamma-1}n_{\gamma-1}+2^{\gamma-2}n_{\gamma-2}+\cdots+n_0)(2^{\gamma-1}m_{\gamma-1})}\\&=W_N^{2^\gamma(2^{\gamma-2}n_{\gamma-1}m_{\gamma-1})}\times W_N^{2^\gamma(2^{\gamma-3}n_{\gamma-2}m_{\gamma-1})}\times\cdots\times\\&\quad W_N^{2^\gamma(2n_1m_{\gamma-1})}\times W_N^{2^{\gamma-1}(n_0m_{\gamma-1})}=W_N^{2^{\gamma-1}(n_0m_{\gamma-1})}\end{aligned}\tag{6-40}$$

因为每个 W_N 形式为

$$W_N^{2^\gamma(\text{整数})}=\left[\exp\left(-i\frac{2\pi}{N}\right)\right]^{N(\text{整数})}=1\tag{6-41}$$

利用式(6-41),类似地写出第二项,可发现

$$W_N^{(2^{\gamma-1}n_{\gamma-1}+2^{\gamma-2}n_{\gamma-2}+\cdots+n_0)(2^{\gamma-2}m_{\gamma-2})}=W_N^{2^{\gamma-2}(2n_1+n_0)m_{\gamma-2}}\tag{6-42}$$

这种处理方式一直继续到最后一项,因为式(6-41),它没有被消除,因此其必须保持如式(6—39)显示的同样形式。

除最后一项外,把所有的 W_N 项取代为它们的简化形式后,式(6-37)成为

$$\begin{aligned}&A(n_{\gamma-1},n_{\gamma-2},\cdots,n_0)\\&=\sum_{m_0=0}^{1}\sum_{m_1=0}^{1}\cdots\sum_{m_{\gamma-1}=0}^{1}\Big[p_0(m_{\gamma-1},m_{\gamma-2},\cdots,m_0)\times W_N^{2^{\gamma-1}(n_0m_{\gamma-1})}\times\\&\quad W_N^{2^{\gamma-2}(2n_1+n_0)m_{\gamma-2}}\times\cdots\times W_N^{(2^{\gamma-1}n_{\gamma-1}+2^{\gamma-2}n_{\gamma-2}+\cdots+n_0)m_0}\Big]\end{aligned}\tag{6-43}$$

顺次完成式中所有的求和,则可得

$$\sum_{m_{\gamma-1}=0}^{1}p_0(m_{\gamma-1},m_{\gamma-2},\cdots,m_0)W_N^{2^{\gamma-1}(n_0m_{\gamma-1})}\equiv p_1(n_0,m_{\gamma-2},\cdots,m_0)$$

$$\sum_{m_{\gamma-2}=0}^{1}p_1(n_0,m_{\gamma-2},\cdots,m_0)W_N^{2^{\gamma-2}(2n_1+n_0)m_{\gamma-2}}\equiv p_2(n_0,n_1,m_{\gamma-3},\cdots,m_0)$$

$$\vdots$$

$$\sum_{m_0=0}^{1} p_{\gamma-1}(n_0,n_1,\cdots,n_{\gamma-2},m_0)W_N^{(2^{\gamma-1}n_{\gamma-1}+2^{\gamma-2}n_{\gamma-2}+\cdots+n_0)m_0}=A(n_{\gamma-1},n_{\gamma-2},\cdots,n_0) \tag{6-44}$$

导致离散结果 $A(n_{\gamma-1},n_{\gamma-2},\cdots,n_0)$ 的这些递归式子，即为现代 FFT 分析中应用的 Cooley - Tukey 算法。由于实际上每一求和结果在下一求和中被立即应用，因此它们是极为有效的。又因为每一求和的第一项中指数为单位值且 $W_N^{nm}=-W_N^{nm+N/2}$，这就更增加了效率。当持续时间 T_p 划分为大量的时间间隔数时，应用式(6-44)所减少的计算量是巨大的。例如当 $N=1\ 024(\gamma=10)$ 时，用 FFT 计算获得全部 N 个 A_n 值所需时间约等于直接用式(6-35)获得同样值所需时间的 0.5%。FFT 不仅有极高的效率，而且精度也非常好，因而采用频域方法做结构动力反应分析确实是非常有吸引力的。

例题 E6-4 为了举例说明递归式(6-44)的用法，讨论 $\gamma=2$，相应的 $N=2^\gamma=4$，$n=2n_1+n_0$ 和 $m=2m_1+m_0$ 的情况。第一个式子是

$$p_1(n_0,m_0)=\sum_{m_1=0}^{1} p_0(m_1,m_0)W_4^{2n_0m_1} \tag{a}$$

因为 n_0 和 m_0 均可取之为 +1 或 0，实际上这个式子表示了如下四个式子

$$\left.\begin{aligned}
p_1(0,0)&=p_0(0,0)+p_0(1,0)\\
p_1(0,1)&=p_0(0,1)+p_0(1,1)\\
p_1(1,0)&=p_0(0,0)+p_0(1,0)W_4^2\\
p_1(1,1)&=p_0(0,1)+p_0(1,1)W_4^2
\end{aligned}\right\} \tag{b}$$

将其写为矩阵形式

$$\begin{Bmatrix} p_1(0,0)\\ p_1(0,1)\\ p_1(1,0)\\ p_1(1,1)\end{Bmatrix}=\begin{bmatrix}1&0&1&0\\0&1&0&1\\1&0&W_4^2&0\\0&1&0&W_4^2\end{bmatrix}\begin{Bmatrix} p_0(0,0)\\ p_0(0,1)\\ p_0(1,0)\\ p_0(1,1)\end{Bmatrix} \tag{c}$$

对 $\gamma=2$ 这样简单的情况，式(6-44)的另一个也是最后一个形式是

$$A(n_1,n_0)=\sum_{m_0=0}^{1} p_1(n_0,m_0)W_4^{(2n_1+n_0)m_0} \tag{d}$$

分别取 n_1 和 n_0 四种可能组合代入此式后可得

$$\begin{Bmatrix} A(0,0)\\ A(0,1)\\ A(1,0)\\ A(1,1)\end{Bmatrix}=\begin{bmatrix}1&1&0&0\\0&0&1&W_4^1\\1&W_4^2&0&0\\0&0&1&W_4^3\end{bmatrix}\begin{Bmatrix} p_1(0,0)\\ p_1(0,1)\\ p_1(1,0)\\ p_1(1,1)\end{Bmatrix}=\begin{Bmatrix}A_0\\A_1\\A_2\\A_3\end{Bmatrix} \tag{e}$$

将式(c)代入式(e)即可获得 $A_n(n=0,1,2,3)$ 的所需值。

在例题 E6-4 中所用 γ 值，从论证 FFT 算法效率的角度来看太小了（与直接方法相比减小的工作量仅约 50%），但也足以对式（6-44）应用的逐步展开有所理解。也论证了当应用到一个解答时，FFT 每个递归式子产生 N 个单独的式子。

动力反应计算

为了在频域计算线性单自由度的动力反应，表示反应的逆 Fourier 变换式（6-24），将用离散形式

$$v_m \doteq \sum_{n=0}^{N-1} V_n \exp\left(i\,\frac{2\pi nm}{N}\right) \quad m=0,1,2,\cdots,N-1 \tag{6-45}$$

其中 $v_m=v(t=t_m)$ 和 $V_n \equiv H_n P_n$。由前述的 FFT 法获得对于一切 n 值的离散谐振幅值 P_n，H_n 是复频反应函数 $H(i\bar{\omega})$ 的离散形式。对于如式（3-69）和式（3-79）所表示的复刚度形式线性粘滞阻尼体系，式（4-18）所示形式为

$$H_n=\frac{1}{k}\left[\frac{1}{(1-\beta_n^2)+i(2\xi)}\right]=\frac{1}{k}\left[\frac{(1-\beta_n^2)-i(2\xi)}{(1-\beta_n^2)^2+(2\xi)^2}\right] \tag{6-46}$$

对 $n=0,1,2,\cdots,N-1$ 有了 P_n 和 H_n 的值，像在式（6-35）中一样将 FFT 算法应用于式（6-45），可给出在 $m=0,1,2,\cdots,N-1$ 时由纵坐标 v_m 组成的时间历程 $v(t)$。注意：P_n 和 H_n 两者均为复数，但并不引起计算处理的困难。

为了阐明由上述过程计算反应，考察由如下运动方程表示的两个单自由度体系

$$\ddot{v}(t)+10\pi\xi\dot{v}(t)+25\pi^2 v(t)=-\ddot{v}_g(t) \tag{6-47}$$

和

$$\ddot{v}(t)+25\pi^2(1+2i\xi)v(t)=-\ddot{v}_g(t) \tag{6-48}$$

这两个体系除所用阻尼类型不同外是一样的，前一个是粘滞阻尼，而后一个则是复刚度阻尼。它们的圆频率为 $\omega=5\pi$，对应的周期和频率为 $T=0.4$ s 和 $f=2.5$ Hz。

假设如图 6-4a 所示输入加速度 $\ddot{v}_g(t)$ 有 6 s 的振荡，为此必须选择适当的 Δt 和 γ 值。考虑这个加速度图中的频率内容，选取 $\Delta t=0.01$ s 是合理的。γ 值的选取应该使周期 T_p 比激励持续时间要适当长些；因而在周期的 FFT 表示法中每次 6 s 激励后，有纵坐标为零的持续时间结果。因此必要条件是在零激励的持续时间间隔内，自由振动将几乎完全衰减；否则假设的激励开始时的零初始条件将不能完全满足。假使 γ 令其等于 10，则 $N=2^{10}=1\,024$，相应的 $T_p=1\,024\Delta t=10.24$ s。此时用上面所描述的方法，在频域中对 $\xi=0.01$ 和 0.05 解式（6-47）定义的阻尼体系，相应的反应时程如图 6-4b 和 6-4c 所示。注意每一情况的周期特性，显然对 $\xi=0.05$ 的情况反应有足够的时间衰减随后的

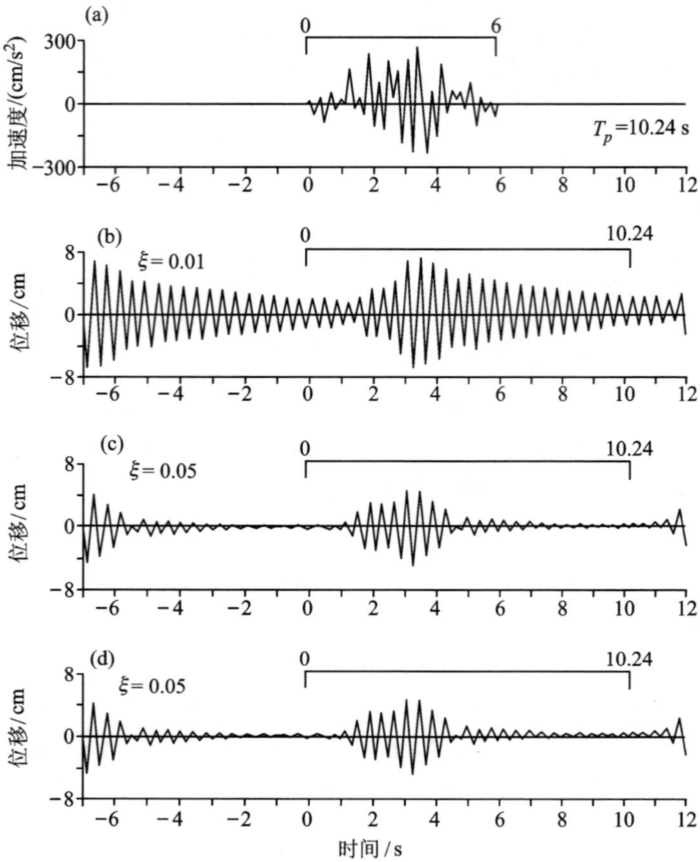

图 6-4 经由频域的反应计算

(a)输入加速度;(b)粘滞阻尼;(c)粘滞阻尼;(d)复刚度阻尼

激励,而对 $\xi=0.01$ 的情况则没有。因此,$\gamma=10$ 对 5%临界阻尼是足够的,而对 1%阻尼是不适当的。在后一情况中用 $\gamma=11$ 相应的 $T_p=2^{11}\Delta t=20.48$ s。很显然,当受如图 6-4a 所示强振荡的激励时,反应对于出现在体系内的阻尼是敏感的。

在频域中对 $\xi=0.05$ 求解式(6-48)定义的复刚度体系,所得位移时程如图 6-4d 所示。这个周期反应几乎和图 6-4c 完全一样。对接近固有频率时经历主要反应的低阻尼体系,这个相近的比较关系是预料中的,因为如第 3 章中所述的在共振条件($\beta=1$)下粘滞和滞变阻尼引起的结果一致。如果图 6-4a 中所描绘的输入加速度,在固有频率附近几乎没有满足的频率,但是在完全不同的频率范围内有高强度扰动,因此迫使主要反应从接近 $\beta=1$ 的范围漂移,如图 6-4c 和图 6-4d 所描绘的相应反应将是完全不同的。如果实际体系的反应表明,在固定振幅下每周阻尼能量损失 E_D 基本上是和激励频率无关的,自然用滞变阻尼获得反应将更合理。

如果式(4-18)和式(6-46)中参数 k 和 ξ(或其中一个)与频率相关,也即 $k=k(\beta_n)$ 和 $\xi=\xi(\beta_n)$,则动力反应计算将完全按上述同样方法进行;但是,此时这些参数的频率相关性将进入 H_n 值的计算。由于这种情况在工程实际中是普遍的,所以这个频域分析和频率相关参数的兼容性是颇有价值的。而用本章第一部分所述的时域方法处理将是非常困难的。

关于动力反应的频域分析方法效率,提及解任一式(6-47)或式(6-48)在给定阻尼和图 6-4a 所示激励时所需的 CPU 时间是有价值的。对 Micro VAX-Ⅱ 计算机来说约需 1.2 s。

§6-3　时域和频域转换函数之间的关系

如上节所示,粘滞阻尼单自由度体系在任意荷载 $p(t)$ 下的反应可经时域用卷积积分获得

$$v(t)=\int_{-\infty}^{t} p(\tau)h(t-\tau)\mathrm{d}\tau \tag{6-49}$$

或者经频域用下式获得

$$v(t)=\frac{1}{2\pi}\int_{-\infty}^{\infty} H(i\bar{\omega})P(i\bar{\omega})\exp(i\bar{\omega}t)\mathrm{d}\bar{\omega} \tag{6-50}$$

其中 $h(t)$ 和 $H(i\bar{\omega})$ 分别是单位脉冲和复频反应函数,分别为

$$h(t)=\frac{1}{m\omega_D}\sin\omega_D t\exp(-\xi\omega t)\quad 0<\xi<1 \tag{6-51}$$

和

$$H(i\bar{\omega})=\frac{1}{k}\left[\frac{1}{(1-\beta^2)+i(2\xi\beta)}\right]\quad \xi\geqslant 0 \tag{6-52}$$

注意如下一点是有趣的,时域和频域变换函数通过 Fourier 变换对联系在一起:

$$H(i\bar{\omega})=\int_{-\infty}^{\infty} h(t)\exp(-i\bar{\omega}t)\mathrm{d}t \tag{6-53}$$

$$h(t)=\frac{1}{2\pi}\int_{-\infty}^{\infty} H(i\bar{\omega})\exp(i\bar{\omega}t)\mathrm{d}\bar{\omega} \tag{6-54}$$

这些关系的检验在第 12 章(12-7 节)中随例题的解答介绍。

习　　题

6-1　图 P6-1a 所示的无阻尼单自由度体系承受图 P6-1b 所示的半正弦波的荷载。

取 $\Delta\tau=0.1$ s，试用 Duhamel 积分的数值计算法计算 $0<t<0.6$ s 的弹性力时程：

(a) 用简单求和；

(b) 用梯形法则；

(c) 用 Simpson 法则。

并把计算结果与用式(5-1)计算时间增量同为 0.1 s 的结果相比较。

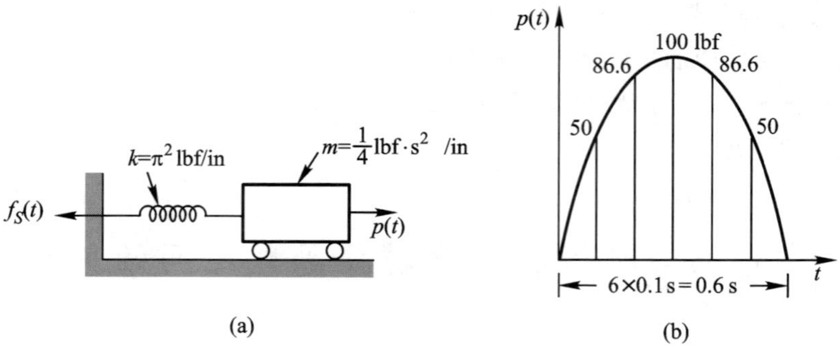

图 P6-1

6-2 用梯形法则解例题 E6-1。

6-3 用梯形法则解例题 E6-2。

6-4 图 P6-2a 所示的单自由度刚架，承受图 P6-2b 所示的冲击波荷载时程。取 $\Delta\tau=0.12$ s，用 Simpson 法则按 Duhamel 积分的数值计算法计算 $0<t<0.72$ s 的位移时程。

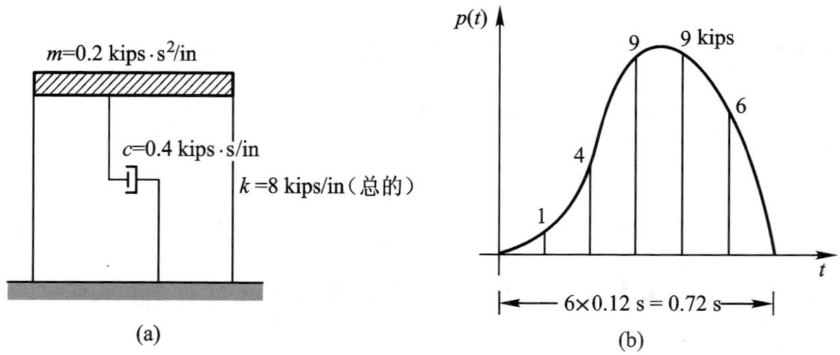

图 P6-2

第 7 章 对一般动力荷载的反应——逐步法

§7-1 一 般 概 念

注意到下面这一点是重要的，在第 6 章所述的分析方法中，无论是基于时域的或频域的，总反应计算都包含许多独立反应贡献的组合。在时域方法(Duhamel 积分)中，荷载 $p(t)$ 被考虑为一短持续时间脉冲的序列，由每个脉冲自由振动反应的独立贡献得到任何后继时间的总反应。在频域方法中，假设荷载为周期的，并用 Fourier 变换分解为离散的谐振分量 P_n。再由这些荷载分量乘以结构的频率反应系数 H_n，得到与其相应的结构谐振反应分量 V_n。最后，由组合谐振反应分量(Fourier 逆变换)获得结构的总反应。因为在这两种方法中最终结果的获得都使用了叠加，因此这两种方法都不适用于非线性反应分析；在地震工程中，强烈地震将导致按规范设计的结构产生非弹性变形，因此使用这些方法时必须加以判断。

逐步法是第二种动力分析的一般方法，因为它避免了任何叠加的应用，因此能很好地适用于非线性的反应分析。逐步法有许多种，但所有方法都将荷载和反应历程分成一系列时间间隔或“步”。在每步期间均以此步开始时存在的初始条件(位移和速度)和该步期间的荷载历程来计算反应。因而，每步反应是一个独立的分析问题，步中不需要组合反应贡献。采用这种方法可以很容易地考虑非线性特性，仅需假设在每步期间结构特性保持常数，而从这步到下一步时引起的行为按指定形式作相应改变。因此，非线性分析实际上是一个变化系统的线性分析系列。在这个方法中，可以通过使步长足够短来达到非线性特性中所需要的任意细化程度；并且该方法可以适用于任何类型的非线性，包括质量和阻尼特性的改变，以及刚度改变引起的更一般的非线性特性。

逐步法只是提供了一个非线性反应分析的非常一般的方法，然而，因为不管结构的行为是线性还是非线性的都可以应用同样的算法，所以该方法在分析线性反应时一样是有价值的。而且，求解单自由度结构所用的方法，只要将标量替换成矩阵，则同样可推广应用于多自由度体系。实际上，这些方法对时域分析是有效和方便的，不管反应性质是否线性，时域分析总是可以采用某种逐步分析形式来实现，而 Duhamel 积分方法在实际中是很少应用的。

§7-2 分段精确方法

对单自由度体系分析最简单的逐步法称为“**分段精确**”方法，它基于在离散时间间隔内线性变化荷载作用下，线性结构反应的运动方程精确解。在使用这种方法时，荷载历程被分成时间间隔，通常由实际荷载历程的斜率显著改变来定义；在这些点之间假设荷载曲线的斜率保持常数。虽然得自这些线性改变荷载步的反应表达式是精确的，但必须认识到，实际荷载历程仅仅是由常数斜率近似得到的。因此，所计算的反应一般不是实际荷载下真实反应的精确表示；但可以通过减小时间步长以更好地接近荷载，使误差减少到任何可接受的程度。如果为了用一系列直线段得到最好的荷载历程的拟合，应该期望从一时间段到下一时间段时间步长是可变的。但是，从计算效率考虑，习惯上还是采用常步长。

为了说明这些分析方法中所应用的符号，定义荷载历程中的一步如图 7-1a 所示，这步从 t_0 到 t_1 的持续时间记为 h。假设在这一步，荷载按下式线性改变

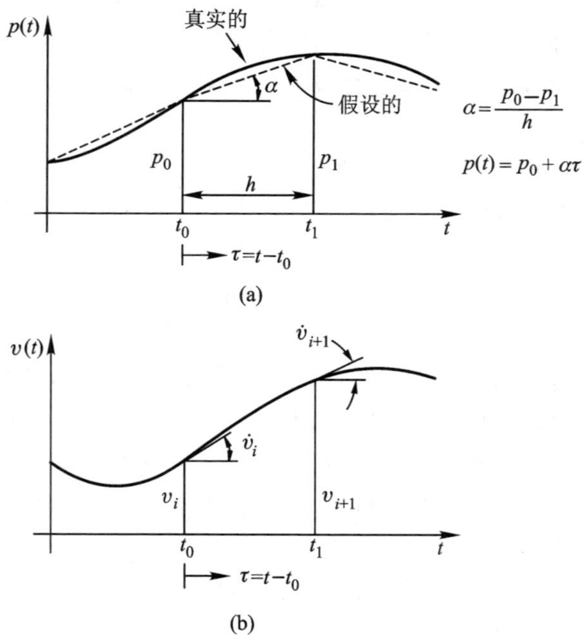

图 7-1 分段精确分析的符号

(a)加载历程；(b)反应历程

$$p(\tau)=p_0+\alpha\tau \tag{7-1}$$

式中 α 是常斜率，τ 是步内的时间变量，而 p_0 是初始荷载。在粘滞阻尼单自由度体系运动方程中引入这些荷载表示，可得

$$m\ddot{v}+c\dot{v}+kv=p_0+\alpha\tau \tag{7-2}$$

在任意时间步(如图 7-1b 所示)期间的反应 $v(\tau)$，由自由振动项 $v_h(\tau)$ 加上指定线性荷载变化的特解 $v_h(\tau)$ 构成，因而

$$v(\tau)=v_h(\tau)+v_p(\tau) \tag{7-3}$$

式中与式(2-48)相同的阻尼自由振动反应为

$$v_h(\tau)=\exp(-\xi\omega\tau)(A\cos\omega_D\tau+B\sin\omega_D\tau)$$

而容易验证，线性变化的特解为

$$v_p(\tau)=\frac{1}{k}(p_0+\alpha\tau)-\frac{\alpha c}{k^2} \tag{7-4}$$

联合这两表达式并由 $\tau=0$ 初始条件确定常数 A 和 B，最终可导得时间步长期间位移的如下表达式

$$\begin{aligned}v(\tau)=&A_0+A_1\tau+A_2\exp(-\xi\omega\tau)\cos\omega_D\tau+\\&A_3\exp(-\xi\omega\tau)\sin\omega_D\tau\end{aligned} \tag{7-5}$$

其中

$$A_0=\frac{v_0}{\omega^2}-\frac{2\xi\alpha}{\omega^3}$$

$$A_1=\frac{\alpha}{\omega^2}$$

$$A_2=v_0-A_0$$

$$A_3=\frac{1}{\omega_D}\left(\dot{v}_0+\xi\omega A_2-\frac{\alpha}{\omega_2}\right)$$

同样地，可获得时间步长期间的速度为

$$\begin{aligned}\dot{v}(\tau)=&A_1+(\omega_D A_3-\xi\omega A_2)\exp(-\xi\omega\tau)\cos\omega_D\tau-\\&(\omega_D A_2+\xi\omega A_3)\exp(-\xi\omega\tau)\sin\omega_D\tau\end{aligned} \tag{7-6}$$

自然，时间步终了时的速度和位移成为下一时间步的初始条件，则可使用等价的式子步进到下一步终点，依此类推。

对于能用大量直线很好逼近所作用荷载的情况，分段精确法无疑对单自由度体系反应计算是极其有效的。但是必须始终记住：所讨论的荷载仅是真实荷载历程的近似，该历程通常是光滑变化的曲线；为达到真实反应历程的一个可接受近似，必须选择步长。

例题 E7-1　为了证明以一系列直线段逼近光滑变化动力荷载的效果，用分段精确法计算单自由度结构对单正弦波荷载不同近似处理时的反应。结构的特性如图 E7-1a 所示；一个半循环荷载的三种直线近似如图 E7-1b 所示，它们分别由不同时间间隔来离散：(a)0.007 5 s，(b)0.022 5 s，(c)0.045 s(半循环

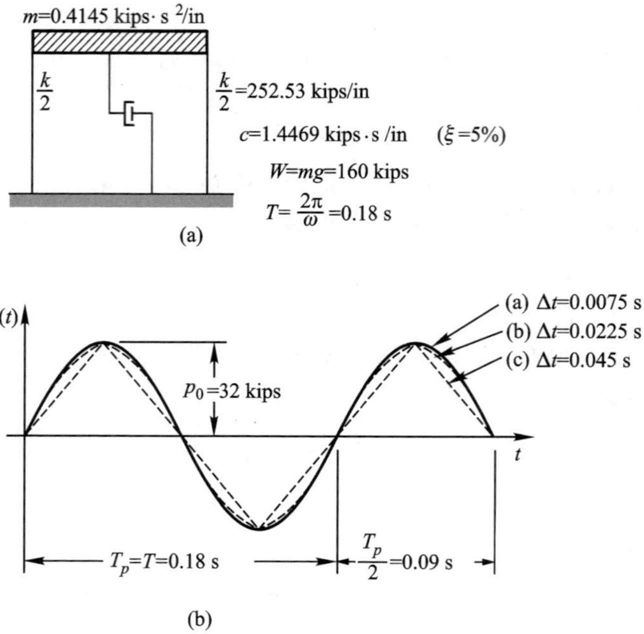

图 E7-1 分段精确例子——单自由度结构和荷载

(a)单自由度特性；(b)正弦波荷载的直线近似

周期 0.09 s 的 1/12，1/4 和 1/2）。

这三种荷载分段精确计算的反应与荷载(a)“静力”($p(t)/k$)反应一起绘于图 E7-2；所有情况反应都是按 0.007 5 s 时间间隔计算的。从这些结果显然可见，用粗糙的[情况(c)]直线假设去逼近时，作用荷载被明显减小了；对情况(c)，所绘荷载历程中输入功也显然相应减小了。然而，对情况(b)，所示的直线段多

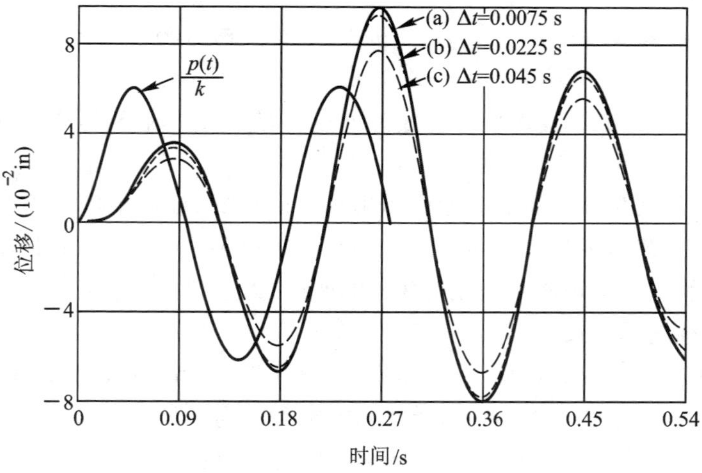

图 E7-2 分段精确计算的反应

了 2 倍，误差大大地减小了。因此可以推断，情况(a)用 0.007 5 s 荷载段，将会非常接近理论正弦波荷载正确反应。当然，对大多数工程目的，此解是足够的。

§7-3　数值近似方法——一般注释

其他的逐步法是使用数值方法——数值微分或数值积分——在每一时间步内近似地满足运动方程。这一主题的文献资料十分浩瀚，所涉及的应用范围与应用力学领域一样广阔。但是在这里只能作很简单的概要介绍，目的是给出在求解结构动力学问题时如何使用这些技术的一般性概念，并提供足够在很多实际中应用的工具。另一方面，如果有大量分析工作必须做，研究一下文献和选择对手边工作最适合的解法或许是值得的。

在描述方法的任何细节之前，总结一下一般性概述关于数值近似逐步法的如下一些基本要点是有益的：

(1) 方法可以分类为显式的或隐式的。显式(或“开放”)方法定义为，在每一步内计算新的反应值仅仅依赖于前面步已经获得的量。所以，分析直接从一步到下一步地进行。另一方面，在隐式方法里，对给定步给出新值的表达式包含与本步有关的一个或多个值，所以必须假定所需量的试探值，然后通过连续迭代来改善。除非每步所需的计算都非常简单，否则在一步里的迭代代价可能是过高的；因此，用 7-5 节介绍的方法将隐式方法转换成显式方法往往是值得的。

(2) 在选择逐步法时所考虑的主要因素是效率，它关系到对反应所需的时间范围达到预期精度水平所需的计算工作量。对方法选择来说精度不可能单独作为标准，因为一般来说任何方法如果时间步长足够短(但是相应的代价将明显增加)，都可以获得任何期望的精度。在任何情况下，时间步长必须短到足以提供荷载和反应历程足够的精确度——高频输入或反应不可能用长的时间步长描述。

(3) 从足够的精确度的荷载所得结果中，可能产生误差的因素包括：

(a) 舍入——用太少位数的数值进行计算的结果。

(b) 不稳定性[①]——在后继步计算中前一步误差的放大所引起。任何方法的稳定性都可以由减少时间步的长度来改进。

(c) 截断——在数量的级数表示中用了太少的项。

① 所谓稳定性可如下粗略的理解：如果计算结果对初始数据的误差以及计算过程中的舍入误差不敏感，就说此算法是稳定的，否则就称为不稳定的。——译者

(4) 可以由下列效应之一或两者来表明任何原因产生的误差：

(a) 在循环计算结果中相位的漂移或频率的显著改变。

(b) 人工阻尼[①]，即数值方法将使动力反应体系移去或增加能量。

上述提及的全部论题作进一步讨论都是有价值的，但是在这个介绍中只可能在以下所选数值方法中给以稍许附加注释。

§7－4 二阶中心差分列式

这一概念在许多有限差分列式中都有介绍，在 $t=t_0$ 时间步开始的运动方程为

$$m\ddot{v}_0+c\dot{v}_0+kv_0=p_0$$

则初始加速度的解答为

$$\ddot{v}_0=\frac{1}{m}(p_0-c\dot{v}_0-kv_0) \tag{7-7}$$

但是，为了列出数值逐步法，需将初始速度和加速度项近似表示为有限差分表达式。因而，在各种有限差分列式之间，其不同将体现在写出这些有限差分表达式时采用的细化标准。

在现在的讨论中，仅介绍一个很简单的方法——二阶中心差分法，这个名字与用以表达 $t=t_0$ 时刻加速度的有限差分近似有关。首先近似表达 t_0 时刻前后步长中点的加速度、速度

$$\dot{v}_{-1/2}\doteq\frac{v_0-v_{-1}}{h};\quad \dot{v}_{1/2}\doteq\frac{v_1-v_0}{h} \tag{7-8}$$

其中 h 表示图 7－2 所示时间步的持续时间。而这些时间中间的加速度由相应的速度表示

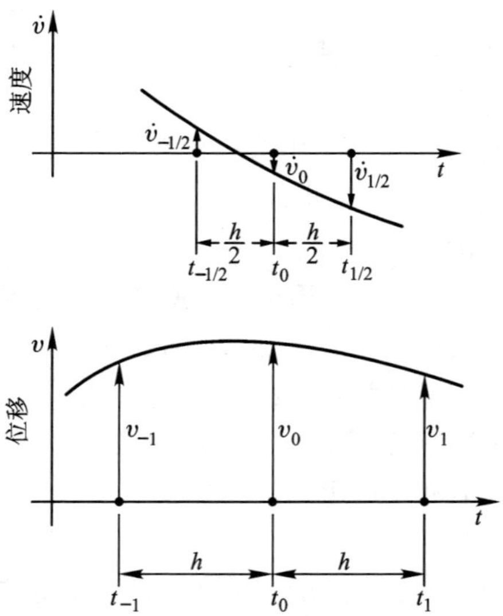

图 7－2 二阶中心差分符号

$$\ddot{v}_0\doteq\frac{\dot{v}_{1/2}-\dot{v}_{-1/2}}{h}\doteq\frac{1}{h^2}(v_1-v_0)-\frac{1}{h^2}(v_0-v_{-1})$$

从而得

① 国内资料一般称为“算法阻尼”。——译者

$$\ddot{v}_0 = \frac{1}{h^2}(v_1 - 2v_0 + v_{-1}) \tag{7-9}$$

将这些表达式代入式(7－7)得到

$$v_1 - 2v_0 + v_{-1} = \frac{h^2}{m}(p_0 - c\dot{v}_0 - kv_0)$$

求解时间步终点的位移结果为

$$v_1 = \frac{h^2}{m}(p_0 - c\dot{v}_0 - kv_0) + 2v_0 - v_{-1} \tag{7-10}$$

为求这些式子的值，需要时刻 t_{-1} 的位移值，因此需要从如下有限差分速度表达式来得到

$$\dot{v}_0 = \frac{v_1 - v_{-1}}{2h}$$

由此得

$$v_{-1} = v_1 - 2h\dot{v}_0$$

将此值代入式(7－10)并简化，最终得

$$v_1 = v_0 + h\dot{v}_0 + \frac{h^2}{2m}(p_0 - c\dot{v}_0 - kv_0) \tag{7-11}$$

速度也必须前进到 t_1 时刻，为此需要假设 t_1 和 t_0 时刻速度的平均值等于此时间步内速度的有限差分表达式，因而

$$\frac{1}{2}(\dot{v}_0 + \dot{v}_1) = \frac{v_1 - v_0}{h}$$

由此得

$$\dot{v}_1 = \frac{2(v_1 - v_0)}{h} - \dot{v}_0 \tag{7-12}$$

这样，二阶中心差分法仅用式(7－11)和式(7－12)，在感兴趣的时间范围内从一步到下一步不断进行即可。这是很简单的显式逐步法。但是，它仅仅是条件稳定的，而且如果时间步长不是足够短，则将导致“放大”。其稳定性的具体条件为

$$\frac{h}{T} \leqslant \frac{1}{\pi} = 0.318$$

对单自由度体系这不是限制的必要条件。显然，如果要充分地确定反应，结构的每个振动周期内，分析需要三个以上的时间步。而在许多地震反应分析中，为了达到地震输入的有效精确度，必须采用相当短的时间步长。

§7－5　积　分　法

另一类一般性的逐步进行动力反应分析的数值方法是，对每一时间步，从初

始到最终条件应用积分前进一步。这个基本概念可用如下式子表示：

$$\dot{v}_1=\dot{v}_0+\int_0^h \ddot{v}(\tau)\mathrm{d}\tau \tag{7-13a}$$

$$v_1=v_0+\int_0^h \dot{v}(\tau)\mathrm{d}\tau \tag{7-13b}$$

它表示最终速度和位移依据这些值的初始值加一个积分表达式。速度的变化依赖于加速度历程的积分，而位移的变化依赖于相应的速度积分。为了进行这类分析，首先需要假设在时间步的持续时间内加速度是如何变化的；加速度的假设也控制了速度的变化，因而可以由这一步向前获得下一时间步。

Euler－Gauss 方法

最简单的积分方法是著名的 Euler－Gauss 方法，它基于假设加速度在时间步持续时间内为固定常数。这个假设的结果是在这步持续时间内速度为线性的，而位移是二次曲线。图 7－3 阐明了对此列式特性的样式，这里假设常量加速度是由初值及步长持续时间内所获得的最终加速度的平均。在此图中也显示了速度和位移的表达式，它们是对此加速度在这步持续时间内任意时刻 τ 由逐次积分所获得的，把 $\tau=h$ 代入这些表达式而获得最终速度和位移。

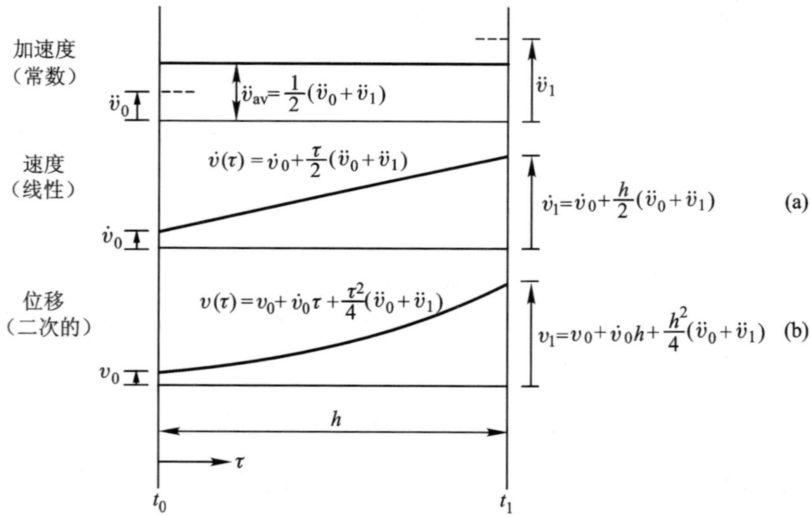

图 7－3 基于常平均加速度的运动

为了对任意步开始这种分析，首先需要计算初始加速度 $\ddot{v}_0$，这可从解 $t=t_0$ 时刻式(7－7)所示的动力平衡表达式获得。另外，最终加速度 $\ddot{v}_1$ 需要应用隐式列式，它的值可以由迭代获得。对 $\ddot{v}_1$ 开始时用任意假设的值，再用图 7－3 所列式(a)和(b)得到 $\dot{v}_1$ 和 v_1 的值。然后，用与式(7－7)相当的表达式从动力平衡方程计算 t_1 时刻 $\ddot{v}_1$ 值的一个改进，由此再导得速度 $\dot{v}_1$ 和位移 v_1 的改进值。最后，迭代收敛于这时间步最终加速度的一个固定的值，这个过程可以前进一步到下一时间步。这个常平均加速度法的主要优点为：它是无条件稳定的。也就是说，从一步到下一步不管时间步长选得如何长，误差不会放大。因此，时间步长的选择只需要考虑所定义动力激励和结构的振动反应特性。

Newmark β 法

一种更一般的逐步列式是由 Newmark 提出的，前面的方法可作为它的特殊情况。但是也可在其他一些形式下应用。在 Newmark 列式中，对最终速度和位移的基本积分[式(7-13)]如下所示

$$\dot{v}_1=\dot{v}_0+(1-\gamma)h\ddot{v}_0+\gamma h\ddot{v}_1 \tag{7-14a}$$

$$v_1=v_0+h\dot{v}_0+\left(\frac{1}{2}-\beta\right)h^2\ddot{v}_0+\beta h^2\ddot{v}_1 \tag{7-14b}$$

由式(7-14a)显然可见，系数 γ 提供了在初始和最终加速度对速度改变影响之间的线性变化的权重；类似地，系数 β 提供了在这些初始和最终加速度对位移改变贡献的权重。

从该列式性能的研究发现，系数 γ 控制了由这个逐步法导致的人工阻尼量；如果 $\gamma=1/2$，方法是无人工阻尼的，因此这个值被推荐用于标准的单自由度分析。在式(7-14a)和式(7-14b)中令系数 $\gamma=1/2$ 和 $\beta=1/4$，此时可以看到，Newmark 列式直接退化为图 7-3 所示最终速度和位移的表达式。因此，Newmark $\beta=1/4$ 法也可以归诸于常平均加速度法。

另一方面，如果 β 取作 1/6(用 $\gamma=1/2$)，最终速度和位移的表达式成为

$$\dot{v}_1=\dot{v}_0+\frac{h}{2}(\ddot{v}_0+\ddot{v}_1) \tag{7-15a}$$

$$v_1=v_0+\dot{v}_0h+\frac{h^2}{3}\ddot{v}_0+\frac{h^2}{6}\ddot{v}_1 \tag{7-15b}$$

这些结果也可以如图 7-4 所示，由假设在时间步持续期间加速度在 $\ddot{v}_0$ 和 $\ddot{v}_1$ 的初始到最后值之间线性变化来得到；因此 $\beta=1/6$ 的 Newmark 法也称为线加速度法。像常平均加速度方法一样，此法在实际中也是广为应用的。但是与 $\beta=1/4$ 方法对比，线加速度法仅是条件稳定的；如果不满足 $h/T\leqslant\sqrt{3}/\pi=0.55$，它是不稳定的。可是，与二阶中心差分法一样，在单自由度体系分析中这个限制并不重要，因为要获得动力荷载和反应的满意表示，必须取比这一限制更短的时间步长。

变换到显式公式

一般的，β 法的隐式列式是不方便应用的，因为每一时间步内为了确定此步终点加速度需要进行迭代。因此，他们通常被修改为显式形式，这里将说明常平

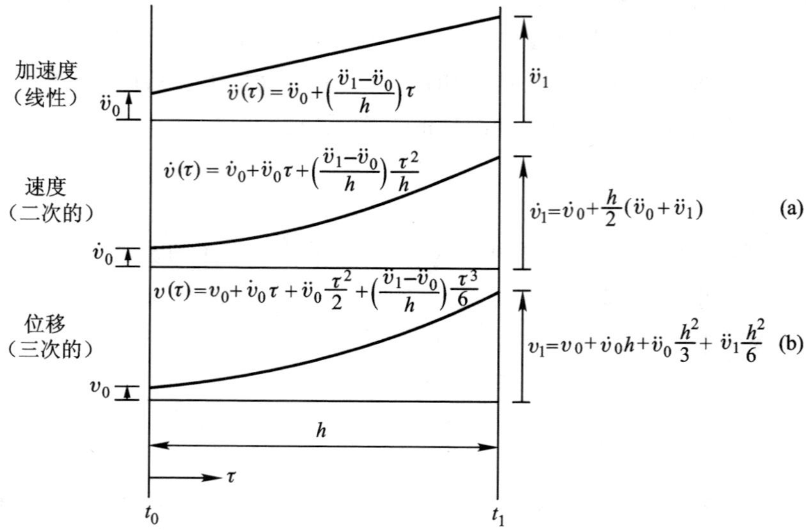

图 7-4　基于线性变化加速度的运动

均加速度法($\beta=1/4$)的转换方法。这一转换的目的是最终加速度用其他反应量表示。根据图 7-3 式(b)对最终加速度求解可得

$$\ddot{v}_1=\frac{4}{h^2}(v_1-v_0)-\frac{4}{h}\dot{v}_0-\ddot{v}_0 \tag{7-16a}$$

再代入图 7-3 式(a)中，获得最终速度表达式为

$$\dot{v}_1=\frac{2}{h}(v_1-v_0)-\dot{v}_0 \tag{7-16b}$$

在 t_1 时刻写出动力平衡方程

$$m\ddot{v}_1+c\dot{v}_1+kv_1=p_1$$

并将式(7-16a)和式(7-16b)代入上式，则可导得仅含时间步终点未知位移 v_1 的表达式。经适当归并同类项，此式可写为

$$\tilde{k}_c v_1=\tilde{p}_{1c} \tag{7-17}$$

这是一个静力平衡方程的形式，它包含等效刚度

$$\tilde{k}_c=k+\frac{2c}{h}+\frac{4m}{h^2} \tag{7-17a}$$

和等效荷载

$$\tilde{p}_{1c}=p_1+c\left(\frac{2v_0}{h}+\dot{v}_0\right)+m\left(\frac{4v_0}{h^2}+\frac{4}{h}\dot{v}_0+\ddot{v}_0\right) \tag{7-17b}$$

在式(7-17)里下标 c 用以标记常平均加速度法。

使用这个显式公式，时间步终点位移 v_1 可直接由式(7-17)计算，所要用到的仅是时间步开始时的数据。然后，此时刻的速度 $\dot{v}_1$ 可用式(7-16b)计算。最后，此时间步终点的加速度 $\ddot{v}_1$ 由求解该时刻的动力平衡方程而得

$$\ddot{v}_1=\frac{1}{m}(p_1-c\dot{v}_1-kv_1)$$

[而不是从式(7-16a)求[①]],因而保留了平衡条件。

注意:采用同样的方法,使用图 7-4 中的式(a)和(b),也可以类似地将线性加速度法转换为显式形式,这些列式的唯一差别就是等效刚度、等效荷载及最终速度的表达式不同。对线加速度分析来说,等效静力平衡方程为

$$\tilde{k}_d v_1=\tilde{p}_{1d} \tag{7-18}$$

其中下标 d 表示线加速度法。等效刚度和荷载分别为

$$\tilde{k}_d=k+\frac{3c}{h}+\frac{6m}{h^2} \tag{7-18a}$$

$$\tilde{p}_{1d}=p_1+m\left(\frac{6v_0}{h^2}+\frac{6}{h}\dot{v}_0+2\ddot{v}_0\right)+c\left(\frac{3v_0}{h}+2\dot{v}_0+\frac{h}{2}\ddot{v}_0\right) \tag{7-18b}$$

当位移 v_1 由式(7-18)计算时,同时刻的速度可由如下表达式给出[相当于式(7-16b)]:

$$\dot{v}_1=\frac{3}{h}(v_1-v_0)-2\dot{v}_0-\frac{h}{2}\ddot{v}_0 \tag{7-18c}$$

记住线加速度法仅仅是条件稳定的是重要的,但如前面所述,对于单自由度体系分析,这一点并不重要。另一方面,假设每个步长持续时间内加速度线性变化,要比连续用常加速度法能获得真实特性的更好近似。实际上,数值实验结果也证明了线加速度法结果比用常加速度步所得结果优越。基于此理由,对单自由度体系的分析推荐使用线加速度($\beta=1/6$)法。

§7-6　非线性分析的增量列式

前面所述的逐步法对线性体系分析是恰当的,此时体系的抗力可用结构直到此时刻前导得的总速度和总位移值来表达。但是对非线性分析,物理特性假设仅在很短的时间或变形增量内保持常量。因此,可以按下述方法很方便的根据增量方程来重新表示反应方程。

在讨论中所考察的结构是图 7-5a 所示的单自由度体系。体系的特性 m,c,k 和 $p(t)$可以是将在第 8 章描述的广义量[②],而并不局限于图面上所示的简单情况。因此,像应用于图 7-5a 的简单体系一样,这里讨论的非线性逐步分析可以应用于广义体系。作用于质量上的全部力如图 7-5b 所示,同时阻尼和弹簧

---

① 各应用软件中所用的 Newmark β 法并非像作者所说这样计算。但对 Newmark β 法来说,这样做之后,算法稳定性等讨论所用的放大矩阵并不发生改变。——译者

② 能否是第 8 章所述的广义量应该看能否确定广义量的非线性行为,如果难以确定广义量的非线性行为,则本节所述非线性解法将不适用该类广义单自由度体系。——译者

机构一般的非线性特性分别表示于图 7-5c 和 d。任意外荷载历程如图 7-5e 所示。

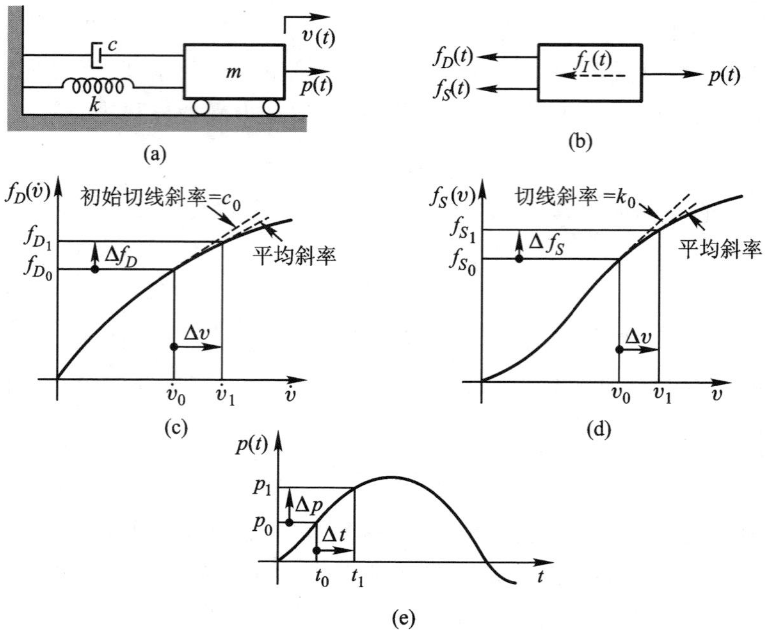

图 7-5 非线性动力体系的定义

(a)基本单自由度结构;(b)力的平衡;(c)非线性阻尼;(d)非线性刚度;(e)作用荷载

在 $t=t_0$ 时刻作用于质量上力系的平衡可写为

$$f_{I_0}+f_{D_0}+f_{S_0}=p_0 \tag{7-19a}$$

而经一短时间 $h=t_1-t_0$ 后平衡条件为

$$f_{I_1}+f_{D_1}+f_{S_1}=p_1 \tag{7-19b}$$

从方程(7-19b)减去方程(7-19a)则可得运动方程

$$\Delta f_I+\Delta f_D+\Delta f_S=\Delta p \tag{7-20}$$

其中增量力(或称为力增量)可表示如下:

$$\Delta f_I=f_{I_1}-f_{I_0}=m\Delta\ddot{v} \tag{7-21a}$$

$$\Delta f_D=f_{D_1}-f_{D_0}=c(t)\Delta\dot{v} \tag{7-21b}$$

$$\Delta f_S=f_{S_1}-f_{S_0}=k(t)\Delta v \tag{7-21c}$$

$$\Delta p=p_1-p_0 \tag{7-21d}$$

在式(7-21b)和(7-21c)中,$c(t)$和 $k(t)$项表示在时间增量期间可变的阻尼和刚度特性平均值,分别为如图 7-5c 和 d 所示的平均斜率。实际上,因为在时间增量终点处所计算的速度和位移依赖于这些特性,因此这些平均斜率只能通过迭代来计算。为了避免迭代,尽管原则上如下近似处理不是很好,但通常还是用初始切线斜率来代替

$$c(t) \doteq \left(\frac{\mathrm{d}f_D}{\mathrm{d}\dot{v}}\right)_0 \equiv c_0; \quad k(t) \doteq \left(\frac{\mathrm{d}f_S}{\mathrm{d}v}\right)_0 \equiv k_0 \tag{7-22}$$

将式(7-21)所表达的力代入方程(7-20)可导得时刻 t 的增量平衡方程最终形式为

$$m\Delta\ddot{v} + c_0\Delta\dot{v} + k_0\Delta v = \Delta p \tag{7-23}$$

前面所讨论的逐步积分方法,现在可以容易地修改成增量形式。作为例子,考察图7-4中所介绍的线加速度假设,相应的增量方程如图7-6所示。这一隐式列式用前面方程(7-18)所介绍的同样方法可以转换成显式形式。作为增量等效静力平衡方程的这一结果可表示为

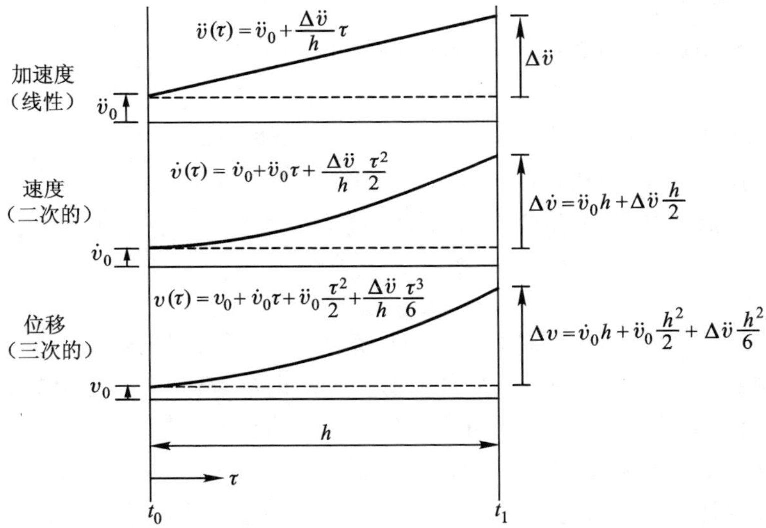

图7-6 基于线性变化加速度的增量运动

$$\tilde{k}_d \Delta v = \Delta\tilde{p}_d \tag{7-24}$$

其中等效刚度表达式[等价于式(7-18a)]为

$$\tilde{k}_d = k_0 + \frac{3c_0}{h} + \frac{6m}{h^2} \tag{7-24a}$$

而等效荷载增量(或称为增量等效荷载)现在成为

$$\Delta\tilde{p}_d = \Delta p + m\left(\frac{6}{h}\dot{v}_0 + 3\ddot{v}_0\right) + c_0\left(3\dot{v}_0 + \frac{h}{2}\ddot{v}_0\right) \tag{7-24b}$$

当增量位移(或位移增量)由方程(7-24)计算时,增量速度(或速度增量)可以由如下表达式[从式(7-18c)导得]计算

$$\Delta\dot{v} = \frac{3}{h}\Delta v - 3\dot{v}_0 - \frac{h}{2}\ddot{v}_0 \tag{7-24c}$$

§7-7 线加速度法步骤概要

对任意给定的时间增量，上述显式线加速度分析方法由如下给出的连续运算步骤组成：

(1) 利用已知的初始速度和初位移值 $\dot{v}_0$ 和 v_0，它们或是前一时间增量的终点值，或是 $t=0$ 时刻反应的初始条件；如图 7-5c 和 d 所表明的体系所指定的非线性性质，确定阻尼和弹簧力的当前值 f_{D_0} 和 f_{S_0}；以及用于整个时间间隔各时刻的阻尼和弹簧系数 c_0 和 k_0。

(2) 利用运动方程给出时间间隔下的初始加速度

$$\ddot{v}_0=\frac{1}{m}(p_0-f_{D_0}-f_{S_0}) \tag{7-25}$$

(3) 用式(7-24a)和式(7-24b)分别计算等效刚度$\tilde{k}_d$ 和等效荷载增量 $\Delta\tilde{p}_d$。

(4) 用式(7-24)和式(7-24c)分别确定位移和速度增量。

(5) 最后，在时间增量终点的速度和位移可由如下式子计算

$$\dot{v}_1=\dot{v}_0+\Delta\dot{v} \tag{7-26a}$$

$$v_1=v_0+\Delta v \tag{7-26b}$$

当第 5 步运算完成时，这个时间增量的计算结束，分析可以前进到下一个时间间隔。用这种方式从 $t=0$ 时开始到任何所需要的间隔数后结束，重复执行 1 到 5 步，可以获得承受任意动力荷载的任何非线性单自由度体系反应的时间历程。当然此体系变化的刚度和阻尼特性 k_0 和 c_0 是可确定的。线性体系也可用同样的方法进行处理，由于在反应的整个时间历程内物理特性是保持不变的，因此处理得到简化。

与任何数值积分过程一样，这个逐步法的精度依赖于时间增量 h 的长度。在选取这个时间间隔时必须注意三个因素：(1)作用荷载 $p(t)$的变化速率；(2)非线性阻尼和刚度特性的复杂性；(3)结构的振动周期 T。为了可靠地反映这些因素，时间增量必须足够得短，其中最后一个因素是和体系的自由振动特性联系在一起的。一般来说，材料特性的变化不是关键性的因素，不过，如果发生一个重大的突然变化，例如一个弹塑性弹簧的屈服，这时可以引入一个特殊再细分的时间增量来精确地处理这个影响①。

如果荷载历程比较简单，则时间间隔的选取主要依赖于结构的振动周期。虽然如果时间增量小于振动周期的一半，这个线加速度法通常将给出收敛的解答。但是，为了得到合理的精度和为了确保不出现数值不稳定，时间增量必须比

① 对单自由度体系来说，时间再细分的方法很多。例如可参阅：小高昭夫等，耐震・耐风构造，p.139。——译者

这个短得多。一般来说，如果增量、周期比 $h/T \leqslant 1/10$ 则可获得可靠的结果。如果对于得出的解有任何怀疑，则第二次分析时取时间增量的一半进行；如果在第二次分析中反应没有明显的变化，则可以认为数值积分所产生的误差是可以忽略的。

例题 E7－2　为了说明应用上述线加速度逐步法的手算技术，计算图 E7－3 所示弹塑性单自由度刚架在所给加载历程下的反应。在分析中，时间步长取为 0.1 s，它比要得到精度较高的结果所需的步长大了一些，但为了说明手算方法，这个步长已经足够了。

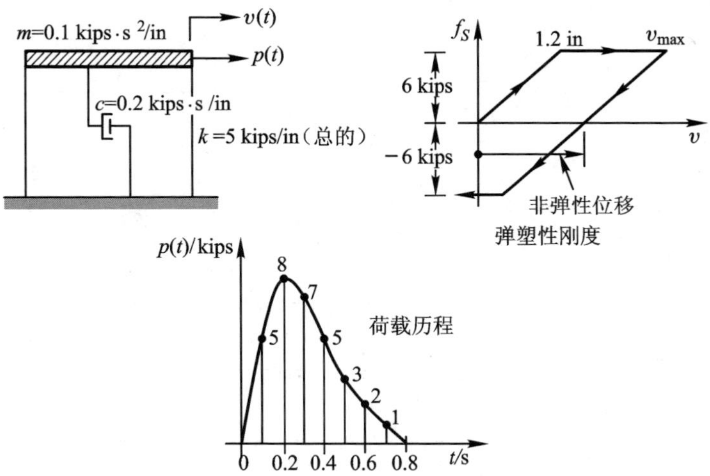

图 E7－3　弹塑性刚架和动力荷载

在这个结构中，假定阻尼系数保持常量，体系唯一的非线性来源于发生屈服时刚度的改变。此时等效刚度可以表示为[参看式(7－24a)]

$$\tilde{k}_d = k_0 + \frac{6}{(0.1)^2}m + \frac{3}{0.1}c = 66 + k_0$$

其中 k_0 是 5 kips/in 或是零，它们分别相应于刚架的弹性和屈服阶段。等效增量荷载由如下式子给出[参看式(7－24b)]：

$$\Delta\tilde{p}_d = \Delta p + \left(\frac{6m}{0.1} + 3c_0\right)\dot{v} + \left(3m + \frac{0.1}{2}c_0\right)\ddot{v} = \Delta p(t) + 6.6\,\dot{v} + 0.31\,\ddot{v}$$

由式(7－24c)给出的速度增量为

$$\Delta\dot{v} = 30\Delta v - 3\dot{v} - 0.05\,\ddot{v}$$

便于手算计算反应的表格示于表 E7－1。

对于这个弹塑性体系，当屈服开始和停止时，反应行为急剧地变化。为了获得更高的精度，需要将包含这种改变的时间增量再区分为两个子增量。在每个子时间增量范围内，体系的特性为常量，分析也将相当精确。但是，为了确定子增量的长度；需要采取一个迭代过程。在当前的分析中，未进行这种细致的处理。

表 E7－1 非线性反应分析:线加速度逐步法

结构和荷载如图 E7－3 所示

t /s (1)	p /kips (2)	v /in (3)	$\dot{v}$ /(in/s) (4)	f_S $5\bar{v}$① (5)	f_D $0.2\dot{v}$ (6)	f_I (2)－(5)－(6) (7)	$\ddot{v}$ 10×(7) (8)	Δp (9)	$6.6\dot{v}$ (10)
0.0	0	0	0	0	0	0	0	5	0
0.1	5	0.070	2.11	0.35	0.42	4.23	42.3	3	13.92
0.2	8	0.493	6.35	2.46	1.27	4.27	42.7	－1	41.90
0.3	7	1.256	8.03	6.00	1.61	－0.61	－6.1	－2	53.02
0.4	5	2.000	6.58	6.00	1.32	－2.32	－23.2	－2	43.43
0.5	3	2.519	3.57	6.00	0.71	－3.71	－37.1	－1	23.56
0.6	2	2.687	－0.28	6.00	－0.06	－3.94	－39.4	－1	－1.85
0.7	1	2.475	－3.83	4.94	－0.77	－3.17	－31.7	－1	－25.28
0.8	0	1.967	－6.00	2.40	－1.20	－1.20	－12.0	0	－39.60
0.9	0	1.357	－5.70	－0.65	－1.14	1.79	17.9	0	－37.62
1.0	0	0.905	－3.06						

续表

$0.31\ddot{v}$ (11)	$\Delta\tilde{p}_d$ (9)+(10)+(11) (12)	k (13)	$\tilde{k}$ 66+(13) (14)	Δv (12)/(14) (15)	$30\Delta v$ (16)	$3\dot{v}$ (17)	$0.05\ddot{v}$ (18)	$\Delta\dot{v}$ (16)−(17)−(18) (19)
0	0	5	71	0.070	2.11	0	0	2.11
13.12	30.04	5	71	0.423	12.68	6.33	2.11	4.24
13.25	54.15	5	71	0.763	22.88	19.06	2.14	1.68
−1.89	49.13	0②	66	0.744	22.33	24.08	−0.30	−1.45
−7.19	34.24	0	66	0.519	15.57	19.74	−1.16	−3.01
−11.50	11.06	0	66	0.168	5.02	10.72	−1.85	−3.85
−12.22	−15.07	5	71	−0.212	−6.36	−0.84	−1.97	−3.55
−9.82	−36.10	5	71	−0.508	−15.24	−11.49	−1.58	−2.17
−3.72	−43.32	5	71	−0.610	−18.30	−18.00	−0.60	0.30
5.55	−32.07	5	71	−0.452	−13.56	−17.10	0.90	2.64

注：① $\overline{v}=v-v_i$，其中 v_i＝非弹性位移＝$v_{max}-1.2$ in；

② 当刚架达到屈服时，$k=0$。

在整个时间增量内,假定初始刚度都起作用,因此在状态改变的时候,可能产生明显的误差①。

由表 E7-1 所算得的动力弹塑性反应画在图 E7-4 中,其中屈服阶段内的反应用虚线表示。为了比较,图中也画出了线性弹性反应,它也是用同样的逐步分析得到的,但是在整个计算过程中 $\tilde{k}_d=71$, $f_S=5v$。在这个比较中,清楚地表明了塑性屈服的影响。残余变形(非线性体系随后的自由振动将发生在这一位置附近)大约为 1.49 in 左右。图中还画出了表明荷载特性的静位移 p/k,也即如果没有阻尼和惯性作用,荷载作用下弹性结构中所产生的挠度。

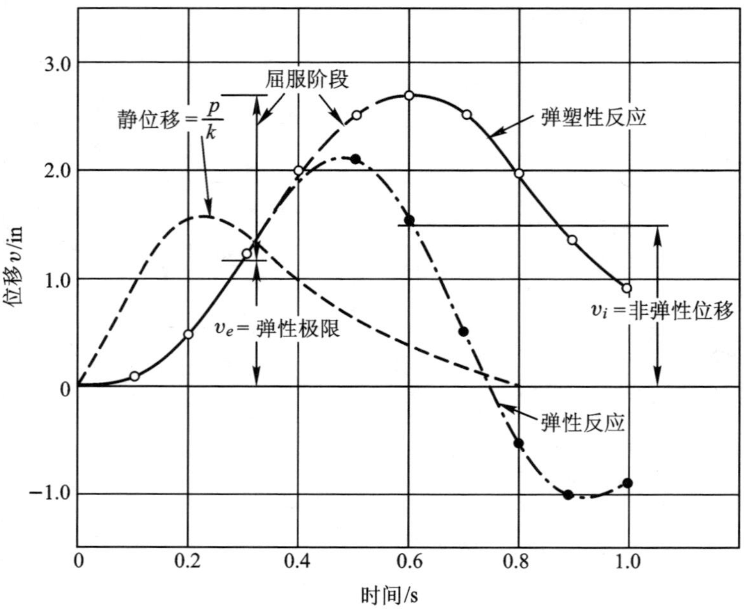

图 E7-4 弹塑性和弹性反应的比较(图 E7-3 的刚架)

习 题

7-1 试用线加速度法,通过逐步积分求解习题 6-4 中的线性弹性反应。

7-2 假定柱子的弹塑性力-位移关系如图 P7-1a 所示,屈服力为 8 kips,试解习题 7-1。

7-3 假定非线性弹性力-位移关系为 $f_S=12\left[\frac{2}{3}v-\frac{1}{3}(2v/3)^3\right]$,这一关系的简图如图 P7-1b($f_S$ 单位为 kips,v 单位为 in),试解习题 P7-1。

① 由此可见,算法的精度是重要的。方法的选择要综合考虑算法特性:稳定性、算法阻尼、精度及算法的复杂性(也即计算效率)。——译者

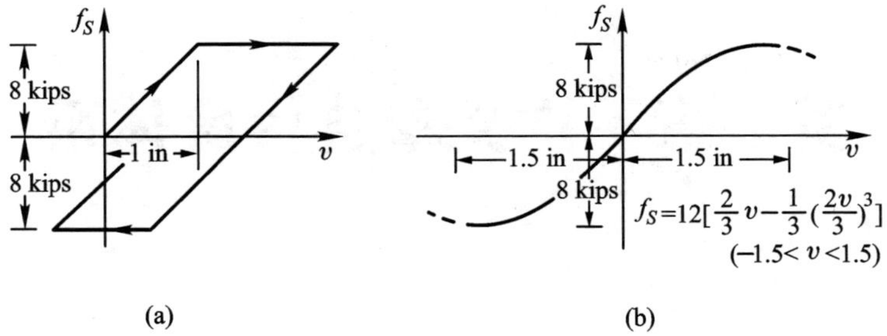
f_S
8 kips
8 kips
1 in
v
(a)
f_S
8 kips
1.5 in
1.5 in
8 kips
v
$f_S=12[\frac{2}{3}v-\frac{1}{3}(\frac{2v}{3})^3]$
$(-1.5<v<1.5)$
(b)

图 P7－1

第8章　广义单自由度体系

§8-1　单自由度体系的一般注释

在前面各章建立单自由度运动方程和反应分析方法时，曾不言而喻地假设所考虑的结构只有一个单一的集中质量，这个质量受到约束，从而只能沿一个固定的方向运动。在这种情况下，显而易见体系只有一个自由度，其反应可用这个单一的位移量来表达。

然而，即使可以把大多数实际体系的分析归入广义单自由度类型，但采用更复杂的理想化模型仍是需要的。本章将讨论这些广义单自由度体系，在建立它们的运动方程时，将其区分为两类是较为方便的：(1)刚体的集合，在这种集合中，弹性变形被限定于局部无重弹簧元件中；(2)体系具有分布柔性，在这个体系里变形可以在整个结构上或在它的某些元件上连续。在这两种情况里，都假设只允许有某种单一形式或形状的位移，从而迫使结构的表现与单自由度体系一样，假设单自由度由这个允许位移构形的幅值表示。

对于刚体集合类结构将在8-2节讨论，其限定的单一位移形状是装配构造的结果。也就是说，这些刚体被支承和铰链所约束，因而仅能有一种位移形式。这类集合分析的基本步骤是用这个单一运动形式计算广义弹性、阻尼和惯性力。

对于结构具有分布弹性的情况将在8-3节讨论，对它们的单自由度形状的限制只是一个假设，因为分布弹性实际上允许发生无限多种位移形式。然而，当体系运动限制为单一变形形式时，在数学意义上它只有一个自由度。因此，当求得与该自由度关联的广义质量、阻尼和刚度时，就可以采用与单自由度体系完全相同的方法准确地分析结构。

可见，在前述各章中介绍的关于单自由度的分析资料，即使是仅有一个集中质量的简单体系，对于广义单自由度体系也是同样适用的。

§8-2　广义性质：刚体集合

在建立刚体集合的运动方程时，因为每一个弹性单元都是一个承受特定变形的离散弹簧，因此可容易地用位移幅值来表达单自由度位移时所产生的弹性力。同样，阻尼力可用离散阻尼器连接点的特定速度来表达。另一方面，刚体的质量不需要集中，分布的惯性力一般将由所假设的加速度得到。但是，为了动力分析的目的，通常最有效的处理方法是，在求刚体惯性力时好像质量和质量惯性矩都集中在质心处一样。就刚体集合的行为而论，这样求得的惯性力的合力，完全是和分布惯性力等效的。同样值得一提的是，作用在刚体上的任何分布外荷载可用它们的合力来表达。为了便于参考，均质杆和各种形状均质板的总质量 m 和质心质量惯性矩 j 概括示于图 8－1。

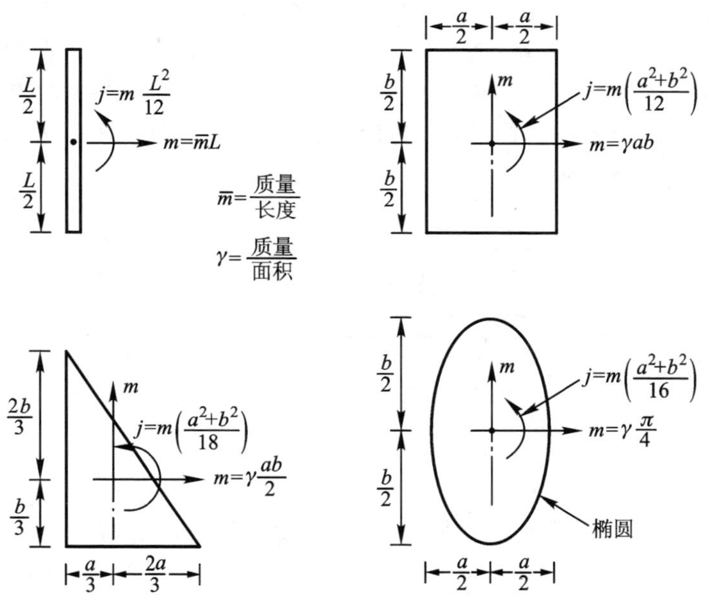

图 8－1　均质杆和单位厚度均质板的刚体质量和质心质量惯性矩

例题 E8－1　一个典型的刚体集合的例子如图 E8－1 所示。它由两根刚性杆组成，两杆间用铰 E 连接，在 A 点和 H 点分别支承于固定铰支座和辊轴支座上。动力干扰是沿杆 AB①长度线性变化的横向荷载 $p(x,t)$。此外，还有

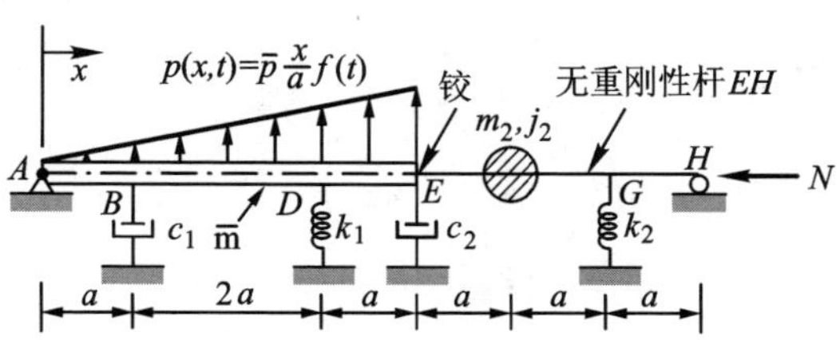

图 E8－1　刚体集合单自由度例子

① 这里与第一版图形对应，但与现在的图形不一致。AB 应改为 AE，BC 应改为 EH。——译者

一个不变的轴向力 N 作用在整个体系上。体系的运动受到离散弹簧和阻尼器的约束，它们沿杆长的设置位置如图所示。AB①杆的质量是沿杆件均匀分布的，而在无重刚性杆 BC①上支承一个集中质量 m_2，具有质心质量惯性矩 j_2。

因为假设两根杆件都是刚性的，这个体系仅有一个自由度，故它的动力反应可由一个运动方程来表示。由直接平衡法可列出这个方程(读者可以发现这是一个有意义的练习)。但是，因为体系的复杂性，用功或能的原理来建立运动方程将更为方便。虽然使用第 16 章中所述的 Hamilton 原理同样是有效的，但本例题将使用虚功分析来建立方程。

这个单自由度结构可能产生的位移形式如图 E8－2 所示，可以用铰链 E 处的运动 $Z(t)$ 作为基本量，而其他一切位移均可用它来表示。例如 $BB'(t)=Z(t)/4$，$DD'(t)=3Z(t)/4$，$FF'(t)=2Z(t)/3$ 等。作用于体系上的力分量(轴向力 N 除外，它的影响将在后面加以讨论)也示于图中。每一个抗力均可用 $Z(t)$ 或它对时间的导数表示如下：

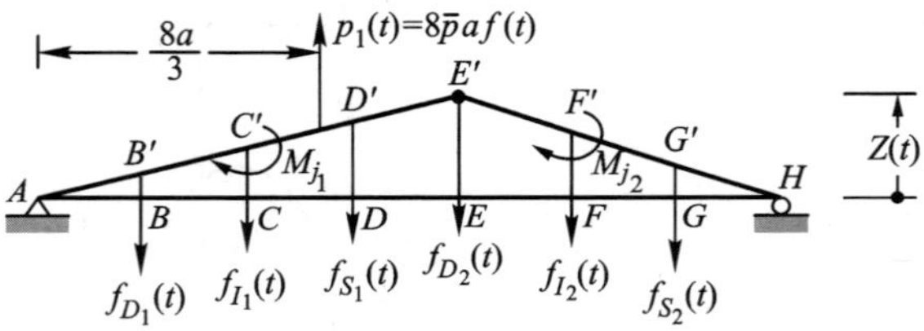

图 E8－2　单自由度位移及合力

$$f_{I_1}(t)=m_1\ \frac{1}{2}\ddot{Z}(t)=\bar{m}L\ \frac{1}{2}\ddot{Z}(t)=2a\,\bar{m}\ddot{Z}(t)$$

$$M_{j_1}(t)=j_1\ \frac{1}{4a}\ddot{Z}(t)=\frac{\bar{m}L}{4a}\frac{L^2}{12}\ddot{Z}(t)=\frac{4}{3}a^2\ \bar{m}\ddot{Z}(t)$$

$$f_{I_2}(t)=m_2\ \frac{2}{3}\ddot{Z}(t)$$

$$M_{j_2}(t)=-j_2\ \frac{1}{3a}\ddot{Z}(t)$$

$$f_{D_1}(t)=c_1\left[\frac{\mathrm{d}}{\mathrm{d}t}DD'(t)\right]=c_1\ \frac{1}{4}\dot{Z}(t)$$

$$f_{D_2}(t)=c_2\ \dot{Z}(t)$$

$$f_{S_1}(t)=k_1[DD'(t)]=k_1\ \frac{3}{4}Z(t)$$

$$f_{S_2}(t)=k_2[GG'(t)]=k_2\ \frac{1}{3}Z(t)$$

① 这里与本书第一版图形对应，但与现在的图形不一致。AB 应改为 AE，BC 应改为 EH。——译者

所作用的外荷载合力为

$$p_1(t)=8\,\bar{p}af(t)$$

在这些表达式中，$\bar{m}$ 和 $\bar{p}$ 分别表示每单位长度的质量和力，而 $f(t)$ 为表示动力荷载变化的无量纲的时间函数。

令作用于体系上的这些力成分在发生任意的虚位移 δZ 时所作的总功等于零，可以建立体系的运动方程。如图 E8－2 所示，各个力成分的虚位移是和 $Z(t)$ 成比例的，因此总虚功可以写为

$$\begin{aligned}\delta W(t)=&-2a\bar{m}\ddot{Z}(t)\frac{\delta Z}{2}-\frac{4}{3}a^2\bar{m}\ddot{Z}(t)\frac{\delta Z}{4a}-m_2\frac{2\ddot{Z}(t)}{3}\frac{2}{3}\delta Z-\\&j_2\frac{\ddot{Z}(t)}{3a}\delta Z-c_1\frac{\dot{Z}(t)}{4}\frac{\delta Z}{4}-c_2\dot{Z}(t)\delta Z-k_1\frac{3}{4}Z(t)\frac{3}{4}\delta Z-\\&k_2\frac{Z(t)}{3}\frac{\delta Z}{3}+8\bar{p}af(t)\frac{2}{3}\delta Z=0\end{aligned}\tag{a}$$

简化后可得

$$\begin{aligned}\Big[\Big(a\bar{m}+\frac{a\bar{m}}{3}+\frac{4}{9}m_2+\frac{j_2}{9a^2}\Big)\ddot{Z}(t)+\Big(\frac{c_1}{16}+c_2\Big)\dot{Z}(t)+&\\\Big(\frac{9}{16}k_1+\frac{k_2}{9}\Big)Z(t)-\frac{16}{3}\bar{p}af(t)\Big]\delta Z=0&\end{aligned}\tag{b}$$

因为虚位移 δZ 是任意的，所以方括号内的项必须等于零。因此运动方程最后成为

$$\begin{aligned}\Big(\frac{4}{3}\bar{m}a+\frac{4}{9}m_2+\frac{j_2}{9a^2}\Big)\ddot{Z}(t)+\Big(\frac{c_1}{16}+c_2\Big)\dot{Z}(t)+&\\\Big(\frac{9}{16}k_1+\frac{k_2}{9}\Big)Z(t)=\frac{16}{3}\bar{p}af(t)&\end{aligned}\tag{c}$$

它可以写成如下简化形式

$$m^*\ddot{Z}(t)+c^*\dot{Z}(t)+k^*Z(t)=p^*(t)\tag{8-1}$$

这里定义了如下新的符号

$$m^*=\frac{4}{3}\bar{m}a+\frac{4}{9}m_2+\frac{j_2}{9a^2};c^*=\frac{1}{16}c_1+c_2$$

$$k^*=\frac{9}{16}k_1+\frac{1}{9}k_2;p^*(t)=\frac{16}{3}\bar{p}af(t)$$

这些量分别称为此体系的**广义质量**、**广义阻尼**、**广义刚度**和**广义荷载**，它们根据广义坐标 $Z(t)$ 计算，而 $Z(t)$ 在此用以确定体系的位移。

现在来讨论图 E8－1 中所示外部作用的轴向力 N。从图 E8－3 可以看出，此力在发生虚位移 δZ 时所做的虚功为 $N\delta e$，这个位移 δe 可以由 δe_1 和 δe_2 两部分组成，它们与两杆的转动有关。首先，只讨论伴随 AE 杆转动所产生的影响。由图示相似三角形（假设是小位移情况）可知 $\delta e_1=(Z(t)/4a)\delta Z$。同样地，可以

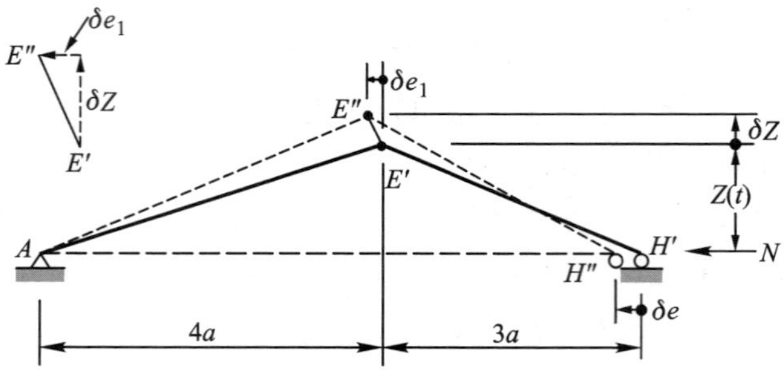

图 E8－3 在轴向力方向的位移成分

求得 $\delta e_2=(Z(t)/3a)\delta Z$,因此,总位移为

$$\delta e=\delta e_1+\delta e_2=\frac{7}{12}\frac{Z(t)}{a}\delta Z$$

则轴向力 N 的虚功为

$$\delta W_P=\frac{7}{12}\frac{NZ(t)}{a}\delta Z \tag{d}$$

把式(d)与式(a)相加,同时进行类似于导出方程(c)的简化操作后,可见在运动方程内仅广义刚度这一项受到轴向力的影响。当考虑体系内轴向力的效应时,则联合广义刚度 $\overline{k^*}$ 为

$$\overline{k^*}=k^*-\frac{7}{12}\frac{N}{a}=\frac{9}{16}k_1+\frac{1}{9}k_2-\frac{7}{12}\frac{N}{a} \tag{e}$$

引入这个修改了的广义刚度项后,图 E8－1 所示包含轴向力的整个体系的运动方程,可用一个和方程(8－1)相类似的方程给出。式(e)中最后一项直接与轴向力成比例,通常称之为“几何刚度”。

注意到广义刚度为零的条件是有意义的,它代表体系的随遇稳定或临界压屈的条件。为求引起结构压屈的轴向力 N_{cr} 的值,可以令(e)式中的 $\overline{k^*}$ 为零

$$0=\frac{9}{16}k_1+\frac{1}{9}k_2-\frac{7}{12}\frac{N_{cr}}{a}$$

因此

$$N_{cr}=\left(\frac{27}{28}k_1+\frac{4}{21}k_2\right)a \tag{f}$$

一般来说,轴向压力趋向减少结构体系的刚度,而轴向拉力则引起刚度的相应增加。这种荷载对动力荷载下结构的反应可能有显著影响,因而,总是应该算出其所引起的刚度改变,以便确定它在给定问题中的重要性。这里有一点需注意,在目前及以后的讨论中均认为**轴向力**的作用线平行于构件**未变形的**原始轴线,并且假设在结构发生运动时它的作用线方向或大小不变。

例题 E8－2 作为建立刚体集合运动方程的第二个例子,就是图 E8－4 所示的体系。这个体系的小振幅运动可以用荷载作用点向下的位移 $Z(t)$来描述,

而抵抗体系运动的各种力，可以用 $Z(t)$ 表示如下：

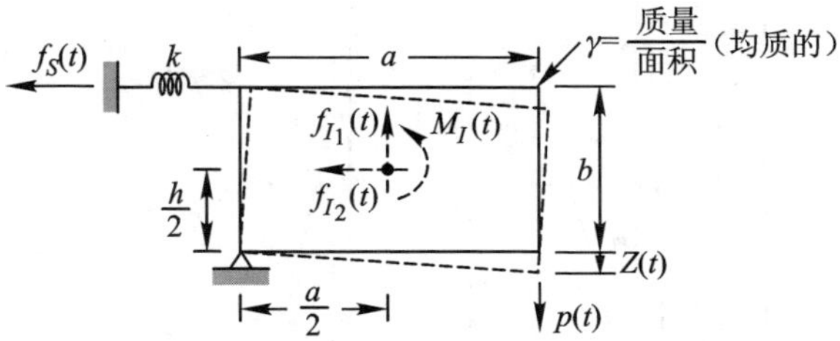

图 E8－4　在动力情况下的单自由度板

$$f_S(t)=k\,\frac{b}{a}Z(t);\quad f_{I_1}(t)=\gamma ab\,\frac{1}{2}\ddot{Z}(t)$$

$$f_{I_2}(t)=\gamma ab\,\frac{b}{2a}\ddot{Z}(t);\quad M_I(t)=\gamma ab\,\frac{a^2+b^2}{12}\,\frac{1}{a}\ddot{Z}(t)$$

对于这个简单体系的运动方程，可以直接用对于铰支座的力矩平衡来写出：

$$f_S(t)b+f_{I_1}(t)\frac{a}{2}+f_{I_2}(t)\frac{b}{2}+M_I(t)=p(t)a$$

或者除以长度 a 且代入上述力的表达式，则该式成为

$$\gamma ab\left[\frac{1}{12}\left(\frac{b^2}{a^2}+1\right)+\frac{1}{4}+\frac{b^2}{4a^2}\right]\ddot{Z}(t)+k\,\frac{b^2}{a^2}Z(t)=p(t)$$

最终可写为

$$m^*\ddot{Z}(t)+k^*Z(t)=p^*(t)$$

其中

$$m^*=\frac{\gamma ab}{3}\left(1+\frac{b^2}{a^2}\right);\quad k^*=k\,\frac{b^2}{a^2};\quad p^*(t)=p(t)$$

§8－3　广义性质：分布柔性

尽管图 E8－1 刚体集合的各部件间有着复杂的关系，但因为约束条件使得两个刚性杆只可能有一种位移形式，所以它是一个真实的单自由度体系。如果杆件可以发生弯曲变形，这时体系将具有无穷多个自由度。但是，如果假设仅能产生单一弯曲变形形式，那么此体系仍可作为一个简单的单自由度体系来分析。

实际上具有无限自由度的体系，用上述方法将它变为近似的单自由度体系，这可用图 8－2a 所示悬臂塔运动方程的建立来说明。这个塔的基本特性（除阻尼外）是它的弯曲刚度 $EI(x)$ 以及每单位长度的质量 $m(x)$。假设此塔承受水平地震地面运动 $v_g(t)$，在其顶端同时还承受一个不变的竖向荷载 N。

为了将这个体系的运动近似为单自由度，必须假设这个体系只能按唯一的

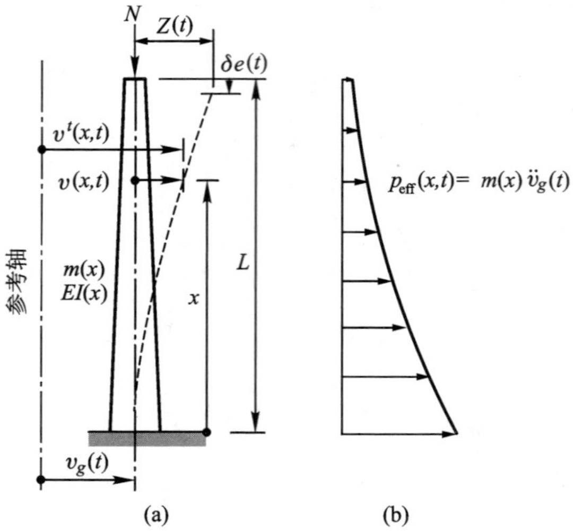

图 8－2　可作单自由度处理的柔性结构

形状变形。令形状函数记为 $\psi(x)$，相对移动基底的运动振幅作为广义坐标 $Z(t)$，则

$$v(x,t)=\psi(x)Z(t) \tag{8-2}$$

典型的广义坐标是选择体系内某些便于参考的点的位移，例如塔顶的位移。则形状函数是各点位移与参考位移的无量纲比值

$$\psi(x)=\frac{v(x,t)}{Z(t)} \tag{8-3}$$

这个广义单自由度体系的运动方程只能用功或能的原理方便地建立，这里采用虚功原理。

因为，在这个例子里的结构是弯曲柔性的，内力虚功 $\delta W_1$①可由实际的内力矩 $M(x,t)$在其相对应的虚曲率改变 $\delta\left(\frac{\partial^2 v(x)}{\partial x^2}\right)$上所做的功来计算。外力虚功 δW_E 可由外荷载在其相应的虚位移上所做的功来算，虚功原理需要它等于内力虚功

$$\delta W_E=\delta W_I \tag{8-4}$$

为了导出相对位移 $v(x,t)$表示的运动方程，这个结构的基底可以当作为是固定的，而有一个如图 8－2b 所示的等效荷载 $p_{\text{eff}}(x,t)$作用。惯性荷载可由如下式子给出

$$f_I(x,t)=m(x)\ddot{v}(x,t) \tag{8-5}$$

① 对于变形体，所谓内力虚功只能作为一种“名称”。内力在暴露之前是相互作用，总是成对出现的，在《应用分析动力学》（王光远，人民教育出版社）中对如此称呼的不合理性做了较详尽的论述。——译者

利用这全部外力可得外力虚功为

$$\delta W_E = -\int_0^L f_I(x)\delta v(x)\mathrm{d}x + \int_0^L p_{\mathrm{eff}}(x,t)\delta v(x)\mathrm{d}x + N\delta e \tag{8-6}$$

按照上述关于内力功的陈述

$$\delta W_I(t) = \int_0^L M(x,t)\delta v''(x)\mathrm{d}x \tag{8-7}$$

其中 $v''(x)=\partial^2 v(x)/\partial x^2$。

如果假设阻尼应力是与应变速度成比例的，此时可用单轴应力-应变关系

$$\sigma = E(\varepsilon + a_1\dot{\varepsilon}) \tag{8-8}$$

其中 E 为杨氏弹性模量，a_1 是阻尼常数。则根据 Euler - Bernoulli 平截面假设（变形前的平面变形后仍保持为平面），可得关系

$$M(x,t) = EI(x)\left[v''(x,t) + a_1\dot{v}''(x,t)\right] \tag{8-9}$$

利用这一式子，基本关系可表示如下

$$\left.\begin{aligned} &v(x,t)=\psi(x)Z(t);\dot{v}''(x,t)=\psi''(x)\dot{Z}(t)\\ &v'(x,t)=\psi'(x)Z(t);\delta v(x,t)=\psi(x)\delta Z\\ &v''(x,t)=\psi''(x)Z(t);\delta v'(x,t)=\psi'(x)\delta Z\\ &\ddot{v}(x,t)=\psi(x)\ddot{Z}(t);\delta v''(x,t)=\psi''(x)\delta Z \end{aligned}\right\} \tag{8-10}$$

经与例题 E8 - 1 式(d)类似的推导，轴向位移的表达式可取为

$$e(t)=\frac{1}{2}\int_0^L [v'(x,t)]^2\mathrm{d}x;\quad \delta e=\int_0^L v'(x,t)\delta v'(x)\mathrm{d}x \tag{8-11}$$

最终，外力和内力虚功的表达式可利用式(8 - 10)和式(8 - 11)建立

$$\begin{aligned}\delta W_E = \Big[&-\ddot{Z}(t)\int_0^L m(x)\psi(x)^2\mathrm{d}x - \\ &\ddot{v}_g(t)\int_0^L m(x)\psi(x)\mathrm{d}x + NZ(t)\int_0^L \psi'(x)^2\mathrm{d}x\Big]\delta Z\end{aligned} \tag{8-12}$$

$$\begin{aligned}\delta W_I = \Big[&Z(t)\int_0^L EI(x)\psi''(x)^2\mathrm{d}x + \\ &a_1\dot{Z}(t)\int_0^L EI(x)\psi''(x)^2\mathrm{d}x\Big]\delta Z\end{aligned}$$

同样式(8 - 12)依照方程(8 - 4)可得出广义运动方程

$$m^*\ddot{Z}(t) + c^*\dot{Z}(t) + k^*Z(t) - k_G^*Z(t) = p_{\mathrm{eff}}^*(t) \tag{8-13}$$

其中

$$m^* = \int_0^L m(x)\psi(x)^2\mathrm{d}x = \text{广义质量}$$

$$c^* = a_1\int_0^L EI(x)\psi''(x)^2\mathrm{d}x = \text{广义阻尼}$$

$$
\begin{aligned}
k^* &= \int_0^L EI(x)\psi''(x)^2\mathrm{d}x = \text{广义弯曲刚度} \\
k_G^* &= N\int_0^L \psi'(x)^2\mathrm{d}x = \text{广义几何刚度} \\
p_{\text{eff}}^*(t) &= -\ddot{v}_g(t)\int_0^L m(x)\psi(x)\mathrm{d}x = \text{广义等效荷载}
\end{aligned}
\tag{8-14}
$$

将两个刚度项进行组合，方程(8－13)可以写为

$$
m^*\ddot{Z}(t)+c^*\dot{Z}(t)+\overline{k^*}Z(t)=p_{\text{eff}}^*(t) \tag{8-15}
$$

其中联合广义刚度为

$$
\overline{k^*}=k^*-k_G^* \tag{8-16}
$$

该体系的临界屈曲荷载可以用与例题E8－1同样的方法计算，也即令联合广义刚度等于零并求解 N_{cr}，可得

$$
N_{\text{cr}}=\frac{\int_0^L EI(x)\psi''(x)^2\mathrm{d}x}{\int_0^L \psi'(x)^2\mathrm{d}x} \tag{8-17}
$$

这个临界屈曲荷载的单自由度近似分析称为Rayleigh法，它将在8－5节振动分析中讨论。临界荷载值的确定自然依赖于所假设的形状函数 $\psi(x)$，但是对满足几何边界条件的任意形状都能给出很好的近似①。

例题E8－3　为提供一个如何建立具有分布柔性的单自由度体系运动方程的数值算例，假设图8－2所示的塔具有不变的弯曲刚度 EI 和沿高度不变的分布质量 $\bar{m}$，阻尼由式(8－8)确定。还假设在自由振动时它的挠曲形状为

$$
\psi(x)=1-\cos\frac{\pi x}{2L} \tag{a}
$$

它是满足几何边界条件 $\psi(0)=\psi'(0)=0$ 的。应用式(8－14)可得

$$
\begin{aligned}
m^* &= \bar{m}\int_0^L\left(1-\cos\frac{\pi x}{2L}\right)^2\mathrm{d}x = 0.228\,\bar{m}L \\
c^* &= a_1EI\int_0^L\left(\frac{\pi^2}{4L^2}\cos\frac{\pi x}{2L}\right)^2\mathrm{d}x = \frac{a_1\pi^4EI}{32L^3} \\
k^* &= EI\int_0^L\left(\frac{\pi^2}{4L^2}\cos\frac{\pi x}{2L}\right)^2\mathrm{d}x = \frac{\pi^4EI}{32L^3} \\
k_G^* &= N\int_0^L\left(\frac{\pi}{2L}\sin\frac{\pi x}{2L}\right)^2\mathrm{d}x = \frac{N\pi^2}{8L} \\
p_{\text{eff}}(t) &= -\bar{m}\ddot{v}_g(t)\int_0^L\left(1-\cos\frac{\pi x}{2L}\right)\mathrm{d}x = 0.364\,\bar{m}L\ddot{v}_g(t)
\end{aligned}
\tag{b}
$$

将其代入方程(8－13)可得单自由度运动方程为

---

①　这句话欠妥当。如下面例题E8－3取抛物线作形状函数，近似性并不好。应该改成满足边界条件(位移(或称几何)和力的边界条件)的任意形状，才能给出很好的近似。——译者

$$(0.228\bar{m}L)\ddot{Z}(t)+\left(\frac{a_1\pi^4 EI}{32L^3}\right)\dot{Z}(t)+\left(\frac{\pi^4 EI}{32L^3}-\frac{N\pi^2}{8L}\right)Z(t) \\ =-0.364\,\bar{m}L\ddot{v}_g(t) \tag{c}$$

另外，当柱顶承受轴向荷载时，令联合广义刚度为零并求解，可得临界压屈荷载 N_{cr} 为

$$N_{cr}=\frac{\pi^2}{4}\frac{EI}{L^2} \tag{d}$$

因为式(a)所设的形状函数是真实的屈曲形状，因此它是杆端加载等截面悬臂柱的真实屈曲荷载。

当然，可以选择不同的形状函数 $\psi(x)$，只要它满足几何边界条件 $\psi(0)=\psi'(0)=0$ 即可。作为例子，假设形状函数为抛物线形式

$$\psi(x)=\frac{x^2}{L^2} \tag{e}$$

采用上述方法，可得运动方程为

$$(0.200\bar{m}L)\ddot{Z}(t)+\left(\frac{4a_1 EI}{L^3}\right)\dot{Z}(t)+\left(\frac{4EI}{L^3}-\frac{4N}{3L}\right)Z(t)=-\frac{\bar{m}L}{3}\ddot{v}_g(t) \tag{f}$$

令联合广义刚度等于零，可得临界荷载为

$$N_{cr}=\frac{3EI}{L^2} \tag{g}$$

它比式(d)给出的真实值约高 22%。

当用式(8-17)所给的 Rayleigh 法进行屈曲分析时，需要引起注意的是，当所假设的任何其他形状不同于真实的压屈形状时，为维持体系的平衡，就必须在体系上施加附加的外部约束。由于这些附加约束对体系刚度的影响，当所采用的形状不同于其真实压屈形状时，用 Rayleigh 法计算所得的临界荷载总是大于实际的临界荷载。对于上面这个例题来说，很明显，即使抛物线形状满足几何边界条件，但将其假设为屈曲形状并不合适，因为抛物线形状的不变曲率意味着沿塔的高度力矩为常数。显然，在柱的顶端力矩必须等于零。因此，若采用一个在端部具有零曲率的假设形状，得出的结果将会更好。

§8-4　广义体系特性的表达式

从上述例子可以推断，任何单自由度体系的运动方程无论多么复杂，总可以简化为如下形式：

$$m^*\ddot{Z}(t)+c^*\dot{Z}(t)+\bar{k}^*Z(t)=p^*(t)$$

其中 $Z(t)$ 为描述体系运动的唯一广义坐标，而带 * 号的量表示相应于这个坐标的广义物理特性。一般来说，这些广义特性的值可以用如上述例题所说明的虚功原理，或者用如第 16 章所说明的 Hamilton 原理来确定。但是，可以容易地导

出这些表达式的标准化形式，这在实际使用中是很方便的。

考察一个任意的如图 8-3 所示的一维体系，假设该体系只能按图 8-3a 所示的形状函数 $\psi(x)$变形，则其位移可以用广义坐标 $Z(t)$表达为

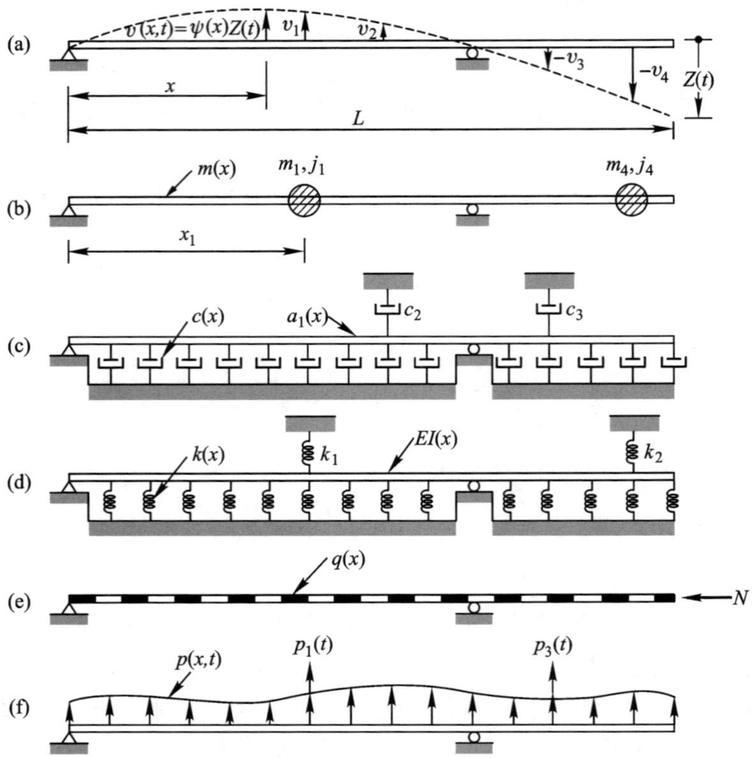

图 8-3　广义单自由度体系特性

(a)所假设的形状；(b)质量特性；(c)阻尼特性；(d)弹性特性；(e)轴向荷载；(f)所作用的横向荷载

$$v(x,t)=\psi(x)Z(t)$$

体系的总质量一部分是依照 $m(x)$分布的，剩余的集中在离散位置 $i(i=1,2,\cdots)$上，用 m_i 表示。外部阻尼由按照 $c(x)$改变的分布阻尼器及用值 c_i 表示的离散阻尼器提供，内部阻尼假设为由式(8-8)中单轴应力-应变关系控制的弯曲所产生。体系的弹性特性既来自刚度为 $k(x)$改变的分布外部弹簧，也来自以值 k_i 表示的离散弹簧，还来自分布的弯曲刚度 $EI(x)$。外部荷载既有与时间无关的轴向力 $q(x)$和 N，还有与时间有关的横向荷载 $p(x,t)$和 $p_i(t)$。这些荷载作用产生的内部轴力和弯矩分别为 $N(x)$和 $M(x,t)$。

应用前述方法，对这个一般单自由度体系应用虚功原理，可获得如下广义特性表达式：

$$m^{*}=\int_{0}^{L} m(x)\psi(x)^{2}\,\mathrm{d}x+\sum m_{i}\psi_{i}^{2}+\sum j_{i}\psi_{i}^{\prime 2}$$

$$
\begin{aligned}
c^* &= \int_0^L c(x)\psi(x)^2\,\mathrm{d}x + a_1\int_0^L EI(x)\psi''(x)^2\,\mathrm{d}x + \sum c_i\psi_i^2 \\
\overline{k^*} &= \int_0^L k(x)\psi(x)^2\,\mathrm{d}x + \int_0^L EI(x)\psi''(x)^2\,\mathrm{d}x + \sum k_i\psi_i^2 - \\
&\quad \int_0^L N(x)\psi'(x)^2\,\mathrm{d}x \\
p^*(t) &= \int_0^L p(x,t)\psi(x)\,\mathrm{d}x + \sum p_i(t)\psi_i(x)
\end{aligned}
\tag{8-18}
$$

在式(8－18)最后一式中必须十分注意力和位移的矢量性质,这里只可包括沿假设位移方向作用的荷载分量,且每个力分量的正号含义必须与其相应的位移正号含义一致。

上述这些广义坐标概念也同样适用于将二维体系简化为单自由度体系。例如,考虑图 8－4 所示的矩形板承受向下的分布荷载 $p(x,y,t)$。如果这个板的挠度可假设具有所示形状 $\psi(x,y)$,同时若取板中点位移的幅值作为广义坐标,则板的位移可以表示为

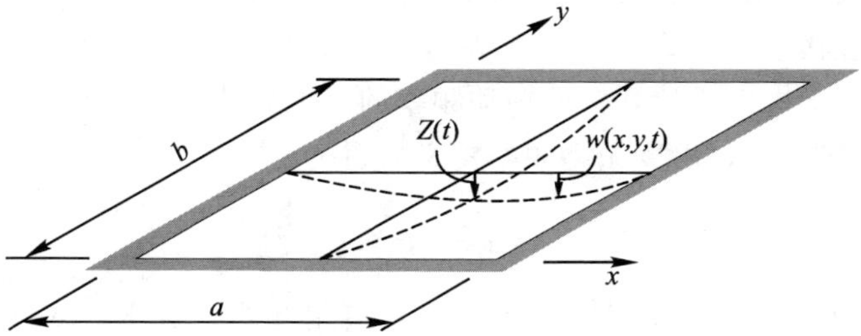

图 8－4　简支两维板处理为单自由度体系

$$
w(x,y,t) = \psi(x,y)Z(t) \tag{8-19}
$$

对于四边简支的板,形状函数可合乎逻辑地取为如下形式

$$
\psi(x,y) = \sin\frac{\pi x}{a}\sin\frac{\pi y}{b} \tag{8-20}
$$

但是其他与支承条件相适应的合理的形状函数也都可应用。

体系的广义特性可用等同于计算一维情况的式(8－18)来计算,只是积分必须在 x 和 y 两个方向进行,对于这个特殊的例子,广义质量、刚度和荷载由如下式子给出:

$$
\begin{aligned}
m^* &= \int_0^a\int_0^b m(x,y)\psi(x,y)^2\,\mathrm{d}x\mathrm{d}y \\
k^* &= D\int_0^a\int_0^b \left\{\left[\frac{\partial^2\psi(x,y)}{\partial x^2} + \frac{\partial^2\psi(x,y)}{\partial y^2}\right]^2 - \right. \\
&\quad \left. 2(1-\upsilon)\left[\frac{\partial^2\psi(x,y)}{\partial x^2}\frac{\partial^2\psi(x,y)}{\partial y^2} - \left(\frac{\partial^2\psi(x,y)}{\partial x\partial y}\right)^2\right]\right\}\mathrm{d}x\mathrm{d}y
\end{aligned}
$$

$$p^{*}(t)=\int_{0}^{a}\int_{0}^{b} p(x,y)\psi(x,y)\mathrm{d}x\mathrm{d}y$$

其中

$D=Eh^3/12(1-\upsilon^2)=$板的弯曲刚度

$\upsilon=$Poisson 比

$h=$板的厚度

显然，只要假设一个适当的三维位移函数，同样的方法也很容易推广到三维体系。但是，随着体系维数增加，选择一个合适的形状函数的困难将迅速地增加，而结果的可靠性也就相应地降低。

§8-5 用 Rayleigh 法进行振动分析

在 8-2 节指出了可由广义弹性和几何刚度特性近似地计算弯曲构件临界屈曲荷载，而这些刚度是根据所假设的屈曲形状导得的。同时在那里也已说明，由如此假设形状建立公式一般称作为 Rayleigh 法。现在将 Rayleigh 法假设形状的概念进一步推广成计算构件振动频率的近似方法。这个概念的实质是显然的，事实上直接从单自由度振动频率定义可得

$$\omega=\sqrt{\frac{k}{m}} \tag{8-21}$$

这里 k 和 m 分别为体系的刚度和质量。直接用此式计算 Rayleigh 法振动频率时，代入根据假设形状函数 $\psi(x)$得到的广义刚度 k^* 和广义质量 m^* 即可。

虽然可以利用广义坐标的概念近似地确定任意结构的振动频率，但是从 Rayleigh 勋爵创设的另外一个观点来进行频率分析将是有益的。Rayleigh 法的基本概念为能量守恒原理。如果没有阻尼力消耗能量的话，在自由振动的体系中的能量应保持常量。考察如图 8-5a 所示的无阻尼弹簧-质量体系的自由振动运动。如适当选取时间坐标原点，位移可表示为(图 8-5b)

$$v=v_0\sin\omega t \tag{8-22a}$$

而其速度为(图 8-5c)

$$\dot{v}=v_0\omega\cos\omega t \tag{8-22b}$$

这个体系的势能完全由弹簧的应变能表达：

$$V=\frac{1}{2}kv^2=\frac{1}{2}kv_0^2\sin^2\omega t \tag{8-23a}$$

此时质量的动能为

$$T=\frac{1}{2}m\dot{v}^2=\frac{1}{2}mv_0^2\omega^2\cos^2\omega t \tag{8-23b}$$

现在讨论 $t=\pi/2\omega$ 时的情况：从图 8-5[或由式(8-23)]清楚可见，此时动能为

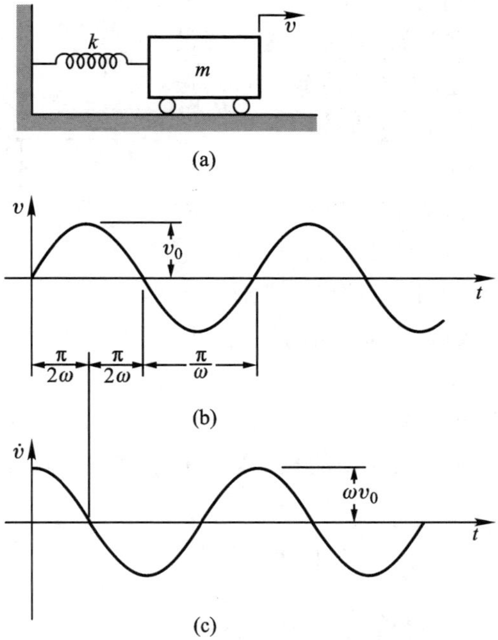

图 8-5　无阻尼单自由度结构的自由振动

(a)单自由度结构;(b)位移;(c)速度

零,而势能达到它的最大值:

$$V_{max}=\frac{1}{2}kv_0^2 \tag{8-24a}$$

同样,当时间 $t=\pi/\omega$ 时,势能为零而动能为最大

$$T_{max}=\frac{1}{2}mv_0^2\omega^2 \tag{8-24b}$$

因此,如果振动体系中全部能量保持恒定(在无阻尼自由振动中必须如此),则显然最大动能必须等于最大势能,$V_{max}=T_{max}$,也即

$$\frac{1}{2}kv_0^2=\frac{1}{2}mv_0^2\omega^2$$

由此可得

$$\omega^2=\frac{k}{m}$$

显然,所得的这个表达式和以前所述的一样,但现在它却是从最大应变能应等于最大动能的 Rayleigh 概念而导得的。

对于如上所述的弹簧-质量体系的振动分析来说,应用 Rayleigh 法看不出有什么优势,它的主要用处是对多自由度体系进行近似的频率分析。作为例子,考察如图 8-6 所示的非均质简支梁。这根梁实际上具有无限自由度数,这就是说，它可以有无限种位移曲线形式。为了应用 Rayleigh 法，必须假设出梁在其基本振型中的变形形状。如上所述，这个假设可以用式(8－2)来表达，或者注意到在自由振动时广义坐标为谐振变化，也即

$$v(x,t)=\psi(x)Z_0\sin\omega t \tag{8-25}$$

其中 $\psi(x)$ 为形状函数，它表示任意一点 x 的位移相对于参考位移或广义坐标 $Z(t)$ 的比值。式(8－25)假设梁在振动过程中其形状是不随时间而改变的，仅仅运动的幅值在变化，而且在自由振动条件下呈谐振变化。

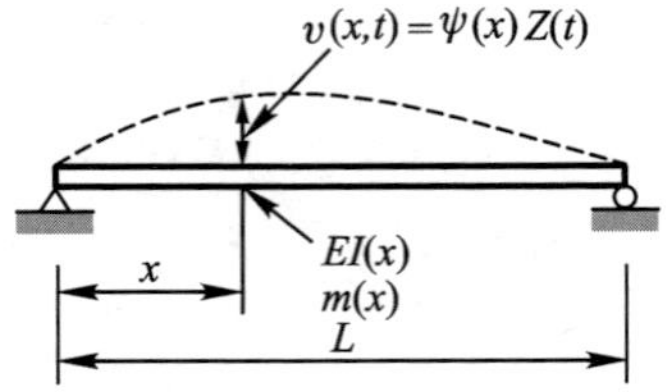

图 8－6 非均质梁的振动

形状函数的假设使梁有效地简化为一单自由度体系。因此，振动频率可由运动过程中最大应变能与最大动能相等而求得。在这个弯曲体系中其应变能由如下式子给出：

$$V=\frac{1}{2}\int_0^L EI(x)\left(\frac{\partial^2 v}{\partial x^2}\right)^2\mathrm{d}x \tag{8-26}$$

因此，把式(8－25)所假设的形状函数代入上式并取位移振幅的最大值，则可得

$$V_{\max}=\frac{1}{2}Z_0^2\int_0^L EI(x)[\psi''(x)]^2\mathrm{d}x \tag{8-27}$$

而非均匀分布质量的动能为

$$T=\frac{1}{2}\int_0^L m(x)(\dot{v})^2\mathrm{d}x \tag{8-28}$$

因此，当式(8－25)对时间求导而获得速度，且使其幅值达到最大值时，则

$$T_{\max}=\frac{1}{2}Z_0^2\omega^2\int_0^L m(x)[\psi(x)]^2\mathrm{d}x \tag{8-29}$$

最后，使最大势能等于最大动能，则求得的频率平方为

$$\omega^2=\frac{\int_0^L EI(x)[\psi''(x)]^2\mathrm{d}x}{\int_0^L m(x)[\psi(x)]^2\mathrm{d}x} \tag{8-30}$$

在这一点上可以看出，式(8－30)的分子不过是这样假设位移形状梁的广义刚度 k^*，而分母为广义质量 m^*[参看式(8－18)①]。因此，Rayleigh 法直接导致式(8－21)的广义形式这是意料中的，因为这个方法利用了广义坐标概念，把实际体系简化为单自由度体系了。

① 因为方程(8－18)包含离散弹簧及离散集中质量等的贡献，因此广义刚度及广义质量表达式中包含的项较多，不是直接等于式(8－30)的分子分母表达式，因此应该参考方程(8－14)。——译者

§8-6　Rayleigh 振动形状的选择

由 Rayleigh 法所获得的振动频率的精度，完全依赖于所假设的表示振型的形状函数 $\psi(x)$。原则上，只要满足梁的几何边界条件，形状函数可以任意选取，亦即形状函数仅需和具体的支承条件一致。但是，对于不是真实振型的任意形状函数，为了保持平衡就必须有附加的外部约束作用，这些附加约束将使体系变得刚硬，使它的应变能增加，从而使计算频率增大。由此可见，用真实振型所得的频率是用 Rayleigh 法所求得的频率中最低的一个。因此，对采用该方法所求得的近似结果加以选择时，其中频率最低的一个总是最好的近似值。

例题 E8-4　为了说明这一点，假设图 8-6 所示的梁具有均匀的质量 $\bar{m}$ 和刚度 EI。作为频率分析的第一次近似，假设振型为抛物线：$\psi(x)=(x/L)(x/L-1)$，因此 $\psi''(x)=2/L^2$，则

$$V_{\max}=\frac{1}{2}Z_0^2EI\int_0^L\left(\frac{2}{L^2}\right)^2\mathrm{d}x=\frac{1}{2}Z_0^2\,\frac{4EI}{L^3}$$

而

$$T_{\max}=\frac{1}{2}Z_0^2\omega^2\bar{m}\int_0^L\left[\frac{x}{L}\left(\frac{x}{L}-1\right)\right]^2\mathrm{d}x=\frac{1}{2}Z_0^2\omega^2\,\frac{\bar{m}L}{30}$$

由此可得

$$\omega^2=\frac{V_{\max}}{(1/\omega^2)T_{\max}}=\frac{120EI}{\bar{m}L^4}$$

如果形状函数假设为正弦曲线 $\psi(x)=\sin(\pi x/L)$，用同样方法分析，最后可得

$$\omega^2=\frac{EI\pi^4/2L^3}{mL/2}=\pi^4\,\frac{EI}{\bar{m}L^4}$$

显然，第二个频率比第一个小很多（大约小 20%左右）。因此，它是更好的近似值。事实上，因为假设的正弦曲线的形状函数为均质等截面简支梁的真实振型，所以它是精确的答案。对第一个假设，不可能期望得到非常正确的结果。因为，所假设的抛物线形状意味着在整个梁的跨度内弯矩是不变的，这显然不符合梁端的简支条件。所以，虽然它满足端点位移为零的几何条件，是一个**有根据**的形状，但却不是一个符合实际的假设。

现在出现了这样一个问题，为了保证在使用 Rayleigh 法时（或较早所述的等效广义坐标法）能获得较正确的结果，应该怎样选取合理的挠曲形状？选择振动形状时可应用如下概念：自由振动中的位移是由惯性力作用所引起，而惯性力（它为质量和加速度的乘积）又是和质量分布及位移幅值成正比的。因此，正确的振动形式 $\psi_c(x)$ 为正比于 $m(x)\psi_c(x)$ 的荷载 $p_c(t)$ 所引起的挠曲线。当然，要推测精确

的 $\psi_c(x)$的形式是不可能的。但是实践证明，根据荷载 $\bar{p}(x)=m(x)\bar{\psi}(x)$[如图 8-7 所示，其中 $\bar{\psi}(x)$为真实形状的任何合理近似]所算得的挠曲线形状将使解答具有极高的精度。

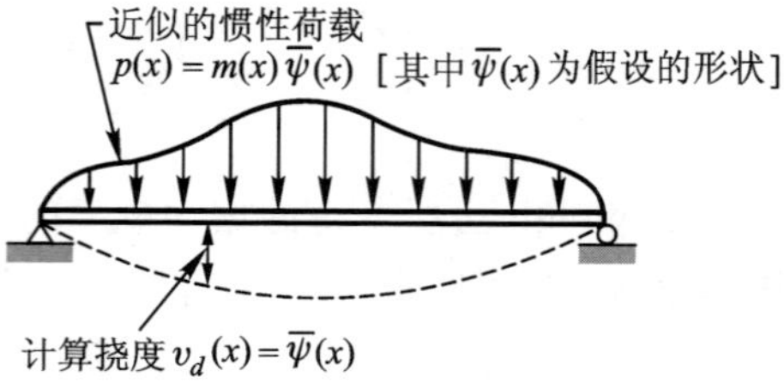

图 8-7 由假设形状惯性荷载所引起的挠曲线形状

一般来说，上述基于一个假定形状确定广义坐标形状的计算工作量多于近似分析所需要的工作量。Rayleigh 法可以用比上述方法少得多的细化工作而给出很好的精度。一般仅假设惯性荷载 $\bar{p}(x)$(参看图 8-7)为梁的重量，亦即 $\bar{p}(x)=m(x)g$，其中 $m(x)$为质量分布，g 为重力加速度。此时将根据这个静止的重力荷载所引起的挠曲线形状 $v_d(x)$进行频率的计算。在这种情况下，由于所贮存的能量必须等于体系上所作用荷载作的功，因此最大应变能可以很简单地如下求得：

$$V_{\max}=\frac{1}{2}\int_0^L \bar{p}(x)v_d(x)\mathrm{d}x=\frac{1}{2}gZ_0\int_0^L m(x)\psi(x)\mathrm{d}x \tag{8-31}$$

动能仍由式(8-29)给出，其中 $\psi(x)=v_d(x)/Z_0$ 为根据静荷载算出的形状函数。因此，使应变能和动能的表达式相等，则求得的频率的平方为

$$\omega^2=\frac{g}{Z_0}\frac{\int_0^L m(x)\psi(x)\mathrm{d}x}{\int_0^L m(x)[\psi(x)]^2\mathrm{d}x}=g\frac{\int_0^L m(x)v_d(x)\mathrm{d}x}{\int_0^L m(x)[v_d(x)]^2\mathrm{d}x} \tag{8-32}$$

式(8-32)常用于任何类型体系频率的近似分析。需要注意的是，如果形状由无量纲的形状函数 $\psi(x)$给出，则在表达式中必须包含参考振幅 Z_0；如果用静荷载下的挠曲线，则表达式中将不包含 Z_0。

计算式(8-32)中静止重量的挠度 $v_d(x)$时，所用的荷载 $\bar{p}(x)$实际上是重力荷载，故它仅适用于主要振动沿垂直方向运动的情况。对于如图 8-8a 所示那样的竖向悬臂结构，其主要的运动是水平的，必须在横向施加如图所示荷载。为此，必须假设重力水平地作用在结构上。为了近似表示图 8-8b 刚架的**对称**振动频率，可施加如图所示的竖直重力荷载作用而获得合理的挠曲线。但是这类结构的基本振型仍然是水平方向的。为了获得求横向振动频率的近似形状 $\psi(x)$，应使重力**横向**作用于刚架。此外，在图 8-8c 所示的两跨梁的基本振型中，两跨的挠度方向相反。因此，为了获得这种情况的挠曲线形状，在相邻跨重力应相反方向施加。如两跨荷载的方向均同时向下，则所引起的挠曲线形状将产生较高的振动频率。

但是读者必须注意，为了计算非常精确的挠曲线形状，将消耗太多的时间。Rayleigh 法的主要优点是提供既简单又可靠的近似固有频率。使用任何假设的

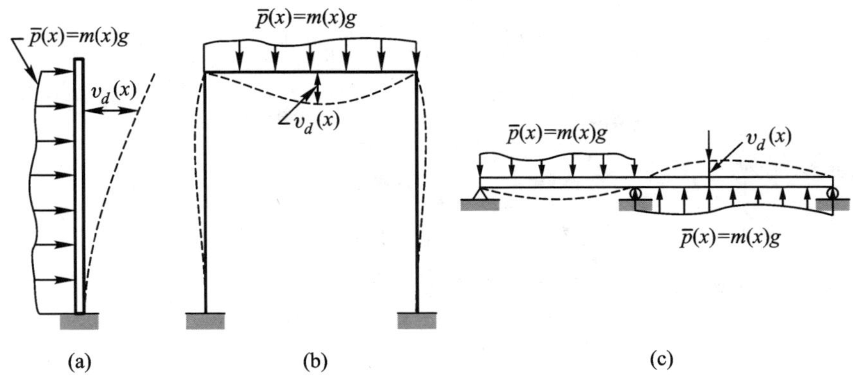

图 8-8　由静荷载引起的假设形状

合理形状,差不多都能得出有用的结果。

例题 E8-5　为了说明 Rayleigh 法在计算实际体系振动频率中的应用,下面分析图 E8-5 所示的在跨中承受集中重量的等截面均质悬臂梁。为此,设在悬臂梁自由端作用一荷载 p,并选择这个荷载所产生的挠曲线为振动形状函数,如图中所示。此挠曲线形状为

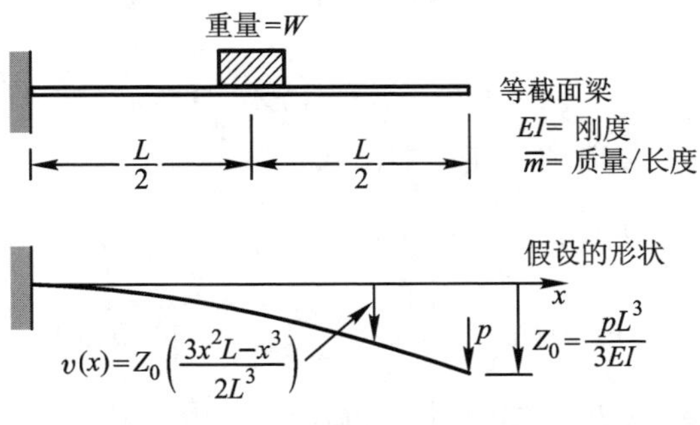

图 E8-5　梁振动频率的 Rayleigh 法分析

$$v(x)=\frac{pL^3}{3EI}\left[\frac{3x^2L-x^3}{2L^3}\right]\equiv Z_0\psi(x)$$

可求得此时梁的最大势能为:

$$V_{\max}=\frac{1}{2}pZ_0=\frac{1}{2}\frac{3EI}{L^3}Z_0^2$$

其中 Z_0 为荷载作用点的挠度,而 p 已用这个端点挠度来代替了。

梁的最大动能可以分成两部分计算:一部分为梁的动能,另一部分为所支承重量的动能

梁　　$$T_{\max}^B=\frac{\omega^2}{2}\int_0^L\bar{m}v^2\,\mathrm{d}x=\frac{\bar{m}}{2}\omega^2Z_0^2\int_0^L[\psi(x)]^2\,\mathrm{d}x$$

$$=\frac{33}{140}\frac{\bar{m}L}{2}\omega^2Z_0^2$$

重量 $$T_{\max}^{W}=\frac{W}{2g}\omega^2\left[v\left(x=\frac{L}{2}\right)\right]^2=\frac{W}{2g}\omega^2\left(\frac{5}{16}Z_0\right)^2$$
$$=\frac{25}{256}\frac{W}{2g}\omega^2 Z_0^2$$

因此总动能为

$$T_{\max}=\left(\frac{33}{140}+\frac{25}{256}\frac{W}{\bar{m}Lg}\right)\frac{\bar{m}L}{2}\omega^2 Z_0^2$$

使最大动能和最大势能相等，得到频率方程为

$$\omega^2=\frac{3}{\left(\frac{33}{140}+\frac{25}{256}\frac{W}{\bar{m}Lg}\right)}\frac{EI}{\bar{m}L^4}$$

§8-7 改进的 Rayleigh 法

如前所述，在 Rayleigh 法分析中，应用了由惯性荷载引起的挠曲线形状，这一思想也可应用于系统地对方法本身进行改进。标准的分析涉及任意选取一个满足结构几何边界条件的形状函数。为讨论方便起见，这个最初选取的形状用上角标(0)来表示

$$v^{(0)}(x,t)=\psi^{(0)}(x)Z_0^{(0)}\sin\omega t \tag{8-33}$$

与此形状相应的最大势能和动能由如下式子给出

$$V_{\max}=\frac{1}{2}\int_0^L EI(x)\left(\frac{\partial^2 v^{(0)}}{\partial x^2}\right)^2\mathrm{d}x=\frac{(Z_0^{(0)})^2}{2}\int_0^L EI(x)(\psi''^{(0)})^2\mathrm{d}x \tag{8-34}$$

$$T_{\max}=\frac{1}{2}\int_0^L m(x)(\dot{v}^{(0)})^2\mathrm{d}x=\frac{(Z_0^{(0)})^2}{2}\omega^2\int_0^L m(x)(\psi^{(0)})^2\mathrm{d}x \tag{8-35}$$

<u>R_{00}法</u>——称为 R_{00} 法的标准 Rayleigh 频率，表达式为

$$\omega^2=\frac{\int_0^L EI(x)(\psi''^{(0)})^2\mathrm{d}x}{\int_0^L m(x)(\psi^{(0)})^2\mathrm{d}x} \tag{8-36}$$

但是，当结构发生挠曲时，若使用与假设挠曲线有关的惯性力所作的功来计算势能，则可以获得更好的频率近似值。分布惯性力(在发生最大位移时)为

$$p^{(0)}(x)=\omega^2 m(x)v^{(0)}=Z_0^{(0)}\omega^2 m(x)\psi^{(0)} \tag{8-37}$$

而这个荷载作用下所产生的挠度可写作

$$v^{(1)}=\omega^2\frac{v^{(1)}}{\omega^2}=\omega^2\psi^{(1)}\frac{Z_0^{(1)}}{\omega^2}\equiv\omega^2\psi^{(1)}\bar{Z}_0^{(1)} \tag{8-38}$$

其中 ω^2 为未知频率平方。在式(8-37)和式(8-38)中它可以视为比例系数，因为它的值是未知的，故没有包括在表达式内。这个荷载所产生的应变势能由如下式子给出

$$V_{\max}=\frac{1}{2}\int_0^L p^{(0)}v^{(1)}\mathrm{d}x=\frac{Z_0^{(0)}\ \overline{Z}_0^{(1)}}{2}\omega^4\int_0^L m(x)\psi^{(0)}\psi^{(1)}\mathrm{d}x \tag{8-39}$$

R_{01}法——使这个势能表达式和根据原来假设形状得出的动能表达式[式(8-35)]相等，就可得到改进的 Rayleigh 频率表达式，它被命名为 R_{01} 法

$$\omega^2=\frac{Z_0^{(0)}}{\overline{Z}_0^{(1)}}\frac{\int_0^L m(x)(\psi^{(0)})^2\mathrm{d}x}{\int_0^L m(x)\psi^{(0)}\psi^{(1)}\mathrm{d}x} \tag{8-40}$$

因为这个式子避免了标准公式所需的微分运算，因此较(8-36)式更常被推荐使用。一般来说，对应于假设挠曲线形状的曲率 $\psi''(x)$，不如使用形状函数 $\psi(x)$ 计算精度高，因此不包含导数项的式(8-40)，其精度得到改善。

但是，如果用计算所得的形状 $v^{(1)}(x)$ 计算动能，而不是用初始的形状 $v^{(0)}(x)$ 计算，则虽然将稍许增加计算工作量，却能获得一个更好的近似值。在此情况下动能为

$$T_{\max}=\frac{1}{2}\int_0^L m(x)(\dot{v}^{(1)})^2\mathrm{d}x=\frac{1}{2}\omega^6(\overline{Z}^{(1)})^2\int_0^L m(x)(\psi^{(1)})^2\mathrm{d}x \tag{8-41}$$

R_{11}法——使上式和式(8-39)的应变能相等，即可得到更好的结果(这个方法称为 R_{11} 法)：

$$\omega^2=\frac{Z_0^{(0)}}{\overline{Z}_0^{(1)}}\frac{\int_0^L m(x)\psi^{(0)}\psi^{(1)}\mathrm{d}x}{\int_0^L m(x)(\psi^{(1)})^2\mathrm{d}x} \tag{8-42}$$

继续进行另一轮的这种计算，也即由伴随 $\psi^{(1)}(x)$ 的惯性荷载计算新的形状 $\psi^{(2)}(x)$，即可获得更进一步的改进。实际上如下面所述，如果计算的轮数足够多，这个方法将逐渐收敛于真实的振动形状，并从而给出精确的频率。但是，实际应用时 Rayleigh 法并不需要超出式(8-42)所表示的改进范围。同时应注意到，在式(8-40)和式(8-42)中的广义坐标幅值 $Z_0^{(0)}$ 和 $\overline{Z}_0^{(1)}$ 是任意的，如果适当地规定形状函数 $\psi^{(0)}$ 和 $\psi^{(1)}$，则可令其等于 1。但是，最好还是把这些广义坐标保留在那些式子中，以表明 $v^{(0)}$ 和 $v^{(1)}$ 的相对幅值是计算频率时的一个因素。

例题 E8-6　通过图 E8-6a 所示三层刚架的频率分析来说明两个改进的 Rayleigh 法，并将他们和标准方法进行比较。这个刚架的质量分别集中在大梁上，其值如图所示，柱子则假设为无重的；大梁还假设为绝对刚性的，因此每层的柱子相当于一个简单的横向弹簧，弹簧的刚度系数如图所示。

R_{00} 法——为了说明改进方法的效果，故意选择较差的刚架初始振动形式，即三层都具有相同的位移，如图 E8-6b 所示。因此

$$v_1^{(0)}=v_2^{(0)}=v_3^{(0)}=1.0=Z_0^{(0)}\psi_i^{(0)}$$

其中 $\psi_i^{(0)}=Z_0^{(0)}=1.0$。

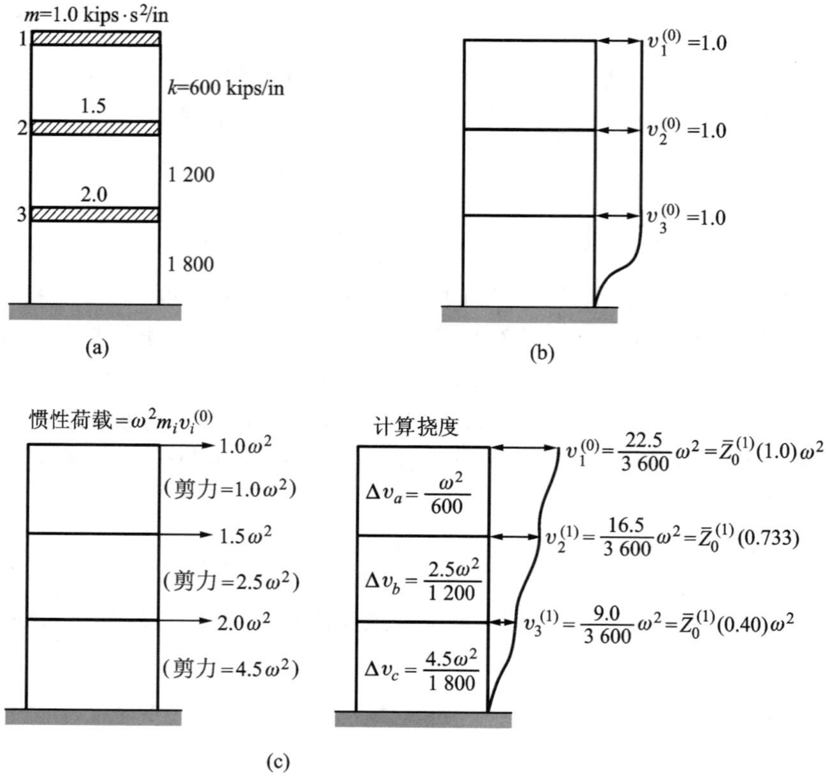

图 E8－6 用 Rayleigh 法分析刚架的频率

(a)质量和刚度值;(b)初始假设形状;(c)由初始惯性力引起的挠度

从这个形状函数,可求得最大动能为

$$T_{\max}^{(0)}=\frac{1}{2}\sum m_i(v_i^{(0)})^2=\frac{1}{2}\omega^2(Z_0^{(0)})^2\sum m_i(\psi_i^{(0)})^2=\frac{1}{2}\omega^2(4.5)$$

最大势能依赖于相对的层间变形 Δv_i,由如下式子给出

$$V_{\max}^{(0)}=\frac{1}{2}\sum k_i(\Delta v_i^{(0)})^2=\frac{1}{2}(Z_0^{(0)})^2\sum k_i(\Delta\psi_i^{(0)})^2=\frac{1}{2}(1\ 800)$$

使势能和动能相等,便得到频率的平方为

$$\omega^2=\frac{1\ 800}{4.5}=400;\omega=20\ \text{rad/s}$$

R_{01}法——上述初始假设,相当于结构第一层以上柱子为绝对刚性的,显然这是与实际刚架不符的。因此,由它所得出的频率必然偏高很多。但是,按照改进的 R_{01}法,用与这些初始挠度有关的惯性力来计算改进的形状,就能得到好得多的结果。

初始形状的惯性荷载及由它们所产生的挠度如图 E8－6c 所示。因为每层的变形 Δv_i 可由层间剪力除以层间刚度来计算,所以挠度可很容易地算出。这

个新形状 $v_i^{(1)}$ 的最大势能可由如下式子求得

$$V_{\max}^{(1)}=\frac{1}{2}\sum p_i^{(0)}v_i^{(1)}=\frac{\omega^4}{2}\overline{Z}_0^{(1)}\sum m_i\psi_i^{(0)}\psi_i^{(1)}=\frac{\omega^4}{2}\overline{Z}_0^{(1)}(2.90)$$

使它等于前面所求得的动能时，可求得频率的平方值为

$$\omega^2=\frac{1}{\overline{Z}_0^{(1)}}\times\frac{4.50}{2.90}=\frac{1}{22.5/3\ 600}\times\frac{4.5}{2.9}=248\quad \omega=15.73\ \text{rad/s}$$

显然，与标准的 R_{00} 法所得的结果相比，R_{01} 法所得频率小得多，这表明这个方法有很大的改进。

R_{11} 法——在计算动能及势能时用改进的形状 $\psi_1^{(1)}$ 可以获得更好的结果。此时，最大动能为

$$T_{\max}^{(1)}=\frac{\omega^2}{2}(\overline{Z}_0^{(1)})^2\sum m_i(\psi_i^{(1)})^2=\frac{\omega^6}{2}\left(\frac{22.5}{3\ 600}\right)^2(2.124)$$

因此，使它和改进的势能表达式相等，可求得频率的平方值为

$$\omega^2=\frac{1}{\overline{Z}_0^{(1)}}\times\frac{2.90}{2.124}=\frac{3\ 600}{22.5}\times\frac{2.90}{2.124}=218\quad \omega=14.76\ \text{rad/s}$$

在第 11 章中求得精确的第一振型频率 $\omega=14.5$ rad/s，可见两者是十分接近的。

注意到下述这一点是有益的，R_{11} 法给出的结果和用横向重力作用所得挠度按式(8－32)给出的结果是相同的。这是因为，与各层具有**相同**位移相对应的惯性力等价于横向重力。但是，如果更合理地估计初始形状(不用各层位移相等的假设)，则改进的 R_{11} 法将比式(8－32)所得结果好得多。

习　　题

8－1　对于例题 E8－3 所示的等截面悬臂塔，广义质量和刚度由如下表达式确定

$$m^*=0.228\overline{m}L$$

$$k^*=\frac{\pi^4}{32}\frac{EI}{L^3}$$

基于这些表达式，试计算此混凝土塔的振动周期。已知塔高 200 ft，外径 12 ft，壁厚 8 in，由此可得如下特性

$$\overline{m}=110\ \text{lbf}\cdot\text{s}^2/\text{ft}^2;EI=165\times10^9\ \text{lbf}\cdot\text{ft}^2$$

8－2　假设习题 8－1 的塔顶支承一 400 kips 的集中重量，试确定振动周期(忽略几何刚度影响)。

8－3　试确定图 P8－1 所示体系的广义物理特性 m^*，c^*，k^* 和广义荷载 p^*，这些特性都根据位移坐标 $Z(t)$ 定义。计算结果用所给物理特性及尺寸来表达。

8－4　按习题 8－3 的要求计算图 P8－2 所示结构。

8－5　按习题 8－3 的要求计算图 P8－3 所示的结构。(提示：这个体系仅有一个动力自

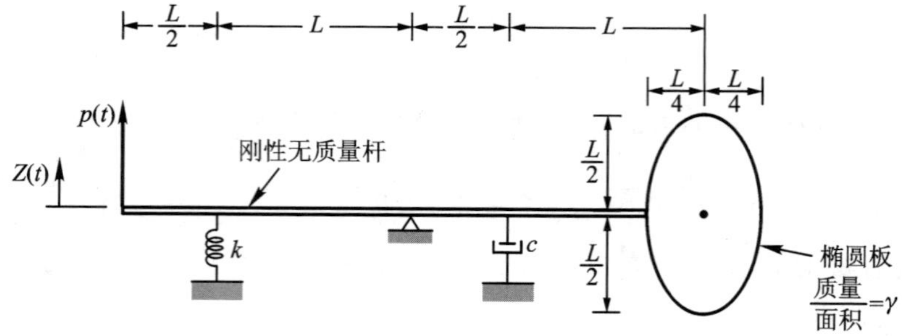

图 P8-1

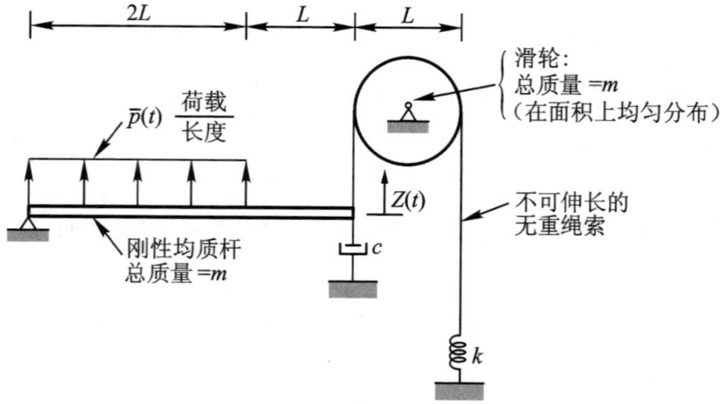

图 P8-2

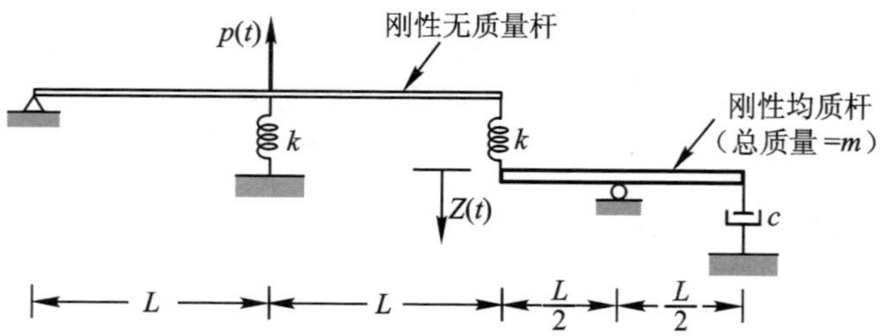

图 P8-3

由度;它是与质量 m 的转动惯量相联系的。)

8-6 图 P8-4 所示的柱子,由于规定它的位移形状函数为

$$\psi(x)=\frac{v(x,t)}{Z(t)}=\left(\frac{x}{L}\right)^2\left(\frac{3}{2}-\frac{x}{2L}\right)$$

故可作为单自由度体系处理。用 $\bar{m}$表示每单位长度的均布质量,用 EI 表示不变的刚度。用 $\bar{p}(t)$表示单位长度的均布荷载。试计算广义物理特性 m^*,k^*和广义荷载 $p^*(t)$。

8-7 (a) 如果有一向下的荷载 N 作用于习题 8-6 的柱子顶端,试用同样的形状函数 $\psi(x)$计算它的联合广义刚度 $\bar{k}^*$。

(b) 重复计算(a)题。假设轴向力 N 沿柱子高度线性变化,即 $N(x)=N[1-(x/L)]$。

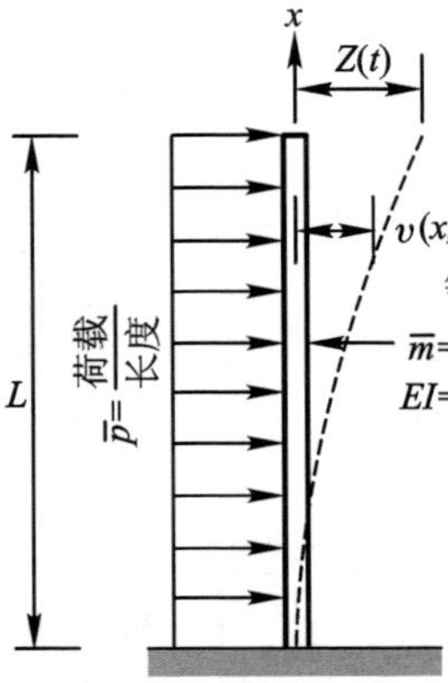

图 P8 - 4

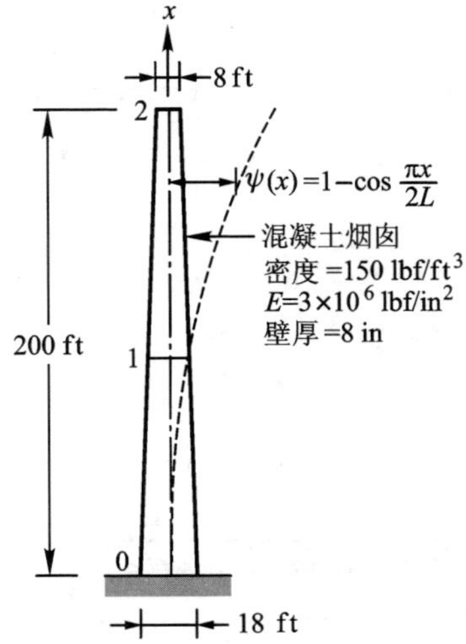

图 P8 - 5

8 - 8　假设图 8 - 4 所示的均质板为边长为 a 的正方形，四边简支：

(a) 如果它的单位面积的质量为 γ，它的弯曲刚度为 D，试用中心位移坐标 $Z(t)$ 确定它的广义特性 m^* 和 k^*。假设位移函数为

$$\psi(x,y)=\sin\frac{\pi x}{a}\sin\frac{\pi y}{a}$$

(b) 若单位面积的均布外荷载为 $\bar{p}(t)$，试用(a)题的位移函数确定广义荷载 $p^*(t)$。

8 - 9　一锥形混凝土烟囱，其外部直径、高度和材料特性如图 P8 - 5 所示。假设烟囱的均匀壁厚为 8 in，而挠曲形状函数为

$$\psi(x)=1-\frac{\cos\ \pi x}{2L}$$

试计算结构的广义质量 m^* 和广义刚度 k^*。将高度二等分，用 Simpson 法则以底部、中间及顶部截面被积函数值计算积分，例如

$$m^*\equiv\frac{\Delta x}{3}(y_0+4y_1+y_2)$$

其中 $y_i=m_i\psi_i^2$，是在"i"水平面上所计算的被积函数值。

8 - 10　试用 Rayleigh 法计算图 P8 - 6 所示跨中支承质量 m_1 的匀质等截面梁的振动周期。采用跨中荷载 p 引起的挠度作为假设的形状，亦即 $v(x)=px(3L^2-4x^2)/48EI(0\leqslant x\leqslant L/2)$，在 $x=L/2$ 处对称。考察如下两种情况：(a) $m_1=0$；(b) $m_1=3\bar{m}L$。

8 - 11　(a) 试确定图 P8 - 7 所示的刚架的振动周期。假设大梁是刚性的，并假设柱子的挠曲形状就是横向荷载 p 作用在大梁上所引起的挠曲形状，即 $v(x)=p(3L^2x-x^3)/12EI$；

(b) 将全部柱子重量的多少集中到大梁上，才可以得到和(a)计算所得相同的振动周期。

8 - 12　图 P8 - 8 所示剪切型建筑物，其所有的质量都集中在刚性大梁上，利用图中给定的质量和刚度特性，以及假设初始形状为线性的(如图所示)，试用以下方法计算振动周期：

(a) Rayleigh R_{00} 法；

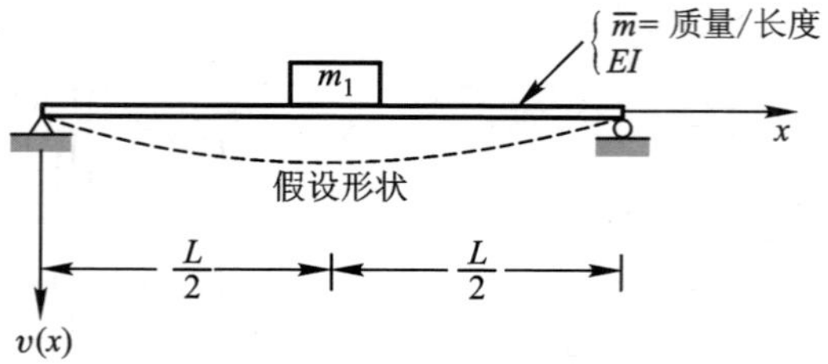

图 P8－6

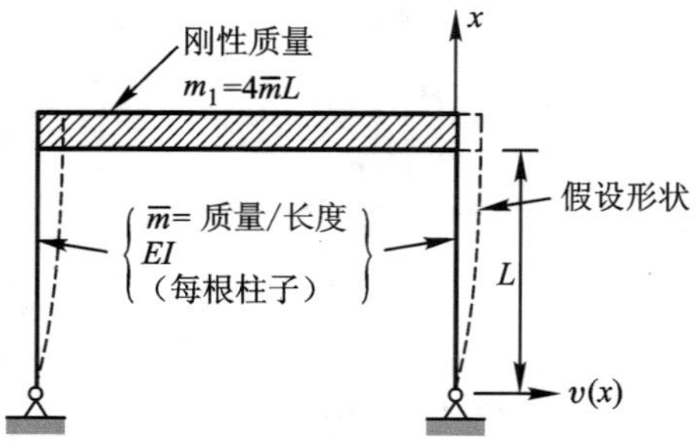

图 P8－7

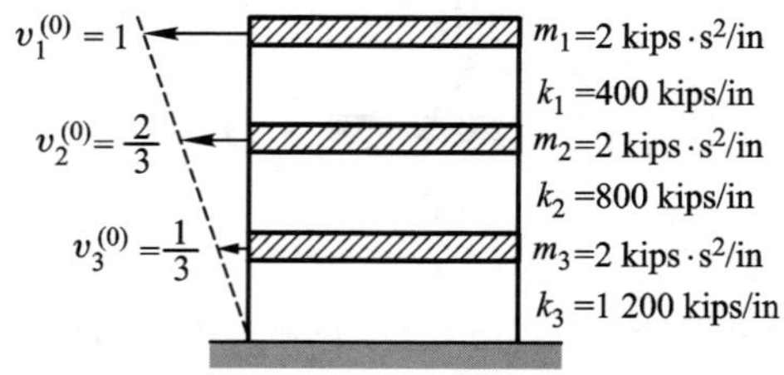

图 P8－8

（b）Rayleigh R_{01} 法；

（c）Rayleigh R_{11} 法。

8－13　如果建筑物特性为 $m_1=1, m_2=2, m_3=3$ kips·s²/in，$k_1=k_2=k_3=800$ kips/in，试重新计算习题 8－12。

第Ⅱ篇

多自由度体系

第 9 章　多自由度运动方程的建立

§9-1　自由度的选择

第 8 章所给出的讨论表明，任何结构都可以用一个单自由度体系来表示，它的动力反应可以通过一个单一的运动微分方程解答来计算。假如体系的物理特性使得它的运动能用一个单一坐标来描述而且不存在其他运动，那么它确实是一个单自由度体系，其运动方程的解答给出了精确的动力反应。另一方面，如果结构实际上有不止一种可能的位移方式，而且通过假定它的变形形状在数学上将其简化成一个近似的单自由度体系，那么运动方程的解答仅仅是真实动力行为的一种近似。

由近似为单自由度体系所得结果的精度取决于很多因素，主要是荷载的空间分布和随时间的变化以及结构的刚度与质量特性。如果体系的物理特性迫使它非常容易地按假定形状运动，并且荷载激起这种形状的有效反应，那么单自由度的解答就可能是一个好的近似值；否则，计算得到的反应可能与实际情况很不相似。近似成单自由度体系的最大缺点之一是很难估计所得结果的可靠性。

一般说来，用一个单自由度模型不足以描绘一个结构的动力反应。反应一般包括位移形状随时间的变化以及它的幅值，这样的特性只能用一个以上的位移坐标来描述，也就是说，运动必须用一个以上的自由度来描述。如第 1 章所指出的，离散参数体系的自由度，可以取结构上那些所选定点的位移幅值，也可以用广义坐标来表示一组指定位移模式的幅值。本章讨论时，采取前一种途径，这包括有限单元和理想化的集中质量模型。广义坐标的方法将在第 16 章讨论。

在建立一般多自由度体系的运动方程时，采用图 9-1 所示的普通简支梁作为典型例子是方便的。这种论述对任何一种结构类型都同样适用，但这种结构类型简化了计算所有作用力时所涉及物理因素的形象。

假定这个结构的运动由梁上一系列离散点的位移 $v_1(t)$，$v_2(t)$，…，$v_i(t)$，…，$v_N(t)$所确定。原则上，结构的这些点可以任意设置；但实际上，这些点的分布必须与主要的物理特性相适应，并且应该形成一条很好的挠曲线。所考虑的自由度（位移分量）数目取决于分析者的判断；当然取较大的数目能更好地逼近真实的动力行为，但是在许多情形中，只用两三个自由度就能获得极好的结果。在图

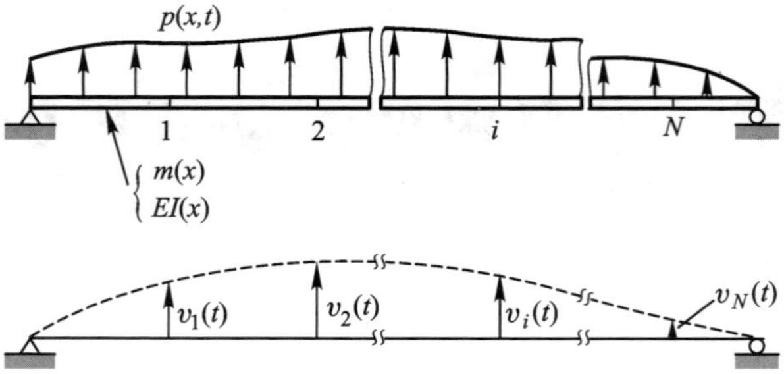

图 9-1 一般梁式结构的离散化

9-1中，梁上每一个结点只取一个位移分量。然而，应该指出每一个结点也可以取几个位移分量，例如，可以取转角$\partial v/\partial x$和纵向运动分量作为每一个结点上附加的自由度。

§9-2 动力平衡条件

针对体系的每一个自由度列出实际作用力的平衡方程就能写出图9-1所示体系的运动方程。一般说来，在任何一个点i上包含有四种力：外荷载$p_i(t)$；由于运动而产生的力，即惯性力f_{Ii}；阻尼力f_{Di}；弹性力f_{Si}。这样，对于多自由度体系中的每一个自由度，动力平衡条件可写成

$$\begin{aligned} f_{I1}+f_{D1}+f_{S1}&=p_1(t)\\ f_{I2}+f_{D2}+f_{S2}&=p_2(t)\\ f_{I3}+f_{D3}+f_{S3}&=p_3(t)\\ &\cdots\cdots \end{aligned} \tag{9-1}$$

当力向量用矩阵形式表示时，则

$$\boldsymbol{f}_I+\boldsymbol{f}_D+\boldsymbol{f}_S=\boldsymbol{p}(t) \tag{9-2}$$

这就是多自由度体系的运动方程，它相当于单自由度的方程(2-1)。

每一种抗力都可以非常方便地用一组适当的影响系数来表示。例如，考虑在结点1上产生的弹性力分量，这个量一般依赖于结构所有结点产生的位移分量

$$f_{S1}=k_{11}v_1+k_{12}v_2+k_{13}v_3+\cdots+k_{1N}v_N \tag{9-3a}$$

同样地，对应于v_2自由度的弹性力是

$$f_{S2}=k_{21}v_1+k_{22}v_2+k_{23}v_3+\cdots+k_{2N}v_N \tag{9-3b}$$

写成一般形式

$$f_{Si}=k_{i1}v_1+k_{i2}v_2+k_{i3}v_3+\cdots+k_{iN}v_N \tag{9-3c}$$

不言而喻，在这些表达式中假定了结构的行为是线性的，因此应用了叠加原理。系数 k_{ij} 叫做**刚度影响系数**，定义为

$$k_{ij}=\text{由 } j \text{ 坐标单位}\textbf{位移}\text{所引起的对应于 } i \text{ 坐标的力} \tag{9-4}$$

这组弹性力的全部关系式可写成矩阵形式

$$\begin{Bmatrix} f_{S1} \\ f_{S2} \\ \cdots \\ f_{Si} \\ \cdots \end{Bmatrix}=\begin{bmatrix} k_{11} & k_{12} & k_{13} & \cdots & k_{1i} & \cdots & k_{1N} \\ k_{21} & k_{22} & k_{23} & \cdots & k_{2i} & \cdots & k_{2N} \\ & & & \cdots\cdots\cdots & & & \\ k_{i1} & k_{i2} & k_{i3} & \cdots & k_{ii} & \cdots & k_{iN} \\ & & & \cdots\cdots\cdots & & & \end{bmatrix}\begin{Bmatrix} v_1 \\ v_2 \\ \cdots \\ v_i \\ \cdots \end{Bmatrix} \tag{9-5}$$

或者，用符号表示

$$\boldsymbol{f}_S=\boldsymbol{k}\boldsymbol{v} \tag{9-6}$$

其中，刚度系数的矩阵 $\boldsymbol{k}$ 叫做结构的**刚度矩阵**（针对指定的一组位移坐标），$\boldsymbol{v}$ 是表示结构变形形状的位移向量。

若假定阻尼与速度有关，即粘滞阻尼，则与所选择的自由度对应的阻尼力就可以按同样的方式用阻尼影响系数表示。类似于式(9－5)，给出全部阻尼力为

$$\begin{Bmatrix} f_{D1} \\ f_{D2} \\ \cdots \\ f_{Di} \\ \cdots \end{Bmatrix}=\begin{bmatrix} c_{11} & c_{12} & c_{13} & \cdots & c_{1i} & \cdots & c_{1N} \\ c_{21} & c_{22} & c_{23} & \cdots & c_{2i} & \cdots & c_{2N} \\ & & & \cdots\cdots\cdots & & & \\ c_{i1} & c_{i2} & c_{i3} & \cdots & c_{ii} & \cdots & c_{iN} \\ & & & \cdots\cdots\cdots & & & \end{bmatrix}\begin{Bmatrix} \dot{v}_1 \\ \dot{v}_2 \\ \cdots \\ \dot{v}_i \\ \cdots \end{Bmatrix} \tag{9-7}$$

这里 $\dot{v}_i$ 表示 i 位移坐标的时间变化率（速度），系数 c_{ij} 叫做**阻尼影响系数**。这些系数的定义完全类似于式(9－4)

$$c_{ij}=\text{由 } j \text{ 坐标单位}\textbf{速度}\text{所引起的对应于 } i \text{ 坐标的力} \tag{9-8}$$

用符号表示，式(9－7)可写成

$$\boldsymbol{f}_D=\boldsymbol{c}\,\dot{\boldsymbol{v}} \tag{9-9}$$

这里，阻尼系数的矩阵 $\boldsymbol{c}$ 叫做结构的**阻尼矩阵**（针对指定的自由度），$\dot{\boldsymbol{v}}$ 是速度向量。

惯性力同样可以用一组影响系数表示，这组系数叫做**质量系数**。它们表示自由度的加速度与其产生的惯性力之间的关系；类似于式(9－5)，惯性力可表达成

$$\begin{Bmatrix} f_{I1} \\ f_{I2} \\ \cdots \\ f_{Ii} \\ \cdots \end{Bmatrix}=\begin{bmatrix} m_{11} & m_{12} & m_{13} & \cdots & m_{1i} & \cdots & m_{1N} \\ m_{21} & m_{22} & m_{23} & \cdots & m_{2i} & \cdots & m_{2N} \\ & & & \cdots\cdots\cdots & & & \\ m_{i1} & m_{i2} & m_{i3} & \cdots & m_{ii} & \cdots & m_{iN} \\ & & & \cdots\cdots\cdots & & & \end{bmatrix}\begin{Bmatrix} \ddot{v}_1 \\ \ddot{v}_2 \\ \cdots \\ \ddot{v}_i \\ \cdots \end{Bmatrix} \tag{9-10}$$

这里 $\ddot{v}_i$ 表示 i 位移坐标的加速度，系数 m_{ij} 是**质量影响系数**，定义如下：

m_{ij} = 由 j 坐标单位**加速度**所引起的对应于 i 坐标的力 (9－11)

用符号表示，公式(9－10)可写成

$$\boldsymbol{f}_I = \boldsymbol{m}\ddot{\boldsymbol{v}} \tag{9-12}$$

其中质量系数矩阵 $\boldsymbol{m}$ 叫做结构的**质量矩阵**，$\ddot{\boldsymbol{v}}$ 是它的加速度向量，两者都是针对指定的位移坐标而言的。

把式(9－6)、式(9－9)和式(9－12)代入式(9－2)，考虑全部自由度时，给出结构完整的动力平衡方程：

$$\boldsymbol{m}\ddot{\boldsymbol{v}}(t) + \boldsymbol{c}\dot{\boldsymbol{v}}(t) + \boldsymbol{k}\boldsymbol{v}(t) = \boldsymbol{p}(t) \tag{9-13}$$

这是多自由度体系的运动方程，它等同于方程(2－3)。在式(9－13)中的一个矩阵相当于单自由度方程的一项，矩阵的阶数等于用来描述结构位移的自由度数目。因此，方程(9－13)表示 N 个运动方程，它们用来确定多自由度体系的反应。

§9－3 轴向力的效应

在单自由度体系的讨论中，观察到轴向力及倾向于引起结构屈曲的任何荷载，对于结构的刚度可能产生很大的影响。在多自由度体系中也可看到同样的效应，与构件原始轴线平行作用的分力引起沿着(并指向)结点位移方向作用的附加荷载成分，用 $\boldsymbol{f}_G$ 表示。当计入这些力时，动力平衡表达式(9－2)变成

$$\boldsymbol{f}_I + \boldsymbol{f}_D + \boldsymbol{f}_S - \boldsymbol{f}_G = \boldsymbol{p}(t) \tag{9-14}$$

由于假定力 $\boldsymbol{f}_G$ 使得挠度增加而不是减少，所以在公式(9－14)中取负号。

轴向荷载产生的这些力取决于结构的位移，并可用影响系数(**几何刚度系数**)表示如下：

$$\begin{Bmatrix} f_{G1} \\ f_{G2} \\ \cdots \\ f_{Gi} \\ \cdots \end{Bmatrix} = \begin{bmatrix} k_{G11} & k_{G12} & k_{G13} & \cdots & k_{G1i} & \cdots & k_{G1N} \\ k_{G21} & k_{G22} & k_{G23} & \cdots & k_{G2i} & \cdots & k_{G2N} \\ & & & \cdots\cdots\cdots & & & \\ k_{Gi1} & k_{Gi2} & k_{Gi3} & \cdots & k_{Gii} & \cdots & k_{GiN} \\ & & & \cdots\cdots\cdots & & & \end{bmatrix} \begin{Bmatrix} v_1 \\ v_2 \\ \cdots \\ v_i \\ \cdots \end{Bmatrix} \tag{9-15}$$

其中几何刚度影响系数 k_{Gij} 有下述定义：

k_{Gij} = 由于坐标 j 单位位移和结构中由轴向力分量所引起对应于坐标 i 的力 (9－16)

式(9－15)可表示为

$$\boldsymbol{f}_G = \boldsymbol{k}_G \boldsymbol{v} \tag{9-17}$$

这里 $\boldsymbol{k}_G$ 叫做结构的**几何刚度矩阵**。

引入这个式子时，结构的动力平衡方程（不计轴向力效应时，由式(9－13)给出）变成

$$\boldsymbol{m}\ddot{\boldsymbol{v}}(t)+\boldsymbol{c}\dot{\boldsymbol{v}}(t)+\boldsymbol{k}\boldsymbol{v}(t)-\boldsymbol{k}_G\boldsymbol{v}(t)=\boldsymbol{p}(t) \tag{9-18}$$

注意到弹性刚度与几何刚度二者都与位移向量相乘，故可以用单独一个符号来表示组合刚度效应，则式(9－18)写成

$$\boldsymbol{m}\ddot{\boldsymbol{v}}(t)+\boldsymbol{c}\dot{\boldsymbol{v}}(t)+\bar{\boldsymbol{k}}\boldsymbol{v}(t)=\boldsymbol{p}(t) \tag{9-19}$$

其中

$$\bar{\boldsymbol{k}}=\boldsymbol{k}-\boldsymbol{k}_G \tag{9-20}$$

称为组合刚度矩阵，它包含弹性与几何二种效应。式(9－18)中的四种影响系数矩阵全面地表达了结构的动力特性，而动力荷载完全由荷载向量确定。在下一章中，将详细讨论这些物理特性矩阵和外力产生的荷载向量的计算方法。在第 26 章中，结合地震反应的分析，将讨论由支座扰动引起的等效荷载向量。

第 10 章 结构特性矩阵的计算

§10－1 弹 性 特 性

柔度

在讨论式(9－5)给出的弹性刚度矩阵之前,先定义它的逆关系——柔度。柔度影响系数 $\tilde{f}_{ij}$ 的定义是

$$\tilde{f}_{ij}=\text{在 } j \text{ 坐标施加单位荷载而引起 } i \text{ 坐标的挠度} \tag{10-1}$$

用图 10－1 所示简支梁来阐明与一系列竖向位移自由度对应的某些柔度影响系数的物理意义。在考虑水平或转动自由度情况下确定全部影响系数时,必须采用相应的水平或转动单位荷载,但为了便于说明起见,目前仅限于讨论竖向运动。

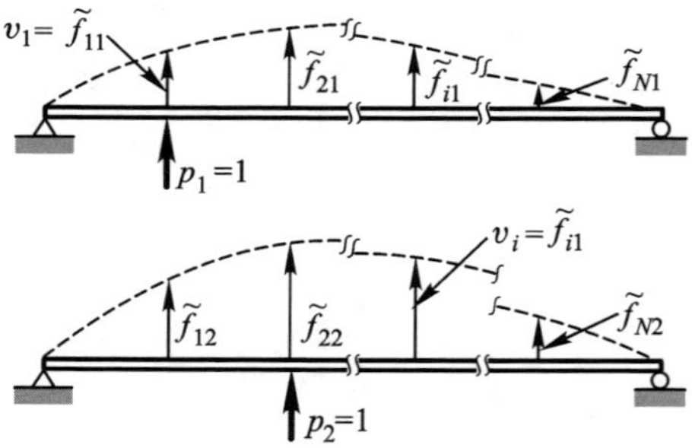

图 10－1 柔度影响系数的定义

对于任何给定的体系,柔度影响系数的计算是静力结构分析中的一个典型问题,可用任何想用的分析方法计算单位荷载作用下产生的挠度。在确定了全部影响系数后,就可以用其计算任意的荷载组合作用下产生的位移向量。例如,在任意的荷载组合作用下点 1 产生的挠度可表示为

$$v_1=\tilde{f}_{11}p_1+\tilde{f}_{12}p_2+\tilde{f}_{13}p_3+\cdots+\tilde{f}_{1N}p_N \tag{10-2}$$

因为每一个位移分量都可写成类似的表达式,所以全部位移可表示为

$$\begin{Bmatrix} v_1 \\ v_2 \\ \cdots \\ v_i \\ \cdots \end{Bmatrix}=\begin{bmatrix} \tilde{f}_{11} & \tilde{f}_{12} & \tilde{f}_{13} & \cdots & \tilde{f}_{1i} & \cdots & \tilde{f}_{1N} \\ \tilde{f}_{21} & \tilde{f}_{22} & \tilde{f}_{23} & \cdots & \tilde{f}_{2i} & \cdots & \tilde{f}_{2N} \\ & & & \cdots\cdots\cdots\cdots & & & \\ \tilde{f}_{i1} & \tilde{f}_{i2} & \tilde{f}_{i3} & \cdots & \tilde{f}_{ii} & \cdots & \tilde{f}_{iN} \\ & & & \cdots\cdots\cdots\cdots & & & \end{bmatrix}\begin{Bmatrix} p_1 \\ p_2 \\ \cdots \\ p_i \\ \cdots \end{Bmatrix} \tag{10-3}$$

或用符号表示为

$$\boldsymbol{v}=\tilde{\boldsymbol{f}}\,\boldsymbol{p} \tag{10-4}$$

其中柔度影响系数的矩阵 $\tilde{\boldsymbol{f}}$ 叫做结构的**柔度矩阵**。

在式(10－4)中，挠度用外荷载向量 $\boldsymbol{p}$ 表示，其作用方向与位移正方向一致时为正。挠度也可以用**抵抗**挠曲的弹性力 $\boldsymbol{f}_S$ 表示，其作用方向与位移正方向相反时为正。显然，由静力学得 $\boldsymbol{f}_S=\boldsymbol{p}$，则式(10－4)可以改写成

$$\boldsymbol{v}=\tilde{\boldsymbol{f}}\,\boldsymbol{f}_S \tag{10-5}$$

刚度

用图 10－2 中所示的几个自由度说明式(9－4)中所定义的刚度影响系数的物理意义：它们表示一个自由度发生相应的单位位移而其他结点不动时在结构中所产生的力。应该指出，在图 10－2 中所示的刚度影响系数在数值上等于维持这种特定的位移条件所需要的作用力。当作用力的指向与对应的位移正向一致时，系数为正值，反之为负值。

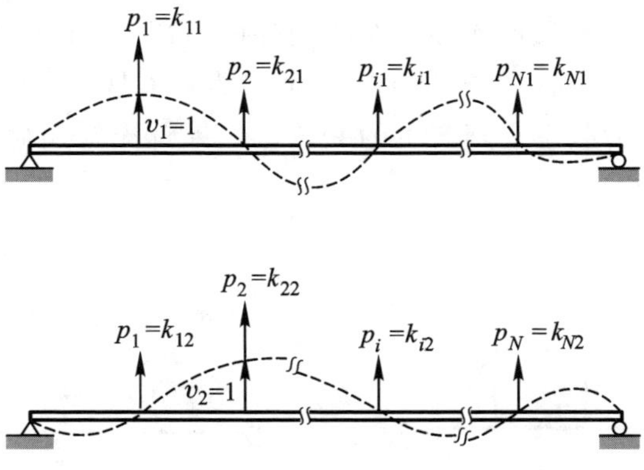

图 10－2　刚度影响系数的定义

结构的基本概念

<u>应变能</u>　用柔度或刚度矩阵可方便地表示任一结构中所贮存的应变能。应变能 U 等于使体系变形所做的功，即

$$U=\frac{1}{2}\sum_{i=1}^{N}p_i v_i=\frac{1}{2}\boldsymbol{p}^{\mathrm{T}}\boldsymbol{v} \tag{10-6}$$

这里系数 1/2 是外力随位移线性增加的结果，$\boldsymbol{p}^{\mathrm{T}}$ 表示 $\boldsymbol{p}$ 的转置向量。将式(10－4)代入式(10－6)可得

$$U=\frac{1}{2}\boldsymbol{p}^{\mathrm{T}}\tilde{\boldsymbol{f}}\,\boldsymbol{p} \tag{10-7}$$

另外，将式(10－6)转置，并将式(9－6)代入，则可导出应变能的另一个表达式(注意 $\boldsymbol{p}=\boldsymbol{f}_S$)

$$U=\frac{1}{2}\boldsymbol{v}^{\mathrm{T}}\boldsymbol{k}\boldsymbol{v} \tag{10-8}$$

最后，注意到在任何变形过程中稳定的结构里所贮存的应变能一定恒为正值，显然有

$$\boldsymbol{v}^{\mathrm{T}}\boldsymbol{k}\boldsymbol{v}>0 \qquad 和 \qquad \boldsymbol{p}^{\mathrm{T}}\widetilde{\boldsymbol{f}}\,\boldsymbol{p}>0 \tag{10-9}$$

当 $\boldsymbol{v}$ 或 $\boldsymbol{p}$ 是任意的非零向量时，满足式(10-9)条件的矩阵叫做**正定的**。正定矩阵(因而稳定结构的柔度和刚度矩阵)是非奇异且可求逆的。

把刚度矩阵求逆，并以此逆阵左乘式(9-6)的两边导得

$$\boldsymbol{k}^{-1}\boldsymbol{f}_S=\boldsymbol{v}$$

与式(10-5)比较，说明柔度矩阵是刚度矩阵的逆矩阵

$$\boldsymbol{k}^{-1}=\widetilde{\boldsymbol{f}} \tag{10-10}$$

在实践中，按图 10-2 所示的定义直接计算刚度系数有时可能是一个烦琐的计算问题。在许多情形中，求刚度矩阵最方便的方法是直接计算柔度系数和对柔度矩阵求逆。

Betti 定律① 按相反的次序对结构施加两组荷载，并比较这两种情形中功的表达式，可导出结构动力分析中的一个非常重要的性质。例如，考虑图 10-3 所示的两组不同的荷载系及其产生的变位。如果首先施加荷载 a，接着施加荷载 b，所作的功如下：

情况 1：

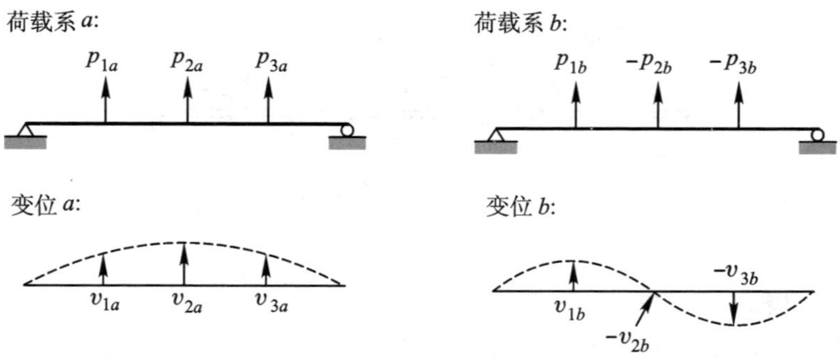

图 10-3 两组独立的荷载系与产生的变位

荷载 a $$W_{aa}=\frac{1}{2}\sum p_{ia}v_{ia}=\frac{1}{2}\boldsymbol{p}_a^{\mathrm{T}}\boldsymbol{v}_a$$

荷载 b $$W_{bb}+W_{ab}=\frac{1}{2}\boldsymbol{p}_b^{\mathrm{T}}\boldsymbol{v}_b+\boldsymbol{p}_a^{\mathrm{T}}\boldsymbol{v}_b$$

---

① 即为结构静力学中功的互等定理。在功的计算中，荷载系在自身所产生的变位上是变力功——实功，对弹性体系来说有 1/2 的系数。荷载系在非自身所产生的变位上是常力功——虚功，因此没有 1/2 的系数。——译者

总和 $$W_1=W_{aa}+W_{bb}+W_{ab}=\frac{1}{2}\boldsymbol{p}_a^{\mathrm{T}}\boldsymbol{v}_a+\frac{1}{2}\boldsymbol{p}_b^{\mathrm{T}}\boldsymbol{v}_b+\boldsymbol{p}_a^{\mathrm{T}}\boldsymbol{v}_b \tag{10-11}$$

注意在施加荷载 b 时，荷载 a 所作的功不乘 1/2，在整个 $\boldsymbol{v}_b$ 的位移过程中，作用着全部 $\boldsymbol{p}_a$ 的值。现在，假定以相反的次序施加荷载，所作的功是：

情况 2：

荷载 b $$W_{bb}=\frac{1}{2}\boldsymbol{p}_b^{\mathrm{T}}\boldsymbol{v}_b$$

荷载 a $$W_{aa}+W_{ba}=\frac{1}{2}\boldsymbol{p}_a^{\mathrm{T}}\boldsymbol{v}_a+\boldsymbol{p}_b^{\mathrm{T}}\boldsymbol{v}_a$$

总和 $$W_2=W_{bb}+W_{aa}+W_{ba}=\frac{1}{2}\boldsymbol{p}_b^{\mathrm{T}}\boldsymbol{v}_b+\frac{1}{2}\boldsymbol{p}_a^{\mathrm{T}}\boldsymbol{v}_a+\boldsymbol{p}_b^{\mathrm{T}}\boldsymbol{v}_a \tag{10-12}$$

然而，结构的最终变位与加载次序无关，所以应变能，也就是荷载所做的功，在这两种情况中是相等的：即 $W_1=W_2$。比较式(10－11)和式(10－12)，可得结论 $W_{ab}=W_{ba}$，也即

$$\boldsymbol{p}_a^{\mathrm{T}}\boldsymbol{v}_b=\boldsymbol{p}_b^{\mathrm{T}}\boldsymbol{v}_a \tag{10-13}$$

式(10－13)即为 **Betti 定律**表达式，它说明了第一组荷载在第二组荷载所引起的变位上所作的功等于第二组荷载在第一组荷载所引起的变位上所作的功。

如果对于这两组力和位移写出式(10－4)，并代入式(10－13)的两边：

$$\boldsymbol{p}_a^{\mathrm{T}}\tilde{\boldsymbol{f}}\,\boldsymbol{p}_b=\boldsymbol{p}_b^{\mathrm{T}}\tilde{\boldsymbol{f}}\,\boldsymbol{p}_a$$

显然

$$\tilde{\boldsymbol{f}}=\tilde{\boldsymbol{f}}^{\mathrm{T}} \tag{10-14}$$

就是说柔度矩阵必定是对称的，即 $\tilde{f}_{ij}=\tilde{f}_{ji}$，这就是位移互等的 Maxwell 定律。同样，用式(9－6)代入(注意 $\boldsymbol{p}=\boldsymbol{f}_S$)导得

$$\boldsymbol{k}=\boldsymbol{k}^{\mathrm{T}} \tag{10-15}$$

即刚度矩阵也是对称的。

有限单元刚度

原则上，与任何指定的一组结点位移相关的柔度或刚度系数都能直接应用它们的定义来求。然而，实际上第 1 章所述的有限单元的概念，常常提供了计算弹性特性的最方便的方法。用这个方法时，假定结构分割成只在有限个结点处相互连接的离散单元体系。通过计算单个有限单元的特性并适当地将它们叠加，就求得了整个结构的特性。

这样，确定任何结构刚度特性的问题基本上可简化为一个标准单元的刚度计算。例如，考虑图 10－4 所示变截面直梁段，单元的两个结点位于两端，通过这两个结点可以把这类单元组合成结构。如果只考虑横向平面位移，每一个结点有竖向位移和转角两个自由度。图 10－4 表示单元左端发生每一种类型的一

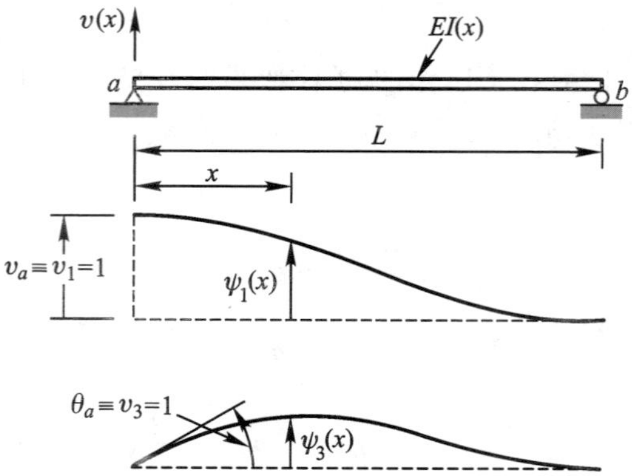

图 10－4　由于左端结点单位位移而产生的梁挠度

个单位位移而同时限制其他三个结点位移时，所产生的挠度曲线。这些位移函数可以是任何形状的，只要它们满足结点和内部连续的要求，但是一般假定为在这些结点位移作用下等截面梁上所引起的变形形状。它们是三次 Hermite 多项式，可表示为

$$\psi_1(x)=1-3\left(\frac{x}{L}\right)^2+2\left(\frac{x}{L}\right)^3 \tag{10-16a}$$

$$\psi_3(x)=x\left(1-\frac{x}{L}\right)^2 \tag{10-16b}$$

位移发生在梁右端产生的相应形状函数是

$$\psi_2(x)=3\left(\frac{x}{L}\right)^2-2\left(\frac{x}{L}\right)^3 \tag{10-16c}$$

$$\psi_4(x)=\frac{x^2}{L}\left(\frac{x}{L}-1\right) \tag{10-16d}$$

有了这四个插值函数，单元的挠曲形状就可以用它的结点位移表示为：

$$v(x)=\psi_1(x)v_1+\psi_2(x)v_2+\psi_3(x)v_3+\psi_4(x)v_4 \tag{10-17a}$$

参照图 10－4，上式自由度的编号如下：

$$\begin{Bmatrix} v_1 \\ v_2 \\ v_3 \\ v_4 \end{Bmatrix} \equiv \begin{Bmatrix} v_a \\ v_b \\ \theta_a \\ \theta_b \end{Bmatrix} \tag{10-17b}$$

应注意到，转角和位移两者都用基本的结点自由度 v_i 表示。

根据定义，单元的刚度系数表示由单位结点位移所引起的结点力。任何结点位移分量所对应的结点力可由 1－5 节所述的虚位移原理确定。例如，考虑图 10－4 梁单元的刚度系数 k_{13}，就是由于杆端 a 产生单位转角所引起的该点竖向力。

如图 10－5 所示，当杆端 a 发生单位转角时，给该端以竖向虚位移，并令外力作的功等于内力所作的功①，$W_E=W_I$，就能求出这个结点力的竖向分量。此时，因为所有其他结点的虚位移分量为零，所以只有在杆端 a 的竖向力分量作了外力功，即

$$W_E=\delta v_a p_a=\delta v_1 k_{13} \tag{10-18}$$

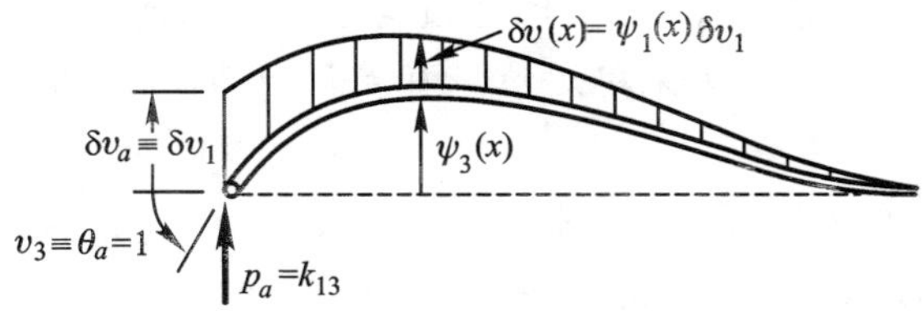

图 10－5　结点产生真实转角和虚位移的梁

内力虚功是与 $\theta_a=1$ 相应的内力矩作用在虚曲率上所作的功，这里的虚曲率为 $\partial^2[\delta v(x)]/\partial x^2=\psi''_1(x)\delta v_1$（忽略剪切变形的影响），而由 $\theta_a=1$ 产生的内力矩可表示为

$$M(x)=EI(x)\psi''_3(x)$$

因此，内力功为

$$W_I=\delta v_1\int_0^L EI(x)\psi''_1(x)\psi''_3(x)\mathrm{d}x \tag{10-19}$$

当令功的表达式（10－18）和式（10－19）相等时，该刚度系数的表达式为

$$k_{13}=\int_0^L EI(x)\psi''_1(x)\psi''_3(x)\mathrm{d}x \tag{10-20}$$

所以，与梁弯曲相应的任何一个刚度系数可写成

$$k_{ij}=\int_0^L EI(x)\psi''_i(x)\psi''_j(x)\mathrm{d}x \tag{10-21}$$

从表达式的形式看来，刚度矩阵显然是对称的，即 $k_{ij}=k_{ji}$。应该指出，当 $i=j$ 时，上式与式（8－18）中第三个公式内的相应项等价。

用式（10－16）作为插值函数时，对等截面梁的这种特殊情形，由式（10－21）得到刚度矩阵为

$$\begin{Bmatrix} f_{S1} \\ f_{S2} \\ f_{S3} \\ f_{S4} \end{Bmatrix}=\frac{2EI}{L^3}\begin{bmatrix} 6 & -6 & 3L & 3L \\ -6 & 6 & -3L & -3L \\ 3L & -3L & 2L^2 & L^2 \\ 3L & -3L & L^2 & 2L^2 \end{bmatrix}\begin{Bmatrix} v_1 \\ v_2 \\ v_3 \\ v_4 \end{Bmatrix} \tag{10-22}$$

这里由式（10－17a）定义结点位移向量 $\boldsymbol{v}$，$\boldsymbol{f}_S$ 是对应的结点力向量。对于没有剪切变形的等截面梁，因为在式（10－21）中所用的插值函数是这种情形中的真实

① 关于变形体虚位移原理的实质，可参阅：天津大学学报，1978 年第 1 期。——译者

形状，所以这些刚度系数是精确值。如果梁的刚度是不均匀的，在式(10-21)中采用这些形状函数将只给出真实刚度的近似值。但是，如果把梁分割成足够多个有限单元，则整个梁的最后结果仍然是很理想的。

如前所述，当求得结构中全部有限单元的刚度系数后，只要适当地叠加单元的刚度系数就能得到整个结构的刚度，这就叫做**直接刚度法**。实际上，整个结构的任何一个刚度系数 k_{ij}，都能够通过与这些结点相连单元所对应的刚度系数相叠加求得①。因此，如果单元 m、n 和 p 都与结构的 i 结点相连，该结点的刚度系数是

$$\hat{\hat{k}}_{ii}=\hat{\hat{k}}_{ii}^{(m)}+\hat{\hat{k}}_{ii}^{(n)}+\hat{\hat{k}}_{ii}^{(p)} \tag{10-23}$$

其中上标是用来区分各个单元的。在使用这种方式叠加单元刚度以前，必须将它们先用适合于整个结构的通用整体坐标系来表示。式(10-23)中放在每一个单元刚度符号上面的记号“$\hat{\hat{\ }}$”表示它们已从局部坐标系[例如式(10-22)]转换到了整体坐标系。

例题 E10-1　求结构刚度矩阵是结构静力分析中矩阵位移法的基本运算步骤；虽然这个课题的一般性讨论超出了这本结构动力学教材的范围，但为了说明如何运用式(10-22)的单元刚度系数，举一个在简单框架上应用的例子也许是有用的。

考虑图 E10-1a 的结构. 如果假定构件无轴向变形，则这个框架具有图示的三个结点自由度。先依次使每一个自由度产生单位位移，同时约束其他两个自由度，再用式(10-22)的系数来确定每一个构件中产生的力，从而能求出相应的刚度系数。

产生如图 E10-1b 所示的侧向位移时，显然只有竖向构件变形，其杆端力由式(10-22)刚度矩阵第一列中的第 1、3、4 个元素给出。应注意结构系数 k_{11} 包含每一个柱子的作用。

考虑图 E10-1c 所示的结点转动时，横梁与左柱对结构系数 k_{22} 起作用，其作用由式(10-22)的刚度矩阵内第 3 列中第 3 个元素给出(当然，要适当考虑梁的特性)。k_{12} 只有左柱起作用，k_{32} 只有梁起作用。由右结点转动而产生的结构刚度系数与此类同。最终集装所有的系数，得到结构的刚度矩阵：

$$\begin{Bmatrix} f_{S1} \\ f_{S2} \\ f_{S3} \end{Bmatrix}=\frac{2EI}{L^3}\begin{bmatrix} 12 & 3L & 3L \\ 3L & 6L^2 & 2L^2 \\ 3L & 2L^2 & 6L^2 \end{bmatrix}\begin{Bmatrix} v_1 \\ v_2 \\ v_3 \end{Bmatrix}$$

---

①　为求系数 k_{ij}，如果 i、j 两位移间无单元连接，则 $k_{ij}=0$；否则，取包含第 i 位移的各单元集合为对象，除第 j 位移等于 1 外其他所有位移为零，k_{ij} = 整体坐标下各单元刚度系数 k_{ij} 之总和。——译者

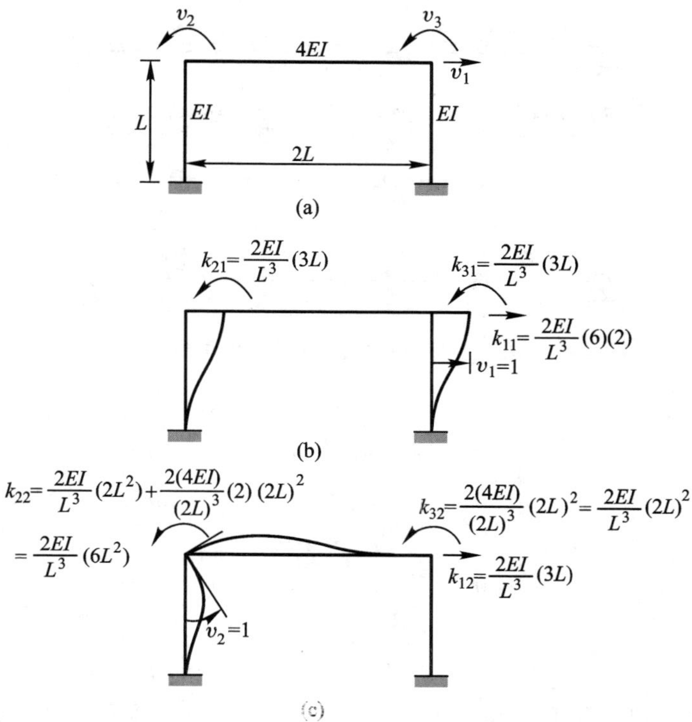

图 E10-1　框架刚度系数的分析

(a)框架的特性和自由度;(b)由位移 $v_1=1$ 产生的力;(c)由转角 $v_2=1$ 产生的力

§10-2　质量特性

集中质量矩阵

确定任何结构的质量特性,最简单的方法是假定全部质量聚集在某些需要计算平动位移的点上。为了确定配置在每一个结点上的点质量,常用的方法是假定结构分割成段,以结点作为连接点。图 10-6 说明了对一个梁结构模型的分割过程。假设每一段的质量在它的结点上各自聚集成点质量,由静力学确定各结点所分配的质量。整个结构上任一结点聚集的总质量等于与该结点连接的各段分配到此结点的质量之和。在图 10-6 的梁系上,每一个结点上包含两段的质量,例如,$m_1=m_{1a}+m_{1b}$。

对于只需确定平移自由度的体系,集中质量矩阵具有对角形式,对图 10-6 的体系可写成

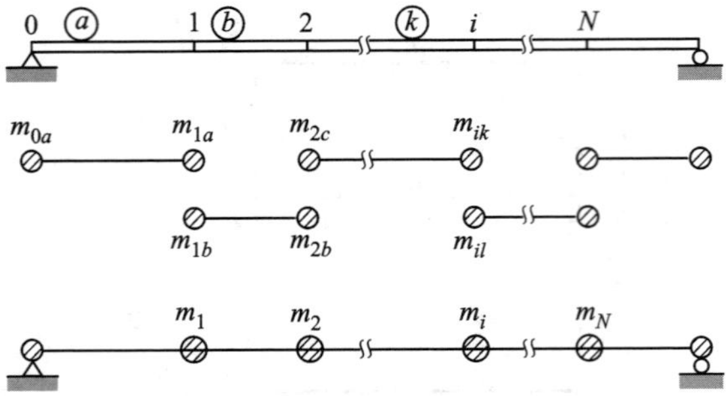

图 10-6 在梁结点上质量的集中

$$\boldsymbol{m}=\begin{pmatrix} m_1 & 0 & 0 & \cdots & 0 & \cdots & 0 \\ 0 & m_2 & 0 & \cdots & 0 & \cdots & 0 \\ 0 & 0 & m_3 & \cdots & 0 & \cdots & 0 \\ & & & \cdots\cdots\cdots\cdots & & & \\ 0 & 0 & 0 & \cdots & m_i & \cdots & 0 \\ & & & \cdots\cdots\cdots\cdots & & & \\ 0 & 0 & 0 & \cdots & 0 & \cdots & m_N \end{pmatrix} \tag{10-24}$$

其中对角线的项数等于自由度数。因为任一质点的加速度只在这一点上产生惯性力,故矩阵的非对角线项 m_{ij} 为零。而由 i 点单位加速度在 i 点产生的惯性力显然等于该点聚集的质量,因此在集中质量体系中,质量影响系数 $m_{ii}=m_i$。

如果在任一结点处有几个平动自由度,则用同样的点质量与这个结点的每一个自由度相对应。另一方面,因为假定质量集中在没有转动惯量的点上,所以与任何一个转动自由度相关联的质量为零(当然,如果与一个转动自由度相对应的是一个具有有限转动惯量的刚体质量,那么该自由度对角线上的质量系数等于质量的转动惯量)。所以一般说来,集中质量矩阵是对角矩阵,其中包括与转动自由度相对应的零对角元素。

一致质量矩阵

利用有限单元的概念,可以用与分析单元刚度系数类似的方法计算结构每一个单元的质量影响系数。例如,考虑图 10-7 所示的非均质梁段,可假定它与图 10-4 的梁段相同。此梁段的自由度为两端的平移和转动,并假定由推导单元刚度时所采用的插值函数 $\psi_i(x)$ 确定跨度内的位移。

如果梁左端受到单位角加速度($\ddot{v}_3=\ddot{\theta}_a=1$)的作用,则沿梁长产生的加速度分布为

$$\ddot{v}(x)=\psi_3(x)\ddot{v}_3 \tag{10-25}$$

它可由对式(10-17)取时间的二次导数求得。根据 d'Alembert 原理,抵抗这个

加速度的惯性力是

$$f_I(x)=m(x)\ddot{v}(x)=m(x)\psi_3(x)\ddot{v}_3 \tag{10-26}$$

现在把与此加速度相关联的质量影响系数定义为此加速度所产生的结点惯性力，它们的值可用虚位移原理由式(10－26)的分布惯性力算得。例如，引入一个竖向虚位移，再令结点外力 p_a 所作的功等于分布惯性力 $f_I(x)$ 所作的功，就可以计算出左端竖向力的数值，也即

$$p_a\delta v_a=\int_0^L f_I(x)\delta v(x)\mathrm{d}x$$

用插值函数表示内部虚位移，并代入式(10－26)，最终导出

$$m_{13}=\int_0^L m(x)\psi_1(x)\psi_3(x)\mathrm{d}x \tag{10-27}$$

应该指出，在图 10－7 中的质量影响系数表示的惯性力与加速度反向，但是它在数值上等于引起加速度的外力。

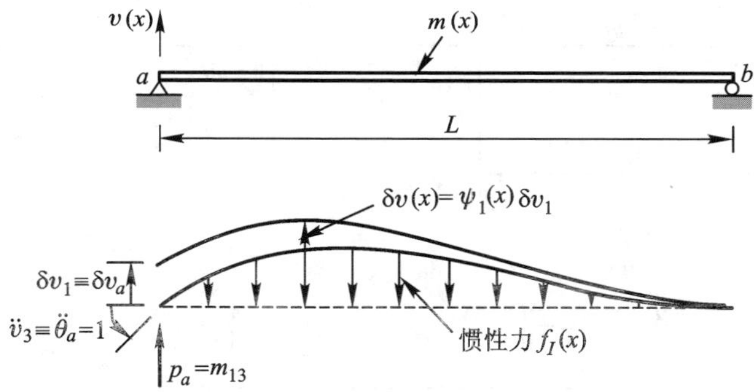

图 10－7　结点承受真实的角加速度和虚的线位移

根据式(10－27)，任意梁段的任何一个质量影响系数 m_{ij} 显然都能用下列等式计算：

$$m_{ij}=\int_0^L m(x)\psi_i(x)\psi_j(x)\mathrm{d}x \tag{10-28}$$

这个等式的对称形式说明质量矩阵(像刚度矩阵一样)是对称的，即 $m_{ij}=m_{ji}$；也应指出，当 $i=j$ 时，这个式子等价于式(8－18)中第一个公式的有关项。当质量系数按这种方式计算，即采用计算刚度系数时所使用的插值函数，所得的质量矩阵叫做**一致质量矩阵**。在计算任一直梁段的质量系数时，一般在式(10－26)中采用三次 Hermite 多项式。在均布质量梁的特殊情形中，结果是

$$\begin{Bmatrix} f_{I1}\\ f_{I2}\\ f_{I3}\\ f_{I4}\end{Bmatrix}=\frac{\bar{m}L}{420}\begin{bmatrix}156 & 54 & 22L & -13L\\ 54 & 156 & 13L & -22L\\ 22L & 13L & 4L^2 & -3L^2\\ -13L & -22L & -3L^2 & 4L^2\end{bmatrix}\begin{Bmatrix}\ddot{v}_1\\ \ddot{v}_2\\ \ddot{v}_3\\ \ddot{v}_4\end{Bmatrix} \tag{10-29}$$

当算得一个结构的单元质量系数之后，可以精确地利用从单元刚度[式(10-23)]建立刚度矩阵相同的叠加办法算得整个单元集合体的质量矩阵。形成的质量矩阵一般具有和刚度矩阵同样的非零项排列形式。

一致质量体系动力分析的计算工作量一般要比集中质量体系大得多，原因有两点：(1)集中质量矩阵是对角的，而一致质量矩阵有许多非对角线项(导致所谓**质量耦合**)；(2)从集中质量分析中可以消去转动自由度(用静力凝聚，这在下文解释)，而在一致质量分析中，必须包括所有的转动和平移自由度。

例题 E10-2 用例题 E10-1 的结构(重画在图 E10-2a 中)来说明结构质量矩阵的计算方法。首先用集中质量法：将各构件的一半质量集中到构件的端部，如图 E10-2b 所示。然后，把分配在梁水平面上的四个质量总和 m_{11} 作用在侧移自由度上，因为这些点质量没有转动惯量，所以与转动自由度相对应的质量系数为零。

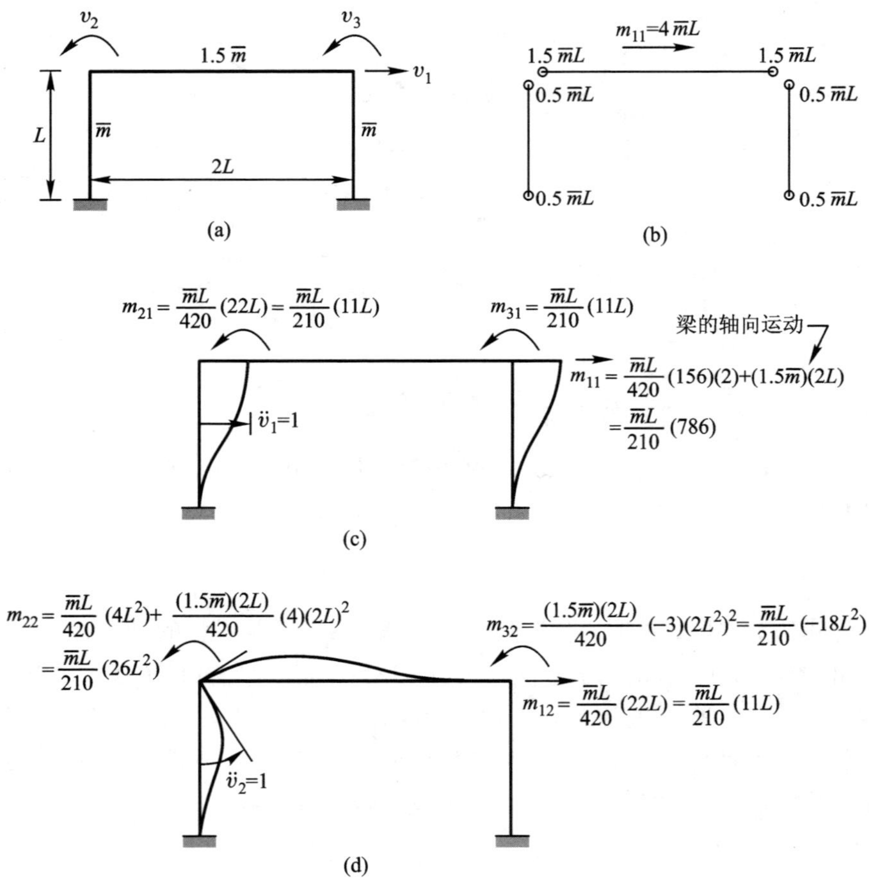

图 E10-2 集中质量和一致质量矩阵的分析

(a)在构件上的均布质量；(b)在构件端部集中的质量；(c)由于加速度 $\ddot{v}_1=1$ 产生的力(一致)；(d)由于加速度 $\ddot{v}_2=1$ 产生的力(一致)

在约束其他自由度的同时，依次对每一个自由度施加单位加速度，并利用式(10－29)的系数确定形成的惯性力来求得一致质量矩阵。首先考虑如图 E10－2c 所示的侧移加速度，必须注意式(10－29)中的系数只能用于计算柱的横向惯性力，由平行于梁轴加速度所引起的惯性力必须加上如图所示的刚体质量($3\,\bar{m}L$)。

结点转动加速度只引起构件的横向加速度，梁与柱所起的作用由式(10－29)给出，如图 E10－2d 所示。用集中质量与一致质量公式求得的最终质量矩阵是

$$\boldsymbol{m}=\frac{\bar{m}L}{210}\begin{bmatrix}840 & 0 & 0\\ 0 & 0 & 0\\ 0 & 0 & 0\end{bmatrix}\qquad \boldsymbol{m}=\frac{\bar{m}L}{210}\begin{bmatrix}786 & 11L & 11L\\ 11L & 26L^2 & -18L^2\\ 11L & -18L^2 & 26L^2\end{bmatrix}$$

集中　　　　　　　　一致

§10－3　阻 尼 特 性

如果作用在结构上各种阻尼力能够定量地确定的话，那么有限单元的概念可以再一次用来确定体系的阻尼系数。例如，任何单元的系数可能具有如下形式[与式(8－18)中的第二个公式比较]：

$$c_{ij}=\int_0^L c(x)\psi_i(x)\psi_j(x)\mathrm{d}x \tag{10-30}$$

其中 $c(x)$表示分布的粘滞阻尼特性。单元的阻尼影响系数被确定以后，整个结构的阻尼矩阵就能够应用与直接刚度法相同的叠加过程求得。然而阻尼特性 $c(x)$(或任何其他特殊的阻尼特性)实际上是算不出来的。因此，常常根据类似结构的实验所确定的阻尼比来表示阻尼，而不用一个明确的阻尼矩阵 $\boldsymbol{c}$。如果需要一个明确的阻尼矩阵表达式，则如第 12 章所述，一般将从给定的阻尼比算得。

§10－4　外　荷　载

如果作用在结构上的动力荷载由与位移坐标相对应的集中力组成，则可直接写出式(9－2)的荷载向量。然而在一般情况下，荷载常常是作用在结点和其他点上，并且还可能包括分布荷载。在这种情况下，式(9－2)中的荷载项是与对应的位移分量相关联的广义力。下面叙述计算这些广义力的两种方法。

静力的合力

应用简单的静力学原理确定分布于各结点之间的荷载所产生的等效结点力

是一种最直接的方法。换句话说，结点力可以当作一组与分布荷载静力等效的集中荷载来确定。实际上，这种分析方法相当于把实际荷载通过支承于结点上的一系列简支梁加到结构上，而支座处产生的反力就变成作用在结构上的集中结点力。显然，这种分析方法只产生与平移自由度相对应的广义力，除非外力矩直接施加在结点处，否则转动的结点力等于零。

一致结点荷载

用有限单元概念可以建立计算各结点自由度相对应结点力的第二种方法。这个方法与计算一致质量矩阵的方法相同，采用了虚位移原理，所导出的广义力叫做**一致**结点荷载。考虑与一致质量分析中的梁段相同，但受如图 10－8 所示的外部动力荷载的作用，当产生如图所示的虚位移 δv_1 时，使外功和内功相等，则对应于 v_1 的广义力为

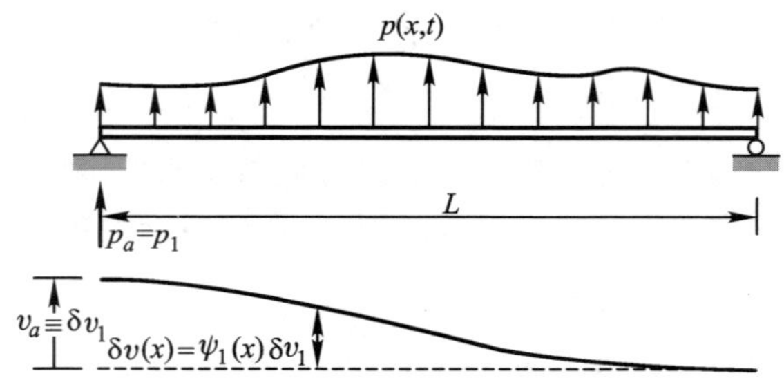

图 10－8　承受侧向荷载梁的结点虚位移

$$p_1(t) = \int_0^L p(x,t)\psi_1(x)\mathrm{d}x \tag{10-31}$$

因此，单元广义荷载一般表示为

$$p_i(t) = \int_0^L p(x,t)\psi_i(x)\mathrm{d}x \tag{10-32}$$

对应于 $v_3 = \theta_a$ 的广义荷载 p_3 是一个作用于 a 点的外力矩，广义荷载的正向与坐标轴正向一致。应当指出，式(10－32)等价于式(8－18)中的第 4 个公式。

为了严格地称之为一致荷载，在式(10－32)中所用的插值函数 $\psi_i(x)$ 必须与计算单元刚度系数时所用的插值函数相同。如果改用线性插值函数，

$$\psi_1(x) = 1 - \frac{x}{L};\qquad \psi_2(x) = \frac{x}{L} \tag{10-33}$$

式(10－32)将给出静力的结点合力。一般说，这是计算静力等效荷载的最容易的方法。

在某些情形中，所施加的荷载可以具有特殊的形式

$$p(x,t) = \chi(x)f(t) \tag{10-34a}$$

即荷载的分布形式 $\chi(x)$ 不随时间变化，而只是它的幅值发生变化。在这种情况

中，广义力变成

$$p_i(t) = f(t)\int_0^L \chi(x)\psi_i(x)\mathrm{d}x \tag{10-34b}$$

它说明广义力与所施加的荷载具有同样的时间变化规律，积分表示在广义力形成中由荷载所参与的幅值。

当由式(10－32)求出作用在各单元上的广义力以后，可用与直接刚度法一样的叠加过程求得作用在单元集合结构结点上的总等效荷载。

§10－5　几何刚度

线性近似

几何刚度特性表示结构在轴向荷载分量作用下引起的屈曲趋势，它不仅依赖于结构的外形，而且还依赖于荷载条件。在本节的讨论中，假设动力加载期间引起屈曲趋势的力是不变的；也即，假定它们是由独立的静荷载引起的，而且结构的动力反应对它们的影响不大(当这些力非常显著地随时间变化时，形成了一种随时间变化的刚度特性，对于这样的非线性体系，基于叠加原理的分析方法是不适用的)。

计算几何刚度特性的方法，大体上有两种不同的近似标准，这与前面讨论过的质量矩阵和荷载向量有些相似。最简单的近似可以很容易地由图 10－9 所示的物理模型导得，其中假定全部轴力作用在由铰结刚性杆组成的辅助结构上。铰位于真实梁横向位移自由度待求的点上，通过传递横向力而无轴力分量的连杆与主梁相接。

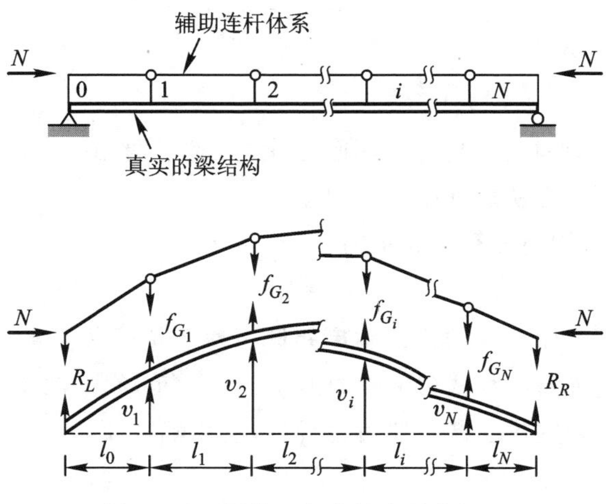

图 10－9　梁的理想化轴向承载机理

在任何形式荷载作用下真实梁发生挠曲时，迫使辅助连杆体系产生同样的挠曲，如图 10－9 所示。由于辅助体系中挠曲和轴向力的作用，在连接辅助体系和主梁的连杆中产生了力。换言之，要求主梁具有足够的抗力以保持辅助体系的稳定。

图 10－10 展示了维持辅助体系中一个典型区段 i 平衡所需要的力。横向力分量 f_{Gi} 和 f_{Gj} 取决于该段中的轴向力分量 N_i 和该段的斜率，并假定力沿着主梁正位移方向作用时为正。这些力可以表示为矩阵形式

$$\begin{Bmatrix} f_{Gi} \\ f_{Gj} \end{Bmatrix} = \frac{N_i}{l_i} \begin{bmatrix} 1 & -1 \\ -1 & 1 \end{bmatrix} \begin{Bmatrix} v_i \\ v_j \end{Bmatrix} \tag{10-35}$$

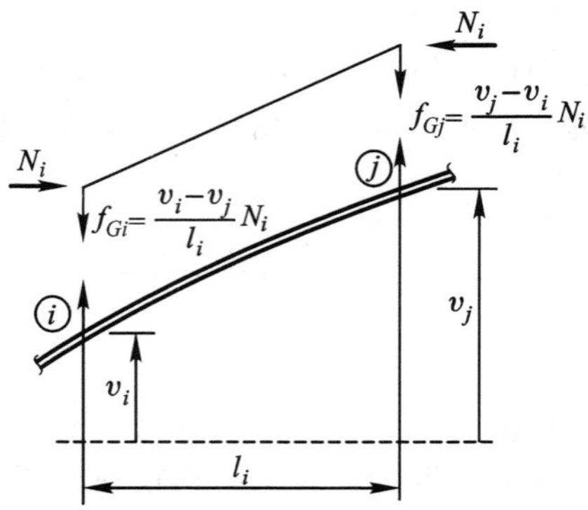

图 10－10 由于辅助连杆中的轴向荷载产生的平衡力

将全部梁段的这类表达式组合起来，则对于图 10－9 中的梁式结构，由于轴向荷载所产生的横向力可写为

$$\begin{Bmatrix} f_{G1} \\ f_{G2} \\ \cdots \\ f_{Gi} \\ \cdots \\ f_{GN} \end{Bmatrix} = \begin{bmatrix} \frac{N_0}{l_0}+\frac{N_1}{l_1} & -\frac{N_1}{l_1} & 0 & \cdots & 0 & \cdots \\ -\frac{N_1}{l_1} & \frac{N_1}{l_1}+\frac{N_2}{l_2} & -\frac{N_2}{l_2} & \cdots & 0 & \cdots \\ & & \cdots\cdots\cdots\cdots & & & \\ 0 & 0 & 0 & \cdots & \frac{N_{i-1}}{l_{i-1}}+\frac{N_i}{l_i} & \cdots \\ & & \cdots\cdots\cdots\cdots & & & \\ 0 & 0 & 0 & \cdots & 0 & \cdots \end{bmatrix} \begin{Bmatrix} v_1 \\ v_2 \\ \cdots \\ v_i \\ \cdots \\ v_N \end{Bmatrix} \tag{10-36}$$

应该指出，式中轴力的大小是可以逐段变化的；对于图 10－9 所示的荷载，全部轴力是相同的，所以可从矩阵中提出因子 N。

式(10－36)可用矩阵符号表示为

$$\boldsymbol{f}_G = \boldsymbol{k}_G \boldsymbol{v} \tag{10-37}$$

其中对称方阵 $\boldsymbol{k}_G$ 叫做结构的**几何刚度矩阵**。对于梁式体系的这种线性近似形式，其几何刚度矩阵具有如式(10－36)所示的三对角形式，两个相邻单元提供了对角线项，单个单元提供了各个非对角线项，或称耦合项。

一致几何刚度

像论证其他物理特性那样，可以应用有限单元的概念来获取几何刚度的高

阶近似形式。考虑前面用过的同样的梁单元，但现在承受分布轴向荷载的作用而产生任意变化的轴向力 $N(x)$，如图 10－11 所示。图中下部展示了左端产生了单位转角 $v_3=1$ 的梁。根据定义，与此位移分量相关联的结点力是相应的几何刚度影响系数，例如，k_{G13} 是在左端产生的竖向力。

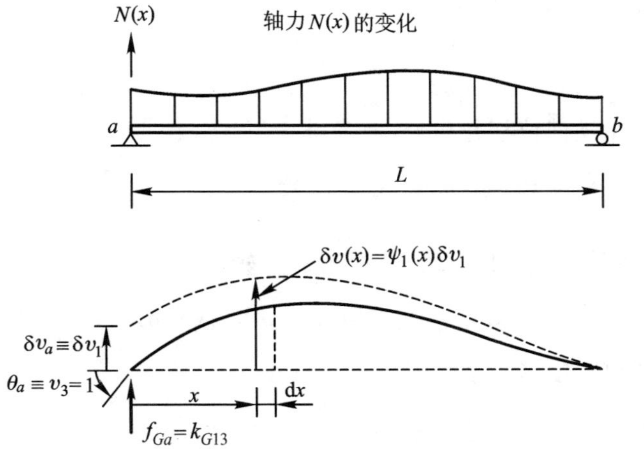

图 10－11　承受轴向荷载的梁，其结点具有真实转动和虚线位移

这些系数可由虚位移原理及令外力功等于内力功的方法求得。在图中画出了确定 k_{G13} 所需的虚位移 δv_1。在此情形中，外力虚功是

$$W_E=f_{Ga}\delta v_a=k_{G13}\delta v_1 \tag{10-38}$$

应该指出，其中正的几何刚度系数对应于正的位移。建立内力虚功的表达式需要考虑从图 10－11 的体系中取出一根长度为 dx 的微段，其放大图如图 10－12 所示。虚位移过程中轴力 $N(x)$ 在该微段上所作的功是

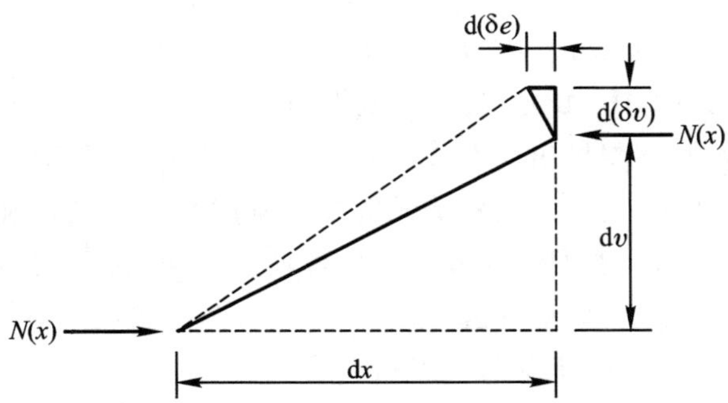

图 10－12　图 10－11 变形梁的微段

$$dW_I=N(x)d(\delta e) \tag{10-39}$$

这里 $d(\delta e)$ 表示作用在该微段上的力相对移动的距离。根据相似三角形，在图中可见

$$\mathrm{d}(\delta e)=\frac{\mathrm{d}v}{\mathrm{d}x}\mathrm{d}(\delta v)$$

将等号右边的微分与变分符号对换，得

$$\mathrm{d}(\delta e)=\frac{\mathrm{d}v}{\mathrm{d}x}\delta\left(\frac{\mathrm{d}v}{\mathrm{d}x}\mathrm{d}x\right)$$

并将它代入式(10－39)，导得

$$\mathrm{d}W_I=N(x)\frac{\mathrm{d}v}{\mathrm{d}x}\delta\left(\frac{\mathrm{d}v}{\mathrm{d}x}\right)\mathrm{d}x$$

用插值函数表示横向位移并积分，最终得

$$W_I=\delta v_1\int_0^L N(x)\ \frac{\mathrm{d}\psi_3(x)}{\mathrm{d}x}\ \frac{\mathrm{d}\psi_1(x)}{\mathrm{d}x}\mathrm{d}x \tag{10-40}$$

由此，使内力功等于外力功，这个几何刚度系数为

$$k_{G13}=\int_0^L N(x)\psi'_3(x)\psi'_1(x)\mathrm{d}x \tag{10-41}$$

或者把单元几何刚度影响系数写成一般形式

$$k_{Gij}=\int_0^L N(x)\psi'_i(x)\psi'_j(x)\mathrm{d}x \tag{10-42}$$

应当指出，这个公式与式(8－18)第三式中的最后一个公式对等，显然也是对称的，即 $k_{Gij}=k_{Gji}$。

如果在推导几何刚度系数时使用了 Hermite 插值函数[式(10－16)]，所得矩阵叫做**一致几何刚度矩阵**。在沿单元全长轴力是常数的特殊情况下，一致几何刚度矩阵是

$$\begin{Bmatrix} f_{G1}\\ f_{G2}\\ f_{G3}\\ f_{G4}\end{Bmatrix}=\frac{N}{30L}\begin{pmatrix} 36 & -36 & 3L & 3L\\ -36 & 36 & -3L & -3L\\ 3L & -3L & 4L^2 & -L^2\\ 3L & -3L & -L^2 & 4L^2\end{pmatrix}\begin{Bmatrix} v_1\\ v_2\\ v_3\\ v_4\end{Bmatrix} \tag{10-43}$$

另一方面，如果在式(10－42)中使用了线性插值函数[式(10－33)]，并且整个单元上的轴力是常数，就将导出前面式(10－35)所示的单元几何刚度矩阵。

与弹性刚度矩阵一样，集装各单元的几何刚度系数得到精确的结构几何刚度矩阵，两者具有类似的构形(非零项的位置)。所以说，一致几何刚度矩阵可以表示平移和转动自由度，而线性近似[式(10－35)]只能涉及平移。然而，两种关系式都可用式(10－37)的矩阵形式表示。

§10－6　特性公式的选择

在前面的讨论中，对于质量、几何刚度和外荷载特性的计算，考虑了两种不

同的近似标准:(1)只考虑结构的平移自由度的初级近似;(2)考虑平移和转动的“一致”近似。初级近似极易应用,不但确定单元特性比较简单,而且分析一个给定的集合结构时所考虑的自由度数目也大为减少。一致近似在原则上应该导致非常精确的结果,但实践中这种改善常常是微不足道的。在分析中转动自由度的作用显然要比平移项小得多。一致近似的主要好处是用了一种统一的方式来计算结构反应的所有能量贡献,从而对振动频率的范围可以做出某些判断,但毕竟是得不偿失的。

应用有限元法,或者应用在矩阵中包含转动自由度的任何其他方法建立弹性刚度矩阵时,初级集中质量方法遇到的一个特殊问题是:如果计算所有其他特性时不考虑转动自由度,则在写出运动方程以前,也必须从刚度矩阵中将它们排除。

从刚度矩阵中消去这些不需要的自由度的过程叫做**静力凝聚**。为了说明这种作法,假定转动和平移自由度已经分离,因此式(9-5)能写成分块形式

$$\begin{pmatrix}\boldsymbol{k}_{tt} & \boldsymbol{k}_{t\theta}\\ \boldsymbol{k}_{\theta t} & \boldsymbol{k}_{\theta\theta}\end{pmatrix}\begin{pmatrix}\boldsymbol{v}_t\\ \boldsymbol{v}_\theta\end{pmatrix}=\begin{pmatrix}\boldsymbol{f}_{St}\\ \boldsymbol{f}_{S\theta}\end{pmatrix}=\begin{pmatrix}\boldsymbol{f}_{St}\\ \boldsymbol{0}\end{pmatrix} \tag{10-44}$$

这里 $\boldsymbol{v}_t$ 表示平移,$\boldsymbol{v}_\theta$ 表示转动,脚标与刚度系数子矩阵相对应。现在,如果作用在结构上的其他力向量不包括任何转动分量,显然弹性转动力也必须为零,即 $\boldsymbol{f}_{S\theta}=\boldsymbol{0}$。将此静力约束引入式(10-44),就可以通过第二个子矩阵方程用平移来表示转动位移,结果是

$$\boldsymbol{v}_\theta=-\boldsymbol{k}_{\theta\theta}^{-1}\boldsymbol{k}_{\theta t}\boldsymbol{v}_t \tag{10-45}$$

将其代入式(10-44)的第一个子矩阵方程,导出

$$(\boldsymbol{k}_{tt}-\boldsymbol{k}_{t\theta}\boldsymbol{k}_{\theta\theta}^{-1}\boldsymbol{k}_{\theta t})\boldsymbol{v}_t=\boldsymbol{f}_{St}$$

或

$$\boldsymbol{k}_t\boldsymbol{v}_t=\boldsymbol{f}_{St} \tag{10-46}$$

这里

$$\boldsymbol{k}_t=\boldsymbol{k}_{tt}-\boldsymbol{k}_{t\theta}\boldsymbol{k}_{\theta\theta}^{-1}\boldsymbol{k}_{\theta t} \tag{10-47}$$

是平移弹性刚度矩阵。该刚度矩阵和其他初级特性表达式一起使用是合适的,换句话说,它就是图 10-2 所指的那类刚度矩阵。

例题 E10-3 为了说明静力凝聚方法的应用,从例题 E10-1 算得的刚度矩阵中消去两个转动自由度,所形成的凝聚刚度矩阵只保留框架的平移自由度,与例题 E10-2 中导得的集中质量矩阵相对应。

与例题 E10-1 的转动自由度相应的刚度子矩阵是

$$\boldsymbol{k}_{\theta\theta}=\frac{2EI}{L^3}\begin{pmatrix}6L^2 & 2L^2\\ 2L^2 & 6L^2\end{pmatrix}=\frac{4EI}{L}\begin{pmatrix}3 & 1\\ 1 & 3\end{pmatrix}$$

它的逆矩阵是

$$\boldsymbol{k}_{\theta\theta}{}^{-1}=\frac{L}{32EI}\begin{bmatrix}3 & -1\\ -1 & 3\end{bmatrix}$$

把它代入式(10－45)中，则转动自由度就能用平移自由度表示为

$$\begin{bmatrix}v_2\\ v_3\end{bmatrix}=-\frac{L}{32EI}\times\begin{bmatrix}3 & -1\\ -1 & 3\end{bmatrix}\frac{2EI}{L^3}\begin{bmatrix}3L\\ 3L\end{bmatrix}v_1=-\frac{3}{8L}\begin{bmatrix}1\\ 1\end{bmatrix}v_1$$

然后，由式(10－47)给出凝聚刚度矩阵

$$\boldsymbol{k}_t=\frac{2EI}{L^3}\left[12-(3L\quad 3L)\begin{bmatrix}\dfrac{3}{8L}\\ \dfrac{3}{8L}\end{bmatrix}\right]=\frac{2EI}{L^3}\times\frac{39}{4}$$

习　　题

10－1　采用 Hermite 多项式[式(10－16)]作为形状函数 $\psi_i(x)$，试用式(10－21)的方法，对具有可变弯曲刚度 $EI(x)=EI_0(1+x/L)$的梁，计算有限单元刚度系数 k_{23}。

10－2　把梁等分成四段，假定取式(10－16)的形状函数，并用 Simpson 法则计算积分，利用式(10－28)对具有非均匀质量分布 $m(x)=\bar{m}(1+x/L)$的梁计算一致质量系数 m_{23}。

10－3　施加在某一根梁上的分布荷载为

$$p(x,t)=\bar{p}\left(2+\frac{x}{L}\right)\sin\bar{\omega}t$$

用式(10－34a)，根据式(10－16)的形状函数写出随时间变化的一致荷载分量 $p_2(t)$的表达式。

10－4　利用式(10－46)的形状函数和 Simpson 法则计算积分(取 $\Delta x=L/4$)，应用式(10－42)对具有分布轴力 $N(x)=N_0(2-x/L)$的梁计算一致几何刚度系数 k_{G23}。

10－5　图 P10－1 的平面框架由等截面构件组成，各构件的特性如图所示。单元刚度系数按式(10－22)计算，集装指定的三个自由度所确定的刚度矩阵。

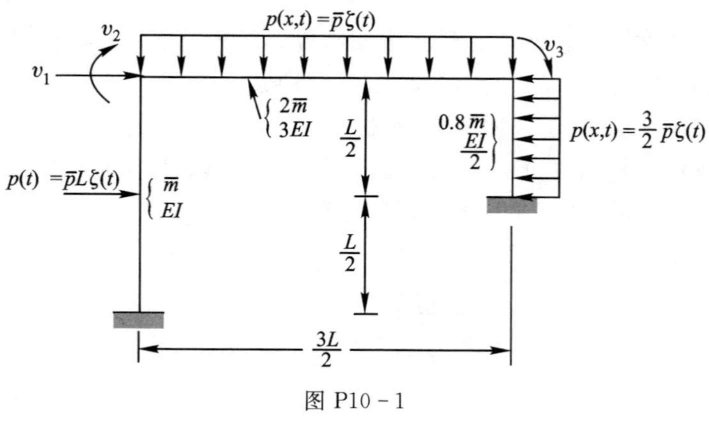

图 P10－1

10-6　集装习题 10-5 中结构的质量矩阵，单个构件的质量系数用式(10-29)计算。

10-7　集装习题 10-5 中结构的荷载向量，单个构件的结点荷载用式(10-32)计算。

10-8　一个与习题 10-5 中外形相同但构件长度和物理特性不同的平面框架，其刚度矩阵和集中质量矩阵如下：

$$\boldsymbol{k}=\frac{EI}{L^3}\begin{pmatrix} 20 & -10L & -5L \\ -10L & 15L^2 & 8L^2 \\ -5L & 8L^2 & 12L^2 \end{pmatrix} \qquad \boldsymbol{m}=\bar{m}L\begin{pmatrix} 30 & 0 & 0 \\ 0 & 0 & 0 \\ 0 & 0 & 0 \end{pmatrix}$$

(a) 用静力凝聚，从刚度矩阵中消去两个转动自由度。

(b) 用凝聚刚度矩阵，写出单自由度无阻尼自由振动方程。

第 11 章　无阻尼自由振动

§11－1　振动频率分析

从式(9－13)略去阻尼矩阵和作用荷载向量就能得到无阻尼自由振动体系的运动方程：

$$\boldsymbol{m}\ddot{\boldsymbol{v}}+\boldsymbol{k}\boldsymbol{v}=\boldsymbol{0} \tag{11-1}$$

其中 $\boldsymbol{0}$ 是零向量。振动分析问题包括：确定何种情况下满足式(11－1)表示的平衡条件。与单自由度体系的行为类似，假定多自由度体系的自由振动是简谐运动，可写成

$$\boldsymbol{v}(t)=\hat{\boldsymbol{v}}\sin(\omega t+\theta) \tag{11-2}$$

此式中，$\hat{\boldsymbol{v}}$ 表示体系的形状(它不随时间而变，只是振幅变化)，θ 是相位角。对式(11－2)取二次导数，得自由振动的加速度

$$\ddot{\boldsymbol{v}}=-\omega^2\hat{\boldsymbol{v}}\sin(\omega t+\theta)=-\omega^2\boldsymbol{v} \tag{11-3}$$

将式(11－2)和式(11－3)代入式(11－1)中，给出

$$-\omega^2\boldsymbol{m}\,\hat{\boldsymbol{v}}\sin(\omega t+\theta)+\boldsymbol{k}\,\hat{\boldsymbol{v}}\sin(\omega t+\theta)=\boldsymbol{0}$$

上式可以写成(由于正弦项为任意，所以可以消去)

$$[\boldsymbol{k}-\omega^2\boldsymbol{m}]\hat{\boldsymbol{v}}=\boldsymbol{0} \tag{11-4}$$

方程(11－4)表示的方式称为**特征值**或**本征值**问题，特征值 ω^2 表示自由振动频率的平方，而相应的位移向量 $\hat{\boldsymbol{v}}$ 则表示振动体系的相应振动形状——称为特征向量或**振型**。现在，根据 Cramer 法则可知这组联立方程解的形式是

$$\hat{\boldsymbol{v}}=\frac{\boldsymbol{0}}{\|\boldsymbol{k}-\omega^2\boldsymbol{m}\|} \tag{11-5}$$

因此，只有当分母行列式值等于 0 时，才能得到非平凡解。换句话说，只有当

$$\|\boldsymbol{k}-\omega^2\boldsymbol{m}\|=0 \tag{11-6}$$

时，才可能得到有限振幅的自由振动。

方程(11－6)叫做体系的**频率方程**。展开一个具有 N 个自由度体系的行列式得到一个频率参数为 ω^2 的 N 次代数方程。这个方程的 N 个根($\omega_1^2,\omega_2^2,\omega_3^2,\cdots,\omega_N^2$)表示体系可能存在的 N 个振型的频率。具有最低频率的振型叫做第一振型，第二低频率的振型叫第二振型，依此类推。全部振型频率按次序排列组成的向量

叫做频率向量 $\boldsymbol{\omega}$：

$$\boldsymbol{\omega}=\begin{Bmatrix}\omega_1\\ \omega_2\\ \omega_3\\ \vdots\\ \omega_N\end{Bmatrix}\tag{11-7}$$

可以证明，稳定的结构体系具有实的、对称的、正定的质量和刚度矩阵，频率方程所有的根都是实的和正的。

例题 E11-1　参照图 E11-1 的结构，求解行列式方程(11-6)以说明振动频率的分析方法，而在例题 E8-6 中，这个框架的近似基频是用 Rayleigh 法得到的。如图所示，使每一层依次发生单位位移并计算层间作用力，从而确定这个框架的刚度矩阵。因为假定横梁是刚性的，所以只要把有关楼层的侧移刚度叠加起来就可以很容易求得层间作用力。

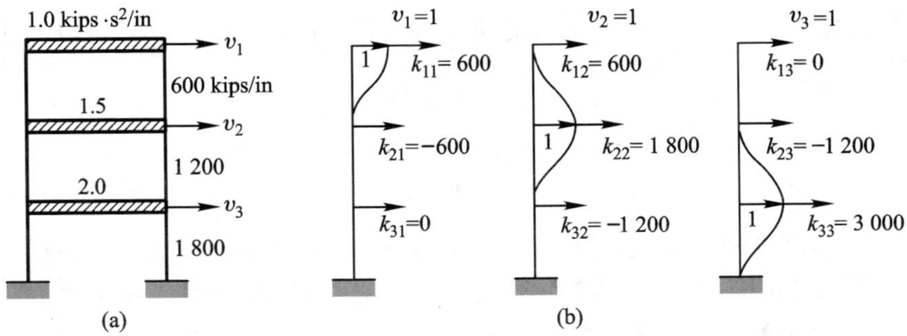

图 E11-1　振动分析例题所用的框架

(a)结构体系；(b)刚度影响系数

因此，这个框架的质量与刚度矩阵是

$$\boldsymbol{m}=1\ \text{kips}\cdot\text{s}^2/\text{in}\times\begin{bmatrix}1.0 & 0 & 0\\ 0 & 1.5 & 0\\ 0 & 0 & 2.0\end{bmatrix}$$

$$\boldsymbol{k}=600\ \text{kips/in}\times\begin{bmatrix}1 & -1 & 0\\ -1 & 3 & -2\\ 0 & -2 & 5\end{bmatrix}$$

从而

$$\boldsymbol{k}-\omega^2\boldsymbol{m}=600\ \text{kips/in}\times\begin{bmatrix}1-B & -1 & 0\\ -1 & 3-1.5B & -2\\ 0 & -2 & 5-2B\end{bmatrix}\tag{a}$$

这里

$$B \equiv \frac{\omega^2}{600}$$

令式(a)中方阵的行列式 $\Delta=0$,求出框架频率。将这个行列式展开、化简并令其等于零,得三次方程

$$B^3-5.5B^2+7.5B-2=0$$

用直接求解或试错(也称累试或试算)法,可以得到这个方程的三个根为 $B_1=0.3515$, $B_2=1.61066$, $B_3=3.5420$。因此,频率是

$$\begin{Bmatrix}\omega_1^2\\ \omega_2^2\\ \omega_3^2\end{Bmatrix}=\begin{Bmatrix}210.88\\ 963.96\\ 2\,125.20\end{Bmatrix};\quad \begin{Bmatrix}\omega_1\\ \omega_2\\ \omega_3\end{Bmatrix}=\begin{Bmatrix}14.522\\ 31.048\\ 46.100\end{Bmatrix}\text{rad/s}$$

§11-2 振型分析

在已经由式(11-6)确定了振动频率后,运动方程[式(11-4)]可以写成

$$\widetilde{\boldsymbol{E}}^{(n)}\hat{\boldsymbol{v}}_n=\boldsymbol{0} \tag{11-8}$$

其中

$$\widetilde{\boldsymbol{E}}^{(n)}=\boldsymbol{k}-\omega_n^2\boldsymbol{m} \tag{11-9}$$

因此,$\widetilde{\boldsymbol{E}}^{(n)}$ 是刚度矩阵减去 $\omega_n^2\boldsymbol{m}$ 后所得的矩阵;由于它与频率有关,所以它对每一个振型都是不同的。因为频率都从式(11-8)求得,必然同时满足该方程,因而不能确定**振幅**。但是振动体系的**形状**可以按照任何一个坐标所表示的各点位移来确定。

为此,假定位移向量的第一个元素是一个单位幅值,即

$$\begin{Bmatrix}\hat{v}_{1n}\\ \hat{v}_{2n}\\ \hat{v}_{3n}\\ \vdots\\ \hat{v}_{Nn}\end{Bmatrix}=\begin{Bmatrix}1\\ \hat{v}_{2n}\\ \hat{v}_{3n}\\ \vdots\\ \hat{v}_{Nn}\end{Bmatrix} \tag{11-10}$$

展开式(11-8),得

$$\left[\begin{array}{c|cccc}e_{11}^{(n)} & e_{12}^{(n)} & e_{13}^{(n)} & \cdots & e_{1N}^{(n)}\\ \hline e_{21}^{(n)} & e_{22}^{(n)} & e_{23}^{(n)} & \cdots & e_{2N}^{(n)}\\ e_{31}^{(n)} & e_{32}^{(n)} & e_{33}^{(n)} & \cdots & e_{3N}^{(n)}\\ & & \cdots\cdots & & \\ e_{N1}^{(n)} & e_{N2}^{(n)} & e_{N3}^{(n)} & \cdots & e_{NN}^{(n)}\end{array}\right]\left\{\begin{array}{c}1\\ \hline \hat{v}_{2n}\\ \hat{v}_{3n}\\ \cdots\\ \hat{v}_{Nn}\end{array}\right\}=\left\{\begin{array}{c}0\\ \hline 0\\ 0\\ \cdots\\ 0\end{array}\right\} \tag{11-11a}$$

其中的虚线表示对尚未知的位移幅值进行分块。为了方便，将式(11－11)用矩阵形式表示为

$$\begin{bmatrix} e_{11}^{(n)} & \widetilde{\boldsymbol{E}}_{10}^{(n)} \\ \widetilde{\boldsymbol{E}}_{01}^{(n)} & \widetilde{\boldsymbol{E}}_{00}^{(n)} \end{bmatrix} \begin{Bmatrix} 1 \\ \hat{\boldsymbol{v}}_{0n} \end{Bmatrix} = \begin{Bmatrix} 0 \\ \boldsymbol{0} \end{Bmatrix} \tag{11-11b}$$

从而

$$\widetilde{\boldsymbol{E}}_{01}^{(n)} + \widetilde{\boldsymbol{E}}_{00}^{(n)} \hat{\boldsymbol{v}}_{0n} = \boldsymbol{0} \tag{11-12}$$

及

$$e_{11}^{(n)} + \widetilde{\boldsymbol{E}}_{10}^{(n)} \hat{\boldsymbol{v}}_{0n} = 0 \tag{11-13}$$

解联立方程(11－12)，可得出位移幅值

$$\hat{\boldsymbol{v}}_{0n} = -(\widetilde{\boldsymbol{E}}_{00}^{(n)})^{-1} \widetilde{\boldsymbol{E}}_{01}^{(n)} \tag{11-14}$$

但方程(11－13)是多余的，它对应于式(11－8)恒满足这一事实。然而，由式(11－14)求得的位移向量必须满足式(11－13)，故这个条件给出了一个检验解的精度的适用标准。应该指出，取位移向量的第一个元素为 1 并不总是最好的；若取位移幅值较大的元素之一为单位元素，就能改善数值的精度。当然在任何情况下都可以采用同样的求解过程，只要适当地重新排列 $\widetilde{\boldsymbol{E}}^{(n)}$ 中行和列的次序即可。

从式(11－14)求得的位移幅值与作为第一个分量的单位幅值一起组成了与第 n 振型对应的位移向量。为了方便，通常把各分量除以其中的某一个基准分量(通常取幅值最大的分量)，使向量表示成无量纲的形式。这样的向量叫做第 n 振型 $\boldsymbol{\phi}_n$，即

$$\boldsymbol{\phi}_n = \begin{Bmatrix} \phi_{1n} \\ \phi_{2n} \\ \phi_{3n} \\ \vdots \\ \phi_{Nn} \end{Bmatrix} \equiv \frac{1}{\hat{v}_{kn}} \begin{Bmatrix} 1 \\ \hat{v}_{2n} \\ \hat{v}_{3n} \\ \vdots \\ \hat{v}_{Nn} \end{Bmatrix} \tag{11-15}$$

其中 $\hat{v}_{kn}$ 是基准分量，这里取为第一分量。

用同样的过程可求出 N 个振型中的每一振型；用 $\boldsymbol{\Phi}$ 表示 N 个振型所组成的方阵，即

$$\boldsymbol{\Phi} = (\boldsymbol{\phi}_1 \quad \boldsymbol{\phi}_2 \quad \boldsymbol{\phi}_3 \quad \cdots \quad \boldsymbol{\phi}_N) = \begin{bmatrix} \phi_{11} & \phi_{12} & \cdots & \phi_{1N} \\ \phi_{21} & \phi_{22} & \cdots & \phi_{2N} \\ \phi_{31} & \phi_{32} & \cdots & \phi_{3N} \\ \phi_{41} & \phi_{42} & \cdots & \phi_{4N} \\ \cdots & \cdots & \cdots & \cdots \\ \phi_{N1} & \phi_{N2} & \cdots & \phi_{NN} \end{bmatrix} \tag{11-16}$$

如上所述，一个结构体系的振动分析是矩阵代数理论的本征值或特征值问题。在第 14 章中将简要地讨论如何把自由振动的运动方程归纳为标准的特征问题。

例题 E11－2　利用式(11－14)求图 E11－1 所示结构的振型来说明振型分析的方法。在例题 E11－1 中导出了这个结构的振动矩阵，现取该矩阵的第二和第三行，则式(11－14)可写成

$$\begin{Bmatrix}\phi_{2n}\\ \phi_{3n}\end{Bmatrix}=-\begin{bmatrix}3-1.5B_n & -2\\ -2 & 5-2B_n\end{bmatrix}^{-1}\begin{Bmatrix}-1\\ 0\end{Bmatrix}$$

因此，把例题 E11－1 算得的 B_n 值代入，求逆并相乘，就能求得振型形式。该体系的三个振型形式计算如下：

振型 1

$B_1=0.35$

$$\widetilde{\boldsymbol{E}}_{00}^{(1)}=\begin{bmatrix}2.4728 & -2\\ -2 & 4.2971\end{bmatrix}\qquad(\widetilde{\boldsymbol{E}}_{00}^{(1)})^{-1}=\frac{1}{6.6259}\begin{bmatrix}4.2971 & 2\\ 2 & 2.4728\end{bmatrix}$$

$$\begin{Bmatrix}\phi_{21}\\ \phi_{31}\end{Bmatrix}=\frac{1}{6.6259}\begin{Bmatrix}4.2971\\ 2.000\end{Bmatrix}=\begin{Bmatrix}0.64853\\ 0.30185\end{Bmatrix}$$

振型 2

$B_2=1.61$

$$\widetilde{\boldsymbol{E}}_{00}^{(2)}=\begin{bmatrix}0.5901 & -2\\ -2 & 1.7868\end{bmatrix}\qquad(\widetilde{\boldsymbol{E}}_{00}^{(2)})^{-1}=-\frac{1}{2.9456}\begin{bmatrix}1.7868 & 2\\ 2 & 0.5901\end{bmatrix}$$

$$\begin{Bmatrix}\phi_{22}\\ \phi_{32}\end{Bmatrix}=-\frac{1}{2.9456}\begin{Bmatrix}1.7868\\ 2.000\end{Bmatrix}=-\begin{Bmatrix}0.6066\\ 0.6790\end{Bmatrix}$$

振型 3

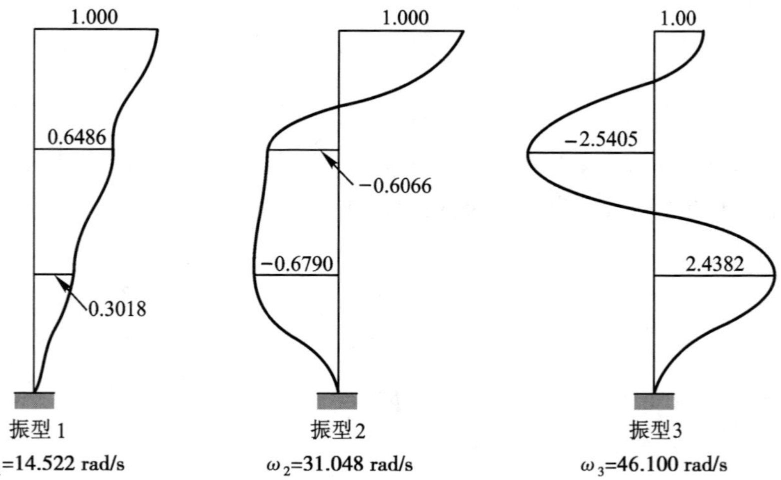

图 E11－2　图 E11－1 框架的振动特性

$B_3=3.54$

$$\widetilde{\boldsymbol{E}}_{00}^{(3)}=\begin{bmatrix}-2.3130 & -2\\ -2 & -2.0840\end{bmatrix}\quad (\widetilde{\boldsymbol{E}}_{00}^{(3)})^{-1}=\frac{1}{0.8203}\begin{bmatrix}-2.0840 & 2\\ 2 & -2.3130\end{bmatrix}$$

$$\begin{Bmatrix}\phi_{23}\\ \phi_{33}\end{Bmatrix}=\frac{1}{0.8203}\begin{Bmatrix}-2.0840\\ 2.00\end{Bmatrix}=\begin{Bmatrix}-2.5405\\ 2.4382\end{Bmatrix}\text{或}=-\begin{Bmatrix}2.5405\\ -2.4382\end{Bmatrix}$$

当然，各振型都假定了顶层质量 a 的位移为 1。这个结构的三个振型如图 E11－2 所示。

§11－3　振动分析的柔度法

上述振动分析基于运动方程的刚度矩阵，但在许多情形中，用柔度矩阵表示结构的弹性特性比用刚度矩阵更方便。在式(11－4)前乘$(1/\omega^2)\,\tilde{\boldsymbol{f}}$ 就能很容易地将其转化为柔度形式，其中柔度矩阵 $\tilde{\boldsymbol{f}}$ 是刚度矩阵 $\boldsymbol{k}$ 的逆矩阵，结果为

$$\left[\frac{1}{\omega^2}\boldsymbol{I}-\tilde{\boldsymbol{f}}\,\boldsymbol{m}\right]\hat{\boldsymbol{v}}=\boldsymbol{0}\tag{11-17}$$

其中 $\boldsymbol{I}$ 表示 N 阶单位矩阵。如前所述，只有当方阵的行列式值为零时，这组齐次方程才具有非零解；因此在这种情形中，频率方程是

$$\left\|\frac{1}{\omega^2}\boldsymbol{I}-\tilde{\boldsymbol{f}}\,\boldsymbol{m}\right\|=0\tag{11-18}$$

仿照式(11－6)即可计算这个方程的根，也同样可以按前述的方法计算对应于各个频率的振型。两种解法唯一的基本差别是方程(11－18)的根为频率平方的倒数而不是频率平方。

应该指出，即使质量和柔度矩阵都是对称的，在一般情况下式(11－18)中的矩阵乘积 $\tilde{\boldsymbol{f}}\boldsymbol{m}$ 也将是不对称的。在特征值问题的数字计算机分析中，总是希望用于求解的矩阵保持对称，在第 13 章(13.6 节)中将介绍柔度特征问题转化成对称形式的一些技巧。

§11－4　轴向力的影响

自由振动

在不变的轴力荷载作用下，计算结构振型和频率的方法与无轴力效应的体系完全-样。在这种情形中，运动方程中必须包括几何刚度。因此，式(11－1)取如下形式：

$$\boldsymbol{m}\ddot{\boldsymbol{v}}+\boldsymbol{k}\boldsymbol{v}-\boldsymbol{k}_G\boldsymbol{v}=\boldsymbol{m}\ddot{\boldsymbol{v}}+\bar{\boldsymbol{k}}\boldsymbol{v}=\boldsymbol{0} \tag{11-19}$$

并且频率方程变为

$$\| \bar{\boldsymbol{k}}-\omega^2\boldsymbol{m} \| =0 \tag{11-20}$$

在分析振型和频率时，只需将组合刚度矩阵 $\bar{\boldsymbol{k}}$ 代替弹性刚度矩阵 $\boldsymbol{k}$，分析方法如前所述。对于任何给定的轴向荷载，都可以用数字分析方法计算其几何刚度及组合刚度。体系在轴向压力作用下减小了结构的有效刚度，因此振动频率亦降低；此外，振型一般也因轴向荷载而有所改变。

屈曲荷载

如果振动的频率为零，则式(11-19)中的惯性力项消失，平衡方程变成

$$\boldsymbol{k}\boldsymbol{v}-\boldsymbol{k}_G\boldsymbol{v}=\boldsymbol{0} \tag{11-21}$$

从中可得到一个非零的位移向量，并由此构成了静力屈曲条件。换言之，振动频率变成零的条件是屈曲的一种定义。为了计算结构的临界屈曲荷载，方便的作法是用一个基准荷载乘以荷载因子 λ_G 来表示几何刚度，即

$$\boldsymbol{k}_G=\lambda_G\boldsymbol{k}_{G0} \tag{11-22}$$

其中 $\boldsymbol{k}_{G0}$ 是由如下的单元几何刚度系数形成的：

$$k_{G_{ij}}=\int_0^L N_0(x)\psi'_i(x)\psi'_j(x)\mathrm{d}x \tag{11-23}$$

上式中 $N_0(x)$是单元的基准轴向荷载。结构的荷载与参数 λ_G 成正比，但是它们的相对分布不变。把式(12-22)代入式(12-21)，可导出特征方程为

$$(\boldsymbol{k}-\lambda_G\boldsymbol{k}_{G0})\hat{\boldsymbol{v}}=\boldsymbol{0} \tag{11-24}$$

在下述条件下才能得出这组方程的非零解：

$$\| \boldsymbol{k}-\lambda_G\boldsymbol{k}_{G0} \| =0 \tag{11-25}$$

它表示结构的屈曲条件。这个方程的根表示屈曲发生时轴向荷载向量因子 λ_G 的值。屈曲形状可以像振型一样精确计算。实际上，只有第一屈曲荷载及其形状才有实际意义。这是因为当荷载超过最低临界荷载时体系已经失效，所以较高的屈曲形式几乎没有实际意义。

简谐激励的屈曲

虽然这个概念在实践中很少应用，但是指出简谐激励的结构如同承受轴向荷载的结构一样具有一组不同的振动频率，并且由此可以确定一组不同的“屈曲”荷载，在学术上至少是有价值的。假定结构受到频率为 $\bar{\omega}$ 的简谐振动，也就是说，假定作用有如下形式的荷载向量：

$$\boldsymbol{p}(t)=\boldsymbol{p}_0\sin\bar{\omega}t \tag{11-26}$$

这里 $\bar{\omega}$ 是作用荷载的频率。在此情形中，无阻尼平衡方程[从式(9-18)]变成：

$$\boldsymbol{m}\ddot{\boldsymbol{v}}+\boldsymbol{k}\boldsymbol{v}-\boldsymbol{k}_G\boldsymbol{v}=\boldsymbol{p}_0\sin\overline{\omega}t \tag{11-27}$$

由此，按作用荷载频率发生的稳态反应为

$$\boldsymbol{v}(t)=\hat{\boldsymbol{v}}\sin\overline{\omega}t \tag{11-28a}$$

加速度变成

$$\ddot{\boldsymbol{v}}(t)=-\overline{\omega}^2\hat{\boldsymbol{v}}\sin\overline{\omega}t \tag{11-28b}$$

把式(11－28)代入式(11－27)，再除以 $\sin\overline{\omega}t$，则得出：

$$-\overline{\omega}^2\boldsymbol{m}\hat{\boldsymbol{v}}+\boldsymbol{k}\hat{\boldsymbol{v}}-\boldsymbol{k}_G\hat{\boldsymbol{v}}=\boldsymbol{p}_0 \tag{11-29}$$

用符号 $\overline{\overline{\boldsymbol{k}}}$ 表示体系的**动力刚度**，这里 $\overline{\overline{\boldsymbol{k}}}$ 定义成

$$\overline{\overline{\boldsymbol{k}}}\equiv\boldsymbol{k}-\overline{\omega}^2\boldsymbol{m} \tag{11-30a}$$

把它代入式(11－29)，并用荷载因子 λ_G 表示几何刚度，则导出

$$(\overline{\overline{\boldsymbol{k}}}-\lambda_G\boldsymbol{k}_{G0})\hat{\boldsymbol{v}}=\boldsymbol{p}_0 \tag{11-30b}$$

如果允许该方程中作用的荷载向量幅值趋近于零，并与式(11－5)比较，若方阵的行列式为零，显然存在着非零的反应。这样，条件

$$\|\overline{\overline{\boldsymbol{k}}}-\lambda_G\boldsymbol{k}_{G0}\|=0 \tag{11-31}$$

就确定了简谐振动结构的屈曲条件。

当允许作用荷载为零时，式(11－30b)可以写成

$$(\boldsymbol{k}-\omega^2\boldsymbol{m}-\lambda_G\boldsymbol{k}_{G0})\hat{\boldsymbol{v}}=0 \tag{11-32}$$

现在，屈曲荷载因子 λ_G 和频率 ω^2 的无穷个不同组合显然都满足特征方征。指定 λ_G 并给出了“屈曲”荷载，就能从式(11－20)求出对应的振动频率。同样，给定任何一个振动频率 ω^2，由式(11－31)也能确定对应的屈曲荷载。根据这个定义，指出零轴向荷载条件竟然会引起不受力结构按自振频率振动的“屈曲”①是非常有意思的。

---

①　应译者要求，作者来信对本节最后讨论的问题作了补充说明。照译如下：

本节的目的在于着重说明两个本征值参数(ω^2 和 λ_G)的双重性质，这一点在包括轴力效应的运动方程中可以看出。例如，式(11－32)可以作如下的两种解释：

(1) ω^2 是由 λ_G 时确定的轴向荷载条件下相应的自由振动频率：

$$[(\boldsymbol{k}-\lambda_G\boldsymbol{k}_{G0})-\omega^2\boldsymbol{m}]\hat{\boldsymbol{v}}=\boldsymbol{0} \tag{a}$$

(2) λ_G 代表由 ω^2 所确定的振动条件下相应的临界屈曲荷载：

$$[(\boldsymbol{k}-\omega^2\boldsymbol{m})-\lambda_G\boldsymbol{k}_{G0}]\hat{\boldsymbol{v}}=\boldsymbol{0} \tag{b}$$

现在可以把这些概念推进到极限状况，得出：

(1a) 如果 λ_G 代表静力屈曲荷载，则自振频率变为零($\omega^2=0$)：

$$[(\boldsymbol{k}-\lambda_G\boldsymbol{k}_{G0})-0^2\boldsymbol{m}]\hat{\boldsymbol{v}}=\boldsymbol{0} \tag{c}$$

(2a) 如果 ω 是自由振动频率，则屈曲荷载变为零($\lambda_G=0$)：

$$[(\boldsymbol{k}-\omega^2\boldsymbol{m})-0\boldsymbol{k}_{G0}]\hat{\boldsymbol{v}}=\boldsymbol{0} \tag{d}$$

当然，式(d)仅仅是标准的自由振动本征值问题，但是它也可以被解释为零荷载的屈曲情况。——中文第一版注

§11-5 正交条件

基本条件

自由振动的振型形式 $\boldsymbol{\phi}_n$ 具有某些特殊性质，它们在结构动力分析中是非常有用的。这些性质叫做**正交关系**，能用 Betti 定律证明。例如，考虑图 11-1 所示结构体系的两个不同振型。为了方便，结构表示为集中质量体系，但是下面的分析方法同样适用于理想化的一致质量体系。

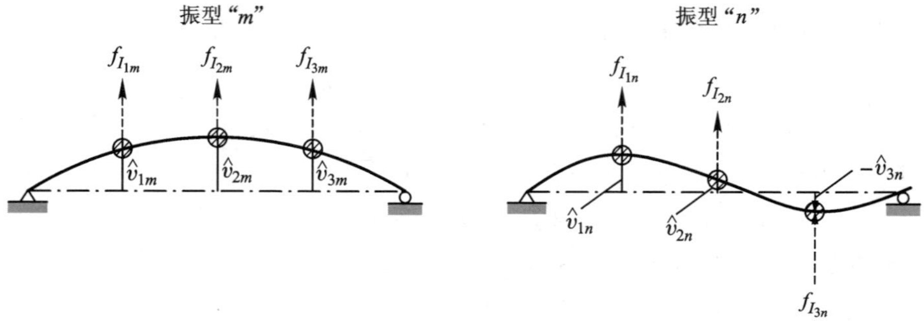

图 11-1 振型形式和产生的惯性力

体系自由振动时的运动方程[式(11-4)]可重写为

$$\boldsymbol{k}\,\hat{\boldsymbol{v}}_n=\omega_n^2\boldsymbol{m}\,\hat{\boldsymbol{v}}_n \tag{11-33}$$

其中右面表示施加的惯性荷载向量 $-\boldsymbol{f}_I$，左面是弹性抗力向量 $\boldsymbol{f}_S$。因此如图 11-1 所示，可以把自由振动的运动视为以惯性力作为作用荷载而产生的挠度。在此基础上，图中所示的两个振型表示两种不同的荷载作用体系及其产生的位移，从而可以应用 Betti 定律如下：

$$-\boldsymbol{f}_{Im}^{\mathrm{T}}\hat{\boldsymbol{v}}_n=-\boldsymbol{f}_{In}^{\mathrm{T}}\hat{\boldsymbol{v}}_m$$

把惯性力表达式(11-33)代入，给出

$$\omega_m^2\hat{\boldsymbol{v}}_n^{\mathrm{T}}\boldsymbol{m}\,\hat{\boldsymbol{v}}_m=\omega_n^2\hat{\boldsymbol{v}}_m^{\mathrm{T}}\boldsymbol{m}\,\hat{\boldsymbol{v}}_n \tag{11-34}$$

考虑到矩阵乘积的转置规则和 $\boldsymbol{m}$ 的对称性，或者注意到式(11-34)中矩阵的乘积是一个标量并能随意转置，显然方程能写成

$$(\omega_m^2-\omega_n^2)\hat{\boldsymbol{v}}_m^{\mathrm{T}}\boldsymbol{m}\,\hat{\boldsymbol{v}}_n=0 \tag{11-35}$$

在两个振型的频率不相同的条件下，由式(11-35)给出第一个正交条件

$$\hat{\boldsymbol{v}}_m^{\mathrm{T}}\boldsymbol{m}\hat{\boldsymbol{v}}_n=0 \qquad \omega_m\neq\omega_n \tag{11-36}$$

用 $\hat{\boldsymbol{v}}_m^{\mathrm{T}}$ 前乘式(11-33)，可直接推导出第二个正交条件，即

$$\hat{\boldsymbol{v}}_m^{\mathrm{T}}k\hat{\boldsymbol{v}}_n=\omega_n^2\hat{\boldsymbol{v}}_m^{\mathrm{T}}\boldsymbol{m}\boldsymbol{v}_n$$

对等号右面应用式(11-36)时，显然有

$$\hat{v}_m^{\mathrm{T}}\boldsymbol{k}\hat{v}_n=0 \qquad \omega_m\neq\omega_n \tag{11-37}$$

这说明了振型对于质量矩阵与刚度矩阵一样都是正交的。

一般用无量纲振型向量表示正交条件比用任意幅值 $\hat{v}_n$ 更为方便。用任何一个基准位移值除以式(11－36)和式(11－37)时，显然等式仍然成立。这样正交条件变成

$$\boldsymbol{\phi}_m^{\mathrm{T}}\boldsymbol{m}\boldsymbol{\phi}_n=0 \qquad m\neq n \tag{11-38a}$$

$$\boldsymbol{\phi}_m^{\mathrm{T}}\boldsymbol{k}\boldsymbol{\phi}_n=0 \qquad m\neq n \tag{11-38b}$$

如果体系的各振型对应的频率都不相等，式(11－38)所示的正交条件适用于任意两个不同的振型；对具有相同频率的两个振型，正交条件不适用。

附加关系式

对式(11－33)用连乘法能直接推导出整个一族附加的正交关系式。为了得到用振型向量表示的结果，较为方便的是将式(11－33)两边除以基准幅值，得到等式

$$\boldsymbol{k}\boldsymbol{\phi}_n=\omega_n^2\boldsymbol{m}\boldsymbol{\phi}_n \tag{11-39}$$

此式两边前乘 $\boldsymbol{\phi}_m^{\mathrm{T}}\boldsymbol{k}\boldsymbol{m}^{-1}$，导出

$$\boldsymbol{\phi}_m^{\mathrm{T}}\boldsymbol{k}\boldsymbol{m}^{-1}\boldsymbol{k}\boldsymbol{\phi}_n=\omega_n^2\boldsymbol{\phi}_m^{\mathrm{T}}\boldsymbol{k}\boldsymbol{\phi}_n$$

由此[用式(11－38b)]得到

$$\boldsymbol{\phi}_m^{\mathrm{T}}\boldsymbol{k}\boldsymbol{m}^{-1}\boldsymbol{k}\boldsymbol{\phi}_n=0 \tag{11-40}$$

对式(11－39)两边前乘 $\boldsymbol{\phi}_m^{\mathrm{T}}\boldsymbol{k}\boldsymbol{m}^{-1}\boldsymbol{k}\boldsymbol{m}^{-1}$，导出

$$\boldsymbol{\phi}_m^{\mathrm{T}}\boldsymbol{k}\boldsymbol{m}^{-1}\boldsymbol{k}\boldsymbol{m}^{-1}\boldsymbol{k}\boldsymbol{\phi}_n=\omega_n^2\boldsymbol{\phi}_m^{\mathrm{T}}\boldsymbol{k}\boldsymbol{m}^{-1}\boldsymbol{k}\boldsymbol{\phi}_n$$

由此[用式(11－40)]得到

$$\boldsymbol{\phi}_m^{\mathrm{T}}\boldsymbol{k}\boldsymbol{m}^{-1}\boldsymbol{k}\boldsymbol{m}^{-1}\boldsymbol{k}\boldsymbol{\phi}_n=0 \tag{11-41}$$

用类似的过程，能建立无数个这种形式的正交关系式。

把式(11－39)前乘以$(1/\omega^2)\boldsymbol{\phi}_m^{\mathrm{T}}\boldsymbol{m}\,\tilde{\boldsymbol{f}}$能推导出第二组正交关系的第一个附加关系式，结果是

$$\frac{1}{\omega_n^2}\boldsymbol{\phi}_m^{\mathrm{T}}\boldsymbol{m}\boldsymbol{\phi}_n=\boldsymbol{\phi}_m^{\mathrm{T}}\boldsymbol{m}\,\tilde{\boldsymbol{f}}\,\boldsymbol{m}\boldsymbol{\phi}_n$$

由此[用式(11－38a)]得出

$$\boldsymbol{\phi}_m^{\mathrm{T}}\boldsymbol{m}\,\tilde{\boldsymbol{f}}\,\boldsymbol{m}\boldsymbol{\phi}_n=0 \tag{11-42}$$

再对式(11－39)前乘以$(1/\omega_n^2)\boldsymbol{\phi}_m^{\mathrm{T}}\boldsymbol{m}\,\tilde{\boldsymbol{f}}\,\boldsymbol{m}\,\tilde{\boldsymbol{f}}$，得出

$$\frac{1}{\omega_n^2}\boldsymbol{\phi}_m^{\mathrm{T}}\boldsymbol{m}\,\tilde{\boldsymbol{f}}\,\boldsymbol{m}\boldsymbol{\phi}_n=\boldsymbol{\phi}_m^{\mathrm{T}}\boldsymbol{m}\,\tilde{\boldsymbol{f}}\,\boldsymbol{m}\,\tilde{\boldsymbol{f}}\,\boldsymbol{m}\boldsymbol{\phi}_n=0 \tag{11-43}$$

用类似的运算还可以无限地继续推导这组关系式。

包括两个基本关系在内的完整的两族正交关系式能简洁地表示为

$$\boldsymbol{\phi}_m^{\mathrm{T}}\boldsymbol{m}(\boldsymbol{m}^{-1}\boldsymbol{k})^b\boldsymbol{\phi}_n=0 \qquad -\infty<b<\infty \tag{11-44}$$

在式(11－44)中，分别由指数 $b=0$ 和 $b=+1$ 给出了两个基本关系式(11－38a)

和式(11－38b)。

规格化

前面已经指出，从特征问题的解得到的振型的幅值是任意的，任何振幅都满足基本频率方程(11－4)，只有振型的形状是唯一的。在上面所阐述的分析过程中，一个自由度的幅值(实际上是第一个)取1，并以这个指定的值为基准确定其他位移。这叫做关于特定坐标的振型的**规格化**。

也常用一些别的规格化方法。例如，在许多计算机程序中，振型的规格化取每一个振型中的最大位移值为基准值，而不取特定的坐标值。这样在每一个振型向量中的最大值是1，这为以后的计算提供了简便的数据。然而，在进行结构振动分析的计算机程序中，最常用的规格化方法是将每一个振型振幅调整为振幅$\hat{\boldsymbol{\phi}}_n$，它满足如下条件：

$$\hat{\boldsymbol{\phi}}_n^{\mathrm{T}}\boldsymbol{m}\,\hat{\boldsymbol{\phi}}_n=1 \tag{11-45}$$

它能通过计算下面的标量因子来实现：

$$\hat{\boldsymbol{v}}_n^{\mathrm{T}}\boldsymbol{m}\,\hat{\boldsymbol{v}}_n=\hat{M}_n \tag{11-46}$$

这里 $\hat{\boldsymbol{v}}_n$ 表示一个任意指定的振型幅值，再按下式计算规格化振型：

$$\hat{\boldsymbol{\phi}}_n=\hat{\boldsymbol{v}}_n\hat{M}_n^{-1/2} \tag{11-47}$$

经过简单的代换就容易看出上式给出了所需的结果。

这种类型的规格化和与质量矩阵相关的振型正交化关系[式(11－38b)]一起可得出下面的结论：

$$\hat{\boldsymbol{\Phi}}^{\mathrm{T}}\boldsymbol{m}\,\hat{\boldsymbol{\Phi}}=\boldsymbol{I} \tag{11-48}$$

这里 $\hat{\boldsymbol{\Phi}}$ 是 N 个规格化振型的完整组系，$\boldsymbol{I}$ 是 $N\times N$ 阶单位矩阵。以此方法规格化的振型称为相应于质量矩阵的**标准正交振型**。虽然用数字计算机程序进行动力分析时采用标准正交振型是方便的，但在手算时，并没有太特殊的好处。由于这个原因，在以后的讨论中不专门假定采用哪一种规格化方法。

例题 E11－3　通过例题 E11－2 中算得的振型来说明振型正交特性和标准正交化方法。在集中质量情形中，用式(11－46)得到的这些振型的规格化因子为：

$$\hat{M}_n=\sum_{i=1}^{3}\phi_{in}^2 m_i$$

它们的值是

$$\hat{M}_1=1.813\,1;\hat{M}_2=2.474\,0;\hat{M}_3=22.596$$

用这些因子的平方根分别除以振型，就得到标准正交振型矩阵为

$$\hat{\boldsymbol{\Phi}}=\begin{bmatrix}0.742\,65 & 0.635\,77 & 0.210\,37\\ 0.481\,64 & -0.385\,66 & -0.534\,75\\ 0.224\,17 & -0.431\,68 & 0.513\,23\end{bmatrix}$$

最后按式(11－48)做乘法，给出单位矩阵，则验证了条件：

$$\hat{\boldsymbol{\Phi}}^{\mathrm{T}}\boldsymbol{m}\hat{\boldsymbol{\Phi}}=\boldsymbol{I}$$

习　　题

11－1　一座三层剪切型建筑物，其特性如图 P8－8 所示，假定该建筑的全部质量集中于刚性横梁上：

(a) 解行列式方程，求该结构的无阻尼振动频率。

(b) 按算得的频率求相应的振型，并以顶层振幅为 1 进行规格化。

(c) 用数值说明所得的振型满足按质量和刚度的正交条件。

11－2　用习题 8－13 给定的质量和刚度特性，重算习题 11－1。

11－3　两根相同的等截面梁支承着一个重量为 3 kips 的设备，其布置如图 P11－1 的等视图所示。图中给出了梁的弯曲刚度和每英尺的重量。假定每一根梁总分布质量的一半集中于它的中部，1/4 集中于端部，用坐标 v_1 和 v_2 计算它的两个频率和振型［提示：中点承载的等截面梁的中点挠度是 $PL^3/48EI$。用柔度公式的行列式解法，见式(11－18)］。

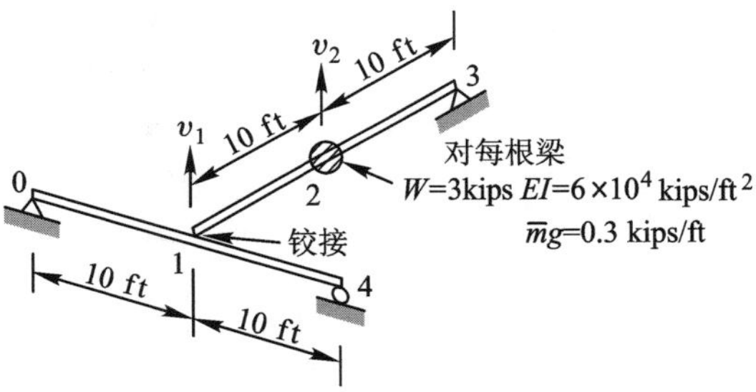

图 P11－1

11－4　一块用三根柱支承的刚性矩形厚板，柱与板、柱与基础均为刚结(如图 P11－2 所示)。

(a) 考虑所示的三个位移坐标，试求该体系的质量和刚度矩阵(用 m、EI 和 L 表示)(提

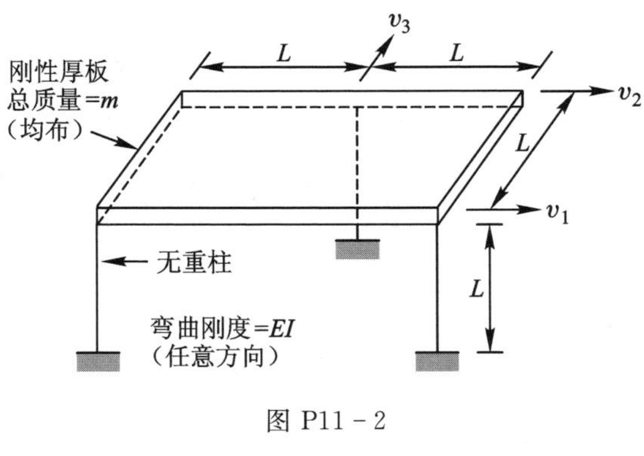

图 P11－2

示:施加与每一个坐标相应的单位位移或加速度,根据平衡条件,计算作用于每一坐标的力)。

(b) 试计算该体系的频率和振型,以 v_2 或 v_3 为 1 将振型规格化。

11-5 用质量中心的转动和平移(平行和垂直于对称轴)为坐标重算习题 11-4。

11-6 由无重柱支承的一根刚性杆,如图 P11-3 所示。

(a) 按所示的两个坐标,计算该体系的质量和柔度矩阵。

(b) 计算该体系的两个振型和频率,令每一个振型的广义质量为 1,即 $M_1=M_2=1$,将振型规格化。

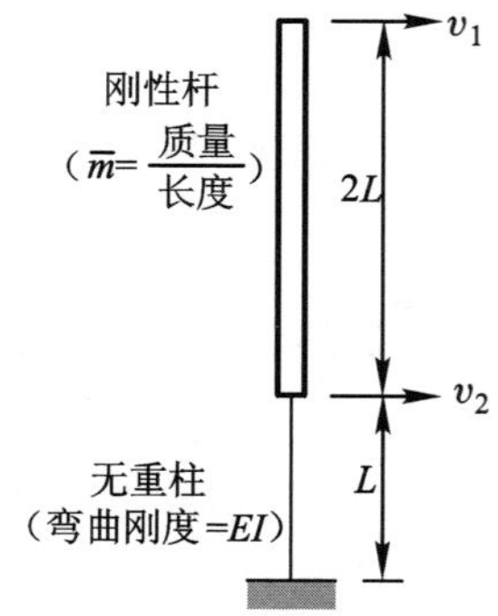

图 P11-3

第 12 章 动力反应分析——叠加法

§12-1 正 规 坐 标

在前述任意 N 自由度线性体系的讨论中，位移状态是用位移向量 $\boldsymbol{v}$ 中 N 个分量定义的，但为体系动力反应分析的目的，用自由振动的振型来表示位移通常是有利的。这些振型构成了 N 个独立的位移模式，其幅值可以作为广义坐标以表示任意形式的位移。因此，振型起一组 Fourier 级数中三角函数的作用，它们被应用的原因是：(1)它们具有正交特性；(2)取很少几项就能够有效地描述全部 N 个位移。

例如，考虑图 12-1 所示的悬臂柱，其挠度曲线用三个水平的平移坐标确定。如图所示，此结构任何位移向量 $\boldsymbol{v}$(静力的或动力的)都可由叠加规格振型相应的幅值求得。任何振型分量 $\boldsymbol{v}_n$ 的位移，由振型向量 $\boldsymbol{\phi}_n$ 乘以振型幅值 Y_n 给出，即

$$\boldsymbol{v}_n=\boldsymbol{\phi}_n Y_n \tag{12-1}$$

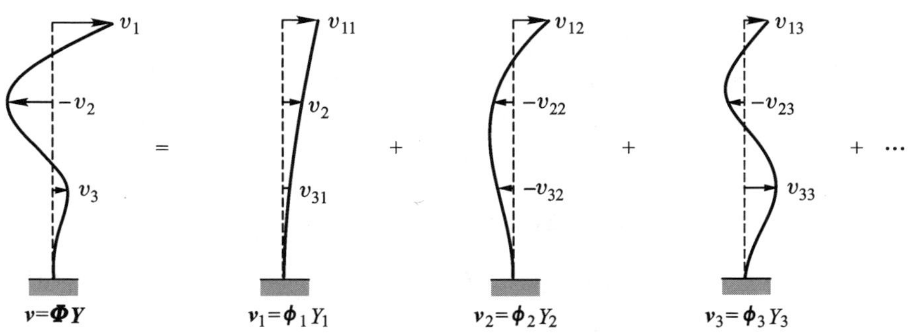

图 12-1 用振型分量的和表示挠度

然后用振型分量的和得到总位移

$$\boldsymbol{v}=\boldsymbol{\phi}_1 Y_1+\boldsymbol{\phi}_2 Y_2+\cdots+\boldsymbol{\phi}_N Y_N=\sum_{n=1}^{N}\boldsymbol{\phi}_n Y_n \tag{12-2}$$

或者用矩阵符号表示为

$$\boldsymbol{v}=\boldsymbol{\Phi Y} \tag{12-3}$$

在此式中，显然 $N\times N$ 阶振型矩阵 $\boldsymbol{\Phi}$ 起着将广义坐标向量 $\boldsymbol{Y}$ 转换成几何坐标向

量 $\boldsymbol{v}$ 的作用。向量 $\boldsymbol{Y}$ 中的广义元素称为结构的正规坐标。

因为 N 个自由度体系的振型矩阵 $\boldsymbol{\Phi}$ 由 N 个独立的振型向量组成 $\boldsymbol{\Phi}=(\boldsymbol{\phi}_1\boldsymbol{\phi}_2\cdots\boldsymbol{\phi}_N)$，所以它是非奇异和可逆的。因此，对于任意给定的位移向量 $\boldsymbol{v}$，直接求解方程(12－3)得到 $\boldsymbol{Y}$ 中相关联的正规坐标总是可能的。然而，由于振型的正交特性，求 $\boldsymbol{Y}$ 并不需要解联立方程。例如，为了计算任意的正规坐标 Y_n，对式(12－2)前乘 $\boldsymbol{\phi}_n^{\mathrm{T}}\boldsymbol{m}$，即可得

$$\boldsymbol{\phi}_n^{\mathrm{T}}\boldsymbol{m}\boldsymbol{v}=\boldsymbol{\phi}_n^{\mathrm{T}}\boldsymbol{m}\boldsymbol{\phi}_1 Y_1+\boldsymbol{\phi}_n^{\mathrm{T}}\boldsymbol{m}\boldsymbol{\phi}_2 Y_2+\cdots+\boldsymbol{\phi}_n^{\mathrm{T}}\boldsymbol{m}\boldsymbol{\phi}_N Y_N \tag{12-4}$$

由于振型对质量的正交特性，亦即对于 $m\neq n$ 有 $\boldsymbol{\phi}_n^{\mathrm{T}}\boldsymbol{m}\boldsymbol{\phi}_m=0$，所以在此式中除了含有 $\boldsymbol{\phi}_n^{\mathrm{T}}\boldsymbol{m}\boldsymbol{\phi}_n$ 的项之外，等式右边其他各项为零，从而有

$$\boldsymbol{\phi}_n^{\mathrm{T}}\boldsymbol{m}\boldsymbol{v}=\boldsymbol{\phi}_n^{\mathrm{T}}\boldsymbol{m}\boldsymbol{\phi}_n Y_n \tag{12-5}$$

由此

$$Y_n=\frac{\boldsymbol{\phi}_n^{\mathrm{T}}\boldsymbol{m}\boldsymbol{v}}{\boldsymbol{\phi}_n^{\mathrm{T}}\boldsymbol{m}\boldsymbol{\phi}_n}\qquad n=1,2,\cdots,N \tag{12-6}$$

如果向量 $\boldsymbol{v}$ 是随时间变化的，那么坐标 Y_n 也随时间变化，在这种情况下，对式(12－6)取时间导数，可得

$$\dot{Y}_n(t)=\frac{\boldsymbol{\phi}_n^{\mathrm{T}}\boldsymbol{m}\,\dot{\boldsymbol{v}}(t)}{\boldsymbol{\phi}_n^{\mathrm{T}}\boldsymbol{m}\boldsymbol{\phi}_n} \tag{12-7}$$

注意，以上过程与 Fourier 级数中系数[如式(4－3)]的计算过程相同。

§12－2 非耦合的运动方程：无阻尼

现在可用正规振型的正交特性来简化多自由度体系的运动方程。这些方程的一般形式由式(9－13)给出[有轴向力时为式(9－19)]，对无阻尼体系，它们变成

$$\boldsymbol{m}\,\ddot{\boldsymbol{v}}(t)+\boldsymbol{k}\boldsymbol{v}(t)=\boldsymbol{p}(t) \tag{12-8}$$

引入式(12－3)和它对时间的二阶导数 $\ddot{\boldsymbol{v}}=\boldsymbol{\Phi}\ddot{\boldsymbol{Y}}$（注意振型不随时间变化），导出

$$\boldsymbol{m}\boldsymbol{\Phi}\ddot{\boldsymbol{Y}}(t)+\boldsymbol{k}\boldsymbol{\Phi}\boldsymbol{Y}(t)=\boldsymbol{p}(t) \tag{12-9}$$

对方程(12－9)前乘第 n 个振型向量的转置 $\boldsymbol{\phi}_n^{\mathrm{T}}$，它变成

$$\boldsymbol{\phi}_n^{\mathrm{T}}\boldsymbol{m}\boldsymbol{\Phi}\ddot{\boldsymbol{Y}}(t)+\boldsymbol{\phi}_n^{\mathrm{T}}\boldsymbol{k}\boldsymbol{\Phi}\boldsymbol{Y}(t)=\boldsymbol{\phi}_n^{\mathrm{T}}\boldsymbol{p}(t) \tag{12-10}$$

如式(12－4)那样展开左边二项，因有振型的正交特性，所以除第 n 项之外其他各项均为零，因而其结果为

$$\boldsymbol{\phi}_n^{\mathrm{T}}\boldsymbol{m}\boldsymbol{\phi}_n\ddot{Y}_n(t)+\boldsymbol{\phi}_n^{\mathrm{T}}\boldsymbol{k}\boldsymbol{\phi}_n Y_n(t)=\boldsymbol{\phi}_n^{\mathrm{T}}\boldsymbol{p}(t) \tag{12-11}$$

现在定义新的符号如下：

$$M_n\equiv\boldsymbol{\phi}_n^{\mathrm{T}}\boldsymbol{m}\boldsymbol{\phi}_n \tag{12-12a}$$

$$K_n\equiv\boldsymbol{\phi}_n^{\mathrm{T}}\boldsymbol{k}\boldsymbol{\phi}_n \tag{12-12b}$$

$$P_n(t) \equiv \boldsymbol{\phi}_n^{\mathrm{T}} \boldsymbol{p}(t) \tag{12-12c}$$

它们分别称为第 n 振型的正规坐标广义质量、广义刚度和广义荷载。由于它们，方程(12-11)则可写成

$$M_n \ddot{Y}_n(t) + K_n Y_n(t) = P_n(t) \tag{12-13}$$

这是第 n 振型的单自由度运动方程。如果式(11-39) $\boldsymbol{k}\boldsymbol{\phi}_n = \omega_n^2 \boldsymbol{m}\boldsymbol{\phi}_n$ 两边用 $\boldsymbol{\phi}_n^{\mathrm{T}}$ 前乘，就可用振动频率建立起第 n 振型的广义刚度与广义质量之间的关系

$$\boldsymbol{\phi}_n^{\mathrm{T}} \boldsymbol{k} \boldsymbol{\phi}_n = \omega_n^2 \boldsymbol{\phi}_n^{\mathrm{T}} \boldsymbol{m} \boldsymbol{\phi}_n$$

或

$$K_n = \omega_n^2 M_n \tag{12-12d}$$

(用大写字母表示所有正规坐标的特性。)

对于无阻尼结构的每一个振型，可以用上述方法求得一个独立的单自由度运动方程。因此，采用正规坐标，就可以将由于质量与刚度矩阵中非对角项而耦合的、N 个联立的运动微分方程，转换成为 N 个独立的正规坐标方程。由此，确定动力反应时，首先分别求解每一个正规(振型)坐标的反应，然后按式(12-3)叠加即可得出用原始几何坐标表示的反应。这种方法叫做**振型叠加法**，或者更确切地说叫做**振型位移叠加法**。

§12-3　非耦合的运动方程：粘滞阻尼

现在考察一下，在什么条件下这种正规坐标变换也能用于有阻尼运动方程的解耦。这些方程[式(9-13)]是

$$\boldsymbol{m}\,\ddot{\boldsymbol{v}}(t) + \boldsymbol{c}\,\dot{\boldsymbol{v}}(t) + \boldsymbol{k}\boldsymbol{v}(t) = \boldsymbol{p}(t)$$

代入式(12-3)的正规坐标表达式和它对时间的导数，并前乘第 n 个振型向量的转置 $\boldsymbol{\phi}_n^{\mathrm{T}}$，得

$$\boldsymbol{\phi}_n^{\mathrm{T}} \boldsymbol{m} \boldsymbol{\Phi} \ddot{\boldsymbol{Y}}(t) + \boldsymbol{\phi}_n^{\mathrm{T}} \boldsymbol{c} \boldsymbol{\Phi} \dot{\boldsymbol{Y}}(t) + \boldsymbol{\phi}_n^{\mathrm{T}} \boldsymbol{k} \boldsymbol{\Phi} \boldsymbol{Y}(t) = \boldsymbol{\phi}_n^{\mathrm{T}} \boldsymbol{p}(t) \tag{12-14}$$

注意到前述的正交条件

$$\left.\begin{aligned} \boldsymbol{\phi}_m^{\mathrm{T}} \boldsymbol{m} \boldsymbol{\phi}_n &= 0 \\ \boldsymbol{\phi}_m^{\mathrm{T}} \boldsymbol{k} \boldsymbol{\phi}_n &= 0 \end{aligned}\right. \qquad m \neq n$$

则方程(12-14)的质量和刚度表达式中，除第 n 个振型项以外其他各项均为零。如果**假定**相应的正交条件也适用于阻尼矩阵，则阻尼表达式也能进行类似的简化。这就是说，假定

$$\boldsymbol{\phi}_m^{\mathrm{T}} \boldsymbol{c} \boldsymbol{\phi}_n = 0 \quad m \neq n \tag{12-15}$$

在此情形中，方程(12-14)可以写成

$$M_n \ddot{Y}_n(t) + C_n \dot{Y}_n(t) + K_n Y_n(t) = P_n(t) \tag{12-14a}$$

其中振型坐标质量、刚度和荷载已经在方程(12－12)中进行了定义，而振型坐标粘滞阻尼系数可以类似地定义为

$$C_n = \boldsymbol{\phi}_n^T \boldsymbol{c} \boldsymbol{\phi}_n \tag{12-15a}$$

如果方程(12－14a)除以广义质量，则这个振型运动方程[①]可以表达成另外一种形式：

$$\ddot{Y}_n(t) + 2\xi_n\omega_n \dot{Y}_n(t) + \omega_n^2 Y_n(t) = \frac{P_n(t)}{M_n} \tag{12-14b}$$

这里，为了重写刚度项，使用了方程(12－12d)；方程左端的第二项可用来定义振型粘滞阻尼比：

$$\xi_n = \frac{C_n}{2\omega_n M_n} \tag{12-15b}$$

前面已经指出，用每一个振型的阻尼比来确定多自由度体系的阻尼，比求阻尼矩阵 $\boldsymbol{c}$ 的系数要方便得多，且从物理意义上说也更合理。因为，在大多数情况下振型阻尼比 ξ_n 可以通过实验来确定，或者有足够精确的估计。

§12－4　用振型位移叠加法进行反应分析

粘滞阻尼

在 12－3 节中，使用正规坐标变换把 N 个耦合的线性有阻尼运动方程

$$\boldsymbol{m}\ddot{\boldsymbol{v}}(t) + \boldsymbol{c}\dot{\boldsymbol{v}}(t) + \boldsymbol{k}\boldsymbol{v}(t) = \boldsymbol{p}(t) \tag{12-16}$$

转化为 N 个非耦合的方程

$$\ddot{Y}_n(t) + 2\xi_n\omega_n \dot{Y}_n(t) + \omega_n^2 Y_n(t) = \frac{P_n(t)}{M_n} \qquad n=1,2,\cdots,N \tag{12-17}$$

其中

$$M_n = \boldsymbol{\phi}_n^T \boldsymbol{m} \boldsymbol{\phi}_n \qquad P_n(t) = \boldsymbol{\phi}_n^T \boldsymbol{p}(t) \tag{12-18}$$

为了求解这些非耦合的运动方程，必须首先求解特征值问题

$$[\boldsymbol{k} - \omega^2 \boldsymbol{m}]\hat{\boldsymbol{v}} = \boldsymbol{0} \tag{12-19}$$

以得到所需的振型 $\boldsymbol{\phi}_n (n=1,2,\cdots)$ 和相应的频率 ω_n。振型阻尼比 ξ_n 通常根据实验现象进行假定。

现在，可以通过求解 N 个非耦合的振型方程并将它们的效应叠加，得到多自由度体系的总反应，如方程(12－3)所示。方程(12－17)中的每一个都是一个标准的单自由度运动方程，可以采用第 6 章叙述的时域方法或频域方法进行求解。可由 Duhamel 积分表示时域解答[参见公式(6－7)]：

---

① 这里的振型运动方程，严格说来应该称为第 n 振型广义坐标运动方程，为方便叙述，作者也将其简称为振型方程。——译者

$$Y_n(t)=\frac{1}{M_n\omega_n}\int_0^t P_n(\tau)\exp[-\xi_n\omega_n(t-\tau)]\sin\omega_{Dn}(t-\tau)\mathrm{d}\tau \tag{12-20}$$

也可以把它写成标准的卷积积分形式：

$$Y_n(t)=\int_0^t P_n(\tau)h_n(t-\tau)\mathrm{d}\tau \tag{12-21}$$

其中

$$h_n(t-\tau)=\frac{1}{M_n\omega_{Dn}}\sin\omega_{Dn}(t-\tau)\exp[-\xi_n\omega_n(t-\tau)] \qquad 0<\xi_n<1 \tag{12-22}$$

为类似公式(6-8)的单位脉冲反应函数。

在频域中，可类似于式(6-24)形式得到反应

$$Y_n(t)=\frac{1}{2\pi}\int_{-\infty}^{\infty}H_n(i\bar{\omega})P_n(i\bar{\omega})\exp i\bar{\omega}t\,\mathrm{d}\bar{\omega} \tag{12-23}$$

在此式中，复荷载函数 $P_n(i\bar{\omega})$ 是振型荷载 $P_n(t)$ 的 Fourier 变换。与式(6-23)类似，复荷载函数可由下式给出：

$$P_n(i\bar{\omega})=\int_{-\infty}^{\infty}P_n(t)\exp(-i\bar{\omega}t)\mathrm{d}t \tag{12-24}$$

同样，在式(12-23)中，类似于式(6-25)可将复频反应函数 $H_n(i\bar{\omega})$ 如下表达：

$$\begin{aligned}H_n(i\bar{\omega})&=\frac{1}{\omega_n^2M_n}\left[\frac{1}{(1-\beta_n^2)+i(2\xi_n\beta_n)}\right]\\&=\frac{1}{\omega_n^2M_n}\left[\frac{(1-\beta_n^2)-i(2\xi_n\beta_n)}{(1-\beta_n^2)^2+(2\xi_n\beta_n)^2}\right] \qquad \xi_n\geqslant 0\end{aligned} \tag{12-25}$$

在这些函数中，$\beta_n\equiv\bar{\omega}/\omega_n$，$\omega_{Dn}=\omega_n\sqrt{1-\xi_n^2}$。正如前面式(6-53)和式(6-54)指出的，$h_n(t)$ 和 $H_n(i\bar{\omega})$ 是 Fourier 变换对。对于任何一般的振型荷载，在假设零初始条件(即 $Y_n=\dot{Y}_n=0$)下求解式(12-20)或式(12-23)，就可以得到 $t\geqslant 0$ 时的振型反应 $Y_n(t)$。如果初始条件不等于零，则必须将有阻尼自由振动反应[公式(2-49)]

$$Y_n(t)=\left[Y_n(0)\cos\omega_{Dn}t+\left(\frac{\dot{Y}_n(0)+Y_n(0)\xi_n\omega_n}{\omega_{Dn}}\right)\sin\omega_{Dn}t\right]\exp(-\xi_n\omega_nt) \tag{12-26}$$

添加到由式(12-20)或式(12-23)给出的受迫振动反应上。采用式(12-6)和式(12-7)，可以根据 $\boldsymbol{v}(0)$ 和 $\dot{\boldsymbol{v}}(0)$ 得到式(12-26)中的初始条件：

$$Y_n(0)=\frac{\boldsymbol{\phi}_n^{\mathrm{T}}\boldsymbol{m}\boldsymbol{v}(0)}{\boldsymbol{\phi}_n^{\mathrm{T}}\boldsymbol{m}\boldsymbol{\phi}_n} \tag{12-27}$$

$$\dot{Y}_n(0)=\frac{\boldsymbol{\phi}_n^{\mathrm{T}}\boldsymbol{m}\,\dot{\boldsymbol{v}}(0)}{\boldsymbol{\phi}_n^{\mathrm{T}}\boldsymbol{m}\boldsymbol{\phi}_n} \tag{12-28}$$

在使用式(12-20)[或式(12-23)]和式(12-26)得到每一个振型的总反应 $Y_n(t)$ 之后，采用几何坐标表示的位移可以通过式(12-2)得到

$$\boldsymbol{v}(t)=\boldsymbol{\phi}_1Y_1(t)+\boldsymbol{\phi}_2Y_2(t)+\cdots+\boldsymbol{\phi}_NY_N(t) \tag{12-29}$$

此式将各振型位移的贡献叠加了起来，因此通常将这种方法称为振型叠加法。

需要注意的是，对于大多数荷载类型，通常低阶振型的位移贡献最大，而高阶振型的贡献则趋于减小。因此，在叠加过程中将所有高阶振型的振动都包括进来是不必要的；当已经得到所需要精度的反应时，就可以截断级数。另外，还需记住的是，在预测振动的高阶振型时，任何复杂结构体系的数学抽象都是趋于不可靠的，基于此原因，在动力反应分析时也要限制振型参与的数目。

可以认为，在向量 $\boldsymbol{v}(t)$ 中位移时程是结构对动力荷载总反应的基本测度。通常，各种结构构件的其他反应参数，例如应力或者内力，可以直接根据位移进行计算。例如，抵抗结构变形的弹性力 $\boldsymbol{f}_S$ 就可以直接由下式给出：

$$\boldsymbol{f}_S(t)=\boldsymbol{k}\boldsymbol{v}(t)=\boldsymbol{k}\boldsymbol{\Phi}\boldsymbol{Y}(t) \tag{12-30}$$

当通过特征值方程的柔度形式[式(11－17)]来确定频率和振型时，弹性力的另外一种表达式可能是有用的。用振型贡献写出式(12－30)为

$$\boldsymbol{f}_S(t)=\boldsymbol{k}\boldsymbol{\phi}_1 Y_1(t)+\boldsymbol{k}\boldsymbol{\phi}_2 Y_2(t)+\boldsymbol{k}\boldsymbol{\phi}_3 Y_3(t)+\cdots \tag{12-31}$$

将式(11－39)代入，导出

$$\boldsymbol{f}_S(t)=\omega_1^2\boldsymbol{m}\boldsymbol{\phi}_1 Y_1(t)+\omega_2^2\boldsymbol{m}\boldsymbol{\phi}_2 Y_2(t)+\omega_3^2\boldsymbol{m}\boldsymbol{\phi}_3 Y_3(t)+\cdots \tag{12-32}$$

将这个级数写成矩阵形式

$$\boldsymbol{f}_S(t)=\boldsymbol{m}\boldsymbol{\Phi}\{\omega_n^2 Y_n(t)\} \tag{12-33}$$

这里，$\{\omega_n^2 Y_n(t)\}$表示一个振型幅值向量，其中每个元素都乘以了振型频率的平方。

在式(12－33)中，用一个等效的振型惯性力表达式取代了与每个振型分量相关的弹性力。从自由振动平衡方程[式(11－39)]可以看出这些表达式的等效性。然而，需要注意的是，这种等效任何时候都成立，即使是进行静力分析时也是如此。

在式(12－33)中，每一个振型的贡献都乘了振型频率的平方，显然高阶振型对于结构内力反应的影响要比对位移反应的影响大得多。因此，要想得到任何所需精度的内力，就必须考虑比位移反应更多的振型分量。

例题 E12－1　使用例题 E11－1(图 E11－1)中的三层框架结构来说明振型叠加法的各个方面。为了方便起见，将该结构的物理特性和振动特性总结如下：

$$\boldsymbol{m}=\begin{bmatrix}1.0 & 0 & 0\\ 0 & 1.5 & 0\\ 0 & 0 & 2.0\end{bmatrix}\text{kips}\cdot\text{s}^2/\text{in}$$

$$\boldsymbol{k}=600\times\begin{bmatrix}1 & -1 & 0\\ -1 & 3 & -2\\ 0 & -2 & 5\end{bmatrix}\text{kips/in}$$

$$\boldsymbol{\omega}=\begin{Bmatrix}14.522\\ 31.048\\ 46.100\end{Bmatrix}\text{rad/s}$$

$$\boldsymbol{\Phi}=\begin{bmatrix}1.0000 & 1.0000 & 1.0000\\ 0.6486 & -0.6066 & -2.5405\\ 0.3018 & -0.6790 & 2.4382\end{bmatrix} \tag{a}$$

假设结构是无阻尼的，现在可以根据下列任选的初始条件来计算自由振动：

$$\boldsymbol{v}(t=0)=\begin{Bmatrix}0.5\\ 0.4\\ 0.3\end{Bmatrix}\text{in}\quad \dot{\boldsymbol{v}}(t=0)=\begin{Bmatrix}0\\ 9\\ 0\end{Bmatrix}\text{in/s} \tag{b}$$

由式(12－5)这样形式的等式给出与初始位移相关的振型坐标幅值，将全部式子写成矩阵形式，可得

$$\boldsymbol{Y}(t=0)=\boldsymbol{M}^{-1}\boldsymbol{\Phi}^{\mathrm{T}}\boldsymbol{m}\boldsymbol{v}(t=0) \tag{c}$$

[通过将式(12－31)和式(12－2)进行组合也可导出此式。]根据上面给出的质量和振型数据，广义质量矩阵为

$$\boldsymbol{M}=\begin{bmatrix}1.8131 & 0 & 0\\ 0 & 2.4740 & 0\\ 0 & 0 & 22.596\end{bmatrix} \tag{d}$$

这里需要注意得是，这些项与例题 E11－3 中所计算的规格化系数相同。将这些项的倒数[①]与振型的转置及质量矩阵相乘，得到

$$\boldsymbol{M}^{-1}\boldsymbol{\Phi}^{\mathrm{T}}\boldsymbol{m}=\begin{bmatrix}0.5515 & 0.5365 & 0.3330\\ 0.4042 & -0.3678 & -0.5489\\ 0.0443 & -0.1687 & 0.2159\end{bmatrix}$$

因此，由这些矩阵积和指定的初始位移即可给出初始振型坐标幅值

$$\boldsymbol{Y}(t=0)=\boldsymbol{M}^{-1}\boldsymbol{\Phi}^{\mathrm{T}}\boldsymbol{m}\begin{Bmatrix}0.5\\ 0.4\\ 0.3\end{Bmatrix}=\begin{Bmatrix}0.5903\\ -0.1097\\ 0.0194\end{Bmatrix}\text{in} \tag{e}$$

而将上述矩阵积和给定的初始速度相乘，可以得到振型坐标速度

$$\dot{\boldsymbol{Y}}(t=0)=\boldsymbol{M}^{-1}\boldsymbol{\Phi}^{\mathrm{T}}\boldsymbol{m}\begin{Bmatrix}0\\ 9\\ 0\end{Bmatrix}=\begin{Bmatrix}4.829\\ -3.310\\ -1.519\end{Bmatrix}\text{in/s} \tag{f}$$

无阻尼结构每一个振型坐标的自由振动反应形式为

$$Y_n(t)=\frac{\dot{Y}_n(t=0)}{\omega_n}\sin\omega_n t+Y_n(t=0)\cos\omega_n t \tag{g}$$

因此，使用上面计算的振型坐标初始条件及振型频率，可得

$$\begin{Bmatrix}Y_1(t)\\ Y_2(t)\\ Y_3(t)\end{Bmatrix}=\begin{Bmatrix}0.3325\sin\omega_1 t\\ -0.1066\sin\omega_2 t\\ -0.0329\sin\omega_3 t\end{Bmatrix}+\begin{Bmatrix}0.5903\cos\omega_1 t\\ -0.1097\cos\omega_2 t\\ 0.0194\cos\omega_3 t\end{Bmatrix} \tag{h}$$

---

① 因为广义质量矩阵是对角的，因此其逆矩阵仅需将原矩阵对角线元素改为倒数即可。——译者

根据这些振型的结果，最终可以由叠加关系 $\mathbf{v}(t)=\boldsymbol{\Phi}\mathbf{Y}(t)$ 获得每层的自由振动反应。显然，每层的运动都包含了结构每个自频的贡献。

例题 E12－2 作为振型叠加的另外一个示例，下面计算图 E11－1 中结构对正弦脉冲型爆炸压力荷载的反应。为此目的，可以将荷载表示为

$$\begin{Bmatrix} p_1(t) \\ p_2(t) \\ p_3(t) \end{Bmatrix} = \begin{Bmatrix} 1 \\ 2 \\ 2 \end{Bmatrix} (500\ \text{kips}) \cos \frac{\pi}{t_1} t$$

其中 $t_1=0.02\ \text{s}$，$-\frac{t_1}{2}<t<\frac{t_1}{2}$。

由于荷载持续时间很短，可以假设每一个振型反应是自由振动，其幅值由图 5－6 的单位脉冲位移反应谱来确定。因此，在反应的早期阶段，如果阻尼效应可以忽略不计，则振型反应可以表示为

$$Y_n(t)=D_n \frac{P_{0n}}{K_n} \sin \omega_n t \tag{a}$$

式中，

$$K_n=M_n\omega_n^2 \qquad P_{0n}=\boldsymbol{\phi}_n^{\mathrm{T}} \begin{Bmatrix} 1 \\ 2 \\ 2 \end{Bmatrix} \times 500\ \text{kips}$$

使用例题 E11－1 和 E11－3 中总结的数据，可得出

$$\begin{Bmatrix} K_1 \\ K_2 \\ K_3 \end{Bmatrix} = \begin{Bmatrix} 1.813\,1\ \omega_1^2 \\ 2.474\,0\ \omega_2^2 \\ 22.596\ \omega_3^2 \end{Bmatrix} = \begin{Bmatrix} 382.36 \\ 2\,384.9 \\ 48\,019 \end{Bmatrix} \text{kips/in} \tag{b}$$

$$\begin{Bmatrix} P_1 \\ P_2 \\ P_3 \end{Bmatrix} = \boldsymbol{\Phi}^{\mathrm{T}} \begin{Bmatrix} 500 \\ 1\,000 \\ 1\,000 \end{Bmatrix} = \begin{Bmatrix} 1\,450.40 \\ -785.59 \\ 397.80 \end{Bmatrix} \text{kips} \tag{c}$$

以及该结构振型的脉冲长度-周期比为

$$\begin{Bmatrix} \dfrac{t_1}{T_1} \\ \dfrac{t_1}{T_2} \\ \dfrac{t_1}{T_3} \end{Bmatrix} = \frac{0.02}{2\pi} \begin{Bmatrix} \omega_1 \\ \omega_2 \\ \omega_3 \end{Bmatrix} = \begin{Bmatrix} 0.046 \\ 0.099 \\ 0.147 \end{Bmatrix}$$

根据图 5－6，可以给出如下振型动力放大系数：

$$\begin{Bmatrix} D_1 \\ D_2 \\ D_3 \end{Bmatrix} = \begin{Bmatrix} 0.186\,5 \\ 0.411\,4 \\ 0.642\,3 \end{Bmatrix} \tag{d}$$

因此，将式(b)～式(d)中的结果代入式(a)，可导得

$$\begin{Bmatrix} Y_1(t) \\ Y_2(t) \\ Y_3(t) \end{Bmatrix} = \begin{Bmatrix} 0.7074\sin\omega_1 t \\ -0.1355\sin\omega_2 t \\ 0.0053\sin\omega_3 t \end{Bmatrix} \text{in} \tag{e}$$

应该注意，因为对于每个振型而言，该振型在顶层的幅值为 1，所以顶层运动只是式(e)中的振型表达式之和。可是对于其他层，例如第二层，则必须考虑该层的相对振型位移，也就是说，振型叠加表达式变为

$$\begin{aligned} v_2(t) &= \sum \phi_{2n} Y_n(t) \\ &= (0.4588\ \text{in})\sin\omega_1 t + (0.0822\ \text{in})\sin\omega_2 t - \\ &\quad (0.0135\ \text{in})\sin\omega_3 t \end{aligned} \tag{f}$$

类似地，由式(12－32)给出了在爆炸荷载作用下该结构所产生的弹性力，对于这个集中质量体系，第二层的弹性力可如下计算：

$$\begin{aligned} f_{S2}(t) &= \sum m_2 \omega_n^2 Y_n(t)\phi_{2n} \\ &= (145.13\ \text{kips})\sin\omega_1 t + (118.87\ \text{kips})\sin\omega_2 t - \\ &\quad (43.11\ \text{kips})\sin\omega_3 t \end{aligned} \tag{g}$$

对比式(f)和式(g)，可以明显看出高阶振型对于力的贡献要比对于位移的贡献显著得多。

复刚度阻尼

正如 3－7 节所指出的，方程(12－17)所表示的线性粘滞阻尼形式具有严重的缺点，因为在固定的位移幅值下，每周的能量损失取决于反应的频率，参见式(3－61)。这种情况是与实际不符的，大量的实验证据表明，每周能量损失基本上与频率无关。因此，在频域中求解解耦的正规振型运动方程，使用复刚度阻尼要比使用粘滞阻尼更好。使用复刚度阻尼时，每周能量损失将与频率无关，参见式(3－84)。

采用由式(3－79)所给形式的复广义刚度阻尼类型来产生这种改变，也即采用

$$\hat{K}_n = K_n(1 + i2\xi_n) \tag{12-34}$$

其中

$$K_n = \omega_n^2 M_n \tag{12-35}$$

则反应将由式(12－23)得出，其中采用了复频反应传递函数

$$H_n(i\overline{\omega}) = \frac{1}{\omega_n^2 M_n}\left[\frac{1}{(1-\beta_n^2) + i(2\xi_n)}\right] = \frac{1}{\omega_n^2 M_n}\left[\frac{(1-\beta_n^2) - i(2\xi_n)}{(1-\beta_n^2)^2 + (2\xi_n)^2}\right] \tag{12-36}$$

胜于对粘滞阻尼[可参见式(6－46)]由式(12－25)所给相应的传递函数。在此传递函数和式(12－25)的传递函数中，所有量的含义是相同的。

采用式(12－23)、式(12－24)和式(12－36)得到感兴趣的每个正规振型(有

限的低阶振型数目)的受迫振动反应 $Y_n(t)$之后,将其与式(12-26)的自由振动反应相加就可以给出总反应,然后就能进一步通过式(12-29)叠加得到位移向量 $\boldsymbol{v}(t)$,并通过式(12-30)或式(12-33)得到弹性力向量 $\boldsymbol{f}_S(t)$。

例题 E12-3 图 E11-1 所示的框架顶层上放置一个机械激振器,使结构承受幅值为 p_0、频率为 $\bar{\omega}$ 的谐振侧向荷载作用,也即引起的力为

$$p_1(t)=p_0\sin(\bar{\omega}t) \tag{a}$$

当激振器在 $p_0=3$ kips 和 $\bar{\omega}=4\pi$ rad/s 下运行时,计算在结构的 1、2、3 层产生的加速度稳态幅值和底层总剪力的幅值。假设粘滞阻尼和复刚度阻尼两种不同形式下的临界阻尼比均为 5%。

采用式(a)和式(2-23b)中的第二式,并注意到外力向量 $\boldsymbol{p}(t)$的分量 $p_2(t)$和 $p_3(t)$等于零,一个可能状态是

$$\boldsymbol{p}(t)=-\frac{p_0}{2}i[\exp(i\bar{\omega}t)-\exp(-i\bar{\omega}t)]\cdot\begin{pmatrix}1\\0\\0\end{pmatrix} \tag{b}$$

将式(b)和图 E11-2 中的三个振型向量 $\boldsymbol{\phi}_n$ 分别代入式(12-12c)中,则对于每一个振型得出相同的广义荷载表达式

$$P_n(t)=-\frac{p_0}{2}i[\exp(i\bar{\omega}t)-\exp(-i\bar{\omega}t)]\qquad n=1,2,3 \tag{c}$$

既然上式右端的每一项均代表一个离散的谐振荷载,则每一个正规振型坐标的稳态反应 $Y_n(t)$可以由各离散的谐振力与其相应的复频反应传递函数相乘得到,其中对于粘滞阻尼和复刚度阻尼,分别采用式(12-25)和式(12-36)的复频反应传递函数。完成上述步骤之后,对于粘滞阻尼情况,可以得到

$$\begin{aligned}Y_n(t)=-\frac{p_0}{2}\frac{i}{K_n}\Bigg\{&\left[\frac{(1-\beta_n^2)-i(2\xi_n\beta_n)}{(1-\beta_n^2)^2+(2\xi_n\beta_n)^2}\right]\exp(i\bar{\omega}t)-\\&\left[\frac{(1-\beta_n^2)+i(2\xi_n\beta_n)}{(1-\beta_n^2)^2+(2\xi_n\beta_n)^2}\right]\exp(-i\bar{\omega}t)\Bigg\}\qquad n=1,2,3\end{aligned} \tag{d}$$

对于复刚度阻尼情况,可以得到

$$\begin{aligned}Y_n(t)=-\frac{p_0}{2}\frac{i}{K_n}\Bigg\{&\left[\frac{(1-\beta_n^2)-i(2\xi_n)}{(1-\beta_n^2)^2+(2\xi_n)^2}\right]\exp(i\bar{\omega}t)-\\&\left[\frac{(1-\beta_n^2)+i(2\xi_n)}{(1-\beta_n^2)^2+(2\xi_n)^2}\right]\exp(-i\bar{\omega}t)\Bigg\}\qquad n=1,2,3\end{aligned} \tag{e}$$

使用以下数据:$p_0=3$ kips,$\bar{\omega}=4\pi$;例题 E12-2 中式(b)给出的 K_n 值;关系式 $\beta_n=\bar{\omega}/\omega_n$ 及例题 E12-1 中式(a)所给 ω_n 的相应值;对于所有的 $n(n=1,2,3)$值,$\xi_n=0.05$;采用式(2-23a)及前面的式(d)和式(e),将指数表达式转化成三角形式,得到

$$Y_1(t)=\begin{cases}(-9.879\cos 4\pi t+28.381\sin 4\pi t)\times10^{-3}\text{ in} & \text{(d)}\\(-11.005\cos 4\pi t+27.399\sin 4\pi t)\times10^{-3}\text{ in} & \text{(e)}\end{cases}$$

$$Y_2(t)=\begin{cases}(-0.073\cos 4\pi t+1.506\sin 4\pi t)\times 10^{-3}\ \text{in} & \text{(d)}\\ (-0.178\cos 4\pi t+1.488\sin 4\pi t)\times 10^{-3}\ \text{in} & \text{(e)}\end{cases}$$

$$Y_3(t)=\begin{cases}(-0.002\cos 4\pi t+0.066\sin 4\pi t)\times 10^{-3}\ \text{in} & \text{(d)}\\ (-0.007\cos 4\pi t+0.065\sin 4\pi t)\times 10^{-3}\ \text{in} & \text{(e)}\end{cases}$$

将上面的式(d)和式(e)分别代入式(12-29)，当 $N=3$ 时，对于粘滞阻尼情况，得到

$$\begin{aligned} v_1(t)&=(-9.954\cos\bar{\omega}t+29.953\sin\bar{\omega}t)\times 10^{-3}\ \text{in}\\ v_2(t)&=(-6.313\cos\bar{\omega}t+17.203\sin\bar{\omega}t)\times 10^{-3}\ \text{in}\\ v_3(t)&=(-2.920\cos\bar{\omega}t+7.659\sin\bar{\omega}t)\times 10^{-3}\ \text{in}\end{aligned}\qquad \text{(f)}$$

对于复刚度阻尼情况，有

$$\begin{aligned} v_1(t)&=(-11.190\cos\bar{\omega}t+28.952\sin\bar{\omega}t)\times 10^{-3}\ \text{in}\\ v_2(t)&=(-6.963\cos\bar{\omega}t+16.584\sin\bar{\omega}t)\times 10^{-3}\ \text{in}\\ v_3(t)&=(-3.199\cos\bar{\omega}t+7.375\sin\bar{\omega}t)\times 10^{-3}\ \text{in}\end{aligned}\qquad \text{(g)}$$

将式(f)和式(g)中的系数求平方和再开方，可以得出每种阻尼情况的位移幅值；若乘以 $16\pi^2(\bar{\omega}^2)$，将得出所需要的加速度幅值：

$$\begin{aligned} &\bar{\ddot{v}}_1=4.98\quad \bar{\ddot{v}}_2=2.89\quad \bar{\ddot{v}}_3=1.29\ \text{in/s}^2\quad \text{粘滞阻尼}\\ &\bar{\ddot{v}}_1=4.90\quad \bar{\ddot{v}}_2=2.84\quad \bar{\ddot{v}}_3=1.27\ \text{in/s}^2\quad \text{复刚度阻尼}\end{aligned}\qquad \text{(h)}$$

底层总剪力 $\bar{V}$ 的幅值是位移幅值 $\bar{v}_3$ 和底层弹簧常数 1 800 kips/in(参见图 E11-1)的乘积，因而得到

$$\begin{aligned} &\bar{V}=14.75\ \text{kips}\quad \text{粘滞阻尼}\\ &\bar{V}=14.47\ \text{kips}\quad \text{复刚度阻尼}\end{aligned}\qquad \text{(i)}$$

在上面的例题 E12-3 中，荷载是简谐形式，这种形式使得采用适当的频域传递函数很容易求解。但是，如果向量 $\boldsymbol{p}(t)$ 中的每一个分量是任意形式的非周期函数，则按照式(12-12c)将得到相应的非周期正规坐标广义荷载 $P_n(t)$ $(n=1,2,3)$，这样就有必要采用第 6 章介绍的快速 Fourier 变换(FFT)方法将式(12-24)表示的每个广义荷载进行 Fourier 变换，从而依照 $N=2^\gamma$ 得到 $N-1$ 个离散谐波，其中 γ 是适当选择的整数，可参见图 6-4 中解答的讨论。对于每个正规坐标 $Y_n(t)$ $(n=1,2,3)$ 假设为零初始条件，如例题 E12-3 所阐明的，将 $P_n(t)$ 中的每个离散谐波乘以相应的复频反应传递函数，可以得到 $t=0$ 之后的反应时程。将 $N-1$ 个乘积相加可得到 $Y_n(t)$。对于所有的 $n=1,2,3$，执行上述步骤，然后采用例题 E12-3 中的叠加法，即可得到反应时程 $\boldsymbol{v}(t)$。

§12-5　比例粘滞阻尼矩阵的建立

Rayleigh 阻尼

如上所述,用阻尼矩阵的方法来表示一个典型粘滞阻尼多自由度体系的阻尼通常不是必需的,因为采用振型阻尼比 $\xi_n(n=1,2,\cdots,N)$ 来表达更为方便。然而,至少在两种动力分析情况下由解耦的振型反应叠加不可能得到反应,因此由阻尼比不可能表达阻尼——用一个显式的阻尼矩阵来替代是必要的。这两种情况是:(1)非线性反应,这种情况下振型是不固定的,而是随着刚度的变化而改变的;(2)非比例阻尼线性体系的分析。对于这两种情况,确定所需要的阻尼矩阵的最有效方法是首先计算一个或多个比例阻尼矩阵。在进行非线性分析时,对于体系的初始弹性状态(发生非线性变形之前)定义这个比例阻尼矩阵是适当的,并且假设在反应过程中,即使刚度发生改变,而且除了粘滞阻尼损失以外还产生了滞变能量损失,该阻尼特性仍然保持恒定。对于阻尼是非比例的情况,如后面节中解释的,可以通过集成一组适当导出的比例阻尼矩阵来建立相应的非比例阻尼矩阵。因此,对于这两种情况,导出合理的比例阻尼矩阵是必要的。

显然,建立比例阻尼矩阵的最简单方法是使其与质量矩阵或者刚度矩阵成比例,因为无阻尼振型对质量和刚度都是正交的。因而,阻尼矩阵可以表示为

$$\boldsymbol{c}=a_0\boldsymbol{m} \quad 或 \quad \boldsymbol{c}=a_1\boldsymbol{k} \tag{12-37a}$$

其中比例常数 a_0 和 a_1 的单位分别是 s^{-1} 和 s,相应的阻尼称为质量比例阻尼或刚度比例阻尼,有关特性可以通过计算各自的广义振型阻尼值而得到[参看式(12-15a)]

$$C_n=\boldsymbol{\phi}_n^{\mathrm{T}}\boldsymbol{c}\boldsymbol{\phi}_n=a_0\boldsymbol{\phi}_n^{\mathrm{T}}\boldsymbol{m}\boldsymbol{\phi}_n \quad 或 \quad a_1\boldsymbol{\phi}_n^{\mathrm{T}}\boldsymbol{k}\boldsymbol{\phi}_n \tag{12-37b}$$

或者与式(12-15b)结合

$$2\omega_n M_n\xi_n=a_0M_n \quad 或 \quad a_1K_n \quad (其中\ K_n=\omega_n^2M_n) \tag{12-37c}$$

从中可以得到

$$\xi_n=\frac{a_0}{2\omega_n} \quad 或 \quad \xi_n=\frac{a_1\omega_n}{2} \tag{12-37d}$$

这些式子表明,对于质量比例阻尼,阻尼比与频率成反比;而对于刚度比例阻尼,阻尼比与频率成正比。在这点上必须注意,即使在非耦合的运动方程中只包含了有限的振型,动力反应也通常包括来自所有 N 个振型的贡献。因此,当多自由度体系主要振型的频率范围很宽时,上面两种类型的阻尼矩阵都不再适用,因为不适当的阻尼比将使不同振型的相对幅值发生严重的畸变。

如果假设阻尼与质量矩阵和刚度矩阵的组合成比例,则可以得到一个明显的改进结果,一种组合是将式(12-37a)中的两个表达式相加:

$$\boldsymbol{c}=a_0\boldsymbol{m}+a_1\boldsymbol{k} \tag{12-38a}$$

这种阻尼称为 Rayleigh 阻尼,以 Rayleigh 勋爵名字命名是由于他首先应用。通过与式(12-37b)到式(12-37d)的类似推导,显然可以从 Rayleigh 阻尼得出阻尼比与频率的下述关系:

$$\xi_n = \frac{a_0}{2\omega_n} + \frac{a_1\omega_n}{2} \tag{12-38b}$$

式(12－37d)和式(12－38b)表示的阻尼比与频率之间的关系如图 12－2 所示。

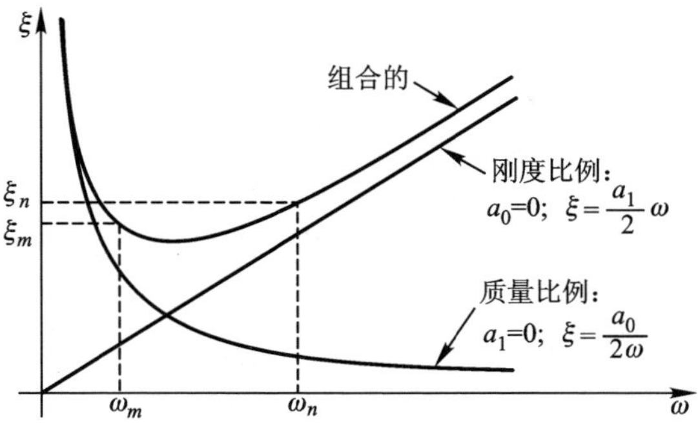

图 12－2　阻尼比与频率的关系(Rayleigh 阻尼)

显然，如果已知与两个特定的频率(振型)ω_m，ω_n 相关的阻尼比 ξ_m，ξ_n，就可以通过求解一对联立方程得到两个 Rayleigh 阻尼的系数 a_0 和 a_1。对这两种情况分别重写式(12－38b)，并将这两个方程表示成矩阵形式，可得

$$\begin{Bmatrix} \xi_m \\ \xi_n \end{Bmatrix} = \frac{1}{2}\begin{bmatrix} 1/\omega_m & \omega_m \\ 1/\omega_n & \omega_n \end{bmatrix}\begin{Bmatrix} a_0 \\ a_1 \end{Bmatrix} \tag{12-39}$$

联立求解得出的系数为

$$\begin{Bmatrix} a_0 \\ a_1 \end{Bmatrix} = 2\,\frac{\omega_m\omega_n}{\omega_n^2-\omega_m^2}\begin{bmatrix} \omega_n & -\omega_m \\ -1/\omega_n & 1/\omega_m \end{bmatrix}\begin{Bmatrix} \xi_m \\ \xi_n \end{Bmatrix} \tag{12-40}$$

在计算出这些系数之后，就可以给出所需指定频率的阻尼比值，然后采用 Rayleigh 阻尼表达式(12－38a)即可得出比例阻尼矩阵，如图 12－2 所示。

因为很少能够得到阻尼比随频率变化的详细信息，因此通常假设应用于两个控制频率的阻尼比相同，即 $\xi_m=\xi_n\equiv\xi$。对于这种情况，由式(12－40)的简化形式给出比例系数：

$$\begin{Bmatrix} a_0 \\ a_1 \end{Bmatrix} = \frac{2\xi}{\omega_m+\omega_n}\begin{Bmatrix} \omega_m\omega_n \\ 1 \end{Bmatrix} \tag{12-41}$$

在将上述比例阻尼矩阵推导过程付诸实践时，建议 ω_m 通常取多自由度体系的基频，而 ω_n 则在对动力反应有显著贡献的高阶振型中选取。这种推导能够保证对于这两个振型可以得到所需要的阻尼比(即 $\xi_1=\xi_n=\xi$)。这样，如图 12－2 所示，在这两个指定频率之间的频率所对应的振型将具有较低的阻尼比，而频率大于 ω_n 的所有振型的阻尼比将大于 ξ_n，并随频率的增加而单调递增。这种情况的最终结果是：具有很高频率的振型反应将因其高阻尼比而被有效地消除。

例题 E12－4　对于例题 E11－1 中的结构，确定显式的阻尼矩阵，使得第一和第三阶振型的阻尼比为临界阻尼的 5%。假设是 Rayleigh 阻尼，并采用例题

E12－1中列出的频率数据，从而可以根据式(12－39)计算比例系数 a_0 和 a_1：

$$\begin{Bmatrix}\xi_1\\ \xi_3\end{Bmatrix}=\begin{Bmatrix}0.05\\ 0.05\end{Bmatrix}=\frac{1}{2}\begin{bmatrix}\frac{1}{14.522} & 14.522\\ \frac{1}{46.100} & 46.100\end{bmatrix}\begin{Bmatrix}a_0\\ a_1\end{Bmatrix}$$

从中得到

$$\begin{Bmatrix}a_0\\ a_1\end{Bmatrix}=\begin{Bmatrix}1.1042\\ 0.00165\end{Bmatrix}$$

因此，$\boldsymbol{c}=1.1042\boldsymbol{m}+0.00165\boldsymbol{k}$；或者，使用例题E12－1中列出的矩阵

$$\boldsymbol{c}=\begin{bmatrix}2.094 & -0.990 & 0\\ -0.990 & 4.626 & -1.980\\ 0 & -1.980 & 7.157\end{bmatrix}\ \text{kips}\cdot\text{s/in}$$

现在，感兴趣的是以上矩阵在第二振型产生的阻尼比是多少。引入式(12－38b)中的第二振型频率，并将其写成矩阵形式

$$\xi_2=\frac{1}{2}\begin{pmatrix}\frac{1}{31.048} & 31.048\end{pmatrix}\begin{Bmatrix}a_0\\ a_1\end{Bmatrix}$$

然后代入上面求出的 a_0 和 a_1 的值，得到

$$\xi_2=0.0434=4.34\%$$

因此，即使只是给定了第一和第三阶阻尼比，上面推导的第二振型阻尼比的值也是合理的。

拓展的 Rayleigh 阻尼

用来建立 Rayleigh 阻尼的质量矩阵和刚度矩阵不是唯一地满足自由振动振型正交性条件的矩阵。事实上，前面式(11－44)已经表明有无穷多个矩阵具有这一特性。因此，比例阻尼矩阵可以由这些矩阵的任意组合来构成，如下式：

$$\boldsymbol{c}=\boldsymbol{m}\sum_b a_b[\boldsymbol{m}^{-1}\boldsymbol{k}]^b\equiv\sum_b\boldsymbol{c}_b \tag{12－42}$$

其中，系数 a_b 是任意的。显然，在式(12－42)中如果只保留 $b=0$ 和 $b=1$ 的项，即可得到 Rayleigh 阻尼。通过在级数中保留附加项，可以构造具有与指定频率 ω_n 对应阻尼比 ξ_n 的任何所需要的比例阻尼矩阵，此时频率的数目与式(12－42)中级数的项数相同。

为了理解上述方法，考虑任意正规振型"n"的广义阻尼值 C_n[参见式(12－37b)和式(12－37c)]：

$$C_n=\boldsymbol{\phi}_n^{\mathrm{T}}\boldsymbol{c}\boldsymbol{\phi}_n=2\xi_n\omega_n M_n \tag{12－43}$$

如果由式(12－42)给出表达式中的 $\boldsymbol{c}$，则项 b 对于广义阻尼值的贡献为①

① 式(12－44a)有误，应该是 $C_{nb}=\boldsymbol{\phi}_n^{\mathrm{T}}\boldsymbol{c}_b\boldsymbol{\phi}_n=\boldsymbol{\phi}_n^{\mathrm{T}}a_b\boldsymbol{m}[\boldsymbol{m}^{-1}\boldsymbol{k}]^b\boldsymbol{\phi}_n$。——译者

$$C_{nb}=\boldsymbol{\phi}_n^{\mathrm{T}}\boldsymbol{c}_b\boldsymbol{\phi}_n=a_b\boldsymbol{m}[\boldsymbol{m}^{-1}k]^b\boldsymbol{\phi}_n \tag{12-44a}$$

现在，如果在方程(11－39)($\boldsymbol{k\phi}_n=\omega^2\boldsymbol{m\phi}_n$)的两端同时前乘以 $\boldsymbol{\phi}_n^{\mathrm{T}}\boldsymbol{km}^{-1}$，则结果为

$$\boldsymbol{\phi}_n^{\mathrm{T}}\boldsymbol{km}^{-1}\boldsymbol{k\phi}_n=\omega_n^2\boldsymbol{\phi}_n^{\mathrm{T}}\boldsymbol{k\phi}_n\equiv\omega_n^4M_n$$

通过与此类似的运算，可以证明

$$\boldsymbol{\phi}_n^{\mathrm{T}}\boldsymbol{m}[\boldsymbol{m}^{-1}\boldsymbol{k}]^b\boldsymbol{\phi}_n=\omega_n^{2b}M_n \tag{12-45}$$

因此

$$C_{nb}=a_b\omega_n^{2b}M_n \tag{12-44b}$$

在此基础上，与任意振型 n 相关的广义阻尼值为

$$C_n=\sum_b C_{nb}=\sum_b a_b\omega_n^{2b}M_n=2\xi_n\omega_nM_n$$

从中得出

$$\xi_n=\frac{1}{2\omega_n}\sum_b a_b\omega_n^{2b} \tag{12-46}$$

式(12－46)提供了计算给出任意指定振型数目所需阻尼比所对应常数 a_b 的途径。级数中包括的项数必须与规定的振型阻尼比数目相同。对于每一个阻尼比，列出相应的方程，然后由这些方程的解答给出级数中的常数。从原理上说，b 的值可以在范围 $-\infty<b<\infty$ 中的任何地方；但实践上，这些指数项的值选择得越接近于零越好。例如，为了计算频率为 $\omega_m,\omega_n,\omega_o,\omega_p$ 的任意四阶振型所需阻尼比的系数，在式(12－46)中采用 $b=-1,0,+1$ 和 $+2$，可得

$$\begin{Bmatrix}\xi_m\\ \xi_n\\ \xi_o\\ \xi_p\end{Bmatrix}=\frac{1}{2}\begin{bmatrix}1/\omega_m^2 & 1/\omega_m & \omega_m & \omega_m^3\\ 1/\omega_n^2 & 1/\omega_n & \omega_n & \omega_n^3\\ 1/\omega_o^2 & 1/\omega_o & \omega_o & \omega_o^3\\ 1/\omega_p^2 & 1/\omega_p & \omega_p & \omega_p^3\end{bmatrix}\begin{Bmatrix}a_{-1}\\ a_0\\ a_1\\ a_2\end{Bmatrix} \tag{12-47}$$

当对式(12－47)进行联立求解得出系数 a_{-1}，a_0，a_1 和 a_2 时，则按照式(12－42)叠加四个矩阵(每个矩阵对应一个 b 值)可以得到粘滞阻尼矩阵，该矩阵对于四个指定的频率可以提供四个所需要的阻尼比。图 12－3a 说明了从该矩阵得出的阻尼比与频率的关系。为了简化该图形，这里假设对于所有的四个频率，阻尼比 ξ_x 都相同，但是每一个阻尼比都可以任意指定。此外，ω_m 被指定为基频 ω_1，而 ω_p 被用来近似对反应贡献显著的最高阶振型的频率，ω_n 和 ω_o 则在频率范围内(ω_1 与 ω_p 之间)等区间划分。显然，从图 12－3a 中可以看出：在整个频率范围内，阻尼比与所需要的值 ξ_x 保持接近；在四个指定的频率点上阻尼比是精确的；而在频率范围内的其他频率点上，阻尼比在 ξ_x 的上下有轻微波动。然而，值得注意的是，对于大于 ω_p 的频率，阻尼随频率的增加而单调递增。这具有排除那些频率远大于 ω_p 的任意振型贡献的作用，因此，在反应叠加时不需要考虑这些振型。

尤其值得重视的一点是，在采用式(12－42)推导粘滞阻尼矩阵时只包括三

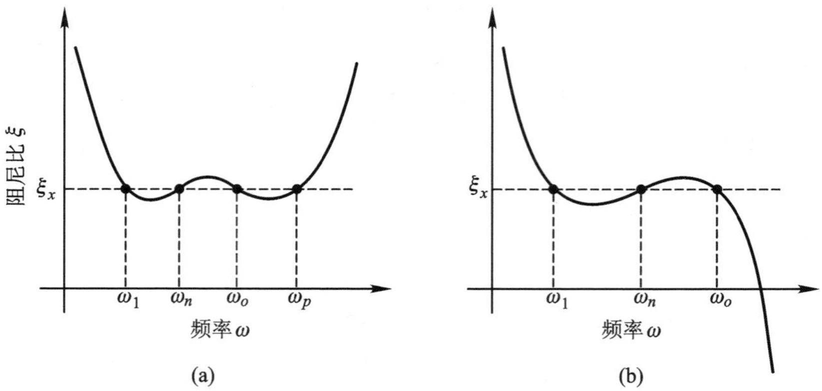

图 12-3 扩展的 Rayleigh 阻尼(阻尼比对频率)

(a)四项解;(b)三项解

项的结果。在这种情况下,可以得到与式(12-47)等价的一个三阶联立方程组。求解系数 a_{-1},a_0,a_1,并将其代入式(12-42),得到的阻尼比与频率的关系如图 12-3b 所示中。由于求解联立方程的需要,可以精确地得到在三个指定频率点上所需要的阻尼比,在介于其间的频率点上也近似得很好。但是,这个结果具有严重的缺欠:频率在大于 ω_o 时,阻尼随频率单调递减,并且对于所有的最高振型频率阻尼是负值。由于在分析中负阻尼振型的贡献将趋于无限制地递增,这种结果是不可接受的,但是实际中当然不可能如此。

从以上分析得出的一般性结论是:只有当式(12-42)中级数的项数为偶数时,扩展的 Rayleigh 阻尼比才能得到有效的利用。在这种情况下,振型叠加反应中只保留计算系数时所用频率范围的振型。然而,如果式(12-42)中级数的项数为奇数(大于 1),频率远大于受控范围的振型将出现负阻尼的情况,从而将使得分析结果无效。

另一种列式

对于计算与任意给定的一组振型阻尼比相关联的阻尼矩阵还有第二种方法可用。从原理上讲,可以对阻尼矩阵用振型矩阵转置前乘和用振型矩阵后乘来得到广义阻尼系数,从而组成完整的对角矩阵来解释这种方法

$$\boldsymbol{C}=\boldsymbol{\Phi}^{\mathrm{T}}\boldsymbol{c}\boldsymbol{\Phi}=2\begin{bmatrix}\xi_1\omega_1M_1 & 0 & 0 & \cdots\\ 0 & \xi_2\omega_2M_2 & 0 & \cdots\\ 0 & 0 & \xi_3\omega_3M_3 & \vdots\\ \vdots & \vdots & \vdots & \vdots\end{bmatrix} \tag{12-48}$$

从上式可以看出,可以通过对矩阵 $\boldsymbol{C}$ 分别前乘振型矩阵转置的逆和后乘振型矩阵的逆得到阻尼矩阵 $\boldsymbol{c}$:

$$(\boldsymbol{\Phi}^{\mathrm{T}})^{-1}\boldsymbol{C}\boldsymbol{\Phi}^{-1}=(\boldsymbol{\Phi}^{\mathrm{T}})^{-1}\boldsymbol{\Phi}^{\mathrm{T}}\boldsymbol{c}\boldsymbol{\Phi}\boldsymbol{\Phi}^{-1}=\boldsymbol{c} \tag{12-49}$$

既然对于任意给定的一组振型阻尼比 ξ_n，可以按照式(12－43)计算矩阵 $\boldsymbol{C}$ 的广义阻尼系数，那么阻尼矩阵 $\boldsymbol{c}$ 也可以用式(12－49)来计算。

但是，实际上因为振型矩阵的求逆需要非常大的计算量，因此这不是一种方便的方法。作为一种替代方法，利用振型对质量矩阵的正交特性却是方便的。由下述关系可得到体系的对角广义质量矩阵：

$$\boldsymbol{M}=\boldsymbol{\Phi}^{\mathrm{T}}\boldsymbol{m}\boldsymbol{\Phi} \tag{12-50}$$

将该式前乘以广义质量矩阵的逆矩阵，得到

$$\boldsymbol{I}=\boldsymbol{M}^{-1}\boldsymbol{M}=(\boldsymbol{M}^{-1}\boldsymbol{\Phi}^{\mathrm{T}}\boldsymbol{m})\boldsymbol{\Phi}=\boldsymbol{\Phi}^{-1}\boldsymbol{\Phi} \tag{12-51}$$

由此显然可见振型矩阵的逆为

$$\boldsymbol{\Phi}^{-1}=\boldsymbol{M}^{-1}\boldsymbol{\Phi}^{\mathrm{T}}\boldsymbol{m} \tag{12-52}$$

对这个式子进行运算，可以得到

$$(\boldsymbol{\Phi}^{\mathrm{T}})^{-1}=\boldsymbol{m}\boldsymbol{\Phi}\boldsymbol{M}^{-1} \tag{12-53}$$

将式(12－52)式和(12－53)代入式(12－49)，得到

$$\boldsymbol{c}=(\boldsymbol{m}\boldsymbol{\Phi}\boldsymbol{M}^{-1})\boldsymbol{C}(\boldsymbol{M}^{-1}\boldsymbol{\Phi}^{\mathrm{T}}\boldsymbol{m}) \tag{12-54}$$

由于矩阵 $\boldsymbol{C}$ 是一个对角矩阵，其元素为 $C_n=2\xi_n\omega_n M_n$，所以式(12－54)的三个中间对角阵的乘积仍然为一个对角阵，其元素为

$$d_n\equiv\frac{2\xi_n\omega_n}{M_n} \tag{12-55}$$

因此式(12－54)可以写为

$$\boldsymbol{c}=\boldsymbol{m}\boldsymbol{\Phi}\boldsymbol{d}\boldsymbol{\Phi}^{\mathrm{T}}\boldsymbol{m}$$

其中 $\boldsymbol{d}$ 是含有元素为 d_n 的对角阵。但是，在分析中更为方便的是注意到每一个振型阻尼比对于阻尼矩阵的贡献都是独立的，即有

$$\boldsymbol{c}_n=\boldsymbol{m}\boldsymbol{\phi}_n d_n\boldsymbol{\phi}_n^{\mathrm{T}}\boldsymbol{m} \tag{12-56a}$$

因而，总阻尼矩阵由各振型贡献之和获得

$$\boldsymbol{c}=\sum_{n=1}^{N}\boldsymbol{c}_n=\boldsymbol{m}\left[\sum_{n=1}^{N}\boldsymbol{\phi}_n d_n\boldsymbol{\phi}_n^{\mathrm{T}}\right]\boldsymbol{m} \tag{12-56b}$$

将式(12－55)代入，上式可以写为

$$\boldsymbol{c}=\boldsymbol{m}\left[\sum_{n=1}^{N}\frac{2\xi_n\omega_n}{M_n}\boldsymbol{\phi}_n\boldsymbol{\phi}_n^{\mathrm{T}}\right]\boldsymbol{m} \tag{12-56c}$$

在这个式子中，每个振型对阻尼矩阵的贡献与振型阻尼比成正比；因此，任何无阻尼振型对阻尼矩阵将没有任何贡献。换句话说，只有那些形成阻尼矩阵的振型有阻尼，而其他振型没有阻尼。

为了避免对无阻尼振型反应不必要的放大，由式(12－56c)提供的阻尼形式只能作为刚度比例阻尼矩阵的补充，因为后者如式(12－37d)的右端所示的阻尼比与振型频率成比例增加，亦即 $\xi=a_1\omega/2$。为了在指定阻尼的最高阶振型频率 ω_c 处提供阻尼比 ξ_c，需要计算刚度比例阻尼矩阵的系数 a_1；因此，从式(12－

37d)可以得出

$$a_1=\frac{2\xi_c}{\omega_c} \tag{12-57a}$$

而在其他频率处的刚度比例阻尼比则为

$$\hat{\xi}_n=\frac{a_1\omega_n}{2}=\xi_c\left(\frac{\omega_n}{\omega_c}\right) \tag{12-57b}$$

因此，如果任意阶振型 n 所需要的总阻尼比为 ξ_n，则显然式(12-56c)类型的阻尼(以 $\bar{\xi}_n$ 表示)需要补充刚度比例阻尼，即阻尼必须为

$$\bar{\xi}_n=\xi_n-\xi_c\left(\frac{\omega_n}{\omega_c}\right) \tag{12-57c}$$

上面推导的最终结果是比例阻尼矩阵 $\boldsymbol{c}$ 由下式给出：

$$\boldsymbol{c}=a_1\boldsymbol{k}+\boldsymbol{m}\left[\sum_{n=1}^{c-1}\frac{2\bar{\xi}_n\omega_n}{M_n}\boldsymbol{\phi}_n\boldsymbol{\phi}_n^{\mathrm{T}}\right]\boldsymbol{m} \tag{12-57d}$$

它提供了小于或等于 ω_c 的频率所需要的振型阻尼比；对于高阶频率，它具有线性递增的阻尼。

非比例阻尼矩阵的建立

前面段落所描述的比例阻尼矩阵适合于大多数结构体系特性的建模，其阻尼机制相当均匀地分布在整个结构中。但是，对于多于一种材料组成的结构，由于不同材料在结构的不同部分提供的能量损失机制差别很大，所以阻尼力的分布将与惯性力和弹性力的分布不同；换句话说，这种情况导致的阻尼将不是成比例的。

用与上面建立比例阻尼矩阵类似的方法，可以建立非比例阻尼矩阵。对于每一个明显的结构组成部分都建立一个比例阻尼矩阵，然后将其直接集装即可形成组合的体系矩阵。下面参照图 12-4 来解释这种方法，图 12-4 描绘了一个位于五层钢筋混凝土框架顶部的五层钢框架，如图所示，假设钢框架本身的临界振型阻尼为 5%，而混凝土框架本身的临界振型阻尼为 10%[①]。

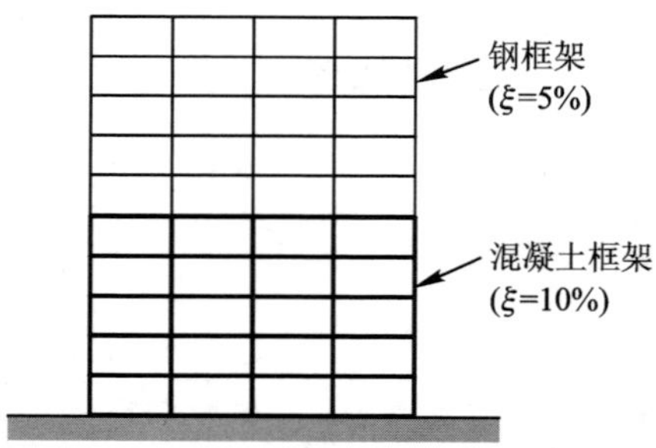

图 12-4 组合框架：钢和混凝土

组合体系的刚度和质量矩阵定性地示于图 12-5 中。在组合矩阵中，来自钢框架的贡献位于左上角，而来自混凝土框架的贡献位于右下角。在两个子结构的界面上(在图中画有"X"的区

① 必须注意如果结构上下两部分均没有安装耗能装置，则这里假设的框架阻尼比是不合适的，这仅是为了便于说明而已。一般钢框架阻尼比为 2%～3%，混凝土框架阻尼比为 5%左右。——译者

域)，共有自由度的贡献包括了钢框架和混凝土框架共同的贡献。在导出钢和混凝土子结构的阻尼子矩阵之后，就可以用类似图 12-5c 所示的集装方法来建立组合框架的阻尼矩阵。从原理上讲，这些阻尼子矩阵可以用以上所述建立比例阻尼矩阵的任一方法来计算，但是对于大多数情况，所推荐的是 Rayleigh 阻尼假设的方法。因此，钢和混凝土子阻尼矩阵各自由下式给出[参见式(12-38a)]

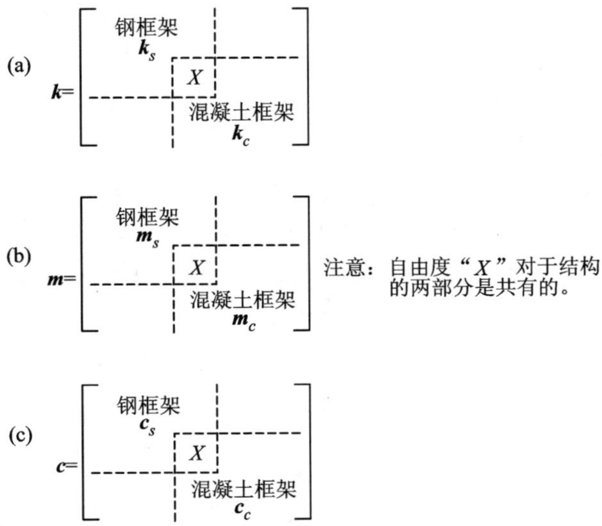

图 12-5　组合体系特性矩阵的集装

(a)刚度矩阵；(b)质量矩阵；(c)阻尼矩阵

$$\boldsymbol{c}_s = a_{0s}\boldsymbol{m}_s + a_{1s}\boldsymbol{k}_s$$
$$\boldsymbol{c}_c = a_{0c}\boldsymbol{m}_c + a_{1c}\boldsymbol{k}_c$$

其中，钢框架按式(12-41)计算常数：

$$\begin{Bmatrix} a_{0s} \\ a_{1s} \end{Bmatrix} = \frac{2\xi_s}{\omega_m + \omega_n} \begin{Bmatrix} \omega_m\omega_n \\ 1 \end{Bmatrix}$$

因为阻尼 $\xi_c = 10\%$ 正好是 $\xi_s = 5\%$ 的 2 倍，因而混凝土框架相应的常数 a_{0c} 和 a_{1c} 则分别为 a_{0s} 和 a_{1s} 的 2 倍。

这些值取决于频率 ω_m 和 ω_n，而这些要使用的频率必须通过求解**组合体系**(即使用组合的刚度矩阵 $\boldsymbol{k}$ 和质量矩阵 $\boldsymbol{m}$)的特征值问题才能确定①。如前所述，建议将 ω_m 取为组合体系的第一振型频率，但是对于这个 10 层的框架，采用第七或第八阶振型频率作为 ω_n 是合适的。最终，用图 12-5c 所示的集装方法得到组合体系的非比例阻尼矩阵。

① 应该是由组合体系的特征问题获得所需频率和后面要用的振型矩阵 $\boldsymbol{\Phi}$。——译者

在运动方程[方程(9－13)]中使用这个阻尼矩阵，并通过对组合体系前乘和后乘振型矩阵 $\boldsymbol{\Phi}$ 将其变换成正规坐标，从而导出振型坐标运动方程

$$\boldsymbol{M}\ddot{\boldsymbol{Y}}+\boldsymbol{C}\dot{\boldsymbol{Y}}+\boldsymbol{K}\boldsymbol{Y}=\boldsymbol{P}(t) \tag{12-58}$$

其中，$\boldsymbol{M}$ 和 $\boldsymbol{K}$ 为对角的振型坐标质量矩阵和刚度矩阵，$\boldsymbol{P}(t)$ 为标准正规坐标荷载向量。但是，因为矩阵 $\boldsymbol{c}$ 是非比例的，所以振型坐标阻尼矩阵

$$\boldsymbol{C}=\boldsymbol{\Phi}^{\mathrm{T}}\boldsymbol{c}\boldsymbol{\Phi}=\begin{bmatrix} C_{11} & C_{12} & C_{13} & \cdots \\ C_{21} & C_{22} & C_{23} & \cdots \\ C_{31} & C_{32} & C_{33} & \cdots \\ \vdots & \vdots & \vdots & \vdots \end{bmatrix} \tag{12-59}$$

不是对角阵，而是包括了振型耦合系数 $C_{ij}(i\neq j)$①。

采用这个耦合的振型方程组来求解动力反应的一种有效的方法是只使用直接逐步积分，在第 15 章将通过一道例题来解释这一方法。通过忽略振型阻尼矩阵非对角线的耦合系数，然后采用典型的振型叠加分析来求解所得的非耦合方程，可以得到近似解。这个近似所引起的误差将在第 15 章的例题中来说明。不过必须记住的是，在其他情况下，这个非耦合的假设所引起的误差比这道例题中所发现的误差可能有大有小。

§12－6 采用耦合运动方程的反应分析

对具有众多自由度结构的动力反应，因为振型叠加只需对一系列单自由度体系进行反应分析，因此是一种非常有效的计算方法。然而，在这种计算类型中，多自由度体系动力分析的计算工作量，通过振型坐标变换被转化为 N 个自由度无阻尼的特征值问题的求解。为此，在计算单个振型反应之前，必须先求解特征值问题。因此，特征值问题的求解在典型的振型叠加分析中占据了主要的计算工作量。但是还须记得，只有当阻尼表示为比例阻尼矩阵时，运动方程才能通过导出的无阻尼振型进行解耦。

因此，有必要考察一下避免振型坐标变换而直接在原几何坐标运动方程中进行动力反应分析的可能性。原几何坐标运动方程在前面已由方程(9－13)规定过，为方便起见，重新写出并编号：

$$\boldsymbol{m}\ddot{\boldsymbol{v}}(t)+\boldsymbol{c}\dot{\boldsymbol{v}}(t)+\boldsymbol{k}\boldsymbol{v}(t)=\boldsymbol{p}(t) \tag{12-60}$$

---

① 在本书第一版中作者曾指出可以通过求解复特征值问题获得阻尼振型使运动方程解耦，解阻尼振型的方法在 W C Hurty 和 M F Rubiustein 所著《Dynamics of Structures》(Prentice－Hall，Inc.，Englewood Cliffs，N.J.，1964)一书的第九章有介绍。但因解阻尼振型计算量太大，因此一般很少应用。——译者

通常可以考虑的一种求解这组耦合方程的方法是逐步法，这将在第 15 章进行阐述。然而，对于叠加原理适用的线性体系而言，更为方便的求解方法是采用 Fourier 变换（频域）法，或者——至少在原理上——应用卷积积分（时域）法；这些多自由度体系的分析方法和前面论述的单自由度体系的相应分析方法是类似的。下面将概念性地简述这些方法。然而，由于卷积积分法一般并不实用，因此在简要论述之后将不再对此方法作进一步的讨论。

时域

首先考虑的情况是，仅仅在第 j 个自由度上承受有单位脉冲荷载的多自由度结构。因而，力向量 $\mathbf{p}(t)$ 除了第 j 项之外，其他分量均为零，而第 j 项表示为 $p_j(t)=\delta(t)$，其中 $\delta(t)$ 是 Dirac－δ 分布函数，其定义为

$$\delta(t)=\begin{cases}0 & t\neq 0\\ \infty & t=0\end{cases}\qquad \int_{-\infty}^{\infty}\delta(t)\,\mathrm{d}t = 1 \tag{12-61}$$

现在假设可以求解方程（12－60）得到由这个荷载引起的位移，则所得位移向量 $\mathbf{r}(t)$ 中的第 i 个分量将是在坐标 j 处单位脉冲荷载作用引起的该自由度的自由振动；根据定义，第 i 个分量的运动是单位脉冲传递函数，这里将用 $h_{ij}(t)$ 表示。

如果坐标 j 处的荷载不是单位脉冲荷载，而是一般性的时变荷载 $p_j(t)$，则可以用 Duhamel 积分方法叠加一系列假设为零初始条件的脉冲反应得到坐标 i 处的动力反应。坐标 i 对 j 处荷载反应的一般表达式为如下的卷积积分：

$$v_{ij}(t) = \int_0^t p_j(\tau)h_{ij}(t-\tau)\,\mathrm{d}\tau \qquad i = 1,2,\cdots,N \tag{12-62}$$

在坐标 i 处由一般性荷载产生的总反应涉及荷载向量 $\mathbf{p}(t)$ 的所有分量，通过累加所有荷载分量的贡献可得到这个总反应：

$$v_i(t) = \sum_{j=1}^{N}\left[\int_0^t p_j(\tau)h_{ij}(t-\tau)\,\mathrm{d}\tau\right] \qquad i = 1,2,\cdots,N \tag{12-63}$$

频域

频域分析类似于时域法，因为它涉及叠加由坐标 j 处的单位荷载在坐标 i 处的反应；然而，在这种情况下，荷载和反应都是谐波。因而，荷载为施加的外力向量 $\mathbf{p}(t)$，它除了第 j 项为单位谐振荷载 $p_j(t)=1\exp(i\bar{\omega}t)$ 之外，其他分量均为零。现在假设可以获得方程（12－60）对该荷载的稳态解，则所得的位移向量 $\mathbf{v}(t)$ 中第 i 个分量的稳态反应为 $H_{ij}(i\bar{\omega})\exp(i\bar{\omega}t)$，其中 $H_{ij}(i\bar{\omega})$ 定义为复频反应传递函数。

如果坐标 j 处的荷载不是单位谐振荷载，而是一般性的时变荷载 $p_j(t)$，则通过叠加 $p_j(t)$ 中所有谐波的效应就能得到坐标 i 处的受迫振动反应。为达到

此目的，将荷载的时域表达式进行 Fourier 变换，得到

$$P_j(i\bar{\omega}) = \int_{-\infty}^{\infty} p_j(t)\exp(-i\bar{\omega}t)\mathrm{d}t \tag{12-64}$$

然后通过 Fourier 逆变换组合坐标 i 对所有这些谐波的反应，从而得到坐标 i 处总的受迫振动反应(假设零初始条件)如下：

$$v_{ij}(t) = \frac{1}{2\pi}\int_{-\infty}^{\infty} H_{ij}(i\bar{\omega})P_j(i\bar{\omega})\exp(i\bar{\omega}t)\mathrm{d}\bar{\omega} \tag{12-65}$$

最后，通过叠加来自于所有荷载分量的贡献，可以得到在坐标 i 处由包含荷载向量 $\boldsymbol{p}(t)$ 所有分量的一般性荷载所产生的总反应：

$$v_i(t) = \frac{1}{2\pi}\sum_{j=1}^{N}\left[\int_{-\infty}^{\infty} H_{ij}(i\bar{\omega})P_j(i\bar{\omega})\exp(i\bar{\omega}t)\mathrm{d}\bar{\omega}\right] \qquad i = 1,2,\cdots,N \tag{12-66}$$

式(12-63)和式(12-66)构成了在假设为零初始条件下耦合运动方程(12-60)的一般解。它们的成功应用取决于是否能够有效地生成传递函数 $h_{ij}(t)$ 和 $H_{ij}(i\bar{\omega})$。前文已经指出，这种方法一般不适用于时域操作，所以在下一节之后本章将给出使用频域列式的方法。

§12-7 时域和频域传递函数之间的关系

为了推导传递函数 $h_{ij}(t)$ 和 $H_{ij}(i\bar{\omega})$ 之间的相互关系，有必要定义复函数 $V_{ij}(i\bar{\omega})$ 作为式(12-62)给出的函数 $v_{ij}(t)$ 的 Fourier 变换，这样

$$V_{ij}(i\bar{\omega}) \equiv \int_{-\infty}^{\infty}\left[\int_{-\infty}^{t} p_j(\tau)h_{ij}(t-\tau)\mathrm{d}\tau\right]\exp(-i\bar{\omega}t)\mathrm{d}t \tag{12-67}$$

注意到，由于式(12-62)假设为零初始条件，这等效于假设 $t<0$ 时，$p_j(t)=0$，因此可以把式(12-67)中的积分下限由 0 变为 $-\infty$ 而不影响积分的结果。这里假设体系中存在阻尼，因此积分

$$I_1 \equiv \int_{-\infty}^{\infty} |\, v_{ij}(t)\,|\, \mathrm{d}t$$

是有限的。这是由式(12-67)所给出的 Fourier 变换存在的必要条件。

因为对于 $\tau>t$，函数 $h_{ij}(t-\tau)$ 等于零，式(12-67)中第二项积分的上限可以由 t 变为 ∞ 而不影响最终结果。因此，式(12-67)就可以表示为等效的形式

$$V_{ij}(i\bar{\omega}) = \lim_{s\to\infty}\int_{-s}^{s}\int_{-s}^{s} p_j(\tau)h_{ij}(t-\tau)\exp(-i\bar{\omega}t)\mathrm{d}t\mathrm{d}\tau \tag{12-68}$$

当引入一个新的变量 $\theta\equiv t-\tau$ 时，该式变为

$$V_{ij}(i\bar{\omega}) = \lim_{s\to\infty}\int_{-s}^{s} p_j(\tau)\exp(-i\bar{\omega}t)\mathrm{d}\tau\int_{-s-\tau}^{s-\tau} h_{ij}(\theta)\exp(-i\bar{\omega}\theta)\mathrm{d}\theta \tag{12-69}$$

该式的扩展域如图 12－6a 所示。因为函数 $V_{ij}(i\bar{\omega})$只有当积分

$$I_2 \equiv \int_{-\infty}^{\infty} |\, p_j(\tau) \,| \,\mathrm{d}\tau \qquad I_3 \equiv \int_{-\infty}^{\infty} |\, h_{ij}(\theta) \,| \,\mathrm{d}\theta$$

有限时存在，并且由于荷载的持时是有限的，以及单位脉冲反应函数为衰减函数，所以从式(12－69)中第二项积分的下限去掉 τ 是合理的，从而得到

$$V_{ij}(i\bar{\omega}) = \left[\lim_{s\to\infty}\int_{-s}^{s} p_j(\tau)\exp(-i\bar{\omega}t)\,\mathrm{d}\tau\right]\left[\lim_{s\to\infty}\int_{-s}^{s} h_{ij}(\theta)\exp(-i\bar{\omega}\theta)\,\mathrm{d}\theta\right] \tag{12-70}$$

这将改变积分的扩展域，如图 12－6b 所示。现在，可以将变量 θ 变为 t，因为它只是一个虚的时间变量，则式(12－70)变为

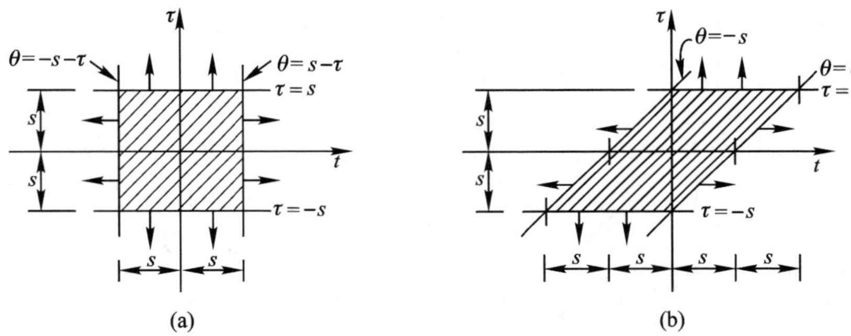

图 12－6　积分的扩展域

$$V_{ij}(i\bar{\omega}) = P_j(i\bar{\omega})\int_{-\infty}^{\infty} h_{ij}(t)\exp(-i\bar{\omega}t)\,\mathrm{d}t \tag{12-71}$$

注意到式(12－65)的逆形式为

$$V_{ij}(i\bar{\omega}) = H_{ij}(i\bar{\omega})P_j(i\bar{\omega}) \tag{12-72}$$

比较式(12－71)和式(12－72)，显然可以获得

$$H_{ij}(i\bar{\omega}) = \int_{-\infty}^{\infty} h_{ij}(t)\exp(-i\bar{\omega}t)\,\mathrm{d}t$$

和

$$h_{ij}(t) = \frac{1}{2\pi}\int_{-\infty}^{\infty} H_{ij}(i\bar{\omega})\exp(i\bar{\omega}t)\,\mathrm{d}\bar{\omega} \tag{12-73}$$

上面的推导表明，只要体系中存在阻尼，任何单位脉冲反应传递函数 $h_{ij}(t)$ 和相应的复频反应传递函数 $H_{ij}(i\bar{\omega})$就是 Fourier 变换对，这是数学稳定性存在的要求。

例题 E12－5　与式(12－73)相对应，按照式(6－53)和式(6－54)，证明式(6－52)所给出的复频反应函数和式(6－51)给出的单位脉冲反应函数是 Fourier 变换对。

将式(6－52)代入式(6－54)，给出

$$h(t)=\frac{-1}{2\pi m\omega}\int_{-\infty}^{\infty}\frac{\exp(i\omega\beta t)}{(\beta-r_1)(\beta-r_2)}\mathrm{d}\beta \tag{a}$$

在引入如下符号后

$$\beta=\frac{\bar{\omega}}{\omega}\qquad k=m\omega^2 \tag{b}$$

$$r_1=i\xi+\sqrt{1-\xi^2}\qquad r_2=i\xi-\sqrt{1-\xi^2} \tag{c}$$

式(a)中的积分最好在复平面β上进行，围道积分如图 E12－1 所示。积分中的被积函数在β平面中除了在$\beta=r_1$和$\beta=r_2$两点之外，处处为解析函数。在这两个点，当阻尼在范围$0<\xi<1$和$\xi>1$时，阶次为 1 的极点存在。注意当$\xi=1$时，极点$\beta=r_1$和$\beta=r_2$正好都在位置$(0,i)$处，因此这种情况下形成了阶次为 2 的一个单极点。图 E12－1 中封闭路径中的箭头指明了在所示时间范围内围道积分的方向。上面提到的极点具有如下的留数：

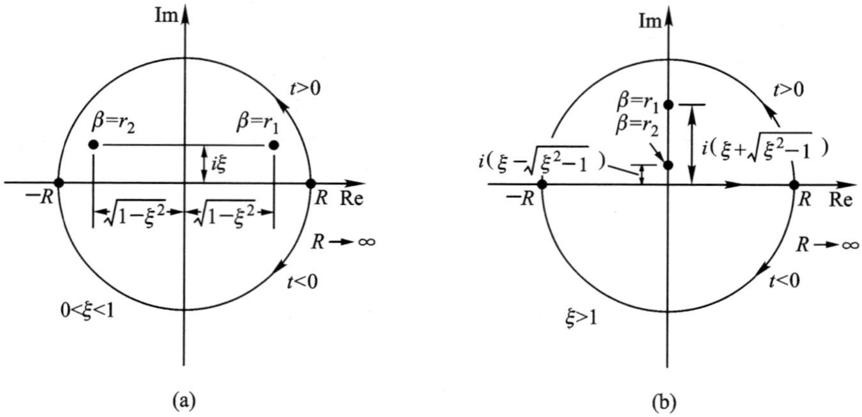

图 E12－1 式(a)中被积函数的极点

$$\begin{aligned}
&\mathrm{Res}(\beta=r_1)=\frac{\exp[i\omega(i\xi+\sqrt{1-\xi^2})t]}{2\sqrt{1-\xi^2}} && 0<\xi<1;\xi>1\\
&\mathrm{Res}(\beta=r_2)=\frac{\exp[i\omega(i\xi-\sqrt{1-\xi^2})t]}{-2\sqrt{2-\xi^2}} && 0<\xi<1;\xi>1\\
&\mathrm{Res}(\beta=r_1=r_2)=i\omega t\ \exp(-\omega t) && \xi=1
\end{aligned}\tag{d}$$

按照 Cauchy 留数定理，当积分是绕着闭合路径顺时针和逆时针，并且积分沿着整个路径是解析的时候（如这里所处理的情况），式(a)中的积分分别等于$-2\pi i\sum\mathrm{Res}$和$+2\pi i\sum\mathrm{Res}$。因而，可以得到结果

$$
h(t)=\begin{cases}
\left.\begin{array}{ll}\dfrac{-2\pi i}{2\pi m\omega}\times\left\{\dfrac{\exp[i\omega(i\xi+\sqrt{1-\xi^2})t]}{2\sqrt{1-\xi^2}}+\right.\\ \qquad\left.\dfrac{\exp[i\omega(i\xi-\sqrt{1-\xi^2})t}{-2\sqrt{1-\xi^2}}\right\} & t>0\\ 0 & t<0\end{array}\right\}0<\xi<1\\
\left.\begin{array}{ll}\dfrac{-2\pi i}{2\pi m\omega}\times\left[\dfrac{\exp\{i\omega[i(\xi+\sqrt{\xi^2-1})]t\}}{2i\sqrt{\xi^2-1}}+\right.\\ \qquad\left.\dfrac{\exp\{i\omega[i(\xi-\sqrt{\xi^2-1})]t\}}{-2i\sqrt{\xi^2-1}}\right] & t>0\\ 0 & t<0\end{array}\right\}\xi>1\\
\left.\begin{array}{ll}\dfrac{-2\pi i}{2\pi m\omega}[i\omega t\ \exp(-\omega t)] & t>0\\ 0 & t<0\end{array}\right\}\xi=1
\end{cases}\tag{e}
$$

容易证明，式(e)可以化简为

$$
h(t)=\begin{cases}
\left.\begin{array}{ll}\dfrac{1}{\omega_D m}\sin\omega_D t\ \exp(-\omega\xi t) & t>0\\ 0 & t<0\end{array}\right\}0\leqslant\xi<1\\
\left.\begin{array}{ll}\dfrac{1}{2\omega m\sqrt{\xi^2-1}}\exp(-\omega\xi t)\times\\ \quad[\exp(\omega\sqrt{\xi^2-1}t)-\exp(-\omega\sqrt{\xi^2-1}t)] & t>0\\ 0 & t<0\end{array}\right\}\xi>1\\
\left.\begin{array}{ll}\dfrac{t}{m}\exp(-\omega t) & t>0\\ 0 & t<0\end{array}\right\}\xi=1
\end{cases}\tag{f}
$$

其中，$\omega_D=\omega\sqrt{1-\xi^2}$。注意到式(f)中的第一项确实与式(6-51)一样，这样就证明了在这种情况下式(6-53)和式(6-54)的合理性。还要注意，对于阻尼的所有值，即 $0\leqslant\xi<1$，$\xi>1$ 和 $\xi=1$，$\boldsymbol{H}(i\bar{\omega})$的 Fourier 逆变换可得到单位脉冲反应函数。

§12-8　求解耦合运动方程的实用方法

耦合的运动方程组在频域中是最容易求解的，因此本节将只论述这种方法的推导过程。为达此目的，考虑三组在频域中不同的运动方程

$$[(\boldsymbol{k}-\bar{\omega}^2\boldsymbol{m})+i\hat{\boldsymbol{k}}]\boldsymbol{V}(i\bar{\omega})=\boldsymbol{P}(i\bar{\omega})\tag{12-74}$$

$$[(\boldsymbol{k}-\bar{\omega}^2\boldsymbol{m})+i(\bar{\omega}\boldsymbol{c})]\boldsymbol{V}(i\bar{\omega})=\boldsymbol{P}(i\bar{\omega})\tag{12-75}$$

$$[(\boldsymbol{K}-\bar{\omega}^2\boldsymbol{M})+i(\bar{\omega}\boldsymbol{C})]\boldsymbol{Y}(i\bar{\omega})=\bar{\boldsymbol{P}}(i\bar{\omega}) \tag{12-76}$$

其中每个方程左端方括号内的复矩阵是整个结构体系的阻抗(或动力刚度)矩阵。

方程(12－74)采用了与单自由度体系表达式(3－79)等价的复刚度阻尼形式来表示一个完整的 N 自由度体系。方程中矩阵$\hat{\boldsymbol{k}}$是由集装形如下式所示各个单元刚度矩阵$\hat{\boldsymbol{k}}^{(m)}$[上标$(m)$表示单元 m]得到的整个体系的刚度矩阵

$$\hat{\boldsymbol{k}}^{(m)}=2\xi^{(m)}\boldsymbol{k}^{(m)} \tag{12-77}$$

其中,$\boldsymbol{k}^{(m)}$表示用于获取整个体系刚度矩阵 $\boldsymbol{k}$ 的集装过程中所应用的有限单元 m 的弹性刚度矩阵;$\xi^{(m)}$是对有限单元 m 所用材料适当选取的阻尼比。如果整个体系的材料都相同,对每个单元使用相同的阻尼比,也即 $\xi^{(1)}=\xi^{(2)}=\cdots=\xi$,则体系的整体矩阵$\hat{\boldsymbol{k}}$将与 $\boldsymbol{k}$ 成正比,即$\hat{\boldsymbol{k}}=2\xi\boldsymbol{k}$。矩阵$\hat{\boldsymbol{k}}$将具有与 $\boldsymbol{k}$ 相同的正交特性。但是,如果体系中包含有不同的材料,例如土和钢,则包含这些材料的有限单元将被赋予 $\xi^{(m)}$ 的不同值。在这种情况下,整体矩阵$\hat{\boldsymbol{k}}$将不满足正交性条件,将会出现振型耦合。在式(12－74)中,向量$\boldsymbol{V}(i\bar{\omega})$和$\boldsymbol{P}(i\bar{\omega})$分别为向量$\boldsymbol{v}(t)$和$\boldsymbol{p}(t)$的 Fourier 变换,所有其他的量都与前面的定义相同。

方程(12－75)是方程(12－60)的 Fourier 变换,代表了具有粘滞阻尼形式的 N 个自由度体系。如果采用本节后面提出的求解方法,则矩阵 $\boldsymbol{c}$ 不必满足正交性条件。因此,不管它是上面描述的粘滞形式还是复刚度形式,通过阻尼使振型耦合的情况是可以被处理的。

方程(12－76)给出了频域内的正规振型运动方程[方程(12－58)],其中$\bar{\boldsymbol{P}}(i\bar{\omega})$是广义(振型)荷载向量$\boldsymbol{P}(t)$的 Fourier 变换,它包含由式(12－12c)确定的分量 $P_1(t)$, $P_2(t)$, $\cdots$, $P_n(t)$;$\boldsymbol{Y}(i\bar{\omega})$是正规坐标向量$\boldsymbol{Y}(t)$的 Fourier 变换;$\boldsymbol{K}$ 和 $\boldsymbol{M}$ 为对角正规振型刚度矩阵和质量矩阵,分别包含与式(12－12b)和式(12－12a)一致的元素;$\boldsymbol{C}$ 为由式(12－15a)给出其中元素的正规振型阻尼矩阵。前面已经说明,如果阻尼矩阵 $\boldsymbol{c}$ 具有正交特性,矩阵 $\boldsymbol{C}$ 将具有对角形式;但是如果矩阵 $\boldsymbol{c}$ 不具有正交特性,振型阻尼矩阵将是满阵。因而,后面提出的分析方法可以很容易地处理这种耦合的矩阵形式。注意到方程(12－76)可以包含 N 个正规振型方程,或者只包含一小部分根据可接受的近似程度确定的、代表低阶振型的方程。减少待解方程的数目不会改变分析方法,然而它确实减小了计算工作量。

为了推导分析方法,现只考虑方程(12－74),因为这种方法完全适用于其他情况[方程(12－75)和方程(12－76)]。方程(12－74)可以简写为

$$\boldsymbol{I}(i\bar{\omega})\boldsymbol{V}(i\bar{\omega})=\boldsymbol{P}(i\bar{\omega}) \tag{12-78}$$

其中阻抗矩阵 $\boldsymbol{I}(i\bar{\omega})$由式(12－74)左端整个方括号内的矩阵式子给出。在这个方程的两端同时前乘阻抗矩阵的逆,则反应向量 $\boldsymbol{V}(i\bar{\omega})$可以表示为

$$\boldsymbol{V}(i\bar{\omega})=\boldsymbol{I}(i\bar{\omega})^{-1}\boldsymbol{P}(i\bar{\omega}) \tag{12-79}$$

该式表明复数矩阵与其逆矩阵相乘得到单位阵,这与实数矩阵的情况类似。求

逆的方法与实数矩阵相同，唯一的区别就是所涉及的系数是复数，而不是实数。尽管有计算机程序可以进行这种类型的求逆运算。但是，因为对于每一个紧密间隔 $\bar{\omega}$ 的离散值，都需要对荷载向量 $\boldsymbol{p}(t)$ 进行快速 Fourier 变换(FFT)来获得向量 $\boldsymbol{P}(i\bar{\omega})$，都包含对 $N\times N$ 阶复阻抗矩阵的求逆，可见这种方法需要非常大量的计算机时间。因此，这种方法直接应用是不切实际的。然而，可以首先在 $\bar{\omega}$ 的一组较宽间隔的离散值处求解复频反应传递函数 $H_{ij}(i\bar{\omega})$，以便将所需要的时间降低到实用的水平。然后再采用高效的插值法以得到快速 Fourier 变换法所需要 $\bar{\omega}$ 的中间紧密间隔离散值处的传递函数。

利用式(12-79)对于 $\bar{\omega}$ 的较宽间隔的离散值得到复频反应传递函数 $H_{ij}(i\bar{\omega})$，这与前面给出的这些函数的定义是一致的。也就是说，采用

$$\langle H_{1j}(i\bar{\omega})\quad H_{2j}(i\bar{\omega})\quad \cdots\quad H_{Nj}(i\bar{\omega})\rangle^{\mathrm{T}}=\boldsymbol{I}(i\bar{\omega})^{-1}\boldsymbol{I}_j\qquad j=1,2,\cdots,N \tag{12-80}$$

其中 $\boldsymbol{I}_j$ 代表除了第 j 个分量等于 1，其余分量都为 0 的 N 维向量。如图 12-7 所示，由于这些传递函数是光滑的，即使它们在体系的自频处取峰值，仍然可以有效地采用插值方法在 $\bar{\omega}$ 中间紧密间隔的离散值处得到它们的复数值。注意，可以不用通过求解特征值问题得到传递函数峰值处的自频。在 12-9 节中将给出采用这种方法进行分析时所需要的有效的插值方法。

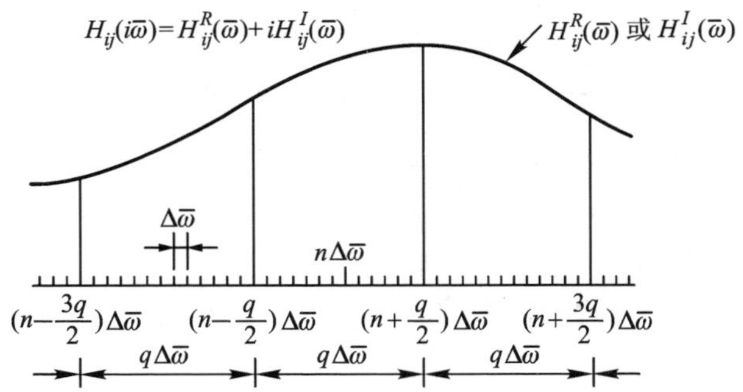

图 12-7　传递函数的插值

采用式(12-80)和 12-9 节中的插值方法得到所有的传递函数 $H_{ij}(i\bar{\omega})$后，由叠加可很容易得到反应向量 $\mathbf{V}(i\bar{\omega})$：

$$\mathbf{V}(i\bar{\omega})=\boldsymbol{H}(i\bar{\omega})\boldsymbol{P}(i\bar{\omega}) \tag{12-81}$$

其中 $\boldsymbol{H}(i\bar{\omega})$是在反应分析中所需每一个频率处得到的 $N\times N$ 阶复频反应传递函数矩阵

$$\boldsymbol{H}(i\bar{\omega})=\begin{bmatrix} H_{11}(i\bar{\omega}) & H_{12}(i\bar{\omega}) & \cdots & H_{1N}(i\bar{\omega}) \\ H_{21}(i\bar{\omega}) & H_{22}(i\bar{\omega}) & \cdots & H_{2N}(i\bar{\omega}) \\ \vdots & \vdots & \vdots & \vdots \\ H_{N1}(i\bar{\omega}) & H_{N2}(i\bar{\omega}) & \cdots & H_{NN}(i\bar{\omega}) \end{bmatrix} \tag{12-82}$$

注意,一旦得到这个传递函数矩阵,就可以采用 FFT 技术对每组荷载进行简单的 Fourier 变换,然后按照式(12-81)将其结果与传递矩阵相乘,就很容易地得到了体系对于多组荷载的反应。得到针对每组荷载的向量 $\boldsymbol{V}(i\bar{\omega})$之后,就可以将其通过 FFT 技术进行逆变换,以得到向量 $\boldsymbol{v}(t)$中相应的位移。

显然,通过对式(12-82)中 $H_{ij}(i\bar{\omega})$每个元素进行 Fourier 变换,如式(12-73)中的第二式所示,相应的脉冲反应函数 $h_{ij}(t)$就可容易地得到。然而,这只具有学术意义,因为人们不会采用式(12-63)所示的卷积积分形式去计算复杂结构体系的反应。

§12-9 生成传递函数的插值方法

由于复频反应传递函数的实部和虚部都是 $\bar{\omega}$ 的光滑函数,因此可以在相对较宽的频带的等区间 $\Delta\bar{\omega}$ 内进行有效的插值,所用的插值函数可以与具有复刚度非耦合阻尼形式的双自由度体系的复频反应传递函数形式相对应。对这个体系的频域正规振型运动方程为

$$[(K_1-\bar{\omega}^2M_1)+i(2\xi K_1)]Y_1(i\bar{\omega})=\boldsymbol{\phi}_1^{\mathrm{T}}\boldsymbol{P}(i\bar{\omega}) \tag{12-83}$$

$$[(K_2-\bar{\omega}^2M_2)+i(2\xi K_2)]Y_2(i\bar{\omega})=\boldsymbol{\phi}_2^{\mathrm{T}}\boldsymbol{P}(i\bar{\omega}) \tag{12-84}$$

其中,向量 $\boldsymbol{P}(i\bar{\omega})$是荷载向量 $\boldsymbol{p}(t)$的 Fourier 变换。

现在来生成一单个的复频反应传递函数,例如荷载 $p_1(t)$和位移 $v_1(t)$之间的 $H_{11}(i\bar{\omega})$。在频域中,$v_1(t)$由正规振型坐标给出

$$V_1(i\bar{\omega})=\phi_{11}Y_1(i\bar{\omega})+\phi_{12}Y_2(i\bar{\omega}) \tag{12-85}$$

为了生成 H_{11},令 $\boldsymbol{P}(i\bar{\omega})=(1\quad 0)^{\mathrm{T}}$,则有

$$\boldsymbol{\phi}_1^{\mathrm{T}}\boldsymbol{P}(i\bar{\omega})=(\phi_{11}\quad \phi_{21})(1\quad 0)^{\mathrm{T}}=\phi_{11}$$

和

$$\boldsymbol{\phi}_2^{\mathrm{T}}\boldsymbol{P}(i\bar{\omega})=(\phi_{12}\quad \phi_{22})(1\quad 0)^{\mathrm{T}}=\phi_{12}$$

将分别由式(12-83)和式(12-84)给出的 $Y_1(i\bar{\omega})$和 $Y_2(i\bar{\omega})$的结果代入式(12-85)中,得到 $V_1(i\bar{\omega})=H_{11}(i\bar{\omega})$。采用这种方法,得到

$$H_{11}(i\bar{\omega})=\frac{\phi_{11}^2}{[(K_1-\bar{\omega}^2M_1)+i(2\xi_1K_1)]}+\frac{\phi_{12}^2}{[(K_2-\bar{\omega}^2M_2)+i(2\xi_2K_2)]} \tag{12-86}$$

整理这个方程,可以将其化为等效的单分式形式

$$H_{11}(i\bar{\omega})=\frac{A\bar{\omega}^2+B}{\bar{\omega}^4+C\bar{\omega}^2+D} \tag{12-87}$$

其中,A 是实常数,B,C 和 D 是根据式(12-86)中已知量表示的复常数。然而,这些表达式的形式并不重要,因为只需要 $H_{11}(i\bar{\omega})$对 $\bar{\omega}$ 的函数形式。重复上述

过程，可以发现其他三个传递函数 $H_{12}(i\bar{\omega})$，$H_{21}(i\bar{\omega})$ 和 $H_{22}(i\bar{\omega})$ 与式(12－87)给出的传递函数具有相同的形式。

对于复杂 N 自由度体系的任意传递函数 $H_{ij}(i\bar{\omega})$，为了完全用式(12－87)作为插值函数，可把它表达为离散形式

$$H_{ij}(i\bar{\omega}_m)=\frac{A_{mn}\bar{\omega}_m^2+B_{mn}}{\bar{\omega}_m^4+C_{mn}\bar{\omega}_m^2+D_{mn}}\qquad \left(n-\frac{3}{2}q\right)<m<\left(n+\frac{3}{2}q\right)\tag{12-88}$$

其中，$\bar{\omega}_m=m\Delta\bar{\omega}$，而 $\Delta\bar{\omega}$ 为较密间隔的离散频率的不变频率间隔，它是用 FFT 技术生成荷载向量 $\boldsymbol{P}(i\bar{\omega})$ 的过程中所需要的；对于两自由度体系，式(12－87)中的系数 A 是实数；这里将 A_{mn}，B_{mn}，C_{mn} 和 D_{mn} 都作为复常数处理。把 $\bar{\omega}$ 的四个依次连续的、较宽间距的离散值 $m=\left(n-\frac{3}{2}q\right)$，$m=\left(n-\frac{1}{2}q\right)$，$m=\left(n+\frac{1}{2}q\right)$ 和 $m=\left(n+\frac{3}{2}q\right)$ 分别用于式(12－88)，即可计算出这四个常数，如图 12－7 所示。其中，q 表示在一个较宽间隔的区间内紧密间隔频率区间的个数。对于上述 m 的四个值，采用式(12－80)得到 $H_{ij}(i\bar{\omega})$，然后分别将式(12－88)用于 $\bar{\omega}_m$ 的四个值，产生四个联立的复代数方程，其中未知数为 A_{mn}，B_{mn}，C_{mn} 和 D_{mn}。解出这些常数，并将其数值回代入式(12－88)，就可以使用这个方程计算在区域 $\left(n-\frac{3}{2}q\right)<m<\left(n+\frac{3}{2}q\right)$ 内紧密间隔的离散频率处的 $H_{ij}(i\bar{\omega})$ 的中间值。对于 $n=\frac{3}{2}q,\frac{9}{2}q,\frac{15}{2}q,\frac{21}{2}q,\cdots$，重复上述过程，以便覆盖所有感兴趣的频率区域。即使只在中心频率区间，即在区间 $\left(n-\frac{1}{2}q\right)<m<\left(n+\frac{1}{2}q\right)$ 内应用该插值，也可得到较好的精度。然而，由于式(12－88)的这组常数必须都要对 $n=\frac{3}{2}q,\frac{5}{2}q,\frac{7}{2}q,\cdots$ 进行计算，所以这项任务的计算量极大。

为了设定 q 的最优值，并考虑计算量和精度的要求，这种方法需要很多经验。尽管很难提供这样的指南，但至少应该知道在频率区间 $3q\Delta\bar{\omega}$ 内永远不要包括两个以上的自振频率，因为这个插值函数的形式是针对只能表示两个峰值的双自由度体系的。

习　　题

12－1　图 P12－1 所示的一根支承三个相等集中质量的悬臂梁，并列出了它的无阻尼振型 $\boldsymbol{\Phi}$ 和振动频率 $\boldsymbol{\omega}$。在质量 2 上施加一个 8 kips 的阶跃函数荷载(即在 $t=0$ 时突然施加 8 kips 并永久保留在结构上)，试写出不计阻尼时该体系质量 3 包括所有三个振型在内的动

力反应表达式，画出时段 $0<t<T_1$ 中反应 $v_3(t)$ 的时程曲线，其中 $T_1=2\pi/\omega_1=2\pi/3.61$。

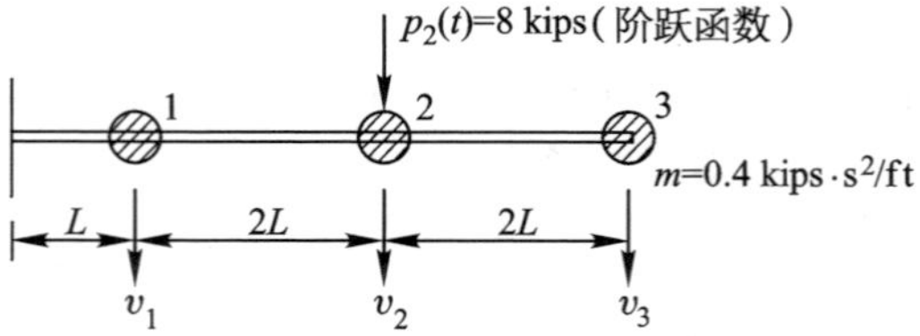

$$\boldsymbol{\Phi}=\begin{bmatrix}0.054 & 0.283 & 0.957\\ 0.406 & 0.870 & -0.281\\ 0.913 & -0.402 & 0.068\end{bmatrix};\boldsymbol{\omega}=\begin{bmatrix}3.61\\ 24.2\\ 77.7\end{bmatrix}\text{ rad/s}$$

图 P12-1

12-2 考虑习题 12-1 中的梁，但是假定在质量 2 上施加了简谐荷载 $p_2(t)=3\sin\bar{\omega}t$ kips，其中 $\bar{\omega}=\frac{3}{4}\omega_1$。

(a) 假定结构无阻尼，写出质量 1 的稳态反应表达式。

(b) 求在最大稳态反应时刻所有质量的位移值，并画出该时刻的挠曲线形状。

12-3 假定结构各振型的阻尼为临界阻尼的 10%，重算习题 12-2 的(a)部分。

12-4 在图 P12-2 中给出了一座三层剪切型建筑物的质量和刚度特性，以及它的无阻尼振动的振型和频率。设楼面移位了 $v_1=0.3$ in、$v_2=-0.8$ in 和 $v_3=0.3$ in，然后再在 $t=0$ 时突然释放形成结构的自由振动。试确定时间 $t=2\pi/\omega_1$ 的位移形状：

(a) 假定无阻尼；

(b) 假定每一振型的 $\xi=10\%$。

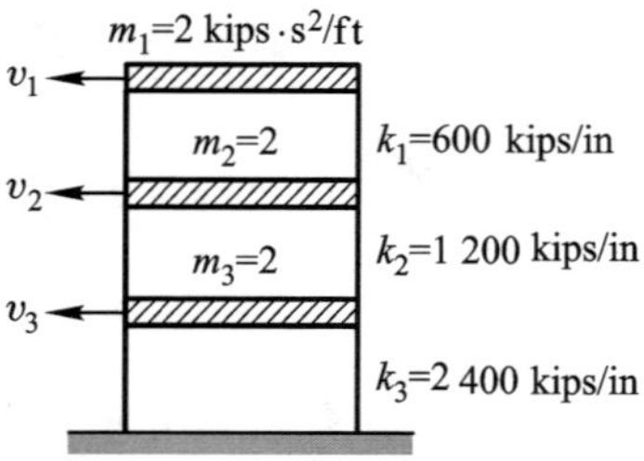

$$\boldsymbol{\Phi}=\begin{bmatrix}1.000 & 1.000 & 1.00\\ 0.548 & -1.522 & -6.26\\ 0.198 & -0.872 & 12.10\end{bmatrix};\boldsymbol{\omega}=\begin{bmatrix}11.62\\ 27.5\\ 45.9\end{bmatrix}\text{ rad/s}$$

图 P12-2

12-5 在习题 12-4b 建筑物的顶层楼面上作用一简谐荷载：$p_1=5\sin\bar{\omega}t$ kips，这里 $\bar{\omega}=1.1\omega_1$。计算三个楼层水平运动的稳态振幅及作用荷载向量和各层位移反应之间的相位角 θ。

12-6 假定习题 12-4 的建筑物具有 Rayleigh 阻尼，对结构第一和第三振型中的阻尼比分别规定为 5% 和 15% 时，用式(12-40)和式(12-38a)计算结构的阻尼矩阵。这个矩阵给出的第二振型的阻尼比是多少？

12-7 对于习题 12-4 中的建筑物，计算粘滞阻尼矩阵，使之对结构的第一、第二和第三振型提供的临界阻尼比分别为 8%、10% 和 12%。采用式(12-57a)得到相应于第三阶振型频率的系数 a_1 和所需的第三阶振型阻尼。将所得的刚度比例贡献($\boldsymbol{c}_s=a_1\boldsymbol{k}$)和式(12-56c)给出的前二阶振型贡献[所需的附加阻尼比由式(12-57c)给出]进行组合，形成阻尼矩阵。

第 13 章 振动分析的矩阵迭代法

§13-1 引 言

从前面的讨论中显而易见，振型位移叠加法提供了一种计算大多数结构动力反应的有效方法，即无阻尼振型用于对这些结构运动方程进行解耦。而且在多数实际情形中，各振型方程的反应分析要求很少的计算工作，叠加过程中只需包括相对少数的低阶振型。但必须记住，一般只能近似地了解结构的物理性质和动力荷载特征，因此应用公式表示的结构的理想化模型和求解过程，只提供了在相应水平上的精度。然而，在结构动力学中为求解实际问题所产生的数学模型，范围从高度简化的仅有几个自由度的体系，到高度复杂的包含几百甚至几千个自由度的有限元模型，其中可能多达五十到一百个振型对反应有不可忽视的影响。为了有效地处理这些实际问题，需要较前述的行列式求解方法更有效的振动分析方法。本章讲述了矩阵迭代法，这种方法是许多实际振动问题或者特征值问题求解方法的基础。

首先参照最简单的应用问题，即 N 自由度体系基本（或第一）频率和振型的计算问题来解释基本概念。然后，证明迭代收敛于第一振型特性这一事实，所证明的基本概念被用于一次一个振型地陆续计算高阶振型。由于这个方法随更多振型的计算而增加计算的代价，因此介绍一个采用特征值（频率）“移位”的替代方法。注意到振动和屈曲均用等价的特征问题方程来表示，本章也包含了弹性屈曲的简短讨论。

§13-2 基本振型分析

应用迭代法计算结构的基本振型是一个很古老的概念，最初以原创者姓氏命名为 Stodola 方法。现在，这个方法被认为是结构力学诸多迭代方法中的一种。这个方法列式的起点是无阻尼自由振动方程（11-33）：

$$\mathbf{k}\hat{\mathbf{v}}_n=\omega_n^2\mathbf{m}\hat{\mathbf{v}}_n$$

此方程表示，在无阻尼自由振动中，由质量运动引起的惯性力必须与体系变形引起的弹性力相平衡。这个方程只有在振动位移 $\hat{v}_n$ 按第 n 振型，并且以第 n 振型频率 ω_n 简谐变化时成立。将方程(11－33)右边的惯性力表示为

$$f_{I_n}=\omega_n^2 m\hat{v}_n \tag{13-1}$$

则由这些惯性力产生的位移可以通过求解静力变位问题来计算

$$\hat{v}_n=k^{-1}f_{I_n} \tag{13-2}$$

或者用式(13－1)则为

$$\hat{v}_n=\omega_n^2 k^{-1}m\hat{v}_n \tag{13-3}$$

这个表达式中的矩阵乘积概括了结构的动力性质，因此称之为**动力**矩阵，可记作

$$D\equiv k^{-1}m \tag{13-4}$$

引入这一项时，式(13－3)变成

$$\hat{v}_n=\omega_n^2 D\ \hat{v}_n \tag{13-5}$$

为对计算第一振型的迭代过程进行初始化，在合理估计振动形状后，假设试探位移向量 $v_1^{(0)}$，其上角标 0 表示用于此迭代序列中的初始形状。为方便起见，用所选的基准元素为 1 规格化了此向量。将试探位移向量代入式(13－1)右边，则体系质量按此形状但以未知振动频率作简谐运动所产生惯性力的表达式为

$$f_{I_1}^{(0)}=\omega_1^2 m v_1^{(0)} \tag{13-6}$$

在式(13－2)中应用这些惯性力产生的位移向量，较初始向量更接近实际的第一振型。上式可表示为与式(13－5)相同的形式，如下所示：

$$v_1^{(1)}=\omega_1^2 D\ v_1^{(0)} \tag{13-5a}$$

式中，上角标"1"表示这是迭代的第一次循环结果。

显然，这个向量的幅值依赖于未知频率，但是在迭代过程中只需要振动形状，所以在表达式中省去频率，进而产生的改进形状用向量上方加一横杠表示：

$$\bar{v}_1^{(1)}\equiv D\ v_1^{(0)} \tag{13-7}$$

然后，取向量中任意一个基准元素 $\mathrm{ref}(\bar{v}_1^{(1)})$ 除此向量来规格化此形状，从而得到改进的迭代向量

$$v_1^{(1)}=\frac{\bar{v}_1^{(1)}}{\mathrm{ref}(\bar{v}_1^{(1)})} \tag{13-8}$$

此式具有使向量的基准元素为一的比例缩放作用。原则上，这个改进的形状向量 $v_1^{(1)}$ 中的任何元素(0 元素除外)都可以充当式(13－8)中的基准或者规格化系数，但是最好的结果一般是选取向量内的最大元素 $\max(\bar{v}_1^{(1)})$ 来进行规格化，即 $\max(\bar{v}_1^{(1)})\equiv\mathrm{ref}(\bar{v}_1^{(1)})$ 被用作标准迭代过程的分母。

现在，如果假设算得的位移向量与最初假设的向量相同(如果初始向量是真实振型)，式(13－5a)就可以被用来求出振动频率的近似值①。将式(13－7)引入

① 这句话不严密，如果算得的向量与初始向量相同，则由此得到的频率，应该是精确的而不是近似的。——译者

到式(13－5a)的右边，再假设这个新向量近似等于初始向量，则有

$$\boldsymbol{v}_1^{(1)}=\omega_1^2\overline{\boldsymbol{v}}_1^{(1)}\doteq\boldsymbol{v}_1^{(0)}$$

设 k 为向量中任一自由度，则下式可用来解频率的近似值

$$\omega_1^2\doteq\frac{v_{k1}^{(0)}}{\overline{v}_{k1}^{(1)}}\tag{13-9}$$

如果假设形状为真实振型，那么对结构的任何自由度取式(13－9)的比值都能得到相同的频率。然而，一般来说，所得的形状 $\boldsymbol{v}_1^{(1)}$ 与 $\boldsymbol{v}_1^{(0)}$ 是不一样的，对于每一个位移坐标会求得不同的频率。在这种情形中，真正的第一振型频率介于由式(13－9)求得的最大值和最小值之间：

$$\left(\frac{v_{k1}^{(0)}}{\overline{v}_{k1}^{(1)}}\right)_{\min}<\omega_1^2<\left(\frac{v_{k1}^{(0)}}{\overline{v}_{k1}^{(1)}}\right)_{\max}\tag{13-10}$$

由于这个事实，显然用取平均值的方法可获得一个较好的频率近似值。通常取平均值的最好方法是把质量分布作为一个加权系数，即写出式(13－9)的向量等式，并对分子和分母前乘 $(\overline{\boldsymbol{v}}_1^{(1)})^{\mathrm{T}}\boldsymbol{m}$，得到

$$\omega_1^2\doteq\frac{(\overline{\boldsymbol{v}}_1^{(1)})^{\mathrm{T}}\boldsymbol{m}\boldsymbol{v}_1^{(0)}}{(\overline{\boldsymbol{v}}_1^{(1)})^{\mathrm{T}}\boldsymbol{m}\overline{\boldsymbol{v}}_1^{(1)}}\tag{13-11}$$

一般的，式(13－11)表示从任意假定的形状 $\boldsymbol{v}_1^{(0)}$ 出发，迭代一次以后所求得的最佳近似频率值。[应当注意，它对应于改进的 Rayleigh 表达式(8－42)]。然而，导出的形状 $\overline{\boldsymbol{v}}_1^{(1)}$ 比原始假定 $\boldsymbol{v}_1^{(0)}$ 更接近第一振型。因此，如果在式(13－9)或(13－11)中用 $\boldsymbol{v}_1^{(1)}$ 和导出的形状 $\overline{\boldsymbol{v}}_1^{(2)}$，那么求得的频率近似值会比按初始假定求得的值精确一些。将这个过程重复到足够多次，就能够把振型的近似解改进到所要求的精度标准。换言之，s 次循环以后

$$\overline{\boldsymbol{v}}_1^{(s)}=\frac{1}{\omega_1^2}\boldsymbol{v}_1^{(s-1)}\doteq\frac{1}{\omega_1^2}\boldsymbol{\phi}_1\tag{13-12}$$

其中 $\overline{\boldsymbol{v}}_1^{(s)}$ 和 $\boldsymbol{v}_1^{(s-1)}$ 间的比例系数可以精确到任意指定的小数位数，由此得到的形状被认为是第一振型。而当迭代收敛到此程度时，使改进计算前后任何选定自由度上的位移相等可获得频率。然而，选取最大位移所在的自由度能获得最精确的结果。这也是一个便利的选择，因为采用的规格化过程已经对此最大位移进行了归一化处理。因此，频率被表示为

$$\omega_1^2=\frac{\max(\boldsymbol{v}_1^{(s-1)})}{\max(\overline{\boldsymbol{v}}_1^{(s)})}=\frac{1}{\max(\overline{\boldsymbol{v}}_1^{(s)})}\tag{13-13}$$

或换句话说，频率的平方又等于最后一轮迭代使用的规格化系数的倒数。当迭代已完全收敛后，就无需再用式(13－11)的平均方法来改进所得的结果了。

例题 E13－1　通过计算图 E11－1 的三层建筑框架(重画在图 E13－1 中)的第一振型和频率来说明矩阵迭代法。虽然用例题 E11－1 中导得的刚度矩阵求逆可以很容易求得该结构的柔度矩阵，但是为了说明柔度矩阵的求法，这里对每一个自由度相继施加单位荷载进行推导。根据定义，由这些单位荷载所产生

的变位(如图 E13－1 所示)表示柔度影响系数。

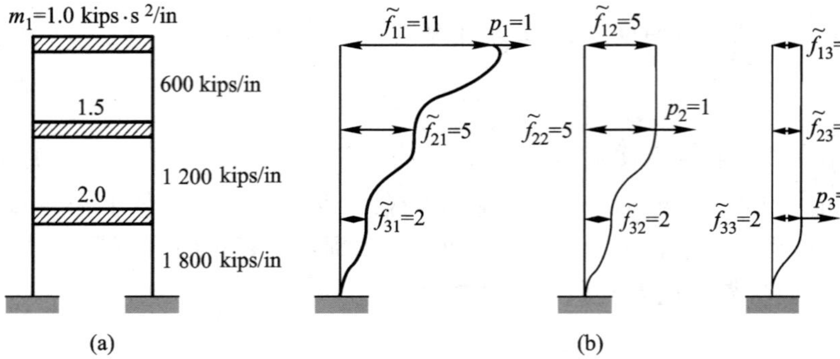

图 E13－1　Stodola 分析例题中所用的框架

(a)结构体系;(b)柔度影响系数(×3 600)

因此这个结构的柔度矩阵是

$$\tilde{\boldsymbol{f}}=\boldsymbol{k}^{-1}=\frac{1}{3\ 600}\begin{pmatrix}11 & 5 & 2\\ 5 & 5 & 2\\ 2 & 2 & 2\end{pmatrix}\ \text{in/kips}$$

后乘质量矩阵,得到动力矩阵

$$\boldsymbol{D}=\tilde{\boldsymbol{f}}\boldsymbol{m}=\frac{1}{3\ 600}\begin{pmatrix}11 & 7.5 & 4\\ 5 & 7.5 & 4\\ 2 & 3 & 4\end{pmatrix}\ \text{s}^2$$

式(13－7)所表示的迭代过程可以容易地用如下所示的表格形式来进行:

$$\begin{matrix} & \boldsymbol{D} & \boldsymbol{v}_1^{(0)} & & \bar{\boldsymbol{v}}_1^{(1)} \\ \dfrac{1}{3\ 600} & \begin{pmatrix}11 & 7.5 & 4\\ 5 & 7.5 & 4\\ 2 & 3 & 4\end{pmatrix} & \begin{pmatrix}1\\1\\1\end{pmatrix} & = & \begin{pmatrix}22.50\\16.50\\9.00\end{pmatrix}\end{matrix}$$

$\boldsymbol{v}_1^{(1)}$	$\bar{\boldsymbol{v}}_1^{(2)}$	$\boldsymbol{v}_1^{(2)}$	$\bar{\boldsymbol{v}}_1^{(3)}$
1.000	18.10	1.000	17.296
0.733	12.10	0.669	11.296
0.400	5.80	0.320	5.287

$\boldsymbol{v}_1^{(3)}$	$\bar{\boldsymbol{v}}_1^{(4)}$	$\boldsymbol{v}_1^{(4)}$	$\bar{\boldsymbol{v}}_1^{(5)}$
1.000	17.121	1.000	17.082
0.653	11.121	0.650	11.082
0.306	5.182	0.303	5.159

↑ 最终的形状

在此例题中，采用一个相当差的试探向量以证实该方法具有良好的收敛性。因为只有相对形状是重要的，所以在分析的各阶段中都没有考虑 1/3 600 这个系数。此形状已用除以最大位移分量而规格化了[见式(13－8)]。四次循环以后，形状已收敛到足够的精度，并与行列式方法(例题 E11－2)所得结果相符合。

用最大位移分量，按式(13－13)求得第一振型的频率是

$$\omega_1^2=\frac{v_{11}^{(4)}}{\bar{v}_{11}^{(5)}}=\frac{1.000}{(1/3\ 600)\times 17.082}=210.77 \qquad \omega_1=14.52\ \text{rad/s}$$

其中应注意到现在 $\bar{v}_{11}^{(5)}$ 值中已包含了系数 1/3 600。

按式(13－10)所示确定一次循环后所得的频率范围也是有意义的：

$$(\omega_1^2)_{\min}=\frac{v_{21}^{(0)}}{\bar{v}_{21}^{(1)}}=\frac{3\ 600}{22.5}=160 \quad (\omega_1^2)_{\max}=\frac{v_{31}^{(0)}}{\bar{v}_{31}^{(1)}}=\frac{3\ 600}{9}=400$$

因此，在这种情形中一次循环不能很好地求出频率(由于试探向量较差)。然而，在一次循环后，用式(13－11)的平均方法能获得一个非常好的近似值：

$$\omega_1^2=\frac{(22.5\quad 24.75\quad 18.00)\times\begin{pmatrix}1\\1\\1\end{pmatrix}\times(3\ 600)}{(22.5\quad 24.75\quad 18.00)\times\begin{pmatrix}22.5\\16.5\\9.0\end{pmatrix}}=\frac{65.25\times 3\ 600}{1\ 077}=218$$

一次循环的这个近似值与例题 E8－6 中改进的 Rayleigh 法所确定的值(R_{11})相等。

§13－3　收敛性的证明

一般说来，认清 Stodola 迭代过程所包含的计算内容的本质，就能证明它必定收敛到第一振型。它首先计算与所假设形状对应的惯性力，然后计算由这些力所产生的挠度，接着再计算由所算得的挠度而产生的惯性力，如此等等。图 13－1 中图解说明了这个概念，而在下一段中作了数学上的解释。

最初假定的形状可用正规坐标表示[见式(12－2)]为

$$\boldsymbol{v}_1^{(0)}=\boldsymbol{\Phi}\boldsymbol{Y}^{(0)}=\boldsymbol{\phi}_1 Y_1^{(0)}+\boldsymbol{\phi}_2 Y_2^{(0)}+\boldsymbol{\phi}_3 Y_3^{(0)}+\cdots \tag{13-14}$$

如果所用的试探形状较好，那么式(13－14)中的 $Y_1^{(0)}$ 就相对较大。第一振型频率的振动形状所对应的惯性力为[见式(11－33)]

$$\boldsymbol{f}_I^{(0)}=\omega_1^2\boldsymbol{m}\boldsymbol{v}_1^{(0)}=\omega_1^2\boldsymbol{m}\,\boldsymbol{\Phi}\,\boldsymbol{Y}^{(0)} \tag{13-15}$$

按式(13－14)展开 $\boldsymbol{v}_1^{(0)}$，并记 $\omega_1^2=\omega_n^2(\omega_1/\omega_n)^2$，可得

$$\boldsymbol{f}_I^{(0)}=\boldsymbol{m}\left[\boldsymbol{\phi}_1\omega_1^2 Y_1^{(0)}+\boldsymbol{\phi}_2\omega_2^2 Y_2^{(0)}\left(\frac{\omega_1}{\omega_2}\right)^2+\boldsymbol{\phi}_3\omega_3^2 Y_3^{(0)}\left(\frac{\omega_1}{\omega_3}\right)^2+\cdots\right] \tag{13-16}$$

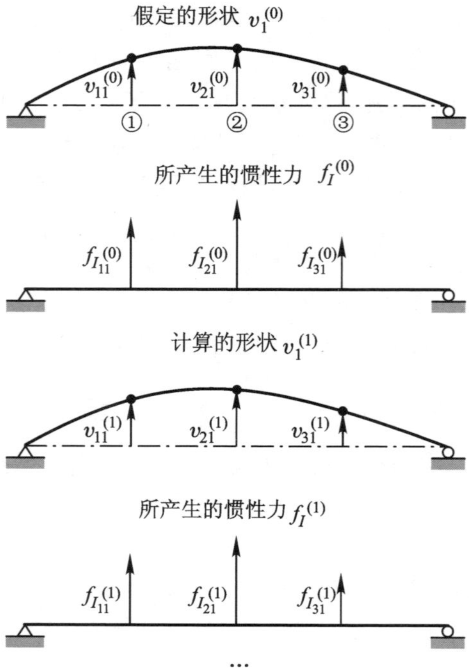

图 13 - 1　Stodola 迭代顺序的物理解释

由这些惯性力产生的挠度是

$$\overline{\boldsymbol{v}}_1^{(1)}=\boldsymbol{k}^{-1}\boldsymbol{f}_I^{(0)}=\boldsymbol{k}^{-1}\boldsymbol{m}\left[\boldsymbol{\phi}_1\omega_1^2Y_1^{(0)}+\boldsymbol{\phi}_2\omega_2^2Y_2^{(0)}\left(\frac{\omega_1}{\omega_2}\right)^2+\cdots\right]$$

或

$$\overline{\boldsymbol{v}}_1^{(1)}=\sum_{n=1}^{N}\boldsymbol{D}\boldsymbol{\phi}_n\omega_n^2Y_n^{(0)}\left(\frac{\omega_1}{\omega_n}\right)^2 \tag{13-17}$$

现在用 $\boldsymbol{k}^{-1}$乘以式(11 - 39)，表示为

$$\boldsymbol{\phi}_n=\omega_n^2\boldsymbol{D}\boldsymbol{\phi}_n \tag{13-18}$$

再将其代入式(13 - 17)，得到

$$\overline{\boldsymbol{v}}_1^{(1)}=\sum_{n=1}^{N}\boldsymbol{\phi}_nY_n^{(0)}\left(\frac{\omega_1}{\omega_n}\right)^2 \tag{13-19}$$

然后，用最大的基准元素 $\max(\overline{\boldsymbol{v}}_1^{(1)})$去除 $\overline{\boldsymbol{v}}_1^{(1)}$，使之规格化，从而得到最后改进的第一次迭代循环的形状 $\boldsymbol{v}_1^{(1)}$，因此

$$\boldsymbol{v}_1^{(1)}=\frac{\overline{\boldsymbol{v}}_1^{(1)}}{\max(\overline{\boldsymbol{v}}_1^{(1)})}=\frac{\sum_{n=1}^{N}\boldsymbol{\phi}_nY_n^{(0)}\left(\frac{\omega_1}{\omega_n}\right)^2}{\max(\overline{\boldsymbol{v}}_1^{(1)})} \tag{13-20}$$

用同样方式做下一次迭代循环得到第二次循环产生的形状

$$\boldsymbol{v}_1^{(2)}=\frac{\overline{\boldsymbol{v}}_1^{(2)}}{\max(\overline{\boldsymbol{v}}_1^{(2)})}=\frac{\sum_{n=1}^{N}\boldsymbol{\phi}_nY_n^{(0)}\left(\frac{\omega_1}{\omega_n}\right)^4}{\max(\overline{\boldsymbol{v}}_1^{(2)})} \tag{13-21}$$

按此方式继续进行，经过 s 次循环后得到结果

$$\boldsymbol{v}_1^{(s)}=\frac{\overline{\boldsymbol{v}}_1^{(s)}}{\max(\overline{\boldsymbol{v}}_1^{(s)})}=\frac{1}{\max(\overline{\boldsymbol{v}}_1^{(s)})}\left[\boldsymbol{\phi}_1 Y_1^{(0)}+\boldsymbol{\phi}_2 Y_2^{(0)}\left(\frac{\omega_1}{\omega_2}\right)^{2s}+\cdots\right] \tag{13-22}$$

再注意到

$$1\gg\left(\frac{\omega_1}{\omega_2}\right)^{2s}\gg\left(\frac{\omega_1}{\omega_3}\right)^{2s}\gg\cdots \tag{13-23}$$

最终结果可视为

$$\boldsymbol{v}_1^{(s)}\doteq\frac{\boldsymbol{\phi}_1 Y_1^{(0)}}{\max(\boldsymbol{\phi}_1 Y_1^{(0)})}\equiv\boldsymbol{\phi}_1 \tag{13-24}$$

显然，从式(13－23)可知，进行足够数量的循环迭代以后，能使得高振型对向量 $\boldsymbol{v}_1^{(s)}$ 的贡献小到所希望的结果。因此，迭代过程收敛于第一振型 $\boldsymbol{\phi}_1$，其中规格化方法则产生了一个最大元素为一的结果。在此基础上，只要在初始假定形状 $\boldsymbol{v}_1^{(0)}$ 中具有非零第一振型贡献 $Y_1^{(0)}$，此收敛的结果总是可能的。

§13－4　高阶振型分析

第二振型分析

前面矩阵迭代法收敛于第一振型的证明也意味着，为了计算较高阶振型也可以应用矩阵迭代的方法。由式(13－22)显见，如果第一振型对假设振型的贡献为零($Y_1^{(0)}=0$)，那么占支配地位的贡献将是第二振型；类似地，如果 $Y_1^{(0)}$ 和 $Y_2^{(0)}$ 都为零，则迭代将收敛于第三振型等。因而，为了计算第二振型，只需要假设一个不包含第一振型分量的试探形状 $\widetilde{\boldsymbol{v}}_2^{(0)}$，符号上的“～”表示任何第一振型的贡献已经被净化了。

正交性条件提供了从任意假设的第二振型中消除第一振型分量的方法。考虑第二振型任何任意的假定，用振型分量可表示如下：

$$\boldsymbol{v}_2^{(0)}=\boldsymbol{\Phi}\,\boldsymbol{Y}^{(0)} \tag{13-25}$$

用 $\boldsymbol{\phi}_1^{\mathrm{T}}\boldsymbol{m}$ 前乘此式两边，导得

$$\boldsymbol{\phi}_1^{\mathrm{T}}\boldsymbol{m}\boldsymbol{v}_2^{(0)}=\boldsymbol{\phi}_1^{\mathrm{T}}\boldsymbol{m}\boldsymbol{\phi}_1 Y_1^{(0)}+\boldsymbol{\phi}_1^{\mathrm{T}}\boldsymbol{m}\boldsymbol{\phi}_2 Y_2^{(0)}+\cdots \tag{13-26}$$

由于振型的正交特性，式中的右边简化成为只有第一振型那一项。因此，可以求解式(13－26)得到 $\boldsymbol{v}_2^{(0)}$ 中第一振型分量的幅值：

$$Y_1^{(0)}=\frac{\boldsymbol{\phi}_1^{\mathrm{T}}\boldsymbol{m}\boldsymbol{v}_2^{(0)}}{M_1} \tag{13-27}$$

因而，如果从假定的形状中消去这个分量，则剩下的向量可以说成是经过**净化**了的：

$$\widetilde{\boldsymbol{v}}_2^{(0)}=\boldsymbol{v}_2^{(0)}-\boldsymbol{\phi}_1 Y_1^{(0)} \tag{13-28}$$

现在，这个净化了的试探向量在迭代过程中将向第二振型收敛。然而，由于在数

值运算中产生的舍入误差会引起第一振型在试探向量中再现，因此必须在迭代求解的每一次循环中重复净化运算以保证收敛到第二振型。

在试探向量中消除第一振型分量的一种方便的手段是应用所谓**滤型**（或**清型**）矩阵，它可由式（13－27）的 $Y_1^{(0)}$ 值代入式（13－28）中推导而得，即

$$\widetilde{\boldsymbol{v}}_2^{(0)}=\boldsymbol{v}_2^{(0)}-\frac{1}{M_1}\boldsymbol{\phi}_1\boldsymbol{\phi}_1^{\mathrm{T}}\boldsymbol{m}\boldsymbol{v}_2^{(0)}\equiv\boldsymbol{S}_1\boldsymbol{v}_2^{(0)} \tag{13-29}$$

这里，第一振型的滤型矩阵 $\boldsymbol{S}_1$ 为

$$\boldsymbol{S}_1\equiv\boldsymbol{I}-\frac{1}{M_1}\boldsymbol{\phi}_1\boldsymbol{\phi}_1^{\mathrm{T}}\boldsymbol{m} \tag{13-30}$$

如式（13－29）所示，这个矩阵前乘任意试探向量时，它具有从该试探向量中消除第一振型分量而只剩下净化形状这样的特性。

现在可以用这个滤型矩阵列出矩阵迭代法的公式，使得它向第二振型收敛。在这种情形中，式（13－5）可以写成

$$\frac{1}{\omega_2^2}\widetilde{\boldsymbol{v}}_2^{(1)}=\boldsymbol{D}\,\widetilde{\boldsymbol{v}}_2^{(0)} \tag{13-31}$$

它说明了一个不包含第一振型分量的第二振型试探形状将收敛到第二振型。将式（13－29）代入式（13－31），给出

$$\frac{1}{\omega_2^2}\boldsymbol{v}_2^{(1)}=\boldsymbol{D}\,\boldsymbol{S}_1\boldsymbol{v}_2^{(0)}\equiv\boldsymbol{D}_2\boldsymbol{v}_2^{(0)} \tag{13-32}$$

这里

$$\boldsymbol{D}_2\equiv\boldsymbol{D}\boldsymbol{S}_1 \tag{13-33}$$

是一个新的动力矩阵，它从任何试探形状 $\boldsymbol{v}_2^{(0)}$ 中消除第一振型分量，并因此自动向第二振型收敛。当用 $\boldsymbol{D}_2$ 时，第二振型的分析与上面讨论的第一振型分析完全一样。因此可以用与式（13－11）等价的式子来近似地计算频率：

$$\omega_2^2\doteq\frac{(\overline{\boldsymbol{v}}_2^{(1)})^{\mathrm{T}}\boldsymbol{m}\boldsymbol{v}_2^{(0)}}{\overline{\boldsymbol{v}}_2^{(1)}\boldsymbol{m}\,\overline{\boldsymbol{v}}_2^{(1)}} \tag{13-34}$$

式中

$$\overline{\boldsymbol{v}}_2^{(1)}=\boldsymbol{D}_2\boldsymbol{v}_2^{(0)}$$

分析也可按所要求的收敛程度进行。用这个方法确定第二振型以前，显然必须先求得第一振型。再则，如果想要在第二振型分析时得到满意的结果，在计算滤型矩阵 $\boldsymbol{S}_1$ 时，用到的第一振型 $\boldsymbol{\phi}_1$ 必须具有非常高的精度。一般说来，第二振型的精度比第一振型大致上降低一位有效数字。

例题 E13－2 用计算例题 E13－1 建筑物的第二振型来说明高振型的矩阵迭代分析方法。为方便起见，在此重复给出消除第一振型位移贡献的滤型矩阵：

$$\boldsymbol{S}_1=\boldsymbol{I}-\frac{1}{M_1}\boldsymbol{\phi}_1\boldsymbol{\phi}_1^{\mathrm{T}}\boldsymbol{m}$$

应用例题 E13－1 中下面的数据

$$\boldsymbol{\phi}_1^{\mathrm{T}}=(1.000 \quad 0.6485 \quad 0.3018) \qquad \boldsymbol{m}=\begin{bmatrix}1 & 0 & 0\\ 0 & 1.5 & 0\\ 0 & 0 & 2.0\end{bmatrix}\ \text{kips/in}\cdot\text{s}^2$$

并注意到第一振型广义质量为 $M_1=1.8174\ \text{kips/in}\cdot\text{s}^2$，则得到滤型矩阵中第二项为

$$\frac{1}{M_1}\boldsymbol{\phi}_1\boldsymbol{\phi}_1^{\mathrm{T}}\boldsymbol{m}=\begin{bmatrix}0.55157 & 0.53654 & 0.33293\\ 0.35770 & 0.34795 & 0.21590\\ 0.16646 & 0.16193 & 0.10048\end{bmatrix}$$

将其代入式(13－30)，则滤型矩阵为

$$\boldsymbol{S}_1=\begin{bmatrix}0.44843 & -0.53654 & -0.33293\\ -0.35770 & 0.65205 & -0.21590\\ -0.16646 & -0.16193 & 0.89952\end{bmatrix}$$

然后，再使用例题 E13－1 的动力矩阵 $\boldsymbol{D}$，得到第二振型动力矩阵

$$\boldsymbol{D}_2=\boldsymbol{D}\,\boldsymbol{S}_1=\begin{bmatrix}0.44003\text{E}-03 & -0.46092\text{E}-03 & -0.46762\text{E}-03\\ -0.30375\text{E}-03 & 0.43332\text{E}-03 & 0.87264\text{E}-04\\ -0.23391\text{E}-03 & 0.65376\text{E}-04 & 0.63459\text{E}-03\end{bmatrix}$$

应用此动力矩阵，并按照例题 E13－1 中相同的格式，对第二振型和频率进行迭代求解如下：

$$\boldsymbol{D}_2\times\overset{\boldsymbol{v}_2^{(0)}}{\begin{bmatrix}1.0000\\ 0.0000\\ -1.0000\end{bmatrix}}=\overset{\overline{\boldsymbol{v}}_2^{(1)}}{\begin{bmatrix}0.90765\text{E}-03\\ -0.39461\text{E}-03\\ -0.86850\text{E}-03\end{bmatrix}};\ \left|\begin{matrix}\boldsymbol{v}_2^{(1)} & \overline{\boldsymbol{v}}_2^{(2)}\\ 1.0000 & 0.10879\text{E}-02\\ -0.43476 & -0.57924\text{E}-03\\ -0.95687 & -0.86955\text{E}-03\end{matrix}\right|$$

$$\left|\begin{matrix}\boldsymbol{v}_2^{(2)} & \overline{\boldsymbol{v}}_2^{(3)}\\ 1.0000 & 0.10592\text{E}-02\\ -0.53245 & -0.60782\text{E}-03\\ -0.79932 & -0.77596\text{E}-03\end{matrix}\right|\ \left|\begin{matrix}\boldsymbol{v}_2^{(3)} & \overline{\boldsymbol{v}}_2^{(4)}\\ 1.0000 & 0.10472\text{E}-02\\ -0.57383 & -0.61993\text{E}-03\\ -0.73258 & -0.73631\text{E}-03\end{matrix}\right|\cdots$$

与例题 E13－1 中第一振型的求解过程比较，第二振型的迭代收敛速率明显变慢。连续十二轮重复这一过程，得到第二振型的计算结果如下：

$$\boldsymbol{\phi}_2^{\mathrm{T}}=(1.0000 \quad -0.6069 \quad -0.6793)$$

此结果与例题 E11－2 的行列式分析求出的结果相比十分接近。

第一轮迭代后由结构顶层位移产生的第二振型的振动频率为

$$[\omega_2^{(1)}]^2=\frac{1.0000}{0.00090675}=1102;\quad \omega_2^{(1)}=33.19\ \text{rad/s}$$

另外，第一轮迭代后 Rayleigh 商表达式(13－34)给出频率值为 $\omega_2=32.10$。为比较起见，进行四轮迭代后得到基于结构顶层位移的频率为

$$[\omega_2^{(4)}]^2=\frac{1.0000}{0.0010471}=955;\quad \omega_2^{(4)}=30.90\ \text{rad/s}$$

而式(13－34)给出的频率值为 $\omega_2=31.06$,此结果与例题 E11－1 求出的结果相比十分接近。此例表明,多次迭代才能得到具有足够精度的第二振型,但是式(13－34)则只需几次迭代便可得到高精度的频率。具体地说,六次迭代后五位有效数字的频率为 $\omega_2=31.048$,而十二次迭代后结构顶层位移的第五位有效数字仍然在变化。

第三和更高振型的分析

现在显然知道,同样的滤型过程能够推广到从试探向量中净化第一和第二这两个振型分量,因此,迭代过程将向第三振型收敛。将净化了的第三振型试探形状[类似于式(13－28)]表示为

$$\widetilde{\boldsymbol{v}}_3^{(0)}=\boldsymbol{v}_3^{(0)}-\boldsymbol{\phi}_1 Y_1^{(0)}-\boldsymbol{\phi}_2 Y_2^{(0)} \tag{13－35}$$

利用 $\widetilde{\boldsymbol{v}}_3^{(0)}$ 正交于 $\boldsymbol{\phi}_1$ 和 $\boldsymbol{\phi}_2$ 的条件

$$\boldsymbol{\phi}_1^{\mathrm{T}}\boldsymbol{m}\,\widetilde{\boldsymbol{v}}_3^{(0)}=0=\boldsymbol{\phi}_1^{\mathrm{T}}\boldsymbol{m}\boldsymbol{v}_3^{(0)}-M_1 Y_1^{(0)}$$

$$\boldsymbol{\phi}_2^{\mathrm{T}}\boldsymbol{m}\,\widetilde{\boldsymbol{v}}_3^{(0)}=0=\boldsymbol{\phi}_2^{\mathrm{T}}\boldsymbol{m}\boldsymbol{v}_3^{(0)}-M_2 Y_2^{(0)}$$

推导出试探向量 $\boldsymbol{v}_3^{(0)}$ 中第一和第二振型幅值的表达式

$$Y_1^{(0)}=\frac{1}{M_1}\boldsymbol{\phi}_1^{\mathrm{T}}\boldsymbol{m}\boldsymbol{v}_3^{(0)} \tag{13－36a}$$

$$Y_2^{(0)}=\frac{1}{M_2}\boldsymbol{\phi}_2^{\mathrm{T}}\boldsymbol{m}\boldsymbol{v}_3^{(0)} \tag{13－36b}$$

它们等同于式(13－27)。将其代入式(13－35),导得

$$\widetilde{\boldsymbol{v}}_3^{(0)}=\boldsymbol{v}_3^{(0)}-\frac{1}{M_1}\boldsymbol{\phi}_1\boldsymbol{\phi}_1^{\mathrm{T}}\boldsymbol{m}\boldsymbol{v}_3^{(0)}-\frac{1}{M_2}\boldsymbol{\phi}_2\boldsymbol{\phi}_2^{\mathrm{T}}\boldsymbol{m}\boldsymbol{v}_3^{(0)}$$

或

$$\widetilde{\boldsymbol{v}}_3^{(0)}=\left[\boldsymbol{I}-\frac{1}{M_1}\boldsymbol{\phi}_1\boldsymbol{\phi}_1^{\mathrm{T}}\boldsymbol{m}-\frac{1}{M_2}\boldsymbol{\phi}_2\boldsymbol{\phi}_2^{\mathrm{T}}\boldsymbol{m}\right]\boldsymbol{v}_3^{(0)} \tag{13－37}$$

式(13－37)表明,只要从式(13－30)给出的第一振型滤型矩阵中减去第二振型的项,就能得到从 $\boldsymbol{v}_3^{(0)}$ 中同时消除第一和第二振型分量的滤型矩阵 $\boldsymbol{S}_2$,即

$$\boldsymbol{S}_2=\boldsymbol{S}_1-\frac{1}{M_2}\boldsymbol{\phi}_2\boldsymbol{\phi}_2^{\mathrm{T}}\boldsymbol{m} \tag{13－38}$$

这里滤型矩阵的运算表示为

$$\widetilde{\boldsymbol{v}}_3^{(0)}=\boldsymbol{S}_2\,\boldsymbol{v}_3^{(0)} \tag{13－39}$$

类似于式(13－32),现在能写出分析第三振型的矩阵迭代关系式:

$$\frac{1}{\omega_3^2}\boldsymbol{v}_3^{(1)}=\boldsymbol{D}\,\widetilde{\boldsymbol{v}}_3^{(0)}=\boldsymbol{D}\boldsymbol{S}_2\,\boldsymbol{v}_3^{(0)}\equiv\boldsymbol{D}_3\,\boldsymbol{v}_3^{(0)} \tag{13－40}$$

因此,这个修正的动力矩阵 $\boldsymbol{D}_3$ 起到了从试探向量 $\boldsymbol{v}_3^{(0)}$ 中消除第一和第二振型分量的作用,并向第三振型收敛。

显然,这一相同的过程能继续推广用来分析体系的更高阶振型。例如求第

四振型，计算滤型矩阵 $\boldsymbol{S}_3$ 如下：

$$\boldsymbol{S}_3=\boldsymbol{S}_2-\frac{1}{M_3}\boldsymbol{\phi}_3\boldsymbol{\phi}_3^{\mathrm{T}}\boldsymbol{m} \tag{13-41}$$

这里起的作用是

$$\widetilde{\boldsymbol{v}}_4^{(0)}=\boldsymbol{S}_3\boldsymbol{v}_4^{(0)} \tag{13-42}$$

相应的动力矩阵是

$$\boldsymbol{D}_4=\boldsymbol{D}\boldsymbol{S}_3$$

以此类推，很容易得到适合于计算任意振型的矩阵，即

$$\boldsymbol{S}_n=\boldsymbol{S}_{n-1}-\frac{1}{M_n}\boldsymbol{\phi}_n\boldsymbol{\phi}_n^{\mathrm{T}}\boldsymbol{m}\qquad \boldsymbol{D}_{n+1}=\boldsymbol{D}\boldsymbol{S}_n \tag{13-43}$$

无疑，这个方法最重要的限制条件是在求任意指定的高振型以前，必须先计算所有较低的振型。同样，如果要使高振型的滤型矩阵行之有效，必须用很高的精度来计算较低的振型。一般这种方法直接用于计算不超过四五个振型的情形。

最高振型的分析

指出矩阵迭代法也能够应用于分析任何结构的最高振型这一点至少有着学术上的意义。如果用 $\boldsymbol{m}^{-1}\boldsymbol{k}$ 前乘式(13－3)，其结果能写成

$$\omega_n^2\hat{\boldsymbol{v}}_n=\boldsymbol{E}\,\hat{\boldsymbol{v}}_n \tag{13-44}$$

其中

$$\boldsymbol{E}\equiv\boldsymbol{m}^{-1}\boldsymbol{k}\equiv\boldsymbol{D}^{-1} \tag{13-45}$$

现在这个矩阵中包含了体系的动力特性。若代入最高(第 N 个)振型的试探形状，式(13－44)变成

$$\omega_N^2\boldsymbol{v}_N^{(1)}=\boldsymbol{E}\boldsymbol{v}_N^{(0)} \tag{13-46}$$

它等同于式(13－5a)。类似于式(13－9)和式(13－11)，给出第 N 振型频率的近似值为

$$\omega_N^2\doteq\frac{\overline{v}_{kN}^{(1)}}{v_{kN}^{(0)}} \tag{13-47a}$$

或

$$\omega_N^2\doteq\frac{(\overline{\boldsymbol{v}}_N^{(1)})^{\mathrm{T}}\boldsymbol{m}\overline{\boldsymbol{v}}_N^{(1)}}{(\overline{\boldsymbol{v}}_N^{(1)})^{\mathrm{T}}\boldsymbol{m}\boldsymbol{v}_N^{(0)}} \tag{13-47b}$$

其中 $\overline{\boldsymbol{v}}_N^{(1)}=\boldsymbol{E}\boldsymbol{v}_N^{(0)}$。

此外，计算得到的形状 $\overline{\boldsymbol{v}}_N^{(1)}$ 是一个比原始假定好一些的最高振型近似解。如果把它作为新的试算形状，并且重复上述过程足够多次，就能按所要求的近似程度确定最高振型。

这个方法对最高振型收敛性的证明与最低振型完全一样。证明中的主要区别是 ω_N^2 项在分子中而不是在分母中，由此得出与式(13－23)等同的式

子为

$$1 \gg \left(\frac{\omega_{N-1}}{\omega_N}\right)^{2s} \gg \left(\frac{\omega_{N-2}}{\omega_N}\right)^{2s} \gg \left(\frac{\omega_{N-3}}{\omega_N}\right)^{2s} \gg \cdots \tag{13-48}$$

它强调最高的而不是最低的振型。

从正交原理导得的最高振型的滤型矩阵可用于分析下一个最高振型。原则上整个分析从上向下进行。然而在用式(13－46)时，由于迭代过程的收敛要比分析较低级阶振型的常规迭代分析慢得多，所以除了能够预先估计结构中最高振动频率之外，这个方法很少应用。

例题 E13－3　分析例题 E13－1 中的三层结构物的第三振型，可以通过计算第二振型的滤型矩阵，以及用它得到直接收敛于第三振型的动力矩阵来求得。然而，采用刚度形式的动力矩阵，用迭代法求解结构的最高振型一般是比较容易和比较精确的。下面说明这个方法。

图 E13－1 中结构的刚度矩阵和质量矩阵的逆矩阵是(见例题 E11－1)

$$\boldsymbol{k} = 600 \times \begin{bmatrix} 1 & -1 & 0 \\ -1 & 3 & -2 \\ 0 & -2 & 5 \end{bmatrix} \text{ kips/in} \qquad \boldsymbol{m}^{-1} = \frac{1}{6} \times \begin{bmatrix} 6 & 0 & 0 \\ 0 & 4 & 0 \\ 0 & 0 & 3 \end{bmatrix} \text{ in/kips} \cdot \text{s}^2$$

因此动力矩阵刚度形式是

$$\boldsymbol{E} = \boldsymbol{m}^{-1}\boldsymbol{k} = 100 \times \begin{bmatrix} 6 & -6 & 0 \\ -4 & 12 & -8 \\ 0 & -6 & 15 \end{bmatrix} \text{ s}^{-2}$$

按照例题 E13－1 的格式，推测第三振型的合理状态，用它作为初始形状，进行如下迭代：

$$\underbrace{100 \times \begin{bmatrix} 6 & -6 & 0 \\ -4 & 12 & -8 \\ 0 & -6 & 15 \end{bmatrix}}_{\boldsymbol{E}} \underbrace{\begin{bmatrix} 1 \\ -1 \\ 1 \end{bmatrix}}_{\boldsymbol{v}_3^{(0)}} = \underbrace{\begin{bmatrix} 12 \\ -24 \\ 21 \end{bmatrix}}_{\bar{\boldsymbol{v}}_3^{(1)}}$$

$\boldsymbol{v}_3^{(1)}$	$\bar{\boldsymbol{v}}_3^{(2)}$	$\boldsymbol{v}_3^{(2)}$	$\bar{\boldsymbol{v}}_3^{(3)}$
0.571 4	10.286	0.470 6	9.412
−1.142 9	−24.000	−1.098 0	−23.059
1.000 0	21.857	1.000 0	21.588

$\boldsymbol{v}_3^{(3)}$	$\bar{\boldsymbol{v}}_3^{(4)}$		$\boldsymbol{v}_3^{(6)}$	$\bar{\boldsymbol{v}}_3^{(7)}$
0.436 0	9.024		0.412 3	8.740
−1.068 1	−22.561	…	−1.044 4	−22.182
1.000 0	21.409		1.000 0	21.266

↑ 最终的形状

显然，迭代过程向最高振型收敛要比例题 E13－1 中向最低振型收敛慢得多，这是矩阵迭代方法的一般特点。然而，最后所得的振型形式与用行列式求解（例题 E11－2）的结果非常一致。从最后一次迭代循环求得的频率［见式（13－47a）］是

$$\omega_3^2=\frac{\overline{v}_{33}^{(7)}}{v_{33}^{(6)}}=\frac{21.266\times 100}{1}=2\ 127$$

它与例题 E11－1 求得的值也非常接近。在这个式子中，100 这个系数是提到动力矩阵 $\boldsymbol{E}$ 外面的乘子。

§13－5　用矩阵迭代法分析屈曲

当轴向力作用在结构的构件上时，如果轴向力不随结构振动变化，为计算特征值和特征向量矩阵迭代法也是适用的。对于任何指定的轴向荷载情况，可以写出一个等价于式（13－5a）的等式

$$\boldsymbol{v}_1^{(1)}=\omega_1^2\overline{\boldsymbol{D}}\boldsymbol{v}_1^{(0)} \tag{13-49a}$$

其中

$$\overline{\boldsymbol{D}}=\overline{\boldsymbol{k}}^{-1}\boldsymbol{m} \tag{13-49b}$$

这里 $\overline{\boldsymbol{k}}=\boldsymbol{k}-\boldsymbol{k}_{G0}$ 是组合刚度矩阵，它计入了几何刚度效应［见式（9－20）］。就像没有轴向荷载一样，从式（13－49a）用迭代法能确定振动的振型和频率。

由于轴向压力的效应是减少结构构件的刚度，因此振动频率有减小的趋势。在极限情形（屈曲）中，振动频率趋于零，静力特征值方程取如下的形式：

$$(\boldsymbol{k}-\lambda_G\boldsymbol{k}_{G0})\hat{\boldsymbol{v}}=\boldsymbol{0} \tag{11-24}$$

用 $(1/\lambda_G)\widetilde{\boldsymbol{f}}$ 前乘这个式子，给出

$$\frac{1}{\lambda_G}\hat{\boldsymbol{v}}=\boldsymbol{G}\hat{\boldsymbol{v}} \tag{13-50a}$$

其中

$$\boldsymbol{G}=\widetilde{\boldsymbol{f}}\boldsymbol{k}_{G0} \tag{13-50b}$$

方程（13－50a）与振动特征值方程的形式相同，也可用同样方式的迭代过程求解。允许产生非零值 $\hat{\boldsymbol{v}}$ 的特征值是屈曲荷载，它用荷载参数 λ_G 值表示。因而，如果令 $\boldsymbol{v}_1^{(0)}$ 为第一屈曲形式的试探形状，迭代过程可表示为

$$\frac{1}{\lambda_{G1}}\boldsymbol{v}_1^{(1)}=\boldsymbol{G}\boldsymbol{v}_1^{(0)} \tag{13-51}$$

按这种迭代过程计算屈曲形式的方法叫做 **Vianello 法**，因为 Vianello 第一个应用了这个方法。

屈曲的矩阵迭代分析在原理与技巧上和振动的迭代分析完全一样，除了指

出在求较高阶屈曲形式时所用的正交条件为

$$\boldsymbol{\phi}_m^{\mathrm{T}}\boldsymbol{k}_{G0}\boldsymbol{\phi}_n=0 \quad m\neq n \tag{13-52}$$

之外不需要做进一步的讨论。然而,一般只对最低阶屈曲形式感兴趣,所以几乎不必考虑求较高阶屈曲形式的方法。

例题 E13-4 通过计算一根在自重作用下均匀悬臂柱的临界屈曲荷载值,来说明屈曲分析的矩阵迭代法(图 E13-2)。把结构分割成相等的三段,并且用每个结点的侧向位移作为自由度。假定柱的均布重量集中于每段的两端,因此在顶点集中全部重量的六分之一,两个中间结点集中三分之一。在图中给出了由于这些集中重量在三段柱内产生的轴力。

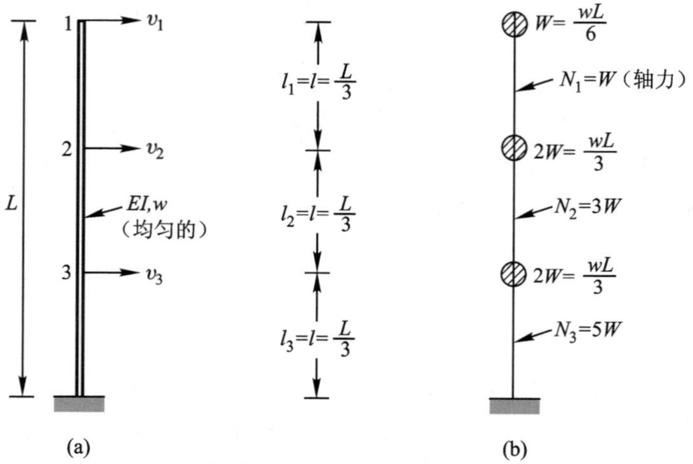

图 E13-2 由自重引起柱屈曲的分析

(a)均匀柱;(b)离散模型

当采用线性位移近似[式(10-36)]时,给出这个柱的几何刚度为

$$\boldsymbol{k}_G=\begin{bmatrix}\dfrac{N_1}{l_1} & \dfrac{-N_1}{l_1} & 0\\ -\dfrac{N_1}{l_1} & \dfrac{N_1}{l_1}+\dfrac{N_2}{l_2} & -\dfrac{N_2}{l_2}\\ 0 & -\dfrac{N_2}{l_2} & \dfrac{N_2}{l_2}+\dfrac{N_3}{l_3}\end{bmatrix}=\frac{W}{l}\begin{bmatrix}1 & -1 & 0\\ -1 & 4 & -3\\ 0 & -3 & 8\end{bmatrix}$$

取它作为基准几何刚度 $\boldsymbol{k}_{G0}$。在三个结点上相继施加单位荷载,并用标准的静力分析方法计算产生的挠度,求出柱的柔度矩阵是

$$\tilde{\boldsymbol{f}}=\frac{l^3}{6EI}\begin{bmatrix}54 & 28 & 8\\ 28 & 16 & 5\\ 8 & 5 & 2\end{bmatrix}$$

因此,给出稳定矩阵为

$$\boldsymbol{G}=\widetilde{\boldsymbol{f}}\,\boldsymbol{k}_{G0}=\frac{Wl^2}{6EI}\begin{pmatrix}26 & 34 & -20\\ 12 & 21 & -8\\ 3 & 6 & 1\end{pmatrix}$$

取抛物线作为第一屈曲形状的一个合理推测，下面采用与振动例题一样的格式，进行矩阵迭代：

$$\overset{\boldsymbol{G}}{\frac{Wl^2}{6EI}\begin{pmatrix}26 & 34 & -20\\ 12 & 21 & -8\\ 3 & 6 & 1\end{pmatrix}}\ \overset{\boldsymbol{v}_1^{(0)}}{\begin{pmatrix}1.00\\ 0.44\\ 0.11\end{pmatrix}}=\overset{\overline{\boldsymbol{v}}_1^{(1)}}{\begin{pmatrix}38.76\\ 20.36\\ 5.75\end{pmatrix}}$$

$$\begin{array}{|cc|}\boldsymbol{v}_1^{(1)} & \overline{\boldsymbol{v}}_1^{(2)}\\ 1.000\,0 & 40.89\\ 0.525\,3 & 81.84\\ 0.148\,4 & 6.30\end{array}\quad\begin{array}{|cc|}\boldsymbol{v}_1^{(2)} & \overline{\boldsymbol{v}}_1^{(3)}\\ 1.000\,0 & 41.08\\ 0.534\,2 & 21.99\\ 0.154\,1 & 6.36\end{array}\quad\begin{array}{|cc|}\boldsymbol{v}_1^{(3)} & \overline{\boldsymbol{v}}_1^{(4)}\\ 1.000\,0 & 41.10\\ 0.535\,2 & 22.00\\ 0.154\,8 & 6.37\end{array}$$

↑ 真实形状

这个过程与振动分析中的第一振型迭代收敛得一样快。从最后的迭代循环得到的临界屈曲荷载系数为

$$\lambda_{cr}=\frac{v_{11}^{(3)}}{\overline{v}_{11}^{(4)}}=\frac{1.000}{41.10(Wl^2/6EI)}=1.313\,9\,\frac{EI}{WL^2}$$

这里最后的结果用总长度 L 表示。由此，求得每单位长度的临界重量为

$$w_{cr}=\frac{\lambda_{cr}W}{L/6}=1.313\,9(6)\frac{EI}{L^3}=7.883\,\frac{EI}{L^3}$$

由于这个结果与精确解 $7.83EJ/L^3$ 非常一致，所以从简单线性位移假设推导几何刚度是相当有效的。

用矩阵迭代法也能计算柱子几何刚度对振动频率的影响。当然，如果每单位长度重量是上面算得的临界值，则振动频率为零。然而，对于任何较小的单位长度重量，都能够确定其对应的频率。例如，假设 $W=(27/26)(EI/L^3)$，它就是临界值的 $(27/26)/1.313\,9=79\%$。把这个值代入上面 $\boldsymbol{k}_G$ 的表达式中就能够得到几何刚度矩阵。

用柔度矩阵求逆得到柱子的弹性刚度为

$$\boldsymbol{k}=\frac{6}{26}\frac{EI}{l^3}\begin{pmatrix}7 & -16 & 12\\ -16 & 44 & -46\\ 12 & -46 & 80\end{pmatrix}$$

因此，给出计及轴向力效应的组合刚度矩阵[式(9-20)]为

$$\overline{\boldsymbol{k}}=\boldsymbol{k}-\boldsymbol{k}_G=\frac{6}{26}\frac{EI}{l^3}\begin{pmatrix}7 & -16 & 12\\ -16 & 44 & -46\\ 12 & -46 & 80\end{pmatrix}-\frac{27}{26}\frac{EI}{9l^3}\begin{pmatrix}1 & -1 & 0\\ -1 & 4 & -3\\ 0 & -3 & 8\end{pmatrix}$$

$$=\frac{3}{26}\frac{EI}{l^3}\begin{pmatrix}13 & -31 & 24\\ -31 & 84 & -89\\ 24 & -89 & 152\end{pmatrix}$$

最后，按修正动力矩阵 $\overline{\boldsymbol{D}}=\overline{\boldsymbol{k}}^{-1}\boldsymbol{m}$ 用迭代法进行振动分析，这里 $\overline{\boldsymbol{k}}^{-1}$ 是上面所示的组合刚度矩阵的逆矩阵。这个例题留给读者完成。

§13-6 逆迭代法——首选的方法

在本章以上各节矩阵迭代法的讨论中，每轮迭代对所计算形状的改进，是通过对其上一轮的向量简单地乘以动力矩阵 $\boldsymbol{D}\equiv\boldsymbol{k}^{-1}\boldsymbol{m}$ 来获得的，因此称之为直接迭代法。显然，在以上叙述中该法是易于应用的；同时由于该方法是基于动力矩阵的柔度形式，所以向最低阶振动形状收敛，因而有必要将该方法作为结构动力学的一般工具。此法的主要缺点是柔度矩阵是满阵，与窄带刚度矩阵①的运算相比会使计算效率降低。当然，如前面所讨论的，用基于刚度形式的动力矩阵 $\boldsymbol{E}=\boldsymbol{m}^{-1}\boldsymbol{k}$ 作直接迭代法是不合适的，因为它将收敛于最高阶振型。此外，尽管矩阵 $\boldsymbol{k}$ 和 $\boldsymbol{m}$ 是窄带的，但动力矩阵 $\boldsymbol{E}$ 也不是窄带矩阵，所以需要选择其他方法。

逆迭代方法是利用刚度矩阵窄带性质的首选方法，因为它应用刚度矩阵的逆矩阵，所以此方法向最低振型收敛。为保持刚度矩阵 $\boldsymbol{k}$ 的窄带性质，不形成动力矩阵 $\boldsymbol{E}$。而改为把假设的位移向量与质量矩阵相结合来获得一个惯性荷载向量，然后求解基于刚度的平衡联立方程组来得到改进的位移向量。

与上述直接迭代法一样，指定初始假定位移向量为 $\boldsymbol{v}_1^{(0)}$，便可类似于式(13-6)的表达式给出按此假定位移形状作简谐运动的惯性力。然而，由于随后要用规格化步骤将频率效应剔除掉，所以此式中频率被假设为 $1(\omega_1^2=1)$，而作为结果的惯性力被表示为

$$\boldsymbol{W}_1^{(0)}=\boldsymbol{m}\boldsymbol{v}_1^{(0)} \tag{13-53}$$

现对这些受惯性力作用的结构平衡方程组求解，得到这些惯性力产生的改进的位移向量 $\overline{\boldsymbol{v}}_1^{(1)}$，即

$$\boldsymbol{k}\overline{\boldsymbol{v}}^{(1)}=\boldsymbol{W}_1^{(0)} \tag{13-54}$$

当然，求解这些方程组的一条途径是通过求刚度矩阵的逆矩阵得到柔度矩阵 $(\tilde{\boldsymbol{f}}=\boldsymbol{k}^{-1})$，再用这个柔度矩阵乘以惯性力

$$\overline{\boldsymbol{v}}^{(1)}=\tilde{\boldsymbol{f}}\boldsymbol{W}_1^{(0)}$$

实际上这个方法完全等同于上述的直接迭代分析，如前面所解释的，由于需要求

① 窄带刚度矩阵的窄带特性，实际就是有限元分析中刚度矩阵的带状、稀疏特性。——译者

逆，还要乘以一个满的柔度矩阵，这将导致计算效率低下。

在这里推荐的逆迭代法中，首先用 Gauss 消元法分解刚度矩阵成如下形式①，然后求解平衡方程(13－54)：

$$\boldsymbol{k}=\boldsymbol{L}\boldsymbol{d}\boldsymbol{L}^{\mathrm{T}}\equiv\boldsymbol{L}\boldsymbol{U} \tag{13-55}$$

这里，$\boldsymbol{L}$ 称为下三角矩阵，$\boldsymbol{L}^{\mathrm{T}}$ 是它的转置矩阵，而矩阵 $\boldsymbol{d}$ 定义为对角矩阵，因此如下定义的 $\boldsymbol{U}$ 为上三角矩阵：

$$\boldsymbol{d}\boldsymbol{L}^{\mathrm{T}}\equiv\boldsymbol{U}$$

将式(13－55)代入方程(13－54)，得到

$$\boldsymbol{L}\boldsymbol{U}\,\overline{\boldsymbol{v}}_1^{(1)}=\boldsymbol{W}_1^{(0)} \tag{13-54a}$$

然后分如下两步进行求解：

（1）定义

$$\boldsymbol{y}_1^{(1)}\equiv\boldsymbol{U}\,\overline{\boldsymbol{v}}_1^{(1)} \tag{13-56}$$

并由下式求解 $\boldsymbol{y}_1^{(1)}$：

$$\boldsymbol{L}\boldsymbol{y}_1^{(1)}=\boldsymbol{W}_1^{(0)} \tag{13-57}$$

（2）由下式求解 $\overline{\boldsymbol{v}}_1^{(1)}$

$$\boldsymbol{U}\,\overline{\boldsymbol{v}}_1^{(1)}=\boldsymbol{y}_1^{(1)} \tag{13-58}$$

如上所述，然后将这个导出的向量 $\overline{\boldsymbol{v}}_1^{(1)}$ 用其中的最大单元相除进行规格化，从而得到第一次迭代循环的结果，即改进的第一振型：

$$\boldsymbol{v}_1^{(1)}=\frac{\overline{\boldsymbol{v}}_1^{(1)}}{\max(\overline{\boldsymbol{v}}_1^{(1)})} \tag{13-59}$$

重要的是要注意，三角矩阵 $\boldsymbol{L}$ 和 $\boldsymbol{U}$ 中保留了刚度矩阵 $\boldsymbol{k}$ 的窄带特征，因此与直接迭代使用的柔度矩阵形式相比，这个逆位移分析方法的效率得以大大提高。

因为，此逆迭代法与前述的直接迭代法的唯一区别在于：它的更高效率的、用来计算导出位移向量 $\boldsymbol{v}_1^{(1)}$ 的 Gauss 分解技术。所以，如果以前用来计算 $\boldsymbol{v}_1^{(1)}$ 的式(13－7)被上述联立方程(13－54a)的解所取代，则整个先前所叙述的直接矩阵迭代法可以同样用于逆迭代法。然而，虽然这个区别看起来很小，但是基于式(13－54a)到式(13－58)的逆迭代法却具有巨大的计算优势，特别是当分析具有大量自由度体系的时候，优势更为明显。

§13－7　移位逆迭代法

原则上，刚刚叙述的逆迭代法与滤型矩阵概念相结合，能获得更有效的计算

① K. J. Bathe and E. L. Wilson, Numerical Methods in Finite Element Analysis, Prentice－Hall, 1976, p. 248(中译本《有限元分析中的数值方法》，1985。)——译者

第二和更高阶振型的方法。但是，随着振型数目的增加，建立所需滤型矩阵的计算量越来越大，且滤型运算的效率越来越低。为此，发展了计算高振型振动性质的其他方法，其中实践中证明有效的方法之一是基于特征值“移位”概念的方法。虽然移位的概念在直接迭代或逆迭代中都能采用，但是它在逆迭代中最为有效，下文将就此进行讨论。

为便利起见，将特征值问题方程表示为式(13－5)柔度形式的求逆问题：

$$\boldsymbol{E}\boldsymbol{\phi}_n=\boldsymbol{\phi}_n\lambda_n \tag{13-60}$$

式中 $\lambda_n \equiv \omega_n^2$ 表示特征值或者频率，$\boldsymbol{E}=\boldsymbol{D}^{-1}$ 是刚度形式的动力矩阵，而 $\boldsymbol{\phi}_n$ 是特征向量(振型)。当式(13－60)改写为表示全部振型和频率的形式时，有

$$\boldsymbol{E\Phi}=\boldsymbol{\Phi\Lambda} \tag{13-61}$$

这里 $\boldsymbol{\Phi}$ 是所有振型向量的矩阵，$\boldsymbol{\Lambda}$ 是所有频率 ω_n^2 的对角矩阵。

移位的基本概念是把每一个特征值 λ_n 表示成移位 μ 和余量 δ_n 之和，即

$$\lambda_n=\delta_n+\mu \tag{13-62}$$

或者考虑全部特征值的对角矩阵，为

$$\boldsymbol{\Lambda}=\hat{\boldsymbol{\delta}}+\mu\boldsymbol{I} \tag{13-63}$$

其中 $\hat{\boldsymbol{\delta}}$ 是余量的对角矩阵，$\mu\boldsymbol{I}$ 表示对每一个特征值施加的移位。

如图 13－2 所示，移位可以想象为在特征值图形上原点位置的移动。它的作用是将特征值问题从实际特征值的分析转变为余量的分析，把式(13－63)代入式(13－61)时这一点就看得很清楚：

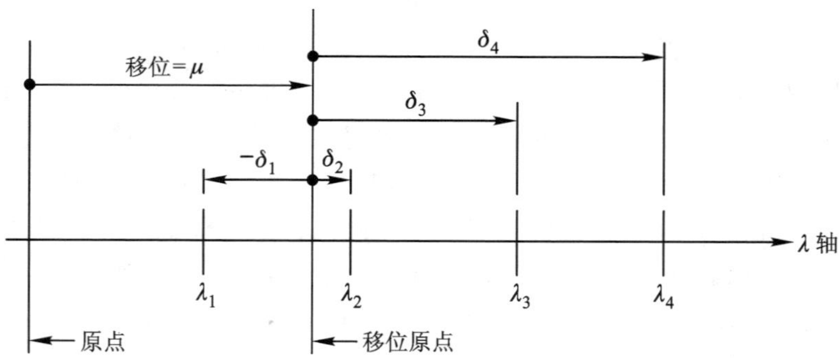

图 13－2　在特征值轴上一个移位的说明

$$\boldsymbol{E\Phi}=\boldsymbol{\Phi}(\hat{\boldsymbol{\delta}}+\mu\boldsymbol{I})$$

它可重写为

$$(\boldsymbol{E}-\mu\boldsymbol{I})\boldsymbol{\Phi}=\boldsymbol{\Phi}\hat{\boldsymbol{\delta}} \tag{13-64}$$

这里括号里的项代表采用余量特征值时修正的动力矩阵。为了方便起见用 $\hat{\boldsymbol{E}}$ 表示，因而

$$\hat{\boldsymbol{E}}\boldsymbol{\Phi}=\boldsymbol{\Phi}\hat{\boldsymbol{\delta}} \tag{13-65}$$

显然式(13－65)完全等价于式(13－61)，移位了的矩阵与 $\boldsymbol{E}$ 具有相同的特征向量。

这个新的特征问题可以按照与上面描述的类似方法采用逆迭代求解，第一轮迭代的结果可以表示成如下的形式[类似于式(13－7)和式(13－8)]：

$$\boldsymbol{v}_k^{(1)}=\frac{\hat{\boldsymbol{E}}^{-1}\boldsymbol{v}_k^{(0)}}{\max(\hat{\boldsymbol{E}}^{-1}\boldsymbol{v}_k^{(0)})}$$

这里 $\boldsymbol{v}_k^{(0)}$ 是第 k 振型的一个初始近似值。s 次循环后，结果是

$$\boldsymbol{v}_k^{(s)}=\frac{\hat{\boldsymbol{E}}^{-s}\boldsymbol{v}_k^{(0)}}{\max(\hat{\boldsymbol{E}}^{-s}\boldsymbol{v}_k^{(0)})}=\frac{\sum_{n=1}^{N}\delta_n^{-s}\boldsymbol{\phi}_n Y_n^{(0)}}{\max(\hat{\boldsymbol{E}}^{-s}\boldsymbol{v}_k^{(0)})}$$

或者通过比较式(13－22)，它可写成

$$\boldsymbol{v}_k^{(s)}=\frac{\delta_k^{-s}}{\max(\hat{\boldsymbol{E}}^{-s}\boldsymbol{v}_k^{(0)})}\left[\boldsymbol{\phi}_k Y_k^{(0)}+\sum_{n=1}^{k-1}\left(\frac{\delta_k}{\delta_n}\right)^s\boldsymbol{\phi}_n Y_n^{(0)}+\sum_{n=k+1}^{N}\left(\frac{\delta_k}{\delta_n}\right)^s\boldsymbol{\phi}_n Y_n^{(0)}\right] \tag{13-66}$$

这里 δ_k 表示最小的余量特征值，即

$$|\delta_k|<\delta_{k+1}<\delta_{k+2}\cdots \text{和}\quad |\delta_k|<-\delta_{k-1}<-\delta_{k-2}\cdots$$

因此在迭代足够多次数以后，显然式(13－66)中两个和式将小到可以忽略不计，计算的振型收敛于

$$\boldsymbol{v}_k^{(s)}=\frac{\delta_k^{-s}\boldsymbol{\phi}_k Y_k^{(0)}}{\max(\delta_k^{-s}\boldsymbol{\phi}_k Y_k^{(0)})}=\frac{\boldsymbol{\phi}_k}{\max(\boldsymbol{\phi}_k)}\equiv\boldsymbol{\phi}_k \tag{13-67}$$

因此，这个分析显示了带有特征值移位的逆迭代方法，收敛于最接近移位原点的特征值所对应的振型，例如，对于图 13－2 中的情形，就收敛到第二振型。类似于式(13－13)，可见该振型的余量特征值等于规格化以前算得的特征向量的最大项：

$$\delta_k=\frac{1}{\max(\overline{\boldsymbol{v}}_k^{(s)})}$$

因此实际的特征值由它加上移位值而得到

$$\lambda_k=\mu+\frac{1}{\max(\overline{\boldsymbol{v}}_k^{(s)})} \tag{13-68}$$

适当地选择移位点，可以使得逆迭代分析收敛于结构体系的任何一个或所有的振型。此外，由于移位点与所要寻求的根的位置非常接近时，可以加快收敛的速度，因此为了求得根的较好的近似解，在迭代过程中相隔一段时间移位是很好的办法。从式(13－11)能够推导得到一个很好的近似移位点的公式：

$$\mu_k=\frac{\overline{\boldsymbol{v}}_k^{(s)}\boldsymbol{m}\boldsymbol{v}_k^{(s-1)}}{\overline{\boldsymbol{v}}_k^{(s)}\boldsymbol{m}\overline{\boldsymbol{v}}_k^{(s)}} \tag{13-69}$$

显然对于使用刚度形式动力矩阵的直接迭代，移位的方法是低效的，因为这种情况下将收敛于最大的根，而且只能使得第一个或者最后一个余量(δ_1 或 δ_N)为最大。

为便于解释，书中在动力矩阵 $\boldsymbol{D}=\boldsymbol{k}^{-1}\boldsymbol{m}$ 情况下介绍了移位概念的描述。但是，这个基于满动力矩阵求逆、相对低效的位移分析，如前已注意到的，在求解中应该由可以利用刚度矩阵窄带性质的方法来取代。所推荐的利用移位的逆迭代分析方法，其运算过程与在 13－6 节（逆迭代法）所述的没有利用移位的情况几乎相同。首先从如下形式特征值问题开始：

$$\boldsymbol{k}\boldsymbol{\phi}_n=\boldsymbol{m}\boldsymbol{\phi}_n\omega_n^2$$

代入特征值的移位 $\mu=\omega_n^2-\delta_n$，导得

$$\boldsymbol{k}\boldsymbol{\phi}_n=\boldsymbol{m}\boldsymbol{\phi}_n(\mu+\delta_n)$$

它可以改写为

$$(\boldsymbol{k}-\mu\boldsymbol{m})\boldsymbol{\phi}_n=\boldsymbol{m}\boldsymbol{\phi}_n\delta_n \tag{13-70}$$

式(13－70)中括号内的项是结构移位了的刚度矩阵，它表示体系以移位频率作简谐振动时的等效刚度，这里记为

$$\hat{\boldsymbol{k}}\equiv\boldsymbol{k}-\mu\boldsymbol{m} \tag{13-71}$$

将上式代入式(13－70)，然后开始求解位移的迭代过程：首先假设 k 振型的试探向量为 $\boldsymbol{v}_k^{(0)}$，乘以质量矩阵得到试探惯性力向量，$\boldsymbol{W}_k^{(0)}=\boldsymbol{m}\boldsymbol{v}_k^{(0)}$。这样，式(13－70)的迭代变成

$$\hat{\boldsymbol{k}}\bar{\boldsymbol{v}}_k^{(1)}=\boldsymbol{W}_k^{(0)} \tag{13-72}$$

最后联立求解这个方程得到改进的位移 $\bar{\boldsymbol{v}}_k^{(1)}$。

为在联立方程求解过程中利用 $\hat{\boldsymbol{k}}$ 的窄带特性（在一般情况中和 $\boldsymbol{k}$ 的带宽一样），用 Gauss 消元法将其简化为上三角和下三角矩阵形式[如同式(13－55)中对 $\boldsymbol{k}$ 所描述的]

$$\hat{\boldsymbol{k}}=\hat{\boldsymbol{L}}\hat{\boldsymbol{U}} \tag{13-73}$$

然后，求改进位移的两个步骤等同于前面所述的式(13－56)到式(13－58)，第一轮迭代的最终形状 $\boldsymbol{v}_k^{(1)}$ 通过式(13－59)所示的规格化来获得。如前所述，足够轮次迭代后，这个迭代将收敛于最靠近移位频率的具有自身频率的振型。

§13－8　特殊特征值问题概述

在前面的讨论中，显然用于振动振型和频率分析中的特征值问题方程可能陈述为各种各样的形式，并且可以带有或者不带有特征值移位。在此，采用描述振动惯性力和弹性恢复力相平衡的无阻尼自由振动方程，作为基本的特征值方程，则对于第“n”振型有

$$\boldsymbol{k}\boldsymbol{\phi}_n=\boldsymbol{m}\boldsymbol{\phi}_n\omega_n^2 \tag{13-74}$$

这是如上所推荐的分析具有大量自由度结构的方程形式，因为 $\boldsymbol{k}$ 的窄带性质，可以用来减少计算量。由式(13－70)所给的等效形式被推荐用于分析，此时刚度

矩阵是由移位改变了的。

然而，为介绍方便，在本章前面各节中已应用了特征值问题方程的其他形式，用柔度矩阵 $\boldsymbol{k}^{-1}$ 乘以式(13－74)可以得到其中的第一个，所导得的表达式等价于式(13－3)

$$\boldsymbol{\phi}_n=\boldsymbol{k}^{-1}\boldsymbol{m}\boldsymbol{\phi}_n\omega_n^2$$

可被表述为

$$\frac{1}{\omega_n^2}\boldsymbol{\phi}_n=\boldsymbol{D}\boldsymbol{\phi}_n \tag{13-75}$$

因为动力矩阵 $\boldsymbol{D}$ 包含了结构的柔度和质量特性，所以求振型的每一轮迭代仅涉及与矩阵 $\boldsymbol{D}$ 相乘和随后的规格化运算(尺度变换)，后者是以改进的位移向量除以自己的最大元素完成的。由于特征值在特征方程(13－75)的分母位置上，因此这个直接迭代法收敛于最低阶振型。

由质量矩阵的逆矩阵乘以式(13－74)可以得到另一个主要的特征值问题的列式，其结果等同于式(13－60)，即

$$\boldsymbol{m}^{-1}\boldsymbol{k}\boldsymbol{\phi}_n=\boldsymbol{\phi}_n\omega_n^2$$

但这里将其表示为

$$\boldsymbol{\phi}_n\omega_n^2=\boldsymbol{E}\boldsymbol{\phi}_n \tag{13-76}$$

因为特征值在分子位置上，用这个式子直接迭代，即每一轮用动力矩阵 $\boldsymbol{E}$ 乘以振型向量然后进行规格化，会向着最高阶振型收敛。因此式(13－76)通常用于如上所述的逆迭代过程。

为方便起见，本节下面对特殊特征值问题的讨论，参照式(13－76)来介绍。但是，在此仍然要强调，实际矩阵迭代的求解过程，是以式(13－74)所给特征值问题方程为基础的。

动力矩阵按特征特性的展开

一个值得提及的特征值问题的概念是，将一个矩阵用其特征值和特征向量进行展开。这个讨论是基于由式(13－76)重写所得特征值问题方程的如下形式：

$$\boldsymbol{E}\boldsymbol{\phi}_n=\boldsymbol{\phi}_n\lambda_n \tag{13-77}$$

这里 $\lambda_n\equiv\omega_n^2$。通过对用行列式方程法计算特征值的学习，显然可以看出转置矩阵的特征值与原矩阵的特征值相同。然而一个非对称矩阵，如 $\boldsymbol{E}$，它的转置矩阵的特征向量与原来的不一样。因此对转置 $\boldsymbol{E}^{\mathrm{T}}$，特征值问题可以写为

$$\boldsymbol{E}^{\mathrm{T}}\boldsymbol{\phi}_{Ln}=\boldsymbol{\phi}_{Ln}\lambda_n$$

这里，$\boldsymbol{\phi}_{Ln}$ 是 $\boldsymbol{E}^{\mathrm{T}}$ 的第 n 个特征向量。转置这个关系式得到

$$\boldsymbol{\phi}_{Ln}^{\mathrm{T}}\boldsymbol{E}=\lambda_n\boldsymbol{\phi}_{Ln}^{\mathrm{T}} \tag{13-78}$$

所以通常称 $\boldsymbol{\phi}_{Ln}$ 是 $\boldsymbol{E}$ 的**左特征向量**，$\boldsymbol{\phi}_n$ 是**右特征向量**。

很容易证明左和右特征向量的正交特性。用特征向量 $\boldsymbol{\phi}_{Lm}^{\mathrm{T}}$ 前乘式(13－77)，即

$$\boldsymbol{\phi}_{Lm}^{\mathrm{T}}\boldsymbol{E}\boldsymbol{\phi}_n=\boldsymbol{\phi}_{Lm}^{\mathrm{T}}\boldsymbol{\phi}_n\lambda_n \tag{13-79}$$

同时对第 m 振型写出式(13－78),并用 $\boldsymbol{\phi}_n$ 后乘

$$\boldsymbol{\phi}_{Lm}^{\mathrm{T}}\boldsymbol{E}\boldsymbol{\phi}_n=\lambda_m\boldsymbol{\phi}_{Lm}^{\mathrm{T}}\boldsymbol{\phi}_n \tag{13-80}$$

由式(13－79)减去式(13－80)可得

$$0=(\lambda_n-\lambda_m)\boldsymbol{\phi}_{Lm}^{\mathrm{T}}\boldsymbol{\phi}_n$$

它表明了正交特性

$$\boldsymbol{\phi}_{Lm}^{\mathrm{T}}\boldsymbol{\phi}_n=0 \qquad (\lambda_m\neq\lambda_n) \tag{13-81}$$

如果将特征向量规格化以满足 $\boldsymbol{\phi}_{Ln}^{\mathrm{T}}\boldsymbol{\phi}_n=1$ 的条件(注意这里并不分别固定 $\boldsymbol{\phi}_{Ln}$ 或 $\boldsymbol{\phi}_n$ 的幅值,只固定其积),并令全部右和左特征向量的方阵分别为 $\boldsymbol{\Phi}$ 和 $\boldsymbol{\Phi}_L$,从规格化和正交条件,显然有

$$\boldsymbol{\Phi}_L^{\mathrm{T}}\boldsymbol{\Phi}=\boldsymbol{I} \tag{13-82a}$$

由此左特征向量的转置是右特征向量的逆矩阵:

$$\boldsymbol{\Phi}_L^{\mathrm{T}}=\boldsymbol{\Phi}^{-1} \tag{13-82b}$$

现在能够证明 $\boldsymbol{E}$ 的展开式了。对全部特征向量和特征值写出式(13－77)的特征问题表达式:

$$\boldsymbol{E}\boldsymbol{\Phi}=\boldsymbol{\Phi}\boldsymbol{\Lambda} \tag{13-83}$$

其中 $\boldsymbol{\Lambda}$ 是特征值的对角矩阵。用 $\boldsymbol{\Phi}_L^{\mathrm{T}}$ 前乘式(13－83),并利用式(13－82b)导得特征值的表达式

$$\boldsymbol{\Phi}_L^{\mathrm{T}}\boldsymbol{E}\boldsymbol{\Phi}=\boldsymbol{\Lambda} \tag{13-84}$$

$\boldsymbol{E}$ 亦能用特征值和特征向量表示,用 $\boldsymbol{\Phi}$ 前乘式(13－84),再后乘以 $\boldsymbol{\Phi}_L^{\mathrm{T}}$,并注意到式(13－82b),得

$$\boldsymbol{E}=\boldsymbol{\Phi}\boldsymbol{\Lambda}\boldsymbol{\Phi}_L^{\mathrm{T}} \tag{13-85}$$

这个结果也能表示成各振型贡献之和:

$$\boldsymbol{E}=\sum_{n=1}^{N}\lambda_n\boldsymbol{\phi}_n\phi_{Ln}^{\mathrm{T}} \tag{13-85a}$$

此外,矩阵 $\boldsymbol{E}$ 的平方是

$$\boldsymbol{E}^2=\boldsymbol{\Phi}\boldsymbol{\Lambda}\boldsymbol{\Phi}_L^{\mathrm{T}}\boldsymbol{\Phi}\boldsymbol{\Lambda}\boldsymbol{\Phi}_L^{\mathrm{T}}=\boldsymbol{\Phi}\boldsymbol{\Lambda}^2\boldsymbol{\Phi}_L^{\mathrm{T}} \tag{13-86}$$

将之连乘,$\boldsymbol{E}$ 的 s 次幂是

$$\boldsymbol{E}^s=\boldsymbol{\Phi}\boldsymbol{\Lambda}^s\boldsymbol{\Phi}_L^{\mathrm{T}} \tag{13-87}$$

必须记住式(13－87)的展开式是建立在特征向量已规格化($\boldsymbol{\Phi}_L^{\mathrm{T}}\boldsymbol{\Phi}=\boldsymbol{I}$)的基础上。只要再引入一个附加的规格化条件,就能得到左特征向量的一个特殊表达式。例如,用 $\boldsymbol{\Phi}^{\mathrm{T}}\boldsymbol{m}$ 前乘式(13－83)(注意 $\boldsymbol{E}=\boldsymbol{m}^{-1}\boldsymbol{k}$),就变成

$$\boldsymbol{\Phi}^{\mathrm{T}}\boldsymbol{k}\boldsymbol{\Phi}=\boldsymbol{\Phi}^{\mathrm{T}}\boldsymbol{m}\boldsymbol{\Phi}\boldsymbol{\Lambda} \tag{13-88}$$

现在,若将右特征向量规格化,使得

$$\boldsymbol{\Phi}^{\mathrm{T}}\boldsymbol{m}\boldsymbol{\Phi}=\boldsymbol{I} \tag{13-89}$$

把式(13－82a)的转置与式(13－89)和式(13－88)比较,显而易见

$$\boldsymbol{\Phi}_L=\boldsymbol{m}\boldsymbol{\Phi}=\boldsymbol{k}\boldsymbol{\Phi}\boldsymbol{\Lambda}^{-1} \tag{13-90}$$

动力矩阵的对称形式

注意到以上讨论中特征问题方程可以用刚度形式的动力矩阵表示[见式(13－77)]，即

$$\boldsymbol{E}\boldsymbol{\phi}_n=\boldsymbol{\phi}_n\omega_n^2$$

并且还讨论了求解这个特征问题的一些有效技术。然而，应该指出的是，即使 $\boldsymbol{m}$ 和 $\boldsymbol{k}$ 二者是对称的，矩阵 $\boldsymbol{E}=\boldsymbol{m}^{-1}\boldsymbol{k}$ 也是不对称的，因此利用特征问题对称性而发展的许多行之有效的标准解法，例如 Householder 方法，都不能用于求解这个问题。为此，最好把一般的振动特征值问题[式(13－74)]转换成如下的标准对称形式：

$$\boldsymbol{B}\boldsymbol{y}_n=\boldsymbol{y}_n\lambda_n \tag{13-91}$$

从一般形式到标准形式的转换能通过对质量矩阵的处理来完成，需要的转换方式取决于质量矩阵的形式。这里考虑两种情形：(1)代表集中质量体系的对角质量矩阵；(2)一般(非对角)质量矩阵，它可能由一个一致有限单元公式形成。在这两种情形中，将式(13－74)转变成式(13－91)的这种转换矩阵都是通过把质量矩阵分解成一个矩阵与它的转置矩阵的乘积来求得的。

对角质量矩阵——在这种情形中，利用质量矩阵的平方根就能非常简单地得到变换矩阵。因为

$$\boldsymbol{m}=\boldsymbol{m}^{1/2}\boldsymbol{m}^{1/2}$$

并且只要取对角线项的平方根就能得到平方根矩阵(当然，在变换中矩阵仍保持对角形)。把特征向量表示成

$$\boldsymbol{\phi}_n=\boldsymbol{m}^{-1/2}\boldsymbol{y}_n \tag{13-92}$$

来完成式(13－74)的变换，这里逆矩阵由 $\boldsymbol{m}^{1/2}$ 中对角线项的倒数构成。把式(13－92)代入式(13－74)中，并前乘以 $\boldsymbol{m}^{-1/2}$ 导得

$$\boldsymbol{m}^{-1/2}\boldsymbol{k}\boldsymbol{m}^{-1/2}\boldsymbol{y}_n=\boldsymbol{y}_n\lambda_n$$

这就是 $\boldsymbol{B}=\boldsymbol{m}^{-1/2}\boldsymbol{k}\boldsymbol{m}^{-1/2}$ 时式(13－91)的形式。求解这个对称的特征值问题就直接得到了原始方程式(13－74)的频率。但是，为了得到所要求的振动振型 $\boldsymbol{\phi}_n$，必须用式(13－92)来变换这个新的特征值问题的特征向量 $\boldsymbol{y}_n$。

显然，若对角质量元素中的任何一个为零，这种变换方法就不能应用。所以在进行标准对称形式的转换以前，必须用下面第 14 章描述的静力凝聚法消除这些自由度。

一致质量矩阵——当质量矩阵由一致质量列式而得且是带状而不是对角状矩阵时，为了变换有两种方法可用，其中比较可靠的一种是基于从如下方程计算质量矩阵的特征值 v_n 和特征向量 $\boldsymbol{t}_n$：

$$\boldsymbol{m}\boldsymbol{t}_n=\boldsymbol{t}_n v_n$$

这个对称矩阵的特征向量满足正交化条件 $\boldsymbol{t}_m^{\mathrm{T}}\boldsymbol{t}_n=0$(如果 $m\neq n$)。如果再将它们规格化，使得 $\boldsymbol{t}_n^{\mathrm{T}}\boldsymbol{t}_n=1$，则全部特征向量 $\boldsymbol{T}$ 是标准正交化了的：

$$\boldsymbol{T}^{\mathrm{T}}\boldsymbol{T}=\boldsymbol{I}\quad \boldsymbol{T}^{\mathrm{T}}=\boldsymbol{T}^{-1}$$

[这个表达式对应于式(13－82a),要注意到一个对称矩阵的左、右特征向量是相同的]。最后,能用这些特征向量和特征值 $\hat{\boldsymbol{v}}$[类似于式(13－85)]表示质量矩阵:

$$\boldsymbol{m}=\boldsymbol{T}\hat{\boldsymbol{v}}\boldsymbol{T}^{\mathrm{T}} \tag{13-93}$$

从式(13－93)中显而易见,变换矩阵是 $\boldsymbol{T}\hat{\boldsymbol{v}}^{1/2}$,因此可以把式(13－74)的特征向量表示成下式来实现变换:

$$\boldsymbol{\phi}_n=\boldsymbol{T}\hat{\boldsymbol{v}}^{-1/2}\boldsymbol{y}_n \tag{13-94}$$

把式(13－94)代入式(13－74),然后前乘以 $\hat{\boldsymbol{v}}^{-1/2}\boldsymbol{T}^{\mathrm{T}}$,得

$$(\hat{\boldsymbol{v}}^{-1/2}\boldsymbol{T}^{\mathrm{T}}\boldsymbol{k}\boldsymbol{T}\hat{\boldsymbol{v}}^{-1/2})\boldsymbol{y}_n=\boldsymbol{y}_n\boldsymbol{\lambda}_n \tag{13-95}$$

这个式子的右边已用式(13－93)简化。式(13－95)就是在 $\boldsymbol{B}=\hat{\boldsymbol{v}}^{-1/2}\boldsymbol{T}^{\mathrm{T}}\boldsymbol{k}\boldsymbol{T}\hat{\boldsymbol{v}}^{-1/2}$ 时式(13－91)的形式,因此这个对称特征问题的解直接给出要求的振动频率,并按式(13－94)由特征向量 $\boldsymbol{y}_n$ 求得振型。

因为这种变换需要求解一种与原始特征问题同阶的初始特征问题,显然当质量矩阵为非对角时,采用求解对称特征问题对式(13－91)进行振动分析的工作量相当大。对质量矩阵进行 Choleski 分解能得到一个较简单的变换,这就是

$$\boldsymbol{m}=\boldsymbol{L}\boldsymbol{L}^{\mathrm{T}}$$

这里 $\boldsymbol{L}$ 是矩阵的下三角分量[相当于式(13－55)中对 $\boldsymbol{k}$ 的分解]。然后就可以如前所述用$(\boldsymbol{L}^{\mathrm{T}})^{-1}$代替 $\boldsymbol{T}\hat{\boldsymbol{v}}^{-1/2}$[在式(13－94)中]或 $\boldsymbol{m}^{-1}$[在式(13－92)中]来进行变换。然而在许多实际情形中发现,由 Choleski 变换成的特征问题可能是很敏感、而且难以精确求解的。由于这个原因,即使式(13－93)的特征向量分解费时较多,一般仍不乏应用。

无约束结构的分析

无约束结构或具有外支承体系仅部分地阻止结构作刚体位移的约束结构,因为刚度矩阵是奇异的,并且与刚体运动对应的振动"频率"为零,这就给特征问题分析提出了一个特殊问题。虽然行列式方程法(和一些其他形式的数学方法)能直接处理具有奇异刚度矩阵的动力体系,但是显然不能够在不加修正的情况之下应用逆迭代法(或直接运用刚度求逆的其他任何方法)。下面叙述排除刚度矩阵奇异的两种简单的方法。

弹簧约束——处理一个无约束结构的最直接的途径是在无约束自由度上加上一些小的弹簧约束来改造结构。首先必须确定一组足以阻止刚体运动的最少约束。然后对应其中的每一个自由度,把结构与地面用弹簧连系起来就消除了刚度矩阵的奇异性。这些弹簧在解析上表现为在刚度矩阵中增加了对应这些自由度的对角线元素。如果加上去的弹簧刚度比原来的刚度矩阵系数小很多,它们对结构变形引起的振型和频率的影响可忽略不计,但是必须确定附加的一组刚体振型,其频率要比变形振型频率小得多。当用逆迭代求解特征问题时,计算机程序能自动引入这些约束弹簧。如果用 Choleski 或 Gauss 分解法求解刚度

方程，矩阵的任何奇异性引起对角线位置上元素为零，而且会阻碍分解的继续进行。然而在编制程序时把对角线上的每一个零值用一个在物理上代表弹簧约束的小数字代替，就可以克服奇异性，分解过程也得以完成。

特征值移位——用特征值移位也能在数学上产生类似的效果。由式(13-70)

$$(\boldsymbol{k}-\mu\boldsymbol{m})\boldsymbol{\phi}_n=\delta_n\boldsymbol{m}\boldsymbol{\phi}_n$$

显见，即使 $\boldsymbol{k}$ 是奇异的，移位了的刚度矩阵 $\hat{\boldsymbol{k}}=\boldsymbol{k}-\mu\boldsymbol{m}$ 一般将是非奇异的。如果质量矩阵是对角的，引入一个负移位就产生一个正的量加到刚度矩阵的对角线元素上；因此这相当于在每个自由度上连接一个弹簧。这个方法与所述的第一个物理近似法之间的根本区别是，对应每个质量系数都加上一个“弹簧”，而不是仅仅加在一组最少的自由度上。移位方法的优点是振型不变，用移位可精确地算出对频率的影响。

习　题

13-1　用矩阵迭代法计算习题 8-12 中建筑物的基本振型和频率。注意，可以从给定的层间剪切刚度或是通过刚度矩阵求逆，或是在每一楼层上相继施加单位荷载，以计算每层产生的位移来得到柔度矩阵。

13-2　使用式(13-45)所示刚度形式的动力矩阵，由矩阵迭代计算习题 13-1 中建筑物的最高阶振型和频率。

13-3　按照习题 8-13 所述建筑物的特性，重解习题 13-1。

13-4　用矩阵迭代计算习题 12-4 中剪切型建筑物的第二振型和频率。用给定的第一振型 $\boldsymbol{\phi}_1$ 和式(13-30)列出第一振型的滤型矩阵 $\boldsymbol{S}_1$。

13-5　按式(13-65)和对它的讨论，用带移位的逆迭代重解习题 13-4。作为示例，此题移位 $\mu=98\%(\omega_2)^2$，其中 ω_2 采用习题 12-4 算出的值。

13-6　图 P13-1 绘出了有三个集中质量的梁，也给出了它们的柔度和刚度矩阵。用矩阵迭代法确定引起这个梁屈曲的轴向力 N_{cr}。在分析中用线性近似[式(10-36)]表示梁的几何刚度。

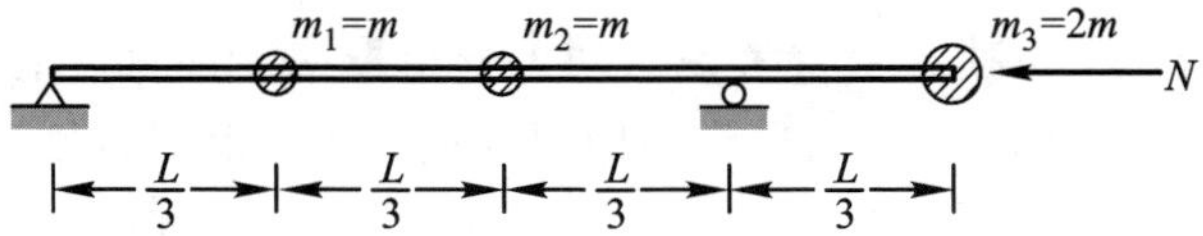

$$\tilde{\boldsymbol{f}}=\frac{L^3}{243EI}\begin{pmatrix}8 & 7 & -8\\ 7 & 8 & -10\\ -8 & -10 & 24\end{pmatrix};\quad \boldsymbol{k}=\begin{pmatrix}92 & -88 & -6\\ -88 & 128 & 24\\ -6 & 24 & 15\end{pmatrix}\frac{243EI}{168L^3}$$

图 P13-1

13-7　如果轴向力的值是 $N=2(EI/L^2)$，用矩阵迭代计算习题 13-6 中梁的振动频率。

第 14 章　动力自由度的选择[①]

§ 14 - 1　有限元自由度

在第 13 章中介绍了多自由度体系在任意动力荷载下反应的几种计算方法，有的认为适用于较少自由度的体系，而有的认为适用于具有大量自由度体系的数学模型。然而，几乎没有提到用于分析中的自由度的选择，也就是说，为得到满意的结果所需要的自由度数目。本章的目的就是讨论这个问题的一些方面。

因为计算结果的有效性直接取决于数学模型如何恰当地表示实际物理体系的特性，所以正如上面所述，在任何动力分析中，数学模型的公式表达是最为关键的步骤。在此将对模型的定义做几点评述。为此讨论目的，假设数学模型是一个有限单元的集合体，使之相互连接的结点位移作为模型的自由度。本文只详细讨论框架结构，即一维单元的集合体。但是，不管所采用的有限单元类型，这些分析方法同样可以应用于任何多自由度体系的分析。因此，本文对由二维或者三维单元组成的结构也将给予一些评述。

一维单元

一个框架结构的有限元模型典型地由一组一维单元的集合所构成，这些单元与组成实际结构的梁、支承、大梁等构件一一对应。因此，模型的自由度数由结构的物理布置所决定。一般来说，所有自由度都与给结构施加常见静荷载分布所引起的应力和位移分析有关。另一方面，在任意动力荷载下的反应分析中，所有自由度并不都作为独立变量考虑。动力分析取决于时间变化及荷载空间分布情况，使用本章介绍的方法后，通常采用很少独立的自由度数目便可有效进行。

二维和三维单元

许多结构能化为二维或者三维连续体，或者这些连续体构件的组合结构，适

---

① 本章介绍了许多算法的理论知识，但是没有以任何具体数值例子来帮助解释。因此，对初学者来说可能难以接受。好在高等教育出版社还策划翻译了 Anil K. Chopra《结构动力学——理论及地震工程应用》一书，在其第 12 章和第 14 章中有相应内容的介绍及具体算例，这可能对初学者理解和掌握各种算法有所帮助。——译者

当选择的二维或者三维单元用于这种结构的建模最为有效。当对这种结构类型作公式表示的时候，要使用的自由度数不仅仅由结构的构造所决定，还要认真考虑为了获得实际应变分布的一个合理近似所需的网格细化程度。控制各有限单元刚度性质的基本因素是由假设的位移插值函数来表示的单元内部位移改变。对于在第 10 章描述的一维弯曲单元，假设沿单元长度上的各点位移可以用三次 Hermite 多项式来表示。对于二维或者三维单元，必须假设相对定位轴线的位移沿两个或者三个方向是类似的。显然，单元内可能产生的应变分布完全取决于假设的位移函数，由线性位移变化产生的常应变，由二次项位移产生的线应变等。

因而，为了由有限元网格求得所需的任何应变改变，例如它可能与平面应力体系中的应力集中相关联，此时就必须提供一种非常精细的、具有大量自由度的有限元网格才能获得应变梯度所需的变化。然而幸运的是，在动力分析中控制惯性力的结点位移，对局部应变改变不如在应力分布中的情况敏感。因此，要进行充分的动位移分析只需要较少的自由度，就可以通过使用所需精度的有限元网格的静力分析，确定这些动位移引起的应力分布。下面介绍可用来简化数学模型的各种技术，它将使具有适合于应力分析的自由度数目化简为不太精细体系，但是对描述动结点位移分析却是充分和有效的。

§14－2　运动学约束

也许减少一个数学模型自由度的最简单的方法是，采用运动学约束、用很少的一组基本位移变量来表示众多自由度的位移。原则上，在计算梁单元刚度特性时所介绍的位移插值概念(图 10－4)，就起到在单元跨内位移上施加一种运动学约束的作用。但是下文介绍中，此约束将通过指定一个(或者更多个)自由度上的位移使之表示强加在一组自由度的位移上。

这种约束类型应用最多的地方是在多层建筑框架的建模中。例如，考虑图 14－1 所示的二十层矩形建筑框架，其中包含有六个平行于 $Y-Z$ 平面的框架和四个平行于 $X-Z$ 平面的框架。$Y-Z$ 平面的框架含有总共 $20\times6\times3=360$ 个大梁，而在 $X-Z$ 平面的框架含有总共 $20\times4\times5=400$ 个大梁。此模型还包括 $Y-Z$ 平面和 $X-Z$ 平面框架共有的 $20\times4\times6=480$ 个柱构件。因而，这个模型中总共有 1 240 个一维单元。连接各单元的结点数与柱构件数目相同，即 480 个结点。考虑每个结点有三个平动位移和三个转动位移，所以这个建筑框架共包含有 2 880 个自由度。

然而，如果考虑到楼板的约束效应，这 2 880 个自由度几乎可以减少一半。通常，假设每层楼板在其自身平面内是刚性的，但在竖直方向是柔性的，这是真实楼板体系力学行为的合理表现。引入这个假设，使得每个结点的独立自由度数从 6 个减少到 3 个(即 Z 向位移加上绕 X 和 Y 轴的转动)。此外，每层楼板有如图所示在其自身平面内的 3 个刚体自由度：沿 X 和 Y 轴的平动加上绕 Z 轴的转动。因此，引入楼板约束后，在对这个结构作静力分析时的自由度数总共为 1 440＋60＝1 500 个。

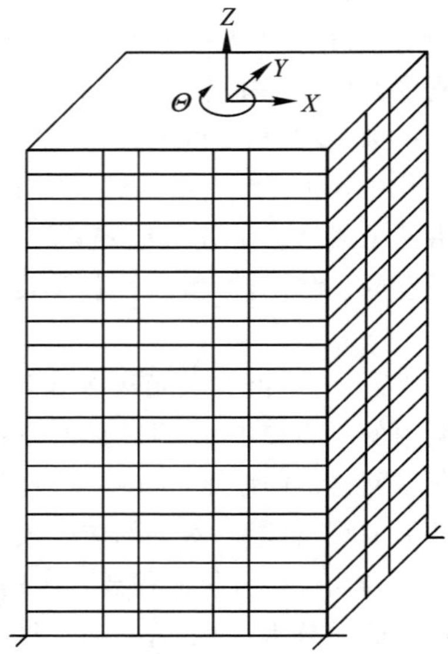

图 14－1 二十层建筑框架
(2 880 个自由度)

在建筑框架的动力分析中，需要考虑进一步减少自由度数，这可以通过静力凝聚法来做。在前面的 10－6 节介绍过静力凝聚法的概念，但在本章 14－3 节中将作更全面的介绍，所以这里指出静力凝聚能使这个框架的自由度减少到仅在每层楼板自身平面内的三个刚体运动就足够了。因此，这个简化的最终结果是总共 60 个自由度，大约只有原有限元模型 2 880 个自由度的 2%。

在建筑框架的静力和动力分析中已经假设了附加运动学约束，例如柱子是不可伸长的，且(或)楼板出平面和在平面一样为刚性的。然而，这些假设很难通过用于集装建筑物的构件实际刚度特性来验证，所以除特定情况外，不能采用这些假设。重要的是要认识到，在上述模型类型中，所有杆件的弯曲变形是自由的，所有柱子都有轴向变形。

§14－3 静力凝聚法

与上述运动学约束相反，静力凝聚的概念是基于静力平衡约束，并因此而得名。为了应用这个原理，将结构体系的自由度划分成两类：一类为无质量参与，因此也不会产生惯性力的自由度；另一类为有质量参与，会导致惯性力的自由度。与 10－6 节中的作法一样，这里将自由度分为转动的或是平动的，这是由于假设质量集中在各结点上时将没有转动惯性抗力。然而，静力凝聚的基本概念完全是自由度的识别问题，即能产生惯性力和不能产生惯性力的自由度的识别问题。

例如，考虑如下形式的自由振动方程[式(11－3)]：

$$\mathbf{k}\hat{\mathbf{v}}=\omega^2\mathbf{m}\hat{\mathbf{v}} \tag{14-1}$$

其中向量 $\hat{\boldsymbol{v}}$ 表示全部自由度的振动位移。如果将这些位移分割为不产生惯性力的子向量 $\hat{\boldsymbol{v}}_0$ 和与非零质量系数相关的子向量 $\hat{\boldsymbol{v}}_t$，并且质量和刚度矩阵也作相应分割，则式(14－1)可写为

$$\begin{bmatrix} k_{00} & k_{0t} \\ k_{t0} & k_{tt} \end{bmatrix} \begin{Bmatrix} \hat{v}_0 \\ \hat{v}_t \end{Bmatrix} = \omega^2 \begin{bmatrix} 0 & 0 \\ 0 & m_t \end{bmatrix} \begin{Bmatrix} \hat{v}_0 \\ \hat{v}_t \end{Bmatrix} \tag{14-2}$$

其中作为集中质量理想化的结果，假设质量矩阵为对角矩阵。

这对子矩阵方程中的第一个给出了两种类型自由度的静力约束关系，即

$$\boldsymbol{k}_{00}\hat{\boldsymbol{v}}_0 + \boldsymbol{k}_{0t}\hat{\boldsymbol{v}}_t = \boldsymbol{0}$$

由此得到

$$\hat{\boldsymbol{v}}_0 = -\boldsymbol{k}_{00}^{-1}\boldsymbol{k}_{0t}\hat{\boldsymbol{v}}_t \tag{14-3}$$

然后，用这个式子消除式(14－2)中第二个子矩阵方程里的 $\hat{\boldsymbol{v}}_0$，从而得到缩聚的自由振动方程

$$\boldsymbol{k}_t\hat{\boldsymbol{v}}_t = \omega^2 \boldsymbol{m}_t\hat{\boldsymbol{v}}_t \tag{14-4a}$$

这里 $\boldsymbol{k}_t$ 是缩聚后的刚度矩阵，其表达式为

$$\boldsymbol{k}_t = \boldsymbol{k}_{tt} - \boldsymbol{k}_{t0}\boldsymbol{k}_{00}^{-1}\boldsymbol{k}_{0t} \tag{14-4b}$$

这个静力凝聚方法可以使动力分析中所需的自由度数得到非常可观的减少，例如对于上面讨论的建筑框架例子，可以从 1 500 个缩减到仅有 60 个。但是，实际计算量的减少可能比这个数据所预示的小得多。这是因为式(14－1)中刚度矩阵 $\boldsymbol{k}$ 的窄带性质，使其在原坐标中进行分析运算时可能产生高效的求解过程；而由于缩聚后刚度矩阵 $\boldsymbol{k}_t$ 是稠密矩阵，反而使式(14－4a)对每一自由度的分析需要大得多的代价。因此，使用静力凝聚法要认真地逐一估量其适用性。

值得注意的是，诸如用在静力凝聚中的平衡约束，甚至在结构没有无质量自由度的时候，也经常可以利用。但是，正如在本章以下各节所述，这种情况下的约束仅仅用来作为 Rayleigh 或者 Rayleigh－Ritz 分析类型中定义结点位移模式的基础。

§14－4　离散坐标系中的 Rayleigh 法

在 8－5 节中所描述的振动分析的 Rayleigh 法可以看作是一个例证，用比静力分析所需较少的自由度即可以完成有效的动力分析。在 8－5 节所举例子中，具有无限自由度数目的梁的连续介质定义，被化简为用单自由度来表示位移幅值的体系。然而，Rayleigh 概念也同样适用于位移用离散坐标来表示的体系。为了应用这个方法，必须用假设的形状和广义坐标幅值来表示结构的位移。用矩阵符号，假定的自由振动位移可以表示成[与式(8－25)对照]

$$\boldsymbol{v}(t)=\boldsymbol{\psi}Z(t)=\boldsymbol{\psi}Z_0\sin\omega t \tag{14-5a}$$

其中 $\boldsymbol{\psi}$ 是假定的形状向量，$Z(t)$是表示它幅值的广义坐标。自由振动中的速度向量是

$$\dot{\boldsymbol{v}}(t)=\boldsymbol{\psi}\omega Z_0\cos\omega t \tag{14-5b}$$

用矩阵形式，给出结构的最大动能为

$$T_{\max}=\frac{1}{2}\dot{\boldsymbol{v}}_{\max}^{\mathrm{T}}\boldsymbol{m}\dot{\boldsymbol{v}}_{\max} \tag{14-6a}$$

最大势能为

$$V_{\max}=\frac{1}{2}\boldsymbol{v}_{\max}^{\mathrm{T}}\boldsymbol{k}\boldsymbol{v}_{\max} \tag{14-6b}$$

当从式(14－5)得到最大位移和最大速度并代入式(14－6)时，这些公式可以写为

$$T_{\max}=\frac{1}{2}Z_0^2\omega^2\boldsymbol{\psi}^{\mathrm{T}}\boldsymbol{m}\boldsymbol{\psi} \tag{14-7a}$$

$$V_{\max}=\frac{1}{2}Z_0^2\boldsymbol{\psi}^{\mathrm{T}}\boldsymbol{k}\boldsymbol{\psi} \tag{14-7b}$$

然后根据 Rayleigh 原理，使最大动能等于最大势能可求得频率，也即

$$\omega^2=\frac{\boldsymbol{\psi}^{\mathrm{T}}\boldsymbol{k}\boldsymbol{\psi}}{\boldsymbol{\psi}^{\mathrm{T}}\boldsymbol{m}\boldsymbol{\psi}}\equiv\frac{k^*}{m^*} \tag{14-8}$$

式中星号 * 表示广义坐标性质。应该指出式(14－8)与式(8－30)相当，只是它用矩阵表示。

式(8－40)或式(8－42)所示的改进的 Rayleigh 法也能够写成矩阵形式。如果所指定的初始位移假设为

$$\boldsymbol{v}^{(0)}=\boldsymbol{\psi}Z \tag{14-9}$$

那么，自由振动所产生的惯性力将是[从式(11－33)]

$$\boldsymbol{f}_I=\omega^2\boldsymbol{m}\boldsymbol{v}^{(0)}=\omega^2\boldsymbol{m}\boldsymbol{\psi}Z \tag{14-10}$$

由这些惯性力引起的变位是

$$\boldsymbol{v}^{(1)}=\tilde{\boldsymbol{f}}\boldsymbol{f}_I=\omega^2\tilde{\boldsymbol{f}}\boldsymbol{m}\boldsymbol{\psi}Z \tag{14-11}$$

如矩阵迭代法讨论中已指出的，它是第一振型的一个较好近似。因而，当在 Rayleigh 法中采用这个导得的形状时，将产生一个比原始假设要好的结果。将式(14－11)代入式(14－6)中，并令它们相等，得

$$\omega^2=\frac{\boldsymbol{\psi}^{\mathrm{T}}\boldsymbol{m}\tilde{\boldsymbol{f}}\boldsymbol{m}\boldsymbol{\psi}}{\boldsymbol{\psi}^{\mathrm{T}}\boldsymbol{m}\tilde{\boldsymbol{f}}\boldsymbol{m}\tilde{\boldsymbol{f}}\boldsymbol{m}\boldsymbol{\psi}} \tag{14-12}$$

它是改进的 Rayleigh 法(R_{11}法)的表达式。把式(14－12)与式(13－11)比较可以看出，从改进的 Rayleigh 法得到的频率与用质量作为加权因子求平均值的单步矩阵迭代分析得到的频率相同。

§14－5　Rayleigh－Ritz 法

在许多结构中，虽然用 Rayleigh 法能对第一振型提供令人满意的近似解。但是在动力分析中，为了得到足够精确的结果，常常需要一个以上的振型。Rayleigh 法的 Ritz 扩展是计算前几个振型的最方便的方法之一。Ritz 法的基本假设是用一组假设的形状 $\boldsymbol{\Psi}$ 和幅值 $\boldsymbol{Z}$ 如下式表示位移向量：

$$\boldsymbol{v}=\boldsymbol{\psi}_1 Z_1+\boldsymbol{\psi}_2 Z_2+\boldsymbol{\psi}_3 Z_3+\cdots$$

或

$$\boldsymbol{v}=\boldsymbol{\Psi Z} \tag{14-13}$$

其中广义坐标的幅值 $\boldsymbol{Z}$ 仍作为未知的。为了从尽可能少的坐标数得到最佳的结果，每一个向量 $\boldsymbol{\psi}_n$ 应该取为相应真实振型 $\boldsymbol{\phi}_n$ 的一个近似。虽然在选择试探向量方面已推荐过许多其他方法，例如可以把静力凝聚法作为确定一组上面提及的 Ritz 形状的手段。令一组指定的弹性力，就构成了这样一种约束，使得对应的位移可以用其他位移表示出来。由式(10－45)或者用这里的符号按式(14－3)给出这类关系。因此，只要把适当维数的单位矩阵并入到变换中就能用非零力自由度表示全部位移

$$\hat{\boldsymbol{v}}=\begin{Bmatrix}\hat{\boldsymbol{v}}_0\\ \hat{\boldsymbol{v}}_t\end{Bmatrix}=\begin{bmatrix}-\boldsymbol{k}_{00}^{-1}\boldsymbol{k}_{0t}\\ \boldsymbol{I}\end{bmatrix}\hat{\boldsymbol{v}}_t \tag{14-14}$$

这里，第二个方括号内的矩阵显然相当于式(14－13)中所假定的形状矩阵 $\boldsymbol{\Psi}$，向量 $\hat{\boldsymbol{v}}_t$ 代表广义坐标 $\boldsymbol{Z}$。在 Ritz 分析中，试探向量可根据需要任意选取。一般来说，如果要求得到 $s/2$ 个高精度的振型和频率，取 s 个假设的形状 $\boldsymbol{\Psi}$ 较为恰当。

把式(14－13)引入式(14－6)中，可获得体系最大动能和最大势能的表达式：

$$T_{\max}=\frac{1}{2}\omega^2\boldsymbol{Z}^{\mathrm{T}}\boldsymbol{\Psi}^{\mathrm{T}}\boldsymbol{m\Psi Z} \tag{14-15a}$$

$$V_{\max}=\frac{1}{2}\boldsymbol{Z}^{\mathrm{T}}\boldsymbol{\Psi}^{\mathrm{T}}\boldsymbol{k\Psi Z} \tag{14-15b}$$

然后令它们相等，导得频率表达式

$$\omega^2=\frac{\boldsymbol{Z}^{\mathrm{T}}\boldsymbol{\Psi}^{\mathrm{T}}\boldsymbol{k\Psi Z}}{\boldsymbol{Z}^{\mathrm{T}}\boldsymbol{\Psi}^{\mathrm{T}}\boldsymbol{m\Psi Z}}\equiv\frac{\tilde{k}(\boldsymbol{Z})}{\tilde{m}(\boldsymbol{Z})} \tag{14-16}$$

当然，式(14－16)不是振动频率的显式；分子和分母都是迄今未知的广义坐标幅值 $\boldsymbol{Z}$ 的函数。为了计算这些值，还要利用 Rayleigh 分析提供振动频率上限这一事实。换言之，由任何假设的形状求得的频率比真实的频率要高，所以对形

状的最佳逼近，也即对 $\boldsymbol{Z}$ 的最好选择将使频率减到最小。

因而，把频率表达式对任何一个广义坐标 Z_n 微分，并令其为零，给出

$$\frac{\partial\omega^2}{\partial Z_n}=\frac{\tilde{\boldsymbol{m}}(\partial\tilde{\boldsymbol{k}}/\partial Z_n)-\tilde{\boldsymbol{k}}(\partial\tilde{\boldsymbol{m}}/\partial Z_n)}{\tilde{\boldsymbol{m}}^2}=0 \tag{14-17}$$

但是从式(14－16)，即 $\tilde{\boldsymbol{k}}=\omega^2\tilde{\boldsymbol{m}}$，因此从式(14－17)导得

$$\frac{\partial\tilde{\boldsymbol{k}}}{\partial Z_n}-\omega^2\frac{\partial\tilde{\boldsymbol{m}}}{\partial Z_n}=0 \tag{14-18}$$

现在根据式(14－16)给的定义得

$$\frac{\partial\tilde{\boldsymbol{k}}}{\partial Z_n}=2\boldsymbol{Z}^{\mathrm{T}}\boldsymbol{\psi}^{\mathrm{T}}\boldsymbol{k}\boldsymbol{\psi}\frac{\partial}{\partial Z_n}(\boldsymbol{Z})=2\boldsymbol{Z}^{\mathrm{T}}\boldsymbol{\Psi}^{\mathrm{T}}\boldsymbol{k}\boldsymbol{\psi}_n \tag{14-19a}$$

类似地

$$\frac{\partial\tilde{\boldsymbol{m}}}{\partial Z_n}=2\boldsymbol{Z}^{\mathrm{T}}\boldsymbol{\Psi}^{\mathrm{T}}\boldsymbol{m}\boldsymbol{\psi}_n \tag{14-19b}$$

把式(14－19)代入式(14－18)，并转置后可得

$$\boldsymbol{\psi}_n^{\mathrm{T}}\boldsymbol{k}\boldsymbol{\Psi}\boldsymbol{Z}-\omega^2\boldsymbol{\psi}_n^{\mathrm{T}}\boldsymbol{m}\boldsymbol{\Psi}\boldsymbol{Z}=0 \tag{14-20}$$

依次对每一个广义坐标使频率最小，则对每一个形状向量 $\boldsymbol{\psi}_n$ 得到一个式(14－20)那样的方程式。这样整组方程可表示为

$$\boldsymbol{\Psi}^{\mathrm{T}}\boldsymbol{k}\boldsymbol{\Psi}\boldsymbol{Z}-\omega^2\boldsymbol{\Psi}^{\mathrm{T}}\boldsymbol{m}\boldsymbol{\Psi}\boldsymbol{Z}=\boldsymbol{0}$$

采用符号

$$\boldsymbol{k}^*=\boldsymbol{\Psi}^{\mathrm{T}}\boldsymbol{k}\boldsymbol{\Psi} \tag{14-21a}$$

$$\boldsymbol{m}^*=\boldsymbol{\Psi}^{\mathrm{T}}\boldsymbol{m}\boldsymbol{\Psi} \tag{14-21b}$$

则得

$$(\boldsymbol{k}^*-\omega^2\boldsymbol{m}^*)\hat{\boldsymbol{Z}}=\boldsymbol{0} \tag{14-22}$$

这里 $\hat{\boldsymbol{Z}}$ 代表满足这个特征方程的每一个特征向量($\boldsymbol{Z}$ 的相对值)。

将式(14－22)与式(11－4)比较，就可以看出 Rayleigh－Ritz 分析有着减少体系自由度的效果，它将由几何坐标 $\boldsymbol{v}$ 表示的 N 个自由度，减少到表示广义坐标 Z 和相应的假设形状数量的 s 个自由度。等式(14－13)是坐标变换，而式(14－21)是广义质量和广义刚度($s\times s$ 维的)。这些矩阵的每一个元素是一个广义质量或广义刚度项，因而

$$k_{mn}^*=\boldsymbol{\psi}_m^{\mathrm{T}}\boldsymbol{k}\boldsymbol{\psi}_n \tag{14-23a}$$

$$m_{mn}^*=\boldsymbol{\psi}_m^{\mathrm{T}}\boldsymbol{m}\boldsymbol{\psi}_n \tag{14-23b}$$

一般来说，假设的形状 $\boldsymbol{\psi}_n$ 不具有真实振型的正交特性，因而这些广义质量和广义刚度矩阵中的非对角线项不为零。然而，选择一个好的假设形状会使得非对角线项相对小一些。无论怎样，获取减少坐标数到 s 的动力反应总比获取原始 N 个方程的动力反应容易得多。

式(14-22)可以用任意的标准特征方程解法来求解,包括对于只有少量广义坐标 $\boldsymbol{Z}$ 的体系可用前面讨论的行列式方程来解。如此得到的频率向量 $\boldsymbol{\omega}$ 代表低阶振型真实频率的近似值,它对最低的几个振型($1<n<s/2$)一般精度很高,对较高阶振型的精度就相对较差。将振型向量 $\boldsymbol{Z}_n$ 除以某一参考坐标进行规格化,它们被标记为 $\boldsymbol{\phi}_{Zn}$,这里下标 Z 代表是用广义坐标表示的振型。于是广义坐标的全部振型就可以用一个 $s\times s$ 阶方阵 $\boldsymbol{\Phi}_Z$ 表示。

用振幅表示的广义坐标 $\boldsymbol{Z}$[类似于式(12-3)]为

$$\boldsymbol{Z}=\boldsymbol{\Phi}_Z\boldsymbol{Y} \tag{14-24}$$

应该注意,这些振型对于广义质量和广义刚度是正交的:

$$\begin{aligned}\boldsymbol{\phi}_{Zm}\boldsymbol{m}^*\boldsymbol{\phi}_{Zn}&=0\\ \boldsymbol{\phi}_{Zm}\boldsymbol{k}^*\boldsymbol{\phi}_{Zn}&=0\end{aligned}\qquad m\neq n \tag{14-25}$$

将式(14-24)引入式(14-13),几何坐标就能用规格化振型坐标表示为

$$\boldsymbol{v}=\boldsymbol{\Psi}\boldsymbol{\Phi}_Z\boldsymbol{Y} \tag{14-26}$$

由此可见,几何坐标中的近似振型为假定的形状与广义坐标振型的乘积

$$\boldsymbol{\Phi}=\boldsymbol{\Psi}\boldsymbol{\Phi}_Z \tag{14-27}$$

它是 $N\times s$ 维的。把式(14-21)代入式(14-25)中,并应用式(14-26),可证明这些近似的几何振型相对于用几何坐标表示的质量和刚度也是正交的。因此它们可以在标准振型叠加的动力分析方法中应用。

必须注意,前面所描述的 Rayleigh 法的某些改进类型,同样可以适用于 Rayleigh-Ritz 法。因而,类似于式(14-21),可用改进了的如下广义坐标刚度和质量矩阵来代替式(14-21):

$$\boldsymbol{k}^*=\boldsymbol{\Psi}^{\mathrm{T}}\boldsymbol{m}\tilde{\boldsymbol{f}}\boldsymbol{m}\boldsymbol{\Psi} \tag{14-28a}$$

$$\boldsymbol{m}^*=\boldsymbol{\Psi}^{\mathrm{T}}\boldsymbol{m}\tilde{\boldsymbol{f}}\boldsymbol{m}\tilde{\boldsymbol{f}}\boldsymbol{m}\boldsymbol{\Psi} \tag{14-28b}$$

这些方程的主要优点是,它们所依据的惯性力挠度,可以从非常粗糙的初始假定来提供合理的假定形状。在大型复杂结构中,形状的详细估计是非常困难的,而用这个改进方法仅仅需要每个形状的大致特征就可以了。在许多分析中另一个主要优点是,它可以避免使用刚度矩阵。事实上,如果令初始假设的形状为 $\boldsymbol{\Psi}^{(0)}$,由这些形状所对应的惯性力产生的挠度记作 $\boldsymbol{\Psi}^{(1)}$,即

$$\boldsymbol{\Psi}^{(1)}=\tilde{\boldsymbol{f}}\boldsymbol{m}\boldsymbol{\Psi}^{(0)} \tag{14-29}$$

这样,式(14-28)即可写为

$$\boldsymbol{k}^*=(\boldsymbol{\Psi}^{(1)})^{\mathrm{T}}\boldsymbol{m}\boldsymbol{\Psi}^{(0)} \tag{14-30a}$$

$$\boldsymbol{m}^*=(\boldsymbol{\Psi}^{(1)})^{\mathrm{T}}\boldsymbol{m}\boldsymbol{\Psi}^{(1)} \tag{14-30b}$$

从而在两个式子中都不需要柔度的显式,只需要能够在给定的荷载(在此情形中就是 $\boldsymbol{m}\boldsymbol{\Psi}^{(0)}$)下算出挠度。

Rayleigh-Ritz 方法的这个改进过程可以看作一种迭代解法的第一次循

环，就像改进的 Rayleigh 法相当于基本矩阵迭代法的一次循环一样。然而，基本矩阵迭代分析只能产生一个振型和频率，而连续使用 Ritz 改进过程能同时求得一组缩减了的振型和频率。这个方法叫做**同时迭代**或者**子空间迭代**，将在下节中予以介绍。

§14－6　子空间迭代法

因为子空间迭代法本质上是 Rayleigh－Ritz 改进过程的延续，其中改进是连续地迭代，因此可以很方便地在讨论中使用 Ritz 法的符号。为了获得 p 组经足够精确计算的振型和频率，要求开始时所取的试探向量数 q 比 p 多一些。用上标(0)表示这些试探向量，结构的位移可以表示为这些形状的如下组合[见式(14－13)]：

$$\boldsymbol{v}^{(0)}=\boldsymbol{\Psi}^{(0)}\boldsymbol{Z}^{(0)}=\boldsymbol{\Psi}^{(0)} \tag{14-31}$$

其中初始广义坐标矩阵 $\boldsymbol{Z}^{(0)}$ 仅仅是一个单位矩阵(这表明试探向量是假设的 Ritz 形状 $\boldsymbol{\Psi}^{(0)}$)。

对于通常使用这种方法的大型体系来说，利用质量和刚度矩阵的带状特性是重要的。因此对于 p 组特征值和特征向量自由振动方程[式(14－1)]可以写成

$$\boldsymbol{k\Phi}=\boldsymbol{m\Phi\Lambda} \tag{14-32}$$

式中 $\boldsymbol{\Lambda}$ 是特征值的对角矩阵。在这个方程的右边代入 q 个试探向量，导得

$$\boldsymbol{k}\overline{\boldsymbol{\Psi}}^{(1)}=\boldsymbol{m}\boldsymbol{\Psi}^{(0)}\equiv\boldsymbol{w}^{(0)} \tag{14-33}$$

它相当于对若干向量并且没有移位写出的式(13－72)。求解式(14－33)得到未规格化的改进的形状，即

$$\overline{\boldsymbol{\Psi}}^{(1)}=\boldsymbol{k}^{-1}\boldsymbol{w}^{(0)} \tag{14-34}$$

且如前所述，求解时用 $\boldsymbol{k}$ 的 Choleski 分解[式(13－72)]比其求逆更为有效。

式(14－34)的改进形状用于一轮新的迭代循环之前必须用两种方法来修正；规格化使其在计算中数值大小保持合理，而正交化使得每一个向量收敛于不同的振型(而不是全部都收敛于最低振型)。这些运算可按多种不同的方式来实现，但是由执行一次 Ritz 特征问题的分析使两者一次实现是方便的。因此第一次循环的广义坐标刚度和质量矩阵[见式(14－21)]计算如下：

$$\begin{aligned}\boldsymbol{k}_1^*&=\overline{\boldsymbol{\Psi}}^{(1)\mathrm{T}}\boldsymbol{k}\overline{\boldsymbol{\Psi}}^{(1)}\equiv\overline{\boldsymbol{\Psi}}^{(1)\mathrm{T}}\boldsymbol{m}\boldsymbol{\Psi}^{(0)}\\ \boldsymbol{m}_1^*&=\overline{\boldsymbol{\Psi}}^{(1)\mathrm{T}}\boldsymbol{m}\overline{\boldsymbol{\Psi}}^{(1)}\end{aligned} \tag{14-35}$$

其中下标表示第一次循环值，然后对第一轮广义坐标振型 $\hat{\boldsymbol{Z}}^{(1)}$ 和频率 Ω_1^2 相应于求解如下的特征问题

$$\boldsymbol{k}_1^* \hat{\boldsymbol{Z}}^{(1)} = \boldsymbol{m}_1^* \hat{\boldsymbol{Z}}^{(1)} \Omega_1^2 \tag{14-36}$$

在求解式(14－36)时,可以采用任何合适的特征问题分析方法,因为它的方程数比原来的特征问题小得多,即 $q \ll N$,所以常常可以用一个标准的计算机中心库存程序来完成。一般比较方便的作法是规格化广义坐标振型向量,使得广义质量具有单位值:

$$\hat{\boldsymbol{Z}}^{(1)\mathrm{T}} \boldsymbol{m}_1^* \hat{\boldsymbol{Z}}^{(1)} = \boldsymbol{I}$$

当使用规格化的广义坐标向量时,改进的试探向量由下式给出

$$\boldsymbol{v}^{(1)} = \boldsymbol{\Psi}^{(1)} = \overline{\boldsymbol{\Psi}}^{(1)} \hat{\boldsymbol{Z}}^{(1)} \tag{14-37}$$

现在重复迭代整个过程并按式(14－34)解出未规格化的改进形状 $\overline{\boldsymbol{\Psi}}^{(2)}$,然后解相应的 Ritz 特征问题[式(14－36)],求得规格化和正交化的

$$\boldsymbol{\Psi}^{(2)} = \overline{\boldsymbol{\Psi}}^{(2)} \hat{\boldsymbol{Z}}^{(2)}$$

等等。这个过程最后将收敛于真实的振型和频率,也即

$$\left.\begin{aligned} \boldsymbol{\Psi}^{(s)} &\rightarrow \boldsymbol{\Phi} \\ \Omega_s^2 &\rightarrow \boldsymbol{\Lambda} \end{aligned}\right. \quad \text{当 } s \rightarrow \infty \text{ 时} \tag{14-38}$$

一般说来,低阶振型收敛最快,继续按这个过程迭代,直到得到 p 个所需精度的期望振型为止。为了加速收敛过程,在试探向量中增加了 $q \sim p$ 个向量,但是显然在每一次循环中都需要增加计算工作,为此必须全面考虑使用的向量数目与收敛所需的循环次数之间的均衡关系。根据经验取 $q = 2p$ 和 $q = p + 8$ 中较小的数是合适的。

这种子空间迭代或称同时迭代方法,是已被证实的解决大型结构振动问题的最有成效的方法之一,对于具有数百甚至上千个自由度体系的动力分析,所需要的振型也许不超过 40 个。虽然它可以认为是一种 Rayleigh－Ritz 坐标缩减方案,但它具有可以按照任意所需精度求得振型坐标的重大优点。由于其他的坐标缩减方法所包含的近似性,使得最终结果的精度无法估计,因而在实践中对子空间迭代法甚为推荐。

§14－7　振型截断误差的减少

坐标缩减概述

从以上讨论显见,Rayleigh－Ritz 法是一种卓越的缩减结构体系振型自由度的方法,它把确定体系静应力分布所选的众多有限元自由度,缩减为少量的计算体系振动特性必需的坐标。而子空间迭代法对求解振动特征问题,同样也是一种有效的方法。此外,所求得的振型在描述系统动力反应时是非常有效的,因此严格地截断一组振型坐标能获得在精度上令人满意的结果,这一点是明显的。

在建立一个被推荐的动力分析方法时，还剩有最后两个问题要回答：

(1) 在子空间迭代分析中应该怎样选择所用的试探向量 $\bar{\boldsymbol{\Psi}}^{(0)}$？

(2) 为避免大的振型截断误差，需要多少振型坐标？

为方便起见，首先在本节考虑振型截断误差，然后在紧接的 14－8 节讨论用在振动特征问题中的 Ritz 位移模式的选择。

开始检查振型截断误差时，有必要回顾一下整个动力分析过程所包含的近似顺序。首先，有限元网格选取只是在虚功意义上近似真实应变分布；其次，对 Ritz 坐标的变换只是对众多有限元坐标位移的近似。

然后，用无阻尼振动振型形状表示 Ritz 坐标完成最终的变换。如果使用了全部振型坐标，那么这个变换就没有误差；换句话说，如果振型叠加分析包括所有振型，则其给出的结果将与耦合的 Ritz 坐标方程逐步求解的结果完全相同。然而，鉴于在其他坐标变换中可接受的近似，没有必要试图通过计入所有振型来获得一个准确无误的振型叠加分析结果。对真实结构而言，各振型坐标反应和相应的振型对结构反应的贡献之间无疑存在着巨大差异，特别在较高振型中差异更大；因此，可不考虑由于截断某些较高振型引起的附带误差。

振型贡献

为了计算振型截断引起的误差，必须考虑与各单独振型相关的独立动力反应贡献。对于任一振型 n，式(12－17)表示的运动方程为

$$\ddot{Y}_n(t)+2\xi_n\omega_n\dot{Y}_n(t)+\omega_n^2Y_n(t)=\frac{P_n(t)}{M_n}$$

其中的振型质量和振型荷载分别由式(12－18)给出

$$M_n=\boldsymbol{\phi}_n^{\mathrm{T}}\boldsymbol{m}\boldsymbol{\phi}_n \qquad P_n=\boldsymbol{\phi}_n^{\mathrm{T}}\boldsymbol{p}(t)$$

由任何外部荷载机制都可能引起式(12－18)中的荷载向量 $\boldsymbol{p}(t)$，而且其幅度和空间分布一般随时间变化。然而，为现在的讨论目的，假设荷载向量空间分布不随时间变化，而只是幅度随时间变化。这样，荷载向量就可以表示为其分布向量 $\boldsymbol{R}$ 和幅度函数 $f(t)$的乘积：

$$\boldsymbol{p}(t)=\boldsymbol{R}f(t) \tag{14-39}$$

这种外荷载表达式类型，应用于包括地震激励在内的许多实际情况。有效地震荷载向量最方便的表示一般为

$$\boldsymbol{p}_{\mathrm{eff}}(t)=\boldsymbol{m}\boldsymbol{r}\ddot{v}_g(t) \tag{14-40a}$$

式中 $\boldsymbol{m}$ 是结构质量矩阵；$\ddot{v}_g(t)$是作用在结构支座上的地震加速度历程；$\boldsymbol{r}$ 是位移变换向量，表示由于施加单位支座静位移引起的每个结构自由度的位移。如果地震输入表示为重力加速度 g 的分数，则式(14－40a)可以写成式(14－39)的形式

$$f(t)=\frac{1}{g}\ddot{v}_g(t) \tag{14-40b}$$

然后可以给出相应的荷载分布向量为

$$\boldsymbol{R}=\boldsymbol{mr}g \tag{14-40c}$$

将其引入式(14－39)，则对于此种特殊类型荷载，运动方程[式(12－17)]为

$$\ddot{Y}_n(t)+2\xi_n\omega_n\dot{Y}_n(t)+\omega_n^2Y_n(t)=\frac{\boldsymbol{\phi}_n^{\mathrm{T}}\boldsymbol{R}}{\boldsymbol{\phi}_n^{\mathrm{T}}\boldsymbol{m}\boldsymbol{\phi}_n}f(t) \tag{14-41a}$$

而对于地震荷载的特殊情况，应用式(14－40)，则

$$\ddot{Y}_n(t)+2\xi_n\omega_nY_n(t)+\omega_n^2Y_n(t)=\frac{\boldsymbol{\phi}_n^{\mathrm{T}}\boldsymbol{mr}}{\boldsymbol{\phi}_n^{\mathrm{T}}\boldsymbol{m}\boldsymbol{\phi}_n}\ddot{v}_g(t) \tag{14-41b}$$

如 12－4 节所述，应用式(14－41)的任一形式，可以在时域或频域中进行计算，由这个运动方程给出动力反应。对于频域分析，与其用这里的振型粘滞阻尼比表示阻尼，不如将其表示为复刚度形式。但是对于目前的讨论，这两种阻尼形式的区别并不重要。而重要的是要注意，用这些方程得到的总反应中，任一振型的相对重要性受两个系数控制：(1)振型参与系数(MPF)，它取决于振型形状和外部荷载空间分布之间的相互作用；(2)动力放大系数，它取决于作用荷载的谐振频率和振型频率的比值。下面讨论这两个系数。

振型参与系数——式(14－41)右边所示的比值定义的振型参与系数如下：

$$MPF_n=\frac{\boldsymbol{\phi}_n^{\mathrm{T}}\boldsymbol{R}}{\boldsymbol{\phi}_n^{\mathrm{T}}\boldsymbol{m}\boldsymbol{\phi}_n}\qquad\text{或}\qquad\frac{\boldsymbol{\phi}_n^{\mathrm{T}}\boldsymbol{mr}}{\boldsymbol{\phi}_n^{\mathrm{T}}\boldsymbol{m}\boldsymbol{\phi}_n} \tag{14-42}$$

其中第二个式子应用于地震荷载情况。两式中的分母为振型质量，是由振型形状和质量分布所决定的常数。如上所述，振型形状常进行规格化处理，以使振型质量为一单位值。但是为了完整表达，这里保留了这个一般表达式。

显然，由式(14－42)可知，由任一给定的振型产生的反应幅值取决于作用荷载的分布与振型之间的相互作用的形式。对一典型的受水平地面运动作用的多层建筑，地震运动变换向量 $\boldsymbol{r}$ 是一个单位列阵，所以集中质量模型的荷载分布向量仅仅是各层质量的向量 $\boldsymbol{m}_s$。考虑图(14－2a)中典型建筑的质量分布及图(14－2c)中描述的振型，由于第一振型均为正值，所以对第一振型向量而言乘积 $\boldsymbol{\phi}_n^{\mathrm{T}}\boldsymbol{m}_s$ 显然相对较大，而对第二和第三振型由于正、负区域都有，故向量乘积 $\boldsymbol{\phi}_n^{\mathrm{T}}\boldsymbol{m}_s$ 要小很多。由此可知，地震趋向于主要激发结构的第一振型反应。

另一方面，任意可能作用于建筑物的外荷载分布，原则上可以是任何一种形状，因此建筑物可能侧重于任何振型的反应。例如，因为图(14－2b)所示荷载分布向量 $\boldsymbol{R}$ 的正负两部分作用在具有相当类似位移的第二振型模式上，所以只能激发出轻微的第一振型反应。相反，因为荷载方向的反向与振型方向的反向相匹配，故这个荷载能非常有效地激发出第二振型反应。若考虑荷载分布用图(14－2b)中显示的集中荷载代替，则显然趋向于激发出第一和第二振型(以及

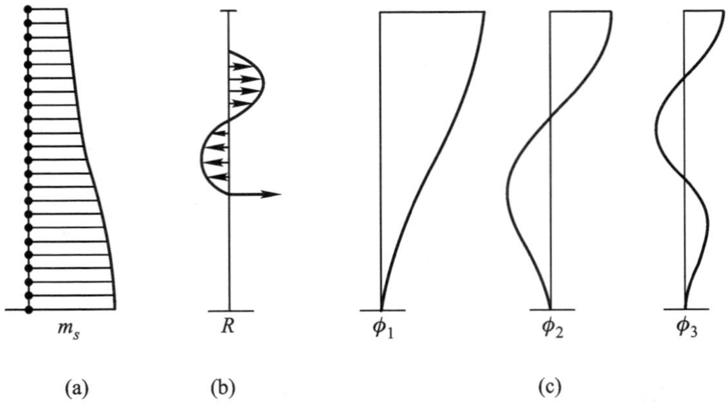

图 14-2 典型建筑的质量和荷载分布以及振型形状

(a)楼层质量向量;(b)荷载分布向量;(c)振型

未在此展示的大多数其他振型)的反应;然而,由于此集中荷载作用在第三振型的一个结点上,所以它不会激发出第三振型反应。

动力放大系数——因为在振型叠加分析中各个振型对作用荷载的反应是相互独立的,所以可以按单自由度体系的同样方法对每个振型来计算作用荷载的动力放大效应。因而,振型放大可以用如图 3-3 所示的频率反应曲线表示。为简单起见,在此只考虑图 14-3 中实线所示的无阻尼情况,这个实线将反应表示

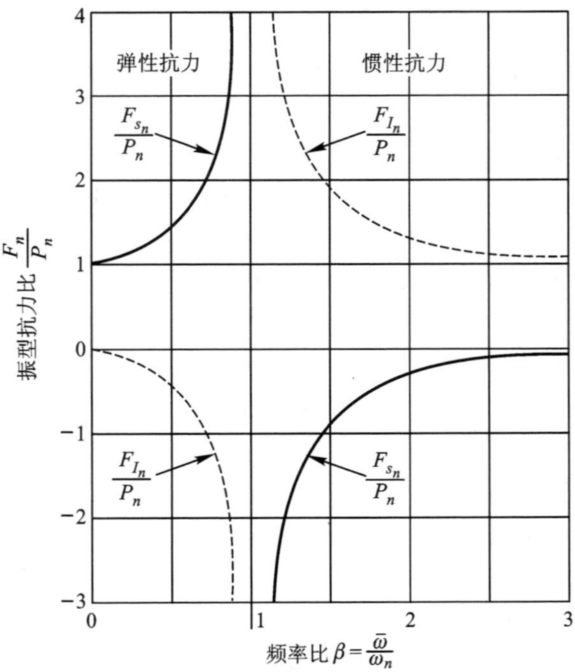

图 14-3 抗力比反应曲线

为弹性振型抗力 F_{S_n} 和简谐振型作用力 P_n 的比值。此图的横坐标是频率比 β_n，即激振频率 $\bar{\omega}$ 对振型频率 ω_n 的比值。若 $\beta_n<1$，则与图 3－3 中的无阻尼反应曲线相同；若 $\beta_n>1$，此图中显示的是图 3－3 中曲线的负向——符号的颠倒表示对那些较大的频率比反应与荷载的相位差为 180°。对于静力荷载情况（$\beta=0$），反应比为 1，表明作用荷载直接由弹性抗力所平衡（$F_{S_n}\equiv P_n$）。

图 14－3 中虚线表示振型惯性抗力 F_{I_n} 和简谐振型作用力 P_n 的比值。抗力从静力情况的零减少到共振时（$\beta_n=1$）的负无穷，负号只是表示惯性抗力作用与弹性抗力方向相反。对于输入频率大于共振条件时，与弹性抗力一样惯性抗力也经历相位反向，并且随着激振频率的不断增加，惯性抗力比逐渐趋近于 1。这个反应图的分析揭示了：惯性力比和弹性力比总是符号相反的，而且以共同方式随频率变化，它们对所有频率比的组合效应等于 1，即有

$$\frac{F_{S_n}(\beta)}{P_n}+\frac{F_{I_n}(\beta)}{P_n}=1 \tag{14-43}$$

对于作用频率超过共振的情况，两者贡献的符号是相反的，但是仍然合起来以平衡作用荷载。

对于一给定的频率为 $\bar{\omega}$ 的谐振激振输入，显然随着所考虑振型频率的 ω_n 提高，频率比 β_n 趋向于零。因此，如图 14－3 所示，对于体系的高阶振型，抗力趋近于纯静力行为而惯性效应可以忽略。另一方面，由于体系振型阶数的降低，频率比 β_n 的值增大，在一定范围内弹性抗力可忽略不计。也就是说，在较高激振频率时，抗力完全为惯性力抗力。

静力修正方法[①]

为了利用上述实际有利条件，即由于高频振型反应中的惯性效应可以忽略，从而能通过静力分析来计算这些反应，将式（12－2）给出的标准振型位移叠加方程

$$r(t)=\sum_{n=1}^{N}\boldsymbol{\phi}_n Y_n(t)$$

分为两项，第一项为低阶振型贡献之和，另一项为保留的、其动力放大效应可以忽略的高阶振型贡献之和。因而，式（12－2）成为

$$\boldsymbol{v}(t)=\boldsymbol{v}_d(t)+\boldsymbol{v}_s(t)=\sum_{n=1}^{d}\boldsymbol{\phi}_n Y_n(t)+\sum_{n=d+1}^{N}\boldsymbol{\phi}_n Y_n(t) \tag{14-44}$$

其中，下标"d"标明反应出自受动力放大效应影响的振型，而下标"s"表示反应可以通过静力分析来近似计算。

由前"d"阶振型中每个所给出的反应 $Y_n(t)$，可以按任何标准的单自由度体

① O. E. Hansteen and K. Bell"On the Accuracy of Mode Superposition Analysis in Structural Dynamics"*Earthquake Engineering and Structural Dynamics*, Vol. 7, No. 5, 1979.

系动力分析方法来计算，例如应用 Duhamel 积分、逐步积分法或在简单动力荷载形式情况下直接解微分方程的方法。对于余下的 $N-d$ 个高阶振型中的每一个，可以通过普通静力分析方法，即由振型刚度除以振型荷载 $P_n(t)$，求得它们在任何时刻的反应 $Y_{S_n}(t)$，也即

$$Y_{S_n}(t)=\frac{P_n(t)}{K_n}=\frac{\boldsymbol{\phi}_n^{\mathrm{T}}\boldsymbol{p}(t)}{\boldsymbol{\phi}_n^{\mathrm{T}}\boldsymbol{k}\boldsymbol{\phi}_n} \tag{14-45}$$

因此，这个振型对位移的“静力”贡献为

$$\boldsymbol{v}_{S_n}(t)=\boldsymbol{\phi}_n Y_{S_n}(t)=\frac{\boldsymbol{\phi}_n\boldsymbol{\phi}_n^{\mathrm{T}}}{K_n}\boldsymbol{p}(t)$$

为方便起见，此式写为

$$\boldsymbol{v}_{S_n}(t)=\boldsymbol{F}_n\boldsymbol{p}(t) \tag{14-46}$$

式中

$$\boldsymbol{F}_n\equiv\frac{\boldsymbol{\phi}_n\boldsymbol{\phi}_n^{\mathrm{T}}}{K_n} \tag{14-47}$$

是振型柔度矩阵，它给出了由作用荷载向量 $\boldsymbol{P}(t)$ 产生的第 n 振型静力变位。

对每个“静力”反应振型应用振型柔度矩阵，并由式(14－39)并入荷载分布向量，则总静力反应可表示为

$$\boldsymbol{v}_s(t)=\sum_{n=d+1}^{N}\boldsymbol{F}_n\boldsymbol{R}f(t) \tag{14-48}$$

然后，得到组合“静”、动力反应

$$\boldsymbol{v}(t)=\sum_{n=1}^{d}\boldsymbol{\phi}_n Y_n(t)+\sum_{n=d+1}^{N}\boldsymbol{F}_n\boldsymbol{R}f(t) \tag{14-49}$$

在这个公式中，虽然只是前“d”个振型是动力求解的，但是因要计算每个高阶振型的静力贡献，故仍然必须求出所有“N”个振型形状。然而，求总静力反应可以避免计算高阶振型形状，其具体作法是：先计算全部振型给出的总静力反应，然后减去前“d”个振型产生的静力反应。因此，这个更便利的静力反应分析方式可表示为

$$\boldsymbol{v}_s(t)=\boldsymbol{k}^{-1}\boldsymbol{R}f(t)-\sum_{n=1}^{d}\boldsymbol{F}_n\boldsymbol{R}f(t) \tag{14-50}$$

式中右边第一项构成了标准的静力位移分析(在此用柔度矩阵 $\boldsymbol{k}^{-1}$ 表示)，而求和项则包括了用振型柔度矩阵计算的前“d”个振型的静力反应。

现将式(14－50)代入式(14－44)，从而得到包括此静力修正项的总反应方程如下：

$$\boldsymbol{v}(t)=\sum_{n=1}^{d}\boldsymbol{\phi}_n Y_n(t)+\left(\boldsymbol{k}^{-1}-\sum_{n=1}^{d}\boldsymbol{F}_n\right)\boldsymbol{R}f(t) \tag{14-51}$$

式中第一项表示应用“d”个振型的振型位移叠加分析，另一项是对$(N-d)$个高阶振型所作的相应的静力修正。用这个公式进行计算机求解，只要求在“d”个

振型的标准振型位移解上，加上由一常数矩阵与荷载幅值系数 $f(t)$ 乘积形成的修正项。

从这个静力修正方法的基本原理可以推知，可以预期该方法在必须包括众多高阶振型以考虑作用荷载的空间分布而时间变化函数使得只有少数几个低阶振型具有明显放大的分析时，该方法将会是有效的。在这种情况下，静力修正与少数几个振型的动力叠加，就将给出与使用更多振型的标准振型叠加分析几乎相同的结果。

振型加速度法

虽然静力修正法是结构动力学的一个现代产物，但是，另一个为避免某些高阶振型误差的方法，几十年前就已经从不同的推理途径进行了系统的介绍[①]。该方法通常称为振型加速度法，可以在振型坐标运动方程(12-14a)中作微小的改变来获得此法：

$$M_n\ddot{Y}_n(t)+C_n\dot{Y}_n(t)+K_nY_n(t)=P_n(t)$$

用 K_n 除以上式并移项得到如下振型反应表达式

$$Y_n(t)=\frac{P_n(t)}{K_n}-\frac{1}{\omega_n^2}\ddot{Y}_n(t)-\frac{2\xi_n}{\omega_n}\dot{Y}_n(t) \tag{14-52}$$

因此，通常采用这些振型反应的叠加方式就可以得到总反应：

$$\boldsymbol{v}(t)=\sum_{n=1}^{N}\boldsymbol{\phi}_nY_n(t)=\sum_{n=1}^{N}\boldsymbol{\phi}_n\frac{P_n(t)}{K_n}-\sum_{n=1}^{N}\boldsymbol{\phi}_n\left[\frac{1}{\omega_n^2}\ddot{Y}_n(t)+\frac{2\xi_n}{\omega_n}\dot{Y}_n(t)\right] \tag{14-53}$$

然而，式(14-53)右边第一求和项可以写为

$$\sum_{n=1}^{N}\boldsymbol{\phi}_n\frac{\boldsymbol{\phi}_n^{\mathrm{T}}\boldsymbol{p}(t)}{K_n}=\sum_{n=1}^{N}\boldsymbol{F}_n\boldsymbol{p}(t)\equiv\boldsymbol{k}^{-1}\boldsymbol{R}f(t) \tag{14-54}$$

显然，所有振型柔度之和一定是结构的柔度 $\boldsymbol{k}^{-1}$。另一方面，式(14-53)第二求和项表示作用荷载的动力放大效应，由于在高阶振型反应中这种效应的影响可以忽略不计，所以此求和项的上限可以变为"d"。基于这一点，振型加速度反应方程的最终形式为

$$\boldsymbol{v}(t)=\boldsymbol{k}^{-1}\boldsymbol{R}f(t)-\sum_{n=1}^{d}\boldsymbol{\phi}_n\left[\frac{1}{\omega_n^2}\ddot{Y}_n(t)+\frac{2\xi_n}{\omega_n}\dot{Y}_n(t)\right] \tag{14-55}$$

为比较起见，现将静力修正法方程(14-51)重新写为

$$\boldsymbol{v}(t)=\boldsymbol{k}^{-1}\boldsymbol{R}f(t)+\sum_{n=1}^{d}\left[\boldsymbol{\phi}_nY_n(t)-\boldsymbol{\phi}_n\frac{\boldsymbol{\phi}_n^{\mathrm{T}}}{K_n}\boldsymbol{R}f(t)\right]$$

---

① R. E. Cornwell, R. R. Craig and C. P. Johnston "On the Application of the Mode Acceleration Method to Structural Dynamics Problems," *Earthquake Engineering and Structural Dynamics*, Vol. 11, No. 6, 1983. pp. 679-688.

$$=\boldsymbol{k}^{-1}\boldsymbol{R}f(t)+\sum_{n=1}^{d}\boldsymbol{\phi}_n\left[Y_n(t)-\frac{P_n(t)}{K_n}\right] \tag{14-56}$$

但是,式(14-52)表明,上式括号中的项可以用振型加速度和振型速度表示,结果为

$$\boldsymbol{v}(t)=\boldsymbol{k}^{-1}\boldsymbol{R}f(t)-\sum_{n=1}^{d}\boldsymbol{\phi}_n\left[\frac{1}{\omega_n^2}\ddot{Y}_n(t)+\frac{2\xi_n}{\omega_n}\dot{Y}_n(t)\right]$$

这与振型加速度法方程(14-55)完全相同。因而,静力修正法和振型加速度法使用中没有区别,但是静力修正法的优点在于它提供了其优于标准振型位移叠加法的更直接原因。

§14-8 衍生 Ritz 向量

引言

在结构体系动力分析中,Rayleigh-Ritz 坐标的引入可以视为三阶段离散方法的第二阶段,而有限元理想化构成第一阶段,变换到非耦合振型坐标为第三阶段。14-5 节的讨论表明,Ritz 坐标提供了一个非常有效的、在体系振动分析中必须考虑的、减少自由度数目的方法。然后,一组经截断产生的特征向量(无阻尼振型形状)可以用来获得非耦合的、可用振型叠加分析求解的运动方程组。

在这个分析过程中的关键步骤是选择 Ritz 坐标,它在如下意义上必须是有效的:一个相对少的假设形状要为动力反应的可靠分析产生足够精度的振动特性。按照常规办法,用在多方面与基本振型矩阵迭代分析相类似的方法,可获得一组习惯称为 Lanczos 坐标①的、非常有效的 Ritz 向量。在 Lanczos 坐标引出时,与矩阵迭代分析方法的根本区别在于:迭代过程的每一步都依次产生一个 Lanczos 形状,而标准矩阵迭代法只给出基本振型形状,且迭代只是用来改进对相应真实振动形状的近似程度。

正如最初所期待的,用这里所描述的方法得到的 Ritz 向量具有超越 Lanczos 坐标的显著优点,即 Ritz 坐标系列的初始向量是静力地应用动力荷载分布导出的变形形状。因此,第一向量用于静力修正,而其后的向量只需计入对动力反应的惯性效应。

在这里的讨论中,这些特殊的 Lanczos 坐标被称为衍生 Ritz 向量(DRV),每个衍生向量产生的基本操作为:(1)解一组联立平衡方程,求出与前一个衍生向量相关的由惯性荷载引起的变形形状;(2)应用 Gram-Schmidt 方法使这个新求出的形状与前面得到的 Ritz 向量"质量正交";(3)规格化处理使新向量能

① B. Nour-Omid and R. W. Clough, "Dynamics Analysis of Structures Using Lanczos Coordinates" *Earthquake Engineering and Structural Dynamics*, Vol. 12, 1984, pp. 565-577.

产生单位广义质量(显然,正交化这一步骤不适于产生第一个向量)。此外,可以看出这些形状的性质为:一旦使得一个向量与前面两个形状正交,这个向量就自动地与**所有**前面的形状在弃舍误差允许的精度内正交。但是,为了避免舍入误差的积累,在已经使几个新向量只与前面两个向量正交后,在衍生序列过程中必须间隔地就**所有**前面的衍生 Ritz 向量重新进行 Gram - Schmidt 正交处理。

在下述一些小节里将详述产生第一和随后的衍生 Ritz 向量的操作:假设引起动力反应的外荷载为式(14 - 39)给出的形式,即 $\boldsymbol{p}(t)=\boldsymbol{R}f(t)$,其中外荷载 $\boldsymbol{R}$ 的分布可以是任何形式和由于任何原因。对于获取各个向量的第一步算得的初步变形形状,用符号表示为 $\boldsymbol{q}_i$,其中下标是衍生向量的号码。在对 $\boldsymbol{q}_i$"净化"处理之后(即与前面的向量进行正交化处理),在 $\boldsymbol{q}_i$ 上方加一波浪号"～"以示区别;而对向量规格化处理后,衍生向量的最终形式用标准的 Ritz 向量符号 $\boldsymbol{\Psi}_i$ 表示[见式(14 - 5a)]。

衍生细目

第一向量——如上所述,衍生的第一步是求解静力平衡方程

$$\boldsymbol{k}\boldsymbol{q}_1=\boldsymbol{R}$$

以求得由作用荷载 $\boldsymbol{R}$ 的分布引起的变形形状 $\boldsymbol{q}_1$。在这个求解中,应该利用在 13 - 6 节讨论的刚度矩阵 $\boldsymbol{k}$ 带状形式的优点。然后,由以下关系式计算规格化系数 β_1

$$\beta_1^2=\boldsymbol{q}_1^{\mathrm{T}}\boldsymbol{m}\boldsymbol{q}_1 \tag{14 - 57}$$

再按比例给出第一衍生 Ritz 向量,即

$$\boldsymbol{\psi}_1=\frac{1}{\beta_1}\boldsymbol{q}_1 \tag{14 - 58}$$

使之能产生一个单位广义质量,即

$$\boldsymbol{\psi}_1^{\mathrm{T}}\boldsymbol{m}\boldsymbol{\psi}_1=1$$

第二向量——计算第二向量同样从解如下平衡方程开始

$$\boldsymbol{k}\boldsymbol{q}_2=\boldsymbol{m}\boldsymbol{\psi}_1 \tag{14 - 59}$$

当系统按第一向量形状 $\boldsymbol{\psi}_1$ 振动时,获得由惯性荷载 $\boldsymbol{m}\boldsymbol{\psi}_1$ 引起的变形形状 $\boldsymbol{q}_2$。然后,通过 Gram - Schmidt 法对这个形状进行净化,使其与第一向量质量正交,如下所示[①]:

$$\tilde{\boldsymbol{q}}_2=\boldsymbol{q}_2-\alpha_1\boldsymbol{\psi}_1 \tag{14 - 60}$$

其中系数 α_1 为

$$\alpha_1=\boldsymbol{\psi}_1^{\mathrm{T}}\boldsymbol{m}\boldsymbol{q}_2 \tag{14 - 61}$$

最后对这个形状进行规格化处理,得到第二衍生 Ritz 向量

$$\boldsymbol{\psi}_2=\frac{1}{\beta_2}\tilde{\boldsymbol{q}}_2$$

---

① 为便于理解下式与第一向量质量正交,写成 $\tilde{\boldsymbol{q}}_2=\boldsymbol{q}_2-\boldsymbol{\psi}_1\alpha_1$ 更好一些。——译者

其中规格化系数 β_2 为

$$\beta_2 = \sqrt{\tilde{\boldsymbol{q}}_2^{\mathrm{T}} \boldsymbol{m} \tilde{\boldsymbol{q}}_2} \tag{14-62}$$

所以缩尺形状具有预期的单位广义质量

$$\boldsymbol{\psi}_2^{\mathrm{T}} \boldsymbol{m} \boldsymbol{\psi}_2 = 1$$

第三向量——求第三衍生 Ritz 向量基本按同样的方式进行，即通过求解第二向量惯性力形成的静力平衡方程算出初始形状 $\boldsymbol{q}_3$：

$$\boldsymbol{k}\boldsymbol{q}_3 = \boldsymbol{m}\boldsymbol{\psi}_2$$

然而，在这里必须经净化消除初始形状 $\boldsymbol{q}_3$ 中所含的前面两个向量的位移成分，即

$$\tilde{\boldsymbol{q}}_3 = \boldsymbol{q}_3 - \alpha_2 \boldsymbol{\psi}_2 - \beta_2 \boldsymbol{\psi}_1 \tag{14-63}$$

其中 α_2 和 β_2 的运算与前面类似

$$\alpha_2 = \boldsymbol{\psi}_2^{\mathrm{T}} \boldsymbol{m} \boldsymbol{q}_3 \tag{14-64}$$

$$\beta_2 = \boldsymbol{\psi}_1^{\mathrm{T}} \boldsymbol{m} \boldsymbol{q}_3 \tag{14-65}$$

通过简单的代数便可证明，β_2 的值与式(14－62)给出的规格化系数是一样的。进而，经对照式(14－62)，给出第三衍生 Ritz 向量的规格化系数 β_3

$$\beta_3 = \sqrt{\tilde{\boldsymbol{q}}_3^{\mathrm{T}} \boldsymbol{m} \tilde{\boldsymbol{q}}_3} \tag{14-66}$$

用这个系数缩放后，第三衍生 Ritz 向量为

$$\boldsymbol{\psi}_3 = \frac{1}{\beta_3} \tilde{\boldsymbol{q}}_3 \tag{14-67}$$

它具有所需的单位广义质量。

第四向量——继续类似的过程，通过消除前面各衍生向量的成分，使第四向量初始形状与其正交，如下所示：

$$\tilde{\boldsymbol{q}}_4 = \boldsymbol{q}_4 - \alpha_3 \boldsymbol{\psi}_3 - \beta_3 \boldsymbol{\psi}_2 - \gamma_3 \boldsymbol{\psi}_1 \tag{14-68}$$

这里

$$\boldsymbol{q}_4 = \boldsymbol{k}^{-1} \boldsymbol{m} \boldsymbol{\psi}_3$$

$$\alpha_3 = \boldsymbol{\psi}_3^{\mathrm{T}} \boldsymbol{m} \boldsymbol{q}_4$$

$$\beta_3 = \boldsymbol{\psi}_2^{\mathrm{T}} \boldsymbol{m} \boldsymbol{q}_4$$

$$\gamma_3 = \boldsymbol{\psi}_1^{\mathrm{T}} \boldsymbol{m} \boldsymbol{q}_4$$

但是，如先前提及的关系所示，由这个方法求出的系数 γ_3 恒等于零，因此只需使新向量与前两个向量正交。此外，经类似与式(14－63)有关的讨论，可以证明上面所确定的系数 β_3 等于式(14－66)给出的第三向量规格化系数。因此，现在只需计算第四振型的规格化系数

$$\beta_4 = \sqrt{\tilde{\boldsymbol{q}}_4^{\mathrm{T}} \boldsymbol{m} \tilde{\boldsymbol{q}}_4}$$

由此可求得第四衍生 Ritz 向量。

一般向量——前述讨论清楚地表明，当已知前两个向量时，可以应用如下算

法，求出任一衍生 Ritz 向量 $\boldsymbol{\psi}_{i+1}$：

（1）解方程 $\boldsymbol{k}\boldsymbol{q}_{i+1}=\boldsymbol{m}\boldsymbol{\psi}_i$，求出 $\boldsymbol{q}_{i+1}$。

（2）使之跟前两个向量正交化

$$\tilde{\boldsymbol{q}}_{i+1}=\boldsymbol{q}_{i+1}-\alpha_i\boldsymbol{\psi}_i-\beta_i\boldsymbol{\psi}_{i-1} \tag{14-68a}$$

其中

$$\alpha_i=\boldsymbol{\psi}_i^{\mathrm{T}}\boldsymbol{m}\boldsymbol{q}_{i+1}$$

$$\beta_i=\boldsymbol{\psi}_{i-1}^{\mathrm{T}}\boldsymbol{m}\boldsymbol{q}_{i+1}$$

$$=\sqrt{\tilde{\boldsymbol{q}}_i^{\mathrm{T}}\boldsymbol{m}\tilde{\boldsymbol{q}}_i}\qquad\text{（前面的正交化系数）}$$

（3）规格化处理，

$$\boldsymbol{\psi}_{i+1}=\frac{1}{\beta_{i+1}}\tilde{\boldsymbol{q}}_{i+1}$$

其中

$$\beta_{i+1}=\sqrt{\tilde{\boldsymbol{q}}_{i+1}^{\mathrm{T}}\boldsymbol{m}\tilde{\boldsymbol{q}}_{i+1}}$$

从而得到所需的单位广义质量

$$\boldsymbol{\psi}_{i+1}^{\mathrm{T}}\boldsymbol{m}\boldsymbol{\psi}_{i+1}=1$$

遵循这个步骤可以求出任何所需数目的衍生 Ritz 向量，但是必须间隔地迫使所求向量与前面**所有**的向量正交，以修补其由于舍入误差过大造成的正交性的损失。本节稍后将介绍一个方便的检验正交性损失的方法。

三对角运动方程

正交性条件——若应用上述算法得到所需数目的衍生 Ritz 向量，就可以按照 14－5 节所介绍的其他形式 Ritz 向量的办法，用于完成一个动力分析。然而，这些 Lanczos 向量独特的正交性质，使运动方程可以构成为便于动力分析的特殊三对角形式。

为构成这些特殊的方程，对每个 Ritz 向量先列出如下 Gram－Schmidt 方程后，再按三对角形式安排衍生 Ritz 向量的质量正交条件，即有：

$$\begin{aligned}
\tilde{\boldsymbol{q}}_1&\equiv\beta_1\boldsymbol{\psi}_1=\boldsymbol{k}^{-1}\boldsymbol{R}\\
\tilde{\boldsymbol{q}}_2&\equiv\beta_2\boldsymbol{\psi}_2=\boldsymbol{k}^{-1}\boldsymbol{m}\boldsymbol{\psi}_1-\boldsymbol{\psi}_1\alpha_1\\
\tilde{\boldsymbol{q}}_3&\equiv\beta_3\boldsymbol{\psi}_3=\boldsymbol{k}^{-1}\boldsymbol{m}\boldsymbol{\psi}_2-\boldsymbol{\psi}_2\alpha_2-\boldsymbol{\psi}_1\beta_2\\
\tilde{\boldsymbol{q}}_4&\equiv\beta_4\boldsymbol{\psi}_4=\boldsymbol{k}^{-1}\boldsymbol{m}\boldsymbol{\psi}_3-\boldsymbol{\psi}_3\alpha_3-\boldsymbol{\psi}_2\beta_3\\
\tilde{\boldsymbol{q}}_5&\equiv\beta_5\boldsymbol{\psi}_5=\boldsymbol{k}^{-1}\boldsymbol{m}\boldsymbol{\psi}_4-\boldsymbol{\psi}_4\alpha_4-\boldsymbol{\psi}_3\beta_4\\
&\cdots\cdots\cdots\cdots
\end{aligned} \tag{14-69}$$

这里再次可以看出，对于任一已知向量的净化过程，只需消除前两个向量的成分。省略第一个方程，再将保留的方程重新安排为如下形式：

$$\boldsymbol{k}^{-1}\boldsymbol{m}\boldsymbol{\psi}_1-\boldsymbol{\psi}_1\alpha_1-\boldsymbol{\psi}_2\beta_2=0$$
$$\boldsymbol{k}^{-1}\boldsymbol{m}\boldsymbol{\psi}_2-\boldsymbol{\psi}_1\beta_2-\boldsymbol{\psi}_2\alpha_2-\boldsymbol{\psi}_3\beta_3=0$$
$$\boldsymbol{k}^{-1}\boldsymbol{m}\boldsymbol{\psi}_3-\boldsymbol{\psi}_2\beta_3-\boldsymbol{\psi}_3\alpha_3-\boldsymbol{\psi}_4\beta_4=0$$
$$\boldsymbol{k}^{-1}\boldsymbol{m}\boldsymbol{\psi}_4-\boldsymbol{\psi}_3\beta_4-\boldsymbol{\psi}_4\alpha_4-\boldsymbol{\psi}_5\beta_5=0$$
$$\cdots\cdots\cdots\cdots$$

再表示为矩阵形式

$$\boldsymbol{k}^{-1}\boldsymbol{m}(\boldsymbol{\psi}_1\,\boldsymbol{\psi}_2\cdots\boldsymbol{\psi}_{i-1}\,\boldsymbol{\psi}_i)-(\boldsymbol{\psi}_1\,\boldsymbol{\psi}_2\cdots\boldsymbol{\psi}_{i+1}\,\boldsymbol{\psi}_i)\begin{pmatrix}\alpha_1 & \beta_2 & 0 & \cdots & 0 & 0\\ \beta_2 & \alpha_2 & \beta_3 & \cdots & 0 & 0\\ 0 & \beta_3 & \alpha_3 & \cdots & 0 & 0\\ \vdots & \vdots & \vdots & \ddots & \vdots & \vdots\\ 0 & 0 & 0 & \cdots & \alpha_{i-1} & \beta_i\\ 0 & 0 & 0 & \cdots & \beta_i & \alpha_i\end{pmatrix}=\boldsymbol{0}$$

现将方程组缩写为如下形式

$$\boldsymbol{k}^{-1}\boldsymbol{m}\boldsymbol{\Psi}_i=\boldsymbol{\Psi}_i\boldsymbol{T}_i \tag{14-70}$$

其中所有"i"个衍生 Ritz 向量被表示为

$$\boldsymbol{\Psi}_i\equiv(\boldsymbol{\psi}_1\quad\boldsymbol{\psi}_2\quad\cdots\quad\boldsymbol{\psi}_{i-1}\quad\boldsymbol{\psi}_i)$$

而相应的三对角系数被表示为

$$\boldsymbol{T}_i=\begin{pmatrix}\alpha_1 & \beta_2 & 0 & \cdots & 0 & 0\\ \beta_2 & \alpha_2 & \beta_3 & \cdots & 0 & 0\\ 0 & \beta_3 & \alpha_3 & \cdots & 0 & 0\\ \vdots & \vdots & \vdots & \ddots & \vdots & \vdots\\ 0 & 0 & 0 & \cdots & \alpha_{i-1} & \beta_i\\ 0 & 0 & 0 & \cdots & \beta_i & \alpha_i\end{pmatrix} \tag{14-71}$$

用 $\boldsymbol{\Psi}_i^{\mathrm{T}}\boldsymbol{m}$ 乘以式(14－70)并调用质量正交条件,可得到 $\boldsymbol{T}_i$ 的一个简单表达式为

$$\boldsymbol{\Psi}_i^{\mathrm{T}}\boldsymbol{m}\boldsymbol{k}^{-1}\boldsymbol{m}\boldsymbol{\Psi}_i=\boldsymbol{\Psi}_i^{\mathrm{T}}\boldsymbol{m}\boldsymbol{\Psi}_i\boldsymbol{T}_i=\boldsymbol{I}\boldsymbol{T}_i$$

其中已经用到衍生 Ritz 向量的正交性质,从而导出下面的公式

$$\boldsymbol{T}_i=\boldsymbol{\Psi}_i^{\mathrm{T}}\boldsymbol{m}\boldsymbol{k}^{-1}\boldsymbol{m}\boldsymbol{\Psi}_i \tag{14-72}$$

运动方程变换——为了获得系数矩阵 $\boldsymbol{T}_i$ 三对角形式的有利条件,现对标准有限元运动方程

$$\boldsymbol{m}\ddot{\boldsymbol{v}}(t)+\boldsymbol{c}\dot{\boldsymbol{v}}(t)+\boldsymbol{k}\boldsymbol{v}(t)=\boldsymbol{p}(t)=\boldsymbol{R}f(t)$$

进行衍生 Ritz 向量坐标变换,所用变换公式为

$$\boldsymbol{v}(t)=\boldsymbol{\Psi}_i\boldsymbol{Z}_i(t)$$

导得

$$\boldsymbol{m}\boldsymbol{\Psi}_i\ddot{\boldsymbol{Z}}_i(t)+\boldsymbol{c}\boldsymbol{\Psi}_i\dot{\boldsymbol{Z}}_i(t)+\boldsymbol{k}\boldsymbol{\Psi}_i\boldsymbol{Z}_i(t)=\boldsymbol{R}f(t)$$

但是,若假设 Rayleigh 阻尼形式,$\boldsymbol{c}=a_0\boldsymbol{m}+a_1\boldsymbol{k}$,并用 $\boldsymbol{\Psi}_i^{\mathrm{T}}\boldsymbol{m}\boldsymbol{k}^{-1}$ 前乘上式,则方程

成为

$$\boldsymbol{\Psi}_i^{\mathrm{T}}\boldsymbol{m}\boldsymbol{k}^{-1}\boldsymbol{m}\boldsymbol{\Psi}_i\ddot{\boldsymbol{Z}}_i(t)+a_0\boldsymbol{\Psi}_i^{\mathrm{T}}\boldsymbol{m}\boldsymbol{k}^{-1}\boldsymbol{m}\boldsymbol{\Psi}_i\dot{\boldsymbol{Z}}_i(t)+$$
$$a_1\boldsymbol{\Psi}_i^{\mathrm{T}}\boldsymbol{m}\boldsymbol{\Psi}_i\dot{\boldsymbol{Z}}_i(t)+\boldsymbol{\Psi}_i^{\mathrm{T}}\boldsymbol{m}\boldsymbol{\Psi}_i\boldsymbol{Z}_i(t)=\boldsymbol{\Psi}_i^{\mathrm{T}}\boldsymbol{m}\boldsymbol{k}^{-1}\boldsymbol{R}f(t)$$

现在应用式(14－72)给出的 $\boldsymbol{T}_i$ 的定义，并再次注意到 $\boldsymbol{\Psi}_i^{\mathrm{T}}\boldsymbol{m}\boldsymbol{\Psi}_i=\boldsymbol{I}$，则上式化为如下简单形式：

$$\boldsymbol{T}_i\ddot{\boldsymbol{Z}}_i(t)+[a_0\boldsymbol{T}_i+a_1\boldsymbol{I}]\dot{\boldsymbol{Z}}_i(t)+\boldsymbol{Z}_i(t)=\begin{Bmatrix}\beta_1\\0\\0\\\vdots\end{Bmatrix}f(t) \tag{14-73}$$

有趣的是，在此可以看到只有第一个 Ritz 坐标方程直接受到激励；正交性条件消除了对其他坐标的直接激振效应，所以这些坐标只有通过它们对毗邻 Ritz 向量的三对角耦合来驱动。

<u>变换方程的解答</u>——对衍生 Ritz 向量自始至终的讨论是要达到这样的最终目的：得到的公式能用来进行多自由度（从几十个到数百个）结构体系的动力反应分析。如果必要，包含适当静力效应修正的振型叠加法通常为线性体系提供了最有效的反应分析方法。如果结构只承受很短持时的脉冲荷载作用，此结论就会有一个例外，这将在稍后予以解释。对于振型叠加分析而言，一个重要的问题是计算所需振型坐标的计算量。在过去计算振型典型的方法是子空间迭代法，即解原始有限元坐标相关的特征问题，但是这里显然是三对角特征问题

$$\boldsymbol{T}_i\ddot{\boldsymbol{Z}}_i(t)+\boldsymbol{Z}_i(t)=0 \tag{14-74}$$

提供了更为有效的解答。

在动力反应分析中，许多研究论文已经证明衍生 Ritz 向量坐标的显著优点，其中之一[①]指出：一指定数目振型形状的子空间迭代分析，所花费的计算量约为衍生 Ritz 向量特征问题[式(14－74)]求解计算量的 9 倍。此外，还需提醒的是，由式(14－74)得到的“振型”包含前述的静力修正效应，因此，当这些衍生 Ritz 向量坐标用于动力分析时，在给定精度内，所使用的数目比应用子空间迭代求得的真实振型形状数目要少得多。

衍生 Ritz 向量公式的另一潜在优点是：三对角运动方程[式(14－73)]可以直接用逐步法求解，其计算量大约是非耦合单自由度体系方程求解计算量的 40％多一点。但是，如果要计算极短持时的脉冲荷载反应，则不能证明三对角特征问题[式(14－74)]求解的计算量优点。另一方面，对受长持时荷载（例如地震

① P. Leger，“Numerical Techniques for the Dynamic Analysis of Large Structural Systems”Ph. D. Dissertation，University of California，Berkeley，March 1986.

荷载)作用的体系,由非耦合方程的振型叠加分析所节省的时间,会容易地补偿特征问题求解的时间消耗。在这点上,应该注意:通过求解衍生 Ritz 向量特征问题得到的振型形状和频率,如果它们取自一组截断 Ritz 向量,则求得的结果只是真实值的近似值。然而,这些形状的精度足以帮助理解结构的动力反应特性,并且如前所述,用这些形状在计算结构反应时相当有效。

正交性损失

前面已经论证,如果只令每个新的衍生 Ritz 向量与前两个向量正交(如上所描述的算法),舍入误差将逐渐导致正交性损失。为预防这种不测事件,一旦求得衍生 Ritz 向量 $\boldsymbol{\psi}_{i+1}$,就应该计算如下所示的正交检验向量

$$\boldsymbol{W}_i = (W_1 \quad W_2 \quad W_3 \quad \cdots \quad W_{i-1} \quad W_i)$$

这个检验向量可以表示为

$$\boldsymbol{W}_i = \boldsymbol{\psi}_{i+1} \boldsymbol{m} \boldsymbol{\Psi}_i \tag{14-75}$$

这里,$\boldsymbol{\Psi}_i$ 是早先定义的包含 $\boldsymbol{\psi}_i$ 的一组衍生 Ritz 向量。但是,计算检验向量最方便的方法是用逐步序列,如下所示:

$$\boldsymbol{W}_i = \frac{1}{\beta_i}(\boldsymbol{W}_{i-1} - \alpha_{i-1}\boldsymbol{W}_{i-2} - \beta_{i-1}\boldsymbol{W}_{i-2}) \tag{14-76}$$

其中,计算 $\boldsymbol{W}_2$ 所需的初始标量是 $W_0 = 0$ 和 $W_1 = \boldsymbol{\psi}_2^{\mathrm{T}} \boldsymbol{m} \boldsymbol{\psi}_1$;系数 α_{i-1},β_{i-1} 等,与包含在式(14-71)中的系数相同。

从式(14-75)可以明显看出,$\boldsymbol{W}_i$ 中元素是描写新的衍生 Ritz 向量 $\boldsymbol{\psi}_{i+1}$ 与前面每个衍生向量之间质量耦合的系数。当然,要通过用在衍生 Ritz 向量算法中的 Gram-Schmidt 方法迫使 $\boldsymbol{W}_i$ 和 $\boldsymbol{W}_{i-1}$ 值为零,而 $\boldsymbol{W}_{i-2}$,$\boldsymbol{W}_{i-3}$ 等,则表明了新向量与前面各向量非正交的程度。当发现 $\boldsymbol{W}_i$ 中任一元素过大时,就应使用 Gram-Schmidt 方法使得 $\boldsymbol{\psi}_{i+1}$ 与前面所有向量正交。然后,就可以继续进行只涉及两项正交的简单运算,直到一新的检验向量再次指示需要完全正交化处理。在一个涉及 100 个自由度的检验情况中,发现大约每隔五个衍生向量就要进行完全正交化处理。

所需向量数目

因为第一个衍生 Ritz 向量是由作用荷载分布 $\boldsymbol{R}$ 引起的静力位移形状,所以随后用于反应分析的衍生 Ritz 向量的功能,就是要表现此荷载的动力效应。有关向量"i"对 $\boldsymbol{R}$ 的贡献用 Ritz 参与系数 RPF_i 来表示;这完全类似于式(14-42)给出的振型参与系数,在那里,当反应用振型坐标表示时,振型参与系数表示振型"n"对荷载的贡献。因此,通过对比式(14-42),可给出对于向量 $\boldsymbol{\psi}_i$ 的 Ritz 参与系数为

$$\mathrm{RPF}_i = \frac{\boldsymbol{\psi}_i^{\mathrm{T}} \boldsymbol{R}}{\boldsymbol{\psi}_i^{\mathrm{T}} \boldsymbol{m} \boldsymbol{\psi}_i} = \boldsymbol{\psi}_i^{\mathrm{T}} \boldsymbol{R} \tag{14-77}$$

这里分母为 1，是利用了衍生 Ritz 向量算法中已经规格化的广义质量。

从式(14－77)可以明显看出，通过形成矩阵乘积 $\boldsymbol{\psi}_i^{\mathrm{T}}\boldsymbol{R}$ 能获得计入所有参与系数、并且包括与衍生 Ritz 向量 $\boldsymbol{\psi}_i$ 相关的参与系数的向量。然后，这些相继的值能被判定为衍生 Ritz 向量算法终止的基准。但是，与其使用这个矩阵乘积来计算参与系数，倒不如逐次地计算每个系数作为衍生运算的最后一步。为此，用 $\boldsymbol{R}^{\mathrm{T}}$ 乘以式(14－68a)可以得到一个便利的算式，即

$$\boldsymbol{R}^{\mathrm{T}}\tilde{\boldsymbol{q}}_{i+1}=\boldsymbol{R}^{\mathrm{T}}\boldsymbol{q}_{i+1}-\alpha_i\boldsymbol{R}^{\mathrm{T}}\boldsymbol{\psi}_i-\beta_i\boldsymbol{R}^{\mathrm{T}}\boldsymbol{\psi}_{i-1}$$

然后注意到 $\boldsymbol{q}_{i+1}=\boldsymbol{k}^{-1}\boldsymbol{m}_i\boldsymbol{\psi}_i$，$\boldsymbol{R}^{\mathrm{T}}\boldsymbol{k}^{-1}=\boldsymbol{\psi}_1^{\mathrm{T}}\beta_1$ 和 $\boldsymbol{R}^{\mathrm{T}}\boldsymbol{\Psi}_{i+1}=\mathrm{RPF}_{i+1}$ 等，则上式可简化为

$$RPF_{i+1}=-\left(\frac{\alpha_i\mathrm{RPF}_i+\beta_i\mathrm{RPF}_{i-1}}{\beta_{i+1}}\right)\tag{14-78}$$

把这个简单标量算式附加在衍生 Ritz 向量运算过程的后边，当 RPE_{i+1} 降到小于一指定值的时候，它就提供了衍生运算终止的基准。

习　　题

14－1　图 P14－1 所示四层剪切型框架，各刚性横梁上集中的质量 m 相同，各楼层间柱子的层间刚度 k 相同。由给出的线性和二次形状函数 $\boldsymbol{\psi}_1$ 和 $\boldsymbol{\psi}_2$ 作为广义坐标，用 Rayleigh－Ritz 法[式(14－21)和式(14－22)]计算前两个振型的近似形状和频率。

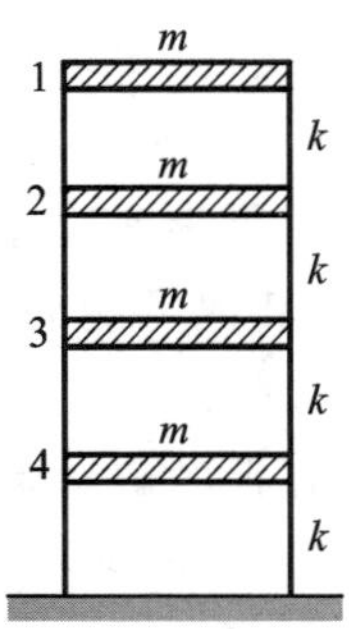

$$(\boldsymbol{\psi}_1,\boldsymbol{\psi}_2)=\begin{bmatrix}1.00 & 1.00\\ 0.75 & 0.56\\ 0.50 & 0.25\\ 0.25 & 0.06\end{bmatrix}$$

图 P14－1

14－2　用式(14－28)的“改进的”表达式确定广义坐标质量和刚度特性，重算习题 14－1。

第 15 章　多自由度体系动力反应分析——逐步法

§15－1　引　　言

本书第Ⅰ篇所介绍的单自由度体系动力分析，考虑过两类方法：基于叠加原理而限于线性体系分析的方法与既可以用于线性体系又可以用于非线性体系分析的逐步法。在第 12 章进行的多自由度体系动力分析的讨论中应用了叠加原理，所以全部的讨论只和线性体系有关，但在那些分析中利用了两种不同的叠加类型：一种为时间相关的叠加原理，它采用了在单自由度体系讨论中介绍过的卷积或 Fourier 积分；另一种为空间叠加原理，它使多自由度体系反应被表示为一系列独立的单自由度体系振型坐标反应的组合。正如第 12 章所述，这个空间或振型坐标叠加的巨大优点是，即使当体系具有数十或数百自由度时，经常只从少数几个振型或衍生 Ritz 向量就可以得到动力反应足够精确的近似值。

这两种类型的叠加都需要反应期间体系保持线性，由结构特性矩阵系数改变引起的任何非线性都会使分析结果失效。但是，在许多实际情况下，这些系数不能被假设为保持不变。例如，结构材料的屈服就可能改变刚度影响系数——在强烈的地震反应期间极有可能发生这种情况。其他可能的变化有：杆件轴向力的改变可能引起其几何刚度的改变，以及质量和阻尼系数在结构动力反应期间将遭受的改变；每种变化机理对振型坐标运动方程的解耦都可能有重要的影响。此外，还须记住的是，虽然线性是振型坐标解耦的必要条件，但是只有体系为比例阻尼的时候才能达到振型坐标运动方程解耦的目的；对于任何其他形式的阻尼，振型坐标运动方程之间将通过振型阻尼系数耦合。

分析任意非线性反应方程唯一普遍适用的、也是处理耦合的线性振型方程的有效方法，就是数值逐步积分法。多自由度体系可精确地等价于第 7 章所描述的单自由度体系逐步分析过程进行分析。它把反应的时程划分为一系列短的、相等的时间间隔，对每一个间隔按照线性体系来计算其反应，此时体系具有间隔起始时存在的物理特性，间隔结束处的特性要按照那时体系的变形和应力状态来修正，以用于下一时间步。这样，非线性多自由度分析就近似为一系列依次改变特性的线性体系分析。

当逐步积分法用于线性结构的时候，由于不需要每步都修正结构特性，因此计算大为简化。有时用直接积分法比用振型叠加法更胜一筹，这是因为在自由度很多的体系中计算振型和频率的工作量非常大，而直接积分法不需进行特征问题分析。这种情况已在第 14 章关于对由衍生 Ritz 向量变换所获得的三对角运动方程的讨论中作过简短的讨论。

在多自由度体系反应的逐步积分中，一个潜在的困难是必须直接定义阻尼矩阵 $\boldsymbol{c}$，而不用振型阻尼比。估算整个阻尼矩阵的阻尼影响系数大小是非常困难的。一般说来，推导一个合适的阻尼矩阵的最有效的方法，是对全部有重要影响的振型假定适当的阻尼比值，然后再计算一个具有第 12 章所述的那些特性的正交阻尼矩阵。

另一方面，不用振型阻尼比而直接定义阻尼矩阵可以得到的好处是，它使得逐步积分法的通用性超过了振型叠加法。因为不需要非耦合的振型反应，所以不必使阻尼矩阵满足振型正交条件。正如第 12 章所述，在分析中可以采用任意所需要的一组阻尼矩阵系数，用它来完整地表示结构不同部分不同大小的阻尼。振型坐标变换仍然可以用来减少分析中所需的坐标数目，然后用逐步积分法求解耦合的振型方程。

最后值得指出的是，即使是非线性体系的分析，变换到正规坐标也是有用的。当然，进行振动分析时，只有刚度矩阵保持不变的状态，无阻尼自由振动的振型才适用于非耦合的运动方程。一旦由于屈服或其他损伤使刚度矩阵改变，正规坐标的变换在广义刚度矩阵中产生的非对角线项就会引起振型反应方程的耦合。然而，如果在结构中的非线性变形机制不引起结构挠度模式的重大变化时，则原来的无阻尼振型仍然可以有效地用来表示动力反应。因此，即使在反应中一旦产生任何明显的非线性因素使方程变成耦合的情况下，对一组有限个正规坐标的运动方程，用直接逐步积分的方式计算复杂结构的动力反应往往还是值得的。这种在正规坐标方程中具有刚度耦合的体系的处理方法，与以前建议过的、阻尼矩阵是由正规坐标耦合引起的体系的分析方法等价。

§15－2　增量的运动方程

因为在 7－6 节介绍的单自由度体系的增量列式既适用于线性也适用于非线性分析，所以在多自由度体系的分析中，同样可以方便地使用这样的增量列式。因此取 t_0 和 $t_1=t_0+h$ 时刻所确定的向量平衡关系式之差，就得出增量平衡方程

$$\Delta \boldsymbol{f}_I+\Delta \boldsymbol{f}_D+\Delta \boldsymbol{f}_S=\Delta \boldsymbol{p} \tag{15-1}$$

类似于单自由度体系的表达式[式(7－20)和式(7－21)]，这个方程中力向量的增量可表示为

$$\begin{aligned}\Delta \boldsymbol{f}_I &= \boldsymbol{f}_{I_1} - \boldsymbol{f}_{I_0} = \boldsymbol{m}\Delta\ddot{\boldsymbol{v}} \\ \Delta \boldsymbol{f}_D &= \boldsymbol{f}_{D_1} - \boldsymbol{f}_{D_0} = \boldsymbol{c}_0\Delta\dot{\boldsymbol{v}} \\ \Delta \boldsymbol{f}_S &= \boldsymbol{f}_{S_1} - \boldsymbol{f}_{S_0} = \boldsymbol{k}_0\Delta\boldsymbol{v} \\ \Delta \boldsymbol{p} &= \boldsymbol{p}_1 - \boldsymbol{p}_0\end{aligned} \tag{15-2}$$

这里假定质量是不随时间变化的。

增量阻尼矩阵 $\boldsymbol{c}_0$ 和刚度矩阵 $\boldsymbol{k}_0$ 中的元素是由时间增量确定的影响系数 c_{ij0} 和 k_{ij0}，在图 15－1 中给出了这些系数的典型表示。像解释单自由度系数一样，为了在求解的每一步中避免迭代，不用平均而用初始的切线斜率来度量阻尼或刚度特性。由此，给出对于起始时刻 t_0 的时间增量 h 的影响系数为

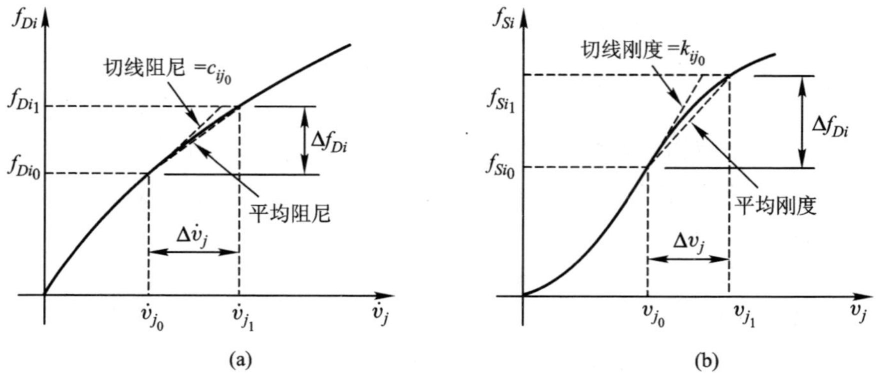

图 15－1　非线性影响系数的定义

(a)非线性粘滞阻尼 c_{ij}；(b)非线性刚度 k_{ij}

$$c_{ij0} = \left(\frac{\mathrm{d}\boldsymbol{f}_{D_i}}{\mathrm{d}\dot{\boldsymbol{v}}_j}\right)_0 \qquad k_{ij0} = \left(\frac{\mathrm{d}\boldsymbol{f}_{S_i}}{\mathrm{d}\boldsymbol{v}_j}\right)_0 \tag{15-3}$$

把式(15－2)代入方程(15－1)，增量运动方程变成

$$\boldsymbol{m}\Delta\ddot{\boldsymbol{v}} + \boldsymbol{c}_0\Delta\dot{\boldsymbol{v}} + \boldsymbol{k}_0\Delta\boldsymbol{v} = \Delta\boldsymbol{p} \tag{15-4}$$

因为 $\boldsymbol{c}_0$ 和 $\boldsymbol{k}_0$ 采用了初始切线值，所以方程(15－4)左边的力增量表达式仅仅是近似的。但如单自由度情形所述，如果每一时间步开始时的加速度都由那个时刻力的总体平衡算得，那么由这个因素所引起的误差积累就可以避免①。

§15－3　逐步积分：常平均加速度法

增量运动方程组[式(15－4)]的逐步解法是由规定位移、速度和加速度中一

① 如第 7 章中所指出的，这样做将改变算法特性证明中的放大矩阵，因此算法特性可能发生改变，也即一个无条件稳定的算法可能变成条件稳定或无条件稳定的限制条件发生改变。——译者

个简单的关系来公式化的，在一个短的时间步 h 内，可以假定这种简单关系是合理的。由此能用加速度的变化来表达速度和位移增量的变化，或者用位移增量表达速度或加速度的变化。这两种情形中的增量平衡方程[式(15－4)]都只保留一个未知向量，它可以用任一种标准的求解联立方程的方法算得。

如第 7 章所述，通过假定加速度向量随时间的变化方式就能够方便地建立起位移、速度和加速度之间的关系式。对于一般多自由度体系的分析，常平均加速度的假设具有非常显著的优点，它给出了一个无条件稳定的积分方法。任何有条件稳定的方法都可能要求使用非常短的时间步长，以避免在高振型反应中的不稳定性，因为即使这种不稳定的振型对实际动力反应行为没有多大贡献，也会引发分析“失败”。

常平均加速度的假设引出了单自由度体系情况下速度向量的一次变化和位移向量的二次变化，并可以通过对照第 7 章的单自由度体系公式导出多自由度体系增量分析的显式。推导的最终结果类似于线加速度假设下式(7－24)给出的表达式。在此情况下，增量拟静力平衡方程将表示为

$$\widetilde{\boldsymbol{k}}_c \Delta \boldsymbol{v} = \Delta \widetilde{\boldsymbol{p}}_c \tag{15-5}$$

这里，下标 c 表示常平均加速度假设。此时，等效刚度矩阵为

$$\widetilde{\boldsymbol{k}}_c = \boldsymbol{k}_0 + \frac{2}{h}\boldsymbol{c}_0 + \frac{4}{h^2}\boldsymbol{m} \tag{15-6a}$$

而等效荷载向量的增量为

$$\Delta \widetilde{\boldsymbol{p}}_c = \Delta \boldsymbol{p} + 2\boldsymbol{c}_0 \dot{\boldsymbol{v}}_0 + \boldsymbol{m}\left[\frac{4}{h}\dot{\boldsymbol{v}}_0 + 2\ddot{\boldsymbol{v}}_0\right] \tag{15-6b}$$

用方程(15－5)进行逐步分析时，首先由这步开始时刻的条件所确定的质量、阻尼和刚度特性计算 $\widetilde{\boldsymbol{k}}_c$，并从阻尼性质和这步开始时刻的速度、加速度及在时间步中规定的荷载增量计算 $\Delta \widetilde{\boldsymbol{p}}_c$；然后求解联立方程(15－5)，通常使用 Gauss 或 Choleski 分解，以算出位移增量 $\Delta \boldsymbol{v}$。应该指出的是，在非线性分析中，$\boldsymbol{k}_0$ 和 $\boldsymbol{c}_0$ 值的变化要求每一个时间步都必须进行分解，对于拥有大量自由度的体系，这是主要的计算工作量。

位移增量确定以后，由下面与式(7－24c)类似的、但基于常平均加速度假设的表达式求出速度增量：

$$\Delta \dot{\boldsymbol{v}} = \frac{2}{h}\Delta \boldsymbol{v} - 2\dot{\boldsymbol{v}}_0 \tag{15-7}$$

这样，应用增量方程式(15－5)、式(15－6)和式(15－7)就可以对任意多自由度体系进行分析，其变化的特性 $\boldsymbol{k}_0$ 和 $\boldsymbol{c}_0$ 在每一步都能加以确定。在每一步结束时求出的、即在 $t_1 = t_0 + h$ 时的反应向量，将作为下一步的初始向量。但是，为避免误差的积累，应根据每步开始时的平衡条件直接计算初始加速度向量；因此，

$$\ddot{\boldsymbol{v}}_0 = \boldsymbol{m}^{-1}(\boldsymbol{p}_0 - \boldsymbol{f}_{D_0} - \boldsymbol{f}_{S_0}) \tag{15-8}$$

其中 $\boldsymbol{f}_{D_0}$ 和 $\boldsymbol{f}_{S_0}$ 取决于本步开始时的速度和位移向量。由于每一步分析时都用到了质量矩阵的逆阵 $\boldsymbol{m}^{-1}$，因此应该在计算机程序中计算并贮存。

§15-4 逐步积分：线加速度法

上一节介绍的常平均加速度法是方便的和相对有效的非线性结构分析的方法。但是，正如第Ⅰ篇所述，对比数值试验证明，用任何指定的、不接近积分稳定性限制的步长，线加速度法能给出更好的结果。对于某些类型的结构，例如模拟为对平面反应每层只有一个自由度，或者对一般三维反应为三个自由度的多层建筑物，即使在最高阶振型反应中，对积分步长的这种限制都可能是无足轻重的。在这种情况下，建议使用上述方法的线加速度形式，即由下面线加速度等效项代替式(15-5)，式(15-6a,b)和式(16-7)：

$$\widetilde{\boldsymbol{k}}_d \Delta\boldsymbol{v}=\Delta\widetilde{\boldsymbol{p}}_d \tag{15-9}$$

$$\widetilde{\boldsymbol{k}}_d=\boldsymbol{k}_0+\frac{3}{h}c_0+\frac{6}{h^2}m \tag{15-10a}$$

$$\Delta\widetilde{\boldsymbol{p}}_d=\Delta\boldsymbol{p}+c_0\left[3\dot{\boldsymbol{v}}_0+\frac{h}{2}\ddot{\boldsymbol{v}}_0\right]+m\left[\frac{6}{h}\dot{\boldsymbol{v}}_0+3\ddot{\boldsymbol{v}}_0\right] \tag{15-10b}$$

$$\Delta\dot{\boldsymbol{v}}=\frac{3}{h}\Delta\boldsymbol{v}-3\dot{\boldsymbol{v}}_0-\frac{h}{2}\ddot{\boldsymbol{v}}_0 \tag{15-11}$$

为了避免用上述式子计算反应时的不稳定性，时间步长须由以下条件加以限制

$$h\leqslant\frac{1}{1.8}T_N \tag{15-12}$$

这里 T_N 是与系统特征问题相关的最高阶振型的振动周期(即最短周期)。

对于更一般的采用有限单元建模的结构，最高阶振型的周期与各单元的特性有关，在反应分析中用式(15-12)的结果可能需要使用非常短的时间步长。在这种情形中，对实际地震荷载或对甚至相对短时脉冲荷载的反应分析都涉及过高的计算工作量，因此有必要采用一个无条件稳定的积分方法来替代线加速度算法。当然，常加速度方法也可采用，但有一个更好的方法叫做 Wilson-θ 法[①]，它是上述线加速度方法的一种无条件稳定修正。

这种修正基于在一个延伸的计算步长内 $\tau=\theta h$，假定加速度是线性变化的。在图 15-2 中给出了这个假设的有关参数。在延伸的时间步长 τ 上用标准的线加速度法计算加速度增量 $\hat{\Delta}\ddot{v}$；按此结果，用内插法求得在常规步长 h 上的增量 $\Delta\ddot{v}$。当 $\theta=1$ 时，这个方法恢复为标准的线加速度法，但当 $\theta>1.37$ 时，它就变

① 加利福尼亚大学伯克利分校的 E. L. Wilson 提出。

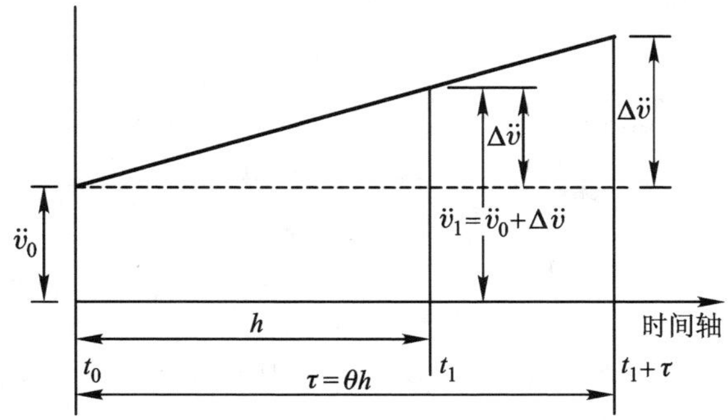

图 15－2　线性加速度；常规和延伸的时间步长

成了无条件稳定。

只要对延伸的时间步长 τ 重新写出线加速度法的基本关系式，就能导得这个分析方法的公式。因此，类似于图 7－6b 中的式(a)和式(b)，

$$\hat{\Delta}\dot{\boldsymbol{v}}=\ddot{\boldsymbol{v}}_0\tau+\hat{\Delta}\ddot{\boldsymbol{v}}\ \frac{\tau}{2} \tag{15-13a}$$

$$\hat{\Delta}\boldsymbol{v}=\dot{\boldsymbol{v}}_0\tau+\ddot{\boldsymbol{v}}_0\ \frac{\tau^2}{2}+\hat{\Delta}\ddot{\boldsymbol{v}}\ \frac{\tau^2}{6} \tag{15-13b}$$

其中，符号“ˆ”表明是与延伸的时间步长相应的增量。解式(15－13)得出用 $\hat{\Delta}\boldsymbol{v}$ 表示的 $\hat{\Delta}\ddot{\boldsymbol{v}}$ 和 $\hat{\Delta}\dot{\boldsymbol{v}}$，再代入运动方程就导得相当于方程(15－9)与式(15－10)的表达式，但按延伸的时间步长写出：

$$\hat{\boldsymbol{k}}\hat{\Delta}\boldsymbol{v}=\hat{\Delta}\boldsymbol{p} \tag{15-14}$$

这里

$$\hat{\boldsymbol{k}}=\boldsymbol{k}_0+\frac{3}{\tau}\boldsymbol{c}_0+\frac{6}{\tau^2}\boldsymbol{m} \tag{15-15a}$$

$$\hat{\Delta}\boldsymbol{p}=\Delta\boldsymbol{p}+\boldsymbol{c}_0\left[3\dot{\boldsymbol{v}}_0+\frac{\tau}{2}\ddot{\boldsymbol{v}}_0\right]+\boldsymbol{m}\left[\frac{6}{\tau}\dot{\boldsymbol{v}}_0+3\ddot{\boldsymbol{v}}_0\right] \tag{15-15b}$$

最后，求解拟静力方程(15－14)得 $\hat{\Delta}\boldsymbol{v}$，并代入到下面的式中[通过解式(15－13b)求得]，得到延伸的时间步内的加速度增量

$$\hat{\Delta}\ddot{\boldsymbol{v}}=\hat{\Delta}\boldsymbol{v}\ \frac{6}{\tau^2}-\dot{\boldsymbol{v}}_0\ \frac{6}{\tau}-3\ddot{\boldsymbol{v}}_0 \tag{15-16}$$

由此，按线性内插法能得到常规步长 h 的加速度增量①：

$$\Delta\ddot{\boldsymbol{v}}=\frac{1}{\boldsymbol{\Theta}}\hat{\Delta}\ddot{\boldsymbol{v}} \tag{15-17}$$

然后，按常规步长 h 写出像式(15－13)那样的表达式，给出对应的速度和位移增

① 下式中 $\boldsymbol{\Theta}$ 在第一版中为 θ，应该并非一个新变量。——译者

量向量。利用这些结果，即可像上述常平均加速度法那样，时间步进分析可正确地继续进行①。

§15-5 耦合多自由度体系的分析策略

局部非线性②

在本章前面各节中指出了逐步法的主要优点，即它们允许从理想化有限元而产生的耦合运动方程进行直接分析。对于这样的直接分析，即使这些方程是线性的、以至特征问题分析是适用的，也不需要在计算动力反应之前把系统简化为一系列单自由度体系方程。然而，虽然直接求解避免了振型坐标计算潜在的巨大消耗，但是作为可取的逐步分析方法，常要求甚至更大的计算工作量；因此，只有当用于反应分析的自由度数被减少到最少以后，才应采用这个方法。

如果大多数体系自由度上的力与体系位移是线性相关的，而非线性反应只与少数自由度有关，那么坐标缩减方法就会特别有效。在实际中可以认识到许多体系具有这样的局部非线性特征，包括固定在易屈服支承上的弹性结构以及桥墩，或者非固定在基础上的高耸贮液罐，可预想它在强地震激励下能发生倾覆或提离。这类体系的一个重要特征是，可以预知可能发生非线性位移的位置。这使得进行动力分析之前，容易通过静力凝聚消去纯线性反应自由度；要实施这个缩减方案，通常将结构理想化为子结构的组合体。对于这里所介绍的简单情况，假设只有两个子结构：一个为包括结构中所有可能呈现非线性特性部分的非线性区域，而第二个区域为结构体系余下的、其动力反应完全是线性的部分。

图 15-3 从概念上描述了这样的两部分组成的理想化结构体系。有关线性

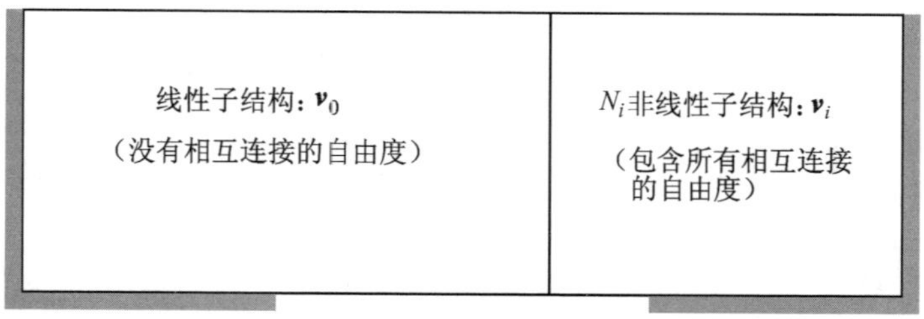

图 15-3 局部非线性自由度定义

① 需要指出的是，如果按照本书算法，在 θ 大于 1.37 时并不能保证无条件稳定。分析表明，当 $\theta \geqslant 1.5$ 时算法才是无条件稳定的。——译者

② R. W. Clough and E. L. Wilsion, "Dynamic Analysis of Large Structural Systems with Localized Nonlinearities", *Computer Method in Applied Mechanics and Engineering*. North Holland Publ. Co. Vol. 17/18. 1979, pp. 107-129.

子结构的自由度表示为 $\boldsymbol{v}_0$，它只包含线弹性区域内的结点，不包含任何在子结构边界处的结点。非线性子结构自由度表示为 $\boldsymbol{v}_i$，它包含了所有用来相互连接两个子结构边界的自由度，以及非线性子结构内部的所有自由度。这个理想化过程所进行的坐标缩减剔除了内部的弹性自由度；显然，如果线性自由度 $\boldsymbol{v}_0$ 的数目大大超过所保留的自由度 $\boldsymbol{v}_i$ 的数目，那么这个缩减最为有效。

在此所用的缩减方法源自运动方程(15-5)或(15-9)，该方程表示了拟静力平衡增量关系、且取决于采用的积分类型。为此，将任一方程表示为

$$\tilde{\boldsymbol{k}}\Delta\boldsymbol{v}=\Delta\tilde{\boldsymbol{p}} \tag{15-18}$$

其中由式(15-6)或式(15-10)给出等效刚度和增量荷载矩阵。为了列出静力凝聚公式，增量位移分成线性和非线性两组，$\Delta\boldsymbol{v}_0$ 和 $\Delta\boldsymbol{v}_i$，因此拟静力平衡关系[方程(15-18)]也作相应的划分

$$\begin{bmatrix}\tilde{\boldsymbol{k}}_{00} & \tilde{\boldsymbol{k}}_{0i}\\ \tilde{\boldsymbol{k}}_{i0} & \tilde{\boldsymbol{k}}_{ii}\end{bmatrix}\begin{bmatrix}\Delta\boldsymbol{v}_0\\ \Delta\boldsymbol{v}_i\end{bmatrix}=\begin{bmatrix}\widetilde{\Delta\boldsymbol{p}}_0\\ \widetilde{\Delta\boldsymbol{p}}_i\end{bmatrix} \tag{15-19}$$

然后，通过求解两个子矩阵方程的第一个，可得到静力约束关系，即

$$\Delta\boldsymbol{v}_0=\tilde{\boldsymbol{k}}_{00}^{-1}(\widetilde{\Delta\boldsymbol{p}}_0-\tilde{\boldsymbol{k}}_{0i}\Delta\boldsymbol{v}_i) \tag{15-20a}$$

将其代入第二个子矩阵方程，导得

$$\tilde{\boldsymbol{k}}_{i0}\tilde{\boldsymbol{k}}_{00}^{-1}(\widetilde{\Delta\boldsymbol{p}}_0-\tilde{\boldsymbol{k}}_{0i}\Delta\boldsymbol{v}_i)+\tilde{\boldsymbol{k}}_{ii}\Delta\boldsymbol{v}_i=\widetilde{\Delta\boldsymbol{p}}_i \tag{15-20b}$$

可以简化此式给出缩减的拟静力平衡方程

$$\tilde{\tilde{\boldsymbol{k}}}_i\Delta\boldsymbol{v}_i=\Delta\tilde{\tilde{\boldsymbol{p}}}_i \tag{15-21}$$

式中缩减的拟静力刚度是

$$\tilde{\tilde{\boldsymbol{k}}}_i=\tilde{\boldsymbol{k}}_{ii}-\tilde{\boldsymbol{k}}_{i0}\tilde{\boldsymbol{k}}_{00}^{-1}\tilde{\boldsymbol{k}}_{0i} \tag{15-21a}$$

而缩减的拟荷载增量为

$$\Delta\tilde{\tilde{\boldsymbol{p}}}_i=\Delta\tilde{\boldsymbol{p}}_i-\tilde{\boldsymbol{k}}_{i0}\tilde{\boldsymbol{k}}_{00}^{-1}\Delta\tilde{\boldsymbol{p}}_0 \tag{15-21b}$$

这里值得注意的是：当计算增量分析中的变刚度特性时，可以利用非线性局部化带来的全部优点，特别是线性子结构的刚度系数为常数的情况。

这个静力凝聚坐标缩减，如第 14 章 14-5 节说明的可以视为一种特殊的 Rayleigh-Ritz 坐标变换。因此，对比式(14-14)，缩减变换可写为

$$\Delta\boldsymbol{v}=\begin{bmatrix}\Delta\boldsymbol{v}_0\\ \Delta\boldsymbol{v}_i\end{bmatrix}=\boldsymbol{T}_s\Delta\boldsymbol{v}_i \tag{15-22a}$$

这里

$$\boldsymbol{T}_s\equiv\begin{bmatrix}-\boldsymbol{k}_{00}^{-1}\boldsymbol{k}_{0i}\\ \boldsymbol{I}\end{bmatrix} \tag{15-22b}$$

容易证明，可以通过对式(15-18)应用标准坐标变换，从而求得以上所示缩减的

拟静力刚度和拟荷载增量表达式(15－21)，进而导得

$$\widetilde{\boldsymbol{k}}_i=\boldsymbol{T}_s^{\mathrm{T}}\widetilde{\boldsymbol{k}}\boldsymbol{T}_s \tag{15－23a}$$

$$\Delta\widetilde{\widetilde{\boldsymbol{p}}}_i=\boldsymbol{T}_s^{\mathrm{T}}\widetilde{\Delta\boldsymbol{p}} \tag{15－23b}$$

然而，必须认识到静力凝聚法给出的假设 Ritz 形状(矩阵 $\boldsymbol{T}_s$)在结构动力分析中并不是非常有效，这是因为它们没有计入动力反应中的任何惯性效应①。但如果对坐标变换矩阵 $\boldsymbol{T}_s$ 增补一些表示这些惯性力的形状，就将得到更好的结果，其中一个便利的方法是用几个衍生 Ritz 向量表示内部位移。对于全部边界自由度被约束的线性子结构，可以用 14－8 节的方法计算这些衍生 Ritz 向量。通过选取的"n"个向量给出的位移，可表示为

$$\Delta\boldsymbol{v}_0=\boldsymbol{\Psi}_n\Delta\boldsymbol{Z}_n \tag{15－24a}$$

可将扩展的坐标变换写为

$$\Delta\boldsymbol{v}=\begin{bmatrix}\Delta\boldsymbol{v}_0\\ \Delta\boldsymbol{v}_i\end{bmatrix}=\boldsymbol{T}_{SZ}\Delta\boldsymbol{v}_{iZ} \tag{15－24b}$$

这里

$$\boldsymbol{T}_{SZ}\equiv\begin{bmatrix}\boldsymbol{\Psi}_n & (-\widetilde{\boldsymbol{k}}_{00}^{-1}\widetilde{\boldsymbol{k}}_{0i})\\ \boldsymbol{0} & \boldsymbol{I}\end{bmatrix} \tag{15－24c}$$

而

$$\Delta\boldsymbol{v}_{iZ}\equiv\begin{bmatrix}\Delta\boldsymbol{Z}_n\\ \Delta\boldsymbol{v}_i\end{bmatrix} \tag{15－24d}$$

显然，包含衍生 Ritz 向量坐标增加了动力反应分析中要考虑的自由度数。但是，由此变换得到的拟静力平衡方程

$$\widetilde{\widetilde{\boldsymbol{k}}}_{iZ}\boldsymbol{v}_{iZ}=\Delta\widetilde{\widetilde{\boldsymbol{p}}}_{iZ} \tag{15－25}$$

其中

$$\widetilde{\widetilde{\boldsymbol{k}}}_{iZ}\equiv\boldsymbol{T}_{SZ}^{\mathrm{T}}\widetilde{\boldsymbol{k}}\boldsymbol{T}_{SZ} \tag{15－25a}$$

且

$$\widetilde{\widetilde{\boldsymbol{p}}}_{iZ}\equiv\boldsymbol{T}_{SZ}^{\mathrm{T}}\Delta\widetilde{\boldsymbol{p}} \tag{15－25b}$$

所提供的逐步分析结果与用式(15－21)算得的结果相比，甚至只有两三个衍生 Ritz 向量加入到由式(15－24a)表示的增补自由度中，也能得以明显的改进。

作为虚拟力处理的耦合效应

在振型反应坐标耦合项不控制动力特性的情况下，可以应用另外一种不同

① 这一句话不好理解。拟静力平衡方程本质是一个动力方程，其等效刚度中包含有质量、刚度和阻尼，等效荷载中包含有质量与加速度等，只是根据逐步积分算法最后写成了静力平衡方程形式。因此，每步对拟静力平衡方程做静力凝聚，应该是考虑了动力反应中惯性效应的。——译者

的方法。用这个方法，贡献给耦合坐标的特性系数被转移到运动方程的右边，然后这些系数用于定义作用在结构上的虚拟力系。变换这些系数的目的是要在运动方程左边留下一组可用在标准振型叠加法中的特性矩阵，这就使得有可能利用这种方法的振型解耦合坐标截断的优点。

因而，求解留在运动方程左边的质量和刚度矩阵的特征问题，得到的振型形状用来把系数转移产生的运动方程变换成一组非耦合的振型方程。当然，这样做的结果强加了条件：只有比例形式的阻尼矩阵和常系数刚度与质量矩阵可以存留在运动方程的左边。因此，必须将阻尼矩阵中任何非比例成分，以及任何与非线性特征有关的刚度和质量的变化转移到运动方程的右边。这个消除振型坐标耦合的方法，其主要缺点是，转移到运动方程右边的虚拟力项是反应量的函数，所以只能通过迭代求解反应解答。然而，如果虚拟力项相对很小，那么它们对反应就只有次要影响，从而一般几次迭代就能取得一个满意的平衡状态。

在此，对于由刚度改变（非线性）引起的振型坐标耦合情况和非比例阻尼情况，分别地介绍这个虚拟力方法是方便的；其他情况可以做类似的处理，但这里的讨论不予涉及。在包含“右边”的这些分析中，为避免除迭代求解以外引起的误差，用分段精确法进行动力反应分析较为理想；因而，在迭代循环中采用一个适当的容许限度（一般简称为容限）就可以控制分析误差。相应的，选取分析中所用的时间步长，把荷载分解为一系列线性变化的分段荷载来近似代替作用荷载历程。这样，每一步分析只涉及线性变化的作用荷载和虚拟力引起的、针对每个振型的标准线性位移的计算，接着迭代直到左右两边的振型力在指定容限内达到平衡。

刚度改变—可以通过把刚度改变表示为对原线弹性刚度的偏差，也即与求振型时特征问题解答中所用刚度矩阵的偏差，来建立具有非线性结构抗力体系的分析公式。这些振型形状不变，说明虚拟力是全部非线性效应的原因。单自由度体系的力-位移关系图 15-4 从定性的意义上说明了这个概念。对于每个

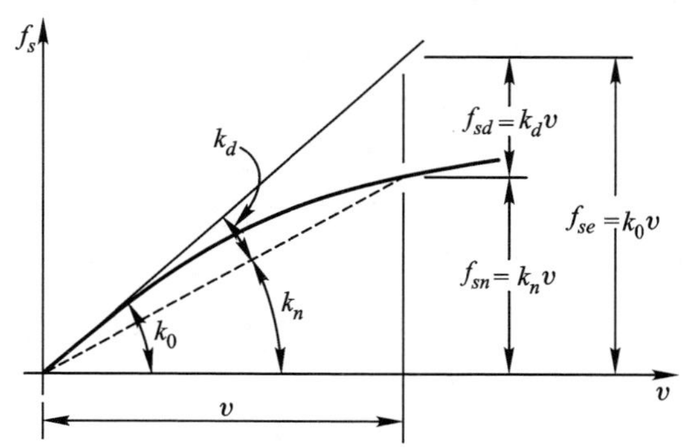

图 15-4　刚度和结构力的定义①

① 图中 k_0、k_n、k_d 所画夹角只是一种示意，表示这些夹角的正切是对应的刚度。——译者

结构刚度系数,都可以假设类似的关系。但是为了避免用下标区分各个反应成分时混淆,例如为了分别用下标“o”和“n”表示线性和非线性,这里省去了区分力和位移分量的下标(如图 15-1 所示的)。

在图 15-4 中,线弹性刚度由初始切线斜率 k_0 表示,而与位移 $\boldsymbol{v}$ 相关的非线性刚度由平均斜率 k_n 表示。采用这一记号后,此自由度的非线性结构抗力可以表示为

$$f_{sn}(t)=k_n v(t) \tag{15-26}$$

但是,为了应用虚拟力方法,必须用线弹性力的改变来表示这个非线性结构抗力,因此有

$$f_{sn}=f_{se}-f_{sd}$$

这里,f_{se} 和 f_{sd} 分别由线弹性刚度和此刚度的变化来表示(即 $f_{se}=k_0 v$ 和 $f_{sd}=k_d v$),从而给出认为比式(15-26)更好的非线性结构抗力表达式

$$f_{sn}(t)=(k_0-k_d)v(t) \tag{15-27}$$

将此概念拓展到多自由度体系,则由等效矩阵表达式给出非线性结构抗力向量为

$$\boldsymbol{f}_{sn}(t)=[\boldsymbol{k}_0-\boldsymbol{k}_d]\boldsymbol{v}(t) \tag{15-28}$$

进而用此式可以把非线性运动方程表示为

$$\boldsymbol{m}\ddot{\boldsymbol{v}}(t)+\boldsymbol{c}\dot{\boldsymbol{v}}(t)+[\boldsymbol{k}_0-\boldsymbol{k}_d]\boldsymbol{v}(t)=\boldsymbol{p}(t)$$

但如果把非线性的抗力改变项移到右边,则运动方程成为

$$\boldsymbol{m}\ddot{\boldsymbol{v}}(t)+\boldsymbol{c}\dot{\boldsymbol{v}}(t)+\boldsymbol{k}_0\boldsymbol{v}(t)=\boldsymbol{p}(t)+\boldsymbol{k}_d\boldsymbol{v}(t) \tag{15-29}$$

其中,方程左边是标准的线性反应表达式,而非线性抗力的改变作为方程右边的虚拟力项。刚度矩阵 $\boldsymbol{k}_d$ 的变化典型的是位移 $\boldsymbol{v}$ 的函数。实际上,通常由结构组成材料规定的应力-应变关系,并应用有限元模型公式中的应变-位移变换来计算刚度矩阵 $\boldsymbol{k}_d$ 的改变。

在反应的直接非线性逐步分析中,可以使用式(15-29)。但是,为了减少需由迭代计算的数量,首先用截断一组振型坐标把方程进行变换更为有效。这样,通过使用标准振型坐标变换 $\boldsymbol{v}(t)=\boldsymbol{\Phi}\boldsymbol{Y}(t)$,式(15-29)成为一组振型方程:

$$\boldsymbol{M}\ddot{\boldsymbol{Y}}(t)+\boldsymbol{C}\dot{\boldsymbol{Y}}(t)+\boldsymbol{K}\boldsymbol{Y}(t)=\boldsymbol{P}(t)+\boldsymbol{F}_{sd}(t) \tag{15-30}$$

如果体系为比例阻尼体系,则这些置于左边的方程是非耦合的。进而,如果振型坐标按通常方式规格化,则 $\boldsymbol{M}$ 成为单位矩阵,$\boldsymbol{C}$ 是各项为 $2\xi_n\omega_n$ 的对角阵列,$\boldsymbol{K}$ 是振型频率平方的对角阵列。式(15-30)右边的力向量包括通常的振型力 $P_n(t)=\boldsymbol{\phi}_n^{\mathrm{T}}\boldsymbol{p}(t)$ 和相应的振型虚拟力:

$$F_{sd_n}(t)=\boldsymbol{\phi}_n^{\mathrm{T}}\boldsymbol{k}_d\boldsymbol{\Phi}\boldsymbol{Y}(t) \tag{15-31}$$

此式包含的振型 $\boldsymbol{\Phi}$ 是由原弹性刚度矩阵 $\boldsymbol{k}_0$ 求得的,所以这些振型相对于刚度矩阵 $\boldsymbol{k}_d$ 的改变并不正交。因此,刚度矩阵的振型改变 $\boldsymbol{K}_d=\boldsymbol{\Phi}^{\mathrm{T}}\boldsymbol{k}_d\boldsymbol{\Phi}$ 包括振型耦合系数 $K_{d_{np}}=\boldsymbol{\phi}_n^{\mathrm{T}}\boldsymbol{k}_d\boldsymbol{\phi}_p$,从而振型虚拟力可能为所有振型位移的函数,即有

$$F_{sd_n}(t)=\sum_{p=1}^{m} K_{d_{np}} Y_p(t) \tag{15-32}$$

把所有以上说明的量代入式(15－30)，每一振型的运动方程最终所取形式为

$$\ddot{Y}_n(t)+2\xi_n\omega_n\dot{Y}_n(t)+\omega_n^2 Y_n(t)=\boldsymbol{\phi}_n^{\mathrm{T}}\boldsymbol{p}(t)+\sum_{p=1}^{m} K_{d_{np}} Y_p(t) \tag{15-33}$$

其中，须由迭代使方程两边得以平衡。对于任一“n”振型和任一时间步，第“k”轮迭代的平衡表达式可以写为

$$\ddot{Y}_n^{(k)}+2\xi_n\omega_n\dot{Y}_n^{(k)}+\omega_n^2 Y_n^{(k)}=\boldsymbol{\phi}_n^{\mathrm{T}}\boldsymbol{p}+\sum_{p=1}^{m} K_{d_{np}} Y_p^{(k-1)} \tag{15-34}$$

其中没有表示对时间的函数关系，以免与迭代轮次记号“k”混淆。

每一轮迭代期间，要用分段精确法对方程进行积分以求得在时间步结束时的振型位移和速度。为此，如同 7－2 节所述，必须在时间步内把振型作用荷载 $P_n(t)$ 和振型虚拟力 $F_{sd_n}(t)$ 表示为线性变化；当然，这也含有假设振型位移 $Y_n(t)$ 在时间步内线性变化的意思。当由式(15－33)所指的力平衡收敛于所期望的容限水平的时候，每一时间步的迭代终止。

非比例阻尼①—按非常类似的方式，能把虚拟力概念用来计算非比例阻尼体系分析中的耦合效应。在这种情况下的关键一步是：把阻尼矩阵分成一个比例分量加上一个非比例分量；比例分量通过振型坐标变换解耦，而非比例分量移到运动方程右边，并以虚拟力表示它的效应。

为此，假设用 12－5 节所介绍的方法或其他方法构建了一个适当的非比例粘滞阻尼矩阵 $\boldsymbol{C}$ 来表示体系的实际阻尼机制。把振型坐标变换应用到这个阻尼矩阵上，然后导出振型阻尼矩阵 $\boldsymbol{C}=\boldsymbol{\Phi}^{\mathrm{T}}\boldsymbol{c}\boldsymbol{\Phi}$，其中对角元素

$$C_{nn}\equiv\boldsymbol{\phi}_n^{\mathrm{T}}\boldsymbol{c}\,\boldsymbol{\phi}_n\equiv 2\xi_n\omega_n$$

表示比例阻尼贡献，而非对角元素

$$C_{np}\equiv\boldsymbol{\phi}_n^{\mathrm{T}}\boldsymbol{c}\,\boldsymbol{\phi}_p \qquad (=0,n=p)$$

表示非比例阻尼效应。这些非对角系数表示振型之间的阻尼耦合，并处理为作用在运动方程右边的虚拟力。必须注意，对角振型阻尼系数 C_{nn} 对这些虚拟力没有贡献。

类似于式(15－33)的推导，显然非比例阻尼情况的振型运动方程可以表示如下：

$$\ddot{Y}_n(t)+2\xi_n\omega_n\dot{Y}_n(t)+\omega_n^2 Y_n(t)=\boldsymbol{\phi}_n^{\mathrm{T}}\boldsymbol{p}(t)+\sum_{p=1}^{m} C_{np}\dot{Y}_p(t) \tag{15-35}$$

其中要注意 $C_{nn}=0$。按照上述的非线性反应分析方法，此方程须逐一振型求

① A. Ibrahimbegovic and E. L. Wilson, “Simple Numerical Algorithm for the Mode Superposition Analysis of Linear Structural Systems with Non Proportional Damping”, Computers and Structures, Vol. 33, 1989, pp. 523－533.

解，并且每一时间步都要迭代到力平衡。使用分段精确分析，振型阻尼虚拟力 $F_{dn}(t)=\sum_{p=1}^{m}C_{np}\dot{Y}_n(t)$ 必须假设为：在时间步内与振型荷载 $P_n(t)$ 共同发生线性变化；当然，这也含有假设振型速度 $\dot{Y}_n(t)$ 在时间步内线性变化的意思。

第 16 章　运动方程的变分形式

§16－1　广 义 坐 标

本书已多次强调用广义坐标描述动力体系反应，胜于仅仅用结构上表示离散点位移表达的重大优越性。为此，已考虑过各种广义坐标的形式。对依赖于结构几何形状、复杂性及所用坐标形式的结构为了便于建立运动方程，也指出过一些可用的不同方法。然而至今在处理多自由度结构中还只是使用了直接平衡法和虚功方法。本章的目的是叙述和举例说明用变分法建立多自由度体系的运动方程。

阐述多自由度的变分方法时广泛地应用了广义坐标，在研究这个问题时需要对广义坐标的概念有一个准确的定义，不要去沿用能够满足目前要求而不十分严密的术语。对一个具有 N 个自由度体系的广义坐标，在这里被定义为任意一组 N 个独立的量，它们完全指定系统内全部点的位置。广义坐标是完全独立的，不得以任何方式通过体系上的几何约束相关连。

图 16－1 所示的经典双摆可以用坐标 x_1, y_1, x_2 和 y_2 给定两个质量 m_1 和 m_2 的位置。但这些坐标必须满足两个几何约束条件，也即

$$
\begin{aligned}
&x_1^2+y_1^2-L_1^2=0\\
&(x_2-x_1)^2+(y_2-y_1)^2-L_2^2=0
\end{aligned}
\qquad (16-1)
$$

由于这些约束条件，x_1, y_1, x_2 和 y_2 不是独立的，所以不能作为广义坐标。

另一方面，假定取 θ_1 和 θ_2 为坐标来确定质量 m_1 和 m_2 的位置。显然其中一个坐标保持不变时，另一个是可以改变的，所以它们可以看成是完全独立的，而且是一组合适的广义坐标。

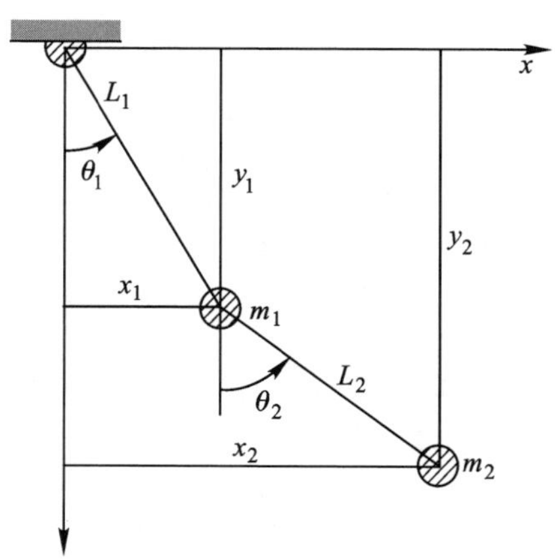

图 16－1　以铰连接的双摆

§16-2　Hamilton 原理

为建立动力学的变分表述，考虑图 16-2 所示的质点 m，它在外力向量 $\boldsymbol{F}(t)$ 作用下沿所示真实路径运动，在 t_1 时刻离开点 1，在 t_2 时刻到达点 2。应注意，这个力 $\boldsymbol{F}(t)$包括外作用力 $p(t)$、结构抗力 $f_s(t)$和阻尼力 $f_D(t)$的组合效应；根据 d'Alembert 原理它由惯性力 $f_I(t)$来平衡。在时刻 t，如果质点经受合成虚位移 $\delta r(t)$，那么包括惯性力在内的所有力的虚功一定等于零，可表示为

$$[F_x(t)-m\ddot{x}(t)]\delta x(t)+[F_y(t)-m\ddot{y}(t)]\delta y(t)+[F_z(t)-m\ddot{z}(t)]\delta z(t)=0 \tag{16-2}$$

重新整理各项并对此方程从 t_1 到 t_2 积分，则给出

$$\int_{t_1}^{t_2}-m[\ddot{x}(t)\delta x(t)+\ddot{y}(t)\delta y(t)+\ddot{z}(t)\delta z(t)]\mathrm{d}t+$$
$$\int_{t_1}^{t_2}[F_x(t)\delta x(t)+F_y(t)\delta y(t)+F_z(t)\delta z(t)]\mathrm{d}t=0 \tag{16-3}$$

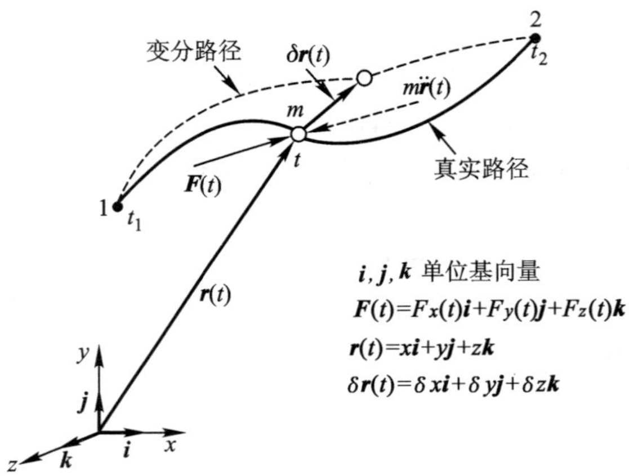

图 16-2　质点 m 的真实路径和变分路径

对第一个积分式(I_1)进行分部积分，并认识到在这个变分路径的首、尾虚位移一定为零，即 $\delta\boldsymbol{r}(t_1)$和 $\delta\boldsymbol{r}(t_2)$等于零，则得到

$$\begin{aligned}I_1&=\int_{t_1}^{t_2}m[\dot{x}(t)\delta\dot{x}(t)+\dot{y}(t)\delta\dot{y}(t)+\dot{z}(t)\delta\dot{z}(t)]\mathrm{d}t\\&=\int_{t_1}^{t_2}\delta T(t)\mathrm{d}t=\delta\int_{t_1}^{t_2}T(t)\mathrm{d}t\end{aligned} \tag{16-4}$$

其中 $T(t)$是质点的动能，即

$$T(t)=\frac{1}{2}m[\dot{x}(t)^2+\dot{y}(t)^2+\dot{z}(t)^2] \tag{16-5}$$

此时，将力向量 $\boldsymbol{F}(t)$ 分成保守的和非保守的分量有助于这里的讨论，如下所示：

$$\boldsymbol{F}(t)=\boldsymbol{F}_c(t)+\boldsymbol{F}_{nc}(t) \tag{16-6}$$

然后，定义保守力向量 $\boldsymbol{F}_c(t)$ 的一个势能函数 $V(x,y,z,t)$，根据定义，必须满足分量关系

$$\frac{\partial V(x,y,z,t)}{\partial x}=-F_{x,c}(t);\quad \frac{\partial V(x,y,z,t)}{\partial y}=-F_{y,c}(t);$$

$$\frac{\partial V(x,y,z,t)}{\partial z}=-F_{z,c}(t) \tag{16-7}$$

利用式(16-6)和式(16-7)，则式(16-3)中的第二积分式(I_2)为

$$I_2=\int_{t_1}^{t_2}-\delta V(x,y,z,t)\mathrm{d}t+\int_{t_1}^{t_2}\delta W_{nc}(t)\mathrm{d}t \tag{16-8}$$

式中 $W_{nc}(t)$ 等于向量 $\boldsymbol{F}_{nc}(t)$ 中各非保守力所作的虚功。利用式(16-4)和式(16-8)，则方程(16-3)可以表示为如下形式

$$\int_{t_1}^{t_2}\delta[T(t)-V(t)]\mathrm{d}t+\int_{t_1}^{t_2}\delta W_{nc}(t)\mathrm{d}t=0 \tag{16-9}$$

如果以量 $T(t)$，$V(t)$ 和 $W_{nc}(t)$ 表示整个系统中所有质点这种类型方程的和，显然方程(16-9)对任何线性或非线性复杂系统仍然是有效的。

方程(16-9)就是众所周知动力学的 Hamilton 变分表述，它表示动能、势能之差和非保守力所作的功对任意 t_1 到 t_2 时间间隔的时间变分等于零。用这个原理可直接导出对于任一给定体系的运动方程。

上面的变分法不同于以前所用的虚功法之处在于：非显含外荷载及惯性和弹性力，而是分别利用了动、势能项的变分来代替。因此，变分法具有只计算纯标量能量的优点，而在虚功法中，即使功本身是标量，但是用来表示相应位移和力效应的量在性质上都是矢量。

值得注意的是 Hamilton 方程还能应用于静力学问题。在这种情况下，动能项 T 消失了，式(16-8)被积函数中存留的项不再随时间变化；Hamilton 方程简化为

$$\delta(V-W_{nc})=0 \tag{16-10}$$

即著名的广泛应用于静力分析的最小势能原理。

§16-3　Lagrange 运动方程

只要用一组广义坐标 $q_1,q_2,\cdots,q_N$ 表示总动能 T、总势能 V 和总的虚功 δW_{nc}，就可以从动力学的变分形式，即 Hamilton 原理[方程(16-9)]，直接推导出 N 自由度体系的运动方程。

大多数机械或结构体系的动能可以用广义坐标和它们的一次导数表示，势能可以单独用广义坐标表示。此外非保守力在广义坐标的一组任意变分所引起的虚位移上所做的虚功可以表为这些变分的线性函数。上述三点用数学形式可表示如下：

$$T=T(q_1,q_2,\cdots,q_N,\dot{q}_1,\dot{q}_2,\cdots,\dot{q}_N) \tag{16-11a}$$

$$V=V(q_1,q_2,\cdots,q_N) \tag{16-11b}$$

$$\delta W_{nc}=Q_1\delta q_1+Q_2\delta q_2+\cdots+Q_N\delta q_N \tag{16-11c}$$

这里系数 $Q_1,Q_2,\cdots,Q_N$ 分别是对应于坐标 $q_1,q_2,\cdots,q_N$ 的广义力函数。

把式(16－11)代入方程(16－9)中，并完成第一项的变分，给出

$$\int_{t_1}^{t_2}\left(\frac{\partial T}{\partial q_1}\delta q_1+\frac{\partial T}{\partial q_2}\delta q_2+\cdots+\frac{\partial T}{\partial q_N}\delta q_N+\frac{\partial T}{\partial \dot{q}_1}\delta\dot{q}_1+\frac{\partial T}{\partial \dot{q}_2}\delta\dot{q}_2+\cdots+\frac{\partial T}{\partial \dot{q}_N}\delta\dot{q}_N-\right.$$
$$\left.\frac{\partial V}{\partial q_1}\delta q_1-\frac{\partial V}{\partial q_2}\delta q_2\cdots-\frac{\partial V}{\partial q_N}\delta q_N+Q_1\delta q_1+Q_2\delta q_2+\cdots+Q_N\delta q_N\right)\mathrm{d}t=0 \tag{16-12}$$

对式(16－12)中与速度有关的项分部积分，导得

$$\int_{t_1}^{t_2}\frac{\partial T}{\partial \dot{q}_i}\delta\dot{q}_i\,\mathrm{d}t=\left(\frac{\partial T}{\partial \dot{q}_i}\delta q_i\right)_{t_1}^{t_2}-\int_{t_1}^{t_2}\frac{\mathrm{d}}{\mathrm{d}t}\left(\frac{\partial T}{\partial \dot{q}_i}\right)\delta q_i\,\mathrm{d}t \tag{16-13}$$

由于 $\delta q_i(t_1)=\delta q_i(t_2)=0$ 是预加在变分上的基本条件，所以各个坐标式(16－13)右边的第一项均等于零。把式(16－13)代入式(16－12)，重新整理后给出：

$$\int_{t_1}^{t_2}\left\{\sum_{i=1}^{N}\left[-\frac{\mathrm{d}}{\mathrm{d}t}\left(\frac{\partial T}{\partial \dot{q}_i}\right)+\frac{\partial T}{\partial q_i}-\frac{\partial V}{\partial q_i}+Q_i\right]\delta q_i\right\}\mathrm{d}t=0 \tag{16-14}$$

由于所有变分 $\delta q_i(i=1,2,\cdots,N)$ 都是任意的，只有当方括号内的项为零时，式(16－14)才能始终满足，即

$$\frac{\mathrm{d}}{\mathrm{d}t}\left(\frac{\partial T}{\partial \dot{q}_i}\right)-\frac{\partial T}{\partial q_i}+\frac{\partial V}{\partial q_i}=Q_i \tag{16-15}$$

等式(16－15)就是众所周知的 Lagrange 运动方程，它在科学和工程的各个领域中获得了广泛的应用。

初学结构动力学的学生应该特别注意，Lagrange 方程是在特定条件下应用 Hamilton 变分原理的一个直接结果，这个条件就是能量和功可以用广义坐标及它们对时间的导数和变分表示，如式(16－11)所示。因此 Lagrange 方程适用于满足这些限制的所有体系，而且它们可以是线性的，也可以是非线性的。下面的一些例子表明了 Lagrange 方程在结构动力分析中的应用。

例题 E16－1 考虑图 16－1 所示自由振动条件下的双摆。用一组广义坐标 $q_1\equiv\theta_1$ 和 $q_2\equiv\theta_2$ 表示沿着 x 和 y 坐标的位置及它们对时间的一阶导数如下：

$$x_1=L_1\sin q_1 \qquad \dot{x}_1=L_1\dot{q}_1\cos q_1$$

$$y_1=L_1\cos q_1 \qquad \dot{y}_1=-L_1\dot{q}_1\sin q_1$$

$$x_2=L_1\sin q_1+L_2\sin q_2 \qquad \dot{x}_2=L_1\dot{q}_1\cos q_1+L_2\dot{q}_2\cos q_2$$

$$y_2=L_1\cos q_1+L_2\cos q_2 \qquad \dot{y}_2=-L_1\dot{q}_1\sin q_1-L_2\dot{q}_2\sin q_2 \tag{a}$$

把上面的速度表达式代入到动能的基本表达式中，即

$$T=\frac{1}{2}m_1(\dot{x}_1^2+\dot{y}_1^2)+\frac{1}{2}m_2(\dot{x}_2^2+\dot{y}_2^2) \tag{b}$$

给出

$$T=\frac{1}{2}m_1L_1^2\dot{q}_1^2+\frac{1}{2}m_2[L_1^2\dot{q}_1^2+L_2^2\dot{q}_2^2+2L_1L_2\dot{q}_1\dot{q}_2\cos(q_2-q_1)] \tag{c}$$

图 16－1 的双摆只存在由重力引起的势能。若假定 $q_1=q_2=0$ 时势能为零，则势能的关系式是

$$V=(m_1+m_2)gL_1(1-\cos q_1)+m_2gL_2(1-\cos q_2) \tag{d}$$

这里 g 是重力加速度。当然，在这个体系上没有非保守力作用，因此广义力函数 Q_1 和 Q_2 都等于零。

把式(c)和式(d)代入 Lagrange 方程(16－15)，分别令 $i=1$ 和 $i=2$，给出两个运动方程

$$\begin{aligned}&(m_1+m_2)L_1^2\ddot{q}_1+m_2L_1L_2\ddot{q}_2\cos(q_2-q_1)-m_2L_1L_2\dot{q}_2^2\sin(q_2-q_1)+\\&(m_1+m_2)gL_1\sin q_1=0\\&m_2L_2^2\ddot{q}_2+m_2L_1L_2\ddot{q}_1\cos(q_2-q_1)+m_2L_1L_2\dot{q}_1^2\sin(q_2-q_1)+m_2gL_2\sin q_2=0\end{aligned} \tag{e}$$

在大幅振荡时这些方程是高度非线性的；然而在小幅振荡时方程(e)能简化成线性形式

$$\begin{aligned}&(m_1+m_2)L_1^2\ddot{q}_1+m_2L_1L_2\ddot{q}_2+(m_1+m_2)gL_1q_1=0\\&m_2L_1L_2\ddot{q}_1+m_2L_2^2\ddot{q}_2+m_2gL_2q_2=0\end{aligned} \tag{f}$$

用任何一种标准特征问题分析方法，例如行列式求解方法，都能够容易地从线性化的运动方程求得小振幅的振型和频率。

例题 E16－2　假定一根长度为 L、总质量为 m 的等截面刚性杆，由一个弹性的无质量弯曲弹簧支承，并且承受均匀分布的、随时间变化的外荷载作用，如图 E16－1 所示。如果取点 1 和点 2 从其静力平衡位置向下的竖向挠度作为广义坐标 q_1 和 q_2，可从 Lagrange 方程得到小挠度理论的控制运动方程。

刚性杆的总动能等于它平动及转动动能之和，即

$$T=\frac{1}{2}m\left(\frac{\dot{q}_1+\dot{q}_2}{2}\right)^2+\frac{1}{2}\frac{mL^2}{12}\left(\frac{\dot{q}_1-\dot{q}_2}{L}\right)^2 \tag{a}$$

或

$$T=\frac{m}{6}(\dot{q}_1^2+\dot{q}_1\dot{q}_2+\dot{q}_2^2)$$

由于 q_1 和 q_2 是从静力平衡位置起算的位移，如果体系的势能只是从弯曲弹簧中所贮存的应变能算得，则重力可以忽略不计，其中的这种应变能用刚度影响系

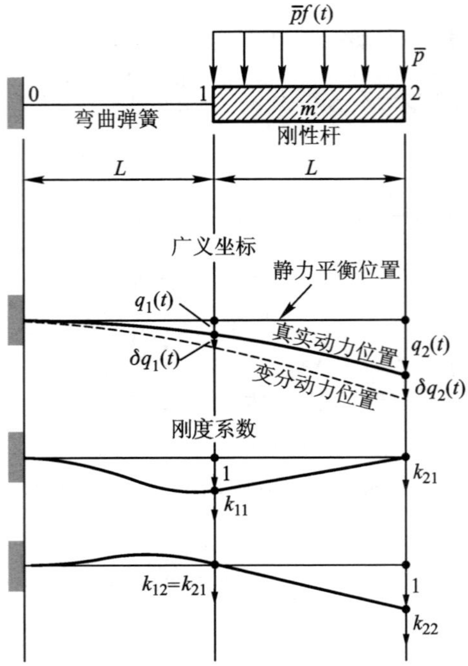

图 E16－1　由无质量弯曲弹簧支承的刚性杆

数(图 E16－1 中定义)表示时,势能变成

$$V=\frac{1}{2}(k_{11}q_1^2+2k_{12}q_1q_2+k_{22}q_2^2) \tag{b}$$

非保守荷载 $\bar{p}f(t)$ 在任意变分 $\delta q_1(t)$ 和 $\delta q_2(t)$ 产生的虚位移上所作的虚功为

$$\delta W_{nc}=\frac{\bar{p}Lf(t)}{2}(\delta q_1+\delta q_2) \tag{c}$$

把式(c)与式(16－11c)比较,很清楚

$$Q_1(t)=Q_2(t)=\frac{\bar{p}L}{2}f(t) \tag{d}$$

把式(a)、式(b)和式(d)代入 Lagrange 方程(16－15),给出这个结构的线性运动方程:

$$\begin{aligned}\frac{m}{6}(2\ddot{q}_1+\ddot{q}_2)+k_{11}q_1+k_{12}q_2&=\frac{\bar{p}L}{2}f(t)\\ \frac{m}{6}(\ddot{q}_1+2\ddot{q}_2)+k_{12}q_1+k_{22}q_2&=\frac{\bar{p}L}{2}f(t)\end{aligned} \tag{e}$$

例题 E16－3　如图 E16－2 所示,三根长度为 L、质量为 m 的等截面刚性杆,在点 1 和点 2 处为铰接,点 3 处用滚轴,点 0 处用铰支承。在点 1 和点 2 处装有连接相邻杆件的抵抗弯矩的集中弹簧和粘滞转动缓冲器,它们的特性常

数分别为 k_1、c_1 和 k_2、c_2，在点 3 处作用一个不变的轴向力 N。如果体系由于施加的侧向荷载 $p_1(t)$及在 0 端的微小竖向支座运动 $v_0(t)$而激起振动，可以从 Lagrange 方程直接推导出基于小挠度理论的控制运动力程。

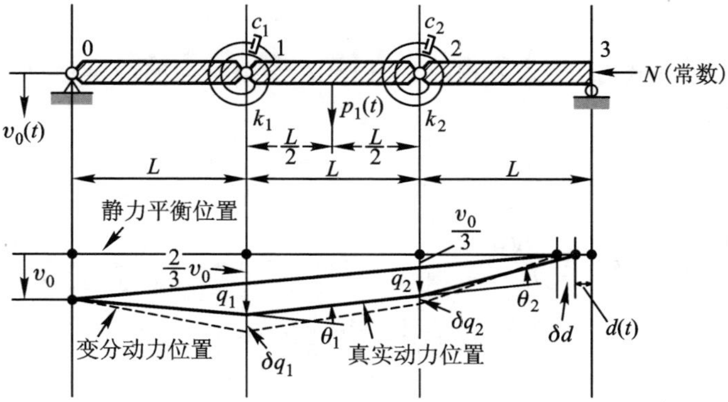

图 E16－2　带有转动弹簧和缓冲器的两个自由度刚性杆组合体

三杆的动能是

$$T=\frac{m}{6}(3\dot{v}_0^2+2\dot{q}_1^2+2\dot{q}_2^2+4\dot{v}_0\dot{q}_1+2\dot{v}_0\dot{q}_2+\dot{q}_1\dot{q}_2) \tag{a}$$

由于竖向结点位移而引起的点 3 向左移动是：

$$d=\frac{1}{L}\left(\frac{v_0^2}{6}+q_1^2+q_2^2-q_1q_2\right) \tag{b}$$

连接点 1 和 2 处杆的相对转角和它们的变分为：

$$\theta_1=\frac{1}{L}(2q_1-q_2)\qquad \delta\theta_1=\frac{1}{L}(2\delta q_1-\delta q_2) \tag{c}$$

$$\theta_2=\frac{1}{L}(2q_2-q_1)\qquad \delta\theta_2=\frac{1}{L}(2\delta q_2-\delta q_1) \tag{d}$$

因此弹簧和轴向力 N 的势能是

$$V=\left[\frac{1}{2L^2}(4k_1+k_2)-\frac{N}{L}\right]q_1^2+\left[\frac{1}{2L^2}(k_1+4k_2)-\frac{N}{L}\right]q_2^2+\left[\frac{1}{2L^2}(-4k_1-4k_2)+\frac{N}{L}\right]q_1q_2-\frac{Nv_0^2}{6L} \tag{e}$$

非保守力所作的虚功是

$$\delta W_{nc}=\frac{1}{2}p_1(t)(\delta q_1+\delta q_2)-c_1\dot{\theta}_1\delta\theta_1-c_2\dot{\theta}_2\delta\theta_2$$

或

$$\delta W_{nc}=\left[\frac{p_1}{2}-\frac{2c_1}{L^2}(2\dot{q}_1-\dot{q}_2)+\frac{c_2}{L^2}(2\dot{q}_2-\dot{q}_1)\right]\delta q_1+\left[\frac{p_1}{2}+\frac{c_1}{L^2}(2\dot{q}_1-\dot{q}_2)-\frac{2c_2}{L^2}(2\dot{q}_2-\dot{q}_1)\right]\delta q_2 \tag{f}$$

由此可见广义力是

$$Q_1=\frac{p_1}{2}-\frac{2c_1}{L^2}(2\dot{q}_1-\dot{q}_2)+\frac{c_2}{L^2}(2\dot{q}_2-\dot{q}_1)$$
$$Q_2=\frac{p_1}{2}-\frac{c_1}{L^2}(2\dot{q}_1-\dot{q}_2)-\frac{2c_2}{L^2}(2\dot{q}_2-\dot{q}_1) \tag{g}$$

把式(a)、式(e)和式(g)代入方程(16-15)中，给出下面的两个运动方程，由此可算出动力反应：

$$\frac{2}{3}m\ddot{q}_1+\frac{m}{6}\ddot{q}_2+\left(\frac{4c_1}{L^2}+\frac{c_2}{L^2}\right)\dot{q}_1+\left(-\frac{2c_1}{L^2}-\frac{2c_2}{L^2}\right)\dot{q}_2+$$
$$\left[\frac{1}{L^2}(4k_1+k_2)-\frac{2N}{L}\right]q_1+\left[\frac{1}{2L^2}(-4k_1-4k_2)+\frac{N}{L}\right]q_2=\frac{p_1}{2}-\frac{m}{3}\ddot{v}_0 \tag{h}$$

$$\frac{m}{6}\ddot{q}_1+\frac{2m}{3}\ddot{q}_2+\left(-\frac{2c_1}{L^2}-\frac{2c_2}{L^2}\right)\dot{q}_1+\left(\frac{c_1}{L^2}+\frac{4c_2}{L^2}\right)\dot{q}_2+$$
$$\left[\frac{1}{2L^2}(-4k_1-4k_2)+\frac{N}{L}\right]q_1+\left[\frac{1}{L^2}(k_1+4k_2)-\frac{2N}{L}\right]q_2=\frac{p_1}{2}-\frac{m}{3}\ddot{v}_0 \tag{i}$$

令加速度和速度为零，并撤去体系中的激励源 $p_1(t)$ 和 $v_0(t)$，式(h)和式(i)转化为静力平衡条件

$$\left[\frac{1}{L^2}(4k_1+k_2)-\frac{2N}{L}\right]q_1+\left[\frac{1}{2L^2}(-4k_1-4k_2)+\frac{N}{L}\right]q_2=0$$
$$\left[\frac{1}{2L^2}(-4k_1-4k_2)+\frac{N}{L}\right]q_1+\left[\frac{1}{L^2}(k_1+4k_2)-\frac{2N}{L}\right]q_2=0 \tag{j}$$

现在，在轴向力 N 作用下只有当结构屈曲时，式(j)才可能有非平凡解，这意味着系数矩阵的行列式是零，即

$$\begin{Vmatrix} \frac{1}{L^2}(4k_1+k_2)-\frac{2N}{L} & \frac{1}{2L^2}(-4k_1-4k_2)+\frac{N}{L} \\ \frac{1}{2L^2}(-4k_1-4k_2)+\frac{N}{L} & \frac{1}{L^2}(k_1+4k_2)-\frac{2N}{L} \end{Vmatrix}=0 \tag{k}$$

展开式(k)中的行列式，解得 N 为

$$N_{cr}=-\frac{3}{2L}(k_1-k_2)\pm\sqrt{\frac{1}{12L^2}(13k_1^2-118k_1k_2+13k_2^2)} \tag{l}$$

式(l)给出对应于第一和第二屈曲形式的两个 N_{cr} 值。把这两个临界荷载分别代入式(k)中的任一个，并用一个广义坐标求解另一个，就得到两种失稳的形状。

§16-4　线性体系普遍运动方程的推导

从前面三个例子中显而易见，承受小幅振荡的线性工程体系的动能和势能

可以表示成二次型：

$$T=\frac{1}{2}\sum_{j=1}^{N}\sum_{i=1}^{N}m_{ij}\dot{q}_i\dot{q}_j=\frac{1}{2}\dot{\boldsymbol{q}}^{\mathrm{T}}\boldsymbol{m}\dot{\boldsymbol{q}} \tag{16-16}$$

$$V=\frac{1}{2}\sum_{j=1}^{N}\sum_{i=1}^{N}k_{ij}q_iq_j=\frac{1}{2}\boldsymbol{q}^{\mathrm{T}}\boldsymbol{k}\boldsymbol{q} \tag{16-17}$$

这里 N 是体系的自由度数。对于这种体系，方程(16－15)的第二项，即：$\partial T/\partial q_i$ $(i=1,2,\cdots,N)$等于零，它使 Lagrange 方程简化成

$$\frac{\partial}{\partial t}\left(\frac{\partial T}{\partial \dot{q}_i}\right)+\frac{\partial V}{\partial q_i}=Q_i \qquad i=1,2,\cdots,N \tag{16-18}$$

的形式。把式(16－16)和式(16－17)代入到方程(16－18)中，当换成矩阵形式时，Lagrange 运动方程变成

$$\boldsymbol{m}\ddot{\boldsymbol{q}}+\boldsymbol{k}\boldsymbol{q}=\boldsymbol{Q} \tag{16-19}$$

它类似于以前用虚功推出的离散坐标方程。然而，必须记住：这里**包括阻尼力**在内的**全部**非保守力都包含在广义力函数 $Q_1,Q_2,\cdots,Q_N$ 里了。

现在考虑离散化问题，即用有限数目的坐标来近似无限自由度体系。例如，一个弯曲构件的侧向挠度 $v(x,t)$能用关系式

$$v(x,t)\doteq q_1(t)\psi_1(x)+q_2(t)\psi_2(x)+\cdots+q_N(t)\psi_N(x) \tag{16-20}$$

近似表示，式中 $q_i(i=1,2,\cdots,N)$是广义坐标，$\psi_i(i=1,2,\cdots,N)$是满足构件给定几何边界条件、假定的无量纲形状函数。

若 $m(x)$是构件单位长度的质量，动能(忽略转动惯量的影响)可表示成

$$T=\frac{1}{2}\int m(x)\dot{v}(x,t)^2\mathrm{d}x \tag{16-21}$$

把式(16－20)代入式(16－21)给出式(16－16)：

$$T=\frac{1}{2}\sum_{j=1}^{N}\sum_{i=1}^{N}m_{ij}\dot{q}_i\dot{q}_j$$

其中

$$m_{ij}=\int m(x)\psi_i(x)\psi_j(x)\mathrm{d}x \tag{16-22}$$

弯曲应变能为

$$V=\frac{1}{2}\int EI(x)[v''(x,t)]^2\mathrm{d}x \tag{16-23}$$

把式(16－20)代入式(16－23)得

$$V=\frac{1}{2}\sum_{j=1}^{N}\sum_{i=1}^{N}k_{ij}q_iq_j \tag{16-17}$$

其中

$$k_{ij}=\int EI(x)\psi''_i(x)\psi''_j(x)\mathrm{d}x \tag{16-24}$$

为了得到广义力函数 $Q_1,Q_2,\cdots,Q_N$，必须求出虚功 δW_{nc}。它是对体系施加

任意一组虚位移 $\delta q_1,\delta q_2,\cdots,\delta q_N$ 时，由作用弯曲构件上或内部的**全部**非保守力所作的功。为了说明计算中涉及的原理，假定弯曲构件的材料服从单轴应力应变关系

$$\sigma(t)=E[\varepsilon(t)+a_1\dot{\varepsilon}(t)] \tag{16-25}$$

利用式(16－25)和在构件横断面上正应变为线性变化的 Bernoulli－Euler 假设，导得弯矩－位移关系

$$M(x,t)=EI(x)[v''(x,t)+a_1\dot{v}''(x,t)] \tag{16-26}$$

式(16－26)右面第一项由内部保守力产生，它已在势能项 V 中计及。第二项由内部非保守力产生。这些沿构件单位长度的非保守力所作的功等于非保守力矩 $a_1EI(x)\dot{v}''(x,t)$ 与曲率的变分 $\delta v''(x,t)$ 乘积的负数。所以，这些内部的非保守力所作的总虚功是

$$\delta W_{nc,\text{int}}=-a_1\int EI(x)\dot{v}''(x,t)\delta v''(x,t)\mathrm{d}x \tag{16-27}$$

若假定外加的非保守力只限于横向分布荷载 $p(x,t)$，则这些力作的虚功等于

$$\delta W_{nc,\text{ext}}=\int p(x,t)\delta v(x,t)\mathrm{d}x \tag{16-28}$$

把式(16－20)代入式(16－27)和式(16－28)中，相加后得

$$\delta W_{nc,\text{total}}=\sum_{i=1}^{N}\left(p_i-\sum_{j=1}^{N}c_{ij}\dot{q}_j\right)\delta q_i \tag{16-29}$$

这里

$$p_i=\int p(x,t)\psi_i(x)\mathrm{d}x \tag{16-30}$$

$$c_{ij}=a_1\int EI(x)\psi_i''(x)\psi_j''(x)\mathrm{d}x \tag{16-31}$$

把式(16－29)和式(16－11c)比较，显然

$$Q_i=p_i-\sum_{j=1}^{N}c_{ij}\dot{q}_j \tag{16-32}$$

最后把式(16－16)，式(16－17)和式(16－32)代入 Lagrange 方程(16－15)内，得到矩阵形式的运动方程

$$\boldsymbol{m}\ddot{\boldsymbol{q}}+\boldsymbol{c}\dot{\boldsymbol{q}}+\boldsymbol{k}\boldsymbol{q}=\boldsymbol{p} \tag{16-33}$$

注意到由式(16－22)、式(16－31)和式(16－24)分别给出的 m_{ij}，c_{ij} 和 k_{ij} 的定义可知

$$m_{ij}=m_{ji}\qquad c_{ij}=c_{ji}\qquad k_{ij}=k_{ji} \tag{16-34}$$

因此方程(16－33)中质量、阻尼和刚度系数矩阵的形式都是对称的。

例题 E16－4 以图 E16－3 所示的刚性杆组合体为例来说明用上述 Lagrange 普遍方程方法建立运动方程。杆与杆之间用铰连接，由设置在每个铰

处的转动弹簧和缓冲器来抵抗杆的相对转动，其数值标在图中。取刚性杆的转角 q_i 作为这个体系的广义坐标，如图所示，假定位移很小，故小挠度理论是适用的。

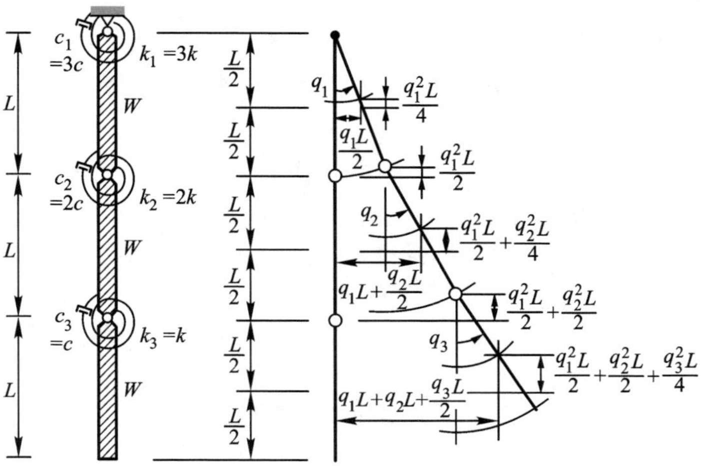

图 E16-3　具有三个自由度的刚性杆组合体(包括由自重引起的几何刚度效应)

分别考虑刚性杆绕各自质心的转动和质心的移动所产生的各杆动能，由此得总动能是

$$T=\frac{1}{2}\frac{WL^2}{12g}(\dot{q}_1^2+\dot{q}_2^2+\dot{q}_3^2)+\frac{1}{2}\frac{W}{g}\left[\left(\frac{\dot{q}_1L}{2}\right)^2+\left(\dot{q}_1L+\frac{\dot{q}_2L}{2}\right)^2+\left(\dot{q}_1L+\dot{q}_2L+\frac{\dot{q}_3L}{2}\right)^2\right]$$

$$=\frac{WL^2}{6g}(2\dot{q}_1^2+4\dot{q}_2^2+\dot{q}_3^2+9\dot{q}_1\dot{q}_2+3\dot{q}_2\dot{q}_3+3\dot{q}_1\dot{q}_3) \tag{a}$$

再分别考虑转动弹簧的变形和由于杆从其竖向原始位置升高所引起的势能(图中标了重心竖向位移的数值)，给出体系的总势能为

$$V=W\left[\frac{q_1^2L}{4}+\left(\frac{q_2^2L}{2}+\frac{q_2^2L}{4}\right)+\left(\frac{q_1^2L}{2}+\frac{q_2^2L}{2}+\frac{q_3^2L}{4}\right)\right]+$$

$$\frac{1}{2}[k_1q_1^2+k_2(q_2-q_1)^2+k_3(q_3-q_2)^2]$$

$$=\frac{1}{4}[(5WL+10k)q_1^2+(3WL+6k)q_2^2+(WL+4k)q_3^2]-$$

$$2q_1q_2-q_2q_3 \tag{b}$$

最终，给出转动缓冲器对结构虚位移所作的虚功：

$$\delta W_{nc}=-c_1\dot{q}_1\delta q_1-c_2(\dot{q}_2-\dot{q}_1)(\delta q_2-\delta q_1)-c_3(\dot{q}_3-\dot{q}_2)(\delta q_3-\delta q_2)$$

$$=c[(-5\dot{q}_1+2\dot{q}_2)\delta q_1+(2\dot{q}_1-3\dot{q}_2+\dot{q}_3)\delta q_2+(\dot{q}_2-\dot{q}_3)\delta q_3] \tag{c}$$

由此，只有阻尼引起的非保守力变成

$$Q_1=c(-5\dot{q}_1+2\dot{q}_2)$$

$$Q_2=c(2\dot{q}_1-3\dot{q}_2+\dot{q}_3) \tag{d}$$

$$Q_3 = c(\dot{q}_2 - \dot{q}_3)$$

把式(a)到式(c)代入

$$\frac{\mathrm{d}}{\mathrm{d}t}\left(\frac{\partial T}{\partial \dot{q}_i}\right) + \frac{\partial v}{\partial q_i} = Q_i \qquad i = 1,2,3 \tag{e}$$

给出体系的三个运动方程，它们排列成矩阵形式为

$$\frac{WL^2}{6g}\begin{pmatrix} 14 & 9 & 3 \\ 9 & 8 & 3 \\ 3 & 3 & 2 \end{pmatrix}\begin{pmatrix} \ddot{q}_1 \\ \ddot{q}_2 \\ \ddot{q}_3 \end{pmatrix} + c\begin{pmatrix} 5 & -2 & 0 \\ -2 & 3 & -1 \\ 0 & -1 & 1 \end{pmatrix}\begin{pmatrix} \dot{q}_1 \\ \dot{q}_2 \\ \dot{q}_3 \end{pmatrix} + \frac{1}{2}\begin{pmatrix} 5WL+10k & -4k & 0 \\ -4k & 3WL+6k & -2k \\ 0 & -2k & WL+4k \end{pmatrix}\begin{pmatrix} q_1 \\ q_2 \\ q_3 \end{pmatrix} = \begin{pmatrix} 0 \\ 0 \\ 0 \end{pmatrix} \tag{f}$$

§16－5 约束和 Lagrange 乘子

通常确定一个 N 自由度体系的动力反应时，用一组广义坐标 $q_1, q_2, \cdots, q_N$ 写出运动方程，但有时为了要保持运动方程的对称性，宁可取一组 $c>N$ 的坐标 $g_1, g_2, \cdots, g_c$①；因为这组坐标的数目超过体系的自由度数，所以它们不是广义坐标。因此，必须在体系上增加 m 个($m=c-N$)约束方程。例如，回顾图 16－1 所示的双摆，前面指出过其运动方程能用广义坐标 θ_1 和 θ_2($N=2$)或用坐标 x_1，y_1，x_2 和 y_2($c=4$)来表示。若用后者，必须满足两个约束方程，即式(16－1)。

如果把一般情形中的 m 个约束方程表示成如下形式

$$\begin{gathered} f_1(g_1, g_2, \cdots, g_c) = 0 \\ f_2(g_1, g_2, \cdots, g_c) = 0 \\ \cdots\cdots\cdots\cdots \\ f_m(g_1, g_2, \cdots, g_c) = 0 \end{gathered} \tag{16-35}$$

取式(16－35)的变分，结果为

$$\begin{gathered} \delta f_1 = \frac{\partial f_1}{\partial g_1}\delta g_1 + \frac{\partial f_1}{\partial g_2}\delta g_2 + \cdots + \frac{\partial f_1}{\partial g_c}\delta g_c = 0 \\ \delta f_2 = \frac{\partial f_2}{\partial g_1}\delta g_1 + \frac{\partial f_2}{\partial g_2}\delta g_2 + \cdots + \frac{\partial f_2}{\partial g_c}\delta g_c = 0 \\ \cdots\cdots\cdots\cdots \\ \delta f_m = \frac{\partial f_m}{\partial g_1}\delta g_1 + \frac{\partial f_m}{\partial g_2}\delta g_2 + \cdots + \frac{\partial f_m}{\partial g_c}\delta g_c = 0 \end{gathered} \tag{16-36}$$

---

① 原文中误为 $q_1, q_2, \cdots, q_c$，译文已经修改。——译者

现在如果对每一个 $\delta f_i(i=1,2,\cdots,m)$ 乘以一个未知的时间函数 $\lambda_i(t)$，并且将这个乘积在时间间隔 t_1 到 t_2 上积分[当用坐标 $g_1,g_2,\cdots,g_c$ 表示时，假定式(16－11)适用]。然后在 Hamilton 变分方程中[式(16－9)]加上前面的积分，在完成变分后得下述方程：

$$\int_{t_1}^{t_2}\left\{\sum_{i=1}^{c}\left[-\frac{\mathrm{d}}{\mathrm{d}t}\left(\frac{\partial T}{\partial \dot{g}_i}\right)+\frac{\partial T}{\partial g_i}-\frac{\partial V}{\partial g_i}+Q_i+\lambda_1\frac{\partial f_1}{\partial g_i}+\lambda_2\frac{\partial f_2}{\partial g_i}+\cdots+\lambda_m\frac{\partial f_m}{g_i}\right]\delta g_i\right\}\mathrm{d}t=0 \tag{16-37}$$

因为变分 $\delta g_i(i=1,2,\cdots,c)$ 是完全任意的，式(16－37)中每一个方括号内的项必须等于零，即

$$\frac{\mathrm{d}}{\mathrm{d}t}\left(\frac{\partial T}{\partial \dot{g}_i}\right)-\frac{\partial T}{\partial g_i}+\frac{\partial V}{\partial g_i}=Q_i+\lambda_1\frac{\partial f_1}{\partial g_i}+\lambda_2\frac{\partial f_2}{\partial g_i}+\cdots+\lambda_m\frac{\partial f_m}{\partial g_i}=0 \qquad i=1,2,\cdots,c \tag{16-38}$$

等式(16－38)是 Lagrange 方程的修正形式，它允许采用坐标 $g_1,g_2,\cdots,g_c$。初看起来建立方程(16－38)的这种方法似乎意义不大，因为在 Hamilton 方程上加上了一些等于零的积分；然而，应该指出的是当每一个 $\delta f_i(i=1,2,\cdots,m)$ 等于零时，式(16－36)右面的各个单项不等于零。这种与时间有关的函数 $\lambda_i(i=1,2,\cdots,m)$ 叫做 **Lagrange 乘子**。

当简化的势能项 $\overline{V}$ 定义为

$$\overline{V}=V(g_1,g_2,\cdots,g_c)-(\lambda_1 f_1+\lambda_2 f_2+\cdots+\lambda_m f_m) \tag{16-39}$$

方程(16－38)可写成

$$\frac{\mathrm{d}}{\mathrm{d}t}\left(\frac{\partial T}{\partial \dot{g}_i}\right)-\frac{\partial T}{\partial g_i}+\frac{\partial \overline{V}}{\partial g_i}=Q_i \qquad i=1,2,\cdots,c \tag{16-40}$$

它包含未知的时间函数 $g_1,g_2,\cdots,g_c,\lambda_1,\lambda_2,\cdots,\lambda_m$。由于存在着 $c+m$ 个未知时间函数，求解时需要 $c+m$ 个方程。这些方程包括 c 个修正的 Lagrange 方程[方程(16－40)]和 m 个约束方程[式(16－35)]。

例题 E16－5　以图 E16－4 的端部有支承的悬臂梁来说明在满足特定约束条件下 Lagrange 乘子的用法。如图所示，此梁受不变的轴力 N 及受沿梁长均匀分布随时间变化的荷载 $\bar{p}f(t)$ 的作用；沿梁长的刚度不变，不计阻尼。当荷载的频率分量足够低时，要得到行之有效的近似解可假定梁的挠度为：

$$v(x,t)=g_1(t)\sin\frac{\pi x}{L}+g_2(t)\sin\frac{2\pi x}{L} \tag{a}$$

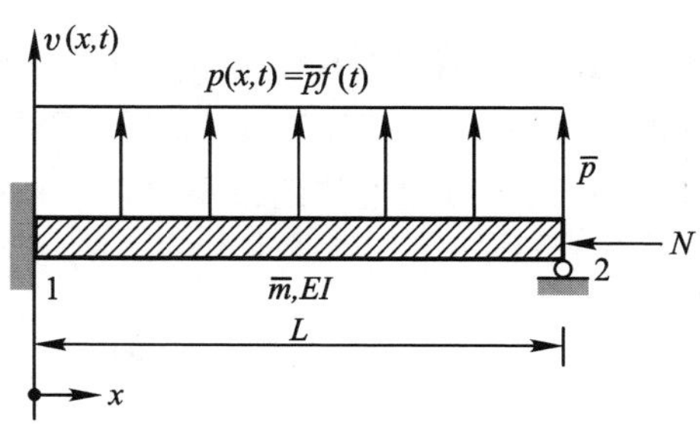

图 E16－4　用来说明 Lagrange 乘子的等截面梁

用坐标 g_1 和 g_2 表示动能和势能及外荷载做的虚功，导得

$$T=\frac{1}{2}\int_0^L \overline{m}\left(\dot{g}_1^2\sin^2\frac{\pi x}{L}+2\dot{g}_1\dot{g}_2\sin\frac{\pi x}{L}\sin\frac{2\pi x}{L}+\dot{g}_2^2\sin^2\frac{2\pi x}{L}\right)\mathrm{d}x \tag{b}$$

$$V=\frac{1}{2}\int_0^L EI\left(g_1^2\frac{\pi^4}{L^4}\sin^2\frac{\pi x}{L}+\frac{8\pi^4}{L^4}g_1g_2\sin\frac{\pi x}{L}\sin\frac{2\pi x}{L}+g_2^2\frac{16\pi^4}{L^4}\sin^2\frac{2\pi x}{L}\right)\mathrm{d}x-$$
$$\frac{N}{2}\int_0^L\left(\frac{\pi^2}{L^2}g_1^2\cos^2\frac{\pi x}{L}+\frac{4\pi^2}{L^2}g_1g_2\cos\frac{\pi x}{L}\cos\frac{2\pi x}{L}+\frac{4\pi^2}{L^2}g_2^2\cos^2\frac{2\pi x}{L}\right)\mathrm{d}x \tag{c}$$

$$\delta W_{nc}=\delta g_1\int_0^L p(x,t)\sin\frac{\pi x}{L}\mathrm{d}x+\delta g_2\int_0^L p(x,t)\sin\frac{2\pi x}{L}\mathrm{d}x \tag{d}$$

完成式(b)到式(d)的积分，得

$$T=\frac{\overline{m}L}{4}(\dot{g}_1^2+\dot{g}_2^2) \tag{e}$$

$$V=\frac{\pi^4 EI}{4L^3}(g_1^2+16g_2^2)-\frac{N\pi^2}{4L}(g_1^2+4g_2^2) \tag{f}$$

$$\delta W_{nc}=\frac{2L}{\pi}\overline{p}f(t)\delta g_1 \tag{g}$$

把式(g)与式(16－11c)比较，得外荷载

$$Q_1=\frac{2L\overline{p}f(t)}{\pi}\qquad Q_2=0 \tag{h}$$

考虑梁左端的固定支座条件，这个解显然必须满足约束条件：

$$f_1(g_1,g_2)=g_1+2g_2=0 \tag{i}$$

把式(f)和式(i)代入式(16－39)中，因此得到简化的势能

$$\overline{V}=\frac{\pi^4 EI}{4L^3}(g_1^2+16g_2^2)-\frac{N\pi^2}{4L}(g_1^2+4g_2^2)-\lambda_1(g_1+2g_2) \tag{j}$$

把式(e)，式(h)和式(j)代入简化的 Lagrange 运动方程[方程(16－40)]，最终得

$$\begin{aligned}&\frac{\overline{m}L}{2}\ddot{g}_1+\left(\frac{\pi^4 EI}{2L^3}-\frac{\pi^2 N}{2L}\right)g_1-\lambda_1=\frac{2L\overline{p}f(t)}{\pi}\\&\frac{\overline{m}L}{2}\ddot{g}_2+\left(\frac{8\pi^4 EI}{L^3}-\frac{2\pi^2 N}{L}\right)g_2-2\lambda_1=0\end{aligned} \tag{k}$$

由此，从式(i)和式(k)中解出 $g_1(t)$，$g_2(t)$ 和 $\lambda_1(t)$ 后就能得到整个问题的解。得到的解说明 $\lambda_1(t)$ 正比于 $x=0$ 处的固端弯矩。这个弯矩在构件上作的虚功为零，因为在这个位置上的约束不允许构件截面产生虚转角。

习　　题

16－1 应用 Lagrange 方程[式(16－15)]并允许大位移，试确定图 E8－4 所示体系的运动方程。小幅振荡的线性化运动方程是怎样的？

16-2　应用 Lagrange 方程并允许大位移，试确定图 P16-1 所示体系的运动方程[①]。小幅振荡的线性化运动方程是怎样的？

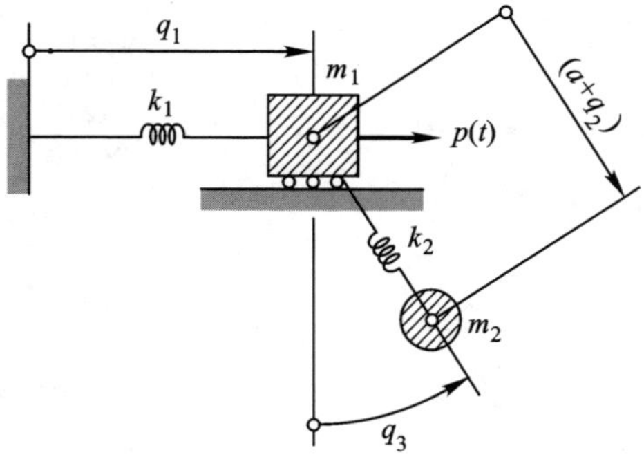

图 P16-1

16-3　按题 16-1 的要求计算习题 8-4 所示体系。

16-4　按题 16-1 的要求计算习题 8-5 所示体系。

16-5　当图 P16-2 所示等截面梁的挠度形状可如下近似表示时

$$v(x,t) \doteq q_1(t)\left(\frac{x}{L}\right)^2 + q_2(t)\left(\frac{x}{L}\right)^3 + q_3(t)\left(\frac{x}{L}\right)^4$$

试建立梁的运动方程。假设为小挠度理论。

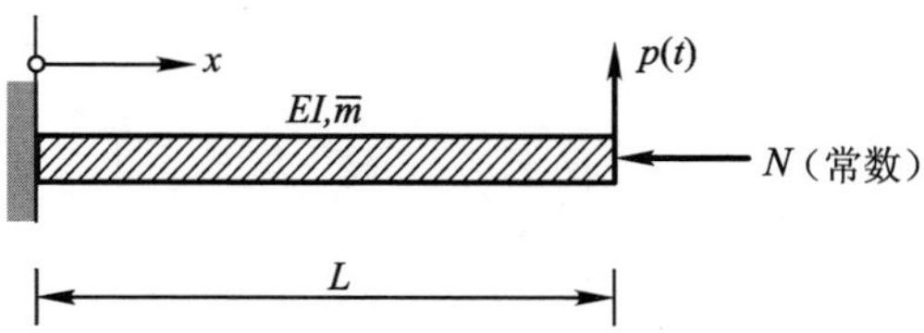

图 P16-2

16-6　半径为 R_1、质量为 m_1 的一个球，静止地放在一个半径为 R_2 的固定的圆柱面的顶点。假定一个非常小的扰动使得球在重力影响下开始向左滚动，如图 P16-3 所示。如球滚动而不滑动，并且取 θ_1 和 θ_2 作为位移坐标：

(a) 试确定 θ_1 和 θ_2 之间的约束方程；

(b) 利用约束方程消去一个位移坐标，试用另一个位移坐标写出运动方程；

(c) 试用两个位移坐标和附加的 Lagrange 乘子 λ_1（在此情形中，λ_1 的物理意义是什么？）写出运动方程；

(d) 试求出当球脱离圆柱表面时的 θ_2 值。

16-7　总质量为 m_1、长度为 L 的一根等截面刚性杆，在重力影响下像摆那样地摆动。限制集中质量 m_2 沿杆的轴线滑动，并且与一个无质量的弹簧连接，如图 P16-4 所示。假定体系无摩擦和大振幅位移，试用广义坐标 q_1 和 q_2 写出运动方程。

---

① 读者可按如下条件解此题：弹簧 1 及 2 的原长均为 a，运动中的长度分别为 $a+g_1$ 及 $a+g_2$。——译者

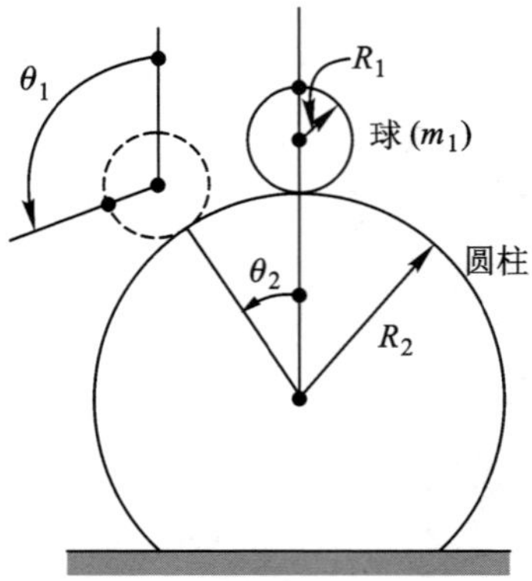

图 P16-3

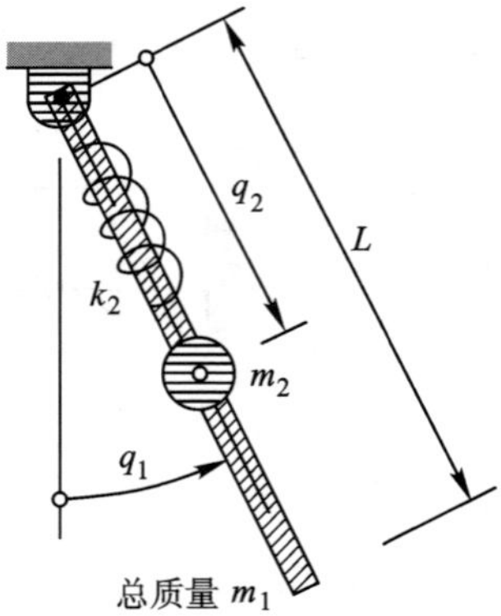

图 P16-4

16-8 试求习题 16-7 的体系在小幅摆动时的线性化运动方程。

第Ⅲ篇

分布参数体系

第 17 章　运动的偏微分方程

§17-1　引　　言

第Ⅱ篇描述的离散坐标体系,提供了一种方便而实用的方法来进行任意结构的动力反应分析。然而,因为采用有限数目的位移坐标描述体系的运动,所以只能获得接近它们真实动力行为的解答。通过增加分析中考虑的自由度数目,可以使结果的精度达到要求的程度。但是,对于具有分布性质的任何真实结构,为了收敛于精确解,原则上要取无限多个坐标;因此,用这种方法求精确解显然是不可能的。

研究无限个连接点行为的正规数学方法依靠微分方程,其中独立变量为位置坐标。因为在动力反应问题中时间也是一个独立变量,所以按此途径建立运动方程时得到的是偏微分方程。连续体系可以按照描绘它们物理性质分布所需的独立变量数来分类。例如,在地震学和地球物理学中用到的波的传播公式,就是从一般的三维连续体的运动方程推导出来的。同样,在研究薄板或薄壳结构的动力行为时,必须对这些二维体系[①]推导出特定的运动方程。然而,在目前的讨论中,注意力将局限于一维结构,即梁与杆体系,它们的质量、阻尼和刚度性质可以沿其弹性轴变化。这些体系的偏微分方程仅包含两个独立变量:时间和沿每个构件弹性轴的距离。

推导出稍微复杂的一维结构的运动方程是可能的,这里所说的结构包括在三维空间中由许多构件组成的集合体。此外,单个构件的轴线可以是三维空间中的任意曲线,并且物理性质可以作为轴线位置的复杂函数而变化。然而,如此复杂体系的运动方程一般只能用数值方法求解;并且,在大多数情况下,离散坐标列式要比连续坐标列式更受青睐。因此,目前的处理将局限于简单体系,它包含弹性轴为直线的构件和由它们组成的集合体。虽然在后面求解运动方程时,假定每一构件的物理性质都是常数,但在建立这些方程时,容许物理性质沿轴线可随意变化。因为对所考虑的情况作了一些严格的限制,所以讨论主要是想说

---

① 从薄壳厚度远小于另两方向尺度来说,它属二维体系。但从位置坐标数而言,薄壳结构是三维体系。——译者

明建立偏微分方程的一般概念，而不是提供一种用于复杂体系的有效实用方法。然而，经由如此列式得到的封闭形式的解答，在处理简单的均质体系时是非常有用的。

§17-2 梁的弯曲：基本情况

在建立运动的偏微分方程时，首先考虑的情况是图 17-1a 所示的变截面直梁。假定此梁的主要物理性质是抗弯刚度 $EI(x)$ 和单位长度的质量 $m(x)$，它们可以沿跨度 L 随位置 x 任意变化。假定横向荷载 $p(x,t)$ 随位置和时间任意变化，横向位移反应 $v(x,t)$ 也是这些变量的函数。虽然为了举例说明，图上画的梁是两端简支的，但梁端的支承条件可以是任意的。

考虑作用在图 17-1b 所示梁微段上的力的平衡，能容易地导出这一简单体系的运动方程，它和离散参数体系推导方程的方式基本一致。求全部竖向作用力之和，可导出第一个动力平衡关系式：

$$V(x,t)+p(x,t)\mathrm{d}x-\left[V(x,t)+\frac{\partial V(x,t)}{\partial x}\mathrm{d}x\right]-f_I(x,t)\mathrm{d}x=0 \tag{17-1}$$

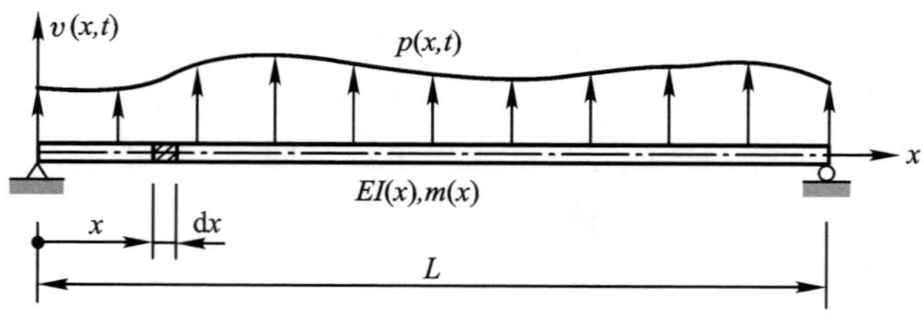

(a)

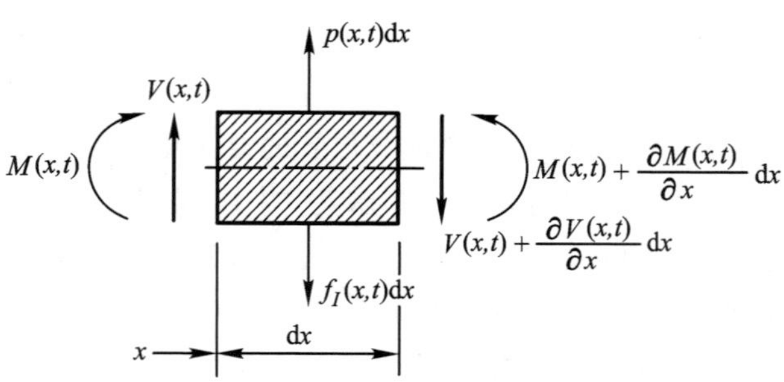

(b)

图 17-1 承受动力荷载的简单梁

(a)梁的性质和坐标；(b)作用在微段上的力

式中，$V(x,t)$是作用于截面上的竖向力；$f_I(x,t)$是微段上横向惯性力的合力，它等于微段质量①和微段横向加速度的乘积，即

$$f_I(x,t)\mathrm{d}x=m(x)\mathrm{d}x\frac{\partial^2 v(x,t)}{\partial t^2} \tag{17-2}$$

把式(17-2)代入方程(17-1)，并用 $\mathrm{d}x$ 除所得到的方程，则得

$$\frac{\partial V(x,t)}{\partial x}=p(x,t)-m(x)\frac{\partial^2 v(x,t)}{\partial t^2} \tag{17-3}$$

此方程类似于剪力和横向荷载之间标准的静力学关系式，但现在的横向荷载是作用荷载和惯性力的合力。

对弹性轴上点 A 的力矩求和可得第二个平衡关系式。在忽略含有惯性力和作用荷载的二阶矩项后，得到

$$M(x,t)+V(x,t)\mathrm{d}x-\left[M(x,t)+\frac{\partial M(x,t)}{\partial x}\mathrm{d}x\right]=0 \tag{17-4}$$

因为忽略了转动惯量，所以上式直接简化成剪力和弯矩之间标准的静力学关系式

$$\frac{\partial M(x,t)}{\partial x}=V(x,t) \tag{17-5}$$

将式(17-5)对 x 求导，并代入方程(17-3)，给出

$$\frac{\partial^2 M(x,t)}{\partial x^2}+m(x)\frac{\partial^2 v(x,t)}{\partial t^2}=p(x,t) \tag{17-6}$$

引入梁的弯矩和曲率之间的基本关系式 $M=EI\frac{\partial^2 v}{\partial x^2}$，方程(17-6)变成

$$\frac{\partial^2}{\partial x^2}\left[EI(x)\frac{\partial^2 v(x,t)}{\partial x^2}\right]+m(x)\frac{\partial^2 v(x,t)}{\partial t^2}=p(x,t) \tag{17-7}$$

这是梁弯曲基本情况的运动偏微分方程。当然，方程的解必须满足 $x=0$ 和 $x=L$ 确定的边界条件。

§17-3　梁的弯曲：包含轴向力的影响

如果前面讨论的梁除了承受图 17-1 所示侧向荷载外，还沿水平方向承受一个不随时间变化的轴向荷载作用，如图 17-2a 所示。因为轴向内力 $N(x)$和侧向位移互相影响，在力矩平衡表达式中将产生一附加项，所以微段的力的平衡条件发生了变化。从图 17-2b 明显地看出，由于轴向力的**方向**不随梁的变位而变化，轴向力对横向平衡没有影响；因此，方程(17-3)仍然适用。然而，轴向力

① 书前符号表规定用 m 代表质量，以 $\bar{m}$ 代表质量分布集度。但本章及以后章节中原文有用 m 代表质量分布集度的，特提醒读者注意。——译者

的作用线随梁的变位而改变，力矩平衡方程现在成为

$$M(x,t)+V(x,t)\mathrm{d}x+N(x)\frac{\partial v(x,t)}{\partial x}\mathrm{d}x-\left[M(x,t)+\frac{\partial M(x,t)}{\partial x}\mathrm{d}x\right]=0 \tag{17-8}$$

从此式得出竖向截面力 $V(x,t)$ 为

$$V(x,t)=-N(x)\frac{\partial v(x,t)}{\partial x}+\frac{\partial M(x,t)}{\partial x} \tag{17-9}$$

把这一修正后的 $V(x,t)$ 表达式代入方程(17－3)，并按前面同样的步骤推导，得出包含轴向力影响的运动偏微分方程如下：

$$\frac{\partial^2}{\partial x^2}\left[EI(x)\frac{\partial^2 v(x,t)}{\partial x^2}\right]-\frac{\partial}{\partial x}\left[N(x)\frac{\partial v(x,t)}{\partial x}\right]+m(x)\frac{\partial^2 v(x,t)}{\partial t^2}=p(x,t) \tag{17-10}$$

比较方程(17－10)和方程(17－7)，显然，产生轴向内力 $N(x)$ 的纵向荷载形成了作用在梁上的一种附加的等效横向荷载。注意，因为竖向截面力 $V(x,t)$ 不和弹性轴线垂直，所以它不是通常意义上的截面剪力。

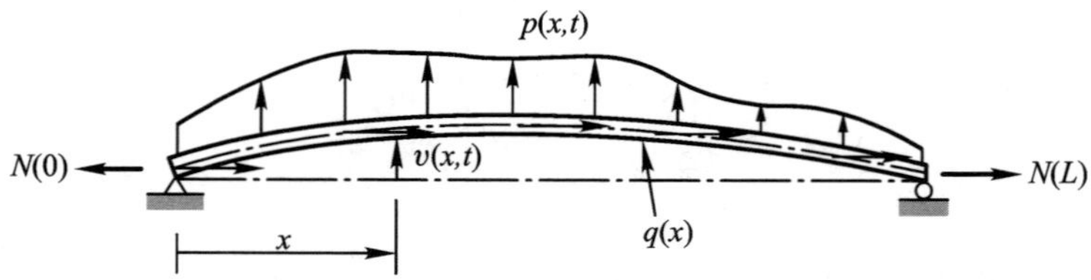

(a)

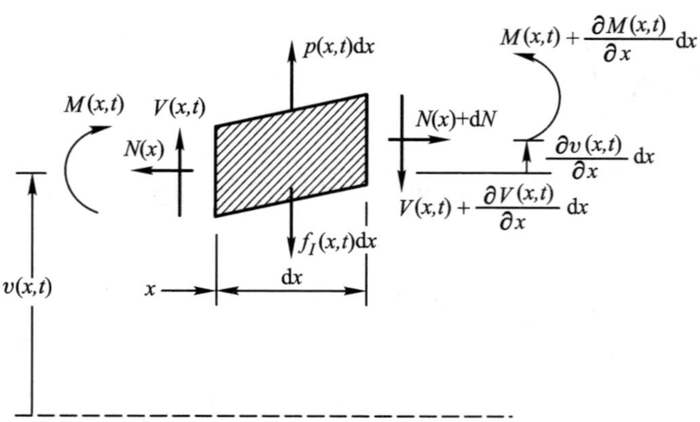

(b)

图 17－2　承受轴向静力和侧向动力荷载的梁

(a)荷载作用下梁的弯曲；(b)作用在梁的微段上的力

§17-4　梁的弯曲：包含粘滞阻尼

在前述建立梁类构件运动偏微分方程时未包含阻尼。现在，将考虑两种形式的分布粘滞阻尼：(1) 外阻尼力，单位长度上的阻尼力用图 8-3 中的 $c(x)$ 表示；(2) 如方程(8-8)和方程(8-9)第二部分所示的抵抗应变速度的内部抗力。首先，需要对图 17-1b 中的单元体加上抵抗速度的横向力

$$f_D(x,t)\mathrm{d}x=c(x)\frac{\partial v(x,t)}{\partial t}\mathrm{d}x \tag{17-11}$$

其次，需要将方程(17-7)中的截面弯矩变成式(8-9)的形式，即

$$M(x,t)=EI(x)\left[\frac{\partial^2 v(x,t)}{\partial x^2}+\alpha_1\frac{\partial^3 v(x,t)}{\partial x^2\partial t}\right] \tag{17-12}$$

式中 a_1 是前面已经定义的 Rayleigh 阻尼刚度比例因子。做这些改变之后，重复在 17-2 节中的推导过程，最后导出

$$\frac{\partial^2}{\partial x^2}\left[EI(x)\left(\frac{\partial^2 v(x,t)}{\partial x^2}+a_1\frac{\partial^3 v(x,t)}{\partial x^2\partial t}\right)\right]+m(x)\frac{\partial^2 v(x,t)}{\partial t^2}+$$

$$c(x)\frac{\partial v(x,t)}{\partial t}=p(x,t) \tag{17-13}$$

如果除了上述两项粘滞阻尼以外，同时还考虑轴向力的作用，那么此方程的左边还应该包含一项$\frac{\partial}{\partial x}\left[N(x)\frac{\partial v(x,t)}{\partial x}\right]$，如方程(17-10)所示。

§17-5　梁的弯曲：广义支座激励

正如在第Ⅰ篇单自由度体系和第Ⅱ篇多自由度体系中所讨论的，结构和机械系统常常承受支座运动而不是外部荷载作用的激励。例如，核电厂中的管道体系承受本身和厂房及重型设备连接处的支座运动，而厂房和设备又在其支座处输入的地震地面运动作出反应。象在第 26 章中的讨论那样，对如此复杂的体系作实际分析，应该采用离散参数建模方法进行。但在这里，建立如图 17-1 所示的具有分布参数梁在受支座激励动力激发时控制反应的运动偏微分方程是有益的。

首先，假定梁在它的两端承受确定的支座运动(平动和转动)，如图 17-3 所示。

$$v^t(0,t)=\delta_1(t) \qquad \left[\frac{\partial v^t(x,t)}{\partial x}\right]_{x=0}=\delta_3(t)$$
$$v^t(L,t)=\delta_2(t) \qquad \left[\frac{\partial v^t(x,t)}{\partial x}\right]_{x=L}=\delta_4(t) \tag{17-14}$$

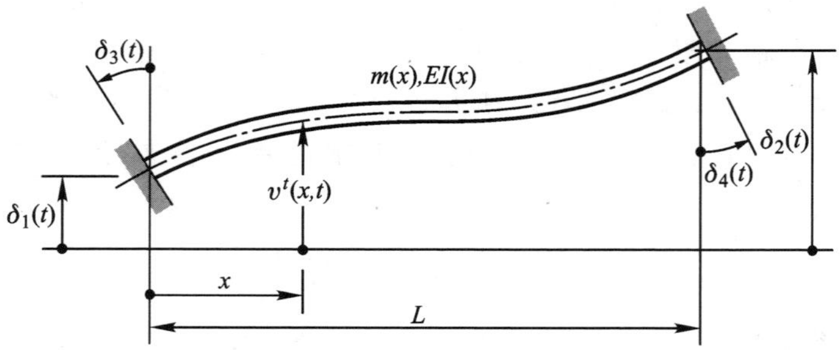

图 17－3　承受支座动位移的梁

在这些式子里，$v(x,t)$加上上角标"t"，以说明梁弹性轴的位移是从它的初始位置计算的总位移。在方程(17－13)中，移去 $p(x,t)$项并用 $v^t(x,t)$代替 $v(x,t)$后，就得到粘滞阻尼情况的控制偏微分方程。该修改后的运动方程必须在满足式(17－14)所给出的确定的几何边界条件下求解。在实际做时，把梁总的位移 $v^t(x,t)$表示成支座运动 $\delta_1(t)$，$\delta_2(t)$，$\delta_3(t)$和 $\delta_4(t)$静力作用引起的位移，即所谓的拟静力位移 $v^s(x,t)$，以及因动力惯性力及粘滞阻尼力作用产生的附加位移 $v(x,t)$之和是方便的。这样，就有

$$v^t(x,t)=v^s(x,t)+v(x,t) \tag{17-15}$$

把上式代入方程(17－13)修改后的形式，并将所有与拟静力位移 $v^s(x,t)$及其导数相关的项移到方程右边，则可导出

$$\frac{\partial^2}{\partial x^2}\left[EI(x)\left(\frac{\partial^2 v(x,t)}{\partial x^2}+a_1\frac{\partial^3 v(x,t)}{\partial x^2\partial t}\right)\right]+m(x)\frac{\partial^2 v(x,t)}{\partial t^2}+ c(x)\frac{\partial v(x,t)}{\partial t}=p_{\text{eff}}(x,t) \tag{17-16}$$

其中

$$p_{\text{eff}}(x,t)\equiv-\frac{\partial^2}{\partial x^2}\left[EI(x)\left(\frac{\partial^2 v^s(x,t)}{\partial x^2}+a_1\frac{\partial^3 v^s(x,t)}{\partial x^2\partial t}\right)\right]- m(x)\frac{\partial^2 v^s(x,t)}{\partial t^2}-c(x)\frac{\partial v^s(x,t)}{\partial t} \tag{17-17}$$

该式表示因指定支座激励所产生的等效分布动力荷载。注意，因为 $v^s(x,t)$是仅由静力的支座位移产生的，式(17－17)右边第一项等于零。因此，该等效荷载可简化为如下形式

$$p_{\text{eff}}(x,t)=-\frac{\partial^2}{\partial x^2}\left[a_1 EI(x)\frac{\partial^3 v^s(x,t)}{\partial x^2\partial t}\right]-m(x)\frac{\partial^2 v^s(x,t)}{\partial t^2}-c(x)\frac{\partial v^s(x,t)}{\partial t} \tag{17-18}$$

先前，产生等效荷载的 $v^s(x,t)$ 定义为由四个特定的支座位移 $\delta_1(t)$，$\delta_2(t)$，$\delta_3(t)$ 和 $\delta_4(t)$ 产生的拟静力位移。因此，它可以表示成如下形式

$$v^s(x,t)=\sum_{i=1}^{4}\psi_i(x)\delta_i(t) \tag{17-19}$$

式中，每一个静力影响函数 $\psi_i(x)(i=1,2,3,4)$ 是因相应的坐标 δ_i 发生单位位移所产生的梁挠度。如果梁是等截面的，即 $EI(x)=$ 常数，那么这些影响函数是 Hermitian 三次多项式，见式(10－16a)～式(10－16d)。把式(17－19)代入式(7－18)，给出

$$p_{\text{eff}}(x,t)=-\sum_{i=1}^{4}\left\{m(x)\psi_i(x)\ddot{\delta}_i(t)+c(x)\psi_i(x)\dot{\delta}_i(t)+\frac{\partial^2}{\partial x^2}\left[a_1EI(x)\dot{\delta}_i(t)\frac{\partial^2\psi_i(x)}{\partial x^2}\right]\right\} \tag{17-20}$$

在大多数实际情况中，阻尼对等效荷载的影响远小于惯性力的影响；因此，一般略去式(17－20)的最后两项。从而，等效荷载表示成如下近似的形式：

$$p_{\text{eff}}(x,t)\doteq-\sum_{i=1}^{4}m(x)\psi_i(x)\ddot{\delta}_i(t) \tag{17-21}$$

把上式代入方程(17－16)；之后，求解 $v(x,t)$。把所得结果加上由式(17－19)给出的 $v^s(x,t)$，即可得到总位移 $v^t(x,t)$。注意到，$v^s(x,t)$ 满足式(17－14)表示的确定的几何边界条件，在求解方程(17－16)时，梁端条件 $v(0,t)$，$v(L,t)$，$[\partial v(x,t)/\partial x]_{x=0}$ 和 $[\partial v(x,t)/\partial x]_{x=L}$ 必须全部满足等于零的条件。

下面，考虑图 17－1 所示的梁在承受如下两个确定支座运动的情况

$$v^t(0,t)=\delta_1(t)\qquad\left[\partial v^t(x,t)/\partial x\right]_{x=0}=\delta_3(t) \tag{17-22}$$

假定，在 $x=L$ 处，梁端完全自由，得到的悬臂梁的拟静力位移是

$$v^s(x,t)=1\delta_1(t)+x\delta_3(t) \tag{17-23}$$

由此，推导出近似的等效荷载为

$$p_{\text{eff}}(x,t)\doteq-m(x)\left[1\ddot{\delta}_1(t)+x\ddot{\delta}_3(t)\right] \tag{17-24}$$

因为式(17－23)给出的 $v^s(x,t)$ 全部满足在 $x=0$ 处由式(17－22)确定的两个几何边界条件，所以在从方程(17－16)求解 $v(x,t)$ 时必须附加上如下条件：$v(0,t)=0$ 和 $[\partial v(x,t)/\partial x]_{x=0}=0$。另外，在自由端还应该满足弯矩和剪力为零的条件，即

$$\left[\partial^2 v(x,t)/\partial x^2\right]_{x=L}=0\qquad\left[\partial^3 v(x,t)/\partial x^3\right]_{x=L}=0 \tag{17-25}$$

由于该悬臂梁不会因式(17－23)的拟静力位移产生任何弯曲变形，梁中的应力仅因动力反应 $v(x,t)$ 而产生。

最后，考虑上述悬臂梁仅承受一种指定的支座运动 $v^t(0,t)=\delta_1(t)$。在这种简单情况下，$v^s(x,t)=\delta_1(t)$ 和 $p_{\text{eff}}(x,t)\doteq-m(x)\ddot{\delta}_1(t)$；并且，求解方程(17－16)时应该满足的边界条件是 $v(0,t)=0$，$[\partial v(x,t)/\partial x]_{x=0}=0$，

$[\partial^2 v(x,t)/\partial x^2]_{x=L}=0$ 和 $[\partial^3 v(x,t)/\partial x^3]_{x=L}=0$。

§17-6 轴向振动:无阻尼情况

在 17-2 节～17-5 节里讨论了梁的弯曲,其中的动位移系沿弹性轴线的横向方向。弯曲机理是在一维构件的动力分析中遇到的最普遍的行为形式;但是,在某些重要情况下仅发生轴向振动。例如,在打桩过程中受到锤击的桩。决定这种行为的运动方程可以按照类似于建立弯曲运动方程的步骤推导出来。然而,对于轴向变形情况推导更简单,因为只要考虑一个方向而不是两个方向的平衡。这里,因阻尼对轴向变形行为的影响通常很小,故阻尼被忽略了。

考虑一根直杆,其轴向刚度 EA 和单位长度的质量 m 沿其长度变化,如图 17-4a 所示。如果该杆承受分布的任意轴向荷载 $q(x,t)$,那么将产生随时间变化的分布内力 $\underline{N}(x,t)$,如图 17-4b 中的微段所示。注意,在推导中用 $\underline{N}(x,t)$ 代表随时间变化的轴向力,为的是区别于在 17-3 节使用的不随时间变化的轴向力 $N(x)$(无下划线)①。对沿 x 方向作用于微段上的力求和,得到

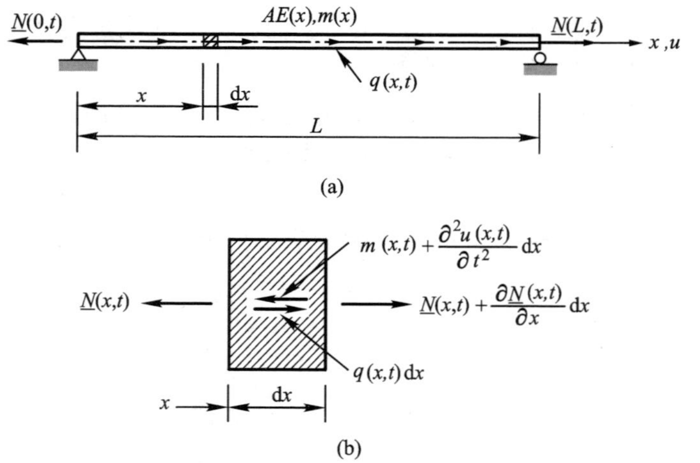

图 17-4 承受轴向动力变形的杆

(a)杆的性质和坐标;(b)作用于杆微段上的力

$$\underline{N}(x,t)+f_I(x,t)\mathrm{d}x-\left[\underline{N}(x,t)+\frac{\partial \underline{N}(x,t)}{\partial x}\mathrm{d}x\right]-q(x,t)\mathrm{d}x=0 \tag{17-26}$$

① 在英文版中的方程(17-26)、式(17-28)和图 17-4,都错误地用 $N(x,t)$(无下划线)表示轴向内力。在翻译时,在方程(17-26)和式(17-28)中的内力已更改为 $\underline{N}(x,t)$(有下划线)。——译者

式中 $f_I(x,t)$表示单位长度的惯性力，可以写成

$$f_I(x,t)=m(x)\frac{\partial^2 u(x,t)}{\partial t^2} \tag{17-27}$$

式中 $u(x,t)$是轴向位移。

轴向力与变形的关系为

$$\underline{N}(x,t)=\sigma(x,t)A(x)=\varepsilon(x,t)EA(x)=\frac{\partial u(x,t)}{\partial x}EA(x) \tag{17-28}$$

把式(17－27)和式(17－28)代入方程(17－26)，得到轴向运动的偏微分方程为

$$m(x)\frac{\partial^2 u(x,t)}{\partial t^2}-\frac{\partial}{\partial x}\left[EA(x)\frac{\partial u(x,t)}{\partial x}\right]=q(x,t) \tag{17-29}$$

通常，轴向外荷载仅是杆端力。此时，上式右端为零。然而，求解方程(17－29)时，必须满足在 $x=0$ 和 $x=L$ 处的边界条件。

习　　题

17－1　运用 Hamilton 原理[式(16－9)]，试建立承受如图 P17－1 所示荷载的等截面悬臂梁的运动微分方程和边界条件。假定适用小挠度理论，并略去剪切和转动惯性的影响。

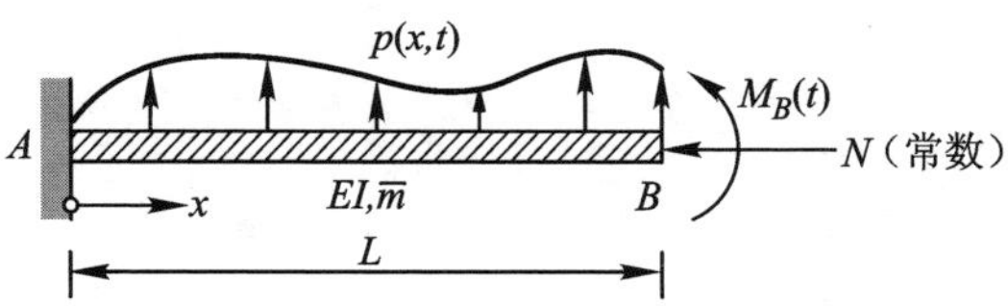

图 P17－1

17－2　利用 Hamilton 原理，试建立图 P17－2 所示简支等截面管的运动微分方程和边界条件；管中有密度为 ρ 的非粘性液体，以相对于管的恒定速度 v_f 流过。假定管的两端为不能抵抗弯矩的柔性连接。试问流动的液体对体系有无阻尼作用？如果同样管段的支承方式如同悬臂构件，液体在自由端流出，那么该体系中是否存在因液体流动产生的阻尼(不计管的材料阻尼)？令 A 为管内部截面的面积。假定适用小挠度理论，并略去剪切和转动惯性的影响。

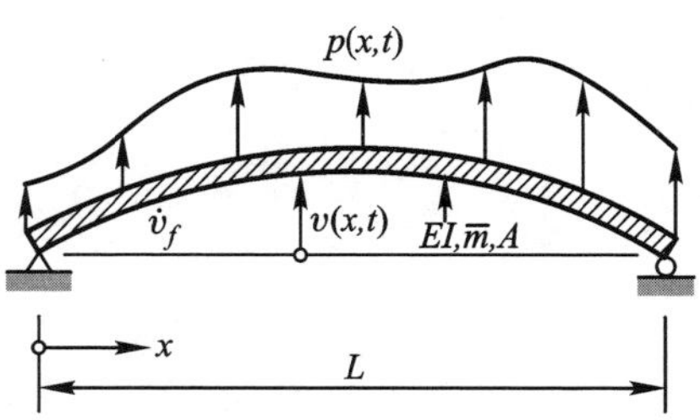

图 P17－2

17－3　如图 P17－3 所示，一个集中质量 $\boldsymbol{m}_1$ 以不变速度 v 在时间间隔 $0<t<L/v$ 内自左向右通过简支等截面梁。利用 Lagrange 运动方程[式(16－15)]建立该体系的运动方程，并给出求解简支梁竖向强迫振动反应时必须满足的边界条件和初始条件。假定适用小挠度理论，并略去剪切和转动惯性的影响。

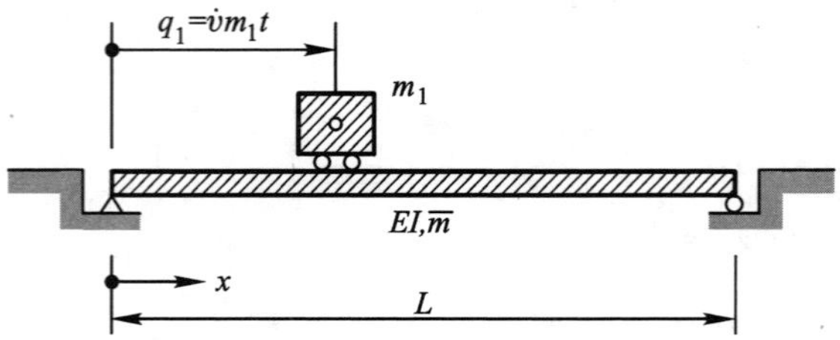

图 P17-3

第 18 章　无阻尼自由振动分析

§18-1　梁的弯曲:基本情况

仿照离散参数体系动力反应分析的一般途径,分布参数体系动力反应分析的第一步是计算它的无阻尼振型和频率。为避免处理性质可变的体系在数学上的复杂性,以下的讨论将局限于沿长度性质不变的梁及由这种构件组成的框架。然而,这不是必须的限制,因为利用离散参数建模处理性质可变的任何体系更有效。

首先,考虑 17-2 节中的基本情况,分别令 $EI(x)=EI$ 和 $m(x)=\bar{m}$。如方程(17-7)所示,这种体系的无阻尼自由振动运动方程为

$$EI\frac{\partial^4 v(x,t)}{\partial x^4}+\bar{m}\frac{\partial^2 v(x,t)}{\partial t^2}=0 \tag{18-1}$$

用 EI 除上式,并用撇表示对 x 的导数和用圆点表示对 t 的导数,上述方程成为

$$v^{iv}(x,t)+\frac{\bar{m}}{EI}\ddot{v}(x,t)=0 \tag{18-2}$$

因为 $\bar{m}/EI$ 是常量,可用分离变量法容易地求得这个方程的解的一种形式。假定解具有形式

$$v(x,t)=\phi(x)Y(t) \tag{18-3}$$

上式表明,自由振动是幅值按 $Y(t)$随时间变化、按指定形状 $\phi(x)$进行的运动。把式(18-3)代入方程(18-2),推导得

$$\phi^{iv}(x)Y(t)+\frac{\bar{m}}{EI}\phi(x)\ddot{Y}(t)=0 \tag{18-4}$$

用 $\phi(x)Y(t)$除上式,使变量分离如下

$$\frac{\phi^{iv}(x)}{\phi(x)}+\frac{\bar{m}}{EI}\frac{\ddot{Y}(t)}{Y(t)}=0 \tag{18-5}$$

因为此方程的第一项仅是 x 的函数,第二项仅是 t 的函数,所以只有当每一项都等于如下常数时,对于任意的 x 和 t 方程才都能满足

$$\frac{\phi^{iv}(x)}{\phi(x)}=-\frac{\bar{m}}{EI}\frac{\ddot{Y}(t)}{Y(t)}=a^4 \tag{18-6}$$

式中把该常数写成 a^4 的形式，是为了以后数学上的方便。由方程(18－6)可得到两个常微分方程

$$\ddot{Y}(t)+\omega^2 Y(t)=0 \tag{18-7a}$$

$$\phi^{iv}(x)-a^4\phi(x)=0 \tag{18-7b}$$

式中

$$\omega^2=\frac{a^4 EI}{\bar{m}} \qquad \left(\text{即 } a^4=\frac{\omega^2\bar{m}}{EI}\right) \tag{18-8}$$

方程(18－7a)是大家熟悉的无阻尼单自由度体系自由振动方程，它有如下形式的解[见式(2－31)]

$$Y(t)=A\cos\omega t+B\sin\omega t \tag{18-9}$$

式中的常数 A 和 B 依赖于位移和速度的初始条件，即

$$Y(t)=Y(0)\cos\omega t+\frac{\dot{Y}(0)}{\omega}\sin\omega t \tag{18-10}$$

可按一般的方法求解方程(18－7b)，假定解的形式为

$$\phi(x)=G\exp(sx) \tag{18-11}$$

把它代入方程(18－7b)，导得

$$(s^4-a^4)G\exp(sx)=0 \tag{18-12}$$

由此得到

$$s_{1,2}=\pm ia \qquad s_{3,4}=\pm a \tag{18-13}$$

把每一个根分别代入式(18－11)，并把得到的四项相加，得完全解如下：

$$\phi(x)=G_1\exp(iax)+G_2\exp(-iax)+G_3\exp(ax)+G_4\exp(-ax) \tag{18-14}$$

式中 G_1，G_2，G_3 和 G_4 必须视为复常数。用三角函数和双曲函数等价地替换指数函数，并令式子右边的虚部为零。推导出

$$\phi(x)=A_1\cos ax+A_2\sin ax+A_3\cosh ax+A_4\sinh ax \tag{18-15}$$

式中 A_1，A_2，A_3 和 A_4 是实常数，它们可以用 G_1，G_2，G_3 和 G_4 表示。这四个实常数由梁端已知的边界条件(位移、斜率、弯矩或剪力)来计算。在确定这些常数时，可以把四个常数中的任意三个用第四个常数来表示，得到一个表达式(叫做频率方程)，用它可以求解频率参数 a。在自由振动分析中，第四个常数不能直接求得，因为它代表形状函数 $\phi(x)$ 的任意一个幅值。然而，在赋予该常数一个值(比如说 1)之后，式(18－10)中的 $Y(0)$ 和 $\dot{Y}(0)$ 的值就应该与其相协调，使用式(18－3)表示的 $v(x,t)$ 满足初始条件，即 $Y(0)=v(x,0)/\phi(x)$ 和 $\dot{Y}(0)=\dot{v}(x,0)/\phi(x)$。

现在，将通过如下一系列例子，来说明上述自由振动分析的方法。

例题 E18－1　简支梁　研究图 E18－1a 所示的等截面简支梁，该梁的四个边界条件为

$$\phi(0)=0 \qquad M(0)=EI\,\phi''(0)=0 \tag{a}$$

$$\phi(L)=0 \qquad M(L)=EI\,\phi''(L)=0 \tag{b}$$

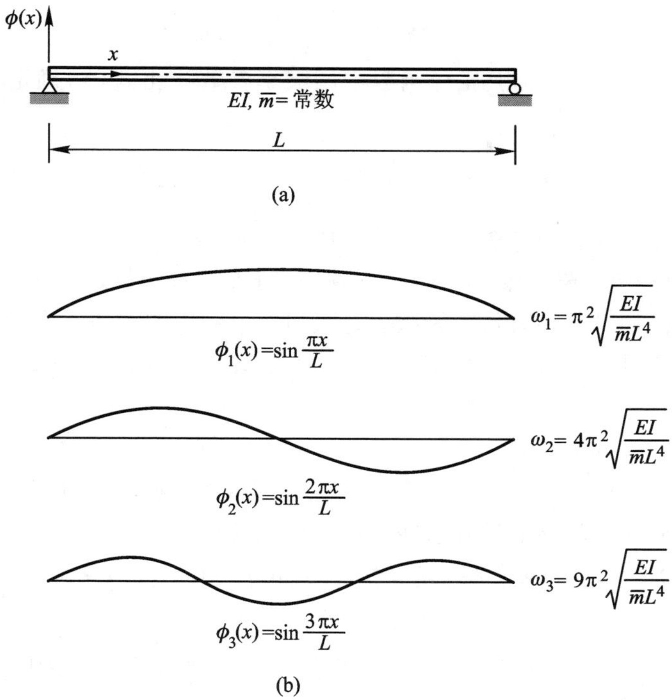

图 E18 - 1　简支梁的振动分析

(a)简支梁的基本特性;(b)前三个振型及其频率

利用式(18 - 15)和它对于 x 的二阶偏导数,式(a)可以写为

$$\begin{aligned}\phi(0)&=A_1\cos 0+A_2\sin 0+A_3\cosh 0+A_4\sinh 0=0\\ \phi''(0)&=a^2(-A_1\cos 0-A_2\sin 0+A_3\cosh 0+A_4\sinh 0)=0\end{aligned} \tag{c}$$

由上述两个式子得到$(A_1+A_3)=0$和$(-A_1+A_3)=0$;自然,得出$A_1=0$和$A_3=0$。类似地,在考虑$A_1=0$和$A_3=0$之后,式(b)可以写成如下形式

$$\begin{aligned}\phi(L)&=A_2\sin aL+A_4\sinh aL=0\\ \phi''(L)&=a^2(-A_2\sin aL+A_4\sinh aL)=0\end{aligned} \tag{d}$$

在消去 a^2 之后,两式相加。得到

$$2A_4\sinh aL=0 \tag{e}$$

这样,因为 $\sinh aL\neq 0$,所以 $A_4=0$。仅剩下一个非零的常数 A_2,因此

$$\phi(x)=A_2\sin ax \tag{f}$$

由边界条件 $\phi(L)=0$,排除平凡解 $A_2=0$ 后可得

$$\sin aL=0 \tag{g}$$

该式即为体系的频率方程。由此,得

$$a=n\pi/L \qquad n=0,1,2,\cdots \tag{h}$$

把式(h)代入式(18-8),并对等式两边取平方根,得到频率的表达式为

$$\omega_n=n^2\pi^2\sqrt{\frac{EI}{\overline{m}L^4}} \tag{i}$$

相应的振型由式(f)给出,其正弦函数中的频率参数 a 由式(h)确定;这样,忽略平凡情况 $n=0$,得到

$$\phi_n(x)=A_2\sin\frac{n\pi}{L}x \qquad n=1,2\cdots \tag{j}$$

前三个振型曲线和相应的圆频率如图 E18-1b 所示。

例题 E18-2 悬臂梁 在前一例题中,简支梁自由振动的分析并无困难,因为简支梁的振型只含有形状函数表达式(18-15)中的一项。为了提供更有代表性的例子,用以说明需要全部四项的分析方法,考虑图 E18-2a 所示的悬臂梁。这里,需要满足的四个边界条件是

$$\phi(0)=0 \qquad \phi'(0)=0 \tag{a}$$

$$M(L)=EI\phi''(L)=0 \qquad V(L)=EI\phi'''(L)=0 \tag{b}$$

将式(18-15)和它的导数代入这些边界条件,导得

$$\begin{aligned}
\phi(0)&=(A_1\cos 0+A_2\sin 0+A_3\cosh 0+A_4\sinh 0)=0\\
\phi'(0)&=a(-A_1\sin 0+A_2\cos 0+A_3\sinh 0+A_4\cosh 0)=0\\
\phi''(L)&=a^2(-A_1\cos aL-A_2\sin aL+A_3\cosh aL+A_4\sinh aL)=0\\
\phi'''(L)&=a^3(A_1\sin aL-A_2\cos aL+A_3\sinh aL+A_4\cosh aL)=0
\end{aligned} \tag{c}$$

利用 $\cos 0=\cosh 0=1$ 和 $\sin 0=\sinh 0=0$,从前两个式子推导出 $A_3=-A_1$ 和 $A_4=-A_2$。把这些关系代入后两个式子,改变所有的符号,并把所得的结果写成矩阵形式,得到特征方程

$$\begin{bmatrix}(\cos aL+\cosh aL) & (\sin aL+\sinh aL)\\ (\sinh aL-\sin aL) & (\cos aL+\cosh aL)\end{bmatrix}\begin{Bmatrix}A_1\\ A_2\end{Bmatrix}=\begin{Bmatrix}0\\ 0\end{Bmatrix} \tag{d}$$

为了使系数 A_1 和 A_2 不全为零,式子中方阵的行列式必须为零;这样,得到频率方程

$$\sinh^2 aL-\sin^2 aL-\cos^2 aL-2\cosh aL\cos aL-\cosh^2 aL=0 \tag{e}$$

由此得

$$\cos aL=-(1/\cosh aL) \tag{f}$$

这个超越方程的解给出了 aL 的值,此值代表悬臂梁的振动频率。在图 E18-2c中给出了函数 $\cos aL$ 和 $-(1/\cos aL)$ 的图形;它们的交点给出满足式(f)的 aL 值。注意,当函数 $-(1/\cos aL)$ 逐渐趋近于横轴时,交点的 aL 值由 $\cos aL=0$ 给出;因此,式(f)的第四个及其以上的解近似确定如下

$$(aL)_n\doteq\frac{\pi}{2}(2n-1) \qquad n=4,5,6,\cdots \tag{g}$$

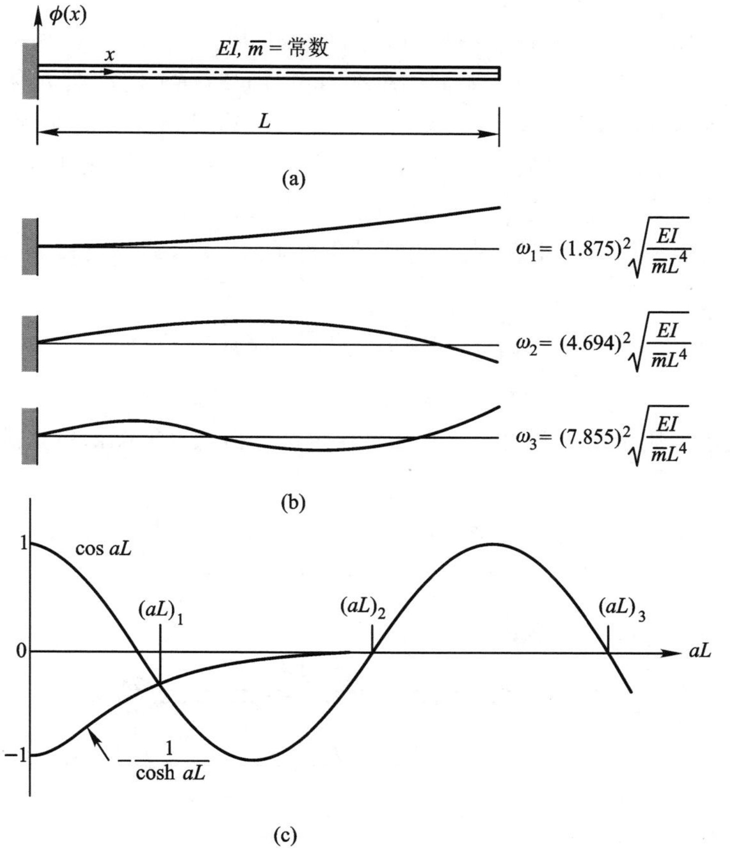

图 E18－2　悬臂梁的振动分析

(a)悬臂梁的特性；(b)前三个振型和相应的频率；(c)图解法求解频率方程

该式至少精确到四位数。把式(f)和式(g)决定的 aL 值代入式(18－8)，得到相应的圆频率为

$$\omega_n=(aL)_n^2\sqrt{\frac{EI}{\overline{m}L^4}}\qquad n=1,2,3\cdots \tag{h}$$

可借助于特征方程(d)中的任一式子，将系数 A_2 用 A_1 表示出来。用第一个式子给出

$$A_2=-\frac{(\cos aL+\cosh aL)}{(\sin aL+\sinh aL)}A_1 \tag{i}$$

它和前面得到的条件 $A_3=-A_1$ 及 $A_4=-A_2$ 一起，可以把式(18－15)表示的振型表达式写成下列形式

$$\phi(x)=A_1\left[\cos ax-\cosh ax-\frac{(\cos aL+\cosh aL)}{(\sin aL+\sinh aL)}(\sin ax-\sinh ax)\right] \tag{j}$$

将频率方程的根 aL 分别代入上式，就得到相应的振型函数。图 E18－2b 给出

了等截面悬臂梁振动的前三个振型和相应的圆频率。

例题 E18－3 在自由端有刚性质量的悬臂梁 在此例中，利用了与例题 E18－2相同的等截面悬臂梁，不同的是在自由端固结一个转动惯量为 j_1 的刚性集中质量 m_1，如图 E18－3a 所示。在梁固定端的边界条件与前面例题相同；但是，另一端因为集中质量的存在，弯矩和剪力不再为零。作用在杆端的这些内力分量连同横向惯性力分量 $m_1\ddot{v}(L,t)$ 和转动惯性力分量 $j_1\ddot{v}'(L,t)$ 分别示于图 E18－3b 的隔离体上。注意，在自由振动条件下，从式(18－3)和式(18－9)可推导出

$$\begin{aligned}\ddot{v}(L,t)&=\phi(L)\ddot{Y}(t)=-\omega^2\phi(L)Y(t)\\ \ddot{v}'(L,t)&=\phi'(L)\ddot{Y}(t)=-\omega^2\phi'(L)Y(t)\end{aligned} \tag{a}$$

从作用在刚性质量上力和力矩的平衡条件可推导出悬臂梁端部应该满足的边界条件为

$$\begin{aligned}EI\,\phi'''(L)&=-\omega^2\phi(L)m_1\\ EI\,\phi''(L)&=-\omega^2\phi'(L)j_1\end{aligned} \tag{b}$$

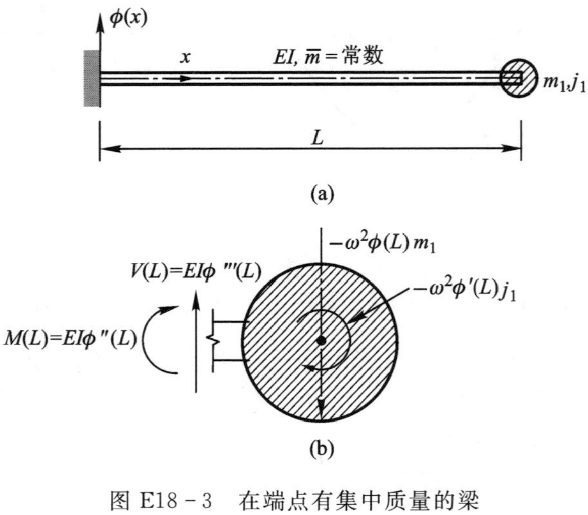

图 E18－3 在端点有集中质量的梁

(a)梁的性质；(b)作用在端点质量上的力

用这些条件代替前面的条件 $\phi''(L)=\phi'''(L)=0$，按照例题 E18－2 的分析步骤进行自由振动分析，就可以推导出该例体系的振型形状和频率。

例题 E18－4 两个构件的刚架 为了说明多构件体系自由振动分析的方法，考虑图 E18－4a 所示的两个构件的刚架。如图所示，两个构件都是等截面的，然而，它们可以具有不同的性质。由于垂直的柱子下端固结，柱应满足两个条件：$\phi(0)=\phi'(0)=0$。忽略轴向变形，上部水平梁应满足以下三个支承条件

$$\phi_2(0)=0 \qquad \phi_2(L_2)=0 \qquad \phi_2''(L_2)=\frac{M(L_2)}{EI_2}=0 \tag{a}$$

在两个构件连接处的变形连续性和力矩平衡给出两个附加条件

$$\phi_1'(L_1)=\phi_2'(0) \qquad EI_1\,\phi_1''(L_1)=EI_2\phi_2''(0) \tag{b}$$

最后，柱顶端的剪力与上部构件因侧向运动产生的惯性力平衡（图 E18-4b），给出第八个条件

$$EI_1\,\phi_1'''(L_1)+\bar{m}_2L_2\omega^2\phi_1(L_1)=0 \tag{c}$$

其中，$\bar{m}_2$ 是水平梁单位长度的质量。

把 $\phi_1(x)$ 和 $\phi_2(x)$ 表示成式(18-15)的形式，并求所需要的偏导数，再把得到的结果代入式(a)、式(b)和式(c)及柱端固定条件，得出包含 8 个未知振型系数（每一梁段 4 个）的 8 个式子。把这些式子写成矩阵形式，并令 8×8 的系数方阵的行列式等于零，即可得到该体系的频率方程。其中，仅含一个在方程(18-6)中出现的参数 a。求出频率方程的根，把它们分别代入上述矩阵方程；对于相应的振型，8 个振型系数中的 7 个可以用第 8 个系数表示。第 8 个系数作为振型幅值的度量，可以取任意值。最后，把频率方程的每个解分别代入式(18-8)，就求得相应的圆频率。

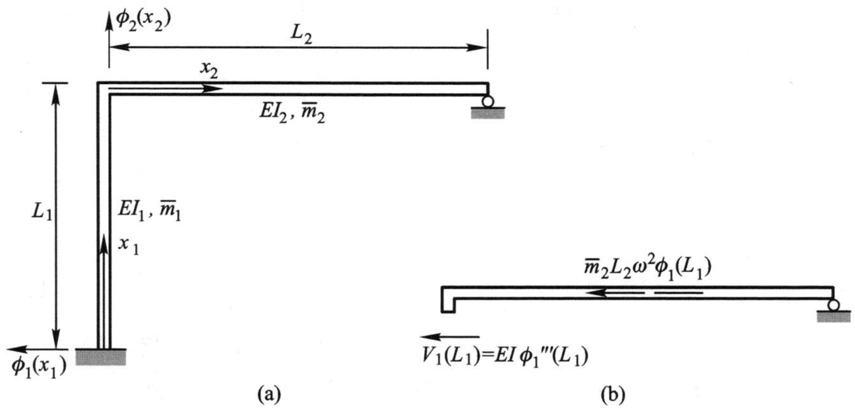

图 E18-4　简单的两杆刚架
(a)刚架的构造；(b)作用在梁上的力

上述例子表明，按照这种分析具有分布参数体系自由振动的方法，即使分析一两杆简单刚架，也产生了相当大的计算问题。尽管过去发现，上述解法对于适当的体系是有效的；而现在，离散参数形式的解更方便，应用也更普遍。

§18-2　梁的弯曲：考虑轴向力的影响

正如在第 8 章所讨论的，作用在弯曲构件上的轴向力，对构件振动特性可以有很显著的影响；一般既会改变频率，也会改变振型。在讨论相同物理特性等直

杆的自由振动时，如果被考虑的轴向力沿杆长不改变，也不随时间变化，那么运动方程[由方程(17－10)得出]为

$$EI\frac{\partial^4 v(x,t)}{\partial x^4}+N\frac{\partial^2 v(x,t)}{\partial x^2}+\bar{m}\frac{\partial^2 v(x,t)}{\partial t^2}=0 \tag{18-16}$$

令解为式(18－3)的形式，和前面一样分离变量，最终导得

$$\frac{\phi^{iv}(x)}{\phi(x)}+\frac{N}{EI}\frac{\phi''(x)}{\phi(x)}=-\frac{\bar{m}}{EI}\frac{\ddot{Y}(t)}{Y(t)}=a^4 \tag{18-17}$$

由此得到两个独立方程

$$\ddot{Y}(t)+\omega^2 Y(t)=0 \tag{18-18a}$$

$$\phi^{iv}(x)+g^2\phi''(x)-a^4\phi(x)=0 \tag{18-18b}$$

式中，ω^2 由式(18－8)定义，而 g^2 由下式给出

$$g^2\equiv\frac{N}{EI} \tag{18-19}$$

方程(18－18a)和前面得到的时间变量方程(18－7a)相同，这说明沿长度均匀分布的轴向力并不影响自由振动的简谐特性。然而，由于在方程(18－18b)中存在 $g^2\phi''(x)$ 项，轴向力会影响振型形状和频率。把 $\phi(x)$ 定义为式(18－11)的形式，由方程(18－18b)推导出

$$(s^4+g^2s^2-a^4)G\exp(sx)=0 \tag{18-20}$$

消去 $G\exp(sx)$，以 s 为变量求解得到的方程，得出四个根

$$s_{1,2}=\pm i\delta \qquad s_{3,4}=\pm\varepsilon \tag{18-21}$$

式中

$$\delta\equiv\sqrt{\left(a^4+\frac{g^4}{4}\right)^{1/2}+\frac{g^2}{2}} \qquad \varepsilon\equiv\sqrt{\left(a^4+\frac{g^4}{4}\right)^{1/2}-\frac{g^2}{2}} \tag{18-22}$$

把式(18－21)中的四个根分别代入式(18－11)，把得到的四项相加，就导出用指数函数表示的解 $\phi(x)$。用三角函数和双曲函数等值表示该指数函数，并令 $\phi(x)$ 的整个虚部等于零。推导出

$$\phi(x)=D_1\cos\delta x+D_2\sin\delta x+D_3\cosh\varepsilon x+D_4\sinh\varepsilon x \tag{18-23}$$

对于轴向力的任何指定的值，式(18－23)定义了振动梁段的形状。可以完全像18－1节中对于无轴力体系所介绍的相同方法计算系数 D_1，D_2，D_3 和 D_4。事实上，很明显，当轴向力 P 为零时，即得 $g=0$，于是 $\delta=\varepsilon=a$。在这种情况，式(18－23)与式(18－15)完全相同。

在轴向力 N 不等于零时，可用式(18－23)求静力屈曲荷载和相应的形状。对于这种非振动情况，$\omega=0$；于是，$a=0$，$\delta=g$ 和 $\varepsilon=0$。式(18－21)的四个根是 $s_{1,2}=\pm ig$ 和 $s_{3,4}=0$。推导出静力屈曲形状函数的完全解如下

$$\phi(x)=D_1\cos gx+D_2\sin gx+D_3x+D_4 \tag{18-24}$$

式中，后两项与 s_3 及 s_4 为零相对应。按照建立振动情况频率方程的相同方法，

可以推导出含一个未知参数 g 的方程。该方程的根给出 N 的临界值，即 N_{cr}。在静力屈曲荷载分析时，仅第一屈曲形式是重要的。与用频率参数 a 的最小值求第一振型的形状完全相同的方法，以 N 的最小临界值得出第一屈曲曲线的形状。

§18-3　梁的弯曲：具有分布的弹性支承

考虑与 18-1 节相同的等截面梁段；但是，除了两端给定的支承条件外，假定梁还受有如图 8-3d 所示的分布弹簧横向支承，其中 $k(x)=\bar{k}$。在方程（18-1）中增加一项考虑由分布弹性支承提供的横向力，可得到该体系的自由振动运动方程，即

$$EI\,\frac{\partial^4 v(x,t)}{\partial x^4}+\bar{m}\,\frac{\partial^2 v(x,t)}{\partial t^2}+\bar{k}v(x,t)=0 \tag{18-25}$$

利用式（18-3）的解，和前面一样分离变量，导出

$$\frac{\phi^{iv}(x)}{\phi(x)}+\frac{\bar{k}}{EI}=-\frac{\bar{m}}{EI}\frac{\ddot{Y}(t)}{Y(t)}=a^4 \tag{18-26}$$

由此得到两个独立的方程

$$\ddot{Y}(t)+\omega^2 Y(t)=0 \tag{18-27a}$$

$$\phi^{iv}(x)-b^4\phi(x)=0 \tag{18-27b}$$

这里，

$$\omega^2\equiv\frac{a^4 EI}{\bar{m}}\qquad b^4\equiv a^4-\frac{\bar{k}}{EI} \tag{18-28}$$

由于方程（18-27b）形式上与方程（18-7b）完全相同，因此它有相同形式的解，即

$$\phi(x)=B_1\cos bx+B_2\sin bx+B_3\cosh bx+B_4\sinh bx \tag{18-29}$$

按照 18-1 节的方法，对于给定的边界条件，可以得到相同的频率方程。但是，现在的频率方程包含由式（18-28）第二式定义的频率参数 b，而不是参数 a。因此，参数 b 的数值与前面得到的参数 a 的值完全相同。例如，对于图 E18-3 中的等截面悬臂梁，假定在整个梁上有单位长度弹簧常数为 $\bar{k}$ 分布的横向弹性支承。由频率方程得到 $(bL)_1=1.875$，$(bL)_2=4.694$ 和 $(bL)_3=7.855$。这些值等同于例题 E18-2 中 aL 的相应值。然而，按照式（18-28），现在的频率增高了，即

$$\omega_n=\left[(bL)_n^4\,\frac{EI}{\bar{m}L^4}+\frac{\bar{k}}{\bar{m}}\right]^{1/2} \tag{18-30}$$

另外，因为式（18-15）与节（18-29）形式相同，所以有无分布弹性支承的两种体

系相应的振型完全相同。

§18-4　梁的弯曲:振型的正交性

具有分布特性梁的振型具有正交关系,它与在前面对于离散参数体系定义的振型正交关系等价,通过本质上相同的途径——运用 Betti 定律,就能证明这一点。考虑图 18-1 所示的梁。为了这个讨论,尽管图中画的仅是简支梁,然而梁可以有沿长度任意变化的刚度和质量,并可能有任意的支承条件。图中画出了梁的第 m 和第 n 两个不同振型。对于每一个振型,位移形式及产生此位移的惯性力都示于图中。

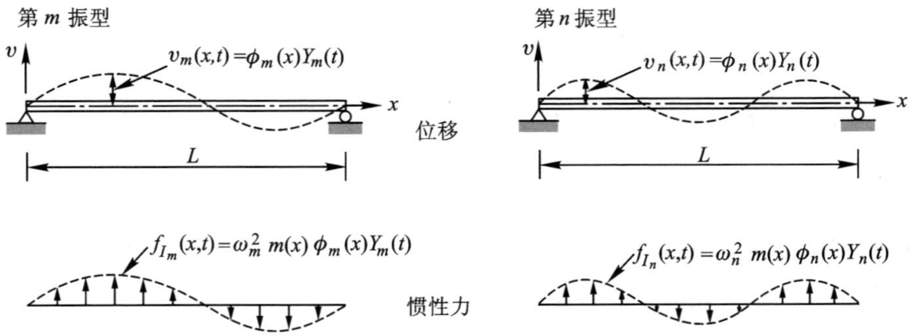

图 18-1　同一梁的两个不同的振型

对这两个位移模式应用 Betti 定律,就是第 n 振型的惯性力在第 m 振型的位移上作的功等于第 m 振型的惯性力在第 n 振型位移上作的功,即

$$\int_0^L v_m(x) f_{I_n}(x)\mathrm{d}x = \int_0^L v_n(x) f_{I_m}(x)\mathrm{d}x \tag{18-31}$$

用图 18-1 所示的振型函数表示上式,可得

$$\begin{aligned} &Y_m(t)Y_n(t)\omega_n^2\int_0^L \phi_m(x)m(x)\phi_n(x)\mathrm{d}x \\ &= Y_m(t)Y_n(t)\omega_m^2\int_0^L \phi_n(x)m(x)\phi_m(x)\mathrm{d}x \end{aligned} \tag{18-32}$$

它可以改写成

$$(\omega_n^2-\omega_m^2)\int_0^L \phi_m(x)\phi_n(x)m(x)\mathrm{d}x = 0 \tag{18-33}$$

因为这两个振型的频率不等,因此它们的振型必须满足正交性条件

$$\int_0^L \phi_m(x)\phi_n(x)m(x)\mathrm{d}x = 0 \qquad \omega_m \neq \omega_n \tag{18-34}$$

很清楚,分布参数正交性条件和离散参数的正交性条件[式(11-38a)]是相当

的。如果两个振型具有相等的频率，正交性条件不能应用。但是，这种情况在一般结构问题中不常出现。

用刚度特性而不是用质量作为加权参数，就可以和前面离散参数体系一样，导出分布参数体系的第二个正交性条件。对变截面梁，自由振动的运动方程[见方程(17－7)]为

$$\frac{\partial^2}{\partial x^2}\left[EI(x)\frac{\partial^2 v(x,t)}{\partial x^2}\right]+m(x)\frac{\partial^2 v(x,t)}{\partial t^2}=0 \tag{18-35}$$

按照式(18－3)和式(18－9)，第 n 振型的简谐运动可以写成

$$v_n(x,t)=\phi_n(x)\rho_n\sin(\omega_n t+\phi_n) \tag{18-36}$$

式中，$\rho_n=(A^2+B^2)^{1/2}$，ϕ_n 是相位角。把式(18－36)代入方程(18－35)，并消去共同的因子 $\rho_n\sin(\omega_n t+\phi_n)$，得到

$$\omega_n^2 m(x)\phi_n(x)=\frac{\mathrm{d}^2}{\mathrm{d}x^2}\left[EI(x)\frac{\mathrm{d}^2\phi_n(x)}{\mathrm{d}x^2}\right] \tag{18-37}$$

把上式代入方程(18－32)的两边，消去相同项 $Y_m(t)Y_n(t)$，给出

$$(\omega_n^2-\omega_m^2)\int_0^L \phi_m(x)\,\frac{\mathrm{d}^2}{\mathrm{d}x^2}\left[EI(x)\,\frac{\mathrm{d}^2\phi_n(x)}{\mathrm{d}x^2}\right]\mathrm{d}x=0 \tag{18-38}$$

因为两个振型的频率不相同，第 m 和第 n 振型一定满足下述正交性条件

$$\int_0^L \phi_m(x)\,\frac{\mathrm{d}^2}{\mathrm{d}x^2}\left[EI(x)\,\frac{\mathrm{d}^2\phi_n(x)}{\mathrm{d}x^2}\right]\mathrm{d}x=0 \tag{18-39}$$

对上式分部积分两次，得出振型正交性关系的一种应用更方便的对称形式

$$\phi_m(x)V_n(x)\Big|_0^L-\phi'_m(x)M_n(x)\Big|_0^L+\int_0^L \phi''_m(x)\phi''_n(x)EI(x)\mathrm{d}x=0 \qquad \omega_m\neq\omega_n \tag{18-40}$$

式(18－40)的前两项表示第 n 振型的边界竖向截面力在第 m 振型的端部位移上作的功和第 n 振型的端部弯矩在第 m 振型的相应转角上作的功。对于标准的固定端、铰支端或自由端条件，这些项为零。然而，当梁具有弹性支座或者在端部有集中质量时，它们对正交性关系式将有贡献。因此，为了能够考虑这些情况，它们必须保留在表达式中。

§18－5　轴向变形的自由振动

分析一维构件轴向运动的自由振动和分析弯曲振动十分类似。对于沿长度特性为常数的直杆，轴向自由振动运动方程[见方程(17－29)]为

$$EA\,\frac{\partial^2 u(x,t)}{\partial x^2}-\bar{m}\,\frac{\partial^2 u(x,t)}{\partial t^2}=0 \tag{18-41}$$

假定解为分离变量形式

$$u(x,t)=\overline{\phi}(x)Y(t) \tag{18-42}$$

方程(18－41)可以写成如下形式：

$$\frac{\overline{\phi}''(x)}{\overline{\phi}(x)}=\frac{\overline{m}}{EA}\frac{\ddot{Y}(t)}{Y(t)}=-c^2 \tag{18-43}$$

由此得到两个相互独立的微分方程

$$\ddot{Y}(t)+\omega^2 Y(t)=0 \tag{18-44a}$$

$$\overline{\phi}''(x)+c^2\overline{\phi}(x)=0 \tag{18-44b}$$

这里

$$\omega^2\equiv c^2\ \frac{EA}{\overline{m}} \tag{18-45}$$

方程(18－44a)和方程(18－7a)一样，有简谐形式的自由振动解，如式(18－9)所示。方程(18－44b)和方程(18－44a)形式相同，但是前者的变量是 x，而后者的变量是 t。因此，方程(18－44b)有同样形式的解，写为

$$\overline{\phi}(x)=C_1\cos cx+C_2\sin cx \tag{18-46}$$

式中系数 C_1 和 C_2 用以确定振型。考虑两个已知的边界条件，这两个常数中的一个可用另一个来表示，就得到包含参数 c 的频率方程。

例题 E18－5　悬臂杆　考虑图 E18－5a 所示杆的轴向自由振动。它要满足的两个边界条件为

$$\overline{\phi}(0)=0 \qquad \underline{N}(L)=EA\,\overline{\phi}'(L)=0^{①} \tag{a}$$

将式(18－46)代入其中的第一个条件，导得

$$C_1\cos 0+C_2\sin 0=0 \tag{b}$$

由此有 $C_1=0$。求式(18－46)的一阶导数，并代入方程(a)中的第二个条件，给出

$$EA\,C_2\,c\cos cL=0 \tag{c}$$

排除平凡解 $C_2=0$。可见，频率方程为

$$\cos cL=0 \tag{d}$$

由此得

$$c_nL=\frac{\pi}{2}(2n-1) \tag{e}$$

于是，得出杆的振型为

$$\overline{\phi}_n=C_2\sin\left[\frac{\pi}{2}(2n-1)\frac{\pi}{L}\right] \qquad n=1,2,3,\cdots \tag{f}$$

式中 C_2 是任意的幅值。把式(e)代入式(18－45)，相应的振动圆频率为

---

① 在原著该式中，用无下划线的 $N(L)$ 表示自由端的轴向力。在 17－6 节，作者用有下划线的 $\underline{N}$ 表示杆轴向振动时的轴向内力。因此，这里译者作了相应的修改。——译者

$$\omega_n = c_n \sqrt{\frac{EA}{\bar{m}}} = \frac{\pi}{2}(2n-1)\sqrt{\frac{EA}{\bar{m}L^2}} \qquad n=1,2,3,\cdots \tag{g}$$

图 E18－5b 给出了前三个振型和相应的频率。

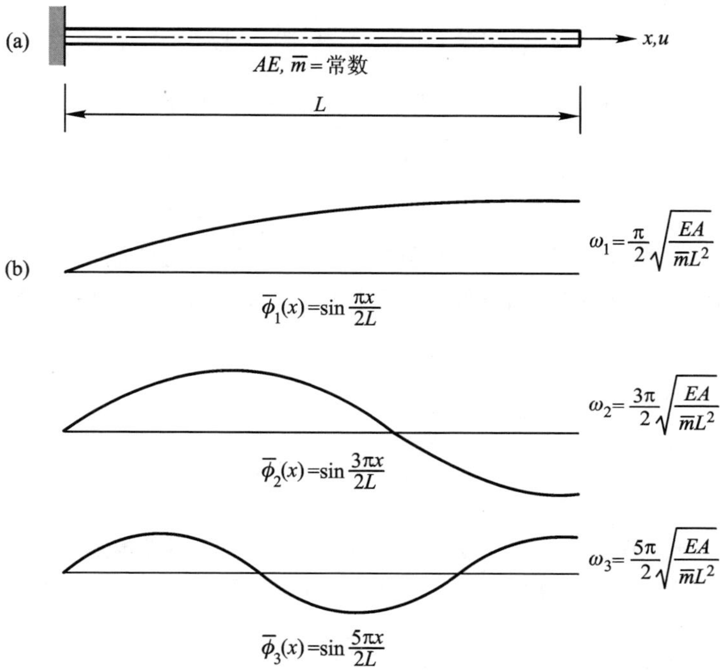

图 E18－5　杆的轴向振动

(a)悬臂杆的基本性质;(b)前三个振型

§18－6　轴向振型的正交性

轴向振动的振型也具有正交性,这和前面证明的弯曲振动振型的正交性完全相当。事实上,可用 Betti 定律导出轴向振动振型关于分布质量的正交性,推导途径与弯曲振型相同,并有与其相当的结果

$$\int_0^L \bar{\phi}_m(x)\bar{\phi}_n(x)m(x)\,\mathrm{d}x = 0 \tag{18-47}$$

把自由振动的简谐时间变化规律代入齐次形式的运动方程(17－29)中,可以导出关于轴向刚度的正交性关系式。换句话说,当第 n 振型的位移表示成下列形式时

$$u_n(x,t)=\bar{\phi}_n(x)\rho_n\sin(\omega_n t+\phi_n) \tag{18-48}$$

把它代入齐次形式的方程(17－29),得到

$$\omega_n^2 m(x)\bar{\phi}_n(x) = -\frac{\mathrm{d}}{\mathrm{d}x}\left[EA(x)\frac{\mathrm{d}\bar{\phi}_n}{\mathrm{d}x}\right] \tag{18-49}$$

于是,正交性关系式(18－47)中的惯性力项可以用等价的轴向弹性力项替换,得出

$$\int_0^L \bar{\phi}_m(x)\frac{\mathrm{d}}{\mathrm{d}x}\left[EA(x)\frac{\mathrm{d}\bar{\phi}_n(x)}{\mathrm{d}x}\right]\mathrm{d}x = 0 \tag{18-50}$$

对上式进行分部积分,可导得应用更为方便的一种对称形式

$$\bar{\phi}_m(x)N_n(x)\Big|_0^L - \int_0^L \bar{\phi}'_m(x)\,\bar{\phi}'_n(x)EA(x)\mathrm{d}x = 0 \qquad \omega_m \neq \omega_n \tag{18-51}$$

式中的第一项表示第 n 振型的边界轴向力在第 m 振型的杆端位移上所作的功;对于标准的自由端或固定端条件,这一项为零。但在更为复杂的情况中可能要加以考虑。

习　　题

18－1 试计算图 E18－3 所示端部有一集中质量的悬臂梁的基本频率。假定端部集中质量 $m_1 = 2\bar{m}L$,同时质量惯性矩 $j_1 = 0$。沿梁跨度每隔 $L/5$ 求出一点的值,画出该振型的形状曲线。

18－2 试计算图 E18－4 所示刚架的基本频率。假定两根构件具有相同特性 L,EI 和 $\bar{m}$。各跨沿梁长每隔 $L/4$ 求出一点的值,画出该振型的形状曲线。

18－3 试计算图 P18－1 所示梁的**弯曲振动**的基本频率。沿梁长每隔 $L/5$ 求出一点的值,画出该振型的形状曲线。注意,这个不稳定结构的最低频率为零,这里感兴趣的频率是最低的非零频率。

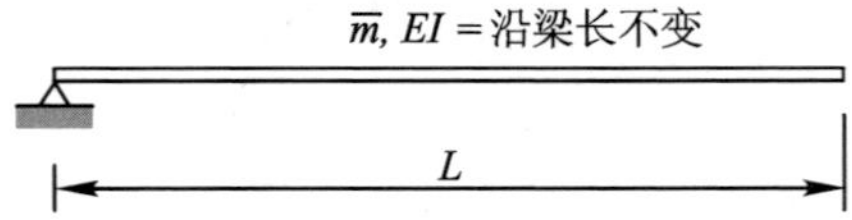

图 P18－1

18－4 图 P18－2 为一等截面两跨连续梁。试计算该结构弯曲振动的基本频率,并沿两跨每隔 $L/2$ 取一点,画出它的振型图。

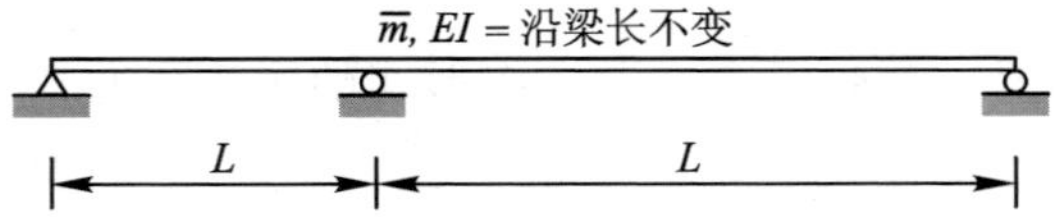

图 P18－2

18－5 一根钢筋混凝土简支梁,其横截面宽 8 in、高 18 in,跨度为 20 ft。假定材料的弹

性模量为 3×10^6 lbf/in^2，单位体积的重量为 150 lbf/ft^3。试计算它的前五个振型的频率。不计剪切变形和转动惯量的影响。

18－6　试计算图 E18－3 所示结构**轴向振动**的基本频率。假定端部集中质量 $m_1=2\bar{m}L$，梁的横截面积为 A。沿梁跨度每隔 $L/5$ 求出一点的值，画出该振型的形状曲线。

18－7　两根长度相等但具有不同性质的等截面杆组成一根柱子，如图 P18－3 所示。对此结构试：

(a) 列出在推导轴向振动频率方程时计算诸常数所需的四个边界条件。

(b) 写出轴向振动频率超越方程，并计算第一频率和第一振型。画出振型图，沿柱长每隔 $L/3$ 求出一点的值，自由端幅值规格化为 1。

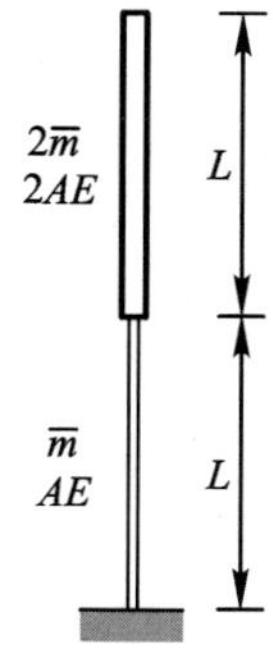

图 P18－3

第 19 章 动力反应分析

§19-1 正 规 坐 标

一旦振型和频率确定之后，分布参数体系的振型叠加分析与离散体系的振型叠加分析完全相当，因为两者都把振型反应分量的幅值用来作为确定结构反应的广义坐标。由于分布参数体系有无限多个振型，原则上它有无限多个这样的坐标。但是，实际上只需要考虑对反应贡献大的那些振型分量。于是，问题实质上转变为离散参数的形式，只用有限个振型（正规）坐标来描述反应。

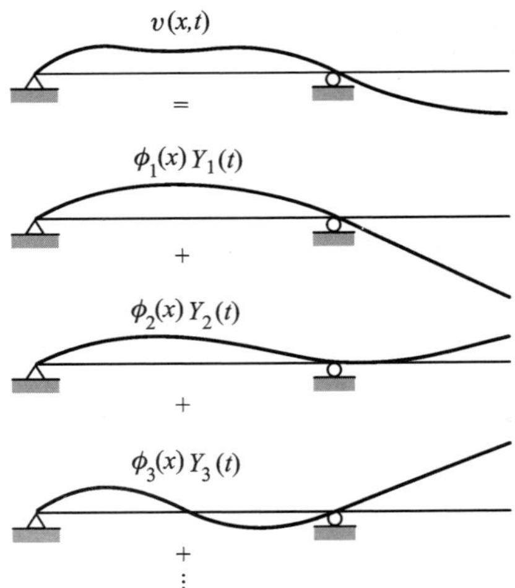

图 19-1　用正规坐标表示梁的任意位移

振型叠加分析的基本运算就是把几何位移坐标变换为振型幅值或正规坐标。对一维体系，这个变换表示成

$$v(x,t)=\sum_{i=1}^{\infty}\phi_i(x)Y_i(t) \qquad (19-1)$$

此式仅说明如下事实：结构实际容许的任何位移模式都能用此结构振型适当的幅值叠加得到。这一原理如图 19-1 所示，它表明一端外伸梁的任意位移可以用一组振型分量的和来表示。

包含在任意给定形状位移（如图 19-1 最上面一根曲线）中的振型分量，可以用正交性条件来计算；通常，采用包含质量加权参数的形式[式(18-34)]是最方便的。为了计算第 n 振型对任意位移 $v(x,t)$ 的贡献，把式(19-1)两边乘上 $\phi_n(x)m(x)$ 并积分，结果为

$$\begin{aligned}\int_0^L\phi_n(x)m(x)v(x,t)\mathrm{d}x&=\sum_{i=1}^{\infty}Y_i(t)\int_0^L\phi_i(x)m(x)\phi_n(x)\mathrm{d}x\\&=Y_n(t)\int_0^L\phi_n(x)^2m(x)\mathrm{d}x\end{aligned} \qquad (19-2)$$

这里，根据正交性条件，右边的无穷级数只剩下了一项。因此，就能直接解得剩下的那一项的幅值表达式为

$$Y_n(t)=\frac{\int_0^L \phi_n(x)m(x)v(x,t)\mathrm{d}x}{\int_0^L \phi_n(x)^2 m(x)\mathrm{d}x} \tag{19-3}$$

它和离散参数表达式(12－6)完全相当。与给定梁的初始位移 $v(x,0)$ 和初始速度 $\dot{v}(x,0)$ 相应的振型幅值 $Y_n(0)$ 及其速度 $\dot{Y}_n(0)$，就可以由式(19－3)及其速度直接得到。于是，每一振型的自由振动反应可用式(18－10)表示。

例题 E19－1　图 E19－1 所示长度为 L 的等截面杆，杆右端被提离滚动支座然后自由落下，使之绕左端固定铰支座转动。假定杆像一个刚体那样转动而落到右支座上，初始碰撞时的速度分布为

$$\dot{v}(x,0)=\frac{x}{L}\dot{v}_t \tag{a}$$

式中，$\dot{v}_t$ 代表杆右端的速度。相应于刚体转动的概念，初始时刻的位移 $v(x,0)=0$。

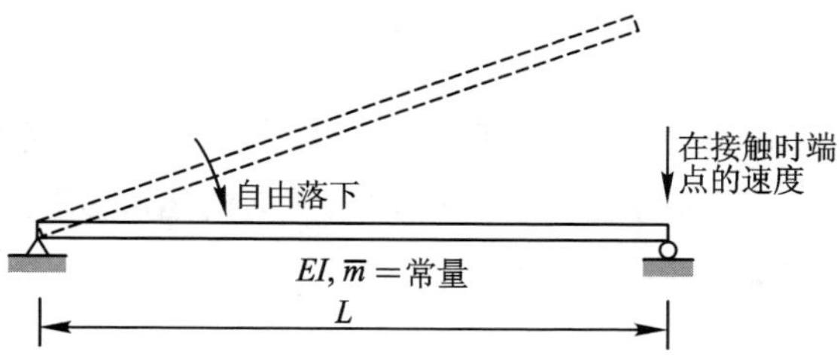

图 E19－1　自由振动幅值分析的例子

给出此简支梁的第 n 振型为

$$\phi_n(x)=\sin\frac{n\pi x}{L} \tag{b}$$

这样，式(19－3)中用以确定该振型幅值的分母积分为

$$\int_0^L \phi_n(x)^2 m(x)\mathrm{d}x = m\int_0^L \sin^2\left(\frac{n\pi x}{L}\right)\mathrm{d}x=\frac{mL}{2} \tag{c}$$

因为 $v(x,0)=0$，所以确定 $t=0$ 时刻振型幅值的公式(19－3)中分子的积分显然也为零。因此，对所有振型 $Y_n(0)=0$。为了求振型速度，求公式(19－3)对 t 的一阶导数，其分子的积分为

$$\begin{aligned}\int_0^L \phi_n(x)m(x)\dot{v}(x,0)\mathrm{d}x &= m\,\dot{v}_t\int_0^L \frac{x}{L}\sin\frac{n\pi x}{L}\mathrm{d}x\\ &=\pm\frac{mL}{n\pi}\dot{v}_t \qquad \begin{cases}+ & n=\text{奇数}\\ - & n=\text{偶数}\end{cases}\end{aligned} \tag{d}$$

代入分子和分母的积分值，可得出正规坐标的初始速度

$$\dot{Y}_n(0)=\pm\frac{2\dot{v}_t}{n\pi} \tag{e}$$

由式(18-10)可得振型振动为

$$Y_n(t)=\pm\frac{2\dot{v}_t}{n\pi\omega_n}\sin\omega_n t \tag{f}$$

将上式代入式(19-1),得到

$$\begin{aligned} v(x,t) &= \sum_{n=1}^{\infty}\phi_n(x)\left(\pm\frac{2\dot{v}_t}{n\pi\omega_n}\sin\omega_n t\right) \\ &=\frac{2\dot{v}_t}{\pi}\left(\frac{1}{\omega_1}\sin\frac{\pi x}{L}\sin\omega_1 t-\frac{1}{2\omega_2}\sin\frac{2\pi x}{L}\sin\omega_2 t+\cdots\right) \end{aligned} \tag{g}$$

注意,上述分析假定,在碰撞以后的所有时间梁的右端保持与支座接触,于是$v(L,t)=0$。

§19-2 非耦合的弯曲运动方程:无阻尼情况

与在离散参数体系分析中进行解耦的方法一样,两个正交性条件[式(18-34)和式(18-39)或式(18-40)]也为分布参数体系运动方程的解耦提供了工具。把式(19-1)代表的正规坐标表达式代入下面的运动方程[方程(17-7)]

$$\frac{\partial^2}{\partial x^2}\left[EI(x)\frac{\partial^2 v(x,t)}{\partial x^2}\right]+m(x)\frac{\partial^2 v(x,t)}{\partial t^2}=p(x,t) \tag{19-4}$$

导得

$$\sum_{i=1}^{\infty}m(x)\phi_i(x)\ddot{Y}_i(t)+\sum_{i=1}^{\infty}\frac{\mathrm{d}^2}{\mathrm{d}x^2}\left[EI(x)\frac{\mathrm{d}^2\phi_i(x)}{\mathrm{d}x^2}\right]Y_i(t)=p(x,t) \tag{19-5}$$

每一项乘 $\phi_n(x)$,并积分,得出

$$\begin{aligned} &\sum_{i=1}^{\infty}\ddot{Y}_i(t)\int_0^L m(x)\phi_i(x)\phi_n(x)\mathrm{d}x+\sum_{i=1}^{\infty}Y_i(t)\int_0^L\phi_n(x)\frac{\mathrm{d}^2}{\mathrm{d}x^2}\left[EI(x)\frac{\mathrm{d}^2\phi_i(x)}{\mathrm{d}x^2}\right]\mathrm{d}x \\ &\qquad=\int_0^L\phi_n(x)p(x,t)\mathrm{d}x \end{aligned} \tag{19-6}$$

对前两项应用正交性关系式,显而易见,级数展开式中除了第 n 项外其余各项都等于零;于是

$$\begin{aligned} &\ddot{Y}_n(t)\int_0^L m(x)\phi_n(x)^2\mathrm{d}x+Y_n(t)\int_0^L\phi_n(x)\frac{\mathrm{d}^2}{\mathrm{d}x^2}\left[EI(x)\frac{\mathrm{d}^2\phi_n(x)}{\mathrm{d}x^2}\right]\mathrm{d}x \\ &\qquad=\int_0^L\phi_n(x)p(x,t)\mathrm{d}x \end{aligned} \tag{19-7}$$

方程(18-37)的两边乘以 $\phi_n(x)$并积分,其结果为

$$\int_0^L \phi_n(x)\frac{\mathrm{d}^2}{\mathrm{d}x^2}\left[EI(x)\frac{\mathrm{d}^2\phi_n(x)}{\mathrm{d}x^2}\right]\mathrm{d}x=\omega_n^2\int_0^L \phi_n(x)^2 m(x)\mathrm{d}x \tag{19-8}$$

注意到，该式右边的积分是梁第 n 振型的广义质量[见式(8－14)]

$$M_n=\int_0^L \phi_n(x)^2 m(x)\mathrm{d}x \tag{19-9}$$

方程(19－8)表明，方程(19－7)的左边第二项是 $\omega_n^2 M_n Y_n(t)$。因此，方程(19－7)可写成下列形式

$$M_n\ddot{Y}_n(t)+\omega_n^2 M_n Y_n(t)=P_n(t) \tag{19-10}$$

式中

$$P_n(t)=\int_0^L \phi_n(x)p(x,t)\mathrm{d}x \tag{19-11}$$

是对应于振型 $\phi_n(x)$ 的广义荷载。

用式(19－9)和式(19－11)分别算出相应的广义质量和广义荷载后，即可对结构的每一个振型建立一个形如方程(19－10)的方程。应当指出，分布参数体系的这些表达式相当于以前针对离散参数体系导出的矩阵表达式。也应该再次强调，只要能确定振型，这些公式也能用于截面性质变化的梁。

例题 E19－2　为了说明上述振型叠加分析方法，计算如图 E19－2 所示，跨中承受一个阶跃函数荷载的等截面简支梁的动力反应。

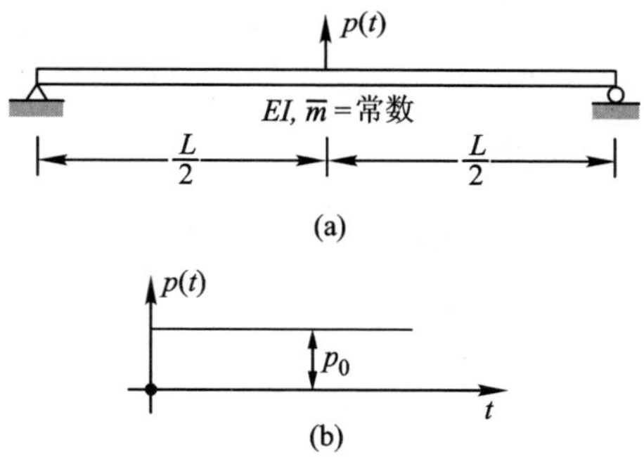

图 E19－2　动力反应分析的例题

(a)梁及荷载情况；(b)作用的阶跃函数荷载

求振型和频率：这里进行的振动分析是通过把振型表达式[式(18－15)]代入一组相应的边界条件中来完成的。对于该简支梁，例题 E18－1 得出结果是

$$\phi_n(x)=\sin\frac{n\pi x}{L}\qquad n=1,2,\cdots \tag{a}$$

$$\omega_n=n^2\pi^2\sqrt{\frac{EI}{\overline{m}L^4}}\qquad n=1,2,\cdots \tag{b}$$

计算广义质量和广义荷载：从式(19－9)和式(19－11)得到

$$M_n=\int_0^L \phi_n(x)^2 m(x)\mathrm{d}x=\overline{m}\int_0^L \sin^2\left(\frac{n\pi x}{L}\right)\mathrm{d}x=\frac{\overline{m}L}{2} \tag{c}$$

$$P_n(t)=\int_0^L \phi_n(x)p(x,t)\mathrm{d}x=P_0\phi_n\left(\frac{L}{2}\right)=\alpha_n P_0 \tag{d}$$

式中

$$\alpha_n=\begin{cases}1 & n=1,5,9\\ -1 & n=3,7,11\cdots\\ 0 & n=\text{偶数}\end{cases}$$

解正规坐标反应方程：分布参数体系的正规坐标反应方程与前面讨论的离散参数情况完全相同，即

$$M_n\ddot{Y}_n(t)+\omega_n^2 M_n Y_n(t)=P_n(t) \tag{e}$$

它的 Duhamel 积分解为

$$\begin{aligned}Y_n(t)&=\frac{1}{M_n\omega_n}\int_0^t P_n(\tau)\sin\omega_n(t-\tau)\mathrm{d}\tau\\&=\frac{2\alpha_n P_0}{\bar{m}L\omega_n}\int_0^t\sin\omega_n(t-\tau)\mathrm{d}\tau=\frac{2\alpha_n P_0}{\bar{m}L\omega_n^2}(1-\cos\omega_n t)\end{aligned} \tag{f}$$

计算位移、弯矩和剪力反应：把式(f)代入正规坐标表达式(19－1)，并令 $\omega_n^2=n^4\pi^4EI/(\bar{m}L^4)$①，得到

$$v(x,t)=\sum_{n=1}^{\infty}\phi_n(x)Y_n(t)=\frac{2P_0L^3}{\pi^4EI}\sum_{n=1}^{\infty}\frac{\alpha_n}{n^4}(1-\cos\omega_n t)\sin\frac{n\pi x}{L} \tag{g}$$

把它代入下式

$$M(x,t)=EI\frac{\partial^2 v(x,t)}{\partial x^2}\qquad V(x,t)=EI\frac{\partial^3 v(x,t)}{\partial x^2} \tag{h}$$

则得出

$$M(x,t)=-\frac{2P_0L}{\pi^2}\sum_{n=1}^{\infty}\frac{\alpha_n}{n^2}(1-\cos\omega_n t)\sin\frac{n\pi x}{L} \tag{i}$$

$$V(x,t)=-\frac{2P_0}{\pi}\sum_{n=1}^{\infty}\frac{\alpha_n}{n}(1-\cos\omega_n t)\cos\frac{n\pi x}{L} \tag{j}$$

注意，由于 n^4 出现在式(g)中各项系数的分母，高阶振型对位移的贡献不显著；然而，高阶振型对弯矩反应的贡献大一些，并且对剪力的贡献会更大些。换句话说，式(j)中的级数随振型数 n 收敛比式(i)中的级数慢很多，式(i)中的级数又比式(g)中的级数收敛慢很多。因此，在确定计算反应所需的振型数时应该小心；原因是，该数的正确选择与所要求的反应量有关。

当一维分布参数体系的动力反应是因支座运动引起时，作用于结构的等效荷载由式(17－21)给出。因此，由每一项支座加速度 $\ddot{\delta}_i(t)$ 引起的相应的正规坐标荷载是

$$P_{ni}(t)=\int_0^L\phi_n(x)p_{\mathrm{eff},i}(x,t)\mathrm{d}x=-\ddot{\delta}_i(t)\int_0^L m(x)\phi_n(x)\psi_i(x)\mathrm{d}x \tag{19－12}$$

并且，总荷载是所有的支座加速度引起的正规坐标荷载的总和。

① 原文中，该式为 $\omega_n^2=n^4\pi^4EI/\bar{m}L^4$，为避免误解翻译时做了修改。——译者

§19-3　非耦合弯曲运动方程：有阻尼情况

为了确定正规坐标变换[式(19-1)]对于有阻尼运动方程的影响，把式(19-1)代入方程(17-13)，得到

$$\sum_{i=1}^{\infty} m(x)\phi_i(x)\ddot{Y}_i(t)+\sum_{i=1}^{\infty} c(x)\phi_i(x)\dot{Y}_i(t)+\sum_{i=1}^{\infty}\frac{d^2}{dx^2}\left[a_1 EI(x)\frac{d^2\phi_i(x)}{dx^2}\right]\dot{Y}_i(t)+\sum_{i=1}^{\infty}\frac{d^2}{dx^2}\left[EI(x)\frac{d^2\phi_i(x)}{dx^2}\right]Y_i(t)=p(x,t) \qquad (19-13)$$

上式乘以 $\phi_n(x)$，积分，应用正交性关系式并采用广义质量和广义力的定义，导得

$$M_n\ddot{Y}_n(t)+\sum_{i=1}^{\infty}\dot{Y}_i(t)\int_0^L\phi_n(x)\left\{c(x)\phi_i(x)+\frac{d^2}{dx^2}\left[a_1 EI(x)\frac{d^2\phi_i(x)}{dx^2}\right]\right\}dx+\omega_n^2 M_n Y_n(t)=P_n(t) \qquad (19-14)$$

因为刚度正交性条件[式(18-39)]，所以除 $i=n$ 的项以外，级数中包含常数 a_1 [正如式(8-8)的定义，a_1 的量纲是时间]的其他所有项都为零。由于仅这一项存在，因此只要存在与刚度成正比的阻尼，振型就是非耦合的。然而，由于阻尼 $c(x)$ 振型耦合是存在的；除非 $c(x)$ 具有这样一种形式，在方程(19-14)的第一个级数中仅容许保留 $i=n$ 的项，而这就是质量正比阻尼情况；也就是说，如果假定

$$c(x)=a_0 m(x) \qquad (19-15)$$

式中比例常数 a_0 的量纲为时间的倒数，与式(12-37a)定义的常数相同。将式(19-15)代入方程(19-14)，应用质量及刚度的正交性条件[式(18-34)和式(18-39)]，可得出一个非耦合的振型方程

$$M_n\ddot{Y}_n(t)+(a_0 M_n+a_1\omega_n^2 M_n)\dot{Y}_n(t)+\omega_n^2 M_n Y_n(t)=P_n(t) \qquad (19-16)$$

最后，引入第 n 振型阻尼比[见式(12-38b)]

$$\xi_n=\frac{C_n}{2M_n\omega_n}=\frac{a_0}{2\omega_n}+\frac{a_1\omega_n}{2} \qquad (19-17)$$

用广义质量除方程(19-16)，即可得出标准的单自由度体系的方程形式

$$\ddot{Y}_n(t)+2\xi_n\omega_n\dot{Y}_n(t)+\omega_n^2 Y_n(t)=\frac{P_n(t)}{M_n} \qquad n=1,2,\cdots \qquad (19-18)$$

于是，很清楚，只要粘滞阻尼是与质量和刚度成正比的 Rayleigh 形式，如同对离散参数体系所做的那样，分布参数体系运动方程就能够被解耦。从式(19-17)可以看出，对于与质量成正比的阻尼，阻尼比与频率成反比；对于与刚度成正比的阻尼，阻尼比与频率成正比。在离散参数体系的式(12-38b)中早就

得出过相同的结果。

注意，与离散参数情况类似，对应两个 n 值(例如，$n=1$ 和 $n=m$)，选定恰当的 ξ_n 值，利用相应 ω_n 的已知值，然后求解由式(19－17)给出的两个联立方程，就能求出常数 a_0 和 a_1 的值。当以如此方法确定 a_0 和 a_1 的值时，它们给出了两个选定振型所需要的已知阻尼，按照式(19－17)也确定了其他振型不同的阻尼，如图 12－2 所示。虽然这种作法具有教学价值，但并没有太显著的实际意义，其原因是，通常在对所有的阻尼比赋予与试验资料和判断相一致的数值以后，才来求解方程(19－18)的。

例题 E19－3 为了进一步说明振型叠加分析的方法，考虑图 E19－2 所示的简支梁在右端支座如下形式的竖向简谐位移激励下的反应：

$$\delta_2=\bar{\delta}_2\sin\bar{\omega}t \tag{a}$$

式中 $\bar{\delta}_2$ 是支座运动的幅值。梁由其初始位置计算的总位移可表示为下列形式

$$v^t(x,t)=v(x,t)+\frac{x}{L}\delta_2(t)$$

式中 $v(x,t)$ 由式(19－1)给出。在此列式中要用到的简支梁振型、频率和广义质量前面已经求得，即为 $\phi_n(x)=\sin(n\pi x/L)$，$\omega_n=n^2\pi^2\sqrt{EI/(mL^4)}$①和 $M_n=mL/2$。 (b)

粘滞阻尼情况的正规坐标运动方程为

$$\ddot{Y}_n(t)+2\xi_n\omega_n\dot{Y}_n(t)+\omega_n^2Y_n(t)=\frac{P_n(t)}{M_n}\qquad n=1,2,\cdots \tag{c}$$

式中 $P_n(t)$ 可由式(19－12)得到。把 $\psi_2(x)=x/L$ 代入式(19－12)，给出

$$\begin{aligned}P_n(t)&=-\ddot{\delta}_2(t)\int_0^L m(x)\phi_n(x)\psi_2(x)\,\mathrm{d}x\\&=-\bar{\omega}^2\bar{\delta}_2\sin\bar{\omega}t\int_0^L\frac{mx}{L}\sin\frac{n\pi x}{L}\,\mathrm{d}x\end{aligned} \tag{d}$$

或

$$P_n(t)=\pm\frac{mL\bar{\omega}^2\bar{\delta}_2}{n\pi}\sin\bar{\omega}t\qquad\begin{cases}+ & n=\text{奇数}\\- & n=\text{偶数}\end{cases} \tag{e}$$

方程(c)的稳态解具有式(3－20)的形式。用下式替代 p_0/k

$$\begin{aligned}\frac{P_{0n}}{K_n}&=\frac{P_{0n}}{\omega_n^2M_n}\\&=\pm\left(\frac{mL\bar{\omega}^2\bar{\delta}_2}{n\pi}\right)\left(\frac{mL^4}{n^4\pi^4EI}\right)\left(\frac{2}{mL}\right)=\pm\frac{2mL^4\bar{\omega}^2\bar{\delta}_2}{n^5\pi^5EI}\end{aligned} \tag{f}$$

用 $\beta_n\equiv\bar{\omega}/\omega_n$ 替代 β 和用 ξ_n 替代 ξ，式(3－20)变成

① 原文中，$\omega_n=n^2\pi^2\sqrt{EI/mL^4}$，为避免误解翻译时做了修改。——译者

$$Y_n(t)=\pm\frac{2mL^4\bar{\omega}^2\bar{\delta}_2}{n^5\pi^5EI}\times\left[\frac{1}{(1-\beta_n^2)^2+(2\xi_n\beta_n)^2}\right]\times\left[(1-\beta_n^2)\sin\bar{\omega}t-2\xi_n\beta_n\cos\bar{\omega}t\right]\tag{g}$$

利用式(19 - 1),位移 $v(x,t)$成为

$$v(x,t)=\frac{2mL^4\bar{\omega}^2\bar{\delta}_2}{\pi^5EI}\times\sum_{n=1}^{\infty}\pm\frac{1}{n^5}\left[\frac{1}{(1-\beta_n^2)^2+(2\xi_n\beta_n)^2}\right]\times\left[(1-\beta_n^2)\sin\bar{\omega}t-2\xi_n\beta_n\cos\bar{\omega}t\right]\sin\frac{n\pi x}{L}$$

$$\begin{cases}+ & n=\text{奇数}\\ - & n=\text{偶数}\end{cases}\tag{h}$$

最后,利用下列关系,就可以得出内部弯矩和剪力的表达式。

$$M(x,t)=EI\frac{\partial^2v(x,t)}{\partial x^2}\qquad V(x,t)=EI\frac{\partial^3v(x,t)}{\partial x^3}\tag{i}$$

在对有限个较低阶振型阻尼比赋以指定值以后,就可以计算感兴趣的分布式的反应量。但在选择其解符合工程要求精度的振型数时应该小心,因为它决定于感兴趣的反应量。正如在例题 E19 - 2 所述的那样,$v(x,t)$中的级数比 $M(x,t)$中的级数收敛快得多;而 $M(x,t)$中的级数又比 $V(x,t)$中的级数收敛快得多。

对于一般激励,无论是直接荷载还是支座运动情况,都可用第 6 章的时域或频域方法来求得方程(19 - 18)的解答。但因为在这些方程中使用的线性阻尼将引起能量吸收,而在固定的幅值下,每一循环吸收的能量与反应的频率 $\bar{\omega}$ 有关(见 3 - 7 节的讨论),因此人们会发现,用复刚度形式的滞变阻尼更为合适。在这种情况,在频域非耦合的正规振型运动方程为

$$\left[(\omega_n^2-\bar{\omega}^2)+2i\xi_n\omega_n^2\right]Y_n(i\bar{\omega})=\frac{P_n(i\bar{\omega})}{M_n}\qquad n=1,2,\cdots\tag{19-19}$$

在赋以阻尼比数值以后,方程(19 - 19)可以在频域用 FFT 分析法求解。现在,在固定的幅值下每个循环能量的吸收与反应频率 $\bar{\omega}$ 无关。

§19 - 4　非耦合轴向运动方程:无阻尼情况

振型(正规的)坐标变换能使任何动力体系运动方程解耦;因此,它既适用于一维构件的弯曲运动方程,也适用于轴向运动方程。把式(19 - 1)代入轴向运动方程(17 - 29),导得

$$\sum_{i=1}^{\infty}m(x)\bar{\phi}(x)\ddot{Y}_i(t)-\sum_{i=1}^{\infty}\frac{\mathrm{d}}{\mathrm{d}x}\left[EA(x)\frac{\mathrm{d}\bar{\phi}_i(x)}{\mathrm{d}x}\right]Y_i(t)=q(x,t)\tag{19-20}$$

每项乘以 $\bar{\phi}_n(x)$,并应用正交性关系式[式(18 - 47)和式(18 - 50)],可导得

$$\ddot{Y}_n(t)\int_0^L m(x)\bar{\phi}_n(x)^2\,\mathrm{d}x - Y_n(t)\int_0^L \bar{\phi}_n(x)\,\frac{\mathrm{d}}{\mathrm{d}x}\left[EA(x)\,\frac{\mathrm{d}\bar{\phi}_n(x)}{\mathrm{d}x}\right]\mathrm{d}x = \int_0^L \bar{\phi}_n(x)q(x,t)\,\mathrm{d}x \tag{19-21}$$

用惯性力代替弹性力项[由式(18－49)]，并引进广义质量和广义荷载的标准表达式

$$M_n = \int_0^L m(x)\bar{\phi}_n^2(x)\,\mathrm{d}x \tag{19-22}$$

$$P_n = \int_0^L \bar{\phi}_n(x)q(x,t)\,\mathrm{d}x \tag{19-23}$$

导出最终的非耦合的轴向运动方程为

$$M_n\ddot{Y}_n(t)+\omega_n^2 M_n\,Y_n(t)=p_n(t) \tag{19-24}$$

它和非耦合的弯曲运动方程[式(19－10)]完全一样。从上述讨论显然可见，在确定了振型之后，把问题简化成正规坐标形式来求解的方法，对所有结构都是完全相同的。

例题 E19－4　因为承受轴向荷载的棱柱状杆的动力反应具有特殊性，是后面要讨论的课题，所以分析一个这种类型的例子是有益的。考虑基础刚性固定、在顶端承受阶跃函数荷载 P_0 的一根桩，如图 E19－3 所示。该体系的振型叠加法分析，可以采用计算图 E19－2 所示梁反应时所采用的相同步骤进行。

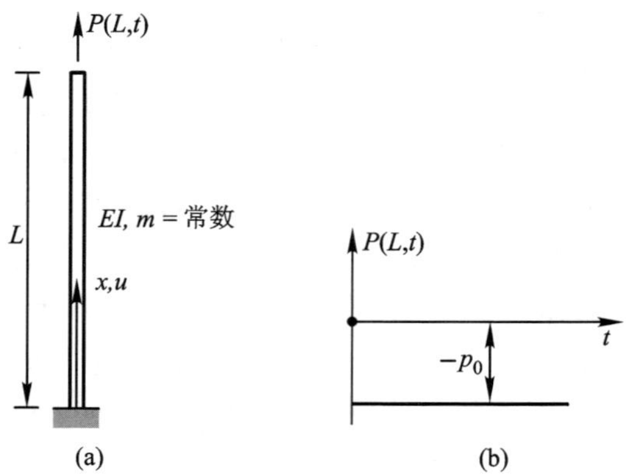

图 E19－3　承受端部荷载的桩

(a)几何形状；(b)阶跃函数荷载

求振型和频率(见例题 E18－5)：

$$\bar{\phi}_n(x)=\sin\left[(2n-1)\frac{\pi x}{2L}\right]\qquad n=1,2,\cdots \tag{a}$$

$$\omega_n=(2n-1)\frac{\pi}{2}\sqrt{\frac{EA}{mL^2}}\qquad n=1,2,\cdots \tag{b}$$

计算广义质量和广义荷载：

$$M_n=\int_0^L m(x)\bar{\phi}_n(x)^2\,\mathrm{d}x = m\int_0^L \sin^2\left[(2n-1)\,\frac{\pi x}{2L}\right]\mathrm{d}x=\frac{mL}{2} \tag{c}$$

$$P_n=\int_0^L q(x,t)\bar{\phi}_n(x)\,\mathrm{d}x=-P_0\,\bar{\phi}_n(L)=\pm P_0\qquad \begin{cases} + & n=\text{奇数} \\ - & n=\text{偶数}\end{cases} \tag{d}$$

求解广义坐标反应(见例题 E19－2)：

$$Y_n(t)=\pm\frac{2P_0}{mL\omega_n^2}(1-\cos\omega_n t) \tag{e}$$

计算位移反应和轴向力反应：

$$\begin{aligned} u(x,t) &= \sum_{n=1}^{\infty}\bar{\phi}_n(x)Y_n(t) \\ &=\frac{2P_0}{mL\omega_1^2}\left[-\frac{1-\cos\omega_1 t}{1}\sin\frac{\pi x}{2L}+\left(\frac{1-\cos\omega_2 t}{9}\right)\times\right. \\ &\quad\left.\sin\frac{3\pi x}{2L}-\left(\frac{1-\cos\omega_3 t}{25}\right)\sin\frac{5\pi x}{2L}+\cdots\right] \\ &= \frac{8P_0}{\pi^2}\frac{L}{EA}\sum_{n=1}^{\infty}\left\{\pm\left(\frac{1-\cos\omega_n t}{(2n-1)^2}\right)\sin\left[\frac{(2n-1)}{2}\frac{\pi x}{L}\right]\right\} \end{aligned} \tag{f}$$

$$\begin{aligned} \underline{N}(x,t) &= EA\frac{\partial u(x,t)}{\partial x} \\ &= \frac{8P_0L}{\pi^2}\sum_{n=1}^{\infty}\left\{\pm\left(\frac{1-\cos\omega_n t}{(2n-1)^2}\right)\left[\frac{(2n-1)}{2}\frac{\pi}{L}\right]\cos\left[\frac{(2n-1)}{2}\frac{\pi x}{L}\right]\right\} \\ &= \frac{4P_0}{\pi}\sum_{n=1}^{\infty}\left\{\pm\left(\frac{1-\cos\omega_n t}{2n-1}\right)\cos\left[\frac{(2n-1)}{2}\frac{\pi x}{L}\right]\right\} \end{aligned} \tag{g}$$

求出表示位移和力分布的级数表达式(f)和式(g)诸项之和，就得到任意时刻 t 的反应。为此，把时间变量参数 $\omega_n t$ 表示成如下形式是方便的

$$\omega_n t=\left(\frac{2n-1}{2}\pi\right)\frac{ct}{L}$$

式中 $c=\sqrt{EA/\bar{m}}$ 具有速度的量纲，这样乘积 ct 就成了距离；而且，时间参数可以看成是这一距离和桩长之比。用计算级数表达式的方法，已求出该时间参数取四个不同数值时桩的位移和力的分布；将这些级数累加而得到的结果绘于图 E19－4 中，阶跃函数荷载所产生反应的简单形式在图上一目了然。对于 $t_1<L/c$ 的任意时刻，在距离 ct_1 前面，桩内无荷载作用，但在这段距离以内受的力为常量 P_0。于是，这一反应可以解释为幅值为 P_0 以速度 c 向前传播的一种力波。当然，位移要和荷载分布相适应，在桩中荷载为常量的各截面的位移呈线性变化，在力波之前的区域则无位移。在 $L/c<t_2<2L/c$ 的时段内，在由刚性支座到距此支座 ct_2-L 区域的桩内，力波增加了 1 倍，这一反应行为可以解释为力波的反射，当力波沿桩往回传播时引起幅值加倍。在 $2L/c<t_3<3L/c$ 的时段内，反应可以解释为从桩的自由端进行负反射，引起以速度 c 传播的力波幅值减小。在第四阶段内，$3L/c<t_4<4L/c$，第三阶段的负波从刚性基础反射回来，使轴向力减小到零。在第四阶段末，在 $t=4L/c$ 时，桩完全不受力，如同在 $t=0$ 时一样；然后，负波的负反射再形成向桩下部传播的正波，此时的波在形式上与第一时段的情况完全相同。

由前面的讨论可以看出，承受阶跃函数荷载的桩的自由振动可以解释成轴

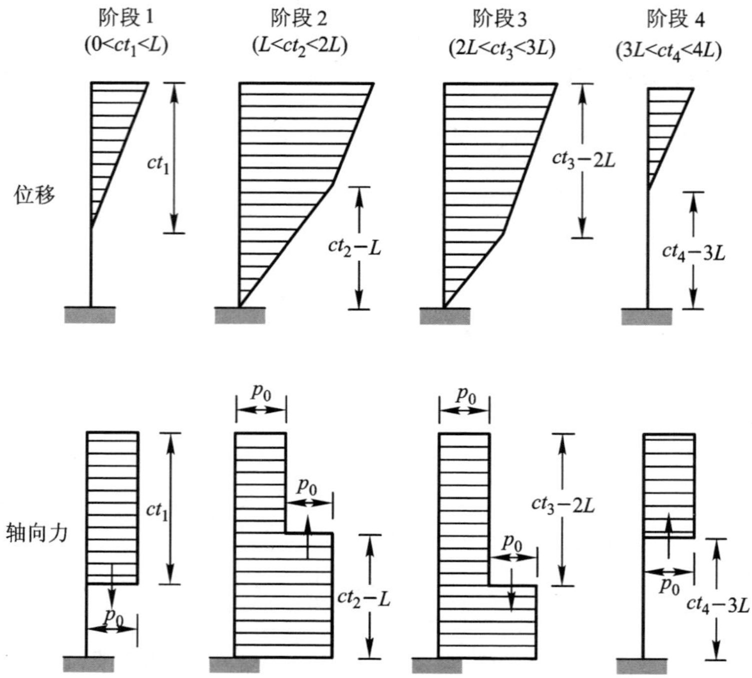

图 E19-4 承受阶跃函数荷载的桩的反应

力波沿桩传播，并分别在固定端和自由端经受着正反射和负反射。在无阻尼或荷载不变的情况下，这一波的振荡将无休止地进行下去。指出下列事实是重要的，该例中这一反应是用桩的轴向振型叠加算得的，其中每一振型都涉及桩的全部区域。例如，第一时段中在前进波前面的桩的无应力区是通过无限多振型的叠加求得的，而每一振型在波前方都含有应力。显然，用振型叠加法表示极其简单的波的传播概念也是很烦琐的。在这一章的下一节将给出更为直接的分析方法。然而，用振型叠加过程来解释波的传播机理是十分有意义的，这种分析方法为承受任意形式动力荷载的任何结构提供了完整的解。

§19-5 波传播的分析

基本的轴向波传播方程

在上一节已经指出，等截面杆对突加轴向荷载的动力反应可以解释为应力波(及其相关联的变形波)沿杆长的传播。这种波传播的结果在许多领域有着广泛的实际应用，例如，地震工程(将在第 25 章和第 26 章叙述)和在这一节稍后叙述的打桩。解析解可以用轴向运动方程的一种不同形式的解直接得出——这种解不是基于在前述振型叠加分析中所使用的变量分离。

为了进行这一推导，把运动方程[方程(18-41)]写成

$$\ddot{u}(x,t)-V_p^2u''(x,t)=0 \tag{19-25}$$

式中

$$V_p=\sqrt{\frac{EA}{\bar{m}}}=\sqrt{\frac{E}{\rho}} \tag{19-26}$$

具有速度的量纲，其中 ρ 为质量密度。用简单的代换，可以证明

$$u(x,t)=f_1(x-V_pt)+f_2(x+V_pt) \tag{19-27}$$

是方程(19-25)的解，f_1 和 f_2 分别是参数 $(x-V_pt)$ 和 $(x+V_pt)$ 任意函数关系式。式(19-27)代表沿杆轴线朝正、负两个方向传播的一对位移波，如图 19-2 所示。图上表示的时刻随意取为 $t=0$；于是，给出的两个波仅表现为位置的特定函数。例如，图示的两个特定波形 f_1 和 f_2 可以是早些时候杆两端特定边界位移或力的条件引起的。

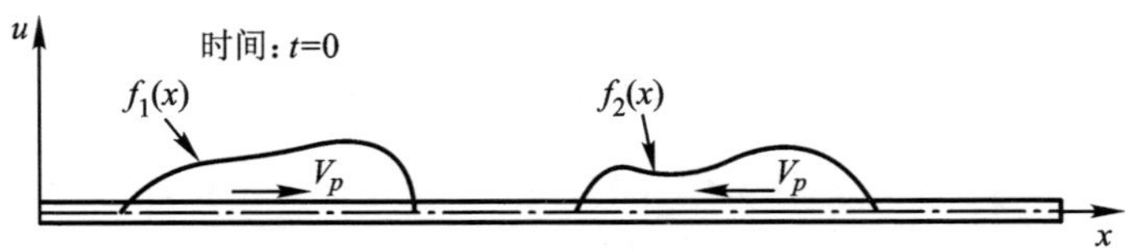

图 19-2　沿杆传播的轴向位移波

考虑在两个瞬时 $t=0$ 和 $t=\Delta t$ 向前传播的波，如图 19-3 所示，就能很容易地理解波的传播机理的本质。如果考虑一个新的位置变量 $x'=x-V_p\Delta t$，那么 $f_1(x-V_p\Delta t)=f_1(x')$，且图 19-3b 中以变量 x' 为基准的波形和图 19-3a 中以变量 x 为基准的波形一样。于是，在时间 Δt 中波仅仅是前进了距离 $V_p\Delta t$，但未改变形状，波的传播速度为 V_p。同理，可以证明，式(19-27)中的第二项表示形如 f_2 的波沿 x 的负方向传播。

杆的动力行为也可以用应力分布而不用位移分布来表示。由 $\sigma=E\varepsilon$ 及 $\varepsilon=\partial u/\partial x$，给出应力波为：

$$\sigma(x,t)=E\frac{\partial u}{\partial x}=E\frac{\partial f_1}{\partial x}(x-V_pt)+E\frac{\partial f_2}{\partial x}(x+V_pt) \tag{19-28}$$

用 g_1 和 g_2 表示应力波函数 $E\partial f_1/\partial x$ 和 $E\partial f_2/\partial x$，上式可以写成

$$\sigma(x,t)=g_1(x-V_pt)+g_2(x+V_pt) \tag{19-29}$$

图 19-4 画出了一个任意位移波形和与它对应的应力波的关系。显然，应力波也是以速度 V_p 传播并保持形状不变的。

例题 E19-5　研究桩在其顶部受到打桩锤撞击(如图 E19-5 所示)后形成的应力波来说明轴向波传播机理的一般性质。为此目的，假定锤产生一个力脉冲 $P(t)=(600\ \text{kips})\times\sin(\pi t/0.005)$，求在脉冲结束时($t_1=0.005$ s)在钢桩和

混凝土桩内的应力分布。此两种桩的性质如图 E19-5a 所示。

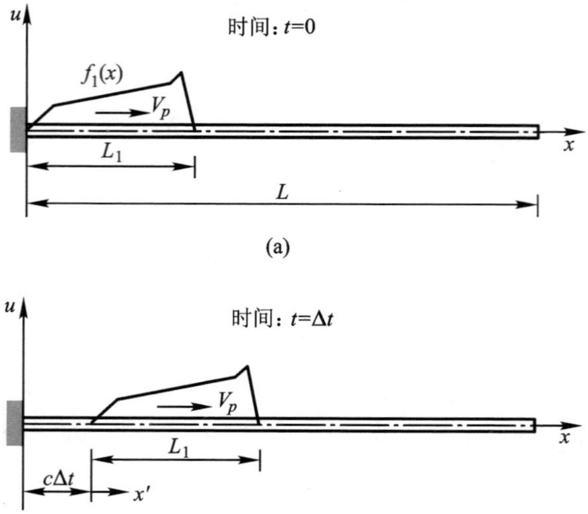

图 19-3 在时段 Δt 内波的传播①

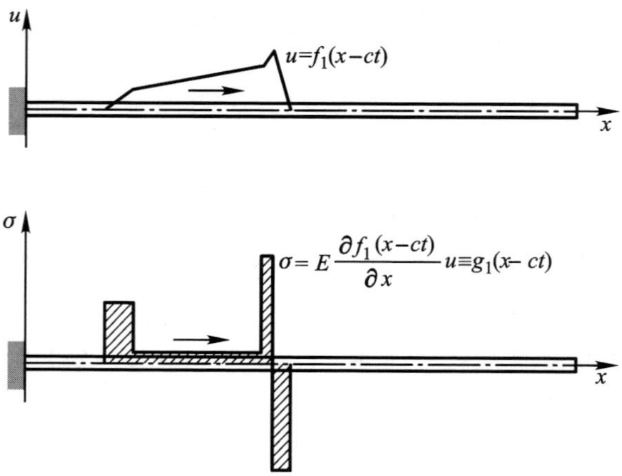

图 19-4 位移波与应力波之间的关系

首先，考虑钢桩，波的传播速度由式(19-26)给出，

$$V_{ps}=\sqrt{\frac{E}{\rho}}=\sqrt{\frac{30\times10^{6}\times1\ 728\times368}{490}}\text{in/s}=202\ 000\ \text{in/s}=16\ 800\ \text{ft/s}$$

受锤击时原点的应力为

$$\sigma_0(t)=-\frac{P(t)}{A}=-20\ \text{kips/in}^2\sin\frac{\pi t}{0.005}$$

① 在该图及以后的图 19-4、19-5、19-6 和 E19-7 中，按其意义，c 代表波传播速度，应更改为 V_p——译者

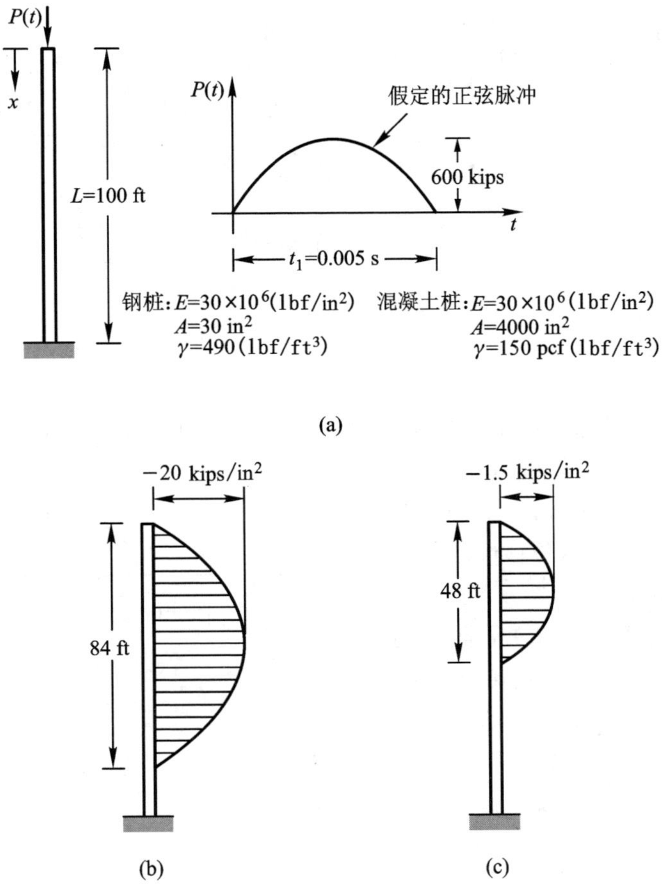

图 E19-5　应力波的传播

(a)桩和荷载的性质；(b)$t=0.005$ s 时钢桩内的应力；(c)$t=0.005$ s 时混凝土桩内的应力

但是，用式(19-29)计算原点应力并只考虑向前传播的波，

$$\sigma_0(t)=g_1(-V_{ps}t)$$

因此，令上述两个表达式相等，可以确定 g_1，给出

$$\sigma_0(t)=-20\ \text{kips/in}^2\sin\left(-\frac{\pi}{84}\right)V_{ps}t$$

于是，向前传播的波的一般表达式为

$$\sigma(x,t)=-20\ \text{kips/in}^2\sin\frac{\pi}{84}(V_{ps}t-x)$$

在 $t_1=0.005$ s 时，算得

$$\sigma(x,0.005)=-20\ \text{kips/in}^2\sin\pi\left(1-\frac{x}{84}\right)$$

它的图形绘于图 E19－5b。

下面，对于混凝土桩按同样的方法可给出

$$V_{pc}=\sqrt{\frac{30\times10^{6}\times1\ 728\times368}{150}}\text{ in/s}=115\ 000\text{ in/s}=9\ 600\text{ ft/s}$$

$$\sigma(x,t)=-1.5\text{ kips/in}^{2}\sin\frac{\pi}{48}(V_{pc}t-x)$$

$$\sigma(x,0.005)=-1.5\text{ kips/in}^{2}\sin\pi\left(1-\frac{x}{48}\right)$$

最后一式的结果绘于图 E19－5c。

边界条件的处理

沿等截面杆传播的波的形状函数受强加于杆端的边界条件控制，即杆中的波形是由边界处的平衡和相容性条件产生的。例如，图 19－3a 所示的位移波形可以由在 $x=0$ 处引入位移过程 $u(0,t)=f_1(-V_pt)$ 得出，如图 19－5 所示。

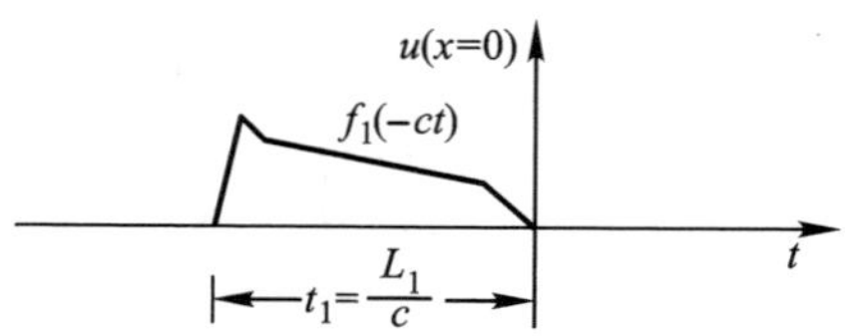

图 19－5　强加在图 19－3 杆端部（$x=0$ 处）的位移

如果杆右端（$x=L$）是自由端，如图 19－3 所示，任意时刻该端的应力必须为零。借用向左传播的第二个应力波，把它叠加到入射波上时，消去了该端截面应力，上述条件就可以得到满足。借助于式(19－28)把这一概念用数学形式表示，导得

$$\sigma_{x=L}=0=E\frac{\partial f_1}{\partial x}(L-V_pt)+E\frac{\partial f_2}{\partial x}(L+V_pt)$$

由此

$$\frac{\partial f_1}{\partial x}(L-V_pt)=-\frac{\partial f_2}{\partial x}(L+V_pt)\tag{19-30}$$

因此，显而易见，当波的每一部分经过杆端时，向左传播的波的斜率 $\partial u/\partial x$ 必然等于向前传播的波的斜率的负值。图 19－6a 所示的位移波说明了这一条件，图 19－6b 中相应的应力波清楚地表明，杆端的应力是怎样被消去的。

虽然来自杆端外部的一个向左运动的波的概念使我们易于看清满足边界条件的机理，但是，应该理解，这一个波是在向前传播的波到达杆端时在那里真实产生的波。换句话说，入射波在自由端被反射了；反射波具有和入射波**相同的变位**。然而，因为行进方向相反，所以**应力正负号相反**。应该指出，自由端的总变位由于入射波与反射波的叠加增加了 1 倍，而两个应力分量却相互抵消了。

现在考虑杆右端是固定端而不是自由端的情况。显然，两种传播波必须满足的边界条件为

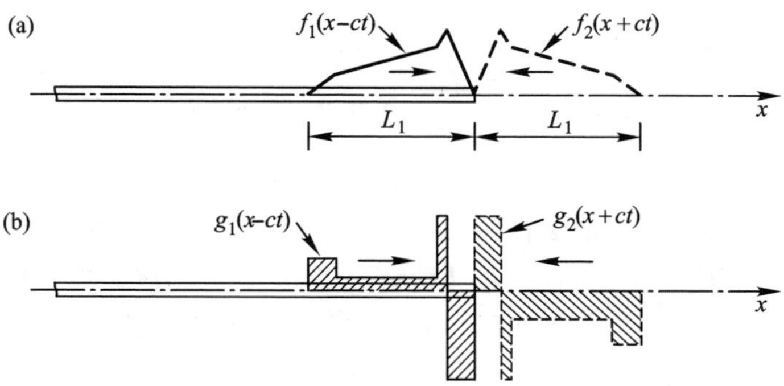

图 19－6　位移波和应力波在自由端的反射

(a)位移；(b)应力

$$u_{x=L}=0=f_1(L-V_pt)+f_2(L+V_pt)$$

由此式，反射波可以用入射波表示成：

$$f_2(L+V_pt)=-f_1(L-V_pt) \tag{19-31}$$

于是，可以看出，在这种情况下位移波符号相反。从前面的讨论类推，可以推论入射和反射的应力波符号相同，如图 19－7 所示。因此，在满足位移为零的条件下，反射波使杆固定端的应力增大了 1 倍。

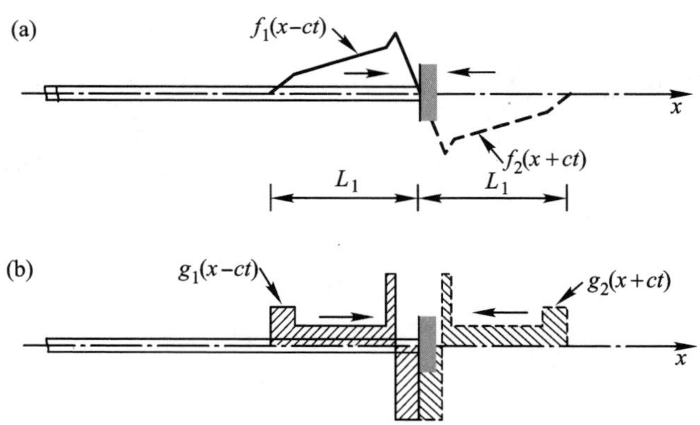

图 19－7　位移波和应力波在固定端的反射

(a)位移；(b)应力

例题 E19－6　为了说明边界反射现象，进一步考虑例题 E19－5 中桩锤打击混凝土桩所产生的应力波。图 E19－5c 所示的应力波以 9 600 ft/s 的速度行进，于是波的前沿到达桩杆尖端的时间为

$$t_2=\frac{100}{9\ 600}\ \text{s}=0.010\ 4\ \text{s}$$

那么，后继的行为将取决于尖端支承条件。

首先，假定桩搁置在刚性支承上，使端点不产生位移。反射应力波必须和入

射波一样，都是压应力波。此后的总应力等于入射波分量和反射波分量的和。作为一个特例，当应力波已经行进了 128 ft 时

$$t_3=\frac{128}{9\ 600}\ \mathrm{s}=0.013\ 3\ \mathrm{s}$$

此时，应力分布如图 E19－6a 所示。

另一种极限情况是：如果桩的尖端搁置在极软的泥里，于是根本不能限制位移，此时要求杆尖端应力为零。在这种情况下，反射应力波必然是拉应力波；并且，桩的总应力等于拉伸分量和压缩分量的差。仍取应力波行进了 128 ft 时的时间 t_3，应力分布如图 E19－6b 所示。有意义的是，在桩下部 28 ft 内，净应力是拉应力，最大值发生在离底部 20 ft 处。这说明把桩打入抗力极小的物质中时桩内的拉应力是怎样产生的，以及由于这一拉应力使桩可能在离尖端一定距离处发生破坏。当然，任何一种具体情况的行为取决于混凝土的抗拉强度和锤击力脉冲的持续时间。

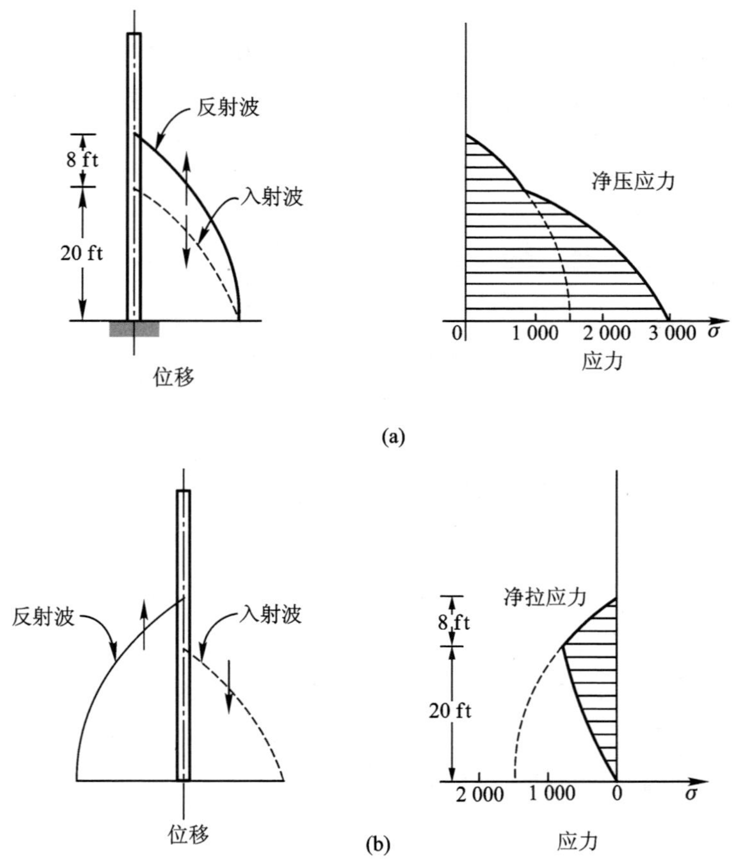

图 E19－6 在 t_3＝0.013 3 秒（图 E19－5 的混凝土桩）的应力分布

(a)$x=L$ 处为固定端；(b)$x=L$ 处为自由端

杆性质的突变

在等截面杆固定端或自由端发生的波反射，可被看作在杆性质突变处发生的一般反射和折射现象的特殊情况。全杆各点都要满足平衡条件和相容性条件，这些条件使得任意给定的入射波在不同性质杆段连接处产生附加的反射波和折射波。

例如，考虑图 19-8 所示杆 1 和杆 2 的连接处。在连接面每一侧杆的性质用单位长度质量 $\bar{m}$ 和轴向刚度 EA 表示。每一侧的波的传播速度也是由 $V_p=\sqrt{AE/\bar{m}}=\sqrt{E/\rho}$ 给出。向前传播的波 u_a 到达杆 1 的连接面时，产生了一个在杆 1 沿反方向行进的反射波 u_b；同时，也产生了一个在杆 2 向前传播的折射波 u_c。

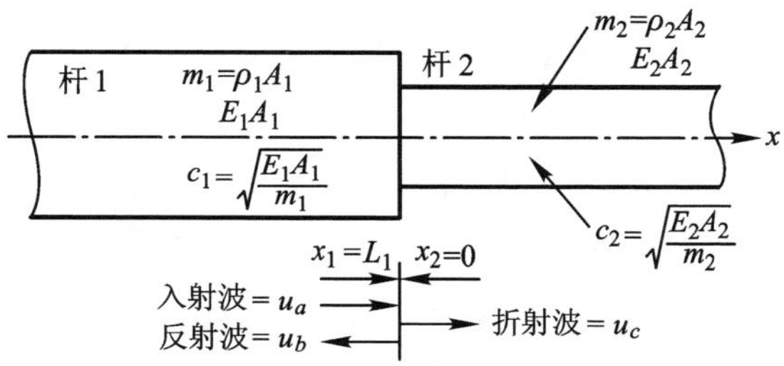

图 19-8　波在突变处的反射和折射①

在连接面处要求满足的两个连续性条件为

位移：$$u_1=u_2 \quad 或 \quad u_a+u_b=u_c \tag{19-32a}$$

力：$$\underline{N}_1=\underline{N}_2 \quad 或 \quad \underline{N}_a+\underline{N}_b=\underline{N}_c \tag{19-32b}$$

这里，表明了如下事实：入射波和反射波都作用在杆 1 内。因为在任意时刻都必须满足这些连续性条件，所以位移条件对于时间的导数也必须得到满足，即

$$\frac{\partial u_a}{\partial t}+\frac{\partial u_b}{\partial t}=\frac{\partial u_c}{\partial t} \tag{19-33}$$

但是，入射波可以表示为下列形式

$$u_a=f_a(x-V_pt)\equiv f_a(\zeta)$$

式中为方便起见引入了变量 ζ。现在，u_a 的导数可以表示为

$$\frac{\partial u_a}{\partial x}=\frac{\partial f_a}{\partial \zeta}\frac{\partial \zeta}{\partial x}=\frac{\partial f_a}{\partial \zeta} \qquad \frac{\partial u_a}{\partial t}=\frac{\partial f_a}{\partial \zeta}\frac{\partial \zeta}{\partial t}=-V_{p1}\frac{\partial f_a}{\partial \zeta}$$

显而易见，通过波的传播速度可建立入射波对时间导数和对位置导数的关系

$$\frac{\partial u_a}{\partial t}=-V_{p1}\frac{\partial u_a}{\partial x} \tag{19-34a}$$

① 按其意义，图中的 c_1 和 c_2 是杆 1 和杆 2 中波传播速度，应相应地更改为 V_{p1} 和 V_{p2}。——译者

对反射波和折射波进行类似分析,得到结果为

$$\frac{\partial u_b}{\partial t}=+V_{p1}\frac{\partial u_b}{\partial x} \tag{19-34b}$$

$$\frac{\partial u_c}{\partial t}=-V_{p2}\frac{\partial u_c}{\partial x} \tag{19-34c}$$

这里,式(19-34b)的正号是因为反射波向负方向传播。

把式(19-34)代入式(19-33),导得

$$-V_{p1}\frac{\partial u_a}{\partial x}+V_{p1}\frac{\partial u_b}{\partial x}=-V_{p2}\frac{\partial u_c}{\partial x} \tag{19-35}$$

但是,应变$\partial u_a/\partial x=\varepsilon_a$ 等能用作用在杆上的力来表示:$\varepsilon_a=\sigma_a/E=\underline{N}_a/A_1E_1$ 等;因此,式(19-35)的相容性条件可以用力波来表示,

$$-\frac{V_{p1}}{A_1E_1}\underline{N}_a+\frac{V_{p1}}{A_1E_1}\underline{N}_b=-\frac{V_{p2}}{A_2E_2}\underline{N}_c$$

或更简单地

$$\underline{N}_c=\alpha(\underline{N}_a-\underline{N}_b) \tag{19-36}$$

式中

$$\alpha=\frac{V_{p1}}{V_{p2}}\frac{A_2E_2}{A_1E_1}=\sqrt{\frac{m_2E_2A_2}{m_1E_1A_1}} \tag{19-37}$$

最后,为了用入射波来表示折射波和反射波,可以把相容性条件[式(19-36)]引入力的平衡条件[式(19-32b)],即

$$\underline{N}_a+\underline{N}_b=\alpha(\underline{N}_a-\underline{N}_b)$$

由上式得到

$$\underline{N}_b=\underline{N}_a\frac{\alpha-1}{\alpha+1} \tag{19-38}$$

并由式(19-36)得到

$$\underline{N}_c=\underline{N}_a\frac{2\alpha}{\alpha+1} \tag{19-39}$$

式(19-38)和(19-39)表达了在杆突变处入射力波、反射力波和折射力波间的关系。对位移波可以导得相应的关系。为此记

$$\underline{N}=AE\frac{\partial u}{\partial x}=\pm\frac{AE}{V_p}\frac{\partial u}{\partial t}$$

把它代入式(19-38)并积分,导得

$$\frac{A_1E_1}{V_{p1}}u_b=-\frac{A_1E_1}{V_{p1}}u_a\frac{\alpha-1}{\alpha+1}$$

由此得

$$u_b=-u_a\frac{\alpha-1}{\alpha+1} \tag{19-40}$$

同样,代入式(19-39)并积分,得出

$$-\frac{A_2E_2}{V_{p2}}u_c=-\frac{A_1E_1}{V_{p1}}u_a\frac{2\alpha}{\alpha+1}$$

由此式得出

$$u_c=u_a\frac{2}{\alpha+1} \tag{19-41}$$

显然，参数 α 确定了两杆连接处的突变特性，并控制着反射波和折射波的相对幅值。如果两个相连接的杆的性质一样，或者，不管两根杆件用什么方式连接，而由式(19－37)给出的 α 值为 1，则不存在突变，也无反射波。当增加杆 2 的刚度时，α 值增大，反射力波和入射力波符号相同；当减小杆 2 刚度时，α 值变得小于 1，反射力波和入射力波符号相反。从这个意义上来看，以上讨论的固定端和自由端条件可以认为是杆性质突变的极限情况，可以分别用 α 值等于无穷大和零来定义。各种突变情况下，入射波、反射波和折射波的关系列在表 19－1 中。

表 19－1　各种突变情况下波的关系

情况	$\alpha=\sqrt{\frac{A_2E_2m_2}{A_1E_1m_1}}$	力波			位移波		
		$\underline{\vec{N}}_a+\underline{\overleftarrow{N}}_b=\underline{\vec{N}}_c$			$\vec{u}_a+\overleftarrow{u}_b=\vec{u}_c$		
无突变	1	1	0	1	1	0	1
固定端	∞	1	1	2	1	-1	0
自由端	0	1	-1	0	1	1	2
$\frac{A_2E_2}{A_1E_1}=\frac{m_2}{m_1}=2$	2	1	$\frac{1}{3}$	$\frac{4}{3}$	1	$-\frac{1}{3}$	$\frac{2}{3}$
$\frac{A_2E_2}{A_1E_1}=\frac{m_2}{m_1}=\frac{1}{2}$	$\frac{1}{2}$	1	$-\frac{1}{3}$	$\frac{2}{3}$	1	$\frac{1}{3}$	$\frac{4}{3}$

从式(19－34a)立即可以得出另一个十分有趣的关系。用 $\partial u_a/\partial t=\dot{u}_a$ 记该式左边的质点速度，用 $\partial u_a/\partial x=\varepsilon_a=\sigma_a/E_1$ 记该式右边的应变。作这些替换，式(19－34a)成为

$$\dot{u}_a=-\frac{V_{p1}}{E_1}\sigma_a \tag{19-42}$$

该式可用语言叙述为，正应力波传播过程中粒子的正向速度与波的压应力成正比，比例系数为 V_p/E；其中，V_p 是波的传播速度。

例题 E19－7　为了说明力波经过多段杆传播时由于杆性质突变产生的影响，考虑图 E19－7a 所示阶形杆。因为每段的材料都一样，不连续性仅由截面积的变化所引起。每一阶梯处 $A_2/A_1=1/2$，故 $m_2/m_1=1/2$；于是，$\alpha=1/2$，这和表 19－1 中的最后一种情况相对应。如表上指出的那样，在每一阶梯处

$$\frac{\underline{N}_b}{\underline{N}_a}=-\frac{1}{3}\qquad\frac{\underline{N}_c}{\underline{N}_a}=\frac{2}{3}$$

如果杆的左端承受一个不变的 3 600 lbf 的作用，在应力波传播了 5 ft，

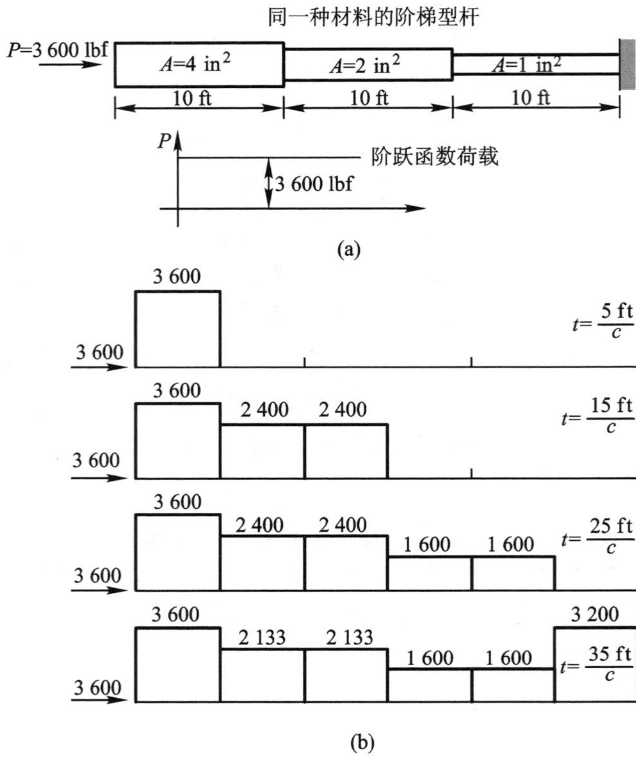

图 E19－7　杆突变处力的反射和折射

(a)杆和荷载情况；(b)在各个时刻力的分布

15 ft，25 ft，35 ft 时的力的分布如图 E19－7b 所示。将该图除以每段相应的面积可得应力分布。因为已经在分析中采用了一维波动方程，就必须假定杆段和杆段之间用刚性盘连接，使得通过突变处仍保持均匀轴向应力状态。

习　　题

19－1　假定图 19－2 的无阻尼等截面梁在跨中承受一静力荷载 p_0，然后在 $t=0$ 时把这个荷载突然撤除，引起梁自由振动。初始挠曲线为

$$v(x)=\frac{p_0 x}{48EI}(3L^2-4x^2)\qquad 0<x<\frac{L}{2}$$

(a) 根据上述情况，试计算自由振动前三个振型的跨中位移幅值，并把它们表示为静荷载作用时跨中位移的比值；

(b) 试计算自由振动时前三个振型的跨中弯矩幅值，并把它们表示为跨中静弯矩的比值。

19－2　假定图 E19－2 的阶跃函数荷载作用在四分之一跨($x=L/4$)处而不在跨中。写出荷载作用点的无阻尼位移反应及弯矩反应表达式。考虑前三个振型，在时间区间 $0<t$

$<T_1$内，画出该点弯矩变化的时程曲线。

19－3　假定图 E19－2 的梁在四分之一跨处承受一个简谐荷载：$p(t)=p_0\sin\overline{\omega}t$，这里，$\overline{\omega}=\frac{5}{4}\omega_1$。考虑前三个振型，沿梁跨每隔 $L/4$ 求出梁的稳态位移反应幅值，并作图：

(a) 不计阻尼；

(b) 假定每一振型的阻尼为临界阻尼的 10％。

19－4　一等截面简支梁，抗弯刚度为 $EI=78\times10^8$ lbf・in^2，支承总重为 1 000 lbf/ft。把梁浸在粘滞液体中，使梁按第一振型振动，初始振幅为 1 in，在 3 个周期末观测到运动振幅衰减为 0.1 in。

(a) 假定单位速度的阻尼 $c(x)$ 沿跨长不变，求出其数值；

(b) 假定同样的梁以初始振幅 1 in 开始按第二振型振动，确定运动振幅衰减到 0.1 in 时要经过的周期数。

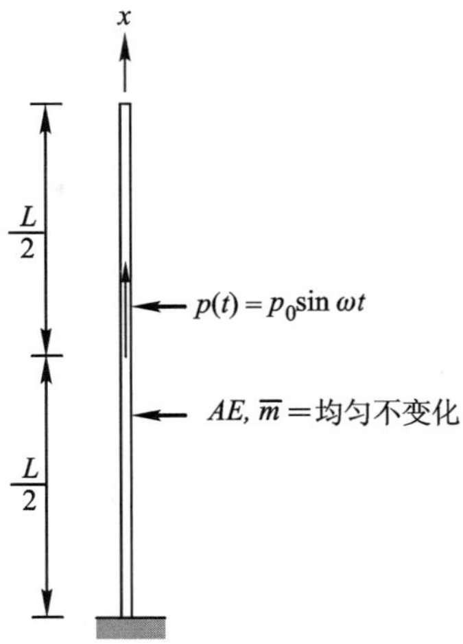

图 P19－1

19－5　对图 P19－1 所示等截面杆，重新按题 19－3的要求进行计算。注意，简谐荷载 $p(t)=p_0\sin\overline{\omega}t$ 在杆的一半长度处沿轴向作用，分别按考虑及不考虑振型阻尼影响画出轴向位移反应。

19－6　图 P19－2 所示的等截面简支梁承受侧向荷载 $p(x,t)=\delta(x-a)\delta(t)$的作用，其中 $\delta(x-a)$和 $\delta(t)$为 Dirac-δ 函数(关于 Dirac-δ 函数的定义参看 20－1 节。运用梁的初等理论和振型叠加法，写出由上面定义的荷载 $p(x,t)$引起的侧向挠度 $v(x,t)$、弯矩 $M(x,t)$和剪力 $V(x,t)$的级数表达式。讨论这三个级数表达式的相对的收敛速度。

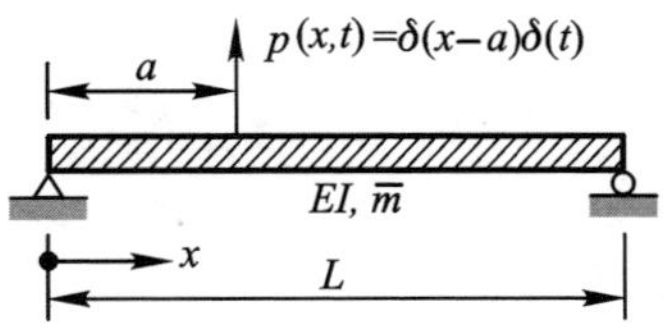

图 P19－2

第Ⅳ篇

随 机 振 动

第 20 章　概　率　论

§ 20 - 1　单随机变量

假设读者对各种碰运气的游戏已有某些经验，并且对于简单的概率理论有直觉的理解，虽然读者可能从未正式学过这门学科。作为开始，让我们用一个简单的实验来说明概率的基本概念。

现在来考虑图 20 - 1a 所示的一个常见的转盘，沿转盘的边缘钉了十个等距离的钉子，在钉子之间的空隙里标上从 1 到 10 的数字，如图所示。当盘被转动后，它最终将停下来，这时其中一个数字对着指针。假若这个转盘无偏倚的话，每个数字出现的概率是 1/10；亦即作 n 次试验后，作为极限当 n 趋于无限时，每个数字将出现 $n/10$ 次。如果 N 代表所取样本的数字，而 $p(N)$ 代表它出现的概率，则这一实验的概率关系将是图 20 - 2a 所示的条线图。在此情况下 N 被称为离散随机变量，因为它只能取离散的值。

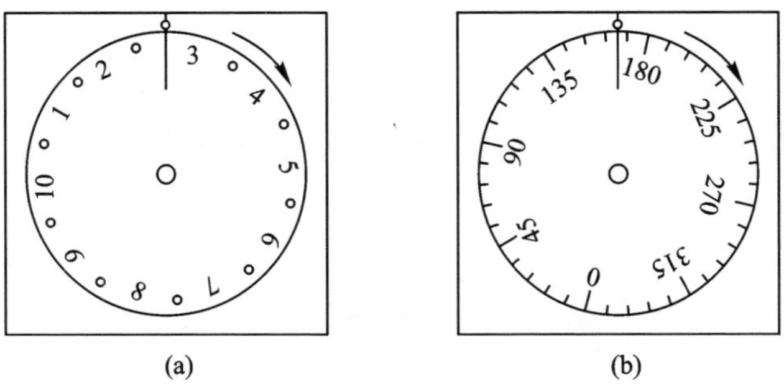

图 20 - 1　单随机变量实验

(a)离散变量 N；(b)连续变量 θ

现在来考虑图 20 - 1b 所示的无偏倚的转盘，它上面没有钉子，只是像一个 360°的罗盘似的标上了度数。在这一实验中，如果转动这个转盘，并记录当它停下来时指针所指的角度 θ，那么在整个 $0° \leqslant \theta \leqslant 360°$ 范围内的任何值都能以相等出现机会被抽样；这就是说，这个实验的概率关系将是连续的和均匀的，如图 20 - 2b 所示。在此情况下 θ 被称为连续的随机变量(此句为译者所加)。图 20 - 2

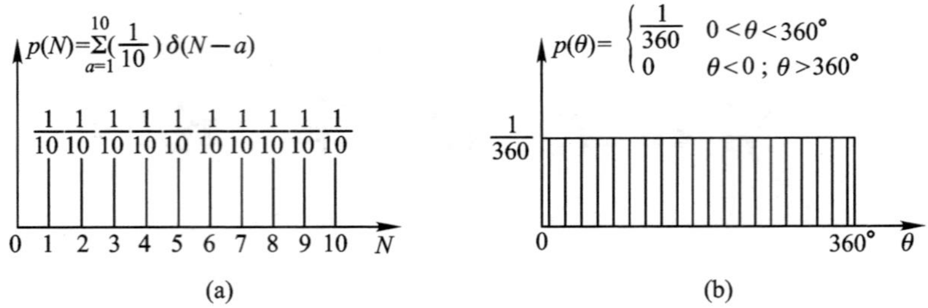

图 20－2　单随机变量 N 和 θ 的概率密度函数

(a)离散变量；(b)连续变量

中所示的两种概率关系都称为概率密度函数。

为了进一步阐明概率密度的定义，讨论包含一个单随机变量 x 的一般性实验，变量 x 具有图 20－3a 所示的概率密度函数。对这个函数作如下定义：x 的样本值落入 $x_1<x<x_1+\mathrm{d}x$ 范围内的机会等于 $p(x_1)\mathrm{d}x$。当用单位 1 表示必然发生时，上述定义要求：概率密度函数应规格化，使得函数曲线和 x 轴之间的面积等于 1，即 $\int_{-\infty}^{\infty} p(x)\,\mathrm{d}x=1$。

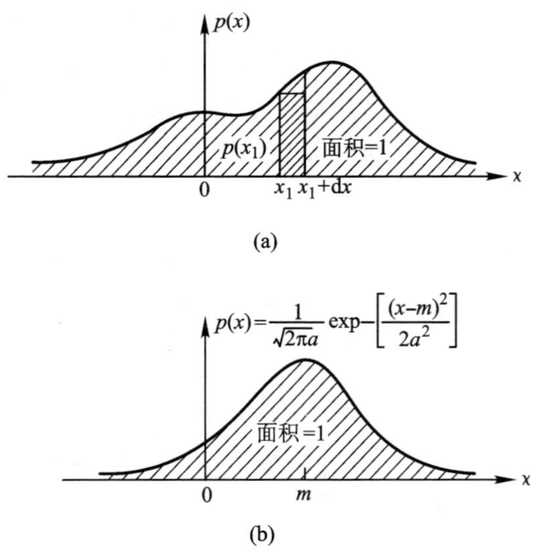

图 20－3　随机变量 x 的概率密度函数

(a)一般的概率密度函数；(b)正态或 Gauss 概率密度函数

根据上述定义，应注意到，在这种连续变量的情况下，若要 x 的样本值严格地等于某一预先选定的值的概率等于零。换句话说，只有 x 落入某一有限范围这件事才具有一定的概率。为了说明这一点，再来讨论图 20－1b 所示的简单实验，比如说指针将严格地对准 256°的概率为零，然而 θ 的样本值落入范围 $256°<\theta<257°$ 的概率为 1/360。

进一步应该指出，在图 20－2a 所示的离散情况下，要满足上述概率密度的定义，概率密度函数必须包含一系列 Dirac－δ 函数。Dirac－δ 函数 $\delta(x-a)$ 就是任何满足下列条件的函数：

$$\delta(x-a)=\begin{cases}0 & x\neq a\\ \infty & x=a\end{cases}$$
$$\int_{-\infty}^{\infty}\delta(x-a)\mathrm{d}x=1 \tag{20-1}$$

例题 E20－1　证明，若恰当地选择下面给出的函数 $f(x-a)$ 中的常数 C，则此函数满足式(20－1)所给的 Dirac－δ 函数的条件：

$$f(x-a)=C\lim_{\varepsilon\to 0}\frac{1}{\varepsilon}\exp\left[-\frac{(x-a)^2}{2\varepsilon^2}\right] \tag{a}$$

当 $x\neq a$ 时，很明显此函数等于零，因为在极限情况下指数项趋于零的速度要比 ε 本身快得多。当 $x=a$，指数项等于 1。因此，在极限情况下在这点整个函数趋于无限大，进行积分即可求出 C 值：

$$I\equiv\int_{-\infty}^{\infty}\frac{C}{\varepsilon}\exp\left[-\frac{(x-a)^2}{2\varepsilon^2}\right]\mathrm{d}x=\frac{C}{\varepsilon}\int_{-\infty}^{\infty}\exp\left[-\frac{(x-a)^2}{2\varepsilon^2}\right]\mathrm{d}x \tag{b}$$

作变量代换

$$u=\frac{x-a}{\sqrt{2}\varepsilon}\qquad \mathrm{d}u=\frac{1}{\sqrt{2}\varepsilon}\mathrm{d}x \tag{c}$$

得出

$$I=\sqrt{2}C\int_{-\infty}^{\infty}\exp[-u^2]\mathrm{d}u=\sqrt{2\pi}\,C \tag{d}$$

注意积分值与 ε 值无关。因此，由

$$I=\int_{-\infty}^{\infty}f(x-a)\mathrm{d}x=\sqrt{2\pi}\,C=1 \tag{e}$$

得到

$$C=\frac{1}{\sqrt{2\pi}} \tag{f}$$

最常用的单随机变量的概率密度函数是图 20－3b 中的所谓**正态**(或 Gauss)**分布**，它用如下的对称关系式来定义：

$$p(x)=\frac{1}{\sqrt{2\pi}\,a}\exp[-(x-m)^2/2a^2] \tag{20-2}$$

式中 a 和 m 为常数。此关系式的图形表明，a 是函数在 $x=m$ 附近扩散程度的一种度量。由上述例题解答可知，式(20－2)在 $x=-\infty$ 到 $x=\infty$ 界限间的积分等于 1，而且积分值应该与 a 和 m 的数值无关。

如果一个随机变量 x 被转换成第二个随机变量 r，它是 x 的一个已知的单值函数，以如下关系式定义其一般形式：

$$r \equiv r(x) \tag{20-3}$$

只要逆关系式 $x=x(r)$ 也是一个单值函数，则 r 的概率密度函数可以容易地从下面的关系式中得到：

$$p(r)=p(x)\left|\frac{\mathrm{d}x}{\mathrm{d}r}\right| \tag{20-4}$$

式(20-4)的正确性是很明显的，因为(如图 20-4 所示)落入范围 $x_1<x<x_1+\mathrm{d}x$ 内的 x 的所有样本值都对应于范围 $r_1<r<r_1+\mathrm{d}r$ 内的 r 值。需要取 $\mathrm{d}x/\mathrm{d}r$ 的绝对值，是因为对某些函数 $r(x)$ 而言，正的 $\mathrm{d}x$ 对应于负的 $\mathrm{d}r$，反之亦然。

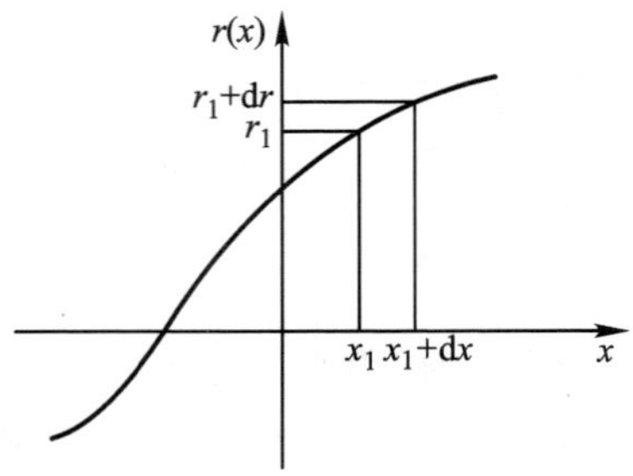

图 20-4 随机变量 x 和随机变量 r 间的关系

处理单随机变量时也可用另一种概率函数，即概率分布函数，其定义为

$$P(x) \equiv \int_{-\infty}^{x} p(u)\mathrm{d}u \tag{20-5}$$

按照这个定义，如图 20-5 所示，沿 x 的负方向函数 $P(x)$ 将变为零或趋近于零，沿 x 的正方向函数 $P(x)$ 将变为 1 或趋近于 1。式(20-5)的微分形式

$$p(x)=\frac{\mathrm{d}P(x)}{\mathrm{d}x} \tag{20-6}$$

也是很有用的。

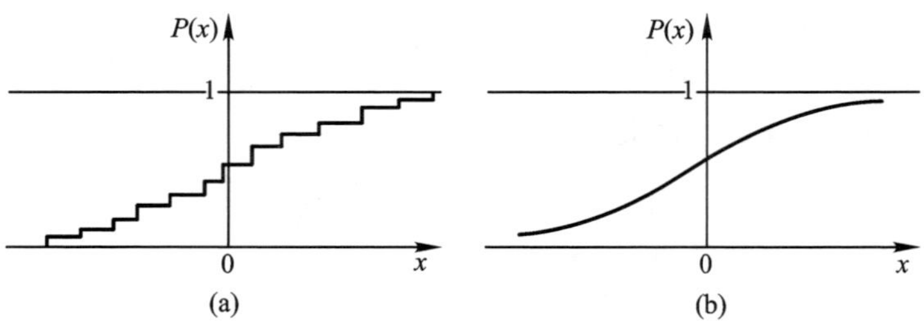

图 20-5 随机变量 x 的概率分布函数

(a)离散变量；(b)连续变量

例题 E20-2 一个随机变量具有概率密度函数①

$$p(x)=\begin{cases}1/2 & -1<x<+1 \\ 0 & x<-1;x>1\end{cases} \tag{a}$$

如果随机变量 r 和 x 有如下关系：

$$r(x)=x|x| \tag{b}$$

求出概率密度函数 $p(r)$，并证明它满足条件

---

① 此例中，原文条件 $x<1;x>1$ 等有误，现已修改。——译者

$$\int_{-\infty}^{\infty} p(r)\mathrm{d}r = 1 \tag{c}$$

首先，取式(b)的导数，得出 $\mathrm{d}r/\mathrm{d}x=2|x|$，然后应用式(20-4)得出

$$p(r)=\begin{cases}\dfrac{1}{4|x|} & -1<x<+1\\ 0 & x<-1;x>1\end{cases} \tag{d}$$

或

$$p(r)=\begin{cases}\dfrac{1}{4\sqrt{|r|}} & -1<r<+1\\ 0 & r<-1;r>1\end{cases} \tag{e}$$

将式(e)代入式(c)得出

$$I\equiv\int_{-\infty}^{\infty} p(r)\mathrm{d}r = \frac{1}{4}\int_{-1}^{1}\frac{\mathrm{d}r}{\sqrt{|r|}} = 1 \tag{f}$$

这样，就证明了满足式(c)。

§20-2 单随机变量的一些重要的平均值

如果某随机变量 x 取样 n 次，并且每一次都用以算出另一个单值函数 $r(x)$ 定义的第二个随机变量 r，当 n 趋于无限大时，这第二个变量的平均值为

$$\bar{r}\equiv\lim_{n\to\infty}\frac{1}{n}\sum_{i=1}^{n} r(x_i) \tag{20-7}$$

式中 x_i 是 x 的第 i 个样本值。这个平均值可利用如下关系求出

$$\bar{r}=\int_{-\infty}^{\infty} r(x)p(x)\mathrm{d}x \tag{20-8}$$

在任一随机变量符号的上面置一横线表示为该变量的平均值。

在非确定性分析中最常用的几个平均值是：(1)x 的平均值；(2)x 的均方值；(3)x 的方差；(4)x 的标准差。它们的定义如下：

平均值

$$\bar{x}=\int_{-\infty}^{\infty} xp(x)\mathrm{d}x \tag{20-9}$$

均方值

$$\overline{x^2}=\int_{-\infty}^{\infty} x^2 p(x)\mathrm{d}x \tag{20-10}$$

方差

$$\sigma_x^2=\overline{(x-\bar{x})^2}=\int_{-\infty}^{\infty}(x-\bar{x})^2 p(x)\mathrm{d}x=\overline{x^2}-\bar{x}^2 \tag{20-11}$$

标准差

$$\sigma_x = \sqrt{方差} \tag{20-12}$$

例题 E20-3 求出具有正态概率分布[式(20-2)]的随机变量 x 的平均值、均方值和方差。

由式(20-9),平均值可写成

$$\bar{x} = \frac{1}{\sqrt{2\pi}a}\int_{-\infty}^{\infty} x\ \exp[-(x-m)^2/2a^2]\mathrm{d}x \tag{a}$$

更换变量

$$u \equiv \frac{x-m}{\sqrt{2}a} \qquad \mathrm{d}u = \frac{1}{\sqrt{2}a}\mathrm{d}x \tag{b}$$

得出

$$\bar{x} = \frac{\sqrt{2}a}{\sqrt{\pi}}\int_{-\infty}^{\infty} u\ \exp(-u^2)\mathrm{d}u + \frac{m}{\sqrt{\pi}}\int_{-\infty}^{\infty} \exp(-u^2)\mathrm{d}u \tag{c}$$

式(c)的第一个积分等于零,而第二个积分等于$\sqrt{\pi}$,这表明

$$\bar{x} = m \tag{d}$$

如式(20-10)所给出的,均方值为

$$\overline{x^2} = \frac{1}{\sqrt{2\pi}a}\int_{-\infty}^{\infty} x^2\exp[-(x-m)^2/2a^2]\mathrm{d}x \tag{e}$$

采用上述同样的更换变量,得出

$$\overline{x^2} = \frac{2a^2}{\sqrt{\pi}}\int_{-\infty}^{\infty} u^2\exp(-u^2)\mathrm{d}u + \frac{2\sqrt{2}am}{\sqrt{\pi}}\int_{-\infty}^{\infty} u\ \exp(-u^2)\mathrm{d}u + \frac{m^2}{\sqrt{\pi}}\int_{-\infty}^{\infty} \exp(-u^2)\mathrm{d}u \tag{f}$$

由分部积分可知第一个积分等于$\sqrt{\pi}/2$,第二个积分等于零,而第三个积分等于$\sqrt{\pi}$,于是得到

$$\overline{x^2} = a^2 + m^2 \tag{g}$$

将式(d)和式(g)代入式(20-21),得出

$$\sigma_x^2 = a^2 \tag{h}$$

§20-3 一维随机走动

假设在一个实验中,n 个个体沿一直线走动而互不相干。如果所有个体从同一点($x=0$)开始走动,并且各自的步长 L 都受如下的概率密度所控制:

$$p(L) = \frac{1}{4}\delta(L+\Delta L) + \frac{3}{4}\delta(L-\Delta L) \tag{20-13}$$

亦即，向后（左）走长度 ΔL 的概率为 1/4，而向前（右）走同一长度的概率为 3/4。令距离 $x_i \equiv \sum_{j=1}^{i} L_j$，则 x_i 的概率密度函数 $p(x_i)$ 将如图 20-6 所示，图中 $i=0,1,2,3$ 和 4（图中用粗的竖向箭头表示 Dirac-δ 函数）。因为在迈出第一步之前，参与这个实验的所有 n 个个体都在原点，所以概率密度函数 $p(x_0)$ 是一个位于原点而密度为 1 的单值 Dirac-δ 函数。如果 n 趋于无限大，从式（20-13）可直接看出：在走了第一步以后，将有 $3n/4$ 个体位于 $x_1=\Delta L$ 处，$n/4$ 个体位于 $x_1=-\Delta L$ 处。在它们走了第二步之后，位于 $x_1=\Delta L$ 处的个体中的四分之三（即 $9n/16$）将走到 $x_2=2\Delta L$，剩下的四分之一将回到原点。同理，在它们走了第二步后，位于 $x_1=-\Delta L$ 处的个体的四分之三（即 $3n/16$）将前进到原点，而剩下的四分之一将后退到 $x_2=-2\Delta L$。用同样的方法可继续建立每一个后继的概率密度函数。

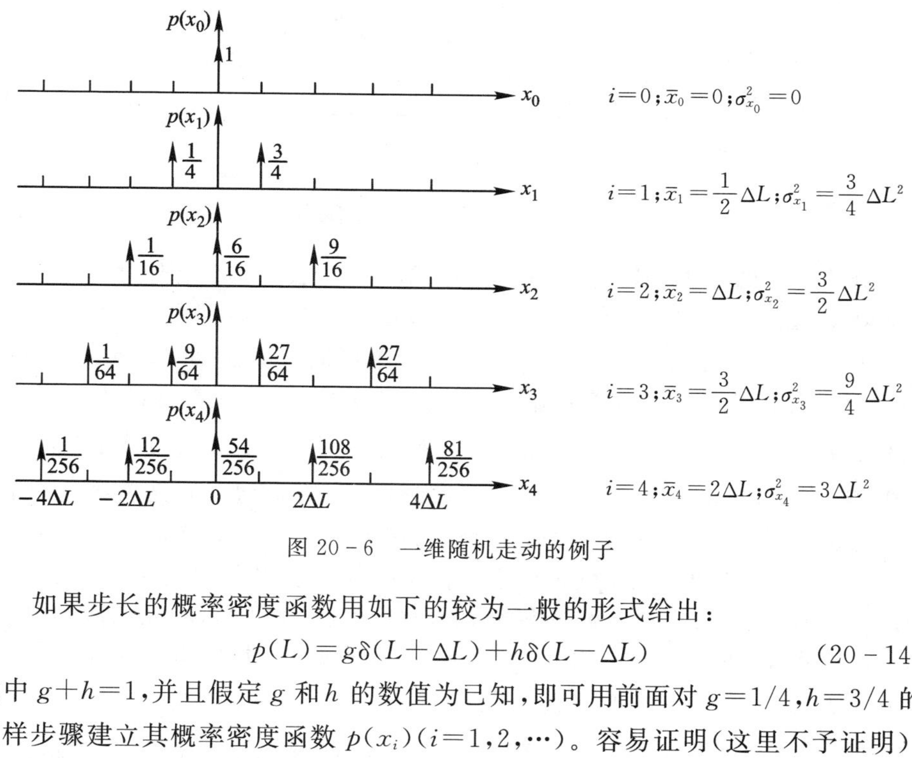

图 20-6　一维随机走动的例子

如果步长的概率密度函数用如下的较为一般的形式给出：

$$p(L)=g\delta(L+\Delta L)+h\delta(L-\Delta L) \tag{20-14}$$

式中 $g+h=1$，并且假定 g 和 h 的数值为已知，即可用前面对 $g=1/4, h=3/4$ 的同样步骤建立其概率密度函数 $p(x_i)(i=1,2,\cdots)$。容易证明（这里不予证明），概率密度函数 $p(x_i)$ 可用众所周知的二项式关系来表示：

$$p(x_i)=\sum_{k=-i,-i+2,\cdots}^{i}\frac{i!\,\delta(x_i-k\Delta L)}{[(i+k)/2]!\,[(i-k)/2]!}h^{(i+k)/2}(1-h)^{(i-k)/2}$$

$$i=0,1,2,\cdots \tag{20-15}$$

而且，按式（20-9）和式（20-11）的定义，x_i 的平均值和方差分别为：

$$\bar{x}_i=i\bar{L}=i(h-g)\Delta L \tag{20-16}$$

$$\sigma_{x_i}^2 = i\sigma_L^2 = i[1-(h-g)^2]\Delta L^2 \tag{20-17}$$

读者很容易地就可以用图 20-6 中所示的结果(这些结果是前面用简单直接的方法所得出的)来校核式(20-15)～式(20-17)。

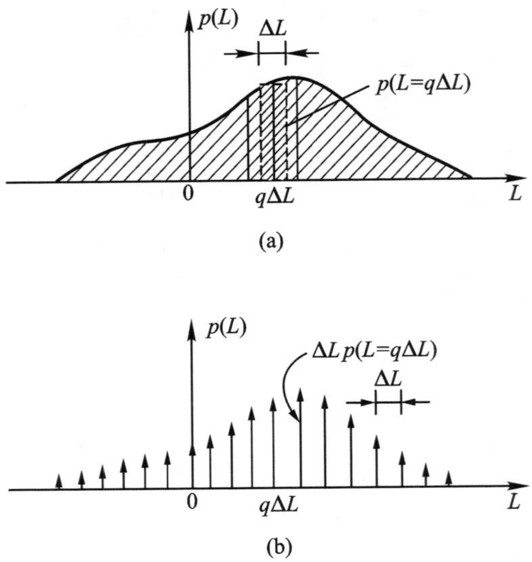

图 20-7 步长的任意概率密度函数

现在来考虑一维随机走动的最一般形式,即其步长 L 为具有任意给定的概率密度函数[如图 20-7a 所示]的情况。这个函数可以近似地用图 20-7b 所示的离散分布来代替,它是以 Dirac-δ 函数的形式简单地把面积 $\Delta L p(L=q\Delta L)$ 集中起来而形成的。当然,在极限情况下,当 ΔL 趋近于零时,这个离散的表达形式就转化为精确的形式。同样,离开原点的距离 $x_i \equiv \sum_{j=1}^{i} L_j$ 的连续概率密度函数(图 20-8a)也可以用图 20-8b 所示的离散分布来近似。如果选择 Δx 等于 ΔL,就可以用与图 20-6 所示的简单情况完全相同的方法来确定概率密度函数 $p(x_{i+1})$。这样,密度为 $\Delta x p(x_i=r\Delta x)$ 的 Dirac-δ 函数对密度为 $\Delta x p(x_{i+1}=s\Delta x)$ 的 Dirac-δ 函数的贡献就是乘积 $\Delta x p(x_i=r\Delta x)\Delta L p(L=q\Delta L)$,其中 $q\equiv s-r$。因此,图 20-8b 中所有 δ 函数对 $p(x_{i+1}=s\Delta x)$ 密度的贡献可以用叠加法求出,为

$$p(x_{i+1}=s\Delta x) = \sum_{r=-\infty}^{\infty} p(x_i=r\Delta x)p(L=q\Delta L)\Delta L \tag{20-18}$$

后面将变得很明显,在进一步的分析中,分别用从 $x_i=iA$ 和 $x_{i+1}=(i+1)A$ 点开始计算的距离 X_i 和 X_{i+1} 来表示图 20-8b 和 c 中的概率密度函数是有利的,而其中的 A 是 Δx 的某一整数倍。按这一坐标变换,式(20-18)变为

$$p[X_{i+1}=s\Delta x-(i+1)A] = \sum_{r=-\infty}^{\infty} p(X_i=r\Delta x-iA)p(L=q\Delta L)\Delta L \tag{20-19}$$

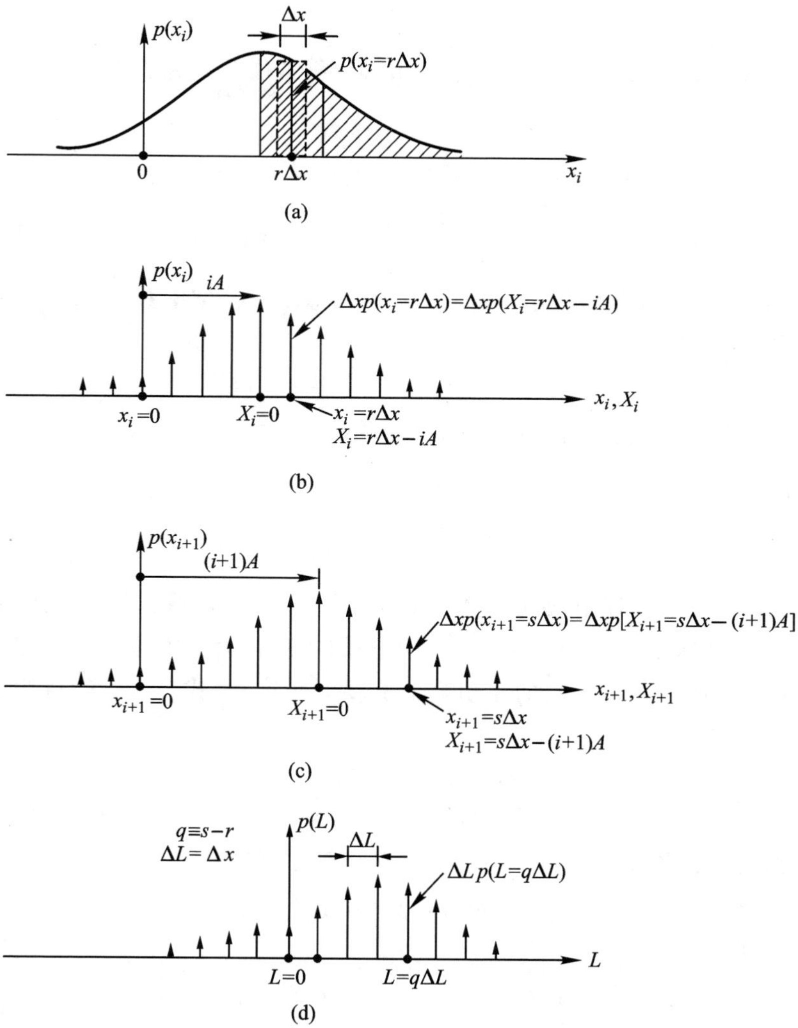

图 20－8　一般的一维随机走动的概率密度函数

如果在上述随机走动中，在 $t=0$ 时刻各个体都位于原点 $x=0$ 处，并且假定在 $t_i=i\Delta t$ 的瞬间各个体跨出它的第 i 步，则式(20－19)可写成

$$p(X;t_i+\Delta t)=\sum_{q=-\infty}^{\infty}p(X-q\Delta x+A;t_i)p(L=q\Delta L)\Delta L \quad (20-20)$$

式中

$$X_{i+1}\equiv X \quad (20-21)$$

$$X_i=X-q\Delta x+A \quad (20-22)$$

现在取极限，令 $\Delta x=\Delta L\to 0$ 并使 X 保持为有限值，式(20－20)转换为对距离的连续形式，即

$$p(X;t_i+\Delta t)=\int_{-\infty}^{\infty}p(X-L+A;t_i)p(L)\mathrm{d}L \tag{20-23}$$

把函数 $p(X-L+A;t_i)$在 $X=0$ 附近按 Taylor 级数展开并完成积分，式(20－23)变为

$$p(X;t_i+\Delta t)=p(X;t_i)+(A-\bar{L})p'(X;t_i)+\frac{A^2-2A\bar{L}+\overline{L^2}}{2}p''(X;t_i)+\cdots \tag{20-24}$$

现在变得明显了，像前面指出的那样，为什么将概率密度函数用 X 表示比用 x 表示有利，这是因为令

$$A=\bar{L} \tag{20-25}$$

就可以使式(20－24)右端第二项消去。将式(20－25)代入式(20－24)，并将式两边都除以 Δt，再利用式(20－11)，可得出

$$\frac{p(X;t_i+\Delta t)-p(X;t_i)}{\Delta t}=\frac{\sigma_L^2}{2\Delta t}p''(X;t_i)+\cdots \tag{20-26}$$

如果在上述取极限过程中，密度函数 $p(L)$的方差，即 σ_L^2，也接近零，但比值 $\sigma_L^2/\Delta t$ 等于常数 C，则式(20－26)右端除第一项外的各项将为高阶微量而可略去。另外，当 $\Delta t\to 0$ 时，式(20－26)的左端等于 $\dot{p}(X,t)$；这样，式(20－26)成为著名的一维扩散方程

$$\frac{\partial p(X,t)}{\partial t}=\frac{C}{2}\frac{\partial^2 p(X,t)}{\partial X^2} \tag{20-27}$$

根据已知的初始条件

$$p(X,0)=\delta(X) \tag{20-28}$$

和边界条件

$$\lim_{Q\to\infty}\left[\frac{\partial p(X,t)}{\partial X}\bigg|_{X=Q}\right]=\lim_{Q\to\infty}\left[\frac{\partial p(X,t)}{\partial X}\bigg|_{X=-Q}\right]=0 \tag{20-29}$$

可得式(20－27)的解为

$$p(X,t)=\frac{1}{\sqrt{2\pi Ct}}\exp\left[-\frac{X^2}{2Ct}\right] \tag{20-30}$$

将 $C=\sigma_L^2/\Delta t$ 和 $i=t/\Delta t$ 代入式(20－30)后，可以得出第 i 步后随机变量 X_i 的概率密度函数

$$p(X_i)=\frac{1}{\sqrt{2\pi i\sigma_L^2}}\exp\left[-\frac{X_i^2}{2i\sigma_L^2}\right] \tag{20-31}$$

在此情况下，利用式(20－9)～式(20－11)和式(20－31)，证明

$$\bar{X}_i=0 \qquad \sigma_{X_i}^2=i\sigma_L^2 \tag{20-32}$$

从式(20－25)和式(20－31)，以及图 20－8 中提供的信息，可以得出关系式

$$p(x_i)=\frac{1}{\sqrt{2\pi}\sigma_{x_i}}\exp\left[-\frac{(x_i-\bar{x}_i)^2}{2\sigma_{x_i}^2}\right] \tag{20-33}$$

式中

$$\bar{x}_i=i\bar{L} \qquad \sigma_{x_i}^2=i\sigma_L^2 \tag{20-34}$$

对一般形式的一维随机走动的这种处理方法是 Lord Rayleigh 首创的。这种处理方法很重要，因为它表明：设 x_i 为 i 个随机变量的代数和，即

$$x_i\equiv\sum_{j=1}^{i}L_j \tag{20-35}$$

其中 $L_j(j=1,2,\cdots,i)$ 具有同一个任意的概率密度函数（如图 20-7 所示），则当 $i\to\infty$ 时，x_i 的概率密度函数 $p(x_i)$ 趋近于 Gauss 分布。这就是所谓的中心极限定理，这个定理可以在大多数的概率论课本中找到。幸运的是，除了对于 x_i 的一些很大值以外，当 i 增大时概率密度函数 $p(x_i)$ 迅速地趋近于 Gauss 分布；所以在工程应用中，假定式（20-35）中的随机变量 x_i 具有 Gauss 分布一般是可以的。

例题 E20-4 考虑式（20-35）所定义的一维随机走动，其单步长的概率密度函数可用如下的离散形式给出

$$p(L)=0.05\delta(L+2\Delta x)+0.15\delta(L+\Delta x)+0.30\delta(L)+0.40\delta(L-\Delta x)+0.10\delta(L-2\Delta x) \tag{a}$$

这个函数也就是随机变量 x_1 的概率密度函数。通过逐步分布 Dirac-δ 函数的密度（就像图 22-6 的简单情况那样），可以求得概率密度函数 $p(x_2)$，$p(x_3)$ 等，如图 E20-1 所示。为了保证能完全理解这个方法，建议读者校核图中所给的两个分布 $p(x_2)$ 及 $p(x_3)$ 数值。为了进行比较，在图 E20-1 中用虚线绘出了连续正态分布的图形。这些连续分布和相应的离散分布具有相同的均值和方差。请注意，当 i 值增加时，离散分布很迅速地趋近正态分布。

显然对于较大 i 值，上述求得 $p(x_i)$ 的逐步分布方法是极烦琐和费时的。然而，一个具有式（20-34）所给均值和方差的正态分布可以作为 $p(x_i)$ 的一个很好的近似。这样，对式（a）所表示的情况，其连续分布为

$$p(x_i)\doteq\frac{1}{\sqrt{2\pi}\sigma_{x_i}}\exp\left[-\frac{(x_i-\bar{x}_i)^2}{2\sigma_{x_i}^2}\right] \tag{b}$$

式中

$$\bar{x}_i=0.35i\Delta x \qquad \sigma_{x_i}^2=1.0275i\Delta x^2 \tag{c}$$

对于较大的 i 值，该分布的离散形式将给出真实分布的一个很好的近似。显著的差别只出现在该分布的边缘“尾部区域”。

现在我们考虑一个随机变量 y_i，它是 i 个随机变量的乘积，而不是式（20-35）所给出的 i 个随机变量的和，即该变量定义为

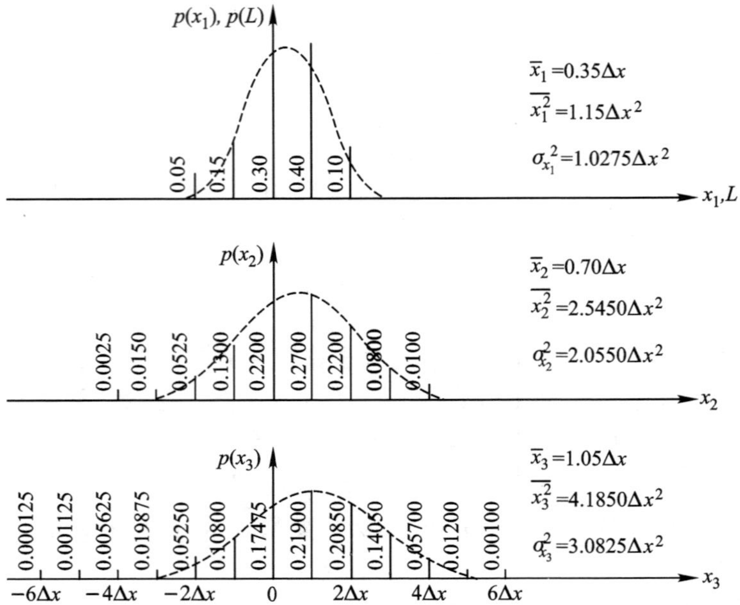

图 E20－1　一维随机走动 $x_i = \sum_{j=1}^{i} L_j$

$$y_i = L_1 L_2 \cdots L_j \cdots L_{i-1} L_i \tag{20-36}$$

其中 $L_j(j=1,2,\cdots,i)$具有如图(20－7a)所示的任意概率密度函数 $p(L)$。对上式两端取自然对数得到

$$z_i \equiv \ln y_i = \sum_{j=1}^{i} \ln L_j \tag{20-37}$$

基于上面对随机变量 x_i[式(20－35)]的概率密度函数的讨论，很显然随着 i 值的增大，z_i 的概率密度函数趋于正态分布，

$$p(z_i) = \frac{1}{\sqrt{2\pi}\sigma_{z_i}} \exp\left[\frac{-(z_i - \bar{z}_i)^2}{2\sigma_{z_i}^2}\right] \qquad -\infty < z < \infty \tag{20-38}$$

利用与式(20－4)相应的关系式

$$p(y_i) = p(z_i)\left|\frac{\mathrm{d}z_i}{\mathrm{d}y_i}\right| \tag{20-39}$$

可得

$$p(y_i) = \frac{1}{\sqrt{2\pi}\sigma_{\ln y_i} y_i} \exp\left[-\frac{(\ln y_i - \overline{\ln y_i})^2}{2\sigma_{\ln y_i}^2}\right] \qquad 0 \leqslant y_i < \infty \tag{20-40}$$

这就是对数正态分布，$\ln y_i$ 的均值和方差分别由下式给出①：

① Alfredo H－S. Ang and Wilson H. Tang, *Probability Concepts in Engineering Planning and Design*, Volume Ⅰ, Basic Principles, John Wiley & Sons, 1975.

$$\overline{\ln\, y_i} = \ln\, y_m \qquad \sigma^2_{\ln\, y_i} = \ln\left(1 + \frac{\sigma^2_{y_i}}{\overline{y_i}^{\,2}}\right) \tag{20-41}$$

式中 y_m 为 y_i 的中位数(50 百分位点)，$\sigma^2_{y_i}$ 为 y_i 的方差，$\overline{y}_i$ 为 y_i 的均值。当比值 $\sigma_{y_i}/\overline{y}_i$ 较小(比如小于 0.3)时，$\sigma_{\ln\, y_i} \doteq \sigma_{y_i}/\overline{y}_i$。$y_i$ 的中位数和均值之间的关系为

$$y_m = \frac{\overline{y}_i}{\sqrt{1+(\sigma_{y_i}/\overline{y}_i)^2}} \tag{20-42}$$

§ 20 - 4 两个随机变量

本节讨论包括两个随机变量的实验。例如，转动图 20 - 1a 所示转盘得到一个离散随机变量 N，转动第二个相同的转盘得到第二个变量 M。用这种方法得出 n 对 N 和 M 的值，在极限情况下($n \to \infty$)得出图 20 - 9 所示的这个数对的离散分布。这个由 100 个密度为 1/100 的二维 Dirac - δ 函数组成的分布 $p(N,M)$ 称为随机变量 N 和 M 的**联合概率密度函数**。如果用两个如图 20 - 1b 所示类型的转盘代替两个图 20 - 1a 所示类型的转盘，对随机变量 θ 和 ϕ 进行实验，取 n 对($n \to \infty$)实验结果，将给出图 20 - 10 所示的均匀分布。注意在每一种情况下，在两个随机变量坐标轴的平面和联合概率密度函数表面之间的体积都被规格化为 1。

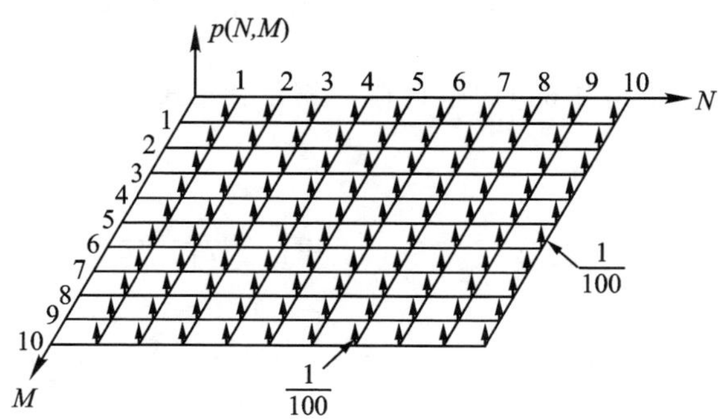

图 20 - 9 离散随机变量 N 和 M 的联合概率密度函数

对于一个一般性的包括随机变量 x 和 y 的实验，其概率密度函数 $p(x,y)$ 如图 20 - 11 所示。这个函数定义如下：一对样本值落入 $x_1 < x < x_1 + \mathrm{d}x$ 和 $y_1 < y < y_1 + \mathrm{d}y$ 区域内的概率等于图 20 - 11 中的体积元 $p(x_1, y_1)\mathrm{d}x\mathrm{d}y$。这个定义要求 xy 平面和 $p(x,y)$ 表面之间的总体积等于 1，即要求

$$\int_{-\infty}^{\infty}\int_{-\infty}^{\infty} p(x,y)\,\mathrm{d}x\mathrm{d}y = 1\ 。$$

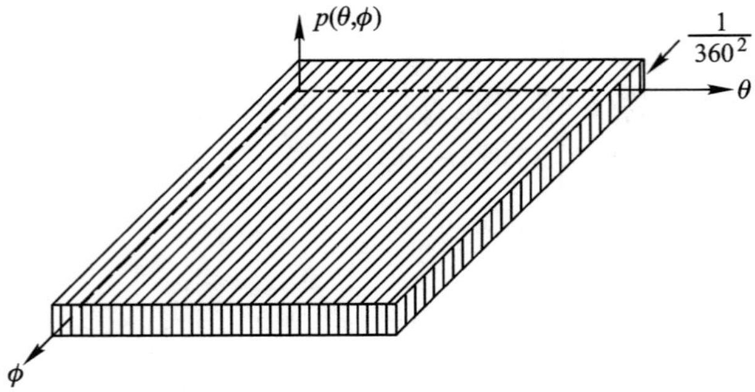

图 20－10 连续随机变量 θ 和 ϕ 的联合概率密度函数

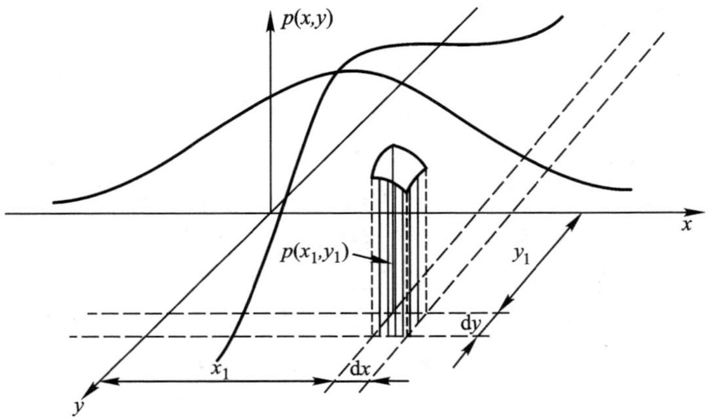

图 20－11 随机变量 x 和 y 的一般的联合概率密度函数

最普通(以后广泛应用的)的联合概率密度函数是**正态分布**,亦即 **Gauss 分布**,即

$$p(x,y)=\frac{1}{2\pi ab\sqrt{1-c^2}}\times\exp\left\{-\frac{1}{2(1-c^2)}\times\left[\frac{(x-d)^2}{a^2}-\frac{2c(x-d)(y-e)}{ab}+\frac{(y-e)^2}{b^2}\right]\right\}\tag{20-43}$$

式中 a,b,c,d 和 e 均为常数。

假设有一组新随机变量 r 和 s 由如下关系定义

$$r=r(x,y)\qquad s=s(x,y)\tag{20-44}$$

这些关系和它们的逆关系

$$x=x(r,s)\qquad y=y(r,s)\tag{20-45}$$

都是单值函数,要求 r 和 s 的联合概率密度函数。因为如图 20－12 所示,在 rs 平面中的矩形微面积 $\mathrm{d}r\mathrm{d}s$ 在 xy 平面中将映射为平行四边形,其面积为

$$\left|\frac{\partial x}{\partial r}\frac{\partial y}{\partial s}-\frac{\partial x}{\partial s}\frac{\partial y}{\partial r}\right|\mathrm{d}r\mathrm{d}s \tag{20-46}$$

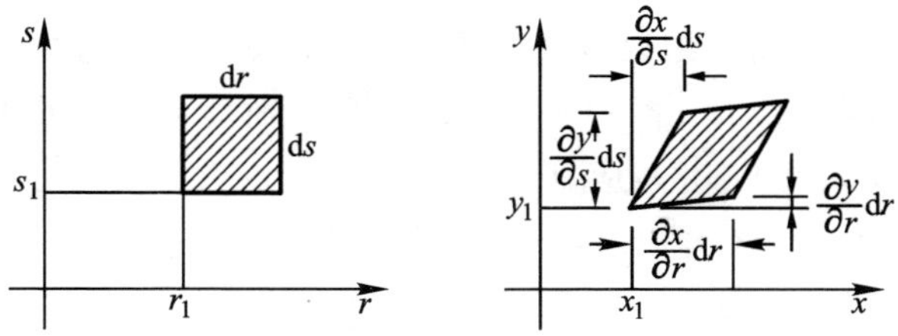

图 20－12 两个随机变量的 Jacobi 变换

因为 x 和 y 的样本值落入平行四边形对应于 r 和 s 的样本值落入那个矩形，从而得出

$$p(r,s)=\left|\frac{\partial x}{\partial r}\frac{\partial y}{\partial s}-\frac{\partial x}{\partial s}\frac{\partial y}{\partial r}\right|p(x,y) \tag{20-47}$$

因为平行四边形的面积必须永远为正值，所以在式(20－47)中取绝对值。式(20－47)所示的变换被称为 **Jacobi 变换**。

下面定义某些与联合概率密度函数 $p(x,y)$ 紧密相关的概率函数。

边缘概率密度函数 $p(x)$ 其定义如下：x 的样本值落入范围 $x_1<x<x_1+\mathrm{d}x$ 的机会等于 $p(x_1)\mathrm{d}x$，而与 y 的样本值无关。同样地，边缘概率密度函数 $p(y)$ 的定义为：y 的样本值落入范围 $y_1<y<y_1+\mathrm{d}y$ 的机会等于 $p(y_1)\mathrm{d}y$，而与 x 的样本值无关。按照上述定义有

$$p(x_1)\mathrm{d}x=\int_{-\infty}^{\infty}\int_{x_1}^{x_1+\mathrm{d}x}p(x,y)\mathrm{d}x\mathrm{d}y=\mathrm{d}x\int_{-\infty}^{\infty}p(x_1,y)\mathrm{d}y \tag{20-48}$$

因此，无约束形式的边缘概率密度函数可由以下关系式得出

$$p(x)=\int_{-\infty}^{\infty}p(x,y)\mathrm{d}y \qquad p(y)=\int_{-\infty}^{\infty}p(x,y)\mathrm{d}x \tag{20-49}$$

概率分布函数 $P(X,Y)$ 其定义如下：x 和 y 的样本值分别落入范围 $-\infty<x<X_1$ 和 $-\infty<y<Y_1$ 的机会等于 $P(X_1,Y_1)$，这样即得

$$P(X,Y)=\int_{-\infty}^{Y}\int_{-\infty}^{X}p(x,y)\mathrm{d}x\mathrm{d}y \tag{20-50}$$

用微分的形式可写成

$$p(X,Y)=\frac{\partial^2 P(X,Y)}{\partial X\partial Y} \tag{20-51}$$

条件概率密度函数 $p(x|y)$ 其定义如下：当只考虑 x 和 y 分别落入范围 $-\infty<x<+\infty$ 和 $y_1<y<y_1+\mathrm{d}y$ 的那些样本值时，x 将落入范围 $x_1<x<x_1+\mathrm{d}x$ 的机会等于 $p(x_1|y_1)$，亦即 $p(x_1|y_1)=p(x_1,y_1)/p(y_1)$，或者写成无约束的形式

$$p(x|y)=\frac{p(x,y)}{p(y)} \tag{20-52}$$

同理

$$p(y|x)=\frac{p(x,y)}{p(x)} \tag{20-53}$$

应该注意到，条件概率密度函数是联合概率密度函数和边缘概率密度函数的比值。

条件概率密度函数 $p(x|y)$ 和 $p(y|x)$ 常常分别是 x 和 y 的函数。在此情况下，式(20－52)及式(20－53)，应有

$$p(x|y)=p(x) \qquad p(y|x)=p(y) \tag{20-54}$$

和

$$p(x,y)=p(x)p(y) \tag{20-55}$$

满足式(20－54)和式(20－55)的随机变量被称为**统计独立**的随机变量。其物理意义为：当对 x 和 y 取样时，x 的样本值不受相对应的 y 的样本值的影响，反之亦然。图 20－9 和图 20－10 中所示的那些随机变量就是统计独立变量的例子。

假设某人在研究统计独立的随机变量 x 和 y 时，他想求出 x 和 y 的和(随机变量 r)的概率密度函数。下面利用 Jacobi 变换[式(20－46)]和式(20－47)可以很容易地求出这个概率密度函数。定义一组新的随机变量 r 和 s 为

$$r\equiv x+y \qquad s\equiv y \tag{20-56}$$

它们的逆形式为

$$x=r-s \qquad y=s \tag{20-57}$$

根据式(20－47)、式(20－55)和式(20－57)得出

$$p(r,s)=p(x,y)=p_x(x)p_y(y)=p_x(r-s)p_y(s) \tag{20-58}$$

式中加下标是为了表示相关的随机变量。现在这个边缘概率密度函数 $p(r)$ 变为

$$p(r)=\int_{-\infty}^{\infty}p_x(r-s)p_y(s)\mathrm{d}s \tag{20-59}$$

例题 E20－5 考虑式(20－35)所定义的一维随机走动，其中单步长的概率密度函数具有如下连续形式

$$p(L)=\begin{cases}\dfrac{1}{\Delta x} & 0<L<\Delta x\\ 0 & L<0;L>\Delta x\end{cases} \tag{a}$$

这个函数也就是随机变量 x_1 的概率密度函数。为了求出 $x_2=x_1+L_2$ 的概率密度函数，可应用式(20－59)所给的卷积积分，写出

$$p(x_2)=\int_{-\infty}^{\infty}p_L(x_2-s)p_{x_1}(s)\mathrm{d}s \tag{b}$$

式中

$$p_{x_1}(s)=\begin{cases}\dfrac{1}{\Delta x} & 0<s<\Delta x\\ 0 & s<0;s>\Delta x\end{cases} \tag{c}$$

$$p_L(x_2-s)=\begin{cases}\dfrac{1}{\Delta x} & x_2-\Delta x<s<x_2\\ 0 & s<x_2-\Delta x;s>x_2\end{cases} \tag{d}$$

将式(c)及式(d)代入式(b),得

$$p(x_2)=\begin{cases}\dfrac{1}{(\Delta x)^2}\displaystyle\int_0^{x_2}\mathrm{d}s=\dfrac{1}{(\Delta x)^2}x_2 & 0\leqslant x_2\leqslant\Delta x\\ \dfrac{1}{(\Delta x)^2}\displaystyle\int_{x_2-\Delta x}^{\Delta x}\mathrm{d}s=\dfrac{1}{(\Delta x)^2}(2\Delta x-x_2) & \Delta x\leqslant x_2\leqslant 2\Delta x\\ 0 & x_2\leqslant 0;x_2\geqslant 2\Delta x\end{cases}\tag{e}$$

当已知 x_2 的概率密度函数时,即可再次应用同样的卷积积分去求随机变量 $x_3=x_2+L_3$ 的概率密度函数,给出

$$p(x_3)=\int_{-\infty}^{\infty}p_L(x_3-s)p_{x_2}(s)\mathrm{d}s\tag{f}$$

按式(a)和式(e),此积分的被积项可写成

$$p_{x_2}(s)=\begin{cases}\dfrac{1}{(\Delta x)^2}s & 0<s<\Delta x\\ \dfrac{1}{(\Delta x)^2}(2\Delta x-s) & \Delta x<s<2\Delta x\\ 0 & s<0;s>2\Delta x\end{cases}\tag{g}$$

$$p_L(x_3-s)=\begin{cases}\dfrac{1}{\Delta x} & x_3-\Delta x<s<x_3\\ 0 & s<x_3-\Delta x;s>x_3\end{cases}\tag{h}$$

将式(g)和式(h)代入式(f),给出

$$p(x_3)=\begin{cases}\dfrac{1}{(\Delta x)^3}\displaystyle\int_0^{x_3}s\mathrm{d}s=\dfrac{x_3^2}{2(\Delta x)^3} & 0\leqslant x_3\leqslant\Delta x\\ \dfrac{1}{(\Delta x)^3}\left[\displaystyle\int_{x_3-\Delta x}^{\Delta x}s\mathrm{d}s+\int_{\Delta x}^{x_2}(2\Delta x-s)\mathrm{d}s\right]= & \\ \dfrac{1}{(\Delta x)^3}\left(-x_3^2+3\Delta x\,x_3-\dfrac{3}{2}\Delta x^2\right) & \Delta x\leqslant x_3\leqslant 2\Delta x\\ \dfrac{1}{(\Delta x)^3}\displaystyle\int_{x_3-\Delta x}^{2\Delta x}(2\Delta x-s)\mathrm{d}s= & \\ \dfrac{1}{(\Delta x)^3}\left(\dfrac{x_3^2}{2}-3\Delta x\,x_3-\dfrac{9}{2}\Delta x^2\right) & 2\Delta x\leqslant x_3\leqslant 3\Delta x\\ 0 & x_3\leqslant 0;x_3\geqslant 3\Delta x\end{cases}\tag{i}$$

式(a)、式(e)和式(i)所分别给出的概率密度函数 $p(x_1)$,$p(x_2)$和 $p(x_3)$绘于图 E20-2 中。

为了进行比较,在图 E20-2 中用虚线画出了相应的正态分布。这些正态分布与相应的精确分布(用实线表示)具有相同的平均值和方差。注意到,当 i 值增加时 $p(x_i)$非常迅速地趋近于正态分布。虽然 $p(x_4)$和 $p(x_5)$等也可以像上面那样重复利用卷积积分求出,但是这个方法将是非常费时的。所以,就像例

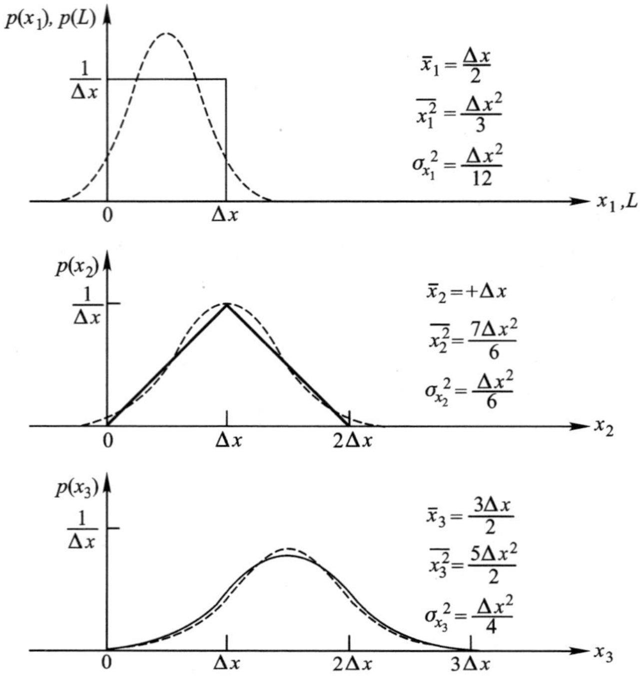

图 E20 - 2　一维随机走动：$x_i \equiv \sum_{j=1}^{i} L_j$

题 E20 - 4 的离散情况一样，由于上面所注意到的向正态分布趋近的收敛性，所以我们可以假定其为正态分布，且具有式(20 - 34)所给的平均值和方差。这样，对于较大的 i 值，可以采用正态分布的形式

$$p(x_i) \doteq \frac{1}{\sqrt{2\pi}\sigma_{x_i}} \exp\left[-\frac{(x_i-\bar{x}_i)^2}{2\sigma_{x_i}^2}\right] \tag{j}$$

式中

$$\bar{x}_i = \frac{i\Delta x}{2} \qquad \sigma_{x_i}^2 = \frac{i\Delta x^2}{12} \tag{k}$$

例题 E20 - 6　给出联合概率密度函数为

$$p(x,y) = C\exp\left[-\frac{2}{3}\left(\frac{x^2}{4}-\frac{xy}{6}+\frac{y^2}{9}\right)\right] \tag{a}$$

求出：(1)使函数规格化的 C 值；(2)边缘概率密度函数 $p(x)$ 和 $p(y)$；(3)条件概率密度函数 $p(x|y)$ 和 $p(y|x)$。证明随机变量 x 和 y 统计相关。

当函数 $p(x,y)$ 在 x 和 y 的无限域内的双重积分等于 1 时，函数被规格化，即

$$C\int_{-\infty}^{\infty}\int_{-\infty}^{\infty} \exp\left[-\frac{2}{3}\left(\frac{x^2}{4}-\frac{xy}{6}+\frac{y^2}{9}\right)\right]\mathrm{d}x\mathrm{d}y = 1 \tag{b}$$

式(b)可以分离并写成如下的等效形式

$$C\int_{-\infty}^{\infty}\exp\left(-\frac{y^2}{18}\right)\left\{\int_{-\infty}^{\infty}\exp\left[-\frac{2}{3}\left(\frac{x}{2}-\frac{y}{6}\right)^2\right]dx\right\}dy=1 \tag{c}$$

作变量代换

$$u=\sqrt{\frac{2}{3}}\left(\frac{x}{2}-\frac{y}{6}\right)\qquad dx=\sqrt{6}\,du \tag{d}$$

式(c)变为

$$\sqrt{6}C\int_{-\infty}^{\infty}\exp\left(-\frac{y^2}{18}\right)\left[\int_{-\infty}^{\infty}\exp(-u^2)du\right]dy=1 \tag{e}$$

取另一个变量代换 $v=y/3\sqrt{2}$，并注意到式(e)中的第二个积分等于$\sqrt{\pi}$，上式的结果为

$$6\sqrt{3\pi}C\int_{-\infty}^{\infty}\exp(-v^2)dv=1 \tag{f}$$

或

$$C=\frac{1}{6\sqrt{3}\pi} \tag{g}$$

用式(20－49)的第一式，边缘概率密度函数 $p(x)$可写成

$$p(x)=\frac{1}{6\sqrt{3}\pi}\int_{-\infty}^{\infty}\exp\left[-\frac{2}{3}\left(\frac{x^2}{4}-\frac{xy}{6}+\frac{y^2}{9}\right)\right]dy \tag{h}$$

或

$$p(x)=\frac{1}{6\sqrt{3}\pi}\exp\left(-\frac{x^2}{8}\right)\int_{-\infty}^{\infty}\exp\left[-\frac{2}{3}\left(\frac{y}{3}-\frac{x}{4}\right)^2\right]dy \tag{i}$$

作变量代换

$$u=\sqrt{\frac{2}{3}}\left(\frac{y}{3}-\frac{x}{4}\right)\qquad dy=3\sqrt{\frac{3}{2}}du \tag{j}$$

式(i)变为

$$p(x)=\frac{1}{2\sqrt{2}\pi}\exp\left(-\frac{x^2}{8}\right)\int_{-\infty}^{\infty}\exp(-u^2)du \tag{k}$$

或

$$p(x)=\frac{1}{2\sqrt{2\pi}}\exp\left(-\frac{x^2}{8}\right) \tag{l}$$

同理，式(20－49)的第二式给出

$$p(y)=\frac{1}{3\sqrt{2\pi}}\exp\left(-\frac{y^2}{18}\right) \tag{m}$$

将式(a)和式(m)代入式(20－52)，相除后可得

$$p(x|y)=\frac{1}{\sqrt{6\pi}}\exp\left[-\frac{2}{3}\left(\frac{x^2}{4}-\frac{xy}{6}+\frac{y^2}{36}\right)\right] \tag{n}$$

同样，将式(a)和式(l)代入式(20－53)可得

$$p(y|x)=\frac{\sqrt{2}}{3\sqrt{3\pi}}\exp\left[-\frac{2}{3}\left(\frac{x^2}{16}-\frac{xy}{6}+\frac{y^2}{9}\right)\right] \tag{o}$$

因为上面的边缘概率密度函数和条件概率密度函数不满足式(20－54)，所以随机变量 x 和 y 是统计相关的。

§20－5 两个随机变量的重要的平均值

在一个包括随机变量 x 和 y 的实验中，作了 n 次成对取样，每一次都算出相应的第三个随机变量 r 的值，r 定义为一个单值函数 $r(x,y)$。当 $n\to\infty$ 时，r 的平均值即：

$$\bar{r}=\lim_{n\to\infty}\frac{1}{n}\sum_{i=1}^{n}r(x_i,y_i) \tag{20-60}$$

(式中 x_i 和 y_i 分别是 x 和 y 的第 i 次取样值)可用如下的关系式求出：

$$\bar{r}=\int_{-\infty}^{\infty}\int_{-\infty}^{\infty}r(x,y)p(x,y)\mathrm{d}x\,\mathrm{d}y \tag{20-61}$$

式(20－61)的正确性容易得到解释，因为 $p(x,y)\mathrm{d}x\mathrm{d}y$ 是样本值落入点 (x,y) 处的微面积 $\mathrm{d}x\mathrm{d}y$ 的概率，它表现为那些取样数的一个分数。

当处理两个随机变量时，最常用的一些平均值如下：

平均值

$$\begin{aligned}\bar{x}&=\int_{-\infty}^{\infty}\int_{-\infty}^{\infty}xp(x,y)\mathrm{d}x\,\mathrm{d}y=\int_{-\infty}^{\infty}xp(x)\mathrm{d}x\\ \bar{y}&=\int_{-\infty}^{\infty}\int_{-\infty}^{\infty}yp(x,y)\mathrm{d}x\,\mathrm{d}y=\int_{-\infty}^{\infty}yp(y)\mathrm{d}y\end{aligned} \tag{20-62}$$

均方值

$$\begin{aligned}\overline{x^2}&=\int_{-\infty}^{\infty}\int_{-\infty}^{\infty}x^2p(x,y)\mathrm{d}x\,\mathrm{d}y=\int_{-\infty}^{\infty}x^2p(x)\mathrm{d}x\\ \overline{y^2}&=\int_{-\infty}^{\infty}\int_{-\infty}^{\infty}y^2p(x,y)\mathrm{d}x\,\mathrm{d}y=\int_{-\infty}^{\infty}y^2p(y)\mathrm{d}y\end{aligned} \tag{20-63}$$

方差

$$\begin{aligned}\sigma_x^2&=\overline{(x-\bar{x})^2}=\int_{-\infty}^{\infty}\int_{-\infty}^{\infty}(x-\bar{x})^2p(x,y)\mathrm{d}x\,\mathrm{d}y=\overline{x^2}-\bar{x}^2\\ \sigma_y^2&=\overline{(y-\bar{y})^2}=\int_{-\infty}^{\infty}\int_{-\infty}^{\infty}(y-\bar{y})^2p(x,y)\mathrm{d}x\,\mathrm{d}y=\overline{y^2}-\bar{y}^2\end{aligned} \tag{20-64}$$

标准差

$$\sigma_x,\sigma_y \tag{20-65}$$

协方差

$$\mu_{xy}=\overline{(x-\overline{x})(y-\overline{y})}=\int_{-\infty}^{\infty}\int_{-\infty}^{\infty}(x-\overline{x})(y-\overline{y})p(x,y)\mathrm{d}x\,\mathrm{d}y=\overline{xy}-\overline{x}\overline{y} \tag{20-66}$$

相关系数

$$\rho_{xy}\equiv\frac{\mu_{xy}}{\sigma_x\sigma_y} \tag{20-67}$$

注意,当 x 和 y 统计独立时,

$$\overline{xy}=\int_{-\infty}^{\infty}\int_{-\infty}^{\infty}xyp(x)p(y)\mathrm{d}x\,\mathrm{d}y=\overline{x}\overline{y} \tag{20-68}$$

在此情况下,协方差 μ_{xy} 和相关系数 ρ_{xy} 都为零。

将式(20-43)所表示的正态或Gauss分布代入以上各关系式,给出

$$\overline{x}=d \qquad \overline{y}=e \qquad \sigma_x=a \qquad \sigma_y=b \qquad \rho_{xy}=c \tag{20-69}$$

因此,正态分布可以(而且通常是)表示为如下形式:

$$p(x,y)=\frac{1}{2\pi\sigma_x\sigma_y\sqrt{1-\rho_{xy}^2}}\times\exp\left\{-\frac{1}{2(1-\rho_{xy}^2)}\times\left[\frac{(x-\overline{x})^2}{\sigma_x^2}-\frac{2\rho_{xy}(x-\overline{x})(y-\overline{y})}{\sigma_x\sigma_y}+\frac{(y-\overline{y})^2}{\sigma_y^2}\right]\right\} \tag{20-70}$$

例题 E20-7 随机变量 x_1 和 x_2 是统计独立的,并且两者都是在0到1区间均匀分布。两个新的随机变量 r_1 和 r_2 定义如下:

$$r_1=(-2\ln x_1)^{1/2}\cos 2\pi x_2 \qquad r_2=(-2\ln x_1)^{1/2}\sin 2\pi x_2 \tag{a}$$

求出:(1)联合概率密度函数 $p(r_1,r_2)$;(2)边缘概率密度函数 $p(r_1)$ 和 $p(r_2)$;(3) r_1 和 r_2 的平均值;(4) r_1 和 r_2 的方差;(5) r_1 和 r_2 的协方差。

对式(a)求逆,得出

$$x_1=\exp\left[-\frac{1}{2}(r_1^2+r_2^2)\right]$$

$$x_2=\frac{1}{2\pi}\cos^{-1}\frac{r_1}{\sqrt{r_1^2+r_2^2}}=\frac{1}{2\pi}\sin^{-1}\frac{r_2}{\sqrt{r_1^2+r_2^2}} \tag{b}$$

因此,

$$\begin{aligned}
\frac{\partial x_1}{\partial r_1}&=-r_1\exp\left[-\frac{1}{2}(r_1^2+r_2^2)\right]\\
\frac{\partial x_1}{\partial r_2}&=-r_2\exp\left[-\frac{1}{2}(r_1^2+r_2^2)\right]\\
\frac{\partial x_2}{\partial r_1}&=-\frac{1}{2\pi}\frac{r_2}{r_1^2+r_2^2}\\
\frac{\partial x_2}{\partial r_2}&=+\frac{1}{2\pi}\frac{r_1}{r_1^2+r_2^2}
\end{aligned} \tag{c}$$

利用 Jacobi 变换[式(20-47)],联合概率密度函数 $p(r_1,r_2)$可表示如下：

$$p(r_1,r_2)=\left|\frac{\partial x_1}{\partial r_1}\frac{\partial x_2}{\partial r_2}-\frac{\partial x_1}{\partial r_2}\frac{\partial x_2}{\partial r_1}\right|p(x_1,x_2) \tag{d}$$

其中

$$p(x_1,x_2)=p(x_1)p(x_2)=\begin{cases}1 & \begin{cases}0<x_1<1\\0<x_2<1\end{cases}\\ 0 & \begin{cases}x_1<0;x_1>1\\x_2<0;x_2>1\end{cases}\end{cases} \tag{e}$$

把式(c)和式(e)代入式(d)得出正态分布：

$$p(r_1,r_2)=\frac{1}{2\pi}\exp\left[-\frac{1}{2}(r_1^2+r_2^2)\right] \tag{f}$$

利用式(20-49)得出关系式

$$\begin{aligned}p(r_1)&=\frac{1}{2\pi}\exp\left(-\frac{r_1^2}{2}\right)\int_{-\infty}^{\infty}\exp\left(-\frac{r_2^2}{2}\right)\mathrm{d}r_2=\frac{1}{\sqrt{2\pi}}\exp\left(-\frac{r_1^2}{2}\right)\\p(r_2)&=\frac{1}{2\pi}\exp\left(-\frac{r_2^2}{2}\right)\int_{-\infty}^{\infty}\exp\left(-\frac{r_1^2}{2}\right)\mathrm{d}r_1=\frac{1}{\sqrt{2\pi}}\exp\left(-\frac{r_2^2}{2}\right)\end{aligned} \tag{g}$$

按式(20-62)和式(20-63)进行积分,给出

$$\begin{aligned}\bar{r}_1&=\frac{1}{\sqrt{2\pi}}\int_{-\infty}^{\infty}r_1\exp\left(-\frac{r_1^2}{2}\right)\mathrm{d}r_1=0\\\bar{r}_2&=\frac{1}{\sqrt{2\pi}}\int_{-\infty}^{\infty}r_2\exp\left(-\frac{r_2^2}{2}\right)\mathrm{d}r_2=0\\\overline{r_1^2}&=\frac{1}{\sqrt{2\pi}}\int_{-\infty}^{\infty}r_1^2\exp\left(-\frac{r_1^2}{2}\right)\mathrm{d}r_1=1\\\overline{r_2^2}&=\frac{1}{\sqrt{2\pi}}\int_{-\infty}^{\infty}r_2^2\exp\left(-\frac{r_2^2}{2}\right)\mathrm{d}r_2=1\end{aligned} \tag{h}$$

这样,有

$$\sigma_{r_1}^2=\overline{r_1^2}-\bar{r}_1^2=1\qquad\sigma_{r_2}^2=\overline{r_2^2}-\bar{r}_2^2=1 \tag{i}$$

因为式(f)中的 r_1 和 r_2 是非耦合的,因而是统计独立的。r_1r_2 的均值具有式(20-68)所给的形式,亦即

$$\overline{r_1r_2}=\bar{r}_1\bar{r}_2 \tag{j}$$

所以协方差成为

$$\mu_{r_1r_2}=\overline{r_1r_2}-\bar{r}_1\bar{r}_2=0 \tag{k}$$

例题 E20-8　给出例题 E20-6 用过的,联合概率密度函数,即

$$p(x,y)=\frac{1}{6\sqrt{3}\pi}\exp\left[-\frac{2}{3}\left(\frac{x^2}{4}-\frac{xy}{6}+\frac{y^2}{9}\right)\right] \tag{a}$$

求出:随机变量 x 和 y 的(1)平均值;(2)均方值;(3)方差;(4)协方差。

这些值可以从式(20－62)～式(20－64)和式(20－66)所给一般关系式得出。然而,把此式与式(20－70)所给正态分布的一般形式相比较,可以看出,它显然具有相似的形式。所以,令式(a)中各项的系数与式(20－70)中相应的系数相等,可以直接求出这些量,即

$$\frac{1}{6}=\frac{1}{2\sigma_x^2(1-\rho_{xy}^2)} \qquad \frac{1}{9}=\frac{\rho_{xy}}{\sigma_x\sigma_y(1-\rho_{xy}^2)} \qquad \frac{2}{27}=\frac{1}{2\sigma_y^2(1-\rho_{xy}^2)} \tag{b}$$

解式(b)求出三个未知数

$$\sigma_x=2 \qquad \sigma_y=3 \qquad \rho_{xy}=1/2 \tag{c}$$

从式(a)的形式可以看出,平均值 $\bar{x}$ 和 $\bar{y}$ 显然为零;所以

$$\overline{x^2}=4 \qquad \overline{y^2}=9 \tag{d}$$

协方差容易得出,因为

$$\mu_{xy}=\sigma_x\sigma_y\rho_{xy}=3 \tag{e}$$

§20－6 两个随机变量的散布图和相关性

用所谓散布图可以帮助初学者理解与两个随机变量有关的概率的一些基本概念和定义。对随机变量成对取样,每次的结果以一个点画在 xy 平面上,可得如图 20－13 所示的散布图。假设有 n 对取样,它们在散布图上的坐标为,$(x_1,y_1),(x_2,y_2),\cdots,(x_n,y_n)$。如果分别以 n_1,n_2 和 n_3 代表落入如下三个区域的样本对的数目:$X<x<X+\Delta x$ 和 $Y<y<Y+\Delta y$,$X<x<X+\Delta x$ 和 $-\infty<y<+\infty$,$-\infty<x<\infty$ 和 $Y<y<Y+\Delta y$,则前面所定义的联合、边缘和条件概率密度函数将分别为

$$p(x,y)=\lim_{\substack{\Delta x\to 0\\ \Delta y\to 0\\ n\to\infty}}\frac{n_1}{n\,\Delta x\,\Delta y} \tag{20-71}$$

$$p(x)=\lim_{\substack{\Delta x\to 0\\ n\to\infty}}\frac{n_2}{n\,\Delta x} \qquad p(y)=\lim_{\substack{\Delta y\to 0\\ n\to\infty}}\frac{n_3}{n\,\Delta y} \tag{20-72}$$

$$p(x|y)=\lim_{\substack{\Delta x\to 0\\ \Delta y\to 0\\ n\to\infty}}\frac{n_1}{n_3\,\Delta x} \qquad p(y|x)=\lim_{\substack{\Delta x\to 0\\ \Delta y\to 0\\ n\to\infty}}\frac{n_1}{n_2\,\Delta y} \tag{20-73}$$

另外,非常明显

$$\bar{x}=\lim_{n\to\infty}\frac{1}{n}\sum_{i=1}^{n}x_i \qquad \bar{y}=\lim_{n\to\infty}\frac{1}{n}\sum_{i=1}^{n}y_i \tag{20-74}$$

$$\overline{x^2}=\lim_{n\to\infty}\frac{1}{n}\sum_{i=1}^{n}x_i^2 \qquad \overline{y^2}=\lim_{n\to\infty}\frac{1}{n}\sum_{i=1}^{n}y_i^2 \tag{20-75}$$

$$\sigma_x^2=\lim_{n\to\infty}\frac{1}{n}\sum_{i=1}^{n}(x_i-\bar{x})^2 \qquad \sigma_y^2=\lim_{n\to\infty}\frac{1}{n}\sum_{i=1}^{n}(y_i-\bar{y})^2 \tag{20-76}$$

$$\mu_{xy}=\lim_{n\to\infty}\frac{1}{n}\sum_{i=1}^{n}(x_i-\bar{x})(y_i-\bar{y}) \tag{20-77}$$

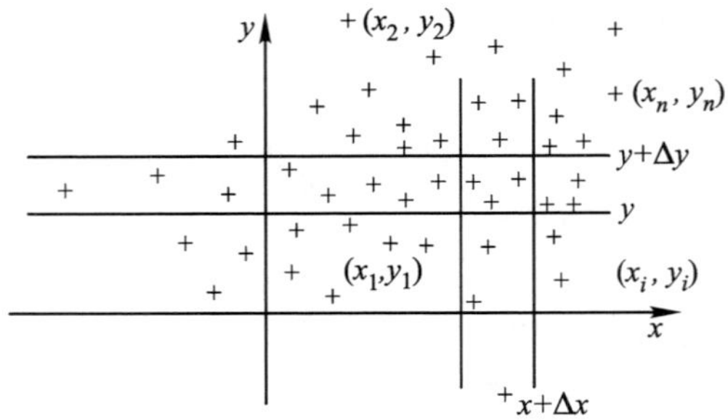

图 20-13 随机变量 x 和 y 的散布图

下面我们考察式(20-67)所定义的相关系数 ρ_{xy} 的某些特征。首先，确定它可能具有的数值范围，考虑两个新的随机变量 r 及 s，其定义为

$$r\equiv\frac{x-\bar{x}}{\sigma_x} \qquad s\equiv\frac{y-\bar{y}}{\sigma_y} \tag{20-78}$$

这个变换表明两个坐标轴的平移和沿每个轴尺度比例的改变，因此

$$\bar{r}=\bar{s}=0 \qquad \overline{r^2}=\sigma_r^2=\overline{s^2}=\sigma_s^2=1 \qquad \overline{rs}=\rho_{rs}=\rho_{xy} \tag{20-79}$$

现在考虑 $r\pm s$ 的均方值。利用式(20-79)得出

$$\overline{(r\pm s)^2}=2(1\pm\rho_{rs}) \tag{20-80}$$

因为上面所得的均方值必定总为正值，所以相关系数必定总处于如下的区间内：

$$-1<\rho_{rs}<+1 \tag{20-81}$$

式(20-78)所定义的变量 r 及 s 的联合概率密度函数可以利用 Jacobi 变换[式(20-47)]容易地从式(20-70)所给的正态分布求出，这样得出关系式

$$p(r,s)=\frac{1}{2\pi\sqrt{1-\rho_{rs}^2}}\exp\left[-\frac{1}{2(1-\rho_{rs}^2)}(r^2-2\rho_{rs}rs+s^2)\right] \tag{20-82}$$

对应一个特定的正的 ρ_{rs} 值，表示相等的 $p(r,s)$ 值的等概率线如图 20-14 所示。为了得出这种等概率线的解析表达式，对式(20-82)两边取自然对数，得出

$$r^2-2\rho_{rs}rs+s^2=C^2 \tag{20-83}$$

其中 C^2 为一常数，它随相应的 $p(r,s)$ 的特定值而变化。当相关系数为正值，即在 $0<\rho_{rs}<1$ 范围内，方程(20-83)表示一椭圆的方程，其长短主轴的指向如图 20-14 所示。另一方面，当相关系数在 $-1<\rho_{rs}<0$ 范围内时，上述方程仍为一椭圆，但其长短主轴的指向与图 20-14 所示方向相反。当此相关系数趋近于+1时，与+45°的长主轴相垂直的 $p(r,s)$ 的轮廓图趋近于以该轴为中心的 Dirac-δ 函数。

同样，当此相关系数趋近于-1时，与$-45°$的长主轴相垂直的$p(r,s)$的轮廓图趋近于以该轴为中心的Dirac-δ函数。当相关系数等于零时，方程(20-83)成为一个圆的方程。

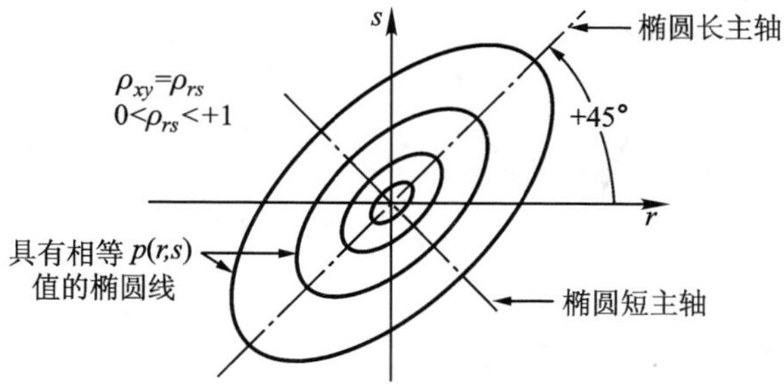

图 20-14　具有相等 $p(r,s)$的等概率线

对于上述五种情况的每一种，由式(20-83)所给的具有相等概率密度函数$p(r,s)$的等概率线及有限数目的散布点如图 20-15 所示。从图 20-15 可以清楚地看出，当相关系数为$+1$或-1时，随机变量r和s（或x和y）互相完全相关。换句话说，在此情况下实际上只存在一个随机变量，因为两个随机变量中的一个可直接由另一个确定。然而，当相关系数等于零时，如图 20-15c 所示，两个随机变量完全相互独立。图 22-15b 和 d 所示情况则介乎两者之间，表示一个随机变量对另一个随机变量部分统计相关。

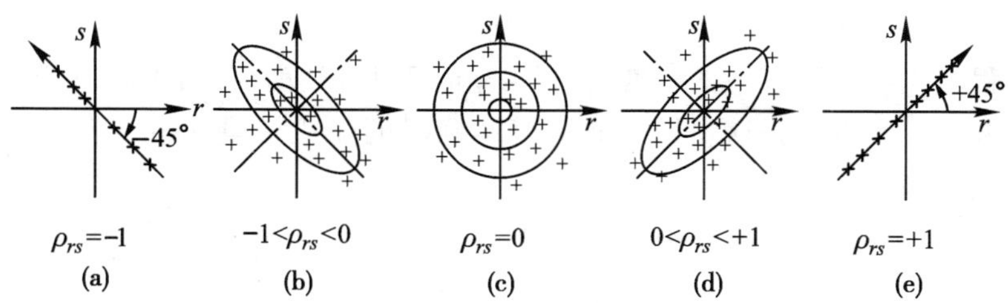

图 20-15　附有有限个散布点的具有相等 $p(r,s)$的等概率线($\rho_{rs}=\rho_{xy}$)

§20-7　联合概率密度函数的主轴

考虑两个随机变量x和y，它们具有如图 20-16 所示的任意分布，其均值、方差和协方差均不为零。通常，将x和y变换为一组具有零均值和零协方差的新的随机变量u和v，即只有方差不为零。

这个变换可以通过如图 20-17 所示的坐标变换很容易地分两步实现。首先，通过坐标平移$X\equiv x-\bar{x}$和$Y\equiv y-\bar{y}$，使新坐标系的原点位于分布图的质心，均值$\overline{X}$和$\overline{Y}$显然等于零。其次，变换到随机变量

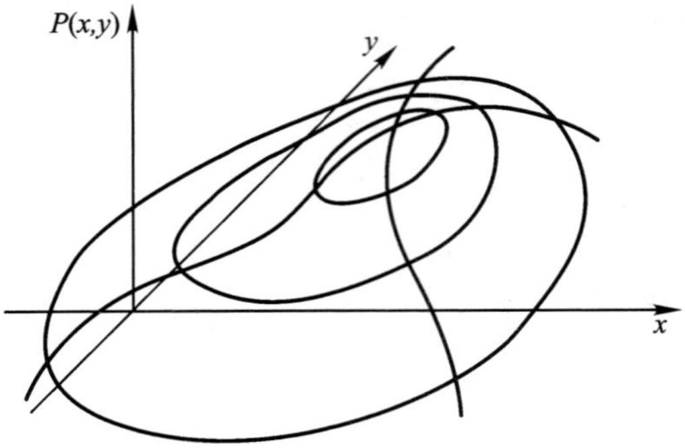

图 20-16　随机变量 x 和 y 的任意联合概率密度函数

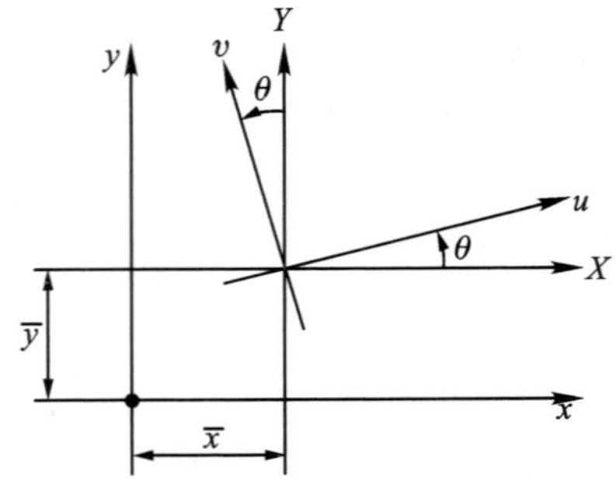

图 20-17　坐标变换

$$\begin{aligned} u &\equiv X\cos\theta + Y\sin\theta \\ v &\equiv -X\sin\theta + Y\cos\theta \end{aligned} \tag{20-84}$$

这相当于将坐标轴绕新原点逆时针旋转，通过恰当地设置旋转角 θ，可以使 u 和 v 的协方差也为零。注意，$\bar{u}=\bar{v}=0$。

将式(20-63)、式(20-64)和式(20-66)中 x 和 y 替换成 u 和 v，并将式(20-84)代入，得到

$$\begin{aligned} \sigma_u^2 &= \sigma_X^2\cos^2\theta + 2\mu_{XY}\cos\theta\sin\theta + \sigma_Y^2\sin^2\theta \\ \sigma_v^2 &= \sigma_X^2\sin^2\theta - 2\mu_{XY}\cos\theta\sin\theta + \sigma_Y^2\sin^2\theta \\ \mu_{uv} &= \mu_{XY}(\cos^2\theta - \sin^2\theta) - (\sigma_X^2 - \sigma_Y^2)\cos\theta\sin\theta \end{aligned} \tag{20-85}$$

上述方程与二维平面应力的转换关系形式上相似，正应力相当于方差，剪应力相当于协方差。所以，随机变量 X 和 Y 变换到新的随机变量 u 和 v，遵循平面应力坐标变换同样的方法。

在式(20-85)的第三式中，令协方差 μ_{uv} 等于零，求解 θ 得到需要的旋转角

$$\theta = \frac{1}{2}\tan^{-1}\left(\frac{2\mu_{XY}}{\sigma_X^2 - \sigma_Y^2}\right) \tag{20-86}$$

代入式(20-85)的前两式，得到

$$\sigma_{u,v}^2 = \left(\frac{\sigma_X^2 + \sigma_Y^2}{2}\right) \pm \sqrt{\left(\frac{\sigma_X^2 - \sigma_Y^2}{2}\right)^2 + \mu_{XY}^2} \tag{20-87}$$

确定主轴 u 和 v 位置所对应的 Mohr 圆如图 20-18 所示。

在随后的 20-10 节中，将证明正态分布随机变量的线性变换得到新的一组正态分布的随机变量。因此，对式(20-70)表示的正态随机变量 x 和 y 进行上述变换得到：

$$p(u,v) = \frac{1}{2\pi\sigma_u\sigma_v}\exp\left[-\frac{1}{2}\left(\frac{u^2}{\sigma_u^2} + \frac{v^2}{\sigma_v^2}\right)\right] \tag{20-88}$$

式中 σ_u 和 σ_v 通过代换 $\sigma_X^2=\sigma_x^2, \sigma_Y^2=\sigma_y^2$ 及 $\mu_{XY}=\mu_{xy}$ 由式(20-87)给出。

例题 E20-9　考虑例题 E20-8 中所定义的随机变量 x 和 y，其联合概率

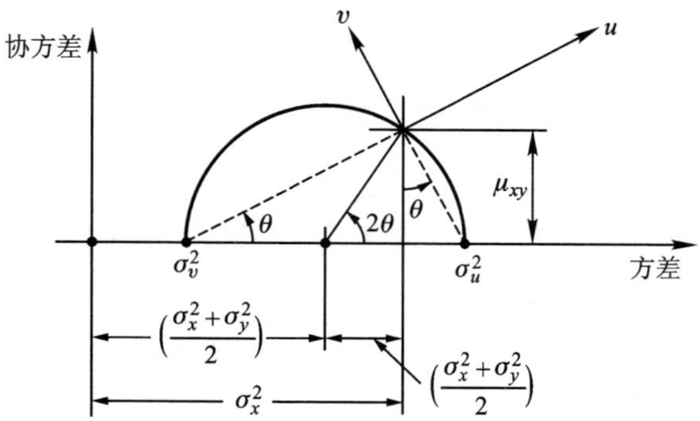

图 20－18　确定联合概率主轴位置的 Mohr 圆

密度函数为

$$p(x,y)=\frac{1}{6\sqrt{3}\pi}\exp\left[-\frac{2}{3}\left(\frac{x^2}{4}-\frac{xy}{6}+\frac{y^2}{9}\right)\right] \tag{a}$$

通过如下线性变换定义新的随机变量 u 和 v

$$\begin{aligned} u&=x\cos\theta+y\sin\theta \\ v&=-x\sin\theta+y\cos\theta \end{aligned} \tag{b}$$

求出使 u 和 v 统计无关的 θ 角及相应这特定角度的 u 和 v 的方差。

从例题 E20－8 可知，x 和 y 的方差分别为 4 和 9，它们的协方差为 3。由这些数值，可以得到确定联合概率主轴位置的 Mohr 圆，如图 E20－3 所示。从圆中很容易得到

$$\theta=\frac{1}{2}\tan^{-1}\left(\frac{2\mu_{xy}}{\sigma_x^2+\sigma_y^2}\right)=64°54' \tag{c}$$

及

$$\sigma_v^2=2.60\qquad \sigma_u^2=10.40 \tag{d}$$

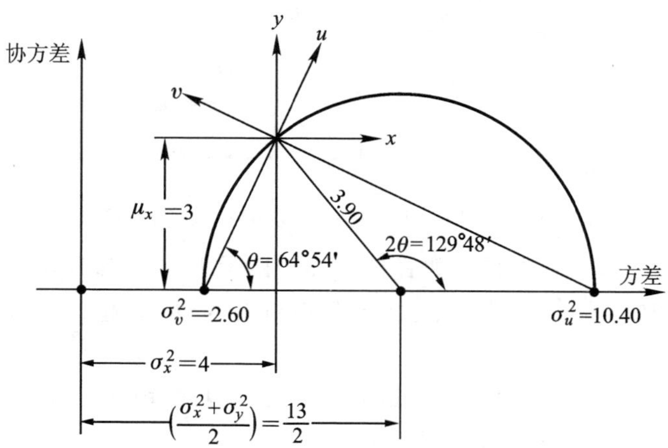

图 E20－3　联合概率的 Mohr 圆

§ 20 - 8　Rayleigh 概率密度函数

考虑由式(20 - 88)的正态联合概率密度函数表示的随机变量 u 和 v 的特殊情况，$\sigma_u=\sigma_v=\sigma$，这样有

$$p(u,v)=\frac{1}{2\pi\sigma^2}\exp\left[-\frac{1}{2\sigma^2}(u^2+v^2)\right] \tag{20-89}$$

如图 20 - 19 所示，该分布的等联合概率的等值线是圆。假如仅对 u 和 v 的矢量和的绝对值感兴趣，即

$$r\equiv(u^2+v^2)^{1/2} \tag{20-90}$$

很容易得到它的概率密度函数 $p(r)$，因为

$$p(r)\mathrm{d}r=2\pi r p(u,v)\mathrm{d}r \tag{20-91}$$

将式(20 - 89)和式(20 - 90)代入上式，得到

$$p(r)=\frac{r}{\sigma^2}\exp\left(-\frac{r^2}{2\sigma^2}\right)\qquad r\geqslant 0 \tag{20-92}$$

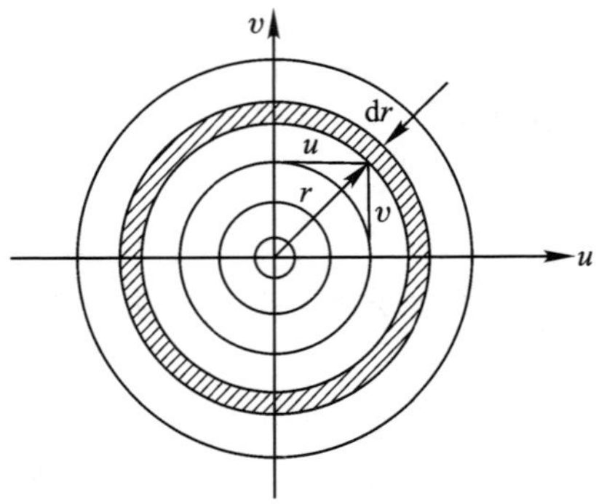

图 20 - 19　由式(20 - 89)定义的等概率线

它被称为 Rayleigh 分布，其图形绘于图 20 - 20 中。

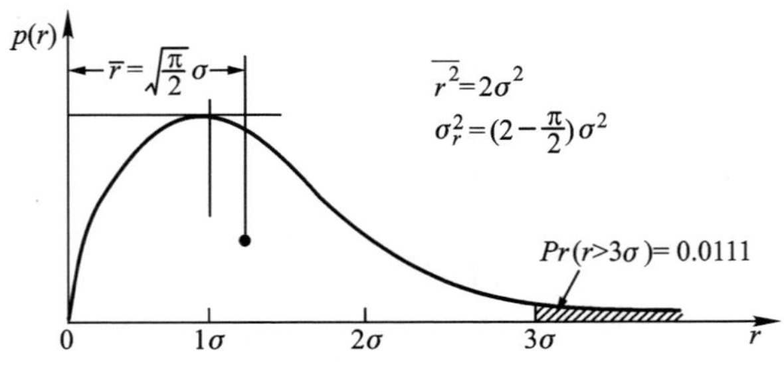

图 20 - 20　Rayleigh 概率密度函数[式(20 - 92)]

例题 E20 - 10　考虑具有如式(20 - 92)所示 Rayleigh 分布的随机变量 r。求它的最可能值、均值、均方值、方差和概率分布函数。r 超越 1σ，3σ 和 5σ 的概率各是多少？

r 的最可能值是使式(20 - 92)最大的 r 值。因此，由式(20 - 92)对 r 微分，并令所得方程为零，可求得 r 的值为 σ。

用式(20 - 9)可求出平均值

$$\bar{r}=\int_0^\infty \frac{r^2}{\sigma^2}\exp\left(-\frac{r^2}{2\sigma^2}\right)\mathrm{d}r=\sqrt{\frac{\pi}{2}}\sigma \tag{a}$$

由式(20－10)可得均方值为

$$\overline{r^2}=\int_0^\infty \frac{r^3}{\sigma^2}\exp\left(-\frac{r^2}{2\sigma^2}\right)\mathrm{d}r=2\sigma^2 \tag{b}$$

由下式可求得方差，

$$\sigma_r^2=\overline{r^2}-\bar{r}^2=\left(2-\frac{\pi}{2}\right)\sigma^2=0.429\,2\sigma^2 \tag{c}$$

根据式(20－5)，可求出概率分布函数为

$$P(R)=1-\exp\left(-\frac{R^2}{2\sigma^2}\right) \tag{d}$$

以及相应的超越概率函数

$$Q(R)=1-P(R)=\exp\left(-\frac{R^2}{2\sigma^2}\right) \tag{e}$$

由此式可得 $Q(1\sigma)=0.606\,5$，$Q(3\sigma)=0.011\,1$ 和 $Q(5\sigma)=0.000\,003\,7$。

§20－9 m 个随机变量

假定分别转动如图 20－1a 或 b 所示的 m 个转盘，得到随机变量 $x_1,x_2,\cdots,x_m$ 一组值。当得到 n 组这样的值，并在 $n\to\infty$ 的极限情况下，可得到多变量概率密度函数 $p(x_1,x_2,\cdots,x_m)$ 被定义为

$$\begin{aligned}&p(X_1,X_2,\cdots,X_m)\mathrm{d}x_1\mathrm{d}x_2\cdots\mathrm{d}x_m\\&\equiv Pr(X_1<x_1<X_1+\mathrm{d}x_1,X_2<x_2<X_2+\mathrm{d}x_2,\\&\quad\cdots,X_m<x_m<X_m+\mathrm{d}x_m)\end{aligned} \tag{20-93}$$

当用图 20－1a 所示的转盘时，这个概率密度函数是离散型的，当用图 20－1b 所示的转盘时则为连续型的。

对包含 m 个随机变量的一般性实验而言，式(20－93)所定义的概率密度函数可以是离散型的、连续型的或它们的组合。然而，由 20－3 节中提及的中心极限定理可知，用所给正态分布

$$p(x_1,x_2,\cdots,x_m)=\frac{1}{(2\pi)^{m/2}\,|\boldsymbol{\mu}|^{1/2}}\exp\left[-\frac{1}{2}(\boldsymbol{x}-\bar{\boldsymbol{x}})^{\mathrm{T}}\boldsymbol{\mu}^{-1}(\boldsymbol{x}-\bar{\boldsymbol{x}})\right] \tag{20-94}$$

常常能在工程应用中给出相当好的结果。在这个表达式中 $\boldsymbol{x}$ 和 $\bar{\boldsymbol{x}}$ 表示向量

$$\boldsymbol{x}\equiv\begin{pmatrix}x_1\\x_2\\\vdots\\x_m\end{pmatrix}\qquad\bar{\boldsymbol{x}}\equiv\begin{pmatrix}\bar{x}_1\\\bar{x}_2\\\vdots\\\bar{x}_m\end{pmatrix} \tag{20-95}$$

$\boldsymbol{\mu}$ 为 $m\times m$ 的矩阵

$$\boldsymbol{\mu}\equiv\begin{pmatrix}\mu_{11} & \mu_{12} & \cdots & \mu_{1m}\\ \mu_{21} & \mu_{22} & \cdots & \mu_{2m}\\ \cdots & \cdots & \cdots & \cdots\\ \mu_{m1} & \mu_{m2} & \cdots & \mu_{mm}\end{pmatrix} \tag{20-96}$$

其中各系数为

$$\mu_{ij}\equiv\overline{(x_i-\bar{x}_i)(x_j-\bar{x}_j)}\qquad i,j=1,2,\cdots,m \tag{20-97}$$

这些系数当 $i\neq j$ 时是协方差，当 $i=j$ 时是方差。$\boldsymbol{\mu}$ 通常就称为协方差矩阵。相关系数为

$$\rho_{ij}\equiv\frac{\mu_{ij}}{\sqrt{\mu_{ii}\,\mu_{jj}}}=\frac{\mu_{ij}}{\sigma_{ii}\,\sigma_{jj}} \tag{20-98}$$

读者可以容易地证明，当 $m=2$ 时，式(20－94)简化为式(20－70)。假如随机变量之间为统计独立的，上述协方差矩阵将是对角矩阵，所有 m 个随机变量在式(20－94)中将表现为非耦合的形式。

用如下关系定义一组新的随机变量 $y_1,y_2,\cdots,y_m$：

$$\begin{aligned}y_1&=y_1(x_1,x_2,\cdots,x_m)\\ y_2&=y_2(x_1,x_2,\cdots,x_m)\\ &\cdots\cdots\\ y_m&=y_m(x_1,x_2,\cdots,x_m)\end{aligned} \tag{20-99}$$

可以通过 Jacobi 变换得到它们的多变量概率密度函数为

$$p(y_1,y_2,\cdots,y_m)=\begin{vmatrix}\dfrac{\partial x_1}{\partial y_1} & \dfrac{\partial x_2}{\partial y_1} & \cdots & \dfrac{\partial x_m}{\partial y_1}\\ \dfrac{\partial x_1}{\partial y_2} & \dfrac{\partial x_2}{\partial y_2} & \cdots & \dfrac{\partial x_m}{\partial y_2}\\ \cdots & \cdots & \cdots & \cdots\\ \dfrac{\partial x_1}{\partial y_m} & \dfrac{\partial x_2}{\partial y_m} & \cdots & \dfrac{\partial x_m}{\partial y_m}\end{vmatrix}p(x_1,x_2,\cdots,x_m) \tag{20-100}$$

只要式(20－99)和它们的逆关系

$$\begin{aligned}x_1&=x_1(y_1,y_2,\cdots,y_m)\\ x_2&=x_2(y_1,y_2,\cdots,y_m)\\ &\cdots\cdots\\ x_m&=x_m(y_1,y_2,\cdots,y_m)\end{aligned} \tag{20-101}$$

都是单值函数。上述过程是对前面处理的二维情况的直接推广。

随机变量 $r=r(x_1,x_2,\cdots,x_m)$ 的统计平均值可用如下关系式求得：

$$\bar{r}=\int_{-\infty}^{\infty}\int_{-\infty}^{\infty}\cdots\int_{-\infty}^{\infty}r(x_1,x_2,\cdots,x_m)\,p(x_1,x_2,\cdots,x_m)\,\mathrm{d}x_1\,\mathrm{d}x_2\cdots\mathrm{d}x_m \tag{20-102}$$

此式是式(20－61)给出的较简单的二维形式的推广。

§20－10　正态分布随机变量的线性变换

假如式(20－99)为如下线性形式：

$$\begin{aligned} y_1 &\equiv a_{11}x_1 + a_{12}x_2 + \cdots + a_{1m}x_m \\ y_2 &\equiv a_{21}x_1 + a_{22}x_2 + \cdots + a_{2m}x_m \\ &\cdots\cdots\cdots\cdots \\ y_m &\equiv a_{m1}x_1 + a_{m2}x_2 + \cdots + a_{mm}x_m \end{aligned} \tag{20-103}$$

则当 $x_1, x_2, \cdots, x_m$ 为正态分布时，$y_1, y_2, \cdots, y_m$ 将总是具有 Gauss 分布。为了证明这一变换的重要特性，将式(20－103)的矩阵形式，即

$$\boldsymbol{y} = \boldsymbol{a}\,\boldsymbol{x} \tag{20-104}$$

代入式(20－94)的右端，并利用式(20－100)给出的 Jacobi 变换得到

$$p(y_1, y_2, \cdots, y_m) = \frac{|\boldsymbol{a}^{-1}|}{(2\pi)^{m/2}|\boldsymbol{\mu}|^{1/2}} \exp\left[-\frac{1}{2}(\boldsymbol{y}-\overline{\boldsymbol{y}})^{\mathrm{T}}(\boldsymbol{a}^{\mathrm{T}})^{-1}\boldsymbol{\mu}^{-1}\boldsymbol{a}^{-1}(\boldsymbol{y}-\overline{\boldsymbol{y}})\right] \tag{20-105}$$

或

$$p(y_1, y_2, \cdots, y_m) = \frac{1}{(2\pi)^{m/2}|\boldsymbol{a}\boldsymbol{\mu}\boldsymbol{a}^{\mathrm{T}}|^{1/2}} \exp\left[-\frac{1}{2}(\boldsymbol{y}-\overline{\boldsymbol{y}})^{\mathrm{T}}(\boldsymbol{a}\boldsymbol{\mu}\boldsymbol{a}^{\mathrm{T}})^{-1}(\boldsymbol{y}-\overline{\boldsymbol{y}})\right] \tag{20-106}$$

直接从式(20－103)计算各项协方差

$$v_{ij} \equiv \overline{(y_i - \overline{y}_i)(y_j - \overline{y}_j)} \qquad i, j = 1, 2, \cdots, m \tag{20-107}$$

表明，随机变量 $y_1, y_2, \cdots, y_m$ 的协方差矩阵为

$$\boldsymbol{v} = \boldsymbol{a}\boldsymbol{\mu}\boldsymbol{a}^{\mathrm{T}} \tag{20-108}$$

将式(20－108)代入式(20－106)，得到

$$p(y_1, y_2, \cdots, y_m) = \frac{1}{(2\pi)^{m/2}|\boldsymbol{v}|^{1/2}} \exp\left[-\frac{1}{2}(\boldsymbol{y}-\overline{\boldsymbol{y}})^{\mathrm{T}}\boldsymbol{v}^{-1}(\boldsymbol{y}-\overline{\boldsymbol{y}})\right] \tag{20-109}$$

与式(20－94)比较，它明显是 Gauss 分布。

习　　题

20－1　随机变量 x 具有概率密度函数

$$p(x)=\begin{cases}1-|x| & 0\leqslant|x|\leqslant 1\\ 0 & |x|\geqslant 1\end{cases}$$

如果定义一个新的随机变量 $y=ax^2$，试求概率密度函数 $p(y)$并绘出图形。

20-2　随机变量 x 的概率密度函数具有指数形式

$$p(x)=a\ \exp(-b|x|)$$

式中 a 和 b 是两个常数。试确定 a 和 b 之间所应满足的关系式，并求当 $a=1$ 时的概率分布函数 $P(X)$。

20-3　考虑一维随机走动，单步长的概率密度函数为

$$p(L)=0.6\delta(L-\Delta L)+0.4\delta(L+\Delta L)$$

试求随机变量 x_4 的概率密度函数。x_4 定义为

$$x_4=\sum_{j=1}^{4}L_j$$

它表示走出四步以后离开原点的距离。

20-4　考虑一维随机走动，单步长的概率密度函数为

$$p(L)=0.1\delta(L+\Delta L)+0.3\delta(L)+0.5\delta(L-\Delta L)+0.1\delta(L-2\Delta L)$$

试求 10 步以后位于 $6\Delta L$ 处的近似概率。

20-5　设 x 和 y 是两个统计独立的随机变量，令第三个随机变量 z 为 x 和 y 的乘积，即 $z=xy$。试推导概率密度函数 $p(z)$的表达式，用概率密度函数 $p(x)$和 $p(y)$来表示。

20-6　两个统计独立的随机变量 x 和 y 具有相同的概率密度函数

$$p(x)=\begin{cases}\dfrac{1}{2} & -1<x<1\\ 0 & x<-1;x>1\end{cases}\qquad p(y)=\begin{cases}\dfrac{1}{2} & -1<y<1\\ 0 & y<-1;y>1\end{cases}$$

如果随机变量 z 定义为 $z=yx^{-2}$，试求在范围 $0<z<1$ 内变量 z 的概率密度函数。

20-7　两个随机变量 x 和 y 的联合概率密度函数为

$$p(x,y)=\begin{cases}\dfrac{y}{\pi\sqrt{1-x^2}}\exp\left(-\dfrac{y^2}{2}\right) & y\geqslant 0;|x|<1\\ 0 & \text{其他}\end{cases}$$

试求边缘概率密度函数 $p(y)$和条件概率密度函数 $p(x|y)$，并求出 x 的平均值；随机变量 x 和 y 是否统计独立？

20-8　证明式(20-69)。

20-9　随机变量 x 和 y 的联合概率密度函数为

$$p(x,y)=\begin{cases}a\ \exp(-x-y) & x>0;y>0\\ 0 & x<0;y<0\end{cases}$$

试求此函数被规格化时 a 的值。当 $y=1$ 时，x 落入范围 $0<x<1$ 的概率是多少？随机变量 x 和 y 是否统计独立？x 和 y 落在如图 P20-1 所示面积为 1 的正方形 $0ABC$ 外面的概率是多少？求概率分布函数 $P(X,Y)$。

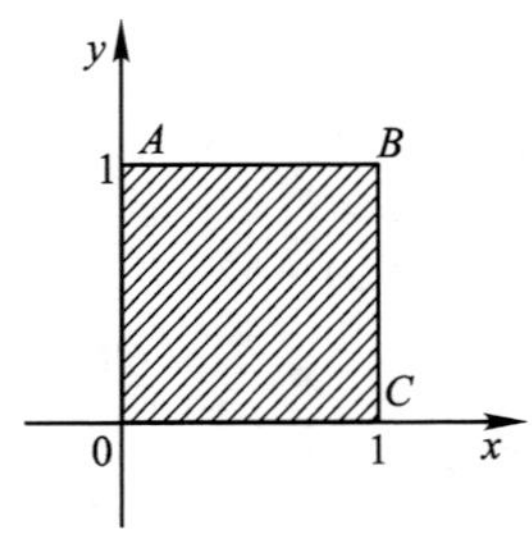

图 P20-1　习题 20-9 的 xy 平面中的区域 $0ABC$

20-10　随机变量 x 和 y 为统计独立，并可按如下的边缘概率密度函数取样：

$$p(x)=\begin{cases}2(1-x) & 0<x<1\\ 0 & x<0;x>1\end{cases}\qquad p(y)=\begin{cases}2(1-y) & 0<y<1\\ 0 & y<0;y>1\end{cases}$$

试画出联合概率密度函数 $p(x,y)$ 的简图，并求出平均值 $\bar{x}$ 和 $\bar{y}$，均方值 $\overline{x^2}$ 和 $\overline{y^2}$，协方差 μ_{xy}，以及平均值 $\overline{x+y}$。

20-11　两个随机变量 x 和 y 的联合概率密度函数，在图 P20-2 所示的区域内等于常数 C，在该区域外为零。

(a) 试求使 $p(x,y)$ 规格化的 C 值。

(b) 试画出边缘概率密度函数 $p(x)$ 和 $p(y)$。

(c) 试画出条件概率密度函数 $p(x|y=0.5)$ 和 $p(y|x=1.5)$。

(d) 随机变量 x 和 y 是否统计独立？

(e) 试求出平均值 $\bar{x}$ 和 $\bar{y}$，方差 σ_x^2 和 σ_y^2，以及协方差 μ_{xy}。

(f) 考虑 x 和 y 的采样值，比如说分别为 $x_1,x_2,x_3,\cdots$ 和 $y_1,y_2,y_3,\cdots$。如果两个新的随机变量 r 和 s 定义为

$$r_n=x_1+x_2+x_3+\cdots+x_n$$
$$s_n=y_1+y_2+y_3+\cdots+y_n$$

试求当 $n=20$ 时联合概率密度函数 $p(r_n,s_n)$ 的适当表达式。

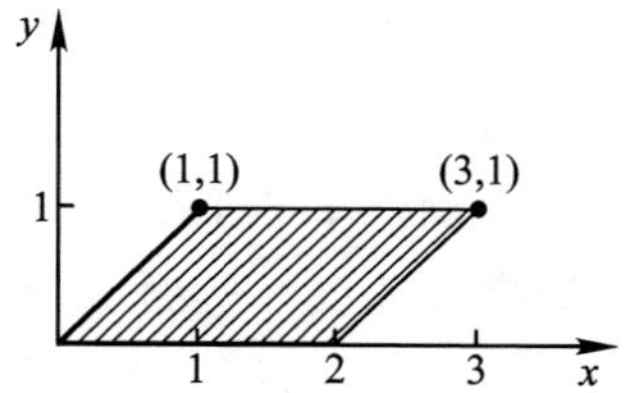

图 P20-2　习题 20-11 的 xy 平面中非零联合概率区域

20-12　再次考虑习题 20-11 所定义的随机变量 x 和 y。通过如下变换定义两个新的随机变量 u 和 v

$$u=(y-A)\sin\theta+(x-B)\cos\theta$$
$$v=(y-A)\cos\theta-(x-B)\sin\theta$$

试求出使 u 和 v 的平均值为零的 A、B 值，并求出使 u 和 v 统计独立的角度 θ，以及在这个特定角度时 u 和 v 的方差。

第21章　随机过程

§21-1　定　　义

一个随机过程是与一个类似现象有关的 n 个随机变量[①]的一个族或集合体，这个现象可以是一个或若干个独立变量的函数。例如，假设将 n 个加速度计安装在 n 辆汽车的车架上，目的是测量这些汽车通过一条粗糙的农村道路时车架的竖向加速度。所测得的加速度记录 $x_i(t)(i=1,2,\cdots,n)$ 是一个自变量（即时间 t）的函数，可能看上去就像图 21-1 所示的一些波形。在这样的过程中，每一个波形都和所有其他波形不同；亦即 $r\neq s, x_r(t)\neq x_s(t)$。要在概率意义上完整地说明这个过程的特点，就需要建立多变量概率密度函数 $p(x_1,x_2,\cdots,x_m)$。它的定义是

$$
\begin{aligned}
& p(X_1,X_2,\cdots,X_m)\mathrm{d}x_1\mathrm{d}x_2\cdots\mathrm{d}x_m \\
\equiv & Pr(X_1<x_1<X_1+\mathrm{d}x_1;X_2<x_2<X_2+\mathrm{d}x_2,\cdots,X_m<x_m<X_m+\mathrm{d}x_m)
\end{aligned}
\tag{21-1}
$$

对于 $m=1,2,\cdots$；其中 x_i 是 t_i 时刻穿过集合的样本值 $x_{i1},x_{i2},\cdots,x_{im}$[②]构成的随机变量。在工程领域中，通常只要建立这些函数中的前两个，即 $p(x_1)$ 和 $p(x_1,x_2)$ 就足够了，但把 t_1 和 t_2 处理为变量。

描述随机过程所需要的集合中元（或个体）的数目 n，取决于随机过程的类型和所需要的精确度。为了用统计的方法建立概率密度函数，需要利用横截集合的随机变量[③]的样本值，这只有在 $n\to\infty$ 的极限情况下才能得到精确结果。然而，在实际应用中，利用有限数目的元就可以达到足够的精度。

对于某些随机过程，只分析每个过程的一个元（指一个实现）即可求出所需的概率密度函数，在这种情况下只有在持续时间 s 趋于无穷的极限情况下才能得到它们的精确特征。在实践中这些过程的持续时间总是有限的，因此，所得到的特征只能是近似的。然而，用相对短持续时间的样本波形一般可以得到工程

---

① 这里实际上是指随机过程的 n 个“实现”，本节后面又称之为“元”或个体。——译者

② 从与图 21-1 一致考虑，应为 $x_{i1},x_{i2},\cdots,x_{in}$。——译者

③ 指随机过程的“截口”。——译者

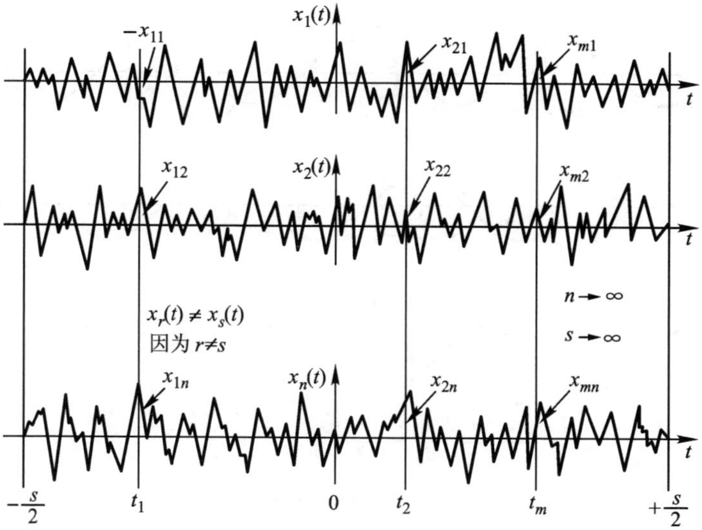

图 21-1 随机过程(一个自变量)

上所需要的精度。

在上面的例子中,时间 t 是自变量,但应该认识到,在一般情况下自变量可以是任何量。

作为随机过程的第二个例子,考虑在强风暴期间作用在高耸工业烟囱上每单位高度的风阻力 $p(x,t)$。这个力函数将包括一个很大的稳定状态或者静力分量,但由于空气的湍流,还包含显著的随机分量。很清楚,这种湍流所产生的力不仅对时间 t 是随机的,而且对竖向空间坐标 x 也是随机的。所以这个过程包括两个自变量。

飞行器飞行期间表面所受的压力波动是包括三个自变量的随机过程的一个例子,这些自变量是时间和两个表面坐标。

显然,随机过程所包含的自变量愈多,要描述这个过程的特性就愈困难。

§21-2 平稳过程和遍历性过程

现在来详细描述一个特定的随机过程,以帮助读者较好地理解包括一个自变量的随机过程。考虑图 21-2 所示的随机过程 $x(t)$,其定义为

$$x_r(t)=A\sin(\bar{\omega}_0 t+\theta_r) \qquad r=1,2,\cdots,\infty \tag{21-2}$$

式中 $x_r(t)$为集合的第 r 个元(或个体);A 为各简谐波形的固定振幅;$\bar{\omega}_0$ 为固定的圆频率;θ_r 为随机相位角 θ 的第 r 个样本值,θ 是具有在 $0<\theta<2\pi$ 范围内,密度为 $1/2\pi$ 的均匀概率密度函数的随机变量。

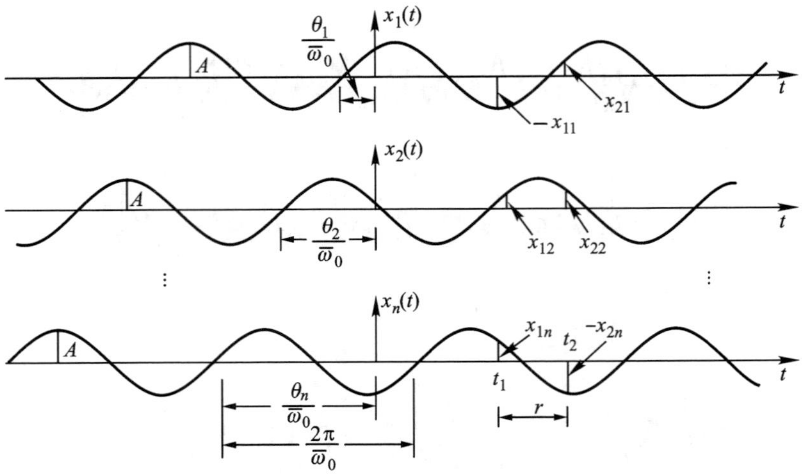

图 21－2　简谐波形的随机过程

这个过程表明，作为随机过程，不一定非具有不规则波形，也就是说不一定非要包括很多频率分量。简谐的、周期的或非周期的波形是不是随机过程，取决于这些波形是不是可以预先被完全确定下来。如果仅在概率意义上为已知，则它们属于随机过程。从这个定义清楚看出，如果一个随机信号一旦被取样而记录下来，则这个特定的波形立即成为完全已知，它本身就不能再被认为是随机的了；但是，它仍然被认为是从中取样的那个随机过程的一部分。用统计的办法研究足够数量的样本波形，可以估计这个过程的概率密度函数，在这种情况下任何未被取样的波形在概率意义上成为已知。

为了建立随机变量 $x_1 \equiv x(t_1)$ 的概率密度函数，可采用类似于式(20－4)的变换关系，即

$$p(x_1)=2p(\theta)\left|\frac{\mathrm{d}\theta}{\mathrm{d}x_1}\right| \tag{21-3}$$

这个式子稍不同于式(20－4)，因为后者只有在 $x_1=x_1(\theta)$ 及其逆关系 $\theta=\theta(x_1)$ 均为单值函数时才能成立。然而在这个例子中，因为随机变量 θ 可以在 $0<\theta<2\pi$ 的整个区间变化，随机变量 x_1 在区间 $-A<x_1<A$ 变化两次而不是一次，所以式(21－3)中出现了因子 2。把式(21－2)代入式(21－3)，并利用已知信息

$$p(\theta)=\begin{cases}\dfrac{1}{2\pi} & 0<\theta<2\pi \\ 0 & \theta<0;0>2\pi\end{cases} \tag{21-4}$$

可得概率密度函数 $p(x_1)$ 为

$$p(x_1)=\begin{cases}\dfrac{1}{\pi\sqrt{A^2-x_1^2}} & -A<x_1<A \\ 0 & x_1<-A;x_1>A\end{cases} \tag{21-5}$$

式(21－4)和式(21－5)绘于图 21－3 中。

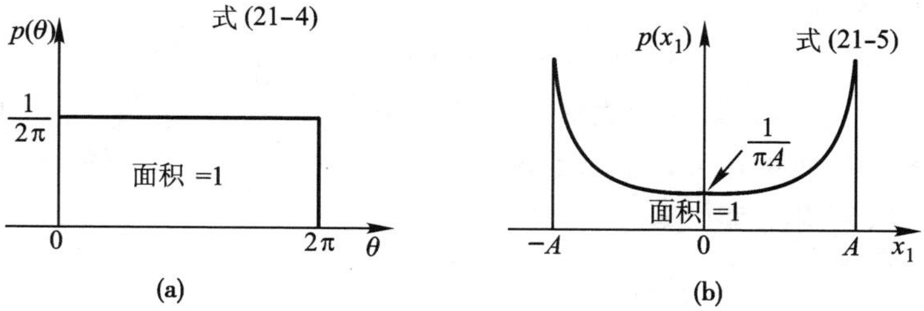

图 21－3 θ 和 x_1 的概率密度函数，其中 $x_1=A\ \sin(\bar{\omega}_0 t_1+\theta)$

上述过程的联合概率密度函数 $p(x_1,x_2)$ 可以用如下的方式求出，其中 $x_1\equiv x(t_1)$，$x_2\equiv x(t_2)$。首先，利用适当的三角恒等式，可将 x_2 表示为

$$x_2\equiv x(t_2)=x_1\cos\bar{\omega}_0\tau\pm\sqrt{A^2-x_1^2}\sin\bar{\omega}_0\tau\qquad -A\leqslant x_1\leqslant A\quad(21-6)$$

这个关系清楚地表明：对于 x_1 的任一样本值，随机变量 x_2 只有两个等出现机会的可能值。换句话说，对于一个给定的时间间隔 $\tau=t_2-t_1$，条件概率密度函数 $p(x_2|x_1)$ 包含两个 Dirac－δ 函数，即

$$p(x_2|x_1)=\frac{1}{2}\Big[\delta(x_2-x_1\cos\bar{\omega}_0\tau+\sqrt{A^2-x_1^2}\sin\bar{\omega}_0\tau)+\delta(x_2-x_1\cos\bar{\omega}_0\tau-\sqrt{A^2-x_1^2}\sin\bar{\omega}_0\tau)\Big]\quad(21-7)$$

将式(21－5)和式(21－7)代入式(20－53)的如下形式

$$p(x_1,x_2)=p(x_1)p(x_2|x_1)\quad(21-8)$$

导出

$$p(x_1,x_2)=\frac{1}{2\pi\sqrt{A^2-x_1^2}}\times\Big[\delta(x_2-x_1\cos\bar{\omega}_0\tau+\sqrt{A^2-x_1^2}\sin\bar{\omega}_0\tau)+\delta(x_2-x_1\cos\bar{\omega}_0\tau-\sqrt{A^2-x_1^2}\sin\bar{\omega}_0\tau)\Big]\quad(21-9)$$

上式在 $-A<x_2<A$ 和 $-A<x_1<A$ 的范围内是正确的；在此范围之外，$p(x_1,x_2)$ 等于零。

例题 E21－1 考虑式(21－2)所定义的单简谐随机过程，即

$$x_r(t)=A\sin(\bar{\omega}_0 t+\theta_r)\qquad r=1,2,\cdots,\infty\quad(\text{a})$$

式中 A 为固定幅值，$\bar{\omega}_0$ 为固定圆频率，而 θ_r 为随机相位角 θ 的第 r 个样本值，θ 在区间 $0<\theta<2\pi$ 内具有均匀分布的概率密度函数。随机变量 x_1 及 x_2 定义为

$$x_1\equiv x(t)\qquad x_2\equiv x(t+\tau)\quad(\text{b})$$

描绘变量 x_1 和 x_2 散布图的形状，并且绘出 $\bar{\omega}_0\tau=0,\pi/4,\pi/2,3\pi/4$ 和 π 时的图形。

可以很容易地从式(21－9)得出散布图的形状，注意到随机变量 x_1 和 x_2 的样本对必须满足条件

$$x_2 - x_1\cos\bar{\omega}_0\tau = \pm\sqrt{A^2 - x_1^2}\sin\bar{\omega}_0\tau \tag{c}$$

将式(c)两端平方,得

$$x_2^2 - 2\cos\bar{\omega}_0\tau\, x_1 x_2 + x_1^2 = A^2\sin^2\bar{\omega}_0\tau \tag{d}$$

此式代表一个椭圆,其长轴和短轴分别与 x_1 轴和 x_2 轴成 45°角。为了确定这个椭圆沿长轴和短轴的尺寸,把式(d)转换到一组新的属于椭圆主轴的正交轴 u 和 v 上;这就是,采用线性变换

$$u = \frac{1}{\sqrt{2}}(x_1 + x_2) \qquad v = \frac{1}{\sqrt{2}}(x_2 - x_1) \tag{e}$$

得出

$$\frac{u^2}{a^2} + \frac{v^2}{b^2} = 1 \tag{f}$$

式中

$$a^2 = \frac{\sin^2\bar{\omega}_0\tau}{1 - \cos\bar{\omega}_0\tau}A^2 \qquad b^2 = \frac{\sin^2\bar{\omega}_0\tau}{1 + \cos\bar{\omega}_0\tau}A^2 \tag{g}$$

这样就证明了如图 E21-1 所示的散布图是一个椭圆形状,其主轴分别与 x_1 轴和 x_2 轴成 45°角,沿主轴的椭圆尺寸为

$$2a = \frac{2\sin\bar{\omega}_0\tau}{\sqrt{1 - \cos\bar{\omega}_0\tau}}A \qquad 2b = \frac{2\sin\bar{\omega}_0\tau}{\sqrt{1 + \cos\bar{\omega}_0\tau}}A \tag{h}$$

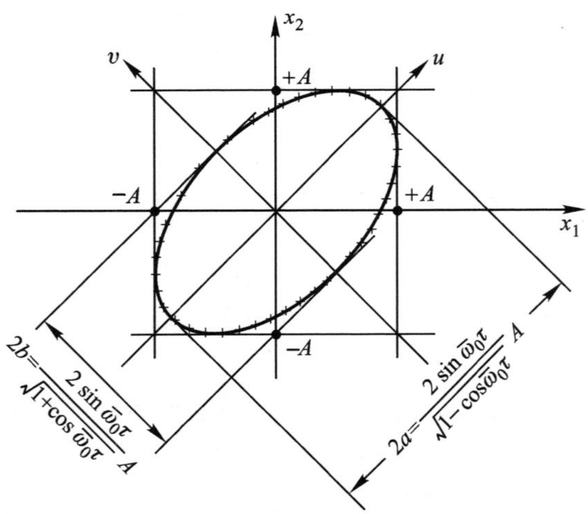

图 E21-1 从式(21-1)的单简谐过程导出的随机变量 x_1 和 x_2 的散布图

分别把 0,π/4,π/2,3π/4 和 π 代入式(h)中的 $\bar{\omega}_0\tau$,得到相应的 a 值为$\sqrt{2}A$,1.31A,1.00A,0.54A 和 0,相应的 b 值为 0,0.54A,1.00A,1.31A 和$\sqrt{2}A$。这五种情况下的散布图绘于图 E21-2 中。从图中注意到,当 $\bar{\omega}_0\tau=0$ 和 π 时,椭圆退化为直线;从上面的推导也可以清楚地看出,当 $\bar{\omega}_0\tau=0,2\pi,4\pi,6\pi,\cdots$时,图形为

具有正斜率 1 的直线；当 $\bar{\omega}_0\tau=\pi,3\pi,5\pi,\cdots$ 时，图形为具有负斜率 1 的直线；当 $\bar{\omega}_0\tau=\pi/2,3\pi/2,5\pi/2,\cdots$ 时，图形将成为圆；当 $\bar{\omega}_0\tau$ 为所有其他值时，图形则将为椭圆。

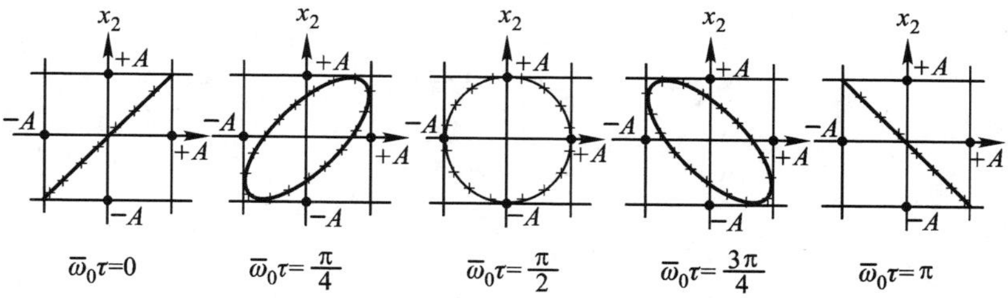

图 E21 - 2　图 E21 - 1 更一般的五种情况的散布图

通常主要感兴趣的是：随机变量 x_1 和 x_2 的平均值、均方值、方差、协方差和相关系数。利用式(20 - 62)～(20 - 68)和式(21 - 9)得出这个过程的如下一些集合平均值：

$$\begin{aligned}
&\text{平均值} && E(x_1)=E(x_2)=0\\
&\text{均方值} && E(x_1^2)=E(x_2^2)=\frac{A^2}{2}\\
&\text{方差} && \sigma_{x_1}^2=\sigma_{x_2}^2=\frac{A^2}{2}\\
&\text{协方差} && \mu_{x_1x_2}=\frac{A^2}{2}\cos\bar{\omega}_0\tau\\
&\text{相关系数} && \rho_{x_1x_2}=\cos\bar{\omega}_0\tau
\end{aligned}\tag{21-10}$$

这里引用字母 E 来代替前面置于随机变量上面的横线，它表示这个变量是在横截集合上被平均的。

应该注意到，这个例子过程的所有集合平均值均与时间 t 无关。具有这一特性的随机过程定义为**平稳过程**。

也很重要的是，对于这个过程，沿集合的任一元 r 对时间的任何平均和在任一时间 t 横截集合上所取得的相应平均值完全相等。上述表述可用数学形式表示为

$$\underset{r=1,2,\cdots}{\langle f(x_r)\rangle}\equiv\lim_{s\to\infty}\frac{1}{s}\int_{-s/2}^{s/2}f(x_r)\,\mathrm{d}t=\underset{i=1,2,\cdots}{E[f(x_i)]}\tag{21-11}$$

其中 $f(x_r)$ 是变量 $x_r(t)$ 的任何函数，$x_i=x(t_i)$，而角形括号表示对时间取平均。具有这一特点的随机过程被定义为**遍历性过程**(或**各态历经过程**)。

建议读者利用式(21 - 11)校核由式(21 - 10)给出的结果，以证明式(21 - 2)所考虑的过程确实是一个遍历性过程。即要求证明

$$\begin{aligned}
&\langle x_r \rangle = \lim_{s\to\infty}\frac{1}{s}\int_{-s/2}^{s/2} x_r(t)\,\mathrm{d}t = 0 \\
&\langle x_r^2 \rangle = \lim_{s\to\infty}\frac{1}{s}\int_{-s/2}^{s/2} x_r(t)^2\,\mathrm{d}t = \frac{A^2}{2} \\
&\sigma_{x_r}^2 = \frac{A^2}{2} \qquad r = 1,2,\cdots \\
&\mu(\tau) = \frac{A^2}{2}\cos\bar{\omega}_0\tau \\
&\rho(\tau) = \cos\bar{\omega}_0\tau
\end{aligned} \tag{21-12}$$

按照上述定义,遍历性过程必定是平稳过程,然而一个平稳过程却不一定是遍历性过程。

§21-3 平稳过程的自相关函数

再次考虑图21-1所示的包含一个自变量的一般随机过程 $x(t)$。为了这里的讨论,假设这个过程是平稳的(但不一定是遍历性的),并假设其集合平均值为零,即 $E(x)=0$。

像所有集合平均值一样,在这种情况下的协方差函数 $E[x(t)x(t+\tau)]$ 也与时间 t 无关,因而只是 τ 的函数。后面称 τ 的这个函数为**自相关函数**,并表示为

$$R_x(\tau)=E[x(t)x(t+\tau)] \tag{21-13}$$

应该注意到自相关函数的某些重要性质,即

$$R_x(0)=\sigma_x^2 \qquad R_x(\tau)=R_x(-\tau) \qquad |R_x(\tau)|\leqslant R_x(0) \tag{21-14}$$

式(21-14)中的第一个式子是很显然的,因为当 $E(x)=0$ 时,$R_x(0)=E[x(t)x(t)]$ 就是方差。第二式是所假设的过程的平稳性的直接结果。第三式可用如下的事实来证明,即下列均方值必大于或等于零:

$$E\{[x(t)\pm x(t+\tau)]^2\}=R_x(0)\pm 2R_x(\tau)+R_x(0)\geqslant 0 \tag{21-15}$$

或

$$|R_x(\tau)|\leqslant R_x(0) \tag{21-16}$$

对于大多数平稳过程而言,自相关函数随着 τ 值的增加迅速衰减;这表明随着两个随机变量时间间隔的增大,它们之间的相关性也迅速丧失。但是,一个值得注意的例外就是由图21-2所示离散的简谐波形所组成的随机过程。这个过程有自相关函数

$$R_x(\tau)=E(x_1x_2)=\frac{A^2}{2}\cos\bar{\omega}_0\tau \tag{21-17}$$

很清楚,不论是什么样的过程,当时间间隔 τ 趋近于零时,随机变量 $x(t)$ 和

$x(t+\tau)$在数值上互相趋近。所以，在极限情况下，这两个变量变得完全相关，正如相关系数

$$\rho_x(0)=\frac{R_x(0)}{\sigma_x^2}=1 \tag{21-18}$$

所反映的那样。

非常重要的是：如果被考虑的一般过程 $x(t)$是平稳过程，有零平均值 $E[x(t)]=0$，并且有式(20－94)所给的 Gauss 分布，则自相关函数 $R_x(\tau)$完全表现过程的特征。这个事实是很明显的，因为式(20－97)所给的所有方差和协方差函数都和自相关函数直接联系如下：

$$\mu_{ik}=\begin{cases}R_x(0) & i=k\\ R_x(\tau) & i\neq k\end{cases}\qquad \tau=t_k-t_i \tag{21-19}$$

对于一个遍历性过程，式(21－13)所给的对集合的平均可用沿总体的任一元(x_r)的平均来求得。在此情况下，自相关函数可以更容易地用下式求出：

$$R_x(\tau)=\lim_{s\to\infty}\frac{1}{s}\int_{-s/2}^{s/2}x_r(t)x_r(t+\tau)\mathrm{d}t\qquad r=1,2,\cdots \tag{21-20}$$

现在读者应该明显认识到，为什么在概率意义上很容易描述一个高斯遍历性过程。

例题 E21－2　用如下的办法建立随机过程 $x(t)$的一个样本函数 $x_r(t)$：把随机变量 x 的一组统计无关的样本值①作为纵坐标，沿时间横坐标等间隔地标在图上，并假定在每一时间间隔中纵坐标按直线变化如图 E21－3 所示。用同样的方式可以得到由这样的样本函数($r=1,2,\cdots$)构成的完整的集合。

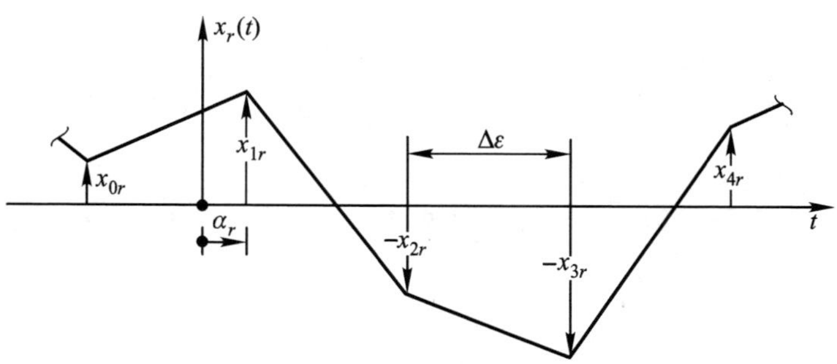

图 E21－3　随机过程 $x(t)$的一个样本函数 $x_r(t)$

如果 x 的概率密度函数被任意指定(除了平均值 $\bar{x}$ 保持为零外)，并且如果纵坐标 x_{1r}发生于时刻 $t=\alpha_r$，其中 α_r 为随机变量 α 的一个样本值，而 α 在区间

① 实际上这里指的是一些统计无关的随机变量 x_i 的样本值，这些 x_i 具有相同的概率分布(即文中 x 的分布)；因为样本值是非随机量，不存在统计无关的问题。——译者

$0<\alpha<\Delta\varepsilon$ 内均匀分布。求 $x(t)$ 的平均值、均方值和方差，并求 $x(t)$ 和 $x(t+\tau)$ 的协方差。$x(t)$ 是哪一类随机过程？

首先，考虑上述过程，但令所有 $\alpha_r(r=1,2,\cdots)$ 的值均等于零，这样就强使所有纵坐标 $x_{ir}(i,r=1,2,\cdots)$ 均分别发生于时刻 $t=(i-1)\Delta\varepsilon$。图 E21 - 3 中所示的纵坐标的线性变化导致

$$x_r(t)=\left(1-\frac{t}{\Delta\varepsilon}\right)x_{1r}+\frac{t}{\Delta\varepsilon}x_{2r}\qquad 0<t<\Delta\varepsilon$$

$$x_r(t+\tau)=\begin{cases}\left(1-\dfrac{t+\tau+\Delta\varepsilon}{\Delta\varepsilon}\right)x_{0r}+\dfrac{t+\tau+\Delta\varepsilon}{\Delta\varepsilon}x_{1r} & -\Delta\varepsilon<t+\tau<0\\ \left(1-\dfrac{t+\tau}{\Delta\varepsilon}\right)x_{1r}+\dfrac{t+\tau}{\Delta\varepsilon}x_{2r} & 0<t+\tau<\Delta\varepsilon\\ \left(1-\dfrac{t+\tau-\Delta\varepsilon}{\Delta\varepsilon}\right)x_{2r}+\dfrac{t+\tau-\Delta\varepsilon}{\Delta\varepsilon}x_{3r} & \Delta\varepsilon<t+\tau<2\Delta\varepsilon\end{cases}\tag{a}$$

取式(a)中第一式的集合平均，得

$$E[x(t)]=\left(1-\frac{t}{\Delta\varepsilon}\right)E(x_1)+\frac{t}{\Delta\varepsilon}E(x_2)$$

但是，当注意到

$$E(x_i)=\bar{x}=\int_{-\infty}^{\infty}x\,p(x)\mathrm{d}x\qquad i=1,2,\cdots\tag{b}$$

时，则结果为

$$E[x(t)]=\bar{x}=0\tag{c}$$

把式(a)中第一式平方并取集合平均，得

$$E[x(t)^2]=\left(1-\frac{t}{\Delta\varepsilon}\right)^2E(x_1^2)+2\left(1-\frac{t}{\Delta\varepsilon}\right)\frac{t}{\Delta\varepsilon}E(x_1x_2)+\left(\frac{t}{\Delta\varepsilon}\right)^2E(x_2^2)$$

利用关系式

$$\begin{aligned}&E[x_i^2]=\overline{x^2}=\int_{-\infty}^{\infty}x^2p(x)\mathrm{d}x && i,j=1,2,\cdots\\&E[x_ix_j]=0 && i\neq j\end{aligned}\tag{d}$$

结果为

$$E[x(t)^2]=\overline{x^2}\left(1-\frac{2t}{\Delta\varepsilon}+\frac{2t^2}{\Delta\varepsilon^2}\right)\tag{e}$$

所以

$$\sigma_{x(t)}^2=\overline{x^2}\left(1-\frac{2t}{\Delta\varepsilon}+\frac{2t^2}{\Delta\varepsilon^2}\right)\tag{f}$$

由式(a)和式(d)可得

$$E[x(t)x(t+\tau)]$$
$$=\begin{cases}\left[\left(-\dfrac{1}{\Delta\varepsilon^2}\right)t^2+\left(-\dfrac{\tau}{\Delta\varepsilon^2}\right)t+\left(\dfrac{\tau}{\Delta\varepsilon}+1\right)\right]\overline{x^2} & 0\leqslant t\leqslant\Delta\varepsilon \quad -\Delta\varepsilon\leqslant t+\tau\leqslant 0\\ \left[\dfrac{2}{\Delta\varepsilon^2}t^2+\left(\dfrac{2\tau}{\Delta\varepsilon^2}-\dfrac{2}{\Delta\varepsilon}\right)t+\left(1-\dfrac{\tau}{\Delta\varepsilon}\right)\right]\overline{x^2} & 0\leqslant t\leqslant\Delta\varepsilon \quad 0\leqslant t+\tau\leqslant\Delta\varepsilon\\ \left[\left(-\dfrac{1}{\Delta\varepsilon^2}\right)t^2+\left(\dfrac{2}{\Delta\varepsilon}-\dfrac{\tau}{\Delta\varepsilon^2}\right)t\right]\overline{x^2} & 0\leqslant t\leqslant\Delta\varepsilon \quad \Delta\varepsilon\leqslant t+\tau\leqslant 2\Delta\varepsilon\end{cases}\tag{g}$$

注意式(g)所给 $x(t)$ 和 $x(t+\tau)$ 的协方差与时间 t 有关，所以上面研究的这个随机过程是非平稳的。进一步，注意当 τ 值超越式(g)所示的范围时，这个协方差等于零。式(g)的第一、第二和第三式所示的范围分别用图 21-4 中的阴影区 1、2 和 3 表明。如果时间 $t=0$ 的原点选择得不是如上所述与 x_{1r} 重合，而是与 $x_{ir}(r=1,2,\cdots)$ 重合，式(a)显然仍将保留完全相同的形式，只是用 $x_{i-1,r}$，x_{ir}，$x_{i+1,r}$ 和 $x_{i+2,r}$ 分别代替 x_{0r}，x_{1r}，x_{2r} 和 x_{3r}。这样，协方差函数 $E[x(t)x(t+\tau)]$ 必为时间的周期性函数，其周期为 $\Delta\varepsilon$。图 E21-4 也显示了这一周期性特点，表现为沿时间 t 轴在每一时间间隔里阴影区的重复性。

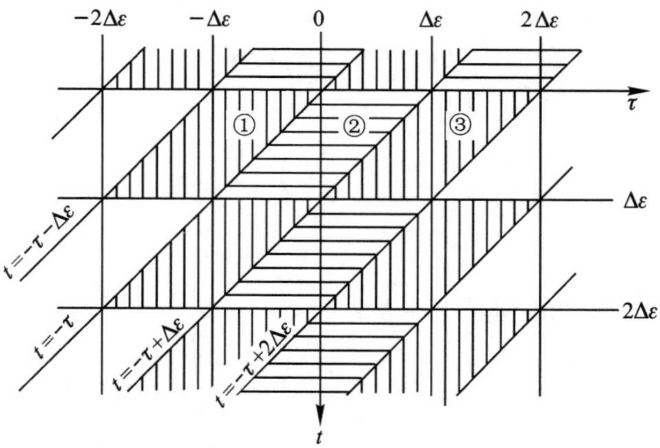

图 E21-4　随机变量 $x(t)$ 和 $x(t+\tau)$ 的协方差不为零的区域

如果在对 x 进行取样时所用的概率密度函数 $p(x)$ 为 Gauss 型，则整个过程 $x(t)$ 亦将为 Gauss 型，在此情况下式(a)将在概率意义上完全表明过程的特征，即使它是非平稳过程。

现在把上面对 $\alpha_r(r=1,2,\cdots)$ 的限制去掉，而如原先所述，它是由 $0<\alpha<\Delta\varepsilon$ 上的均匀分布抽样的样本。因为从穿过集合来看[①]，现在任意一个时刻 t 都将在

① 即从所有样本函数来看。——译者

$\Delta\varepsilon$ 区间内均匀出现，则过程必然是平稳的，并且把式(g)所给函数简单地在时间上平均即可得到协方差函数 $E[x(t)x(t+\tau)]$。因为所得函数只依赖于时间差 τ 而与时间 t 无关，它成为这个过程的自相关函数 $R_x(\tau)$。按这个取平均的步骤，得出

$$
R_x(\tau)=\begin{cases}
\dfrac{\overline{x^2}}{\Delta\varepsilon}\displaystyle\int_{-\tau-\Delta\varepsilon}^{\Delta\varepsilon}\left[\left(-\frac{1}{\Delta\varepsilon^2}\right)t^2+\left(-\frac{\tau}{\Delta\varepsilon^2}\right)t+\left(\frac{\tau}{\Delta\varepsilon}+1\right)\right]\mathrm{d}t & -2\Delta\varepsilon<\tau<-\Delta\varepsilon \\
\dfrac{\overline{x^2}}{\Delta\varepsilon}\left\{\displaystyle\int_0^{-\tau}\left[\left(-\frac{1}{\Delta\varepsilon^2}\right)t^2+\left(-\frac{\tau}{\Delta\varepsilon^2}\right)t+\left(\frac{\tau}{\Delta\varepsilon}+1\right)\right]\mathrm{d}t+\right. & \\
\qquad\left.\displaystyle\int_{-\tau}^{\Delta\varepsilon}\left[\frac{2}{\Delta\varepsilon^2}t^2+\left(\frac{2\tau}{\Delta\varepsilon^2}-\frac{2}{\Delta\varepsilon}\right)t+\left(1-\frac{\tau}{\Delta\varepsilon}\right)\right]\mathrm{d}t\right\} & -\Delta\varepsilon<\tau<0 \\
\dfrac{\overline{x^2}}{\Delta\varepsilon}\left\{\displaystyle\int_0^{-\tau+\Delta\varepsilon}\left[\frac{2}{\Delta\varepsilon^2}t^2+\left(\frac{2\tau}{\Delta\varepsilon^2}-\frac{2}{\Delta\varepsilon}\right)t+\left(1-\frac{\tau}{\Delta\varepsilon}\right)\right]\mathrm{d}t+\right. & \\
\qquad\left.\displaystyle\int_{-\tau+\Delta\varepsilon}^{\Delta\varepsilon}\left[\left(-\frac{1}{\Delta\varepsilon^2}\right)t^2+\left(\frac{2}{\Delta\varepsilon}-\frac{\tau}{\Delta\varepsilon^2}\right)t\right]\mathrm{d}t\right\} & 0<\tau<\Delta\varepsilon \\
\dfrac{\overline{x^2}}{\Delta\varepsilon}\displaystyle\int_0^{-\tau+2\Delta\varepsilon}\left[\left(-\frac{1}{\Delta\varepsilon^2}\right)t^2+\left(\frac{2}{\Delta\varepsilon}-\frac{\tau}{\Delta\varepsilon^2}\right)t\right]\mathrm{d}t & \Delta\varepsilon<\tau<2\Delta\varepsilon
\end{cases}
\tag{h}
$$

完成上面的积分和合并同类项后，结果为

$$
R_x(\tau)=\begin{cases}
\left(\dfrac{4}{3}+\dfrac{2\tau}{\Delta\varepsilon}+\dfrac{\tau^2}{\Delta\varepsilon^2}+\dfrac{\tau^3}{6\Delta\varepsilon^3}\right)\overline{x^2} & -2\Delta\varepsilon\leqslant\tau\leqslant-\Delta\varepsilon \\
\left(\dfrac{2}{3}-\dfrac{\tau^2}{\Delta\varepsilon^2}-\dfrac{\tau^3}{2\Delta\varepsilon^3}\right)\overline{x^2} & -\Delta\varepsilon\leqslant\tau\leqslant 0 \\
\left(\dfrac{2}{3}-\dfrac{\tau^2}{\Delta\varepsilon^2}+\dfrac{\tau^3}{2\Delta\varepsilon^3}\right)\overline{x^2} & 0\leqslant\tau\leqslant\Delta\varepsilon \\
\left(\dfrac{4}{3}-\dfrac{2\tau}{\Delta\varepsilon}+\dfrac{\tau^2}{\Delta\varepsilon^2}-\dfrac{\tau^3}{6\Delta\varepsilon^3}\right)\overline{x^2} & \Delta\varepsilon\leqslant\tau\leqslant 2\Delta\varepsilon
\end{cases}
\tag{i}
$$

由于式(d)的第二式，当 $\tau\leqslant-2\Delta\varepsilon$ 和 $\tau\geqslant2\Delta\varepsilon$ 时 $R_x(\tau)=0$。

如果随机变量 x 具有正态分布，则整个过程是 Gauss 型。在这种情况下，式(i)完整地描述了该过程的特征。

§ 21－4 平稳过程的功率谱密度函数

如第 4 章所表明的那样，从一个实的、平均值为零($E[x(t)]=0$)的平稳随机过程取得的任一样本波形 $x_r(t)$，可以用标准的 Fourier 分析分解成它的频率分量。如果这个波形只在有限区段 $-s/2<t<+s/2$ 内存在，可以采用 Fourier 级数表达式，即

$$x_r(t)=\sum_{n=-\infty}^{\infty}C_{nr}\exp(in\,\bar{\omega}_0t) \tag{21-21}$$

式中

$$C_{nr}=\frac{1}{s}\int_{-s/2}^{s/2}x_r(t)\exp(-in\,\bar{\omega}_0t)\,\mathrm{d}t$$

并且$\bar{\omega}_0\equiv 2\pi/s$。如果 $x_r(t)$是周期性的，只要取一个全周期作为积分区间 s，式(21－21)即可给出整个波形的精确描述。这种周期性波形包含一系列离散的谐波，其圆频率为$\bar{\omega}_0$；$2\bar{\omega}_0$；$3\bar{\omega}_0$，…，相应的振幅为 $A_{1r}=2|C_{1r}|$，$A_{2r}=2|C_{2r}|$，$A_{3r}=2|C_{3r}|$，…。当然这里将相应的负的和正的频率分量合并起来了。

在分析平稳随机过程时，通常最感兴趣的量是 $x_r(t)$在区段$-s/2<t<+s/2$内的均方值，该量可以通过将式(21－21)的第一式代入下式

$$\langle x_r(t)^2\rangle=\frac{1}{s}\int_{-s/2}^{s/2}x_r(t)^2\,\mathrm{d}t \tag{21-22}$$

而求得为

$$\langle x_r(t)^2\rangle=\sum_{n=-\infty}^{\infty}|C_{nr}|^2=\sum_{n=1}^{\infty}\frac{A_{nr}^2}{2} \tag{21-23}$$

令 $\Delta\bar{\omega}$代表离散谐波的频率间隔，即

$$\Delta\bar{\omega}=\bar{\omega}_0=\frac{2\pi}{s} \tag{21-24}$$

并利用式(21－21)的第二式，式(21－23)变成

$$\langle x_r(t)^2\rangle=\sum_{n=-\infty}^{\infty}\frac{\left|\int_{-s/2}^{s/2}x_r(t)\exp(-in\,\bar{\omega}_0t)\,\mathrm{d}t\right|^2}{2\pi s}\Delta\bar{\omega} \tag{21-25}$$

如果现在使 s 趋于无限大，$\Delta\bar{\omega}\to\mathrm{d}\bar{\omega}$，$n\bar{\omega}_0\to\bar{\omega}$，并将求和变为积分，则式(21－25)转化为

$$\langle x_r(t)^2\rangle=\int_{-\infty}^{\infty}S_{x_r}(\bar{\omega})\,\mathrm{d}\bar{\omega} \tag{21-26}$$

式中函数

$$S_{x_r}(\bar{\omega})\equiv\lim_{s\to\infty}\frac{\left|\int_{-s/2}^{s/2}x_r(t)\exp(-i\bar{\omega}t)\,\mathrm{d}t\right|^2}{2\pi s} \tag{21-27}$$

定义为波形 $x_r(t)$ 的**功率谱密度函数**，条件是确实存在上述极限。按照这个定义，当 $x_r(t)$ 为实函数时，功率谱密度函数是一个偶函数，它对所有 $\bar{\omega}$ 值都是正的和有限的值；当把它在整个范围 $-\infty<\bar{\omega}<+\infty$ 内积分时就得出 $x_r(t)$ 的均方值。

对集合的各个元的功率谱密度函数作简单的平均即可求得整个平稳随机过程 $x(t)$ 的功率谱密度函数，即

$$S_x(\bar{\omega}) = \lim_{n\to\infty} \frac{1}{n}\sum_{r=1}^{n} S_{x_r}(\bar{\omega}) \tag{21-28}$$

现在即可在整个范围 $-\infty<\bar{\omega}<+\infty$ 内积分 $S_x(\bar{\omega})$，求得 $x(t)$ 的均方值的集合平均。

如果随机过程是遍历性的，集合的每一个元都将给出相同的功率谱密度函数，在这种情况下就没有必要对集合求平均，只要简单地利用一个元求出功率谱密度函数即可。对工程中遇到的大多数遍历性过程而言，随着 s 值的增大，式(21-27)所给的功率谱密度函数迅速地趋近其极限，所以通常用一个较短的样本波形就可以达到足够的精度。

§21-5 功率谱密度函数与自相关函数间的关系

令函数 $F_{x_r}(\bar{\omega})$ 定义为对时间平均 $\langle x_r(t)x_r(t+\tau)\rangle$ 的 Fourier 变换，即令

$$F_{x_r}(\bar{\omega}) \equiv \int_{-\infty}^{\infty}\left[\lim_{s\to\infty}\frac{1}{s}\int_{-s/2}^{s/2} x_r(t)x_r(t+\tau)\,\mathrm{d}t\right]\exp(-i\bar{\omega}\tau)\,\mathrm{d}\tau \tag{21-29}$$

假设函数 $F_{x_r}(\bar{\omega})$ 确实存在，Fourier 变换理论要求：式(21-29)中方括号内的量只是 τ 的函数，它随着 $|\tau|$ 值的增加而衰减，使得积分

$$I \equiv \int_{-\infty}^{\infty}\left|\lim_{s\to\infty}\frac{1}{s}\int_{-s/2}^{s/2} x_r(t)x_r(t+\tau)\,\mathrm{d}t\right|\mathrm{d}\tau \tag{21-30}$$

存在。当把式(21-29)表示为其等价的形式

$$\frac{1}{2\pi}F_{x_r}(\bar{\omega}) = \lim_{s\to\infty}\frac{1}{2\pi s}\int_{-s/2}^{s/2}\int_{-s/2}^{s/2} x_r(t)x_r(t+\tau)\exp(-i\bar{\omega}\tau)\,\mathrm{d}\tau\,\mathrm{d}t \tag{21-31}$$

并代入如下的变量代换

$$\theta \equiv t+\tau \tag{21-32}$$

式(21-31)变为

$$\frac{1}{2\pi}F_{x_r}(\bar{\omega}) = \lim_{s\to\infty}\frac{1}{2\pi s}\int_{-s/2}^{s/2} x_r(t)\exp(i\bar{\omega}t)\,\mathrm{d}t\int_{t-s/2}^{t+s/2} x_r(\theta)\exp(-i\bar{\omega}\theta)\,\mathrm{d}\theta \tag{21-33}$$

式(21-33)中的积分的展开域示于图 21-4a。因为只有当此式的全部被积函数随 $|\tau|$ 值的增加而迅速衰减时函数 $F_{x_r}(\bar{\omega})$ 才能存在，故可以把上式的第二个积

分的积分限作如下改变，

$$\frac{1}{2\pi}F_{x_r}(\bar{\omega}) = \lim_{s\to\infty}\frac{1}{2\pi s}\int_{-s/2}^{s/2}x_r(t)\exp(i\bar{\omega}t)\mathrm{d}t\int_{-s/2}^{s/2}x_r(\theta)\exp(-i\bar{\omega}\theta)\mathrm{d}\theta \tag{21-34}$$

这只是简单地把积分的展开域改换为如图 21 - 4b 所示。现在就可以把 θ 改换为 t，因为它只是用来作为一个哑（或虚）时间变量。这样，式（21 - 34）可以表示为

$$\frac{1}{2\pi}F_{x_r}(\bar{\omega}) = \lim_{s\to\infty}\frac{\left|\int_{-s/2}^{s/2}x_r(t)\exp(-i\bar{\omega}t)\mathrm{d}t\right|^2}{2\pi s} \tag{21-35}$$

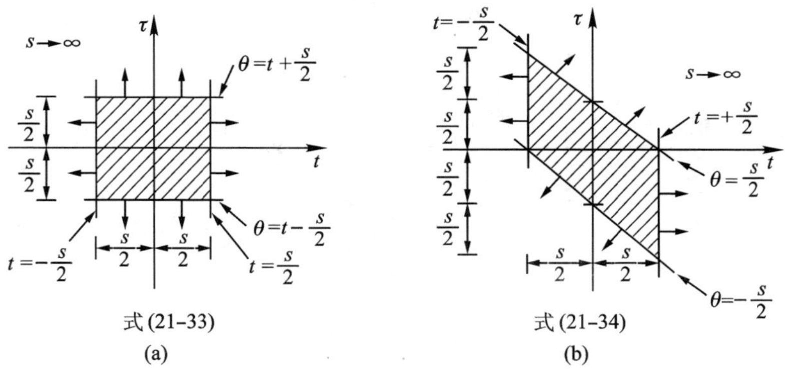

图 21 - 4　积分的展开域

将式（21 - 35）与式（21 - 27）进行比较，很清楚

$$\frac{1}{2\pi}F_{x_r}(\bar{\omega}) = S_{x_r}(\bar{\omega}) \tag{21-36}$$

如果所考虑的平稳过程是遍历性的，则 $F_{x_r}(\bar{\omega})$ 就是自相关函数 $R_x(\tau)$ 的 Fourier 变换，而 $S_{x_r}(\bar{\omega})$ 等于过程的功率谱密度函数 $S_x(\bar{\omega})$。这样，就证明了：对于一个遍历性过程，过程的自相关函数和功率谱密度函数之间的关系可通过 Fourier 积分表示为

$$S_x(\bar{\omega}) = \frac{1}{2\pi}\int_{-\infty}^{\infty}R_x(\tau)\exp(-i\bar{\omega}\tau)\mathrm{d}\tau$$

$$R_x(\tau) = \int_{-\infty}^{\infty}S_x(\bar{\omega})\exp(i\bar{\omega}\tau)\mathrm{d}\bar{\omega} \tag{21-37}$$

如果所考虑的平稳过程是非遍历性的，则必须补充一个步骤，对式（21 - 36）在集合上进行平均，表示为

$$\frac{1}{2\pi}\lim_{n\to\infty}\frac{1}{n}\sum_{r=1}^{n}F_{x_r}(\bar{\omega}) = \lim_{n\to\infty}\frac{1}{n}\sum_{r=1}^{n}S_{x_r}(\bar{\omega}) \tag{21-38}$$

利用式（21 - 31）可以看出，式（21 - 38）的左端等于 $R_x(\tau)$ 的 Fourier 变换的 $1/2\pi$

倍。因为此式的右端为 $S_x(\bar{\omega})$，所以式(21－37)对非遍历性平稳过程也一定是正确的。

前面已经说明，如果零均值平稳过程是 Gauss 过程，那么用自相关函数就可以完全地表明该过程的特征。现在既然又证明了功率谱密度函数可以从自相关函数经过 Fourier 变换得到，则前者必然也能完整地表明这种过程的特征。

例题 E21－3 推导例题 E21－2 中以平稳形式给出的随机过程 $x(t)$ 的功率谱密度函数。

把例题 E21－2 的式(i)代入式(21－37)的第一式，即代入

$$S_x(\bar{\omega}) = \frac{1}{2\pi}\int_{-\infty}^{\infty} R_x(\tau)\exp(-i\bar{\omega}\tau)\mathrm{d}\tau \tag{a}$$

得到

$$\begin{aligned}S_x(\bar{\omega}) = \frac{\overline{x^2}}{2\pi}\Bigg[&\int_{-2\Delta\varepsilon}^{-\Delta\varepsilon}\left(\frac{4}{3}+\frac{2\tau}{\Delta\varepsilon}+\frac{\tau^2}{\Delta\varepsilon^2}+\frac{\tau^2}{6\Delta\varepsilon^3}\right)\exp(-i\bar{\omega}\tau)\mathrm{d}\tau+\\&\int_{-\Delta\varepsilon}^{0}\left(\frac{2}{3}-\frac{\tau^2}{\Delta\varepsilon^2}-\frac{\tau^3}{2\Delta\varepsilon^3}\right)\exp(-i\bar{\omega}\tau)\mathrm{d}\tau+\\&\int_{0}^{\Delta\varepsilon}\left(\frac{2}{3}-\frac{\tau^2}{\Delta\varepsilon^2}+\frac{\tau^3}{2\Delta\varepsilon^3}\right)\exp(-i\bar{\omega}\tau)\mathrm{d}\tau+\\&\int_{\Delta\varepsilon}^{2\Delta\varepsilon}\left(\frac{4}{3}-\frac{2\tau}{\Delta\varepsilon}+\frac{\tau^2}{\Delta\varepsilon^2}-\frac{\tau^3}{6\Delta\varepsilon^3}\right)\exp(-i\bar{\omega}\tau)\mathrm{d}\tau\Bigg]\end{aligned}\tag{b}$$

完成积分和合并同类项后，得出

$$\begin{aligned}S_x(\bar{\omega}) = \frac{\overline{x^2}}{2\pi}\Bigg\{&\frac{1}{\bar{\omega}^4\Delta\varepsilon^3}\big[6-4\exp(-i\bar{\omega}\tau)-4\exp(i\bar{\omega}\tau)+\\&\exp(-2i\bar{\omega}\tau)+\exp(2i\bar{\omega}\tau)\big]\Bigg\}\end{aligned}\tag{c}$$

此式可转换为三角函数的形式

$$S_x(\bar{\omega})=\frac{\overline{x^2}}{2\pi}\left[\frac{6-8\cos\bar{\omega}\Delta\varepsilon+2\cos 2\bar{\omega}\Delta\varepsilon}{\bar{\omega}^4\Delta\varepsilon^3}\right]\qquad -\infty<\bar{\omega}<\infty \tag{d}$$

§21－6 过程的导数的功率谱密度函数和自相关函数

当随机过程 $x(t)$ 的功率谱密度函数和自相关函数为已知时，此过程对时间

的导数，如 $\dot{x}(t)$ 和 $\ddot{x}(t)$ 的功率谱密度和自相关函数也可以容易地求出。为了说明方法，考虑 $x(t)$ 的自相关函数的最基本形式，即

$$R_x(\tau)\equiv E[x(t)x(t+\tau)] \tag{21-39}$$

对 τ 微分，得

$$R'_x(\tau)=\frac{\mathrm{d}R_x(\tau)}{\mathrm{d}\tau}=E[x(t)\dot{x}(t+\tau)] \tag{21-40}$$

因为过程 $x(t)$ 是平稳的，式(21-40)可写成

$$R'_x(t)=E[x(t-\tau)\dot{x}(t)] \tag{21-41}$$

再次对 τ 微分，得

$$R''_x(t)=-E[\dot{x}(t-\tau)\dot{x}(t)]=-E[\dot{x}(t)\dot{x}(t+\tau)] \tag{21-42}$$

因为根据定义，式(21-42)中对集合的平均就是 $\dot{x}(t)$ 的自相关函数，这样显然就有下式成立

$$R_{\dot{x}}(\tau)=-R''_x(\tau) \tag{21-43}$$

用同样的方式再微分两次，可得

$$R_{\ddot{x}}(\tau)=-R''_{\dot{x}}(\tau)=R_x^{iv}(\tau) \tag{21-44}$$

上述自相关函数可以用式(21-37)的第二式的形式表示，即

$$\begin{aligned} R_x(\tau) &= \int_{-\infty}^{\infty} S_x(\bar{\omega})\exp(i\bar{\omega}\tau)\mathrm{d}\bar{\omega} \\ R_{\dot{x}}(\tau) &= \int_{-\infty}^{\infty} S_{\dot{x}}(\bar{\omega})\exp(i\bar{\omega}\tau)\mathrm{d}\bar{\omega} \\ R_{\ddot{x}}(\tau) &= \int_{-\infty}^{\infty} S_{\ddot{x}}(\bar{\omega})\exp(i\bar{\omega}\tau)\mathrm{d}\bar{\omega} \end{aligned} \tag{21-45}$$

将式(21-45)的第一式代入式(21-43)和式(21-44)，得

$$\begin{aligned} R_{\dot{x}}(\tau) &= \int_{-\infty}^{\infty} \bar{\omega}^2 S_x(\bar{\omega})\exp(i\bar{\omega}\tau)\mathrm{d}\bar{\omega} \\ R_{\ddot{x}}(\tau) &= \int_{-\infty}^{\infty} \bar{\omega}^4 S_x(\bar{\omega})\exp(i\bar{\omega}\tau)\mathrm{d}\bar{\omega} \end{aligned} \tag{21-46}$$

将式(21-46)与式(21-45)的第二和第三两式比较，表明

$$S_{\dot{x}}(\bar{\omega})=\bar{\omega}^2 S_x(\bar{\omega}) \qquad S_{\ddot{x}}(\bar{\omega})=\bar{\omega}^4 S_x(\bar{\omega}) \tag{21-47}$$

例题 E21-4 如果随机过程 $x(t)$ 具有自相关函数

$$R_x(\tau)=(1-\tau^2)e^{-\tau^2} \tag{a}$$

求随机过程 $\dot{x}(t)$ 和 $\ddot{x}(t)$ 相应的自相关函数。

对式(a)求导数，得

$$\begin{aligned} R'_x(\tau) &= (2\tau^3-4\tau)e^{-\tau^2} \\ R''_x(\tau) &= (-4\tau^4+14\tau^2-4)e^{-\tau^2} \\ R'''_x(\tau) &= (8\tau^5-44\tau^3+36\tau)e^{-\tau^2} \\ R_x^{iv}(\tau) &= (-16\tau^6+128\tau^4-204\tau^2+36)e^{-\tau^2} \end{aligned} \tag{b}$$

这样，由式(21－43)和式(21－44)可得

$$R_{\dot{x}}(\tau)=(4\tau^4-14\tau^2+4)e^{-\tau^2} \tag{c}$$

$$R_{\ddot{x}}(\tau)=(-16\tau^6+128\tau^4-204\tau^2+36)e^{-\tau^2} \tag{d}$$

§21－7 平稳过程的叠加

考虑一个平稳过程 $q(t)$，它是平均值均为零的三个单独的平稳过程 $x(t)$，$y(t)$和 $z(t)$之和，求此过程的自相关函数，即

$$R_q(\tau)\equiv E\left[q(t)q(t+\tau)\right] \tag{21-48}$$

将关系式

$$q(t)=x(t)+y(t)+z(t) \tag{21-49}$$

代入式(21－48)，可得

$$\begin{aligned}R_q(\tau)=&E[x(t)x(t+\tau)]+E[y(t)y(t+\tau)]+E[z(t)z(t+\tau)]+\\&E[x(t)y(t+\tau)]+E[y(t)z(t+\tau)]+E[x(t)z(t+\tau)]+\\&E[y(t)x(t+\tau)]+E[z(t)y(t+\tau)]+E[z(t)x(t+\tau)]\end{aligned} \tag{21-50}$$

此式右端前三个集合平均分别是过程 $x(t)$，$y(t)$和 $z(t)$的自相关函数，而后六个集合平均是**互相关函数**(或协方差函数)，记为

$$\begin{aligned}&R_{xy}(\tau)=E[x(t)y(t+\tau)] \qquad R_{yx}(\tau)=E[y(t)x(t+\tau)]\\&R_{yz}(\tau)=E[y(t)z(t+\tau)] \qquad R_{zy}(\tau)=E[z(t)y(t+\tau)]\\&R_{xz}(\tau)=E[x(t)z(t+\tau)] \qquad R_{zx}(\tau)=E[z(t)x(t+\tau)]\end{aligned} \tag{21-51}$$

这样，过程 $q(t)$的自相关函数可以用 $x(t)$，$y(t)$和 $z(t)$的自相关函数和互相关函数表示如下

$$\begin{aligned}R_q(\tau)=&R_x(\tau)+R_y(\tau)+R_z(\tau)+R_{xy}(\tau)+R_{yz}(\tau)+\\&R_{xz}(\tau)+R_{yx}(\tau)+R_{zy}(\tau)+R_{zx}(\tau)\end{aligned} \tag{21-52}$$

如果随机过程 $x(t)$，$y(t)$和 $z(t)$是两两无关的，它们的互相关函数将等于零，在此情况下

$$R_q(\tau)=R_x(\tau)+R_y(\tau)+R_z(\tau) \tag{21-53}$$

应该注意到，对于实平稳过程而言，

$$R_{xy}(\tau)=R_{yx}(-\tau) \qquad R_{yz}(\tau)=R_{zy}(-\tau) \qquad R_{xz}(\tau)=R_{zx}(-\tau) \tag{21-54}$$

随机过程 $q(t)$的功率谱密度函数可以利用式(21－37)的第一式得到，即

$$S_q(\bar{\omega})=\frac{1}{2\pi}\int_{-\infty}^{\infty}R_q(\tau)\exp(-i\bar{\omega}\tau)\mathrm{d}\tau \tag{21-55}$$

将式(21－52)代入式(21－55)，得出

$$S_q(\bar{\omega})=S_x(\bar{\omega})+S_y(\bar{\omega})+S_z(\bar{\omega})+S_{xy}(\bar{\omega})+S_{yz}(\bar{\omega})+ S_{xz}(\bar{\omega})+S_{yx}(\bar{\omega})+S_{zy}(\bar{\omega})+S_{zx}(\bar{\omega}) \tag{21-56}$$

式中 $S_{xy}(\bar{\omega})$,$S_{yz}(\bar{\omega})$,…是**互谱密度函数**,它们与各自相应的互相关函数之间存在 Fourier 变换关系

$$S_{xy}(\bar{\omega}) = \frac{1}{2\pi}\int_{-\infty}^{\infty} R_{xy}(\tau)\exp(-i\bar{\omega}\tau)\mathrm{d}\tau \tag{21-57}$$

注意,$S_{yx}(\bar{\omega})$是 $S_{xy}(\bar{\omega})$的复共轭函数。式(21-57)的逆关系当然是

$$R_{xy}(\tau) = \int_{-\infty}^{\infty} S_{xy}(\bar{\omega})\exp(i\bar{\omega}\tau)\mathrm{d}\bar{\omega} \tag{21-58}$$

按照 21-4 节的步骤,乘积 $x_r(t)y_r(t)$的时间平均变为

$$\langle x_r(t)y_r(t)\rangle = \int_{-\infty}^{\infty} S_{x_ry_r}(\bar{\omega})\mathrm{d}\bar{\omega} \tag{21-59}$$

式中

$$S_{x_ry_r}(\bar{\omega}) \equiv \lim_{s\to\infty}\frac{\left[\int_{-s/2}^{s/2} x_r(t)\exp(-i\bar{\omega}t)\mathrm{d}t\right]\left[\int_{-s/2}^{s/2} y_r(t)\exp(+i\bar{\omega}t)\mathrm{d}t\right]}{2\pi s} \tag{21-60}$$

注意,$S_{x_ry_r}(-\bar{\omega})$是 $S_{x_ry_r}(\bar{\omega})$的复共轭函数,所以只有 $S_{x_ry_r}(\bar{\omega})$的实部对式(21-59)中的积分有贡献。如果过程 $x(t)$和 $y(t)$都是遍历性的,式(21-60)所给 $S_{x_ry_r}(\bar{\omega})$就是这些过程的互谱密度函数。然而,如果过程 $x(t)$和 $y(t)$是非遍历性的,就必须在集合上进行平均才能求得这些过程的互谱密度函数,即

$$S_{xy}(\bar{\omega}) = \lim_{n\to\infty}\frac{1}{n}\sum_{r=1}^{n} S_{x_ry_r}(\bar{\omega}) \tag{21-61}$$

§21-8 平稳 Gauss 过程:一个自变量

在工程中,常常假定随机过程具有 Gauss 分布或正态分布。为了有助于理解这个假定成立的合理基础,考虑一个零均值实平稳随机过程 $x(t)$,并具有如下形式

$$x_{jr}(t) = \sum_{n=-j}^{j} C_{nr}\exp(in\bar{\omega}_0 t) \qquad r = 1,2,\cdots \tag{21-62}$$

式中 $x_{jr}(t)$是集合的第 r 个元,集合包含了频率为 $\bar{\omega}_0,2\bar{\omega}_0,\cdots,j\bar{\omega}_0$的 j 个离散谐波;式中 C_{nr} 为复的随机常数。为了使过程具有零平均值,当然要求系数 C_{0r} 等于零;并且由于假定过程只包含实函数,必须使复系数 C_{nr} 和 C_{mr} 在 $n=-m$ 时为共轭对。

为了定义系数 C_{nr} 的随机性,首先假定,对所有可能的 n 和 r 的值 $|C_{nr}|=C$(常数),但是与它们相应的相位角 α_{nr} 是随机变量 α 的采样值,α 是在区间$0<$

$\alpha<2\pi$ 上具有密度为 $1/2\pi$ 的均匀概率密度的随机变量。在这些条件下,式(21-62)可写成如下的形式

$$x_{jr}(t)=\sum_{n=-j}^{j}|C_{nr}|\exp[i(n\bar{\omega}_0 t+\alpha_{nr})] \tag{21-63}$$

或

$$x_{jr}=2C\sum_{n=1}^{j}\sin(n\bar{\omega}_0 t+\theta_{nr}) \quad r=1,2,\cdots \tag{21-64}$$

式中 $\theta_{nr}=+(\pi/2)+\alpha_{nr}$。因为这个过程包含离散的谐波,其频率间隔为 $\bar{\omega}_0$,所以集合的每一个元都将是周期为 $s=2\pi/\bar{\omega}_0$ 的周期性函数。当一个新的随机变量 $L(t)$ 定义为

$$L_{nr}(t)=2C\sin(n\bar{\omega}_0 t+\theta_{nr}) \tag{21-65}$$

则式(21-64)即可写成一维随机走动的形式

$$x_{jr}(t)=\sum_{n=1}^{j}L_{nr}(t) \tag{21-66}$$

从式(21-5)和式(21-10)可清楚地看出

$$p[L(t)]=\begin{cases}\dfrac{1}{\pi\sqrt{4C^2-L^2}} & -2C<L<2C\\ 0 & L<-2C;L>2C\end{cases} \tag{21-67}$$

并且

$$\overline{L(t)}=0 \qquad \sigma_{L(t)}^2=2C^2 \tag{21-68}$$

利用式(20-34)所给一维随机走动的关系式,得出

$$\overline{x_j(t)}=0 \qquad \sigma_{x(t)}^2=2jC^2 \tag{21-69}$$

现在,利用前面一维随机走动中使用过的取极限的步骤,即令 $\bar{\omega}_0\to0$,$j\to\infty$ 和 $C^2\to0$,但保持使

$$n\bar{\omega}_0\to\bar{\omega}(\text{变量}) \quad j\bar{\omega}_0\to\bar{\omega}_1(\text{常数}) \quad C^2/\bar{\omega}_0\to S_0(\text{常数}) \tag{21-70}$$

因为 $\bar{\omega}_0=2\pi/s$,所以在此取极限的步骤中周期 $s\to\infty$。

利用上述这些关系式和式(21-21)的第二式,可得

$$|C_{nr}|=C=\frac{1}{s}\left|\int_{-s/2}^{s/2}x_{jr}(t)\exp(-in\bar{\omega}_0 t)\mathrm{d}t\right| \tag{21-71}$$

显然,在极限中

$$S_0=\lim_{s\to\infty}\frac{\left|\int_{-s/2}^{s/2}x_r(t)\exp(-i\bar{\omega}t)\mathrm{d}t\right|^2}{2\pi s} \qquad r=1,2,\cdots \tag{21-72}$$

式中

$$x_r(t)=\lim_{\substack{j\to\infty\\ \bar{\omega}_0\to0}}x_{jr}(t) \tag{21-73}$$

比较式(21-72)和式(21-27),并且承认式(21-70)的第一和第二两式所给的

极限条件，得出结论：集合中的元 $x_r(t)$ 具有均布功率谱密度函数 $S_{x_r}(\bar{\omega})$，在频率范围 $-\bar{\omega}_1<\bar{\omega}<\bar{\omega}_1$ 内密度为 S_0，在此范围外的密度为零。因为这个功率谱密度函数不随 r 改变，所以此过程是遍历性的。因此，整个过程 $x(t)$ 的功率谱密度函数如图 21－5a 所示。进一步，由前面对一维随机走动的讨论得出结论：这个随机过程是 Gauss 型的，并且它的方差［参看式(21－69)的第二式］为

$$\sigma_{x(t)}^2=2\bar{\omega}_1 S_0 \tag{21-74}$$

将图 21－5a 所示功率谱密度函数代入式(21－37)的第二式，随机过程 $x(t)$ 的自相关函数为

$$R_x(\tau)=\frac{2S_0}{\tau}\sin\bar{\omega}_1\tau \qquad -\infty<\tau<\infty \tag{21-75}$$

这个关系式如图 21－5b 所示。

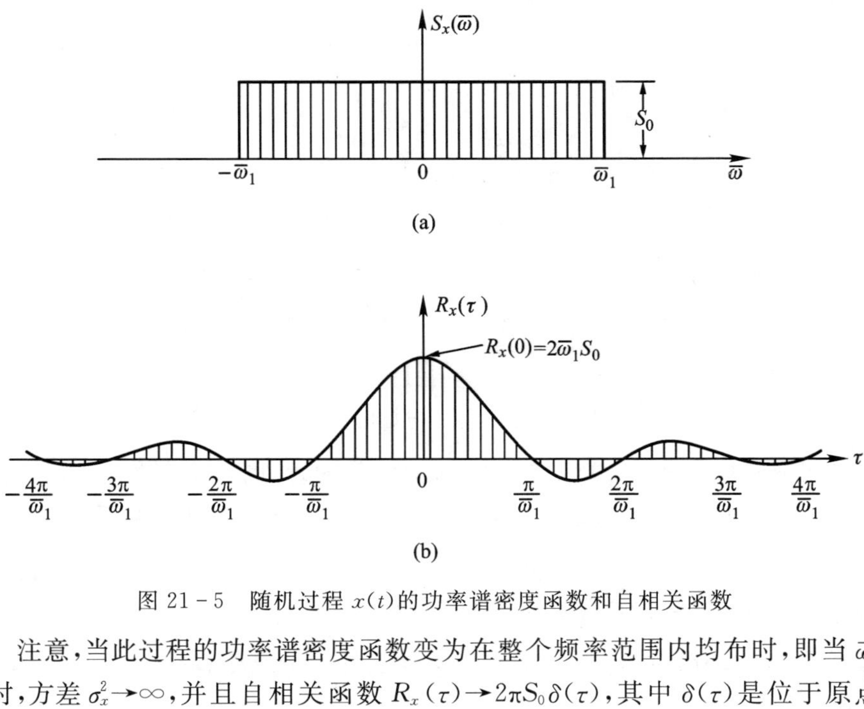

图 21－5 随机过程 $x(t)$ 的功率谱密度函数和自相关函数

注意，当此过程的功率谱密度函数变为在整个频率范围内均布时，即当 $\bar{\omega}_1\to\infty$ 时，方差 $\sigma_x^2\to\infty$，并且自相关函数 $R_x(\tau)\to 2\pi S_0\delta(\tau)$，其中 $\delta(\tau)$ 是位于原点的 Dirac－δ 函数。一般称此过程为**白噪声**过程或简称**白噪声**。可以认为这个过程是完全随机的，因为对所有 $\tau\neq 0$，$x(t)$ 和 $x(t+\tau)$ 完全独立。

再次考虑随机过程 $x_r(t)$，但这一次假定：对 $-k<n<+k$ $(k<j)$ 范围内所有 n 值，系数 $|C_{nr}|$ 等于零；对 $-j\leqslant n\leqslant -k$ 和 $+k\leqslant n\leqslant +j$ 范围内所有的 n 值，$|C_{nr}|$ 等于常数 C。按照前面同样的方法，只是这次是以 $n\bar{\omega}_0\to\bar{\omega}$，$k\bar{\omega}_0\to\bar{\omega}_1$，$j\bar{\omega}_0\to\bar{\omega}_2$ 和 $C^2/\bar{\omega}_0\to S_0$ 的方式使 $\bar{\omega}_0\to 0$，$k\to\infty$，$j\to\infty$ 和 $C^2\to 0$；在极限情况下这个过程再次成为 Gauss 型的，并且它的功率谱密度函数和自相关函数分别为

$$S_x(\bar{\omega})=\begin{cases}S_0 & -\bar{\omega}_2<\bar{\omega}<-\bar{\omega}_1;\bar{\omega}_1<\bar{\omega}<\bar{\omega}_2\\ 0 & \bar{\omega}<-\bar{\omega}_2;-\bar{\omega}_1<\bar{\omega}<\bar{\omega}_1;\bar{\omega}>\bar{\omega}_2\end{cases} \tag{21-76}$$

$$R_x(\tau)=\frac{2S_0}{\tau}(\sin\bar{\omega}_2\tau-\sin\bar{\omega}_1\tau) \qquad -\infty<\tau<\infty$$

为了进一步一般化，考虑一个随机过程 $z(t)$，它是两个统计无关的正态遍历性过程 $x(t)$和 $y(t)$之和，这两个过程是分别利用前面相同的取极限方法从式(21－62)导出的。从 21－9 节的证明可知，过程 $z(t)$也将具有 Gauss 分布。

最后，再一次利用式(21－63)所给的过程，表示为如下的等价形式

$$x_{jr}(t)=\sum_{n=1}^{j}2|C_{nr}|\sin(n\bar{\omega}_0t+\theta_{nr}) \qquad r=1,2,\cdots \tag{21-77}$$

对此过程，假设相位角 θ_{nr} 是随机变量 θ 的样本值，θ 具有图 21－6a 所示的均匀概率密度函数；并假设系数 $|C_{nr}|$ 是第二个随机变量 C 的采样值，C 具有图 21－6b 所示任意的、预先给定的概率密度函数。当 $L_{nr}(t)$被定义为

$$L_{nr}(t)\equiv2|C_{nr}|\sin(n\bar{\omega}_0t+\theta_{nr}) \tag{21-78}$$

时，$x_r(t)$能再次被表示为

$$x_{jr}(t)\equiv\sum_{n=1}^{j}L_{nr}(t) \tag{21-79}$$

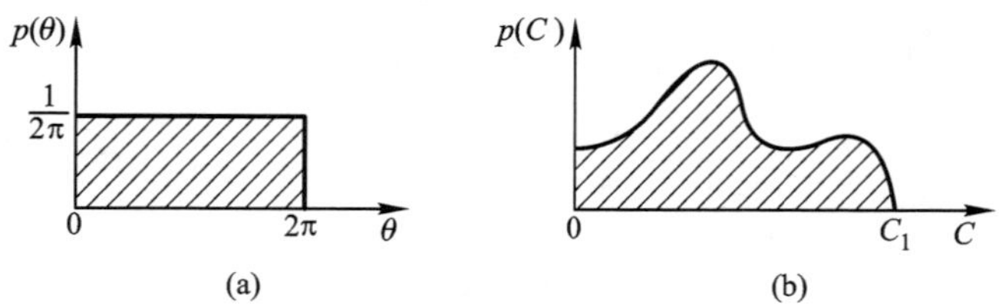

图 21－6 随机变量 θ 与 C 的概率密度函数

当概率密度函数 $p(\theta)$及 $p(C)$已知时，如果需要的话，也可以建立式(21－78)所定义的 $L(t)$的概率密度函数。然而，对于这里讨论的过程不需要那么做，因为在推导随机走动时只需要平均值 $\overline{L}(t)$和方差 $\sigma^2_{L(t)}$，而没有函数 $p[L(t)]$就可以求得它们的值。从式(21－78)的形式可以推导出

$$\overline{L(t)}=0 \qquad \sigma^2_{L(t)}=2\overline{C^2}=2\int_{-\infty}^{\infty}C^2p(C)\mathrm{d}C \tag{21-80}$$

这个过程是平稳过程，因为 $L(t)$的方差与时间 t 无关。

再次利用式(20－34)所给一维随机走动的关系式，得出

$$\bar{x}_j(t)=0 \qquad \sigma^2_{x_j(t)}=2j\overline{C^2} \tag{21-81}$$

把式(21－81)与式(21－69)进行比较，很清楚，只要用$\overline{C^2}$ 代替 C^2 就可以再次利用前面用过的取极限的方法。在此情况下

$$S_0\equiv\frac{\overline{C^2}}{\bar{\omega}_0}=\lim_{n\to\infty}\frac{1}{n}\sum_{r=1}^{n}S_{x_r}(\bar{\omega}) \tag{21-82}$$

式中

$$S_{x_r}(\bar{\omega}) = \lim_{s\to\infty} \frac{\left|\int_{-s/2}^{s/2} x_r(t)\exp(-i\bar{\omega}\ t)\mathrm{d}t\right|^2}{2\pi s} \tag{21-83}$$

虽然根据图 21－6b，这个过程的系数$|C_{nr}|$是随机的，但是当取极限时，即当 $j\to\infty$ 和 $\bar{\omega}_0\to 0$ 时，式(21－83)定义的功率谱密度函数将独立于 r。如果要使式(21－82)得到的 S_0 为有限值，则图 21－6b 中的 C_1 必须在保持$\overline{C^2}/\bar{\omega}_0=S_0$ 为有限的情况下趋于零。如果要使式(21－77)定义的过程在频率范围 $j\bar{\omega}_0$上具有非均匀的功率谱密度函数，则系数$|C_{nr}|$必须依赖于 n；如果这个过程一定为非遍历性的，则它们将必须依赖于 r。

前面将非零频率分量限制在 $\bar{\omega}_1<\bar{\omega}<\bar{\omega}_2$ 范围内的有关讨论和导出叠加原理的推导，显然都可以同样适用于目前所讨论的包含两个随机变量的过程。因此，可以得出结论：任何一个平稳过程 $x(t)$，不管它是否是遍历性的，只要它的功率谱密度函数 $S_x(\bar{\omega})$确实存在，以及所有频率分量之间的相位角都在 360°范围内均匀随机分布并且互相统计无关，则此平稳过程将是 Gauss 过程。

当频率分量间的相位角不是在全部 360°范围内均匀分布时，在极限情况下，上面讨论的过程仍将形成 Gauss 过程，但是将不再保持平稳性。例如，如果式(21－2)所定义的过程的随机相位角 θ 在 $0<\theta<\theta_1$ 范围($\theta_1<2\pi$)内具有密度为 $1/\theta_1$ 的均布概率密度函数，则集合均方值 $E[x(t)^2]$(或是此情况下的方差)将是时间的函数。为了证明这一点，将式(21－2)和(20－4)代入式(20－10)得出

$$E[x(t)^2] = \int_{A\sin\bar{\omega}_0 t}^{A\sin(\bar{\omega}_0 t+\theta_1)} \frac{x^2}{\theta_1\sqrt{A^2-x^2}}\mathrm{d}x \tag{21-84}$$

完成积分后，此式变为

$$E[x(t)^2]=\frac{A^2}{2}\left\{1-\frac{1}{2\theta_1}[\sin 2\theta_1\cos 2\bar{\omega}_0\ t-(1-\cos 2\theta_1)\sin 2\bar{\omega}_0\ t]\right\} \tag{21-85}$$

这个结果清楚地表明均方值是时间的函数。注意，当 $\theta_1\to 2\pi$，对时间的依赖性逐渐消失，即 $E[x(t)^2]\to A^2/2$；当 $\theta_1\to 0$ 时，过程的随机性逐渐丧失，使得 $E[x(t)^2]\to A^2\sin^2\bar{\omega}_0 t$。

认识到只有当所涉及的随机变量是统计无关时才能形成 Gauss 过程是重要的。

例题 E21－5 假设把例题 E20－7 所定义的随机变量 r_1 和 r_2 用来作为例题 E21－2 中所给随机过程 $x(t)$所有元相继的离散纵坐标。求随机变量 $x(t)$和 $x(t+\tau)$的联合概率密度函数。

首先应该认识到，按照例题 E21－2 中式(a)的第一和第二式，随机变量$x(t)$和 $x(t+\tau)$与随机变量 r_1 和 r_2 之间是线性关系。因为随机变量 r_1 和 r_2 具有例

题 E20－7 式(f)所给的正态分布，按照 20－10 节所讨论的线性变换原理，随机变量 $x(t)$ 和 $x(t+\tau)$ 必然也是正态分布。这样，概率密度函数必然是如下形式

$$p(x_1)=\frac{1}{\sqrt{2\pi}\sigma_{x_1}}\exp\left[-\frac{(x_1-\bar{x}_1)^2}{2\sigma_{x_1}^2}\right]$$

$$p(x_1,x_2)=\frac{1}{2\pi\sigma_{x_1}\sigma_{x_2}\sqrt{1-\rho_{x_1x_2}^2}}\times\exp\left\{-\frac{1}{2(1-\rho_{x_1x_2}^2)}\times\left[\frac{(x_1-\bar{x}_1)^2}{\sigma_{x_1}^2}-\frac{2\rho_{x_1x_2}(x_1-\bar{x}_1)(x_2-\bar{x}_2)}{\sigma_{x_1}\sigma_{x_2}}+\frac{(x_2-\bar{x}_2)^2}{\sigma_{x_2}^2}\right]\right\}\tag{a}$$

式中 $x_1\equiv x(t)$，$x_2\equiv x(t+\tau)$。利用例题 E20－7 和 E21－2 的结果，可以得到

$$\begin{gathered}\bar{x}_1=\bar{x}_2=0\\ \sigma_{x_1}^2=\sigma_{x_2}^2=R_x(0)=\frac{2}{3}\overline{x_2^2}=\frac{2}{3}\end{gathered}\tag{b}$$

$$\rho_{x_1x_2}(\tau)=\frac{R_x(\tau)}{R_x(0)}=\begin{cases}1-\dfrac{3\tau^2}{2\Delta\varepsilon^2}+\dfrac{3|\tau|^3}{4\Delta\varepsilon^3} & -\Delta\varepsilon\leqslant\tau\leqslant\Delta\varepsilon\\ 2-\dfrac{3|\tau|}{\Delta\varepsilon}+\dfrac{3\tau^2}{2\Delta\varepsilon^2}-\dfrac{|\tau|^3}{4\Delta\varepsilon^3} & -2\Delta\varepsilon\leqslant\tau\leqslant-\Delta\varepsilon\\ & \Delta\varepsilon\leqslant\tau\leqslant2\Delta\varepsilon\\ 0 & \tau\leqslant-2\Delta\varepsilon;\tau\geqslant2\Delta\varepsilon\end{cases}\tag{c}$$

将式(b)代入式(a)即可得出要求的概率密度函数。

§21－9　平稳白噪声

在前面讨论平稳 Gauss 过程时，白噪声定义为：在整个频率范围 $-\infty<\bar{\omega}<\infty$ 内具有密度为 S_0 的均匀功率谱密度函数的过程；与这个功率谱密度函数对应的自相关函数是位于原点的密度为 $2\pi S_0$ 的 Dirac－δ 函数。这个定义清楚可见：这种过程包含的频率分量在整个频率范围内具有相同密度(按照把幅值平方作为密度的度量)；这样对于所有 $\tau\neq0$，时刻 t 和 $t+\tau$ 的随机变量是不相关的。

在随后的讨论中将会发现，有必要把白噪声过程表示为另一种等价但相当不同的形式。为求得这种新的表示形式，考虑随机过程

$$x_r(t)=\lim_{N\to\infty}\sum_{k=-N}^{N-1}a_{kr}\eta(t-k\Delta t-\varepsilon_r)\qquad r=1,2,\cdots\tag{21－86}$$

式中，系数 a_{kr} 是一些平均值为零的统计无关的随机变量，并且按任意的、给定的概率密度函数 $p(a)$ 取样如图 21－7a 所示；Δt 是不变的时间间隔；变量 ε_r 是统计无关的随机相位参数，它们具有图 21－7b 所示的均布概率密度函数；$\eta(t)$ 是图 21－7c 所定义的函数。这个集合的第 r 个元如图 21－7d 所示。过程成为平稳过程的必要条件是：在整个时间间隔 Δt 上随机相位差 ε 是均匀的。

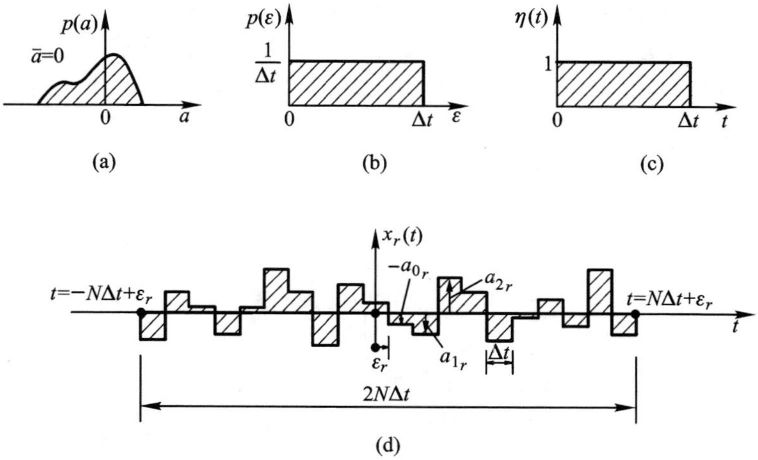

图 21－7　白噪声过程[式(21－86)]

利用式(21－27)的如下等价形式可以导出元 $x_r(t)$ 的功率谱密度函数

$$S_{x_r}(\bar{\omega})=\lim_{N\to\infty}\frac{|Q_{x_r}(i\bar{\omega})|^2}{4\pi N\Delta t} \tag{21-87}$$

式中

$$Q_{x_r}(i\bar{\omega})=\int_{-N\Delta t+\varepsilon_r}^{N\Delta t+\varepsilon_r}\Big[\sum_{k=-N}^{N-1}a_{kr}\eta(t-k\Delta t-\varepsilon_r)\Big]\exp(-i\bar{\omega}t)\mathrm{d}t \tag{21-88}$$

把变量代换 $\theta\equiv t-k\Delta t-\varepsilon_r$ 代入上式，并改换求和与积分的次序，上式变为

$$Q_{x_r}(i\bar{\omega})=\sum_{k=-N}^{N-1}a_{kr}\exp[-i\bar{\omega}(k\Delta t+\varepsilon_r)]\int_{-(N+k)\Delta t}^{(N-k)\Delta t}\eta(\theta)\exp(-i\bar{\omega}\theta)\mathrm{d}\theta \tag{21-89}$$

或

$$Q_{x_r}(i\bar{\omega})=\frac{i}{\bar{\omega}}[\exp(-i\bar{\omega}\Delta t)-1]\sum_{k=-N}^{N-1}a_{kr}\exp[-i\bar{\omega}(k\Delta t+\varepsilon_r)] \tag{21-90}$$

将此式代入式(21－87)，得出

$$S_{x_r}(\bar{\omega}) = \lim_{N\to\infty} \frac{1}{4\pi N\Delta t\,\bar{\omega}^2}[\exp(-i\bar{\omega}\Delta t)-1][\exp(i\bar{\omega}\Delta t)-1]\times$$

$$\sum_{k=-N}^{N-1}\sum_{j=-N}^{N-1} a_{kr}a_{jr}\exp[-i\bar{\omega}(k-j)\Delta t] \tag{21-91}$$

因为按照定义这个过程是平稳的但不是遍历性的，所以必须在集合上对式(21－91)进行平均才能得出过程的功率谱密度函数。

因为随机变量 a_{kr} 和 a_{jr}($r=1,2,\cdots,\infty$)均统计无关，它们的协方差，即 $E(a_{kr}a_{jr})(j\neq k)$ 必然都等于零。所以式(21－91)中的二重求和简化为单次求和，当横截集合对应于 r 平均时，这个和显然等于 $2N\sigma_a^2$。因此，过程的功率谱密度函数变为

$$S_x(\bar{\omega})=\frac{\sigma_a^2}{2\pi\Delta t\,\bar{\omega}^2}[\exp(-i\bar{\omega}\Delta t)-1][\exp(i\bar{\omega}\Delta t)-1] \tag{21-92}$$

或

$$S_x(\bar{\omega})=\frac{\sigma_a^2\Delta t}{2\pi}\ \frac{\sin^2[(\bar{\omega}\Delta t)/2]}{[(\bar{\omega}\Delta t)/2]^2} \tag{21-93}$$

当 $\sigma_a^2\to\infty$，$\Delta t\to 0$，并保持 $\sigma_a^2\Delta t=C$(常数)时，此式成为

$$S_x(\bar{\omega})=\frac{C}{2\pi}=S_0 \tag{21-94}$$

这表明在极限情况下，过程变为白噪声。

作为上述过程的一个特例，令概率密度函数 $p(a)$ 由位于 $a=\pm A$ 的两个密度为 1/2 的 Dirac－δ 函数所组成。当 $A^2\to\infty$，$\Delta t\to 0$ 并且 $A^2\Delta t\to C$ 时，此过程变为具有密度为 $S_0=C/2\pi$ 的均布功率谱密度函数的白噪声。

例题 E21－6 对例题 E21－5 所定义的平稳随机过程，(1)证明在 $\Delta\varepsilon\to 0$ 的极限情况下，此过程趋近于白噪声；(2)求出规格化因子 C，使此极限过程具有强度等于 S_0 的常数功率谱密度。

由例题 E21－2 所给自相关函数的形式

$$\lim_{\Delta\varepsilon\to 0} R_x(\tau)\begin{cases}=0 & \tau\neq 0\\ \neq 0 & \tau=0\end{cases} \tag{a}$$

联想到一个 Dirac－δ 函数的形式。在 τ 的无限域里积分 $R_x(\tau)$，得出

$$\int_{-\infty}^{\infty} R_x(\tau)\mathrm{d}\tau = 2\,\overline{x}^2\left\{\int_0^{\Delta\varepsilon}\left(\frac{2}{3}-\frac{\tau^2}{\Delta\varepsilon^2}+\frac{\tau^3}{2\Delta\varepsilon^3}\right)\mathrm{d}\tau+\right.$$

$$\left.\int_{\Delta\varepsilon}^{2\Delta\varepsilon}\left(\frac{4}{3}-\frac{2\tau}{\Delta\varepsilon}+\frac{\tau^2}{\Delta\varepsilon^2}-\frac{\tau^3}{6\Delta\varepsilon^3}\right)\mathrm{d}\tau\right\}$$

或

$$\int_{-\infty}^{\infty} R_x(\tau)\mathrm{d}\tau = \overline{x^2}\Delta\varepsilon = \Delta\varepsilon \tag{b}$$

如果将过程 $x(t)$的所有离散的纵坐标均乘以常数$(2\pi S_0/\Delta\varepsilon)^{1/2}$，给出一个新的过程 $a(t)$，按照上面的步骤将会表明

$$\lim_{\Delta\varepsilon\to 0} R_a(\tau)\begin{cases} =0 & \tau\neq 0 \\ \neq 0 & \tau=0 \end{cases}$$

$$\int_{-\infty}^{\infty} R_a(\tau)\mathrm{d}\tau = 2\pi S_0 \tag{c}$$

这样，说明

$$R_a(\tau)\to 2\pi S_0\delta(\tau) \tag{d}$$

这意味着过程 $a(t)$趋近于密度为 S_0 的白噪声。所以规格化因子 C 为

$$C=\left(\frac{2\pi S_0}{\Delta\varepsilon}\right)^{1/2} \tag{e}$$

还可以更容易地求得此例题的解：注意到例题 E21－3 中式(b)所给过程 $x(t)$的功率谱密度函数在极限情况下变为

$$\lim_{\Delta\varepsilon\to 0} S_x(\bar{\omega})=\frac{\overline{x^2}\Delta\varepsilon}{2\pi}=\frac{\Delta\varepsilon}{2\pi} \tag{f}$$

同样地，过程 $a(t)$的极限功率谱密度函数应为

$$\lim_{\Delta\varepsilon\to 0} S_a(\bar{\omega})=S_0 \tag{g}$$

再次表明规格化因子为式(e)所给出的。

§21－10 极大值的概率分布①

考虑一个零均值的平稳 Gauss 过程 $x(t)$，它具有任意的功率谱密度函数 $S_x(\omega)$。图 21－8 所示为此过程的一个样本函数，图中标出了正的和负的极大值以及正的和负的极小值。从图 21－9 清楚地看出，为了使一个极大值(＋或－)在时段$(t,t+\mathrm{d}t)$内发生，$\dot{x}_r(t)$必须为正值，$\ddot{x}_r(t)$必须为负值，并且

$$0<\dot{x}_r(t)<|\ddot{x}_r(t)|\mathrm{d}t \tag{21-95}$$

定义三个新的随机变量 $\zeta_1\equiv x(t)$，$\zeta_2\equiv\dot{x}(t)$ 和 $\zeta_3\equiv\ddot{x}(t)$，它们的概率密度函数 $p(\zeta_1,\zeta_2,\zeta_3)$可以写成正态形式

① D. E. Cartwright and M. S. Longuet-Higgins, "The Statistical Distributions of the Maxima of a Random Function," *Proc. R. Soc.*, Ser. A, Vol. 237, pp. 212-232, 1956; A. G. Davenport, "Note on the Distribution of the Largest Value of a Random Function with Application to Gust Loading," *Proc. Inst. Civ. Eng.*, Vol. 28, pp. 187-196, 1964.

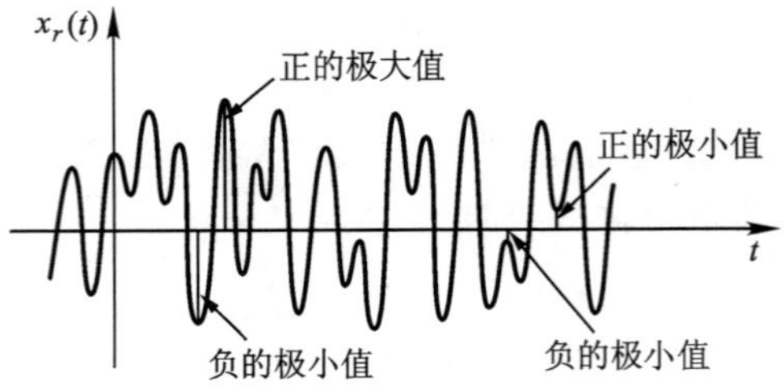

图 21-8 过程 $x(t)$的样本函数

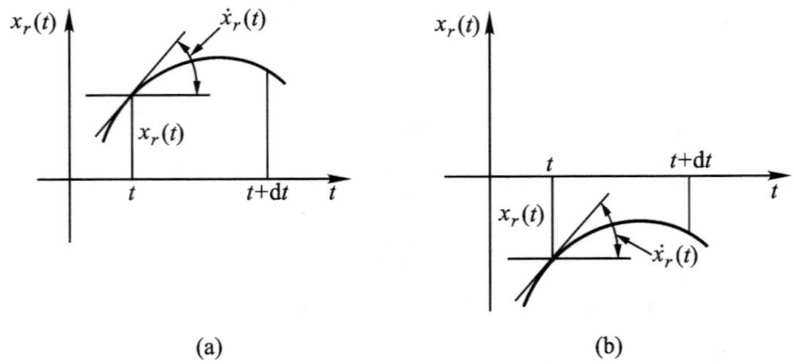

图 21-9 极大值发生在时段$(t,t+\mathrm{d}t)$内

(a)正的极大值;(b)负的极大值

$$p(\zeta_1,\zeta_2,\zeta_3)=\frac{1}{(2\pi)^{3/2}|\boldsymbol{\mu}|^{1/2}}\exp\left[-\frac{1}{2}(\boldsymbol{\zeta}-\overline{\boldsymbol{\zeta}})^{\mathrm{T}}\boldsymbol{\mu}^{-1}(\boldsymbol{\zeta}-\overline{\boldsymbol{\zeta}})\right] \quad (21-96)$$

式中 $\boldsymbol{\zeta}$ 即向量$[\zeta_1,\zeta_2,\zeta_3]^{\mathrm{T}}$,$\overline{\boldsymbol{\zeta}}$ 即向量$[\overline{\zeta}_1,\overline{\zeta}_2,\overline{\zeta}_3]^{\mathrm{T}}=0$,而 $\boldsymbol{\mu}$ 即协方差阵

$$\boldsymbol{\mu}=\begin{pmatrix}\mu_{11} & \mu_{12} & \mu_{13}\\ \mu_{21} & \mu_{22} & \mu_{23}\\ \mu_{31} & \mu_{32} & \mu_{33}\end{pmatrix} \quad (21-97)$$

其中

$$\mu_{ik}=E(\zeta_i\zeta_k) \quad (21-98)$$

当令

$$m_n=\int_{-\infty}^{\infty}\overline{\omega}^n S_x(\overline{\omega})\mathrm{d}\overline{\omega} \quad (21-99)$$

时,利用 21-6 节所述对导数的处理方法,容易证明

$$\boldsymbol{\mu}=\begin{pmatrix}m_0 & 0 & -m_2\\ 0 & m_2 & 0\\ -m_2 & 0 & m_4\end{pmatrix} \quad (21-100)$$

这样,式(21-96)变为

$$p(\zeta_1,\zeta_2,\zeta_3)=\frac{1}{(2\pi)^{3/2}(m_2\Delta)^{1/2}}\times\exp\left[-1/2\left(\frac{\zeta_2^2}{m_2}+\frac{m_4\zeta_1^2+2m_2\zeta_1\zeta_3+m_0\zeta_3^2}{\Delta}\right)\right] \quad (21-101)$$

式中

$$\Delta \equiv m_0 m_4 - m_2^2 \tag{21-102}$$

从图 21-10 明显看出，在时段$(t, t+\mathrm{d}t)$内正的或负的极大值发生于区段$(\zeta_1, \zeta_1+\mathrm{d}\zeta_1)$的概率可表示为

$$F(\zeta_1)\mathrm{d}\zeta_1\mathrm{d}t = \left[\int_{-\infty}^{0} p(\zeta_1, 0, \zeta_3) \mid \zeta_3 \mid \mathrm{d}\zeta_3\right]\mathrm{d}\zeta_1\mathrm{d}t \tag{21-103}$$

由此可知，在整个区间$-\infty<\zeta_1<\infty$内正的和负的极大值出现的平均频数为

$$N_1 \equiv \int_{-\infty}^{\infty}\left[\int_{-\infty}^{0} p(\zeta_1, 0, \zeta_3) \mid \zeta_3 \mid \cdot \mathrm{d}\zeta_3\right]\mathrm{d}\zeta_1 \tag{21-104}$$

令$\zeta_2=0$，将式(21-101)代入上式并完成二重积分后，可得 Rice 方程

$$N_1 = \frac{1}{2\pi}\left(\frac{m_4}{m_2}\right)^{1/2} \tag{21-105}$$

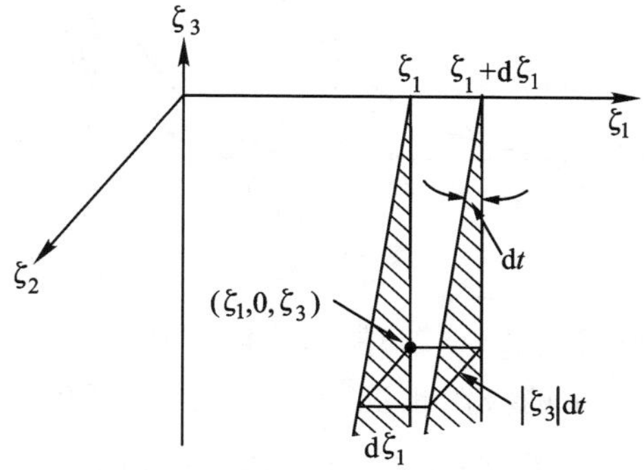

图 21-10 阴影区满足极大值(＋或－)出现在区段$(\zeta_1, \zeta_1+\mathrm{d}\zeta_1)$和时段$(t, t+\mathrm{d}t)$内的条件

极大值的概率密度函数定义为比值$F(\zeta_1)/N_1$，这样由式(21-103)和式(21-105)就可以得到极大值的概率密度函数。在此过程中，将极大值表示为无量纲形式

$$\eta \equiv \frac{\zeta_1}{m_0^{1/2}} \tag{21-106}$$

得出极大值的概率密度函数

$$p(\eta) = \frac{1}{(2\pi)^{1/2}}\left[\varepsilon\,\mathrm{e}^{-\eta^2/2\varepsilon^2} + (1-\varepsilon^2)^{1/2}\eta\,\mathrm{e}^{-\eta^2/2}\int_{-\infty}^{[\eta(1-\varepsilon^2)^{1/2}]/\varepsilon}\mathrm{e}^{-x^2/2}\mathrm{d}x\right] \tag{21-107}$$

式中

$$\varepsilon^2 \equiv \frac{m_0 m_4 - m_2^2}{m_0 m_4} = \frac{\Delta}{m_0 m_4} \tag{21-108}$$

从式(21-99)容易证明Δ恒为正值，因此式(21-108)所定义的ε必然永远满足

$$0<\varepsilon<1 \tag{21-109}$$

对于此范围内不同的ε值，按式(21-107)算得的结果绘于图 21-11 中。注意，当一个窄频带过程，$\varepsilon\to 0$，趋近于式(21-2)所表示的单简谐过程时，在此情况下，式(21-107)转化为式(20-92)所表示的 Rayleigh 分布；当过程是白

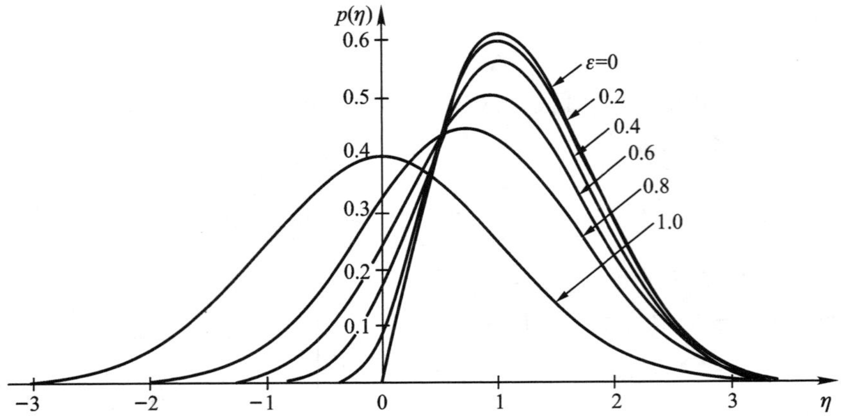

图 21-11 对于不同的 ε 值，极大值的概率密度函数

噪声或式(21-75)所给有限带宽白噪声时，$\varepsilon=2/3$。用如下的办法可得趋近于 $\varepsilon=1$ 的极限情况：把一个具有频率 $\bar{\omega}_2$ 的单简谐过程 $y(t)$ 和一个频率范围在 $-\bar{\omega}<\bar{\omega}<\bar{\omega}_1$ 内的有限带宽过程 $z(t)$ 叠加，并且令 $\bar{\omega}_2/\bar{\omega}_1\to\infty$ 和 $\sigma_y^2/\sigma_z^2\to 0$。这相当于把一个非常高频而低振幅的"颤抖"信号叠加于一个低频的有限带宽信号之上。这样如式(21-107)所得的极大值分布趋近于 Gauss 分布的形式。

通过下面的方法可以很容易地由过程 $x(t)$ 的一个样本波形来估计 ε 值：首先数一数在一个合理持续时间内样本函数中正的和负的极大值发生的总次数 N，以及负的极大值发生的次数 N^-，比值 $r=N^-/N$ 代表在极大的总数中负的极大值所占比例，它必须等于图 21-11 原点左边概率密度函数 $p(\eta)$ 下面的面积。可以证明，ε 与此面积之间存在如下的近似关系

$$\varepsilon^2=4r(1-r) \tag{21-110}$$

这样，当 $r=N^-/N$ 求出后，利用这个关系式可以立即估计 ε 的值。

例题 E21-7 平稳随机过程 $x(t)$ 在范围 $-\bar{\omega}_2<\bar{\omega}<-\bar{\omega}_1$ 和 $\bar{\omega}_1<\bar{\omega}<\bar{\omega}_2$ 内有密度为 S_0 的均布功率谱密度函数，如式(21-76)所示。计算此过程的 ε 的数值。

将式(21-76)的第一式代入式(21-99)，完成 $n=0, 2$ 和 4 时的积分，分别得出

$$\begin{aligned} m_0&=2S_0(\bar{\omega}_2-\bar{\omega}_1)\\ m_2&=\frac{2S_0}{3}(\bar{\omega}_2^3-\bar{\omega}_1^3)\\ m_4&=\frac{2S_0}{5}(\bar{\omega}_2^5-\bar{\omega}_1^5)\end{aligned} \tag{a}$$

将这些关系式代入式(21-108)，得出

$$\varepsilon^2=1-\frac{5}{9}\frac{(1-\gamma^3)^2}{(1-\gamma)(1-\gamma^5)} \tag{b}$$

式中 γ 为无量纲频率参数

$$\gamma=\frac{\bar{\omega}_1}{\bar{\omega}_2} \tag{c}$$

式(b)的曲线绘于图 E21－5。表明 ε 的值从 $\gamma=0$ 时的 2/3 以接近直线的形式变化到 $\gamma=1$ 时的零。这样，从图 21－11 可以看出，当频率带宽变窄时，极大值的概率密度函数是怎样趋近于 Rayleigh 分布的。

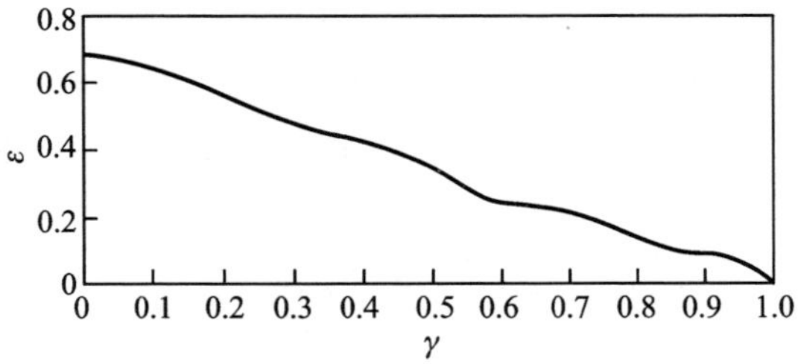

图 E21－5 参数 ε 随频率比 $\bar{\omega}_1/\bar{\omega}_2$ 的变化情况

§21－11 极值的概率分布[①]

考虑具有式(21－107)所给概率密度函数 $p(\eta)$ 的 N 个极大的独立观察值。所有 N 个极大值均小于 η 的概率(Pr)为

$$Pr(\text{所有 } N \text{ 个极大值} < \eta) = P(\eta)^N \tag{21-111}$$

式中 $P(\eta)$ 为最大值的概率分布函数，定义为

$$P(\eta) \equiv \int_{-\infty}^{\eta} p(\eta)\mathrm{d}\eta \tag{21-112}$$

显然，对于最大的那个极大值(极值)的概率分布函数 $P_e(\eta)$ 必然也由式(21－111)给出，即

$$P_e(\eta)=P(\eta)^N \tag{21-113}$$

取式(21－113)的导数，得出极值的概率密度函数如下：

$$p_e(\eta)=N\,P(\eta)^{N-1}p(\eta) \tag{21-114}$$

对于很大的 N 值，很明显，感兴趣的是相对较大的 η_e(极值)的值；因此，极值分

① D. E. Cartwright and M. S. Longuet-Higgins, "The Statistical Distribution of the Maxima of a Random Function," loc. cit. ; A. G. Davenport, "Note on the Distribution of the Largest Value of a Random Function with Application to Gust Loading," loc. cit.

布 $P_e(\eta)$的精度在很大程度上取决于函数 $P(\eta)$的精度，特别是随着 η 值的增加，$P(\eta)$以渐近形式趋近于单位 1 时的精度。

部分地在 Cartwright 和 Lonquet－Higgins 早先工作的基础上，Davenport 利用式(21－107)、式(21－112)和式(21－113)证明了极值 η_e的概率分布函数为

$$P(\eta_e)=\exp\left[-\nu T\ \exp\left(-\frac{\eta_e^2}{2}\right)\right] \tag{21－115}$$

式中 ν 是以正斜率零穿越出现的平均频率，由下式给出

$$\nu\equiv\frac{1}{2\pi}\left(\frac{m_2}{m_0}\right)^{1/2} \tag{21－116}$$

将式(21－115)对 η_e 求导，可以容易得出相应的概率密度函数 $p(\eta_e)$。

利用式(21－115)所给的极值概率分布函数，Davenport 证明，平均极值可近似地表示为

$$\overline{\eta}_e\doteq(2\ \ln\nu T)^{1/2}+\frac{\gamma}{(2\ \ln\nu T)^{1/2}} \tag{21－117}$$

式中 γ 为 Euler 常数，取值为 0.577 2。极值的标准差为

$$\sigma_{\eta_e}=\frac{\pi}{\sqrt{6}}\frac{1}{(2\ \ln\nu T)^{1/2}} \tag{21－118}$$

在图 21－12 中绘出了过程 $x(t)$的概率密度函数，极大值 $\eta(\varepsilon=2/3)$的概率密度函数和对四种不同 νT 值(10^2，10^3，10^4，10^5)的极值的概率密度函数。应该注意到，极值的概率密度函数呈尖削的峰形，而且其尖削的程度随着 νT 值的增加而增加。由于这一特点，工程设计常常能以式(21－117)所示的平均极值 $\overline{\eta}_e$ 为依据，在图 21－13 中给出了它的曲线。工程实践中常常随便地就假定 $\overline{\eta}_e$ 等于 3，由此图清楚看出，对于大的 νT 值，这可能相当地偏于不安全。

因为极值的概率分布函数 $P_e(\eta)$的一般形式密切地依赖于极大值的概率分布函数 $P(\eta)$的精度，特别是当随着 η 值的增大而接近于 1 的精度，所以利用 $P(\eta)$趋近于 1 的方式的不同假定，可推导出 $P_e(\eta)$的其他一些形式。这类假定之一是 $P(\eta)$按如下的方式趋近 1

$$P(\eta)=1-e^{-\eta} \tag{21－119}$$

采用这个渐近形式，Gumbel Ⅰ型极值分布可表示为①

$$P(\eta_e)=\exp\{-\exp[-\alpha(\eta_e-u)]\} \tag{21－120}$$

式中 α 和 u 是两个常数。由于式(21－120)的两阶导数在 $\eta_e=u$ 时等于零，常数

① E. J. Gumbel and P. G. Carlson，"Extreme Values in Aeronautics，" *Jour. of Aero. Sci.*，pp. 389-398，June，1954；E. J. Gumbel，"Probability Tables for the Analysis of Extreme-Value Data，" *Natl. Bur. Stds. Appl. Math. Ser.* 22，July，1953.

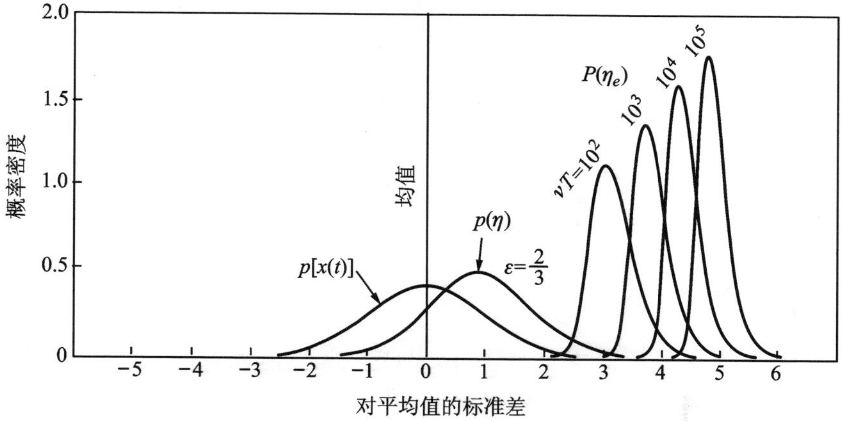

图 21－12 $x(t)$，η 和 η_e 的概率密度函数

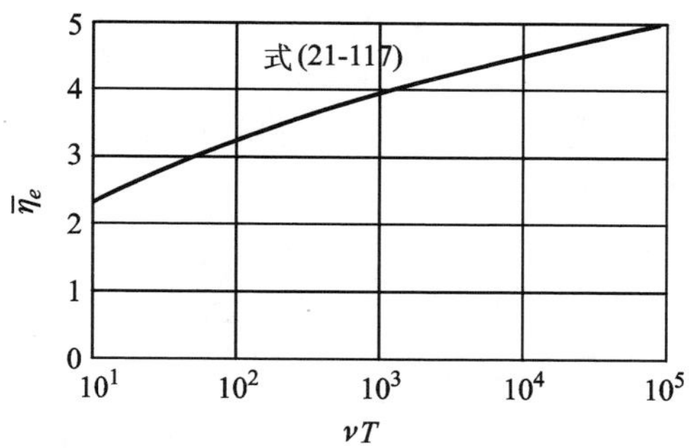

图 21－13 规格化平均极值与 νT 的关系曲线

u 必须等于 η_e的最可能值。由式(21－120)可求出极值的平均值和标准差为

$$\bar{\eta}_e = u + \frac{\gamma}{\alpha} \tag{21-121}$$

$$\sigma_{\eta_e} = \frac{\pi}{\sqrt{6}\alpha} \tag{21-122}$$

式中 γ 为 Euler 常数(0.577 2)。由式(21－122)可以清楚地看出，常数 α 是极值离散性的一个度量。

如果已知非常大量的实验极值，可以相当精确地算出其平均值和标准差，于是即可利用式(21－121)和式(21－122)解出 α 和 u。然而，如果极值的数量较少，应该利用 Gumbel 报告中的方法进行修正。

式(20－40)给出的对数正态概率密度函数常常用来作为极值的概率密度函数。采用这个分布不仅需要极值的均值和标准差，还需要他们的中位值(50%)。

例题 E21－8 已经观测得到随机过程 $x(t)$的 50 个样本元的极值，按绝对值的大小排列后其数值如表 21－1 所示。

表 21-1

0.82	1.14	−1.54	1.97	2.67
−0.90	1.16	1.60	1.99	−2.74
0.98	−1.20	−1.64	−2.02	−2.98
−1.03	1.29	−1.67	−2.09	3.33
−1.06	−1.39	1.70	2.11	3.50
1.08	−1.44	1.75	2.13	−3.63
1.10	1.46	−1.77	−2.23	3.85
−1.11	1.48	1.84	2.37	−4.07
−1.12	−1.50	−1.90	−2.51	−4.18
−1.13	1.51	−1.93	2.60	4.33

假设正的和负的极值均为同样的 Gumbel Ⅰ型分布，求式(21-120)形式的概率分布函数。

利用式(21-121)和式(21-122)可以得出近似的分布函数。当不考虑所观测的极值的正负号时，得出

$$\bar{x}_e = \frac{1}{50}\sum_{i=1}^{50} x_{e_i} = 1.97 \qquad \sigma_{x_e}^2 = \frac{1}{50}\sum_{i=1}^{50}(x_{e_i} - \bar{x}_e)^2 = 0.839 \tag{a}$$

利用式(21-121)和式(21-122)得出

$$\alpha = \frac{\pi}{\sqrt{6}\sigma_{x_e}} = 1.40 \qquad u = \bar{x}_e - \frac{0.577}{\alpha} = 1.56 \tag{b}$$

将式(b)代入式(21-120)，得出

$$P(x_e) \doteq \exp\{-\exp[-1.40(x_e - 1.56)]\} \tag{c}$$

利用 Gumbel 所给的修正方法，当具有 50 个样本值时，可给出更精确的表达式

$$P(x_e) = \exp\{-\exp[-1.27(x_e - 1.54)]\} \tag{d}$$

§21-12 非平稳 Gauss 过程

按前述定义，平稳过程是所有对集合的平均都与时间无关的过程；因此，非平稳过程是这些对集合的平均为时间函数的过程。这样，完全表明一个非平稳 Gauss 过程特征的集合平均 $E[x(t)x(t+\tau)]$，将既与时间 t 有关，又与时间间隔 τ 有关。

在工程中，一个非平稳过程 $x(t)$ 常常可以很好地表示成如下的准平稳形式：

$$x(t) = \zeta(t)z(t) \tag{21-123}$$

式中 $\zeta(t)$是一个完全确定的时间函数，而 $z(t)$是一个平稳过程。如果 $z(t)$是 Gauss 过程，则 $x(t)$将亦为 Gauss 过程，在此情况下，协方差函数

$$E[x(t)x(t+\tau)]=\zeta(t)\zeta(t+\tau)R_z(\tau) \tag{21-124}$$

完全表现了这个过程的特征。

对具有一个自变量的非平稳 Gauss 过程的上述表明特征的方法，可以直接推广到具有多个自变量的过程。

§ 21－13 平稳 Gauss 过程：两个或多个自变量

前面分析的所有平稳 Gauss 过程都包含一个自变量，并认为它是时间 t。现在把对这些过程所形成的一些基本概念推广到包含有两个或更多个自变量的平稳 Gauss 过程。为了说明这种推广，假设我们所感兴趣的变量不仅对时间是随机的，而且对某些空间坐标也是随机的。例如像在 21－1 节所述那样，考虑强风暴时作用在工业高烟囱每单位高度上的风阻力，这种荷载包含 2 个自变量：x 及 t。

为了在概率的意义上描述风阻力随机分量 $p(x,t)$的特征，就需要建立包含随机变量 $p(x,t)$和 $p(\alpha,t+\tau)$的概率密度函数，其中 α 和 τ 分别是空间和时间哑(虚)变量。如果过程是 Gauss 过程，只要能求出以集合平均 $E[p(x,t)p(\alpha,t+\tau)]$表示的协方差函数，这些概率密度函数也就全都知道了。如果过程是平稳的，这个集合平均将与时间无关，但与时间差 τ 有关。在此情况下由下式

$$R_p(x,\alpha,\tau)\equiv E[p(x,t)p(\alpha,t+\tau)] \tag{21-125}$$

所定义的协方差函数可以完全表明这个过程的特征。

假设上述过程是遍历性的，也就是说，对集合的所有的元来说平均风速保持不变，第 r 个元的互谱密度函数

$$S_{p_r}(x,\alpha,\bar{\omega})\equiv\lim_{s\to\infty}\frac{\left[\int_{-s/2}^{s/2}p_r(x,t)\exp(-i\bar{\omega}t)\mathrm{d}t\right]\left[\int_{-s/2}^{s/2}p_r(\alpha,t)\exp(+i\bar{\omega}t)\mathrm{d}t\right]}{2\pi s} \tag{21-126}$$

也将表明这个过程的特征。这个互谱密度函数通过 Fourier 变换与协方差函数相联系，

$$\begin{aligned}S_p(x,\alpha,\bar{\omega})&=\frac{1}{2\pi}\int_{-\infty}^{\infty}R_p(x,\alpha,\tau)\exp(-i\bar{\omega}\tau)\mathrm{d}\tau\\R_p(x,\alpha,\tau)&=\int_{-\infty}^{\infty}S_p(x,\alpha,\bar{\omega})\exp(i\bar{\omega}\tau)\mathrm{d}\bar{\omega}\end{aligned} \tag{21-127}$$

上述各特点可以直接地推广到包含两个以上自变量的平稳 Gauss 过程。例如：为了表明对时间和各空间坐标的随机场势 $\Phi(x,y,z,t)$的特征，必须建立

协方差函数

$$R_{\Phi}(x,y,z,\alpha,\beta,\gamma,\tau)\equiv E[\Phi(x,y,z,t)\Phi(\alpha,\beta,\gamma,t+\tau)] \quad (21-128)$$

或建立与其相应的互谱密度函数 $S_{\Phi}(x,y,z,\alpha,\beta,\gamma,\bar{\omega})$。$\alpha$,$\beta$ 和 γ 分别为 x,y 和 z 的哑变量。

如果势 $\Phi(x,y,z,t)$ 是均匀的，则协方差函数和互谱密度函数将只依赖于坐标差，即依赖于

$$X\equiv x-\alpha \qquad Y\equiv y-\beta \qquad Z\equiv z-\gamma \quad (21-129)$$

这时，过程可以用函数 $R_{\Phi}(X,Y,Z,\tau)$ 或函数 $S_{\Phi}(X,Y,Z,\bar{\omega})$ 来描述。

如果势函数 $\Phi(x,y,z,t)$ 不仅是均匀的，而且是各向同性的，则协方差函数和互谱密度函数将只依赖于点与点之间的距离

$$\rho\equiv[(x-\alpha)^2+(y-\beta)^2+(z-\gamma)^2]^{1/2} \quad (21-130)$$

在此情况下，过程可以用 $R_{\Phi}(\rho,\tau)$ 或 $S_{\Phi}(\rho,\bar{\omega})$ 来描述。

习　　题

21-1　试证明一个偶函数和一个奇函数的 Fourier 变换分别是实的和虚的。

21-2　试求出图 P21-1 所示各函数 $x(t)$ 的 Fourier 变换。

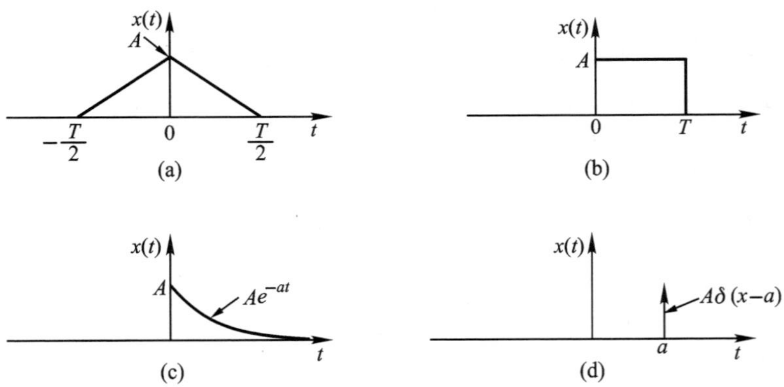

图 P21-1　题 21-2 的各函数 $x(t)$

21-3　考虑函数 $x(t)$，在 $-T/2<t<T/2$ 范围内，$x(t)=A\cos at$ 在此范围外，$x(t)=0$。当(a) $T=\pi/a$，(b) $T=3\pi/a$，(c) $T=5\pi/a$ 和(d) $T\to\infty$ 时，试分别求出并用简图绘出 Fourier 变换 $X(\bar{\omega})$。

21-4　试计算积分

$$I=\int_1^{\infty}\left[\int_1^{\infty}\frac{x^2-y^2}{(x^2+y^2)^2}\mathrm{d}y\right]\mathrm{d}x$$

的值，首先对 y 积分，再对 x 积分。然后，把积分次序颠倒过来，重新计算这个积分的值。最后在有限域内积分 I，然后取 I 的极限值 L 如下：

$$L = \lim_{T\to\infty}\left\{\int_1^T\left[\int_1^T \frac{x^2-y^2}{(x^2+y^2)^2}\mathrm{d}y\right]\mathrm{d}x\right\}$$

注意积分 I 中的被积函数是与直线 $x=y$ 反对称的。对工程的应用，你推荐采用哪种积分形式？

21-5 计算积分

$$I = \int_{-\infty}^{\infty} \frac{\sin^2 x}{x^2}\mathrm{d}x$$

21-6 考虑平稳随机过程 $x(t)$，其定义为

$$x_r(t) = \sum_{n=1}^{10} A_{nr}\cos(n\bar{\omega}_0 t+\theta_{nr}) \qquad r=1,2,\cdots$$

式中 $x_r(t)$ 为集合的第 r 个元；A_{nr} 为随机变量 A 的样本值；$\bar{\omega}_0$ 为固定圆频率；θ_{nr} 为随机相位角 θ 的样本值，θ 在范围 $0<\theta<2\pi$ 内具有密度为 $1/2\pi$ 的均布概率密度函数。

如果随机变量 A 是 Gauss 变量，已知其平均值 $\bar{A}$ 和方差 σ_A^2，试求 $x(t)$ 的集合平均值和集合方差。$x(t)$ 是 Gauss 过程吗？

21-7 试导出习题 21-6 所定义的平稳随机过程 $x(t)$ 的自相关函数。

21-8 试导出习题 21-6 所定义的平稳随机过程 $x(t)$ 的功率谱密度函数，允许在答案中包含 Dirac-δ 函数。

21-9 平稳随机过程 $x(t)$ 具有自相关函数

$$R_x(\tau)=A\exp(-a|\tau|)$$

式中 A 和 a 为实的常数。试求出此过程的功率谱密度函数。

21-10 考虑随机过程 $x(t)$，对此过程的每个元的每一个时段 $n\Delta\varepsilon<t<(n+1)\Delta\varepsilon$ 内，过程以等概率取 $+A$ 或 $-A$ 值，其中 n 为从 $-\infty$ 到 $+\infty$ 的整数。试求出并绘出集合协方差函数 $E[x(t)x(t+\tau)]$。此过程是平稳的还是非平稳的？

21-11 如果以均匀的概率在时段 $\Delta\varepsilon$ 中随机地选择习题 21-10 所定义过程 $x(t)$ 的每一个元的时间原点（即 $t=0$），试求它的协方差函数 $E[x(t)x(t+\tau)]$。此过程是平稳的还是非平稳的？

21-12 假设已求出习题 21-11 的过程是平稳的，试求它的自相关函数和功率谱密度函数。求功率谱密度函数时利用式(21-35)和式(21-38)。

21-13 试证明习题 21-12 求得的自相关函数和功率谱密度函数是符合式(21-37) Fourier 变换对的。

21-14 平稳随机过程 $x(t)$ 的每一个元都是由一系列周期性的无限的三角形脉冲所组成，如图 P21-2 所示。除相位外，这个过程的每一个元都是相同的，而相位是在时段 $(0,T)$ 中均匀分布的随机变量。假设周期 T 不小于 $2a$，a 是一个脉冲的持续时间。试求此过程的自相关函数。

21-15 随机过程 $x(t)$ 的每个元都由矩形脉冲叠加而成，每个脉冲具有持续时间 $\Delta\varepsilon$ 和不变的密度 A，这些脉冲在时间上以随机的方式发生，如图 P21-3a 所示。ε_n 的每一个值是按照图 P21-3b 所示的均布概率密度函数 $p(\varepsilon)$ 取样的结果。这个过程的集合平均值 $\overline{x(t)}$ 是什么？此过程是平稳的还是非平稳的？

21-16 假设一个平稳随机过程 $x(t)$ 的自相关函数 $R_{xx}(\tau)$ 和功率谱密度函数 $S_{xx}(\bar{\omega})$ 为已知。试分别推导以 $S_{xx}(\bar{\omega})$ 和 $R_{xx}(\tau)$ 表示的 $S_{x\dot{x}}(\bar{\omega})$，$S_{\dot{x}x}(\bar{\omega})$，$S_{x\ddot{x}}(\bar{\omega})$，$S_{\ddot{x}x}(\bar{\omega})$，$S_{\dot{x}\ddot{x}}(\bar{\omega})$，

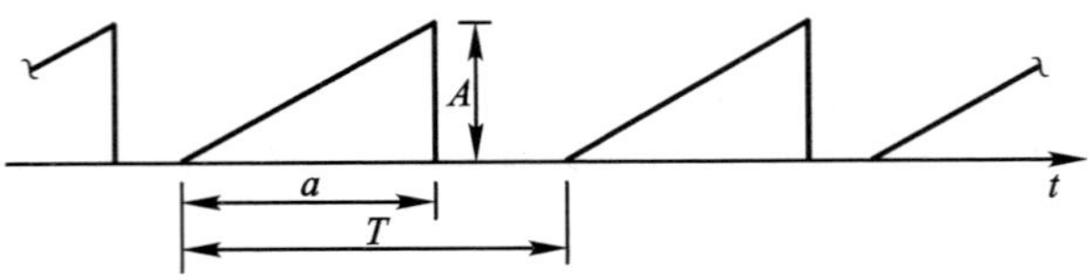

图 P21－2 习题 21－14 中过程 $x(t)$的一个样本元

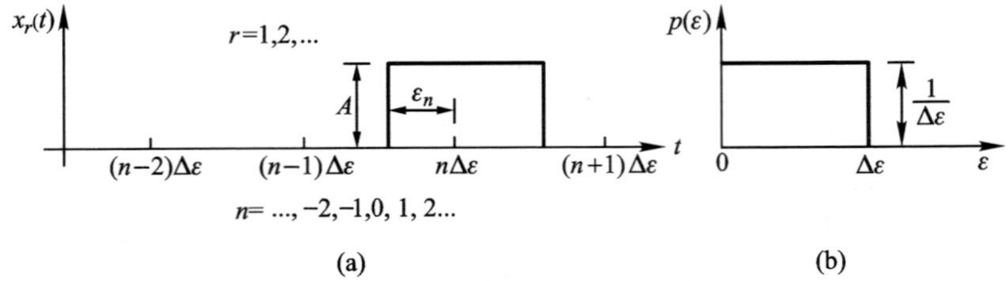

图 P21－3 习题 21－15 的过程 $x(t)$的一个样本元 $x_r(t)$和随机变量 ε 的概率密度函数

$S_{\ddot{x}\ddot{x}}(\bar{\omega})$和$R_{x\dot{x}}(\tau)$，$R_{\dot{x}x}(\tau)$，$R_{x\ddot{x}}(\tau)$，$R_{\ddot{x}x}(\tau)$，$R_{\dot{x}\ddot{x}}(\tau)$，$R_{\ddot{x}\ddot{x}}(\tau)$的表达式。

21－17 考虑两个平稳随机过程 $x(t)$和 $y(t)$，试证明 $S_{yx}(\bar{\omega})$是 $S_{xy}(\bar{\omega})$的复共轭式。

21－18 两个平稳随机过程 $x(t)$和 $y(t)$具有联合概率密度函数

$$p[x(t)y(t+\tau)]=\frac{1}{2ab\pi\sqrt{1-c^2}}\exp\left[-\frac{1}{2(1-c^2)}\left(\frac{x^2}{a^2}-\frac{2cxy}{ab}+\frac{y^2}{b^2}\right)\right]$$

试以过程 $x(t)$和 $y(t)$的适当的自相关函数和(或)互相关函数定义 a，b 和 c。相应的联合概率密度函数 $p[\dot{x}(t)\dot{y}(t+\tau)]$是什么？并试以过程 $x(t)$和 $y(t)$的适当的自相关函数和(或)互相关函数定义这个函数中的系数。

第 22 章　线性单自由度体系的随机反应

§22-1　传递函数

本章阐述具有常系数的稳定单自由度线性体系有关的输入-输出关系，并将系统的平稳输出过程用相应的平稳输入过程和系统的传递函数来表达。

假设一个线性单自由度体系受一个平稳 Gauss 过程 $p(t)$ 输入，而要求的输出过程为 $v(t)$，如图 22-1 所示，图中 $TF_1, TF_2, \cdots, TF_n$ 分别为体系 $1,2,\cdots,n$ 的传递函数。因为在建造这些真实的体系（即使具有相同的设计）时，总会有一些无法控制的随机变量，所以这些传递函数也将具有随机特性。但是在振动分析中，这些特性的随机性一般远小于输入 $p(t)$ 的随机性，所以可以忽略不计。在此情况下 $TF_1 = TF_2 = \cdots = TF_n = TF$。这样，在以后处理线性体系时，所有数学表达式中出现的系数将均被认为是固定不变的；也就是说，传递

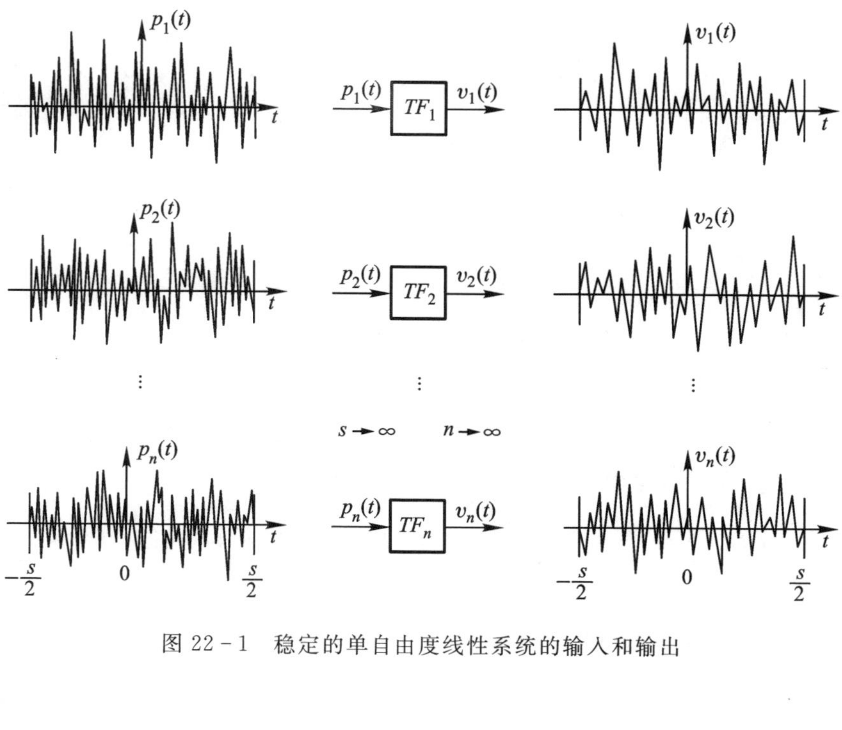

图 22-1　稳定的单自由度线性系统的输入和输出

函数(一个或几个)TF_r 在每一情况下将被认为与 r 无关。当传递函数 TF 及自相关函数 $R_p(\tau)$或功率谱密度函数 $S_p(\bar{\omega})$为已知时,就可以完全表征输出过程 $v(t)$。这里使用的传递函数将是单位脉冲反应函数 $h(t)$ 和复频率反应函数$H(i\bar{\omega})$。

§22-2 输入和输出的自相关函数间的关系

图 22-1 所示的输出函数或反应函数 $v_r(t)$与其相应的输入函数 $p_r(t)$之间存在卷积积分关系

$$v_r(t)=\int_{-\infty}^{t} p_r(\tau)h(t-\tau)\mathrm{d}\tau \qquad r=1,2,\cdots,\infty \tag{22-1}$$

如果输入过程被假定为零均值的,即

$$E[p(t)]=0 \tag{22-2}$$

对式(22-1)取集合平均,即可以得出输出过程的平均值为

$$E[v(t)]=E\left[\int_{-\infty}^{t} p(\tau)h(t-\tau)\mathrm{d}\tau\right]=\int_{-\infty}^{t} E[p(\tau)]h(t-\tau)\mathrm{d}\tau=0 \tag{22-3}$$

这样便证明了:如果输入集合具有零平均值,则输出集合也将具有零平均值。

现在来考虑集合平均 $E[v(t)v(t+\tau)]$,它可以利用式(22-1)按如下的关系求得

$$E[v(t)v(t+\tau)]=E\left[\int_{-\infty}^{t} p(\theta_1)h(t-\theta_1)\mathrm{d}\theta_1\int_{-\infty}^{t+\tau} p(\theta_2)h(t+\tau-\theta_2)\mathrm{d}\theta_2\right] \tag{22-4}$$

式中 θ_1 和 θ_2 为虚时间变量。当按下述定义引进变量代换

$$\begin{aligned} u_1&\equiv t-\theta_1 \qquad & \theta_1&=t-u_1\\ u_2&\equiv t+\tau-\theta_2 \qquad & \theta_2&=t+\tau-u_2 \end{aligned} \tag{22-5}$$

时,式(22-4)变为

$$E[v(t)v(t+\tau)]=E\left[\int_{t+\infty}^{0} p(t-u_1)h(u_1)\mathrm{d}u_1\int_{t+\tau+\infty}^{0} p(t+\tau-u_2)h(u_2)\mathrm{d}u_2\right] \tag{22-6}$$

当把两个积分的上下限都反过来,并且利用稳定体系的 $h(u_1)$和 $h(u_2)$都由于阻尼而衰减这一事实,可将式(22-6)改写为

$$E[v(t)v(t+\tau)]=E\left[\int_{0}^{\infty}\int_{0}^{\infty} p(t-u_1)p(t+\tau-u_2)h(u_1)h(u_2)\mathrm{d}u_1\mathrm{d}u_2\right] \tag{22-7}$$

因为只有函数 $p(t-u_1)$和 $p(t+\tau-u_2)$横截集合变化,式(22-7)变为

$$E[v(t)v(t+\tau)]=\int_0^\infty\int_0^\infty E[p(t-u_1)p(t+\tau-u_2)]h(u_1)h(u_2)\mathrm{d}u_1\mathrm{d}u_2 \tag{22-8}$$

式(22-8)右端的集合平均是平稳过程 $p(t)$ 的自相关函数,它与时间无关。因此,该式左端的集合平均也必定与时间无关。这表明:输出过程是平稳的,并且它的自相关函数可由如下的关系式给出

$$R_v(\tau)=\int_0^\infty\int_0^\infty R_p(\tau-u_2+u_1)h(u_1)h(u_2)\mathrm{d}u_1\mathrm{d}u_2 \tag{22-9}$$

如果输入过程 $p(t)$ 是 Gauss 过程,对一个线性稳定体系而言,输出过程 $v(t)$ 也将是 Gauss 过程。在这种情况下,式(22-9)所给的自相关函数可以完全表明这个过程的特征。为了证明这个论点的第一部分,考虑式(22-1)的极限形式

$$v_r(t)=\lim_{\Delta\tau\to 0}\sum_{i=-\infty}^{t/\Delta\tau}p_r(\tau_i)h(t-\tau_i)\Delta\tau \qquad r=1,2,\cdots,\infty \tag{22-10}$$

因为对固定的 t 值而言,所有 $h(t-\tau_i)$ 均为已知常数,所以式(22-10)在形式上等同于式(20-103)所给的线性变换,而已证明这种线性变换保持了 Gauss 分布。

为了说明式(22-9)的应用,假定具有粘滞阻尼的单自由度体系的激励 $p(t)$ 为白噪声,亦即,它的功率谱密度函数等于常数 S_0,它对应的自相关函数为

$$R_p(\tau)=2\pi S_0\delta(\tau) \tag{22-11}$$

进一步假定体系为低阻尼的,在此情况下,单位脉冲反应函数 $h(t)$ 将如式(6-51)所示。将此关系式和式(22-11)一起代入式(22-9),得

$$R_v(\tau)=\frac{2\pi S_0}{\omega_D^2 m^2}\int_0^\infty\int_0^\infty\delta(\tau-u_2+u_1)\times \exp[-\omega\xi(u_1+u_2)]\sin\omega_D u_1\sin\omega_D u_2\,\mathrm{d}u_1\mathrm{d}u_2 \tag{22-12}$$

完成这个二重积分,并引入关系式 $k=m\omega^2$,则导出

$$R_v(\tau)=\frac{\pi\omega S_0}{2k^2\xi}\left(\cos\omega_D|\tau|+\frac{\xi}{\sqrt{1-\xi^2}}\sin\omega_D|\tau|\right)\exp(-\omega\xi|\tau|) \qquad -\infty<\tau<\infty \tag{22-13}$$

如果此体系为超阻尼的,则单位脉冲反应函数 $h(t)$ 将如例题 E12-5 中式(f)的第二式所示,上面的积分步骤将导出如下的关系式

$$R_v(\tau)=\frac{\pi\omega S_0}{2k^2\xi}\left[\phi\exp\left(\omega\sqrt{\xi^2-1}|\tau|\right)-\theta\exp\left(-\omega\sqrt{\xi^2-1}|\tau|\right)\right]\exp(-\omega\xi|\tau|) \qquad -\infty<\tau<\infty \tag{22-14}$$

式中

$$\phi\equiv\frac{1}{2[\xi\sqrt{\xi^2-1}-(\xi^2-1)]} \qquad \theta\equiv\frac{1}{2[\xi\sqrt{\xi^2-1}+(\xi^2-1)]} \tag{22-15}$$

如果白噪声输入是 Gauss 过程，输出反应 $v(t)$ 也将是 Gauss 过程。在此情况下式(22-13)和式(22-14)给出的自相关函数完全表明了它们所代表过程的特征。这些函数如图 22-2 所示。

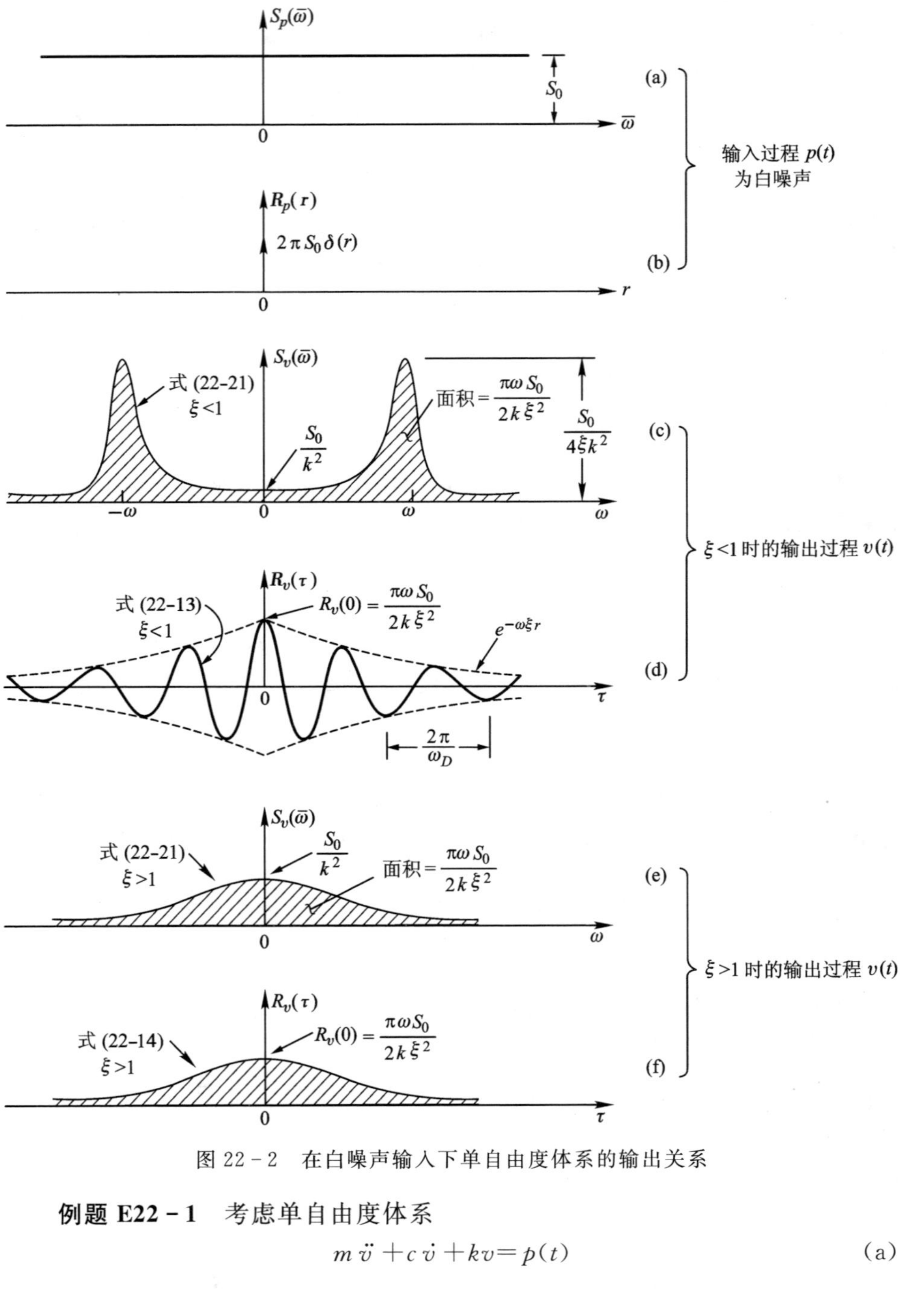

图 22-2 在白噪声输入下单自由度体系的输出关系

例题 E22-1 考虑单自由度体系

$$m\ddot{v}+c\dot{v}+kv=p(t) \tag{a}$$

受到平均值为零的遍历性随机过程 $p(t)$ 的激励，该激励在 $-\infty<\bar{\omega}<\infty$ 范围内具有等于 S_0 的常数功率谱密度。求出此体系中随时间变化的平均能量耗散率。

因为阻尼力 $c\dot{v}$ 是体系中唯一的非保守力，瞬时能量耗散率为 $c\dot{v}^2$。所以平均能量耗散率 P_{avg} 可表示为

$$P_{\text{avg}}=c\,\overline{\dot{v}^2}=cR_{\dot{v}}(0) \tag{b}$$

利用式(21-43)给出

$$R_{\dot{v}}(\tau)=-R''_v(\tau) \tag{c}$$

将式(22-13)代入式(c)，得出

$$\begin{aligned}R_{\dot{v}}(\tau)&=-R''_v(\tau)\\&=\frac{\pi\omega S_0}{2k^2\xi}\left(\omega^2\cos\omega_D|\tau|-\frac{\omega^2\xi}{\sqrt{1-\xi^2}}\sin\omega_D|\tau|\right)\times\exp(-\omega\xi|\tau|)\end{aligned} \tag{d}$$

由此得出

$$R_{\dot{v}}(0)=-R''_v(0)=\frac{\pi\omega^3 S_0}{2k^2\xi} \tag{e}$$

将式(e)代入式(b)，并利用关系式 $k^2=m^2\omega^4$ 和 $c=2m\omega\xi$ 可导出

$$P_{\text{avg}}=\frac{\pi S_0}{m} \tag{f}$$

注意，平均能量耗散率与阻尼比 ξ 无关。

§22-3　输入和输出的功率谱密度函数间的关系

输出过程 $v(t)$ 的功率谱密度函数与它的自相关函数间存在 Fourier 变换关系

$$S_v(\bar{\omega})=\frac{1}{2\pi}\int_{-\infty}^{\infty}R_v(\tau)\exp(-i\bar{\omega}\tau)\mathrm{d}\tau \tag{22-16}$$

将式(22-9)代入式(22-16)得出

$$S_v(\bar{\omega})=\frac{1}{2\pi}\int_{-\infty}^{\infty}\left[\int_0^{\infty}\int_0^{\infty}R_p(\tau-u_2+u_1)h(u_1)h(u_2)\mathrm{d}u_1\mathrm{d}u_2\right]\exp(-i\bar{\omega}\tau)\mathrm{d}\tau \tag{22-17}$$

交换积分次序并引入积分的扩展限，导得

$$S_v(\bar{\omega})=\frac{1}{2\pi}\lim_{s\to\infty}\left[\int_0^s h(u_1)\mathrm{d}u_1\int_0^s h(u_2)\mathrm{d}u_2\int_{-s}^s R_p(\tau-u_2+u_1)\times\exp(-i\bar{\omega}\tau)\mathrm{d}\tau\right] \tag{22-18}$$

当引入变量代换 $\theta\equiv\tau-u_2+u_1$ 时，式(22-18)变为

$$S_v(\bar{\omega})=\frac{1}{2\pi}\lim_{s\to\infty}\Big[\int_0^s h(u_1)\exp(i\bar{\omega}u_1)\mathrm{d}u_1\int_0^s h(u_2)\exp(-i\bar{\omega}u_2)\mathrm{d}u_2\times$$

$$\int_{-s+u_1-u_2}^{s+u_1-u_2} R_p(\theta)\exp(-i\bar{\omega}\theta)\mathrm{d}\theta\Big] \tag{22-19}$$

因为当 $u_1<0$ 和 $u_2<0$ 时单位脉冲反应函数 $h(u_1)$ 和 $h(u_2)$ 分别等于零，前两个积分的下限可以从零改为 $-s$。又因为对于稳定体系而言，随着 u_1 和 u_2 值的增加这些函数必因阻尼而衰减，所以可以去掉第三个积分的上下限中所包含的这些项。当利用式(21-37)的第一式和(6-53)时，式(22-19)简化为

$$S_v(\bar{\omega})=H(-i\bar{\omega})H(i\bar{\omega})S_p(\bar{\omega})=|H(i\bar{\omega})|^2S_p(\bar{\omega}) \tag{22-20}$$

式中 $H(i\bar{\omega})$ 是荷载和反应之间的频域传递函数，即复频反应函数。

当单自由度粘滞阻尼体系受均值为零的白噪声 $p(t)$ 激励时，也即激励功率谱密度为 $S_p(\bar{\omega})=S_0$ 时，将式(6-52)代入式(22-20)可得出

$$S_v(\bar{\omega})=\frac{S_0}{k^2[1+(4\xi^2-2)(\bar{\omega}/\omega)^2+(\bar{\omega}/\omega)^4]} \tag{22-21}$$

对低于和高于临界阻尼的两种情况，反应的功率谱密度函数分别如图 22-2c 和 e 所示。

例题 E22-2 利用 Fourier 变换关系

$$R_v(\tau)=\int_{-\infty}^{\infty} S_v(\bar{\omega})\exp(i\bar{\omega}\tau)\mathrm{d}\bar{\omega} \tag{a}$$

从式(22-21)直接推导出式(22-13)。

将式(22-21)代入式(a)，得出

$$R_v(\tau)=\frac{\omega S_0}{k^2}\int_{-\infty}^{\infty}\frac{\exp(i\omega\beta\tau)}{(\beta-r_1)(\beta-r_2)(\beta+r_1)(\beta+r_2)}\mathrm{d}\beta \tag{b}$$

式中

$$\beta=\frac{\bar{\omega}}{\omega}\qquad r_1=i\xi+\sqrt{1-\xi^2}\qquad r_2=i\xi-\sqrt{1-\xi^2} \tag{c}$$

除了 $\beta=r_1,\beta=r_2,\beta=-r_1$ 和 $\beta=-r_2$ 四个点以外，式(b)的被积函数在复的 β 平面中处处为解析函数，在这四个点存在一阶极点。$\beta=r_1$ 和 $\beta=r_2$ 两个点在上半平面，而 $\beta=-r_1$ 和 $\beta=-r_2$ 两点则在下半平面。当 τ 取正值时，在上半平面中进行围道积分；当 τ 取负值时，在下半平面中进行积分。利用 Cauchy 残数定理时，通过与例题 E6-3 相似的步骤，容易求出式(b)中的积分，结果如下

$$R_v(\tau)=\begin{cases}\dfrac{\pi\omega S_0}{2k^2\xi}\left(\cos\omega_D\tau+\dfrac{\xi}{\sqrt{1-\xi^2}}\sin\omega_D\tau\right)\exp(-\omega\xi\tau) & \tau>0\\[2ex] \dfrac{\pi\omega S_0}{2k^2\xi}\left(\cos\omega_D\tau-\dfrac{\xi}{\sqrt{1-\xi^2}}\sin\omega_D\tau\right)\exp(\omega\xi\tau) & \tau<0\end{cases} \tag{d}$$

这样，便证明了式(22-13)的正确性。

§22-4　窄频带体系的反应特征

大多数结构体系具有相当低的阻尼($\xi<0.1$),因而可划归为窄频带体系这种类型。这样分类是由于:反应的功率谱密度函数下的面积高度集中于体系自振频率附近,如图 22-2c 所示。这种集中表明,样本反应函数 $v_r(t)$的卓越频率分量将包含在以无阻尼自振频率 ω 为中心的相当窄的频带宽度中。因为频率接近的两个谐波会产生拍的现象,可以预料窄频带体系反应的包络线将显示类似的特性。但是,因为卓越频率分布在一个窄带上,拍的表现将具有随机性,如图 22-3 所示。这样,作如下的设想是合理的:体系的反应局部地表现为轻度畸变的正弦曲线,其频率接近体系的自振频率,而其振幅以随机的形式作缓慢的变化。根据式(22-13)所给的自相关函数(图 22-2d)也可预料到有上述类型的反应,因为当阻尼趋近于零时,这个函数趋近于图 21-2 所示单个简谐过程的自相关函数。

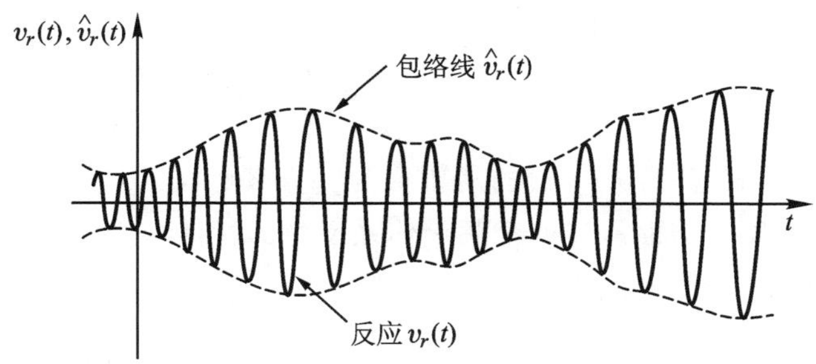

图 22-3　窄带过程 $v(t)$的第 r 个样本函数

如果注意到,如图 22-2c 所示的具有陡峰的输出功率谱密度函数 $S_v(\bar{\omega})$,是用具有类似陡峰的传递函数$|H(i\bar{\omega})|^2$,乘以白噪声输入的常数为 S_0 的功率谱密度函数而得出的话,就很清楚看出:反应 $v(t)$主要是由输入过程 $p(t)$中那些接近于体系自振频率的频率分量所引起的。因此,当输入功率谱密度函数 $S_p(\bar{\omega})$不是一个常数,而是在自振频率 ω 的邻近关于 $\bar{\omega}$ 的一个慢变函数时,就可以假定是一个白噪声输入过程,而在估算反应时误差不大;其条件是:使常数功率谱密度 S_0 等于 $S_p(\bar{\omega})$在 $\bar{\omega}=\omega$ 处的密度,即令 $S_p(\bar{\omega})=S_p(\omega)$。这样,输出功率谱密度函数可以近似地表为

$$S_v(\bar{\omega})=\frac{S_p(\omega)}{k^2[1+(4\xi^2-2)(\bar{\omega}/\omega)^2+(\bar{\omega}/\omega)^4]}\qquad \xi\ll 1 \tag{22-22}$$

注意,当阻尼比 ξ 趋近于零时,此函数下的面积变得越来越集中于自振频率 ω 附近,并在极限时趋于无穷大。这意味着,一个无阻尼单自由度体系受有限密度的

白噪声激励时，其平稳均方反应值为无穷大。当然，这样的体系属于不稳定体系。

为了进一步弄清窄频带线性体系受一个零均值的平稳 Gauss 激励的反应特征，考虑反应的条件概率密度函数

$$p(v_2 \mid v_1)=\frac{p(v_1, v_2)}{p(v_1)} \tag{22-23}$$

式中，$v_2 \equiv v(t+\tau)$，而 $v_1 \equiv v(t)$。当利用如下标准关系式时，

$$p(v_1, v_2)=\frac{1}{2\pi\sigma_v^2 \sqrt{1-\rho_v^2}}\times$$

$$\exp\left[-\frac{1}{2\sigma_v^2(1-\rho_v^2)}(v_1^2-2\rho_v v_1 v_2+v_2^2)\right] \tag{22-24}$$

$$p(v_1)\frac{1}{\sqrt{2\pi}\sigma_v}\exp\left(-\frac{v_1^2}{2\sigma_v^2}\right) \tag{22-25}$$

式中

$$\sigma_v=R_v(0)^{1/2} \qquad \rho_v(\tau)=\frac{R_v(\tau)}{R_v(0)} \tag{22-26}$$

式(22-23)变为

$$p[v_2 \mid v_1]=\frac{1}{\sqrt{2\pi}\sigma_v \sqrt{1-\rho_v^2}}\exp\left[-\frac{(v_2-\rho_v v_1)^2}{2(1-\rho_v^2)\sigma_v^2}\right] \tag{22-27}$$

此式表明：当 $v(t)$ 固定时，$v(t+\tau)$ 的期望值为 $\rho_v(\tau)v(t)$，其方差为 $[1-\rho_v(\tau)^2]\cdot\sigma_v^2$。这样就更证实了前面所述的窄频带体系反应的特征。

最后，考虑联合概率密度函数

$$p[v(t), \dot{v}(t)]=\frac{1}{2\pi\sigma_v\sigma_{\dot{v}}}\exp\left[-\frac{1}{2}\left(\frac{v^2}{\sigma_v^2}+\frac{\dot{v}^2}{\sigma_{\dot{v}}^2}\right)\right] \tag{22-28}$$

式中

$$\sigma_{\dot{v}}=R_{\dot{v}}(0)^{1/2}=-R_v''(0)^{1/2} \tag{22-29}$$

因为 $R'_v(0)=0$，随机变量 v 和 $\dot{v}$ 的协方差也将等于零，这就说明了式(22-28)所具有的非耦合形式。现在可以利用此式求出，在 t 到 $t+\mathrm{d}t$ 的时段内，反应 $v(t)$ 以正的速度穿越某个固定水平 $\hat{v}$ 的概率。为了满足这一条件，$v(t)$ 必须服从关系式

$$Pr[v(t)<\hat{v}<v(t+\mathrm{d}t)]=Pr[0<[\hat{v}-v(t)]<\dot{v}(t)\mathrm{d}t] \tag{22-30}$$

就像在图 22-4a 中集合的一个元那样。从图 22-4b 所示的 $v\dot{v}$ 平面清楚看出：集合中有利于此条件的各元所具有的 $v(t)$ 和 $\dot{v}(t)$ 值必须落入图中阴影区内。所以，如果 $Q(\hat{v})\mathrm{d}t$ 代表式(22-30)所给的概率条件，只要在阴影区的范围内对式(22-28)所给联合概率密度函数简单地进行积分，即可求出它来，亦即

$$Q(\hat{v})\mathrm{d}t=\int_0^{\infty}\int_{\hat{v}-\dot{v}\mathrm{d}t}^{\hat{v}}\frac{1}{2\pi\sigma_v\sigma_{\dot{v}}}\exp\left[-\frac{1}{2}\left(\frac{v^2}{\sigma_v^2}+\frac{\dot{v}^2}{\sigma_{\dot{v}}^2}\right)\right]\mathrm{d}\dot{v}\,\mathrm{d}v \tag{22-31}$$

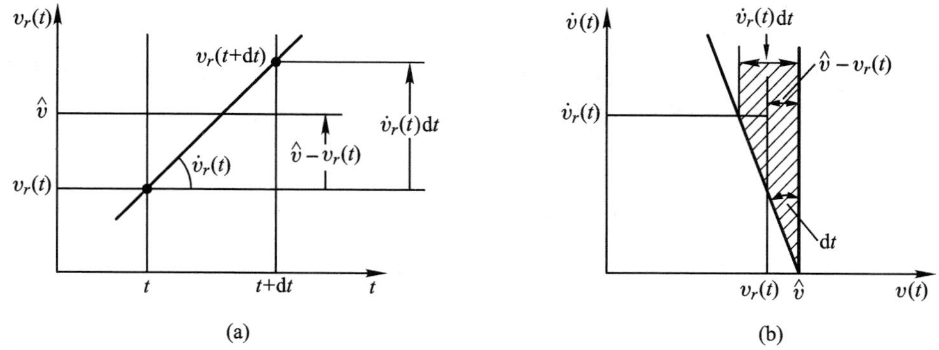

图 22-4　在时段 t 到 $t+dt$ 内，以正的斜率穿越水平 $\hat{v}$ 的速度-位移关系

将 $dv=\dot{v}\,dt$ 代入此式，完成积分，并除以 dt 即可得出 Rice 关系式①

$$Q(\hat{v})=\frac{1}{2\pi}\frac{\sigma_{\dot{v}}}{\sigma_v}\exp\left(-\frac{1}{2}\frac{\hat{v}^2}{\sigma_v^2}\right) \tag{22-32}$$

它是反应 $v(t)$ 在单位时间内以正的速度穿越水平 $\hat{v}$ 的次数。令 $\hat{v}$ 等于零，以正的速度零穿越的次数变为

$$Q(0)=\frac{1}{2\pi}\frac{\sigma_{\dot{v}}}{\sigma_v}=\frac{1}{2\pi}\sqrt{-\frac{R_v''(0)}{R_v(0)}}=\frac{1}{2\pi}\sqrt{\frac{m_2}{m_0}} \tag{22-33}$$

式中 m_2 和 m_0 是由式(21-99)定义的。同样的关系式也由式(21-116)不加推导地给出。应用式(21-13)和式(22-33)得到所需结果

$$Q(0)=\frac{\omega}{2\pi} \tag{22-34}$$

这就表明：当受到白噪声激励时，低阻尼单自由度体系反应的零穿越平均数与无阻尼自由振动状态相同。这个结果是表明窄频带体系特性的反应类型的进一步证据。

为了近似求得窄频带体系反应函数 $v(t)$ 的极大值分布的概率密度函数，可以假定：平均起来，每跨越一次零值存在一个极大值；这就是说，每一个时段 $T=2\pi/\omega=2\pi(\sigma_v/\sigma_{\dot{v}})$，平均有一个极大值。当然，出现负的极大值的可能性是存在的，但是对这类单自由度体系而言可能性极小。作为这个假定的直接结果，在指定的时间周期 $2\pi/\omega$ 内，反应集合 $v(t)$ 的每一个元的单一极大值事件的概率密度函数可以由如下的微分关系近似得到

$$p(\hat{v})=-\frac{dQ(\hat{v})}{d\hat{v}}\left(2\pi\frac{\sigma_v}{\sigma_{\dot{v}}}\right) \tag{22-35}$$

将式(22-32)代入上式，得到 Rayleigh 分布

---

① S. O. Rice, "Mathematical Analysis of Random Noise," in N. Wax (ed.), *Selected Papers on Noise and Stochastic Processes*, Dover, New York, 1954.

$$p(\hat{v})=\frac{\hat{v}}{\sigma_v^2}\exp\left(-\frac{1}{2}\frac{\hat{v}^2}{\sigma_v^2}\right) \tag{22-36}$$

它可以理解为图 22－3 所示反应上包络线的近似概率密度函数。这个分布是前面式(21－107)所给分布在 $\varepsilon=0$ 时的特殊情况(图 21－11)。

§22－5 由零初始条件引起的非平稳均方反应

上面对输出过程所定义的反应特征,是以稳态条件为基础的,也就是假定输入过程为从 $t=-\infty$时开始所导致的结果。但实际情况是必须假定输入过程从 $t=0$ 时开始。虽然这样的输入过程在 $t>0$ 时可以假设为平稳过程,但由于在 $t=0$时通常存在的零初始条件,相应的输出过程将是非平稳的。为了说明这样导致的非平稳性类型,考虑具有粘滞阻尼的单自由度体系受到输入过程 $p(t)$作用,$p(t)$是从 $t=0$ 开始的具有密度 S_0 的平稳白噪声。如前所述,此输入过程[参阅式(21－86)和图 21－7]可表示为如下的关系式

$$p_r(t)=\lim_{N\to\infty}\sum_{k=0}^{N-1}a_{kr}\eta(t-k\Delta t-\varepsilon_r) \qquad r=1,2,\cdots \tag{22-37}$$

对 r 的一个值,此关系式如图 22－5 所示,要求在 $A^2\Delta t\to C$(常数)的条件下 $A^2\to\infty$ 和 $\Delta t\to0$。如式(21－94)所示,常数 C 等于 $2\pi S_0$。假定为低阻尼体系($\xi<1$),可以通过时域用叠加法得出反应

$$v_r(j\Delta t)=\lim_{\Delta t\to0}\sum_{k=0}^{j}\frac{a_{kr}\Delta t}{\omega_D m}\exp[-\omega\xi(j-k)\Delta t]\sin\omega_D(j-k)\Delta t \tag{22-38}$$

和

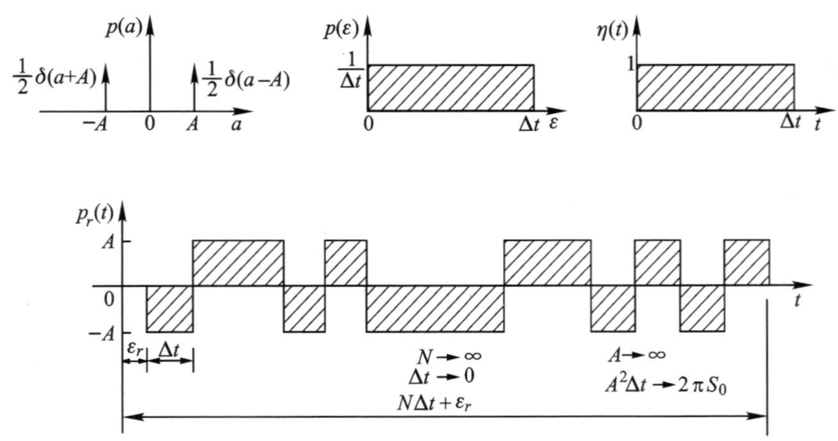

图 22－5 式(22－37)所表示的 $t>0$ 时的平稳白噪声输入过程 $p(t)$

$$v_r(j\Delta t)^2 = \lim_{\Delta t \to 0} \sum_{k=0}^{j} \sum_{g=0}^{j} \frac{a_{kr} a_{gr} \Delta t^2}{\omega_D^2 m^2} \exp[-\omega\xi(2j-k-g)\Delta t] \times \sin\omega_D(j-k)\Delta t \sin\omega_D(j-g)\Delta t \tag{22-39}$$

此式中双重求和项的集合平均可以立即转化为一重求和项的集合平均，因为随机变量 a_k 和 $a_g(k \neq g)$ 的所有协方差均等于零。所以，集合平均为

$$E[v(j\Delta t)^2] = \left[\lim_{\Delta t \to 0} \frac{\Delta t^2}{\omega_D^2 m^2} \sum_{k=0}^{j} \exp[-2\omega\xi(j-k)\Delta t] \times \sin^2\omega_D(j-k)\Delta t\right]\left[\lim_{n\to\infty} \frac{1}{n} \sum_{r=1}^{n} a_{kr}^2\right] \tag{22-40}$$

然而，因为对所有的 k 值而言，此式中的第二方括号项均等于 A^2，在取极限 $j\Delta t \to t$ 和 $k\Delta t \to \tau$ 的情况下，得到关系式

$$E[v(t)^2] = \frac{A^2 \Delta t}{\omega_D^2 m^2} \exp(-2\omega\xi\tau) \int_0^t \exp(2\omega\xi\tau) \sin^2\omega_D(t-\tau)\,d\tau \tag{22-41}$$

分别以 $2\pi S_0$ 和 k^2 代替 $A^2\Delta t$ 和 $\omega^4 m^2$，积分后，式(22 - 41)变为

$$E[v(t)^2] = \frac{\pi\omega S_0}{2\xi k^2}\left\{1 - \frac{\exp(-2\xi\omega t)}{\omega_D^2}\left[\omega_D^2 + \frac{(2\xi\omega)^2}{2}\sin^2 2\omega_D t + \xi\omega\omega_D \sin 2\omega_D t\right]\right\} \quad \xi < 1 \tag{22-42}$$

针对不同的阻尼比 ξ，将上式用图形示于图 22 - 6。注意集合均方值 $E[v(t)^2]$或方差 $\sigma_v(t)^2$ 趋于其稳态值的方式并以相对较快的速率趋于稳态值

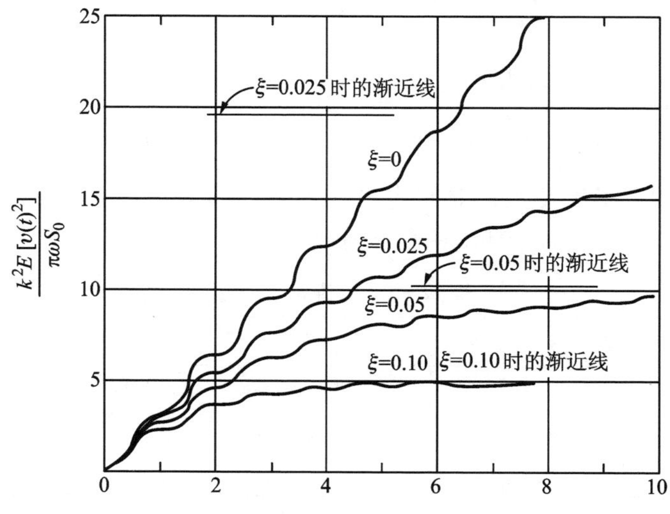

图 22 - 6　由零初始条件引起的非平稳均方反应(式 22 - 42)

$$R_v(0) = \frac{\pi S_0 \omega}{2\xi k^2} \tag{22-43}$$

如果从 $t=0$ 开始的平稳输入过程的功率谱密度函数是非均匀的，但在无阻尼

频率 ω 的邻近变化得相当缓慢，则低阻尼体系（$\xi<1$）的输出过程的方差可以相当好地用式（22－42）来近似，只需用 $\bar{\omega}=\omega$ 处的功率谱密度值代替 S_0 即可，亦即

$$E[v(t)^2]=\frac{\pi\omega S_p(\omega)}{2\xi k^2}\left\{1-\frac{\exp(-2\omega\xi t)}{\omega_D^2}\times\left[\omega_D^2+\frac{(2\omega\xi)^2}{2}\sin^2 2\omega_D t+\xi\omega\omega_D\sin 2\omega_D t\right]\right\}\qquad \xi<1 \tag{22-44}$$

此式中的简谐项较小，可以略去而精度损失不大。这样，式（22－44）简化为

$$E[v(t)^2]\doteq\frac{\pi\omega S_p(\omega)}{2\xi k^2}[1-\exp(-2\omega\xi t)]\qquad \xi<1 \tag{22-45}$$

当阻尼比趋近于零时，在极限情况下此式变为

$$E[v(t)^2]\doteq\frac{\pi\omega^2 S_p(\omega)}{k^2}t\qquad \xi=0 \tag{22-46}$$

假定平稳输入过程为 Gauss 过程，则非平稳输出过程也将是 Gauss 过程；在此情况下，概率密度函数 $p[v(t)]$ 将为

$$p[v(t)]=\frac{1}{\sqrt{2\pi E[v(t)^2]}}\exp\left\{-\frac{v(t)^2}{2E[v(t)^2]}\right\} \tag{22-47}$$

例题 E22－3　考虑单自由度体系

$$m\ddot{v}+c\dot{v}+kv=p(t) \tag{a}$$

受到零均值的遍历性随机过程 $p(t)$ 的激励，$p(t)$ 在 $-\infty<\bar{\omega}<\infty$ 范围内功率谱密度为常量 S_0；假定体系具有零初始条件，亦即 $v_r(0)=\dot{v}_r(0)=0(r=1,2,\cdots)$。计算 $t/T=t\omega/2\pi=2,5,10,15$ 和 $\xi=0.02$ 和 0.05 时，$v(t)$ 的方差和稳态方差的比值。

利用式（22－45），得出

$$\frac{\sigma_{v(t)}^2}{\sigma_{v(\infty)}^2}=1-\exp(-2\omega\xi t)=1-\exp\left(-4\pi\xi\frac{t}{T}\right) \tag{b}$$

将上面所给的数据代入上式，即可得出表 22－1 所示的结果。这些结果表明，反应过程 $v(t)$ 很快地趋近于相应的稳态情况。

表 22－1　比值 $\sigma_{v(t)}^2/\sigma_{(\infty)}^2$

ξ	t/T			
	2	5	10	15
0.02	0.395	0.714	0.919	0.987
0.05	0.715	0.957	0.998	0.99995

§22－6　窄频带体系的疲劳预估

假设材料符合指定的 S/N 关系（S 为谐振应力的幅值，N 为达到疲劳的循

环数)，并假设 Miner 的线性累积损伤准则[①]适用，则窄频带单自由度体系的疲劳寿命就能容易得到。

在此基础上来探讨这个问题。假定已知 S/N 关系为

$$N=N(S) \tag{22-48}$$

这样，累积损伤(AD)就可用如下的离散形式表示

$$AD=\frac{n_1}{N(S_1)}+\frac{n_2}{N(S_2)}+\frac{n_3}{N(S_3)}+\cdots \tag{22-49}$$

式中 $n_1,n_2,n_3,\cdots$为作用于材料的简谐应力循环周数，相应的应力幅值分别为 $S_1,S_2,S_3,\cdots$。当累积损伤达到 1(即 $AD=1$)时，发生破坏。

如果体系像窄频带体系那样反应，累积损伤可以表示为连续的形式

$$AD=\int_0^\infty \frac{n(S)}{N(S)}\mathrm{d}S \tag{22-50}$$

式中 $n(S)\mathrm{d}S$ 代表幅值介于 S 和 $S+\mathrm{d}S$ 之间的简谐应力循环数。假定平稳反应过程持续时间为 T，则总的应力循环数将等于 $\omega T/2\pi$，在此情况下

$$n(S)\mathrm{d}S=\frac{\omega T}{2\pi}p(S)\mathrm{d}S \tag{22-51}$$

式中 $p(S)$为应力幅值 S 的概率密度函数。将式(22-51)代入式(22-50)，给出如下形式的累积损伤

$$AD=\frac{\omega T}{2\pi}\int_0^\infty \frac{p(S)}{N(S)}\mathrm{d}S \tag{22-52}$$

如果 $p(S)$就像窄频带过程那样为 Rayleigh 型，亦即

$$p(S)=\frac{S}{\sigma_s^2}\exp\left(-\frac{S^2}{2\sigma_s^2}\right) \tag{22-53}$$

式中 σ_s^2 为临界应力 $s(t)$的方差，并且如果 $N(S)$取常用的形式

$$N(S)=\left(\frac{S_1}{S}\right)^b N_1 \tag{22-54}$$

式中 S_1 和 N_1 表示 S/N 曲线上方便的一点，b 是一个偶的整数(一般 $b>10$)，将式(22-53)和式(22-54)代入后，式(22-52)变为

$$AD=\frac{\omega T}{2\pi N_1}\left(\frac{\sigma_s}{S_1}\right)^b 2^{b/2}\left(\frac{b}{2}\right)! \tag{22-55}$$

令累积损伤等于 1，并解出 T，得出达到破坏的期望时间为

$$T_{破坏}=\frac{2\pi N_1}{\omega}\left(\frac{S_1}{\sigma_s}\right)^b \frac{2^{-b/2}}{(b/2)!} \tag{22-56}$$

对线性体系，临界应力和位移 $v(t)$之间的关系为

$$s(t)=Cv(t) \tag{22-57}$$

① M. A. Miner, "Cumulative Damage in Fatigue," *J. Appl. Mech.*, Ser. A, Vol. 12, No. 1, pp. 159-164, 1945.

式中 C 为已知常数。因而得出

$$\sigma_s^2 = C^2 \sigma_v^2 \tag{22-58}$$

这样，如果 $p(t)$ 是一个密度为 S_0 的白噪声过程（如图 22-2a 所示），则

$$\sigma_s^2 = \frac{\pi\omega C^2 S_0}{2k^2\xi} \tag{22-59}$$

如果上述单自由度体系受零均值非平稳过程 $p(t)$ 激励，这个过程的集合平均 $E[p(t)p(t+\tau)]$ 是时间的慢变函数，则反应过程 $v(t)$ 从本质上讲是准平稳过程。在这种情况下，σ_s 必须当作随时间变化的。在工程应用中，这种时间依赖性通常是随机的，所以必须建立概率密度函数 $P[\sigma_s(t)]$。假设过程 $\sigma_s(t)$ 是遍历性的，则通过对在长时间内控制激励的、有用的数据作统计分析，可得到 $P[\sigma_s(t)]$。在得到 $P[\sigma_s(t)]$ 后，累计损伤为

$$(AD)_L = \frac{\omega T_L}{2\pi N_1}\left(\frac{1}{S_1}\right)^b 2^{b/2}\left(\frac{b}{2}\right)! \int_0^\infty \sigma_s^b \frac{\mathrm{d}P(\sigma_s)}{\mathrm{d}\sigma_s}\mathrm{d}\sigma_s \tag{22-60}$$

式中 $(AD)_L$ 表示结构在 T_L 寿命期间的累计损伤。

例题 E22-4 如式（2-17）所表示的那样，受到随机支承激励 $\ddot{v}_g(t)$ 的单自由度粘滞阻尼体系的运动方程为

$$m\ddot{v} + c\dot{v} + kv = -m\ddot{v}_g(t) = p_e(t) \tag{a}$$

平稳随机过程 $\ddot{v}_g(t)$ 在频率范围 $2<\bar{\omega}<100$ 和 $-100<\bar{\omega}<-2$ 内具有密度为 2 $\mathrm{ft^2/s^3}$ 的均匀谱密度。此体系的自振频率为 10 Hz，临界阻尼比为 0.02，并且从疲劳的观点给出的临界应力为

$$s(t) = 2\times 10^5 v(t) \tag{b}$$

式中的单位为 lbf 和 in。如果材料在临界位置满足疲劳关系

$$N(S) = \left(\frac{60\ 000}{s}\right)^{12} \times 10^5 \tag{c}$$

试求由于激励 $\ddot{v}_g(t)$ 引起破坏的期望时间。

从式（22-13）可以看出，$v(t)$ 的方差为

$$\sigma_{v(t)}^2 = R_v(0) = \frac{\pi\omega S_0}{2k^2\xi} \tag{d}$$

式中 S_0 为白噪声激励 $p_e(t)$ 的功率谱密度。因为体系的自振频率 ω 落入支承激励的带宽之内，这里可以假定白噪声激励的密度为

$$S_{p_e}(\bar{\omega}) = S_0 = m^2 S_{\ddot{v}_g(t)}(\bar{\omega}) \tag{e}$$

将式（e）代入式（d），并利用 $k^2=\omega^4 m^2$，给出

$$\sigma_{v(t)}^2 = \frac{\pi S_{\ddot{v}_g(t)}(\omega)}{2\omega^3\xi} \tag{f}$$

利用式（22-58）给出

$$\sigma_{s(t)}^2 = \frac{\pi C^2 S_{\ddot{v}_g(t)}(\omega)}{2\omega^3\xi} \tag{g}$$

其中 $C=2\times10^5$ lbf/in^3，$S_{\ddot{v}(t)}=0.2$ ft^2/s^3，$\xi=0.02$ 和 $\omega=2\pi f=62.8$ rad/s。这样，可得 $\sigma_s(t)=1.91\times10^4$ lbf/in^2。当从式(c)注意到 $b=12$，$N_1=10^5$ 和 $S_1=60\ 000$ lbf/in^2，即可从式(22-56)得到达到破坏的期望时间

$$T_{破坏}=1.99\times10^5\ \text{s}=55.5\ \text{h} \tag{h}$$

习　　题

22-1　考虑单自由度体系，表示为

$$m\ddot{v}+c\dot{v}+kv=p(t)$$

受到一个零均值的正态平稳过程 $p(t)$ 激励。此激励在以 $\pm\omega$ 为中心的两个宽频率带内具有不变的功率谱密度 $S_0=2\times10^4$ lbf^2 · s，其中 ω 为自振圆频率 $\sqrt{k/m}$。这个体系的质量为 100 lbf · s^2/ft，自振频率 ω 为 62.8 rad/s，临界阻尼比 $\xi=0.02$。

(a) 试求出均方位移 $E[v(t)^2]$ 的数值。

(b) 试求出均方速度 $E[\dot{v}(t)^2]$ 的数值。

(c) 试求 $v(t)$ 和 $\dot{v}(t)$ 的联合概率密度函数，并确定此函数中所有常数的数值。

(d) 试求反应过程 $v(t)$ 的极大值的概率密度函数，并确定此函数中所有常数的数值(此例中假设为 Rayleigh 分布，因为图 21-11 中的 ε 接近于零)。

(e) 试求过程 $v(t)$ 的平均极值的数值[按式(21-117)]，此过程的持续时间 T 为 30 s。(对此小阻尼体系而言，式(21-116)所给 v 值近似等于 $\omega/2\pi$)。

(f) 试求过程 $v(t)$ 的极值的标准差的数值。

22-2　如果习题 22-1 中过程 $p(t)$ 的功率谱密度函数由 $S_p(\bar{\omega})=S_0$ 变为

$$S_p(\bar{\omega})=S_0\exp(-0.011\ 1|\bar{\omega}|)\qquad -\infty<\bar{\omega}<\infty$$

那么习题 22-1 中求出的数值将近似地有多大改变？

22-3　图 P22-1 所示单质量块体系受到支承位移 $x(t)$ 的激励。弹簧和粘滞阻尼器都是线性的，其参数分别为常数 k 和 c。令 $\omega^2=k/m$ 和 $\xi=c/2m\omega$。

(a) 试求出当 $x(t)=\delta(t)$ 时弹簧力 $f_S(t)=k[y(t)-x(t)]$ 的单位脉冲反应函数 $h(t)$。

(b) 试求出力 $f_S(t)$ 作用时的复频率反应函数 $H(i\bar{\omega})$，它是当体系以频率 $\bar{\omega}$ 作简谐运动时 $f_S(t)$ 的复幅值和 $x(t)$ 的复幅值的比值。

(c) 试按照式(12-73)验证 $h(t)$ 和 $H(i\bar{\omega})$ 是 Fourier 变换对。

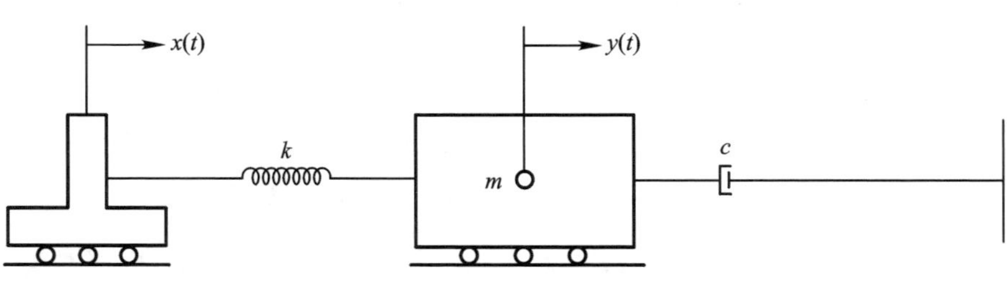

图 P22-1　习题 22-3 的单质量块体系

22－4　如果习题 22－3 中的体系的输入 $x(t)$ 是平稳随机过程，它在全部频率范围 $-\infty<\bar{\omega}<\infty$ 内具有不变的功率谱密度 S_0。试分别利用式(22－20)和式(22－9)推导反应过程 $f_y(t)$ 的功率谱密度函数和自相关函数。

22－5　试按照式(21－37)，证明习题 22－4 中所求得的功率谱密度函数和自相关函数确实是 Fourier 变换对。

22－6　如果 $x(t)$ 是对一个线性体系的平稳随机输入，而 $y(t)$ 是相应的平稳随机输出，试用 $R_x(\tau)$ 和 $h(t)$ 表示互相关函数 $R_{xy}(\tau)$。

22－7　如果一个线性体系的输入 $x(t)$ 和它所导致的输出 $y(t)$ 分别是(如图 P22－2 所示)

$$x(t)=\begin{cases}e^{-t} & t>0\\ 0 & t<0\end{cases}\qquad y(t)=\begin{cases}\dfrac{1}{a-b}\left[e^{-(b/a)t}-e^{-t}\right] & t\geqslant 0\\ 0 & t\leqslant 0\end{cases}$$

试求此体系的复频率反应函数 $H(i\bar{\omega})$。

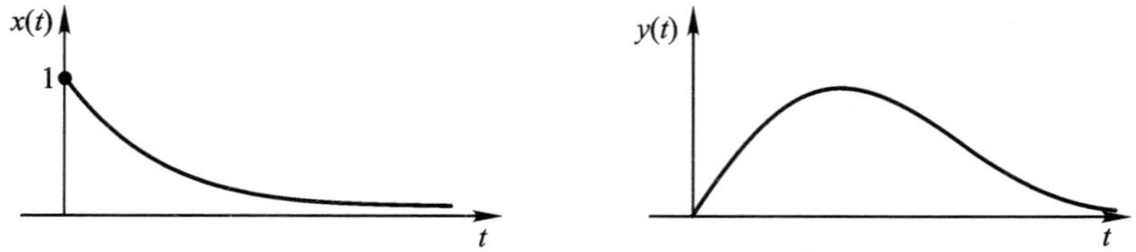

$$x(t)=\begin{cases}e^{-t} & t>0\\ 0 & t<0\end{cases}\qquad y(t)=\begin{cases}\dfrac{1}{a-b}\left[e^{-(b/a)t}-e^{-t}\right] & t\geqslant 0\\ 0 & t\leqslant 0\end{cases}$$

图 P22－2　习题 22－7 的输入和输出函数

22－8　如果对一个线性体系的一个矩形输入 $x(t)$，产生一个简单的正弦波输出 $y(t)$，如图 P22－3 所示，

$$x(t)=\begin{cases}1 & 0<t<T\\ 0 & t<0;t>T\end{cases}\qquad y(t)=\begin{cases}\sin\dfrac{2\pi t}{T} & 0\leqslant t\leqslant T\\ 0 & t<0;t>T\end{cases}$$

那么，当输入是密度为 S_0 的平稳白噪声过程时，输出过程的功率谱密度函数是什么？

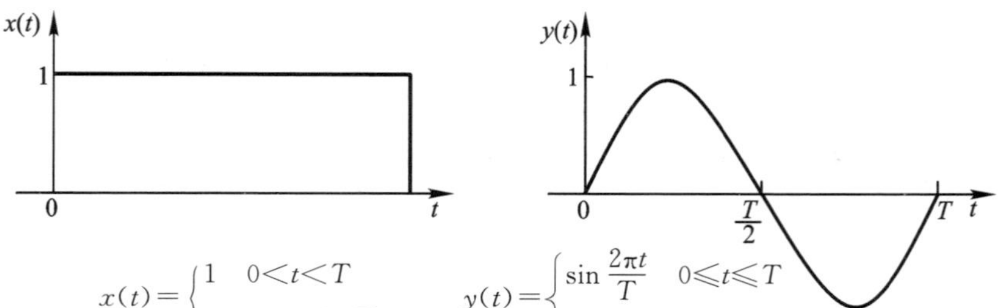

$$x(t)=\begin{cases}1 & 0<t<T\\ 0 & t<0;t>T\end{cases}\qquad y(t)=\begin{cases}\sin\dfrac{2\pi t}{T} & 0\leqslant t\leqslant T\\ 0 & t<0;t>T\end{cases}$$

图 P22－3　习题 22－8 的输入和输出函数

22－9　考虑两个平稳过程 $x(t)$ 和 $y(t)$，它们之间通过如下的微分方程而联系起来

$$\ddot{x}_r(t)+A\dot{x}_r(t)+By_r(t)+C\dot{y}_r(t)=0\qquad r=1,2,\cdots$$

试用过程 $y(t)$ 的功率谱密度函数和实常数 A，B 和 C 表示随机过程 $x(t)$ 的功率谱密度函数。

第 23 章　线性多自由度体系的随机反应

§23－1　采用正规振型的线性体系的时域反应

如第 12 章所述，具有粘滞阻尼的线性多自由度体系离散的或连续的动力反应，可以通过解典型运动方程

$$\ddot{Y}_n(t)+2\omega_n\xi_n\dot{Y}_n(t)+\omega_n^2Y_n(t)=\frac{P_n(t)}{M_n}\qquad n=1,2,\cdots \tag{23-1}$$

而求得，上式中 n 为振型序号。与正规坐标线性关联的任何反应量 $z(t)$ 都可以利用关系式

$$z(t)=\sum_n B_nY_n(t) \tag{23-2}$$

求得，式中系数 $B_n(r=1,2,\cdots)$ 由标准分析方法得到。这个级数常常收敛得很快，意味着只需要考虑有限几个低阶振型。

假定作用于体系上的是随机激励，就应该把每个广义力函数 $P_n(t)$ 考虑成一个单独的随机过程。如果激励是平稳的，反应过程也将是平稳的。在此情况下所关心的是求得反应 $z(t)$ 的自相关函数，即

$$R_z(\tau)=E[z(t)z(t+\tau)] \tag{23-3}$$

将式(23－2)代入式(23－3)，得出

$$R_z(\tau)=E\left[\sum_m\sum_n B_mB_nY_m(t)Y_n(t+\tau)\right] \tag{23-4}$$

求解时域反应，得到

$$Y_n(t)=\int_{-\infty}^{t}P_n(\tau)h_n(t-\tau)\mathrm{d}\tau \tag{23-5}$$

对低于临界阻尼的体系，式中

$$h_n(t)=\frac{1}{\omega_{D_n}M_n}\exp(-\xi_n\omega_nt)\sin\omega_{D_n}t\qquad \omega_{D_n}=\omega_n(1-\xi_n^2)^{1/2} \tag{23-6}$$

将式(23－5)代入式(23－4)，得出

$$R_z(\tau)=E\Big[\sum_m\sum_n\int_{-\infty}^{t}\int_{-\infty}^{t+\tau}B_mB_nP_m(\theta_1)P_n(\theta_1)\times$$

$$h_m(t-\theta_1)h_n(t+\tau-\theta_2)\mathrm{d}\theta_1\mathrm{d}\theta_2\Big] \tag{23-7}$$

式中 θ_1,θ_2 及 τ 为虚时间变量。取变量代换

$$\begin{aligned} u_1 &\equiv t-\theta_1 & u_2 &\equiv t+\tau-\theta_2 \\ du_1 &= -d\theta_1 & du_2 &= -d\theta_2 \end{aligned} \tag{23-8}$$

并注意到对稳定体系 $h_n(t)$ 的阻尼衰减特性,可将式(23-7)写成

$$R_z(\tau)=\sum_m\sum_n R_{z_m z_n}(\tau) \tag{23-9}$$

式中

$$R_{z_m z_n}(\tau)=\int_0^\infty\int_0^\infty B_m B_n R_{P_m P_n}(\tau-u_2+u_1)h_m(u_1)h_n(u_2)\mathrm{d}u_1\mathrm{d}u_2 \tag{23-10}$$

$R_{P_m P_n}(\tau)$ 是随机变量 $P_m(t)$ 和 $P_n(t+\tau)$ 的协方差函数,$R_{z_m z_n}(\tau)$ 是振型反应 $z_m(t)$ 和 $z_n(t+\tau)$ 的协方差函数。由此推导清楚看出:如果对所有 m 和 n 的组合,协方差函数 $R_{P_m P_n}(\tau)$ 都是已知的话,就可以完成式(23-10)的积分和式(23-9)的取和,以求出所需要的反应 $z(t)$ 的自相关函数。

对于阻尼较小和具有稀疏振型频率的体系(在结构工程中一般就是这种情况),振型 m 所产生的反应过程 $z_m(t)$ 与振型 n 所产生的反应 $z_n(t)$ 几乎是统计无关的;也就是说,式(23-9)中的交叉项接近于零。所以,总反应的自相关函数一般可以近似地表示为

$$R_z(\tau)\doteq\sum_m R_{z_m z_m}(\tau) \tag{23-11}$$

式中 $R_{z_m z_m}(\tau)$ 是过程 $z_m(t)$ 的自相关函数。当令 τ 等于零时,可将式(23-11)写成标准差的形式,即

$$\sigma_z=(\sigma_{z1}^2+\sigma_{z2}^2+\sigma_{z3}^2+\cdots)^{1/2} \tag{23-12}$$

因为反应过程 $z(t)$ 和 $z_m(t)$($m=1,2,\cdots$)的平均极值分别与它们的标准差 σ_z 和 σ_{z_m} 成比例,所以式(23-12)为通常所采用的"平方和开方(SRSS)"方法来组合各振型的最大反应以估计最大总反应的办法提供了依据。

当体系中某些频率间隔很近时,式(23-9)中相应的交叉项必须保留。这就是考虑最大正规振型对反应贡献进行加权的完全二次组合方法(CQC)[①],见式(26-116)。

§23-2 采用正规振型的线性体系的频域反应

对反应 $z(t)$ 的自相关函数进行 Fourier 变换可以得出其功率谱密度函

① A. Der Kiureghian, "Structural Response to Stationary Excitation," *Jour. of Engineering Mechanics Division*, ASCE, December 1980.

数，即

$$S_z(\bar{\omega})=\frac{1}{2\pi}\int_{-\infty}^{\infty}R_z(\tau)\exp(-i\bar{\omega}\tau)\mathrm{d}\tau \tag{23-13}$$

将式(23 - 10)代入式(23 - 9)，然后将式(23 - 9)再代入式(23 - 13)，给出

$$S_z(\bar{\omega})=\frac{1}{2\pi}\int_{-\infty}^{\infty}\left[\sum_m\sum_n\int_0^{\infty}\int_0^{\infty}B_mB_nR_{P_mP_n}(\tau-u_2+u_1)\times h_m(u_1)h_n(u_2)du_1du_2\right]\exp(-i\bar{\omega}\tau)\mathrm{d}\tau \tag{23-14}$$

或

$$S_z(\bar{\omega})=\frac{1}{2\pi}\sum_m\sum_n B_mB_n\times\left[\lim_{T\to\infty}\int_0^T h_m(u_1)\mathrm{d}u_1\int_0^T h_n(u_2)\mathrm{d}u_2\times\int_{-T}^{T}R_{P_mP_n}(\tau-u_2+u_1)\exp(-i\bar{\omega}\tau)\mathrm{d}\tau\right] \tag{23-15}$$

因为当 u_1 和 u_2 小于零时，$h(u_1)$和 $h(u_2)$等于零，式(23 - 15)的前两个积分的下限可以从零改变为$-T$。在代入如下变量代换之后

$$\gamma\equiv\tau-u_2+u_1 \tag{23-16}$$

式(23 - 15)变为

$$S_z(\bar{\omega})=\frac{1}{2\pi}\sum_m\sum_n B_mB_n\times\left[\lim_{T\to\infty}\int_{-T}^{T}h_m(u_1)\exp(i\bar{\omega}u_1)\mathrm{d}u_1\times\int_{-T}^{T}h_n(u_2)\exp(-i\bar{\omega}u_2)\mathrm{d}u_2\times\int_{-T-u_2+u_1}^{T-u_2+u_1}R_{P_mP_n}(\gamma)\exp(-i\bar{\omega}\gamma)\mathrm{d}\gamma\right] \tag{23-17}$$

因为当$|\tau|$值增加时，$R_{P_mP_n}(\tau)$由于阻尼而衰减，式(23 - 17)中最后一个积分的上下限可改为 T 和$-T$。利用式(6 - 53)和式(21 - 37)的第一式，式(23 - 17)成为

$$S_z(\bar{\omega})=\sum_m\sum_n S_{z_mz_n}(\bar{\omega}) \tag{23-18}$$

式中

$$S_{z_mz_n}(\bar{\omega})\equiv B_mB_nH_m(-i\bar{\omega})H_n(i\bar{\omega})S_{P_mP_n}(\bar{\omega}) \tag{23-19}$$

是振型响应 $z_m(t)$和 $z_n(t)$的互谱密度函数，$S_{P_mP_n}(\bar{\omega})$是过程 $P_m(t)$和 $P_n(t)$力的互谱密度函数，而

$$\begin{aligned}H_m(-i\bar{\omega})&=\frac{1}{K_m[1-2i\xi_m(\bar{\omega}/\omega_m)-(\bar{\omega}/\omega_m)^2]}\\H_n(i\bar{\omega})&=\frac{1}{K_n[1+2i\xi_n(\bar{\omega}/\omega_n)-(\bar{\omega}/\omega_n)^2]}\end{aligned} \tag{23-20}$$

对于具有稀疏振型频率的小阻尼体系，式(23－18)中的交叉项对均方响应 $\int_{-\infty}^{\infty} S_z(\bar{\omega})\,\mathrm{d}\bar{\omega}$ 贡献很小。在此情况下，$S_z(\bar{\omega})$ 简化为近似形式

$$S_z(\bar{\omega}) \doteq \sum_m S_{z_m z_m}(\bar{\omega}) \tag{23-21}$$

式中

$$S_{z_m z_m}(\bar{\omega}) = B_m^2 \,|H_m(i\bar{\omega})|^2 S_{P_m P_m}(\bar{\omega}) \tag{23-22}$$

$$|H_m(i\bar{\omega})|^2 = \frac{1}{K_m^2[1+(4\xi_m^2-2)(\bar{\omega}/\omega_m)^2+(\bar{\omega}/\omega_m)^4]} \tag{23-23}$$

而 $S_{P_m P_m}(\bar{\omega})$ 是过程 $P_m(t)$ 的功率谱密度函数。如前面所指出的，当两个重要的正规振型的频率几乎一样时，式(23－9)中相应的交叉项必须保留。同样，式(23－18)中相应的交叉项也必须保留。

如果所有的输入过程都是 Gauss 过程，反应 $z(t)$ 也将是 Gauss 过程。在此情况下，$S_z(\bar{\omega})$ 完全表征了这个过程。

§23－3　在离散荷载下的正规振型力函数

在第 12 章已经说过，如果线性结构受离散分布的荷载 $p_i(t)(i=1,2,\cdots)$ 作用，则第 n 振型的广义力函数为

$$P_n(t) = \sum_i \phi_{in} p_i(t) = \boldsymbol{\phi}_n^{\mathrm{T}} \boldsymbol{p}(t) \tag{23-24}$$

式中，常数 ϕ_{in} 是第 n 阶振型中第 i 点在相应荷载 $p_i(t)$ 方向的位移分量。如果每个离散荷载 $p_i(t)$ 都是平稳 Gauss 过程，并由 $S_{p_i}(\bar{\omega})$ 和 $R_{p_i}(\tau)$ 定义，则 $P_m(t)$ 和 $P_n(t)$ 的互谱密度和协方差函数为

$$S_{P_m P_n}(\bar{\omega}) = \sum_i \sum_k \phi_{im}\phi_{kn} S_{p_i p_k}(\bar{\omega}) = \boldsymbol{\phi}_m^{\mathrm{T}} \boldsymbol{S}_p \boldsymbol{\phi}_n \tag{23-25}$$

$$R_{P_m P_n}(\tau) = \sum_i \sum_k \phi_{im}\phi_{kn} R_{p_i p_k}(\tau) = \boldsymbol{\phi}_m^{\mathrm{T}} \boldsymbol{R}_p \boldsymbol{\phi}_n \tag{23-26}$$

这样，将式(23－25)和式(23－26)代入式(23－19)和式(23－10)即可分别得出反应 $z(t)$ 的功率谱密度函数和自相关函数。

例题 E23－1　一个等截面的倒 L 形构件，单位长度的质量为 $\bar{m}$，在平面内的抗弯刚度为 EI，该构件如图 E23－1 所示被离散化。此模型同时受到基底平稳随机加速度 $a_x(t)$ 和 $a_y(t)$ 作用，它们具有功率谱和互谱密度

$$S_{a_x a_x}(\bar{\omega}) = S_0 \qquad S_{a_y a_y}(\bar{\omega}) = \frac{1}{2}S_0 \qquad S_{a_x a_y}(\bar{\omega}) = S_{a_y a_x}(\bar{\omega}) = CS_0 \tag{a}$$

式中 C 为实常数。假设振型阻尼具有非耦合的形式，而每个振型的阻尼比均等于 ξ。求基底力矩 $M(t)$ 的方差，用 $\bar{m}, L, EI, \xi, S_0$ 和 C 表示。C 取值的可能数值范围是多少？

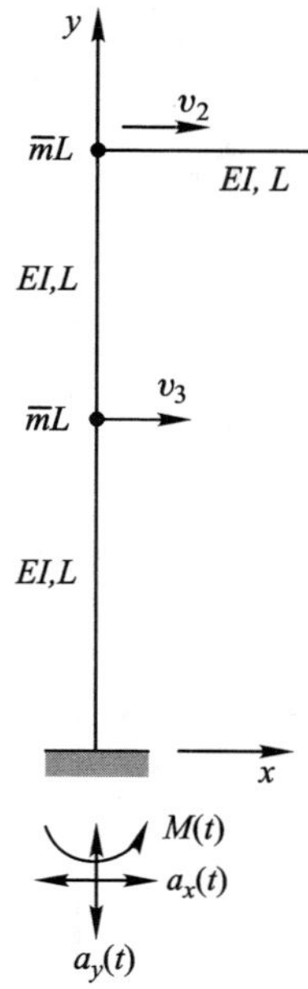

$$f=\frac{L^3}{6EI}\begin{bmatrix}14 & 12 & 3\\ 12 & 16 & 5\\ 3 & 5 & 2\end{bmatrix}$$

$$\boldsymbol{m}=\frac{\bar{m}L}{2}\begin{bmatrix}1 & 0 & 0\\ 0 & 3 & 0\\ 0 & 0 & 2\end{bmatrix}$$

$$S_{a_xa_x}(\bar{\omega})=S_0\,;S_{a_ya_y}(\bar{\omega})=\frac{1}{2}S_0$$

$$S_{a_xa_y}(\bar{\omega})=S_{a_ya_x}(\bar{\omega})=CS_0$$

图 E23-1 等截面倒 L 形构件离散化模型

利用图 E23-1 所示的柔度矩阵和质量矩阵，可得出如下的振型和频率

$$\begin{aligned}
&\boldsymbol{\phi}_1^{\mathrm{T}}=(-0.807 \quad 1.000 \quad 0.307) && \omega_1^2=0.197\,\frac{EI}{\bar{m}L^4}\\
&\boldsymbol{\phi}_2^{\mathrm{T}}=(-1.000 \quad -0.213 \quad -0.280) && \omega_2^2=2.566\,\frac{EI}{\bar{m}L^4}\\
&\boldsymbol{\phi}_3^{\mathrm{T}}=(-0.309 \quad -0.304 \quad 1.000) && \omega_3^2=21.858\,\frac{EI}{\bar{m}L^4}
\end{aligned}\tag{b}$$

从式(12-12a)，正规坐标广义质量为

$$M_1=3.84\,\frac{\bar{m}L}{2}\qquad M_2=1.29\,\frac{\bar{m}L}{2}\qquad M_3=2.41\,\frac{\bar{m}L}{2}\tag{c}$$

并且从式(12-12c)，相应的广义力为

$$P_n(t)=\boldsymbol{\phi}_n^{\mathrm{T}}\boldsymbol{p}_{\mathrm{eff}}(t)=-\boldsymbol{\phi}_n^{\mathrm{T}}\boldsymbol{m}\begin{bmatrix}a_y\\ a_x\\ a_x\end{bmatrix}\qquad n=1,2,3$$

由此式可得

$$P_m(t)P_n(t)=\boldsymbol{\phi}_m^{\mathrm{T}}\boldsymbol{m}\begin{bmatrix}a_y\\ a_x\\ a_x\end{bmatrix}(a_y \quad a_x \quad a_x)\boldsymbol{m}\boldsymbol{\phi}_n$$

由此，功率和互谱密度函数变为

$$S_{P_mP_n}(\bar{\omega})=\boldsymbol{\phi}_m^{\mathrm{T}}\boldsymbol{m}\begin{pmatrix} S_{a_ya_y}(\bar{\omega}) & S_{a_ya_x}(\bar{\omega}) & S_{a_ya_x}(\bar{\omega}) \\ S_{a_xa_y}(\bar{\omega}) & S_{a_xa_x}(\bar{\omega}) & S_{a_xa_x}(\bar{\omega}) \\ S_{a_xa_y}(\bar{\omega}) & S_{a_xa_x}(\bar{\omega}) & S_{a_xa_x}(\bar{\omega}) \end{pmatrix}\boldsymbol{m}\boldsymbol{\phi}_n$$

或

$$S_{P_mP_n}(\bar{\omega})=\boldsymbol{\phi}_m^{\mathrm{T}}\boldsymbol{m}\begin{pmatrix} \frac{1}{2}S_0 & CS_0 & CS_0 \\ CS_0 & S_0 & S_0 \\ CS_0 & S_0 & S_0 \end{pmatrix}\boldsymbol{m}\boldsymbol{\phi}_n$$

$$m,n=1,2,3 \qquad \text{(d)}$$

为了求出第 n 振型对弯矩的贡献 $M_n(t)$，如图 E23－2 所示，对构件施加力向量

$$\begin{pmatrix} f_{1n} \\ f_{2n} \\ f_{3n} \end{pmatrix}=\omega_n^2\boldsymbol{m}\boldsymbol{\phi}_nY_n(t)$$

把对基底的力矩相加，得出

$$M_n(t)=\omega_n^2(-L \quad 2L \quad L)\boldsymbol{m}\boldsymbol{\phi}_nY_n(t) \qquad n=1,2,3$$

在此情况下，式(23－2)变为

$$M(t)=\sum_{n=1}^{3}B_nY_n(t) \qquad \text{(e)}$$

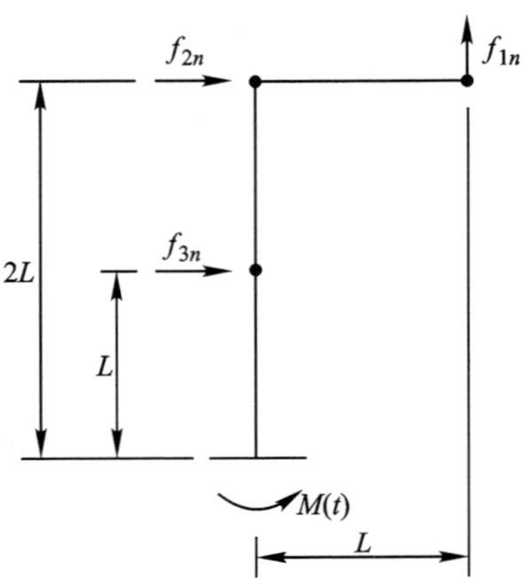

图 E23－2

式中

$$B_n=\omega_n^2(-L \quad 2L \quad L)\boldsymbol{m}\boldsymbol{\phi}_n \qquad n=1,2,3 \qquad \text{(f)}$$

利用式(23－18)和式(23－19)，可将基底力矩的谱密度表示为

$$S_M(\bar{\omega})=\sum_{m=1}^{3}\sum_{n=1}^{3}B_mB_nH_m(-i\bar{\omega})H_n(i\bar{\omega})S_{P_mP_n}(\bar{\omega}) \qquad \text{(g)}$$

式中 $H_m(-i\bar{\omega})$和 $H_n(i\bar{\omega})$已在式(23－20)中给出。将此表达式对$\bar{\omega}$从$-\infty$到$+\infty$积分，可给出基底力矩的方差

$$\sigma_{M(t)}^2=\sum_{m=1}^{3}\sum_{n=1}^{3}\left[B_mB_nS_{P_mP_n}\int_{-\infty}^{\infty}H_m(-i\bar{\omega})H_n(i\bar{\omega})\mathrm{d}\bar{\omega}\right] \qquad \text{(h)}$$

式中 $S_{P_mP_n}$ 具有式(d)所示不随频率改变的形式。利用式(23－20)，完成式(h)中的积分，给出

$$\sigma_{M(t)}^2=\sum_{m=1}^{3}\sum_{n=1}^{3}\frac{4\pi\xi B_mB_nS_{P_mP_n}}{M_nM_m(\omega_n+\omega_m)[(\omega_n-\omega_m)^2+4\xi^2\omega_n\omega_m]} \qquad \text{(i)}$$

假定结构为低阻尼体系，即 $\xi<0.1$，此式中的交叉项将比较小并可忽略不计，这样即可得出近似表达式

$$\sigma_{M(t)}^2 \doteq \frac{\pi}{2\xi}\sum_{n=1}^{3}\frac{B_n^2 S_{P_nP_n}}{M_n^2\omega_n^3} \tag{j}$$

将式(b)～式(d)和式(f)代入，式(j)变为

$$\sigma_{M(t)}^2 \doteq \frac{\bar{m}^2L^2}{\xi}\sqrt{\frac{EI}{\bar{m}}}(9.3+3.2C)S_0 \tag{k}$$

如果激励 $a_x(t)$ 和 $a_y(t)$ 统计独立，则 $S_{a_xa_y}=CS_0=0$。所以，在此情况下 $C=0$。然而，如果 $a_x(t)$ 和 $a_y(t)$ 完全统计相关，则 $a_y(t)=\alpha a_x(t)$，式中 α 为实常数。根据式(21－27)和(21－60)所给的功率和互谱密度的定义，分别得出

$$S_{a_ya_y}=\alpha^2S_{a_xa_x} \qquad S_{a_xa_y}=\alpha S_{a_xa_x}$$

从这些关系式和式(a)可知，$C=\alpha=\pm1/\sqrt{2}$。从而得出 C 的可能数值范围为

$$-\frac{1}{\sqrt{2}}\leqslant C\leqslant+\frac{1}{\sqrt{2}} \tag{l}$$

将 C 的最小和最大值代入式(k)，给出

$$\sigma_{M(t)}^2=\begin{cases}7.0\dfrac{\bar{m}^2L^2}{\xi}\sqrt{\dfrac{EI}{\bar{m}}}S_0 & C=-\dfrac{1}{\sqrt{2}}\\[2ex] 11.6\dfrac{\bar{m}^2L^2}{\xi}\sqrt{\dfrac{EI}{\bar{m}}}S_0 & C=+\dfrac{1}{\sqrt{2}}\end{cases} \tag{m}$$

§23－4　在分布荷载下的正规振型力函数

如果作用于一个线性结构上的分布荷载 $p(x,t)$ 对 x 和 t 都是随机的，则第 n 阶振型的广义力函数为如下的形式

$$P_n(t)=\int_{-\infty}^{\infty}\phi_n(x)p(x,t)\mathrm{d}x \tag{23－27}$$

其中 $\phi_n(x)$ 只是 23－3 节所定义的 ϕ_{in} 的连续形式。如果 $p(x,t)$ 是由 $S_p(x,\alpha,\bar{\omega})$ 或 $R_p(x,\alpha,\bar{\omega})$ 所表征的平稳 Gauss 过程，则 $P_m(t)$ 和 $P_n(t)$ 的互谱密度函数和协方差函数变为

$$S_{P_mP_n}(\bar{\omega})=\int_{-\infty}^{\infty}\int_{-\infty}^{\infty}\phi_m(x)\phi_n(\alpha)S_p(x,\alpha,\bar{\omega})\mathrm{d}x\mathrm{d}\alpha \tag{23－28}$$

$$R_{P_mP_n}(\bar{\omega})=\int_{-\infty}^{\infty}\int_{-\infty}^{\infty}\phi_m(x)\phi_n(\alpha)R_p(x,\alpha,\bar{\omega})\mathrm{d}x\,\mathrm{d}\alpha \tag{23－29}$$

式中 α 是一个虚空间变量。现在，将式(23－28)和式(23－29)代入式(23－19)和式(23－10)，即可分别得出反应 $z(t)$ 的功率谱密度函数和自相关函数。

现在读者应该相当清楚，当线性结构在受到对所有三个空间坐标和时间都随机的平稳 Gauss 激励时，应该如何求解该结构的随机反应了。

§23-5 具有频率依赖参数和/或耦合正规振型的线性系统的频域反应

在许多工程应用中，如下形式的离散参数线性运动控制方程

$$\boldsymbol{m}\,\ddot{\boldsymbol{v}}(t)+\boldsymbol{c}\,\dot{\boldsymbol{v}}(t)+\boldsymbol{k}\boldsymbol{v}(t)=\boldsymbol{p}(t) \tag{23-30}$$

不能通过前述的正规振型分解法来求解。这是由于阻尼矩阵 $\boldsymbol{c}$ 本质上是非正交的，导致正规振型是耦合的。在另外一些应用中，阻尼和刚度矩阵具有频率依赖的系数，因而标准的时域求解方法不能适用。对于这两种情况中的任何一种，可以直接应用另外一种频域求解方法来求解式(23-30)，而不需要正规振型。为了表述这种方法，考虑式(23-30)的频域形式

$$[(\boldsymbol{k}-\bar{\omega}^2\boldsymbol{m})+i(\bar{\omega}\boldsymbol{c})]\boldsymbol{V}(i\bar{\omega})=\boldsymbol{P}(i\bar{\omega}) \tag{23-31}$$

式中 $\boldsymbol{V}(i\bar{\omega})$ 和 $\boldsymbol{P}(i\bar{\omega})$ 分别为向量 $\boldsymbol{v}(t)$ 和 $\boldsymbol{p}(t)$ 的 Fourier 变换。这里暂且假定向量 $\boldsymbol{v}(t)$ 和 $\boldsymbol{p}(t)$ 为有限持续时间，所以它们的 Fourier 变换存在。

假设一个 N 自由度体系，求解得到这个体系 $N\times N$ 阶复的频率反应矩阵，其元素 $H_{jk}(i\bar{\omega})(j,k=1,2,\cdots,N)$ 为复频率反应函数，它代表 k 坐标处作用一个单位简谐荷载在 j 坐标处产生的复位移反应。这一步是利用式(23-31)求解反应向量来完成的，即利用

$$\boldsymbol{H}_k(i\bar{\omega})\equiv(H_{1k}(i\bar{\omega})\,H_{2k}(i\bar{\omega})\cdots H_{Nk}(i\bar{\omega}))^{\mathrm{T}}=\boldsymbol{I}(i\bar{\omega})^{-1}(00\cdots010\cdots0)^{\mathrm{T}} \tag{23-32}$$

式中，矩阵 $\boldsymbol{I}(i\bar{\omega})$ 是系统已知的阻抗矩阵，它由式(23-31)左边方括号里的量给出，而式(23-31)右端荷载向量的第 k 个分量为 1，其他分量均为零。向量 $\boldsymbol{H}_k(i\bar{\omega})(k=1,2,\cdots,N)$ 构成了 $N\times N$ 阶复的频率反应矩阵 $\boldsymbol{H}(i\bar{\omega})$ 的列。

利用式(23-32)先对离散频率 $\bar{\omega}$ 取较宽间隔离散值生成频率反应函数矩阵，然后利用 12-9 节所介绍的第五阶内插法生成其他频率紧密间隔离散值的频率反应函数矩阵，所用频率也是对向量 $\boldsymbol{p}(t)$ 成分进行快速 Fourier 变换时用的。在得到 $\bar{\omega}$ 的紧密间隔离散值上的完整传递函数矩阵 $\boldsymbol{H}(i\bar{\omega})$ 以后，反应向量 $\boldsymbol{V}(i\bar{\omega})$ 由下式的叠加得到，

$$\boldsymbol{V}(i\bar{\omega})=\boldsymbol{H}(i\bar{\omega})\boldsymbol{P}(i\bar{\omega}) \tag{23-33}$$

现在假设向量 $\boldsymbol{p}(t)$ 是用如下谱密度矩阵表征的平稳随机过程，

$$S_p(i\bar{\omega})=\begin{pmatrix} S_{p_1p_1}(\bar{\omega}) & S_{p_1p_2}(i\bar{\omega}) & \cdots & S_{p_1p_N}(i\bar{\omega}) \\ S_{p_2p_1}(i\bar{\omega}) & S_{p_2p_2}(\bar{\omega}) & \cdots & S_{p_2p_N}(i\bar{\omega}) \\ \cdots & \cdots & \cdots & \cdots \\ S_{p_Np_1}(i\bar{\omega}) & S_{p_Np_2}(i\bar{\omega}) & \cdots & S_{p_Np_N}(\bar{\omega}) \end{pmatrix} \tag{23-34}$$

式中

$$S_{p_jp_k}(i\bar{\omega}) \equiv \lim_{s\to\infty}\frac{\left[\int_{-s/2}^{s/2}p_j(t)\exp(-i\bar{\omega}t)\mathrm{d}t\right]\left[\int_{-s/2}^{s/2}p_k(t)\exp(i\bar{\omega}t)\mathrm{d}t\right]}{2\pi s} \tag{23-35}$$

按照此平稳性条件，(1)式(23－33)的两边右乘各自的复共轭转置；(2)对步骤(1)得到的等式两边除以 $2\pi s$，其中 s 代表过程的持续时间；(3)求 $s\to\infty$ 时的极限，得到

$$\lim_{s\to\infty}\frac{\boldsymbol{V}(i\bar{\omega})\boldsymbol{V}^{\mathrm{T}}(-i\bar{\omega})}{2\pi s}=\lim_{s\to\infty}\frac{\boldsymbol{H}(i\bar{\omega})\boldsymbol{P}(i\bar{\omega})\boldsymbol{P}(-i\bar{\omega})^{\mathrm{T}}\boldsymbol{H}(-i\bar{\omega})^{\mathrm{T}}}{2\pi s} \tag{23-36}$$

利用式(23－35)给出的互谱密度定义，式(23－36)变成

$$\boldsymbol{S}_v(i\bar{\omega})=\boldsymbol{H}(i\bar{\omega})\boldsymbol{S}_p(i\bar{\omega})\boldsymbol{H}(-i\bar{\omega})^{\mathrm{T}} \tag{23-37}$$

式中 $\boldsymbol{S}_v(i\bar{\omega})$ 是反应的谱密度矩阵，即

$$\boldsymbol{S}_v(i\bar{\omega})=\begin{pmatrix} S_{v_1v_1}(\bar{\omega}) & S_{v_1v_2}(i\bar{\omega}) & \cdots & S_{v_1v_N}(i\bar{\omega}) \\ S_{v_2v_1}(i\bar{\omega}) & S_{v_2v_2}(\bar{\omega}) & \cdots & S_{v_2v_N}(i\bar{\omega}) \\ \cdots & \cdots & \cdots & \cdots \\ S_{v_Nv_1}(i\bar{\omega}) & S_{v_Nv_2}(i\bar{\omega}) & \cdots & S_{v_Nv_N}(\bar{\omega}) \end{pmatrix} \tag{23-38}$$

如果对具有 r 个分量的反应向量 $\boldsymbol{z}(t)$ 感兴趣，该向量的时域和频域形式分别表示如下

$$\boldsymbol{z}(t)=\boldsymbol{A}\boldsymbol{v}(t) \qquad \boldsymbol{Z}(i\bar{\omega})=\boldsymbol{A}\boldsymbol{V}(i\bar{\omega}) \tag{23-39}$$

式中 $\boldsymbol{A}$ 是已知的 $r\times N$ 阶的系数矩阵。则向量 $\boldsymbol{Z}(t)$ 的 $r\times r$ 阶谱密度矩阵为

$$\boldsymbol{S}_z(i\bar{\boldsymbol{\omega}})=\boldsymbol{A}\boldsymbol{H}(i\bar{\omega})\boldsymbol{S}_p(i\bar{\omega})\boldsymbol{H}(-i\bar{\omega})^{\mathrm{T}}\boldsymbol{A}^{\mathrm{T}} \tag{23-40}$$

如果输入 $\boldsymbol{p}(t)$ 是 Gauss 过程，这个矩阵就完全表征了随机向量 $\boldsymbol{z}(t)$。

习　　题

23－1　考虑图 P23－1 所示两自由度线性体系，其中 $p_1(t)$ 和 $p_2(t)$ 是两个不同的零均值平稳随机过程。体系具有如图所示的离散的质量和弹簧，并可假定具有低于临界阻尼的非耦

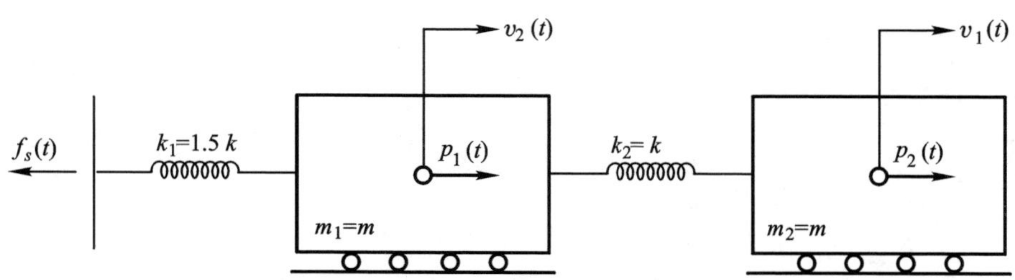

图 P23－1　习题 23－1 的两质量块体系

合形式的线性粘滞阻尼，各振型阻尼比 $\xi_1=\xi_2=\xi$。如果过程 $p_1(t)$ 和 $p_2(t)$ 的功率和互谱密度函数在整个频率范围 $-\infty<\bar{\omega}<\infty$ 内为

$$S_{p_1p_1}(\bar{\omega})=S_0 \quad S_{p_2p_2}(\bar{\omega})=AS_0 \quad S_{p_1p_2}(\bar{\omega})=(B+iC)S_0$$

其中 A,B 和 C 为实的常数（A 必须为正值，但 B 和 C 可以为正值或负值）。试求出用常数 k，m,ξ,S_0,A,B 和 C 表示的弹簧力 $f_s(t)$ 的功率谱密度函数的表达式。写出一个包括常数 A,B 和 C 的表达式，此式给出常数 B 和 C 的可能值的范围（注：B 的可能值的范围和 A 的可能值的范围不能分开独立表示）。

23-2　一个等截面简支梁，跨长为 L，刚度为 EI，单位长度质量为 $\bar{m}$，两端受到零均值平稳随机竖向支座运动。令 $v(x,t)$ 表示构件总的竖向位移；竖向支座位移可由 $v(0,t)$ 和 $v(L,t)$ 给出。假定具有非耦合形式的粘滞阻尼，所有振型具有相同的阻尼比 $\xi(0<\xi<1)$。如果竖向支座加速度的功率和互谱密度函数在全部频率范围 $-\infty<\bar{\omega}<\infty$ 内为

$$S_{a_1a_1}(\bar{\omega})=S_0 \quad S_{a_2a_2}(\bar{\omega})=0.5S_0 \quad S_{a_1a_2}(\bar{\omega})=(0.4+0.2i)S_0$$

式中下标 a_1 和 a_2 分别代表 $\ddot{v}(0,t)$ 和 $\ddot{v}(L,t)$。试求出

(a) 位移 $v(x,t)$；

(b) 弯矩 $M(x,t)$；

(c) 剪力 $V(x,t)$ 的功率谱密度函数。

答案用级数形式，并由 L,EI,$\bar{m}$,ξ,S_0 和 $\bar{\omega}$ 表示。讨论这些级数收敛的相对速率。

23-3　图 P23-2 所示锥形竖直悬臂构件受到分布的零均值平稳 Gauss 随机荷载 $p(x,t)$ 作用，其功率谱密度函数为

$$S_p(x,\alpha,\bar{\omega})=S(\bar{\omega})\exp[-(A/L)|x-\alpha|]$$

式中，$S(\bar{\omega})$ 是 $\bar{\omega}$ 的已知函数，其单位为 $\mathrm{lbf}^2\cdot\mathrm{s/ft}^2$；$A$ 是一个已知的正的实常数。函数 $m(x)$ 和 $EI(x)$ 均为已知；可以假定具有非耦合形式的粘滞阻尼，每个振型都有相同的阻尼比 ξ。**概述**如何分析此结构的随机反应。作充分详细的解释，表明如果需要这样做的话，确实能得出正确的数值结果。

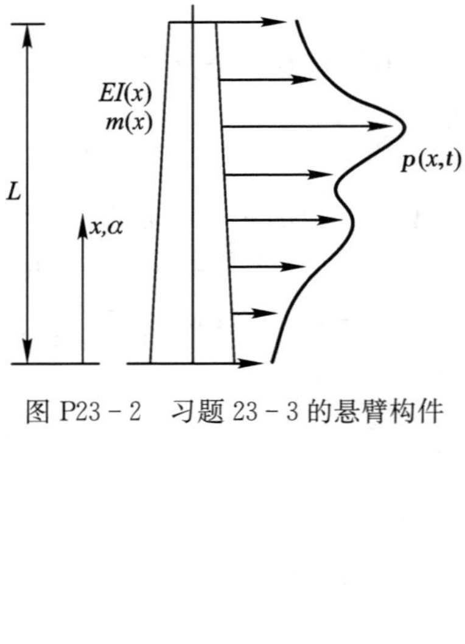

图 P23-2　习题 23-3 的悬臂构件

第V篇

地 震 工 程

第 24 章　地震学基础

§ 24 - 1　引　　言

正如在第 1 章提及的，作用在结构体系上的动力荷载可能由各种各样的输入机制产生。其中一类重要的荷载是涉及诸如船舶、飞机、汽车等运载体系的，对它们来说，动力荷载是运载工具的运动所引起的。另一类基本荷载是涉及诸如桥梁、房屋、水坝等固定的土木工程结构的，它们受到的动力荷载是外加的。在设计固定结构所必须考虑的多种外加荷载源中，最重要的荷载是能引起潜在灾难性后果的地震。

当然，在任一给定区域内地震荷载的重要程度与地震的可能烈度和出现的可能性有关，即与区域的地震活动性有关。然而，一般来说，在一些年以前，由于核电工业的出现，地震问题的重要性受到了极大的重视。在美国的任何地方建立核电站，它的设计必须考虑采用严格的抗震准则，类似的准则也被应用于世界的大部分发达区域。仅因为这个理由，最好是把地震工程领域作为框架，并在这个框架中应用这本教科书第Ⅰ到第Ⅳ篇介绍的理论和技术。

然而，很明显，可以成功地抵抗强地面运动所引起力的经济而有魅力的结构设计，是对结构工程、艺术和科学要求最好的挑战。进而解释了 Newmark 和 Rosenblueth① 所做的评述："地震可以系统地暴露出设计和施工中的错误——甚至是最微小的错误；这正是地震工程最具挑战性和迷人之处，并使得地震工程的教育价值远远超过它的直接目标。"

地震本身的知识当然是地震工程领域研究或实践的基本背景知识。详细研究地震和地震机理属于地震学范畴，但是地震工程师在研究中必须采取不同于地震学家的观点。地震学家把他们的注意力主要集中在地震的全局或长期的影响，因此他们关心非常小幅值的地面运动，而这些运动不引起很明显的结构反应。而另一方面，工程师主要关心大地震的局部影响，因为强烈的地面运动足以

---

① N. M. Newmark and E. Rosenblueth, *Fundamentals of Earthquake Engineering*. Prentice - Hall Inc., Englewood Cliffs, N. J., 1971.

引起结构的损伤。这些所谓的**强运动地震**太强烈，以至不能被地震学家通常用的非常灵敏的地震仪所记录，因此已经需要发展特种强运动地震仪。尽管地震工程师的目的不同于地震学家的目的，但是地震学的许多课题具有直接的工程兴趣。在这一章将简明介绍一些地震学中比较重要的课题。

§24－2　地震活动性

区域地震活动性决定了地震荷载的程度，它可以控制在该地区计划建造的任何结构的设计，而地震活动程度的主要指标是该区域发生过的地震历史记录。因为大地震往往引起灾难性的后果，所以它们已经记录在自文明开始的编年史中。在中国，被认为已经保存了近 3 000 年的每一次大的毁灭性地震事件记录。很明显，在中国有相当多的关于地震活动的知识可利用。另外，在中东也有两千多年以前发生的大地震损伤的报道，但比起中国来，这些地区的记录还是不完整的。

然而，一般来说关于全球地震活动的信息比起可以从上述例子得到的信息少得多，这是因为在地球的大部分区域还没有保持长时间的地震记录。即使关于地震发生的资料随人类文明的扩展而迅速增加，但这些记录仍然是很不完整和不一致的，直到二十世纪六十年代地震台世界标准网在美国建立。这个网包括大约 120 个地震台，配备标准地震仪，分布在 60 个国家当中。因此，这些新的地震记录能力加上其他国家已存在的观测网络，使得关于真正意义上的全球范围地震活动性研究成为可能。

图 24－1 介绍了从这些地震仪网编辑的 1975 年到 1995 年全部地震发生的地点和震级的信息。从这张图中得到的最明显的结论是，在地球表面地震发生不是均匀分布的；地震发生趋向于沿比较明确的线集中，这些线已经知道是与地

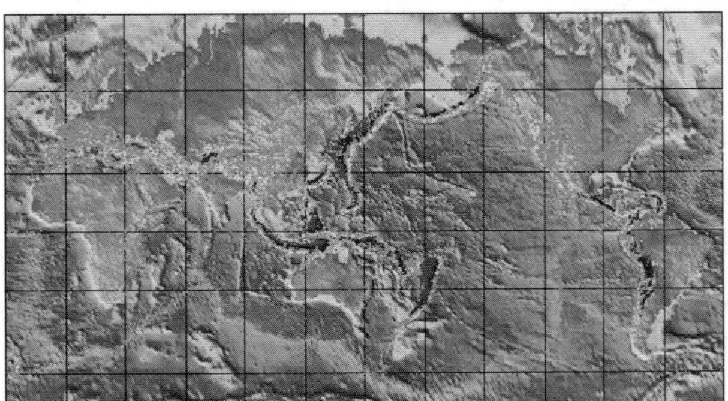

图 24－1　地震活动的全球分布：1975—1995
（Susan K Goter，U. S. Geological Survey.）

壳分块的边界相联系。下面分别在 24－3 节和 24－4 节简要描述地震断层与波和地球的构造，在 24－5 节的“板块构造学”标题下讨论地震沿板块边界生成的机理。

§24－3　地震断层与波

从地质学研究来看已经很清楚：接近地球表面的岩石不像看起来那样是刚性的和不运动的。在许多地质构造中存在充分的证据，即被埋在某一深度的岩石经受着大量的变形。很明显，当岩石承受上部负重带来的巨大压力时，岩石能够像弹塑性金属那样弯曲或者像软粘土那样挤压成新的形状。另外，地质构造表明，大概当岩石的应变超过其材料的变形能力时，在岩体中能出现许多断裂。当这样的断裂出现时，断裂面的两边发生相对滑动，形成所谓地质断层。断层面的取向（或倾向性）是用“走向”和“倾斜”来描述的。所谓走向为断层与水平地面的交线与北向的方位角，而所谓倾斜是断层面和水平地面的夹角。

断层出现的位移类型依赖于导致岩石断裂的应力状态。水平剪应力导致断层走向方向的横向运动，被称为“走向-滑移”或横向断层；按照面对观察者的断层一边的岩体相对邻近边的岩石向左或向右运动，断层可以分为左横向或右横向断层。岩体的相对滑移运动也可以是沿断层的倾斜方向，这种情况被称为“倾向-滑移”断层。如果断层上边的岩体有相对向下的运动，则被称为“正向”断层；如果上边的岩体相对下边有向上的运动，则被称为“反向”断层。一般来说，正向断层和表面岩石层的张应力状态有关，而如果是小倾斜，则反向断层则可能是表面岩石层的压应力引起的；在这种情况下形成的断层都被称为冲击断层。图 24－2

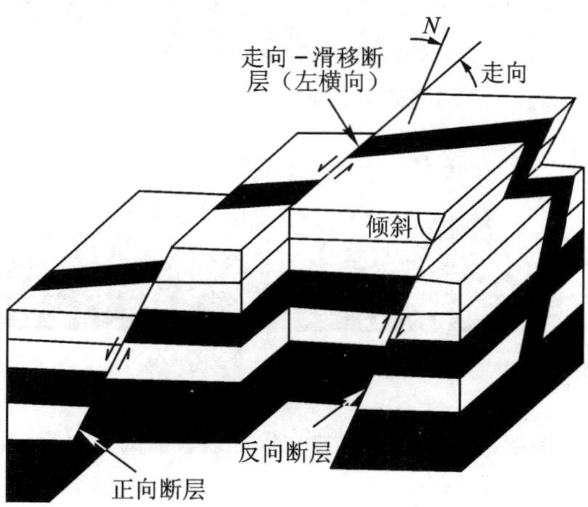

图 24－2　断层取向和断层位移的基本类型的定义。
（摘自“Earthquake”Bruce A. Bolt，W. H. Freeman and Company 1988）

描述了所有这些断层术语。

有关任何断层断裂的重要事实是，当岩石的变形和应力达到材料的破裂强度时发生断裂。因此它与应变能的突然释放有关，然后这个能量通过地层以振动弹性波的形式从断裂点在所有的方向向外传播。这些位移波通过地球上任意特定位置就形成地震。断层面上最早断裂的点称为震源，正对震源地表面的点称为震中。

在地球内部深处传播的地震运动可以分为两类波："P"波，材料质点在波

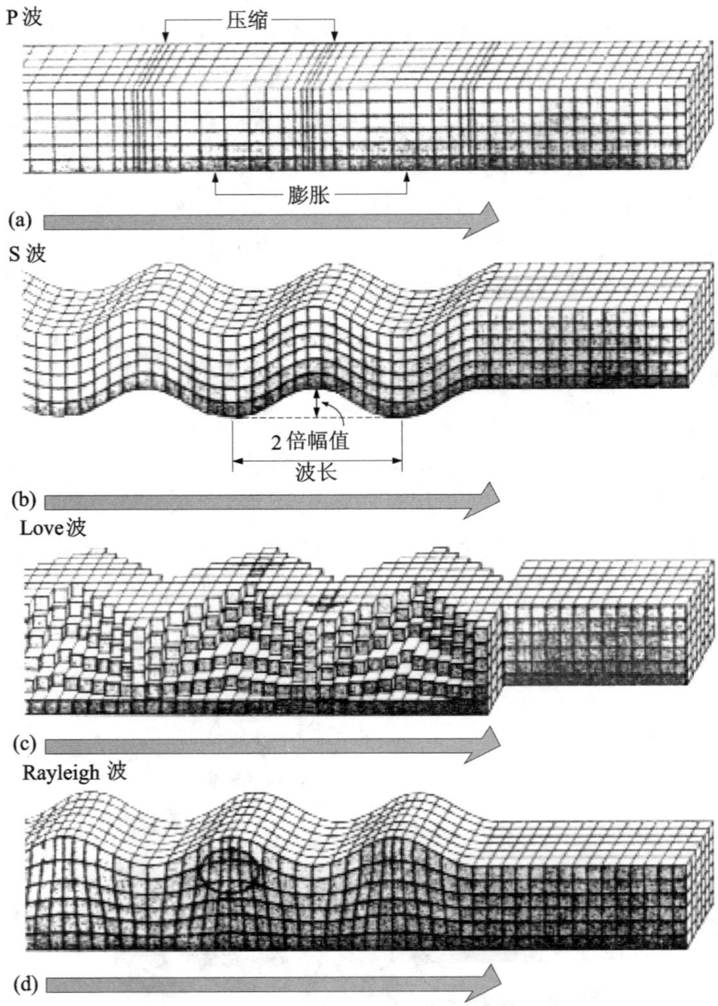

图 24－3　图解说明四种地震波在接近地表面的地面运动的形式。
［摘自 Bruce A. Bolt，Nuclear Explosions and Earthquake：The Parted Veil (San Francisco：W. H. Freeman and Company. Copyright © 1976)．］

的传播方向上运动，产生交替的拉压变形；"S"波，材料质点在与波传播方向垂直的方向上运动，产生剪切变形。命名为纵波(主波)或"P"波的原因是这些正应力波通过岩石传播最迅速，因此首先达到任一给定点。命名为横波(次波)或"S"波的原因是因为这些剪应力波传播比较慢，因此在"P"波之后达到。

当振动波能量在接近地球表面而不是在其内部深处传播时，就形成另两类波：Rayleigh 波和 Love 波。Rayleigh 表面波是类似于"P"波的拉压波，但它的幅值沿地面向下的距离而消失。类似地，Love 波是"S"体波的对应物；它们是沿地面向下的距离迅速消失的剪切波。图 24－3 说明了这四种弹性地震波的性质。

§ 24－4　地球的构造

目前许多关于地球构造的知识，是由地震波从断层的一点(震源)传播到设置在地球表面的许多观测点(地震仪)所需相对时间长度信息来推断得到的。如果波传播所经过的材料性质已知，那么 P 波和 S 波的相对到达时间可以根据震源到观测点的距离来解释。这个相对延迟时间也提供了地震波在具有不同弹性模量和密度的岩石同心层之间的边界反射和折射的证据。一些 P 型地震波的路径如图 24－4 所示。基于这种信息，可以推断地球由若干离散的同心层组成，正如图 24－5 所示，并且在下面段落里加以说明。

中心球体(称为内地核)被认为是主要由铁组成的很密实的固体；围绕它的是具有类似密度的一层，因为剪切波不能通过液体传播，因此认为该层是液体。接着是围绕地核厚厚的、较小密度的固体层，被称为地幔。最后是

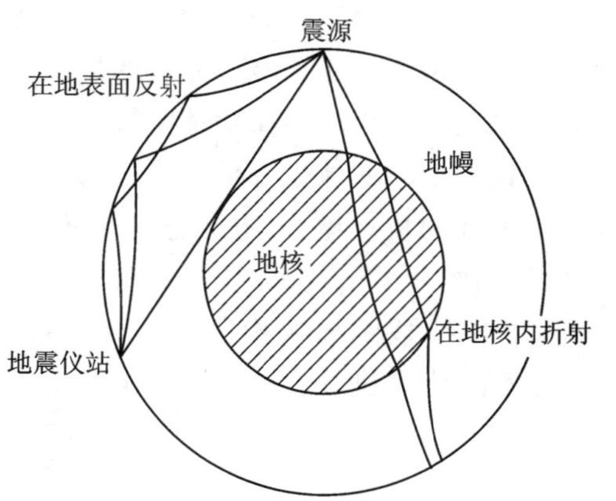

图 24－4　来自震源的一些 P 型地震波的路径

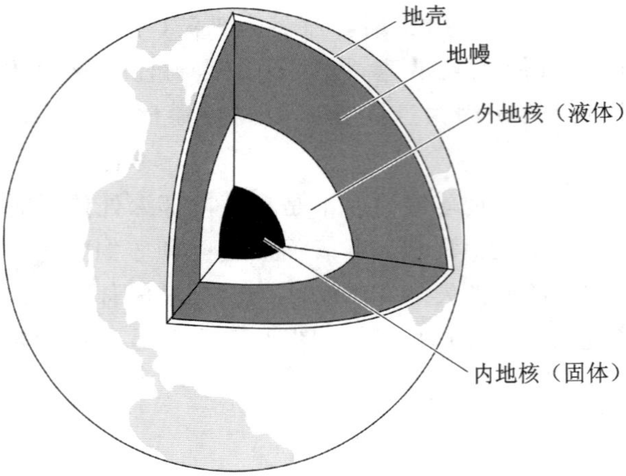

图 24-5　地球内部的分层构造
地壳在地幔上面，包括地球表面的陆地。地幔在地核上面。外地核是液体，但内地核是固体。
[摘自 W. J. Kauffman, "Planets and Moons", W. H. Freeman and Company, New York, 1979.]

在地球表面的相当薄的一层，被称为地壳。从地幔传播到地壳的地震波显示，速度有非常突然的下降，这就是所谓 Mohorovicic 间断面（或 Moho），它能识别所在位置的地壳底部。从这样的地震信息，已经注意到在海洋下的地壳是相对薄的，而在高山区域地壳是相对厚的。这个关系被认为是表明地壳正浮动在地幔上的地壳均衡原理的证明。在这种环境下，与地貌仅接近海平面或海平面下的区域相比较，高山区域需要比较深的地壳层，以便提供浮力。

基于这个概念，地幔被认为由两个不同层组成。地幔上部和地壳一起形成被称为岩石圈的刚性层。在它的下面，已经识别出一个低速区域，这层称为软流圈，被认为是由固体粒子和一种液体成分混合而成的岩浆。虽然，软流圈只是代表地幔总厚度的一小部分，正是因为它的高塑性特性，使岩石圈可以视为仿佛是浮在液体上一样，因此可以产生大的地壳变形。虽然，岩石圈作为一个整体是不运动的；但它被分为不同尺寸的板块模式，并且它们是沿板块边界相对运动的，这样引起在图 24-1 中见到的地震出现模式。地球的地壳板块简图如图 24-6 所示。这些板块运动的详细描述是板块构造学的课题，深入认识这个课题是本世纪的地质学和地震学的伟大进展之一，正如在下面 24-5 节中所简明描述的。

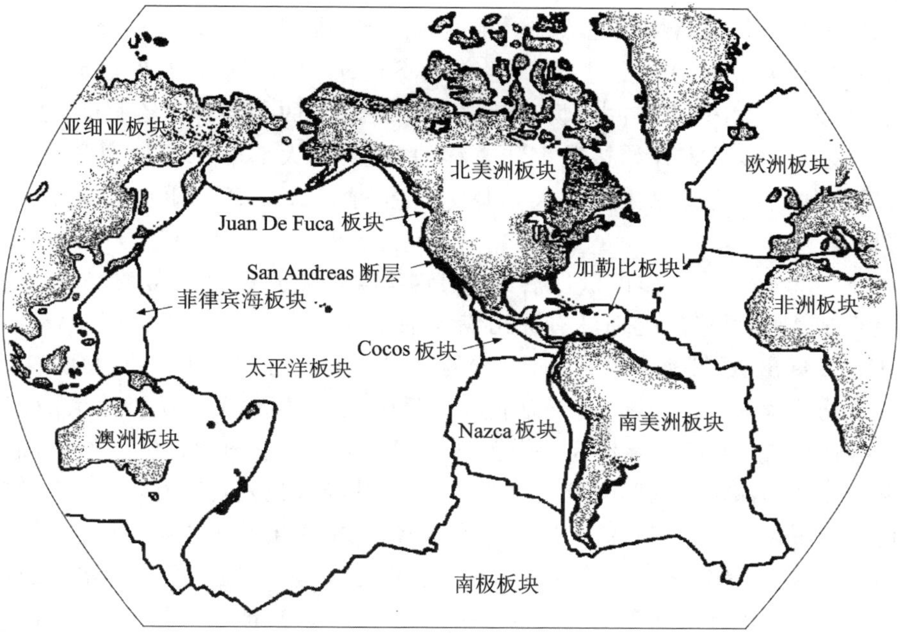

图 24－6　地球地壳板块的简图

§24－5　板块构造学

板块构造学包含的基本概念在若干世纪以前就被从事世界地图工作的人们所认识，他们注意到非洲西海岸的轮廓线与南美洲的东海岸很匹配，意味着这两个大陆可能在过去某一时期是连接在一起的。虽然这是一件非常有意思的事情，但直到很久以后一个法国人，Antonio Snider－Pellegrini 才做了第一次尝试，提出了实质大陆运动的概念。在 1858 年出版的一本书中他假想大西洋海岸是这两个大陆撕裂和分离形成的。作者支持这个“大陆漂移”的假说（众所周知的），介绍了扩张的证据：南美洲海岸的地质构成与非洲海岸的地质构成是非常相似的，并且也发现了正如它们化石标本所提示的，这两个区域的古代植物和动物生活之间的相似性。

在那个时代大部分地质学家完全拒绝这个大陆漂移的概念，但是在 1908 年一个美国地质学家 F. B. Taylor 再一次提出，在他的论点中包含如下概念：大西洋中脊（它是在十八世纪 70 年代被认识和进入地图的）是一条线，整个超大陆沿着这条线断裂成现在的两个大陆。对大陆漂移这个概念的一个更容易理解的证据是在 1915 年由德国气象学家，Alfred Wegener，在他的《关于大陆和海洋起源》一书中给出的，在这本书中他主张全世界大的陆地群在过去某一时期原本是连接成整体的超大陆。他发现这些非常大的陆地面积分离并运动形成到现在的位置的演变过程，并且效仿 Snider - Pellegrini，他也把他的论据基于地质构造相似性和古植物和动物群有关成分的相似性。在随后的年代里，许多其他科学家开始接受大陆漂移的概念，但大部分地球物理学家拒绝它，因为他们不能想象主要的大陆体怎样能通过大洋壳被驱动如此显著的距离。

在 Wegener 的著作出版以后的几十年里，大陆漂移的证据被继续收集，但对形成大陆漂移的机理没有提出满意的解释，直到 1962 年美国地质学家 H. H. Hess 出版了《海洋盆地的历史》的论文。这篇论文打开了我们现在理解的板块构造学的大门，它是基于海底的大量研究，包括在第二次世界大战时期 Hess 做的调查，当时他是作为一个美国海军的舰长。在他的日常工作中，他能够利用船的测深声学仪器测量海底地貌，这样就导致他发现了在海底隆起的所谓海山的平顶特征。从它们的尺寸和形状看，他推断出在过去某一时期它们是岛屿，而它们的平顶是由于接近海平面的浪冲刷引起的。他苦思的基本问题是，它们是怎样下沉到现在深度的。他最终形成一个假说，即它们是由具有向下分量的、大量的横向运动，而不是简单的垂直运动引起的。结合海洋中脊位置的知识和其他学者以前假定的地球地幔的对流循环的概念，Hess 做出了地壳运动的一般假说。这个连续运动认为是由于放射能导致地幔被加热所引起的，它使得岩浆沿海脊向上运动。当这种材料到达地表面而冷却时，它就形成了岩石圈表面的地壳；由于另外岩浆的继续上涌，使得浮在塑性软流圈上的整个岩石圈在两个方向向外扩张。这个新地壳冷却并向外扩张而沉积于海表面的下面，而这个运动不断继续，直到最终岩石圈达到一个深海沟，它在被称为俯冲过程中向下插入软流圈。

海底扩张的概念被许多类型的物理证据支持，包括在较早提及的在非常深处的海山存在，但这个理论最有力的证明是在海底磁场图已经观测到的斑马条纹所示的磁场取向的方式所给出，如图 24 - 7 所示。当地壳开始形成时，它就被按照当时的地球磁场的极性磁化，当它从洋脊向外扩张时它保持这个极性。然而，当地球磁场改变极性时，正如在新生代(6 500 万年)时期 50～100 万年间发生的，从洋脊两边刚刚产生的地壳显示在如图 24 - 7 所示的地图中的新的反向极性。利用这样的数据，海底扩张的速率可以利用这些极性条带的间隔和极性变化的年代关系来估计。

例如在太平洋的 Hawaiian 岛屿的火山岛群的直线排列，提供了地壳运动的其他可信服的证据。这些岛屿是由于当时岩浆从地幔的底部喷出而产生的，每一个岛的位置有序地处于在地幔底部火山活动的孤立点上，即所谓“热点”。这些热点在地壳面上是相对稳定的，所以当岩石圈按照对流循环运动

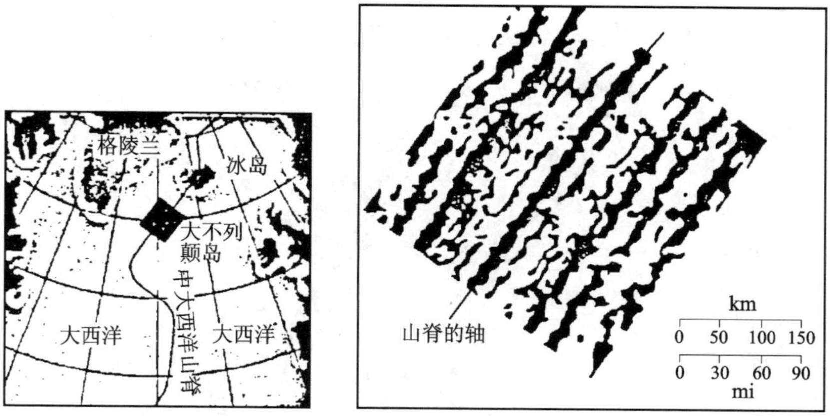

图 24-7 北大西洋海底的不正常磁场模式。从一个船上在许多位置上测量磁场强度揭示的对称条纹。在较低图中表示的区域的位置被显示在上面的图中。[摘自 A. Cox 等人,"Reversals of the Earth's Magnetic Field"。版权© 1967 年科学美国公司。保留所有版权。]

时,岩浆柱上升相继在不同的位置进入热点。在 Hawaiian 岛屿链区域,地壳正在向西北方向运动,所以首先形成的岛(Kawai)位于这个链的最北端。其他岛是按它们的相对年代设置的,年代序列中最年轻的岛(Hawaii)在这个链的东南端。

从这个描述显然可见,海底扩张的 Hess 概念提供了原来导致拒绝大陆漂移概念的主要疑问的答案。因为大陆是放在岩石圈里并且像在传送带上那样被传送,当它们运动时它们不必通过地壳所驱动。然而,从图 24-1 的地震带看,大陆的运动明显是与各种不同环流形式相联系的。因此相对运动在板块边界被感应,并且这些相对运动正是大部分地震出现的原因。例如,太平洋板块和围绕它周边的所有大陆板块之间的相互作用已经产生了图 24-1 所示的绝大部分地震。众所周知的 San Andreas 断层是在太平洋板块和北美板块之间接合处。图 24-8 所示这个断层和它分岔的次断层是历史上大部分 California 地震的原因,包括 1906 年的 San Francisco 大地震。这是世界上最活跃和被研究最多的断层系统;它的位置在地貌特征上是明显的,几乎覆盖整个 California(图 24-9)。研究这个断层区域和与它关联的地震,已经对目前地震机理和地震运动特征的知识有很大贡献。感兴趣的事实是,沿这个断层的相对运动和相应上面提及的太平洋海盆的顺时针转动,已经在地震时出现的断层断裂和用大地勘察测量的连续蠕变中被观察到。这些测量表明 California 断层西的地质结构是以每年若干厘米相对东朝北运动。

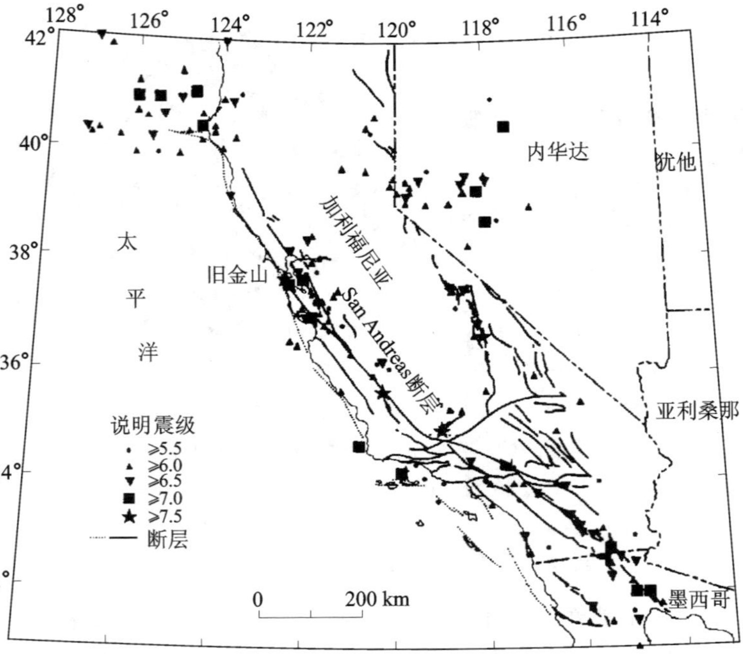

图 24-8 加利福尼亚的主要地震和断层

图 24-9 在加利福尼亚中部 Carrizo 平原东边的 San Andreas 断层

（R. E. Wallace，U. S. Geological Survey.）

§24-6　地震的弹性回弹理论

正是从 1906 年 San Francisco 地震期间沿 San Andreas 断层出现断裂的研究，H F Reid 首次明确提出了地震生成的弹性回弹理论。许多地震学家已经推断，地震是以某种原因由地壳的断裂或错位引起的。然而，Reid 对这次地震引起的沿断层 12 英里的大幅值剪切位移（典型的位移表示在图 24-10 中）的研究，使他论断地震振动能量的特定来源是地壳累积应变的释放，是突然剪切型断裂所引起的。

图 24-10　1906 年 8 月 18 日旧金山地震的 San Adreas 断层滑移引起篱笆的偏移
（G. K. Gilbert，U. S. Geological Survey.）

在图 24-11 中描绘了这个弹性回弹机理的基本概念，它还提供了对引起强烈的、导致潜在破坏表面运动这类地震的最满意解释。活动断层区域画在这个草图的中央，和 San Andreas 系统一样，假定左边的地质构造以常速率向北运动。如果建造一系列篱笆垂直穿过这个断层（图 24-11a），这种连续向北的移动将逐渐扭曲这个篱笆线，如图 24-11b 所示。另外在图中还表示了一条道路，它被假定建造在篱笆线变形以后。最终，地壳结构连续变形将导致超过材料强度的应力和应变。于是，断裂在断层区域的某一临界点开始，并且将在整个受高应力变形的材料长度中迅速传播。应变和相应位移的最终释放，导致图 24-11c 描述的状态。随着应变的释放，篱笆线将成为直线，而道路（在已经应变的基岩上建造）将被局部弯曲。

例如在图 24-9 和图 24-10 所描述的断层位移是一次大地震的局部现象。

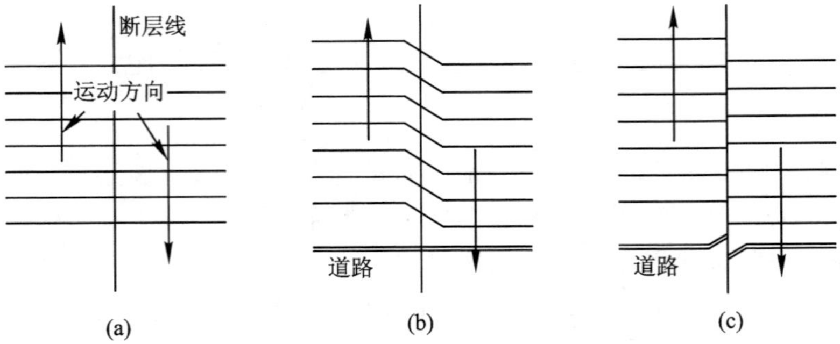

图 24－11　地震生成的弹性回弹理论
(a)应变前；(b)应变的(地震前)；(c)地震后

像这样的位移毫无疑问将使直接建立在断层裂缝上的任何结构发生重大损伤。然而，由于断裂所引起强烈的地面错动及从震源在所有方向向外传播的波动，因为它将影响很大的区域。因此是地震更有害的方面。如很长距离记录这个运动，因其太小甚至不被仪器所感知；在接近重大地震区域处所引起的地面运动又是如此之强烈，以至于它们不能被遥感地震仪所记录。正如在较早提及的，为了得到关于这样强烈的局部错动的详细信息，已开发了特定的“强运动”地震仪。遵循 G. W. Housner 一般推理路线，参考位于断层面的硬币型裂缝，可以方便地描述在这个潜在破坏区域内的地震波生成机理，如图 24－12 所示。假定在这个裂缝区域的应力状态已经达到断裂点。当断裂发生时，接近断裂面附近的应变释放，同时两边发生突然的相对位移。这个位移形成一个从震源辐射传播的位移波；通过位于震源一个适当距离的记录仪的记录，得到像图 24－13 所示的一个简单的位移脉冲。图中也表示了相应这个位移脉冲的速度和加速度记录。这些理想的地面运动记录和从 1957 年 Port Hueneme 地震得到的实际地震加速度记录(如图 24－14 所示，与其一起的还有由加速度图积分得到的速度和位移图)比较表明，Port Hueneme 地震本质上是一个简单位移脉冲；因此可以断定生成这个地震的机理与简

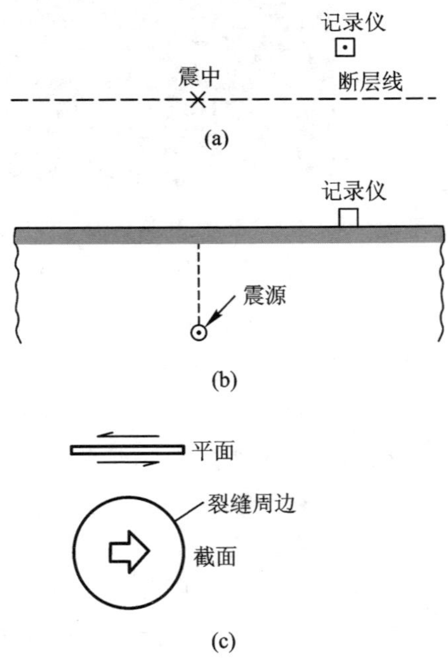

图 24－12　理想点源地震断裂(G. W. Housner)
(a)平面；(b)沿断层线的截面；
(c)在震源的硬币型裂缝

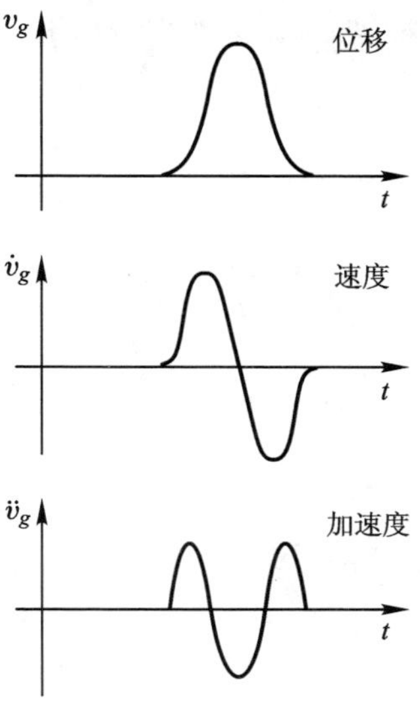

图 24-13　来自点源的理想地面运动

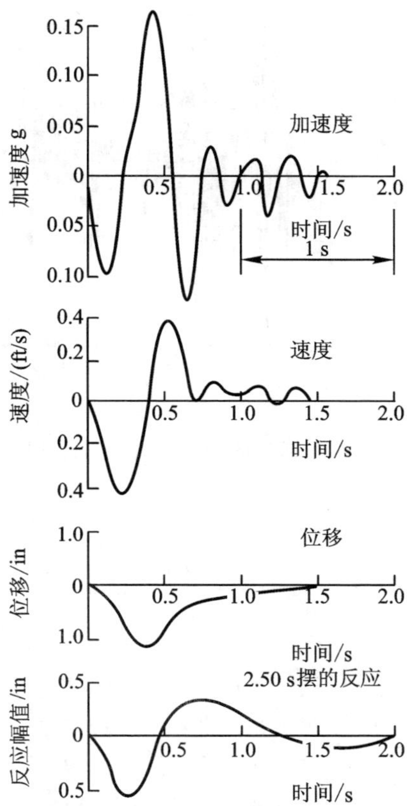

图 24-14　1957 年 3 月 18 日 Port Hueneme 地震的加速度历程（*NS* 分量）

单硬币型裂缝断裂类似的。

典型地震的记录，例如 1940 年的 El Centro 地震（它的一个分量表示在图 24-15 中），要比 Port Hueneme 记录复杂的多，可能有更复杂的相应生成机理。给出典型记录满意解释的假说涉及沿这个断层面的一个断裂序列。每一个后继断裂都是 Port Hueneme 型的简单地震波的源，但因为它们出现在不同位置和时间，所以在一个附近站观察的运动将是简单记录的随机组合，正像在图 24-15 看到的。

由于这个原因，回顾震源是在地球内断层**首次**发生断裂的一个点，**震中**是震源直接到地表面的点是重要的。如果地震是由沿断层线的序列断裂引起的，那么很明显震源可以和能量释放的中心不一致。在可能与上千英里长的断层断裂有关的一个大地震中，建筑物离震中的距离可能是不重要的，重要的因素是沿断裂面最近点的距离。

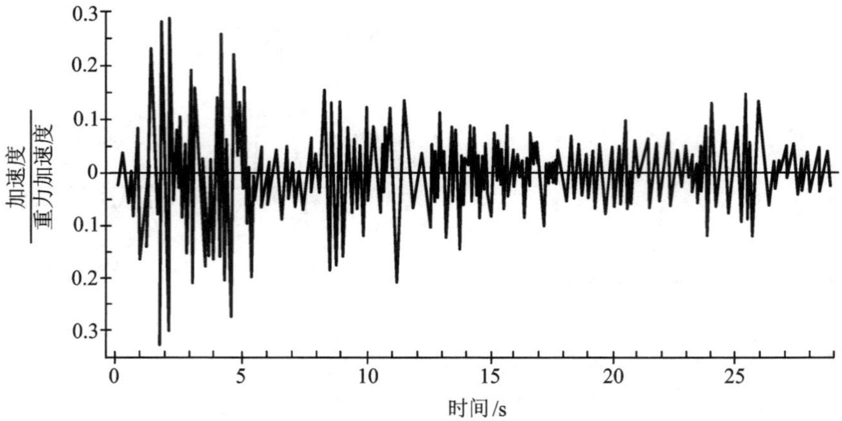

图 24-15 1940 年 5 月 18 日 El Centro 地震的加速度时程图（*NS* 分量）

§24-7 地震大小的测量

对地震工程工程师来讲，地震的地面运动最重要的方面是它们对结构的影响，即它们将使结构产生应力和变形或破坏程度。当然，这个损伤潜在势至少部分依赖于地震的“大小”，而一些地震大小测量的数值被用于不同的目的。从地震学观点看，最重要的地震的度量是震源释放的应变能数量，它被定量标记为**震级**。Richter 震级定义为用 Wood-Anderson 地震仪得到的以微米（10^{-6} m）计测量的最大幅值的对数（以 10 为底），并修正到 100 km 的距离。经验上，这个震级等级和释放的地震能量 E 有关，公式为

$$\log E=11.8+1.5\ M \tag{24-1}$$

式中 M 是震级。由这个公式可知，震级每增加一个单位能量增加 32 倍。然而，对工程师更重要的是经验观察：震级小于 5 的地震不期望引起结构损伤，而震级大于 5 级的地震将产生潜在损伤的地面运动。

一次地震的震级本身是不足以表明是否可以预期结构损伤的。震级是震源处地震大小的测度，而结构离震源的距离对结构的反应幅值有同等重要的影响。在任意一点观察地面运动的激烈程度被称为**地震烈度**；虽然由于局部地质条件异常情况也是常见的，但它一般随震源的距离增大而减小。烈度最古老的度量标准是基于地面运动对自然的和人工的物品的影响的观察。在美国，多年来对烈度的标准测量是修正的 Mercalli（MM）标准。这是范围从Ⅰ度（任何人没有感觉）到Ⅻ度（全部毁灭）的 12 级鉴定标准。地震烈度观察结果一般被编辑成如图 24-16 所示那样的等震图形式。虽然这样主观的烈度等级级别在缺乏地震

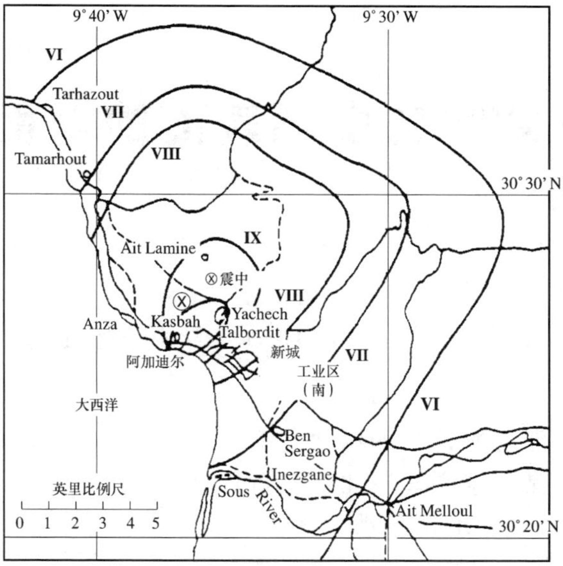

图 24－16　1960 年 Agadir 地震的等震图(修正的 Mercalli 烈度标准)

的任何仪器记录时是非常有用的，但对抗震结构设计提供准则方面它的缺点也是明显的。

直到第一个强运动记录加速度仪的出现和由美国海洋地质调查局(USCGS)用这种仪器所组成网站的建立，为地震工程目的可以利用的地震运动的特征的基本信息才有用。图 24－15 的加速度时程图(与正交的水平分量和垂直分量一起)就是这些较早的仪器的一个记录。如此仪器信息收集的速率在许多年来是非常慢的，因为仪器的数量和分布是有限的。更大的台网在日本、墨西哥、美国最活跃的地震区域和世界的各个其他部分逐渐被建立，现在可以得到更新和更重要的信息。然而，不幸的是，仪器分布仍然有限，在世界大部分地区的毁灭性地震不能提供强运动记录。因此，涉及各种因素如震级、距离和局部土条件对地震运动特征影响的基本数据仍然是非常少的。

用强运动加速度仪记录的地面运动的三个分量，提供了作用在那个场地任何结构上地震运动的完整描述。然而，从产生结构反应有效力的观点看，所得到的每一分量(例如图 24－15)记录最重要的特征是幅值、频率范围和持续时间。幅值一般用加速度峰值来表征，或者有时表征为超过指定水准的加速度幅值数(值得注意的是，地面运动的速度与加速度相比可能是烈度的更重要的量度标准，但没有辅助的计算一般是不可利用的)。频率范围可粗略地用加速度时程图中每秒内穿越零点的数目表示。而持续时间可用第一个和最后一个超过给定门槛值的峰值间的时间长度来表示。然而很明显，所有这些定量度量放在一起，也仅仅提供了地面运动的非常有限的描述，并且不能确切地定量它产生潜在破坏的能力。地震运动的这个定量描述，将是第 25 章的内容。

第 25 章　自由场表面的地面运动

§25－1　Fourier 谱和反应谱

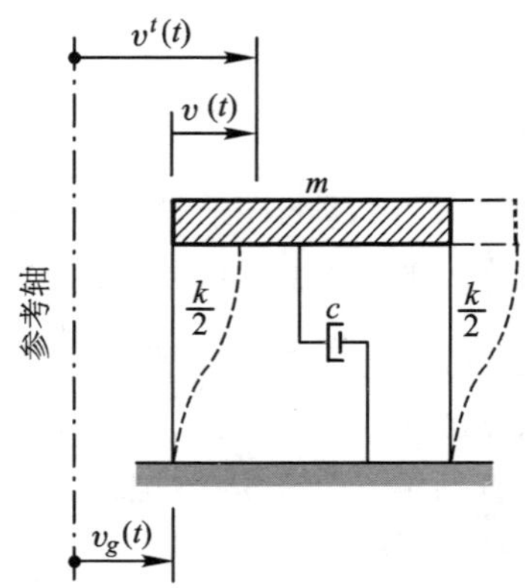

图 25－1　基本单自由度动力学系统

为使地震条件下所设计的结构达到满意的程度，工程师需要知道比修正的 Mercalli 烈度更精确的地面晃动的特性。为了这个目的，研究一个简单振荡器，例如图 25－1 所示的单自由度框架的反应已被证明是非常有价值的。这个框架对指定单分量地面加速度 $\ddot{v}_g(t)$ 的相对位移反应，可以由时域内式(6－7)所示的 Duhamel 积分来表示，如果注意到等效荷载由式(2－17)给出，即 $p_{\mathrm{eff}}(t)=-m\ddot{v}_g(t)$，则有

$$v(t)=\frac{1}{m\omega_D}\int_0^t -m\ddot{v}_g(\tau)\sin\omega_D(t-\tau)\exp[-\xi\omega(t-\tau)]\mathrm{d}\tau \qquad (25-1)$$

当实际结构的阻尼比较小(比如说 $\xi<0.10$)时，可以忽略有阻尼和无阻尼频率的差别；另外注意到负号对于地震激励没有实际意义，所以这个式子可以简化为

$$v(t)=\frac{1}{\omega}\int_0^t \ddot{v}_g(\tau)\sin\omega(t-\tau)\exp[-\xi\omega(t-\tau)]\mathrm{d}\tau \qquad (25-2)$$

对式(25－2)求一次时间导数，得到相应的相对速度时间历程：

$$\begin{aligned}\dot{v}(t)=&\int_0^t \ddot{v}_g(\tau)\cos\omega(t-\tau)\exp[-\xi\omega(t-\tau)]\mathrm{d}\tau-\\&\xi\int_0^t \ddot{v}_g(\tau)\sin\omega(t-\tau)\exp[-\xi\omega(t-\tau)]\mathrm{d}\tau\end{aligned} \qquad (25-3)$$

进一步，把式(25－2)和式(25－3)代入如下形式的受迫振动运动方程中

$$\ddot{v}^t(t)=-2\omega\xi\dot{v}(t)-\omega^2 v(t) \qquad (25-4)$$

可以得到总的加速度关系

$$\ddot{v}^t(t)=\omega(2\xi^2-1)\int_0^t \ddot{v}_g(\tau)\sin\omega(t-\tau)\exp[-\xi\omega(t-\tau)]\mathrm{d}\tau-2\omega\xi\int_0^t \ddot{v}_g(\tau)\cos\omega(t-\tau)\exp[-\xi\omega(t-\tau)]\mathrm{d}\tau \tag{25-5}$$

由式(25－2)、式(25－3)和式(25－5)所给出的反应的绝对最大值分别称为谱相对位移、谱相对速度和谱绝对加速度，这里分别记为 $S_d(\xi,\omega)$、$S_v(\xi,\omega)$ 和 $S_a(\xi,\omega)$。

正如以后要证明的，通常只需要计算所谓的伪速度谱反应 $S_{pv}(\xi,\omega)$，定义为

$$S_{pv}(\xi,\omega)\equiv\left[\int_0^t \ddot{v}_g(\tau)\sin\omega(t-\tau)\exp[-\xi\omega(t-\tau)]\mathrm{d}\tau\right]_{\max} \tag{25-6}$$

其中下标 max 是指在整个时间历程中反应的最大绝对值。现在从式(25－2)可以看出

$$S_d(\xi,\omega)=\frac{1}{\omega}S_{pv}(\xi,\omega) \tag{25-7}$$

对于 $\xi=0$，由式(25－3)和式(25－6)可以看出

$$S_v(0,\omega)=\left[\int_0^t \ddot{v}_g(\tau)\cos\omega(t-\tau)\mathrm{d}\tau\right]_{\max} \tag{25-8}$$

$$S_{pv}(0,\omega)=\left[\int_0^t \ddot{v}_g(\tau)\sin\omega(t-\tau)\mathrm{d}\tau\right]_{\max} \tag{25-9}$$

式中除三角函数项外都是相同的。Hudson[①,②]已经证明：除了周期非常长的振荡器，即 ω 值很小的情况以外，$S_v(0,\omega)$ 和 $S_{pv}(0,\omega)$ 在数值上差别很小。对于有阻尼体系，S_v 和 S_{pv} 之间的差别是相当大的，当 $\xi=0.20$ 时这个差别可达到 20%。另外，由式(25－5)还可注意到当 $\xi=0$ 时

$$S_a(0,\omega)=\left[\omega\int_0^t \ddot{v}_g(\tau)\sin\omega(t-\tau)\mathrm{d}\tau\right]_{\max} \tag{25-10}$$

这样，由式(25－6)得到

$$S_a(0,\omega)=\omega S_{pv}(0,\omega) \tag{25-11}$$

可以证明，阻尼比在 $0<\xi<0.20$ 的范围内时，等式(25－11)是非常令人满意的，因此，我们能够利用这个近似的关系

$$S_a(\xi,\omega)\doteq\omega S_{pv}(\xi,\omega) \tag{25-12}$$

它将引起很小的误差。式(25－12)右边的整个量称为伪加速度谱反应，并且这里被记为 $S_{pa}(\xi,\omega)$。因为这个量是用来度量振荡器中所产生最大弹簧力的，所以特别重要，即

$$f_{s,\max}=kS_d(\xi,\omega)=\omega^2 mS_d(\xi,\omega)=mS_{pa}(\xi,\omega) \tag{25-13}$$

① D. E. Hudson,. Response Spectrum Techniques in Engineering Seismology,. *Proc. 1st World Conference on Earthquake Engineering*, Earthquake Engineering Research Institute, Berkeley, CA, 1956.

② D. E. Hudson,. Some Problems in the Application of Spectrum Techniques to Strong Motion Earthquake Analysis,. *Bull. Seismological Society of America*, Vol. 52, No. 2, April, 1962.

很清楚，从上面的处理看，对于任一指定的单分量地震地面运动，仅需要产生由式(25-6)定义的伪速度反应谱。其他需求的反应谱可以容易地利用下面的关系得到

$$S_d(\xi,\omega)=\frac{1}{\omega}S_{pv}(\xi,\omega) \tag{25-14}$$

$$S_{pa}(\xi,\omega)=\omega S_{pv}(\xi,\omega) \tag{25-15}$$

正如上面所指出的，这些反应量不仅依赖于地面运动时间历程，而且还取决于振荡器的固有频率和阻尼比。这样，对于任一给定的地震加速度时程，通过假定阻尼比和固有频率的离散值，可以利用式(25-6)计算相应的 $S_{pv}(\xi,\omega)$ 离散值，利用式(25-14)和式(25-15)分别计算相应的 $S_d(\xi,\omega)$ 和 $S_{pa}(\xi,\omega)$ 的离散值。

对于各阻尼比的离散值，$S_{pv}(\xi,\omega)$，$S_d(\xi,\omega)$ 和 $S_{pa}(\xi,\omega)$ 作为频率函数(或周期 $T=2\pi/\omega$ 的函数)所绘制的曲线图分别被称为伪速度反应谱、位移反应谱和伪加速度反应谱。如果以直线形式作图，每一类谱必须分别绘制，它们类似于图 25-2 所示对于 1940 年 5 月 18 日加利福尼亚 El Centro 地震(南北分量)的一组 $S_{pv}(\xi,T)$ 曲线。然而，由于这三种谱之间存在式(25-14)和式(25-15)所给的简单关系，因此可以用一张图来表示它们。这可以通过对式(25-14)和式(25-15)两边取以 10 为底的对数来完成，从而得到

$$\log S_d(\xi,\omega)=\log S_{pv}(\xi,\omega)-\log\omega \tag{25-16}$$

$$\log S_{pa}(\xi,\omega)=\log S_{pv}(\xi,\omega)+\log\omega \tag{25-17}$$

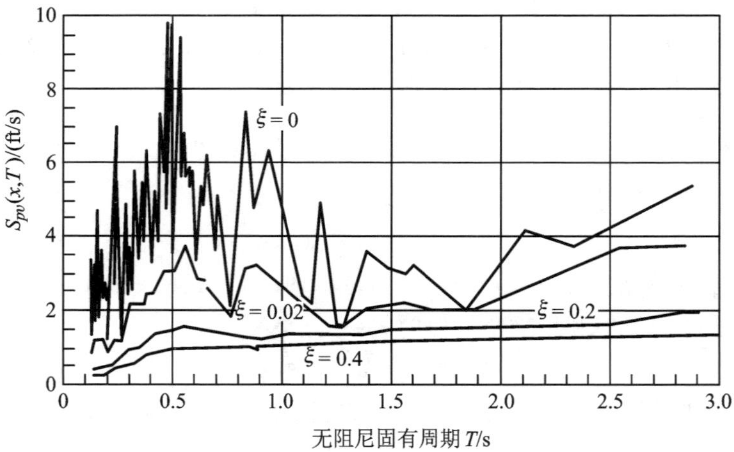

图 25-2　对于 1940 年 5 月 18 日加利福尼亚 El Centro 地震(南北分量)的伪速度反应谱

从这些关系可见，当以 $\lg S_{pv}(\xi,\omega)$ 为纵坐标，以 $\lg\omega$ 为横坐标作图时，对应一个 $\lg S_d(\xi,\omega)$ 的固定值，式(25-16)是一条斜率为 $+45°$ 的直线；对应一个 $\lg S_{pa}(\xi,\omega)$ 的固定值，式(25-17)就是一条斜率为 $-45°$ 的直线。因而，如图 25-3 所示的四对数坐标图允许在一条曲线上说明所有这三种类型的谱。解释这样的图形

时，重要的是注意下面的极限值：

$$\lim_{\omega\to 0} S_d(\xi,\omega)=[v_g(t)]_{max} \tag{25-18}$$

$$\lim_{\omega\to\infty} S_{pa}(\xi,\omega)=[\ddot{v}_g(t)]_{max} \tag{25-19}$$

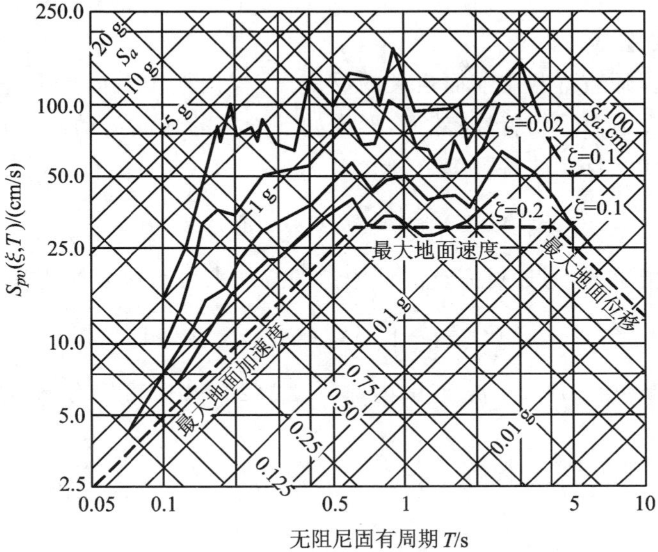

图 25－3　对于 1940 年 5 月 18 日加利福尼亚 El Centro 地震（南北分量）的伪速度反应谱

这些极限条件意味着图 25－3 描述的在四对数坐标图上对于典型的阻尼比，比如 $\xi<0.20$，所有反应谱曲线，当振荡器周期值增加（或频率值降低）时逐渐接近最大地面位移，当振荡器周期值降低（或频率值增加）时逐渐接近最大地面加速度。

这是明显的，与例如修正的 Mercalli 烈度或峰值地面加速度（PGA）的任何单一量相比，上面的反应谱提供了与结构反应有关的更有意义的地震地面运动的特性。事实上，这些反应谱直接表明了具有指定阻尼比和频率的单自由度结构对输入地面运动的反应程度。在它们的应用中，唯一的限制是反应必须是线弹性的，因为线性反应是式（25－6）Duhamel 积分的内在要求。因为损伤涉及非弹性（非线性）变形，因此，这样的反应谱不能正确地表示来自给定地震激励所期望的损伤程度。尽管这样，地震产生的最大弹性变形量是地面运动强度的一个很有意义的指标。此外，这样的反应谱指出了在所计算周期范围内所有结构的最大变形。因此，在一个合适的周期范围内，单个反应谱的积分可以用来作为地面运动强度的一个有效量度。Housner① 最初引入这样一个地面运动强度的尺

① G. W. Housner,. Spectrum Intensities of Strong Motion Earthquakes,. *Proc. of the Symposium on Earthquake and Blast Effects on Structures*, Earthquake Engineering Research Institute, Los Angeles, 1952.

度，他建议定义在 0.1 s$<T<$2.5 s 的周期范围内伪速度反应谱的积分作为谱强度：

$$SI(\xi)\equiv\int_{0.1}^{2.5}S_{pv}(\xi,T)\mathrm{d}T \qquad (25-20)$$

正如这个积分所表明的，对任何想要的阻尼比都可以计算这个积分；然而 Housner 推荐利用 $\xi=0.20$。

结构工程师通常利用前面定义的反应谱，根据地震对简单振荡器的最大影响来表征地震地面运动特性；然而，形成如下给定的地面运动的 Fourier 谱常常有助于理解如此反应的特征细节。

$$\ddot{V}_g(i\bar{\omega})\equiv\int_{-\infty}^{\infty}\ddot{v}_g(t)\exp[-i\bar{\omega}t]\mathrm{d}t \qquad (25-21)$$

如逆关系所指出的，通过对完整的谐振谱的叠加来表示地面加速度是允许的，

$$\ddot{v}_g(t)\equiv\frac{1}{2\pi}\int_{-\infty}^{\infty}\ddot{V}_g(i\bar{\omega})\exp[i\bar{\omega}t]\mathrm{d}\bar{\omega} \qquad (25-22)$$

假定地面运动仅在 $0<t<t_1$ 范围内非零，式(25－21)可以分解为实部和虚部如下：

$$\ddot{V}_g(i\bar{\omega})\equiv\int_0^{t_1}\ddot{v}_g(t)\cos\bar{\omega}t\,\mathrm{d}t-i\int_0^{t_1}\ddot{v}_g(t)\sin\bar{\omega}t\,\mathrm{d}t \qquad (25-23)$$

通常人们主要感兴趣的是如下定义的 Fourier 幅值谱 $|\ddot{V}_g(i\bar{\omega})|$

$$|\ddot{V}_g(i\bar{\omega})|\equiv[C(\bar{\omega})^2+S(\bar{\omega})^2]^{1/2} \qquad (25-24)$$

式中 $C(\bar{\omega})$ 和 $S(\bar{\omega})$ 分别为由式(25－23)右边第一和第二积分所定义的 $\ddot{v}_g(t)$ 的余弦和正弦变换。式(25－24)中的量 $|\ddot{V}_g(i\bar{\omega})|$ 除以 2π 是在频率 $\bar{\omega}$ 处每单位 $\bar{\omega}$ 的地面加速度幅值强度。重要程度仅次于 Fourier 幅值谱，但有时候感兴趣的是 Fourier 相位谱，其定义为

$$\theta(\bar{\omega})\equiv-\tan^{-1}\left[\frac{S(\bar{\omega})}{C(\bar{\omega})}\right] \qquad (25-25)$$

注意，由于这个定义缺乏谐振对之间的相位角，式(25－24)的 Fourier 幅值谱不能独自唯一确定一个地面运动时间历程。然而，如式(25－22)所示，式(25－21)的复 Fourior 谱能唯一确定地面运动时间历程。地震学家常常寻求 Fourier 幅值谱和相位谱，利用它们来解释与从震源到远距离位置能量传播有关的各种现象。

§25－2 影响反应谱的因素

如果人们对过去地震期间在不同位置记录的地面运动，如图 25－3 所说明的生成一群反应谱曲线，那么可以观察到各组反应谱值和谱曲线形状都有比较

大的差别。这些差别取决于许多因素，例如在震源附近和沿断层界面的能量释放机制、震中距和震源深度、地质和沿能量传播路径的地质变化、Richter 震级和在记录台站的局部土质条件[①,②,③,④]。因而，对地震地面运动的反应谱值 S(S_{pv}，S_{pa} 和 S_d)应该认为具有下面的形式

$$S=S(SM,ED,FD,GC,M,SC,\xi,T) \tag{25-26}$$

式中的自变量分别表示震源机制、震中距、震源深度、地质条件、Richter 震级、土质条件、阻尼比和周期。因为不能很好地推断 SM 和 GC 对谱值和反应谱曲线形状的影响，所以当定义以设计为目的的反应谱时不能量化它们的影响。当指定设计反应谱强度水准时，通常考虑 ED、FD 和 M 的影响；然而，因为缺乏关于它们影响反应谱形状的知识，所以在指定这些谱的形状时常常忽略它们的影响。另一方面，当定义设计反应谱时，现在广泛地考虑 SC 对反应谱的强度和形状两者的影响。基于上面的考虑，对以一个固定强度水准正规化的现代设计反应谱曲线通常仅根据两个参数来确定，表示如下

$$S=S(SC,\xi) \tag{25-27}$$

因此，这一节后面的讨论将集中在局部土质条件对反应谱形状的影响。

许多年以来，一直使用图 25-4 所示的剪切梁模型来确定性地研究局部土质条件对水平自由场表面地面运动特征的影响。这是与 19-5 节中所描述的正应力波传播模型相等价的剪切变形模型；假定应变能以纯剪切波形式沿垂直方向传播。在早些年里，一般的作法是假定这样的模型有一个固定的底部边界条件。然而，近年来引入了比较真实的粘滞或阻抗边界条件，正如后来在第 27 章中讨论的。

参考图 25-4，如果在一个较大的水平距离上覆盖有厚度相当均匀的土层，并且如果岩床运动是水平的，在 bc 距离上没有明显变化，其中 $bc\gg h$，那么上面描述的剪切梁模型是相当正确的。然而，当岩床运动从 b 点到 c 点有明显相位差时，并且当距离 bc 和 h 大小同一量级时，或例如当 Rayleigh 波和水平传播的剪切波控制自由场表面地面运动时，剪切梁的模型是不切实际的。因为这些和其他的复杂因素，一般人们不能严格证明研究局部土质条件对自由场表面运动

---

① H. B. Seed and I. M. Idriss,. Ground Motions and Soil Liquefaction During Earthquakes,. Monograph published by the Earthquake Engineering Research Institute,1982.

② N. M. Newmark and W. J. Hall,. Earthquake Spectra and Design,. Monograph published by the arth-quake Engineering Research Institute 1982.

③ G. W. Housner,. Design Spectrum,. *Earthquake Engineering*, Chapter 5, Ed. R. L. Wiegel, Prentice-Hall, Englewood Cliffs, N. J. ,1970.

④ G. W. Housner,. Properties of Strong Ground Motion Earthquakes,. *Bull. Seismological Society of America*, Vol. 45, No. 3, July, 1955.

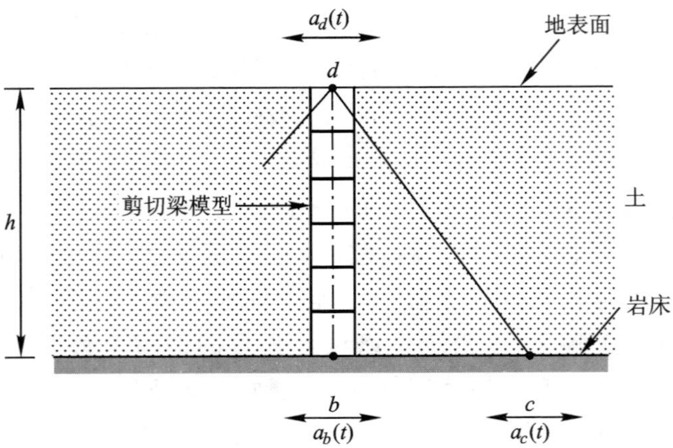

图 25－4 土响应分析利用的剪切梁模型

特征影响的剪切梁模型是正确的。

一个表征局部土质条件对自由场运动的影响的替代解决方案是直接统计方法，因为大量记录的运动特征是和在记录台站土质条件有关的。为了有效地进行这样的研究，人们希望有许多具有如震源机理、震级、震中距等所有其他影响因素保持不变的每种土质类型（从硬到软）的加速度时程记录。不幸的是，足够强烈的运动记录是不能用来满足如此要求的。因此，为了得到有用的结果，必须放松严格的条件。

H. B. Seed 等人利用上面提及的统计方法作了一个很有价值的研究①，图 25－5 和图 25－6 给出了他们最能说明问题的一些成果。正如在这些图中表明的，Seed 和他的同事分析了 104 条强震加速度时程，其中 15 条是在软土到中等粘土和砂土上记录的，30 条是在深的非粘性土上记录的，31 条是在刚性土质条件上记录的，28 条是在岩石上记录的。图 25－5 表示对四种土质条件的每一个用峰值地面加速度正规化的平均伪加速度反应谱。图 25－6 表示相应于 84 百分位值（中位数加一个标准差）的谱。在这两个图中所有谱是对于 5％临界阻尼比，也即 $\xi=0.05$。

虽然上面描述的谱曲线确切地表明了谱值与土质条件类型的相关性，可人们判定这一相互关系时还应该小心。首先，即使人们忽略诸如断层机理、震中距和震级等影响因素对谱形状引起的变化，而它们确实呈现在图 25－5 和图 25－6 的结果中，谱形状和土质类型之间的统计相关表明谱值大的离差②。为了更精

① H. B. Seed, C. Ugas, and J. Lysmer,. Site－Dependent Spectra for Earthquake Resistant Design,. *Bull. Of the Seismological Society of America*, Vol. 66, No. 1, February, 1976.

② J. Penzien,. Statistical Nature of Earthquake Ground Motions and Structural Response,. Proc. U. S.－Southeast Asia Symposium on Engineering for Natural Hazards Protection, Manila, Philippines, September, 1977.

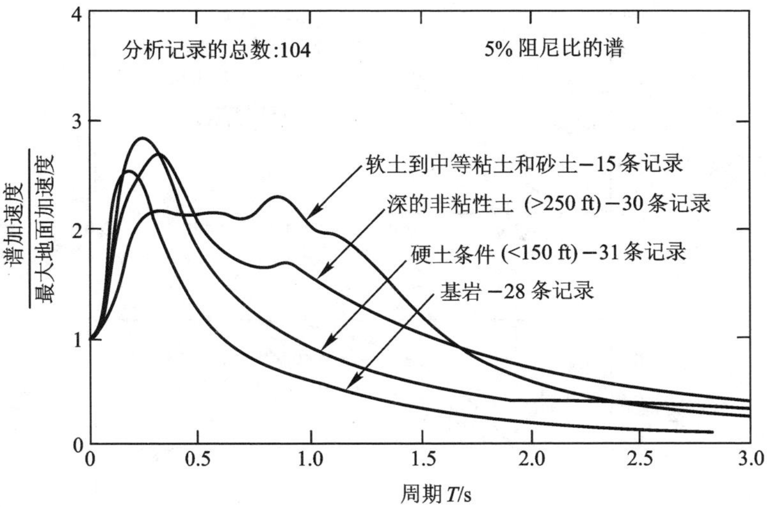

图 25 - 5　不同土质条件的平均伪加速度谱(来自 Seed 等人)

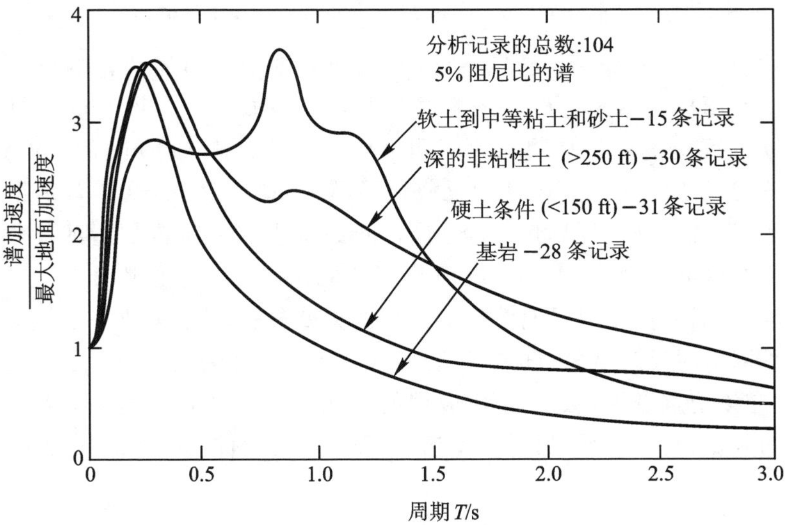

图 25 - 6　不同土质条件的 84 百分位数伪加速度谱(来自 Seed 等人)

确描述这个观点,让我们研究两种特殊情况的加速度谱值的概率分布函数(累积概率):(1)对于 $T=1.0$ s、$\xi=0.05$ 和深的非粘性土质类型情况;(2)对于 $T=1.0$ s、$\xi=0.05$ 和岩石作为土质类型的情况。图 25 - 7 表明对于这两种情况的 Gumbel 极值 Ⅰ 型的分布 $P(R)$,其中 R 是正规化的伪加速度谱值(注意在这两个图中 R 的标尺相差 2 倍)。

认识到对于这两种情况下谱值的较大的交叠离差是重要的。需小心解释图 25 - 5 和图 25 - 6 结果的第二个理由是,例如震级和震中距等其他因素影响已

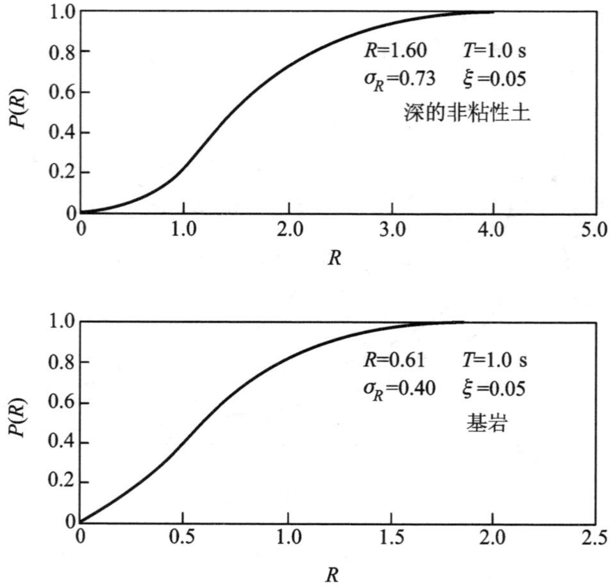

图 25－7　对于两类土质类型反应比 R 的 Gumbel Ⅰ型概率分布函数

经被平均掉了。Housner[①] 已经指出,震级和震中距都明显地影响反应谱曲线的形状。震源机理不同也可以影响这些形状。例如,在 California 记录的地震地面运动的反应谱形状是明显地不同于位于中国台湾 Lotung 的 SMART－1 强震台阵记录的地震地面运动的反应谱形状[②]。毫无疑问,这个差别至少部分是由震源机理的不同引起的。沿 San Andreas 断层浅横向断层滑动是非常明显的不同于在台湾下面的 Philippine 地壳板块的深插入引起的滑动。

很清楚,需要更多的强地面运动的数据和更多的研究,来进一步搞清上面提及的各种因素对反应谱曲线的强度和形状的影响。在为设计应用发展的反应谱中,人们应该把重点放在这个谱所应用的场地区域记录的强地面运动。如果缺乏这样的数据,它们必须用其他区域的几乎类似的条件所收集的数据来补偿。

§25－3　设计反应谱

抗震设计的双重对策

为了在期望地震条件下满意地完成结构设计,需要指定实际的地震荷载,以

① G. W. Housner,. Design Spectrum,. *Earthquake Engineering*, Chapter 5, Ed. R. L. Weigel, Prentice－Hall, Englewood Cliffs, N. J. , 1970.

② C. H. Loh, J. Penzien, and Y. B. Tsai,. Engineering Analysis of SMART－1 Array Accelerograms,. *Jour. of Earthquake Engineering and Structural Dynamics*, Vol. 10, 1982.

及在某些设计要求的界限内,结构构件成比例的抵抗这些荷载和其他组合荷载。在高地震活动性区域,地震荷载常常是所必须考虑的荷载类型中的关键荷载,因为大地震通常比所有其他荷载组合在结构的各种关键构件中引起更大的应力和变形。然而,在结构的寿命期内发生这样地震的概率是很低的。为了有效处理这种极端荷载和发生概率低的组合,通常采用基于下面双重准则的对策:

(1) 以结构的寿命期内所在场地期望出现一次中等地震作为设计的基础。结构应该成比例的抵抗由该地震产生的地面运动强度,而基本体系没有明显的损伤。

(2) 以场地可能出现的最剧烈的地震作为结构安全性的检验。因为这个地震在结构的寿命期内是不太可能发生的,设计者可以从经济性出发允许这个地震引起结构显著的损伤;然而必须避免倒塌和严重的人员伤害或生命损失。

目前,对于重要的和昂贵的结构趋向于要求有限的可修复损伤来加强第二条准则,这样,不仅要强调生命安全,同时还要强调资金投入的保护。

为了确定任意给定场地的设计地震和最大可能地震的特征,首先需要研究这个场地区域的所有可利用的地震学和地球物理学的数据(仪器的和历史的)。根据这些数据,辅以所需要的其他区域的类似数据,可以得到对于设计地震和最大可能地震的地震荷载。这些荷载通常用在 25 - 1 节中定义的指定反应谱形式来确定。

通常假定设计谱形状对于设计的和最大可能的地震都是一样的,但它们的不同在于用峰值地面加速度度量的强度。因而,通常的作法是首先把这个设计谱的强度用 1 个 g 的峰值加速度水准标准化,使得式(25 - 19)成为

$$\lim_{\omega\to\infty} S_{pa}(\xi,\omega)=1\ g \tag{25 - 28}$$

然后把它们按比例缩小到表示设计地震和最大可能地震的合适的峰值加速度水准。一旦得到考虑局部土质条件的这些通用正规化谱形状,然后再应用表示由设计地震和最大可能地震产生的自由场表面峰值地面加速度(PGA)强度水准的合适的尺度因子。

峰值地面加速度

对于一个位于中等到高地震活动性区域的场地,常常利用下面的确定性方法来建立最大可能地震和设计地震的自由场表面峰值地面加速度(PGA):

(1) 确定在这个场地附近区域的已知活动断层的位置。在有些情况下,要求做广泛的调研来估计是否已知断层确实是活动的或者是有可能活动的。

(2) 仔细研究发生在这些活动断层上的以往地震可利用的所有仪器记录和历史记载的地震活动数据,以及相关的地质学和地球物理学的条件,以便确立沿每一断层将来可能发生地震的最大 Richter 震级。如果观察过去很长时间的地震,比如说几千年,那么对给定断层可能的最大震级将极不可能远超过同一时间

周期内所经历的最强烈的地震震级。可是,通常在设定每一断层最大可能震级时必须依赖专家们的主观判断。特别是对平均重现周期指定为一个很长周期,如对核电站的情况,最大可能地震的平均重现周期通常被指定在 $10^3 \sim 10^4$ 年的范围内。

(3) 对这个场地区域建立经验的衰减关系,它表示中值(50 百分位数)或平均 PGA 作为震源到场地的距离 R 和当地 Richter 震级 M 的函数。由于真实的衰减关系是未知的,需要选择判断适合这个局部区域的若干种衰减形式。例如,可以选择 Campbell 关系式①

$$a = b_1[R + b_4 \exp(b_5 M)]^{-b_3} \exp(b_2 M) \tag{25-29}$$

和其他关系式。尽可能利用在这个场地局部区域内记录的强震数据,通过对它们的非线性回归分析来确定在衰减关系中出现的常数。如果缺乏这样的数据,那么必须利用其他类似区域的辅助数据。如果已经建立了一组可能的衰减关系式,那么利用专家们的主观判断来对所选择的每个关系式指定相对权重。

(4) 利用场地到每个活动断层的最短距离作为震源到场地的距离 R,在上面第二步确立的相应的最大可能震级 M,和在第三步选择的具有各自相对权重的衰减关系式,就能得到这个场地所期望的中值或平均 PGA 的一个数值。利用对所考虑的所有断层得到的这样数值中的最大值,就确立了对最大可能地震的设计 PGA。然后利用这个 PGA 把正规化(1 g)反应谱按比例缩小到表示最大可能地震的合适水准。

(5) 对于每一活动断层,相应于震级比 M 大的地震出现平均次数估计 Richter 震级,这里 M 等于结构每一寿命期出现一次事件的震级。对每个活动断层利用这个震级,代替相应的最大可能震级,重复上面第四步得到 PGA,在应用正规化(1 g)反应谱中利用它作为对设计地震的尺度因子。

尽管过去经常利用上面描述的起主导作用的确定性方法来设定最大可能地震和设计地震的 PGA 值,但是目前概率风险评估(PRA)方法在工程实践中的出现,使得利用一致概率方法成为可能。这个方法的最终结果是一条地震危险性曲线,该曲线只是所考虑场地年平均超越次数作为 PGA 函数的图像。生成这个函数所使用的分析方法包括下列步骤②,③:

(1) 把围绕场地的附近区域划分成表面地震构造地区,每个地区在范围内有相似的构造特征。为了完全地表示高地震活动性地区,例如俯冲地区,还需要

---

① K. W. Campbell,. Near - Source Attenuation of Peak Horizontal Acceleration,. *Bull. Seismological Society of America*, Vol. 76, No. 6, December, 1981.

② C. A. Cornell,. Engineering Seismic Risk Analysis,. *Bull. of the Seismological Society of America*, Vol. 58, No. 5, October, 1968.

③ A. Der Kiureghian and A. H. - S. Ang,. A Fault - Rupture Model for Seismic Risk Analysis,. *Bull. of the Seismological Society of America*, Vol. 67, No. 4, August, 1977.

将表面以下的体积域进行划分。通常假定每个地区的地震活动性是均匀的，并指定地质学上适当的震源（点和/或断层断裂）模型。然而，如果有现场证据的足够支持，则在体积域内可以赋予非均匀地震活动性。通常考虑若干种可能的地区划分方式。

（2）对每个地区建立 Gutenberg－Richter 型的震级再现关系 $\log N=a-bM$。在这个关系中的常数 b，是用最小二乘法拟合由仪器测得的地震活动性数据子集而获得，它被判定是完整的；然而常数 a 是利用在长时间范围内的历史记载和仪器记录的数据，用指定的相对大的 M 值及与其相应的相信是正确的已知 N 值。

（3）对于每个地区，主要基于可利用的记录的和历史的地震活动性数据，并辅以专家们的主观判断建立上限震级。

（4）用前面描述的方法对这个场地区域选择衰减关系，并假定 PGA 为对数正态分布。有时要利用这个场地附近区域所有可利用的相关数据来建立断裂长度/震级的关系，来表示平均的和上、下限值。这个关系总是应该与基于世界范围的数据的类似关系进行比较，以便判断它的合适性①。

（5）应该利用专家们的主观判断来指定上限加速度，它表示对于这个场地的某一合理的物理上限值。利用这个加速度来截断地震危险性曲线。

（6）然后利用不同的分域方案和相应事件的分布、断裂-长度/震级关系、发生次数和衰减关系及对于震级和加速度的上限值集合，由一致概率方法产生一组地震危险性曲线。遵循专家们的主观判断，给出所得地震危险性曲线的相对权重以后，就可以建立最终的单一危险性曲线，以及 10％和 90％的不确定性界线。

（7）一旦对于设计和最大可能的地震的 PGA 值指定平均年超越次数，就可以直接从最后的地震危险性曲线取得它们的值，以便在按比例缩小的正规化（1 g）反应谱曲线中应用。当正规化反应谱应用于核电站设计时，被按比例缩小到合适的设计和最大可能的强度水准，分别称为 OBE（运行基本地震）和 SSE（安全停堆地震）g－水准。在过去，通常的作法是建立设计的 SSE 的 g－水准，然后把它降低一半设为 OBE 的 g－水准。然而，目前的趋势表明，在将来可以稍微降低这个 OBE 的 g－水准使得由 SSE 而不是 OBE 控制管道和设备的设计。当采用一致概率方法时，SSE 和 OBE 两者的 g－水准在指定它们的年超越次数后，都可以直接从地震危险性曲线取得。对于 SSE，可接受的值被认为是在 10^{-3}～10^{-4}范围内，而 OBE 的值为 10^{-2}是比较合理的。在过去，另一个通常的作法是，设置竖向设计的 OBE 和 SSE g－水准是它们水平运动相应值的 2/3。然而，在有些情况下，将它们设置为与表示这个场地可利用的地面运动数据一致的相等水准。冲断层非常接近这个场地，通常是以这种方式增加相对竖向分量

① M. G. Bonilla,. A Review of Recently Active Faults in Taiwan,. U. S. Department of the Interior, Geological Survey, Open－File Report 75－41, 1975.

加速度的原因。

反应谱形状

为了建立正规化(PGA=1 g)反应谱的形状，常常利用 Newmark－Hall 方法(或它的某些变化)[①]。把图 25－3 中的实线反应谱曲线与表示地面运动位移、速度和加速度最大值的虚线作比较，很明显平滑反应谱曲线基本上是在虚线所表示的相应频率范围(或周期)内地面运动位移、速度和加速度最大值按比例的放大。这个现象致使 Newmark 和 Hall 建议对于每一反应谱曲线利用分段线性曲线，如图 25－8 所示，在 $f=f_2$ 前面的三段线性部分只是在它们各自的频率范围内的地面运动位移、速度和加速度最大值的放大。遵循这个建议，利用下面的步骤可以建立依赖场地的设计反应谱曲线：

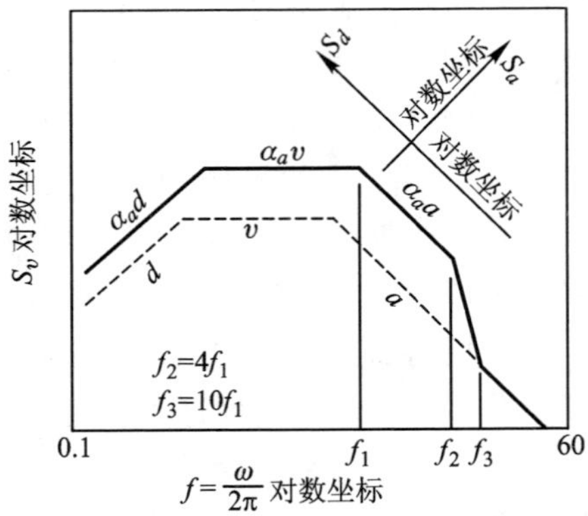

图 25－8　设计反应谱

(1) 遵循前面概述的两个方法中的一个确立设计和最大可能的地震期望的 PGA 值。

(2) 利用下面的关系计算相应的地面速度和位移的期望峰值[②,③]

$$v=c_1\frac{a}{g}\qquad d=c_2\frac{v^2}{a}\tag{25-30}$$

式中 a，v，和 d 分别表示地面加速度(PGA)、速度和位移的期望最大值；g 是重力加速度；常数 c_1 和 c_2 是根据已知场地条件适当地选择的，它们是基于众多强地面运动加速度时程的统计分析的结果，优先选择这个场地的局部区域记录的那些加速度历程。Hall 在他的 1982 年论文中建议，对于水平地面运动在强土和岩石场地条件下分别采用 c_1＝48 in/s 和 36 in/s。他进一步建议在这种情况下两者土质条件都利用 c_2＝6 in/s。在 1976 年 Mohraz 报告了对于主要基于 California 地震数据在不同场地土质条件下 c_1 和 c_2 的平均值、50 百分位和 84.1 百分位数值(假定对数状态分布)。

---

① N. M. Newmark and W. J. Hall,. Earthquake Spectra and Design,. loc. cit.

② W. J. Hall,. Observations on Some Current Issues Pertaining to Nuclear Power Plant Seismic Design,. *Nuclear Engineering and Design*, North－Holland Publishing Co. , Vol. 69, 1982.

③ B. Mohraz,. A Study of Earthquake Response Spectra for Different Geological Conditions,. *Bull. of the Seismological Society of America*, Vol. 66, No. 3, June, 1976.

(3) 对已经建立的 a、v 和 d 的数值，分别乘以它们相应的放大系数 α_a、α_v 和 α_d。然后在四对数坐标图上画出这个结果，如图 25－8 所示。由于对于水平和垂直运动的放大系数都是随机量，它们必须通过代表局部土质条件的强地面运动数据的统计分析来得到。Mohraz 已经公布了在对数正态分布假定下产生的这类数值结果。通常的作法是利用在 84.1 百分位水准的放大系数，结合最大地面加速度、速度和位移的平均或 50 百分位（中位）值。假定对数正态分布，84.1 百分位水准表示中位值加一个标准差水准。

(4) 已知当单自由度体系频率 $f=\omega/2\pi$ 朝着较大值增加时，如前面式(25－19)所表示的任何反应谱曲线必须逐渐接近峰值地面加速度，当频率从 f_2 走向 f_3 时，如图 25－8 所示的设计反应谱曲线将以线性方式强迫达到最大地面加速度。统计分析表明这些频率常常利用近似关系来合理地预测

$$f_2=4f_1 \qquad f_3=10f_1 \tag{25-31}$$

其中 f_1 是在反应谱曲线上相应于放大的地面加速度和放大的地面速度的交点的频率。

已经利用这个一般方法来建立建筑规范用的正规化反应谱，包括由 ATC－3 推荐的（如图 25－9 所示[①]）。应该强调，当建立这样的谱时，应该尽量利用它们表示的区域的有代表性的强地面运动数据来确立 a，c_1，c_2，α_a，α_v 和 α_d 的值。常常为了最后确定这些值，必须在合理估计所有涉及的系数基础上做主观判断。

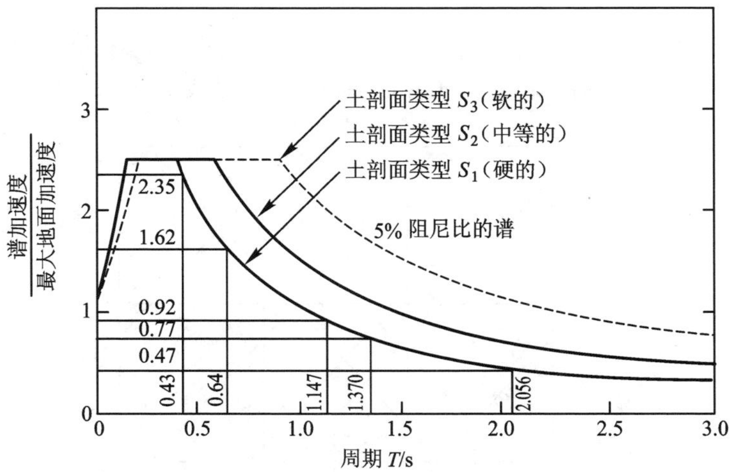

图 25－9　被推荐在建筑规范使用的 ATC－3 正规化反应谱

对例如 Mexico 城和中国台湾台北盆地存在很深软土质条件的区域建立设计反应谱时，地面运动的非常窄带型应该包括在所考虑的数据中。图 25－10 所

① Applied Technology Council(ATC),. Tentative Provisions for the Development of Seismic Regulations for Buildings,. ATC Publication ATC 3－06, NBS Special Publication 510, and NSF Publication 78－8, 1978.

示的是证明这样窄带运动对反应谱形状的影响的一个例子。这个图表明利用台北 1986 年 11 月 14 日地震期间记录的 8 条加速度时程对 0.05 阻尼比所得到的正规化反应谱曲线。所记录的加速度时程在周期 $T=1.65$ s 为中心的附近有显著的频率含量,这被反映在这个周期附近谱的独特峰值内。利用这八条谱曲线制定一个平滑谱,结果类似于图 25-11 所示的曲线。注意通常被速度控制的谱

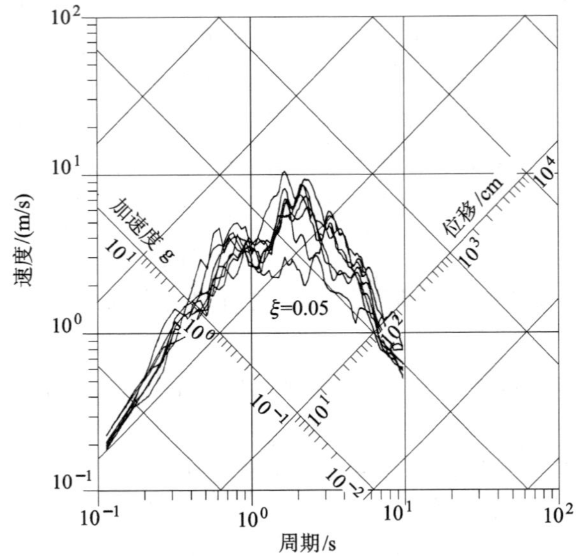

图 25-10　利用在中国台湾台北 1986 年 11 月 14 日地震期间记录的八条加速度时程正规化的反应谱曲线,$\xi=0.05$

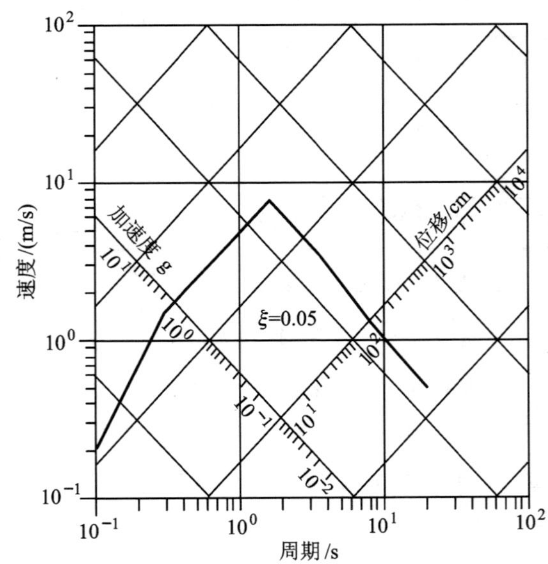

图 25-11　表示中国台湾台北软土质条件对于 $\xi=0.05$ 的正规化反应谱曲线

线段已经消失。

在上面的讨论中，一般着眼于规定表示设计和最大可能的地震事件的水平自由场表面运动的反应谱形状的方法。当然，如果有足够的竖向强运动数据可利用，那么这些方法同样可以用于竖向自由场表面运动。在这样做的过程中，应该认识到竖向运动的设计谱是不同于水平运动设计谱的。例如，注意图 25－12 所示的两组正规化（PGA＝1 g）USNRC（美国核规则制定委员会）设计谱的差

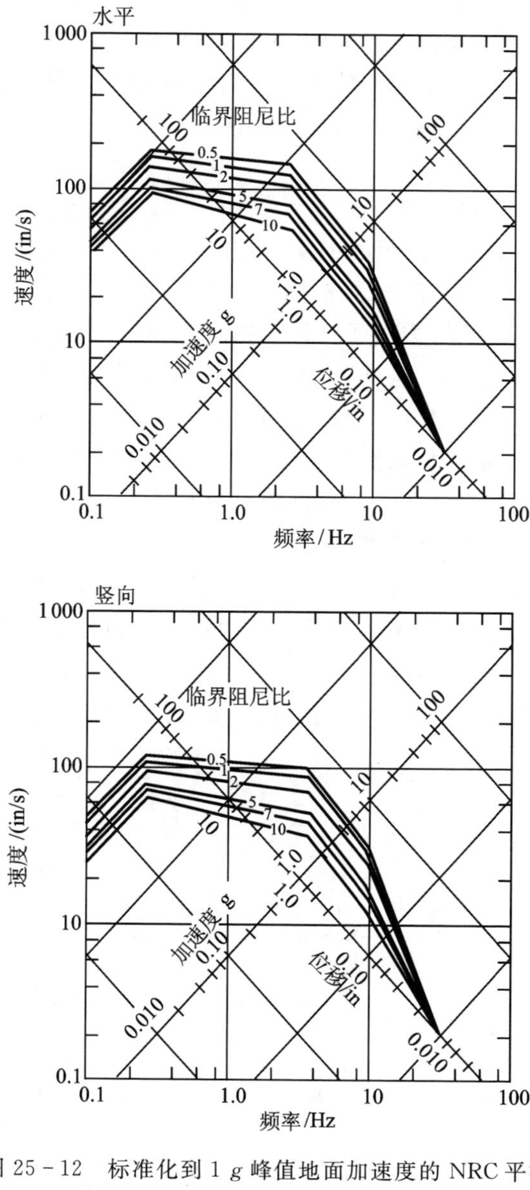

图 25－12　标准化到 1 g 峰值地面加速度的 NRC 平滑设计反应谱曲线（平均数＋1 σ 水准）

别,它们已被广泛应用于美国和世界其他国家的核电站设计[①,②]。在这个图中的两组曲线都表示关于上面所描述的 Newmark - Hall 方法得到的设计谱的变异,因为速度控制的频率范围的直线不是水平的。在这种情况下对这些线段指定负斜率是为了较好拟合在统计分析中利用的一族正规化实际谱。在图 25 - 12 中的所有曲线形状表示在平均值加一个标准差水准的谱值。

当运用如在四对数坐标图上表示的分段线性设计谱时,人们应该避免从这样的图中直接取谱值,因为沿对数标尺要求的非线性插值不可能用眼睛做到可接受的精度。因此推荐在指定周期的要求谱值应该直接从表示这个直线段的方程来计算。对于已知三个谱当中的一个作为常数的直线段,利用式(25 - 14)和式(25 - 15)很容易把它转换表示其他两个谱。

一致危险性的特定场地反应谱

应该认识到图 25 - 12 所示类型的反应谱有两个明显的缺点:(1)它们独立于局部场地条件;(2)它们不表示在感兴趣的全部频率域上具有相同的超越概率。因为这些缺点,应该尽力去建立特定场地的、确实能表示在全部频率域上相同超越概率的谱。为了建立这样的谱,要求利用表征场地期望特性的一族地面运动加速度时程所产生的反应谱集合,进行统计分析。由于在场地附近区域所记录的可利用的加速度时程的数量通常是相当有限的,应该利用在其他有类似地质、地震学和地球物理学(GSG)条件的区域所得到的加速度时程记录来补充这个加速度时程族。所有被选择的记录加速度应该以适当的方式逐个按比例缩放,使得它们能代表所考虑的和表示特定场地的单个震级和单个震源距的地震[③,④,⑤,⑥]。为了调整震级和场地条件的差别,对每个加速度时程做 Fourier 变换,然后把每个变换结果的实部和虚部乘以适当的依赖频率的比例系数来完成这个按比例的缩放。在这点上,做类似的乘以第三个不依赖频率的比

---

① N. M. Newmark, J. A. Blume, and K. K. Kapur,. Seismic Design Spectra for Nuclear Power Plants,. *Jour. Power Division*, *ASCE*, Vol. 99, No. PO2, November, 1973.

② U. S. Atomic Energy Commission, Regulatory Guide 1. 60,. Design Response Spectra for Seismic Design of Nuclear Power Plants,. Revision 1, December, 1973.

③ H. B. Seed, C. Ugas, and J. Lysmer,. Site - Dependent Spectra for Earthquake Resistant Design,. loc. cit.

④ R. K. McGuire,. A Simple Model for Estimating Fourier Amplitude Spectra of Horizontal Ground Acceleration,. *Bull. of the Seismological Society of America*, Vol. 68, No. 3, June, 1978.

⑤ M. D. Trifunac,. Preliminary Empirical Model for Scaling Fourier Amplitude Spectra of Strong Ground Acceleration in Terms of Earthquake Magnitude, Source - to - Site Distance, and Recording Site Conditions,. *Bull. of the Seismological Society of America*, Vol. 66, No. 4, August, 1976.

⑥ D. M. Boore,. Stochastic Simulation of High - Frequency Ground Motions Based on Seismological Models of the Radiated Spectra,. *Bull. of the Seismological Society of America*, Vol. 73, No. 6, December, 1983.

例系数来调整震源距的差别。这个比例系数遵循作为震级和震源距函数的 PGA 平均值(或中位数)的衰减关系。在应用了所有三个比例系数之后,结果做逆 Fourier 变换回到时间域得到调整后的加速度时程。如果在这族中所记录的加速度时程数量不足以用于统计分析目的,那么可以利用从随机模型中产生的人工加速度时程,这里假定这个模型已经被小心选择来表示设计地震和局部场地条件。有了表示在特定场地的期望运动加速度时程足够的集合,就能产生每个加速度时程的反应谱。然后在所有谱的集合上做统计分析就得到在感兴趣的频率域内离散频率上的关于 PGA 和关于谱值的概率分布。从这些结果中按指定百分位水准选择的谱表示在整个频率域上有一致的超越频率。用上面的方法建立特定场地的设计谱应该对垂直的和水平的地面运动分别执行。

产生表示在整个频率范围上有一致超越概率的特定场地反应谱的另外一个方法,是类似上面描述的,但有一点例外。所有衰减关系代替为对震源距差别的调整,对震级和场地差别的调整后,得到的所有加速度时程对 1 g PGA 水准进行正规化。然后对正规化的加速度时程生成反应谱集合并且对这个集合做统计分析,得到在离散频率上关于谱值的概率分布,或直接得到平均值和 84 百分位数水准值。然而,因为通常利用 84 百分位数的曲线在高频域收敛于峰值地面加速度,当设计和最大可能的地震利用这个 PGA 平均数(或中值)按比例缩小时,这样的曲线不能表示在整个频率范围上一致超越概率。因为这个理由,更合理的是利用平均正规化(PGA=1 g)反应谱,然后利用 84.1 百分位数 PGA 按比例缩小。后者方法导致在整个频率范围上的一致超越概率。

目前的趋势是首先建立地震危险性曲线集合来建立一致危险性的场地特殊反应谱,这些集合的每一个作为对指定频率(或周期)离散值和指定阻尼离散值的反应谱值的函数,表示年平均超越次数。这样做的方法是和前面描述的产生 PGA 的地震危险性曲线方法一样的;然而,由于涉及大量的频率和阻尼离散值,计算量更多。有危险性曲线的集合,就容易建立在整个频率范围上指定超越概率的反应谱。

运动的两个水平分量

如果结构必须同时利用自由场地面加速度的两个正交水平分量来设计,前面描述的对单个水平分量运动的正规化设计谱可以应用于两个分量的情况;然而,与强地面运动数据一致,一个分量的设计和最大可能的强度应该降低到相应另一个分量强度水准的 85%。比较大的分量应该沿结构关键轴的方向。

§25－4 设计加速度时程

正如在前一节解释的，设计的和最大可能的地震地面运动通常是根据设计反应谱来指定的。假定线性结构体系，通过在第 26 章和 27 章讨论的标准振型分析，可以利用这些谱得到相应的最大反应水准。然而，在许多情况下，预测最大反应水准必须进行时程动力分析。必须这样做存在各种理由。例如，在最大可能地震条件下大部分结构将遭到损伤，这意味着这样的结构以非线性方式反应。这样，线性振型分析方法不再能使用，就要求做非线性时程分析。在其他可以接受线性反应分析的情况，结构建模的复杂性和(或)特性也可以是达到要求时程动力分析程度。结构几何形状极端复杂，引起组合振型对反应贡献的困难，就是这样的例子。包含依赖频率的关键参数的建模是另一个理由。不管要求任何特定时程动力分析的理由，地震输入必须是根据自由场地面运动加速度时程指定。由于设计和最大可能的地震自由场地面运动通常是根据平滑设计反应谱指定的，利用于时程动力分析的加速度时程应该与这些谱兼容。

与反应谱兼容的加速度时程

为了生成与反应谱兼容的人工地面运动加速度时程，可以应用下面的步骤：

(1) 用计算机产生在 0 到＋1 的范围内与强度为 1 的均匀概率密度函数相一致的一组随机数，标记为 $x_1, x_2, x_3, \cdots, x_n$。容易用计算机程序来实现这一步。

(2) 利用下面的关系把相继的随机数对转换到相应的新的相继随机数对

$$\begin{aligned} y_i &= (-2\ \ln x_i)^{1/2} \cos 2\pi x_{i+1} \\ y_{i+1} &= (-2\ \ln x_i)^{1/2} \sin 2\pi x_{i+1} \end{aligned} \tag{25-32}$$

如例题 E20－7 所示，这样得到的数 $y_1, y_2, y_3, \cdots, y_n$ 有均值为零、方差为 1 的高斯分布。

(3) 现在建立一个样本时间函数：指定在第二步得到的离散值 $y_1, y_2, y_3, \cdots, y_n$ 是沿时间横坐标的等时间间隔 Δt 跨度上的 n 个顺序竖标，并假定每一间隔之间竖标是线性变化的。在 $t=0$ 初始竖标设为零。

正如在例题 E21－2 中所示的，如下定义的波形 $y(t)$ 的自相关函数

$$R_y(\tau) \equiv \lim_{n\to\infty} \frac{1}{n\Delta t} \int_0^{n\Delta t} y(t)\,y(t+\tau)\,\mathrm{d}t \tag{25-33}$$

是由下面关系得到

$$R_y(\tau)=\begin{cases}\dfrac{2}{3}-\left(\dfrac{\tau}{\Delta t}\right)^2+\dfrac{1}{2}\left(\dfrac{|\tau|}{\Delta t}\right)^3 & -\Delta t\leqslant\tau\leqslant\Delta t\\ \dfrac{4}{3}-2\dfrac{|\tau|}{\Delta t}+\left(\dfrac{\tau}{\Delta t}\right)^2-\dfrac{1}{6}\left(\dfrac{|\tau|}{\Delta t}\right)^3 & -2\Delta t\leqslant\tau\leqslant-\Delta t;\ \Delta t\leqslant\tau\leqslant 2\Delta t\\ 0 & \tau\leqslant-2\Delta t;\ \tau>2\Delta t\end{cases}\tag{25-34}$$

同时相应的功率谱密度函数定义如下

$$S_y(\bar{\omega})\equiv\lim_{n\to\infty}\frac{\left|\int_0^{n\Delta t}y(t)\exp(-i\bar{\omega}t)\,\mathrm{d}t\right|^2}{2\pi n\Delta t}\tag{25-35}$$

得到

$$S_y(\bar{\omega})=\frac{\Delta t}{\pi}\left[\frac{6-8\cos\bar{\omega}\Delta t+2\cos 2\bar{\omega}\Delta t}{(\bar{\omega}\Delta t)^4}\right]\quad \bar{\omega}\geqslant 0\tag{25-36}$$

正如 Ruiz 和 Penzien 所报告的①，这个功率谱函数是平滑的，对于 $\bar{\omega}\Delta t<0.57$ 误差在 5%内，对于 $\bar{\omega}\Delta t<0.76$ 误差在 10%内，在 $\bar{\omega}\Delta t=2$ 处降到它初值的 50%。对于生成人工地震加速度时程，令 $\Delta t=0.01$ s 通常是足够的。

（4）用第三步得到的平稳波形 $y(t)$ 乘以一个适当的确定性时间函数 $f(t)$，把它转变为适合于所考虑的设计或最大的可能地震的震级和震源到场地的距离的非平稳形式 $z(t)$。为这个目的通常应用的一个函数如图 25-13 所示②。仅当考虑像地震震级和震中距这样的因素以后，才能指定在图中常数 t_1，t_2 和 c 数值③。为了这个目的，利用另一个函数形式

$$f(t)=a_1 t\exp(-a_2 t)\tag{25-37}$$

也在考虑像地震震级和震中距这样的因素以后指定其中涉及的常数值④。对于在加利福尼亚州 San Fernando 地震记录的一般类型的加速度时程，统计研究表明常数 a_1 和 a_2 分别被指定为 0.45 和 1/6，给出 $f(0)=0$，$f(6)=1$，$f(12)=0.74$，$f(20)=0.32$。已经利用的 $f(t)$ 的其他形式可以在文献⑤中找到。

（5）对第四步得到的波形 $z(t)$ 做快速 Fourier 变换（FFT）得到 $Z(i\bar{\omega})$，然后

---

① P. Ruiz and J. Penzien,. Probabilistic Study of Behavior of Structures during Earthquakes,. University of California, Berkeley, Earthquake Engineering Research Center, Rept. 69-3, 1969.

② P. C. Jennings, G. W. Housner, and N. C. Tsai,. Simulated Earthquake Motions,. Rept., Earthquake Engineering Research Laboratory, California Institute of Technology, April, 1968.

③ G. W. Housner,. Design Spectrum,. loc. cit.

④ J. L. Bogdanoff, J. E. Goldberg and M. C. Bernard,. Response of a Simple Structure to a Random Earthquake-Type Disturbance,. *Bull. of the Seismological Society of America*, Vol. 51, No. 2, April, 1961.

⑤ T. Kubo and J. Penzien,. Time and Frequency Domain Analyses of Three-Dimensional Ground Motions, San Fernando Earthquake,. University of California, Berkeley, Earthquake Engineering Research Center, Report No. 76-6, March, 1976.

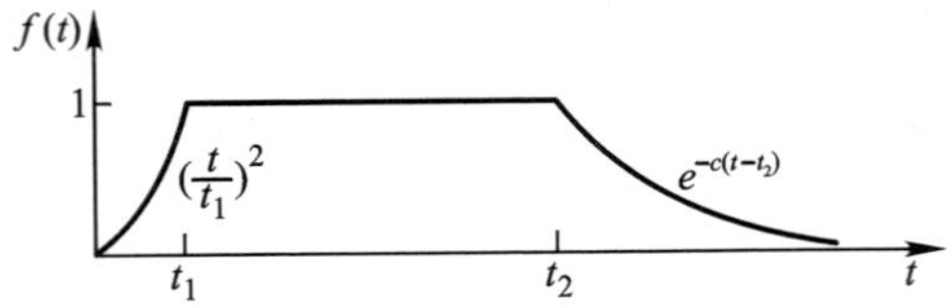

图 25－13　非平稳过程 $a(t)$的密度函数 $f(t)$

乘以滤波函数 $H_1(i\bar{\omega})$和 $H_2(i\bar{\omega})$得到

$$B(i\bar{\omega})\equiv Z(i\bar{\omega})H_1(i\bar{\omega})H_2(i\bar{\omega}) \tag{25-38}$$

式中

$$H_1(i\bar{\omega})=\frac{\left[1+2i\xi_1\left(\frac{\bar{\omega}}{\omega_1}\right)\right]}{\left[\left(1-\frac{\bar{\omega}^2}{\omega_1^2}\right)+2i\xi_1\left(\frac{\bar{\omega}}{\omega_1}\right)\right]}$$

和

$$H_2(i\bar{\omega})=\frac{\left(\frac{\bar{\omega}}{\omega_2}\right)^2}{\left[\left(1-\frac{\bar{\omega}^2}{\omega_2^2}\right)+2i\xi_2\left(\frac{\bar{\omega}}{\omega_2}\right)\right]} \tag{25-39}$$

式(25－39)的第一式是众所周知的 Kanai/Tajimi 滤波函数，它增加 $Z(i\bar{\omega})$在 $\bar{\omega}=\omega_1$ 附近频率含量，并当大于 $\bar{\omega}=\omega_1$ 以后随 $\bar{\omega}\to\infty$加速衰减频率含量①。式(25－39)的第二式大大衰减了 $Z(i\bar{\omega})$中很低的频率含量，为了修正 $z(t)$函数第一和第二次积分在时间上的漂移，$Z(i\bar{\omega})$这样的衰减是必须的。出现在 $H_1(i\bar{\omega})$中的参数 ω_1 和 ξ_1 可以分别认为是某一地面特征频率和特征阻尼比。Kanai 已经建议 ω_1 取 15.6 rad/s 和 ξ_1 取 0.6 作为坚硬土质条件的代表值。当土质条件变软，ω_1 和 ξ_1 都应该被适当调整以便反映地面运动的频率含量的变化。出现在 $H_2(i\bar{\omega})$中参数 ω_2 和 ξ_2 必须适当地设定以便产生在很低频率中所要求的滤波。$H_1(i\bar{\omega})$和 $H_2(i\bar{\omega})$的乘积的绝对值如图 25－14 所示。

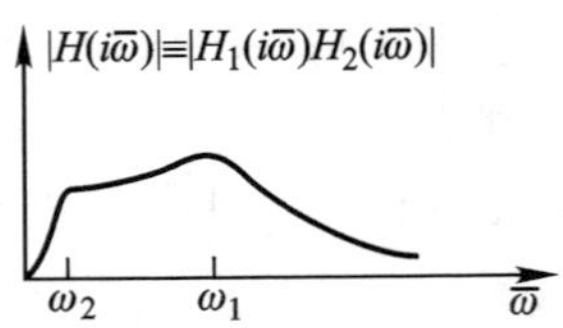

图 25－14　组合滤波函数的绝对值

(6) 对在第五步得到的复函数 $B(i\bar{\omega})$做逆 FFT 变换得到相应的波形 $b(t)$，然后用比例系数 α 把它正规化使得它的 PGA 等于 1 g。让这个正规化的波形表示加速度时程 $a(t)$。

(7) 对在第六步得到的正规化加速度时程 $a(t)$，利用与代表结构阻尼比一

① K. Kanai,. Semi－empirical Formula for the Seismic Characteristics of the Ground,. University of Tokyo, Bull., Earthquake Research Institute, Vol. 35, pp. 309－325, 1957; H. Tajimi,. A Statistical Method of Determining the Maximum Response of a Building Structure during an Earthquake,. Proc. 2nd World Conference on Earthquake Engineering, Tokyo and Kyoto, Vol. Ⅱ, pp. 781－798, July, 1960.

致的阻尼比 ξ，比如说阻尼比 ξ_s，产生伪速度反应谱，把这个谱标记为 $S_{pv}^a(\xi_s,T)$。在这里使用的上标 a 表示是对正规化加速度时程 $a(t)$ 产生的谱。

(8) 把 $S_{pv}^a(\xi_s,T)$ 与已经正规化到 1 g 峰值加速度水准的指定设计反应谱 $S_{pv}(\xi_s,T)$ 比较。由于这两个谱除了在很低周期接近零外将不匹配，必须对加速度 $a(t)$ 进行调整使得它能兼容谱。把感兴趣的整个频率范围分为窄频带以后，每个窄频带包含许多如在 $a(t)$ 的 FFT 中利用的频率间隔，那么这个调整是容易做的：用在每个频带上的 $B(i\bar{\omega})$ 的实部和虚部的离散值乘以相应的设计谱值 $S_{pv}(\xi_s,T)$ 与 $a(t)$ 的反应谱值 $S_{pv}^a(\xi_s,T)$ 的比值的平均。现在对最终调整的复函数做逆 FFT，得到相应调整的加速度时程。这个调整的加速度时程的反应谱与指定设计谱相比将是比较接近的。如果需要，利用这个调整的加速度时程的反应谱代替上面表示的 $S_{pv}^a(\xi_s,T)$ 重复这一步，那么可以得到一个更好的拟合。注意，调整的加速度时程的最大或峰值将不等于 1 g。尽管这样，这个调整的加速度时程不应该对这个值正规化，因为它已经被修正能较好地代表这个完整的平滑设计谱。

人们在利用上面方法上的成功依赖于在第八步指定的窄频带的 FFT 频率间隔数。即使对这个数进行优化选择，对谱兼容的完全收敛是不可能获得的。然而，谱兼容程度通常是满意的。为了说明这点，考虑用这个方法产生的如图 25－15 所示的谱兼容加速度时程。它的实际反应谱表示在图 25－16 中，在那里它与指定平滑设计谱进行了比较。在这种情况下得到的谱兼容的程度是相当好的。然而，如果人们要求更好的谱兼容，那么需要允许收敛更好的改进方法[①]。

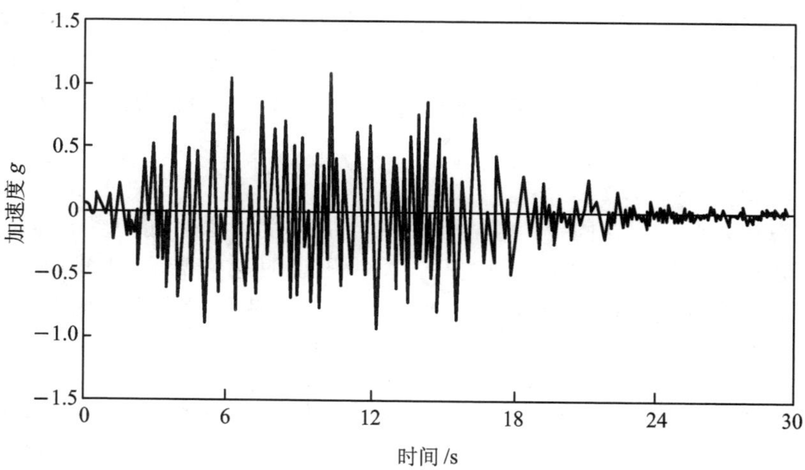

图 25－15　调整到与平滑设计谱兼容的人工加速度时程

用上面方法产生的加速度时程是与仅对于一个阻尼值的设计反应谱兼容。如果人们希望使每个加速度时程与反应谱兼容对应于两个阻尼值，比如说 $\xi=0.02$ 和 0.05，那么对每个加速度时程必须做更复杂的调整系统。已经开发

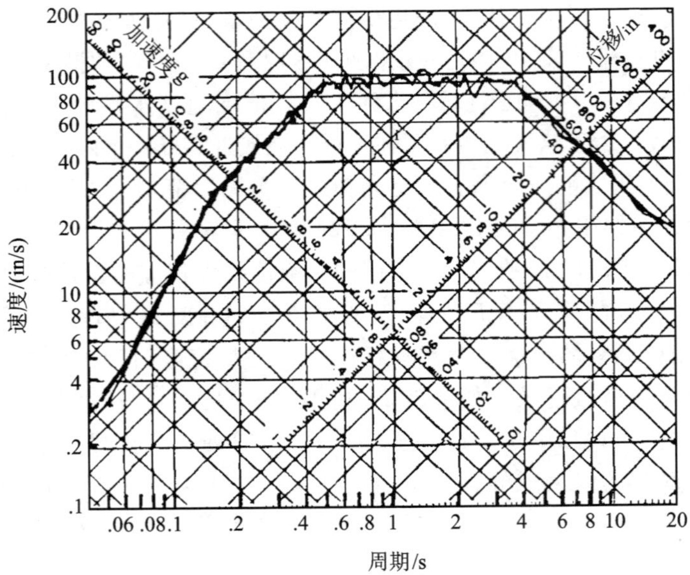

图 25－16 平滑设计反应谱和调整的人工加速度时程的反应谱，$\xi=0.05$

了做这些调整的方法和相关的计算机程序①,②。

谱兼容加速度时程也可以用修改实际加速度时程来得到。这是容易做的，利用 FFT 方法对每个实际加速度时程做 Fourier 变换得到一个复函数 $B(i\bar{\omega})$。利用这个复函数，精确地执行如上面所表明的第 6，7 和 8 步，得到要求的谱兼容加速度时程。图 25－17 表示一个正规化加速度时程，它代表在 1952 年加利福尼亚 Taft 地震时记录的 N21°E 运动分量。它的反应谱被表示在图 25－19 中。用上面的方法调整这个加速度时程以后，得到图 25－18 所示的加速度时程。它的反应谱也表示在图 25－19 中，图中它可以和指定设计谱比较，已经获得非常紧密的一致。

运动的主轴

现在让我们考虑在固定位置表示谱兼容加速度时程运动的多分量的生成。重要的是这些分量实际上是互相关联的。为了说明这个要求，让我们考虑地面加速度的三个正交分量 $a_x(t)$，$a_y(t)$和 $a_z(t)$。对这些分量利用下面的关系可以产生一个 3×3 的协方差矩阵 μ

$$\mu_{ij} \equiv \frac{1}{t_d}\int_0^{t_d} a_i(t)a_j(t)\,\mathrm{d}t \quad i,j=x,y,z \tag{25-40}$$

① K. Lilhanand and W. S. Tseng,. Development and Application of Realistic Earthquake Time Histories Compatible with Multiple－Damping Design Spectra,. Proceedings of the Ninth World Conference on Earthquake Engineering, Tokyo/Kyoto Japan(Vol. Ⅱ), August 29, 1988.

② M. Watabe,. Characteristics and Synthetic Generation of Earthquake Ground Motions,. Proc., Canadian Earthquake Engineering Conference, July, 1987.

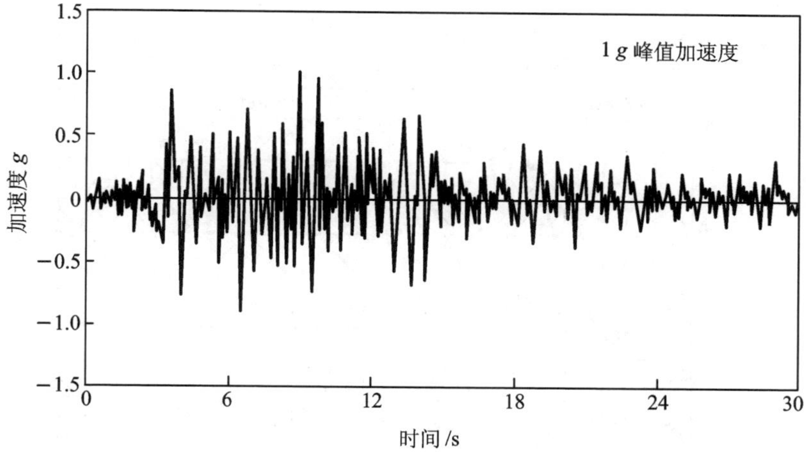

图 25－17　正规化加速度时程，加利福尼亚 Taft N21°E，1952

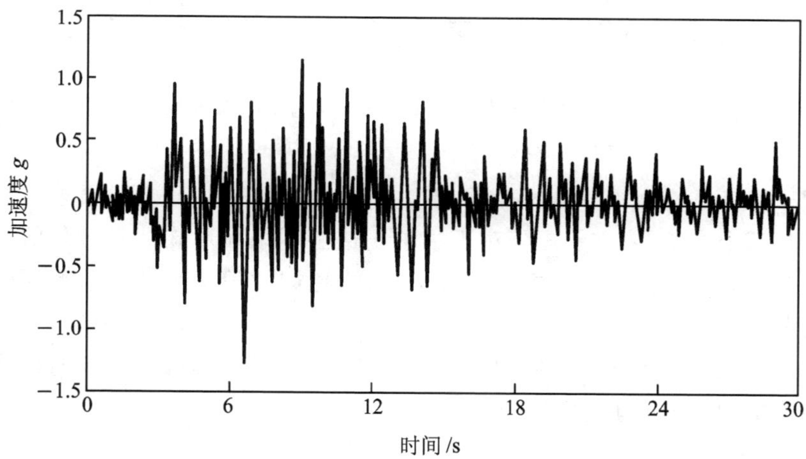

图 25－18　与平滑设计谱兼容的调整后的 Taft 加速度时程

式中 t_d 是运动的指定持续时间，它可以选为运动总持续时间的任何部分或全部。这个矩阵的对角项表示运动的均方强度，非对角项表示各分量的互相关性。分量 $a_x(t)$，$a_y(t)$ 和 $a_z(t)$ 可以容易地转换到一组新的正交轴 x'，y'，z'，在这个新正交坐标系中运动分量为 $a_{x'}(t)$，$a_{y'}(t)$ 和 $a_{z'}(t)$，协方差矩阵 $\boldsymbol{\mu}'$ 可以利用与式(25－40)的相应关系产生。容易表明协方差矩阵 $\boldsymbol{\mu}$ 和 $\boldsymbol{\mu}'$ 通过正交变换相联系，即①

$$\boldsymbol{\mu}' = \mathbf{A}^{\mathrm{T}} \boldsymbol{\mu} \boldsymbol{A} \tag{25-41}$$

① J. Penzien and M. Watabe,. Simulation of 3－Dimensional Earthquake Ground Motions,. *Bull. of the International Institute of Seismology and Earthquake Engineering*, Vol. (1974), and *J. of Earthquake Engineering and Structural Dynamics*, Vol. 3, No. 4, April－June, 1975.

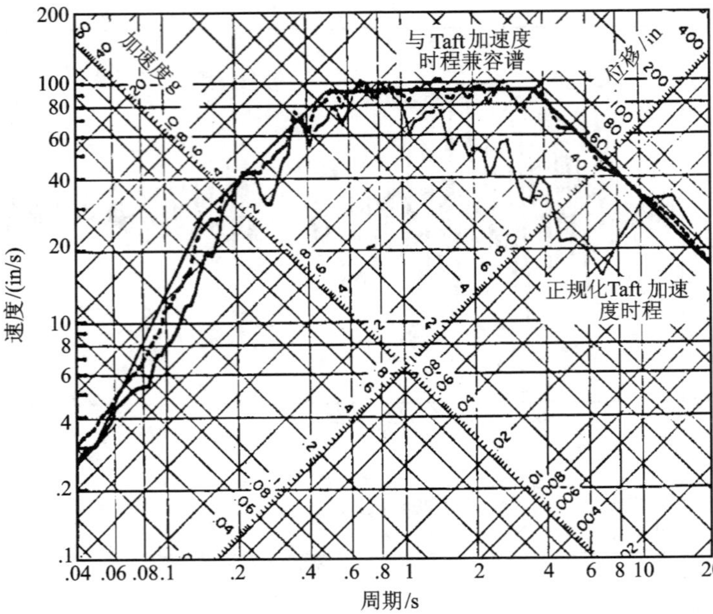

图 25－19 平滑设计反应谱以及正规化 Taft 加速度时程与调整的 Taft 加速度时程的反应谱，$\xi=0.05$

它等同于将三维应力矩阵从 x,y,z 轴变换到 x',y',z' 轴。这样，通过类比就可证明存在三个主轴，协方差矩阵对于主轴正交坐标系在形式上是对角的。寻求运动主轴的方法与寻求应力主轴的方法一样，也即两种情况都要求解同样的特征值问题。

已经发现记录的地震地面运动的最大和最小主轴方向，在有限的程度上分别与到震中的方向及其垂直方向有关。图 25－20 表明在 1968 年 5 月 16 日日本 Tokachi－Oki 地震期间对于不同时间间隔 $t_1<t<t_2$ 的最大主轴方向。在图中实线的长度表示在相应的时间间隔内最大主轴运动的均方强度。在这种情况下，最大主方向与震中方向（虚线）相关是相当好的。虽然这种形式的相关性通常对大多数所记录地震运动都存在，但它常常是相当弱的。尽管这样，上面的变换和结果相关性建议，由随机模型产生的地面运动的分量彼此应该是互不相关的，且具有指向期望震中的最大轴和垂直指向的最小轴。

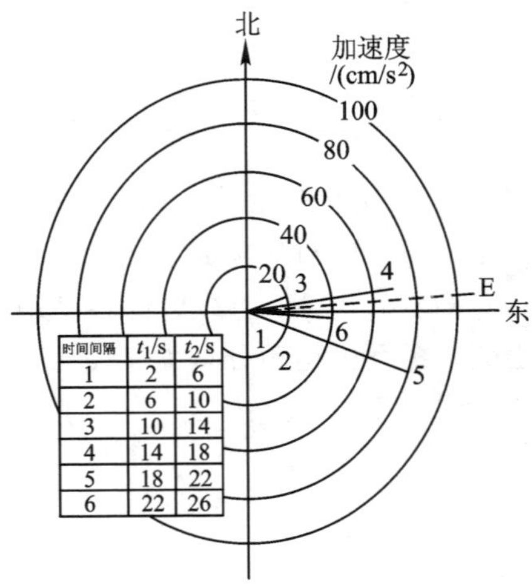

图 25－20 地面运动最大主轴方向，1968 年 5 月 16 日日本 Tokachi－Oki 地震（Hachinoe Station 八户车站）

为了用前面所介绍八个步骤的方法，在固定位置生成表示运动的人工不相关加速度的多分量结果，在步骤 1 所定义的相应随机数 $x_1,x_2,\cdots,x_n$ 集合必须是统计独立的。由于这个要求容易满足，在产生不相关的加速度分量中不引起困难。对于工程目的，人们可以希望利用正交坐标变换把这些不相关分量变换到新的一组方向，即与结构主轴相应的方向。如果指定沿主轴运动的均方强度为不同值，那么得到的这组新的运动将具有非零互相关性。然而，这些互相关的数值与均方强度比总是相当小的，因为运动的水平分量均方强度差别不很大，因此可以忽略坐标方向引起的变化。例如，考虑运动的两个水平主分量 $a_{x'}(t)$ 和 $a_{y'}(t)$，其中 $a_{x'}(t)$ 的均方强度被归一化为 1，相应的 $a_{y'}(t)$ 的均方强度为 0.72。$a_{y'}(t)$ 的强度大概相应于 $a_{x'}(t)$ 强度的 85%，也即 $0.72=0.85\times0.85$，这正是前面生成人工加速度时程时所用的建议。把运动 $a_{x'}(t)$ 和 $a_{y'}(t)$ 转换到 $a_x(t)$ 和 $a_y(t)$，其中 x，y 轴与 x'，y' 轴相交 45°，人们可以得到 $a_x(t)$ 和 $a_y(t)$ 之间的最大可能互相关性。假定 $a_{x'}(t)$ 和 $a_{y'}(t)$ 的均方强度分别为 1.00 和 0.72，$a_x(t)$ 和 $a_y(t)$ 相应的最大可能互相关是 $(1.00-0.72)/2=0.14$。因此很清楚决不应该利用高相关分量来表示在特定地点的地震地面运动，因为这样的分量是不现实的。

空间相关运动

如果希望产生地震运动的多分量来表示在许多点的自由场表面运动，正如长的多跨度桥梁这样的非常大的结构要求做时程动力分析时，应该考虑地面运动的空间变化。在这种情况下，同样一组平滑设计谱可以应用于所有点。然而，在生成运动的人工分量中，表示在两个不同地点运动的同方向的一对分量必须恰当地相互关联。如果所考虑的这两个点隔得很远，那么这对运动应该几乎完全不相关，在这种情况下它们相互统计独立可以用前面描述的方法产生。在另一方面，当两点的距离减小时，互相关性将增加。在距离趋于零的极限时，这个互相关将达到在考虑方向上的均方强度。表示在两个不同地点运动的正交方向的一对分量的互相关与相应的均方强度比总是很低的。正如上面表示的，这个互相关即使当这两点的距离趋于零也总是相对低的。

因为目前在世界各国安装了密集的强震台阵，现在正在收集的许多数据允许研究者来描述地面运动的空间变化特征。在这些台阵中的大部分仪器，例如在中国台湾 Lotung 的 SMART－1 台阵和在加利福尼亚的 El Centro 差动台阵，被安置在地表面。因此，描述空间变化特征的进展主要限制在自由场表面运动。由于表面运动的这些变化对很长的结构的地震分析是重要的，因此要求空间相关的加速度时程。为了得到这样的加速度时程，假定在地表面不同位置的自由场运动在性质上是随机的，正如在前面描述的随机模型所表示的

$$\ddot{\boldsymbol{v}}_g(t)=f(t)\boldsymbol{a}(t) \tag{25-42}$$

式中 $\ddot{\boldsymbol{v}}_g(t)$ 是一个包含非平稳自由场地面加速度的 n 分量向量，$f(t)$ 是一个适当

的确定性时间密度函数，$\boldsymbol{a}(t)$是一个包含平稳随机加速度的 n 分量向量。这些平稳随机时间历程可以用它们的 $n\times n$ 阶谱密度矩阵来描述，可表示为

$$S_a(i\bar{\omega})=\begin{pmatrix} S_{11}(\bar{\omega}) & S_{12}(i\bar{\omega}) & \cdots & S_{1n}(i\bar{\omega}) \\ S_{21}(i\bar{\omega}) & S_{22}(\bar{\omega}) & \cdots & S_{2n}(i\bar{\omega}) \\ \vdots & \vdots & \ddots & \vdots \\ S_{n1}(i\bar{\omega}) & S_{n2}(i\bar{\omega}) & \cdots & S_{nn}(\bar{\omega}) \end{pmatrix} \tag{25-43}$$

如果随机过程是遍历性的，如通常假定的，在这个矩阵中的每个函数可表示为

$$S_{ij}(i\bar{\omega})\equiv\lim_{s\to\infty}\frac{\int_{-s/2}^{s/2} a_i^r(t)\exp[-i\bar{\omega}t]\mathrm{d}t\int_{-s/2}^{s/2} a_j^r(t)\exp[i\bar{\omega}t]\mathrm{d}t}{2\pi s} \tag{25-44}$$

$$i,j=1,2,\cdots,n \qquad r=1,2,\cdots$$

式中上标 r 表示随机过程的第 r 个元。由于这个随机过程是遍历性的，$S_{ij}(i\bar{\omega})$是与 r 无关的；这样，上标 r 在后来的推导中将被去掉。

在第 21 章已经表明

$$\begin{aligned} \langle a_i(t) \quad a_j(t)\rangle &= \int_{-\infty}^{\infty} S_{ij}(i\bar{\omega})\mathrm{d}\bar{\omega} \\ S_{ij}(i\bar{\omega}) &= S_{ij}^*(-i\bar{\omega}) \\ S_{ij}(i\bar{\omega}) &= S_{ji}^*(i\bar{\omega}) \end{aligned} \tag{25-45}$$

式中〈—〉表示时间平均，上标 * 表示复数共轭。式(25 - 43)的谱密度矩阵可以相当好地表示成下面形式

$$S_a(i\bar{\omega})=\begin{pmatrix} 1 & \gamma_{12}(i\bar{\omega}) & \gamma_{13}(i\bar{\omega}) & \cdots & \gamma_{1n}(i\bar{\omega}) \\ \gamma_{21}(i\bar{\omega}) & 1 & \gamma_{23}(i\bar{\omega}) & \cdots & \gamma_{2n}(i\bar{\omega}) \\ \vdots & \vdots & \vdots & \ddots & \vdots \\ \gamma_{n1}(i\bar{\omega}) & \gamma_{n2}(i\bar{\omega}) & \gamma_{n3}(i\bar{\omega}) & \cdots & 1 \end{pmatrix} S_0(\bar{\omega}) \tag{25-46}$$

式中

$$S_0(\bar{\omega})=\frac{[1+4\xi_1^2(\bar{\omega}/\omega_1)^2](\bar{\omega}/\omega_2)^4}{\{[1-(\bar{\omega}/\omega_1)^2]^2+4\xi_1^2(\bar{\omega}/\omega_1)^2\}\{[1-(\bar{\omega}/\omega_2)^2]^2+4\xi_2^2(\bar{\omega}/\omega_2)^2\}} \tag{25-47}$$

是一个依赖频率的功率谱密度函数，它们由表示白噪声的不变功率谱函数 S_0 与转换(滤波)函数 $H_1(i\bar{\omega})$，$H_1(-i\bar{\omega})$，$H_2(i\bar{\omega})$和 $H_2(-i\bar{\omega})$的乘积表示，其中 $H_1(i\bar{\omega})$和 $H_2(i\bar{\omega})$由式(25 - 39)给出。正如前面解释的，必须适当地选择参数 ξ_1 和 ω_1 以便表示局部土质条件，必须适当地设定参数 ξ_2 和 ω_2 以便产生所要求的很低频的滤波。进一步，必须定义无量纲相干 γ-函数与加速度时间历程 $a_i(t)$和 $a_j(t)$$(i\neq j)$之间相关程度一致。如果 $a_i(t)$和 $a_j(t)$表示在 i 和 j 站点的同方向的加速度分量，人们可以假设的最简单的相干函数为

$$\gamma(i\bar{\omega})=\exp\left[-i\bar{\omega}\frac{d_{ij}}{V_a}\right] \tag{25-48}$$

它相应于单一波列以视波速度 V_a 无衰减运动产生的地面运动。在这个关系中 d_{ij} 量是在 i 和 j 站点之间沿波转播方向的投影距离。这样运动与引入的时间延迟 $\tau_{ij}=d_{ij}/V_a$ 完全相关。

然而，式(25－48)的相干函数是不现实的，因为自由场地面运动是由多重波沿它们转播路径由许多反射和折射产生的。另外还存在波的散射和其他未知影响。这样，一个改进的相干关系是

$$\gamma_{ij}(i\bar{\omega})=\exp[-\alpha|d_{ij}|]\exp\left[-i\bar{\omega}\frac{d_{ij}}{V_a(\bar{\omega})}\right] \tag{25-49}$$

式中右边第一指数项表示由于未知随机影响与距离 $|d_{ij}|$ 相关的损失；α 是反映相关损失比的参数；$V_a(\bar{\omega})$ 是依赖频率的视波速。目前已经利用 SMART－1 台阵数据得到若干优于式(25－49)所给的相干函数[①,②,③,④]，例如下面的关系[⑤]

$$\gamma_{ij}(d_{ij}^L,d_{ij}^T,\bar{\omega})=\exp(-\beta_1 d_{ij}^L-\beta_2 d_{ij}^T)\times$$

$$\exp[-(\alpha_1 d_{ij}^{L\,1/2}+\alpha_2 d_{ij}^{T\,1/2})\bar{\omega}^2]\times\exp\left(i2\pi\bar{\omega}\frac{d_{ij}^L}{V_a}\right) \tag{25-50}$$

其中 $\bar{\omega}$ 是圆频率；β_1 和 β_2 是常数；α_1 和 α_2 是依赖频率的参数；d_{ij}^L 和 d_{ij}^T 是在 i 和 j 站点之间分别在波转播明显方向上(朝震中)和它的正交方向上的投影距离。例如式(25－50)的相干模型在它们的严格应用中是指定场地的，也即它们应用于所有场地被认为是不可靠的。尽管这样，在估计自由场表面运动的空间变化时，它们是非常有用的。

如果人们希望有可利用的自由场表面加速度时间历程 $a_1(t),a_2(t),\cdots,a_n(t)$，它们表示在一个扩展的距离上的离散点在同方向上的运动，那么应该考虑它们在离散点之间随距离的相干损失。如果建立对场地的合适的相干模型，例如式(25－50)所给的，那么与相干兼容的加速度时程可以利用时间域关系生成[⑥]

① C. H. Loh and J. Penzien,. Identi_cation of Wave－Types,Directions,and Velocities Using SMART－1 Strong Motion Array Data,. Proc. ,8th World Conference on Earthquake Engineering,San Francisco,Ca., July 21－28,1984.

② T. Harada,. Probabilistic Modeling of Spatial Variation of Strong Earthquake Ground Displacements,. Proc. ,8th World Conference on Earthquake Engineering,San Francisco,Ca. ,July 21－28,1984.

③ N. A. Abrahamson and B. A. Bolt,. The Spatial Variation of the Phasing of Seismic Strong Ground Motion,. *Bull. of the Seismological Society of America*, Vol. 75,No. 5,October,1985.

④ R. S. Harichandran and E. H. Vanmarke,. Stochastic Variation of Earthquake Ground Motion in Space and Time,. *ASCE,J. of Engineering Mechanics*,February,1986.

⑤ H. Hao,C. S. Oliveira and J. Penzien,. Multiple－Station Ground Motion Processing and Simulation Based on SMART－1 Array Data,. *Nuclear Engineering and Design 111*,North－Holland,Amsterdam,1989.

⑥ E. Samaras,M. Shinozuka and A. Tsurui,. Time Series Generation Using the Auto－Regressive Moving－Average Model,. Technical Report,Department of Civil Engineering,Columbia University,New York,May,1983.

$$a_i(t)=\sum_{j=1}^{i}\sum_{k=1}^{N}A_{ij}(\bar{\omega}_k)\cos[\bar{\omega}_k t+\beta_{ij}(\bar{\omega}_k)+\phi_{jk}(\bar{\omega}_k)]\quad i=1,2,\cdots,n \tag{25-51}$$

i 和 j 的值代表在同方向上加速度分量。在这个关系中

$$\phi_{jk}(\bar{\omega}_k)=\begin{cases}0 & \text{当 } j\neq i\\ \text{均匀随机} & \text{当 } j=i\end{cases} \tag{25-52}$$

和

$$\beta_{ij}(\bar{\omega}_k)=0\quad \text{当 } j=i$$

对于在频率 $\bar{\omega}_k$ 上式(25-51)的每个离散谐振，即对于谐振

$$a_{ik}(t)=\sum_{j=1}^{i}A_{ij}(\bar{\omega}_k)\cos[\bar{\omega}_k t+\beta_{ij}(\bar{\omega}_k)+\phi_{jk}(\bar{\omega}_k)]\quad i=1,2,\cdots \tag{25-53}$$

人们必须对每个 i 值求解 $2i$ 个未知量 $A_{i1},A_{i2},\cdots,A_{ii}$ 和 $\beta_{i1},\beta_{i2},\cdots,\beta_{ii}$，利用指定的相干函数 $\gamma_{ij}(i\bar{\omega})$ 和复关系

$$S_a(\bar{\omega}_k)[\gamma_{ij}(i\bar{\omega}_k)+\gamma_{ij}(-i\bar{\omega}_k)]\Delta\bar{\omega}=\langle a_{ik}(t)\quad a_{jk}(t)\rangle$$
$$i,j=1,2,\cdots,n\quad j\leqslant i \tag{25-54}$$

式中 $\Delta\bar{\omega}$ 是在 $a_i(t)$ 中离散谐振之间的等频率间隔。获得完整的解要按序号 i 从站点 1 开始($i=1$)进而到最后站点 $n(i=n)$ 依次求解这些关系。用矩阵形式表示式(25-54)，人们可以容易地看到最终式子的右边表示一个包含 A_{ij} 和 β_{ij} 系数的下三角矩阵，并且上面描述的方法等同于做复系数矩阵 γ_{ij}，$i,j=1,\cdots,n$ 的 Choleski 分解，这个矩阵是一个 Hermitian 矩阵，即，矩阵的共轭和转置等于矩阵本身。按序号顺序用上面方法得到 $a_1(t),a_2(t),\cdots$ 以后，利用式(25-42)把每个平稳加速度时间历程 $a_i(t)(i=1,2,\cdots)$ 变成非平稳的；最后这样得到的每个非平稳分量用前面描述的方法求得兼容反应谱，由此当总控制它们的相干的相位角保持在它们原始的固定值时，迭代调整运动的谐振幅值。用这个方法，人们可以得到在向量 $\ddot{\boldsymbol{v}}_g(t)$ 中的自由场表面加速度时间历程，它们不但是空间相互适当相关的，而且也是反应谱兼容的。

第26章　确定性地震反应：在刚性基础上的体系

§26-1　地震激励的类型

与结构其他大部分动力荷载的形式相比，结构地震激励的特性是以支承运动的形式而不是外部荷载来作用；因此，等效的地震荷载必须根据它们的运动来建立。确定支承运动是预测结构地震反应问题中最困难和不确定的阶段。然而，一旦建立了这些输入运动，那么任一给定结构的相应应力和位移计算就是结构动力学的标准问题，所用的方法已经在第Ⅰ～第Ⅳ篇中介绍过。本章将讨论地震反应分析的确定性方法，它们提供对地震行为的有价值的见解。然而，在有些情况下，最理想的是作随机地震分析，用概率术语描述地震反应。在第28章介绍有关这类分析的方法。

正如在第25章中讨论的，认为作用在结构上的地震激励是支承点上的自由场地面运动，是用三个平动加速度分量来表示的，通常通过设计反应谱和相应谱兼容的加速度时程来表征。然而，应该认识到旋转分量也是存在的。不幸的是，关于这些旋转分量的大小和特征很少是知道的。因此，当进行抗震分析时通常不考虑它们的影响。然而，这个忽略是不严重的，因为在大多数情况下对平动分量的反应大大地超过对旋转分量的反应。尽管这样，基于完整性的考虑，在这里也将处理旋转输入的动力反应。

任何线性体系对多分量输入的反应计算，可以分别对每一分量的反应计算然后叠加。这样，分析问题可以简化为分别对每一单分量输入的结构反应进行计算。为了教学目的，最好是用这个方法处理，因为这样可以比较好地理解整个问题。然而，从工程实践来看，更合理的是把所有分量同时输入进行一次性求解，这样做计算效率更高。

在地震激励的通常处理中，总是假定同样的自由场地面运动同时作用在结构所有支承点与它的基础上。如果忽略旋转运动，这个假定等价于认为地基土或基岩是刚性的。这个假定显然是和地震波从能量释放的震源通过地壳传播的概念不一致；然而，如果结构底部的尺寸是比在底部基岩运动的卓越波长小，那么这个假定是可以接受的。例如，波的传播视速度是6 000 ft/s，那么一个

3 Hz 频率的波将有 2 000 ft(相当于 609 m)的波长。这样,具有最大底部尺寸为 100 ft 的建筑物,沿这个长度将遭受基本同样的运动。另一方面,比如说有 1 500 ft 长的一座悬索桥或一个坝,很明显沿这个长度将遭遇到极不相同的运动。因为这样的差别显著地影响动力反应机理,因此建立能够处理多点支承激励,即在不同支承点有不同的位移历程的分析方法是重要的。

当在结构基底指定输入运动时,应该认识到在地震期间实际结构基底的运动可能明显不同于相应的自由场运动,自由场运动发生在没有结构存在的情况下。如果地基相对刚而结构相对柔,那么“土-结构相互作用”的影响将不是很重要的。在这种情况下,结构只把少量的能量传递给地基,自由场的运动是足以度量实际地基位移的。另一方面,如果一个沉重的刚性结构(例如一个核电厂保护壳建筑)被支承在一个深的、相对比较软的土层上,相当大的能量将从结构传递到这个土层,并且地基运动将明显不同于在自由场条件下土壤所经历的运动。这个土-结构相互作用的机理是独立的、并且不属于第 25 章中讨论的对自由场运动的局部土壤条件的影响。一般来说,两者影响可能是重要的,应该在地震反应分析中加以考虑。

本章的目的是讨论各类结构体系对地震激励的确定性反应分析方法,所考虑的情况是假定土壤是刚性的,使得它和结构的动力反应没有相互作用。在第 27 章将涉及通过柔软土介质的激励,也即处理土-结构相互作用的影响。

§26-2 对刚性土激励的反应

集中参数的单自由度弹性体系,平动激励

地震反应问题的最简单的形式是一个单自由度集中质量体系,它在所有支承点遭遇相同的、单分量的平动激励。图 26-1 所示就是这样体系的一个例子,它是与第 25 章确定地震反应谱所利用的例子一样的。它也等同于在第 2 章(图 2-3)中的结构,该结构被用来建立遭受基底平动体系的运动方程,即方程(2-14),为方便在这里重写如下

$$m\ddot{v}^t(t)+c\dot{v}(t)+kv(t)=0 \qquad (26-1)$$

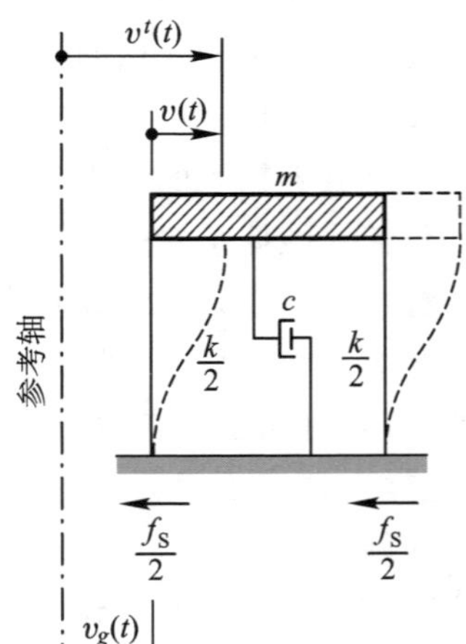

图 26-1 受刚性基础平动的集中参数的单自由度体系

这个方程的第一项的上标 t 表示总位移,正如在第 2 章解释的,正是这一项使得根据如下的等效荷载表示运动方程成为可能[见方程(2-17)]:

$$m\ddot{v}(t)+c\dot{v}(t)+kv(t)=p_{\text{eff}}(t) \tag{26-2}$$

其中

$$p_{\text{eff}}(t)=-m\ddot{v}_g(t) \tag{26-3}$$

正如在第 2 章所提示的，在这个表达式中 $\ddot{v}_g(t)$表示施加在结构底部的自由场输入加速度；负号在地震反应分析中没有意义，一般被忽略。

正如以前解释的，如果运动方程根据总的而不是相对运动来列出，那么它也可以根据自由场速度和位移 $\dot{v}_g(t)$和 $v_g(t)$，来表示等效地震荷载[见方程(2－18)]。然而，很少应用这种形式的运动方程，因为估计底部加速度[式(26－3)]表示的等效荷载更简单。

为了这个讨论目的，对于低阻尼体系，根据 Duhamel 积分可以方便地由方程(26－2)的解给出地震位移反应的表达：

$$v(t)=\frac{1}{\omega}\int_0^t \ddot{v}_g(\tau)\exp[-\xi\omega(t-\tau)]\sin\omega(t-\tau)\,\mathrm{d}\tau\equiv\frac{1}{\omega}V(t) \tag{26-4}$$

它和方程(25－2)一样。然而，应该注意这个反应能够很好地用逐步积分或用频域分析来计算而不是用 Duhamel 积分。正如在第 25 章中定义的，在式(26－4)中地震反应积分 $V(t)$在整个地震历程上的最大绝对值是伪速度谱反应 $S_{pv}(\xi,\omega)$。正如在前面式(25－14)和式(25－15)给出的，相对位移和伪加速度谱反应是

$$S_d(\xi,\omega)=\frac{1}{\omega}S_{pv}(\xi,\omega) \tag{26-5}$$

$$S_{pa}(\xi,\omega)=\omega S_{pv}(\xi,\omega) \tag{26-6}$$

由于在第 25 章中已经全面讨论了集中参数单自由度系统的这些谱反应表达式，这里简单地给出它们的应用例子就足够了。

例题 E26－1　假定图 26－1 的结构有下面的性质：

$$m=2\ \text{kips}\cdot\text{s}^2/\text{in}\qquad k=60\ \text{kips/in}\qquad c=1.10\ \text{kips}\cdot\text{s/in}$$

结构受 0.3 g 峰值加速度的地震，加速度反应谱如图 25－9 所示，硬土条件(S_1型)，计算结构的最大相对位移和最大底部剪力。分析的第一步是确定结构的振动周期和阻尼比：

$$\begin{aligned}\omega&=\sqrt{k/m}=\sqrt{60/2}\ \text{rad/s}=5.48\ \text{rad/s}\\ T&=2\pi/\omega=2\pi/5.48\ \text{s}=1.147\ \text{s}\\ \xi&=c/2m\omega=1.10/(2\times2\times5.48)=0.05\end{aligned} \tag{a}$$

从图 25－9 可以看到，对于这个周期和阻尼比的谱加速度是 $S_{pa}=0.3\times32.2\times0.92\ \text{ft/s}^2=8.89\ \text{ft/s}^2$。因此由这个地震产生的最大相对位移是

$$v_{\max}=S_{pa}/\omega^2=\pm8.89/(5.48)^2\ \text{ft}=\pm0.296\ \text{ft} \tag{b}$$

最大底部剪力可以用两种方法任一种计算：

$$V_{\max}=kv_{\max}=60\times 0.296\times 12\ \text{kips}=213\ \text{kips}$$
$$V_{\max}=mS_{pa}=2\times 12\times 8.89\ \text{kips}=213\ \text{kips} \tag{c}$$

这个剪力相当于质量 m 表示的重力的 27.5%。

广义坐标的单自由度弹性体系，平动激励

任意形式的任何结构，如果假定它的位移被限制为单一形状，如在第 8 章中解释的，则可以被处理为一个单自由度体系。这种广义坐标方法可以有效地应用在地震工程中。在这种情况下，所考虑的仅有的特殊问题是计算支承激励所引起的广义等效荷载。

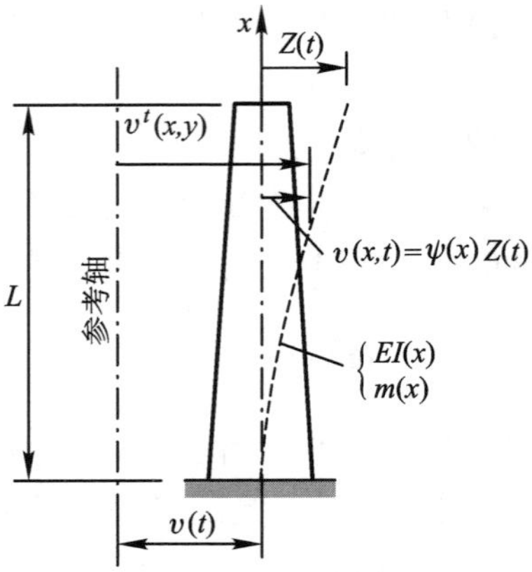

图 26-2 具有刚性基础平动的广义单自由度系统

广义坐标运动方程的列式用图 26-2 的塔式结构来说明。该体系的平衡包括惯性力、阻尼力和弹性力，它们是沿轴分布的，可以表示如下：

$$f_I(x,t)+f_D(x,t)+f_S(x,t)=0 \tag{26-7}$$

单自由度近似的基本假定是位移由单一的形状函数 $\psi(x)$ 和广义坐标幅值 $Z(t)$ 相乘给出，即

$$v(x,t)=\psi(x)Z(t) \tag{26-8}$$

当发生一虚位移 $\delta v=\psi(x)\delta Z$ 时，由虚功原理得到单自由度的平衡关系为

$$f_I^*\,\delta Z+f_D^*\,\delta Z+f_S^*\,\delta Z=0 \tag{26-9}$$

式中

$$\begin{aligned} f_I^* &= \int_0^L f_I(x,t)\psi(x)\,\mathrm{d}x \\ f_D^* &= \int_0^L f_D(x,t)\psi(x)\,\mathrm{d}x \\ f_S^* &= \int_0^L f_S(x,t)\psi(x)\,\mathrm{d}x \end{aligned} \tag{26-10}$$

因为假定分布阻尼力和分布弹性力仅依赖于相对运动，所以这里相应的广义力是和第 8 章讨论的情况一样的，其中动力荷载是外加的，即

$$f_D^*=c^*\dot{Z} \quad f_S^*=k^*Z$$

式中 c^* 和 k^* 是由式(8-14)所示类型的表达式给出。然而，这里的惯性力依赖总加速度，即

$$f_I(x,t)=m(x)\ddot{v}^t(x,t)$$

因此，由于

$$v^t(x,t)=v(x,t)+v_g(t)=\psi(x)Z(t)+v_g(t)$$

所以广义惯性力是

$$f_I^*=\ddot{Z}(t)\int_0^L m(x)[\psi(x)]^2\mathrm{d}x+\ddot{v}_g(t)\int_0^L m(x)\psi(x)\mathrm{d}x$$

把所有这些广义力表达式代入方程(26－9)，则得到最终的运动方程为

$$m^*\ddot{Z}(t)+c^*\dot{Z}(t)+k^*Z(t)=-\mathcal{L}\ddot{v}_g(t) \tag{26-11}$$

其中

$$m^*=\int_0^L m(x)[\psi(x)]^2\mathrm{d}x \tag{26-12}$$

$$\mathcal{L}=\int_0^L m(x)\psi(x)\mathrm{d}x \tag{26-13}$$

式(26－12)是和式(8－14)所示一样的广义质量表达式，而式(26－13)给出的量 $\mathcal{L}$ 是地震激励因子，它表示地震运动激起以假设形状 $\psi(x)$ 反应的程度。

忽略方程(26－11)中的等效地震荷载的符号，并用广义质量除之，得到

$$\ddot{Z}(t)+2\xi\omega\dot{Z}(t)+\omega^2Z(t)=\frac{\mathcal{L}}{m^*}\ddot{v}_g(t) \tag{26-14}$$

仿照前面集中参数单自由度体系的分析，方程(26－14)的解现在可以写为

$$Z(t)=\frac{\mathcal{L}}{m^*\omega}V(t) \tag{26-15}$$

因此相对位移[根据式(26－8)]为

$$v(x,t)=\frac{\psi(x)\mathcal{L}}{m^*\omega}V(t) \tag{26-16}$$

比较式(26－4)和式(26－15)，注意到因子 $\mathcal{L}/m^*$ 表征集中参数的和广义的单自由度体系反应的差别。这个因子依赖结构的质量分布和它所假设的形状函数，一般与 1 差别很大。

原则上，由地震运动产生的弹性力可以由对结构刚度性质起作用的式(26－16)的结构位移来计算。然而，当用这个方式来表示时，这个广义坐标分析的力依赖这个位移的导数，或者换句话说，依赖假定形状函数 $\psi(x)$ 的导数。因为假定位移形状的导数是比形状函数本身的近似性更差，因此从这种分析得到的该力的精度通常比位移的低。可以根据自由振动的惯性力表示来得到一个更可靠的弹性力公式。下面就是前面描述集中质量情况的一般方法。在式(26－7)中忽略阻尼项，得到无阻尼自由振动的平衡条件；因此由于自由简谐运动的惯性力是

$$f_I(x,t)=m(x)\ddot{v}(x,t)=-\omega^2m(x)v(x,t)$$

那么最终方程可以写为

$$-\omega^2m(x)v(x,t)+f_S(x,t)=0 \tag{26-17}$$

现在如果位移假定为式(26－8)所给的形式，那么一般来说方程(26－17)意味着力的平衡在沿长度的所有点上是不满足的，即所假定的形状是不满足局部平衡的。然而，如果引入这一形式的虚位移，那么可以利用虚功原理来得到近似的全局平衡关系

$$\delta Z\int_0^L[-\omega^2 m(x)v(x,t)+f_S(x,t)]\psi(x)\mathrm{d}x=0$$

因此，即使仅在积分或加权意义上方程(26－17)是正确的，它仍提供了在地震反应期间得到弹性力的最可行的估计，即

$$f_S(x,t)=\omega^2 m(x)v(x,t)=m(x)\psi(x)\frac{\mathcal{L}}{m^*}\omega V(t) \tag{26－18}$$

从图 26－3 描述的这些分布弹性力，任何要求的合力都可以用静力学标准方法得到。例如，基底剪力 V_0 为

$$V_0(t)=\int_0^L f_S(x,t)\mathrm{d}x=\frac{\mathcal{L}}{m^*}\omega V(t)\int_0^L m(x)\psi(x)\mathrm{d}x$$

也就是

$$V_0(t)=\frac{\mathcal{L}^2}{m^*}\omega V(t) \tag{26－19}$$

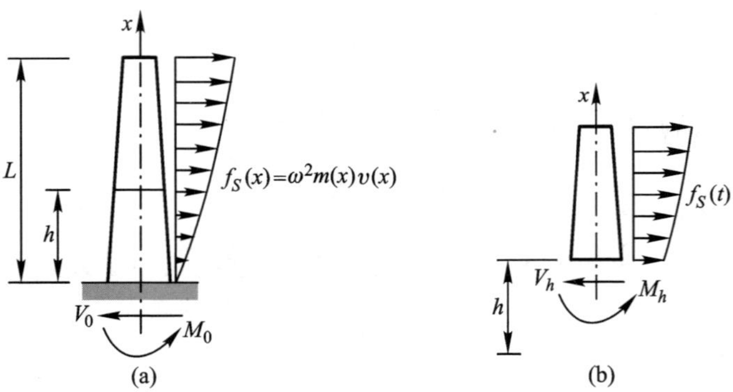

图 26－3 广义的单自由度体系的弹性力反应

(a)基底剪力；(b)截面力

类似地由 $M_0(t)=\int_0^L f_S(x,t)x\mathrm{d}x$ 得到基底弯矩，也就是

$$M_0(t)=\frac{\mathcal{L}}{m^*}\omega V(t)\int_0^L m(x)\psi(x)x\mathrm{d}x \tag{26－20}$$

对任一 h 高度截面的弯矩和剪力的表达式也可以类似地写出

$$\begin{aligned}V_h(t)&=\frac{\mathcal{L}}{m^*}\omega V(t)\int_h^L m(x)\psi(x)\mathrm{d}x\\M_h(t)&=\frac{\mathcal{L}}{m^*}\omega V(t)\int_h^L m(x)\psi(x)(x-h)\mathrm{d}x\end{aligned} \tag{26－21}$$

当然，像式(26－16)和式(26－18)这样的时变反应表达式的计算需要对式(26－4)定义的地震反应积分 $V(t)$ 的数值积分。然而，正如在集中参数的单自由度体系讨论中所解释的，只要选择适合于结构振动周期和阻尼的反应谱值，就可以从相应的地震反应谱容易地得到最大反应值。例如，最大相对位移和对应的弹性力分别为

$$v_{\max}(x)=\psi(x)\frac{\mathcal{L}}{m^*}S_d(\xi,T)$$
$$f_{S,\max}(x)=m(x)\psi(x)\frac{\mathcal{L}}{m^*}S_{pa}(\xi,T) \tag{26-22}$$

由于在这些关系中符号没有意义，所以它们总是取正的。

例题 E26－2　以实例说明临界阻尼比为 0.05 的广义单自由度结构的地震反应分析。图 E26－1 的均匀悬臂柱受到相应 0.3 g 峰值加速度地震的基底运动 $v_g(t)$，具有图 25－9 所示的对于硬土条件（S_1 型）的加速度反应谱。设柱的位移形状为 $\psi(x)=1-\cos(\pi x/2L)$。因此，这个结构的广义性质如例题 E8－3 所给出的。对于在图 E26－1 中所示的数值，这些性质为

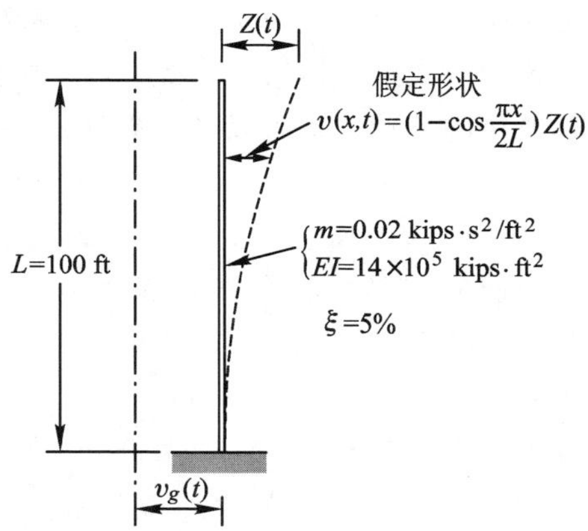

图 E26－1　均匀悬臂柱的单自由度简化

$$m^*=0.228\bar{m}L=0.456\ \text{kips}\cdot\text{s}^2/\text{ft}$$
$$k^*=\frac{\pi^4 EI}{32L^3}=4.26\ \text{kips/ft} \tag{a}$$
$$\mathcal{L}=0.364\bar{m}L=0.728\ \text{kips}\cdot\text{s}^2/\text{ft}$$

从这些值，得到柱的圆频率

$$\omega=\sqrt{\frac{k^*}{m^*}}=3.056\ \text{rad/s} \tag{b}$$

因此周期为

$$T=\frac{2\pi}{\omega}=2.056\ \text{s} \tag{c}$$

用这个周期和阻尼比 $\xi=0.05$，图 25－9 所示的谱加速度是 $S_{pa}=0.47\times 32.2\times 0.30\ \text{ft/s}^2=4.54\ \text{ft/s}^2$。因此最大广义坐标位移[仿照式(26－15)]为

$$Z_{\max}=\frac{\mathcal{L}}{m^*\omega^2}S_{pa}=0.776\ \text{ft} \tag{d}$$

柱的最大位移是

$$v_{\max}=0.776\left(1-\cos\frac{\pi x}{2L}\right)\ \text{ft} \tag{e}$$

类似地最大基底剪力[仿照式(26－19)]是

$$V_{0,\max}=\frac{\mathcal{L}^2}{m^*}S_{pa}=5.27\ \text{kips} \tag{f}$$

它近似是柱总重量的 8.2%。作用在柱上的最大分布地震荷载为

$$f_{S,\max}=\frac{\overline{m}\psi(x)}{\mathcal{L}}V_{0,\max}=0.145\left(1-\cos\frac{\pi x}{2L}\right)\ \text{kips/ft} \tag{g}$$

集中参数的多自由度弹性体系，平动激励

集中参数多自由度体系地震反应分析的公式，可用矩阵记号完全仿照前面集中参数单自由度方程推导方式给出。这样在图 26－4 中的多层剪切型建筑物的运动方程可以仿照方程(26－1)写为

$$\boldsymbol{m}\ddot{\boldsymbol{v}}^t(t)+\boldsymbol{c}\dot{\boldsymbol{v}}(t)+\boldsymbol{k}\boldsymbol{v}(t)=\boldsymbol{0} \tag{26－23}$$

并且再用总位移表示为相对运动与直接由支承运动引起的位移之和来推导等效地震荷载。对于图 26－4 所示的体系这个关系可以写为

$$\boldsymbol{v}^t(t)=\boldsymbol{v}(t)+\boldsymbol{1}v_g(t) \tag{26－24}$$

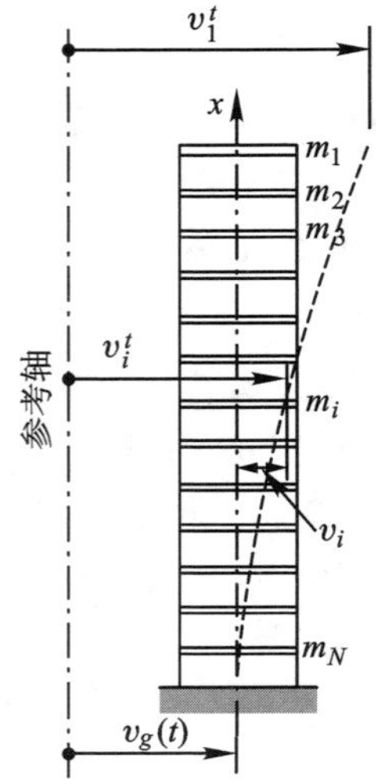

图 26－4 具有刚性基础平动的离散多自由度体系

其中 **1** 表示元素为 1 的列向量。这个向量表示这个结构在基底有一个单位静位移直接在所有自由度上产生的单位位移。当然，这个简单关系是与这个施加支承位移的类型和这个结构类型有关的结果；对于其他结构类型或支承运动这个静位移向量将是不同的。因此，即使大量的实际分析被假定是这种类型，但仍应该认为图 26－4 所示的结构是一个特殊情况。

把式(26－24)代入方程(26－23)得到相对反应的运动方程

$$\boldsymbol{m}\ddot{\boldsymbol{v}}(t)+\boldsymbol{c}\dot{\boldsymbol{v}}(t)+\boldsymbol{k}\boldsymbol{v}(t)=\boldsymbol{p}_{\text{eff}}(t) \tag{26－25}$$

式中

$$\boldsymbol{p}_{\text{eff}}(t)=-\boldsymbol{m}\boldsymbol{1}\ddot{v}_g(t) \tag{26－26}$$

方程(26－25)可以通过在频域或在时域耦合方程的数值积分直接求解。然而，在线性结构的地震反应分析中，一般更有效的方法是变换到一个正规(振型)坐标中，因为支承运动往往是强烈地激起最低的一些振动振型。这样，就可以用很少的几个正规坐标来近似地分析得到具有几十甚至几百自由度体系的地震反应。

在第 12 章已经详细地描述了正规坐标变换。如果假定阻尼矩阵像质量和刚度矩阵一样满足同样的正交条件，那么就能得到 N 个解耦的振型方程：

$$M_n\ddot{Y}_n+C_n\dot{Y}_n+K_nY_n=P_n(t) \tag{26-27}$$

式中 M_n,C_n 和 K_n 是与振型 n 有关的广义性质[见式(12-12)和式(12-15a)],Y_n 是这个振型反应的幅值,从地震激励得到的广义荷载[忽略式(26-26)中的负号]为

$$P_n(t)=\boldsymbol{\phi}_n^{\mathrm{T}}\boldsymbol{p}_{\mathrm{eff}}(t)=\mathcal{L}_n\ddot{v}_g(t) \tag{26-28}$$

其中对于图 26-4 的结构,振型地震激励因子为

$$\mathcal{L}_n\equiv\boldsymbol{\phi}_n^{\mathrm{T}}\boldsymbol{m}\,\mathbf{1} \tag{26-29}$$

应注意到它是对广义单自由度体系推导所得的式(26-13)的矩阵等价形式。当然因为它包含振型形状 $\boldsymbol{\phi}_n$,振型激励因子对每一振型是不同的。

仿照广义单自由度反应的推导,可以看到多自由度体系的每一振型的反应为

$$Y_n(t)=\frac{\mathcal{L}_n}{M_n\omega_n}V_n(t) \tag{26-30}$$

其中振型地震反应积分是式(26-4)定义的形式,并且依赖第 n 个振动振型的阻尼比 ξ_n 和频率 ω_n。这个振型产生的相对位移向量为

$$\boldsymbol{v}_n(t)=\boldsymbol{\phi}_n\frac{\mathcal{L}_n}{M_n\omega_n}V_n(t) \tag{26-31}$$

最后,把所有振型的相对位移向量叠加得到

$$\boldsymbol{v}(t)=\boldsymbol{\Phi}\boldsymbol{Y}(t)=\boldsymbol{\Phi}\left[\frac{\mathcal{L}_n}{M_n\omega_n}V_n(t)\right] \tag{26-32}$$

其中 $\boldsymbol{\Phi}$ 是由所有振型形状组成的,括号中的项表示分析中所考虑的每一振型确定的反应项向量。

与相对位移有关的弹性力可以直接在 $\boldsymbol{v}(t)$前乘刚度矩阵 $\boldsymbol{k}$ 得到,即

$$\boldsymbol{f}_S(t)=\boldsymbol{k}\boldsymbol{v}(t)=\boldsymbol{k}\boldsymbol{\Phi}\boldsymbol{Y}(t) \tag{26-33}$$

然而,正如在单自由度体系讨论中提及的,根据无阻尼自由振动的等效惯性力来表示这些力常常更为有效。用特征值问题关系来表示弹性力和惯性力相等,可以写为

$$\boldsymbol{k}\boldsymbol{\Phi}=\boldsymbol{m}\boldsymbol{\Phi}\boldsymbol{\Omega}^2 \tag{26-34}$$

式中 $\boldsymbol{\Omega}^2$ 是振型频率的平方 ω_n^2 的对角矩阵。把式(26-34)代入式(26-33)得到弹性力的另一个表示

$$\boldsymbol{f}_S(t)=\boldsymbol{m}\boldsymbol{\Phi}\boldsymbol{\Omega}^2\boldsymbol{Y}(t)=\boldsymbol{m}\boldsymbol{\Phi}\left\{\frac{\mathcal{L}_n}{M_n}\omega_nV_n(t)\right\} \tag{26-35}$$

注意到在这个式子中与每一个振型有关的弹性力向量为

$$\boldsymbol{f}_{Sn}(t)=\boldsymbol{m}\boldsymbol{\phi}_n\frac{\mathcal{L}_n}{M_n}\omega_nV_n(t) \tag{26-36}$$

它是广义单自由度表达式(26-18)的矩阵等价形式。必须强调,式(26-35)是有阻尼结构承受任意变化的地面运动所得到弹性力的一个完全通用的表达式,

从无阻尼振动的表达式推导而来这一事实并不限制它的应用。

当确定了地震期间任一时刻 t 的这些等效弹性力的分布后，如在图 26－5 中所说明的，在同一时刻任何要求的合力值都可以用标准静力学方法来计算。例如，图 26－5 的体系的基底剪力 $V_0(t)$ 是所有层力的和，即

$$V_0(t)=\sum_{i=1}^{N} f_{Si}(t)=\mathbf{1}\boldsymbol{f}_S(t)$$

式中 **1** 表示元素为 1 的行向量。把式(26－35)代入此式，则得到

$$V_0(t)=\sum_{n=1}^{N}\frac{\mathcal{L}_n^2}{M_n}\omega_n V_n(t) \qquad (26-37)$$

其中从式(26－29)注意到

$$\mathbf{1}\boldsymbol{m}\boldsymbol{\Phi}=(\mathcal{L}_1\ \mathcal{L}_2\cdots\ \mathcal{L}_N)$$

类似地，这个建筑物基底的总颠覆力矩是

$$M_0(t)=\sum_{i=1}^{N} x_i f_{Si}(t)=\boldsymbol{x}\boldsymbol{f}_S(t)$$

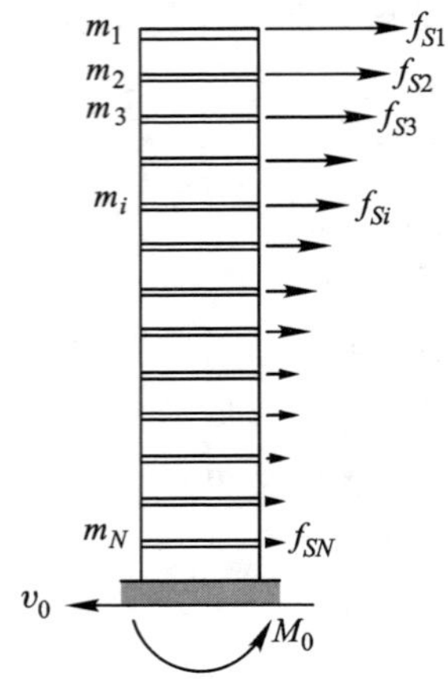

图 26－5 集中参数多自由度体系的弹性力

式中 x_i 是第 i 个质量到基底的高度，$\langle \boldsymbol{x}\rangle$ 是这些高度的行向量。把式(26－35)代入上式，则得到这个基底弯矩的表达式为

$$M_0(t)=\boldsymbol{x}\boldsymbol{m}\boldsymbol{\Phi}\boldsymbol{\Omega}^2\boldsymbol{Y}(t)=\boldsymbol{x}\boldsymbol{m}\boldsymbol{\Phi}\left[\frac{\mathcal{L}_n}{M_n}\omega_n V_n(t)\right] \qquad (26-38)$$

在式(26－37)中的量 $\mathcal{L}^2/M_n$ 有质量的量纲，因为可以把它解释为在每一振型中地震反应总质量的一部分，因此有时称它为结构的**等效振型质量**。表达式的这个解释仅对图 26－4 所示的质量沿垂直轴集中的结构是正确的。对于这样的结构总质量 M_T 表示为

$$M_T=\mathbf{1}\boldsymbol{m}\mathbf{1} \qquad (26-39)$$

现在可以证明所有等效振型质量的和等于总质量，在振型坐标中向量 **1** 可表示为

$$\mathbf{1}=\boldsymbol{\Phi}\boldsymbol{Y}$$

用 $\boldsymbol{\phi}_n^{\mathrm{T}}\boldsymbol{m}$ 前乘上式两边并且利用质量的正交关系，可用来计算每个振型的幅值 Y_n，即

$$\boldsymbol{\phi}_n^{\mathrm{T}}\boldsymbol{m}\mathbf{1}=\boldsymbol{\phi}_n^{\mathrm{T}}\boldsymbol{m}\boldsymbol{\Phi}\boldsymbol{Y}=M_nY_n$$

由于左边三个矩阵相乘是 $\mathcal{L}_n$，每个振型幅值可以表示为 $Y_n=\mathcal{L}_n/M_n$，那么 **1** 向量为

$$\mathbf{1}=\boldsymbol{\Phi}\left\{\frac{\mathcal{L}_n}{M_n}\right\} \qquad (26-40)$$

把它代入式(26－39)，则得到

$$M_T = \mathbf{1m\Phi}\left\{\frac{\mathcal{L}_n}{M_n}\right\}$$

$$= (\mathcal{L}_1\ \mathcal{L}_2 \cdots\ \mathcal{L}_N)\left\{\frac{\mathcal{L}_n}{M_n}\right\} = \sum_{i=1}^{N}\frac{\mathcal{L}_n^2}{M_n}\quad \text{证明完毕} \qquad (26-41)$$

因此，每个振型对式(26－37)基底剪力的贡献 $V_{0n}(t)$，可以看成等效振型质量对地面有效振型加速度 $\omega_n V_n(t)$ 的反应。

例题 E26－3　为了示范说明多自由度结构地震反应分析，考虑图 E26－2 所示的三层建筑物。它是刚度被降低 10 倍的例题 E12－1 的结构，目的是为了提供一个高层建筑的典型频率，以便较高阶振型对反应有较大的贡献。振动特性、广义质量和振型激励因子如图所示，另外假定每个振型的阻尼比是 0.05。

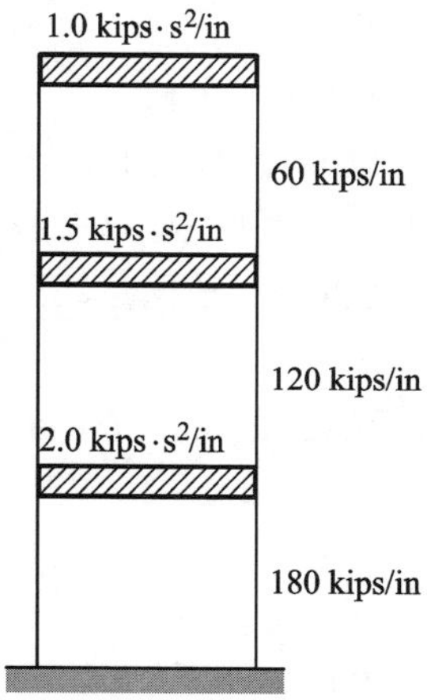

$$\boldsymbol{\Phi} = \begin{bmatrix} 1.000 & 1.000 & 1.00 \\ 0.644 & -0.601 & -2.57 \\ 0.300 & -0.676 & 2.47 \end{bmatrix};\quad \boldsymbol{\Omega}^2 = \begin{bmatrix} 21.0 & 0 & 0 \\ 0 & 96.6 & 0 \\ 0 & 0 & 212.4 \end{bmatrix} \mathrm{s}^{-2}$$

$$\omega_n = \begin{Bmatrix} 4.58 \\ 9.83 \\ 14.57 \end{Bmatrix} \mathrm{s}^{-1};\ T_n = \begin{Bmatrix} 1.37 \\ 0.639 \\ 0.431 \end{Bmatrix} \mathrm{s};\ M_n = \begin{Bmatrix} 1.801 \\ 2.455 \\ 23.10 \end{Bmatrix} \text{kips}\cdot\mathrm{s}^2/\text{in}$$

$$\mathcal{L}_n = \begin{Bmatrix} 2.566 \\ -1.254 \\ 2.08 \end{Bmatrix} \text{kips}\cdot\mathrm{s}^2/\text{in} \qquad \xi_n = 0.05$$

图 E26－2　建筑框架和它的振动特性

由给定的频率和阻尼值，对某一地震运动 $v_g(t)$ 的整个历程计算第一振型反应积分 $V_1(t)$。这个积分的最大值在 $t_1 = 3.08$ s 出现。然后计算在同一时刻的第二和第三振型的反应积分。在此时刻的三个振型反应积分值是

$$\mathbf{V}(t_1) = -\begin{Bmatrix} 1.74 \\ 1.22 \\ 0.77 \end{Bmatrix} \text{ft/s} \qquad \text{(a)}$$

当将这些值和其他振型特性代入式(26－30)时，得此时刻的正规坐标为

$$\mathbf{Y}(t_1) = \left\{\frac{\mathcal{L}_n}{M_n\omega_n}V_n(t_1)\right\} = \begin{Bmatrix} 0.541 \\ 0.063\ 5 \\ 0.004\ 75 \end{Bmatrix} \text{ft} \qquad \text{(b)}$$

而最终位移为[①]

① 下式中 $\mathbf{Y}(t_1)$ 在与 $\boldsymbol{\Phi}$ 相乘前，被写成了 diag(0.541　0.063 5　0.004 75)**1** 的形式[这里 diag(　) 表示对角矩阵]，但这并非必须，而是作者第二版不必要的修改。式(d)的计算也应作类似理解。——译者

$$\boldsymbol{V}(t_1)=\boldsymbol{\Phi Y}(t_1)=\begin{bmatrix}0.541 & +0.064 & +0.005\\0.348 & -0.038 & -0.012\\0.162 & -0.043 & +0.012\end{bmatrix}\{\boldsymbol{1}\}=\begin{Bmatrix}0.610\\0.298\\0.131\end{Bmatrix}\text{ ft} \tag{c}$$

式中表明了单个振型位移影响的实质。类似地,该时刻的弹性力向量是

$$\begin{aligned}\boldsymbol{f}_S(t_1)&=\boldsymbol{m\Phi}\left\{\frac{\mathcal{L}_n}{M_n}\omega_n V_n(t_1)\right\}\\&=\begin{bmatrix}11.35 & +6.13 & +1.01\\10.95 & -5.53 & -3.00\\6.80 & -8.20 & +5.00\end{bmatrix}\{\boldsymbol{1}\}=\begin{Bmatrix}18.40\\1.52\\3.51\end{Bmatrix}\text{ kips}\end{aligned} \tag{d}$$

基底剪力由各层力的和给出:

$$V_0(t_1)=23.52\text{ kips} \tag{e}$$

为了利用式(26－32)和式(26－35)计算集中参数多自由度体系在任一时刻 t 的地震反应,涉及每个重要反应振型在该时刻的地震反应积分计算。因此,最大反应计算要求以这种方式对地震历程的每一时刻计算每个振型反应,以便找到这个最大值。很明显,它将造成巨大的计算工作量,这就使得基于地面运动反应谱的近似分析成为有吸引力的替代算法。

对于结构每个单独的振型,可以直接从单自由度体系所描述的反应谱得到最大反应。例如,式(26－31)第 n 振型的最大位移向量为

$$\boldsymbol{v}_{n,\max}=\boldsymbol{\phi}_n\frac{\mathcal{L}_n}{M_n}S_d(\xi_n,T_n) \tag{26－42}$$

式中 $S_d(\xi_n,T_n)$是与第 n 个振动振型的阻尼和周期相应的谱位移。类似地,从式(26－36)第 n 振型的最大弹性力向量为

$$\boldsymbol{f}_{Sn,\max}=\boldsymbol{m\phi}_n\frac{\mathcal{L}_n}{M_n}S_{pa}(\xi_n,T_n) \tag{26－43}$$

式中 $S_{pa}(\xi_n,T_n)$是第 n 个振型的谱加速度。

因为通常这些最大值不是同一时间发生的,因此一般来说,不能由仅仅相加这些谱最大值得到总的最大反应。在大多数情况下,当某一振型达到它的最大反应时,其他振型的反应小于它们各自的最大值。因此,各振型谱值的叠加显然提供了总反应的上限,但它一般大大高估了最大值。许多不同的公式被建议从谱值来比较合理估计这个最大反应。其中最简单和最普遍的公式是最大振型反应的平方和开方(SRSS)。这样如果用式(26－42)得到最大振型位移,那么最大总位移的 SRSS 近似值为

$$\boldsymbol{v}_{\max}\doteq\sqrt{(\boldsymbol{v}_1)^2_{\max}+(\boldsymbol{v}_2)^2_{\max}+\cdots} \tag{26－44}$$

式中根号下的项表示最大振型位移平方向量。类似地,最大楼层力可以从式(26－43)的振型最大值近似得到,如下所示:

$$\boldsymbol{f}_{S,\max}\doteq\sqrt{(\boldsymbol{f}_{S1})^2_{\max}+(\boldsymbol{f}_{S2})^2_{\max}+\cdots} \tag{26－45}$$

在下面 26－3 节中将介绍利用 SRSS 方法的理论根据,将表明当振型频率隔得比较开时这个方法是基本正确的。然而,当主要贡献的振型频率很接近时,SRSS 方法可能给出不好的结果;在这种情况下,应该应用更一般的完全二次型组合方法(CQC)。这个方法也将在 26－3 节中讨论。

例题 E26－4　为了说明有 5%临界阻尼的多自由度结构的反应谱分析,计算例题 E26－3 的建筑物对 0.3 g 峰值加速度的地震反应。该地震加速度反应谱如图 25－9 所示,取硬土条件(类型 S_1)。当利用例题 26－3 所给的周期时,振型谱加速度为

$$S_{pa}=0.3\times 32.2\times\begin{Bmatrix}0.77\\1.62\\2.35\end{Bmatrix}\ \mathrm{ft/s^2}=\begin{Bmatrix}7.40\\15.6\\22.7\end{Bmatrix}\ \mathrm{ft/s^2}=\begin{Bmatrix}88.8\\187.2\\272.4\end{Bmatrix}\ \mathrm{in/s^2}\tag{a}$$

因此由下式

$$\boldsymbol{v}_{n,\max}=\boldsymbol{\phi}_n\frac{\mathcal{L}_n}{M_n}\frac{S_{pa,n}}{\omega_n^2}\tag{b}$$

给出振型最大位移为

$$\boldsymbol{v}_{1,\max}=\begin{Bmatrix}0.503\\0.324\\0.151\end{Bmatrix}\ \mathrm{ft}\quad \boldsymbol{v}_{2,\max}=\begin{Bmatrix}0.083\\-0.050\\-0.056\end{Bmatrix}\ \mathrm{ft}\quad \boldsymbol{v}_{3,\max}=\begin{Bmatrix}0.010\\-0.025\\0.024\end{Bmatrix}\ \mathrm{ft}\tag{c}$$

用 SRSS 方法叠加这些振型最大值,近似得到总的最大位移

$$\boldsymbol{v}_{\max}\doteq\begin{Bmatrix}0.510\\0.329\\0.163\end{Bmatrix}\ \mathrm{ft}\tag{d}$$

类似地可由下式

$$\boldsymbol{f}_{Sn,\max}=\boldsymbol{m}\boldsymbol{\phi}_n\frac{\mathcal{L}_n}{M_n}S_{pa,n}\tag{e}$$

给出振型最大力为

$$\boldsymbol{f}_{S1,\max}=\begin{Bmatrix}127\\122\\76\end{Bmatrix}\ \mathrm{kips}\quad \boldsymbol{f}_{S2,\max}=\begin{Bmatrix}96\\-86\\-129\end{Bmatrix}\ \mathrm{kips}\quad \boldsymbol{f}_{S3,\max}=\begin{Bmatrix}25\\-94\\121\end{Bmatrix}\ \mathrm{kips}\tag{f}$$

在上面的振型最大力中从顶到底累加求和得到振型最大层间剪力

$$\boldsymbol{V}_{1,\mathrm{m}}=\begin{Bmatrix}127\\249\\325\end{Bmatrix}\ \mathrm{kips}\quad \boldsymbol{V}_{2,\mathrm{m}}=\begin{Bmatrix}96\\10\\-119\end{Bmatrix}\ \mathrm{kips}\quad \boldsymbol{V}_{3,\mathrm{m}}=\begin{Bmatrix}25\\-69\\52\end{Bmatrix}\ \mathrm{kips}\tag{g}$$

用 SRSS 方法叠加这些力和层间剪力得到

$$\boldsymbol{f}_{S,\max}=\begin{Bmatrix}161\\176\\192\end{Bmatrix}\ \mathrm{kips}\qquad \boldsymbol{V}_{\max}=\begin{Bmatrix}161\\258\\350\end{Bmatrix}\ \mathrm{kips}\tag{h}$$

这个例子清楚地证明最大层间剪力不能用简单地求最大层间剪力之和来得到；也很明显，必须在计算任何反应量的最大值以后才能使用 SRSS 方法。

在这个例子中有兴趣的是注意到此结构的等效振型质量为

$$\left\{\frac{\mathcal{L}_n^2}{M_n}\right\}=\begin{bmatrix}3.66\\0.64\\0.18\end{bmatrix} \tag{i}$$

它们的和是 4.48，除了由于舍入有点误差外，它与层间质量之和等于 4.50 是相等的。正如较早已注意到的，这个相等性适用于所有建筑物类型的结构。

在式(26－44)和式(26－45)中，仅需要包括主要振型贡献，因为每一项被平方，较小项几乎没有影响，使得在大多数情况下只需要考虑很少量的振型。再次强调，这个近似叠加方法必须直接应用于所考虑的反应量。正如在例题 E26－4 中所表明的，为了估计最大层间剪力，需要计算振型层间剪力和利用下式叠加它们

$$V_{\max}\doteq\sqrt{(V_1)^2_{\max}+(V_2)^2_{\max}+\cdots} \tag{26-46}$$

基底剪力不能利用在整个建筑高度上的最大力 $\boldsymbol{f}_{S,\max}$ 的和得到，因为各个力的符号在平方处理中消失了。

在开始讨论集中参数多自由度体系时已指出，图 26－4 所示这类体系有一个垂直轴并受水平激励，它表示地震问题的一种特殊类型：总的运动和相对运动之间的关系取式(26－6)的简单形式。在更一般的情况中，相对位移并不能都用平行地面的运动来测量，以图 26－6 所示体系为例，总的位移可以表示为相对位移和静力支承位移引起的拟静力位移 $\boldsymbol{v}^s$ 的和，即

$$\boldsymbol{v}^t(t)=\boldsymbol{v}(t)+\boldsymbol{v}^s(t) \tag{26-47}$$

拟静力位移可以方便地用影响系数向量 $\boldsymbol{r}$ 来表示，$\boldsymbol{r}$ 表示单位支承位移引起的位移；因此 $\boldsymbol{v}^s=\boldsymbol{r}v_g$，并且

$$\boldsymbol{v}^t(t)=\boldsymbol{v}(t)+\boldsymbol{r}v_g(t) \tag{26-48}$$

比较式(26－24)和式(26－48)，很明显图 26－4 所示的结构，$\boldsymbol{r}$ 是元素为 1 的向量，而对图 26－6 所示体系，$\boldsymbol{r}^{\mathrm{T}}=(1\quad 1\quad 0\quad 0)$。

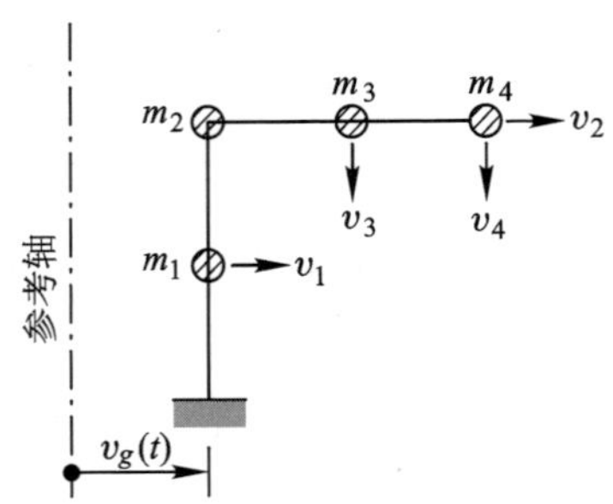

图 26－6 具有刚性基础平动的一般集中参数多自由度体系

这种一般化仅仅影响地震运动产生的等效荷载向量；也即，以这个特殊静力位移影响向量 $\boldsymbol{r}$ 代替式(26－26)的 1 位置，则得一般表达式为

$$\boldsymbol{p}_{\mathrm{eff}}(t)=-\boldsymbol{m}\boldsymbol{r}\ddot{v}_g(t) \tag{26-49}$$

类似地，代替式(26－29)，振型地震激励因子的一般形式是

$$\mathcal{L}_n=\boldsymbol{\phi}_n^{\mathrm{T}}\boldsymbol{m}\boldsymbol{r} \tag{26-50}$$

用这个 $\mathcal{L}_n$ 一般定义，反应表达式[式(26－30)到式(26－36)]现在完全适用于集中

质量结构的一般形式。当然必须注意到弹性力是作用在相应位移 **v** 方向上的。因此必须推导这些力的合成（例如基底剪力和弯矩）的新表达式，以适合给定结构的外形。

例题 E26－5　用图 E26－3 所示的结构分析为例，来说明单位静力支承运动不引起每一自由度单位位移的结构地震反应。图中给出了对两个指定自由度所确定的质量和刚度矩阵，同时还给出了描述其自由振动的特征向量和特征值。

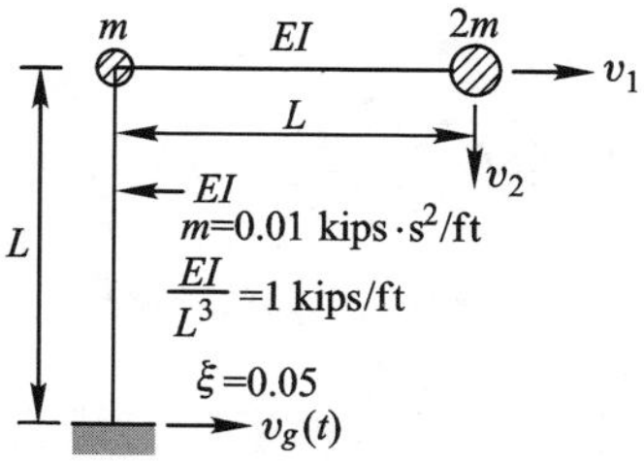

$$\boldsymbol{m}=\begin{bmatrix}3&0\\0&2\end{bmatrix}\times10^{-2}\ \text{kips}\cdot\text{s}^2/\text{ft}\qquad \boldsymbol{k}=\frac{6}{7}\begin{bmatrix}8&-3\\-3&2\end{bmatrix}\ \text{kips/ft}$$

$$\boldsymbol{\Phi}=\begin{bmatrix}0.431&1.000\\1.000&-0.646\end{bmatrix}\qquad \boldsymbol{\Omega}^2=\begin{bmatrix}0.302&0\\0&2.84\end{bmatrix}\times10^2\ \text{s}^{-2}$$

图 E26－3　两个自由度框架和它的振动特性

根据这些数据，振型地震反应参数是

$$\begin{Bmatrix}M_1\\M_2\end{Bmatrix}=\begin{Bmatrix}2.557\\3.834\end{Bmatrix}m\qquad \begin{Bmatrix}\mathcal{L}_1\\\mathcal{L}_2\end{Bmatrix}=\begin{Bmatrix}1.293\\3.000\end{Bmatrix}m$$
$$\begin{Bmatrix}\omega_1\\\omega_2\end{Bmatrix}=\begin{Bmatrix}5.49\\16.86\end{Bmatrix}\text{rad/s}\qquad \begin{Bmatrix}T_1\\T_2\end{Bmatrix}=\begin{Bmatrix}1.144\\0.373\end{Bmatrix}\text{s}\tag{a}$$

$$\boldsymbol{m}=\begin{bmatrix}3&0\\0&2\end{bmatrix}\times10^{-2}\ \text{kips}\cdot\text{s}^2/\text{ft}\qquad \boldsymbol{k}=\frac{6}{7}\begin{bmatrix}8&-3\\-3&2\end{bmatrix}\ \text{kips/ft}$$
$$\boldsymbol{\Phi}=\begin{bmatrix}0.431&1.000\\1.000&-0.646\end{bmatrix}\qquad \boldsymbol{\Omega}^2=\begin{bmatrix}0.302&0\\0&2.84\end{bmatrix}\times10^2\ \text{s}^{-2}\tag{b}$$

当假定这个结构承受相应于图 25－9 的硬土场地（S_1 型）谱的地震运动，具有 0.3 g 的峰值加速度（注意 5％临界振型阻尼比），得到下面的振型谱加速度

$$\begin{Bmatrix}S_{pa,1}\\S_{pa,2}\end{Bmatrix}=\begin{Bmatrix}8.89\\24.15\end{Bmatrix}\text{ft/s}^2\tag{c}$$

因此，根据式（26－43）最大振型反应力为

$$\boldsymbol{f}_{S1,\max}=\{\boldsymbol{m}\,\boldsymbol{\phi}_1\}\frac{\mathcal{L}_1}{M_1}S_{pa,1}$$
$$=\begin{Bmatrix}1.293\\2.000\end{Bmatrix}\times\frac{1.293}{2.557}\times8.89\times10^{-2}\ \text{kips}=\begin{Bmatrix}5.81\\8.89\end{Bmatrix}\times10^{-2}\ \text{kips}\tag{d}$$
$$\boldsymbol{f}_{S2,\max}=\begin{Bmatrix}3.000\\-1.292\end{Bmatrix}\times\frac{3.000}{3.834}\times24.15\times10^{-2}\ \text{kips}=\begin{Bmatrix}56.69\\-24.39\end{Bmatrix}\times10^{-2}\ \text{kips}$$

应用 SRSS 方法于这些振型结果，给出近似最大反应力为

$$\boldsymbol{f}_{S,\max}=\begin{pmatrix}57.0\\26.0\end{pmatrix}\times10^{-2}\ \text{kips} \tag{e}$$

类似的解释适用于图 26-7 的体系，它由在三个角有相同柱支承的一个刚性矩形板组成。这个体系的自由度定义为质心的 x 和 y 的平动以及绕质心的转动，即 $\boldsymbol{v}^{T}=(v_1\quad v_2\quad v_3)$。当假定地震运动作用在 x 轴方向，这种情况下的影响向量为 $\boldsymbol{r}^{T}=(1\quad 0\quad 0)$。把这个向量代入式(26-50)得到这个结构的振型地震激励因子，最后由式(26-30)～式(26-36)得到反应。

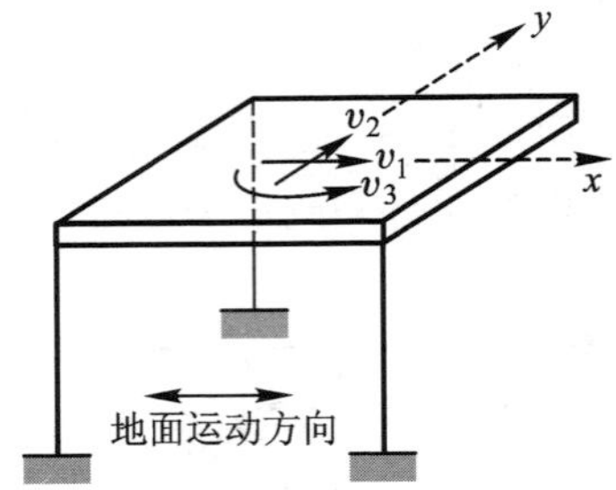

图 26-7 受基底平动的刚性板

例题 E26-6 因为这类刚性矩形板结构的地震反应分析涉及若干特别有意义的特征，所以将较详细的讨论如图 E26-4 所示的实例结构。假定这三个柱与基础和板都是刚性连接的，使得每个柱顶对任一方向的横向位移的抗力是 $12EI/L^3=5$ 千磅/ft。忽略每个柱的扭转刚度。假定对所有振型都是 5%的临界阻尼比。

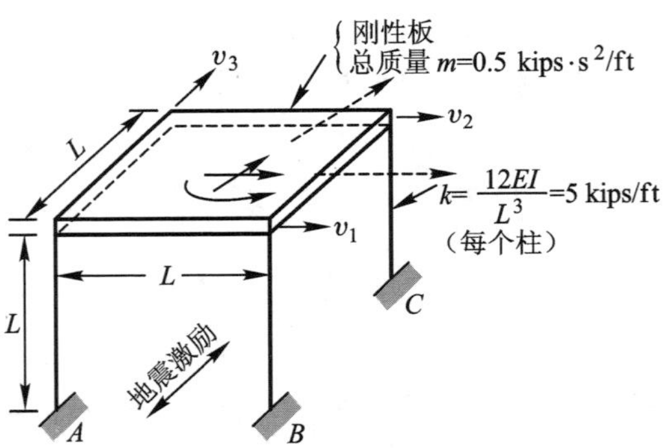

图 E26-4 三个柱支承的板

针对此例的目的，板的三个自由度表示为如图所示的板角顶的位移分量。板的总质量为 $m=0.5\ \text{kips}\cdot\text{s}^2/\text{ft}$，在板范围内均匀分布。结构遭受具有图 25-9 所示的硬土场地反应谱的 0.3 g 峰值加速度的地震，作用在与坐标 v_3 平行方向上。要求确定板对地震的最大位移反应。

可直接应用影响系数的定义来计算体系的质量和刚度矩阵。首先考虑刚度矩阵，令位移 $v_1=1$ 而其他坐标被约束，如图 E26-5a 所示。柱子为抵抗这个位移而产生的力标注在这个图上，与自由度相应的平衡力如图 E26-5b 所示。分别对其他两个坐标施加单位位移，类似地可以确定剩余的刚度系数。

分别对每一个自由度施加单位加速度，并确定这个板的惯性力来计算质量

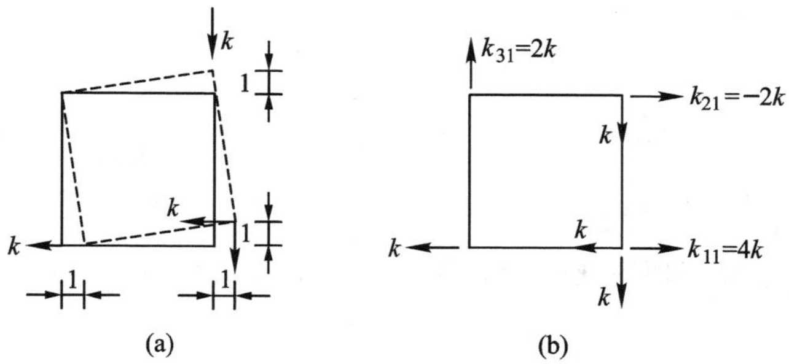

图 E26-5　对 $v_1=1$ 的刚度系数计算

(a)位移 $v_1=1$ 和柱的抗力;(b)柱力和平衡的刚度系数

矩阵。例如图 E26-6a 表示单位加速度 $\ddot{v}_2=1$ 和这个加速度引起的板的惯性力,而图 E26-6b 表示平衡这些惯性力的质量影响系数。分别对其他两个坐标施加单位加速度可以得到其他的质量系数。这个体系完整的刚度和质量矩阵为

$$\boldsymbol{k}=\frac{12EI}{L^3}\begin{pmatrix}4 & -2 & 2\\ -2 & 4 & -2\\ 2 & -2 & 3\end{pmatrix}\quad \boldsymbol{m}=\frac{m}{6}\begin{pmatrix}4 & -1 & 3\\ -1 & 4 & -3\\ 3 & -3 & 6\end{pmatrix}\tag{a}$$

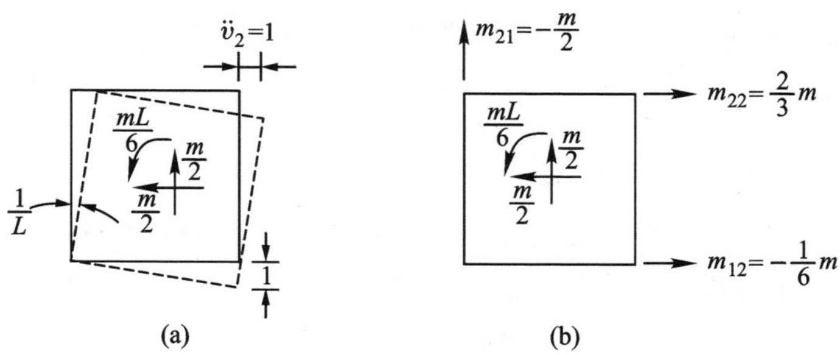

图 E26-6　对 $\ddot{v}_2=1$ 的质量系数计算

(a)加速度 $\ddot{v}_2=1$ 和抵抗惯性力;(b)板的惯性力和平衡质量系数

解特征值问题$(\boldsymbol{k}-\omega^2\boldsymbol{m})\boldsymbol{v}=\boldsymbol{0}$,即可得到这个体系的振型和频率,它们是

$$\boldsymbol{\Phi}=\begin{pmatrix}0.366 & 1.000 & -1.366\\ 1.000 & 1.000 & 1.000\\ 1.000 & -1.000 & 1.000\end{pmatrix}\quad \boldsymbol{\omega}^2=\begin{pmatrix}25.36\\ 30.00\\ 94.64\end{pmatrix}\ (\mathrm{rad/s})^2\tag{b}$$

研究这些振型发现,第一和第三振型表示绕对称对角线上的点转动,而第二振型表示沿这个对角线的简单平动。很明显,这些运动很容易用一个比较合适的坐标系统来识别;质心在两个对角线方向的平动和绕质心的转动将是比较好的选择。

图 25－9(假定 5％阻尼比)给出这个结构三个振型的频率、振动周期和谱加速度为

$$\boldsymbol{\omega}=\begin{Bmatrix}5.036\\5.477\\9.464\end{Bmatrix}\ \text{rad/s}\quad \boldsymbol{T}=\begin{Bmatrix}1.25\\1.15\\0.65\end{Bmatrix}\ \text{s}\quad S_{pa}=\begin{Bmatrix}8.5\\8.9\\15.6\end{Bmatrix}\ \text{ft/s}^2 \tag{c}$$

另外，广义质量 M_n 和振型地震激励因子 $\mathcal{L}_n=\boldsymbol{\phi}_n^{\mathrm{T}}\boldsymbol{mr}$(其中 $\boldsymbol{r}^{\mathrm{T}}=(0\quad 0\quad 1)$)为

$$\boldsymbol{M}=\begin{Bmatrix}0.5\\1.0\\0.5\end{Bmatrix}\ \text{kips}\cdot\text{s}^2/\text{ft}\quad \boldsymbol{\mathcal{L}}=\begin{Bmatrix}0.3415\\-0.5000\\-0.0915\end{Bmatrix}\ \text{kips}\cdot\text{s}^2/\text{ft} \tag{d}$$

因此可从下式得到最大振型位移

$$\boldsymbol{v}_{n,\max}=\boldsymbol{\phi}_n\frac{\mathcal{L}_n}{M_n}\frac{S_{pa}}{\omega_n^2} \tag{e}$$

它们是

$$\boldsymbol{v}_{1,\max}=\begin{Bmatrix}0.084\\0.229\\0.229\end{Bmatrix}\ \text{ft}\quad \boldsymbol{v}_{2,\max}=\begin{Bmatrix}0.148\\0.148\\-0.148\end{Bmatrix}\ \text{ft}\quad \boldsymbol{v}_{3,\max}=\begin{Bmatrix}-0.044\\0.032\\0.032\end{Bmatrix}\ \text{ft} \tag{f}$$

根据这些结果可以用 SRSS 方法确定每个坐标的近似最大位移。

提示读者，虽然正如上面例题中利用的反应谱值总被定义为正的，但它们代表的实际最大反应可以是或正或负的。

与 ATC－3 推荐规范条文的比较

将前面如图 26－4 所示多层建筑地震引起的力的表达公式，与典型建筑规范中所规定的地震设计力作比较是有意义的。例如，ATC－3 所推荐条文定义设计地震的等效强度是由建筑物基底产生的最大剪力表示，为①

$$V_0=\frac{1.2A_vS}{RT^{2/3}}W \tag{26-51}$$

其中 A_vg 是年超越概率等于 0.002 的与速度有关的峰值地面加速度(通常取与有效峰值地面加速度 A_ag 一样的值)。S 是场地特征系数；R 是反应修正系数，依赖于所使用的结构框架类型；T 是建筑的基本周期；W 是总重量。场地特征系数 S 指定为 1.0，1.2 或 1.5，分别依赖于场地条件是否是硬，中等或软；反应修正系数 R 为 $2<R<8$ 范围内的一个值，依赖于框架体系的非弹性能吸收能力。

---

① Applied Technology Council(ATC)，. Tentative Provisions for the Development of Seismic Regulations for Buildings，. loc. cit.

ATC－3 条文指定，产生上面所说基底剪力的等效静地震荷载按照下式计算：

$$f_{Si}=\frac{w_i x_i^k}{\sum w_i x_i^k}V_0 \tag{26-52}$$

式中 f_{Si} 是在第 i 层的横向力，w_i 是第 i 层的重量，x_i^k 是第 i 层相对于建筑物基底的高度，指数 k 与建筑物基本周期(T)有关，对于 $T\leqslant 0.5$ s，$k=1$；对于 $T\geqslant 2.5$ s，$k=2$。对于周期在 0.5 s 和 2.5 s 之间的建筑物，k 可以取 2，或可以在 1 和 2 间用直接线性插值来确定。

用式(26－37)的第一振型形式代入式(26－36)，利用式(26－29)，并且仅选择最终向量的第 i 个分量，可以得到第一振型动力解答相应的分析表达式为

$$f_{Si}(t)=\frac{m_i\phi_{i1}}{\sum m_i\phi_{i1}}V_{01}(t) \tag{26-53}$$

比较式(26－52)和式(26－53)表明，规范表达式代表的荷载分布，在形状上等效于集中质量体系偏移被约束为具有形状 $\phi_{i1}=x_i^k/L$ 的动力载荷分布。这个形状已经被写进规范，因为观测大量的高层建筑的振动显示，当基本周期是 0.5 s 或更小时第一振型形状一般相当接近直线($k=1$)；当基本周期是 2.5 s 或更大时第一振型形状相当接近抛物线($k=2$)。周期在 0.5 s$<T<$2.5 s 的范围内通常存在一个中间形状。

现在让做一个比较，就是通过上面的式(26－51)和式(26－52)得到的设计地震力和通过式(26－43)和式(26－45)得到的相应的最大动力之间的比较。这个比较最好是通过下面的例题来完成。

例题 E26－7　假定图 E26－2 的三层建筑物有一个延性抗弯钢框架($R=8$)，受到与例题 26－4 指定的同样水平的刚性地基运动。在那个例题中，已经确定了最大动力层间剪力为

$$\mathbf{V}_{(动力)}=\begin{Bmatrix}161\\258\\350\end{Bmatrix}\text{ kips} \tag{a}$$

利用式(26－51)，对于这种情况，其中 $A_v=A_a=0.3$，$S=S_1=1.0$，$R=8$，$W=1\,737$ kips($M=4.5$ kips · s^2/in)，和 $T=T_1=1.37$ s，这个结构的设计基底剪力是 63.4 kips。利用 $k=0.75+0.5T=1.43$，按照式(26－52)分配这个基底剪力，从顶到底累积求和得到设计层间剪力

$$\mathbf{V}_{(设计)}=\begin{Bmatrix}28.1\\51.7\\63.4\end{Bmatrix}\text{ kips} \tag{b}$$

遵循标准设计方法和规范要求，当层间剪力大约达到这个设计值的 2 倍时，层间完全屈服，即

$$\mathbf{V}_{(屈服)}=\begin{bmatrix}56.2\\103.4\\126.8\end{bmatrix}\text{ kips} \tag{c}$$

由于预测在第一、第二和第三层的弹性动剪力超过它们各自的屈服水准分别为2.8、2.5和2.7倍，那么很清楚这样的结构在指定地震荷载下将发生非弹性变形，并且预测较大的弹性动剪力实际不可能发生。

基于例题E26－7的结果，证明按照任何现代建筑规范设计的建筑物在最大可能地震条件下将经历相当大的非弹性变形。然而，应该尽力确保这些变形不超过危险水准，因为在标准设计期内建筑物的倒塌是不可接受的。因此，重要的是掌握这样的结构对地震激励的非弹性反应的基本知识。因为这个理由，将在26－2节的最后部分简明介绍弹塑性多自由度体系的计算方法。

分布参数的弹性体系，平动激励

对于有连续分布性质的体系的地震反应方程，可以完全类比前面描述的方法来建立。运动解耦的正规坐标方程取集中质量体系一样的形式，可以表示为

$$\ddot{Y}_n(t)+2\xi_n\omega_n\dot{Y}_n(t)+\omega_n^2Y_n(t)=\frac{P_n(t)}{M_n}=\frac{\mathcal{L}_n}{M_n}\ddot{v}_g(t) \tag{26-54}$$

然而，与分布质量 $m(x)$ 关联的广义质量为

$$M_n=\int_0^L \boldsymbol{\phi}_n^2(x)m(x)\mathrm{d}x \tag{26-55}$$

振型地震激励因子取等价于前面的三个矩阵相乘积分形式

$$\mathcal{L}_n=\int_0^L \boldsymbol{\phi}_n(x)m(x)r(x)\mathrm{d}x \tag{26-56}$$

在这个式子中，$r(x)$表示由地面单位位移 $v_g=1$ 引起位移的静位移影响函数；因而

$$v^s(x)=r(x)v_g \tag{26-57}$$

在式(26－30)中用 M_n 和 $\mathcal{L}_n$ 这些表达式，可以计算每个振型反应的幅值。那么利用式(26－32)的连续等价形式，可以用叠加原理得到总的位移反应：

$$v(x,t)=\sum_{n=1}^{M}\boldsymbol{\phi}_n(x)Y_n(t)=\sum_{n=1}^{M}\boldsymbol{\phi}_n(x)\frac{\mathcal{L}_n}{M_n\omega_n}V_n(t) \tag{26-58}$$

即使在原理上要考虑无穷多个振型，但实际上叠加时仅需包括重要振型反应(直至 M 个振型)。用类比式(26－35)的表达式可同样给出弹性力分布：

$$f_S(x,t)=\sum_{n=1}^{M}m(x)\boldsymbol{\phi}_n(x)\omega_n^2Y_n(t)=\sum_{n=1}^{M}m(x)\boldsymbol{\phi}_n(x)\frac{\mathcal{L}_n}{M_n}\omega_nV_n(t) \tag{26-59}$$

式(26－58)和式(26－59)表示对于任何分布参数体系的地震反应时间历程。用

反应谱叠加来近似这类结构的最大地震反应的方法,完全等价于早先对集中质量体系所描述的方法,因而不需要进一步的讨论。

虽然上面概述的具有分布参数的结构分析方法原则上是完全通用的,但实际上它的应用受如下事实限制,即仅对非常简单的系统可以得到振动振型和频率。因为这个理由,通常用有限元方法离散更复杂的分布参数体系,所以可以用矩阵形式进行它们的分析。已经被理想化为有限元体系的结构地震反应分析的矩阵方程,与上面描述的集中质量方程除了利用一致质量公式外,在形式上是一致的。在自由度之间存在质量耦合,使得质量矩阵不再是对角矩阵。如果在反应自由度和支承位移之间引入耦合的质量矩阵的系数列并标记为向量 $\boldsymbol{m}_g$,那么运动方程成为

$$\boldsymbol{m}\ddot{\boldsymbol{v}}^t(t)+\boldsymbol{m}_g\ddot{v}_g(t)+\boldsymbol{c}\dot{\boldsymbol{v}}(t)+\boldsymbol{k}\boldsymbol{v}(t)=\boldsymbol{0} \tag{26-60}$$

根据式(26-48)用相对的和拟静力的分量来表示总加速度,这个方程可以写为方程(26-25)的形式,但等效荷载现在为

$$\boldsymbol{p}_{\text{eff}}(t)=-(\boldsymbol{m}\boldsymbol{r}+\boldsymbol{m}_g)\ddot{v}_g(t) \tag{26-61}$$

相应的振型地震激励因子成为

$$\mathcal{L}_n=\boldsymbol{\phi}_n^{\mathrm{T}}\boldsymbol{m}\boldsymbol{r}+\boldsymbol{\phi}_n^{\mathrm{T}}\boldsymbol{m}_g \tag{26-62}$$

一旦求出这个因子,剩余的分析可完全和集中质量体系一样进行。在大多数情况质量耦合向量 $\boldsymbol{m}_g$ 有很少的非零项,并且当它们出现时也是相对的小,因此式(26-62)中的第二项通常对地震激励因子的贡献是很小的,然而出于对公式的完整性应该被包括。

集中参数多自由度弹性体系,转动激励

在 26-2 节前面的讨论和例题解答中,由刚性土运动的单一平动分量组成地震激励。现在将考虑承受由刚性土支承、施加单一转动分量的集中参数多自由度体系。在这种情况下,由相对位移和由静力支承转动引起的拟静力位移之和来表示总位移,即

$$\boldsymbol{v}^t(t)=\boldsymbol{v}(t)+\boldsymbol{r}\theta_g(t) \tag{26-63}$$

式中 θ_g 是所施加的基础转动,$\boldsymbol{r}$ 是由单位基础转动引起的位移向量。很明显,这个式子等同于平动情况的式(26-48)。现在这个体系的控制方程可以用标准形式来写

$$\boldsymbol{m}\ddot{\boldsymbol{v}}(t)+\boldsymbol{c}\dot{\boldsymbol{v}}(t)+\boldsymbol{k}\boldsymbol{v}(t)=-\boldsymbol{m}\boldsymbol{r}\ddot{\theta}_g(t) \tag{26-64}$$

并且用通常方式求解。参考图 26-6 所示的集中参数多自由度体系,用图 26-8 所示的受单位静力基础转动来说明向量 $\boldsymbol{r}$ 的确定。v_1,v_2,v_3 和 v_4 标记的位移是向量 $\boldsymbol{r}$ 的分量,即

$$\boldsymbol{r}=(h_1\quad h_2\quad x_3\quad x_4)^{\mathrm{T}} \tag{26-65}$$

当这个向量用于表示等效地震荷载,

$$\mathbf{p}_{\text{eff}}(t) = -\mathbf{m}\mathbf{r}\ddot{\theta}_g(t) \tag{26-66}$$

和用于由式(26-50)给出振型地震激励因子时，可按前面描述的体系受刚性土平动同样的方式，精确地计算由基底转动加速度 $\ddot{\theta}_g(t)$ 引起的反应。在这个结构中必须注意相应位移 v_2 的质量是 $m_2+m_3+m_4$，因为假定连接这些质量块的梁是不能伸长的。

在上面的说明中假定质量是点质量，没有转动惯量。然而，如果它们有显著的转动惯量，那么就能引起与质量的转动惯量成正比的等效地震力矩，它们与平动惯量引起的等效平动力同时作用。例如，如果图 26-9 所示的塔除了平动惯量 m_1 和 m_2 外，有转动惯量 J_1 和 J_2，那么在表示由刚性土转动引起的拟静力影响系数向量中必须包括转动自由度（这里被指定为 v_3 和 v_4），即 $\mathbf{r}=(h_1 \quad h_2 \quad 1 \quad 1)$。

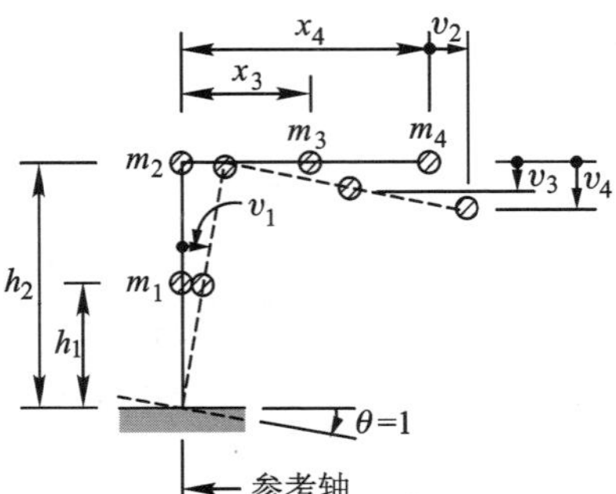

图 26-8 刚性基础转动的集中质量多自由度系统

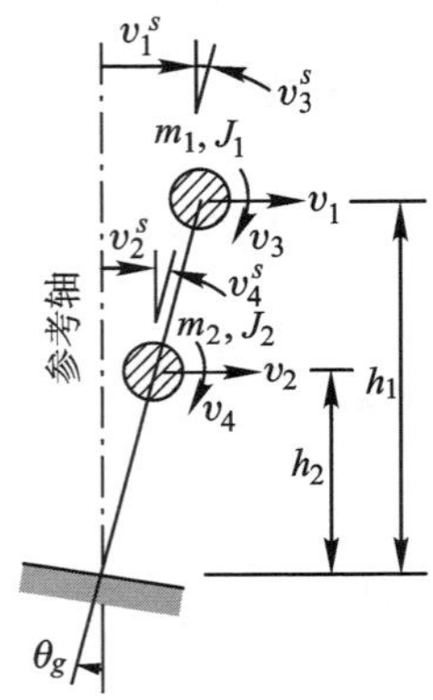

图 26-9 承受刚性基底转动的考虑转动惯量的集中质量的塔

集中参数多自由度弹性体系，多点激励

当线弹性结构被支承在多于一点并且受不同——甚至可能多分量——输入分量的情况下，对每一个输入分量的反应列式是稍微不同于上面所描述仅有一点支承体系列式的。这个不同是指，当多点支承运动是互相独立时，除了由惯性力引起的动力反应影响外必须考虑它们所引起的拟静力应力。

为了列出这个地震激励一般情况下的运动方程，考虑图 26-10 的多层框架。它表示一个完整的通常的有限元模型，所有上部结构的结点反应分量被列在向量 $\mathbf{v}^t$ 中，其中上标表示它们是总结点位移。类似地，所有支承位移的分量被列在向量 $\mathbf{v}_g$ 中。这些独立的输入分量表示结构遭受的地震激励。对于刚性地基输入，它们是支承点的总位移，表示这个事实并不需要用上标。

现在用如下的分块矩阵形式表达这个反应自由度运动的平衡方程：

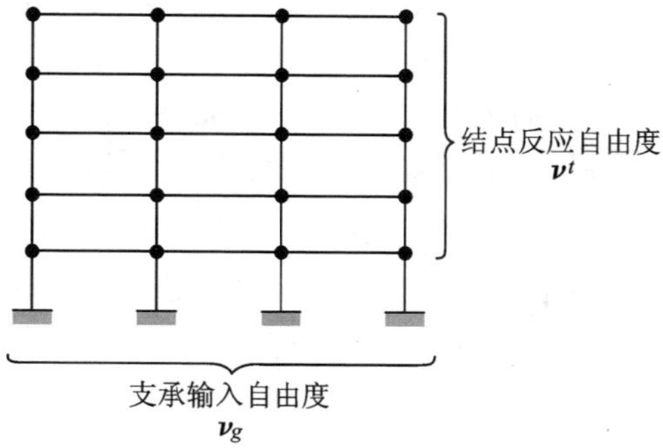

图 26-10　一般有限元地震反应模型

$$\begin{bmatrix} m & m_g \end{bmatrix}\begin{Bmatrix} \ddot{v}^t(t) \\ \ddot{v}_g(t) \end{Bmatrix}+\begin{bmatrix} c & c_g \end{bmatrix}\begin{Bmatrix} \dot{v}^t(t) \\ \dot{v}_g(t) \end{Bmatrix}+\begin{bmatrix} k & k_g \end{bmatrix}\begin{Bmatrix} v^t(t) \\ v_g(t) \end{Bmatrix}=\mathbf{0} \qquad (26-67)$$

式中为了使反应量和输入的量分开,运动向量已经被分块,相应的性质矩阵也已经被分块。由于支承运动在反应自由度中表示力的耦合矩阵,在这里用下标 g 表示。注意方程(26-67)仅表示反应自由度中力的平衡,没有相应于这些位移的外荷载。

现在把支承运动的影响从反应量中分离出来并把这些输入项移到右边就得到等效地震荷载的表达式;这样有

$$\begin{aligned} &m\ddot{v}^t(t)+c\dot{v}^t(t)+kv^t(t) \\ &=-m_g\ddot{v}_g(t)-c_g\dot{v}_g(t)-k_gv_g(t)=p_{\text{eff}}(t) \end{aligned} \qquad (26-68)$$

然而,可以简化这个输入的反应解,如果像前面地震反应列式中所描述的,总的反应运动可表达为拟静力位移向量 $v^s(t)$加动力反应向量 $v(t)$;因而

$$v^t(t)=v^s(t)+v(t) \qquad (26-69)$$

为了计算这个拟静力位移,令所有时间导数项为零,并且注意到此时总位移仅为拟静力运动(即对这种静力情况 $v^t\equiv v^s$)就得到方程(26-60)的静力等效形式。这样处理的结果是 $kv^s(t)=-k_gv_g(t)$,由它可以求得拟静力位移如下:

$$v^s(t)=-k^{-1}k_gv_g(t)\equiv rv_g(t) \qquad (26-70)$$

这里很明显,影响系数矩阵 r 表示由于单位支承运动引起的所有自由度的反应,即

$$r=-k^{-1}k_g \qquad (26-71)$$

最终,把式(26-70)代入式(26-69),再把这个结果代入方程(26-68),然后把所有与输入支承运动有关的项移到右边,则得到

$$m\ddot{v}(t)+c\dot{v}(t)+kv(t)=-[mr+m_g]\ddot{v}_g(t)-[cr+c_g]\dot{v}_g(t) \qquad (26-72)$$

注意到在右边的等效荷载中没有刚度项,它被去掉是因为式(26-71)所给的拟静力位移的定义。另外,也认识到这个关系将消除分量与刚度成比例的粘滞阻尼相关联的任何等效输入。事实上,如果粘滞阻尼比有任何合理的值,数值实验

表明等效输入的完全依赖速度部分与惯性引起的贡献相比较是可忽略的。因此，方程(26－72)可以写为如下的近似形式①：

$$\boldsymbol{m}\ddot{\boldsymbol{v}}(t)+\boldsymbol{c}\dot{\boldsymbol{v}}(t)+\boldsymbol{k}\boldsymbol{v}(t)=-(\boldsymbol{m}\boldsymbol{r}+\boldsymbol{m}_g)\ddot{\boldsymbol{v}}_g(t) \tag{26-73}$$

与式(26－61)比较，很明显在前面推导的刚性基底平动输入的等效荷载向量仅是方程(26－73)右边表示的一般等效荷载表达式的特殊情况。

因为这个等效荷载向量是完全已知的，可以用通常的振型叠加方式得到动力地震反应，为此首先求解无阻尼自由振动运动方程

$$\boldsymbol{m}\ddot{\boldsymbol{v}}(t)+\boldsymbol{k}\boldsymbol{v}(t)=\boldsymbol{0} \tag{26-74}$$

来得到正规振型和频率，然后利用这些坐标的正交性得到非耦合振型坐标运动方程，即

$$\ddot{Y}_n(t)+2\xi_n\omega_n\dot{Y}_n(t)+\omega_n^2Y_n(t)=\frac{P_n(t)}{M_n}\equiv\frac{\mathcal{L}_n}{M_n}\ddot{\boldsymbol{v}}_g(t) \tag{26-75}$$

式中

$$\begin{aligned}\mathcal{L}_n&=\boldsymbol{\phi}_n^{\mathrm{T}}[\boldsymbol{m}\boldsymbol{r}+\boldsymbol{m}_g]\\M_n&=\boldsymbol{\phi}_n^{\mathrm{T}}\boldsymbol{m}\boldsymbol{\phi}_n\end{aligned} \tag{26-76}$$

经由时域或频域可以得到这些振型运动方程的解。然后用标准振型叠加得到动力反应②

$$\boldsymbol{v}(t)=\sum_{n=1}^{M}\boldsymbol{\phi}_nY_n(t)=\boldsymbol{\phi}\boldsymbol{Y}(t) \tag{26-77}$$

式中的振型矩阵 $\boldsymbol{\phi}$ 和振型反应向量 $\boldsymbol{Y}$ 中仅需包括工程精度所需的振型数。

正如前面讨论的那样，为从这些动力位移得到上部结构的弹性力可以利用刚度矩阵 $\boldsymbol{k}$ 前乘它们[如方程(26－33)]，或利用从等效质量矩阵列式的式(26－36)中得到。在刚度矩阵列式中，重要的是注意到，即使从方程(26－67)看耦合刚度矩阵 $\boldsymbol{k}_g$ 有影响，但支承位移不影响结构结点力。在方程(26－67)中考虑如下的一般弹性力的表达式可以证明这个结论：

$$\boldsymbol{f}_s(t)=\boldsymbol{k}\boldsymbol{v}^t(t)+\boldsymbol{k}_g\boldsymbol{v}_g(t) \tag{26-78}$$

利用表示总反应运动 $\boldsymbol{v}^t(t)$ 的式(26－69)和式(26－70)，有

$$\begin{aligned}\boldsymbol{f}_s(t)&=\boldsymbol{k}\boldsymbol{v}(t)+\boldsymbol{k}\boldsymbol{v}^s(t)+\boldsymbol{k}_g\boldsymbol{v}_g(t)\\&=\boldsymbol{k}\boldsymbol{v}(t)+(\boldsymbol{k}_g-\boldsymbol{k}\boldsymbol{k}^{-1}\boldsymbol{k}_g)v_g(t)=\boldsymbol{k}\boldsymbol{v}(t)\end{aligned} \tag{26-79}$$

式(26－79)中的括弧项消失是因为在求解拟静位移时设它为零。另一方面，由于与上部结构结点位移耦合和由于支承运动导得支承点的弹性力。弹性支承力的一般表达式如下：

$$\boldsymbol{f}_g(t)=\boldsymbol{k}_g^{\mathrm{T}}\boldsymbol{v}(t)+\boldsymbol{k}_{gg}\boldsymbol{v}_g(t) \tag{26-80}$$

---

① 原文公式为 $\boldsymbol{m}\ddot{\boldsymbol{v}}(t)+\boldsymbol{c}\dot{\boldsymbol{v}}(t)+\boldsymbol{k}\boldsymbol{v}^t(t)=-(\boldsymbol{m}\boldsymbol{r}+\boldsymbol{m}_g)\ddot{\boldsymbol{v}}_g(t)$，这里已经修改。——译者

② 原文式(26－77)中多一个 $\boldsymbol{K}$ 矩阵，这里已经修改。——译者

其中 $\boldsymbol{k}_g^{\mathrm{T}}$ 表示由于上部结构位移引起的支承力，$\boldsymbol{k}_{gg}$ 表示由于支承运动引起的支承力[①]。

当利用式(26－79)[或它的质量等效式(26－36)]和式(26－80)计算出所有体系弹性结点力时，就可以用标准静力学方法来计算感兴趣的内力。然而，在典型的有限元程序中直接从单元结点的位移来计算单元内应力，在分析中一般不利用弹性结点力[②]。

集中参数的单自由度弹塑性体系，平动激励

为了深入了解非线性屈服体系的地震行为，再次考虑受刚性基底地震激励的图 26－1 的集中参数的单自由度体系。然而，在这种情况下，让我们假定柱以弹塑性方式反应，它们的基底剪力遵循如图 26－11 所示的力-位移关系。

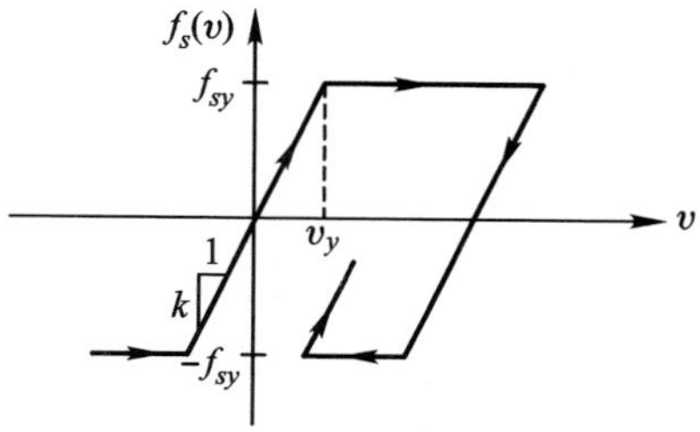

图 26－11　弹塑性力-位移关系

这个体系的控制非线性运动方程是

$$\ddot{v}+2\omega\xi\dot{v}+\frac{f_s(v)}{m}=-\ddot{v}_g(t)\qquad(26-81)$$

式中 $\omega=\sqrt{k/m}$ 和 $\xi=c/2m\omega$ 分别为弹性范围内的固有频率和阻尼比。对于任意规定的一组参数和地震激励，利用早在第 7 章描述的逐步积分方法即可求解这个方程。让这样得到的相对位移最大值根据如下定义的位移延性系数 μ 来表达，延性系数定义为

$$\mu\equiv\frac{|v(t)|_{\max}}{v_y}\qquad(26-82)$$

式中 v_y 是图 26－11 所示的初始屈服时的位移。很清楚，根据这个定义，如果 $\mu\leqslant1$，那么反应的整个时间历程是弹性的，在这种情况下方程(26－81)等同于方程(26－2)。然而，如果 $\mu>1$，这个体系反应在时间历程的某些间隔内将进入非弹性区域。在后者情况下，体系得到的最大力将等于屈服力 f_{sy}，与图 26－11 所示的关系一致。

虽然对于这样的单自由度弹塑性体系的逐步分析是容易完成的，但比较起线性体系的反应谱分析它要求更多的计算工作量。因此，对于具有相同参数 ω，ξ 和 k 并受相同地震激励 $\ddot{v}_g(t)$ 的弹性和弹塑性体系，特别感兴趣的是比较它们的反应最大值 $|v(t)|_{\max}$ 和 $|f_s(t)|_{\max}$ (或 $|\ddot{v}^t(t)|_{\max}=|f_s(t)|_{\max}/m$)[③]。比较的目

---

① 严格说应该是 $\boldsymbol{k}_g\boldsymbol{v}^t(t)$ 和 $\boldsymbol{k}_{gg}\boldsymbol{v}_g(t)$ 才是力。——译者

② 如果是杆系结构，从单元结点位移来求单元中的内力或应力是不合适的。应该由结点力通过平衡条件来求。——译者

③ 原文式中的 $\ddot{v}^t$ 写为 $\ddot{v}_t$，现已修改。——译者

的是用线性体系反应的适当解释来获得非线性体系反应的近似。为此目的，用 v_{el}，$f_{s,el}$，v_{elpl} 和 $f_{s,elpl}$ 来表示这些最大值，其中下标"el"和"elpl"分别表示弹性值和弹塑性值。弹性值通过方程(26－2)得到，而弹塑性值通过方程(26－81)逐步分析得到。正如在文献中报告的，最好是根据上面定义的延性系数 μ 来做这些比较[①]。

首先考虑具有很低固有频率值 $f=\omega/2\pi$ 的柔性体系。无疑当 $f\to 0$ 时，因为结构抗力消失，v_{el} 和 v_{elpl} 都将接近最大地面位移 $|v_g(t)|_{max}$。在大约 $0<f<0.3$ Hz 的频率范围内，这个条件是接近真实的。因而，正如图 26－12a 所示，

$$\left.\begin{aligned} v_{el} &\doteq v_{elpl} \doteq |v_g(t)|_{max} \\ f_{s,y} &\doteq f_{s,el}/\mu \doteq k|v_g(t)|_{max}/\mu \end{aligned}\right\} \quad 0<f<0.3\ \text{Hz} \tag{26-83}$$

在大约 $0.3\ \text{Hz}<f<2$ Hz 的频率范围内，v_{el} 和 v_{elpl} 都不再等于 $|v_g(t)|_{max}$，但是对众多地震激励的运动方程(26－2)和方程(26－81)的解表明相对位移是比较一致的，即

$$\left.\begin{aligned} v_{el} &\doteq v_{elpl} \\ f_{s,y} &\doteq f_{s,el}/\mu \end{aligned}\right\} \quad 0.3\ \text{Hz}<f<2\ \text{Hz} \tag{26-84}$$

正如图 26－12b 所示。在大约 $2\ \text{Hz}<f<8$ Hz 的频率范围内，许多解的结果表明变形能是比较一致的，即在图 26－12c 中弹性和弹塑性曲线下的面积接近相等。首先用 $f_{s,y}$，$f_{s,el}$，k 和 μ，其次用 v_{elpl}，v_{el}，k 和 μ 来表示这两个面积，然后令在各自情况下的面积相等，可得到

$$\left.\begin{aligned} v_{elpl} &= \frac{\mu}{\sqrt{2\mu-1}} v_{el} \\ f_{s,y} &= \frac{1}{\sqrt{2\mu-1}} f_{s,el} \end{aligned}\right\} \quad 2\ \text{Hz}<f<8\ \text{Hz} \tag{26-85}$$

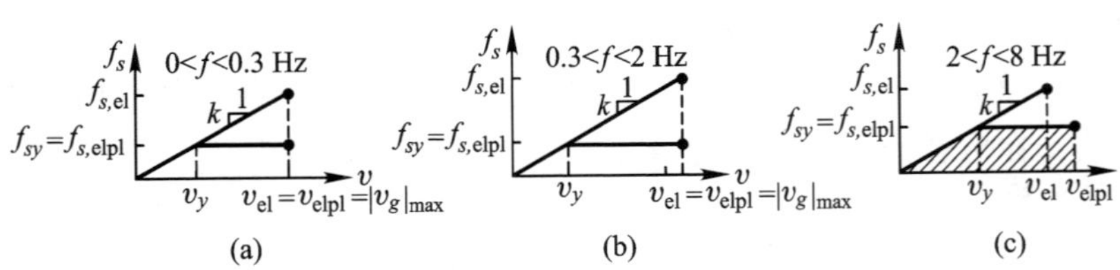

图 26－12 弹性和弹塑性力-位移关系

当 $f\to\infty(k\to\infty)$ 时，将出现刚性体系的有限屈服，并且 $f_{s,y}$ 非常接近 $f_{s,el}$。在这种情况下由于 $v_y\to 0$，有限屈服相应于 $\mu=\infty$；因此对于 μ 的有限值，这个力必须保持。结果已经表明当 $f>33$ Hz 时这个分析是接近实际的。因而

$$f_{s,y} \doteq f_{s,el} \doteq m|\ddot{v}_g(t)|_{max} \quad f>33\ \text{Hz} \tag{26-86}$$

在式(26－86)中 $f_{s,y}$ 用 $kv_y=kv_{elpl}/\mu$ 来代替，$f_{s,el}$ 用 kv_{el} 来代替得到

① N. M. Newmark and W J Hall,. Earthquake Spectra and Design,. loc. cit.

$$v_{\mathrm{elpl}} \doteq \mu v_{\mathrm{el}} \quad f > 33\ \mathrm{Hz} \tag{26-87}$$

在大约 8 Hz$<f<$33 Hz 的频率范围内，反应在式(26－85)表示的状态和式(26－86)和式(26－87)表示的状态之间过渡，在这种情况下需要在这两种状态之间的某些插值形式。有幸的是，人们希望以简单弹塑性形式建模的大部分结构的基本频率是低于 8 Hz 的；因而，式(26－83)～式(26－85)足够估计大部分单自由度屈服体系受强地震激励的最大力(或总加速度)和相对位移反应。

§26－3　组合最大振型反应

正如在 26－2 节中陈述的，当振动频率稀疏时，组合最大振型反应的平方和开方(SRSS)方法基本上是可靠的。然而，当主要贡献的振型频率很密集时，这个方法将给出不好的结果。这种情况出现的例子是(1)具有基本横向振动振型与基本扭转振动振型是非常密集的高层建筑；(2)具有许多非常接近的空间正规振型频率的复杂三维核电站管道系统。在这样的情况下，应该利用一个更一般的完全二次型组合(CQC)方法。在这一节介绍这些组合规则的推导和对两个激励分量反应组合的所谓 30%规则。

单振型的均方反应

一个多自由度体系在第 n 个正规振型下，受地震单分量输入 $\ddot{v}_g(t)$ 的反应被表示为

$$\ddot{Y}_n + 2\omega_n\xi_n\dot{Y}_n + \omega_n^2 Y_n = -\frac{\mathcal{L}_n}{M_n}\ddot{v}_g(t) \tag{26-88}$$

除了地震加速度的符号被保留外，它与方程(26－54)相同。对方程(26－88)做直接 Fourier 变换得到

$$Y_n(i\bar{\omega}) = -\frac{\mathcal{L}_n}{K_n}H_n(i\bar{\omega})\ddot{V}_g(i\bar{\omega}) \tag{26-89}$$

式中

$$H_n(i\bar{\omega}) \equiv \frac{1}{\left[\left(1-\frac{\bar{\omega}^2}{\omega_n^2}\right)+2i\xi_n\left(\frac{\bar{\omega}}{\omega_n}\right)\right]} \tag{26-90}$$

式(26－89)的逆 Fourier 变换是

$$Y_n(t) = -\frac{\mathcal{L}_n}{2\pi K_n}\int_{-\infty}^{\infty} H_n(i\bar{\omega})\ddot{V}_g(i\bar{\omega})\exp(i\bar{\omega}t)\mathrm{d}\bar{\omega} \tag{26-91}$$

现在计算在地震有效持续时间 t_d 上 $Y_n(t)$ 的均方强度，它被定义为

$$\langle Y_n(t)^2\rangle \equiv \frac{1}{t_d}\int_0^{t_d} Y_n(t)^2\mathrm{d}t \tag{26-92}$$

利用式(26－91)的离散形式，与 $\ddot{v}_g(t)$ 的 FFT 一致，式(26－92)成为

$$\langle Y_n(t)^2\rangle=\frac{1}{t_d}\int_0^{t_d}\left[\frac{\mathcal{L}_n^2\Delta\bar{\omega}^2}{4\pi^2K_n^2}\sum_{j=-\infty}^{\infty}\sum_{k=-\infty}^{\infty}H_n(i\bar{\omega}_j)H_n(i\bar{\omega}_k)\times\right.$$
$$\left.\ddot{V}_g(i\bar{\omega}_j)\ddot{V}_g(i\bar{\omega}_k)\exp(i\bar{\omega}_jt)\exp(i\bar{\omega}_kt)\right]\mathrm{d}t \tag{26-93}$$

其中 $\Delta\bar{\omega}=2\pi/T_d$，$T_d$ 是 FFT 所用的总持续时间。注意 T_d 通常包括当 $\ddot{v}_g(t)=0$ 时的时间；因此 $T_d>t_d$。由于对通常感兴趣的结构频率 $t_d\gg(2\pi/\omega_n)$，在式(26－93)中的时间积分被足够精度的近似表达式给出

$$\frac{1}{t_d}\int_0^{t_d}\exp(i\omega_jt)\exp(i\omega_kt)\mathrm{d}t\doteq\begin{cases}0 & |j|\neq k;k=j\\ 1 & k=-j\end{cases}\qquad j,k=1,2,3,\cdots \tag{26-94}$$

因而，转回连续形式以后，式(26－93)成为

$$\langle Y_n(t)^2\rangle=\frac{1}{t_d}\frac{\mathcal{L}_n^2}{4\pi^2K_n^2}\int_{-\infty}^{\infty}|H_n(i\bar{\omega})|^2|\ddot{V}_g(i\bar{\omega})|^2\mathrm{d}\bar{\omega} \tag{26-95}$$

注意对于低阻尼体系，比如说 $\xi<0.10$，$|H_n(i\bar{\omega})|^2$ 项在接近 $\bar{\omega}=\omega_n$ 的附近有很高的峰值，而 $|\ddot{V}(i\bar{\omega})|^2$ 项没有高峰值，式(26－95)可以近似地表示为

$$\langle Y_n(t)^2\rangle\doteq\frac{C_{nn}\mathcal{L}_n^2}{K_n^2}\int_{-\infty}^{\infty}|H_n(i\bar{\omega})|^2\mathrm{d}\bar{\omega} \tag{26-96}$$

式中

$$C_{nn}\equiv\frac{|\ddot{V}_g(i\omega_n)|^2}{4\pi^2t_d} \tag{26-97}$$

利用式(26－90)，将式(26－96)中的积分标记为 $I_{nn}(\xi_n,\omega_n)$，应用围道积分得到

$$I_{nn}(\xi_n,\omega_n)=\frac{\pi\omega_n}{2\xi_n} \tag{26-98}$$

这样，要求的均方反应成为

$$\langle Y_n(t)^2\rangle=\frac{\pi\omega_nC_{nn}\mathcal{L}_n^2}{2\xi_nK_n^2} \tag{26-99}$$

两个振型反应的协方差

两个振型 m 和 n 产生的反应的协方差用时间平均定义为

$$\langle Y_n(t)Y_m(t)\rangle\equiv\frac{1}{t_d}\int_0^{t_d}Y_n(t)Y_m(t)\mathrm{d}t \tag{26-100}$$

把式(26－91)代入上式，并且按照上面描述的同样步骤，得到与式(26－95)相应的关系，即

$$\langle Y_n(t)Y_m(t)\rangle=\frac{1}{t_d}\frac{\mathcal{L}_n\mathcal{L}_m}{4\pi^2K_nK_m}\int_{-\infty}^{\infty}H_n(i\bar{\omega})H_m(-i\bar{\omega})|\ddot{V}_g(i\bar{\omega})|^2\mathrm{d}\bar{\omega} \tag{26-101}$$

注意对于低阻尼体系，比如说 ξ_n 和 $\xi_m<0.10$，$|H_n(i\bar{\omega})|$ 和 $|H_m(i\bar{\omega})|$ 分别在接近

$\bar{\omega}=\omega_n$ 和 $\bar{\omega}=\omega_m$ 的附近有很高的峰值。当频率 ω_n 和 ω_m 离得很远时，$|H_n(i\bar{\omega})|$ 和 $|H_m(i\bar{\omega})|$ 的两个窄峰是不重叠的。在这种情况下，式(26－101)中积分数值是比较小的。因而，这个式子所给的协方差跟 $Y_n(t)$ 和 $Y_m(t)$ 均方强度比较是很小的。然而，当频率 ω_n 和 ω_m 是很紧密时，$|H_n(i\bar{\omega})|$ 和 $|H_m(i\bar{\omega})|$ 的窄峰十分重叠，使得式(26－101)给出的协方差成为与均方强度有类似的幅值量级。由于这种情况发生时频率 ω_n 和 ω_m 彼此必定是非常接近的，$|\ddot{V}_g(i\bar{\omega})|^2$ 在这些紧密间距频率附近将变化不大。从而，式(26－101)可写为近似形式

$$\langle Y_n(t)Y_m(t)\rangle \doteq \frac{C_{nm}\mathcal{L}_n\mathcal{L}_m}{K_nK_m}\int_{-\infty}^{\infty} H_n(i\bar{\omega})H_m(-i\bar{\omega})\mathrm{d}\bar{\omega} \tag{26-102}$$

式中

$$C_{nm}\equiv Re\,\frac{[V_g(i\omega_n)V_g(-i\omega_m)]}{4\pi^2 t_d} \tag{26-103}$$

利用式(26－90)，式(26－102)中的积分标记为 $I_{nm}(\xi_n,\xi_m,\omega_n,\omega_m)$，应用围道积分得到[①]

$$\begin{aligned}&I_{nm}(\xi_n,\xi_m,\omega_n,\omega_m)\\&=\frac{\pi}{2}\sqrt{\frac{\omega_n\omega_m}{\xi_n\xi_m}}\frac{8\sqrt{\xi_n\xi_m}(\xi_n+r\xi_m)r^{3/2}}{(1-r^2)^2+4\xi_n\xi_m r(1+r^2)+4(\xi_n^2+\xi_m^2)r^2}\end{aligned} \tag{26-104}$$

式中

$$r\equiv\omega_n/\omega_m \qquad \omega_m>\omega_n$$

因此，式(26－102)所给的协方差成为

$$\langle Y_n(t)Y_m(t)\rangle \doteq \frac{\pi C_{nm}\mathcal{L}_n\mathcal{L}_m}{2K_nK_m}\sqrt{\frac{\omega_n\omega_m}{\xi_n\xi_m}}\rho_{nm} \tag{26-105}$$

式中

$$\rho_{nm}\equiv\frac{8\sqrt{\xi_n\xi_m}(\xi_n+r\xi_m)r^{3/2}}{(1-r^2)^2+4\xi_n\xi_m r(1+r^2)+4(\xi_n^2+\xi_m^2)r^2} \tag{26-106}$$

当 $\xi_n=\xi_m=\xi$ 时，式(26－106)简化为下面形式

$$\rho_{nm}=\rho_{mn}=\frac{8\xi^2(1+r)r^{3/2}}{(1-r^2)^2+4\xi^2 r(1+r)^2} \tag{26-107}$$

注意

$$0\leqslant\rho_{nm}\leqslant 1 \tag{26-108}$$

和

$$\rho_{nn}=\rho_{mm}=1 \tag{26-109}$$

振型反应组合的 SRSS 和 CQC

考虑反应 $z(t)$，它有来自所有 N 个正规振型的贡献，标记为

① A. Der Kiureghian,. Structural Response to Stationary Excitation,. loc. cit.

$$z(t)=\sum_{n=1}^{N}A_nY_n(t) \tag{26-110}$$

式中对于所考虑的结构体系的系数 A_n 是已知的。相应的均方反应为

$$\sigma_z^2\equiv\langle z(t)^2\rangle=\sum_{n=1}^{N}\sum_{m=1}^{N}A_nA_m\langle Y_n(t)\quad Y_m(t)\rangle \tag{26-111}$$

利用式(26-99)和式(26-105),并且认识到在这些式子中的所有量是正的,除了 $\mathcal{L}_n$ 和 $\mathcal{L}_m$ 可以是正的或是负的外,按照式(26-29),式(26-111)可以写为如下形式

$$\sigma_z^2=\sum_{n=1}^{N}\sum_{m=1}^{N}A_nA_m\frac{C_{nm}}{\sqrt{C_{nn}C_{mm}}}\frac{\mathcal{L}_n\mathcal{L}_m}{|\mathcal{L}_n||\mathcal{L}_m|}\rho_{nm}\langle Y_n^2(t)\rangle^{1/2}\langle Y_m^2(t)\rangle^{1/2} \tag{26-112}$$

由于当频率 ω_n 和 ω_m 离得很远时 $\rho_{nn}=\rho_{mm}=1$ 和 $\rho_{nm}=\rho_{mn}\ll1$,当频率 ω_n 和 ω_m 很紧密时,在式(26-112)中仅那些交叉项对 σ_z^2 有显著贡献。对于那些项的相应值 $C_{nm}/\sqrt{C_{nn}C_{mm}}$ 接近等于1,又由于 $C_{nn}/\sqrt{C_{nn}C_{nn}}$ 值恒等于1,式(26-112)可以写为

$$\sigma_z^2=\sum_{n=1}^{N}\sum_{m=1}^{N}\alpha_{nm}A_nA_m\rho_{nm}\langle Y_n^2(t)\rangle^{1/2}\langle Y_m^2(t)\rangle^{1/2} \tag{26-113}$$

式中

$$\alpha_{nm}\equiv\frac{\mathcal{L}_n\mathcal{L}_m}{|\mathcal{L}_n||\mathcal{L}_m|} \tag{26-114}$$

注意对于 $m\neq n$,α_{nm} 等于+1或-1依赖于 $\mathcal{L}_n$ 和 $\mathcal{L}_m$ 的符号。当然,对于 $m=n$ 它总是+1。

在第21章已经表明在持续时间 t_d 内振型反应的最大值与它们反应的均方根值成正比,即

$$|Y_n(t)|_{\max}=B_n\langle Y_n^2(t)\rangle^{1/2}\qquad |Y_m(t)|_{\max}=B_m\langle Y_m^2(t)\rangle^{1/2} \tag{26-115}$$

B_n 和 B_m 的数值分别依赖于比值 $t_d\omega_n/2\pi$ 和 $t_d\omega_m/2\pi$,如图21-13所示。然而,在数值大小上它们差别不大,除非上面提到的比值差别很大,即相差一个或更多个量级。在工程实际中常常指定系数 B_n 和 B_m 的数值为3。

如果假定振型反应的所有单独最大贡献,甚至和它们组合的反应的最大值,可以从它们相应的均方根值并利用同样比例系数 B 得到,那么从式(26-113)可以得到

$$|z(t)|_{\max}=\Big[\sum_{n=1}^{N}\sum_{m=1}^{N}\alpha_{nm}A_nA_m\rho_{nm}|Y_n(t)|_{\max}|Y_m(t)|_{\max}\Big]^{1/2} \tag{26-116}$$

从单个振型反应的最大值估计最大总反应的这个方法就是众所周知的完全二次型组合(CQC)方法①。当大多数贡献振型有密集的频率时,在式(26-116)中的

① A. Der Kiureghian,. Structural Response to Stationary Excitation,. loc. cit.

交叉项可正可负,可以是很明显的,因此应该保留它们。然而,如果贡献振型的频率较稀疏时,方程中的交叉项可以忽略,在这种情况下,这个方程就简化为

$$|z(t)|_{\max}=\Big(\sum_{n=1}^{N}A_n^2|Y_n(t)|_{\max}^2\Big)^{1/2} \tag{26-117}$$

这就是在前面式(26-44)和式(26-45)给出的和在例题 E26-4 和 E26-5 解答中应用的 SRSS 方法。

对指定地震运动,经由它们相应的反应谱值表示振型反应的最大值,式(26-116)和式(26-117)分别成为

$$|z(t)|_{\max}=\Big[\sum_{n=1}^{N}\sum_{m=1}^{N}A_nA_m\frac{\mathcal{L}_n\mathcal{L}_m}{M_nM_m}\rho_{nm}S_d(\xi_n,\omega_n)S_d(\xi_m,\omega_m)\Big]^{1/2} \tag{26-118}$$

和

$$|z(t)|_{\max}=\Big[\sum_{n=1}^{N}A_n^2\frac{\mathcal{L}_n^2}{M_n^2}S_d(\xi_n,\omega_n)^2\Big]^{1/2} \tag{26-119}$$

例题 E26-8　如图 E26-7 所示的三维结构,受 x-方向的 0.3 g 峰值加速度地震的单分量基底激励,具有如图 25-9 所示对于硬土条件(S_1 型)的加速度反应谱。假定每一正规振型阻尼比为 0.05。

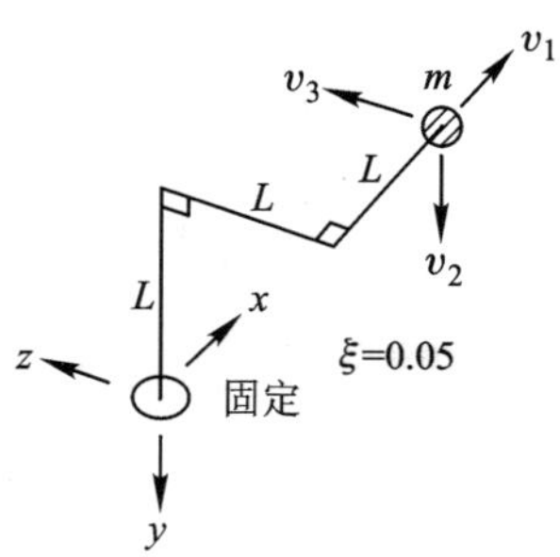

$JG=\frac{2}{3}EI$ 每个杆件

$$\mathbf{m}=\begin{pmatrix}1&0&0\\0&1&0\\0&0&1\end{pmatrix}m \qquad \boldsymbol{f}=\begin{pmatrix}13&3&12\\3&25&-3\\12&-3&19\end{pmatrix}\frac{L^3}{6EI}$$

$$\boldsymbol{\omega}=\begin{pmatrix}4.59\\4.83\\14.56\end{pmatrix} \qquad \boldsymbol{\Phi}=\begin{pmatrix}0.731&0.271&1.000\\-0.232&1.000&-0.242\\1.000&0.036&-0.787\end{pmatrix}$$

图 E26-7　遭受刚性基底平动激励的 3 个自由度体系

假定所有质量集中在图示的单一点,并且体系的柔度仅由弯曲和扭转组成。长度为 L 的三段杆件的每一个都为实心圆截面,扭转刚度 JG 等于弯曲刚度 EI 的 2/3,假定 $G=E/3$。在这些条件下,所示坐标的质量和刚度矩阵如图所示。对这个体系相应的特征向量和频率也表示在图中。注意第一和第二振型频率很接近。

利用图 25-9 的硬土场地反应谱和相应图 E26-7 所给的固有频率的周期,就能求得加速度谱值

$$S_{pa}=\begin{pmatrix}7.44\\8.04\\22.9\end{pmatrix}\ \mathrm{ft/s^2} \tag{a}$$

并求得振型参数 M_n 和 $\mathcal{L}_n$ 是

$$\boldsymbol{M}=\begin{bmatrix}1.588\\1.075\\1.678\end{bmatrix}\text{ m}\qquad \mathcal{L}=\begin{bmatrix}0.731\\0.271\\1.000\end{bmatrix}\text{ m}\tag{b}$$

从这些结果，就能得到最大振型位移

$$\boldsymbol{v}_{1,\max}=\begin{bmatrix}0.119\\-0.038\\0.162\end{bmatrix}\text{ Hz}\quad \boldsymbol{v}_{2,\max}=\begin{bmatrix}0.039\\0.143\\0.005\end{bmatrix}\text{ Hz}\quad \boldsymbol{v}_{3,\max}=\begin{bmatrix}0.064\\-0.016\\-0.055\end{bmatrix}\text{ ft}\tag{c}$$

用 SRSS 方法组合反应最大值，即利用式(26－44)，可得到

$$\boldsymbol{v}_{\max}=\begin{bmatrix}0.140\\0.149\\0.171\end{bmatrix}\text{ ft}\qquad \text{SRSS}\tag{d}$$

然而，如果利用等价于式(26－44)的 CQC 方法组合反应最大值，在这种情况下［见式(26－11)］为

$$\boldsymbol{v}_{\max}\doteq\sqrt{[(\boldsymbol{v}_1)^2_{\max}+2\rho_{12}(\boldsymbol{v}_1)_{\max}(\boldsymbol{v}_2)_{\max}+(\boldsymbol{v}_2)^2_{\max}+2\rho_{23}(\boldsymbol{v}_2)_{\max}(\boldsymbol{v}_3)_{\max}+(\boldsymbol{v}_3)^2_{\max}+2\rho_{13}(\boldsymbol{v}_1)_{\max}(\boldsymbol{v}_3)_{\max}]}\tag{e}$$

假定所有阻尼比是相同的，可以利用式(26－107)来求得所有振型的互相关系数。在这种情况下，可以求得 $\rho_{12}=\rho_{21}=0.792$，$\rho_{23}=\rho_{32}=0.006$，$\rho_{13}=\rho_{31}=0.006$。这样，利用上面方程，就可以获得

$$\boldsymbol{v}_{\max}=\begin{bmatrix}0.165\\0.117\\0.175\end{bmatrix}\text{ ft}\qquad \text{CQC}\tag{f}$$

比较方程(d)和方程(f)，可以看到 SRSS 方法低估第一项而高估第二项，第三项几乎保持相同。必须记住在 CQC 方法中的交叉项是携带符号的，即个别项或正或负。

在结束组合振型反应这一节时，提醒读者当利用式(26－118)和式(26－119)时，感兴趣的反应量必须用式(26－110)的形式来表示。当 $z(t)$表示内力分量或变形时，这是显而易见的应用形式，而对所有感兴趣的反应量都可能不是明显的形式。例如，假定 $z(t)$表示集中质量体系的质点 m_i 的绝对加速度，如式(26－24)所表示的，即 $z(t)\equiv\ddot{v}_i^t(t)$。正如在这个式子中见到的，这个反应不仅有来自相对运动 $\ddot{v}_i(t)$的贡献，而且有来自地面加速度 $\ddot{v}_g(t)$的贡献。尽管这样，由于

$$\ddot{v}_i^t(t)=-\frac{[f_{S_i}(t)+f_{D_i}(t)]}{m_i}\tag{26-120}$$

它可以用式(26－110)的形式来表示。在瞬时 $\ddot{v}_i^t(t)$达到最大绝对值时，阻尼力 $F_{D_i}(t)$比起弹簧力 $F_{S_i}(t)$是很小的。因此，式(26－120)可以用近似形式表示为

$$\ddot{v}_i^t(t) \doteq -\frac{F_{S_i}(t)}{m_i} = \sum_{n=1}^{N} \omega_n^2 \phi_{in} Y_n(t) \tag{26-121}$$

这个式子表示当 $A_n = \omega_n^2 \phi_{in}$ 时，感兴趣的反应量具有式(26－110)的形式。

两分量激励反应的组合

在上一节中，已经导出 SRSS 和 CQC 方法来组合水平地震激励的单分量最大振型反应。现在推导对两个水平分量激励的两个最大反应的组合方法。如果 $z(t)$ 是感兴趣的反应量，它将由两个贡献给出

$$z(t) = z_x(t) + z_y(t) \tag{26-122}$$

其中 $z_x(t)$ 和 $z_y(t)$ 分别是在 x 和 y 方向水平地震激励所产生的贡献。通常是沿结构的主轴方向取 x 和 y 轴。正如在第 25 章中描述的，由于在 x 和 y 方向输入地震激励互相关将是很低的，因此 $z_x(t)$ 和 $z_y(t)$ 的互相关也将是很低的，所以它可以被忽略。因而，对 $z_x(t)$ 和 $z_y(t)$ 加权的最大值利用 SRSS 方法，从统计意义上是合理的，也即

$$|z(t)|_{\max} = \left[|z_x(t)|_{\max}^2 + |z_y(t)|_{\max}^2 \right]^{1/2} \tag{26-123}$$

假定利用同样的设计反应谱和利用式(26－118)或式(26－119)得到 $|z_x(t)|_{\max}$ 和 $|z_y(t)|_{\max}$，根据合理的判断，所给的反应是互相成比例的，即可表示为

$$|z_y(t)|_{\max} = B|z_x(t)|_{\max} \tag{26-124}$$

如果选择 x 和 y 轴方向使得

$$|z_x(t)|_{\max} \geqslant |z_y(t)|_{\max} \tag{26-125}$$

那么常数 B 在 $0 \leqslant B \leqslant 1$ 范围内取某一值，这个值依赖于激励的 x 和 y 分量和所考虑的特定反应 $z(t)$ 之间的传递函数。然而，由于设计反应谱表示水平激励的较强分量，又正如在第 25 章讨论的由于较弱分量的强度可以取较强分量强度的 85%，那么比较现实的是利用

$$|z_y(t)|_{\max} = 0.85B|z_x(t)|_{\max} \tag{26-126}$$

把方程(26－126)代入方程(26－123)得到

$$|z(t)|_{\max} = (1 + 0.723B^2)^{1/2}|z_x(t)|_{\max} \tag{26-127}$$

现在让我们把这个统计推理的式子和下面给出的在建筑设计中普遍利用的"30%规则"比较

$$|z(t)|_{\max} = |z_x(t)|_{\max} + 0.3|z_y(t)|_{\max} \tag{26-128}$$

其中根据合理的判断，利用在较弱强度方向上没有降低的相同反应谱，即利用方程(26－124)，通过式(26－118)或式(26－119)来近似计算 $|z_x(t)|_{\max}$ 和 $|z_y(t)|_{\max}$。在这种情况下，式(26－128)成为

$$|z(t)|_{\max} = (1 + 0.3B)|z_x(t)|_{\max} \tag{26-129}$$

图 26－13 表示了由式(26－127)和式(26－129)所给的 $|z_x(t)|_{\max}/|z_y(t)|_{\max}$ 作为 B 函数的图形。比较这个图中的两条曲线，可以看到式(26－129)的 30%规

则，对于 $B=0$ 给出相同的结果，对于 $B=1$ 给出几乎相同的结果，对于 $0<B<1$ 给出稍微大一些的值，最大差值接近 5%。

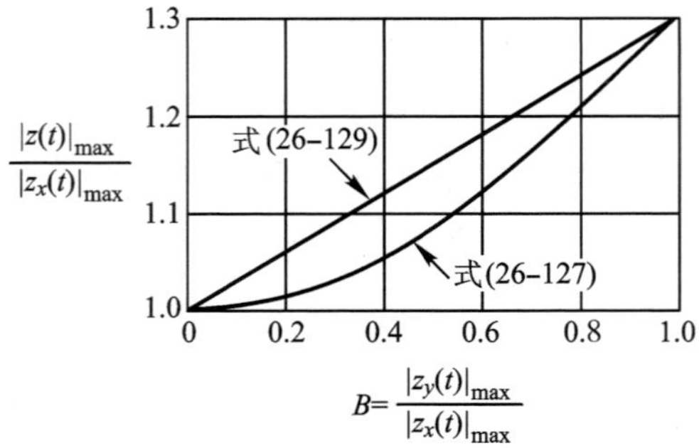

图 26－13　在组合两个水平反应分量的统计方法和 30%规则对比

在上面的推导中式(26－122)表示的 $z(t)$ 代表指定反应量。例如，在结构中的特定关键点的应力或在个别杆件中的特定力分量。通常，用上面方法中的一个来分别估算指定反应最大值是足够的。然而，在某些情况下由于可能的关键反应的多重性这个方法是有欠缺的。有这种情况的是垂直悬臂结构的反应，例如烟筒，或有圆截面的通风塔。

正如上面描述的，假定这类结构在它的基底遭受 x 和 y 方向地震激励。利用上面两个方法中的一个，人们可以选择基底截面 x 轴的两个外纤维位置的一个作为最关键应力位置。令 $z(t)$ 为这个位置的弯曲应力，发现由于 $B=0$，用式(26－127)或式(26－129)得到的 $|z(t)|_{max}$ 等于 $|z_x(t)|_{max}$。这就建议设计有圆截面的垂直悬臂结构可以基于表示地面运动的最大主分量的单个地震输入。然而，需要认识到在关键时刻 t_c 当关于 y 轴的弯矩产生 $|z_x(t)|_{max}=|z_x(t_c)|$ 时，在这个截面的合成弯矩

$$M(t_c)=\sqrt{M_x(t_c)^2+M_y(t_c)^2} \tag{26-130}$$

将比 $|M_y(t_c)|$ 大，这样产生的弯曲应力比 $|z_x(t)|_{max}$ 大。进一步应该认识到合成弯矩 $M(t)$ 的最大值出现在不同于 t_c 的时刻并且它的绝对值比 $M(t_c)$ 大。这样，在这个截面的最大应力的绝对值甚至比 $M(t_c)$ 产生的最大应力大。因此，与关注一固定点的应力比，应该更关注由于 $M(t)$ 产生的最大应力，即使它的位置随时间在改变。由于最大应力正比于合成弯矩，接下去的分析处理将关心预测合成弯矩 $M(t)$ 的最大绝对值，然后将它与弯矩 $M_y(t)$ 比较。

令 $x\equiv M_x(t)$ 和 $y\equiv M_y(t)$ 分别表示在 y 和 x 方向输入地面运动产生的弯矩。合成弯矩 $r\equiv M(t)$ 表示为 $r=(x^2+y^2)^{1/2}$。通常假定在 x 和 y 方向的地面运动是不相关的并且是正态分布的，它们的边缘和联合概率密度函数为

$$
\begin{aligned}
p(x)&=\frac{1}{\sqrt{2\pi}\sigma_x}\exp\left[-\frac{1}{2}\frac{x^2}{\sigma_x^2}\right]\\
p(y)&=\frac{1}{\sqrt{2\pi}\sigma_y}\exp\left[-\frac{1}{2}\frac{y^2}{\sigma_y^2}\right]\\
p(x,y)&=\frac{1}{2\pi\sigma_x\sigma_y}\exp\left[-\frac{1}{2}\left(\frac{x^2}{\sigma_x^2}+\frac{y^2}{\sigma_y^2}\right)\right]
\end{aligned}
\tag{26-131}
$$

令 θ 是合成弯矩向量 r 和 x 轴的夹角,利用

$$
\begin{aligned}
x&=r\cos\theta\\
y&=r\sin\theta
\end{aligned}
\tag{26-132}
$$

随机变量 x 和 y 可以变换到随机变量 r 和 θ。利用式(20－47)所给的 Jacobi 变换,人们得到

$$
p(r,\theta)=\frac{r}{2\pi\sigma_x\sigma_y}\exp\left[-\frac{r^2}{2}\left(\frac{\cos^2\theta}{\sigma_x^2}+\frac{\sin^2\theta}{\sigma_y^2}\right)\right]\quad r\geqslant 0\quad 0\leqslant\theta\leqslant 2\pi \tag{26-133}
$$

由这个联合概率密度函数,能得到 r 超过某一指定值 s 的概率,即

$$
Pr[r>s]=1-\int_{r=0}^{s}\int_{\theta=0}^{2\pi}p(r,\theta)\,\mathrm{d}\theta\,\mathrm{d}r \tag{26-134}
$$

把式(26－133)的 $p(r,\theta)$代入这个式子并且做双重积分得到要求的结果 $Pr[r>s]$。

首先考虑 $\sigma_x=\sigma_y=\sigma$ 的情况。式(26－133)所给的联合概率密度函数 $p(r,\theta)$ 简化为与 θ 无关的形式,即

$$
p(r,\theta)=\frac{r}{2\pi\sigma^2}\exp\left[-\frac{r^2}{2\sigma^2}\right]\quad r\geqslant 0\quad 0\leqslant\theta\leqslant 2\pi \tag{26-135}
$$

且式(26－134)所给的概率超越函数成为

$$
Pr[r>s]=\exp\left[-\frac{s^2}{2\sigma^2}\right] \tag{26-136}
$$

令 $s=3\sigma$,正如在估算反应的平均极值时经常做的,人们从式(26－136)中可求得 $Pr[r>3\sigma]=0.011\ 11$。利用式(26－131)第二式所给的正态分布,用 σ 代替 σ_y,可求得 $Pr[|y|>2.535\sigma]=0.011\ 1$。这表明在 3σ 水准的合成弯矩 $M(t)$和在 2.535σ 水准的$|M_y(t)|$有同样的超越概率。因此,当在 x 和 y 方向地面运动强度相同时,即当 $\sigma_x=\sigma_y$ 时,由于同时作用在两个方向的输入的期望最大应力将比由于仅一个分量输入在相同截面的期望最大应力要大约 18%。

正如在较早指出的,y 方向的运动强度通常大约是 x 方向运动强度的 85%,在这种情况下 $\sigma_x=0.85\sigma_y$。把这个关系代入式(26－133),并且取 $r=3\sigma_y$ 计算式(26－134),得到 $Pr[r>3\sigma_y]=0.007\ 34$。利用式(26－131)第二式给的正态分布,得到 $Pr[|y|>2.685\sigma_y]=0.007\ 34$。这表明在 $3\sigma_y$ 水准的合成弯矩 $M(t)$和在 2.685σ 水准的$|M_y(t)|$有同样的超越概率。因此,当 y 方向地面运动的强度是 x 方向强度的 85%时,即 $\sigma_x=0.85\sigma_y$ 时,同时作用在两个方向输入的截面上的期望最大应力将比仅一个分量输入在相同截面的期望最大应力要大约 12%。

由于上面的 $\sigma_x=0.85\sigma_y$ 情况比前面的 $\sigma_x=\sigma_y=\sigma$ 情况更现实，对两个同时输入分量的设计最大应力可以用对一个输入分量的期望最大应力水准乘以 1.12 系数得到。

习　　题

26-1 假定图 26-1 的结构有下面的性质：

$$m=3.2\ \text{kips}\cdot\text{s}^2/\text{ft};\quad k=48\ \text{kips/in};\quad \xi=0.05$$

试求用图 25-9 的 S_2 型反应谱的 0.3 g 峰值加速度地震引起的最大位移和基底剪力。

26-2 重做习题 26-1，假定结构刚度增加到 $k=300$ kips/in。试说明增加刚度的效果可作为增加地震抗力的手段。

26-3 假定图 E26-2 的均匀悬臂柱有 $\overline{m}=0.016$ kips·s²/ft² 和 $EI=10^6$ kips·ft² 的性质，并且它的挠曲形状是 $\psi(x)=1-\cos(\pi x/2L)$。如果这个结构受图 25-9 的 S_1 型反应谱的 0.3 g 峰值加速度地震。

(a) 试求最大顶点位移，基底弯矩和基底剪力。

(b) 试求在中间高度的最大位移、弯矩和剪力。

26-4 重做习题 26-3，假定同样反应谱形状但考虑下面非均匀质量和刚度性质：

$$m(x)=0.01(2-x/L)\ \text{kips}\cdot\text{s}^2/\text{ft}^2$$

$$EI(x)=5\times10^5(1-x/L)^2\ \text{kips}\cdot\text{ft}^2$$

利用 $\Delta x=L/2$ 的 Simpson 法则来计算广义性质积分。

26-5 类似于图 E26-3 所示的建筑物有下面的质量和振动性质

$$\boldsymbol{m}=2\times\begin{bmatrix}1&0&0\\0&1&0\\0&0&1\end{bmatrix}\ \text{kips}\cdot\text{s}^2/\text{ft}^2\qquad \boldsymbol{\Phi}=\begin{bmatrix}1.000&1.000&1.00\\0.548&-1.522&-6.26\\0.198&-0.872&12.10\end{bmatrix}$$

$$\boldsymbol{\omega}=\begin{bmatrix}3.88\\9.15\\15.31\end{bmatrix}\ \text{rad/s}$$

三个振型的反应积分是

$$\mathbf{V}(t_1)=\begin{bmatrix}1.38\\-0.50\\0.75\end{bmatrix}\ \text{ft/s}$$

每层的高度是 12 ft。试求在地震期间 t_1 时刻的每层楼的位移、颠覆力矩和每层内的剪力。

26-6 对于习题 26-5 的结构和地震，这三个振型的反应谱值是

$$\boldsymbol{S}_a=\begin{bmatrix}9.66\\5.15\\12.88\end{bmatrix}\ \text{ft/s}^2$$

(a) 对每一个振动振型，试计算在每层标高的位移和颠覆力矩的最大值和在每层内的最大剪力。

(b) 用 SRSS 方法,试确定(a)的每一个反应量的近似的总最大值。

26-7　为初步设计目的,假定图 P26-1 的高层建筑行为像均匀剪切梁,它的振动性质完全类似于 18-5 节中讨论的轴向变形的均匀杆的性质。为了表示这个相似性,18-5 节的轴向刚度 EA 和单位长度质量 $\bar{m}$ 分别被$(12\sum EI)/h^2$ 和 m_j/h 代替来表示剪切型建筑(其中 $\sum EI$ 表示每层所有柱的弯曲刚度的和)。因而这个建筑物振型和频率为

$$\boldsymbol{\phi}_n(x)=\sin\frac{2n-1}{2}\left(\frac{\pi x}{L}\right)$$

$$\omega_n=\frac{2n-1}{2}\pi\left(\frac{12\sum EI}{m_i hL^2}\right)^{1/2}$$

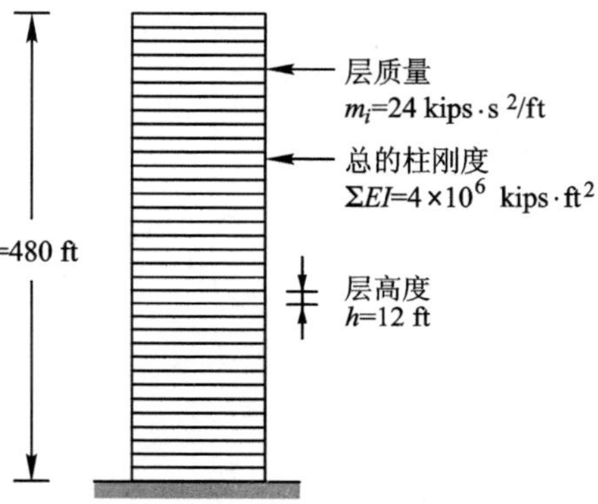

图 P26-1　均匀剪切型建筑

这些性质的值被表示在图中。

(a) 试对前五个振型中的每一个求等效振型质量 $\mathcal{L}_n^2/M_n$。总质量的什么部分与每个振型有关?

(b) 试用 SRSS 方法计算近似最大顶部位移、基底剪力和基底颠覆力矩,假定每个振型的速度反应谱值是 1.6 ft/s。

26-8　如图 P26-2 所示结构被简化为两个自由度体系,图中还显示了它的振动振型和频率。假定每一振型$\xi=0.05$ 并利用图 25-9 的 S_2 型反应谱,试计算柱底的近似的(SRSS)最大弯矩,假定地震运动方向是

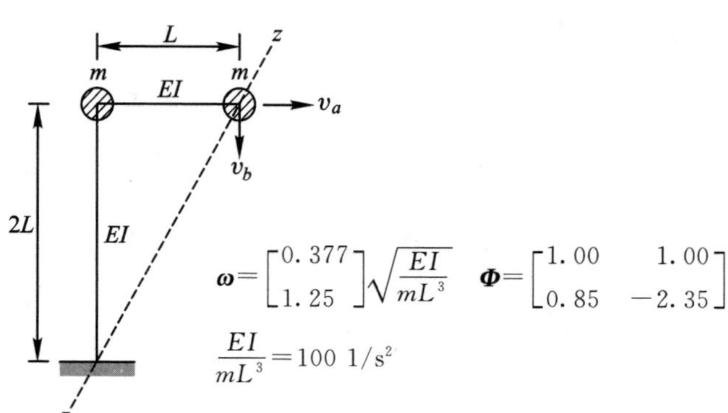

图 P26-2　两个自由度的平面框架

(a) 水平的。

(b) 垂直的。

(c) 沿倾斜轴 ZZ。

假定地面运动是由 0.3 g 峰值加速度地震引起的。

26-9 一个 6 in 混凝土板被四个 $W8\times40$ 的柱支承，其位置和方向如图 P26-3 所示。图中还显示了结构质量和振动性质，这里假定板是刚性的，柱没有重量，柱的净高度是 12 ft。质量矩阵和振型是根据图示的板心坐标表示的。

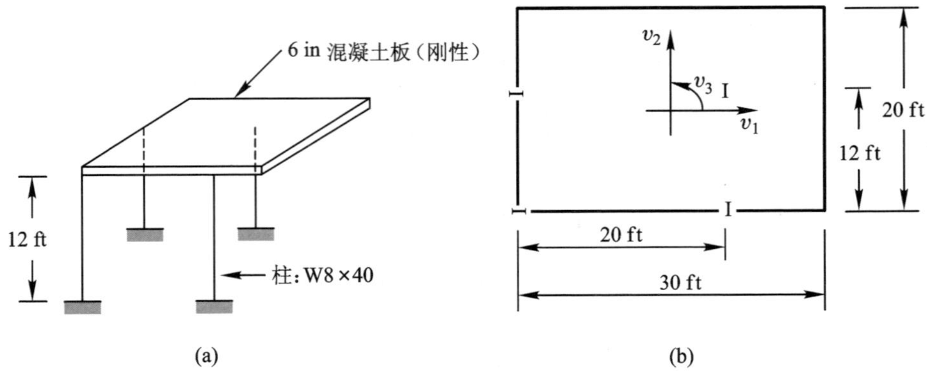

$$\boldsymbol{\omega}=\begin{pmatrix}16.7\\20.1\\24.5\end{pmatrix}\text{ rad/s}\quad \boldsymbol{\Phi}=\begin{pmatrix}100.0 & -0.9 & 100.0\\ 1.1 & 100.0 & -1.0\\ -0.64 & 0.000\,63 & 1.005\end{pmatrix}\begin{matrix}\text{in}\\ \text{in}\\ \text{rad}\end{matrix}$$

$$\boldsymbol{m}=\begin{pmatrix}116.6\text{ lbf}\cdot\text{s}^2/\text{in} & 0 & 0\\ 0 & 116.6\text{ lbf}\cdot\text{s}^2/\text{in} & 0\\ 0 & 0 & 18.2\times10^5\text{ lbf}\cdot\text{s}^2/\text{in}\end{pmatrix}$$

图 P26-3 刚性平台框架

(a)等视图；(b)俯视图

假定图 25-9 的 S_2 型反应谱的 0.3 g 峰值加速度地震作用在坐标 v_1 方向上，试求在第一振型振动下每个柱顶的最大动力位移。

26-10 一个跨度为 80 ft 的简支均匀桥式平台，如图 P26-4 所示。图中还表示了质

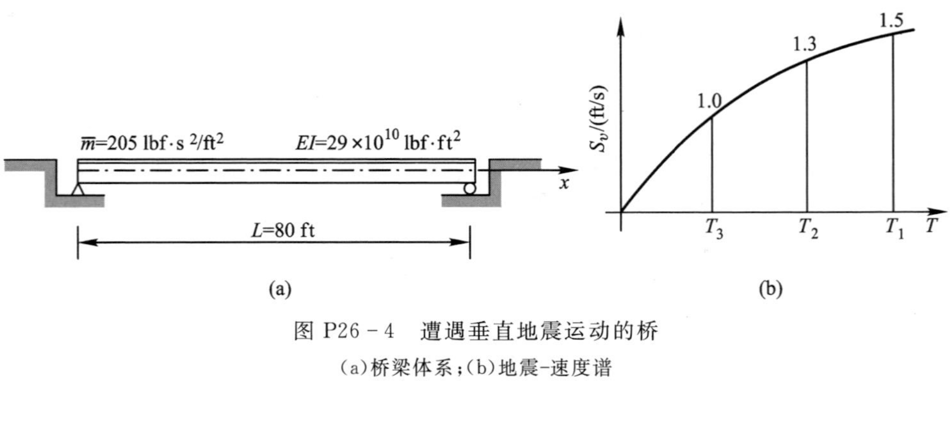

图 P26-4 遭遇垂直地震运动的桥

(a)桥梁体系；(b)地震-速度谱

量、刚度性质及简化的地震速度反应谱。假定这个相同地震同时作用在**两个**支承端的垂直方向。

(a) 对前三个振动振型的每一个试计算跨中最大弯矩。

(b) 试计算由于这三个振型组合的近似(SRSS)最大跨中弯矩。

26－11　重做习题 26－10，假定仅右支承承受这个垂直运动。注意在这种情况下 $r(x)=x/L$。

26－12　一个空间火箭的服务平台简化为一个集中质量的塔，如图 P26－5 所示。在图中也显示了前两个振动振型的形状和频率。试求由于简谐水平地面加速度 $\ddot{v}_g=A\sin\bar{\omega}t$ 在塔底引起的最大弯矩，这里 $A=5\ \text{ft/s}^2$ 和 $\bar{\omega}=8\ \text{rad/s}$。仅考虑前两个振型的稳态反应，并且忽略阻尼。集中在顶部、中间和最低部的重量分别为 15 kips，35 kips 和 65 kips。

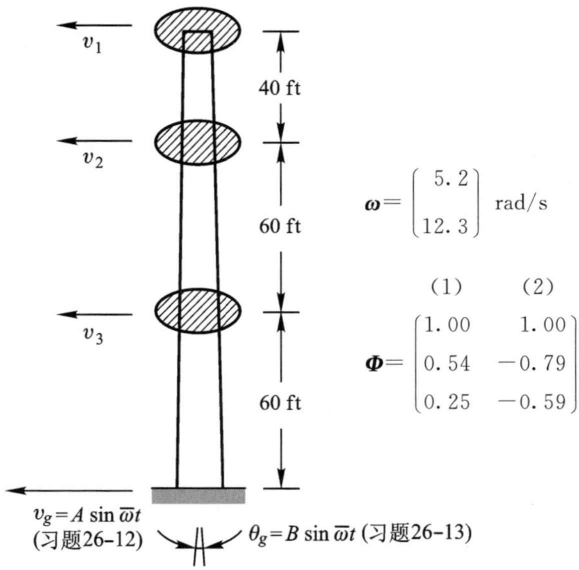

图 P26－5　遭受地震集中质量的塔

26－13　重做习题 26－12，假定在基底施加的简谐地面运动是转动 θ_g 而不是平动。在这种情况下 $\ddot{\theta}_g=B\sin\bar{\omega}t$。其中 $B=0.06\ \text{rad/s}^2$ 和 $\bar{\omega}=8\ \text{rad/s}$。

26－14　长度为 L 和总的均匀分布质量为 m 的刚性杆在每一端有集中质量 $m/2$。这个杆与长度 L 的无重量柱刚性连接，并且在中点有横向弹簧支承，如图 P26－6 所示。这个杆的质量矩阵和包括支承自由度的整个体系的刚度矩阵及振动性质一起也表示在这个图中。这个系统遭受地面运动，其在**第一**振型周期的谱速度是 2.7 ft/s。试求坐标 v_2 的第一振型最大反应，如果施加的地震运动

(a) 同时在两个支承点。

(b) 仅在柱的底部(坐标 v_{gb})，而弹簧支承点(v_{ga})针对运动是固定的。

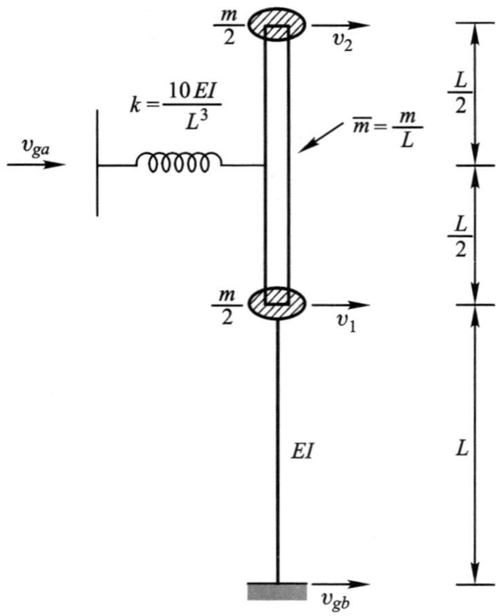

$$\boldsymbol{m}=\frac{m}{6}\begin{pmatrix}5 & 1\\ 1 & 5\end{pmatrix}$$

其中 $m=0.4\ \mathrm{kips\cdot s^2/ft}$

$$\boldsymbol{k}=\frac{EI}{L^3}\begin{pmatrix}30.5 & -7.5 & -5 & -18\\ -7.5 & 6.5 & -5 & 6\\ -5 & -5 & 10 & 0\\ -18 & 6 & 0 & 12\end{pmatrix}\begin{matrix}(v_1)\\ (v_2)\\ (v_{ga})\\ (v_{gb})\end{matrix}$$

其中$\frac{EI}{L^3}=3.0\ \mathrm{kips/ft}$

$$\boldsymbol{\omega}=\begin{pmatrix}5.91\\ 18.45\end{pmatrix}\ \mathrm{rad/s}\quad \boldsymbol{\Phi}=\begin{pmatrix}1.00 & 1.000\\ 3.21 & -0.482\end{pmatrix}$$

图 P26-6 多点支承体系

第 27 章　确定性地震反应：包括土-结构相互作用

§ 27 - 1　直接分析土和结构相互作用

在结构地震反应的前述讨论中，假定地基介质是非常刚硬的，并且作用在结构支承点的地震运动是和这个位置的自由场地震运动一样的，换句话说，忽略了土-结构相互作用(SSI)。然而，实际上在地震期间结构与土总存在某种程度的相互作用，也就是结构迫使土变形，从而引起不同于在自由场观察到的结构-土界面的运动。

这种相互作用的性质和效果不仅依赖于土的刚度，而且依赖于结构的刚度和质量性质。与结构刚度有关的相互作用的影响被称为运动学相互作用，而相应的与质量有关的影响被称为惯性相互作用。在这里只可能给出 SSI 概念的简明解释。首先，推导对一个无质量基础底板的运动学相互作用影响——所谓"τ 影响"。接着，简明描述对组合土-结构体系的直接分析概念，在这种情况下表示结构下面的土为"有界的"有限元模型。最后，描述对 SSI 分析的子结构方法，该方法中认为被分析的结构(可能包括附近土的一部分)是一个子结构，而第二个子结构是剩余土域的微分方程表达式。对于这个重要课题的更详细的研究，读者可参考 Dr John P Wolf 的优秀著作[①]。

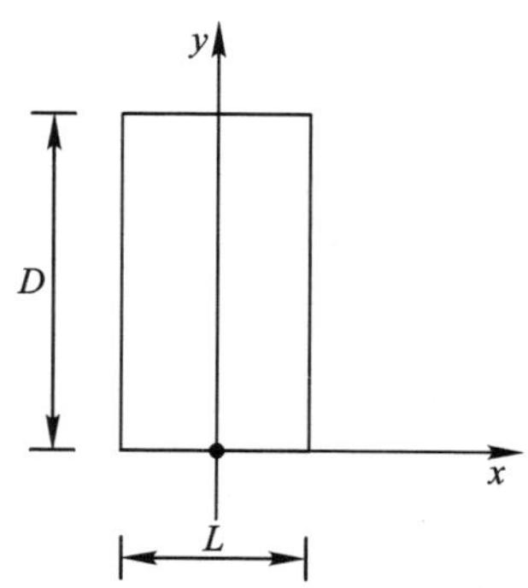

图 27 - 1　大结构的刚性矩形基础底板

平动激励的运动学相互作用；τ 影响

这里，对图 27 - 1 所示的刚性矩形基础底板来讨论因平动激励引起的运动学相互作用。当在这块底板所在位置的区域内自由场地震运动显著变化时，很明显它

---

① *Dynamic Soil - Structure Interaction* (1985) and *Soil - Structure Interaction Analysis in the Time Domain* (1988), both published by Prentice - Hall, Inc., Englewood Cliffs, N. J.

们在某种程度上要受到这块刚性底板的约束。如果这块底板的尺寸 D 和 L 比感兴趣频率范围内的自由场运动的视波长小，那么这块板对土所发挥的约束就很小，板的运动基本上和它所在位置的自由场运动相同。但是如果底板的尺寸是和波长相同量级，那么所引起的板的运动将仅是那个区域自由场运动的某一平均。

例如，假定这些自由场运动仅作用在 x 方向，并且独立于 x，地面加速度函数被标记为 $\ddot{v}_{gx}(y,t)$。如果这些运动是由在 y 方向以视速度 V_a 的单波列运动引起的，那么可以把它们展开为一个正交级数

$$\ddot{v}_{gx}(y,t)=\sum_i a_{ix}(t)\gamma_i(y) \tag{27-1}$$

式中波形函数 $\gamma_i(y)$ 满足正交性条件

$$\int_0^D \gamma_i(y)\gamma_k(y)\mathrm{d}y=0 \quad (i\neq k) \tag{27-2}$$

假定一组合理的无量纲位移函数 $\gamma_i(i=1,2,\cdots)$ 是

$$\left.\begin{aligned}&\gamma_1(y)=1\\&\gamma_2(y)=1-\frac{2y}{D}\\&\gamma_3(y)=\cdots\end{aligned}\right\}\quad 0<y<D \tag{27-3}$$

它们表示一等截面两端自由梁的振动振型。前两个函数表示刚体振型，而其他的相应于弯曲振型。用 $\gamma_k(y)$ 乘式(27－1)的两边，对 y 从 0 到 D 积分，并利用正交性关系式(27－2)，就可以计算得到加速度系数 a_{ix}。用这种方法得到的前两个系数是

$$\begin{aligned}a_{1x}(t)&=\frac{1}{D}\int_0^D \ddot{v}_{gx}(y,t)\mathrm{d}y\\a_{2x}(t)&=\frac{3}{D}\int_0^D\left(1-\frac{2y}{D}\right)\ddot{v}_{gx}(y,t)\mathrm{d}y\end{aligned} \tag{27-4}$$

在式(27－1)中第一项表示在整个基础区域沿 x 方向的均匀刚体平动，第二项表示关于绕竖向 z 轴的刚体转动，其余项表示被刚性基础滤掉的运动。由于仅第一项作为对结构的平动输入是有效的，刚体基础最终的加速度可以取为

$$a_x(t)=\frac{1}{D}\int_0^D \ddot{v}_{gx}(y,t)\mathrm{d}y \tag{27-5}$$

现在，如果在选定 y 值，比如 $y=0$，由波列产生的自由场地面加速度记为 $\ddot{v}_{gx}(t)$，那么它可以表示为一系列谐振项的组合，即用 Fourier 积分表示

$$\ddot{v}_{gx}(t)=\frac{1}{2\pi}\int_{-\infty}^{\infty} A(i\bar{\omega})\exp(i\bar{\omega}t)\mathrm{d}\bar{\omega} \tag{27-6}$$

式中

$$A(i\bar{\omega})=\int_{-\infty}^{\infty}\ddot{v}_{gx}(t)\exp(-i\bar{\omega}t)\mathrm{d}t \tag{27-7}$$

然后，在任何其他 y 值的运动可以表示为

$$\ddot{v}_{gx}(y,t)=\frac{1}{2\pi}\int_{-\infty}^{\infty}A(i\bar{\omega})\exp\left[i\bar{\omega}\left(t-\frac{y}{V_a}\right)\right]\mathrm{d}\bar{\omega} \tag{27-8}$$

把式(27－8)代入式(27－5)并且对 y 积分得到

$$a_x(t)=\frac{1}{2\pi}\int_{-\infty}^{\infty}A(i\bar{\omega})\left[\frac{\exp\left(-i\dfrac{\bar{\omega}D}{V_a}\right)-1}{\left(-i\dfrac{\bar{\omega}D}{V_a}\right)}\right]\exp(i\bar{\omega}t)\mathrm{d}\bar{\omega} \tag{27-9}$$

这个式子表明，对指定单点的加速度 $\ddot{v}_{gx}(t)$ 作 Fourier 变换，式(27－7)，把得到的函数 $A(i\bar{\omega})$ 乘以式(27－9)的方括弧中的复数项，然后根据这同一式子做逆 Fourier 变换，就得到修正的刚性基础平动输入加速度 $a_x(t)$。

现在，如果把 τ 因子定义为式(27－9)表示的刚性基础平动中谐波幅值与在式(27－6)表示的相应自由场幅值之比，则得到

$$\tau=\frac{1}{\alpha}\sqrt{2(1-\cos\alpha)} \tag{27-10}$$

式中

$$\alpha\equiv\frac{\bar{\omega}D}{V_a}=\frac{2\pi D}{\lambda(\bar{\omega})} \tag{27-11}$$

$\lambda(\bar{\omega})$是波长，等于 $2\pi V_a/\bar{\omega}$。在图 27－2 中表示了在 $0<\alpha<5\pi/2$ 的范围内的 τ 因子图。注意，它从 $\alpha=0$ 处[对应无限波长($\lambda=\infty$)]的 1 减少到 $\alpha=2\pi$ 处[对应于波长等于地基尺寸($\lambda=D$)]的零。

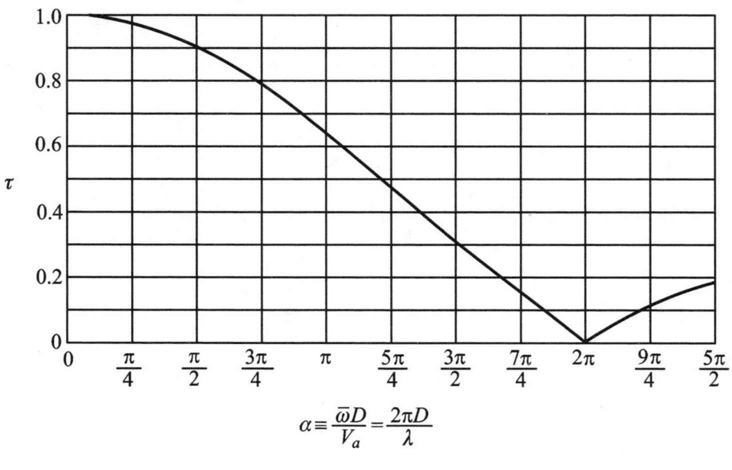

图 27－2　作为频率和视波速函数的 τ 因子

例如考虑一个基础尺寸 $D=400$ ft 的近海重力塔，它坐落在剪切波速等于 1 000 ft/s 的相对软土条件上。对于以 $V_a=1\ 000$ ft/s 水平运动的波列，1 Hz

频率的 τ 因子将等于 0.757,表明 1 Hz 的激励有相当大的降低。由于像这样的一个塔可能有类似于这个值的基本频率,τ 因子可能显著地降低在这个基频上的激励,从而相应地降低反应。

直接包含有界土层

从上面描述中看到“τ 影响”仅说明土-结构相互作用的非常有限的方面:即在结构接触的区域内改变地震运动的运动学影响。为了全面分析 SSI 机理,土必须明确地表示在分析模型中,原则上似乎是仅仅把土层组合到结构模型中就可以。事实上在早期分析 SSI 的一些作法就是用这种方法处理问题的。

不幸的是,这种直接方法主要的缺点是,有界土模型不允许在结构和土中的振动能量转播出去,因此它忽略了有效阻尼机理。因为这个理由,有界土层模型应该仅适合于如下情况,即支承结构的土是在非常刚的岩石层上的情况,如图 27-3 所描述的。如果如图所建议的那样把土建模为有限元组合体,又如果把土和结构两者的结点位移视为反应位移,并且用在基岩上任意选择的一些结点的给定运动描述输入,那么用方程(26-67)对这个组合的土-结构体系可以进行直接分析。

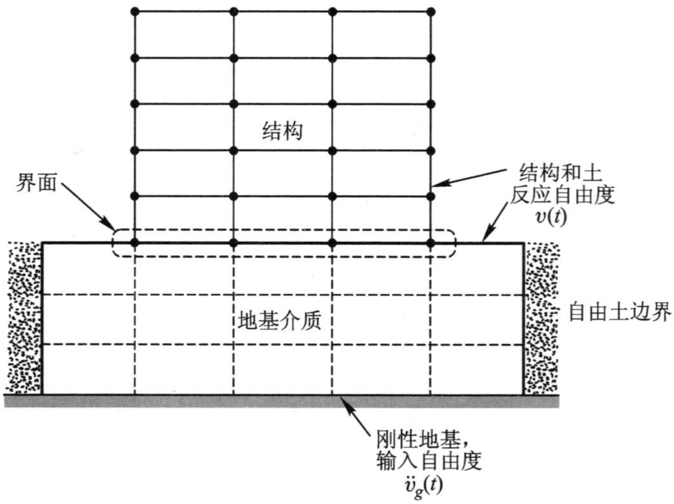

图 27-3 结构和支承土组合的有限元模型

这样列方程式的一个缺点是地震激励被施加在土层底部,而地震输入通常是根据自由场表面记录的加速度来表示的。因此,重新列反应方程式是有用的,以便用土层的自由场运动来表示有效输入。在本书[①]的第一版中描述了这样的

① *Dynamics of Structures*, McGraw-Hill Book Company, New York(1975), pp. 584. 588.

重新列式,这里不需要再重复。然而,必须认识到在该列式中考虑的自由场输入是和有界土层相联系的。因此,那里建立的分析方法应该仅用于土位于刚性基岩上的情况。

§ 27 - 2　SSI 反应的子结构分析

正如上面所解释的那样,在 SSI 子结构分析中地基机理和结构被描述为两个独立数学模型——子结构。它们之间的连接是通过幅值相等但方向相反,作用在两个子结构上的相互作用力所提供。在交界面发生的总运动是没有附加结构的土在交界面的自由场运动与相互作用引起的附加运动之和。根据这些运动写出交界面自由度的动力平衡方程,然后求解以确定最终位移。因为土子结构的刚度和阻尼特性是频率依赖型的,所以最方便的是在频域做地震反应分析,然后再变换到时域得到反应历程。在这一介绍中,首先对非常简单的单自由度结构情况详细描述这一分析方法。该结构由位于弹性半空间上的刚性地基板支承。然后,将这个概念扩展到位于柔性地基体系上的多自由度结构的分析。在这种情况下,激励可以包括任意多个指定的独立自由场运动。

在刚性垫层地基上的集中参数单自由度体系

现在考虑在图 27 - 4a 中所示的集中参数的单自由度弹性体系,它被支承在质量为 m_0 和质量惯性矩为 J_0(关于 x 轴)的刚性地基底板上,此底板又被支承在弹性半空间上。对于这种情况,假定地基底板的水平尺寸足够小,使得在 27 - 1 节描述的 τ 因子影响可以忽略。在半空间表面沿 y 方向的均匀自由场地面加速度 $\ddot{v}_g(t)$将在地基底板和半空间之间引起地基力,迫使地基底板平动和转动,如图 27 - 4b 所示。由于在这种列式中将利用子结构划分,把整个结构划分为图 27 - 4b 所示子结构 1 和 2,一无质量刚性板被假定出现在半空间表面,其目的是为了确保它的位移与刚性地基底板下表面位移兼容。注意图 27 - 4b 所示的总基底位移 $v_g^t(t)$等于地面自由场表面位移 $v_g(t)$加上由土-结构相互作用引起的附加位移 $v_g^I(t)$,即

$$v_g^t(t)=v_g(t)+v_g^I(t) \tag{27 - 12}$$

当然,由于在这种情况下不考虑自由场地面转动,地基底板转角 $\theta^I(t)$完全是由土-结构相互作用引起的。

现在利用子结构方法来建立运动的控制平衡方程,它用整个体系的参数和三个未知位移 $v(t)$,$v_g^I(t)$和 $\theta^I(t)$来表示,其中 $v(t)$是质量 m 相对基础的运动,如图 27 - 4 所示。因为土-结构相互作用,允许位移 $v_g^I(t)$和 $\theta^I(t)$发生,所以整个体系有三个自由度;否则它如前处理的一样,是单自由度体系。

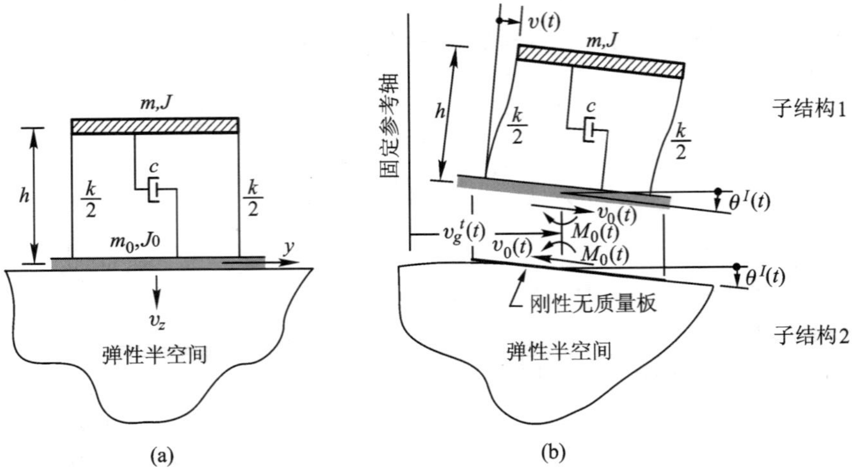

图 27-4 在刚性底板地基上的集中参数单自由度弹性体系

为了得到子结构 1 的运动方程，首先，取质量 m 为隔离体，得到它的水平力平衡方程①：

$$m\ddot{v}+2m\omega\xi\dot{v}+kv+mh\ddot{\theta}^I+m\ddot{u}_g^I+m\ddot{v}_g=0 \tag{27-13}$$

式中

$$\xi=c/2m\omega \qquad \omega=\sqrt{k/m} \tag{27-13a}$$

接着，把整个结构(子结构 1)与弹性半空间(子结构 2)隔离开来，获得这个子结构的水平力平衡方程如下：

$$m\ddot{v}+mh\ddot{\theta}^I+(m+m_0)\ddot{v}_g^I+(m+m_0)\ddot{v}_g=V_0(t) \tag{27-14}$$

式中 $V_0(t)$表示基底相互作用的剪力。最后，对于子结构 1 计算关于过基础底板中心的 x 轴的力矩之和，得到

$$mh\ddot{v}+(mh^2+J+J_0)\ddot{\theta}^I+mh\ddot{v}_g^I+mh\ddot{v}_g=M_0(t) \tag{27-15}$$

式中 $M_0(t)$是基底相互作用的力矩。对式(27-13)、式(27-14)和式(27-15)进行 Fourier 变换，得到子结构 1 在频域相应的运动方程

$$\left.\begin{aligned}&(-\bar{\omega}^2 m+2i\bar{\omega}\omega\xi m+k)V(i\bar{\omega})-\bar{\omega}^2 mh\Theta^I(i\bar{\omega})-\\&\quad\bar{\omega}^2 mV_g^I(i\bar{\omega})+m\ddot{V}_g(i\bar{\omega})=0\\&-\bar{\omega}^2 mV(i\bar{\omega})-\bar{\omega}^2 mh\Theta^I(i\bar{\omega})-\bar{\omega}^2(m+m_0)V_g^I(i\bar{\omega})+\\&\quad(m+m_0)\ddot{V}_g(i\bar{\omega})=V_0(i\bar{\omega})\\&-\bar{\omega}^2 mhV(i\bar{\omega})-\bar{\omega}^2(mh^2+J+J_0)\Theta^I(i\bar{\omega})-\\&\quad\bar{\omega}^2 mhV_g^I(i\bar{\omega})+mh\ddot{V}_g(i\bar{\omega})=M_0(i\bar{\omega})\end{aligned}\right\} \tag{27-16}$$

① 原文方程(27-13)中 $\ddot{u}_g^I$ 已改为 $\ddot{v}_g^I$——译者

子结构 2 的运动方程仅涉及土-结构相互作用的两个自由度，$v_g^I(t)$和 $\theta^I(t)$。对于圆形刚性地基底板，Veletsos 和 Wei[①] 及/或 Luco 和 Westman[②] 给出了这些方程的解，它们为位于各向同性的弹性半空间表面的刚性无质量圆板提供了复频率依赖的柔量函数（动力柔性函数）。假定刚性板分别受图 27－5 所示的四个单位幅值谐振力之一，并且把半空间处理为一个连续体，作者求解了三维的运动控制方程，得到了仅在平动和摇摆方式耦合的相应的柔量函数。求这些柔量函数的逆得到相应的复频率依赖的阻抗函数（动力刚度函数），其形式如下

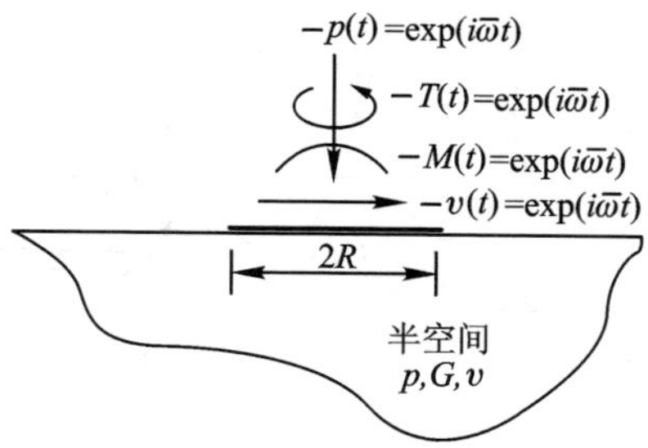

图 27－5　在半空间上的刚性无质量圆板

$$G(ia_0)=G^R(a_0)+iG^I(a_0) \tag{27-17}$$

式中上标 R 和 I 分别表示实部和虚部，a_0 是无量纲频率，定义为

$$a_0 \equiv R\bar{\omega}/V_s \tag{27-18}$$

式中 V_s 是均匀半空间材料的剪切波速度，R 是圆板半径。图 27－6 表示了对于每一种激励情况的无量纲形式的 $G^R(a_0)$和 $G^I(a_0)$的图：(a)竖向平动；(b)扭转；(c)横向平动；(d)摇摆；(e)横向平动与摇摆耦合。在这个图中每一个无量纲的 $G^R(a_0)$和 $G^I(a_0)$图是用板半径 R 表示的，并且半空间材料的切变模量和泊松比分别标记为 G 和 ν。

利用这些阻抗函数，在频域上得到作用在图 27－4b 的子结构 2 上的相互作用的力为

$$\begin{bmatrix}-V_0(i\bar{\omega})\\ -M_0(i\bar{\omega})\end{bmatrix}=\begin{bmatrix}G_{v_g^I v_g^I}(i\bar{\omega}) & G_{v_g^I\theta^I}(i\bar{\omega})\\ G_{\theta^I v_g^I}(i\bar{\omega}) & G_{\theta^I\theta^I}(i\bar{\omega})\end{bmatrix}\begin{bmatrix}V_g^I(i\bar{\omega})\\ \Theta^I(i\bar{\omega})\end{bmatrix} \tag{27-19}$$

其中阻抗 $G_{v_g^I v_g^I}(i\bar{\omega})$，$G_{\theta^I\theta^I}(i\bar{\omega})$和 $G_{v_g^I\theta^I}(i\bar{\omega})=G_{\theta^I v_g^I}(i\bar{\omega})$分别在图 27－6c、d 和 e 中以无量纲曲线给出。

以矩阵形式写出方程(27－16)和相互作用力，以式(27－19)取代后，得到

$$\begin{bmatrix}G_{11} & G_{12} & G_{13}\\ G_{21} & G_{22} & G_{23}\\ G_{31} & G_{32} & G_{33}\end{bmatrix}\begin{bmatrix}V(i\bar{\omega})\\ V_g^I(i\bar{\omega})\\ \Theta^I(i\bar{\omega})\end{bmatrix}=\begin{bmatrix}-m\\ -(m+m_0)\\ -mh\end{bmatrix}\ddot{V}_g(i\bar{\omega}) \tag{27-20}$$

---

① A. S. Veletsos and Y. T. Wei,. Lateral and Rocking Vibrations of Footings,. *Jour. of the Soil Mechanism and Foundations Division*, ASCE, Vol. 97, 1971.

② J. E. Luco and R. A. Westman,. Dynamic Response of Circular Footings,. *Jour. of the Engineering Mechanism Division*, ASCE, Vol. 97, (EM5), 1971.

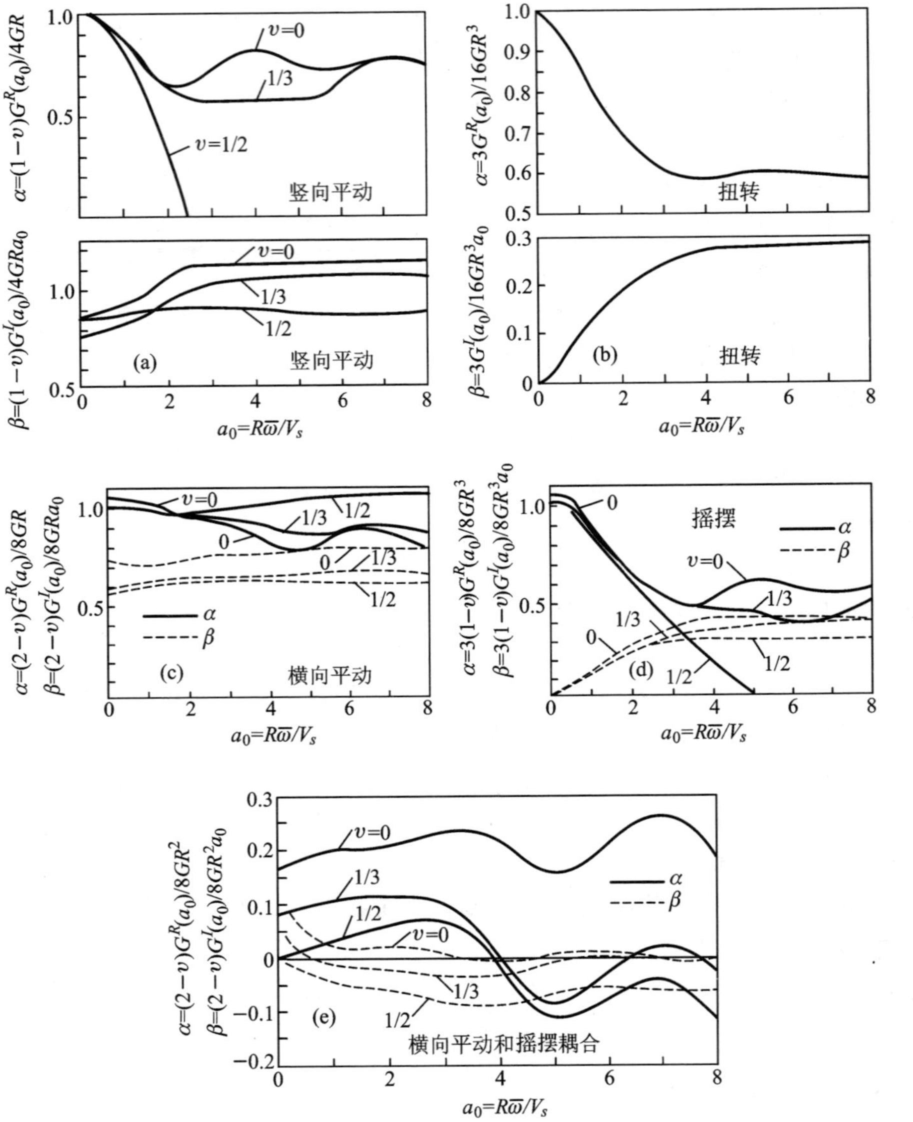

图 27-6　刚性无质量圆板的阻抗

式中

$$
\begin{aligned}
G_{11} &= -\overline{\omega}^2 m + 2i\overline{\omega}\omega\xi m + k \\
G_{12} &= G_{21} = -\overline{\omega}^2 m \\
G_{13} &= G_{31} = -\overline{\omega}^2 mh \\
G_{22} &= -\overline{\omega}^2 (m + m_0) + G_{v_g^I v_g^I}(i\overline{\omega}) \\
G_{23} &= G_{32} = -\overline{\omega}^2 mh + G_{v_g^I \theta^I}(i\overline{\omega}) \\
G_{33} &= -\overline{\omega}^2 (mh^2 + J + J_0) + G_{\theta^I \theta^I}(i\overline{\omega})
\end{aligned}
\tag{27-21}
$$

指定自由场地面运动加速度 $\ddot{v}_g(t)$ 以后，对它做 Fourier 变换，得到 $\ddot{V}_g(i\bar{\omega})$。然后对 $\bar{\omega}$ 的一些离散值可以求解方程(27－20)，得到在频率域的反应 $V(i\bar{\omega})$，$V_g^I(i\bar{\omega})$ 和 $\Theta^I(i\bar{\omega})$。这些反应的逆 Fourier 变换给出 $v(t)$，$v_g^I(t)$ 和 $\theta(t)$。

直接利用图 27－6 的阻抗函数意味着上述体系的地基底板是刚性和圆的。如果它确实是刚性的，然而是边长为 $2b$ 的方板而不是直径为 $2R$ 的圆板，那么利用面积相等、半径 $R=1.13b$ 的圆底板来简单代替，仍然可以利用这些圆板的阻抗函数来得到一个近似解。当地基底板是刚性和面积为 $2b_1\times 2b_2$ 的矩形板时，如果两个边长 b_1 和 b_2 差别显著，那么这个等效面积方法是不正确的。不管地基底板的形状如何，当地基底板是柔性的而不是刚性时，上述方法不可以使用。工程师应该检查，地基底板是否足够地刚，以便判断上述解的正确性。

具有多点支承激励的一般的多自由度体系

现在把上面应用于图 27－4 所示的体系的子结构方法，应用于承受多点地震激励的一般体系建立控制方程。例如，假定人们希望研究图 27－7 所示的结构，即高烟筒、土坝和具有相关重型设备的核电站保护壳建筑。这个方法的应用要求特别定义两个子结构。子结构 1 包括结构本身和可以包括或可以不包括它

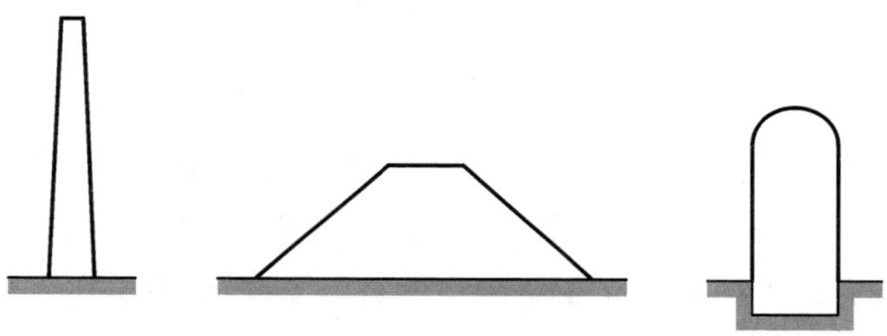

图 27－7　土-结构相互作用方向的结构举例

的基底附近的部分地基土。这个子结构利用集中参数或有限元方法适当建模。它将承受在与子结构 2 交界面产生的力，而这些相同的力在相反方向上作用在子结构 2 上。因为子结构 2 是作为连续体来建模的，所以相互作用力是通过一个阻抗函数矩阵定义的。虽然一般情况在它的列式方面是比方程(27－4)的简单情况更复杂，但涉及的基本原则是相同的。

假定图 27－7 体系的子结构的选取如图 27－8 所示。由于烟囱筒基本上是面支承，所以烟囱筒本身作为子结构 1，下面的半空间土作为子结构 2。在这种情况下，利用位于弹性半空间上的刚性无质量圆板的阻抗函数能够进行三维分析。对于堤坝，人们利用单位厚度的堤坝截面作为子结构 1，利用下面的相应二维半空间作为子结构 2，最可能选择二维进行分析。根据堤坝下面的土质条件的可能变化，人们可以决定还包括地基土的一部分作为子结构 1 的部分，正如图 27－8c 所示。对子结构 1 毫无疑问利用有限元建模，表示子结构 2 的阻抗可能

像在稍后描述的那样，形式相当简单。对于核电站反应堆安全建筑情况，如图28－8d所示，利用建筑物和它相关的重型设备及半球边界内的部分土作为子结构1进行三维分析，而有半球坑的半空间作为子结构2。容器结构和近场土可以利用轴对称有限元来建模，而重型设备恰当地利用集中参数体系来建模。远场，子结构2，可以通过一组另外定义的阻抗函数来建模，它们要和在半球边界上对近场结点环选择的广义自由度兼容。

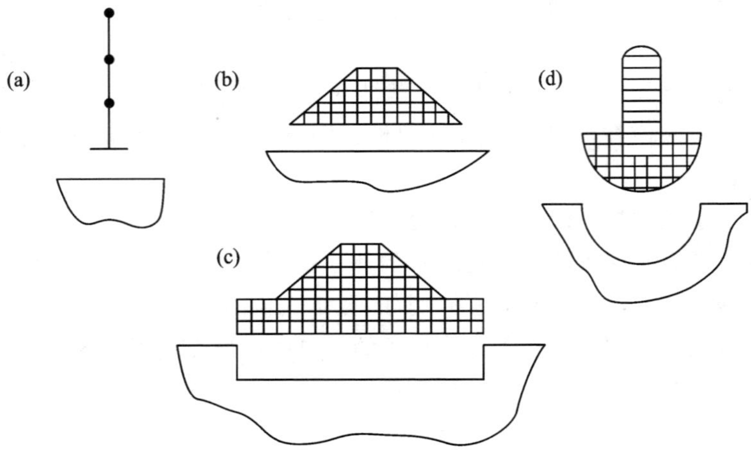

图 27－8 在图 27－7 所示的体系的子结构 1 和 2

为了对一般土-结构体系建立控制方程，令 n_b 表示在土-结构交界面的自由度数，n_d 表示在子结构 1 和 2 的交界面的自由度数，n_a 表示在结构(包括重型设备，如果存在的话)中排除了自由度 n_b 后的自由度数，n_c 表示在土域排除了自由度 n_b 和 n_d 后的自由度数。对子结构 1 动力平衡方程可以写为

$$\begin{pmatrix} \mathbf{m}_{aa} & \mathbf{m}_{ab} & \mathbf{0} & \cdots & \mathbf{0} \\ \mathbf{m}_{ba} & \mathbf{m}_{bb} & \mathbf{m}_{bc} & \cdots & \mathbf{0} \\ \mathbf{0} & \mathbf{m}_{cb} & \mathbf{m}_{cc} & \cdots & \mathbf{m}_{cd} \\ \cdots & \cdots & \cdots & \cdots & \cdots \\ \mathbf{0} & \mathbf{0} & \mathbf{m}_{dc} & \cdots & \mathbf{m}_{dd} \end{pmatrix} \begin{pmatrix} \ddot{\mathbf{v}}_a^t \\ \ddot{\mathbf{v}}_b^t \\ \ddot{\mathbf{v}}_c^t \\ \cdots \\ \ddot{\mathbf{v}}_d^t \end{pmatrix} + \begin{pmatrix} \mathbf{c}_{aa} & \mathbf{c}_{ab} & \mathbf{0} & \cdots & \mathbf{0} \\ \mathbf{c}_{ba} & \mathbf{c}_{bb} & \mathbf{c}_{bc} & \cdots & \mathbf{0} \\ \mathbf{0} & \mathbf{c}_{cb} & \mathbf{c}_{cc} & \cdots & \mathbf{c}_{cd} \\ \cdots & \cdots & \cdots & \cdots & \cdots \\ \mathbf{0} & \mathbf{0} & \mathbf{c}_{dc} & \cdots & \mathbf{c}_{dd} \end{pmatrix} \begin{pmatrix} \dot{\mathbf{v}}_a^t \\ \dot{\mathbf{v}}_b^t \\ \dot{\mathbf{v}}_c^t \\ \cdots \\ \dot{\mathbf{v}}_d^t \end{pmatrix} +$$

$$\begin{pmatrix} \mathbf{k}_{aa} & \mathbf{k}_{ab} & \mathbf{0} & \cdots & \mathbf{0} \\ \mathbf{k}_{ba} & \mathbf{k}_{bb} & \mathbf{k}_{bc} & \cdots & \mathbf{0} \\ \mathbf{0} & \mathbf{k}_{cb} & \mathbf{k}_{cc} & \cdots & \mathbf{k}_{cd} \\ \cdots & \cdots & \cdots & \cdots & \cdots \\ \mathbf{0} & \mathbf{0} & \mathbf{k}_{dc} & \cdots & \mathbf{k}_{dd} \end{pmatrix} \begin{pmatrix} \mathbf{v}_a^t \\ \mathbf{v}_b^t \\ \mathbf{v}_c^t \\ \cdots \\ \mathbf{v}_d^t \end{pmatrix} = \begin{pmatrix} \mathbf{0} \\ \mathbf{0} \\ \mathbf{0} \\ \cdots \\ \mathbf{p}_d^t \end{pmatrix} \tag{27-22}$$

其中位移向量表示对固定参考轴的总位移，$\mathbf{p}_d^t$ 表示在子结构 1 和 2 之间产生的总结点力。正如所表示的那样把这个方程分块，它可以写为如下的简单形式，

$$\begin{bmatrix} \boldsymbol{m} & \boldsymbol{m}_g \\ \boldsymbol{m}_g^{\mathrm{T}} & \boldsymbol{m}_{dd} \end{bmatrix} \begin{Bmatrix} \ddot{\boldsymbol{v}}^t \\ \ddot{\boldsymbol{v}}_d^t \end{Bmatrix} + \begin{bmatrix} \boldsymbol{c} & \boldsymbol{c}_g \\ \boldsymbol{c}_g^{\mathrm{T}} & \boldsymbol{c}_{dd} \end{bmatrix} \begin{Bmatrix} \dot{\boldsymbol{v}}^t \\ \dot{\boldsymbol{v}}_d^t \end{Bmatrix} + \begin{bmatrix} \boldsymbol{k} & \boldsymbol{k}_g \\ \boldsymbol{k}_g^{\mathrm{T}} & \boldsymbol{k}_{dd} \end{bmatrix} \begin{Bmatrix} \boldsymbol{v}^t \\ \boldsymbol{v}_d^t \end{Bmatrix} = \begin{Bmatrix} \boldsymbol{0} \\ \boldsymbol{p}_d^t \end{Bmatrix} \tag{27-23}$$

为了有助于这个方程的求解,总位移向量被分为如下两个拟静力向量和一个动力向量

$$\begin{Bmatrix} \boldsymbol{v}^t \\ \boldsymbol{v}_d^t \end{Bmatrix} = \begin{Bmatrix} \widetilde{\boldsymbol{v}}^s \\ \widetilde{\boldsymbol{v}}_d^s \end{Bmatrix} + \begin{Bmatrix} \hat{\boldsymbol{v}}^s \\ \hat{\boldsymbol{v}}_d^s \end{Bmatrix} + \begin{Bmatrix} \boldsymbol{v}^d \\ \boldsymbol{v}_d^d \end{Bmatrix} \tag{27-24}$$

这些分量的第一个$(\widetilde{\boldsymbol{v}}^{s\mathrm{T}} \quad \widetilde{\boldsymbol{v}}_d^{s\mathrm{T}})^{\mathrm{T}}$,展开写为$(\widetilde{\boldsymbol{v}}_a^{s\mathrm{T}} \quad \widetilde{\boldsymbol{v}}_b^{s\mathrm{T}} \quad \widetilde{\boldsymbol{v}}_c^{s\mathrm{T}} \quad \widetilde{\boldsymbol{v}}_d^{s\mathrm{T}})^{\mathrm{T}}$。是这样定义它们的,向量 $\widetilde{\boldsymbol{v}}_b^s$,$\widetilde{\boldsymbol{v}}_c^s$ 和 $\widetilde{\boldsymbol{v}}_d^s$ 分别有地震自由场地面位移值 $\boldsymbol{v}_{b_g}$,$\boldsymbol{v}_{c_g}$ 和 $\boldsymbol{v}_{d_g}$。向量 $\widetilde{\boldsymbol{v}}_a^s$ 是在附加结构界面强加自由场地面运动,而其他结点允许自由运动(即令 $\widetilde{\boldsymbol{p}}_a^s=0$)所引起的拟静力位移。这些位移可以在方程(27-22)第一个方程中除去动力影响,即令速度和加速度项为零计算得到,结果为

$$\widetilde{\boldsymbol{v}}_a^s = -\boldsymbol{k}_{aa}^{-1}\boldsymbol{k}_{ab}\widetilde{\boldsymbol{v}}_b^s \equiv -\boldsymbol{k}_{aa}^{-1}\boldsymbol{k}_b\boldsymbol{v}_{bg} \tag{27-25}$$

然而,当得到这些拟静力运动时,必须对这个附加结构施加约束力 $\widetilde{\boldsymbol{p}}_b^s$ 以便保持其要求的界面位移 $\boldsymbol{v}_{b_g}$。这些约束力值可以从方程(27-22)的第二个方程的静力学形式来确定。因而仅考虑附加结构的刚度系数

$$\boldsymbol{k}_{ba}\widetilde{\boldsymbol{v}}_a^s + \boldsymbol{k}_{bb}^{(2)}\widetilde{\boldsymbol{v}}_b^s = \widetilde{\boldsymbol{p}}_b^s \tag{27-26}$$

式中上标(2)表示仅包括结构贡献的那些量。把式(27-25)的位移表达式代入,这个式子可以写成

$$\widetilde{\boldsymbol{p}}_b^s = (\boldsymbol{k}_{bb}^{(2)} - \boldsymbol{k}_{ba}\boldsymbol{k}_{aa}^{-1}\boldsymbol{k}_{ab})\boldsymbol{v}_{bg} \tag{27-27}$$

因为这些拟静力的力实际上不存在,对完整的子结构 1 利用与它们相应的在相反方向上作用的向量,就可以从分析中把它们除去。在单独的拟静力分析中来确定这样做的结果,对于拟静力分析控制方程可以写为

$$\begin{bmatrix} \boldsymbol{k} & \boldsymbol{k}_g \\ \boldsymbol{k}_g^{\mathrm{T}} & \boldsymbol{k}_{dd} \end{bmatrix} \begin{Bmatrix} \hat{\boldsymbol{v}}^s \\ \hat{\boldsymbol{v}}_d^s \end{Bmatrix} = \begin{Bmatrix} -\widetilde{\boldsymbol{p}}_s \\ \widetilde{\boldsymbol{p}}_d^s \end{Bmatrix} \tag{27-28}$$

在这个方程中所示的相互作用力 $\hat{\boldsymbol{p}}_d^s$ 作用在这个子结构上,也沿相反方向作用在子结构 2 上。作用在该连续子结构上的这些(负)力值依赖于激励频率,最方便的是在频域中如下表示

$$-\hat{\boldsymbol{P}}_d^s(i\bar{\omega}) = \boldsymbol{G}_{dd}(i\bar{\omega})\hat{\boldsymbol{V}}_d^s(i\bar{\omega}) \tag{27-29}$$

其中阻抗矩阵 $\boldsymbol{G}_{dd}(i\bar{\omega})$表示子结构 2 的动抗力,$\hat{\boldsymbol{V}}_d^s(i\bar{\omega})$是位移 $\hat{\boldsymbol{v}}_d^s$ 的 Fourier 变换。

利用直接刚度组合的概念,把子结构 2 的贡献[式(27-29)]与由方程(27-28)的 Fourier 变换形式给定的子结构 1 的贡献组合,得到与界面位移相关的全部力,具有下面的结果①:

① 公式中 $\widetilde{\boldsymbol{P}}_s$ 与 $\widetilde{\boldsymbol{P}}^s$ 应该是一个量。——译者

$$\begin{bmatrix} \boldsymbol{k} & \boldsymbol{k}_g \\ \boldsymbol{k}_g^{\mathrm{T}} & [\boldsymbol{k}_{dd}+\boldsymbol{G}_{dd}(i\bar{\omega})] \end{bmatrix} \begin{Bmatrix} \hat{\boldsymbol{V}}^s(i\bar{\omega}) \\ \hat{\boldsymbol{V}}_d^s(i\bar{\omega}) \end{Bmatrix} = \begin{Bmatrix} -\widetilde{\boldsymbol{P}}_s(i\bar{\omega}) \\ \boldsymbol{0} \end{Bmatrix} \tag{27-30}$$

其中注意到界面力互相抵消了。在这个方程中 $\widetilde{\boldsymbol{P}}^s(i\bar{\omega})=(\boldsymbol{0}\ \widetilde{\boldsymbol{P}}_b^s(i\bar{\omega})\ \boldsymbol{0})^{\mathrm{T}}$，其中 $\widetilde{\boldsymbol{P}}_b^s(i\bar{\omega})$ 可以从 Fourier 变换形式的式(27－27)中得到：

$$\widetilde{\boldsymbol{P}}_b^s(i\bar{\omega})=-\frac{1}{\bar{\omega}^2}(\boldsymbol{k}_{bb}^{(2)}-\boldsymbol{k}_{ba}\boldsymbol{k}_{aa}^{-1}\boldsymbol{k}_{ab})\ddot{\boldsymbol{V}}_{b_g}(i\bar{\omega}) \tag{27-31}$$

把它代入方程(27－30)的如下解中

$$\begin{Bmatrix} \hat{\boldsymbol{V}}^s(i\bar{\omega}) \\ \hat{\boldsymbol{V}}_d^s(i\bar{\omega}) \end{Bmatrix} = \begin{bmatrix} \boldsymbol{k} & \boldsymbol{k}_g \\ \boldsymbol{k}_g^{\mathrm{T}} & [\boldsymbol{k}_{dd}+\boldsymbol{G}_{dd}(i\bar{\omega})] \end{bmatrix}^{-1} \begin{Bmatrix} -\widetilde{\boldsymbol{P}}_s(i\bar{\omega}) \\ \boldsymbol{0} \end{Bmatrix} \tag{27-32}$$

用交界面自由度的自由场加速度表述拟静力位移向量，最终导出它的频率域表达式。

现在，为了得到对地震输入 $\boldsymbol{v}^d$ 的动力反应的表达式，把式(27－24)代入动力平衡方程(27－23)，把由拟静力运动引起的等效荷载项移到右边，得到下面结果：

$$\begin{aligned} &\begin{bmatrix} \boldsymbol{m} & \boldsymbol{m}_g \\ \boldsymbol{m}_g^{\mathrm{T}} & \boldsymbol{m}_{dd} \end{bmatrix} \begin{Bmatrix} \ddot{\boldsymbol{v}}^d \\ \ddot{\boldsymbol{v}}_d^d \end{Bmatrix} + \begin{bmatrix} \boldsymbol{c} & \boldsymbol{c}_g \\ \boldsymbol{c}_g^{\mathrm{T}} & \boldsymbol{c}_{dd} \end{bmatrix} \begin{Bmatrix} \dot{\boldsymbol{v}}^d \\ \dot{\boldsymbol{v}}_d^d \end{Bmatrix} + \begin{bmatrix} \boldsymbol{k} & \boldsymbol{k}_g \\ \boldsymbol{k}_g^{\mathrm{T}} & \boldsymbol{k}_{dd} \end{bmatrix} \begin{Bmatrix} \boldsymbol{v}^d \\ \boldsymbol{v}_d^d \end{Bmatrix} \\ &= -\begin{bmatrix} \boldsymbol{m} & \boldsymbol{m}_g \\ \boldsymbol{m}_g^{\mathrm{T}} & \boldsymbol{m}_{dd} \end{bmatrix} \begin{Bmatrix} \ddot{\tilde{\boldsymbol{v}}}^s+\ddot{\hat{\boldsymbol{v}}}^s \\ \ddot{\tilde{\boldsymbol{v}}}_d^s+\ddot{\hat{\boldsymbol{v}}}_d^s \end{Bmatrix} - \begin{bmatrix} \boldsymbol{c} & \boldsymbol{c}_g \\ \boldsymbol{c}_g^{\mathrm{T}} & \boldsymbol{c}_{dd} \end{bmatrix} \begin{Bmatrix} \dot{\tilde{\boldsymbol{v}}}^s+\dot{\hat{\boldsymbol{v}}}^s \\ \dot{\tilde{\boldsymbol{v}}}_d^s+\dot{\hat{\boldsymbol{v}}}_d^s \end{Bmatrix} - \\ &\begin{bmatrix} \boldsymbol{k} & \boldsymbol{k}_g \\ \boldsymbol{k}_g^{\mathrm{T}} & \boldsymbol{k}_{dd} \end{bmatrix} \begin{Bmatrix} \tilde{\boldsymbol{v}}^s+\hat{\boldsymbol{v}}^s \\ \tilde{\boldsymbol{v}}_d^s+\hat{\boldsymbol{v}}_d^s \end{Bmatrix} + \begin{Bmatrix} \boldsymbol{0} \\ \boldsymbol{p}_d^t \end{Bmatrix} \end{aligned} \tag{27-33}$$

可以简化这个方程，方法是把对土的自由场反应的控制方程和另外两个拟静力反应运动方程并入这个方程。移去方程(27－23)中结构对体系性质矩阵的贡献(注意 $\tilde{\boldsymbol{v}}^s$ 仅表示土运动)，并对这个地基模型用 $\boldsymbol{p}_{dg}$ 标记界面力，就得到对自由场地基反应的控制方程，具有如下结果：

$$\begin{bmatrix} \boldsymbol{m}^{(1)} & \boldsymbol{m}_g \\ \boldsymbol{m}_g^{\mathrm{T}} & \boldsymbol{m}_{dd} \end{bmatrix} \begin{Bmatrix} \ddot{\tilde{\boldsymbol{v}}}^s \\ \ddot{\boldsymbol{v}}_{dg} \end{Bmatrix} + \begin{bmatrix} \boldsymbol{c}^{(1)} & \boldsymbol{c}_g \\ \boldsymbol{c}_g^{\mathrm{T}} & \boldsymbol{c}_{dd} \end{bmatrix} \begin{Bmatrix} \dot{\tilde{\boldsymbol{v}}}^s \\ \dot{\boldsymbol{v}}_{dg} \end{Bmatrix} + \begin{bmatrix} \boldsymbol{k}^{(1)} & \boldsymbol{k}_g \\ \boldsymbol{k}_g^{\mathrm{T}} & \boldsymbol{k}_{dd} \end{bmatrix} \begin{Bmatrix} \tilde{\boldsymbol{v}}^s \\ \boldsymbol{v}_{dg} \end{Bmatrix} = \begin{Bmatrix} \boldsymbol{0} \\ \boldsymbol{p}_{dg} \end{Bmatrix} \tag{27-34}$$

其中上标(1)表示矩阵仅包含地基贡献的那些系数。对于遭受前面推导方程(27－26)和方程(27－27)所利用的自由场地面运动的附加结构，其静力学力-位移关系可写为

$$\begin{bmatrix} \boldsymbol{k}^{(2)} & \boldsymbol{0} \\ \boldsymbol{0} & \boldsymbol{0} \end{bmatrix} \begin{Bmatrix} \tilde{\boldsymbol{v}}^s \\ \boldsymbol{v}_{dg} \end{Bmatrix} = \begin{Bmatrix} \widetilde{\boldsymbol{p}}_s \\ \boldsymbol{0} \end{Bmatrix} \tag{27-35}$$

其中上标(2)表示矩阵仅包含来自结构的系数。对于受到这些同样约束力但作用在相反方向上的组合体系，相应的关系由前面的方程(27－28)给出。

如果把方程(27－34)，方程(27－35)和方程(27－28)各式右边的力向量都

移到左边,那么每种情况的结果是零向量,可以把它们加到方程(27-33)的右边而不影响平衡。进行这一步,可以发现方程(27-33)简化为下面的形式:

$$\begin{bmatrix}\boldsymbol{m} & \boldsymbol{m}_g\\ \boldsymbol{m}_g^{\mathrm{T}} & \boldsymbol{m}_{dd}\end{bmatrix}\begin{Bmatrix}\ddot{\boldsymbol{v}}^d\\ \ddot{\boldsymbol{v}}_d^d\end{Bmatrix}+\begin{bmatrix}\boldsymbol{c} & \boldsymbol{c}_g\\ \boldsymbol{c}_g^{\mathrm{T}} & \boldsymbol{c}_{dd}\end{bmatrix}\begin{Bmatrix}\dot{\boldsymbol{v}}^d\\ \dot{\boldsymbol{v}}_d^d\end{Bmatrix}+\begin{bmatrix}\boldsymbol{k} & \boldsymbol{k}_g\\ \boldsymbol{k}_g^{\mathrm{T}} & \boldsymbol{k}_{dd}\end{bmatrix}\begin{Bmatrix}\boldsymbol{v}^d\\ \boldsymbol{v}_d^d\end{Bmatrix}$$

$$=-\begin{bmatrix}\boldsymbol{m}^{(2)} & \boldsymbol{0}\\ \boldsymbol{0} & \boldsymbol{0}\end{bmatrix}\begin{Bmatrix}\ddot{\tilde{\boldsymbol{v}}}^s\\ \ddot{\tilde{\boldsymbol{v}}}_d^s\end{Bmatrix}-\begin{bmatrix}\boldsymbol{m} & \boldsymbol{m}_g\\ \boldsymbol{m}_g^{\mathrm{T}} & \boldsymbol{m}_{dd}\end{bmatrix}\begin{Bmatrix}\ddot{\hat{\boldsymbol{v}}}^s\\ \ddot{\hat{\boldsymbol{v}}}_d^s\end{Bmatrix}-\begin{bmatrix}\boldsymbol{c}^{(2)} & \boldsymbol{0}\\ \boldsymbol{0} & \boldsymbol{0}\end{bmatrix}\begin{Bmatrix}\dot{\tilde{\boldsymbol{v}}}^s\\ \dot{\tilde{\boldsymbol{v}}}_d^s\end{Bmatrix}-$$

$$\begin{bmatrix}\boldsymbol{c} & \boldsymbol{c}_g\\ \boldsymbol{c}_g^{\mathrm{T}} & \boldsymbol{c}_{dd}\end{bmatrix}\begin{Bmatrix}\dot{\hat{\boldsymbol{v}}}^s\\ \dot{\hat{\boldsymbol{v}}}_d^s\end{Bmatrix}+\begin{Bmatrix}\boldsymbol{0}\\ \boldsymbol{p}_d^t-\boldsymbol{p}_{dg}-\hat{\boldsymbol{p}}_d^s\end{Bmatrix}\tag{27-36}$$

对相对低的阻尼体系,比如说 $\xi<0.1$,在这个方程的右边的阻尼项对等效荷载的贡献很小,可以被忽略。因而,如果定义方程中的组合界面力项为

$$\boldsymbol{p}_d^d=\boldsymbol{p}_d^t-\boldsymbol{p}_{dg}-\hat{\boldsymbol{p}}_d^s\tag{27-37}$$

那么方程(27-36)的 Fourier 变换形式成为

$$\left[-\bar{\omega}^2\begin{bmatrix}\boldsymbol{m} & \boldsymbol{m}_g\\ \boldsymbol{m}_g^{\mathrm{T}} & \boldsymbol{m}_{dd}\end{bmatrix}+i\bar{\omega}\begin{bmatrix}\boldsymbol{c} & \boldsymbol{c}_g\\ \boldsymbol{c}_g^{\mathrm{T}} & \boldsymbol{c}_{dd}\end{bmatrix}+\begin{bmatrix}\boldsymbol{k} & \boldsymbol{k}_g\\ \boldsymbol{k}_g^{\mathrm{T}} & \boldsymbol{k}_{dd}\end{bmatrix}\right]\begin{Bmatrix}\boldsymbol{V}^d(i\bar{\omega})\\ \boldsymbol{V}_d^d(i\bar{\omega})\end{Bmatrix}$$

$$=\bar{\omega}^2\begin{bmatrix}\boldsymbol{m}^{(2)} & \boldsymbol{0}\\ \boldsymbol{0} & \boldsymbol{0}\end{bmatrix}\begin{Bmatrix}\tilde{\boldsymbol{V}}^s(i\bar{\omega})\\ \tilde{\boldsymbol{V}}_d^s(i\bar{\omega})\end{Bmatrix}+\bar{\omega}^2\begin{bmatrix}\boldsymbol{m} & \boldsymbol{m}_g\\ \boldsymbol{m}_g^{\mathrm{T}} & \boldsymbol{m}_{dd}\end{bmatrix}\begin{Bmatrix}\hat{\boldsymbol{V}}^s(i\bar{\omega})\\ \hat{\boldsymbol{V}}_d^s(i\bar{\omega})\end{Bmatrix}+\begin{Bmatrix}\boldsymbol{0}\\ \boldsymbol{P}_d^d(i\bar{\omega})\end{Bmatrix}\tag{27-38}$$

利用方程(27-38)进行实际动力反应分析以前,需要简化右边的等效荷载表达式。首先利用子结构 2 的阻抗矩阵把在第三项的向量 $\boldsymbol{P}_d^d(i\bar{\omega})$ 表示为类似拟静力运动的方程(27-29)的形式,因而

$$-\boldsymbol{P}_d^d(i\bar{\omega})=\boldsymbol{G}_{dd}(i\bar{\omega})\boldsymbol{V}_d^d(i\bar{\omega})\tag{27-39}$$

并且把这个表达式与方程(27-38)左边的刚度矩阵结合。其次,很明显因为在 $\boldsymbol{m}^{(2)}$ 中的零子矩阵,位移 $\tilde{\boldsymbol{V}}^s(i\bar{\omega})$ 和 $\tilde{\boldsymbol{V}}_d^s(i\bar{\omega})$ 对等效荷载的第一项没有贡献。另外,因为可以通过方程(27-25)用 $\boldsymbol{V}_{bg}(i\bar{\omega})$ 来表示 $\tilde{\boldsymbol{V}}_a^s(i\bar{\omega})$,所以仅在 n_b 自由度的自由场运动保持对这一项的贡献。同样,方程(27-31)和方程(27-32)表明仅这些同样的自由场运动对第二项有贡献。利用所有这些关系,方程(27-38)可以有下面的形式:

$$\left[-\bar{\omega}^2\begin{bmatrix}\boldsymbol{m} & \boldsymbol{m}_g\\ \boldsymbol{m}_g^{\mathrm{T}} & \boldsymbol{m}_{dd}\end{bmatrix}+i\bar{\omega}\begin{bmatrix}\boldsymbol{c} & \boldsymbol{c}_g\\ \boldsymbol{c}_g^{\mathrm{T}} & \boldsymbol{c}_{dd}\end{bmatrix}+\begin{bmatrix}\boldsymbol{k} & \boldsymbol{k}_g\\ \boldsymbol{k}_g^{\mathrm{T}} & [\boldsymbol{k}_{dd}+\boldsymbol{G}_{dd}(i\bar{\omega})]\end{bmatrix}\right]\begin{Bmatrix}\boldsymbol{V}^d(i\bar{\omega})\\ \boldsymbol{V}_d^d(i\bar{\omega})\end{Bmatrix}$$

$$=\boldsymbol{k}(i\bar{\omega})\ddot{\boldsymbol{V}}_{bg}(i\bar{\omega})\tag{27-40}$$

式中 $\boldsymbol{k}(i\bar{\omega})$ 是 $n_b\times n_b$ 矩阵①,即

① 似乎自由度数有问题,应该与方程(27-23)同阶。——译者

$$\boldsymbol{k}(i\bar{\omega})=\begin{pmatrix}\boldsymbol{m}^{(2)} & \boldsymbol{0}\\ \boldsymbol{0} & \boldsymbol{0}\end{pmatrix}\begin{pmatrix}\widetilde{\boldsymbol{\phi}}^{s}\\ \boldsymbol{0}\end{pmatrix}+\begin{pmatrix}\boldsymbol{m} & \boldsymbol{m}_{g}\\ \boldsymbol{m}_{g}^{\mathrm{T}} & \boldsymbol{m}_{dd}\end{pmatrix}\begin{pmatrix}\boldsymbol{k} & \boldsymbol{k}_{g}\\ \boldsymbol{k}_{g}^{\mathrm{T}} & [\boldsymbol{k}_{dd}+\boldsymbol{G}_{dd}(i\bar{\omega})]\end{pmatrix}^{-1}\begin{pmatrix}\hat{\boldsymbol{\phi}}^{s}\\ \boldsymbol{0}\end{pmatrix} \tag{27-41}$$

式中

$$\widetilde{\boldsymbol{\phi}}^{s}\equiv\begin{pmatrix}-\boldsymbol{r}\\ -\boldsymbol{I}\\ \boldsymbol{0}\end{pmatrix}\qquad \hat{\boldsymbol{\phi}}^{s}\equiv\begin{pmatrix}\boldsymbol{0}\\ (\boldsymbol{k}_{bb}^{(2)}+\boldsymbol{k}_{ab}^{\mathrm{T}}\boldsymbol{r})\\ \boldsymbol{0}\end{pmatrix} \tag{27-42}$$

矩阵 $\boldsymbol{r}=-\boldsymbol{k}_{aa}^{-1}\boldsymbol{k}_{ab}$ 包含前面由方程(26－71)定义的静位移影响系数，矩阵 $\boldsymbol{I}$ 是 $n_b\times n_b$ 单位矩阵。因为涉及阻抗矩阵 $\boldsymbol{G}_{dd}(i\bar{\omega})$，所以矩阵 $\boldsymbol{k}(i\bar{\omega})$ 是复数的和频率依赖的。

如果已知在土-结构交界面位置的自由场地基的加速度，那么用标准频域分析方法对 $\bar{\omega}$ 的每一离散值求解方程(27－40)，就能得到动位移向量 $\boldsymbol{V}^{d}(i\bar{\omega})$ 和 $\boldsymbol{V}_{d}^{d}(i\bar{\omega})$。把这些向量和与方程(27－24)一致的向量 $\widetilde{\boldsymbol{V}}^{s}(i\bar{\omega})$，$\widetilde{\boldsymbol{V}}_{d}^{s}(i\bar{\omega})$，$\hat{\boldsymbol{V}}^{s}(i\bar{\omega})$ 和 $\hat{\boldsymbol{V}}_{d}^{s}(i\bar{\omega})$ 组合，即可得到总位移向量 $\boldsymbol{V}^{t}(i\bar{\omega})$ 和 $\boldsymbol{V}_{d}^{t}(i\bar{\omega})$，对它们做逆 Fourier 变换得到相应的时域向量 $\boldsymbol{v}^{t}(t)$ 和 $\boldsymbol{v}_{d}^{t}(t)$。然后用静力分析的标准方法可以得到整个近场土-结构体系(子结构 1)的内部应力和变形。

这里应该强调，正如上面描述的整个解要求已知自由场地面运动 $\ddot{\boldsymbol{V}}_{bg}(i\bar{\omega})$，$\ddot{\boldsymbol{V}}_{cg}(i\bar{\omega})$ 和 $\ddot{\boldsymbol{V}}_{dg}(i\bar{\omega})$。对于有埋置的结构，例如图 27－8d 所示的核电站反应土体安全建筑，由于存在远离结构的表面凹槽，这些运动包括波散射的影响。

为了考虑这样的波散射影响，当需要得到严格的解时，整个地基半空间分成

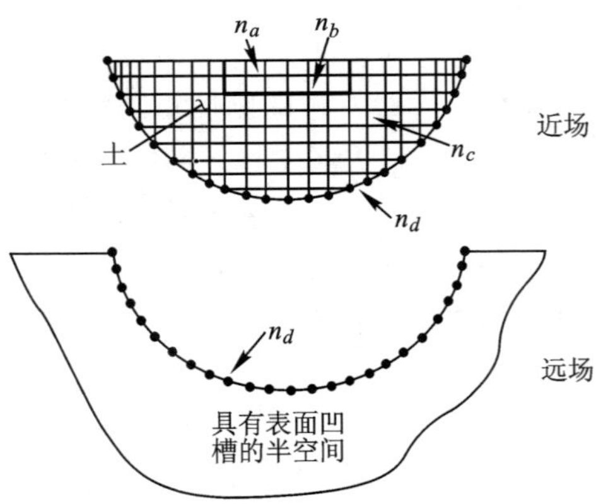

图 27－9 基础全部半空间的建模

如图 27－9 所示的子结构。在这种情况下，用凹槽域中的土替代前面表述的结构。建立这个区域土的标准有限元建模将有 n_A+n_b 个自由度，其中 n_b 个自由度应该等同于前面对土-结构体系定义的自由度。当然，在图 27－9 所示的土域内 n_A 个自由度是不同于前面对结构定义的 n_a 个自由度的。可以利用前面对

土-结构体系导出的所有方程，即方程(27－9)～方程(27－42)，以完全同样的形式来表示整个半空间土体系，只要简单地把在这些方程中出现的所有下标“a”改变为“A”以用于凹槽域的土替代结构。在这种情况下，利用修改后的方程(27－32)、方程(27－33)、方程(27－40)、方程(27－41)和方程(27－42)，可以用向量 $\ddot{\mathbf{V}}_{bg}(i\bar{\omega})=-\bar{\omega}^2\mathbf{V}_{bg}(i\bar{\omega})$来表示频域表示的修改后的方程(27－24)的右边的第二和第三向量，以及在同样方程中的修改后的向量 $\widetilde{\mathbf{V}}_A^s(i\bar{\omega})$。修改后的方程(27－24)的左边向量，表示没有凹槽或结构存在的整个地基半空间的总自由场位移。假定在地基半空间传播的波的类型，可以事先表述这个向量。那么利用它的频域形式的修改后的方程(27－24)，就可以确定要求的向量 $\mathbf{V}_{bg}(i\bar{\omega})$，$\mathbf{V}_{cg}(i\bar{\omega})$和 $\mathbf{V}_{dg}(i\bar{\omega})$。这些向量等同于前面对土-结构体系表示的自由场运动，因为由于表面凹槽的存在，它们包括波散射影响，可以用来求解前面描述的土-结构体系的完整解答。

如果所考虑的结构在与土域的交界面处有比较小的尺寸，使得在感兴趣的关键频率范围内自由场地震运动的波长比这个尺寸大许多，那么波散射影响将是相当小的，允许忽略它们，并且在整个半空间中的这些小距离内运动的空间变化也将是小的。在这种情况下，假定在向量 $\ddot{\mathbf{v}}_{bg}(t)$中的自由场加速度的分量是相当的相似；因而，可以利用近似关系

$$\ddot{\mathbf{v}}_{bg}(t)\doteq\mathbf{r}_{bg}\ddot{\mathbf{v}}_g(t) \tag{27－43}$$

式中 $\mathbf{r}_{bg}$ 是一个 $n_b\times3$ 刚体静位移影响系数矩阵；$\ddot{\mathbf{v}}_g(t)$是三分量向量，它包含分别在 x，y 和 z 方向的自由场加速度 $\ddot{\mathbf{v}}_{gx}(t)$，$\ddot{\mathbf{v}}_{gy}(t)$和 $\ddot{\mathbf{v}}_{gz}(t)$在凹槽表面上的平均值。利用相应频域的表达式

$$\ddot{\mathbf{V}}_{bg}(i\bar{\omega})=\mathbf{r}_{bg}\ddot{\mathbf{V}}_g(i\bar{\omega}) \tag{27－44}$$

因为向量 $\widetilde{\mathbf{V}}_a(i\bar{\omega})$和 $\widetilde{\mathbf{V}}_b(i\bar{\omega})$相应于不引起变形的结构刚体类型位移，并且向量 $\hat{\mathbf{V}}^s(i\bar{\omega})$和$\hat{\mathbf{V}}_d^s(i\bar{\omega})$成为零向量，所以就大大地简化了前面描述的对土-结构体系的解。因此，我们仅对方程(27－40)给出的动力解感兴趣，现在方程(27－40)的右边有一个简化的形式，即

$$\mathbf{k}(i\bar{\omega})\ddot{\mathbf{V}}_{bg}(i\bar{\omega})=\mathbf{k}\ddot{\mathbf{V}}_g(i\bar{\omega}) \tag{27－45}$$

式中 $\mathbf{k}$ 是 $n\times3$ 矩阵，即

$$\mathbf{k}=\begin{bmatrix}\mathbf{m}^{(2)} & \mathbf{0}\\ \mathbf{0} & \mathbf{0}\end{bmatrix}\begin{bmatrix}\widetilde{\boldsymbol{\phi}}^s\\ \mathbf{0}\end{bmatrix} \tag{27－46}$$

式中

$$\widetilde{\boldsymbol{\phi}}^s\equiv\begin{bmatrix}-\mathbf{r}_{ag}\\ -r_{bg}\\ \mathbf{0}\end{bmatrix} \tag{27－47}$$

式中 $\boldsymbol{r}_{ag}$ 和 $\boldsymbol{r}_{bg}$ 分别是 $n_a\times3$ 和 $n_b\times3$ 矩阵，包含在坐标 v_{gx}，v_{gy} 和 v_{gz} 上相应于单位位移的刚体位移影响系数。注意，在这种情况下 $\boldsymbol{k}$ 是频率依赖的。把方程(27－45)代入，方程(27－40)就可以用频域分析的标准方法求解，并且可以利用静力分析的基本有限元方法求出由于 $\boldsymbol{v}^d(t)$ 引起的整个近场土-结构体系的应力和变形。然而，应该注意，这些应力和变形仅是由土-结构相互作用产生的。为了得到总应力和变形，这些结果必须叠加上由行进地震波产生的自由场应力。另外，也应该注意，由 $\ddot{\boldsymbol{v}}^d(t)$ 给出的结构中所有加速度仅表示相对于输入加速度 $\ddot{\boldsymbol{v}}_g(t)$ 的加速度。这样，由 $\ddot{\boldsymbol{v}}_g(t)$ 产生的刚体加速度必须加上由 $\ddot{\boldsymbol{v}}^d(t)$ 产生的加速度，以得到绝对加速度值。

在这节所有上述的线性描述中，对子结构 1 利用的是粘滞材料阻尼。然而，由于利用的是解的频域形式，更有效的和更有用的是采用滞变型材料阻尼，即对体系的每一个有限元选择合适的阻尼比 ξ，用如下形式的复刚度矩阵代替相应的实刚度矩阵 $\boldsymbol{k}$。

$$\boldsymbol{k}_c=\boldsymbol{k}+i\boldsymbol{c} \tag{27-48}$$

式中

$$\boldsymbol{c}=2\xi k \tag{27-49}$$

如果利用这个式子，那么所有前面表示粘滞阻尼项都可以从方程中除去。

即使对于处理土-结构相互作用的所有前面的公式是线性的，但当靠近结构基础的非线性土行为发生时，通常在土-结构相互作用的计算机程序中补充等效线性化方法，这样仍然可以利用这些公式[①,②,③,④]。

生成边界阻抗

在前面用子结构方法分析土-结构体系地震反应中，利用了联系子结构 2 的边界力与它相应边界位移的阻抗矩阵。例如，在方程(27－29)中的矩阵 $\boldsymbol{G}_{dd}(i\bar{\omega})$。在过去，分析往往隐含假定在这个矩阵中的阻抗有无穷大数值，即假定刚性边界条件。在这些情况下，正如前面描述的，根据关于具有有界土层体系的直接 SSI 分析，通常选择的子结构 1 和 2 之间的交界面离开结构本身某一距离。然而，刚

---

① H. B. Seed, R. T. Wong, I. M. Idriss and K. Tokimatsu,. Moduli and Damping Factors for Dynamic Analysis for Cohesionless Soils,. University of California, Berkeley, Earthquake Engineering Research Center, Report No. EERC 84－14, 1984.

② B. O. Hardin and V. P. Drnevich,. Shear Modulus and Damping in Soils: Design Equations and Curves,. *Jour. of the Soil Mechanics and Foundation Division*, *ASCE*, Vol. 98, No. SM7, July, 1972.

③ J. Lysmer, T. Udaka, C. F. Tsai and H. B. Seed,. Flush. A Computer Program for Approximate 3－D Analysis of Soil－Structure Interaction Problem,. University of California, Berkeley, Earthquake Engineering Research Center, Report No. EERC 75. 30, 1975.

④ I. Katayama, C. H. Chen and J. Penzien,. Near－Field Soil－Structure Interaction Analysis Using Nonlinear Hybrid Modeling,. Proc. SMIRT Conference, Anaheim, Ca. , 1989.

性边界的假定可能导致错误的结果,并且在大多数情况下表示实际地基条件的一个合适的阻抗矩阵比有界土层模型更可取。在下面,描述一些通常使用的产生阻抗矩阵的方法。

一维平面波——在许多情况下,子结构 1 和 2 之间的相互作用在远场产生行波,这个波可以利用一维平面波很合理地建模。例如,设想有在图 27-8b 中所示的一个二维土坝模型。如果坝下面的地基在水平方向是相当均匀的,那么由水平地震地面运动产生的坝-地基相互作用力将主要是剪切力,此剪切力引起向下传播进入半空间的剪切波;由竖向地面运动引起的相互作用力将主要是正向力,它们生成向下传播的压缩波。在这个情况下,如果假定上述这些波在形式上是一维波,那么产生边界阻抗矩阵是合理的。

为了说明由水平地震激励导致的这类运动,首先考虑位于均匀地基半空间的一个单位截面积的半无限剪切梁柱,如图 27-10a 所示。这个均匀柱的水平运动方程等同于在第 19 章讨论的方程[方程(19-25)],但是在这里运动记为 $v(z,t)$,于是运动方程成为

$$\ddot{v}(z,t)-V_s^2 v''(z,t)=0 \tag{27-50}$$

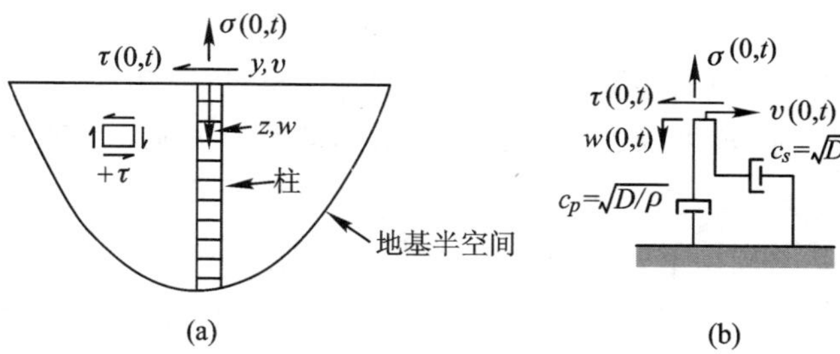

图 27-10　作为均匀半空间子结构 2 和它的等效有的粘性边界单元

式中

$$V_s=\sqrt{\frac{G}{\rho}} \tag{27-51}$$

是剪切波传播速度,其中 G 是切变模量。这个方程的一般解等同于方程(19-27),因此它可以写为两个行波的和。

图 27-10a 描述的剪切梁柱的动力行为可以根据它的切应力分布来表示,这是因为

$$\tau(z,t)=G\gamma(z,t)=G\frac{\partial v(z,t)}{\partial z} \tag{27-52}$$

这样,用方程(19-29)来模拟,当应力波函数 $G\partial f_1/\partial z$ 和 $G\partial f_2/\partial z$ 被指定为 g_1 和 g_2 时,这个方程可以被写为

$$\tau(z,t)=g_1(z-V_st)+g_2(z+V_st) \tag{27-53}$$

表示一个向前和一个向后传播的波。

为了建立位移函数 f_1, f_2 的形式和它们相应的应力函数 g_1, g_2，必须利用规定的边界条件，例如，假定剪切梁柱的顶端受一个谐振位移

$$v(0,t)=\bar{v}\exp(i\bar{\omega}t) \tag{27-54}$$

那么，稳态的 $v(z,t)$ 取类似的行波形式

$$v(z,t)=\bar{v}\exp\left[i\bar{\omega}\left(t-\frac{z}{V_s}\right)\right]=\bar{v}\exp(i\bar{\omega}t)\exp\left(-i\bar{\omega}\frac{z}{V_s}\right) \tag{27-55}$$

以便满足顶端的边界条件。相应的向下行进的剪切波为

$$\tau(z,t)=G\frac{\partial v(z,t)}{\partial z}=\left(\frac{-Gi\bar{\omega}}{V_s}\right)\bar{v}\exp(i\bar{\omega}t)\exp\left(-i\bar{\omega}\frac{z}{V_s}\right) \tag{27-56}$$

它表明

$$\tau(0,t)=\left(\frac{-Gi\bar{\omega}}{V_s}\right)\bar{v}\exp(i\bar{\omega}t) \tag{27-57}$$

由于已经通过下面关系定义水平运动的上边界阻抗函数

$$\tau(0,t)=-G_y(i\bar{\omega})v(0,t) \tag{27-58}$$

把式(27-54)和式(27-57)代入得到

$$G_y(i\bar{\omega})=iG\bar{\omega}/V_s \tag{27-59}$$

另外，因为式(27-57)的边界切应力是与式(27-54)的相应边界位移相位差90°，所以相同边界阻抗可以由图 27-10b 所示的等价阻尼减震器提供，这里假定减震器的系数为 $c_s=G/V_s=\sqrt{G\rho}$。

对于子结构 2，利用上述平面剪切波模型，表示水平边界自由度的阻抗矩阵是对角的，每一个元素是 $iG\bar{\omega}/V_s$ 和与相应边界结点相关的从属面积的乘积。

现在让我们考虑子结构 2，它是一个位于均匀半空间上的深度为 H_1 的均匀层，如图 27-11 所示。在某些情况下，根据行进在土层和半空间的波是竖向传播的平面波，可以再产生一个无耦合的边界阻抗矩阵。假定图 27-11 所示的单位截面积的剪切梁柱的顶端遭受水平谐振位移

$$v_1(0,t)=\bar{v}\exp(i\bar{\omega}t) \tag{27-60}$$

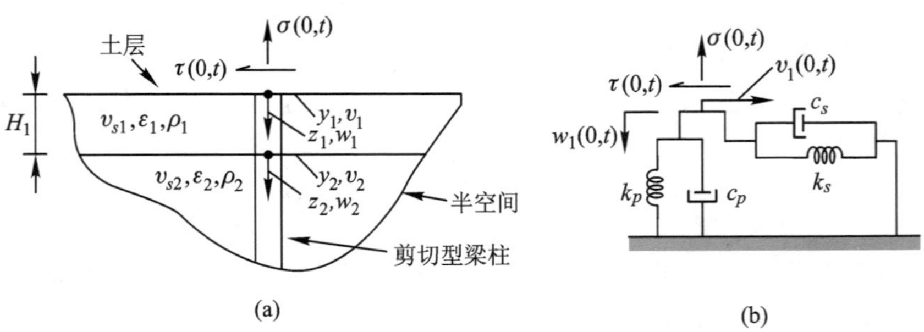

图 27-11 作为一个在均匀半空间上的均匀土层的子结构 2 和它的等效的有粘滞和弹簧边界单元

在稳态条件下,在这个层的水平位移为

$$v_1(z_1,t)=\left[A_1\exp\left(-i\bar{\omega}\frac{z_1}{V_{s1}}\right)+B_1\exp\left(i\bar{\omega}\frac{z_1}{V_{s1}}\right)\right]\exp(i\bar{\omega}t) \tag{27-61}$$

它表示一个向上的行波和一个向下的行波。为了满足在这个土层顶端和底部的边界条件必须介绍这两种形式的波。在这个土层中的切应力分布由如下的关系给出

$$\tau_1(z_1,t)=G_1\frac{i\bar{\omega}}{V_{s1}}\left[-A_1\exp\left(-i\bar{\omega}\frac{z_1}{V_{s1}}\right)+B_1\exp\left(i\bar{\omega}\frac{z_1}{V_{s1}}\right)\right]\exp(i\bar{\omega}t) \tag{27-62}$$

在下面半空间的稳态位移为

$$v_2(z_2,t)=\left[A_2\exp\left(-i\bar{\omega}\frac{z_2}{V_{s2}}\right)\right]\exp(i\bar{\omega}t) \tag{27-63}$$

它仅表示向下的行波,并且相应的切应力分布为

$$\tau_2(z_2,t)=G_2\frac{i\bar{\omega}}{V_{s2}}\left[-A_2\exp\left(-i\bar{\omega}\frac{z_2}{V_{s2}}\right)\right]\exp(i\bar{\omega}t) \tag{27-64}$$

利用式(27-61)和式(27-62)在 $z_1=0$ 处[①]满足这个土层的上边界条件,即式(27-60)给的位移条件和式(27-58)给出的相应的应力条件,得到

$$A_1=\frac{1}{2}\left[1+\frac{V_{s1}G_y(i\bar{\omega})}{G_1 i\bar{\omega}}\right]\bar{v} \tag{27-65}$$

和

$$B_1=\frac{1}{2}\left[1-\frac{V_{s1}G_y(i\bar{\omega})}{G_1 i\bar{\omega}}\right]\bar{v} \tag{27-66}$$

利用式(27-61)和式(27-63)在 $z_1=H_1$ 和 $z_2=0$ 处分别满足在土层/半空间界面的位移相容性条件,可以得到

$$A_2=\left[A_1\exp\left(-i\bar{\omega}\frac{H_1}{V_{s1}}\right)+B_1\exp\left(i\bar{\omega}\frac{H_1}{V_{s1}}\right)\right]\bar{v} \tag{27-67}$$

最后,利用式(27-62)和式(27-64)在 $z_1=H_1$ 和 $z_2=0$ 处分别满足在土层/半空间界面的应力相容性条件,并利用式(27-62)、式(27-66)和式(27-67),得到下面的关系

$$G_y(i\bar{\omega})=\frac{iG_1\bar{\omega}}{V_{s1}}\left[\frac{(1+\alpha_s)\exp(i\beta_s)+(1-\alpha_s)\exp(-i\beta_s)}{(1+\alpha_s)\exp(i\beta_s)-(1-\alpha_s)\exp(-i\beta_s)}\right] \tag{27-68}$$

式中

$$\alpha_s\equiv\sqrt{\frac{G_1\rho_1}{G_2\rho_2}}\qquad \beta_s=\frac{\bar{\omega}H_1}{V_{s1}} \tag{27-69}$$

引入 Euler 方程,把式(27-68)从指数形式转换为三角函数形式,最后导致

① 原文为 $x_1=0$ 有误,现已改正。——译者

$$G_y(i\bar{\omega})=\frac{iG_1\bar{\omega}}{V_{s1}}\left[\frac{\alpha_s+i(\alpha_s^2-1)\cos\beta_s\sin\beta_s}{\alpha_s^2\cos^2\beta_s+\sin^2\beta_s}\right] \tag{27-70}$$

注意当 $\alpha_s=1$,即当土层和半空间有相同性质时,式(27－70)简化为它本应该是的式(27－59)的虚部形式。另外,当 $\alpha_s=0$ 时,表示柔性土层置于刚性半空间上,式(27－70)简化为实部形式

$$G_y(i\bar{\omega})=\frac{G_1\bar{\omega}}{V_{s1}}\cot\beta_s=G_y(\bar{\omega}) \tag{27-71}$$

表明没有能量通过土层底部边界向下传入刚性半空间。当无量纲参数 β_s 等于 $\pi/2,3\pi/2,5\pi/2$ 等时,这个阻抗为零,而当 β_s 等于 $\pi,2\pi,3\pi$ 等时,阻抗为无穷大值。在这些频率上产生阻抗值的方法是,令输入频率和土层的正规剪切振型频率相等,使纯共振发生。产生这些正规振型的土层上底和下底的边界条件,当得到零阻抗时分别是自由端和固定端,当得到无穷大阻抗时分别是固定端和固定端。

当 $\alpha_s=\infty$ 时,表示柔性土层位于无粘性流体上,式(27－70)简化为实部形式

$$G_y(i\bar{\omega})=\frac{G_1\bar{\omega}}{V_{s1}}\tan\beta_s=G_y(\bar{\omega}) \tag{27-72}$$

再次表明没有能量通过土层底部边界向下传入半空间。当参数 β_s 等于 $\pi,2\pi,3\pi$ 等时,这个阻抗为零;而当 β_s 等于 $\pi/2,3\pi/2,5\pi/2$ 等时,阻抗为无穷大值。在这些频率上生成这些阻抗值的途径仍然是,令输入频率和土层的正规剪切振型频率相等,引起纯共振发生。产生这些正规振型的土层的上底和下底的边界条件,当得到零阻抗时分别是自由端和自由端,当得到无限阻抗时分别是固定端和自由端。

有趣的是,当 $\alpha_s=0$ 和 ∞ 时,$G_y(i\bar{\omega})$ 仅有实部;当 $\alpha_s=1$ 时,$G_y(i\bar{\omega})$ 仅有虚部;而当 α_s 在 $0<\alpha_s<\infty$ 的范围取其他值时,$G_y(i\bar{\omega})$ 是复数,有实部和虚部。

当式(27－70)所给定的 $G_y(i\bar{\omega})$ 有实部和虚部,即 $G_y(i\bar{\omega})=G_y^R(i\bar{\omega})+iG_y^I(i\bar{\omega})$ 时,利用式(27－54)和式(27－58),很容易说明图 27－11a 的水平边界阻抗的弹簧/阻尼减震器的等价体系如图 27－11b 所示,它有频率依赖的参数

$$c_s=G_y^I(\bar{\omega})/\bar{\omega} \qquad k_s=G_y^R(\bar{\omega}) \tag{27-73}$$

边界阻抗的虚部表示有部分能量向下射入半空间,而实部表示有部分能量反射回土层。

现在让我们考虑竖向地震运动在图 27－10a 和 27－11a 的柱中产生的竖向传播的压缩波情况。这个压缩波方程等同于方程(27－50),即

$$\ddot{w}(z,t)-V_p^2w''(z,t)=0 \tag{27-74}$$

式中 V_p 表示竖向压缩波速度,为

$$V_p = \sqrt{D/\rho} \tag{27-75}$$

对于在这里假定的平面应变条件(即在 x 和 y 方向不允许有应变)压缩模量 D 为

$$D = E\left[\frac{1-\nu}{(1+\nu)(1-2\nu)}\right] \tag{27-76}$$

式中 E 和 ν 分别表示弹性(Young)模量和泊松(Poisson)比。对于典型的地基介质的 ν 值，与第 19 章分析的在杆件平面应力压缩波利用的模量 E 相比，这个压缩模量有相当大的增加。

按照推导式(27-70)所用的同样方法，可以求得子结构 2 竖向的边界阻抗 $G_z(i\bar{\omega})$ 是如下等效形式

$$G_z(i\bar{\omega}) = \frac{iD_1\bar{\omega}}{V_{p1}}\left[\frac{\alpha_p + i(\alpha_p^2 - 1)\cos\beta_p \sin\beta_p}{\alpha_p^2 \cos^2\beta_p + \sin^2\beta_p}\right] \tag{27-77}$$

式中

$$\alpha_p \equiv \sqrt{\frac{D_1\rho_1}{D_2\rho_2}} \quad \beta_p = \frac{\bar{\omega}H_1}{V_{p1}} \tag{27-78}$$

图 27-11b 所示的相应的弹簧/阻尼减震器体系有频率依赖的参数

$$c_p = G_z^I(\bar{\omega})/\bar{\omega} \qquad k_p = G_z^R(\bar{\omega}) \tag{27-79}$$

它等同于水平运动式(27-73)所示的参数。式(27-77)所给的单位阻抗必须乘以从属面积才能得到在矩阵 $\boldsymbol{G}_{dd}(i\bar{\omega})$ 中相应的非耦合阻抗。

假定一维竖向传播的平面波如图 27-11a 所示单层土情况那样，对多层的水平层状体系，同时利用对于每层和对于半空间的相同谐振行波解，并满足相同的表面边界条件及在每个界面上相同的相容性条件，容易生成均匀表面阻抗 $G_y(i\bar{\omega})$ 和 $G_z(i\bar{\omega})$。有了这些单位面积的均匀表面阻抗之后，如前所述它们可以被离散，乘以结点的从属面积，得到在矩阵 $\boldsymbol{G}_{dd}(i\bar{\omega})$ 中的非耦合阻抗。

例题 E27-1　一个长的均匀点支承的桩被一个下落的刚性锤通过无质量单自由度缓冲垫锤击驱动，如图 E27-1 所示。利用子结构分析方法，求解由于锤以初始速度 V_h 一次撞击在桩中产生的向下行波。

利用在图 E27-1a 中定义的位移和体系的性质，和对于 $\alpha_p = 1$ 和平面应力压缩模量 $D = E$ 时方程(27-77)表示的桩阻抗函数，这个体系可以如图 E27-1b 所示建模。作用在桩顶的轴向力等于在图 E27-1b 中的组合阻尼减震器和弹簧的力，可以利用三个条件来表示

$$N(0,t) = -\frac{AE}{V_p}\dot{w}(0,t) \tag{a}$$

$$N(0,t) = k[\dot{w}(0,t) - w_m(t)] \tag{b}$$

$$N(0,t) = m\ddot{w}_m(t) - mg \tag{c}$$

把式(a)代入式(b)并且微分两次，得到

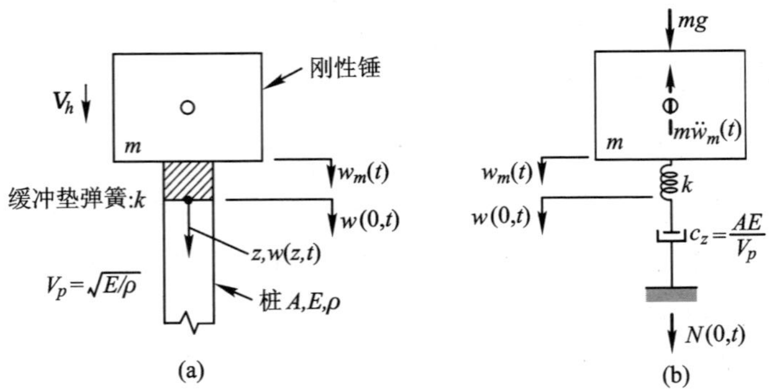

图 E27-1 锤-缓冲垫-桩体系

$$-\frac{AE}{V_p}\ddot{w}(0,t)=k[\ddot{w}(0,t)-\ddot{w}_m(t)] \tag{d}$$

把式(a)代入式(c),解出 $\ddot{w}_m(t)$,再把这个加速度代入式(d)得到

$$\ddot{V}_0(t)+\frac{kV_p}{AE}\dot{V}_0(t)+\frac{k}{m}V_0(t)=\frac{kgV_p}{AE} \tag{e}$$

式中

$$V_0(t)\equiv\dot{w}(0,t) \tag{f}$$

式(e)右边项是式(c)的重量 mg 引起的结果,它表示由于锤重贡献的部分接触力 $N(0,t)$,它通常是惯性力贡献的一小部分,因此可以被忽略。

$w_m(t)$的初始条件是

$$w_m(t)=0 \quad \dot{w}_m(0)=V_h \tag{g}$$

式中 V_h 是初始接触缓冲垫瞬时的锤击速度。由于 $w(0,0)$等于零,合并式(a)和式(b),并利用式(g)的第一式,得到

$$V_0(0)=\dot{w}(0,0)=0 \tag{h}$$

把式(a)代入式(b),所得方程微分一次,并令 $t=0$,然后利用式(g)的第二式和式(h)就得到

$$\dot{V}_0(0)=\ddot{w}(0,0)=\frac{kV_pV_h}{AE} \tag{i}$$

利用式(h)和式(i)所给的初始条件,式(e)的齐次形式解是

$$V_0(t)=\frac{2\xi\omega V_h}{\omega_D}\exp(-\xi\omega t)\sin\omega_D t \tag{j}$$

式中

$$\omega=\sqrt{k/m} \quad \omega_D=\omega\sqrt{1-\xi^2} \quad \xi=\frac{kV_p}{2\omega AE} \tag{k}$$

利用式(a)和式(f),在桩顶部的轴力是

$$N(0,t)=-\frac{kV_h}{\omega_D}\exp(-\xi\omega t)\cdot\sin\omega_D t \tag{l}$$

为了满足这个顶部条件,在桩中向下轴力行波是

$$N(z,t)=-\frac{kV_h}{\omega_D}\exp\left[-\xi\omega\left(t-\frac{z}{V_p}\right)\right]\cdot\sin\omega_D\left(t-\frac{z}{V_p}\right) \tag{m}$$

一旦首次撞击桩头回弹,在锤和缓冲垫之间就出现分离;这样,当描述一次锤击时,上面的撞击力和相应的行波表达式仅在下面的范围内是正确的。

$$0<\omega_D\left(t-\frac{z}{V_p}\right)<\pi \tag{n}$$

例题 E27-2　为了提供由锤驱动桩得到的轴力分析的数值表示,考虑杨式模量 $E=3\times10^6$ lbf/in^2,面积 $A=400$ in^2,和单位重量 $\gamma=150$ lbf/in^3 的一根混凝土柱。在桩中波传播速度为

$$V_p=\sqrt{E/\rho}=\sqrt{Eg/\gamma}=1.15\times10^5 \text{ in/s}$$

假定锤重 $W=2\,000$ lbf,缓冲垫弹簧常数 $k=2\,054\times10^3$ lbf/in,和初始撞击时的锤速度 $V_h=184$ in/s,得到

$$\omega=\sqrt{\frac{kg}{W}}=628 \text{ rad/s} \qquad \xi=\frac{V_pk}{2\omega AE}=0.156$$

$$\omega_D=\omega\sqrt{1-\xi^2}=620 \text{ rad/s} \qquad \frac{kV_h}{\omega_D}=606\times10^3 \text{ lbf}$$

那么式(m)成为

$$P(z,t)=-606\times10^3\times \exp\left[-97.97\left(t-\frac{z}{13.8\times10^5}\right)\right]\cdot \sin620\left(t-\frac{z}{13.8\times10^5}\right) \text{ lbf}$$

式中 t 的单位是 s,z 的单位是 ft。在 $t=\pi/620=0.005\,07$ s 时,相应与锤离开缓冲垫的瞬时,这个轴力对坐标 z 的曲线图表示在图 E27-2 中。在这个时间,行波已经向桩下前进距离 $V_pt=48.6$ ft。

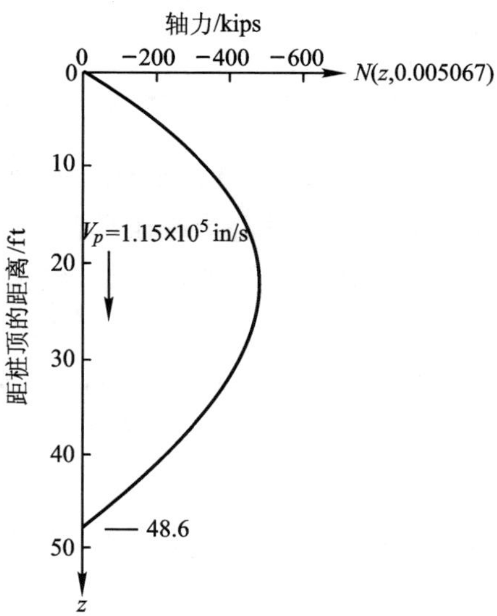

图 E27-2　在初始锤击缓冲垫后的 0.005 07 s 混凝土桩的轴力分布

二维波——受横向地震激励的长窄结构的土-结构相互作用效应常常可以用二维形式来建模。如果它们是面支承在刚性连续垫层上,那么简单利用图 27-12 所示的置于弹性半空间上的无限长无质量刚性条带的柔量的逆以产生子结构 2 的阻抗是合适的①。

① T. J. Tzong, S. Gupta and J. Penzien,. Two-Dimensional Hybrid Modeling of Soil-Structure Interaction,. Report No. UC-EERC 81/11, Earthquake Engineering Research Center, University of California, Berkeley, August, 1981.

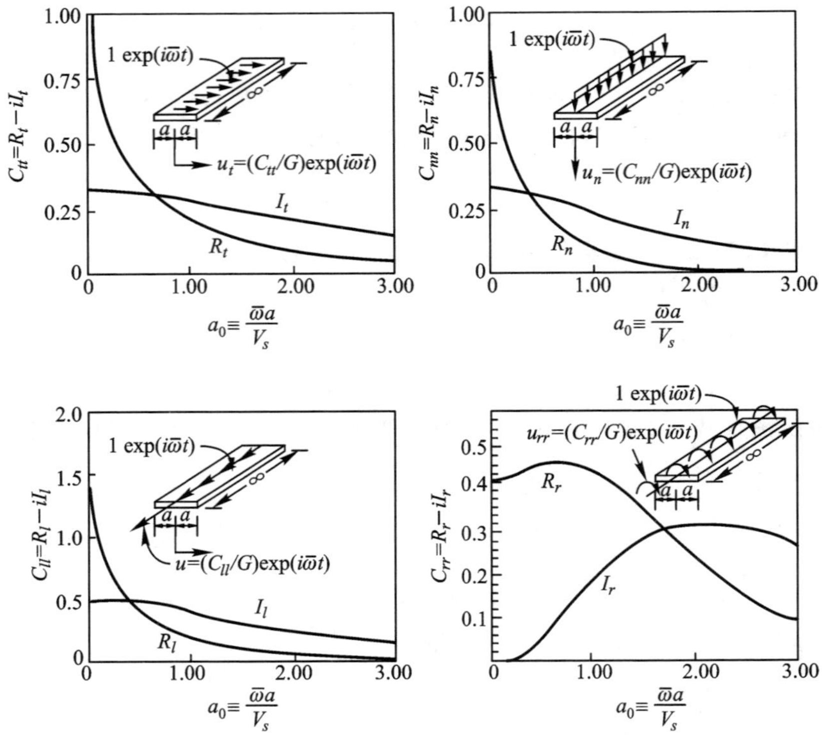

图 27－12　宽为 $2a$ 的刚性无质量无限长条带的柔量，G＝切变模量，V_s＝剪切波速度

如果考虑有埋深的长窄结构，那么可以选择在子结构 1 和 2 之间的半圆柱交界面，然后利用在半圆柱凹槽表面单位面积二维的径向和切向远场阻抗，如图 27－13 所示。如果这个凹槽被包含在剪切波速度 V_{s1} 深度 H 的土层内，这个土层位于一个剪切波速度为 V_{s2} 的弹性均匀各向同性半空间上，那么已经证明①每单位面积的径向和切向阻抗可以近似表示为

$$S_R \doteq \eta_{R_0}+i\zeta_{R_0}+(\eta_{R_1}+i\zeta_{R_1})\cos\phi \qquad (27-80)$$
$$S_\phi \doteq \eta_{\phi_0}+i\zeta_{\phi_0}+(\eta_{\phi_1}+i\zeta_{\phi_1})\cos\phi$$

式中参数 η_{R_0}，ζ_{R_0}，η_{R_1} 和 ζ_{R_1} 有如图 27－14 所示的数值，参数 η_{ϕ_0}，ζ_{ϕ_0}，η_{ϕ_1} 和 ζ_{ϕ_1} 有如图 27－15 所示的数值。注意，在这些图中所有的参数是以量纲一形式作为量纲一频率 $b\equiv\bar{\omega}R/V_{s1}$ 的函数画出。在图 27－14 和图 27－15 中的第一个图对应于 V_{s1}^2/V_{s2}^2 的三个不同值，即 1.0，3.0 和 10.0；而在这些图中的第二个图是仅对应于 V_{s1}^2/V_{s2}^2 的两个不同值 3.0 和 10.0。在方程(27－80)中的三角函数项的所有四个系数的数值在 $V_{s1}^2/V_{s2}^2=1.0$ 时等于零，这是因为对于非层状体系它们是不需要的。

① T. J. Tzong and J. Penzien,. Hybrid-Modeling of a Single Layer Half-Space System in Soil-Structure Interaction,. *Earthquake Engineering and Structural Dynamics*, Vol. 14, 1986.

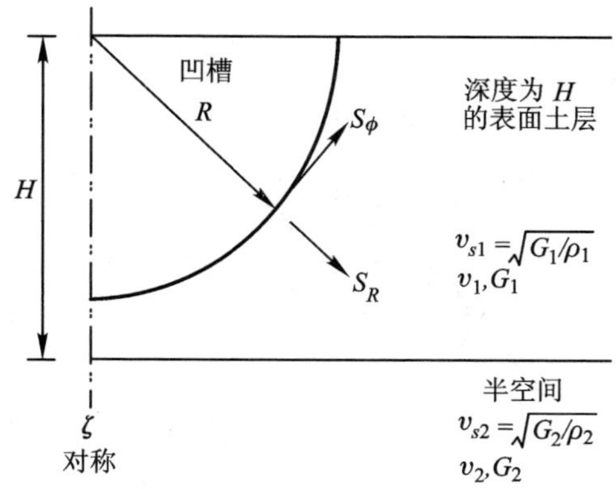

图 27-13　沿半圆柱凹槽表面的连续远场阻抗函数 S_ϕ 和 S_R

在图 27-14 和图 27-15 的所有的图中,其结果都是利用 Poisson 比 $\nu_1=\nu_2=1/3$ 和 $H/R=4/3$ 得到的。

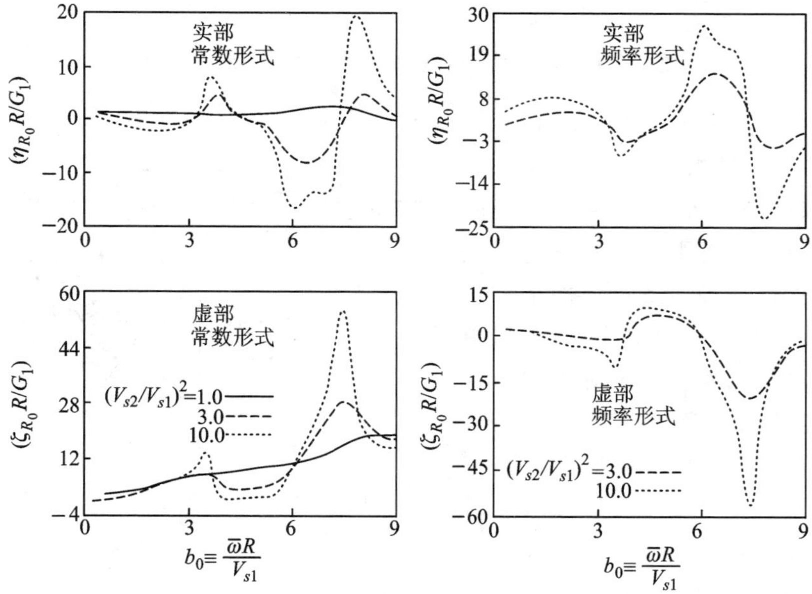

图 27-14　沿半圆柱凹槽表面定义的阻抗 S_R 的参数

现在可以利用标准方法离散式(27-80)所给的每单位面积连续阻抗,以便得到与近场/远场交界面所选择自由度一致的子结构 2 的半圆柱边界阻抗。因而,就可得到子结构方法所利用的合理的阻抗矩阵 $\boldsymbol{G}_{dd}(i\overline{\omega})$。

三维波——支承在圆形或方形刚性垫板或垫层上的结构表面的土-结构相互作用效应常常以三维形式来建模,此时利用放在各向同性均匀弹性半空间表面上的刚性无质量圆板的已知阻抗,就如较早在处理图 27-4 所示的体系所指出的一样,见图 27-5、式(27-17)及式(27-18)。这些阻抗以

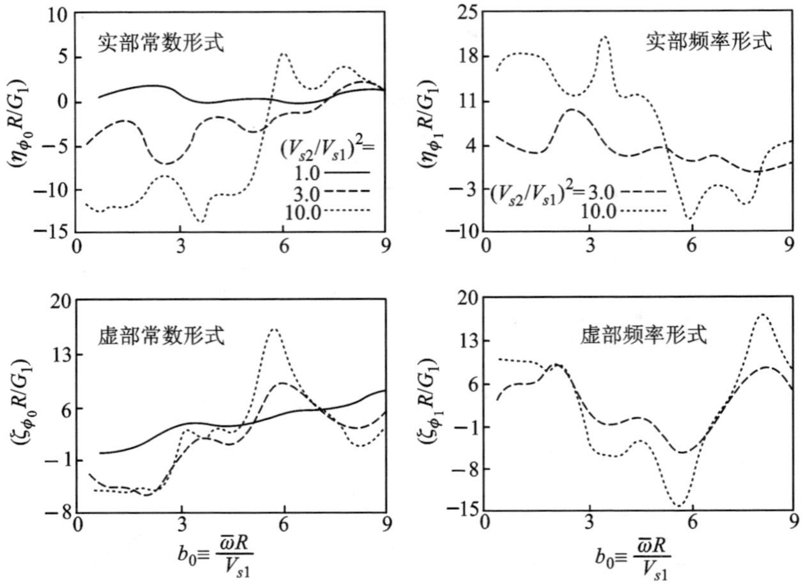

图 27-15 沿半圆柱凹槽表面定义的阻抗 S_ϕ 的参数

量纲一形式示于图 27-6a～图 27-6e 中[1],[2],[3]。

正如较早指出的，对于大尺寸垫板基础应该小心利用这些图所示的阻抗，因为刚性板的假定可能是不正确的，将导致错误的解。对于分层地基人们也应该小心利用这些阻抗，因为它们仅对于均匀半空间是严格正确的。对于分层半空间已经生成了有限数量的类似阻抗，当认为它们能应用时，可以使用它们[4],[5]。

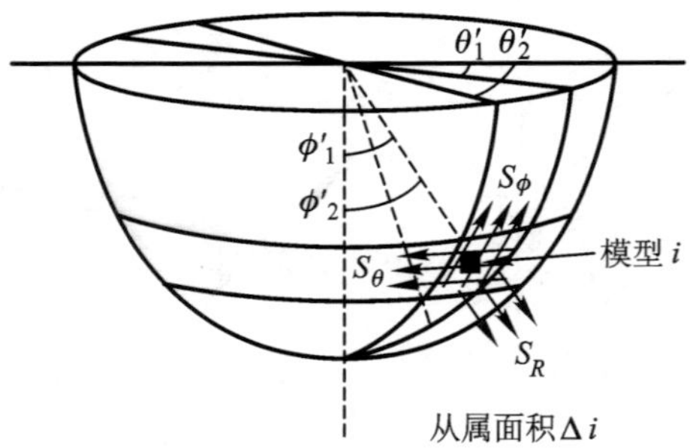

图 27-16 球坐标系中在半球凹槽表面的远场阻抗

如果被考虑的结构有柔性垫板地基，或它有埋深如图 27-8d 所示的核电站

① A. S. Veletsos and Y. T. Wei,. Lateral and Rocking Vibrations of Footings,. loc. cit.

② J. E. Luco and R. A. Westman,. Dynamic Response of Circular Footings,. loc. cit.

③ A. S. Veletsos and V. V. D. Nair,. Torsional Vibration of Foundations,. Structural Research at Rice, Report No. 19, Department of Civil Engineering, Rice University, June, 1973.

④ E. Kausel,. Forced Vibrations of Circular Footings on Layered Media,. MIT Research Report R74-11, Mass. Inst. of Tech. , Cambridge, Mass. , 1974.

⑤ J. E. Luco,. Impedance Functions for a Rigid Foundation on a Layered Medium,. *Nuclear Engineering and Design*, Vol. 31, No. 2, 1979.

保护壳建筑，可以在子结构 1 和 2 之间引入半球界面，然后利用图 27－16 所示的，半球凹槽表面上每单位面积连续的径向、切向和环向的远场阻抗，来得到一个合适的三维模型。已经表明这些阻抗对于工程目的，利用下面简单的关系可以有比较合理的近似。

$$
\begin{aligned}
S_R &\doteq \eta_R + i\zeta_R \\
S_\phi &\doteq \eta_\phi + i\zeta_\phi \\
S_\theta &\doteq \eta_\theta + i\zeta_\theta
\end{aligned}
\tag{27-81}
$$

它们是复数且和频率有关，但在半径为 R 的半球表面上是不变的。已经对切变模量 G 和 Poisson 比 $\nu=1/3$ 的均匀半空间生成了这些条件中的三个 η 和三个 ζ

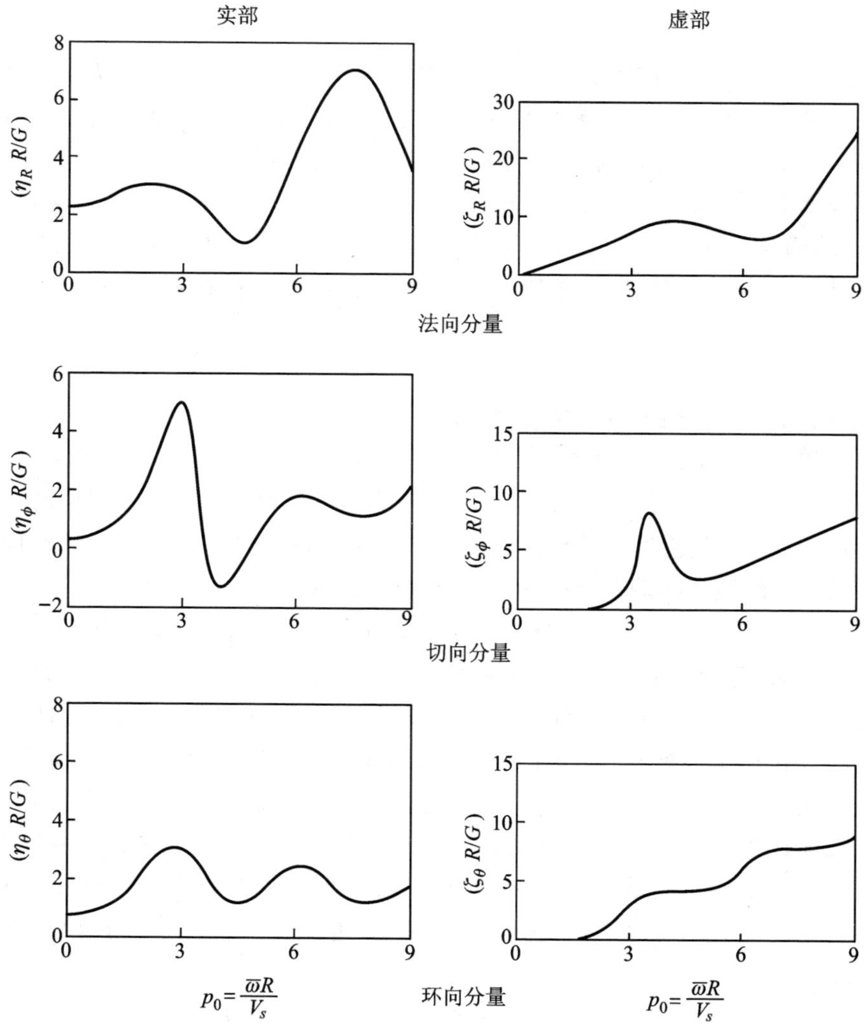

图 27－17　在半球凹槽表面的远场阻抗函数

参数,具体结果如图 27－14 所示[①]。在每种情况下,利用 R/G 把这些参数无量纲化,并且作为量纲一频率 $b_0 \equiv \bar{\omega}R/V_s$ 的函数作图。如果即使在深度 R 内子结构 2 也可水平分层,那么仍然可以利用图 27－17 所示的阻抗,但与 $R\cos\phi$ 相应的任何水平高度的阻抗必须与在那个深度的材料的切应力的波速度相协调。

现在利用标准从属面积方法离散每单位面积的这些连续阻抗,以便得到与近场/远场交界面所选择自由度一致的子结构 2 的半球边界阻抗。因而,就可得到子结构分析方法所利用的合理的阻抗矩阵 $\boldsymbol{G}_{dd}(i\bar{\omega})$。

§27－3　地下结构的反应

地上结构,包括有埋置的结构,地震反应主要是由等效地震力产生的[②],而等效地震力与它们产生的反应无关。因此,这样的结构基本上是在力的控制下。然而,地下结构,例如地铁站、隧道和管道线的反应,主要是由自由场条件下地面变形产生的。因此,这样的结构基本上是在变形控制下。地下结构的土-结构相互作用可以在拟静力方式中处理,因为结构存在置换的地基质量比结构本身的质量要大很多。仅当有很重的设备存在时,才能得到有影响的惯性力。

由传播的平面波产生的自由场地面运动

正如上面所提及的,计算自由场地面运动,通常的作法是假定它们由竖向传播的平面波所产生,即由剪切波产生水平分量和由压缩波产生竖向分量。考虑放置在均匀弹性半空间上的线性水平层状土质体系,应用前面对一维平面波情况生成边界阻抗中的谐振行波解答相同的形式,即式(27－61)～式(27－64)形式的公式,可以利用来描述由竖向传播的平面波产生的自由场地面运动。

如果假定能够用一系列谐波表示在均匀半空间中向上行进的入射波,那么可以计算在每一层中相应的向上和向下行进的谐波,以及在半空间由分层系统相互作用引起的相应的向下行进的谐波。用 FFT 方法把自由场控制运动的指定分量(一般是加速度)分解为它们的谐波,满足表面的零应力条件及所有界面应力和位移的相容性条件,可以计算出在每一层和在此半空间的每个向上和向下行进的谐波幅值和相位。因而,可以得到与土性质和指定自由场控制运动兼容的各级的地面运动(加速度、速度和位移)的时间历程。通常

---

① S. Gupta, T. W. Lin, J. Penzien and C. S. Yeh,. Three-Dimensional Hybrid Modeling of Soil-Structure Interaction,. *Int. Jour. of Earthquake Eng. and Struct. Dyn.*, Vol. 10, No. 1, Jan.. Feb., 1982.

② 这里是指 $p_{\text{eff}} = -\boldsymbol{m}\boldsymbol{1}\ddot{x}_g$ 等地面激励作用。——译者

在表面指定这些控制运动。然而，解析方法允许在任何水准指定它们。地基性质（切变模量和阻尼比）应该通过迭代调整使得它们与在自由场条件达到的最终切应变水准兼容。简单地把复切变模量 $G_c=G(1+2i\xi)$ 代替为实模量 G，这样就可容易地把土材料的阻尼包括在基本解析列式中[式(27-61)～式(27-64)]。

为了在地下结构抗震分析中应用，也可以建立非竖向传播的平面波产生的自由场地面运动。例如，由 Rayleigh 波或非竖向传播的剪切波产生的运动。

截面的错动变形

由于竖向传播的平面波，地下结构的截面受错动（剪切型）变形。为了举例说明，假定图 27-18 所示的隧道衬砌的截面受由产生水平位移 $w(y,t)$ 的竖向传播剪切波产生的自由场土层环境。这个截面经历最大错动变形的瞬间取为在相应的隧道横截面顶和底深度的自由场土层位移的差达到最大，即当 $|w(y_t,t)-w(y_b,t)|$ 成为最大的时间。为了得到这个最大差，需要通过自由场场地分析计算这个差的整个时间历程，然后求它的最大（或临界）值。

横截面的错动分析可由拟静力分析方法在两步内完成，该拟静力分析方法完全等价于多自由度结构受多点支承激励的 SSI 分析。而所谓两步则为：首先，计算施加在横截面外边界结点所有自由度上的一组力向量 $\boldsymbol{F}$，它使外边界变形，为的是与图 27-18a 所示的临界自由场土-位移和应力模式完全兼容。这组力向量包括：使截面（在从土中移出时的截面）变形进入与自由场土层位移兼容的形状所需要的力向量 $\boldsymbol{F}_1$，和以离散形式表示自由场切应力分布的 $\boldsymbol{F}_2$，它作用在被截面替代的矩形土单元的外边界。因而，$\boldsymbol{F}=\boldsymbol{F}_1-\boldsymbol{F}_2$。由于向量 $\boldsymbol{F}$ 不存在，它们必须被移去，方法是把它们沿相反方向加在土-结构体系上，如图 27-18b 所示。然后，把这两个解叠加得到完全解。第一个解仅表示兼容自由场变形，如图 27-18a 所示；第二个解表示拟静力土-结构相互作用。第二个解要求在图 27-18b 所示边界内土的平面应变有限元建模。这个区域的侧边和底边界应该离截面足够远，使得由于纯错动的土-结构相互作用（即由于自身平衡的 $\boldsymbol{F}$ 的纯错动分量）引起的土层应力充分地衰减。注意 $\boldsymbol{F}_1$ 仅包含自身平衡的纯错动力，而 $\boldsymbol{F}_2$ 包含纯错动和其他自身不平衡的力。

用上述方法对矩形截面进行错动分析的结果在文献中已有报导①。它们清楚地表明了考虑土-结构相互作用影响的重要性。

整体的轴向和弯曲变形

考虑在自由场条件下以速度 V_{ff} 在 X 方向运动的纯谐振剪切波，如图 27-19

① J. Penzien, C. H. Chen, W. Y. Jean and Y. J. Lee,. Seismic Analysis of Rectangular Tunnels in Soft Ground,. Proceedings of the Tenth World Conference on Earthquake Engineering, Madrid, Spain, July, 1992.

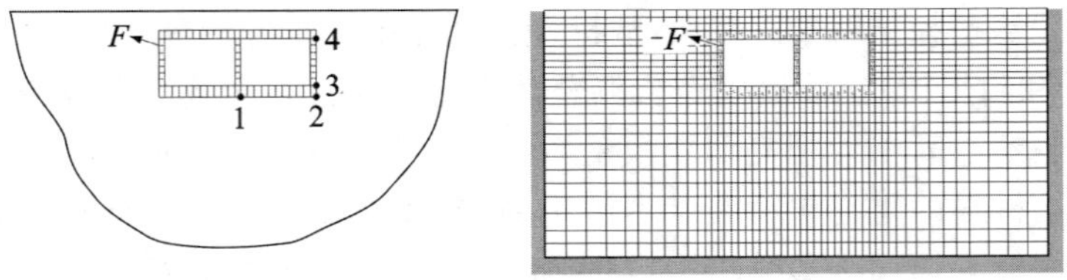

图 27-18 截面摇摆分析的建模

(a)自由场变形;(b)SSI 变形

所示。这个波在横向 Y 方向产生的横向位移表示为如下形式

$$V_n(X,t)=-\frac{a(i\bar{\omega}_n)}{\bar{\omega}_n^2}\exp\left[i\bar{\omega}_n\left(t-\frac{X}{V_{ff}}\right)\right]$$

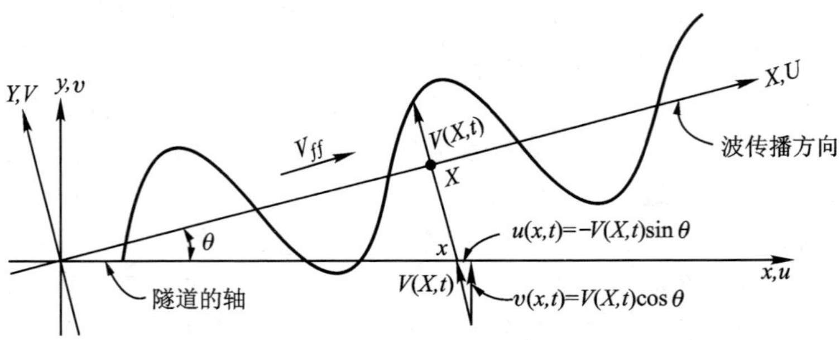

图 27-19 以速度 V_{ff} 在 X 方向运动的剪切波

它相应于如下的速度和加速度表达式

$$\dot{V}_n(X,t)=-\frac{ia(i\bar{\omega}_n)}{\bar{\omega}_n}\exp\left[i\bar{\omega}_n\left(t-\frac{X}{V_{ff}}\right)\right]$$
$$\ddot{V}_n(X,t)=a(i\bar{\omega}_n)\exp\left[i\bar{\omega}_n\left(t-\frac{X}{V_{ff}}\right)\right] \tag{27-82}$$

另外,在 x 和 y 方向的位移分量为

$$u_n(x,t)=\frac{a(i\bar{\omega}_n)}{\bar{\omega}_n^2}\sin\theta\exp\left[i\bar{\omega}_n\left(t-\frac{x\cos\theta}{V_{ff}}\right)\right]$$
$$v_n(x,t)=-\frac{a(i\bar{\omega}_n)}{\bar{\omega}_n^2}\cos\theta\exp\left[i\bar{\omega}_n\left(t-\frac{x\cos\theta}{V_{ff}}\right)\right] \tag{27-83}$$

以拟静力方式处理隧道弹性轴的土-结构相互作用,得到轴向和弯曲变形的控制方程为

$$\frac{\partial^2 u_{tn}(x,t)}{\partial x^2}-\frac{k_x}{AE}u_{tn}(x,t)=-\frac{k_x}{AE}u_n(x,t)$$
$$\frac{\partial^4 v_{tn}(x,t)}{\partial x^4}+\frac{k_y}{EI}v_{tn}(x,t)=+\frac{k_y}{EI}v_n(x,t) \tag{27-84}$$

式中 u_{tn} 和 v_{tn} 表示总的结构位移，k_x 和 k_y 是 x 和 y 方向的地基模量，AE 和 EI 是隧道的轴向和弯曲刚度。很容易证明，当波作用在每种情况的临界方向上时，也即对于弯曲变形 $\theta_{cr}=0°$ 和对于轴向变形 $\theta_{cr}=45°$，弯曲变形相对轴向变形是小的①。

因此，在这里仅考虑 $\theta=\theta_{cr}=45°$ 引起的轴向变形，在这种情况下，把式(27-83)的第一个式代入方程(27-84)的第一个方程，得到它的解为

$$u_{tn}(x,t)=\frac{a(i\bar{\omega}_n)}{\sqrt{2}\bar{\omega}_n^2(1+\Theta_{un})}\exp\left[i\bar{\omega}_n\left(t-\frac{x}{\sqrt{2}V_{ff}}\right)\right] \tag{27-85}$$

式中

$$\Theta_{un}=\frac{AE\bar{\omega}_n^2}{2k_xV_{ff}^2} \tag{27-86}$$

隧道的轴向应变是

$$\varepsilon_a(x,t)=\frac{\partial u_{tn}(x,t)}{\partial x}=\frac{-ia(i\bar{\omega}_n)}{2\bar{\omega}_nV_{ff}(1+\Theta_{un})}\exp\left[i\bar{\omega}_n\left(t-\frac{x}{\sqrt{2}V_{ff}}\right)\right] \tag{27-87}$$

通过叠加，得到由所有在 $\ddot{V}(X,t)$ 中的离散谐波产生的轴向应变：

$$\varepsilon_a(x,t)=\sum_n\frac{-ia(i\bar{\omega}_n)}{2\bar{\omega}_nV_{ff}(1+\Theta_{un})}\exp\left[i\bar{\omega}_n\left(t-\frac{x}{\sqrt{2}V_{ff}}\right)\right] \tag{27-88}$$

式中 $a(i\bar{\omega}_n)$ 是用 FFT 分析得到的所规定加速度 $\ddot{V}(t)$ 的 Fourier 系数，V_{ff} 是自由场剪切波速度，Θ_{un} 由式(27-86)给出。

为数值分析目的，在式(27-88)中引入如下常数是方便的

$$\phi\equiv\frac{2k_xV_{ff}^2}{AE}\ \ \mathrm{s}^{-2} \tag{27-89}$$

并且从此式求解 $V_{ff}\varepsilon_a(x,t)$，给出

$$V_{ff}\varepsilon_a(x,t)=\sum_n\frac{-ia(i\bar{\omega}_n)}{2\bar{\omega}_n(1+\bar{\omega}_n^2/\phi)}\exp\left[i\bar{\omega}_n\left(t-\frac{x}{\sqrt{2}V_{ff}}\right)\right] \tag{27-90}$$

这个关系直接给出相应的函数

$$\begin{aligned}V_{ff}\varepsilon_a(x,0)&=\sum_n\frac{-ia(i\bar{\omega}_n)}{2\bar{\omega}_n(1+\bar{\omega}_n^2/\phi)}\exp\left[-\frac{i\bar{\omega}_nx}{\sqrt{2}V_{ff}}\right]\\V_{ff}\varepsilon_a(0,t)&=\sum_n\frac{-ia(i\bar{\omega}_n)}{2\bar{\omega}_n(1+\bar{\omega}_n^2/\phi)}\exp[i\bar{\omega}_nt]\end{aligned} \tag{27-91}$$

对于任何指定的加速度历程 $\ddot{V}(t)$，系数 $a(i\bar{\omega}_n)$ 可以得出。在公式(27-91)所示的函数中，除了相应的独立变量 $x/\sqrt{2}V_{ff}$ 和 t 外，它们是相同的。因而，可以在同一图中表示它们。两者中的每一个函数的最大绝对值给出主要感兴趣的量。

① S. Gupta, T. W. Lin, J. Penzien and C. S. Yeh,. Three-Dimensional Hybrid Modeling of Soil-Structure Interaction,. loc. cit.

对给定的土/横截面体系不可能精确的估计在式(27－89)中出现的地基模量 k_x。然而,对于实际解它可以利用 $k_x \doteq 3G = 3\rho V_{ssi}^2$ 来近似,其中 G 是在控制土-结构相互作用的支配性区域内的等效切变模量,V_{ssi} 是相应的剪切波速度。注意这个速度比速度 V_{ff} 要小得多,速度 V_{ff} 控制接近隧道准线的行进自由场波列。很明显,在指定 V_{ff} 和 V_{ssi} 的数值时必须做相当多的判断,要考虑已知的因素,例如与隧道定位线有关的土层几何尺寸,土试验结果,由于自由场运动和土-结构相互作用产生的土切应变的量级。在考虑较后的因素时应该注意,在横截面外边界位置上,由于自由场地面运动和轴向土-结构相互作用所产生的切应变分别由如下近似关系给出

$$\gamma_{ff}(x,t) \doteq \frac{i}{V_{ff}} \sum_n \frac{a(i\bar{\omega}_n)}{\bar{\omega}_n} \exp\left[i\bar{\omega}_n\left(t - \frac{x}{\sqrt{2}V_{ff}}\right)\right]$$

$$\gamma_{ssi}(x,t) \doteq \frac{-AE}{2\sqrt{2}\,p\rho V_{ssi}^2 V_{ff}^2} \sum_n \frac{a(i\bar{\omega}_n)}{(1+\Theta_{un})} \exp\left[i\bar{\omega}_n\left(t - \frac{x}{\sqrt{2}V_{ff}}\right)\right] \tag{27-92}$$

式中 p 是横截面的外周长尺寸。

上述计算隧道中应变的方法是非常保守的,这是由关于自由场土层运动所做的两个假定引起的:(1)地面运动是由于以速度 V_{ff} 运动的单剪切波列产生的;(2)波列是以接近 $\theta = 45^\circ$ 的最危险的角度射入隧道的。因此,应该利用判断来适当地降低这些应变。

横向接缝对轴向变形的影响

上述横截面内轴向应变的计算是假定没有横向接缝存在的。然而,在横截面的开缝地方应变将降低:接缝处的应变降为零,并且也将降低中间位置的应变,在相邻一对接缝中间位置的应变降低最小。利用方程(27－84)的第一个方程,可以得到在中间点的轴向应变 ε_{mp} 对最大轴向应变(没有接缝)$|\varepsilon_a|_{max}$ 的比为

$$(\varepsilon_{mp}/|\varepsilon_a|_{max}) = 1 - \frac{2}{\exp\left(\frac{\beta L}{2}\right) + \exp\left(-\frac{\beta L}{2}\right)} \tag{27-93}$$

式中 L 是两个邻近接缝之间的距离且

$$\beta \equiv \sqrt{k_x/AE} \tag{27-94}$$

式中 k_x 是有关地基模量。

虽然多接缝的设置将降低轴向应变,但它们仍允许接缝空隙的出现。利用方程(27－84)的第一个方程,并且假定当没有接缝出现时最大应变 $|\varepsilon_a|_{max}$ 在距离 L 上是相当均匀的,如图 27－20 所示,可以得到接缝空隙 Δ_j 为

$$\Delta_j = \frac{2}{\beta}\left[\frac{\exp\left(\frac{\beta L}{2}\right) - \exp\left(-\frac{\beta L}{2}\right)}{\exp\left(\frac{\beta L}{2}\right) + \exp\left(-\frac{\beta L}{2}\right)}\right] |\varepsilon_a|_{max} \tag{27-95}$$

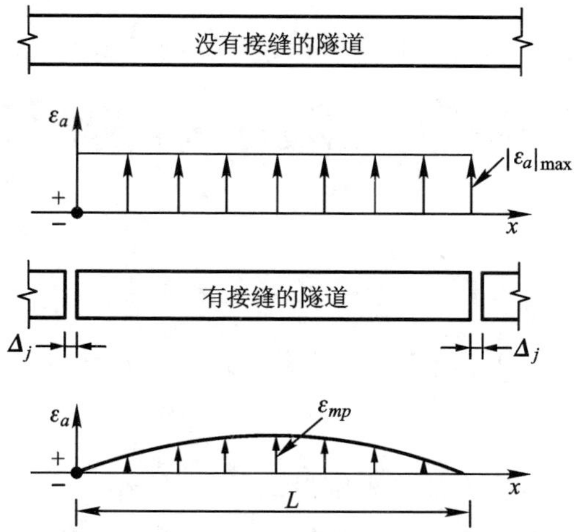

图 27-20　有和没有接缝的隧道轴向应变

应该做接缝空隙的计算,它是为了确保接缝的详细设计可以适应在地震时的缝隙位移不产生不希望的效果,例如,水封装置的泄漏。

第 28 章　随机结构反应

§28－1　强地面运动建模

因为地震波始于沿断层的不规则滑动，紧接着在它们所通过的复杂地层内多次随机反射、折射和衰减，所以对强地面运动的随机建模看起来是合适的。已经在 25－4 节讨论了生成反映这种随机特性的人工加速度时程(以反映这种随机行为)的方法，那里给出的方法包括：在感兴趣的频率范围内生成具有基本不变的功率谱密度函数的平稳波形，并把它们与一个合适的确定性的时间强度函数相乘，从而转换成非平稳的波形，然后在频域内对得到的波形进行适当的滤波，参见式(25－32)～式(25－39)。本章的目的是讨论结构体系对这些激励的随机反应。

§28－2　线性体系的随机反应

单自由度体系

如果假定地面加速度 $\ddot{v}_g(t)$ 是密度为 S_0 的平稳白噪声过程，则线性单自由度体系对于该支承加速度的反应由下面方程控制：

$$\ddot{v}+2\xi\omega\dot{v}+\omega^2 v=-\ddot{v}_g(t) \tag{28-1}$$

其中 v 是质量相对于运动支承的位移。对于低临界阻尼体系，前面第 22 章所阐述的原理给出

$$R_v(\tau)=\frac{\pi S_0}{2\omega^3\xi}\left(\cos\omega_D|\tau|+\frac{\xi}{\sqrt{1-\xi^2}}\sin\omega_D|\tau|\right)\exp(-\omega\xi|\tau|) \tag{28-2}$$

$$R_{\dot{v}}(\tau)=\frac{\pi S_0}{2\omega\xi}\left(\cos\omega_D|\tau|-\frac{\xi}{\sqrt{1-\xi^2}}\sin\omega_D|\tau|\right)\exp(-\omega\xi|\tau|) \tag{28-3}$$

$$S_v(\bar{\omega})=\frac{S_0\omega^{-4}}{[1-(\bar{\omega}/\omega)^2]^2+4\xi^2(\bar{\omega}/\omega)^2} \tag{28-4}$$

$$S_{\dot{v}}(\bar{\omega})=\frac{S_0(\bar{\omega}/\omega)^2\omega^{-2}}{[1-(\bar{\omega}/\omega)^2]^2+4\xi^2(\bar{\omega}/\omega)^2} \tag{28-5}$$

$$\sigma_v^2=\frac{\pi S_0}{2\omega^3\xi} \tag{28-6}$$

$$\sigma_{\dot{v}}^2=\frac{\pi S_0}{2\omega\xi} \tag{28-7}$$

若假定地面加速度 $\ddot{v}_g(t)$ 为具有功率谱密度 $S_{\ddot{v}_g}(\bar{\omega})$ 的平稳过滤过程，则只要用 $S_{\ddot{v}_g}(\bar{\omega})$ 代替 S_0，式(28－4)与式(28－5)仍然成立。可用在 21－11 节中给出的方法估算极值反应的平均值和标准差。

多自由度体系

在所有支承点承受相同的平稳加速度 $\ddot{v}_g(t)$ 的离散多自由度体系的线性反应，可用第 23 章所述的正规振型叠加来确定，如方程(23－1)所示，并由式(23－24)所定义的广义力函数 $P_n(t)$ 变为

$$P_n(t)=-\ddot{v}_g(t)\sum_i m_i\phi_{in}=\boldsymbol{\phi}_n^{\mathrm{T}}\boldsymbol{m}\mathbf{1}\ddot{v}_g(t)\qquad n=1,2,\cdots \tag{28-8}$$

而式(23－25)和式(23－26)可表示成

$$S_{P_mP_n}(\bar{\omega})=S_{\ddot{v}_g}(\bar{\omega})\sum_i\sum_k m_im_k\phi_{im}\phi_{kn}=S_{\ddot{v}_g}(\bar{\omega})\boldsymbol{\phi}_m^{\mathrm{T}}\mathbf{1}\ \mathbf{1}^{\mathrm{T}}\boldsymbol{m}\boldsymbol{\phi}_n \tag{28-9}$$

$$R_{P_mP_n}(\tau)=R_{\ddot{v}_g}(\tau)\sum_i\sum_k m_im_k\phi_{im}\phi_{kn}=R_{\ddot{v}_g}(\tau)\boldsymbol{\phi}_m^{\mathrm{T}}\boldsymbol{m}\mathbf{1}\ \mathbf{1}^{\mathrm{T}}\boldsymbol{m}\boldsymbol{\phi}_n \tag{28-10}$$

对于 $m=m(x)$ 的分布质量体系，式(28－8)～式(28－10)变为

$$P_n(t)=-\ddot{v}_g(t)\int m(x)\phi_n(x)\mathrm{d}x \tag{28-11}$$

$$S_{P_mP_n}(\bar{\omega})=S_{\ddot{v}_g}(\bar{\omega})\iint m(x)m(\alpha)\phi_m(x)\phi_n(\alpha)\mathrm{d}x\mathrm{d}\alpha \tag{28-12}$$

$$R_{P_mP_n}(\tau)=R_{\ddot{v}_g}(\tau)\iint m(x)m(\alpha)\phi_m(x)\phi_n(\alpha)\mathrm{d}x\mathrm{d}\alpha \tag{28-13}$$

式中 α 是虚空间坐标。现在，可以将式(28－9)和式(28－10)或式(28－12)和式(28－13)分别代入式(23－19)和式(23－10)，就可得到由式(23－2)定义的反应 $z(t)$ 的功率谱密度和自相关函数。

§28－3　非线性体系的极值反应

按照前面所述应用叠加原理的方法，不能得出非线性单自由度或多自由度体系的随机反应。对于因滞变效应而常常依赖于历史的那些复杂体系，通常不得不用在 25－4 节所述的方法生成一组地面加速度时程，用确定性分析方法求出非线性体系对每个加速度时程输入的反应时程，然后用 Monte Carlo 方法研究输出的反应过程。人们通常主要对极值反应的平均值和标准差发生兴趣。

这种随机分析的一般性方法也可用于线性体系。但是，对这种情况，前面所述的直接方法往往更可取。

单自由度体系

线性模型——假定由方程(28-1)表示的单自由度线性体系受地震地面运动 $\ddot{v}_g(t)$ 的作用。图 28-1 为对应这个体系的 Housner 伪速度设计谱曲线，体系具有不同的阻尼比，即 $\xi=0, 0.02, 0.05, 0.10$①。由于这些曲线是把记录的地震加速度的 8 个分量(El Centro 1940，El Centro 1934，Olympia 1949 和 Taft 1952 地震各两个分量)正规化到共同的强度水准，并平均由此导出的八个伪速度反应谱而得到的，所以图 28-1 中的竖标可以看作是相对伪速度的平均极值。图中所给出的放大系数将竖标增到相应于所示地震的强度水准。

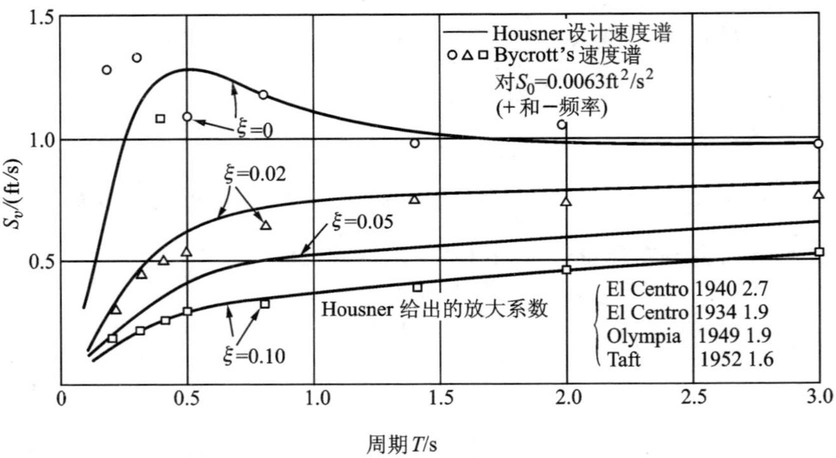

图 28-1　线性单自由度体系的伪相对速度的平均极值(平稳白噪声激励)

Bycroft 用模拟计算机，研究了用白噪声过程表示给定强度水准的地震地面运动的可能性②。在这些研究中，Bycroft 注意到单自由度体系对持续时间均为 25 s 的 20 个离散脉冲的平稳白噪声输入的极值反应。在研究中必须把具有不变功率谱密度的输入带宽限制在 0～35 Hz 的范围内。为了把平均极值同 Housner 早先公布的速度谱进行比较，Bycroft 以输入 S_0 的功率谱密度把结果正规化，使得当 $T_n=3$ s 和 $\xi=0.20$ 时其结果与 Housner 的结果完全一致。这个正规化的准则导致在频率范围 $0<f<\infty$ 内 S_0 的值等于 0.75 ft²/Hz。因要使它们可以与 Housner 的设计速度谱相比较，这些同样结果的进一步正规化需要在整个频率范围内

① G. W. Housner,. Behavior of Structures During Earthquakes,. *Proc. ASCE*, Vol. 85, No. EM-4, October, 1959.

② G. N. Bycroft,. White Noise Representation of Earthquakes,. Proc. Paper 2434, *J. Eng. Mech. Div.*, *ASCE*, Vol. 86, EM2, April, 1960.

$S_0=0.0063\ ft^2/rad \cdot s^3$。在图 28－1 中表示了以这种强度水准正规化的 Bycroft 平均极值。这些结果似乎表明，平稳白噪声是地震地面加速度的一个合理模拟。

弹塑性和双线性刚度退化模型　很多研究者已经用平稳过滤白噪声来模拟地震地面加速度，在这些研究中，Liu 和 Pcuzien① 利用由式(25－39)的第一式给出的转换函数的单一滤波器，转换函数中取 $\omega_g=15.6$ rad/s 和 $\xi_g=0.6$。用 25－4 节所述的数字计算机方法生成了 50 个限带白噪声样本函数，其中取 $S_0=0.0614\ ft^2/s^3$ 和 $\Delta t=0.025$ s。然后，对这些持续时间为 30 s 的样本函数用数字计算机技术进行滤波，从而提供了 50 个人工加速度时程的集合。

对线性单自由度体系逐个施加 50 个输入加速度，用确定性方法分别得到相应的完整时间历程反应。记录下每一种情况下相对位移的极值，并把它们平均从而得到平均值。然后将这些位移平均值乘以 ω，从而转换成伪速度平均极值。由这些值绘成图 28－2a 的曲线，该图可以与图 28－2b 中的 Housner 设计谱曲线比较。这两组曲线非常一致，为模拟强地震地面运动时利用过滤平稳白噪声提供了支持。

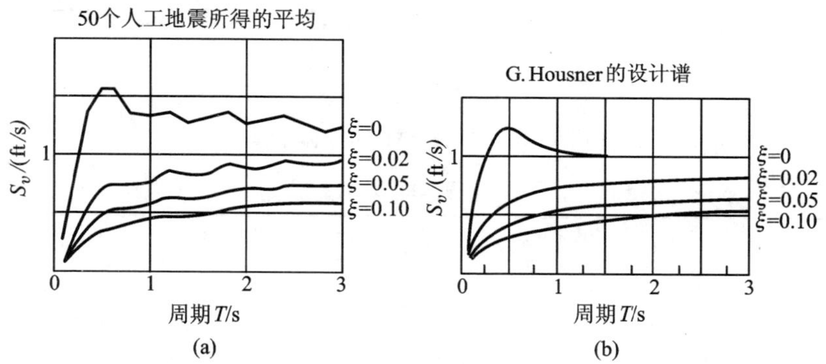

图 28－2　线性单自由度体系伪相对速度的平均极值(平稳过滤白噪声激励)

对于具有图 28－3b 和 c 所示的静力－位移关系的单自由度体系弹塑性和刚度退化模型，用数值积分的方法也分别得到相对位移反应 $v(t)$ 的完整时间历程。每个模型分别受到相应于上述过滤过程但用系数 2.90^2 正规化以后的支承加速度 $\ddot{v}_g(t)$，使得这个过程的强度 S_0 能代表 1940 年 E1 Centro 地震南北分量的强度[$S_0=2.90^2\times0.00614\ in^2/s^3=0.0516\ in^2/s^3$]。

可以同线性模型的参数相比较的非线性模型的基本参数如图 28－3 所示。在所有的情况下，T 和 ξ 分别代表初始弹性阶段的振动周期和粘滞阻尼比。按照关系式 $B\equiv V_y/W$ 和 $\mu_d\equiv|v(t)|_{max}/v_y$ 定义这些模型的强度比 B 和延性需求(或延性系数)μ_d。重要的是除了由于屈服而产生的刚度退化以外，刚度退化模

① J. Penzien and S. C. Liu,. Nondeterministic Analysis of Nonlinear Structures Subjected to Earthquake Excitations,. Proc. 4th World Conf. Earthquake Eng. ,Santiago,Chile,Vol. I,Sec. A-1,January,1969.

型甚至允许在振动振幅很低的情况下形成滞回环。因此，在较低反应振幅范围内，这种模型要比等效弹塑性模型耗散更多的能量。

对于两种不同周期 $T=0.3$ s 和 2.7 s 及两种不同阻尼比 $\xi=0.02$ 和 0.10，研究了弹塑性模型和刚度退化模型的反应；从而，讨论了表 28－1 中所示的 8 种不同非线性模型的反应。正如 1973 年版统一建筑规范(UBC)对抗弯框架的规定，屈服抗力 v_y 等于设计荷载的 2 倍。根据这个前提确定的强度比 $B=2KC=2\times0.667\times(0.05)T^{-1/3}$。

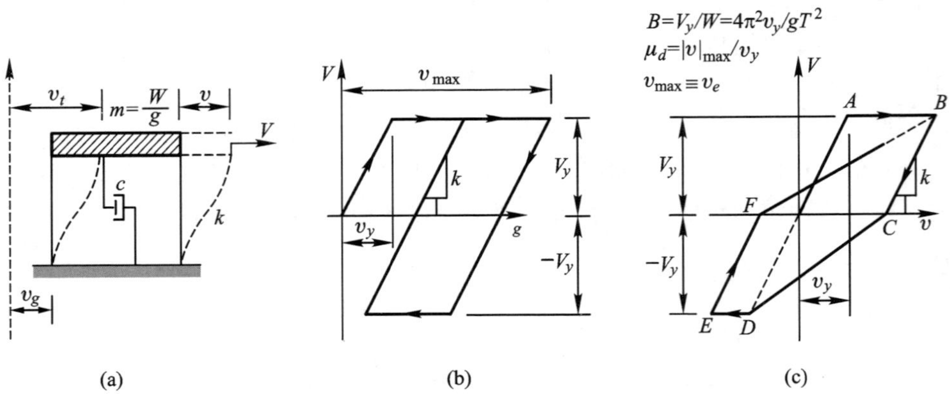

图 28－3 非线性单自由度体系模型

表 28－1

序号	结构类型*	周期 T/s	阻尼比，ξ	强度比 B	屈服位移 v_y/in
1	E	0.3	0.02	—	—
2	EP	0.3	0.02	0.10	0.088
3	SD	0.3	0.02	0.10	0.088
4	E	0.3	0.10	—	—
5	EP	0.3	0.10	0.10	0.088
6	SD	0.3	0.10	0.10	0.088
7	E	2.7	0.02	—	—
8	EP	2.7	0.02	0.048	3.42
9	SD	2.7	0.02	0.048	3.42
10	E	2.7	0.10	—	—
11	EP	2.7	0.10	0.048	3.42
12	SD	2.7	0.10	0.048	3.42

* E－弹性 EP－弹塑性 SD－刚度退化

基于 8 个非线性模型中的 50 个极值得出的概率分布函数 $P(|v|_{max})$ 如图 28－4 所示。为了比较，将 4 个对应的线性弹性模型，即对应具有相同初始刚度和粘滞阻尼比的模型的概率分布函数也示于图中。在图 28－4 中用阿拉伯数字 1 至 12 区别这 12 个模型，其性质列于表 28－1 中。

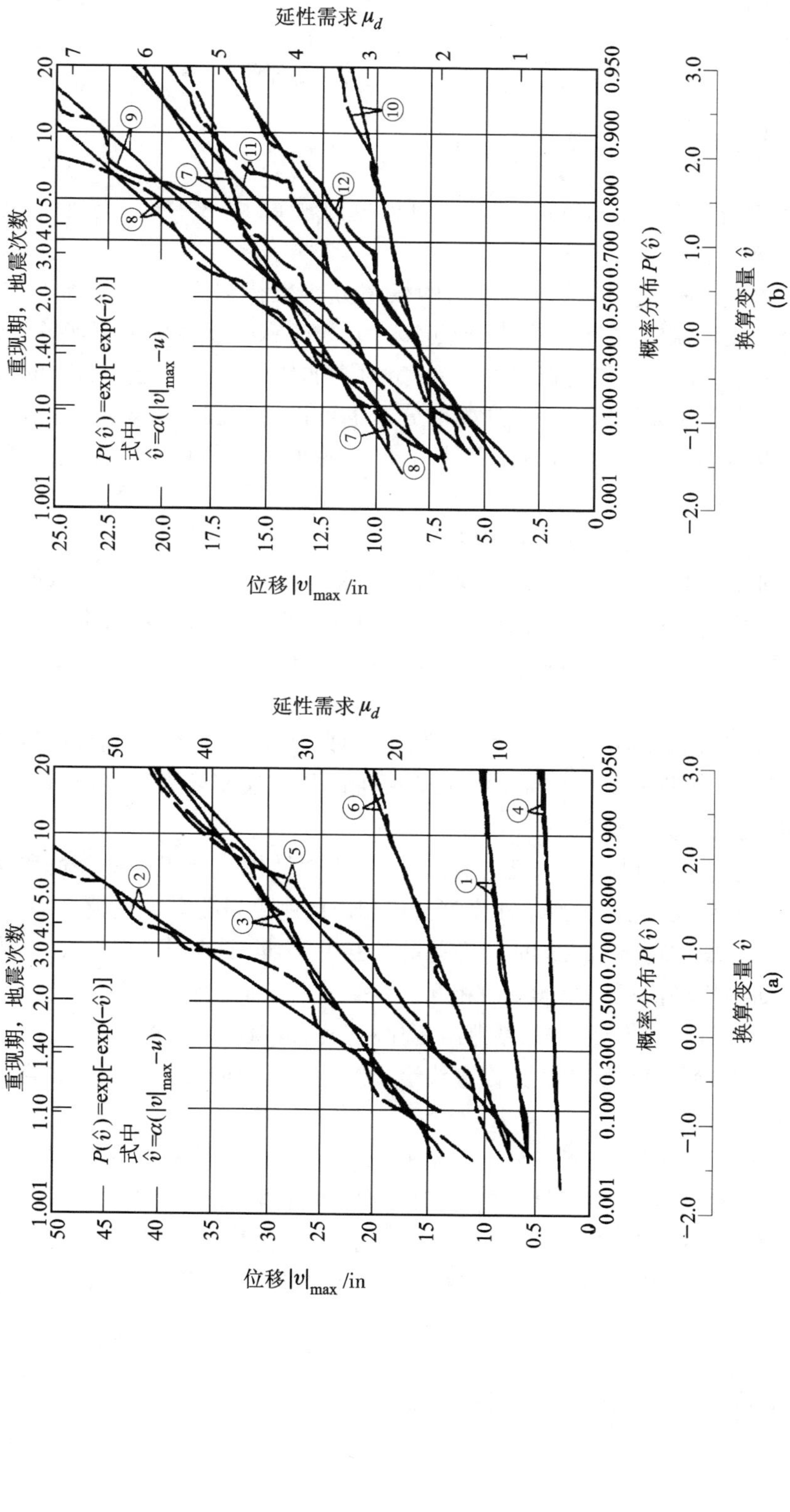

图 28－4　相对位移极值的概率分布

对于12个结构模型中的每一个模型，两种概率分布函数如图28－4所示，即一个为波状线函数，它是对过程 $v(t)$ 用数值方法确定的实际极值分布曲线；一个为直线函数，它是相应于式(21－120)的理论Gumbel I型分布，也就是

$$P(|v|_{\max})=\exp[-\exp(-\hat{v})] \tag{28-14}$$

式中 $\hat{v}$ 为如下定义的换算极值

$$\hat{v}\equiv\alpha(|v|_{\max}-u) \tag{28-15}$$

对于12种情况的每一种，α 和 u 的数值可以按例题E21－8① 末尾提及的“更精确的”方法确定。

如图28－4所示，Gumbel极值图的概率分布坐标刻度的变化，能使得式(28－14)绘成一条直线，该直线在原点($\hat{v}=0$)处的纵坐标表示最可能的极值，而直线的斜率正比于极值的标准差。注意，对于非线性模型在这个图中的极值也可以用延性需求 μ_d 来度量，并且概率分布也可以用地震的重现期来度量，重现期是产生与纵坐标尺度所表示的大小相等的单个极值所要求的地震期望次数。

从图28－4中注意到有如下重要特征：

(1) 对于图28－4a所示的短周期结构反应的最可能极值：弹塑性模型和刚度退化模型比它们对应的线性模型大很多；而弹塑性模型又比它们相应的刚度退化模型稍大一些；具有2％临界阻尼的模型比具有10％临界阻尼的模型要大得多。

(2) 对于图28－4b在 $\hat{v}=0$ 处表示的长周期结构反应的最可能极值：具有2％临界阻尼的那些模型比具有10％临界阻尼的相应模型要大得多；但是，不同模型之间，这些数值差别很小。

(3) 对于短周期结构极值反应的标准差：弹塑性模型和刚度退化模型比其相应的线性模型大得多；而弹塑性模型又比相应的刚度退化模型稍大一些。

(4) 长周期结构极值反应的标准差的相互关系，除了差别不那么大外，十分类似短周期结构极值反应标准差的相互关系。

(5) 对于每一类模型，增加粘滞阻尼比将降低极值反应的标准差。

(6) 如式(28－14)所描述并以直线绘于图28－4中的理论极值函数与实际分布有很好的对应关系。

图28－4所示的极值概率分布函数是由一个持续时间为30 s的输入过程 $\ddot{v}_g(t)$ 而得到的。当然，对于具有较短持续时间的过程，相应的极值比较小。为了说明这个持续时间的影响，将持时为 T_0 的输入过程极值的集合平均值与持时为30 s的输入过程极值的集合平均值的比，作为持时比 $T_0/30$ 的函数绘于图

① E. J. Gumbel and P. G. Carlson, *Extreme-Values in Aeronautics*, op. cit.; E. J. Gumbel, *Probability Tables for the Analysis of Extreme-Value Data*, op. cit.

28－5 中。

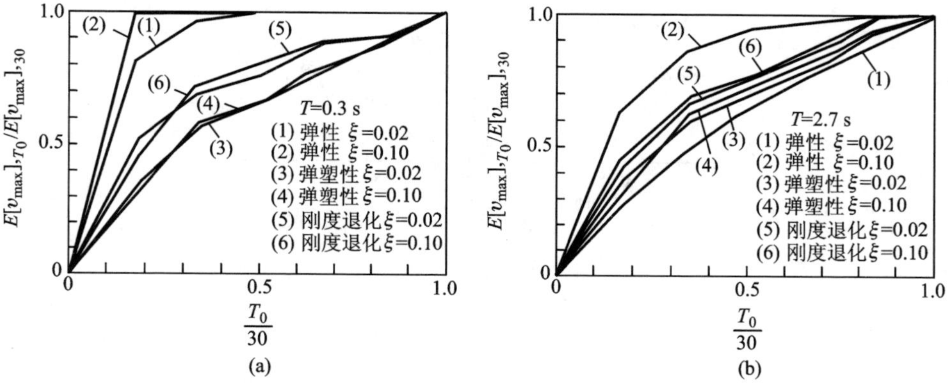

图 28－5　平稳过程持续时间对线性和非线性结构平均峰值反应的影响

由图 28－5a 中的曲线(2)明显看出，当持续时间大约超过 6 s 时，典型阻尼的线性短周期结构(T＝0.3 s)的平均峰值反应随持时增加得很慢。当然，如图 28－5b 中的曲线(2)所示，长周期结构对持续时间比较敏感。此后一条曲线表明，持续时间为 15 s 过程平均峰值反应的值，近似为持续时间为 30 s 过程所得到值的 95％。如图 28－5a 和 b 所示，弹塑性和刚度退化结构对于持续时间要比弹性结构敏感得多。因此，很明显当研究非线性结构反应时，对于平稳输入应该使用实际的持续时间。

如前面指出，为了十分有效地得到线性和非线性体系对给定强度水准强震的概率峰值反应，可以利用相对短持续时间的平稳过程。但是，当比较好地了解实际结构的真实动力特性时，将有希望用各种累积损伤准则度量损伤，在这种情况下，希望利用适当的非平稳过程作为激励。

三线性刚度退化模型　为了进一步说明强地面运动激励引起的结构反应的变化情况，现在让我们考察一下，由 Murakima 和 Penzien① 对表示钢筋混凝土结构的、改进刚度退化的单自由度模型②的报告中选择一些结果，在该模型中非线性变形和破坏特性主要由弯曲控制。这个模型的力－位移滞回关系见图 28－6。

这项研究中，用来表示单分量地面加速度输入的非平稳随机模型的形式是

$$\ddot{v}_g(t)=f(t)a(t) \tag{28-16}$$

这里 $f(t)$是一个确定性的时间强度函数，$a(t)$是平稳过滤过程。在生成这个

① M. Murakami and J. Penzien,. Nonlinear Response Spectra for Probabilistic Seismic Design and Damage 6Assessment of Reinforced Concrete Structures,. Univ. of Calif. ,Berkeley,Earthquake Engineering Research Center,Report No. 75. 38,1975.

② H. Umemura et. al. ,*Earthquake Resistant Design of Reinforced Concrete Buildings Accounting for the Dynamic Effects of Earthquakes*,Giko-do,Tokyo,Japan,1973(in Japanese).

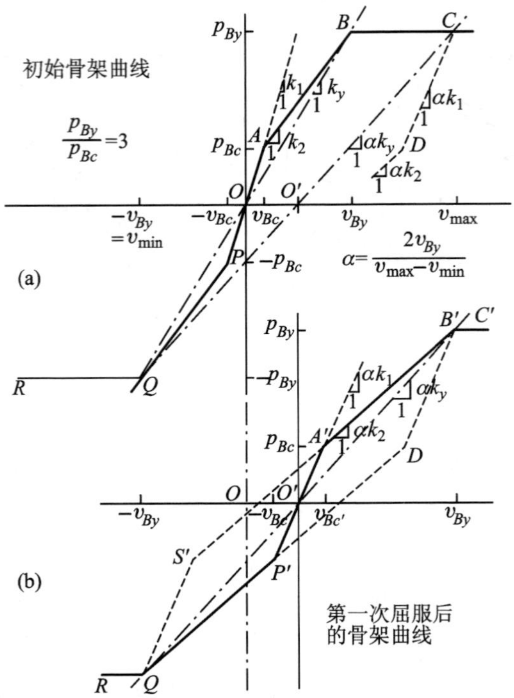

图 28－6　三线性刚度退化滞回模型

过滤过程中，应用了式(25－39)的高频和低频滤波器。在高频滤波器中，ω_1 和 ξ_1 分别取为 15.6 rad/s 和 0.6；而在低频滤波器的参数 ω_2 和 ξ_2 分别取为 0.897 rad/s 和 $1/\sqrt{2}$。在生成样本地震动时，平稳过程的密度 S_0 被指定为一固定值。然而，进行一个正规化使最后的反应结果不依赖于这个固定值。采用的时间强度函数的形式是

$$f(t)=\begin{cases} t^2/16 & 0\leqslant t\leqslant 4\ \text{s} \\ 1 & 4\leqslant t\leqslant 35\ \text{s} \\ \exp[-0.0357(t-35)] & t\geqslant 35\ \text{s} \end{cases} \tag{28-17}$$

这个式子粗略地表示，引起里氏 8 级或更大地震的断层附近将是所期望的上限运动①。

表示力－位移关系的滞回模型的特征参数为 p_{Bc}，p_{By}，v_{Bc} 和 v_{By}，它们分别代表由弯曲引起的混凝土开裂时的荷载，由弯曲引起主筋开始屈服时的荷载，因 p_{Bc} 产生的相对位移和因 p_{By} 产生的相对位移。对相应的荷载范围为 $-p_{Bc}<p<p_{Bc}$ 的振荡位移，总是发生线弹性行为(没有滞回环)。然而，荷载水准超过 p_{Bc} 或低于 $-p_{Bc}$ 的每个变形循环，滞变行为出现。在初始加载与结构的相对位移首次大

① P. C. Jennings, G. W. Housner and N. C. Tsai,. Simulated Earthquake Motions,. loc. cit.

于 v_{By} 或小于 $-v_{By}$ 之间的时间期间内，三线性模型的行为与具有刚度为 k_1 和 k_2 的标准双线性滞回模型(QPOAB，图 28－6)完全相似。然而，结构的相对位移一旦超过 v_{By} 或小于 $-v_{By}$，一种新的双线性滞回关系将控制反应。例如，假如结构的相对位移首次增加到 v_{By} 以上，一直到图 28－6a 中 C 点代表的 $v_{\max}$ 水平。当位移从这个水准减小时，对应荷载将沿其斜率等于 αk_1 的路径 CD 减少，其中：

$$\alpha \equiv \frac{2v_{By}}{v_{\max}+v_{By}} \tag{28-18}$$

一旦荷载下降量为 $2p_{Bc}$ 时达到 D 点，荷载的任何进一步下降都将遵循斜率为 αk_2 的连续路径。应该注意的是，图 28－6a 中 D 点对应的荷载水准是 p_{Bc}，只因为在该图中表示特定三线性模型对应于 $p_{By}/p_{Bc}=3.0$。如果这个比被指定为不同的数值，那么 D 点对应的荷载水准将不同于 p_{Bc}。

控制这个连续运动的新的双线性滞回模型如图 28－6b 所示，应该注意骨架曲线的原点从初始双线性模型的原点 O 点转移到了 O' 点。这个点为图 28－6a 中直线 QC 与横坐标轴的交点。因此，OO' 的距离等于 $BC/2$。新双线性模型的刚度为 αk_1 和 αk_2。

如果在由图 28－6b 的第二个双线性模型控制的反应期间内，相对位移将增加超过 B' 点表示的 $v_{\max}$($v_{\max}=v_{By'}$)，直到一个用 C' 点表示的一个新水准，那么继续的反应将由第三个双线性滞变模型控制，其特征参数可以按完全相同于确定第二个模型特征参数的方式获得。另外，如果三线性模型屈服发生在荷载水准 $-p_{B_y}$ 处而不是在荷载水准 p_{B_y} 处，则可以用类似的方法得到控制继续运动的新的双线性模型。

用图 28－6 所示的 7 个参数 $k_1, k_2, k_y, p_{Bc}, p_{By}, v_{Bc}$ 和 v_{By} 中的任意 4 个可完全描绘三线性刚度退化模型。为了这个目的，用 k_1, k_y, p_{Bc} 和 p_{By} 是很方便的，但可用 $T_1 \equiv \sqrt{m/k_1}$ 和 $T_2 \equiv \sqrt{m/k_y}$ 定义的周期参数 T_1 和 T_2 分别代替 k_1 和 k_y。对钢筋混凝土构件来讲，k_1 和 p_{By} 通常分别位于 $2k_y<k_1<4k_y$ 和 $2p_{Bc}<p_{By}<3p_{Bc}$ 范围内。因此，对一给定设计，人们可以指定 k_1/k_y 和 p_{By}/p_{Bc} 的数值，把独立参数的数目减少到两个。对于这里介绍的例子中，对于 $k_1/k_y=2$ 和 $p_{By}/p_{Bc}=2$，$T_2=\sqrt{2}T_1$。现在，可以利用周期 T_1 和强度 p_{By} 作为 2 个独立模型参数。为方便把强度参数 p_{By} 除以力 $m\bar{\ddot{v}}_{g0}$ 使其正规化，其中 $\bar{\ddot{v}}_{g0}$ 为地面运动激励的平均加速度，这样最后的结果不依赖于 S_0 的数值。

结构模型中的粘滞阻尼可以由 $\xi_1 \equiv c/2\sqrt{mk_1}$ 定义的阻尼比 ξ_1 的指定数值来控制。这里介绍的例子中选择 2%临界值，即 $\xi_1=0.02$。

为了说明对一类固定强度的地震激励的最大结构反应的概率本质，考虑上面定义的三线性刚度退化模型受式(28－16)定义的一族地面运动激励。每一组

固定参数 T_1 和 p_{By} 的模型受 20 个独立的地面运动，得到对应的 20 个最大反应的均值和变异系数（标准差与均值的比值）。如果用下面定义的延性需求（μ_d）来估计最大反应，

$$\mu_d = v(t)_{\max}/v_{By} \tag{28-19}$$

那么 μ_d 的平均值（$\bar{\mu}_d$）和它的变异系数（标准差/平均值）的分布如图 28-7 所示。为了简单起见，在这个图中去掉 p_{Bc}，p_{By}，v_{Bc} 和 v_{By} 项的下标 B。

如图 28-7 所示的那样，平均延性需求通常随周期 T_1 的减小而增加，且延性需求在整个强度范围 $0.5 < p_y/m\bar{\ddot{v}}_{g0} < 1.75$ 内的宽度随周期的减小而增大。另外注意到，对应于一个固定周期的延性需求随结构强度的减小而增大。变异系数随周期的变化趋势与平均延性需求的变化趋势类似，特别是相关的强度水准和强度变异的变化趋势类似。最值得注意的是，当反应是完全弹性（$\mu_d < 1$）时，变异系数是很低的，但随非弹性变形的增加，变异系数将变得

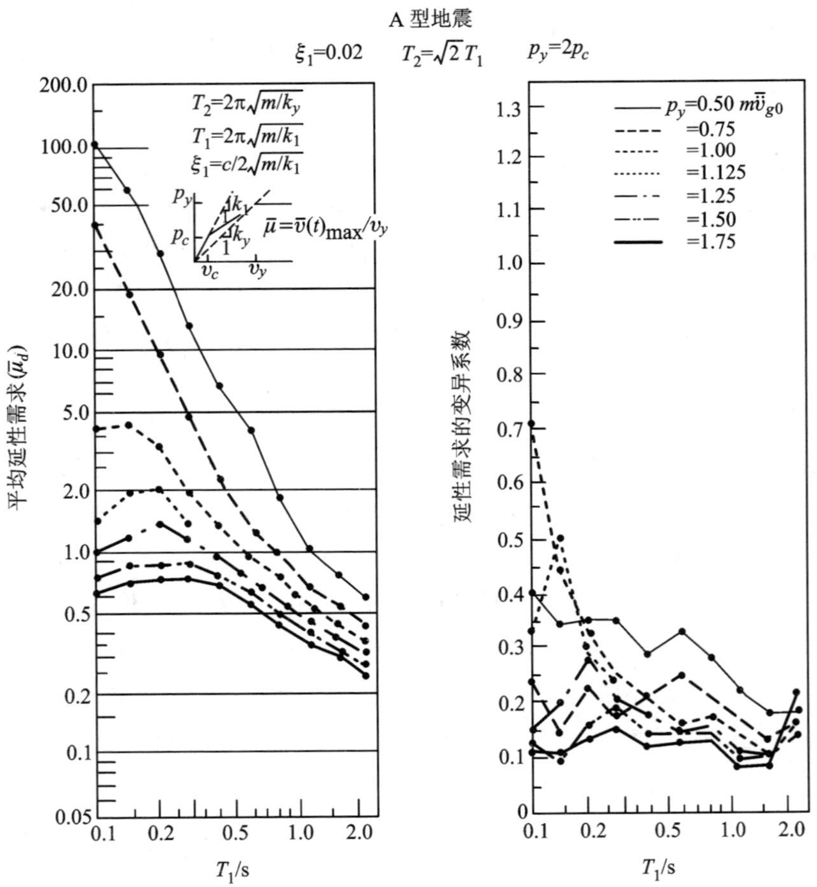

图 28-7 具有不同强度水平 p_y 的三直线性刚度退化模型的平均延性需求和相应的变异系数对周期 T_1 的变化

很大。

当利用图 28－7 中给出的结果时,可以利用下面的关系计算最大反应平均值

$$\bar{v}(t)_{\max}=T_2^2\beta_f\bar{\mu}\left(\frac{g}{4\pi^2}\right)\left(\frac{\bar{\ddot{v}}_{g0}}{g}\right) \tag{28－20}$$

式中

$$\beta_f\equiv p_y/m\bar{\ddot{v}}_{g0} \tag{28－21}$$

多自由度体系

Ruiz① 利用非平稳过程代表强地面运动,研究了多层剪切型建筑物的概率反应。为了提供一个多自由度体系随机反应的例子,在这里有选择地介绍他的研究成果。

Ruiz 生成了一个地面加速度过程 $\ddot{v}_g(t)$,用来模拟一次 8.3 级地震、在震中距约为 45 英里的坚硬土上期望的地面运动。用数字计算机方法生成了 20 个有限带宽的平稳白噪声样本函数。然后把这些样本函数乘以确定性的强度函数 $f(t)$,该函数如图 25－13 所示,取 $t_1=0$,$t_2=11.5$ s 及 $c=0.155\ \text{s}^{-1}$。然后,利用式(25－39)的第一式作为滤波器函数,取 $\omega_g=15.7$ rad/s 和 $\xi_g=0.6$,把所得到的非平稳波形过滤。把该过程正规化,达到与期望峰值加速度 0.3 g 相应的强度水准。

对于 20 个加速度中的每一个输入,用确定性方法计算一个八层剪切型建筑物弹塑性反应的整个时程。此建筑物的 8 个集中质量大小相等并且等间隔,同时调整各楼层的相对弹性弹簧常数,使得建筑物的基本振型形状是直线。每层的层间侧移与其剪力通过双线性滞变－力－变形的关系关联,而与作用在柱中的轴向力无关。当按 1973 统一建筑规范(UBC)分布的静力侧向加载,并单调增大到设计荷载的 2 倍时,假定各层同时开始屈服。每层的屈服刚度设为它们初始弹性刚度的 10%。为了在反应的弹性范围内确定指定阻尼,把粘滞阻尼引入到耦合非线性运动方程中。

对于基本周期分别为 0.5 s 和 2 s 的两幢不同的剪切型建筑物,每层(共八层)延性需求的 20 个极值的概率分布函数以 Gumbel 图形(Ⅰ型)形式示于图 28－8 中。这样,它们一个代表刚性建筑,一个代表柔性建筑。指定这两个建筑物所有弹性振型的阻尼比均为 5%。这些概率分布函数与 28－4 节中的图 28－4 表示的单自由度体系情况类似。因此,这些曲线的意义无需作补充说明。

根据图 28－8a 的结果,关于刚性剪切型建筑物可以得出如下结果:

(1) 横坐标为 0.368 处的最可能延性需求向结构顶部递减。

---

① P. Ruiz and J. Penzien,. Probabilistic Study of Behavior of Structures during Earthquakes,. University of California, Berkeley, Earthquake Engineering Research Center, Rept. 69－3, 1969.

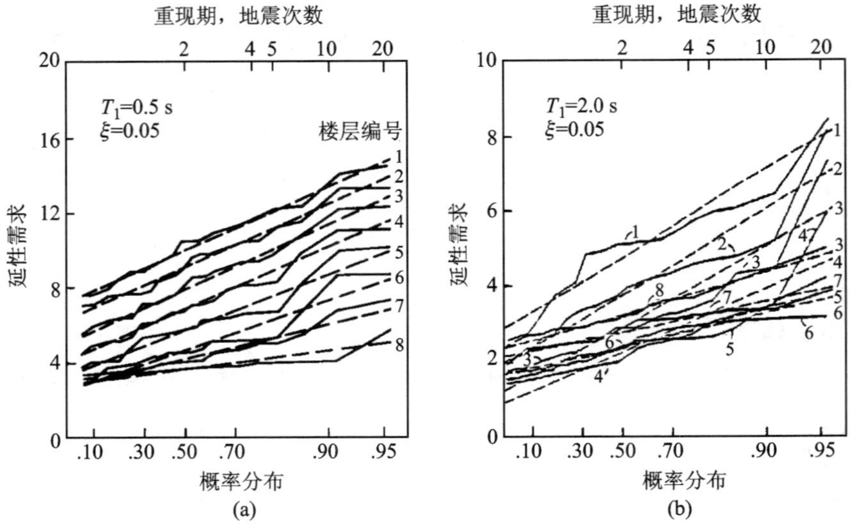

图 28－8 楼层延性需求的概率分布

(2) 延性需求的标准差除顶层外其余各层几乎都相同，在顶层减小很多。

(3) 估算的概率分布函数与由直线表示的理论分布符合得很好。

同样，根据图 28－8b 的结果，关于柔性剪切型建筑物可以得出如下结果：

(1) 最可能的延性需求 $P(0.368)$向中间层递减，然后向顶层递增。

(2) 延性需求的标准差向上层递减，但在顶层稍有增大。

(3) 在这个情况下估算的概率分布与理论上的直线分布之间的符合程度仅是尚可。

从对图 28－8a 与 b 的比较显然可见，结构的刚性愈大，其最可能延性需求及其标准差也愈大。

§28－4 设计上的考虑

通常可以接受的抗震设计准则为：在中等地震条件下仅仅较小的损伤可以接受，在最大可能地震条件下整体损伤或完全倒塌应该避免。在这个陈述中意味着经济的考虑允许在高地震区结构损伤的某一危险性准则。为了使总成本(包括初始建造成本、震后的修复成本等)最小化，在中等到严重地震条件下，常常允许结构有有限程度的损伤。应该知道，在较好设计的结构中允许一些损伤出现对相同结构具有限制损伤的有利效果。这是由于与损伤相关的能量吸收在限制结构震荡运动的最大值方面是有效的，一个好的抗震结构应该设计成具有很好的吸收高能量的能力，使得它在中等到严重地震条件下经历可控损伤。根据前面介绍的结构滞变模型，这个概念意味着延性需求应限制在某一水准，要大大低于它们相应的延性能力，与基本设计准则相一致。

现在，假定对于某个给定的结构模型指定两个不同的延性水准，选择较小的值与在中等地震条件下轻微损伤相一致，选择较大的值与在可能出现的最严重条件下非常大的损伤（但不完全倒塌）相一致。于是想到两个问题：(1)“在单一地震期间超越这些延性需求的概率是什么？”(2)“应该指定什么样的延性需求与设计准则相一致？”为了全面地回答这些问题，需要合适的概率密度或分布函数。

在前节中，表明了对单个地震的最大（或极值）反应的概率分布函数严格遵循 Gumbel Ⅰ型分布。如果这里采用三线性单自由度模型，并且用延性需求（μ_d）计量反应极值，那么可能把 20 个样本值的概率分布函数表示为 Gumbel Ⅰ型：

$$P(q)=\exp\left\{-\exp\left[-\frac{1.063}{c}(q-1+0.493c)\right]\right\} \tag{28-22}$$

式中 q 为用其均值正规化后的延性需求，即

$$q\equiv\frac{\mu_d}{\bar{\mu}_d} \tag{28-23}$$

c 是 μ_d 的变异系数，也就是

$$c\equiv\frac{\sigma_{\mu_d}}{\bar{\mu}_d} \tag{28-24}$$

图 28－9 中绘出了对应 c 的一系列离散值（$0<c<1.5$）的概率分布函数。由于概率分布函数定义为

$$P(x)\equiv概率(q<x) \tag{25-25}$$

超越概率函数为

$$Q(x)\equiv概率(q>x)=1-P(x) \tag{28-26}$$

利用式(28－26)、图 28－9 及图 28－7 中介绍的数据类型可以很容易回答提出的第一个问题，即“在单一地震期间超越这些延性需求的概率是什么？”。提出的第二个问题，即“指定与设计准则相一致的延性需求是什么？”更难回答。在回答这个问题之前，人们必须认识到基本设计准则不可能绝对满足，即有 100% 的置信度。这个复杂性是归因于每族地

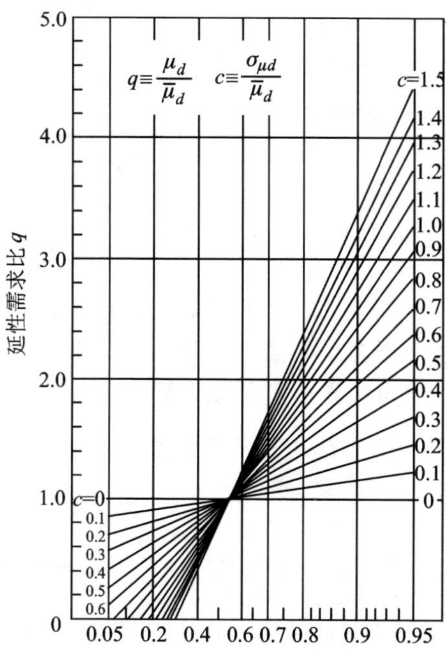

图 28－9　用 Gumbel Ⅰ型分布表示的延性需求比概率分布函数

震激励的反应极值的离散性。最棒作法可能是把对应两个延性因子的超越概率均降低到一个可接受的水准。当然,决定一个合适的可接受水准是很复杂的,因为它涉及经济、社会及政治的考虑。然而,作为一个例子,假定15%的超越概率是可接受的,即$Q(q)=0.15$,相应于$P(q)=0.85$。利用图28-9和在图28-7所示的类似数据,人们就可以很容易得到与$P(q)=0.85$相对应的延性因子μ_d^{85}。图28-10给出了前面描述的三线性情况,即图28-7给出的结果。

为了确定某一结构体系所要求的强度水准,首先人们必须指定与基本设计准则相一致的基本标准。例如,考虑设计的和最大可能的峰值地面加速度(PGA)水准分别设为0.30 g和0.45 g,与三线性刚度退化模型对应的轻微的和严重的(但是可控的)损伤相一致的两个延性需求分别设为2和4。设了这些标准后,人们可以利用基于可接受超越概率得到的数据,例如,图28-10中所示的$\mu_d^{85}=\mu_d^{85}(T_1, p_y, 等)$,以便得到所考虑周期$T_1$的任何离散值对应的所需要的强度比$\beta$①($\beta_f=p_y/m\ddot{v}_g$)。在文献②,③,④中已经产生和报告了相当多的这类信息。

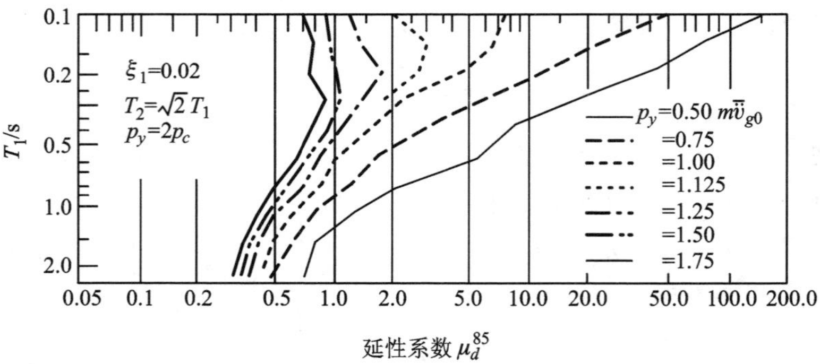

图28-10 概率分布函数为85%水准的反应延性需求

在关于设计上的考虑的讨论中,介绍了计算在地震条件下非弹性结构性能的概率概念。虽然这里所给出的数值结果只应用于三线性单自由度模型,但同时它们对多自由度体系非弹性性能提供了相当多的认识。彻底解决这种体系的概率反应超出了本书的范围。

① 原文为μ_d^{85}这里已经修改,但需注意前面强度比也曾记作B。

② M. Murakami and J. Penzien, loc. cit.

③ J. Penzien,. Predicting the Performance of Structures on Regions of High Seismicity,. Proc. 2nd Canadian Conf. on Earthquake Engineering, McMasters Univ. , Hamilton, Untario, Canada, June, 1975.

④ H. A. Sawyer,. Comprehensive Design of Reinforced Concrete Frames by Plasticity Factors,. 9th Plenary Session of the Comite European du Beton Symposium. Hyperstatique,. Ankara, Turkey, September, 1964.

§28－5　容许的延性需求与延性能力

对特定的单自由度或多自由度结构设定最大可信地震的容许延性需求时，应该考虑结构的整体延性能力。延性能力一般定义为在指定数量的完整变形循环过程中结构能够承受的最大延性比(v_{max}/v_y)，这里变形达到的水准没有明显丧失结构整体性(强度和刚度)。指定的数量应该对应于在单个最大可信地震事件期间结构经受的非弹性变形完整循环数的估计值。为了提供一个合适的性能安全储备，延性能力应超过容许延性需求的某个合适倍数。用于这个目的的倍数一般是取 2。

英汉名词对照表

英　　文	中　　文
Accelerograms:	加速度图,加速度时程:
coherency compatible	相干兼容的
design	设计
recorded	记录的
response spectrum compatible	反应谱兼容的
synthetic	人工的,合成的
Accelerometer	加速度计
Asthenosphere	软流圈
ACT－3 code provisions	ACT－3 规范规定
Autocorrelation function	自相关函数
Axial force effects	轴力效应
Axial wave propagation:	轴向波传播:
boundary conditions	边界条件
discontinuity	突变,不连续
equation of motion	运动方程
Bernoulli-Euler hypothesis	Bernoulli-Euler 假设
Betti's law	Betti 定律
Binomial probability distribution	二项式概率分布
Boundary impedance functions:	边界阻抗函数:
one-dimensional	一维的
two-dimensional	二维的
three-dimensional	三维的
Buckling analysis	屈曲分析
Cauchy's residue theorem	Cauchy 留(残)数定理
Central limit theorem	中心极限定理

续表

英　　文	中　　文
Coherency function	相干函数
Complex frequency response	复频反应
Conditional probability	条件概率
Consistent:	一致的
geometric stiffness	几何刚度
mass matrix	质量矩阵
nodal loads	结点荷载
Continental drift	大陆漂移
Contour integration	围道积分
Convergence, matrix iteration	收敛,矩阵迭代
Convolution integral	卷积积分
Core (of the earth)	地核
Correlation coefficient	相关系数
Covariance	协方差
Cross correlation:	互相关:
Coefficients	系数
Function	函数
Cross-spectral density	互谱密度
Crust (of the earth)	地壳
CQC modal combination	完全二次型振型组合
Cubic hermitian polynomial	三次 Hermite 多项式
D'Alembert's principle	D'Alembert 原理
Damping:	阻尼:
complex-stiffness	复刚度
continuous system	连续体系
coupling	耦合
equivalent	等效
evaluation of:	计算:
energy loss per cycle	每周能量损失
free-vibration decay	自由振动衰减
half-power method	半功率谱法

续表

英　　文	中　　文
resonant amplification	共振放大
influence coefficient	阻尼影响系数
matrix	阻尼矩阵
non-proportional viscous	非比例粘滞阻尼
orthogonality	正交阻尼，正交性
proportional viscous	比例粘滞阻尼
ratio	阻尼比
Rayleigh	Rayleigh 阻尼
Degrees of freedom：	自由度：
Definition	定义
selection of	自由度的选择
Derived Ritz vector	衍生 Ritz 向量
Design：	设计：
dual strategy	双重对策
earthquakes	地震
ground accelerations	地面加速度
response spectra	反应谱
Dirac delta function	Dirac δ 函数
Direct stiffness method	直接刚度法
Discrete Fourier transform	离散 Fourier 变换
Discrete loading，stochastic	离散荷载，随机的
Discretization：	离散化：
finite element	有限单元
generalized displacement	广义位移
lumped mass	集中质量
Displacement meter	位移计
Distributed loading，stochastic	分布荷载，随机的
Distributed parameter system	分布参数体系
Ductility：	延性：
Demand	需求
Capacity	能力
Duhamel integral：	Duhamel 积分：

续表

英　　文	中　　文
Definition	定义
evaluation of	计算
Dynamic loading, general	动力荷载，一般
Dynamic magnification factor	动力放大系数
Dynamic matrix:	动力矩阵：
General	一般的
Symmetric	对称的
Dynamic stiffness	动力刚度
Earth:	地球：
plate tectonics	板块构造
structure	构造、结构
Earth structure:	地球构造：
crust, mantle, core	地壳，地幔，地核
asthenosphere, lithosphere	软流层或软流圈、岩石圈
Earthquake:	地震：
Epicenter	震中
Faults	断层
Focus	震源
Intensity	烈度
intensity(modified Mercalli)	修正 Mercalli 烈度
magnitude(Richter)	里氏震级
Modified Mercalli	修正 Mercalli
Housner	Housner
Magnitude	震级
Seismicity	地震活动性或地震活动
Waves	地震波
Earthquake faults:	地震断层：
normal, reverse	正向断层，反向断层(逆断层)
dip slip, strike slip	倾向滑动，走向滑动
San Andreas	San Andreas
Earthquake ground motion:	地震地面运动：

续表

英　　文	中　　文
influencing factors	影响因素
Fourier spectra	Fourier 谱
response spectra	反应谱
Earthquake structural response:	地震结构反应：
excitation factor	激励因子
flexible foundation	柔性基础
rigid foundation	刚性基础
multiple excitation	多点激励
rotational excitation	转动激励
translational excitation	平动激励
Earthquake wave:	地震波：
P-wave, S-wave	P 波，S 波
Rayleigh, Love	Rayleigh 波，Love 波
Effective modal mass	等效振型质量
Eigenproblem:	本征问题，特征问题：
direct iteration	直接迭代
eigenvalues	特征值
inverse iteration	逆迭代
special topics	专题
Eigenvectors:	特征向量：
left hand	左手
right hand	右手
Elastic-plastic system	弹塑性体系
Elastic-rebound theory	弹性回弹理论
Energy:	能量：
Kinetic	动能
Potential	势能
Strain	应变能
Epicenter	震中
Equations of Constraint	约束方程
Equations of motion:	运动方程：
Axial deformation	轴向变形

续表

英　　文	中　　文
uncoupling	非耦合，解耦
Definition	定义
discrete systems	离散体系
uncoupling	非耦合，解偶
distributed parameter systems	分布参数体系
uncoupling	解耦
Hamilton's formulation	Hamilton 列式
Lagrange's formulation	Lagrange 列式
Equilibrium，dynamic	平衡，动力学
Euler's equation	Euler 方程
Extreme values：	极值：
Definition	定义
density function	密度函数
distribution function	分布函数
Davenport type	Davenport 型
Gumbel type Ⅰ	Gumbel Ⅰ型
Fast Fourier Transform	快速 Fourier 变换
Fatigue predictions	疲劳预测，疲劳预估
Fault，earthquake	断层，地震
Finite element：	有限单元：
concept	概念
discretization	离散化
interpolation functions	插值函数
nodal points	结点
stiffness	刚度
Flexibility：	柔度：
influence coefficients	影响系数
matrix	矩阵
Focus，earthquake	震源，地震
Foundation modeling	基础建模
Foundation-structure interaction	基础-结构相互作用

续表

英　文	中　文
Fourier:	Fourier:
amplitude spectrum	幅值谱
integral	Fourier 积分
inverse transform	逆变换
phase spectrum	相位谱
response integral	反应积分
series	Fourier 级数
exponential form	指数形式
trigonometric form	三角形式
transform	Fourier 变换
discrete	离散 Fourier 变换
pairs	Fourier 变换对
Four-way log plot	四对数坐标图
Free field motion	自由场运动
Free vibrations:	自由振动:
MDOF systems	多自由度体系
continuous	连续
discrete	离散
SDOF systems, damped	单自由度体系,有阻尼
critically	临界阻尼
overdamped	超阻尼或过阻尼
underdamped	低阻尼或欠阻尼
Frequency:	频率:
analysis of	频率分析
circular undamped	无阻尼圆频率
damped	有阻尼频率
Frequency domain analysis	频域分析
Frequency equation	频率方程
Frequency ratio	频率比
Frequency vector	频率向量
Gaussian distribution:	Gaussian 分布:

续表

英　　文	中　　文
multi random variables	多随机变量
one random variables	单随机变量
two random variables	两个随机变量
Generalized coordinates	广义坐标
Generalized properties:	广义特性:
continuous systems	连续体系
load	广义荷载
mass	广义质量
SDOF system	广义单自由度体系
combined stiffness	联合刚度
damping	广义阻尼
geometric stiffness	几何刚度
load	广义荷载
mass	广义质量
stiffness	广义刚度
Generalized SDOF systems:	广义单自由度体系:
distributed flexibility	分布柔度
rigid body assemblage	刚体集合
Geometric stiffness:	几何刚度:
coefficients	几何刚度系数
consistent	一致几何刚度
linear approximation	线性近似
matrix	几何刚度矩阵
Gravitational force, influence of	重力(影响)
Gumbel's extrem-value distribution	Gumbel 极值分布
Gutenberg-Richter recurrence relation	Gutenberg-Richter 递归关系
Half-power method, damping	半功率法,阻尼
Hamilton's principle	Hamilton 原理
Harmonic:	谐振的,简谐的:
loading	谐振荷载,简谐荷载
response	谐振反应,简谐反应

续表

英　　文	中　　文
Impedance matrix	阻抗矩阵
Impulsive loads	冲击荷载,脉冲荷载
approximate	近似分析
definition	定义
rectangular impulse	矩形脉冲
sine-wave impulse	正弦波脉冲
triangular impulse	三角形脉冲
Incident waves	入射波
Incremental equilibrium equations	增量平衡方程
Inertial force	惯性力
Intensity:	烈度:
earthquake(Modified Mercalli)	地震(修正 Mercalli)
response-spectrum(Housner)	反应谱(Housner)
Interpolation function:	插值函数:
complex frequency response	复频反应
finite element	有限单元
Inverse iteration	逆迭代
Isolation:	隔震:
effectiveness	效率
vibration	振动
Isoseismal map	等震线图
Iteration, matrix:	迭代,矩阵:
direct	直接迭代
inverse	逆迭代
Jacobian transformation	Jacobi 变换
Joint separations	接缝空隙
Kanai/Tajimi filter	Kanai/Tajimi 滤波器
Kinematic constraints	运动学约束
Kinematic interaction	运动学相互作用
Kinematic energy	动能

续表

英　　文	中　　文
Lagrange multipliers	Lagrange 乘子
Lagrange's equations of motion	Lagrange 运动方程
Lanczos coordinates	Lanczos 坐标
Linear transformation of random variables	随机变量的线性变换
Lithosphere	岩石圈
Loading:	荷载:
consistent nodal loads	一致结点荷载
evaluation	荷载计算
static resultants	静力合力
Loading types:	荷载类型:
general	一般荷载
impulse	脉冲荷载
periodic	周期荷载
random	随机荷载
simple harmonic	谐振荷载
Logarithmic decrement of damping	阻尼对数衰减率
Lognormal distribution	对数正态分布
Magnification factor	放大系数
Magnitude (Richter)	里氏震级
Mantle	地幔
Mass influence coefficients	质量影响系数
Mass matrix:	质量矩阵:
consistent	一致质量矩阵
general	一般质量矩阵
lumped	集中质量矩阵
Matrix iteration	矩阵迭代:
buckling analysis	屈曲分析
direct	直接矩阵迭代
inverse	逆矩阵迭代
with shifts	移位逆矩阵迭代
Maxima, distribution	极大值,分布

续表

英　　文	中　　文
Maxwell's law of reciprocal deflections	Maxwell 位移互等定律
Mean values	均值
Mercalli inensity	Mercalli 烈度
Miner's fatigue criterion	Miner 疲劳准则
Minimum potential energy	最小势能
Modal participation factors	振型参与系数
Modal truncation errors	振型截断误差
Mode shape：	振型：
evaluation	振型计算
matrix	振型矩阵
Mode superposition	振型叠加
Modified Mercalli（MM）intensity	修正 Mercalli 烈度
Mohr's circle	Mohr 圆
Narrowband systems	窄带体系
Newmark beta methods	Newmark β 法
Newton's second law	Newton 第二定律
Nodal points	结点
Nonlinear response analysis	非线性反应分析
earthquake	地震
MDOF	多自由度
SDOF	单自由度
Nonstationary random process	非平稳随机过程
Normal coordinate：	正规坐标：
definition	定义
equations of motion：	运动方程：
continuous system	连续体系
discrete system	离散体系
Normal distribution：	正态分布：
multi random variables	多随机变量
one random variables	单随机变量
two random variables	两个随机变量

续表

英　　文	中　　文
Normalizing mode shapes	正规化振型
Normal mode equations	正规振型方程
Numerical analysis:	数值分析：
frequency domain	频域
time domain	时域
Numerical integration:	数值积分：
simple summation	简单求和
Simpson's rule	Simpson 规则
trapezoidal rule	梯形规则
Orthogonality conditions:	正交性条件：
axial vibration modes	轴向振动振型
continuous system	连续体系
discrete system	离散体系
Orthonormal	标准正交的
Periodic	周期的
P-wave	P 波
Phase angle	相位角
Pile driving (stress analysis)	打桩(应力分析)
Plate tectonics	板块构造
Positive definite, property of	正定的(性质)
Potential energy:	势能：
minimum	最小势能
Power spectral density	功率谱密度
Principal axes:	主轴：
ground motion	地面运动
joint probability	联合概率
Probability:	概率：
conditional	条件概率
density	概率密度
distribution	概率分布

续表

英　　文	中　　文
joint	联合概率
marginal	边缘概率
Probability risk assessment	概率风险评定
Probability theory	概率论
Pseudo-acceleration response spectrum	伪加速度反应谱
Pseudo-velocity response spectrum	伪速度反应谱
Purified displacement vector	净化位移向量
Quasi-static displacements	拟静力位移
Racking deformation, tunnels	错动变形,隧道
Random processes:	随机过程:
definition	定义
derivatives	导数
ergodic	各态遍历的
multiple independent variables	多自变量
nonstationary	非平稳的
stationary	平稳的
stationary Gaussian	平稳 Gauss 的
superposition	叠加
Random variables:	随机变量:
averages	均值
multiple	多(个的)
single	单(个的)
transformations	变换
Random walk:	随机走动
Rayleigh method:	Rayleigh 法:
approximate frequency analysis	近似频率分析
critical buckling load	临界屈曲荷载
discrete coordinate systems	离散坐标体系
improved	改进的 Rayleigh 法
principle of	Rayleigh 法原理

续表

英　　文	中　　文
selection of shape	振型选择
Rayleigh probability distribution	Rayleigh 概率分布
Rayleigh-Ritz method	Rayleigh-Ritz 法
Reflected wave	反射波
Refracted wave	折射波
Residue theorem (Cauchy)	(Cauchy)留(残)数定理
Resonance	共振
Response ratio	反应比
Response spectra:	反应谱:
definitions	定义
design	设计
influencing factors	影响因素
intensity	强度
shapes	形状
Response spectrum compatible motions:	反应谱兼容运动
Rice's equation	Rice 方程
Rigid body:	刚体:
mass	质量
mass moment of inertia	质量惯性矩
Richter magnitude	Richter 震级
Ritz vectors	Ritz 向量
S-wave	S 波
San Andreas fault	San Andreas 断层
Scatter diagram	散点图,散布图
SDOF system:	单自由度体系:
damped response	有阻尼反应
definition	定义
stochastic response	随机反应
undamped	无阻尼的
Sea floor spreading	海底扩张(说)
Seismicity	地震活动性

续表

英　文	中　文
Seismicity, global	全球地震活动
Seismic hazard curve	地震危险性曲线
Seismogram	地震图
Seismology	地震学
Shear beam model	剪切梁模型
Shear building	剪切型建筑
Shock spectra	震动谱、或反应谱或冲击谱
Simpson's rule	Simpson 规则
site-specific response spectra	特定场地反应谱
Soil modification, earthquake motion	土质改性,地震动
Soil-structure interaction:	土—结构相互作用:
boundary impedances	边界阻抗
definition	定义
inertial	惯性的
MDOF systems	多自由度体系
SDOF systems	单自由度体系
underground structures	地下结构
Spatially correlated motions	空间相关运动
Spectral acceleration	谱加速度
Spectral displacement	谱位移
SRSS modal combination	平方和开平方振型组合
Stability analysis	稳定性分析
Static condensation	静力凝聚
Statistical averages:	统计平均:
covariance	协方差
mean value	均值
mean-square values	均方值
standard deviation	标准差
variances	方差
Statistical independent	统计独立的
Step-by-step integration:	逐步积分:
SDOF systems	单自由度体系

续表

英　　文	中　　文
concept	概念
conditional stability	条件稳定性
Euler-Gauss	Euler-Gauss
incremental formulation	增量列式
Newmark β-methods	Newmark β 法
piecewise exact method	分段精确法
second central difference method	二阶中心差分法
MDOF systems:	多自由度体系：
concept	概念
conditional stability	条件稳定性
constant average acceleration method	常平均加速度法
coupled system	耦合体系
incremental form	增量形式
linear acceleration method	线性加速度法
Wilson θ-method	Wilson θ 法
Stiffness influence coefficient	刚度影响系数
Stiffness matrix	刚度矩阵
Stochastic modeling, strong ground motion	随机建模，强地面运动
Stochastic response:	随机反应：
general	一般的
SDOF systems	单自由度体系
MDOF systems	多自由度体系
Stodola method (matrix iteration)	Stodola 法(矩阵迭代)
Strain energy	应变能
Strong motion earthquakes:	强烈地震：
actual	实际的
design	设计
synthetic	人造的，人工的
Strong motion accelerogram	强烈地震加速度图
Strong motion earthquake	强运动地震，强震
Structural-property matrices, evaluation	结构特性矩阵，计算
Support excitation:	支座激励：

续表

英　　文	中　　文
continuous systems	连续体系
influence of	影响
multiple (discrete)	多点(离散)
Subduction	减去
Subspace iteration	子空间迭代
Substructure modeling	子结构建模
Sweeping matrix	滤型矩阵,替换矩阵,扫描矩阵
Thirty (30) percent rule	30%规则
Transfer function relationships	转换函数关系,传递函数关系
Transfer function, interpolation of	传递函数,插值
Transient response	瞬态反应
Transmissibility ratio	传导比,传输比
Trapezoidal rule	三角形规则
Two-component excitation	两分量激励
Unconditionally stable:	无条件稳定的:
Wilson θ-method	Wilson θ 法
Undamped free vibrations:	无阻尼自由振动:
SDOF systems	单自由度体系
MDOF systems	多自由度体系
Underground structures, response	地下结构,反应
Uniform hazard response spectrum	均匀危险反应谱
Unit impulse response function	单位脉冲反应函数
Variance	方差
Variational formulation (equations of motion)	变分列式(运动方程)
Vianello method	Vianello 法
Vibration isolation	隔振
Virtual displacements, principle of	虚位移(原理)
Virtual work	虚功

续表

英　　文	中　　文
Wave propagation:	波的传播：
analysis	分析
impedance evaluations	阻抗计算
reflected	反射
refracted	折射
site response analysis	场地反应分析
Wave velocity	波速
Wave, earthquake	波，地震
White noise	白噪声
Wilson θ-method	Wilson θ 法

译 者 后 记

受高等教育出版社研究生教育与学术著作分社的委托，王光远院士组织哈尔滨工业大学8名教授和副教授分为4个小组，对R. 克拉夫和J. 彭津所著的《Dynamics of Structures》(第二版修订版)进行翻译和审核；整个翻译工作是在王光远院士的具体指导之下完成的。

本书第Ⅰ篇由中国建筑标准设计研究院北京金土木软件技术有限公司李楚舒博士等翻译，具体分工为：李楚舒负责第2、3章，李胜林负责第4章，李立负责第5章，李永双负责第6章，刘春明负责第7、8章。哈工大第一翻译小组(王焕定教授和张金生副教授)对译稿进行了修订和统稿工作。

哈尔滨工业大学四个小组分工如下：第一小组负责第一章与第Ⅰ篇；第二小组(周广春教授和吕大刚教授)负责第Ⅱ篇；第三小组(龙复兴教授和段忠东教授，段忠东教授因工作原因，后来退出了组间审核工作)负责第Ⅲ和第Ⅳ篇；第四小组(吴知丰教授和翟长海博士)负责第Ⅴ篇。为确保翻译质量，除小组内部两人对照原文进行校核外，第一组和第二组、第三组和第四组互相交换，再次对照原文进行校核。全部翻译稿最终由王焕定教授进行统稿和初步编辑加工，以求尽可能消除多人翻译的痕迹。

由于参与翻译的教师都有繁重的教学和科研任务，加之翻译时间较短，虽然大家尽了很大努力，但疏漏仍难避免。为此，盼使用本书的读者给予指正。

此外，书中所用的符号与我国国标规定所用符号不尽一致，但考虑到尊重原著，因此保留了原书所用符号。

译者

2006.7

单位转换表

英制	国际单位制	转换系数
英寸 in	米 m	0.025 4
英寸 in	厘米 cm	2.54
英寸 in	毫米 mm	25.4
英尺 ft	米 m	0.304 8
码 yd	米 m	0.914
英里 mi	千米 km	1.609
度°	弧度 rad	0.017 4
英亩 acre	公顷 ha	0.405
英亩-英尺 acre-ft	立方米 m^3	1 233.00
加仑 gal	立方米 m^3	3.79×10^{-3}
加仑 gal	公升 l	3.79
磅 lb	千克 kg	0.453 6
吨 t	千克 kg	907.2
磅力 lbf	牛顿 N	4.448
每平方英寸磅力 psi	每平方米牛顿 N/m^2	6 895.00
每平方英尺磅力 psf	每平方米牛顿 N/m^2	47.88
英尺-磅 ft-lb	焦耳 J	1.356
马力 hp	瓦特 W	746.0
英制热量单位 Btu	焦耳 J	1 055.0
英制热量单位 Btu	千瓦小时 kW·h	2.93×10^{-4}

注：$1\ N=1\ kg\cdot m/s^2$

$1\ J=1\ N\cdot m$

$1\ N/m^2=1\ Pa$

$1\ kgf=9.807\ N$

$1\ g=9.807\ m/s^2$

1 kip=1 000 lbf

译者注：书中力的单位(例如重量)用 kip 或 kips(千磅力)，这种单位仅用于美国。

策划编辑　刘剑波

责任编辑　葛　心

封面设计　李卫青

责任绘图　尹文军

版式设计　马静如

责任校对　杨凤玲

责任印制　赵　振

图字：01-2005-6278号
DYNAMICS OF STRUCTURES

ISBN 0-923907-50-5

图书在版编目（CIP）数据

结构动力学/[美]R.克拉夫，J.彭津；王光远等译校.—2版（修订本）.—北京：高等教育出版社，2006.11（2021.8重印）

ISBN 978-7-04-020430-8

Ⅰ.结… Ⅱ.①克… ②彭… ③王… Ⅲ.结构动力学-研究生-教材 Ⅳ.O342

中国版本图书馆CIP数据核字（2006）第120827号

出版发行	高等教育出版社	咨询电话	400-810-0598
社　　址	北京市西城区德外大街 4 号	网　　址	http://www.hep.edu.cn
邮政编码	100120		http://www.hep.com.cn
印　　刷	天津鑫丰华印务有限公司	网上订购	http://www.landraco.com
开　　本	787×1092　1/16		http://www.landraco.com.cn
印　　张	38	版　　次	2006 年 11 月第 1 版
字　　数	730 000	印　　次	2021 年 8 月第10次印刷
购书热线	010-58581118	定　　价	88.00 元

本书如有缺页、倒页、脱页等质量问题，请到所购图书销售部门联系调换。

物 料 号　20430-A0